U0036041

西元1900年
西元2100年

萬年曆
這本最好用

施賀日◎編校

六十甲子表

甲子	乙丑	丙寅	丁卯	戊辰	己巳	庚午	辛未	壬申	癸酉	戌、亥
甲戌	乙亥	丙子	丁丑	戊寅	己卯	庚辰	辛巳	壬午	癸未	申、酉
甲申	乙酉	丙戌	丁亥	戊子	己丑	庚寅	辛卯	壬辰	癸巳	午、未
甲午	乙未	丙申	丁酉	戊戌	己亥	庚子	辛丑	壬寅	癸卯	辰、巳
甲辰	乙巳	丙午	丁未	戊申	己酉	庚戌	辛亥	壬子	癸丑	寅、卯
甲寅	乙卯	丙辰	丁巳	戊午	己未	庚申	辛酉	壬戌	癸亥	子、丑

五鼠遁日起時表（求時干支）

時辰	23–1	1–3	3–5	5–7	7–9	9–11	11–13	13–15	15–17	17–19	19–21	21–23
時支 日干	子	丑	寅	卯	辰	巳	午	未	申	酉	戌	亥
甲己	甲子	乙丑	丙寅	丁卯	戊辰	己巳	庚午	辛未	壬申	癸酉	甲戌	乙亥
乙庚	丙子	丁丑	戊寅	己卯	庚辰	辛巳	壬午	癸未	甲申	乙酉	丙戌	丁亥
丙辛	戊子	己丑	庚寅	辛卯	壬辰	癸巳	甲午	乙未	丙申	丁酉	戊戌	己亥
丁壬	庚子	辛丑	壬寅	癸卯	甲辰	乙巳	丙午	丁未	戊申	己酉	庚戌	辛亥
戊癸	壬子	癸丑	甲寅	乙卯	丙辰	丁巳	戊午	己未	庚申	辛酉	壬戌	癸亥

五虎遁年起月表（求月干支）

月支 年干	寅	卯	辰	巳	午	未	申	酉	戌	亥	子	丑
甲己	丙寅	丁卯	戊辰	己巳	庚午	辛未	壬申	癸酉	甲戌	乙亥	丙子	丁丑
乙庚	戊寅	己卯	庚辰	辛巳	壬午	癸未	甲申	乙酉	丙戌	丁亥	戊子	己丑
丙辛	庚寅	辛卯	壬辰	癸巳	甲午	乙未	丙申	丁酉	戊戌	己亥	庚子	辛丑
丁壬	壬寅	癸卯	甲辰	乙巳	丙午	丁未	戊申	己酉	庚戌	辛亥	壬子	癸丑
戊癸	甲寅	乙卯	丙辰	丁巳	戊午	己未	庚申	辛酉	壬戌	癸亥	甲子	乙丑

二十四節氣表

月令	正月	二月	三月	四月	五月	六月	七月	八月	九月	十月	十一月	十二月
	寅	卯	辰	巳	午	未	申	酉	戌	亥	子	丑
節氣	立春	驚蟄	清明	立夏	芒種	小暑	立秋	白露	寒露	立冬	大雪	小寒
黃經度	315度	345度	15度	45度	75度	105度	135度	165度	195度	225度	255度	285度
中氣	雨水	春分	穀雨	小滿	夏至	大暑	處暑	秋分	霜降	小雪	冬至	大寒
黃經度	330度	0度	30度	60度	90度	120度	150度	180度	210度	240度	270度	300度

有關本書「萬年曆」

時間就是力量，最基礎就是最重要的。命理學以「生辰時間」為論命最重要的一個依據，本書「萬年曆」的編訂，盼能提供論命者一個正確的論命時間依據。

本書始自西元一九〇〇年至西元二一〇〇年，共二百零一年。曆法採「天干地支六十甲子紀元」法，以「立春寅月」為歲始，以「節氣」為月令，循環記載國曆和農曆的「年、月、日干支」。「節氣」時間以「中原時區標準時、東經一百二十度經線」為準，採「定氣法」推算。節氣的日期和時間標示於日期表的上方，中氣則標示於下方。節氣和中氣的日期以「國曆」標示，並詳列「時、分、時辰」時間。時間以「分」為最小單位，秒數捨棄不進位，以防止實未到時，卻因進秒位而錯置節氣時辰。讀者只要使用「五鼠遁日起時表」取得「時干」後，就可輕易準確的排出「四柱八字」干支。

本書之編訂，以「中央氣象局天文站」及「台北市立天文科學教育館」發行之天文日曆為標準，並參考引用諸多先賢、專家之觀念與資料。因無法一一列名答謝，謹在此表達致敬及感謝，感謝諸位先賢、專家專業無私奉獻的心，造福眾生，功德無量。

本書有別於一般萬年曆，採用西式橫閱方式編排，易於閱讀查詢。記載年表實有「二百零一年、四千八百二十四節氣、七萬三千四百一十三日」，紀元詳實精確，編校複雜，如有遺漏謬誤之處，祈請諸先賢、專家不吝指正，在此再度感謝。

萬年曆 編校 施賀日 謹誌 二〇〇五年六月六日

如何使用「萬年曆」

本書「萬年曆」的編排說明：

1. 全書採用西式橫閱方式編排，易於閱讀查詢。
2. 年表以「二十四節氣」為一年週期，始於「立春」終於「大寒」。
3. 年表的頁邊直排列出「國曆紀年、生肖、西元紀年」易於查閱所需紀年。
4. 年表的編排按「年干支、月干支、節氣、日期表、中氣」順序直列。
5. 年表直列就得「年、月、日」干支，快速準確絕不錯置年、月干支。
6. 節氣和中氣按「國曆日期、時、分、時辰」順序標示。
7. 日期表按「國曆月日、農曆月日、日干支」順序橫列。
8. 日期表第一行為各月令的「節氣日期」，易於計算行運歲數。
9. 農曆「閏月」在其月份數字下加一橫線，以為區別易於判讀。
10. 日光節約時間在其月份數字下加一底色，以為區別易於判讀。

使用本書「萬年曆」快速起「八字」口訣：

橫查出生年月日；直列年月日干支；五鼠遁日得時干；正好四柱共八字。

大運排列從月柱；行運歲數由日起；順數到底再加一；逆數到頂是節氣。

口訣說明：

在年表中讀者可根據出生者的「年、月、日」時間，橫向查出生日所屬的「日干支」，再向上直列可得「月干支、年干支」，最後查「五鼠遁日起時表」(本書首頁)取得「時干」，就可準確的排出「四柱八字」干支。

大運排列從「月柱」干支，順排或逆排六十甲子干支。行運歲數由「生日」起算，順數或逆數至節氣日(三天為一年、一天為四月、一時為十日)。

(「陽男、陰女」為順排、順數；「陰男、陽女」為逆排、逆數)

本書「萬年曆」可簡易快速地提供論命者一組正確的「四柱八字」干支，實為一本最有價值的萬年曆工具書。

目　錄

一、萬年曆　說明

二、萬年曆　年表

時 間

年、月、日的定義：

一年 = 地球繞太陽公轉一周。 (四季變化的週期)

一月 = 月亮繞地球公轉一周。 (月亮朔望的週期)

一日 = 地球繞軸線自轉一周。 (晝夜交替的週期)

時間的單位：

一回歸年 = 365.242,198,78 日

一朔望月 = 29.530,588,2 日

一平均太陽日 = 86,400 秒

四季變化的時間週期，稱為回歸年。

月亮圓缺變化的週期，稱為朔望月。

設定每日地球面對太陽自轉一周的時間週期相等，稱為平均太陽日。

「平均太陽日」已經不是一種自然的時間單位，它是假定地球公轉軌道為一正圓形、地球自轉軸與太陽公轉軌道平面相垂直時，地球面對太陽自轉一周所經歷的時間。平均太陽時就是我們一般日常生活所用的時間，一平均太陽日等於 24 小時，等於 1,440 分，等於 86,400 秒。

「真太陽日」為太陽連續兩次過中天的時間間隔。由於地球繞太陽公轉的軌道是橢圓形，所以地球在軌道上運行的速率並不是等速進行，且地球自轉軸相對於太陽公轉軌道平面有 23.5 度的傾角，使得每日實際的時間長短也不一定，有時多於 24 小時，有時少於 24 小時。為了便於計算時間，在一般日常生活上，我們都使用平均太陽時來替代真太陽時。

曆 法

使用「年、月、日」三個單位來計算時間的方法稱為曆法。

全世界曆法主要分成三種：

一、太陽曆：依據地球繞太陽公轉週期所定出來的曆法。(如：國曆)

二、太陰曆：依據月亮運行朔望週期所定出來的曆法。(如：回曆)

三、陰陽合曆：太陰曆和太陽曆兩者特點並用的曆法。(如：農曆)

我國所特有的曆法：天干地支六十甲子紀元法。(干支紀元法)

國曆 (太陽曆、國民曆、新曆、西曆、格勒哥里曆)：西元 1582 年由羅馬天主教皇格勒哥里十三世所制定，頒布後通行世界各國。我國於中華民國元年(西元 1912)開始使用。

曆法說明：

小月 30 日、大月 31 日

平年 365 日、閏年 366 日

大小月規則：

大月(一月、三月、五月、七月、八月、十月、十二月)

小月(二月、四月、六月、九月、十一月) (其中二月平年 28 日、閏年 29 日)

置閏規則：

四年倍數閏、百年倍數不閏、四百年倍數閏、四千年倍數不閏

置閏日加在二月最後一日。(2 月 29 日)

農曆 (陰陽合曆、農民曆、舊曆、中曆、夏曆)：我國歷代所使用的曆法。

曆法說明：
小月 29 日、大月 30 日
平年 12 個月、閏年 13 個月

大小月規則：
朔望兩弦均以太陽及太陰視黃經為準。凡日月同度為朔，相差半週天為望，相距一直角為弦，月東日西為上弦，日東月西為下弦。農曆月初必合朔，月朔之日定為「初一」。月建的大小取決於合朔的日期，即根據兩個月朔中所含的日數來決定大月或小月。一個朔望月為 29.530,588,2 日，以朔為初一到下一個朔的前一天，順數得 29 日為小月，得 30 日為大月。

置閏規則：
定氣注曆「無中置閏」法。農曆的置閏規則是配合二十四節氣來設置曆年是否要加閏月，如曆年中有一個朔望月期間只有「節氣」而沒有「中氣」，則這一個月就規定加一「閏月」，該月所在農曆曆年就有 13 個月。如此每一農曆曆年的平均長度與回歸年就十分的接近，整個置閏的週期為「十九年七閏」。

節氣

我國以農立國，二十四節氣是我國農曆的一大特點。節氣的名稱，乃是用來指出一年中氣候寒暑的變化，春耕、夏耘、秋收、冬藏，自古以來農民都把節氣當作農事耕耘的標準時序依據。由於長期以來大家在習慣上把農曆稱為陰曆，因而大多數的人都誤認為節氣是屬於陰曆的時令特點。實際上，節氣是完全依據地球繞太陽公轉所定訂出來的時令點，是「陽曆」中非常重要的一個時令特點，所以說農曆實際為「陰陽合曆」的曆法。

節氣以地球繞太陽公轉的軌道稱為「黃道」為準，節氣反映了地球在軌道上運行時所到達的不同位置，假設由地球固定來看太陽運行，則節氣就是太陽在黃道上運行時所到達位置的里程標誌。地球繞太陽公轉運行一周為三百六十度，節氣以太陽視黃經為準，從春分起算為黃經零度，每增黃經十五度為一節氣，依序為清明、穀雨、立夏、小滿、芒種、夏至、小暑、大暑、立秋、處暑、白露、秋分、寒露、霜降、立冬、小雪、大雪、冬至、小寒、大寒、立春、雨水、驚蟄，一年共分二十四節氣，每個節氣名稱都反映出當令氣候寒暑的實況意義。為了方便記憶，前人把二十四節氣編成一首歌謠：「春雨驚春清穀天，夏滿芒夏暑相連；秋處露秋寒霜降，冬雪雪冬小大寒；每月兩氣日期定，主多不差一兩天。」

節氣	立春	驚蟄	清明	立夏	芒種	小暑	立秋	白露	寒露	立冬	大雪	小寒
黃經度	315度	345度	15度	45度	75度	105度	135度	165度	195度	225度	255度	285度

中氣	雨水	春分	穀雨	小滿	夏至	大暑	處暑	秋分	霜降	小雪	冬至	大寒
黃經度	330度	0度	30度	60度	90度	120度	150度	180度	210度	240度	270度	300度

二十四節氣又可分為「節氣」和「中氣」兩大類，簡稱為「節」和「氣」，節氣與中氣相間安排，如立春為節氣、雨水為中氣、驚蟄為節氣、春分為中氣、清明為節氣、穀雨為中氣…依序排定。每個農曆月份皆各有一個節氣和一個中氣，每一中氣都配定屬於某月份，不能錯置。我國春、夏、秋、冬四季的起始，是以立春、立夏、立秋、立冬為始，歐美則以春分、夏至、秋分、冬至為始，我國比歐美的季節提早了三個節氣約一個半月的時間。

節氣的定法有兩種：

平氣法(平節氣)：
古代農曆採用的方法稱為「平氣」，又稱「恆氣」。我國歷代皆從「冬至」為二十四節氣起算點，即是將每一年冬至到次一年冬至整個回歸年的時間 365.242,198,78 日，平分為十二等分，每個分點稱為「中氣」，再將二個中氣間的時間等分，其分點稱為「節氣」，每一中氣和節氣平均為 15.218425 日。

定氣法(定節氣)：
現代農曆採用的方法稱為「定氣」，即依據地球在軌道上的真正位置為「定氣」標準。由於地球繞太陽公轉的軌道是橢圓形，所以地球在軌道上運行的速率並不是等速進行，且地球自轉軸相對於太陽公轉軌道平面有 23.5 度的傾角，使得夏季正午時太陽仰角高度較高，冬季正午時太陽仰角高度較低，進而影響一年四季的寒暑變化和日夜時間的長短不同。因此地球每日實際的時間長短也不一定，有時多於 24 小時，有時少於 24 小時，如冬至時地球位於近於近日點，太陽在黃道上移動速度較快，一個節氣的時間不到 15 天，而夏至時地球位於遠離近日點，太陽在黃道上移動速度較慢，一個節氣多達 16 天。我們日常所用的 24 小時是「平均太陽時」，和真正的太陽時間有所誤差。如計算上以回歸年時間平分成二十四等分給予各節氣，並不能真確地反映地球在軌道上真正的位置(平均差距一至二日)。

我國從清初的時憲曆(西元 1645 年)起，節氣時刻的推算開始由平節氣改為定節氣。定節氣是以「太陽視黃經」為準，由春分為起始點，將地球繞太陽公轉的軌道(黃道)每十五度(黃經度)定一節氣，一周三百六十度共有二十四節氣。採用定氣法推算出來的節氣日期，能精確地表示地球在公轉軌道上的真正位置，並反映當時的氣候寒暑狀況。如一年中在晝夜平分的那兩天，定然是春分和秋分二中氣；晝長夜短日定是夏至中氣；晝短夜長日定是冬至中氣。

干支 (干支紀元法)：我國所特有的曆法，天干地支六十甲子紀元法。
干支就是「十天干」和「十二地支」的簡稱。
十天干：甲、乙、丙、丁、戊、己、庚、辛、壬、癸
十二地支：子、丑、寅、卯、辰、巳、午、未、申、酉、戌、亥

天干地支的起源，係太古時代天皇氏所創設的，最初是天干地支分別單獨使用記載時間，以十天干紀日，以十二地支紀月。到了黃帝時代的大撓氏，始將十天干配合十二地支成甲子、乙丑…等的組合，用於紀年、紀月、紀日、紀時。十天干配合十二地支的組合由甲子開始到癸亥共有六十組(十天干和十二地支的最小公倍數是 60)，共可循環紀年六十年，所以我們稱一甲子是六十年。十天干配合十二地支的組合雖然多達六十組，但一定是陽干配陽支或陰干配陰支，絕對不會有陽干配陰支或陰干配陽支，如甲丑、乙子…等的組合(十天干和十二地支的最大公因數是 2)。(干支排列單數為陽、雙數為陰)

從黃帝時代使用天干地支六十甲子循環「紀年、紀月、紀日、紀時」，至今已約有五千年之久，中間毫無脫節混沌之處，實為世界上各種曆法中最實用先進的記載時間方式。「天干地支六十甲子紀元」曆法時間：

年：以「立春」為歲始。
月：以「節氣」為月建。
日：以「子正」為日始。
時：以「時辰」為單位。

我國歷代曆法在建月地支上有多次的變更：
夏朝以「寅」為正月、商朝以「丑」為正月、周朝以「子」為正月
秦朝以「亥」為正月、漢朝以「寅」為正月沿用至今
(漢後中間曾有王莽改用「丑」為正月和唐武后改用「子」為正月)
目前的曆法是以「立春寅月」為歲始。

正確的「生辰時間」推算法

時間就是力量。人出生時，出生地的「真太陽時」時間，是命理學上論命最重要的一個依據。但出生地的「真太陽時」時間，並非是我們一般日常生活上所使用的當地標準時區時間(又稱為「平均太陽時」)，而是使用「視太陽黃經時」，也就是依地球繞太陽軌道而定的自然時間。這個「真太陽時」才是命理學上論命所使用的「生辰時間」。

已知「生辰時間」的條件：

一、出生時間 (年、月、日、時)-(出生地標準時區的時間)

二、出生地 (出生地的經緯度) 例如：台北市(東經 121 度 31 分)

修正「生辰時間」的方法：

「生辰真太陽時」 = 出生地的「標準時」減「日光節約時間」加減「時區經度時差」加減「真太陽時均時差」

※「生辰時間」在「節氣前後」和「時辰頭尾」者，請特別留心參酌修正。

出生地的「標準時」

出生地在台灣地區者，可撥「電話 117」對時，117 的時刻約與國家標準時刻(中原標準時間)相差在 0.1 秒內。

日光節約時(夏令時)

日光節約時也叫做夏令時。其辦法是將標準時撥快一小時，分秒不變，待恢復後再撥慢一小時。日光節約時每年起訖日期及名稱均由各國政府公布施行。

修正「日光節約時(夏令時)」:
凡在「日光節約時(夏令時)」時間出生者，須將「生辰時間」減一小時。

我國使用「日光節約時(夏令時)」歷年起訖日期

年 代	名 稱	起訖日期
民國三十四年至四十年	夏令時間	五月一日至九月三十日
民國四十一年	日光節約時間	三月一日至十月卅一日
民國四十二年至四十三年	日光節約時間	四月一日至十月卅一日
民國四十四年至四十五年	日光節約時間	四月一日至九月三十日
民國四十六年至四十八年	夏令時間	四月一日至九月三十日
民國四十九年至五十年	夏令時間	六月一日至九月三十日
民國五十一年至六十二年		停止夏令時間
民國六十三年至六十四年	日光節約時間	四月一日至九月三十日
民國六十五年至六十七年		停止日光節約時
民國六十八年	日光節約時間	七月一日至九月三十日
民國六十九年起		停止日光節約時

時區經度時差

認識地球的經度與緯度：
連接南極與北極的子午線稱為經線。將通過英國倫敦格林威治天文台的經線訂為零度經線，零度以東稱為東經，以西稱為西經，東西經度各有 180 度。平分南北半球的圓圈線稱為赤道，平行赤道的圓圈線就是緯線。赤道的緯線訂為零度緯線，零度以北稱為北緯，以南稱為南緯，南北緯度各有 90 度。
經度與時間有關(時區經度時差)，緯度與寒暑有關(赤道熱、兩極冷)。

地球自轉一周需時二十四小時(平均太陽時)，因為世界各地的時間晝夜不一樣，為了世界各地有一個統一的全球時間，在西元 1884 年全世界劃分了統一標準時區，實行全球各區分區計時，這種時間稱為「世界標準時」。時區劃分的方式是以通過英國倫敦格林威治天文台的經線訂為零度經線，把西經 7.5 度到東經 7.5 度定為世界時零時區(又稱為中區)，由零時區分別向東與向西每隔 15 度劃為一時區，每一標準時區所包含的範圍是中央經線向東西各算 7.5 度，東西各有十二個時區，東十二時區與西十二時區重合，此區有一條國際換日線，作為國際日期變換的基準線，全球合計共有二十四個標準時區。一個時區時差一個小時，同一時區內使用同一時刻，每向東過一時區則鐘錶撥快一小時，向西則撥慢一小時，所以說標準時區的時間不是自然的時間(真太陽時)而是行政的時間。雖然時區界線按照經度劃分，但各國領土大小的範圍不一定全在同一時區內，為了行政統一方便，在實務上各國都會自行加以調整，取其行政區界線或自然界線來劃分時區。

我國疆土幅員廣闊，西起東經 71 度，東至東經 135 度 4 分，所跨經度達 64 度 4 分，全國共分為五個時區(自西往東)：

一、崑崙時區：以東經 82 度 30 分之時間為標準時。

二、新藏時區：以東經 90 度之時間為標準時。

三、隴蜀時區：以東經 105 度之時間為標準時。

四、中原時區：以東經 120 度之時間為標準時。

五、長白時區：以東經 127 度 30 分之時間為標準時。

但中共統治大陸後，依行政統一因素，規定全國皆採行中原時區的標準時為全國行政標準時。

中原時區(東八時區)以東經 120 度之時間為標準時，包含東經 112.5 度到東經 127.5 度共 15 度的範圍。台灣的地理位置位於中原時區範圍之內，所以我們才稱呼現行的行政時間為「中原標準時間」。

修正「時區經度時差」:

一個時區範圍共 15 經度，時差一個小時。因一經度等於六十經分，所以換算得時差計算式為「每一經度時差 4 分鐘、每一經分時差 4 秒鐘、東加西減」。出生者的「生辰時間」應根據其出生地的「標準時」加減其出生地的「時區經度時差」。

謹提供參考「台灣、大陸地區主要城市時區時刻相差表」:(未列出的地名，可依據世界地圖或地球儀的經度自行計算。)

台灣、大陸地區主要城市時區時刻相差表 東經一百二十度標準時區(東八時區) (每一經度時差 4 分鐘、每一經分時差 4 秒鐘、東加西減)					
台灣地名	東經度	加減時間	台灣地名	東經度	加減時間
基隆	121 度 46 分	+7 分 04 秒	嘉義	120 度 27 分	+1 分 48 秒
台北	121 度 31 分	+6 分 04 秒	台南	120 度 13 分	+0 分 52 秒
桃園	121 度 18 分	+5 分 12 秒	高雄	120 度 16 分	+1 分 04 秒
新竹	121 度 01 分	+4 分 04 秒	屏東	120 度 30 分	+2 分 00 秒
苗栗	120 度 49 分	+3 分 16 秒	宜蘭	121 度 45 分	+7 分 00 秒
台中	120 度 44 分	+2 分 56 秒	花蓮	121 度 37 分	+6 分 28 秒
彰化	120 度 32 分	+2 分 08 秒	台東	121 度 09 分	+4 分 36 秒
南投	120 度 41 分	+2 分 44 秒	澎湖	120 度 27 分	+1 分 48 秒
雲林	120 度 32 分	+2 分 08 秒	金門	118 度 24 分	-6 分 24 秒

台灣極東為東經 123 度 34 分 (宜蘭縣赤尾嶼東端)

台灣極西為東經 119 度 18 分 (澎湖縣望安鄉花嶼西端)

大陸地名	東經度	加減時間	大陸地名	東經度	加減時間
哈爾濱	126 度 38 分	+26 分 32 秒	南昌	115 度 53 分	-16 分 28 秒
吉林	126 度 36 分	+26 分 24 秒	保定	115 度 28 分	-18 分 08 秒
長春	125 度 18 分	+21 分 12 秒	贛州	114 度 56 分	-20 分 16 秒
瀋陽	123 度 23 分	+13 分 32 秒	張家口	114 度 55 分	-20 分 20 秒
錦州	123 度 09 分	+12 分 36 秒	石家莊	114 度 26 分	-22 分 16 秒
鞍山	123 度 00 分	+12 分 00 秒	開封	114 度 23 分	-22 分 28 秒
大連	121 度 38 分	+6 分 32 秒	武漢	114 度 20 分	-22 分 40 秒
寧波	121 度 34 分	+6 分 16 秒	香港	114 度 10 分	-23 分 20 秒
上海	121 度 26 分	+5 分 44 秒	許昌	113 度 48 分	-24 分 48 秒
紹興	120 度 40 分	+2 分 40 秒	深圳	113 度 33 分	-25 分 48 秒
蘇州	120 度 39 分	+2 分 36 秒	廣州	113 度 18 分	-26 分 48 秒
青島	120 度 19 分	+1 分 16 秒	珠海	113 度 18 分	-26 分 48 秒
無錫	120 度 18 分	+1 分 12 秒	澳門	113 度 18 分	-26 分 48 秒
杭州	120 度 10 分	+0 分 40 秒	大同	113 度 13 分	-27 分 08 秒
福州	119 度 19 分	-2 分 44 秒	長沙	112 度 55 分	-28 分 20 秒
南京	118 度 46 分	-4 分 56 秒	太原	112 度 33 分	-29 分 48 秒
泉州	118 度 37 分	-5 分 32 秒	洛陽	112 度 26 分	-30 分 16 秒
唐山	118 度 09 分	-7 分 24 秒	桂林	110 度 10 分	-39 分 20 秒
廈門	118 度 04 分	-7 分 44 秒	延安	109 度 26 分	-42 分 16 秒
承德	117 度 52 分	-8 分 32 秒	西安	108 度 55 分	-44 分 20 秒
合肥	117 度 16 分	-10 分 56 秒	貴陽	106 度 43 分	-53 分 08 秒
天津	117 度 10 分	-11 分 20 秒	重慶	106 度 33 分	-53 分 48 秒
濟南	117 度 02 分	-11 分 52 秒	蘭州	103 度 50 分	-64 分 40 秒
汕頭	116 度 40 分	-13 分 20 秒	昆明	102 度 42 分	-69 分 12 秒
北京	116 度 28 分	-14 分 08 秒	成都	101 度 04 分	-75 分 44 秒

真太陽時均時差

真太陽時是依地球繞太陽軌道而定的自然時間，每日的時間均不相等。因地球繞太陽公轉的軌道是橢圓形，所以地球在軌道上運行的速率並不是等速進行，且地球自轉軸相對於太陽公轉軌道平面有 23.5 度的傾角，使得夏季正午時太陽仰角高度較高，冬季正午時太陽仰角高度較低，進而影響一年四季的寒暑變化和日夜時間的長短不同。因此地球每日實際的時間長短也不一定，有時多於 24 小時，有時少於 24 小時，如冬至時地球位於近於近日點，太陽在黃道上移動速度較快，一個節氣的時間不到 15 天，而夏至時地球位於遠離近日點，太陽在黃道上移動速度較慢，一個節氣多達 16 天。我們日常所用的 24 小時是「平均太陽時」，和真正的太陽時間有所誤差。如在東經一百二十度，真太陽時正午十二時，太陽一定在中天，但平均太陽時的時間可能就不是正午十二時，兩者會有略微的時間差異，這個時間差異我們稱為「均時差」。

修正「真太陽時均時差」:

真太陽時均時差的正確時間，需經過精算每年皆略有不同。為了方便查詢使用編者製作了均時差表一張，可快速查得出生日大約的均時差時間。本表係太陽過東經一百二十度子午圈之日中平時(正午十二時)均時差，橫向是日期軸，直向是時間軸。讀者只需以出生者的出生日期為基準點，向上對應到表中的曲線，再由所得的曲線點為基準點，向左應對到時間軸，就可查得出生日期的「均時差」(如二月一日查表得值約為 -13 分)。最後再將出生者的「出生時間」加減「均時差」值，就可得出出生者在其出生地的「真正出生時間」。

「真太陽時」與「平均太陽時」的誤差值「均時差」，一年之中誤差最多的是二月中需減到 14 分之多，誤差最少的是十一月初需加到 16 分之多，平一天 24 小時的天數約只有 4 天。

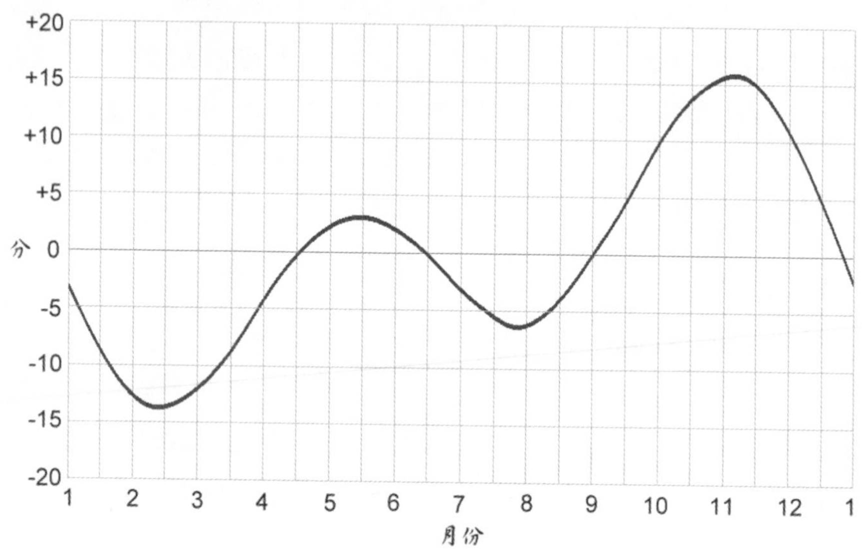

橫向是日期軸、直向是時間軸

「生辰時間」雖可用數學的方式論分計秒的計算，但所求得真正「生辰時間」的時間也未必一定正確，所謂錯誤的題目不可能有正確的答案，如已知的「生辰時間」條件本身就有誤認，那再慎密的修正方法都成多餘的。命學本身就是數學「定數之學」，合理驗證比任何理論都重要，故真正的「生辰時間」應以論命者的命運事實為認定而非以數字做判定，論命時實不需過份執著這些數字的表相。正確的「生辰時間」只有一個，命運驗證了，生辰時間就對了。

編者在正確的「生辰時間」推算法說明後，提出一點小心得和看法。

龜藏萬年曆

年	庚子																													
月	戊寅					己卯					庚辰					辛巳					壬午					癸未				
節氣	立春					驚蟄					清明					立夏					芒種					小暑				
	2/4 13時51分 未時					3/6 8時21分 辰時					4/5 13時52分 未時					5/6 7時55分 辰時					6/6 12時39分 午時					7/7 23時10分 子時				
日	國曆		農曆		干支	國曆		農曆		干支	國曆		農曆		干支	國曆		農曆		干支	國曆		農曆		干支	國曆		農曆		干支
	2	4	1	5	戊申	3	6	2	6	戊寅	4	5	3	6	戊申	5	6	4	8	己卯	6	6	5	10	庚戌	7	7	6	11	辛巳
清光緒二十六年	2	5	1	6	己酉	3	7	2	7	己卯	4	6	3	7	己酉	5	7	4	9	庚辰	6	7	5	11	辛亥	7	8	6	12	壬午
	2	6	1	7	庚戌	3	8	2	8	庚辰	4	7	3	8	庚戌	5	8	4	10	辛巳	6	8	5	12	壬子	7	9	6	13	癸未
	2	7	1	8	辛亥	3	9	2	9	辛巳	4	8	3	9	辛亥	5	9	4	11	壬午	6	9	5	13	癸丑	7	10	6	14	甲申
	2	8	1	9	壬子	3	10	2	10	壬午	4	9	3	10	壬子	5	10	4	12	癸未	6	10	5	14	甲寅	7	11	6	15	乙酉
	2	9	1	10	癸丑	3	11	2	11	癸未	4	10	3	11	癸丑	5	11	4	13	甲申	6	11	5	15	乙卯	7	12	6	16	丙戌
	2	10	1	11	甲寅	3	12	2	12	甲申	4	11	3	12	甲寅	5	12	4	14	乙酉	6	12	5	16	丙辰	7	13	6	17	丁亥
	2	11	1	12	乙卯	3	13	2	13	乙酉	4	12	3	13	乙卯	5	13	4	15	丙戌	6	13	5	17	丁巳	7	14	6	18	戊子
	2	12	1	13	丙辰	3	14	2	14	丙戌	4	13	3	14	丙辰	5	14	4	16	丁亥	6	14	5	18	戊午	7	15	6	19	己丑
民國前十二年	2	13	1	14	丁巳	3	15	2	15	丁亥	4	14	3	15	丁巳	5	15	4	17	戊子	6	15	5	19	己未	7	16	6	20	庚寅
	2	14	1	15	戊午	3	16	2	16	戊子	4	15	3	16	戊午	5	16	4	18	己丑	6	16	5	20	庚申	7	17	6	21	辛卯
	2	15	1	16	己未	3	17	2	17	己丑	4	16	3	17	己未	5	17	4	19	庚寅	6	17	5	21	辛酉	7	18	6	22	壬辰
	2	16	1	17	庚申	3	18	2	18	庚寅	4	17	3	18	庚申	5	18	4	20	辛卯	6	18	5	22	壬戌	7	19	6	23	癸巳
鼠	2	17	1	18	辛酉	3	19	2	19	辛卯	4	18	3	19	辛酉	5	19	4	21	壬辰	6	19	5	23	癸亥	7	20	6	24	甲午
	2	18	1	19	壬戌	3	20	2	20	壬辰	4	19	3	20	壬戌	5	20	4	22	癸巳	6	20	5	24	甲子	7	21	6	25	乙未
	2	19	1	20	癸亥	3	21	2	21	癸巳	4	20	3	21	癸亥	5	21	4	23	甲午	6	21	5	25	乙丑	7	22	6	26	丙申
	2	20	1	21	甲子	3	22	2	22	甲午	4	21	3	22	甲子	5	22	4	24	乙未	6	22	5	26	丙寅	7	23	6	27	丁酉
	2	21	1	22	乙丑	3	23	2	23	乙未	4	22	3	23	乙丑	5	23	4	25	丙申	6	23	5	27	丁卯	7	24	6	28	戊戌
	2	22	1	23	丙寅	3	24	2	24	丙申	4	23	3	24	丙寅	5	24	4	26	丁酉	6	24	5	28	戊辰	7	25	6	29	己亥
	2	23	1	24	丁卯	3	25	2	25	丁酉	4	24	3	25	丁卯	5	25	4	27	戊戌	6	25	5	29	己巳	7	26	7	1	庚子
	2	24	1	25	戊辰	3	26	2	26	戊戌	4	25	3	26	戊辰	5	26	4	28	己亥	6	26	5	30	庚午	7	27	7	2	辛丑
	2	25	1	26	己巳	3	27	2	27	己亥	4	26	3	27	己巳	5	27	4	29	庚子	6	27	6	1	辛未	7	28	7	3	壬寅
	2	26	1	27	庚午	3	28	2	28	庚子	4	27	3	28	庚午	5	28	5	1	辛丑	6	28	6	2	壬申	7	29	7	4	癸卯
1900	2	27	1	28	辛未	3	29	2	29	辛丑	4	28	3	29	辛未	5	29	5	2	壬寅	6	29	6	3	癸酉	7	30	7	5	甲辰
	2	28	1	29	壬申	3	30	2	30	壬寅	4	29	4	1	壬申	5	30	5	3	癸卯	6	30	6	4	甲戌	7	31	7	6	乙巳
	3	1	2	1	癸酉	3	31	3	1	癸卯	4	30	4	2	癸酉	5	31	5	4	甲辰	7	1	6	5	乙亥	8	1	7	7	丙午
	3	2	2	2	甲戌	4	1	3	2	甲辰	5	1	4	3	甲戌	6	1	5	5	乙巳	7	2	6	6	丙子	8	2	7	8	丁未
	3	3	2	3	乙亥	4	2	3	3	乙巳	5	2	4	4	乙亥	6	2	5	6	丙午	7	3	6	7	丁丑	8	3	7	9	戊申
	3	4	2	4	丙子	4	3	3	4	丙午	5	3	4	5	丙子	6	3	5	7	丁未	7	4	6	8	戊寅	8	4	7	10	己酉
	3	5	2	5	丁丑	4	4	3	5	丁未	5	4	4	6	丁丑	6	4	5	8	戊申	7	5	6	9	己卯	8	5	7	11	庚戌
											5	5	4	7	戊寅	6	5	5	9	己酉	7	6	6	10	庚辰	8	6	7	12	辛亥
																										8	7	7	13	壬子
中氣	雨水					春分					穀雨					小滿					夏至					大暑				
	2/19 10時1分 巳時					3/21 9時39分 巳時					4/20 21時27分 亥時					5/21 21時17分 亥時					6/22 5時39分 卯時					7/23 16時36分 申時				

庚子																														年
甲申					乙酉					丙戌					丁亥					戊子					己丑					月
立秋					白露					寒露					立冬					大雪					小寒					節氣
8/8 8時50分 辰時					9/8 11時16分 午時					10/9 2時13分 丑時					11/8 4時39分 寅時					12/7 20時55分 戌時					1/6 7時53分 辰時					
國曆		農曆		干支	國曆		農曆		干支	國曆		農曆		干支	國曆		農曆		干支	國曆		農曆		干支	國曆		農曆		干支	日
8	8	7	14	癸丑	9	8	8	15	甲申	10	9	8	16	乙卯	11	8	9	17	乙酉	12	7	10	16	甲寅	1	6	11	16	甲申	清光緒二十六年 民國前十二、十一年 鼠 1900、1901
8	9	7	15	甲寅	9	9	8	16	乙酉	10	10	8	17	丙辰	11	9	9	18	丙戌	12	8	10	17	乙卯	1	7	11	17	乙酉	
8	10	7	16	乙卯	9	10	8	17	丙戌	10	11	8	18	丁巳	11	10	9	19	丁亥	12	9	10	18	丙辰	1	8	11	18	丙戌	
8	11	7	17	丙辰	9	11	8	18	丁亥	10	12	8	19	戊午	11	11	9	20	戊子	12	10	10	19	丁巳	1	9	11	19	丁亥	
8	12	7	18	丁巳	9	12	8	19	戊子	10	13	8	20	己未	11	12	9	21	己丑	12	11	10	20	戊午	1	10	11	20	戊子	
8	13	7	19	戊午	9	13	8	20	己丑	10	14	8	21	庚申	11	13	9	22	庚寅	12	12	10	21	己未	1	11	11	21	己丑	
8	14	7	20	己未	9	14	8	21	庚寅	10	15	8	22	辛酉	11	14	9	23	辛卯	12	13	10	22	庚申	1	12	11	22	庚寅	
8	15	7	21	庚申	9	15	8	22	辛卯	10	16	8	23	壬戌	11	15	9	24	壬辰	12	14	10	23	辛酉	1	13	11	23	辛卯	
8	16	7	22	辛酉	9	16	8	23	壬辰	10	17	8	24	癸亥	11	16	9	25	癸巳	12	15	10	24	壬戌	1	14	11	24	壬辰	
8	17	7	23	壬戌	9	17	8	24	癸巳	10	18	8	25	甲子	11	17	9	26	甲午	12	16	10	25	癸亥	1	15	11	25	癸巳	
8	18	7	24	癸亥	9	18	8	25	甲午	10	19	8	26	乙丑	11	18	9	27	乙未	12	17	10	26	甲子	1	16	11	26	甲午	
8	19	7	25	甲子	9	19	8	26	乙未	10	20	8	27	丙寅	11	19	9	28	丙申	12	18	10	27	乙丑	1	17	11	27	乙未	
8	20	7	26	乙丑	9	20	8	27	丙申	10	21	8	28	丁卯	11	20	9	29	丁酉	12	19	10	28	丙寅	1	18	11	28	丙申	
8	21	7	27	丙寅	9	21	8	28	丁酉	10	22	8	29	戊辰	11	21	9	30	戊戌	12	20	10	29	丁卯	1	19	11	29	丁酉	
8	22	7	28	丁卯	9	22	8	29	戊戌	10	23	9	1	己巳	11	22	10	1	己亥	12	21	10	30	戊辰	1	20	12	1	戊戌	
8	23	7	29	戊辰	9	23	8	30	己亥	10	24	9	2	庚午	11	23	10	2	庚子	12	22	11	1	己巳	1	21	12	2	己亥	
8	24	7	30	己巳	9	24	閏8	1	庚子	10	25	9	3	辛未	11	24	10	3	辛丑	12	23	11	2	庚午	1	22	12	3	庚子	
8	25	8	1	庚午	9	25	8	2	辛丑	10	26	9	4	壬申	11	25	10	4	壬寅	12	24	11	3	辛未	1	23	12	4	辛丑	
8	26	8	2	辛未	9	26	8	3	壬寅	10	27	9	5	癸酉	11	26	10	5	癸卯	12	25	11	4	壬申	1	24	12	5	壬寅	
8	27	8	3	壬申	9	27	8	4	癸卯	10	28	9	6	甲戌	11	27	10	6	甲辰	12	26	11	5	癸酉	1	25	12	6	癸卯	
8	28	8	4	癸酉	9	28	8	5	甲辰	10	29	9	7	乙亥	11	28	10	7	乙巳	12	27	11	6	甲戌	1	26	12	7	甲辰	
8	29	8	5	甲戌	9	29	8	6	乙巳	10	30	9	8	丙子	11	29	10	8	丙午	12	28	11	7	乙亥	1	27	12	8	乙巳	
8	30	8	6	乙亥	9	30	8	7	丙午	10	31	9	9	丁丑	11	30	10	9	丁未	12	29	11	8	丙子	1	28	12	9	丙午	
8	31	8	7	丙子	10	1	8	8	丁未	11	1	9	10	戊寅	12	1	10	10	戊申	12	30	11	9	丁丑	1	29	12	10	丁未	
9	1	8	8	丁丑	10	2	8	9	戊申	11	2	9	11	己卯	12	2	10	11	己酉	12	31	11	10	戊寅	1	30	12	11	戊申	
9	2	8	9	戊寅	10	3	8	10	己酉	11	3	9	12	庚辰	12	3	10	12	庚戌	1	1	11	11	己卯	1	31	12	12	己酉	
9	3	8	10	己卯	10	4	8	11	庚戌	11	4	9	13	辛巳	12	4	10	13	辛亥	1	2	11	12	庚辰	2	1	12	13	庚戌	
9	4	8	11	庚辰	10	5	8	12	辛亥	11	5	9	14	壬午	12	5	10	14	壬子	1	3	11	13	辛巳	2	2	12	14	辛亥	
9	5	8	12	辛巳	10	6	8	13	壬子	11	6	9	15	癸未	12	6	10	15	癸丑	1	4	11	14	壬午	2	3	12	15	壬子	
9	6	8	13	壬午	10	7	8	14	癸丑	11	7	9	16	甲申						1	5	11	15	癸未						
9	7	8	14	癸未	10	8	8	15	甲寅																					
處暑					秋分					霜降					小雪					冬至					大寒					中氣
8/23 23時19分 子時					9/2320時20分 戌時					10/24 4時55分 寅時					11/23 1時47分 丑時					12/22 14時41分 未時					1/21 1時16分 丑時					

年	辛丑																													
月	庚寅					辛卯					壬辰					癸巳					甲午					乙未				
節氣	立春					驚蟄					清明					立夏					芒種					小暑				
	2/4 19時39分 戌時					3/6 14時10分 未時					4/5 19時44分 戌時					5/6 13時50分 未時					6/6 18時36分 酉時					7/8 5時7分 卯時				
日	國曆		農曆		干支	國曆		農曆		干支	國曆		農曆		干支	國曆		農曆		干支	國曆		農曆		干支	國曆		農曆		干支
清光緒二十七年 民國前十一年 牛	2	4	12	16	癸丑	3	6	1	16	癸未	4	5	2	17	癸丑	5	6	3	18	甲申	6	6	4	20	乙卯	7	8	5	23	丁亥
	2	5	12	17	甲寅	3	7	1	17	甲申	4	6	2	18	甲寅	5	7	3	19	乙酉	6	7	4	21	丙辰	7	9	5	24	戊子
	2	6	12	18	乙卯	3	8	1	18	乙酉	4	7	2	19	乙卯	5	8	3	20	丙戌	6	8	4	22	丁巳	7	10	5	25	己丑
	2	7	12	19	丙辰	3	9	1	19	丙戌	4	8	2	20	丙辰	5	9	3	21	丁亥	6	9	4	23	戊午	7	11	5	26	庚寅
	2	8	12	20	丁巳	3	10	1	20	丁亥	4	9	2	21	丁巳	5	10	3	22	戊子	6	10	4	24	己未	7	12	5	27	辛卯
	2	9	12	21	戊午	3	11	1	21	戊子	4	10	2	22	戊午	5	11	3	23	己丑	6	11	4	25	庚申	7	13	5	28	壬辰
	2	10	12	22	己未	3	12	1	22	己丑	4	11	2	23	己未	5	12	3	24	庚寅	6	12	4	26	辛酉	7	14	5	29	癸巳
	2	11	12	23	庚申	3	13	1	23	庚寅	4	12	2	24	庚申	5	13	3	25	辛卯	6	13	4	27	壬戌	7	15	5	30	甲午
	2	12	12	24	辛酉	3	14	1	24	辛卯	4	13	2	25	辛酉	5	14	3	26	壬辰	6	14	4	28	癸亥	7	16	6	1	乙未
	2	13	12	25	壬戌	3	15	1	25	壬辰	4	14	2	26	壬戌	5	15	3	27	癸巳	6	15	4	29	甲子	7	17	6	2	丙申
	2	14	12	26	癸亥	3	16	1	26	癸巳	4	15	2	27	癸亥	5	16	3	28	甲午	6	16	5	1	乙丑	7	18	6	3	丁酉
	2	15	12	27	甲子	3	17	1	27	甲午	4	16	2	28	甲子	5	17	3	29	乙未	6	17	5	2	丙寅	7	19	6	4	戊戌
	2	16	12	28	乙丑	3	18	1	28	乙未	4	17	2	29	乙丑	5	18	4	1	丙申	6	18	5	3	丁卯	7	20	6	5	己亥
	2	17	12	29	丙寅	3	19	1	29	丙申	4	18	2	30	丙寅	5	19	4	2	丁酉	6	19	5	4	戊辰	7	21	6	6	庚子
	2	18	12	30	丁卯	3	20	2	1	丁酉	4	19	3	1	丁卯	5	20	4	3	戊戌	6	20	5	5	己巳	7	22	6	7	辛丑
	2	19	1	1	戊辰	3	21	2	2	戊戌	4	20	3	2	戊辰	5	21	4	4	己亥	6	21	5	6	庚午	7	23	6	8	壬寅
	2	20	1	2	己巳	3	22	2	3	己亥	4	21	3	3	己巳	5	22	4	5	庚子	6	22	5	7	辛未	7	24	6	9	癸卯
	2	21	1	3	庚午	3	23	2	4	庚子	4	22	3	4	庚午	5	23	4	6	辛丑	6	23	5	8	壬申	7	25	6	10	甲辰
	2	22	1	4	辛未	3	24	2	5	辛丑	4	23	3	5	辛未	5	24	4	7	壬寅	6	24	5	9	癸酉	7	26	6	11	乙巳
	2	23	1	5	壬申	3	25	2	6	壬寅	4	24	3	6	壬申	5	25	4	8	癸卯	6	25	5	10	甲戌	7	27	6	12	丙午
	2	24	1	6	癸酉	3	26	2	7	癸卯	4	25	3	7	癸酉	5	26	4	9	甲辰	6	26	5	11	乙亥	7	28	6	13	丁未
	2	25	1	7	甲戌	3	27	2	8	甲辰	4	26	3	8	甲戌	5	27	4	10	乙巳	6	27	5	12	丙子	7	29	6	14	戊申
1901	2	26	1	8	乙亥	3	28	2	9	乙巳	4	27	3	9	乙亥	5	28	4	11	丙午	6	28	5	13	丁丑	7	30	6	15	己酉
	2	27	1	9	丙子	3	29	2	10	丙午	4	28	3	10	丙子	5	29	4	12	丁未	6	29	5	14	戊寅	7	31	6	16	庚戌
	2	28	1	10	丁丑	3	30	2	11	丁未	4	29	3	11	丁丑	5	30	4	13	戊申	6	30	5	15	己卯	8	1	6	17	辛亥
	3	1	1	11	戊寅	3	31	2	12	戊申	4	30	3	12	戊寅	5	31	4	14	己酉	7	1	5	16	庚辰	8	2	6	18	壬子
	3	2	1	12	己卯	4	1	2	13	己酉	5	1	3	13	己卯	6	1	4	15	庚戌	7	2	5	17	辛巳	8	3	6	19	癸丑
	3	3	1	13	庚辰	4	2	2	14	庚戌	5	2	3	14	庚辰	6	2	4	16	辛亥	7	3	5	18	壬午	8	4	6	20	甲寅
	3	4	1	14	辛巳	4	3	2	15	辛亥	5	3	3	15	辛巳	6	3	4	17	壬子	7	4	5	19	癸未	8	5	6	21	乙卯
	3	5	1	15	壬午	4	4	2	16	壬子	5	4	3	16	壬午	6	4	4	18	癸丑	7	5	5	20	甲申	8	6	6	22	丙辰
											5	5	3	17	癸未	6	5	4	19	甲寅	7	6	5	21	乙酉	8	7	6	23	丁巳
																					7	7	5	22	丙戌					
中氣	雨水					春分					穀雨					小滿					夏至					大暑				
	2/19 15時45分 申時					3/21 15時23分 申時					4/21 3時13分 寅時					5/22 3時4分 寅時					6/22 11時27分 午時					7/23 22時23分 亥時				

辛丑																														年
丙申					丁酉					戊戌					己亥					庚子					辛丑					月
立秋					白露					寒露					立冬					大雪					小寒					節氣
8/8 14時46分 未時					9/8 17時10分 酉時					10/9 8時6分 辰時					11/8 10時34分 巳時					12/8 2時52分 丑時					1/6 13時51分 未時					
國曆		農曆		干支	國曆		農曆		干支	國曆		農曆		干支	國曆		農曆		干支	國曆		農曆		干支	國曆		農曆		干支	日
8	8	6	24	戊午	9	8	7	26	己丑	10	9	8	27	庚申	11	8	9	28	庚寅	12	8	10	28	庚申	1	6	11	27	己丑	清光緒二十七年 民國前十一、十年 牛 1901、1902
8	9	6	25	己未	9	9	7	27	庚寅	10	10	8	28	辛酉	11	9	9	29	辛卯	12	9	10	29	辛酉	1	7	11	28	庚寅	
8	10	6	26	庚申	9	10	7	28	辛卯	10	11	8	29	壬戌	11	10	9	30	壬辰	12	10	10	30	壬戌	1	8	11	29	辛卯	
8	11	6	27	辛酉	9	11	7	29	壬辰	10	12	9	1	癸亥	11	11	10	1	癸巳	12	11	11	1	癸亥	1	9	11	30	壬辰	
8	12	6	28	壬戌	9	12	7	30	癸巳	10	13	9	2	甲子	11	12	10	2	甲午	12	12	11	2	甲子	1	10	12	1	癸巳	
8	13	6	29	癸亥	9	13	8	1	甲午	10	14	9	3	乙丑	11	13	10	3	乙未	12	13	11	3	乙丑	1	11	12	2	甲午	
8	14	7	1	甲子	9	14	8	2	乙未	10	15	9	4	丙寅	11	14	10	4	丙申	12	14	11	4	丙寅	1	12	12	3	乙未	
8	15	7	2	乙丑	9	15	8	3	丙申	10	16	9	5	丁卯	11	15	10	5	丁酉	12	15	11	5	丁卯	1	13	12	4	丙申	
8	16	7	3	丙寅	9	16	8	4	丁酉	10	17	9	6	戊辰	11	16	10	6	戊戌	12	16	11	6	戊辰	1	14	12	5	丁酉	
8	17	7	4	丁卯	9	17	8	5	戊戌	10	18	9	7	己巳	11	17	10	7	己亥	12	17	11	7	己巳	1	15	12	6	戊戌	
8	18	7	5	戊辰	9	18	8	6	己亥	10	19	9	8	庚午	11	18	10	8	庚子	12	18	11	8	庚午	1	16	12	7	己亥	
8	19	7	6	己巳	9	19	8	7	庚子	10	20	9	9	辛未	11	19	10	9	辛丑	12	19	11	9	辛未	1	17	12	8	庚子	
8	20	7	7	庚午	9	20	8	8	辛丑	10	21	9	10	壬申	11	20	10	10	壬寅	12	20	11	10	壬申	1	18	12	9	辛丑	
8	21	7	8	辛未	9	21	8	9	壬寅	10	22	9	11	癸酉	11	21	10	11	癸卯	12	21	11	11	癸酉	1	19	12	10	壬寅	
8	22	7	9	壬申	9	22	8	10	癸卯	10	23	9	12	甲戌	11	22	10	12	甲辰	12	22	11	12	甲戌	1	20	12	11	癸卯	
8	23	7	10	癸酉	9	23	8	11	甲辰	10	24	9	13	乙亥	11	23	10	13	乙巳	12	23	11	13	乙亥	1	21	12	12	甲辰	
8	24	7	11	甲戌	9	24	8	12	乙巳	10	25	9	14	丙子	11	24	10	14	丙午	12	24	11	14	丙子	1	22	12	13	乙巳	
8	25	7	12	乙亥	9	25	8	13	丙午	10	26	9	15	丁丑	11	25	10	15	丁未	12	25	11	15	丁丑	1	23	12	14	丙午	
8	26	7	13	丙子	9	26	8	14	丁未	10	27	9	16	戊寅	11	26	10	16	戊申	12	26	11	16	戊寅	1	24	12	15	丁未	
8	27	7	14	丁丑	9	27	8	15	戊申	10	28	9	17	己卯	11	27	10	17	己酉	12	27	11	17	己卯	1	25	12	16	戊申	
8	28	7	15	戊寅	9	28	8	16	己酉	10	29	9	18	庚辰	11	28	10	18	庚戌	12	28	11	18	庚辰	1	26	12	17	己酉	
8	29	7	16	己卯	9	29	8	17	庚戌	10	30	9	19	辛巳	11	29	10	19	辛亥	12	29	11	19	辛巳	1	27	12	18	庚戌	
8	30	7	17	庚辰	9	30	8	18	辛亥	10	31	9	20	壬午	11	30	10	20	壬子	12	30	11	20	壬午	1	28	12	19	辛亥	
8	31	7	18	辛巳	10	1	8	19	壬子	11	1	9	21	癸未	12	1	10	21	癸丑	12	31	11	21	癸未	1	29	12	20	壬子	
9	1	7	19	壬午	10	2	8	20	癸丑	11	2	9	22	甲申	12	2	10	22	甲寅	1	1	11	22	甲申	1	30	12	21	癸丑	
9	2	7	20	癸未	10	3	8	21	甲寅	11	3	9	23	乙酉	12	3	10	23	乙卯	1	2	11	23	乙酉	1	31	12	22	甲寅	
9	3	7	21	甲申	10	4	8	22	乙卯	11	4	9	24	丙戌	12	4	10	24	丙辰	1	3	11	24	丙戌	2	1	12	23	乙卯	
9	4	7	22	乙酉	10	5	8	23	丙辰	11	5	9	25	丁亥	12	5	10	25	丁巳	1	4	11	25	丁亥	2	2	12	24	丙辰	
9	5	7	23	丙戌	10	6	8	24	丁巳	11	6	9	26	戊子	12	6	10	26	戊午	1	5	11	26	戊子	2	3	12	25	丁巳	
9	6	7	24	丁亥	10	7	8	25	戊午	11	7	9	27	己丑	12	7	10	27	己未						2	4	12	26	戊午	
9	7	7	25	戊子	10	8	8	26	己未																					
處暑					秋分					霜降					小雪					冬至					大寒					中氣
8/24 5時7分 卯時					9/24 2時9分 丑時					10/24 10時46分 巳時					11/23 7時41分 辰時					12/22 20時36分 戌時					1/21 7時12分 辰時					

年	壬寅																													
月	壬寅					癸卯					甲辰					乙巳					丙午					丁未				
節氣	立春					驚蟄					清明					立夏					芒種					小暑				
	2/5 1時38分 丑時					3/6 20時7分 戌時					4/6 1時37分 丑時					5/6 19時38分 戌時					6/7 0時19分 子時					7/8 10時46分 巳時				
日	國曆		農曆		干支	國曆		農曆		干支	國曆		農曆		干支	國曆		農曆		干支	國曆		農曆		干支	國曆		農曆		干支
	2	5	12	27	己未	3	6	1	27	戊子	4	6	2	28	己未	5	6	3	29	己丑	6	7	5	2	辛酉	7	8	6	4	壬辰
	2	6	12	28	庚申	3	7	1	28	己丑	4	7	2	29	庚申	5	7	3	30	庚寅	6	8	5	3	壬戌	7	9	6	5	癸巳
清光緒二十八年 民國前十年 虎	2	7	12	29	辛酉	3	8	1	29	庚寅	4	8	3	1	辛酉	5	8	4	1	辛卯	6	9	5	4	癸亥	7	10	6	6	甲午
	2	8	1	1	壬戌	3	9	1	30	辛卯	4	9	3	2	壬戌	5	9	4	2	壬辰	6	10	5	5	甲子	7	11	6	7	乙未
	2	9	1	2	癸亥	3	10	2	1	壬辰	4	10	3	3	癸亥	5	10	4	3	癸巳	6	11	5	6	乙丑	7	12	6	8	丙申
	2	10	1	3	甲子	3	11	2	2	癸巳	4	11	3	4	甲子	5	11	4	4	甲午	6	12	5	7	丙寅	7	13	6	9	丁酉
	2	11	1	4	乙丑	3	12	2	3	甲午	4	12	3	5	乙丑	5	12	4	5	乙未	6	13	5	8	丁卯	7	14	6	10	戊戌
	2	12	1	5	丙寅	3	13	2	4	乙未	4	13	3	6	丙寅	5	13	4	6	丙申	6	14	5	9	戊辰	7	15	6	11	己亥
	2	13	1	6	丁卯	3	14	2	5	丙申	4	14	3	7	丁卯	5	14	4	7	丁酉	6	15	5	10	己巳	7	16	6	12	庚子
	2	14	1	7	戊辰	3	15	2	6	丁酉	4	15	3	8	戊辰	5	15	4	8	戊戌	6	16	5	11	庚午	7	17	6	13	辛丑
	2	15	1	8	己巳	3	16	2	7	戊戌	4	16	3	9	己巳	5	16	4	9	己亥	6	17	5	12	辛未	7	18	6	14	壬寅
	2	16	1	9	庚午	3	17	2	8	己亥	4	17	3	10	庚午	5	17	4	10	庚子	6	18	5	13	壬申	7	19	6	15	癸卯
	2	17	1	10	辛未	3	18	2	9	庚子	4	18	3	11	辛未	5	18	4	11	辛丑	6	19	5	14	癸酉	7	20	6	16	甲辰
	2	18	1	11	壬申	3	19	2	10	辛丑	4	19	3	12	壬申	5	19	4	12	壬寅	6	20	5	15	甲戌	7	21	6	17	乙巳
	2	19	1	12	癸酉	3	20	2	11	壬寅	4	20	3	13	癸酉	5	20	4	13	癸卯	6	21	5	16	乙亥	7	22	6	18	丙午
	2	20	1	13	甲戌	3	21	2	12	癸卯	4	21	3	14	甲戌	5	21	4	14	甲辰	6	22	5	17	丙子	7	23	6	19	丁未
	2	21	1	14	乙亥	3	22	2	13	甲辰	4	22	3	15	乙亥	5	22	4	15	乙巳	6	23	5	18	丁丑	7	24	6	20	戊申
	2	22	1	15	丙子	3	23	2	14	乙巳	4	23	3	16	丙子	5	23	4	16	丙午	6	24	5	19	戊寅	7	25	6	21	己酉
	2	23	1	16	丁丑	3	24	2	15	丙午	4	24	3	17	丁丑	5	24	4	17	丁未	6	25	5	20	己卯	7	26	6	22	庚戌
	2	24	1	17	戊寅	3	25	2	16	丁未	4	25	3	18	戊寅	5	25	4	18	戊申	6	26	5	21	庚辰	7	27	6	23	辛亥
	2	25	1	18	己卯	3	26	2	17	戊申	4	26	3	19	己卯	5	26	4	19	己酉	6	27	5	22	辛巳	7	28	6	24	壬子
	2	26	1	19	庚辰	3	27	2	18	己酉	4	27	3	20	庚辰	5	27	4	20	庚戌	6	28	5	23	壬午	7	29	6	25	癸丑
1902	2	27	1	20	辛巳	3	28	2	19	庚戌	4	28	3	21	辛巳	5	28	4	21	辛亥	6	29	5	24	癸未	7	30	6	26	甲寅
	2	28	1	21	壬午	3	29	2	20	辛亥	4	29	3	22	壬午	5	29	4	22	壬子	6	30	5	25	甲申	7	31	6	27	乙卯
	3	1	1	22	癸未	3	30	2	21	壬子	4	30	3	23	癸未	5	30	4	23	癸丑	7	1	5	26	乙酉	8	1	6	28	丙辰
	3	2	1	23	甲申	3	31	2	22	癸丑	5	1	3	24	甲申	5	31	4	24	甲寅	7	2	5	27	丙戌	8	2	6	29	丁巳
	3	3	1	24	乙酉	4	1	2	23	甲寅	5	2	3	25	乙酉	6	1	4	25	乙卯	7	3	5	28	丁亥	8	3	6	30	戊午
	3	4	1	25	丙戌	4	2	2	24	乙卯	5	3	3	26	丙戌	6	2	4	26	丙辰	7	4	5	29	戊子	8	4	7	1	己未
	3	5	1	26	丁亥	4	3	2	25	丙辰	5	4	3	27	丁亥	6	3	4	27	丁巳	7	5	6	1	己丑	8	5	7	2	庚申
						4	4	2	26	丁巳	5	5	3	28	戊子	6	4	4	28	戊午	7	6	6	2	庚寅	8	6	7	3	辛酉
						4	5	2	27	戊午						6	5	4	29	己未	7	7	6	3	辛卯	8	7	7	4	壬戌
																6	6	5	1	庚申										
中氣	雨水					春分					穀雨					小滿					夏至					大暑				
	2/19 21時39分 亥時					3/21 21時16分 亥時					4/21 9時4分 巳時					5/22 8時53分 辰時					6/22 17時15分 酉時					7/24 4時9分 寅時				

年	壬寅
日	清光緒二十八年 民國前十、九年 虎 1902、1903

月：戊申　節氣：立秋 /8 20時22分 戌時　中氣：處暑 /24 10時53分 巳時

國曆		農曆		干支
	8	7	5	癸亥
	9	7	6	甲子
	10	7	7	乙丑
	11	7	8	丙寅
	12	7	9	丁卯
	13	7	10	戊辰
	14	7	11	己巳
	15	7	12	庚午
	16	7	13	辛未
	17	7	14	壬申
	18	7	15	癸酉
	19	7	16	甲戌
	20	7	17	乙亥
	21	7	18	丙子
	22	7	19	丁丑
	23	7	20	戊寅
	24	7	21	己卯
	25	7	22	庚辰
	26	7	23	辛巳
	27	7	24	壬午
	28	7	25	癸未
	29	7	26	甲申
	30	7	27	乙酉
	31	7	28	丙戌
	1	7	29	丁亥
	2	8	1	戊子
	3	8	2	己丑
	4	8	3	庚寅
	5	8	4	辛卯
	6	8	5	壬辰
	7	8	6	癸巳

月：己酉　節氣：白露 9/8 22時46分 亥時　中氣：秋分 9/24 7時55分 辰時

國曆		農曆		干支
9	8	8	7	甲午
9	9	8	8	乙未
9	10	8	9	丙申
9	11	8	10	丁酉
9	12	8	11	戊戌
9	13	8	12	己亥
9	14	8	13	庚子
9	15	8	14	辛丑
9	16	8	15	壬寅
9	17	8	16	癸卯
9	18	8	17	甲辰
9	19	8	18	乙巳
9	20	8	19	丙午
9	21	8	20	丁未
9	22	8	21	戊申
9	23	8	22	己酉
9	24	8	23	庚戌
9	25	8	24	辛亥
9	26	8	25	壬子
9	27	8	26	癸丑
9	28	8	27	甲寅
9	29	8	28	乙卯
9	30	8	29	丙辰
10	1	8	30	丁巳
10	2	9	1	戊午
10	3	9	2	己未
10	4	9	3	庚申
10	5	9	4	辛酉
10	6	9	5	壬戌
10	7	9	6	癸亥
10	8	9	7	甲子

月：庚戌　節氣：寒露 10/9 13時45分 未時　中氣：霜降 10/24 16時35分 申時

國曆		農曆		干支
10	9	9	8	乙丑
10	10	9	9	丙寅
10	11	9	10	丁卯
10	12	9	11	戊辰
10	13	9	12	己巳
10	14	9	13	庚午
10	15	9	14	辛未
10	16	9	15	壬申
10	17	9	16	癸酉
10	18	9	17	甲戌
10	19	9	18	乙亥
10	20	9	19	丙子
10	21	9	20	丁丑
10	22	9	21	戊寅
10	23	9	22	己卯
10	24	9	23	庚辰
10	25	9	24	辛巳
10	26	9	25	壬午
10	27	9	26	癸未
10	28	9	27	甲申
10	29	9	28	乙酉
10	30	9	29	丙戌
10	31	10	1	丁亥
11	1	10	2	戊子
11	2	10	3	己丑
11	3	10	4	庚寅
11	4	10	5	辛卯
11	5	10	6	壬辰
11	6	10	7	癸巳
11	7	10	8	甲午

月：辛亥　節氣：立冬 11/8 16時17分 申時　中氣：小雪 11/23 13時35分 未時

國曆		農曆		干支
11	8	10	9	乙未
11	9	10	10	丙申
11	10	10	11	丁酉
11	11	10	12	戊戌
11	12	10	13	己亥
11	13	10	14	庚子
11	14	10	15	辛丑
11	15	10	16	壬寅
11	16	10	17	癸卯
11	17	10	18	甲辰
11	18	10	19	乙巳
11	19	10	20	丙午
11	20	10	21	丁未
11	21	10	22	戊申
11	22	10	23	己酉
11	23	10	24	庚戌
11	24	10	25	辛亥
11	25	10	26	壬子
11	26	10	27	癸丑
11	27	10	28	甲寅
11	28	10	29	乙卯
11	29	10	30	丙辰
11	30	11	1	丁巳
12	1	11	2	戊午
12	2	11	3	己未
12	3	11	4	庚申
12	4	11	5	辛酉
12	5	11	6	壬戌
12	6	11	7	癸亥
12	7	11	8	甲子

月：壬子　節氣：大雪 12/8 8時41分 辰時　中氣：冬至 12/23 2時35分 丑時

國曆		農曆		干支
12	8	11	9	乙丑
12	9	11	10	丙寅
12	10	11	11	丁卯
12	11	11	12	戊辰
12	12	11	13	己巳
12	13	11	14	庚午
12	14	11	15	辛未
12	15	11	16	壬申
12	16	11	17	癸酉
12	17	11	18	甲戌
12	18	11	19	乙亥
12	19	11	20	丙子
12	20	11	21	丁丑
12	21	11	22	戊寅
12	22	11	23	己卯
12	23	11	24	庚辰
12	24	11	25	辛巳
12	25	11	26	壬午
12	26	11	27	癸未
12	27	11	28	甲申
12	28	11	29	乙酉
12	29	11	30	丙戌
12	30	12	1	丁亥
12	31	12	2	戊子
1	1	12	3	己丑
1	2	12	4	庚寅
1	3	12	5	辛卯
1	4	12	6	壬辰
1	5	12	7	癸巳

月：癸丑　節氣：小寒 1/6 19時43分 戌時　中氣：大寒 1/21 13時13分 未時

國曆		農曆		干支
1	6	12	8	甲午
1	7	12	9	乙未
1	8	12	10	丙申
1	9	12	11	丁酉
1	10	12	12	戊戌
1	11	12	13	己亥
1	12	12	14	庚子
1	13	12	15	辛丑
1	14	12	16	壬寅
1	15	12	17	癸卯
1	16	12	18	甲辰
1	17	12	19	乙巳
1	18	12	20	丙午
1	19	12	21	丁未
1	20	12	22	戊申
1	21	12	23	己酉
1	22	12	24	庚戌
1	23	12	25	辛亥
1	24	12	26	壬子
1	25	12	27	癸丑
1	26	12	28	甲寅
1	27	12	29	乙卯
1	28	12	30	丙辰
1	29	1	1	丁巳
1	30	1	2	戊午
1	31	1	3	己未
2	1	1	4	庚申
2	2	1	5	辛酉
2	3	1	6	壬戌
2	4	1	7	癸亥

年	癸卯																													
月	甲寅					乙卯					丙辰					丁巳					戊午					己未				
節氣	立春					驚蟄					清明					立夏					芒種					小暑				
	2/5 7時31分 辰時					3/7 1時58分 丑時					4/6 7時26分 辰時					5/7 1時25分 丑時					6/7 6時7分 卯時					7/8 16時36分 申時				
日	國曆		農曆		干支	國曆		農曆		干支	國曆		農曆		干支	國曆		農曆		干支	國曆		農曆		干支	國曆		農曆		干支
清光緒二十九年 民國前九年 兔	2	5	1	8	甲子	3	7	2	9	甲午	4	6	3	9	甲子	5	7	4	11	乙未	6	7	5	12	丙寅	7	8	5̲	14	丁酉
	2	6	1	9	乙丑	3	8	2	10	乙未	4	7	3	10	乙丑	5	8	4	12	丙申	6	8	5	13	丁卯	7	9	5̲	15	戊戌
	2	7	1	10	丙寅	3	9	2	11	丙申	4	8	3	11	丙寅	5	9	4	13	丁酉	6	9	5	14	戊辰	7	10	5̲	16	己亥
	2	8	1	11	丁卯	3	10	2	12	丁酉	4	9	3	12	丁卯	5	10	4	14	戊戌	6	10	5	15	己巳	7	11	5̲	17	庚子
	2	9	1	12	戊辰	3	11	2	13	戊戌	4	10	3	13	戊辰	5	11	4	15	己亥	6	11	5	16	庚午	7	12	5̲	18	辛丑
	2	10	1	13	己巳	3	12	2	14	己亥	4	11	3	14	己巳	5	12	4	16	庚子	6	12	5	17	辛未	7	13	5̲	19	壬寅
	2	11	1	14	庚午	3	13	2	15	庚子	4	12	3	15	庚午	5	13	4	17	辛丑	6	13	5	18	壬申	7	14	5̲	20	癸卯
	2	12	1	15	辛未	3	14	2	16	辛丑	4	13	3	16	辛未	5	14	4	18	壬寅	6	14	5	19	癸酉	7	15	5̲	21	甲辰
	2	13	1	16	壬申	3	15	2	17	壬寅	4	14	3	17	壬申	5	15	4	19	癸卯	6	15	5	20	甲戌	7	16	5̲	22	乙巳
	2	14	1	17	癸酉	3	16	2	18	癸卯	4	15	3	18	癸酉	5	16	4	20	甲辰	6	16	5	21	乙亥	7	17	5̲	23	丙午
	2	15	1	18	甲戌	3	17	2	19	甲辰	4	16	3	19	甲戌	5	17	4	21	乙巳	6	17	5	22	丙子	7	18	5̲	24	丁未
	2	16	1	19	乙亥	3	18	2	20	乙巳	4	17	3	20	乙亥	5	18	4	22	丙午	6	18	5	23	丁丑	7	19	5̲	25	戊申
	2	17	1	20	丙子	3	19	2	21	丙午	4	18	3	21	丙子	5	19	4	23	丁未	6	19	5	24	戊寅	7	20	5̲	26	己酉
	2	18	1	21	丁丑	3	20	2	22	丁未	4	19	3	22	丁丑	5	20	4	24	戊申	6	20	5	25	己卯	7	21	5̲	27	庚戌
	2	19	1	22	戊寅	3	21	2	23	戊申	4	20	3	23	戊寅	5	21	4	25	己酉	6	21	5	26	庚辰	7	22	5̲	28	辛亥
	2	20	1	23	己卯	3	22	2	24	己酉	4	21	3	24	己卯	5	22	4	26	庚戌	6	22	5	27	辛巳	7	23	5̲	29	壬子
	2	21	1	24	庚辰	3	23	2	25	庚戌	4	22	3	25	庚辰	5	23	4	27	辛亥	6	23	5	28	壬午	7	24	6	1	癸丑
	2	22	1	25	辛巳	3	24	2	26	辛亥	4	23	3	26	辛巳	5	24	4	28	壬子	6	24	5	29	癸未	7	25	6	2	甲寅
	2	23	1	26	壬午	3	25	2	27	壬子	4	24	3	27	壬午	5	25	4	29	癸丑	6	25	閏5	1	甲申	7	26	6	3	乙卯
	2	24	1	27	癸未	3	26	2	28	癸丑	4	25	3	28	癸未	5	26	4	30	甲寅	6	26	5̲	2	乙酉	7	27	6	4	丙辰
	2	25	1	28	甲申	3	27	2	29	甲寅	4	26	3	29	甲申	5	27	5	1	乙卯	6	27	5̲	3	丙戌	7	28	6	5	丁巳
	2	26	1	29	乙酉	3	28	2	30	乙卯	4	27	4	1	乙酉	5	28	5	2	丙辰	6	28	5̲	4	丁亥	7	29	6	6	戊午
1903	2	27	2	1	丙戌	3	29	3	1	丙辰	4	28	4	2	丙戌	5	29	5	3	丁巳	6	29	5̲	5	戊子	7	30	6	7	己未
	2	28	2	2	丁亥	3	30	3	2	丁巳	4	29	4	3	丁亥	5	30	5	4	戊午	6	30	5̲	6	己丑	7	31	6	8	庚申
	3	1	2	3	戊子	3	31	3	3	戊午	4	30	4	4	戊子	5	31	5	5	己未	7	1	5̲	7	庚寅	8	1	6	9	辛酉
	3	2	2	4	己丑	4	1	3	4	己未	5	1	4	5	己丑	6	1	5	6	庚申	7	2	5̲	8	辛卯	8	2	6	10	壬戌
	3	3	2	5	庚寅	4	2	3	5	庚申	5	2	4	6	庚寅	6	2	5	7	辛酉	7	3	5̲	9	壬辰	8	3	6	11	癸亥
	3	4	2	6	辛卯	4	3	3	6	辛酉	5	3	4	7	辛卯	6	3	5	8	壬戌	7	4	5̲	10	癸巳	8	4	6	12	甲子
	3	5	2	7	壬辰	4	4	3	7	壬戌	5	4	4	8	壬辰	6	4	5	9	癸亥	7	5	5̲	11	甲午	8	5	6	13	乙丑
	3	6	2	8	癸巳	4	5	3	8	癸亥	5	5	4	9	癸巳	6	5	5	10	甲子	7	6	5̲	12	乙未	8	6	6	14	丙寅
											5	6	4	10	甲午	6	6	5	11	乙丑	7	7	5̲	13	丙申	8	7	6	15	丁卯
																										8	8	6	16	戊辰
中氣	雨水					春分					穀雨					小滿					夏至					大暑				
	2/20 3時40分 寅時					3/22 3時14分 寅時					4/21 14時58分 未時					5/22 14時45分 未時					6/22 23時5分 子時					7/24 9時58分 巳時				

癸卯																														年
庚申					辛酉					壬戌					癸亥					甲子					乙丑					月
立秋					白露					寒露					立冬					大雪					小寒					節氣
8/9 2時15分 丑時					9/9 4時42分 寅時					10/9 19時41分 戌時					11/8 22時13分 亥時					12/8 14時35分 未時					1/7 1時37分 丑時					
國曆		農曆		干支	國曆		農曆		干支	國曆		農曆		干支	國曆		農曆		干支	國曆		農曆		干支	國曆		農曆		干支	日
	9	6	17	己巳	9	9	7	18	庚子	10	9	8	19	庚午	11	8	9	20	庚子	12	8	10	20	庚午	1	7	11	20	庚子	清光緒二十九年 民國前九、八年 兔 1903、1904
	10	6	18	庚午	9	10	7	19	辛丑	10	10	8	20	辛未	11	9	9	21	辛丑	12	9	10	21	辛未	1	8	11	21	辛丑	
	11	6	19	辛未	9	11	7	20	壬寅	10	11	8	21	壬申	11	10	9	22	壬寅	12	10	10	22	壬申	1	9	11	22	壬寅	
	12	6	20	壬申	9	12	7	21	癸卯	10	12	8	22	癸酉	11	11	9	23	癸卯	12	11	10	23	癸酉	1	10	11	23	癸卯	
	13	6	21	癸酉	9	13	7	22	甲辰	10	13	8	23	甲戌	11	12	9	24	甲辰	12	12	10	24	甲戌	1	11	11	24	甲辰	
	14	6	22	甲戌	9	14	7	23	乙巳	10	14	8	24	乙亥	11	13	9	25	乙巳	12	13	10	25	乙亥	1	12	11	25	乙巳	
	15	6	23	乙亥	9	15	7	24	丙午	10	15	8	25	丙子	11	14	9	26	丙午	12	14	10	26	丙子	1	13	11	26	丙午	
	16	6	24	丙子	9	16	7	25	丁未	10	16	8	26	丁丑	11	15	9	27	丁未	12	15	10	27	丁丑	1	14	11	27	丁未	
	17	6	25	丁丑	9	17	7	26	戊申	10	17	8	27	戊寅	11	16	9	28	戊申	12	16	10	28	戊寅	1	15	11	28	戊申	
	18	6	26	戊寅	9	18	7	27	己酉	10	18	8	28	己卯	11	17	9	29	己酉	12	17	10	29	己卯	1	16	11	29	己酉	
	19	6	27	己卯	9	19	7	28	庚戌	10	19	8	29	庚辰	11	18	9	30	庚戌	12	18	10	30	庚辰	1	17	12	1	庚戌	
	20	6	28	庚辰	9	20	7	29	辛亥	10	20	9	1	辛巳	11	19	10	1	辛亥	12	19	11	1	辛巳	1	18	12	2	辛亥	
	21	6	29	辛巳	9	21	8	1	壬子	10	21	9	2	壬午	11	20	10	2	壬子	12	20	11	2	壬午	1	19	12	3	壬子	
	22	6	30	壬午	9	22	8	2	癸丑	10	22	9	3	癸未	11	21	10	3	癸丑	12	21	11	3	癸未	1	20	12	4	癸丑	
	23	7	1	癸未	9	23	8	3	甲寅	10	23	9	4	甲申	11	22	10	4	甲寅	12	22	11	4	甲申	1	21	12	5	甲寅	
	24	7	2	甲申	9	24	8	4	乙卯	10	24	9	5	乙酉	11	23	10	5	乙卯	12	23	11	5	乙酉	1	22	12	6	乙卯	
	25	7	3	乙酉	9	25	8	5	丙辰	10	25	9	6	丙戌	11	24	10	6	丙辰	12	24	11	6	丙戌	1	23	12	7	丙辰	
	26	7	4	丙戌	9	26	8	6	丁巳	10	26	9	7	丁亥	11	25	10	7	丁巳	12	25	11	7	丁亥	1	24	12	8	丁巳	
	27	7	5	丁亥	9	27	8	7	戊午	10	27	9	8	戊子	11	26	10	8	戊午	12	26	11	8	戊子	1	25	12	9	戊午	
	28	7	6	戊子	9	28	8	8	己未	10	28	9	9	己丑	11	27	10	9	己未	12	27	11	9	己丑	1	26	12	10	己未	
	29	7	7	己丑	9	29	8	9	庚申	10	29	9	10	庚寅	11	28	10	10	庚申	12	28	11	10	庚寅	1	27	12	11	庚申	
	30	7	8	庚寅	9	30	8	10	辛酉	10	30	9	11	辛卯	11	29	10	11	辛酉	12	29	11	11	辛卯	1	28	12	12	辛酉	
	31	7	9	辛卯	10	1	8	11	壬戌	10	31	9	12	壬辰	11	30	10	12	壬戌	12	30	11	12	壬辰	1	29	12	13	壬戌	
	1	7	10	壬辰	10	2	8	12	癸亥	11	1	9	13	癸巳	12	1	10	13	癸亥	12	31	11	13	癸巳	1	30	12	14	癸亥	
	2	7	11	癸巳	10	3	8	13	甲子	11	2	9	14	甲午	12	2	10	14	甲子	1	1	11	14	甲午	1	31	12	15	甲子	
	3	7	12	甲午	10	4	8	14	乙丑	11	3	9	15	乙未	12	3	10	15	乙丑	1	2	11	15	乙未	2	1	12	16	乙丑	
	4	7	13	乙未	10	5	8	15	丙寅	11	4	9	16	丙申	12	4	10	16	丙寅	1	3	11	16	丙申	2	2	12	17	丙寅	
	5	7	14	丙申	10	6	8	16	丁卯	11	5	9	17	丁酉	12	5	10	17	丁卯	1	4	11	17	丁酉	2	3	12	18	丁卯	
	6	7	15	丁酉	10	7	8	17	戊辰	11	6	9	18	戊戌	12	6	10	18	戊辰	1	5	11	18	戊戌	2	4	12	19	戊辰	
	7	7	16	戊戌	10	8	8	18	己巳	11	7	9	19	己亥	12	7	10	19	己巳	1	6	11	19	己亥						
	8	7	17	己亥																										
處暑					秋分					霜降					小雪					冬至					大寒					中氣
4 16時41分 申時					9/24 13時43分 未時					10/24 22時23分 亥時					11/23 19時21分 戌時					12/23 8時20分 辰時					1/21 18時57分 酉時					

年	甲辰																													
月	丙寅					丁卯					戊辰					己巳					庚午					辛未				
節氣	立春					驚蟄					清明					立夏					芒種					小暑				
	2/5 13時24分 未時					3/6 7時51分 辰時					4/5 13時18分 未時					5/6 7時18分 辰時					6/6 12時1分 午時					7/7 22時31分 亥時				
日	國曆		農曆		干支	國曆		農曆		干支	國曆		農曆		干支	國曆		農曆		干支	國曆		農曆		干支	國曆		農曆		干支
清光緒三十年 民國前八年 龍 1904	2	5	12	20	己巳	3	6	1	20	己亥	4	5	2	20	己巳	5	6	3	21	庚子	6	6	4	23	辛未	7	7	5	24	壬寅
	2	6	12	21	庚午	3	7	1	21	庚子	4	6	2	21	庚午	5	7	3	22	辛丑	6	7	4	24	壬申	7	8	5	25	癸卯
	2	7	12	22	辛未	3	8	1	22	辛丑	4	7	2	22	辛未	5	8	3	23	壬寅	6	8	4	25	癸酉	7	9	5	26	甲辰
	2	8	12	23	壬申	3	9	1	23	壬寅	4	8	2	23	壬申	5	9	3	24	癸卯	6	9	4	26	甲戌	7	10	5	27	乙巳
	2	9	12	24	癸酉	3	10	1	24	癸卯	4	9	2	24	癸酉	5	10	3	25	甲辰	6	10	4	27	乙亥	7	11	5	28	丙午
	2	10	12	25	甲戌	3	11	1	25	甲辰	4	10	2	25	甲戌	5	11	3	26	乙巳	6	11	4	28	丙子	7	12	5	29	丁未
	2	11	12	26	乙亥	3	12	1	26	乙巳	4	11	2	26	乙亥	5	12	3	27	丙午	6	12	4	29	丁丑	7	13	6	1	戊申
	2	12	12	27	丙子	3	13	1	27	丙午	4	12	2	27	丙子	5	13	3	28	丁未	6	13	4	30	戊寅	7	14	6	2	己酉
	2	13	12	28	丁丑	3	14	1	28	丁未	4	13	2	28	丁丑	5	14	3	29	戊申	6	14	5	1	己卯	7	15	6	3	庚戌
	2	14	12	29	戊寅	3	15	1	29	戊申	4	14	2	29	戊寅	5	15	4	1	己酉	6	15	5	2	庚辰	7	16	6	4	辛亥
	2	15	12	30	己卯	3	16	1	30	己酉	4	15	2	30	己卯	5	16	4	2	庚戌	6	16	5	3	辛巳	7	17	6	5	壬子
	2	16	1	1	庚辰	3	17	2	1	庚戌	4	16	3	1	庚辰	5	17	4	3	辛亥	6	17	5	4	壬午	7	18	6	6	癸丑
	2	17	1	2	辛巳	3	18	2	2	辛亥	4	17	3	2	辛巳	5	18	4	4	壬子	6	18	5	5	癸未	7	19	6	7	甲寅
	2	18	1	3	壬午	3	19	2	3	壬子	4	18	3	3	壬午	5	19	4	5	癸丑	6	19	5	6	甲申	7	20	6	8	乙卯
	2	19	1	4	癸未	3	20	2	4	癸丑	4	19	3	4	癸未	5	20	4	6	甲寅	6	20	5	7	乙酉	7	21	6	9	丙辰
	2	20	1	5	甲申	3	21	2	5	甲寅	4	20	3	5	甲申	5	21	4	7	乙卯	6	21	5	8	丙戌	7	22	6	10	丁巳
	2	21	1	6	乙酉	3	22	2	6	乙卯	4	21	3	6	乙酉	5	22	4	8	丙辰	6	22	5	9	丁亥	7	23	6	11	戊午
	2	22	1	7	丙戌	3	23	2	7	丙辰	4	22	3	7	丙戌	5	23	4	9	丁巳	6	23	5	10	戊子	7	24	6	12	己未
	2	23	1	8	丁亥	3	24	2	8	丁巳	4	23	3	8	丁亥	5	24	4	10	戊午	6	24	5	11	己丑	7	25	6	13	庚申
	2	24	1	9	戊子	3	25	2	9	戊午	4	24	3	9	戊子	5	25	4	11	己未	6	25	5	12	庚寅	7	26	6	14	辛酉
	2	25	1	10	己丑	3	26	2	10	己未	4	25	3	10	己丑	5	26	4	12	庚申	6	26	5	13	辛卯	7	27	6	15	壬戌
	2	26	1	11	庚寅	3	27	2	11	庚申	4	26	3	11	庚寅	5	27	4	13	辛酉	6	27	5	14	壬辰	7	28	6	16	癸亥
	2	27	1	12	辛卯	3	28	2	12	辛酉	4	27	3	12	辛卯	5	28	4	14	壬戌	6	28	5	15	癸巳	7	29	6	17	甲子
	2	28	1	13	壬辰	3	29	2	13	壬戌	4	28	3	13	壬辰	5	29	4	15	癸亥	6	29	5	16	甲午	7	30	6	18	乙丑
	2	29	1	14	癸巳	3	30	2	14	癸亥	4	29	3	14	癸巳	5	30	4	16	甲子	6	30	5	17	乙未	7	31	6	19	丙寅
	3	1	1	15	甲午	3	31	2	15	甲子	4	30	3	15	甲午	5	31	4	17	乙丑	7	1	5	18	丙申	8	1	6	20	丁卯
	3	2	1	16	乙未	4	1	2	16	乙丑	5	1	3	16	乙未	6	1	4	18	丙寅	7	2	5	19	丁酉	8	2	6	21	戊辰
	3	3	1	17	丙申	4	2	2	17	丙寅	5	2	3	17	丙申	6	2	4	19	丁卯	7	3	5	20	戊戌	8	3	6	22	己巳
	3	4	1	18	丁酉	4	3	2	18	丁卯	5	3	3	18	丁酉	6	3	4	20	戊辰	7	4	5	21	己亥	8	4	6	23	庚午
	3	5	1	19	戊戌	4	4	2	19	戊辰	5	4	3	19	戊戌	6	4	4	21	己巳	7	5	5	22	庚子	8	5	6	24	辛未
											5	5	3	20	己亥	6	5	4	22	庚午	7	6	5	23	辛丑	8	6	6	25	壬申
																										8	7	6	26	癸酉
中氣	雨水					春分					穀雨					小滿					夏至					大暑				
	2/20 9時24分 巳時					3/21 8時58分 辰時					4/20 20時42分 戌時					5/21 20時29分 戌時					6/22 4時51分 寅時					7/23 15時49分 申時				

甲辰																														年
壬申					癸酉					甲戌					乙亥					丙子					丁丑					月
立秋					白露					寒露					立冬					大雪					小寒					節
8/8 8時11分 辰時					9/8 10時38分 巳時					10/9 1時35分 丑時					11/8 4時5分 寅時					12/7 20時25分 戌時					1/6 7時27分 辰時					氣
國曆		農曆		干支	國曆		農曆		干支	國曆		農曆		干支	國曆		農曆		干支	國曆		農曆		干支	國曆		農曆		干支	日
	8	6	27	甲戌	9	8	7	29	乙巳	10	9	9	1	丙子	11	8	10	2	丙午	12	7	11	1	乙亥	1	6	12	1	乙巳	清光緒三十年 民國前八、七年 龍 1904、1905
	9	6	28	乙亥	9	9	7	30	丙午	10	10	9	2	丁丑	11	9	10	3	丁未	12	8	11	2	丙子	1	7	12	2	丙午	
	10	6	29	丙子	9	10	8	1	丁未	10	11	9	3	戊寅	11	10	10	4	戊申	12	9	11	3	丁丑	1	8	12	3	丁未	
	11	7	1	丁丑	9	11	8	2	戊申	10	12	9	4	己卯	11	11	10	5	己酉	12	10	11	4	戊寅	1	9	12	4	戊申	
	12	7	2	戊寅	9	12	8	3	己酉	10	13	9	5	庚辰	11	12	10	6	庚戌	12	11	11	5	己卯	1	10	12	5	己酉	
	13	7	3	己卯	9	13	8	4	庚戌	10	14	9	6	辛巳	11	13	10	7	辛亥	12	12	11	6	庚辰	1	11	12	6	庚戌	
	14	7	4	庚辰	9	14	8	5	辛亥	10	15	9	7	壬午	11	14	10	8	壬子	12	13	11	7	辛巳	1	12	12	7	辛亥	
	15	7	5	辛巳	9	15	8	6	壬子	10	16	9	8	癸未	11	15	10	9	癸丑	12	14	11	8	壬午	1	13	12	8	壬子	
	16	7	6	壬午	9	16	8	7	癸丑	10	17	9	9	甲申	11	16	10	10	甲寅	12	15	11	9	癸未	1	14	12	9	癸丑	
	17	7	7	癸未	9	17	8	8	甲寅	10	18	9	10	乙酉	11	17	10	11	乙卯	12	16	11	10	甲申	1	15	12	10	甲寅	
	18	7	8	甲申	9	18	8	9	乙卯	10	19	9	11	丙戌	11	18	10	12	丙辰	12	17	11	11	乙酉	1	16	12	11	乙卯	
	19	7	9	乙酉	9	19	8	10	丙辰	10	20	9	12	丁亥	11	19	10	13	丁巳	12	18	11	12	丙戌	1	17	12	12	丙辰	
	20	7	10	丙戌	9	20	8	11	丁巳	10	21	9	13	戊子	11	20	10	14	戊午	12	19	11	13	丁亥	1	18	12	13	丁巳	
	21	7	11	丁亥	9	21	8	12	戊午	10	22	9	14	己丑	11	21	10	15	己未	12	20	11	14	戊子	1	19	12	14	戊午	
	22	7	12	戊子	9	22	8	13	己未	10	23	9	15	庚寅	11	22	10	16	庚申	12	21	11	15	己丑	1	20	12	15	己未	
	23	7	13	己丑	9	23	8	14	庚申	10	24	9	16	辛卯	11	23	10	17	辛酉	12	22	11	16	庚寅	1	21	12	16	庚申	
	24	7	14	庚寅	9	24	8	15	辛酉	10	25	9	17	壬辰	11	24	10	18	壬戌	12	23	11	17	辛卯	1	22	12	17	辛酉	
	25	7	15	辛卯	9	25	8	16	壬戌	10	26	9	18	癸巳	11	25	10	19	癸亥	12	24	11	18	壬辰	1	23	12	18	壬戌	
	26	7	16	壬辰	9	26	8	17	癸亥	10	27	9	19	甲午	11	26	10	20	甲子	12	25	11	19	癸巳	1	24	12	19	癸亥	
	27	7	17	癸巳	9	27	8	18	甲子	10	28	9	20	乙未	11	27	10	21	乙丑	12	26	11	20	甲午	1	25	12	20	甲子	
	28	7	18	甲午	9	28	8	19	乙丑	10	29	9	21	丙申	11	28	10	22	丙寅	12	27	11	21	乙未	1	26	12	21	乙丑	
	29	7	19	乙未	9	29	8	20	丙寅	10	30	9	22	丁酉	11	29	10	23	丁卯	12	28	11	22	丙申	1	27	12	22	丙寅	
	30	7	20	丙申	9	30	8	21	丁卯	10	31	9	23	戊戌	11	30	10	24	戊辰	12	29	11	23	丁酉	1	28	12	23	丁卯	
	31	7	21	丁酉	10	1	8	22	戊辰	11	1	9	24	己亥	12	1	10	25	己巳	12	30	11	24	戊戌	1	29	12	24	戊辰	
	1	7	22	戊戌	10	2	8	23	己巳	11	2	9	25	庚子	12	2	10	26	庚午	12	31	11	25	己亥	1	30	12	25	己巳	
	2	7	23	己亥	10	3	8	24	庚午	11	3	9	26	辛丑	12	3	10	27	辛未	1	1	11	26	庚子	1	31	12	26	庚午	
	3	7	24	庚子	10	4	8	25	辛未	11	4	9	27	壬寅	12	4	10	28	壬申	1	2	11	27	辛丑	2	1	12	27	辛未	
	4	7	25	辛丑	10	5	8	26	壬申	11	5	9	28	癸卯	12	5	10	29	癸酉	1	3	11	28	壬寅	2	2	12	28	壬申	
	5	7	26	壬寅	10	6	8	27	癸酉	11	6	9	29	甲辰	12	6	10	30	甲戌	1	4	11	29	癸卯	2	3	12	29	癸酉	
	6	7	27	癸卯	10	7	8	28	甲戌	11	7	10	1	乙巳						1	5	11	30	甲辰						
	7	7	28	甲辰	10	8	8	29	乙亥																					
處暑					秋分					霜降					小雪					冬至					大寒					中
3 22時36分 亥時					9/23 19時40分 戌時					10/24 4時19分 寅時					11/23 1時15分 丑時					12/22 14時14分 未時					1/21 0時52分 子時					氣

年	乙巳																													
月	戊寅					己卯					庚辰					辛巳					壬午					癸未				
節氣	立春 2/4 19時15分 戌時					驚蟄 3/6 13時45分 未時					清明 4/5 19時14分 戌時					立夏 5/6 13時14分 未時					芒種 6/6 17時53分 酉時					小暑 7/8 4時20分 寅時				
日	國曆		農曆		干支	國曆		農曆		干支	國曆		農曆		干支	國曆		農曆		干支	國曆		農曆		干支	國曆		農曆		干支
清光緒三十一年 民國前七年 蛇 1905	2	4	1	1	甲戌	3	6	2	1	甲辰	4	5	3	1	甲戌	5	6	4	3	乙巳	6	6	5	4	丙子	7	8	6	6	戊
	2	5	1	2	乙亥	3	7	2	2	乙巳	4	6	3	2	乙亥	5	7	4	4	丙午	6	7	5	5	丁丑	7	9	6	7	己
	2	6	1	3	丙子	3	8	2	3	丙午	4	7	3	3	丙子	5	8	4	5	丁未	6	8	5	6	戊寅	7	10	6	8	庚
	2	7	1	4	丁丑	3	9	2	4	丁未	4	8	3	4	丁丑	5	9	4	6	戊申	6	9	5	7	己卯	7	11	6	9	辛
	2	8	1	5	戊寅	3	10	2	5	戊申	4	9	3	5	戊寅	5	10	4	7	己酉	6	10	5	8	庚辰	7	12	6	10	壬
	2	9	1	6	己卯	3	11	2	6	己酉	4	10	3	6	己卯	5	11	4	8	庚戌	6	11	5	9	辛巳	7	13	6	11	癸
	2	10	1	7	庚辰	3	12	2	7	庚戌	4	11	3	7	庚辰	5	12	4	9	辛亥	6	12	5	10	壬午	7	14	6	12	甲
	2	11	1	8	辛巳	3	13	2	8	辛亥	4	12	3	8	辛巳	5	13	4	10	壬子	6	13	5	11	癸未	7	15	6	13	乙
	2	12	1	9	壬午	3	14	2	9	壬子	4	13	3	9	壬午	5	14	4	11	癸丑	6	14	5	12	甲申	7	16	6	14	丙
	2	13	1	10	癸未	3	15	2	10	癸丑	4	14	3	10	癸未	5	15	4	12	甲寅	6	15	5	13	乙酉	7	17	6	15	丁
	2	14	1	11	甲申	3	16	2	11	甲寅	4	15	3	11	甲申	5	16	4	13	乙卯	6	16	5	14	丙戌	7	18	6	16	戊
	2	15	1	12	乙酉	3	17	2	12	乙卯	4	16	3	12	乙酉	5	17	4	14	丙辰	6	17	5	15	丁亥	7	19	6	17	己
	2	16	1	13	丙戌	3	18	2	13	丙辰	4	17	3	13	丙戌	5	18	4	15	丁巳	6	18	5	16	戊子	7	20	6	18	庚
	2	17	1	14	丁亥	3	19	2	14	丁巳	4	18	3	14	丁亥	5	19	4	16	戊午	6	19	5	17	己丑	7	21	6	19	辛
	2	18	1	15	戊子	3	20	2	15	戊午	4	19	3	15	戊子	5	20	4	17	己未	6	20	5	18	庚寅	7	22	6	20	壬
	2	19	1	16	己丑	3	21	2	16	己未	4	20	3	16	己丑	5	21	4	18	庚申	6	21	5	19	辛卯	7	23	6	21	癸
	2	20	1	17	庚寅	3	22	2	17	庚申	4	21	3	17	庚寅	5	22	4	19	辛酉	6	22	5	20	壬辰	7	24	6	22	甲
	2	21	1	18	辛卯	3	23	2	18	辛酉	4	22	3	18	辛卯	5	23	4	20	壬戌	6	23	5	21	癸巳	7	25	6	23	乙
	2	22	1	19	壬辰	3	24	2	19	壬戌	4	23	3	19	壬辰	5	24	4	21	癸亥	6	24	5	22	甲午	7	26	6	24	丙
	2	23	1	20	癸巳	3	25	2	20	癸亥	4	24	3	20	癸巳	5	25	4	22	甲子	6	25	5	23	乙未	7	27	6	25	丁
	2	24	1	21	甲午	3	26	2	21	甲子	4	25	3	21	甲午	5	26	4	23	乙丑	6	26	5	24	丙申	7	28	6	26	戊
	2	25	1	22	乙未	3	27	2	22	乙丑	4	26	3	22	乙未	5	27	4	24	丙寅	6	27	5	25	丁酉	7	29	6	27	己
	2	26	1	23	丙申	3	28	2	23	丙寅	4	27	3	23	丙申	5	28	4	25	丁卯	6	28	5	26	戊戌	7	30	6	28	庚
	2	27	1	24	丁酉	3	29	2	24	丁卯	4	28	3	24	丁酉	5	29	4	26	戊辰	6	29	5	27	己亥	7	31	6	29	辛
	2	28	1	25	戊戌	3	30	2	25	戊辰	4	29	3	25	戊戌	5	30	4	27	己巳	6	30	5	28	庚子	8	1	7	1	壬
	3	1	1	26	己亥	3	31	2	26	己巳	4	30	3	26	己亥	5	31	4	28	庚午	7	1	5	29	辛丑	8	2	7	2	癸
	3	2	1	27	庚子	4	1	2	27	庚午	5	1	3	27	庚子	6	1	4	29	辛未	7	2	5	30	壬寅	8	3	7	3	甲
	3	3	1	28	辛丑	4	2	2	28	辛未	5	2	3	28	辛丑	6	2	4	30	壬申	7	3	6	1	癸卯	8	4	7	4	乙
	3	4	1	29	壬寅	4	3	2	29	壬申	5	3	3	29	壬寅	6	3	5	1	癸酉	7	4	6	2	甲辰	8	5	7	5	丙
	3	5	1	30	癸卯	4	4	2	30	癸酉	5	4	4	1	癸卯	6	4	5	2	甲戌	7	5	6	3	乙巳	8	6	7	6	丁
											5	5	4	2	甲辰	6	5	5	3	乙亥	7	6	6	4	丙午	8	7	7	7	戊
																					7	7	6	5	丁未					
中氣	雨水 2/19 15時21分 申時					春分 3/21 14時57分 未時					穀雨 4/21 2時43分 丑時					小滿 5/22 2時31分 丑時					夏至 6/22 10時51分 巳時					大暑 7/23 21時45分 亥				

乙巳																														年
甲申					乙酉					丙戌					丁亥					戊子					己丑					月
立秋					白露					寒露					立冬					大雪					小寒					節
8/8 13時57分 未時					9/8 16時21分 申時					10/9 7時19分 辰時					11/8 9時49分 巳時					12/8 2時10分 丑時					1/6 13時13分 未時					氣
國曆		農曆		干支	國曆		農曆		干支	國曆		農曆		干支	國曆		農曆		干支	國曆		農曆		干支	國曆		農曆		干支	日
8	8	7	8	己卯	9	8	8	10	庚戌	10	9	9	11	辛巳	11	8	10	12	辛亥	12	8	11	12	辛巳	1	6	12	12	庚戌	清光緒三十一年 民國前七、六年 蛇 1905、1906
8	9	7	9	庚辰	9	9	8	11	辛亥	10	10	9	12	壬午	11	9	10	13	壬子	12	9	11	13	壬午	1	7	12	13	辛亥	
8	10	7	10	辛巳	9	10	8	12	壬子	10	11	9	13	癸未	11	10	10	14	癸丑	12	10	11	14	癸未	1	8	12	14	壬子	
8	11	7	11	壬午	9	11	8	13	癸丑	10	12	9	14	甲申	11	11	10	15	甲寅	12	11	11	15	甲申	1	9	12	15	癸丑	
8	12	7	12	癸未	9	12	8	14	甲寅	10	13	9	15	乙酉	11	12	10	16	乙卯	12	12	11	16	乙酉	1	10	12	16	甲寅	
	13	7	13	甲申	9	13	8	15	乙卯	10	14	9	16	丙戌	11	13	10	17	丙辰	12	13	11	17	丙戌	1	11	12	17	乙卯	
	14	7	14	乙酉	9	14	8	16	丙辰	10	15	9	17	丁亥	11	14	10	18	丁巳	12	14	11	18	丁亥	1	12	12	18	丙辰	
	15	7	15	丙戌	9	15	8	17	丁巳	10	16	9	18	戊子	11	15	10	19	戊午	12	15	11	19	戊子	1	13	12	19	丁巳	
	16	7	16	丁亥	9	16	8	18	戊午	10	17	9	19	己丑	11	16	10	20	己未	12	16	11	20	己丑	1	14	12	20	戊午	
	17	7	17	戊子	9	17	8	19	己未	10	18	9	20	庚寅	11	17	10	21	庚申	12	17	11	21	庚寅	1	15	12	21	己未	
	18	7	18	己丑	9	18	8	20	庚申	10	19	9	21	辛卯	11	18	10	22	辛酉	12	18	11	22	辛卯	1	16	12	22	庚申	
	19	7	19	庚寅	9	19	8	21	辛酉	10	20	9	22	壬辰	11	19	10	23	壬戌	12	19	11	23	壬辰	1	17	12	23	辛酉	
	20	7	20	辛卯	9	20	8	22	壬戌	10	21	9	23	癸巳	11	20	10	24	癸亥	12	20	11	24	癸巳	1	18	12	24	壬戌	
	21	7	21	壬辰	9	21	8	23	癸亥	10	22	9	24	甲午	11	21	10	25	甲子	12	21	11	25	甲午	1	19	12	25	癸亥	
	22	7	22	癸巳	9	22	8	24	甲子	10	23	9	25	乙未	11	22	10	26	乙丑	12	22	11	26	乙未	1	20	12	26	甲子	
	23	7	23	甲午	9	23	8	25	乙丑	10	24	9	26	丙申	11	23	10	27	丙寅	12	23	11	27	丙申	1	21	12	27	乙丑	
	24	7	24	乙未	9	24	8	26	丙寅	10	25	9	27	丁酉	11	24	10	28	丁卯	12	24	11	28	丁酉	1	22	12	28	丙寅	
	25	7	25	丙申	9	25	8	27	丁卯	10	26	9	28	戊戌	11	25	10	29	戊辰	12	25	11	29	戊戌	1	23	12	29	丁卯	
	26	7	26	丁酉	9	26	8	28	戊辰	10	27	9	29	己亥	11	26	10	30	己巳	12	26	12	1	己亥	1	24	12	30	戊辰	
	27	7	27	戊戌	9	27	8	29	己巳	10	28	10	1	庚子	11	27	11	1	庚午	12	27	12	2	庚子	1	25	1	1	己巳	
	28	7	28	己亥	9	28	8	30	庚午	10	29	10	2	辛丑	11	28	11	2	辛未	12	28	12	3	辛丑	1	26	1	2	庚午	
	29	7	29	庚子	9	29	9	1	辛未	10	30	10	3	壬寅	11	29	11	3	壬申	12	29	12	4	壬寅	1	27	1	3	辛未	
	30	8	1	辛丑	9	30	9	2	壬申	10	31	10	4	癸卯	11	30	11	4	癸酉	12	30	12	5	癸卯	1	28	1	4	壬申	
	31	8	2	壬寅	10	1	9	3	癸酉	11	1	10	5	甲辰	12	1	11	5	甲戌	12	31	12	6	甲辰	1	29	1	5	癸酉	
	1	8	3	癸卯	10	2	9	4	甲戌	11	2	10	6	乙巳	12	2	11	6	乙亥	1	1	12	7	乙巳	1	30	1	6	甲戌	
	2	8	4	甲辰	10	3	9	5	乙亥	11	3	10	7	丙午	12	3	11	7	丙子	1	2	12	8	丙午	1	31	1	7	乙亥	
	3	8	5	乙巳	10	4	9	6	丙子	11	4	10	8	丁未	12	4	11	8	丁丑	1	3	12	9	丁未	2	1	1	8	丙子	
	4	8	6	丙午	10	5	9	7	丁丑	11	5	10	9	戊申	12	5	11	9	戊寅	1	4	12	10	戊申	2	2	1	9	丁丑	
	5	8	7	丁未	10	6	9	8	戊寅	11	6	10	10	己酉	12	6	11	10	己卯	1	5	12	11	己酉	2	3	1	10	戊寅	
	6	8	8	戊申	10	7	9	9	己卯	11	7	10	11	庚戌	12	7	11	11	庚辰						2	4	1	11	己卯	
	7	8	9	己酉	10	8	9	10	庚辰																					
處暑					秋分					霜降					小雪					冬至					大寒					中
8/24 4時28分 寅時					9/24 1時30分 丑時					10/24 10時8分 巳時					11/23 7時5分 辰時					12/22 20時3分 戌時					1/21 6時43分 卯時					氣

年	丙午																													
月	庚寅					辛卯					壬辰					癸巳					甲午					乙未				
節氣	立春					驚蟄					清明					立夏					芒種					小暑				
	2/5 1時3分 丑時					3/6 19時36分 戌時					4/6 1時7分 丑時					5/6 19時8分 戌時					6/6 23時49分 子時					7/8 10時15分 巳時				
日	國曆		農曆		干支	國曆		農曆		干支	國曆		農曆		干支	國曆		農曆		干支	國曆		農曆		干支	國曆		農曆		干支
清光緒三十二年 民國六年 馬 1906	2	5	1	12	庚辰	3	6	2	12	己酉	4	6	3	13	庚辰	5	6	4	13	庚戌	6	6	4	15	辛巳	7	8	5	17	癸
	2	6	1	13	辛巳	3	7	2	13	庚戌	4	7	3	14	辛巳	5	7	4	14	辛亥	6	7	4	16	壬午	7	9	5	18	甲
	2	7	1	14	壬午	3	8	2	14	辛亥	4	8	3	15	壬午	5	8	4	15	壬子	6	8	4	17	癸未	7	10	5	19	乙
	2	8	1	15	癸未	3	9	2	15	壬子	4	9	3	16	癸未	5	9	4	16	癸丑	6	9	4	18	甲申	7	11	5	20	丙
	2	9	1	16	甲申	3	10	2	16	癸丑	4	10	3	17	甲申	5	10	4	17	甲寅	6	10	4	19	乙酉	7	12	5	21	丁
	2	10	1	17	乙酉	3	11	2	17	甲寅	4	11	3	18	乙酉	5	11	4	18	乙卯	6	11	4	20	丙戌	7	13	5	22	戊
	2	11	1	18	丙戌	3	12	2	18	乙卯	4	12	3	19	丙戌	5	12	4	19	丙辰	6	12	4	21	丁亥	7	14	5	23	己
	2	12	1	19	丁亥	3	13	2	19	丙辰	4	13	3	20	丁亥	5	13	4	20	丁巳	6	13	4	22	戊子	7	15	5	24	庚
	2	13	1	20	戊子	3	14	2	20	丁巳	4	14	3	21	戊子	5	14	4	21	戊午	6	14	4	23	己丑	7	16	5	25	辛
	2	14	1	21	己丑	3	15	2	21	戊午	4	15	3	22	己丑	5	15	4	22	己未	6	15	4	24	庚寅	7	17	5	26	壬
	2	15	1	22	庚寅	3	16	2	22	己未	4	16	3	23	庚寅	5	16	4	23	庚申	6	16	4	25	辛卯	7	18	5	27	癸
	2	16	1	23	辛卯	3	17	2	23	庚申	4	17	3	24	辛卯	5	17	4	24	辛酉	6	17	4	26	壬辰	7	19	5	28	甲
	2	17	1	24	壬辰	3	18	2	24	辛酉	4	18	3	25	壬辰	5	18	4	25	壬戌	6	18	4	27	癸巳	7	20	5	29	乙
	2	18	1	25	癸巳	3	19	2	25	壬戌	4	19	3	26	癸巳	5	19	4	26	癸亥	6	19	4	28	甲午	7	21	6	1	丙
	2	19	1	26	甲午	3	20	2	26	癸亥	4	20	3	27	甲午	5	20	4	27	甲子	6	20	4	29	乙未	7	22	6	2	丁
	2	20	1	27	乙未	3	21	2	27	甲子	4	21	3	28	乙未	5	21	4	28	乙丑	6	21	4	30	丙申	7	23	6	3	戊
	2	21	1	28	丙申	3	22	2	28	乙丑	4	22	3	29	丙申	5	22	4	29	丙寅	6	22	5	1	丁酉	7	24	6	4	己
	2	22	1	29	丁酉	3	23	2	29	丙寅	4	23	3	30	丁酉	5	23	閏4	1	丁卯	6	23	5	2	戊戌	7	25	6	5	庚
	2	23	2	1	戊戌	3	24	2	30	丁卯	4	24	4	1	戊戌	5	24	4	2	戊辰	6	24	5	3	己亥	7	26	6	6	辛
	2	24	2	2	己亥	3	25	3	1	戊辰	4	25	4	2	己亥	5	25	4	3	己巳	6	25	5	4	庚子	7	27	6	7	壬
	2	25	2	3	庚子	3	26	3	2	己巳	4	26	4	3	庚子	5	26	4	4	庚午	6	26	5	5	辛丑	7	28	6	8	癸
	2	26	2	4	辛丑	3	27	3	3	庚午	4	27	4	4	辛丑	5	27	4	5	辛未	6	27	5	6	壬寅	7	29	6	9	甲
	2	27	2	5	壬寅	3	28	3	4	辛未	4	28	4	5	壬寅	5	28	4	6	壬申	6	28	5	7	癸卯	7	30	6	10	乙
	2	28	2	6	癸卯	3	29	3	5	壬申	4	29	4	6	癸卯	5	29	4	7	癸酉	6	29	5	8	甲辰	7	31	6	11	丙
	3	1	2	7	甲辰	3	30	3	6	癸酉	4	30	4	7	甲辰	5	30	4	8	甲戌	6	30	5	9	乙巳	8	1	6	12	丁
	3	2	2	8	乙巳	3	31	3	7	甲戌	5	1	4	8	乙巳	5	31	4	9	乙亥	7	1	5	10	丙午	8	2	6	13	戊
	3	3	2	9	丙午	4	1	3	8	乙亥	5	2	4	9	丙午	6	1	4	10	丙子	7	2	5	11	丁未	8	3	6	14	己
	3	4	2	10	丁未	4	2	3	9	丙子	5	3	4	10	丁未	6	2	4	11	丁丑	7	3	5	12	戊申	8	4	6	15	庚
	3	5	2	11	戊申	4	3	3	10	丁丑	5	4	4	11	戊申	6	3	4	12	戊寅	7	4	5	13	己酉	8	5	6	16	辛
						4	4	3	11	戊寅	5	5	4	12	己酉	6	4	4	13	己卯	7	5	5	14	庚戌	8	6	6	17	壬
						4	5	3	12	己卯						6	5	4	14	庚辰	7	6	5	15	辛亥	8	7	6	18	癸
																					7	7	5	16	壬子					
中氣	雨水					春分					穀雨					小滿					夏至					大暑				
	2/19 21時14分 亥時					3/21 20時52分 戌時					4/21 8時39分 辰時					5/22 8時25分 辰時					6/22 16時41分 申時					7/24 3時32分 寅				

丙午																														年
丙申					丁酉					戊戌					己亥					庚子					辛丑					月
立秋					白露					寒露					立冬					大雪					小寒					節
8/8 19時51分 戌時					9/8 22時16分 亥時					10/9 13時15分 未時					11/8 15時47分 申時					12/8 8時9分 辰時					1/6 19時11分 戌時					氣
國曆		農曆		干支	國曆		農曆		干支	國曆		農曆		干支	國曆		農曆		干支	國曆		農曆		干支	國曆		農曆		干支	日
	8	6	19	甲申	9	8	7	20	乙卯	10	9	8	22	丙戌	11	8	9	22	丙辰	12	8	10	23	丙戌	1	6	11	22	乙卯	清光緒三十二年 民國六、五年 馬 1906、1907
	9	6	20	乙酉	9	9	7	21	丙辰	10	10	8	23	丁亥	11	9	9	23	丁巳	12	9	10	24	丁亥	1	7	11	23	丙辰	
	10	6	21	丙戌	9	10	7	22	丁巳	10	11	8	24	戊子	11	10	9	24	戊午	12	10	10	25	戊子	1	8	11	24	丁巳	
	11	6	22	丁亥	9	11	7	23	戊午	10	12	8	25	己丑	11	11	9	25	己未	12	11	10	26	己丑	1	9	11	25	戊午	
	12	6	23	戊子	9	12	7	24	己未	10	13	8	26	庚寅	11	12	9	26	庚申	12	12	10	27	庚寅	1	10	11	26	己未	
	13	6	24	己丑	9	13	7	25	庚申	10	14	8	27	辛卯	11	13	9	27	辛酉	12	13	10	28	辛卯	1	11	11	27	庚申	
	14	6	25	庚寅	9	14	7	26	辛酉	10	15	8	28	壬辰	11	14	9	28	壬戌	12	14	10	29	壬辰	1	12	11	28	辛酉	
	15	6	26	辛卯	9	15	7	27	壬戌	10	16	8	29	癸巳	11	15	9	29	癸亥	12	15	10	30	癸巳	1	13	11	29	壬戌	
	16	6	27	壬辰	9	16	7	28	癸亥	10	17	8	30	甲午	11	16	10	1	甲子	12	16	11	1	甲午	1	14	12	1	癸亥	
	17	6	28	癸巳	9	17	7	29	甲子	10	18	9	1	乙未	11	17	10	2	乙丑	12	17	11	2	乙未	1	15	12	2	甲子	
	18	6	29	甲午	9	18	8	1	乙丑	10	19	9	2	丙申	11	18	10	3	丙寅	12	18	11	3	丙申	1	16	12	3	乙丑	
	19	6	30	乙未	9	19	8	2	丙寅	10	20	9	3	丁酉	11	19	10	4	丁卯	12	19	11	4	丁酉	1	17	12	4	丙寅	
	20	7	1	丙申	9	20	8	3	丁卯	10	21	9	4	戊戌	11	20	10	5	戊辰	12	20	11	5	戊戌	1	18	12	5	丁卯	
	21	7	2	丁酉	9	21	8	4	戊辰	10	22	9	5	己亥	11	21	10	6	己巳	12	21	11	6	己亥	1	19	12	6	戊辰	
	22	7	3	戊戌	9	22	8	5	己巳	10	23	9	6	庚子	11	22	10	7	庚午	12	22	11	7	庚子	1	20	12	7	己巳	
	23	7	4	己亥	9	23	8	6	庚午	10	24	9	7	辛丑	11	23	10	8	辛未	12	23	11	8	辛丑	1	21	12	8	庚午	
	24	7	5	庚子	9	24	8	7	辛未	10	25	9	8	壬寅	11	24	10	9	壬申	12	24	11	9	壬寅	1	22	12	9	辛未	
	25	7	6	辛丑	9	25	8	8	壬申	10	26	9	9	癸卯	11	25	10	10	癸酉	12	25	11	10	癸卯	1	23	12	10	壬申	
	26	7	7	壬寅	9	26	8	9	癸酉	10	27	9	10	甲辰	11	26	10	11	甲戌	12	26	11	11	甲辰	1	24	12	11	癸酉	
	27	7	8	癸卯	9	27	8	10	甲戌	10	28	9	11	乙巳	11	27	10	12	乙亥	12	27	11	12	乙巳	1	25	12	12	甲戌	
	28	7	9	甲辰	9	28	8	11	乙亥	10	29	9	12	丙午	11	28	10	13	丙子	12	28	11	13	丙午	1	26	12	13	乙亥	
	29	7	10	乙巳	9	29	8	12	丙子	10	30	9	13	丁未	11	29	10	14	丁丑	12	29	11	14	丁未	1	27	12	14	丙子	
	30	7	11	丙午	9	30	8	13	丁丑	10	31	9	14	戊申	11	30	10	15	戊寅	12	30	11	15	戊申	1	28	12	15	丁丑	
	31	7	12	丁未	10	1	8	14	戊寅	11	1	9	15	己酉	12	1	10	16	己卯	12	31	11	16	己酉	1	29	12	16	戊寅	
	1	7	13	戊申	10	2	8	15	己卯	11	2	9	16	庚戌	12	2	10	17	庚辰	1	1	11	17	庚戌	1	30	12	17	己卯	
	2	7	14	己酉	10	3	8	16	庚辰	11	3	9	17	辛亥	12	3	10	18	辛巳	1	2	11	18	辛亥	1	31	12	18	庚辰	
	3	7	15	庚戌	10	4	8	17	辛巳	11	4	9	18	壬子	12	4	10	19	壬午	1	3	11	19	壬子	2	1	12	19	辛巳	
	4	7	16	辛亥	10	5	8	18	壬午	11	5	9	19	癸丑	12	5	10	20	癸未	1	4	11	20	癸丑	2	2	12	20	壬午	
	5	7	17	壬子	10	6	8	19	癸未	11	6	9	20	甲寅	12	6	10	21	甲申	1	5	11	21	甲寅	2	3	12	21	癸未	
	6	7	18	癸丑	10	7	8	20	甲申	11	7	9	21	乙卯	12	7	10	22	乙酉						2	4	12	22	甲申	
	7	7	19	甲寅	10	8	8	21	乙酉																					
處暑					秋分					霜降					小雪					冬至					大寒					中
24 10時13分 巳時					9/24 7時15分 辰時					10/24 15時54分 申時					11/23 12時53分 午時					12/23 1時53分 丑時					1/21 12時30分 午時					氣

年	丁未																													
月	壬寅					癸卯					甲辰					乙巳					丙午					丁未				
節氣	立春					驚蟄					清明					立夏					芒種					小暑				
	2/5 6時58分 卯時					3/7 1時27分 丑時					4/6 6時54分 卯時					5/7 0時53分 子時					6/7 5時33分 卯時					7/8 15時59分 申時				
日	國曆		農曆		干支	國曆		農曆		干支	國曆		農曆		干支	國曆		農曆		干支	國曆		農曆		干支	國曆		農曆		干支
清光緒三十三年 民國前五年 羊 1907	2	5	12	23	乙酉	3	7	1	23	乙卯	4	6	2	24	乙酉	5	7	3	25	丙辰	6	7	4	27	丁亥	7	8	5	28	戊午
	2	6	12	24	丙戌	3	8	1	24	丙辰	4	7	2	25	丙戌	5	8	3	26	丁巳	6	8	4	28	戊子	7	9	5	29	己未
	2	7	12	25	丁亥	3	9	1	25	丁巳	4	8	2	26	丁亥	5	9	3	27	戊午	6	9	4	29	己丑	7	10	6	1	庚申
	2	8	12	26	戊子	3	10	1	26	戊午	4	9	2	27	戊子	5	10	3	28	己未	6	10	4	30	庚寅	7	11	6	2	辛酉
	2	9	12	27	己丑	3	11	1	27	己未	4	10	2	28	己丑	5	11	3	29	庚申	6	11	5	1	辛卯	7	12	6	3	壬戌
	2	10	12	28	庚寅	3	12	1	28	庚申	4	11	2	29	庚寅	5	12	4	1	辛酉	6	12	5	2	壬辰	7	13	6	4	癸亥
	2	11	12	29	辛卯	3	13	1	29	辛酉	4	12	2	30	辛卯	5	13	4	2	壬戌	6	13	5	3	癸巳	7	14	6	5	甲子
	2	12	12	30	壬辰	3	14	2	1	壬戌	4	13	3	1	壬辰	5	14	4	3	癸亥	6	14	5	4	甲午	7	15	6	6	乙丑
	2	13	1	1	癸巳	3	15	2	2	癸亥	4	14	3	2	癸巳	5	15	4	4	甲子	6	15	5	5	乙未	7	16	6	7	丙寅
	2	14	1	2	甲午	3	16	2	3	甲子	4	15	3	3	甲午	5	16	4	5	乙丑	6	16	5	6	丙申	7	17	6	8	丁卯
	2	15	1	3	乙未	3	17	2	4	乙丑	4	16	3	4	乙未	5	17	4	6	丙寅	6	17	5	7	丁酉	7	18	6	9	戊辰
	2	16	1	4	丙申	3	18	2	5	丙寅	4	17	3	5	丙申	5	18	4	7	丁卯	6	18	5	8	戊戌	7	19	6	10	己巳
	2	17	1	5	丁酉	3	19	2	6	丁卯	4	18	3	6	丁酉	5	19	4	8	戊辰	6	19	5	9	己亥	7	20	6	11	庚午
	2	18	1	6	戊戌	3	20	2	7	戊辰	4	19	3	7	戊戌	5	20	4	9	己巳	6	20	5	10	庚子	7	21	6	12	辛未
	2	19	1	7	己亥	3	21	2	8	己巳	4	20	3	8	己亥	5	21	4	10	庚午	6	21	5	11	辛丑	7	22	6	13	壬申
	2	20	1	8	庚子	3	22	2	9	庚午	4	21	3	9	庚子	5	22	4	11	辛未	6	22	5	12	壬寅	7	23	6	14	癸酉
	2	21	1	9	辛丑	3	23	2	10	辛未	4	22	3	10	辛丑	5	23	4	12	壬申	6	23	5	13	癸卯	7	24	6	15	甲戌
	2	22	1	10	壬寅	3	24	2	11	壬申	4	23	3	11	壬寅	5	24	4	13	癸酉	6	24	5	14	甲辰	7	25	6	16	乙亥
	2	23	1	11	癸卯	3	25	2	12	癸酉	4	24	3	12	癸卯	5	25	4	14	甲戌	6	25	5	15	乙巳	7	26	6	17	丙子
	2	24	1	12	甲辰	3	26	2	13	甲戌	4	25	3	13	甲辰	5	26	4	15	乙亥	6	26	5	16	丙午	7	27	6	18	丁丑
	2	25	1	13	乙巳	3	27	2	14	乙亥	4	26	3	14	乙巳	5	27	4	16	丙子	6	27	5	17	丁未	7	28	6	19	戊寅
	2	26	1	14	丙午	3	28	2	15	丙子	4	27	3	15	丙午	5	28	4	17	丁丑	6	28	5	18	戊申	7	29	6	20	己卯
	2	27	1	15	丁未	3	29	2	16	丁丑	4	28	3	16	丁未	5	29	4	18	戊寅	6	29	5	19	己酉	7	30	6	21	庚辰
	2	28	1	16	戊申	3	30	2	17	戊寅	4	29	3	17	戊申	5	30	4	19	己卯	6	30	5	20	庚戌	7	31	6	22	辛巳
	3	1	1	17	己酉	3	31	2	18	己卯	4	30	3	18	己酉	5	31	4	20	庚辰	7	1	5	21	辛亥	8	1	6	23	壬午
	3	2	1	18	庚戌	4	1	2	19	庚辰	5	1	3	19	庚戌	6	1	4	21	辛巳	7	2	5	22	壬子	8	2	6	24	癸未
	3	3	1	19	辛亥	4	2	2	20	辛巳	5	2	3	20	辛亥	6	2	4	22	壬午	7	3	5	23	癸丑	8	3	6	25	甲申
	3	4	1	20	壬子	4	3	2	21	壬午	5	3	3	21	壬子	6	3	4	23	癸未	7	4	5	24	甲寅	8	4	6	26	乙酉
	3	5	1	21	癸丑	4	4	2	22	癸未	5	4	3	22	癸丑	6	4	4	24	甲申	7	5	5	25	乙卯	8	5	6	27	丙戌
	3	6	1	22	甲寅	4	5	2	23	甲申	5	5	3	23	甲寅	6	5	4	25	乙酉	7	6	5	26	丙辰	8	6	6	28	丁亥
											5	6	3	24	乙卯	6	6	4	26	丙戌	7	7	5	27	丁巳	8	7	6	29	戊子
																										8	8	6	30	己丑
中氣	雨水					春分					穀雨					小滿					夏至					大暑				
	2/20 2時58分 丑時					3/22 2時33分 丑時					4/21 14時17分 未時					5/22 14時3分 未時					6/22 22時23分 亥時					7/24 9時18分 巳時				

丁未																														年
戊申					己酉					庚戌					辛亥					壬子					癸丑					月
立秋					白露					寒露					立冬					大雪					小寒					節氣
8/9 1時36分 丑時					9/9 4時2分 寅時					10/9 19時2分 戌時					11/8 21時36分 亥時					12/8 13時59分 未時					1/7 1時1分 丑時					
國曆		農曆		干支	國曆		農曆		干支	國曆		農曆		干支	國曆		農曆		干支	國曆		農曆		干支	國曆		農曆		干支	日
8	9	7	1	庚寅	9	9	8	2	辛酉	10	9	9	3	辛卯	11	8	10	3	辛酉	12	8	11	4	辛卯	1	7	12	4	辛酉	清光緒三十三年 民國前五、四年 羊 1907、1908
8	10	7	2	辛卯	9	10	8	3	壬戌	10	10	9	4	壬辰	11	9	10	4	壬戌	12	9	11	5	壬辰	1	8	12	5	壬戌	
8	11	7	3	壬辰	9	11	8	4	癸亥	10	11	9	5	癸巳	11	10	10	5	癸亥	12	10	11	6	癸巳	1	9	12	6	癸亥	
8	12	7	4	癸巳	9	12	8	5	甲子	10	12	9	6	甲午	11	11	10	6	甲子	12	11	11	7	甲午	1	10	12	7	甲子	
8	13	7	5	甲午	9	13	8	6	乙丑	10	13	9	7	乙未	11	12	10	7	乙丑	12	12	11	8	乙未	1	11	12	8	乙丑	
8	14	7	6	乙未	9	14	8	7	丙寅	10	14	9	8	丙申	11	13	10	8	丙寅	12	13	11	9	丙申	1	12	12	9	丙寅	
8	15	7	7	丙申	9	15	8	8	丁卯	10	15	9	9	丁酉	11	14	10	9	丁卯	12	14	11	10	丁酉	1	13	12	10	丁卯	
8	16	7	8	丁酉	9	16	8	9	戊辰	10	16	9	10	戊戌	11	15	10	10	戊辰	12	15	11	11	戊戌	1	14	12	11	戊辰	
8	17	7	9	戊戌	9	17	8	10	己巳	10	17	9	11	己亥	11	16	10	11	己巳	12	16	11	12	己亥	1	15	12	12	己巳	
8	18	7	10	己亥	9	18	8	11	庚午	10	18	9	12	庚子	11	17	10	12	庚午	12	17	11	13	庚子	1	16	12	13	庚午	
8	19	7	11	庚子	9	19	8	12	辛未	10	19	9	13	辛丑	11	18	10	13	辛未	12	18	11	14	辛丑	1	17	12	14	辛未	
8	20	7	12	辛丑	9	20	8	13	壬申	10	20	9	14	壬寅	11	19	10	14	壬申	12	19	11	15	壬寅	1	18	12	15	壬申	
8	21	7	13	壬寅	9	21	8	14	癸酉	10	21	9	15	癸卯	11	20	10	15	癸酉	12	20	11	16	癸卯	1	19	12	16	癸酉	
8	22	7	14	癸卯	9	22	8	15	甲戌	10	22	9	16	甲辰	11	21	10	16	甲戌	12	21	11	17	甲辰	1	20	12	17	甲戌	
8	23	7	15	甲辰	9	23	8	16	乙亥	10	23	9	17	乙巳	11	22	10	17	乙亥	12	22	11	18	乙巳	1	21	12	18	乙亥	
8	24	7	16	乙巳	9	24	8	17	丙子	10	24	9	18	丙午	11	23	10	18	丙子	12	23	11	19	丙午	1	22	12	19	丙子	
8	25	7	17	丙午	9	25	8	18	丁丑	10	25	9	19	丁未	11	24	10	19	丁丑	12	24	11	20	丁未	1	23	12	20	丁丑	
8	26	7	18	丁未	9	26	8	19	戊寅	10	26	9	20	戊申	11	25	10	20	戊寅	12	25	11	21	戊申	1	24	12	21	戊寅	
8	27	7	19	戊申	9	27	8	20	己卯	10	27	9	21	己酉	11	26	10	21	己卯	12	26	11	22	己酉	1	25	12	22	己卯	
8	28	7	20	己酉	9	28	8	21	庚辰	10	28	9	22	庚戌	11	27	10	22	庚辰	12	27	11	23	庚戌	1	26	12	23	庚辰	
8	29	7	21	庚戌	9	29	8	22	辛巳	10	29	9	23	辛亥	11	28	10	23	辛巳	12	28	11	24	辛亥	1	27	12	24	辛巳	
8	30	7	22	辛亥	9	30	8	23	壬午	10	30	9	24	壬子	11	29	10	24	壬午	12	29	11	25	壬子	1	28	12	25	壬午	
8	31	7	23	壬子	10	1	8	24	癸未	10	31	9	25	癸丑	11	30	10	25	癸未	12	30	11	26	癸丑	1	29	12	26	癸未	
9	1	7	24	癸丑	10	2	8	25	甲申	11	1	9	26	甲寅	12	1	10	26	甲申	12	31	11	27	甲寅	1	30	12	27	甲申	
9	2	7	25	甲寅	10	3	8	26	乙酉	11	2	9	27	乙卯	12	2	10	27	乙酉	1	1	11	28	乙卯	1	31	12	28	乙酉	
9	3	7	26	乙卯	10	4	8	27	丙戌	11	3	9	28	丙辰	12	3	10	28	丙戌	1	2	11	29	丙辰	2	1	12	29	丙戌	
9	4	7	27	丙辰	10	5	8	28	丁亥	11	4	9	29	丁巳	12	4	10	29	丁亥	1	3	11	30	丁巳	2	2	1	1	丁亥	
9	5	7	28	丁巳	10	6	8	29	戊子	11	5	9	30	戊午	12	5	11	1	戊子	1	4	12	1	戊午	2	3	1	2	戊子	
9	6	7	29	戊午	10	7	9	1	己丑	11	6	10	1	己未	12	6	11	2	己丑	1	5	12	2	己未	2	4	1	3	己丑	
9	7	7	30	己未	10	8	9	2	庚寅	11	7	10	2	庚申	12	7	11	3	庚寅	1	6	12	3	庚申						
9	8	8	1	庚申																										
處暑					秋分					霜降					小雪					冬至					大寒					中氣
8/24 16時3分 申時					9/24 13時8分 未時					10/24 21時51分 亥時					11/23 18時52分 酉時					12/23 7時51分 辰時					1/21 18時28分 酉時					

年	戊申																													
月	甲寅					乙卯					丙辰					丁巳					戊午					己未				
節氣	立春					驚蟄					清明					立夏					芒種					小暑				
	2/5 12時47分 午時					3/6 7時13分 辰時					4/5 12時39分 午時					5/6 6時38分 卯時					6/6 11時19分 午時					7/7 21時48分 亥時				
日	國曆		農曆		干支	國曆		農曆		干支	國曆		農曆		干支	國曆		農曆		干支	國曆		農曆		干支	國曆		農曆		干支
清光緒三十四年 民國前四年 猴 1908	2	5	1	4	庚寅	3	6	2	4	庚申	4	5	3	5	庚寅	5	6	4	7	辛酉	6	6	5	8	壬辰	7	7	6	9	癸亥
	2	6	1	5	辛卯	3	7	2	5	辛酉	4	6	3	6	辛卯	5	7	4	8	壬戌	6	7	5	9	癸巳	7	8	6	10	甲子
	2	7	1	6	壬辰	3	8	2	6	壬戌	4	7	3	7	壬辰	5	8	4	9	癸亥	6	8	5	10	甲午	7	9	6	11	乙丑
	2	8	1	7	癸巳	3	9	2	7	癸亥	4	8	3	8	癸巳	5	9	4	10	甲子	6	9	5	11	乙未	7	10	6	12	丙寅
	2	9	1	8	甲午	3	10	2	8	甲子	4	9	3	9	甲午	5	10	4	11	乙丑	6	10	5	12	丙申	7	11	6	13	丁卯
	2	10	1	9	乙未	3	11	2	9	乙丑	4	10	3	10	乙未	5	11	4	12	丙寅	6	11	5	13	丁酉	7	12	6	14	戊辰
	2	11	1	10	丙申	3	12	2	10	丙寅	4	11	3	11	丙申	5	12	4	13	丁卯	6	12	5	14	戊戌	7	13	6	15	己巳
	2	12	1	11	丁酉	3	13	2	11	丁卯	4	12	3	12	丁酉	5	13	4	14	戊辰	6	13	5	15	己亥	7	14	6	16	庚午
	2	13	1	12	戊戌	3	14	2	12	戊辰	4	13	3	13	戊戌	5	14	4	15	己巳	6	14	5	16	庚子	7	15	6	17	辛未
	2	14	1	13	己亥	3	15	2	13	己巳	4	14	3	14	己亥	5	15	4	16	庚午	6	15	5	17	辛丑	7	16	6	18	壬申
	2	15	1	14	庚子	3	16	2	14	庚午	4	15	3	15	庚子	5	16	4	17	辛未	6	16	5	18	壬寅	7	17	6	19	癸酉
	2	16	1	15	辛丑	3	17	2	15	辛未	4	16	3	16	辛丑	5	17	4	18	壬申	6	17	5	19	癸卯	7	18	6	20	甲戌
	2	17	1	16	壬寅	3	18	2	16	壬申	4	17	3	17	壬寅	5	18	4	19	癸酉	6	18	5	20	甲辰	7	19	6	21	乙亥
	2	18	1	17	癸卯	3	19	2	17	癸酉	4	18	3	18	癸卯	5	19	4	20	甲戌	6	19	5	21	乙巳	7	20	6	22	丙子
	2	19	1	18	甲辰	3	20	2	18	甲戌	4	19	3	19	甲辰	5	20	4	21	乙亥	6	20	5	22	丙午	7	21	6	23	丁丑
	2	20	1	19	乙巳	3	21	2	19	乙亥	4	20	3	20	乙巳	5	21	4	22	丙子	6	21	5	23	丁未	7	22	6	24	戊寅
	2	21	1	20	丙午	3	22	2	20	丙子	4	21	3	21	丙午	5	22	4	23	丁丑	6	22	5	24	戊申	7	23	6	25	己卯
	2	22	1	21	丁未	3	23	2	21	丁丑	4	22	3	22	丁未	5	23	4	24	戊寅	6	23	5	25	己酉	7	24	6	26	庚辰
	2	23	1	22	戊申	3	24	2	22	戊寅	4	23	3	23	戊申	5	24	4	25	己卯	6	24	5	26	庚戌	7	25	6	27	辛巳
	2	24	1	23	己酉	3	25	2	23	己卯	4	24	3	24	己酉	5	25	4	26	庚辰	6	25	5	27	辛亥	7	26	6	28	壬午
	2	25	1	24	庚戌	3	26	2	24	庚辰	4	25	3	25	庚戌	5	26	4	27	辛巳	6	26	5	28	壬子	7	27	6	29	癸未
	2	26	1	25	辛亥	3	27	2	25	辛巳	4	26	3	26	辛亥	5	27	4	28	壬午	6	27	5	29	癸丑	7	28	7	1	甲申
	2	27	1	26	壬子	3	28	2	26	壬午	4	27	3	27	壬子	5	28	4	29	癸未	6	28	5	30	甲寅	7	29	7	2	乙酉
	2	28	1	27	癸丑	3	29	2	27	癸未	4	28	3	28	癸丑	5	29	4	30	甲申	6	29	6	1	乙卯	7	30	7	3	丙戌
	2	29	1	28	甲寅	3	30	2	28	甲申	4	29	3	29	甲寅	5	30	5	1	乙酉	6	30	6	2	丙辰	7	31	7	4	丁亥
	3	1	1	29	乙卯	3	31	2	29	乙酉	4	30	4	1	乙卯	5	31	5	2	丙戌	7	1	6	3	丁巳	8	1	7	5	戊子
	3	2	1	30	丙辰	4	1	3	1	丙戌	5	1	4	2	丙辰	6	1	5	3	丁亥	7	2	6	4	戊午	8	2	7	6	己丑
	3	3	2	1	丁巳	4	2	3	2	丁亥	5	2	4	3	丁巳	6	2	5	4	戊子	7	3	6	5	己未	8	3	7	7	庚寅
	3	4	2	2	戊午	4	3	3	3	戊子	5	3	4	4	戊午	6	3	5	5	己丑	7	4	6	6	庚申	8	4	7	8	辛卯
	3	5	2	3	己未	4	4	3	4	己丑	5	4	4	5	己未	6	4	5	6	庚寅	7	5	6	7	辛酉	8	5	7	9	壬辰
											5	5	4	6	庚申	6	5	5	7	辛卯	7	6	6	8	壬戌	8	6	7	10	癸巳
																										8	7	7	11	甲午
中氣	雨水					春分					穀雨					小滿					夏至					大暑				
	2/20 8時54分 辰時					3/21 8時27分 辰時					4/20 20時11分 戌時					5/21 19時58分 戌時					6/22 4時19分 寅時					7/23 15時14分 申時				

戊申																														年
庚申					辛酉					壬戌					癸亥					甲子					乙丑					月
立秋					白露					寒露					立冬					大雪					小寒					節
8/8 7時26分 辰時					9/8 9時52分 巳時					10/9 0時50分 子時					11/8 3時22分 寅時					12/7 19時43分 戌時					1/6 6時45分 卯時					氣
國曆		農曆		干支	國曆		農曆		干支	國曆		農曆		干支	國曆		農曆		干支	國曆		農曆		干支	國曆		農曆		干支	日
8	8	7	12	乙未	9	8	8	13	丙寅	10	9	9	15	丁酉	11	8	10	15	丁卯	12	7	11	14	丙申	1	6	12	15	丙寅	清光緒三十四年 民國前四、三年 猴
8	9	7	13	丙申	9	9	8	14	丁卯	10	10	9	16	戊戌	11	9	10	16	戊辰	12	8	11	15	丁酉	1	7	12	16	丁卯	
8	10	7	14	丁酉	9	10	8	15	戊辰	10	11	9	17	己亥	11	10	10	17	己巳	12	9	11	16	戊戌	1	8	12	17	戊辰	
8	11	7	15	戊戌	9	11	8	16	己巳	10	12	9	18	庚子	11	11	10	18	庚午	12	10	11	17	己亥	1	9	12	18	己巳	
8	12	7	16	己亥	9	12	8	17	庚午	10	13	9	19	辛丑	11	12	10	19	辛未	12	11	11	18	庚子	1	10	12	19	庚午	
8	13	7	17	庚子	9	13	8	18	辛未	10	14	9	20	壬寅	11	13	10	20	壬申	12	12	11	19	辛丑	1	11	12	20	辛未	
8	14	7	18	辛丑	9	14	8	19	壬申	10	15	9	21	癸卯	11	14	10	21	癸酉	12	13	11	20	壬寅	1	12	12	21	壬申	
8	15	7	19	壬寅	9	15	8	20	癸酉	10	16	9	22	甲辰	11	15	10	22	甲戌	12	14	11	21	癸卯	1	13	12	22	癸酉	
8	16	7	20	癸卯	9	16	8	21	甲戌	10	17	9	23	乙巳	11	16	10	23	乙亥	12	15	11	22	甲辰	1	14	12	23	甲戌	
8	17	7	21	甲辰	9	17	8	22	乙亥	10	18	9	24	丙午	11	17	10	24	丙子	12	16	11	23	乙巳	1	15	12	24	乙亥	
8	18	7	22	乙巳	9	18	8	23	丙子	10	19	9	25	丁未	11	18	10	25	丁丑	12	17	11	24	丙午	1	16	12	25	丙子	
8	19	7	23	丙午	9	19	8	24	丁丑	10	20	9	26	戊申	11	19	10	26	戊寅	12	18	11	25	丁未	1	17	12	26	丁丑	
8	20	7	24	丁未	9	20	8	25	戊寅	10	21	9	27	己酉	11	20	10	27	己卯	12	19	11	26	戊申	1	18	12	27	戊寅	
8	21	7	25	戊申	9	21	8	26	己卯	10	22	9	28	庚戌	11	21	10	28	庚辰	12	20	11	27	己酉	1	19	12	28	己卯	
8	22	7	26	己酉	9	22	8	27	庚辰	10	23	9	29	辛亥	11	22	10	29	辛巳	12	21	11	28	庚戌	1	20	12	29	庚辰	
8	23	7	27	庚戌	9	23	8	28	辛巳	10	24	9	30	壬子	11	23	10	30	壬午	12	22	11	29	辛亥	1	21	12	30	辛巳	
8	24	7	28	辛亥	9	24	8	29	壬午	10	25	10	1	癸丑	11	24	11	1	癸未	12	23	12	1	壬子	1	22	1	1	壬午	
8	25	7	29	壬子	9	25	9	1	癸未	10	26	10	2	甲寅	11	25	11	2	甲申	12	24	12	2	癸丑	1	23	1	2	癸未	
8	26	7	30	癸丑	9	26	9	2	甲申	10	27	10	3	乙卯	11	26	11	3	乙酉	12	25	12	3	甲寅	1	24	1	3	甲申	
8	27	8	1	甲寅	9	27	9	3	乙酉	10	28	10	4	丙辰	11	27	11	4	丙戌	12	26	12	4	乙卯	1	25	1	4	乙酉	
8	28	8	2	乙卯	9	28	9	4	丙戌	10	29	10	5	丁巳	11	28	11	5	丁亥	12	27	12	5	丙辰	1	26	1	5	丙戌	1908、1909
8	29	8	3	丙辰	9	29	9	5	丁亥	10	30	10	6	戊午	11	29	11	6	戊子	12	28	12	6	丁巳	1	27	1	6	丁亥	
8	30	8	4	丁巳	9	30	9	6	戊子	10	31	10	7	己未	11	30	11	7	己丑	12	29	12	7	戊午	1	28	1	7	戊子	
8	31	8	5	戊午	10	1	9	7	己丑	11	1	10	8	庚申	12	1	11	8	庚寅	12	30	12	8	己未	1	29	1	8	己丑	
9	1	8	6	己未	10	2	9	8	庚寅	11	2	10	9	辛酉	12	2	11	9	辛卯	12	31	12	9	庚申	1	30	1	9	庚寅	
9	2	8	7	庚申	10	3	9	9	辛卯	11	3	10	10	壬戌	12	3	11	10	壬辰	1	1	12	10	辛酉	1	31	1	10	辛卯	
9	3	8	8	辛酉	10	4	9	10	壬辰	11	4	10	11	癸亥	12	4	11	11	癸巳	1	2	12	11	壬戌	2	1	1	11	壬辰	
9	4	8	9	壬戌	10	5	9	11	癸巳	11	5	10	12	甲子	12	5	11	12	甲午	1	3	12	12	癸亥	2	2	1	12	癸巳	
9	5	8	10	癸亥	10	6	9	12	甲午	11	6	10	13	乙丑	12	6	11	13	乙未	1	4	12	13	甲子	2	3	1	13	甲午	
9	6	8	11	甲子	10	7	9	13	乙未	11	7	10	14	丙寅						1	5	12	14	乙丑						
9	7	8	12	乙丑	10	8	9	14	丙申																					
處暑					秋分					霜降					小雪					冬至					大寒					中
8/23 21時57分 亥時					9/23 18時58分 酉時					10/24 3時36分 寅時					11/23 0時34分 子時					12/22 13時33分 未時					1/21 0時11分 子時					氣

年	己酉																													
月	丙寅					丁卯					戊辰					己巳					庚午					辛未				
節	立春					驚蟄					清明					立夏					芒種					小暑				
氣	2/4 18時32分 酉時					3/6 13時0分 未時					4/5 18時29分 酉時					5/6 12時30分 午時					6/6 17時14分 酉時					7/8 3時44分 寅時				
日	國曆		農曆		干支	國曆		農曆		干支	國曆		農曆		干支	國曆		農曆		干支	國曆		農曆		干支	國曆		農曆		干支
清宣統元年 民國前三年 雞 1909	2	4	1	14	乙未	3	6	2	15	乙丑	4	5	2	15	乙未	5	6	3	17	丙寅	6	6	4	19	丁酉	7	8	5	21	己巳
	2	5	1	15	丙申	3	7	2	16	丙寅	4	6	2	16	丙申	5	7	3	18	丁卯	6	7	4	20	戊戌	7	9	5	22	庚午
	2	6	1	16	丁酉	3	8	2	17	丁卯	4	7	2	17	丁酉	5	8	3	19	戊辰	6	8	4	21	己亥	7	10	5	23	辛未
	2	7	1	17	戊戌	3	9	2	18	戊辰	4	8	2	18	戊戌	5	9	3	20	己巳	6	9	4	22	庚子	7	11	5	24	壬申
	2	8	1	18	己亥	3	10	2	19	己巳	4	9	2	19	己亥	5	10	3	21	庚午	6	10	4	23	辛丑	7	12	5	25	癸酉
	2	9	1	19	庚子	3	11	2	20	庚午	4	10	2	20	庚子	5	11	3	22	辛未	6	11	4	24	壬寅	7	13	5	26	甲戌
	2	10	1	20	辛丑	3	12	2	21	辛未	4	11	2	21	辛丑	5	12	3	23	壬申	6	12	4	25	癸卯	7	14	5	27	乙亥
	2	11	1	21	壬寅	3	13	2	22	壬申	4	12	2	22	壬寅	5	13	3	24	癸酉	6	13	4	26	甲辰	7	15	5	28	丙子
	2	12	1	22	癸卯	3	14	2	23	癸酉	4	13	2	23	癸卯	5	14	3	25	甲戌	6	14	4	27	乙巳	7	16	5	29	丁丑
	2	13	1	23	甲辰	3	15	2	24	甲戌	4	14	2	24	甲辰	5	15	3	26	乙亥	6	15	4	28	丙午	7	17	6	1	戊寅
	2	14	1	24	乙巳	3	16	2	25	乙亥	4	15	2	25	乙巳	5	16	3	27	丙子	6	16	4	29	丁未	7	18	6	2	己卯
	2	15	1	25	丙午	3	17	2	26	丙子	4	16	2	26	丙午	5	17	3	28	丁丑	6	17	4	30	戊申	7	19	6	3	庚辰
	2	16	1	26	丁未	3	18	2	27	丁丑	4	17	2	27	丁未	5	18	3	29	戊寅	6	18	5	1	己酉	7	20	6	4	辛巳
	2	17	1	27	戊申	3	19	2	28	戊寅	4	18	2	28	戊申	5	19	4	1	己卯	6	19	5	2	庚戌	7	21	6	5	壬午
	2	18	1	28	己酉	3	20	2	29	己卯	4	19	2	29	己酉	5	20	4	2	庚辰	6	20	5	3	辛亥	7	22	6	6	癸未
	2	19	1	29	庚戌	3	21	2	30	庚辰	4	20	3	1	庚戌	5	21	4	3	辛巳	6	21	5	4	壬子	7	23	6	7	甲申
	2	20	2	1	辛亥	3	22	閏2	1	辛巳	4	21	3	2	辛亥	5	22	4	4	壬午	6	22	5	5	癸丑	7	24	6	8	乙酉
	2	21	2	2	壬子	3	23	2	2	壬午	4	22	3	3	壬子	5	23	4	5	癸未	6	23	5	6	甲寅	7	25	6	9	丙戌
	2	22	2	3	癸丑	3	24	2	3	癸未	4	23	3	4	癸丑	5	24	4	6	甲申	6	24	5	7	乙卯	7	26	6	10	丁亥
	2	23	2	4	甲寅	3	25	2	4	甲申	4	24	3	5	甲寅	5	25	4	7	乙酉	6	25	5	8	丙辰	7	27	6	11	戊子
	2	24	2	5	乙卯	3	26	2	5	乙酉	4	25	3	6	乙卯	5	26	4	8	丙戌	6	26	5	9	丁巳	7	28	6	12	己丑
	2	25	2	6	丙辰	3	27	2	6	丙戌	4	26	3	7	丙辰	5	27	4	9	丁亥	6	27	5	10	戊午	7	29	6	13	庚寅
	2	26	2	7	丁巳	3	28	2	7	丁亥	4	27	3	8	丁巳	5	28	4	10	戊子	6	28	5	11	己未	7	30	6	14	辛卯
	2	27	2	8	戊午	3	29	2	8	戊子	4	28	3	9	戊午	5	29	4	11	己丑	6	29	5	12	庚申	7	31	6	15	壬辰
	2	28	2	9	己未	3	30	2	9	己丑	4	29	3	10	己未	5	30	4	12	庚寅	6	30	5	13	辛酉	8	1	6	16	癸巳
	3	1	2	10	庚申	3	31	2	10	庚寅	4	30	3	11	庚申	5	31	4	13	辛卯	7	1	5	14	壬戌	8	2	6	17	甲午
	3	2	2	11	辛酉	4	1	2	11	辛卯	5	1	3	12	辛酉	6	1	4	14	壬辰	7	2	5	15	癸亥	8	3	6	18	乙未
	3	3	2	12	壬戌	4	2	2	12	壬辰	5	2	3	13	壬戌	6	2	4	15	癸巳	7	3	5	16	甲子	8	4	6	19	丙申
	3	4	2	13	癸亥	4	3	2	13	癸巳	5	3	3	14	癸亥	6	3	4	16	甲午	7	4	5	17	乙丑	8	5	6	20	丁酉
	3	5	2	14	甲子	4	4	2	14	甲午	5	4	3	15	甲子	6	4	4	17	乙未	7	5	5	18	丙寅	8	6	6	21	戊戌
											5	5	3	16	乙丑	6	5	4	18	丙申	7	6	5	19	丁卯	8	7	6	22	己亥
																					7	7	5	20	戊辰					
中	雨水					春分					穀雨					小滿					夏至					大暑				
氣	2/19 14時38分 未時					3/21 14時13分 未時					4/21 1時57分 丑時					5/22 1時44分 丑時					6/22 10時5分 巳時					7/23 21時0分 亥時				

己酉																														年
壬申					癸酉					甲戌					乙亥					丙子					丁丑					月
立秋					白露					寒露					立冬					大雪					小寒					節氣
8/8 13時22分 未時					9/8 15時46分 申時					10/9 6時43分 卯時					11/8 9時13分 巳時					12/8 1時34分 丑時					1/6 12時38分 午時					
國曆		農曆		干支	國曆		農曆		干支	國曆		農曆		干支	國曆		農曆		干支	國曆		農曆		干支	國曆		農曆		干支	日
8	8	6	23	庚子	9	8	7	24	辛未	10	9	8	26	壬寅	11	8	9	26	壬申	12	8	10	26	壬寅	1	6	11	25	辛未	清宣統元年　民國前三、二年　雞　1909、1910
8	9	6	24	辛丑	9	9	7	25	壬申	10	10	8	27	癸卯	11	9	9	27	癸酉	12	9	10	27	癸卯	1	7	11	26	壬申	
8	10	6	25	壬寅	9	10	7	26	癸酉	10	11	8	28	甲辰	11	10	9	28	甲戌	12	10	10	28	甲辰	1	8	11	27	癸酉	
8	11	6	26	癸卯	9	11	7	27	甲戌	10	12	8	29	乙巳	11	11	9	29	乙亥	12	11	10	29	乙巳	1	9	11	28	甲戌	
8	12	6	27	甲辰	9	12	7	28	乙亥	10	13	8	30	丙午	11	12	9	30	丙子	12	12	10	30	丙午	1	10	11	29	乙亥	
8	13	6	28	乙巳	9	13	7	29	丙子	10	14	9	1	丁未	11	13	10	1	丁丑	12	13	11	1	丁未	1	11	12	1	丙子	
8	14	6	29	丙午	9	14	8	1	丁丑	10	15	9	2	戊申	11	14	10	2	戊寅	12	14	11	2	戊申	1	12	12	2	丁丑	
8	15	6	30	丁未	9	15	8	2	戊寅	10	16	9	3	己酉	11	15	10	3	己卯	12	15	11	3	己酉	1	13	12	3	戊寅	
8	16	7	1	戊申	9	16	8	3	己卯	10	17	9	4	庚戌	11	16	10	4	庚辰	12	16	11	4	庚戌	1	14	12	4	己卯	
8	17	7	2	己酉	9	17	8	4	庚辰	10	18	9	5	辛亥	11	17	10	5	辛巳	12	17	11	5	辛亥	1	15	12	5	庚辰	
8	18	7	3	庚戌	9	18	8	5	辛巳	10	19	9	6	壬子	11	18	10	6	壬午	12	18	11	6	壬子	1	16	12	6	辛巳	
8	19	7	4	辛亥	9	19	8	6	壬午	10	20	9	7	癸丑	11	19	10	7	癸未	12	19	11	7	癸丑	1	17	12	7	壬午	
8	20	7	5	壬子	9	20	8	7	癸未	10	21	9	8	甲寅	11	20	10	8	甲申	12	20	11	8	甲寅	1	18	12	8	癸未	
8	21	7	6	癸丑	9	21	8	8	甲申	10	22	9	9	乙卯	11	21	10	9	乙酉	12	21	11	9	乙卯	1	19	12	9	甲申	
8	22	7	7	甲寅	9	22	8	9	乙酉	10	23	9	10	丙辰	11	22	10	10	丙戌	12	22	11	10	丙辰	1	20	12	10	乙酉	
8	23	7	8	乙卯	9	23	8	10	丙戌	10	24	9	11	丁巳	11	23	10	11	丁亥	12	23	11	11	丁巳	1	21	12	11	丙戌	
8	24	7	9	丙辰	9	24	8	11	丁亥	10	25	9	12	戊午	11	24	10	12	戊子	12	24	11	12	戊午	1	22	12	12	丁亥	
8	25	7	10	丁巳	9	25	8	12	戊子	10	26	9	13	己未	11	25	10	13	己丑	12	25	11	13	己未	1	23	12	13	戊子	
8	26	7	11	戊午	9	26	8	13	己丑	10	27	9	14	庚申	11	26	10	14	庚寅	12	26	11	14	庚申	1	24	12	14	己丑	
8	27	7	12	己未	9	27	8	14	庚寅	10	28	9	15	辛酉	11	27	10	15	辛卯	12	27	11	15	辛酉	1	25	12	15	庚寅	
8	28	7	13	庚申	9	28	8	15	辛卯	10	29	9	16	壬戌	11	28	10	16	壬辰	12	28	11	16	壬戌	1	26	12	16	辛卯	
8	29	7	14	辛酉	9	29	8	16	壬辰	10	30	9	17	癸亥	11	29	10	17	癸巳	12	29	11	17	癸亥	1	27	12	17	壬辰	
8	30	7	15	壬戌	9	30	8	17	癸巳	10	31	9	18	甲子	11	30	10	18	甲午	12	30	11	18	甲子	1	28	12	18	癸巳	
8	31	7	16	癸亥	10	1	8	18	甲午	11	1	9	19	乙丑	12	1	10	19	乙未	12	31	11	19	乙丑	1	29	12	19	甲午	
9	1	7	17	甲子	10	2	8	19	乙未	11	2	9	20	丙寅	12	2	10	20	丙申	1	1	11	20	丙寅	1	30	12	20	乙未	
9	2	7	18	乙丑	10	3	8	20	丙申	11	3	9	21	丁卯	12	3	10	21	丁酉	1	2	11	21	丁卯	1	31	12	21	丙申	
9	3	7	19	丙寅	10	4	8	21	丁酉	11	4	9	22	戊辰	12	4	10	22	戊戌	1	3	11	22	戊辰	2	1	12	22	丁酉	
9	4	7	20	丁卯	10	5	8	22	戊戌	11	5	9	23	己巳	12	5	10	23	己亥	1	4	11	23	己巳	2	2	12	23	戊戌	
9	5	7	21	戊辰	10	6	8	23	己亥	11	6	9	24	庚午	12	6	10	24	庚子	1	5	11	24	庚午	2	3	12	24	己亥	
9	6	7	22	己巳	10	7	8	24	庚子	11	7	9	25	辛未	12	7	10	25	辛丑						2	4	12	25	庚子	
9	7	7	23	庚午	10	8	8	25	辛丑																					
處暑					秋分					霜降					小雪					冬至					大寒					中氣
8/24 3時43分 寅時					9/24 0時44分 子時					10/24 9時22分 巳時					11/23 6時20分 卯時					12/22 19時19分 戌時					1/21 5時59分 卯時					

年	庚戌																													
月	戊寅					己卯					庚辰					辛巳					壬午					癸未				
節氣	立春					驚蟄					清明					立夏					芒種					小暑				
	2/5 0時27分 子時					3/6 18時56分 酉時					4/6 0時23分 子時					5/6 18時19分 酉時					6/6 22時56分 亥時					7/8 9時21分 巳時				
日	國曆		農曆		干支	國曆		農曆		干支	國曆		農曆		干支	國曆		農曆		干支	國曆		農曆		干支	國曆		農曆		干支
清宣統二年 民國前二年 狗 1910	2	5	12	26	辛丑	3	6	1	25	庚午	4	6	2	27	辛丑	5	6	3	27	辛未	6	6	4	29	壬寅	7	8	6	2	甲戌
	2	6	12	27	壬寅	3	7	1	26	辛未	4	7	2	28	壬寅	5	7	3	28	壬申	6	7	5	1	癸卯	7	9	6	3	乙亥
	2	7	12	28	癸卯	3	8	1	27	壬申	4	8	2	29	癸卯	5	8	3	29	癸酉	6	8	5	2	甲辰	7	10	6	4	丙子
	2	8	12	29	甲辰	3	9	1	28	癸酉	4	9	2	30	甲辰	5	9	4	1	甲戌	6	9	5	3	乙巳	7	11	6	5	丁丑
	2	9	12	30	乙巳	3	10	1	29	甲戌	4	10	3	1	乙巳	5	10	4	2	乙亥	6	10	5	4	丙午	7	12	6	6	戊寅
	2	10	1	1	丙午	3	11	2	1	乙亥	4	11	3	2	丙午	5	11	4	3	丙子	6	11	5	5	丁未	7	13	6	7	己卯
	2	11	1	2	丁未	3	12	2	2	丙子	4	12	3	3	丁未	5	12	4	4	丁丑	6	12	5	6	戊申	7	14	6	8	庚辰
	2	12	1	3	戊申	3	13	2	3	丁丑	4	13	3	4	戊申	5	13	4	5	戊寅	6	13	5	7	己酉	7	15	6	9	辛巳
	2	13	1	4	己酉	3	14	2	4	戊寅	4	14	3	5	己酉	5	14	4	6	己卯	6	14	5	8	庚戌	7	16	6	10	壬午
	2	14	1	5	庚戌	3	15	2	5	己卯	4	15	3	6	庚戌	5	15	4	7	庚辰	6	15	5	9	辛亥	7	17	6	11	癸未
	2	15	1	6	辛亥	3	16	2	6	庚辰	4	16	3	7	辛亥	5	16	4	8	辛巳	6	16	5	10	壬子	7	18	6	12	甲申
	2	16	1	7	壬子	3	17	2	7	辛巳	4	17	3	8	壬子	5	17	4	9	壬午	6	17	5	11	癸丑	7	19	6	13	乙酉
	2	17	1	8	癸丑	3	18	2	8	壬午	4	18	3	9	癸丑	5	18	4	10	癸未	6	18	5	12	甲寅	7	20	6	14	丙戌
	2	18	1	9	甲寅	3	19	2	9	癸未	4	19	3	10	甲寅	5	19	4	11	甲申	6	19	5	13	乙卯	7	21	6	15	丁亥
	2	19	1	10	乙卯	3	20	2	10	甲申	4	20	3	11	乙卯	5	20	4	12	乙酉	6	20	5	14	丙辰	7	22	6	16	戊子
	2	20	1	11	丙辰	3	21	2	11	乙酉	4	21	3	12	丙辰	5	21	4	13	丙戌	6	21	5	15	丁巳	7	23	6	17	己丑
	2	21	1	12	丁巳	3	22	2	12	丙戌	4	22	3	13	丁巳	5	22	4	14	丁亥	6	22	5	16	戊午	7	24	6	18	庚寅
	2	22	1	13	戊午	3	23	2	13	丁亥	4	23	3	14	戊午	5	23	4	15	戊子	6	23	5	17	己未	7	25	6	19	辛卯
	2	23	1	14	己未	3	24	2	14	戊子	4	24	3	15	己未	5	24	4	16	己丑	6	24	5	18	庚申	7	26	6	20	壬辰
	2	24	1	15	庚申	3	25	2	15	己丑	4	25	3	16	庚申	5	25	4	17	庚寅	6	25	5	19	辛酉	7	27	6	21	癸巳
	2	25	1	16	辛酉	3	26	2	16	庚寅	4	26	3	17	辛酉	5	26	4	18	辛卯	6	26	5	20	壬戌	7	28	6	22	甲午
	2	26	1	17	壬戌	3	27	2	17	辛卯	4	27	3	18	壬戌	5	27	4	19	壬辰	6	27	5	21	癸亥	7	29	6	23	乙未
	2	27	1	18	癸亥	3	28	2	18	壬辰	4	28	3	19	癸亥	5	28	4	20	癸巳	6	28	5	22	甲子	7	30	6	24	丙申
	2	28	1	19	甲子	3	29	2	19	癸巳	4	29	3	20	甲子	5	29	4	21	甲午	6	29	5	23	乙丑	7	31	6	25	丁酉
	3	1	1	20	乙丑	3	30	2	20	甲午	4	30	3	21	乙丑	5	30	4	22	乙未	6	30	5	24	丙寅	8	1	6	26	戊戌
	3	2	1	21	丙寅	3	31	2	21	乙未	5	1	3	22	丙寅	5	31	4	23	丙申	7	1	5	25	丁卯	8	2	6	27	己亥
	3	3	1	22	丁卯	4	1	2	22	丙申	5	2	3	23	丁卯	6	1	4	24	丁酉	7	2	5	26	戊辰	8	3	6	28	庚子
	3	4	1	23	戊辰	4	2	2	23	丁酉	5	3	3	24	戊辰	6	2	4	25	戊戌	7	3	5	27	己巳	8	4	6	29	辛丑
	3	5	1	24	己巳	4	3	2	24	戊戌	5	4	3	25	己巳	6	3	4	26	己亥	7	4	5	28	庚午	8	5	7	1	壬寅
						4	4	2	25	己亥	5	5	3	26	庚午	6	4	4	27	庚子	7	5	5	29	辛未	8	6	7	2	癸卯
						4	5	2	26	庚子						6	5	4	28	辛丑	7	6	5	30	壬申	8	7	7	3	甲辰
																					7	7	6	1	癸酉					
中氣	雨水					春分					穀雨					小滿					夏至					大暑				
	2/19 20時28分 戌時					3/21 20時2分 戌時					4/21 7時45分 辰時					5/22 7時30分 辰時					6/22 15時48分 申時					7/24 2時43分 丑時				

庚戌																														年
甲申					乙酉					丙戌					丁亥					戊子					己丑					月
立秋					白露					寒露					立冬					大雪					小寒					節
8/8 18時57分 酉時					9/8 21時22分 亥時					10/9 12時21分 午時					11/8 14時53分 未時					12/8 7時17分 辰時					1/6 18時21分 酉時					氣
國曆		農曆		干支	國曆		農曆		干支	國曆		農曆		干支	國曆		農曆		干支	國曆		農曆		干支	國曆		農曆		干支	日
8	8	7	4	乙巳	9	8	8	5	丙子	10	9	9	7	丁未	11	8	10	7	丁丑	12	8	11	7	丁未	1	6	12	6	丙子	清宣統二年 民國前二、一年 狗 1910、1911
8	9	7	5	丙午	9	9	8	6	丁丑	10	10	9	8	戊申	11	9	10	8	戊寅	12	9	11	8	戊申	1	7	12	7	丁丑	
8	10	7	6	丁未	9	10	8	7	戊寅	10	11	9	9	己酉	11	10	10	9	己卯	12	10	11	9	己酉	1	8	12	8	戊寅	
8	11	7	7	戊申	9	11	8	8	己卯	10	12	9	10	庚戌	11	11	10	10	庚辰	12	11	11	10	庚戌	1	9	12	9	己卯	
8	12	7	8	己酉	9	12	8	9	庚辰	10	13	9	11	辛亥	11	12	10	11	辛巳	12	12	11	11	辛亥	1	10	12	10	庚辰	
8	13	7	9	庚戌	9	13	8	10	辛巳	10	14	9	12	壬子	11	13	10	12	壬午	12	13	11	12	壬子	1	11	12	11	辛巳	
8	14	7	10	辛亥	9	14	8	11	壬午	10	15	9	13	癸丑	11	14	10	13	癸未	12	14	11	13	癸丑	1	12	12	12	壬午	
8	15	7	11	壬子	9	15	8	12	癸未	10	16	9	14	甲寅	11	15	10	14	甲申	12	15	11	14	甲寅	1	13	12	13	癸未	
8	16	7	12	癸丑	9	16	8	13	甲申	10	17	9	15	乙卯	11	16	10	15	乙酉	12	16	11	15	乙卯	1	14	12	14	甲申	
8	17	7	13	甲寅	9	17	8	14	乙酉	10	18	9	16	丙辰	11	17	10	16	丙戌	12	17	11	16	丙辰	1	15	12	15	乙酉	
8	18	7	14	乙卯	9	18	8	15	丙戌	10	19	9	17	丁巳	11	18	10	17	丁亥	12	18	11	17	丁巳	1	16	12	16	丙戌	
8	19	7	15	丙辰	9	19	8	16	丁亥	10	20	9	18	戊午	11	19	10	18	戊子	12	19	11	18	戊午	1	17	12	17	丁亥	
8	20	7	16	丁巳	9	20	8	17	戊子	10	21	9	19	己未	11	20	10	19	己丑	12	20	11	19	己未	1	18	12	18	戊子	
8	21	7	17	戊午	9	21	8	18	己丑	10	22	9	20	庚申	11	21	10	20	庚寅	12	21	11	20	庚申	1	19	12	19	己丑	
8	22	7	18	己未	9	22	8	19	庚寅	10	23	9	21	辛酉	11	22	10	21	辛卯	12	22	11	21	辛酉	1	20	12	20	庚寅	
8	23	7	19	庚申	9	23	8	20	辛卯	10	24	9	22	壬戌	11	23	10	22	壬辰	12	23	11	22	壬戌	1	21	12	21	辛卯	
8	24	7	20	辛酉	9	24	8	21	壬辰	10	25	9	23	癸亥	11	24	10	23	癸巳	12	24	11	23	癸亥	1	22	12	22	壬辰	
8	25	7	21	壬戌	9	25	8	22	癸巳	10	26	9	24	甲子	11	25	10	24	甲午	12	25	11	24	甲子	1	23	12	23	癸巳	
8	26	7	22	癸亥	9	26	8	23	甲午	10	27	9	25	乙丑	11	26	10	25	乙未	12	26	11	25	乙丑	1	24	12	24	甲午	
8	27	7	23	甲子	9	27	8	24	乙未	10	28	9	26	丙寅	11	27	10	26	丙申	12	27	11	26	丙寅	1	25	12	25	乙未	
8	28	7	24	乙丑	9	28	8	25	丙申	10	29	9	27	丁卯	11	28	10	27	丁酉	12	28	11	27	丁卯	1	26	12	26	丙申	
8	29	7	25	丙寅	9	29	8	26	丁酉	10	30	9	28	戊辰	11	29	10	28	戊戌	12	29	11	28	戊辰	1	27	12	27	丁酉	
8	30	7	26	丁卯	9	30	8	27	戊戌	10	31	9	29	己巳	11	30	10	29	己亥	12	30	11	29	己巳	1	28	12	28	戊戌	
8	31	7	27	戊辰	10	1	8	28	己亥	11	1	9	30	庚午	12	1	10	30	庚子	12	31	11	30	庚午	1	29	12	29	己亥	
9	1	7	28	己巳	10	2	8	29	庚子	11	2	10	1	辛未	12	2	11	1	辛丑	1	1	12	1	辛未	1	30	1	1	庚子	
9	2	7	29	庚午	10	3	9	1	辛丑	11	3	10	2	壬申	12	3	11	2	壬寅	1	2	12	2	壬申	1	31	1	2	辛丑	
9	3	7	30	辛未	10	4	9	2	壬寅	11	4	10	3	癸酉	12	4	11	3	癸卯	1	3	12	3	癸酉	2	1	1	3	壬寅	
9	4	8	1	壬申	10	5	9	3	癸卯	11	5	10	4	甲戌	12	5	11	4	甲辰	1	4	12	4	甲戌	2	2	1	4	癸卯	
9	5	8	2	癸酉	10	6	9	4	甲辰	11	6	10	5	乙亥	12	6	11	5	乙巳	1	5	12	5	乙亥	2	3	1	5	甲辰	
9	6	8	3	甲戌	10	7	9	5	乙巳	11	7	10	6	丙子	12	7	11	6	丙午						2	4	1	6	乙巳	
9	7	8	4	乙亥	10	8	9	6	丙午																					
處暑					秋分					霜降					小雪					冬至					大寒					中
8/24 9時27分 巳時					9/24 6時30分 卯時					10/24 15時11分 申時					11/23 12時10分 午時					12/23 1時11分 丑時					1/21 11時51分 午時					氣

年	辛亥																													
月	庚寅					辛卯					壬辰					癸巳					甲午					乙未				
節氣	立春					驚蟄					清明					立夏					芒種					小暑				
	2/5 6時10分 卯時					3/7 0時38分 子時					4/6 6時4分 卯時					5/7 0時0分 子時					6/7 4時37分 寅時					7/8 15時5分 申時				
日	國曆		農曆		干支	國曆		農曆		干支	國曆		農曆		干支	國曆		農曆		干支	國曆		農曆		干支	國曆		農曆		干支
清宣統三年 民國前一年 豬 1911	2	5	1	7	丙午	3	7	2	7	丙子	4	6	3	8	丙午	5	7	4	9	丁丑	6	7	5	11	戊申	7	8	6	13	己卯
	2	6	1	8	丁未	3	8	2	8	丁丑	4	7	3	9	丁未	5	8	4	10	戊寅	6	8	5	12	己酉	7	9	6	14	庚辰
	2	7	1	9	戊申	3	9	2	9	戊寅	4	8	3	10	戊申	5	9	4	11	己卯	6	9	5	13	庚戌	7	10	6	15	辛巳
	2	8	1	10	己酉	3	10	2	10	己卯	4	9	3	11	己酉	5	10	4	12	庚辰	6	10	5	14	辛亥	7	11	6	16	壬午
	2	9	1	11	庚戌	3	11	2	11	庚辰	4	10	3	12	庚戌	5	11	4	13	辛巳	6	11	5	15	壬子	7	12	6	17	癸未
	2	10	1	12	辛亥	3	12	2	12	辛巳	4	11	3	13	辛亥	5	12	4	14	壬午	6	12	5	16	癸丑	7	13	6	18	甲申
	2	11	1	13	壬子	3	13	2	13	壬午	4	12	3	14	壬子	5	13	4	15	癸未	6	13	5	17	甲寅	7	14	6	19	乙酉
	2	12	1	14	癸丑	3	14	2	14	癸未	4	13	3	15	癸丑	5	14	4	16	甲申	6	14	5	18	乙卯	7	15	6	20	丙戌
	2	13	1	15	甲寅	3	15	2	15	甲申	4	14	3	16	甲寅	5	15	4	17	乙酉	6	15	5	19	丙辰	7	16	6	21	丁亥
	2	14	1	16	乙卯	3	16	2	16	乙酉	4	15	3	17	乙卯	5	16	4	18	丙戌	6	16	5	20	丁巳	7	17	6	22	戊子
	2	15	1	17	丙辰	3	17	2	17	丙戌	4	16	3	18	丙辰	5	17	4	19	丁亥	6	17	5	21	戊午	7	18	6	23	己丑
	2	16	1	18	丁巳	3	18	2	18	丁亥	4	17	3	19	丁巳	5	18	4	20	戊子	6	18	5	22	己未	7	19	6	24	庚寅
	2	17	1	19	戊午	3	19	2	19	戊子	4	18	3	20	戊午	5	19	4	21	己丑	6	19	5	23	庚申	7	20	6	25	辛卯
	2	18	1	20	己未	3	20	2	20	己丑	4	19	3	21	己未	5	20	4	22	庚寅	6	20	5	24	辛酉	7	21	6	26	壬辰
	2	19	1	21	庚申	3	21	2	21	庚寅	4	20	3	22	庚申	5	21	4	23	辛卯	6	21	5	25	壬戌	7	22	6	27	癸巳
	2	20	1	22	辛酉	3	22	2	22	辛卯	4	21	3	23	辛酉	5	22	4	24	壬辰	6	22	5	26	癸亥	7	23	6	28	甲午
	2	21	1	23	壬戌	3	23	2	23	壬辰	4	22	3	24	壬戌	5	23	4	25	癸巳	6	23	5	27	甲子	7	24	6	29	乙未
	2	22	1	24	癸亥	3	24	2	24	癸巳	4	23	3	25	癸亥	5	24	4	26	甲午	6	24	5	28	乙丑	7	25	6	30	丙申
	2	23	1	25	甲子	3	25	2	25	甲午	4	24	3	26	甲子	5	25	4	27	乙未	6	25	5	29	丙寅	7	26	閏6	1	丁酉
	2	24	1	26	乙丑	3	26	2	26	乙未	4	25	3	27	乙丑	5	26	4	28	丙申	6	26	6	1	丁卯	7	27	6	2	戊戌
	2	25	1	27	丙寅	3	27	2	27	丙申	4	26	3	28	丙寅	5	27	4	29	丁酉	6	27	6	2	戊辰	7	28	6	3	己亥
	2	26	1	28	丁卯	3	28	2	28	丁酉	4	27	3	29	丁卯	5	28	5	1	戊戌	6	28	6	3	己巳	7	29	6	4	庚子
	2	27	1	29	戊辰	3	29	2	29	戊戌	4	28	3	30	戊辰	5	29	5	2	己亥	6	29	6	4	庚午	7	30	6	5	辛丑
	2	28	1	30	己巳	3	30	3	1	己亥	4	29	4	1	己巳	5	30	5	3	庚子	6	30	6	5	辛未	7	31	6	6	壬寅
	3	1	2	1	庚午	3	31	3	2	庚子	4	30	4	2	庚午	5	31	5	4	辛丑	7	1	6	6	壬申	8	1	6	7	癸卯
	3	2	2	2	辛未	4	1	3	3	辛丑	5	1	4	3	辛未	6	1	5	5	壬寅	7	2	6	7	癸酉	8	2	6	8	甲辰
	3	3	2	3	壬申	4	2	3	4	壬寅	5	2	4	4	壬申	6	2	5	6	癸卯	7	3	6	8	甲戌	8	3	6	9	乙巳
	3	4	2	4	癸酉	4	3	3	5	癸卯	5	3	4	5	癸酉	6	3	5	7	甲辰	7	4	6	9	乙亥	8	4	6	10	丙午
	3	5	2	5	甲戌	4	4	3	6	甲辰	5	4	4	6	甲戌	6	4	5	8	乙巳	7	5	6	10	丙子	8	5	6	11	丁未
	3	6	2	6	乙亥	4	5	3	7	乙巳	5	5	4	7	乙亥	6	5	5	9	丙午	7	6	6	11	丁丑	8	6	6	12	戊申
											5	6	4	8	丙子	6	6	5	10	丁未	7	7	6	12	戊寅	8	7	6	13	己酉
																										8	8	6	14	庚戌
中氣	雨水					春分					穀雨					小滿					夏至					大暑				
	2/20 2時20分 丑時					3/22 1時54分 丑時					4/21 13時36分 未時					5/22 13時18分 未時					6/22 21時35分 亥時					7/24 8時28分 辰時				

辛亥																														年
丙申					丁酉					戊戌					己亥					庚子					辛丑					月
立秋					白露					寒露					立冬					大雪					小寒					節氣
8/9 0時44分 子時					9/9 3時13分 寅時					10/9 18時15分 酉時					11/8 20時47分 戌時					12/8 13時7分 未時					1/7 0時7分 子時					
國曆		農曆		干支	國曆		農曆		干支	國曆		農曆		干支	國曆		農曆		干支	國曆		農曆		干支	國曆		農曆		干支	日
8	9	6	15	辛亥	9	9	7	17	壬午	10	9	8	18	壬子	11	8	9	18	壬午	12	8	10	18	壬子	1	7	11	19	壬午	清宣統三年 民國前一年、民國元年 豬
8	10	6	16	壬子	9	10	7	18	癸未	10	10	8	19	癸丑	11	9	9	19	癸未	12	9	10	19	癸丑	1	8	11	20	癸未	
8	11	6	17	癸丑	9	11	7	19	甲申	10	11	8	20	甲寅	11	10	9	20	甲申	12	10	10	20	甲寅	1	9	11	21	甲申	
8	12	6	18	甲寅	9	12	7	20	乙酉	10	12	8	21	乙卯	11	11	9	21	乙酉	12	11	10	21	乙卯	1	10	11	22	乙酉	
8	13	6	19	乙卯	9	13	7	21	丙戌	10	13	8	22	丙辰	11	12	9	22	丙戌	12	12	10	22	丙辰	1	11	11	23	丙戌	
8	14	6	20	丙辰	9	14	7	22	丁亥	10	14	8	23	丁巳	11	13	9	23	丁亥	12	13	10	23	丁巳	1	12	11	24	丁亥	
8	15	6	21	丁巳	9	15	7	23	戊子	10	15	8	24	戊午	11	14	9	24	戊子	12	14	10	24	戊午	1	13	11	25	戊子	
8	16	6	22	戊午	9	16	7	24	己丑	10	16	8	25	己未	11	15	9	25	己丑	12	15	10	25	己未	1	14	11	26	己丑	
8	17	6	23	己未	9	17	7	25	庚寅	10	17	8	26	庚申	11	16	9	26	庚寅	12	16	10	26	庚申	1	15	11	27	庚寅	
8	18	6	24	庚申	9	18	7	26	辛卯	10	18	8	27	辛酉	11	17	9	27	辛卯	12	17	10	27	辛酉	1	16	11	28	辛卯	
8	19	6	25	辛酉	9	19	7	27	壬辰	10	19	8	28	壬戌	11	18	9	28	壬辰	12	18	10	28	壬戌	1	17	11	29	壬辰	
8	20	6	26	壬戌	9	20	7	28	癸巳	10	20	8	29	癸亥	11	19	9	29	癸巳	12	19	10	29	癸亥	1	18	11	30	癸巳	
8	21	6	27	癸亥	9	21	7	29	甲午	10	21	8	30	甲子	11	20	9	30	甲午	12	20	11	1	甲子	1	19	12	1	甲午	
8	22	6	28	甲子	9	22	8	1	乙未	10	22	9	1	乙丑	11	21	10	1	乙未	12	21	11	2	乙丑	1	20	12	2	乙未	
8	23	6	29	乙丑	9	23	8	2	丙申	10	23	9	2	丙寅	11	22	10	2	丙申	12	22	11	3	丙寅	1	21	12	3	丙申	
8	24	7	1	丙寅	9	24	8	3	丁酉	10	24	9	3	丁卯	11	23	10	3	丁酉	12	23	11	4	丁卯	1	22	12	4	丁酉	
8	25	7	2	丁卯	9	25	8	4	戊戌	10	25	9	4	戊辰	11	24	10	4	戊戌	12	24	11	5	戊辰	1	23	12	5	戊戌	
8	26	7	3	戊辰	9	26	8	5	己亥	10	26	9	5	己巳	11	25	10	5	己亥	12	25	11	6	己巳	1	24	12	6	己亥	
8	27	7	4	己巳	9	27	8	6	庚子	10	27	9	6	庚午	11	26	10	6	庚子	12	26	11	7	庚午	1	25	12	7	庚子	
8	28	7	5	庚午	9	28	8	7	辛丑	10	28	9	7	辛未	11	27	10	7	辛丑	12	27	11	8	辛未	1	26	12	8	辛丑	
8	29	7	6	辛未	9	29	8	8	壬寅	10	29	9	8	壬申	11	28	10	8	壬寅	12	28	11	9	壬申	1	27	12	9	壬寅	
8	30	7	7	壬申	9	30	8	9	癸卯	10	30	9	9	癸酉	11	29	10	9	癸卯	12	29	11	10	癸酉	1	28	12	10	癸卯	1911、1912
8	31	7	8	癸酉	10	1	8	10	甲辰	10	31	9	10	甲戌	11	30	10	10	甲辰	12	30	11	11	甲戌	1	29	12	11	甲辰	
9	1	7	9	甲戌	10	2	8	11	乙巳	11	1	9	11	乙亥	12	1	10	11	乙巳	12	31	11	12	乙亥	1	30	12	12	乙巳	
9	2	7	10	乙亥	10	3	8	12	丙午	11	2	9	12	丙子	12	2	10	12	丙午	1	1	11	13	丙子	1	31	12	13	丙午	
9	3	7	11	丙子	10	4	8	13	丁未	11	3	9	13	丁丑	12	3	10	13	丁未	1	2	11	14	丁丑	2	1	12	14	丁未	
9	4	7	12	丁丑	10	5	8	14	戊申	11	4	9	14	戊寅	12	4	10	14	戊申	1	3	11	15	戊寅	2	2	12	15	戊申	
9	5	7	13	戊寅	10	6	8	15	己酉	11	5	9	15	己卯	12	5	10	15	己酉	1	4	11	16	己卯	2	3	12	16	己酉	
9	6	7	14	己卯	10	7	8	16	庚戌	11	6	9	16	庚辰	12	6	10	16	庚戌	1	5	11	17	庚辰	2	4	12	17	庚戌	
9	7	7	15	庚辰	10	8	8	17	辛亥	11	7	9	17	辛巳	12	7	10	17	辛亥	1	6	11	18	辛巳						
9	8	7	16	辛巳																										
處暑					秋分					霜降					小雪					冬至					大寒					中氣
8/24 15時13分 申時					9/24 12時17分 午時					10/24 20時58分 戌時					11/23 17時55分 酉時					12/23 6時53分 卯時					1/21 17時29分 酉時					

年	壬子																													
月	壬寅					癸卯					甲辰					乙巳					丙午					丁未				
節氣	立春					驚蟄					清明					立夏					芒種					小暑				
	2/5 11時53分 午時					3/6 6時21分 卯時					4/5 11時48分 午時					5/6 5時47分 卯時					6/6 10時27分 巳時					7/7 20時56分 戌時				
日	國曆		農曆		干支	國曆		農曆		干支	國曆		農曆		干支	國曆		農曆		干支	國曆		農曆		干支	國曆		農曆		干支
中華民國元年 鼠	2	5	12	18	辛亥	3	6	1	18	辛巳	4	5	2	18	辛亥	5	6	3	20	壬午	6	6	4	21	癸丑	7	7	5	23	甲申
	2	6	12	19	壬子	3	7	1	19	壬午	4	6	2	19	壬子	5	7	3	21	癸未	6	7	4	22	甲寅	7	8	5	24	乙酉
	2	7	12	20	癸丑	3	8	1	20	癸未	4	7	2	20	癸丑	5	8	3	22	甲申	6	8	4	23	乙卯	7	9	5	25	丙戌
	2	8	12	21	甲寅	3	9	1	21	甲申	4	8	2	21	甲寅	5	9	3	23	乙酉	6	9	4	24	丙辰	7	10	5	26	丁亥
	2	9	12	22	乙卯	3	10	1	22	乙酉	4	9	2	22	乙卯	5	10	3	24	丙戌	6	10	4	25	丁巳	7	11	5	27	戊子
	2	10	12	23	丙辰	3	11	1	23	丙戌	4	10	2	23	丙辰	5	11	3	25	丁亥	6	11	4	26	戊午	7	12	5	28	己丑
	2	11	12	24	丁巳	3	12	1	24	丁亥	4	11	2	24	丁巳	5	12	3	26	戊子	6	12	4	27	己未	7	13	5	29	庚寅
	2	12	12	25	戊午	3	13	1	25	戊子	4	12	2	25	戊午	5	13	3	27	己丑	6	13	4	28	庚申	7	14	6	1	辛卯
	2	13	12	26	己未	3	14	1	26	己丑	4	13	2	26	己未	5	14	3	28	庚寅	6	14	4	29	辛酉	7	15	6	2	壬辰
	2	14	12	27	庚申	3	15	1	27	庚寅	4	14	2	27	庚申	5	15	3	29	辛卯	6	15	5	1	壬戌	7	16	6	3	癸巳
	2	15	12	28	辛酉	3	16	1	28	辛卯	4	15	2	28	辛酉	5	16	3	30	壬辰	6	16	5	2	癸亥	7	17	6	4	甲午
	2	16	12	29	壬戌	3	17	1	29	壬辰	4	16	2	29	壬戌	5	17	4	1	癸巳	6	17	5	3	甲子	7	18	6	5	乙未
	2	17	12	30	癸亥	3	18	1	30	癸巳	4	17	3	1	癸亥	5	18	4	2	甲午	6	18	5	4	乙丑	7	19	6	6	丙申
	2	18	1	1	甲子	3	19	2	1	甲午	4	18	3	2	甲子	5	19	4	3	乙未	6	19	5	5	丙寅	7	20	6	7	丁酉
	2	19	1	2	乙丑	3	20	2	2	乙未	4	19	3	3	乙丑	5	20	4	4	丙申	6	20	5	6	丁卯	7	21	6	8	戊戌
	2	20	1	3	丙寅	3	21	2	3	丙申	4	20	3	4	丙寅	5	21	4	5	丁酉	6	21	5	7	戊辰	7	22	6	9	己亥
	2	21	1	4	丁卯	3	22	2	4	丁酉	4	21	3	5	丁卯	5	22	4	6	戊戌	6	22	5	8	己巳	7	23	6	10	庚子
	2	22	1	5	戊辰	3	23	2	5	戊戌	4	22	3	6	戊辰	5	23	4	7	己亥	6	23	5	9	庚午	7	24	6	11	辛丑
	2	23	1	6	己巳	3	24	2	6	己亥	4	23	3	7	己巳	5	24	4	8	庚子	6	24	5	10	辛未	7	25	6	12	壬寅
	2	24	1	7	庚午	3	25	2	7	庚子	4	24	3	8	庚午	5	25	4	9	辛丑	6	25	5	11	壬申	7	26	6	13	癸卯
	2	25	1	8	辛未	3	26	2	8	辛丑	4	25	3	9	辛未	5	26	4	10	壬寅	6	26	5	12	癸酉	7	27	6	14	甲辰
	2	26	1	9	壬申	3	27	2	9	壬寅	4	26	3	10	壬申	5	27	4	11	癸卯	6	27	5	13	甲戌	7	28	6	15	乙巳
1912	2	27	1	10	癸酉	3	28	2	10	癸卯	4	27	3	11	癸酉	5	28	4	12	甲辰	6	28	5	14	乙亥	7	29	6	16	丙午
	2	28	1	11	甲戌	3	29	2	11	甲辰	4	28	3	12	甲戌	5	29	4	13	乙巳	6	29	5	15	丙子	7	30	6	17	丁未
	2	29	1	12	乙亥	3	30	2	12	乙巳	4	29	3	13	乙亥	5	30	4	14	丙午	6	30	5	16	丁丑	7	31	6	18	戊申
	3	1	1	13	丙子	3	31	2	13	丙午	4	30	3	14	丙子	5	31	4	15	丁未	7	1	5	17	戊寅	8	1	6	19	己酉
	3	2	1	14	丁丑	4	1	2	14	丁未	5	1	3	15	丁丑	6	1	4	16	戊申	7	2	5	18	己卯	8	2	6	20	庚戌
	3	3	1	15	戊寅	4	2	2	15	戊申	5	2	3	16	戊寅	6	2	4	17	己酉	7	3	5	19	庚辰	8	3	6	21	辛亥
	3	4	1	16	己卯	4	3	2	16	己酉	5	3	3	17	己卯	6	3	4	18	庚戌	7	4	5	20	辛巳	8	4	6	22	壬子
	3	5	1	17	庚辰	4	4	2	17	庚戌	5	4	3	18	庚辰	6	4	4	19	辛亥	7	5	5	21	壬午	8	5	6	23	癸丑
											5	5	3	19	辛巳	6	5	4	20	壬子	7	6	5	22	癸未	8	6	6	24	甲寅
																										8	7	6	25	乙卯
中氣	雨水					春分					穀雨					小滿					夏至					大暑				
	2/20 7時55分 辰時					3/21 7時29分 辰時					4/20 19時12分 戌時					5/21 18時57分 酉時					6/22 3時16分 寅時					7/23 14時13分 未時				

壬子																														年
戊申					己酉					庚戌					辛亥					壬子					癸丑					月
立秋					白露					寒露					立冬					大雪					小寒					節
8/8 6時37分 卯時					9/8 9時5分 巳時					10/9 0時6分 子時					11/8 2時38分 丑時					12/7 18時59分 酉時					1/6 5時58分 卯時					氣
國曆		農曆		干支	國曆		農曆		干支	國曆		農曆		干支	國曆		農曆		干支	國曆		農曆		干支	國曆		農曆		干支	日
8	8	6	26	丙辰	9	8	7	27	丁亥	10	9	8	29	戊午	11	8	9	30	戊子	12	7	10	29	丁巳	1	6	11	29	丁亥	
8	9	6	27	丁巳	9	9	7	28	戊子	10	10	9	1	己未	11	9	10	1	己丑	12	8	10	30	戊午	1	7	12	1	戊子	
8	10	6	28	戊午	9	10	7	29	己丑	10	11	9	2	庚申	11	10	10	2	庚寅	12	9	11	1	己未	1	8	12	2	己丑	
8	11	6	29	己未	9	11	8	1	庚寅	10	12	9	3	辛酉	11	11	10	3	辛卯	12	10	11	2	庚申	1	9	12	3	庚寅	
8	12	6	30	庚申	9	12	8	2	辛卯	10	13	9	4	壬戌	11	12	10	4	壬辰	12	11	11	3	辛酉	1	10	12	4	辛卯	
8	13	7	1	辛酉	9	13	8	3	壬辰	10	14	9	5	癸亥	11	13	10	5	癸巳	12	12	11	4	壬戌	1	11	12	5	壬辰	
8	14	7	2	壬戌	9	14	8	4	癸巳	10	15	9	6	甲子	11	14	10	6	甲午	12	13	11	5	癸亥	1	12	12	6	癸巳	
8	15	7	3	癸亥	9	15	8	5	甲午	10	16	9	7	乙丑	11	15	10	7	乙未	12	14	11	6	甲子	1	13	12	7	甲午	
8	16	7	4	甲子	9	16	8	6	乙未	10	17	9	8	丙寅	11	16	10	8	丙申	12	15	11	7	乙丑	1	14	12	8	乙未	
8	17	7	5	乙丑	9	17	8	7	丙申	10	18	9	9	丁卯	11	17	10	9	丁酉	12	16	11	8	丙寅	1	15	12	9	丙申	
8	18	7	6	丙寅	9	18	8	8	丁酉	10	19	9	10	戊辰	11	18	10	10	戊戌	12	17	11	9	丁卯	1	16	12	10	丁酉	
8	19	7	7	丁卯	9	19	8	9	戊戌	10	20	9	11	己巳	11	19	10	11	己亥	12	18	11	10	戊辰	1	17	12	11	戊戌	
8	20	7	8	戊辰	9	20	8	10	己亥	10	21	9	12	庚午	11	20	10	12	庚子	12	19	11	11	己巳	1	18	12	12	己亥	
8	21	7	9	己巳	9	21	8	11	庚子	10	22	9	13	辛未	11	21	10	13	辛丑	12	20	11	12	庚午	1	19	12	13	庚子	
8	22	7	10	庚午	9	22	8	12	辛丑	10	23	9	14	壬申	11	22	10	14	壬寅	12	21	11	13	辛未	1	20	12	14	辛丑	
8	23	7	11	辛未	9	23	8	13	壬寅	10	24	9	15	癸酉	11	23	10	15	癸卯	12	22	11	14	壬申	1	21	12	15	壬寅	
8	24	7	12	壬申	9	24	8	14	癸卯	10	25	9	16	甲戌	11	24	10	16	甲辰	12	23	11	15	癸酉	1	22	12	16	癸卯	
8	25	7	13	癸酉	9	25	8	15	甲辰	10	26	9	17	乙亥	11	25	10	17	乙巳	12	24	11	16	甲戌	1	23	12	17	甲辰	
8	26	7	14	甲戌	9	26	8	16	乙巳	10	27	9	18	丙子	11	26	10	18	丙午	12	25	11	17	乙亥	1	24	12	18	乙巳	
8	27	7	15	乙亥	9	27	8	17	丙午	10	28	9	19	丁丑	11	27	10	19	丁未	12	26	11	18	丙子	1	25	12	19	丙午	
8	28	7	16	丙子	9	28	8	18	丁未	10	29	9	20	戊寅	11	28	10	20	戊申	12	27	11	19	丁丑	1	26	12	20	丁未	
8	29	7	17	丁丑	9	29	8	19	戊申	10	30	9	21	己卯	11	29	10	21	己酉	12	28	11	20	戊寅	1	27	12	21	戊申	
8	30	7	18	戊寅	9	30	8	20	己酉	10	31	9	22	庚辰	11	30	10	22	庚戌	12	29	11	21	己卯	1	28	12	22	己酉	
8	31	7	19	己卯	10	1	8	21	庚戌	11	1	9	23	辛巳	12	1	10	23	辛亥	12	30	11	22	庚辰	1	29	12	23	庚戌	
9	1	7	20	庚辰	10	2	8	22	辛亥	11	2	9	24	壬午	12	2	10	24	壬子	12	31	11	23	辛巳	1	30	12	24	辛亥	
9	2	7	21	辛巳	10	3	8	23	壬子	11	3	9	25	癸未	12	3	10	25	癸丑	1	1	11	24	壬午	1	31	12	25	壬子	
9	3	7	22	壬午	10	4	8	24	癸丑	11	4	9	26	甲申	12	4	10	26	甲寅	1	2	11	25	癸未	2	1	12	26	癸丑	
9	4	7	23	癸未	10	5	8	25	甲寅	11	5	9	27	乙酉	12	5	10	27	乙卯	1	3	11	26	甲申	2	2	12	27	甲寅	
9	5	7	24	甲申	10	6	8	26	乙卯	11	6	9	28	丙戌	12	6	10	28	丙辰	1	4	11	27	乙酉	2	3	12	28	乙卯	
9	6	7	25	乙酉	10	7	8	27	丙辰	11	7	9	29	丁亥						1	5	11	28	丙戌						
9	7	7	26	丙戌	10	8	8	28	丁巳																					
處暑					秋分					霜降					小雪					冬至					大寒					中
8/23 21時1分 亥時					9/23 18時8分 酉時					10/24 2時50分 丑時					11/22 23時48分 子時					12/22 12時44分 午時					1/20 23時19分 子時					氣

中華民國元、二年 鼠

1912、1913

年	癸丑																													
月	甲寅					乙卯					丙辰					丁巳					戊午					己未				
節氣	立春					驚蟄					清明					立夏					芒種					小暑				
	2/4 17時42分 酉時					3/6 12時9分 午時					4/5 17時35分 酉時					5/6 11時34分 午時					6/6 16時13分 申時					7/8 2時38分 丑時				
日	國曆		農曆		干支	國曆		農曆		干支	國曆		農曆		干支	國曆		農曆		干支	國曆		農曆		干支	國曆		農曆		干支
	2	4	12	29	丙辰	3	6	1	29	丙戌	4	5	2	29	丙辰	5	6	4	1	丁亥	6	6	5	2	戊午	7	8	6	5	庚寅
	2	5	12	30	丁巳	3	7	1	30	丁亥	4	6	2	30	丁巳	5	7	4	2	戊子	6	7	5	3	己未	7	9	6	6	辛卯
	2	6	1	1	戊午	3	8	2	1	戊子	4	7	3	1	戊午	5	8	4	3	己丑	6	8	5	4	庚申	7	10	6	7	壬辰
	2	7	1	2	己未	3	9	2	2	己丑	4	8	3	2	己未	5	9	4	4	庚寅	6	9	5	5	辛酉	7	11	6	8	癸巳
	2	8	1	3	庚申	3	10	2	3	庚寅	4	9	3	3	庚申	5	10	4	5	辛卯	6	10	5	6	壬戌	7	12	6	9	甲午
中華民國二年	2	9	1	4	辛酉	3	11	2	4	辛卯	4	10	3	4	辛酉	5	11	4	6	壬辰	6	11	5	7	癸亥	7	13	6	10	乙未
	2	10	1	5	壬戌	3	12	2	5	壬辰	4	11	3	5	壬戌	5	12	4	7	癸巳	6	12	5	8	甲子	7	14	6	11	丙申
	2	11	1	6	癸亥	3	13	2	6	癸巳	4	12	3	6	癸亥	5	13	4	8	甲午	6	13	5	9	乙丑	7	15	6	12	丁酉
	2	12	1	7	甲子	3	14	2	7	甲午	4	13	3	7	甲子	5	14	4	9	乙未	6	14	5	10	丙寅	7	16	6	13	戊戌
	2	13	1	8	乙丑	3	15	2	8	乙未	4	14	3	8	乙丑	5	15	4	10	丙申	6	15	5	11	丁卯	7	17	6	14	己亥
牛	2	14	1	9	丙寅	3	16	2	9	丙申	4	15	3	9	丙寅	5	16	4	11	丁酉	6	16	5	12	戊辰	7	18	6	15	庚子
	2	15	1	10	丁卯	3	17	2	10	丁酉	4	16	3	10	丁卯	5	17	4	12	戊戌	6	17	5	13	己巳	7	19	6	16	辛丑
	2	16	1	11	戊辰	3	18	2	11	戊戌	4	17	3	11	戊辰	5	18	4	13	己亥	6	18	5	14	庚午	7	20	6	17	壬寅
	2	17	1	12	己巳	3	19	2	12	己亥	4	18	3	12	己巳	5	19	4	14	庚子	6	19	5	15	辛未	7	21	6	18	癸卯
	2	18	1	13	庚午	3	20	2	13	庚子	4	19	3	13	庚午	5	20	4	15	辛丑	6	20	5	16	壬申	7	22	6	19	甲辰
	2	19	1	14	辛未	3	21	2	14	辛丑	4	20	3	14	辛未	5	21	4	16	壬寅	6	21	5	17	癸酉	7	23	6	20	乙巳
	2	20	1	15	壬申	3	22	2	15	壬寅	4	21	3	15	壬申	5	22	4	17	癸卯	6	22	5	18	甲戌	7	24	6	21	丙午
	2	21	1	16	癸酉	3	23	2	16	癸卯	4	22	3	16	癸酉	5	23	4	18	甲辰	6	23	5	19	乙亥	7	25	6	22	丁未
	2	22	1	17	甲戌	3	24	2	17	甲辰	4	23	3	17	甲戌	5	24	4	19	乙巳	6	24	5	20	丙子	7	26	6	23	戊申
	2	23	1	18	乙亥	3	25	2	18	乙巳	4	24	3	18	乙亥	5	25	4	20	丙午	6	25	5	21	丁丑	7	27	6	24	己酉
	2	24	1	19	丙子	3	26	2	19	丙午	4	25	3	19	丙子	5	26	4	21	丁未	6	26	5	22	戊寅	7	28	6	25	庚戌
	2	25	1	20	丁丑	3	27	2	20	丁未	4	26	3	20	丁丑	5	27	4	22	戊申	6	27	5	23	己卯	7	29	6	26	辛亥
1913	2	26	1	21	戊寅	3	28	2	21	戊申	4	27	3	21	戊寅	5	28	4	23	己酉	6	28	5	24	庚辰	7	30	6	27	壬子
	2	27	1	22	己卯	3	29	2	22	己酉	4	28	3	22	己卯	5	29	4	24	庚戌	6	29	5	25	辛巳	7	31	6	28	癸丑
	2	28	1	23	庚辰	3	30	2	23	庚戌	4	29	3	23	庚辰	5	30	4	25	辛亥	6	30	5	26	壬午	8	1	6	29	甲寅
	3	1	1	24	辛巳	3	31	2	24	辛亥	4	30	3	24	辛巳	5	31	4	26	壬子	7	1	5	27	癸未	8	2	7	1	乙卯
	3	2	1	25	壬午	4	1	2	25	壬子	5	1	3	25	壬午	6	1	4	27	癸丑	7	2	5	28	甲申	8	3	7	2	丙辰
	3	3	1	26	癸未	4	2	2	26	癸丑	5	2	3	26	癸未	6	2	4	28	甲寅	7	3	5	29	乙酉	8	4	7	3	丁巳
	3	4	1	27	甲申	4	3	2	27	甲寅	5	3	3	27	甲申	6	3	4	29	乙卯	7	4	6	1	丙戌	8	5	7	4	戊午
	3	5	1	28	乙酉	4	4	2	28	乙卯	5	4	3	28	乙酉	6	4	4	30	丙辰	7	5	6	2	丁亥	8	6	7	5	己未
											5	5	3	29	丙戌	6	5	5	1	丁巳	7	6	6	3	戊子	8	7	7	6	庚申
																					7	7	6	4	己丑					
中氣	雨水					春分					穀雨					小滿					夏至					大暑				
	2/19 13時44分 未時					3/21 13時18分 未時					4/21 1時2分 丑時					5/22 0時49分 子時					6/22 9時9分 巳時					7/23 20時3分 戌時				

癸丑																														年
庚申					辛酉					壬戌					癸亥					甲子					乙丑					月
立秋					白露					寒露					立冬					大雪					小寒					節
8 12時15分 午時					9/8 14時42分 未時					10/9 5時43分 卯時					11/8 8時17分 辰時					12/8 0時41分 子時					1/6 11時42分 午時					氣
國曆		農曆		干支	國曆		農曆		干支	國曆		農曆		干支	國曆		農曆		干支	國曆		農曆		干支	國曆		農曆		干支	日
	8	7	7	辛酉	9	8	8	8	壬辰	10	9	9	10	癸亥	11	8	10	11	癸巳	12	8	11	11	癸亥	1	6	12	11	壬辰	
	9	7	8	壬戌	9	9	8	9	癸巳	10	10	9	11	甲子	11	9	10	12	甲午	12	9	11	12	甲子	1	7	12	12	癸巳	
	10	7	9	癸亥	9	10	8	10	甲午	10	11	9	12	乙丑	11	10	10	13	乙未	12	10	11	13	乙丑	1	8	12	13	甲午	
	11	7	10	甲子	9	11	8	11	乙未	10	12	9	13	丙寅	11	11	10	14	丙申	12	11	11	14	丙寅	1	9	12	14	乙未	
	12	7	11	乙丑	9	12	8	12	丙申	10	13	9	14	丁卯	11	12	10	15	丁酉	12	12	11	15	丁卯	1	10	12	15	丙申	中
	13	7	12	丙寅	9	13	8	13	丁酉	10	14	9	15	戊辰	11	13	10	16	戊戌	12	13	11	16	戊辰	1	11	12	16	丁酉	華
	14	7	13	丁卯	9	14	8	14	戊戌	10	15	9	16	己巳	11	14	10	17	己亥	12	14	11	17	己巳	1	12	12	17	戊戌	民
	15	7	14	戊辰	9	15	8	15	己亥	10	16	9	17	庚午	11	15	10	18	庚子	12	15	11	18	庚午	1	13	12	18	己亥	國
	16	7	15	己巳	9	16	8	16	庚子	10	17	9	18	辛未	11	16	10	19	辛丑	12	16	11	19	辛未	1	14	12	19	庚子	二、
	17	7	16	庚午	9	17	8	17	辛丑	10	18	9	19	壬申	11	17	10	20	壬寅	12	17	11	20	壬申	1	15	12	20	辛丑	三
	18	7	17	辛未	9	18	8	18	壬寅	10	19	9	20	癸酉	11	18	10	21	癸卯	12	18	11	21	癸酉	1	16	12	21	壬寅	年
	19	7	18	壬申	9	19	8	19	癸卯	10	20	9	21	甲戌	11	19	10	22	甲辰	12	19	11	22	甲戌	1	17	12	22	癸卯	牛
	20	7	19	癸酉	9	20	8	20	甲辰	10	21	9	22	乙亥	11	20	10	23	乙巳	12	20	11	23	乙亥	1	18	12	23	甲辰	
	21	7	20	甲戌	9	21	8	21	乙巳	10	22	9	23	丙子	11	21	10	24	丙午	12	21	11	24	丙子	1	19	12	24	乙巳	
	22	7	21	乙亥	9	22	8	22	丙午	10	23	9	24	丁丑	11	22	10	25	丁未	12	22	11	25	丁丑	1	20	12	25	丙午	
	23	7	22	丙子	9	23	8	23	丁未	10	24	9	25	戊寅	11	23	10	26	戊申	12	23	11	26	戊寅	1	21	12	26	丁未	
	24	7	23	丁丑	9	24	8	24	戊申	10	25	9	26	己卯	11	24	10	27	己酉	12	24	11	27	己卯	1	22	12	27	戊申	
	25	7	24	戊寅	9	25	8	25	己酉	10	26	9	27	庚辰	11	25	10	28	庚戌	12	25	11	28	庚辰	1	23	12	28	己酉	
	26	7	25	己卯	9	26	8	26	庚戌	10	27	9	28	辛巳	11	26	10	29	辛亥	12	26	11	29	辛巳	1	24	12	29	庚戌	
	27	7	26	庚辰	9	27	8	27	辛亥	10	28	9	29	壬午	11	27	10	30	壬子	12	27	12	1	壬午	1	25	12	30	辛亥	
	28	7	27	辛巳	9	28	8	28	壬子	10	29	10	1	癸未	11	28	11	1	癸丑	12	28	12	2	癸未	1	26	1	1	壬子	1
	29	7	28	壬午	9	29	8	29	癸丑	10	30	10	2	甲申	11	29	11	2	甲寅	12	29	12	3	甲申	1	27	1	2	癸丑	9
	30	7	29	癸未	9	30	9	1	甲寅	10	31	10	3	乙酉	11	30	11	3	乙卯	12	30	12	4	乙酉	1	28	1	3	甲寅	1
	31	7	30	甲申	10	1	9	2	乙卯	11	1	10	4	丙戌	12	1	11	4	丙辰	12	31	12	5	丙戌	1	29	1	4	乙卯	3、
	1	8	1	乙酉	10	2	9	3	丙辰	11	2	10	5	丁亥	12	2	11	5	丁巳	1	1	12	6	丁亥	1	30	1	5	丙辰	1
	2	8	2	丙戌	10	3	9	4	丁巳	11	3	10	6	戊子	12	3	11	6	戊午	1	2	12	7	戊子	1	31	1	6	丁巳	9
	3	8	3	丁亥	10	4	9	5	戊午	11	4	10	7	己丑	12	4	11	7	己未	1	3	12	8	己丑	2	1	1	7	戊午	1
	4	8	4	戊子	10	5	9	6	己未	11	5	10	8	庚寅	12	5	11	8	庚申	1	4	12	9	庚寅	2	2	1	8	己未	4
	5	8	5	己丑	10	6	9	7	庚申	11	6	10	9	辛卯	12	6	11	9	辛酉	1	5	12	10	辛卯	2	3	1	9	庚申	
	6	8	6	庚寅	10	7	9	8	辛酉	11	7	10	10	壬辰	12	7	11	10	壬戌											
	7	8	7	辛卯	10	8	9	9	壬戌																					
處暑					秋分					霜降					小雪					冬至					大寒					中
8/24 2時48分 丑時					9/23 23時52分 子時					10/24 8時34分 辰時					11/23 5時35分 卯時					12/22 18時34分 酉時					1/21 5時11分 卯時					氣

年	甲寅																													
月	丙寅					丁卯					戊辰					己巳					庚午					辛未				
節氣	立春					驚蟄					清明					立夏					芒種					小暑				
	2/4 23時29分 子時					3/6 17時55分 酉時					4/5 23時21分 子時					5/6 17時20分 酉時					6/6 22時0分 亥時					7/8 8時27分 辰時				
日	國曆		農曆		干支	國曆		農曆		干支	國曆		農曆		干支	國曆		農曆		干支	國曆		農曆		干支	國曆		農曆		干支
	2	4	1	10	辛酉	3	6	2	10	辛卯	4	5	3	10	辛酉	5	6	4	12	壬辰	6	6	5	13	癸亥	7	8	5	16	乙未
	2	5	1	11	壬戌	3	7	2	11	壬辰	4	6	3	11	壬戌	5	7	4	13	癸巳	6	7	5	14	甲子	7	9	5	17	丙申
	2	6	1	12	癸亥	3	8	2	12	癸巳	4	7	3	12	癸亥	5	8	4	14	甲午	6	8	5	15	乙丑	7	10	5	18	丁酉
	2	7	1	13	甲子	3	9	2	13	甲午	4	8	3	13	甲子	5	9	4	15	乙未	6	9	5	16	丙寅	7	11	5	19	戊戌
	2	8	1	14	乙丑	3	10	2	14	乙未	4	9	3	14	乙丑	5	10	4	16	丙申	6	10	5	17	丁卯	7	12	5	20	己亥
中華民國三年	2	9	1	15	丙寅	3	11	2	15	丙申	4	10	3	15	丙寅	5	11	4	17	丁酉	6	11	5	18	戊辰	7	13	5	21	庚子
	2	10	1	16	丁卯	3	12	2	16	丁酉	4	11	3	16	丁卯	5	12	4	18	戊戌	6	12	5	19	己巳	7	14	5	22	辛丑
	2	11	1	17	戊辰	3	13	2	17	戊戌	4	12	3	17	戊辰	5	13	4	19	己亥	6	13	5	20	庚午	7	15	5	23	壬寅
	2	12	1	18	己巳	3	14	2	18	己亥	4	13	3	18	己巳	5	14	4	20	庚子	6	14	5	21	辛未	7	16	5	24	癸卯
	2	13	1	19	庚午	3	15	2	19	庚子	4	14	3	19	庚午	5	15	4	21	辛丑	6	15	5	22	壬申	7	17	5	25	甲辰
虎	2	14	1	20	辛未	3	16	2	20	辛丑	4	15	3	20	辛未	5	16	4	22	壬寅	6	16	5	23	癸酉	7	18	5	26	乙巳
	2	15	1	21	壬申	3	17	2	21	壬寅	4	16	3	21	壬申	5	17	4	23	癸卯	6	17	5	24	甲戌	7	19	5	27	丙午
	2	16	1	22	癸酉	3	18	2	22	癸卯	4	17	3	22	癸酉	5	18	4	24	甲辰	6	18	5	25	乙亥	7	20	5	28	丁未
	2	17	1	23	甲戌	3	19	2	23	甲辰	4	18	3	23	甲戌	5	19	4	25	乙巳	6	19	5	26	丙子	7	21	5	29	戊申
	2	18	1	24	乙亥	3	20	2	24	乙巳	4	19	3	24	乙亥	5	20	4	26	丙午	6	20	5	27	丁丑	7	22	5	30	己酉
	2	19	1	25	丙子	3	21	2	25	丙午	4	20	3	25	丙子	5	21	4	27	丁未	6	21	5	28	戊寅	7	23	6	1	庚戌
	2	20	1	26	丁丑	3	22	2	26	丁未	4	21	3	26	丁丑	5	22	4	28	戊申	6	22	5	29	己卯	7	24	6	2	辛亥
	2	21	1	27	戊寅	3	23	2	27	戊申	4	22	3	27	戊寅	5	23	4	29	己酉	6	23	閏5	1	庚辰	7	25	6	3	壬子
	2	22	1	28	己卯	3	24	2	28	己酉	4	23	3	28	己卯	5	24	4	30	庚戌	6	24	5	2	辛巳	7	26	6	4	癸丑
	2	23	1	29	庚辰	3	25	2	29	庚戌	4	24	3	29	庚辰	5	25	5	1	辛亥	6	25	5	3	壬午	7	27	6	5	甲寅
	2	24	1	30	辛巳	3	26	2	30	辛亥	4	25	4	1	辛巳	5	26	5	2	壬子	6	26	5	4	癸未	7	28	6	6	乙卯
	2	25	2	1	壬午	3	27	3	1	壬子	4	26	4	2	壬午	5	27	5	3	癸丑	6	27	5	5	甲申	7	29	6	7	丙辰
1914	2	26	2	2	癸未	3	28	3	2	癸丑	4	27	4	3	癸未	5	28	5	4	甲寅	6	28	5	6	乙酉	7	30	6	8	丁巳
	2	27	2	3	甲申	3	29	3	3	甲寅	4	28	4	4	甲申	5	29	5	5	乙卯	6	29	5	7	丙戌	7	31	6	9	戊午
	2	28	2	4	乙酉	3	30	3	4	乙卯	4	29	4	5	乙酉	5	30	5	6	丙辰	6	30	5	8	丁亥	8	1	6	10	己未
	3	1	2	5	丙戌	3	31	3	5	丙辰	4	30	4	6	丙戌	5	31	5	7	丁巳	7	1	5	9	戊子	8	2	6	11	庚申
	3	2	2	6	丁亥	4	1	3	6	丁巳	5	1	4	7	丁亥	6	1	5	8	戊午	7	2	5	10	己丑	8	3	6	12	辛酉
	3	3	2	7	戊子	4	2	3	7	戊午	5	2	4	8	戊子	6	2	5	9	己未	7	3	5	11	庚寅	8	4	6	13	壬戌
	3	4	2	8	己丑	4	3	3	8	己未	5	3	4	9	己丑	6	3	5	10	庚申	7	4	5	12	辛卯	8	5	6	14	癸亥
	3	5	2	9	庚寅	4	4	3	9	庚申	5	4	4	10	庚寅	6	4	5	11	辛酉	7	5	5	13	壬辰	8	6	6	15	甲子
											5	5	4	11	辛卯	6	5	5	12	壬戌	7	6	5	14	癸巳	8	7	6	16	乙丑
																					7	7	5	15	甲午					
中氣	雨水					春分					穀雨					小滿					夏至					大暑				
	2/19 19時38分 戌時					3/21 19時10分 戌時					4/21 6時53分 卯時					5/22 6時37分 卯時					6/22 14時55分 未時					7/24 1時46分 丑時				

甲寅																														年
壬申					癸酉					甲戌					乙亥					丙子					丁丑					月
立秋					白露					寒露					立冬					大雪					小寒					節氣
8/8 18時5分 酉時					9/8 20時32分 戌時					10/9 11時34分 午時					11/8 14時11分 未時					12/8 6時37分 卯時					1/6 17時40分 酉時					
國曆		農曆		干支	國曆		農曆		干支	國曆		農曆		干支	國曆		農曆		干支	國曆		農曆		干支	國曆		農曆		干支	日
8	8	6	17	丙寅	9	8	7	19	丁酉	10	9	8	20	戊辰	11	8	9	21	戊戌	12	8	10	21	戊辰	1	6	11	21	丁酉	
8	9	6	18	丁卯	9	9	7	20	戊戌	10	10	8	21	己巳	11	9	9	22	己亥	12	9	10	22	己巳	1	7	11	22	戊戌	
8	10	6	19	戊辰	9	10	7	21	己亥	10	11	8	22	庚午	11	10	9	23	庚子	12	10	10	23	庚午	1	8	11	23	己亥	
8	11	6	20	己巳	9	11	7	22	庚子	10	12	8	23	辛未	11	11	9	24	辛丑	12	11	10	24	辛未	1	9	11	24	庚子	
8	12	6	21	庚午	9	12	7	23	辛丑	10	13	8	24	壬申	11	12	9	25	壬寅	12	12	10	25	壬申	1	10	11	25	辛丑	
8	13	6	22	辛未	9	13	7	24	壬寅	10	14	8	25	癸酉	11	13	9	26	癸卯	12	13	10	26	癸酉	1	11	11	26	壬寅	
8	14	6	23	壬申	9	14	7	25	癸卯	10	15	8	26	甲戌	11	14	9	27	甲辰	12	14	10	27	甲戌	1	12	11	27	癸卯	
8	15	6	24	癸酉	9	15	7	26	甲辰	10	16	8	27	乙亥	11	15	9	28	乙巳	12	15	10	28	乙亥	1	13	11	28	甲辰	
8	16	6	25	甲戌	9	16	7	27	乙巳	10	17	8	28	丙子	11	16	9	29	丙午	12	16	10	29	丙子	1	14	11	29	乙巳	
8	17	6	26	乙亥	9	17	7	28	丙午	10	18	8	29	丁丑	11	17	9	30	丁未	12	17	11	1	丁丑	1	15	12	1	丙午	
8	18	6	27	丙子	9	18	7	29	丁未	10	19	9	1	戊寅	11	18	10	1	戊申	12	18	11	2	戊寅	1	16	12	2	丁未	
8	19	6	28	丁丑	9	19	7	30	戊申	10	20	9	2	己卯	11	19	10	2	己酉	12	19	11	3	己卯	1	17	12	3	戊申	
8	20	6	29	戊寅	9	20	8	1	己酉	10	21	9	3	庚辰	11	20	10	3	庚戌	12	20	11	4	庚辰	1	18	12	4	己酉	
8	21	7	1	己卯	9	21	8	2	庚戌	10	22	9	4	辛巳	11	21	10	4	辛亥	12	21	11	5	辛巳	1	19	12	5	庚戌	
8	22	7	2	庚辰	9	22	8	3	辛亥	10	23	9	5	壬午	11	22	10	5	壬子	12	22	11	6	壬午	1	20	12	6	辛亥	
8	23	7	3	辛巳	9	23	8	4	壬子	10	24	9	6	癸未	11	23	10	6	癸丑	12	23	11	7	癸未	1	21	12	7	壬子	
8	24	7	4	壬午	9	24	8	5	癸丑	10	25	9	7	甲申	11	24	10	7	甲寅	12	24	11	8	甲申	1	22	12	8	癸丑	
8	25	7	5	癸未	9	25	8	6	甲寅	10	26	9	8	乙酉	11	25	10	8	乙卯	12	25	11	9	乙酉	1	23	12	9	甲寅	
8	26	7	6	甲申	9	26	8	7	乙卯	10	27	9	9	丙戌	11	26	10	9	丙辰	12	26	11	10	丙戌	1	24	12	10	乙卯	
8	27	7	7	乙酉	9	27	8	8	丙辰	10	28	9	10	丁亥	11	27	10	10	丁巳	12	27	11	11	丁亥	1	25	12	11	丙辰	
8	28	7	8	丙戌	9	28	8	9	丁巳	10	29	9	11	戊子	11	28	10	11	戊午	12	28	11	12	戊子	1	26	12	12	丁巳	
8	29	7	9	丁亥	9	29	8	10	戊午	10	30	9	12	己丑	11	29	10	12	己未	12	29	11	13	己丑	1	27	12	13	戊午	
8	30	7	10	戊子	9	30	8	11	己未	10	31	9	13	庚寅	11	30	10	13	庚申	12	30	11	14	庚寅	1	28	12	14	己未	
8	31	7	11	己丑	10	1	8	12	庚申	11	1	9	14	辛卯	12	1	10	14	辛酉	12	31	11	15	辛卯	1	29	12	15	庚申	
9	1	7	12	庚寅	10	2	8	13	辛酉	11	2	9	15	壬辰	12	2	10	15	壬戌	1	1	11	16	壬辰	1	30	12	16	辛酉	
9	2	7	13	辛卯	10	3	8	14	壬戌	11	3	9	16	癸巳	12	3	10	16	癸亥	1	2	11	17	癸巳	1	31	12	17	壬戌	
9	3	7	14	壬辰	10	4	8	15	癸亥	11	4	9	17	甲午	12	4	10	17	甲子	1	3	11	18	甲午	2	1	12	18	癸亥	
9	4	7	15	癸巳	10	5	8	16	甲子	11	5	9	18	乙未	12	5	10	18	乙丑	1	4	11	19	乙未	2	2	12	19	甲子	
9	5	7	16	甲午	10	6	8	17	乙丑	11	6	9	19	丙申	12	6	10	19	丙寅	1	5	11	20	丙申	2	3	12	20	乙丑	
9	6	7	17	乙未	10	7	8	18	丙寅	11	7	9	20	丁酉	12	7	10	20	丁卯						2	4	12	21	丙寅	
9	7	7	18	丙申	10	8	8	19	丁卯																					
處暑					秋分					霜降					小雪					冬至					大寒					中氣
8/24 8時29分 辰時					9/24 5時33分 卯時					10/24 14時17分 未時					11/23 11時20分 午時					12/23 0時22分 子時					1/21 10時59分 巳時					

中華民國三、四年 虎

1914、1915

年	乙卯																													
月	戊寅					己卯					庚辰					辛巳					壬午					癸未				
節氣	立春 2/5 5時25分 卯時					驚蟄 3/6 23時48分 子時					清明 4/6 5時9分 卯時					立夏 5/6 23時2分 子時					芒種 6/7 3時40分 寅時					小暑 7/8 14時7分 未時				
日	國曆		農曆		干支	國曆		農曆		干支	國曆		農曆		干支	國曆		農曆		干支	國曆		農曆		干支	國曆		農曆		干支
中華民國四年 兔 1915	2	5	12	22	丁卯	3	6	1	21	丙申	4	6	2	22	丁卯	5	6	3	23	丁酉	6	7	4	25	己巳	7	8	5	26	庚子
	2	6	12	23	戊辰	3	7	1	22	丁酉	4	7	2	23	戊辰	5	7	3	24	戊戌	6	8	4	26	庚午	7	9	5	27	辛丑
	2	7	12	24	己巳	3	8	1	23	戊戌	4	8	2	24	己巳	5	8	3	25	己亥	6	9	4	27	辛未	7	10	5	28	壬寅
	2	8	12	25	庚午	3	9	1	24	己亥	4	9	2	25	庚午	5	9	3	26	庚子	6	10	4	28	壬申	7	11	5	29	癸卯
	2	9	12	26	辛未	3	10	1	25	庚子	4	10	2	26	辛未	5	10	3	27	辛丑	6	11	4	29	癸酉	7	12	6	1	甲辰
	2	10	12	27	壬申	3	11	1	26	辛丑	4	11	2	27	壬申	5	11	3	28	壬寅	6	12	4	30	甲戌	7	13	6	2	乙巳
	2	11	12	28	癸酉	3	12	1	27	壬寅	4	12	2	28	癸酉	5	12	3	29	癸卯	6	13	5	1	乙亥	7	14	6	3	丙午
	2	12	12	29	甲戌	3	13	1	28	癸卯	4	13	2	29	甲戌	5	13	3	30	甲辰	6	14	5	2	丙子	7	15	6	4	丁未
	2	13	12	30	乙亥	3	14	1	29	甲辰	4	14	3	1	乙亥	5	14	4	1	乙巳	6	15	5	3	丁丑	7	16	6	5	戊申
	2	14	1	1	丙子	3	15	1	30	乙巳	4	15	3	2	丙子	5	15	4	2	丙午	6	16	5	4	戊寅	7	17	6	6	己酉
	2	15	1	2	丁丑	3	16	2	1	丙午	4	16	3	3	丁丑	5	16	4	3	丁未	6	17	5	5	己卯	7	18	6	7	庚戌
	2	16	1	3	戊寅	3	17	2	2	丁未	4	17	3	4	戊寅	5	17	4	4	戊申	6	18	5	6	庚辰	7	19	6	8	辛亥
	2	17	1	4	己卯	3	18	2	3	戊申	4	18	3	5	己卯	5	18	4	5	己酉	6	19	5	7	辛巳	7	20	6	9	壬子
	2	18	1	5	庚辰	3	19	2	4	己酉	4	19	3	6	庚辰	5	19	4	6	庚戌	6	20	5	8	壬午	7	21	6	10	癸丑
	2	19	1	6	辛巳	3	20	2	5	庚戌	4	20	3	7	辛巳	5	20	4	7	辛亥	6	21	5	9	癸未	7	22	6	11	甲寅
	2	20	1	7	壬午	3	21	2	6	辛亥	4	21	3	8	壬午	5	21	4	8	壬子	6	22	5	10	甲申	7	23	6	12	乙卯
	2	21	1	8	癸未	3	22	2	7	壬子	4	22	3	9	癸未	5	22	4	9	癸丑	6	23	5	11	乙酉	7	24	6	13	丙辰
	2	22	1	9	甲申	3	23	2	8	癸丑	4	23	3	10	甲申	5	23	4	10	甲寅	6	24	5	12	丙戌	7	25	6	14	丁巳
	2	23	1	10	乙酉	3	24	2	9	甲寅	4	24	3	11	乙酉	5	24	4	11	乙卯	6	25	5	13	丁亥	7	26	6	15	戊午
	2	24	1	11	丙戌	3	25	2	10	乙卯	4	25	3	12	丙戌	5	25	4	12	丙辰	6	26	5	14	戊子	7	27	6	16	己未
	2	25	1	12	丁亥	3	26	2	11	丙辰	4	26	3	13	丁亥	5	26	4	13	丁巳	6	27	5	15	己丑	7	28	6	17	庚申
	2	26	1	13	戊子	3	27	2	12	丁巳	4	27	3	14	戊子	5	27	4	14	戊午	6	28	5	16	庚寅	7	29	6	18	辛酉
	2	27	1	14	己丑	3	28	2	13	戊午	4	28	3	15	己丑	5	28	4	15	己未	6	29	5	17	辛卯	7	30	6	19	壬戌
	2	28	1	15	庚寅	3	29	2	14	己未	4	29	3	16	庚寅	5	29	4	16	庚申	6	30	5	18	壬辰	7	31	6	20	癸亥
	3	1	1	16	辛卯	3	30	2	15	庚申	4	30	3	17	辛卯	5	30	4	17	辛酉	7	1	5	19	癸巳	8	1	6	21	甲子
	3	2	1	17	壬辰	3	31	2	16	辛酉	5	1	3	18	壬辰	5	31	4	18	壬戌	7	2	5	20	甲午	8	2	6	22	乙丑
	3	3	1	18	癸巳	4	1	2	17	壬戌	5	2	3	19	癸巳	6	1	4	19	癸亥	7	3	5	21	乙未	8	3	6	23	丙寅
	3	4	1	19	甲午	4	2	2	18	癸亥	5	3	3	20	甲午	6	2	4	20	甲子	7	4	5	22	丙申	8	4	6	24	丁卯
	3	5	1	20	乙未	4	3	2	19	甲子	5	4	3	21	乙未	6	3	4	21	乙丑	7	5	5	23	丁酉	8	5	6	25	戊辰
						4	4	2	20	乙丑	5	5	3	22	丙申	6	4	4	22	丙寅	7	6	5	24	戊戌	8	6	6	26	己巳
						4	5	2	21	丙寅						6	5	4	23	丁卯	7	7	5	25	己亥	8	7	6	27	庚午
																6	6	4	24	戊辰										
中氣	雨水 2/20 1時23分 丑時					春分 3/22 0時51分 子時					穀雨 4/21 12時28分 午時					小滿 5/22 12時10分 午時					夏至 6/22 20時29分 戌時					大暑 7/24 7時26分 辰時				

乙卯																														年
甲申					乙酉					丙戌					丁亥					戊子					己丑					月
立秋					白露					寒露					立冬					大雪					小寒					節氣
8/8 23時47分 子時					9/9 2時17分 丑時					10/9 17時20分 酉時					11/8 19時57分 戌時					12/8 12時23分 午時					1/6 23時27分 子時					
國曆		農曆		干支	國曆		農曆		干支	國曆		農曆		干支	國曆		農曆		干支	國曆		農曆		干支	國曆		農曆		干支	日
8	8	6	28	辛未	9	9	8	1	癸卯	10	9	9	1	癸酉	11	8	10	2	癸卯	12	8	11	2	癸酉	1	6	12	2	壬寅	
8	9	6	29	壬申	9	10	8	2	甲辰	10	10	9	2	甲戌	11	9	10	3	甲辰	12	9	11	3	甲戌	1	7	12	3	癸卯	
8	10	6	30	癸酉	9	11	8	3	乙巳	10	11	9	3	乙亥	11	10	10	4	乙巳	12	10	11	4	乙亥	1	8	12	4	甲辰	
8	11	7	1	甲戌	9	12	8	4	丙午	10	12	9	4	丙子	11	11	10	5	丙午	12	11	11	5	丙子	1	9	12	5	乙巳	
8	12	7	2	乙亥	9	13	8	5	丁未	10	13	9	5	丁丑	11	12	10	6	丁未	12	12	11	6	丁丑	1	10	12	6	丙午	中華民國四、五年 兔
8	13	7	3	丙子	9	14	8	6	戊申	10	14	9	6	戊寅	11	13	10	7	戊申	12	13	11	7	戊寅	1	11	12	7	丁未	
8	14	7	4	丁丑	9	15	8	7	己酉	10	15	9	7	己卯	11	14	10	8	己酉	12	14	11	8	己卯	1	12	12	8	戊申	
8	15	7	5	戊寅	9	16	8	8	庚戌	10	16	9	8	庚辰	11	15	10	9	庚戌	12	15	11	9	庚辰	1	13	12	9	己酉	
8	16	7	6	己卯	9	17	8	9	辛亥	10	17	9	9	辛巳	11	16	10	10	辛亥	12	16	11	10	辛巳	1	14	12	10	庚戌	
8	17	7	7	庚辰	9	18	8	10	壬子	10	18	9	10	壬午	11	17	10	11	壬子	12	17	11	11	壬午	1	15	12	11	辛亥	
8	18	7	8	辛巳	9	19	8	11	癸丑	10	19	9	11	癸未	11	18	10	12	癸丑	12	18	11	12	癸未	1	16	12	12	壬子	
8	19	7	9	壬午	9	20	8	12	甲寅	10	20	9	12	甲申	11	19	10	13	甲寅	12	19	11	13	甲申	1	17	12	13	癸丑	
8	20	7	10	癸未	9	21	8	13	乙卯	10	21	9	13	乙酉	11	20	10	14	乙卯	12	20	11	14	乙酉	1	18	12	14	甲寅	
8	21	7	11	甲申	9	22	8	14	丙辰	10	22	9	14	丙戌	11	21	10	15	丙辰	12	21	11	15	丙戌	1	19	12	15	乙卯	
8	22	7	12	乙酉	9	23	8	15	丁巳	10	23	9	15	丁亥	11	22	10	16	丁巳	12	22	11	16	丁亥	1	20	12	16	丙辰	
8	23	7	13	丙戌	9	24	8	16	戊午	10	24	9	16	戊子	11	23	10	17	戊午	12	23	11	17	戊子	1	21	12	17	丁巳	
8	24	7	14	丁亥	9	25	8	17	己未	10	25	9	17	己丑	11	24	10	18	己未	12	24	11	18	己丑	1	22	12	18	戊午	
8	25	7	15	戊子	9	26	8	18	庚申	10	26	9	18	庚寅	11	25	10	19	庚申	12	25	11	19	庚寅	1	23	12	19	己未	
8	26	7	16	己丑	9	27	8	19	辛酉	10	27	9	19	辛卯	11	26	10	20	辛酉	12	26	11	20	辛卯	1	24	12	20	庚申	
8	27	7	17	庚寅	9	28	8	20	壬戌	10	28	9	20	壬辰	11	27	10	21	壬戌	12	27	11	21	壬辰	1	25	12	21	辛酉	
8	28	7	18	辛卯	9	29	8	21	癸亥	10	29	9	21	癸巳	11	28	10	22	癸亥	12	28	11	22	癸巳	1	26	12	22	壬戌	1915、1916
8	29	7	19	壬辰	9	30	8	22	甲子	10	30	9	22	甲午	11	29	10	23	甲子	12	29	11	23	甲午	1	27	12	23	癸亥	
8	30	7	20	癸巳	10	1	8	23	乙丑	10	31	9	23	乙未	11	30	10	24	乙丑	12	30	11	24	乙未	1	28	12	24	甲子	
8	31	7	21	甲午	10	2	8	24	丙寅	11	1	9	24	丙申	12	1	10	25	丙寅	12	31	11	25	丙申	1	29	12	25	乙丑	
9	1	7	22	乙未	10	3	8	25	丁卯	11	2	9	25	丁酉	12	2	10	26	丁卯	1	1	11	26	丁酉	1	30	12	26	丙寅	
9	2	7	23	丙申	10	4	8	26	戊辰	11	3	9	26	戊戌	12	3	10	27	戊辰	1	2	11	27	戊戌	1	31	12	27	丁卯	
9	3	7	24	丁酉	10	5	8	27	己巳	11	4	9	27	己亥	12	4	10	28	己巳	1	3	11	28	己亥	2	1	12	28	戊辰	
9	4	7	25	戊戌	10	6	8	28	庚午	11	5	9	28	庚子	12	5	10	29	庚午	1	4	11	29	庚子	2	2	12	29	己巳	
9	5	7	26	己亥	10	7	8	29	辛未	11	6	9	29	辛丑	12	6	10	30	辛未	1	5	12	1	辛丑	2	3	1	1	庚午	
9	6	7	27	庚子	10	8	8	30	壬申	11	7	10	1	壬寅	12	7	11	1	壬申						2	4	1	2	辛未	
9	7	7	28	辛丑																										
9	8	7	29	壬寅																										
處暑					秋分					霜降					小雪					冬至					大寒					中氣
8/24 14時15分 未時					9/24 11時23分 午時					10/24 20時9分 戌時					11/23 17時13分 酉時					12/23 6時15分 卯時					1/21 16時53分 申時					

年	丙辰																													
月	庚寅					辛卯					壬辰					癸巳					甲午					乙未				
節氣	立春					驚蛰					清明					立夏					芒種					小暑				
	2/5 11時14分 午時					3/6 5時37分 卯時					4/5 10時57分 巳時					5/6 4時49分 寅時					6/6 9時25分 巳時					7/7 19時53分 戌時				
日	國曆		農曆		干支	國曆		農曆		干支	國曆		農曆		干支	國曆		農曆		干支	國曆		農曆		干支	國曆		農曆		干支
中華民國五年 龍	2	5	1	3	壬申	3	6	2	3	壬寅	4	5	3	3	壬申	5	6	4	5	癸卯	6	6	5	6	甲戌	7	7	6	8	乙巳
	2	6	1	4	癸酉	3	7	2	4	癸卯	4	6	3	4	癸酉	5	7	4	6	甲辰	6	7	5	7	乙亥	7	8	6	9	丙午
	2	7	1	5	甲戌	3	8	2	5	甲辰	4	7	3	5	甲戌	5	8	4	7	乙巳	6	8	5	8	丙子	7	9	6	10	丁未
	2	8	1	6	乙亥	3	9	2	6	乙巳	4	8	3	6	乙亥	5	9	4	8	丙午	6	9	5	9	丁丑	7	10	6	11	戊申
	2	9	1	7	丙子	3	10	2	7	丙午	4	9	3	7	丙子	5	10	4	9	丁未	6	10	5	10	戊寅	7	11	6	12	己酉
	2	10	1	8	丁丑	3	11	2	8	丁未	4	10	3	8	丁丑	5	11	4	10	戊申	6	11	5	11	己卯	7	12	6	13	庚戌
	2	11	1	9	戊寅	3	12	2	9	戊申	4	11	3	9	戊寅	5	12	4	11	己酉	6	12	5	12	庚辰	7	13	6	14	辛亥
	2	12	1	10	己卯	3	13	2	10	己酉	4	12	3	10	己卯	5	13	4	12	庚戌	6	13	5	13	辛巳	7	14	6	15	壬子
	2	13	1	11	庚辰	3	14	2	11	庚戌	4	13	3	11	庚辰	5	14	4	13	辛亥	6	14	5	14	壬午	7	15	6	16	癸丑
	2	14	1	12	辛巳	3	15	2	12	辛亥	4	14	3	12	辛巳	5	15	4	14	壬子	6	15	5	15	癸未	7	16	6	17	甲寅
	2	15	1	13	壬午	3	16	2	13	壬子	4	15	3	13	壬午	5	16	4	15	癸丑	6	16	5	16	甲申	7	17	6	18	乙卯
	2	16	1	14	癸未	3	17	2	14	癸丑	4	16	3	14	癸未	5	17	4	16	甲寅	6	17	5	17	乙酉	7	18	6	19	丙辰
	2	17	1	15	甲申	3	18	2	15	甲寅	4	17	3	15	甲申	5	18	4	17	乙卯	6	18	5	18	丙戌	7	19	6	20	丁巳
	2	18	1	16	乙酉	3	19	2	16	乙卯	4	18	3	16	乙酉	5	19	4	18	丙辰	6	19	5	19	丁亥	7	20	6	21	戊午
	2	19	1	17	丙戌	3	20	2	17	丙辰	4	19	3	17	丙戌	5	20	4	19	丁巳	6	20	5	20	戊子	7	21	6	22	己未
	2	20	1	18	丁亥	3	21	2	18	丁巳	4	20	3	18	丁亥	5	21	4	20	戊午	6	21	5	21	己丑	7	22	6	23	庚申
	2	21	1	19	戊子	3	22	2	19	戊午	4	21	3	19	戊子	5	22	4	21	己未	6	22	5	22	庚寅	7	23	6	24	辛酉
	2	22	1	20	己丑	3	23	2	20	己未	4	22	3	20	己丑	5	23	4	22	庚申	6	23	5	23	辛卯	7	24	6	25	壬戌
	2	23	1	21	庚寅	3	24	2	21	庚申	4	23	3	21	庚寅	5	24	4	23	辛酉	6	24	5	24	壬辰	7	25	6	26	癸亥
	2	24	1	22	辛卯	3	25	2	22	辛酉	4	24	3	22	辛卯	5	25	4	24	壬戌	6	25	5	25	癸巳	7	26	6	27	甲子
	2	25	1	23	壬辰	3	26	2	23	壬戌	4	25	3	23	壬辰	5	26	4	25	癸亥	6	26	5	26	甲午	7	27	6	28	乙丑
	2	26	1	24	癸巳	3	27	2	24	癸亥	4	26	3	24	癸巳	5	27	4	26	甲子	6	27	5	27	乙未	7	28	6	29	丙寅
1916	2	27	1	25	甲午	3	28	2	25	甲子	4	27	3	25	甲午	5	28	4	27	乙丑	6	28	5	28	丙申	7	29	6	30	丁卯
	2	28	1	26	乙未	3	29	2	26	乙丑	4	28	3	26	乙未	5	29	4	28	丙寅	6	29	5	29	丁酉	7	30	7	1	戊辰
	2	29	1	27	丙申	3	30	2	27	丙寅	4	29	3	27	丙申	5	30	4	29	丁卯	6	30	6	1	戊戌	7	31	7	2	己巳
	3	1	1	28	丁酉	3	31	2	28	丁卯	4	30	3	28	丁酉	5	31	4	30	戊辰	7	1	6	2	己亥	8	1	7	3	庚午
	3	2	1	29	戊戌	4	1	2	29	戊辰	5	1	3	29	戊戌	6	1	5	1	己巳	7	2	6	3	庚子	8	2	7	4	辛未
	3	3	1	30	己亥	4	2	2	30	己巳	5	2	4	1	己亥	6	2	5	2	庚午	7	3	6	4	辛丑	8	3	7	5	壬申
	3	4	2	1	庚子	4	3	3	1	庚午	5	3	4	2	庚子	6	3	5	3	辛未	7	4	6	5	壬寅	8	4	7	6	癸酉
	3	5	2	2	辛丑	4	4	3	2	辛未	5	4	4	3	辛丑	6	4	5	4	壬申	7	5	6	6	癸卯	8	5	7	7	甲戌
											5	5	4	4	壬寅	6	5	5	5	癸酉	7	6	6	7	甲辰	8	6	7	8	乙亥
																										8	7	7	9	丙子
中氣	雨水					春分					穀雨					小滿					夏至					大暑				
	2/20 7時18分 辰時					3/21 6時46分 卯時					4/20 18時24分 酉時					5/21 18時5分 酉時					6/22 2時24分 丑時					7/23 13時21分 未時				

丙辰																														年
丙申					丁酉					戊戌					己亥					庚子					辛丑					月
立秋					白露					寒露					立冬					大雪					小寒					節氣
8/8 5時35分 卯時					9/8 8時5分 辰時					10/8 23時7分 子時					11/8 1時42分 丑時					12/7 18時6分 酉時					1/6 5時9分 卯時					
國曆		農曆		干支	國曆		農曆		干支	國曆		農曆		干支	國曆		農曆		干支	國曆		農曆		干支	國曆		農曆		干支	日
	8	7	10	丁丑	9	8	8	11	戊申	10	8	9	12	戊寅	11	8	10	13	己酉	12	7	11	13	戊寅	1	6	12	13	戊申	
	9	7	11	戊寅	9	9	8	12	己酉	10	9	9	13	己卯	11	9	10	14	庚戌	12	8	11	14	己卯	1	7	12	14	己酉	
	10	7	12	己卯	9	10	8	13	庚戌	10	10	9	14	庚辰	11	10	10	15	辛亥	12	9	11	15	庚辰	1	8	12	15	庚戌	
	11	7	13	庚辰	9	11	8	14	辛亥	10	11	9	15	辛巳	11	11	10	16	壬子	12	10	11	16	辛巳	1	9	12	16	辛亥	
	12	7	14	辛巳	9	12	8	15	壬子	10	12	9	16	壬午	11	12	10	17	癸丑	12	11	11	17	壬午	1	10	12	17	壬子	中
	13	7	15	壬午	9	13	8	16	癸丑	10	13	9	17	癸未	11	13	10	18	甲寅	12	12	11	18	癸未	1	11	12	18	癸丑	華
	14	7	16	癸未	9	14	8	17	甲寅	10	14	9	18	甲申	11	14	10	19	乙卯	12	13	11	19	甲申	1	12	12	19	甲寅	民
8	15	7	17	甲申	9	15	8	18	乙卯	10	15	9	19	乙酉	11	15	10	20	丙辰	12	14	11	20	乙酉	1	13	12	20	乙卯	國
8	16	7	18	乙酉	9	16	8	19	丙辰	10	16	9	20	丙戌	11	16	10	21	丁巳	12	15	11	21	丙戌	1	14	12	21	丙辰	五
8	17	7	19	丙戌	9	17	8	20	丁巳	10	17	9	21	丁亥	11	17	10	22	戊午	12	16	11	22	丁亥	1	15	12	22	丁巳	、
8	18	7	20	丁亥	9	18	8	21	戊午	10	18	9	22	戊子	11	18	10	23	己未	12	17	11	23	戊子	1	16	12	23	戊午	六
8	19	7	21	戊子	9	19	8	22	己未	10	19	9	23	己丑	11	19	10	24	庚申	12	18	11	24	己丑	1	17	12	24	己未	年
8	20	7	22	己丑	9	20	8	23	庚申	10	20	9	24	庚寅	11	20	10	25	辛酉	12	19	11	25	庚寅	1	18	12	25	庚申	龍
8	21	7	23	庚寅	9	21	8	24	辛酉	10	21	9	25	辛卯	11	21	10	26	壬戌	12	20	11	26	辛卯	1	19	12	26	辛酉	
8	22	7	24	辛卯	9	22	8	25	壬戌	10	22	9	26	壬辰	11	22	10	27	癸亥	12	21	11	27	壬辰	1	20	12	27	壬戌	
8	23	7	25	壬辰	9	23	8	26	癸亥	10	23	9	27	癸巳	11	23	10	28	甲子	12	22	11	28	癸巳	1	21	12	28	癸亥	
8	24	7	26	癸巳	9	24	8	27	甲子	10	24	9	28	甲午	11	24	10	29	乙丑	12	23	11	29	甲午	1	22	12	29	甲子	
8	25	7	27	甲午	9	25	8	28	乙丑	10	25	9	29	乙未	11	25	11	1	丙寅	12	24	11	30	乙未	1	23	1	1	乙丑	
8	26	7	28	乙未	9	26	8	29	丙寅	10	26	9	30	丙申	11	26	11	2	丁卯	12	25	12	1	丙申	1	24	1	2	丙寅	
8	27	7	29	丙申	9	27	9	1	丁卯	10	27	10	1	丁酉	11	27	11	3	戊辰	12	26	12	2	丁酉	1	25	1	3	丁卯	
8	28	7	30	丁酉	9	28	9	2	戊辰	10	28	10	2	戊戌	11	28	11	4	己巳	12	27	12	3	戊戌	1	26	1	4	戊辰	1
8	29	8	1	戊戌	9	29	9	3	己巳	10	29	10	3	己亥	11	29	11	5	庚午	12	28	12	4	己亥	1	27	1	5	己巳	9
8	30	8	2	己亥	9	30	9	4	庚午	10	30	10	4	庚子	11	30	11	6	辛未	12	29	12	5	庚子	1	28	1	6	庚午	1
8	31	8	3	庚子	10	1	9	5	辛未	10	31	10	5	辛丑	12	1	11	7	壬申	12	30	12	6	辛丑	1	29	1	7	辛未	6
9	1	8	4	辛丑	10	2	9	6	壬申	11	1	10	6	壬寅	12	2	11	8	癸酉	12	31	12	7	壬寅	1	30	1	8	壬申	、
9	2	8	5	壬寅	10	3	9	7	癸酉	11	2	10	7	癸卯	12	3	11	9	甲戌	1	1	12	8	癸卯	1	31	1	9	癸酉	1
9	3	8	6	癸卯	10	4	9	8	甲戌	11	3	10	8	甲辰	12	4	11	10	乙亥	1	2	12	9	甲辰	2	1	1	10	甲戌	9
9	4	8	7	甲辰	10	5	9	9	乙亥	11	4	10	9	乙巳	12	5	11	11	丙子	1	3	12	10	乙巳	2	2	1	11	乙亥	1
9	5	8	8	乙巳	10	6	9	10	丙子	11	5	10	10	丙午	12	6	11	12	丁丑	1	4	12	11	丙午	2	3	1	12	丙子	7
9	6	8	9	丙午	10	7	9	11	丁丑	11	6	10	11	丁未						1	5	12	12	丁未						
9	7	8	10	丁未						11	7	10	12	戊申																
處暑					秋分					霜降					小雪					冬至					大寒					中氣
8/23 20時8分 戌時					9/23 17時14分 酉時					10/24 1時57分 丑時					11/22 22時57分 亥時					12/22 11時58分 午時					1/20 22時37分 亥時					

年	丁巳																													
月	壬寅					癸卯					甲辰					乙巳					丙午					丁未				
節氣	立春					驚蟄					清明					立夏					芒種					小暑				
	2/4 16時57分 申時					3/6 11時24分 午時					4/5 16時49分 申時					5/6 10時45分 巳時					6/6 15時23分 申時					7/8 1時50分 丑時				
日	國曆		農曆		干支	國曆		農曆		干支	國曆		農曆		干支	國曆		農曆		干支	國曆		農曆		干支	國曆		農曆		干支
中華民國六年 蛇	2	4	1	13	丁丑	3	6	2	13	丁未	4	5	2	14	丁丑	5	6	3	16	戊申	6	6	4	17	己卯	7	8	5	20	辛亥
	2	5	1	14	戊寅	3	7	2	14	戊申	4	6	2	15	戊寅	5	7	3	17	己酉	6	7	4	18	庚辰	7	9	5	21	壬子
	2	6	1	15	己卯	3	8	2	15	己酉	4	7	2	16	己卯	5	8	3	18	庚戌	6	8	4	19	辛巳	7	10	5	22	癸丑
	2	7	1	16	庚辰	3	9	2	16	庚戌	4	8	2	17	庚辰	5	9	3	19	辛亥	6	9	4	20	壬午	7	11	5	23	甲寅
	2	8	1	17	辛巳	3	10	2	17	辛亥	4	9	2	18	辛巳	5	10	3	20	壬子	6	10	4	21	癸未	7	12	5	24	乙卯
	2	9	1	18	壬午	3	11	2	18	壬子	4	10	2	19	壬午	5	11	3	21	癸丑	6	11	4	22	甲申	7	13	5	25	丙辰
	2	10	1	19	癸未	3	12	2	19	癸丑	4	11	2	20	癸未	5	12	3	22	甲寅	6	12	4	23	乙酉	7	14	5	26	丁巳
	2	11	1	20	甲申	3	13	2	20	甲寅	4	12	2	21	甲申	5	13	3	23	乙卯	6	13	4	24	丙戌	7	15	5	27	戊午
	2	12	1	21	乙酉	3	14	2	21	乙卯	4	13	2	22	乙酉	5	14	3	24	丙辰	6	14	4	25	丁亥	7	16	5	28	己未
	2	13	1	22	丙戌	3	15	2	22	丙辰	4	14	2	23	丙戌	5	15	3	25	丁巳	6	15	4	26	戊子	7	17	5	29	庚申
	2	14	1	23	丁亥	3	16	2	23	丁巳	4	15	2	24	丁亥	5	16	3	26	戊午	6	16	4	27	己丑	7	18	5	30	辛酉
	2	15	1	24	戊子	3	17	2	24	戊午	4	16	2	25	戊子	5	17	3	27	己未	6	17	4	28	庚寅	7	19	6	1	壬戌
	2	16	1	25	己丑	3	18	2	25	己未	4	17	2	26	己丑	5	18	3	28	庚申	6	18	4	29	辛卯	7	20	6	2	癸亥
	2	17	1	26	庚寅	3	19	2	26	庚申	4	18	2	27	庚寅	5	19	3	29	辛酉	6	19	5	1	壬辰	7	21	6	3	甲子
	2	18	1	27	辛卯	3	20	2	27	辛酉	4	19	2	28	辛卯	5	20	3	30	壬戌	6	20	5	2	癸巳	7	22	6	4	乙丑
	2	19	1	28	壬辰	3	21	2	28	壬戌	4	20	2	29	壬辰	5	21	4	1	癸亥	6	21	5	3	甲午	7	23	6	5	丙寅
	2	20	1	29	癸巳	3	22	2	29	癸亥	4	21	3	1	癸巳	5	22	4	2	甲子	6	22	5	4	乙未	7	24	6	6	丁卯
	2	21	1	30	甲午	3	23	閏2	1	甲子	4	22	3	2	甲午	5	23	4	3	乙丑	6	23	5	5	丙申	7	25	6	7	戊辰
	2	22	2	1	乙未	3	24	2	2	乙丑	4	23	3	3	乙未	5	24	4	4	丙寅	6	24	5	6	丁酉	7	26	6	8	己巳
	2	23	2	2	丙申	3	25	2	3	丙寅	4	24	3	4	丙申	5	25	4	5	丁卯	6	25	5	7	戊戌	7	27	6	9	庚午
	2	24	2	3	丁酉	3	26	2	4	丁卯	4	25	3	5	丁酉	5	26	4	6	戊辰	6	26	5	8	己亥	7	28	6	10	辛未
	2	25	2	4	戊戌	3	27	2	5	戊辰	4	26	3	6	戊戌	5	27	4	7	己巳	6	27	5	9	庚子	7	29	6	11	壬申
1917	2	26	2	5	己亥	3	28	2	6	己巳	4	27	3	7	己亥	5	28	4	8	庚午	6	28	5	10	辛丑	7	30	6	12	癸酉
	2	27	2	6	庚子	3	29	2	7	庚午	4	28	3	8	庚子	5	29	4	9	辛未	6	29	5	11	壬寅	7	31	6	13	甲戌
	2	28	2	7	辛丑	3	30	2	8	辛未	4	29	3	9	辛丑	5	30	4	10	壬申	6	30	5	12	癸卯	8	1	6	14	乙亥
	3	1	2	8	壬寅	3	31	2	9	壬申	4	30	3	10	壬寅	5	31	4	11	癸酉	7	1	5	13	甲辰	8	2	6	15	丙子
	3	2	2	9	癸卯	4	1	2	10	癸酉	5	1	3	11	癸卯	6	1	4	12	甲戌	7	2	5	14	乙巳	8	3	6	16	丁丑
	3	3	2	10	甲辰	4	2	2	11	甲戌	5	2	3	12	甲辰	6	2	4	13	乙亥	7	3	5	15	丙午	8	4	6	17	戊寅
	3	4	2	11	乙巳	4	3	2	12	乙亥	5	3	3	13	乙巳	6	3	4	14	丙子	7	4	5	16	丁未	8	5	6	18	己卯
	3	5	2	12	丙午	4	4	2	13	丙子	5	4	3	14	丙午	6	4	4	15	丁丑	7	5	5	17	戊申	8	6	6	19	庚辰
											5	5	3	15	丁未	6	5	4	16	戊寅	7	6	5	18	己酉	8	7	6	20	辛巳
																					7	7	5	19	庚戌					
中氣	雨水					春分					穀雨					小滿					夏至					大暑				
	2/19 13時4分 未時					3/21 12時37分 午時					4/21 0時17分 子時					5/21 23時58分 子時					6/22 8時14分 辰時					7/23 19時7分 戌時				

丁巳																														年
戊申					己酉					庚戌					辛亥					壬子					癸丑					月
立秋					白露					寒露					立冬					大雪					小寒					節氣
8/8 11時30分 午時					9/8 13時59分 未時					10/9 5時2分 卯時					11/8 7時37分 辰時					12/8 0時1分 子時					1/6 11時4分 午時					
國曆		農曆		干支	國曆		農曆		干支	國曆		農曆		干支	國曆		農曆		干支	國曆		農曆		干支	國曆		農曆		干支	日
8	8	6	21	壬午	9	8	7	22	癸丑	10	9	8	24	甲申	11	8	9	24	甲寅	12	8	10	24	甲申	1	6	11	24	癸丑	
8	9	6	22	癸未	9	9	7	23	甲寅	10	10	8	25	乙酉	11	9	9	25	乙卯	12	9	10	25	乙酉	1	7	11	25	甲寅	
8	10	6	23	甲申	9	10	7	24	乙卯	10	11	8	26	丙戌	11	10	9	26	丙辰	12	10	10	26	丙戌	1	8	11	26	乙卯	
8	11	6	24	乙酉	9	11	7	25	丙辰	10	12	8	27	丁亥	11	11	9	27	丁巳	12	11	10	27	丁亥	1	9	11	27	丙辰	
8	12	6	25	丙戌	9	12	7	26	丁巳	10	13	8	28	戊子	11	12	9	28	戊午	12	12	10	28	戊子	1	10	11	28	丁巳	
8	13	6	26	丁亥	9	13	7	27	戊午	10	14	8	29	己丑	11	13	9	29	己未	12	13	10	29	己丑	1	11	11	29	戊午	
8	14	6	27	戊子	9	14	7	28	己未	10	15	8	30	庚寅	11	14	9	30	庚申	12	14	11	1	庚寅	1	12	11	30	己未	
8	15	6	28	己丑	9	15	7	29	庚申	10	16	9	1	辛卯	11	15	10	1	辛酉	12	15	11	2	辛卯	1	13	12	1	庚申	
8	16	6	29	庚寅	9	16	8	1	辛酉	10	17	9	2	壬辰	11	16	10	2	壬戌	12	16	11	3	壬辰	1	14	12	2	辛酉	
8	17	6	30	辛卯	9	17	8	2	壬戌	10	18	9	3	癸巳	11	17	10	3	癸亥	12	17	11	4	癸巳	1	15	12	3	壬戌	
8	18	7	1	壬辰	9	18	8	3	癸亥	10	19	9	4	甲午	11	18	10	4	甲子	12	18	11	5	甲午	1	16	12	4	癸亥	
8	19	7	2	癸巳	9	19	8	4	甲子	10	20	9	5	乙未	11	19	10	5	乙丑	12	19	11	6	乙未	1	17	12	5	甲子	
8	20	7	3	甲午	9	20	8	5	乙丑	10	21	9	6	丙申	11	20	10	6	丙寅	12	20	11	7	丙申	1	18	12	6	乙丑	
8	21	7	4	乙未	9	21	8	6	丙寅	10	22	9	7	丁酉	11	21	10	7	丁卯	12	21	11	8	丁酉	1	19	12	7	丙寅	
8	22	7	5	丙申	9	22	8	7	丁卯	10	23	9	8	戊戌	11	22	10	8	戊辰	12	22	11	9	戊戌	1	20	12	8	丁卯	
8	23	7	6	丁酉	9	23	8	8	戊辰	10	24	9	9	己亥	11	23	10	9	己巳	12	23	11	10	己亥	1	21	12	9	戊辰	
8	24	7	7	戊戌	9	24	8	9	己巳	10	25	9	10	庚子	11	24	10	10	庚午	12	24	11	11	庚子	1	22	12	10	己巳	
8	25	7	8	己亥	9	25	8	10	庚午	10	26	9	11	辛丑	11	25	10	11	辛未	12	25	11	12	辛丑	1	23	12	11	庚午	
8	26	7	9	庚子	9	26	8	11	辛未	10	27	9	12	壬寅	11	26	10	12	壬申	12	26	11	13	壬寅	1	24	12	12	辛未	
8	27	7	10	辛丑	9	27	8	12	壬申	10	28	9	13	癸卯	11	27	10	13	癸酉	12	27	11	14	癸卯	1	25	12	13	壬申	
8	28	7	11	壬寅	9	28	8	13	癸酉	10	29	9	14	甲辰	11	28	10	14	甲戌	12	28	11	15	甲辰	1	26	12	14	癸酉	
8	29	7	12	癸卯	9	29	8	14	甲戌	10	30	9	15	乙巳	11	29	10	15	乙亥	12	29	11	16	乙巳	1	27	12	15	甲戌	
8	30	7	13	甲辰	9	30	8	15	乙亥	10	31	9	16	丙午	11	30	10	16	丙子	12	30	11	17	丙午	1	28	12	16	乙亥	
8	31	7	14	乙巳	10	1	8	16	丙子	11	1	9	17	丁未	12	1	10	17	丁丑	12	31	11	18	丁未	1	29	12	17	丙子	
9	1	7	15	丙午	10	2	8	17	丁丑	11	2	9	18	戊申	12	2	10	18	戊寅	1	1	11	19	戊申	1	30	12	18	丁丑	
9	2	7	16	丁未	10	3	8	18	戊寅	11	3	9	19	己酉	12	3	10	19	己卯	1	2	11	20	己酉	1	31	12	19	戊寅	
9	3	7	17	戊申	10	4	8	19	己卯	11	4	9	20	庚戌	12	4	10	20	庚辰	1	3	11	21	庚戌	2	1	12	20	己卯	
9	4	7	18	己酉	10	5	8	20	庚辰	11	5	9	21	辛亥	12	5	10	21	辛巳	1	4	11	22	辛亥	2	2	12	21	庚辰	
9	5	7	19	庚戌	10	6	8	21	辛巳	11	6	9	22	壬子	12	6	10	22	壬午	1	5	11	23	壬子	2	3	12	22	辛巳	
9	6	7	20	辛亥	10	7	8	22	壬午	11	7	9	23	癸丑	12	7	10	23	癸未											
9	7	7	21	壬子	10	8	8	23	癸未																					
處暑					秋分					霜降					小雪					冬至					大寒					中氣
8/24 1時53分 丑時					9/23 23時0分 子時					10/24 7時43分 辰時					11/23 4時44分 寅時					12/22 17時45分 酉時					1/21 4時24分 寅時					

中華民國六、七年 蛇

1917、1918

年	戊午																													
月	甲寅					乙卯					丙辰					丁巳					戊午					己未				
節氣	立春					驚蟄					清明					立夏					芒種					小暑				
	2/4 22時53分 亥時					3/6 17時21分 酉時					4/5 22時45分 亥時					5/6 16時38分 申時					6/6 21時11分 亥時					7/8 7時32分 辰時				
日	國曆		農曆		干支	國曆		農曆		干支	國曆		農曆		干支	國曆		農曆		干支	國曆		農曆		干支	國曆		農曆		干支
中華民國七年 馬	2	4	12	23	壬午	3	6	1	24	壬子	4	5	2	24	壬午	5	6	3	26	癸丑	6	6	4	28	甲申	7	8	6	1	丙辰
	2	5	12	24	癸未	3	7	1	25	癸丑	4	6	2	25	癸未	5	7	3	27	甲寅	6	7	4	29	乙酉	7	9	6	2	丁巳
	2	6	12	25	甲申	3	8	1	26	甲寅	4	7	2	26	甲申	5	8	3	28	乙卯	6	8	4	30	丙戌	7	10	6	3	戊午
	2	7	12	26	乙酉	3	9	1	27	乙卯	4	8	2	27	乙酉	5	9	3	29	丙辰	6	9	5	1	丁亥	7	11	6	4	己未
	2	8	12	27	丙戌	3	10	1	28	丙辰	4	9	2	28	丙戌	5	10	4	1	丁巳	6	10	5	2	戊子	7	12	6	5	庚申
	2	9	12	28	丁亥	3	11	1	29	丁巳	4	10	2	29	丁亥	5	11	4	2	戊午	6	11	5	3	己丑	7	13	6	6	辛酉
	2	10	12	29	戊子	3	12	1	30	戊午	4	11	3	1	戊子	5	12	4	3	己未	6	12	5	4	庚寅	7	14	6	7	壬戌
	2	11	1	1	己丑	3	13	2	1	己未	4	12	3	2	己丑	5	13	4	4	庚申	6	13	5	5	辛卯	7	15	6	8	癸亥
	2	12	1	2	庚寅	3	14	2	2	庚申	4	13	3	3	庚寅	5	14	4	5	辛酉	6	14	5	6	壬辰	7	16	6	9	甲子
	2	13	1	3	辛卯	3	15	2	3	辛酉	4	14	3	4	辛卯	5	15	4	6	壬戌	6	15	5	7	癸巳	7	17	6	10	乙丑
	2	14	1	4	壬辰	3	16	2	4	壬戌	4	15	3	5	壬辰	5	16	4	7	癸亥	6	16	5	8	甲午	7	18	6	11	丙寅
	2	15	1	5	癸巳	3	17	2	5	癸亥	4	16	3	6	癸巳	5	17	4	8	甲子	6	17	5	9	乙未	7	19	6	12	丁卯
	2	16	1	6	甲午	3	18	2	6	甲子	4	17	3	7	甲午	5	18	4	9	乙丑	6	18	5	10	丙申	7	20	6	13	戊辰
	2	17	1	7	乙未	3	19	2	7	乙丑	4	18	3	8	乙未	5	19	4	10	丙寅	6	19	5	11	丁酉	7	21	6	14	己巳
	2	18	1	8	丙申	3	20	2	8	丙寅	4	19	3	9	丙申	5	20	4	11	丁卯	6	20	5	12	戊戌	7	22	6	15	庚午
	2	19	1	9	丁酉	3	21	2	9	丁卯	4	20	3	10	丁酉	5	21	4	12	戊辰	6	21	5	13	己亥	7	23	6	16	辛未
	2	20	1	10	戊戌	3	22	2	10	戊辰	4	21	3	11	戊戌	5	22	4	13	己巳	6	22	5	14	庚子	7	24	6	17	壬申
	2	21	1	11	己亥	3	23	2	11	己巳	4	22	3	12	己亥	5	23	4	14	庚午	6	23	5	15	辛丑	7	25	6	18	癸酉
	2	22	1	12	庚子	3	24	2	12	庚午	4	23	3	13	庚子	5	24	4	15	辛未	6	24	5	16	壬寅	7	26	6	19	甲戌
	2	23	1	13	辛丑	3	25	2	13	辛未	4	24	3	14	辛丑	5	25	4	16	壬申	6	25	5	17	癸卯	7	27	6	20	乙亥
	2	24	1	14	壬寅	3	26	2	14	壬申	4	25	3	15	壬寅	5	26	4	17	癸酉	6	26	5	18	甲辰	7	28	6	21	丙子
	2	25	1	15	癸卯	3	27	2	15	癸酉	4	26	3	16	癸卯	5	27	4	18	甲戌	6	27	5	19	乙巳	7	29	6	22	丁丑
1918	2	26	1	16	甲辰	3	28	2	16	甲戌	4	27	3	17	甲辰	5	28	4	19	乙亥	6	28	5	20	丙午	7	30	6	23	戊寅
	2	27	1	17	乙巳	3	29	2	17	乙亥	4	28	3	18	乙巳	5	29	4	20	丙子	6	29	5	21	丁未	7	31	6	24	己卯
	2	28	1	18	丙午	3	30	2	18	丙子	4	29	3	19	丙午	5	30	4	21	丁丑	6	30	5	22	戊申	8	1	6	25	庚辰
	3	1	1	19	丁未	3	31	2	19	丁丑	4	30	3	20	丁未	5	31	4	22	戊寅	7	1	5	23	己酉	8	2	6	26	辛巳
	3	2	1	20	戊申	4	1	2	20	戊寅	5	1	3	21	戊申	6	1	4	23	己卯	7	2	5	24	庚戌	8	3	6	27	壬午
	3	3	1	21	己酉	4	2	2	21	己卯	5	2	3	22	己酉	6	2	4	24	庚辰	7	3	5	25	辛亥	8	4	6	28	癸未
	3	4	1	22	庚戌	4	3	2	22	庚辰	5	3	3	23	庚戌	6	3	4	25	辛巳	7	4	5	26	壬子	8	5	6	29	甲申
	3	5	1	23	辛亥	4	4	2	23	辛巳	5	4	3	24	辛亥	6	4	4	26	壬午	7	5	5	27	癸丑	8	6	6	30	乙酉
											5	5	3	25	壬子	6	5	4	27	癸未	7	6	5	28	甲寅	8	7	7	1	丙戌
																					7	7	5	29	乙卯					
中氣	雨水					春分					穀雨					小滿					夏至					大暑				
	2/19 18時52分 酉時					3/21 18時25分 酉時					4/21 6時5分 卯時					5/22 5時45分 卯時					6/22 13時59分 未時					7/24 0時51分 子時				

戊午																														年
庚申					辛酉					壬戌					癸亥					甲子					乙丑					月
立秋					白露					寒露					立冬					大雪					小寒					節
8/8 17時7分 酉時					9/8 19時35分 戌時					10/9 10時40分 巳時					11/8 13時18分 未時					12/8 5時46分 卯時					1/6 16時51分 申時					氣
國曆		農曆		干支	國曆		農曆		干支	國曆		農曆		干支	國曆		農曆		干支	國曆		農曆		干支	國曆		農曆		干支	日
8	8	7	2	丁亥	9	8	8	4	戊午	10	9	9	5	己丑	11	8	10	5	己未	12	8	11	6	己丑	1	6	12	5	戊午	
8	9	7	3	戊子	9	9	8	5	己未	10	10	9	6	庚寅	11	9	10	6	庚申	12	9	11	7	庚寅	1	7	12	6	己未	
8	10	7	4	己丑	9	10	8	6	庚申	10	11	9	7	辛卯	11	10	10	7	辛酉	12	10	11	8	辛卯	1	8	12	7	庚申	
8	11	7	5	庚寅	9	11	8	7	辛酉	10	12	9	8	壬辰	11	11	10	8	壬戌	12	11	11	9	壬辰	1	9	12	8	辛酉	
8	12	7	6	辛卯	9	12	8	8	壬戌	10	13	9	9	癸巳	11	12	10	9	癸亥	12	12	11	10	癸巳	1	10	12	9	壬戌	
8	13	7	7	壬辰	9	13	8	9	癸亥	10	14	9	10	甲午	11	13	10	10	甲子	12	13	11	11	甲午	1	11	12	10	癸亥	
8	14	7	8	癸巳	9	14	8	10	甲子	10	15	9	11	乙未	11	14	10	11	乙丑	12	14	11	12	乙未	1	12	12	11	甲子	
8	15	7	9	甲午	9	15	8	11	乙丑	10	16	9	12	丙申	11	15	10	12	丙寅	12	15	11	13	丙申	1	13	12	12	乙丑	
8	16	7	10	乙未	9	16	8	12	丙寅	10	17	9	13	丁酉	11	16	10	13	丁卯	12	16	11	14	丁酉	1	14	12	13	丙寅	
8	17	7	11	丙申	9	17	8	13	丁卯	10	18	9	14	戊戌	11	17	10	14	戊辰	12	17	11	15	戊戌	1	15	12	14	丁卯	
8	18	7	12	丁酉	9	18	8	14	戊辰	10	19	9	15	己亥	11	18	10	15	己巳	12	18	11	16	己亥	1	16	12	15	戊辰	
8	19	7	13	戊戌	9	19	8	15	己巳	10	20	9	16	庚子	11	19	10	16	庚午	12	19	11	17	庚子	1	17	12	16	己巳	
8	20	7	14	己亥	9	20	8	16	庚午	10	21	9	17	辛丑	11	20	10	17	辛未	12	20	11	18	辛丑	1	18	12	17	庚午	
8	21	7	15	庚子	9	21	8	17	辛未	10	22	9	18	壬寅	11	21	10	18	壬申	12	21	11	19	壬寅	1	19	12	18	辛未	
8	22	7	16	辛丑	9	22	8	18	壬申	10	23	9	19	癸卯	11	22	10	19	癸酉	12	22	11	20	癸卯	1	20	12	19	壬申	
8	23	7	17	壬寅	9	23	8	19	癸酉	10	24	9	20	甲辰	11	23	10	20	甲戌	12	23	11	21	甲辰	1	21	12	20	癸酉	
8	24	7	18	癸卯	9	24	8	20	甲戌	10	25	9	21	乙巳	11	24	10	21	乙亥	12	24	11	22	乙巳	1	22	12	21	甲戌	
8	25	7	19	甲辰	9	25	8	21	乙亥	10	26	9	22	丙午	11	25	10	22	丙子	12	25	11	23	丙午	1	23	12	22	乙亥	
8	26	7	20	乙巳	9	26	8	22	丙子	10	27	9	23	丁未	11	26	10	23	丁丑	12	26	11	24	丁未	1	24	12	23	丙子	
8	27	7	21	丙午	9	27	8	23	丁丑	10	28	9	24	戊申	11	27	10	24	戊寅	12	27	11	25	戊申	1	25	12	24	丁丑	
8	28	7	22	丁未	9	28	8	24	戊寅	10	29	9	25	己酉	11	28	10	25	己卯	12	28	11	26	己酉	1	26	12	25	戊寅	
8	29	7	23	戊申	9	29	8	25	己卯	10	30	9	26	庚戌	11	29	10	26	庚辰	12	29	11	27	庚戌	1	27	12	26	己卯	
8	30	7	24	己酉	9	30	8	26	庚辰	10	31	9	27	辛亥	11	30	10	27	辛巳	12	30	11	28	辛亥	1	28	12	27	庚辰	
8	31	7	25	庚戌	10	1	8	27	辛巳	11	1	9	28	壬子	12	1	10	28	壬午	12	31	11	29	壬子	1	29	12	28	辛巳	
9	1	7	26	辛亥	10	2	8	28	壬午	11	2	9	29	癸丑	12	2	10	29	癸未	1	1	11	30	癸丑	1	30	12	29	壬午	
9	2	7	27	壬子	10	3	8	29	癸未	11	3	9	30	甲寅	12	3	11	1	甲申	1	2	12	1	甲寅	1	31	12	30	癸未	
9	3	7	28	癸丑	10	4	8	30	甲申	11	4	10	1	乙卯	12	4	11	2	乙酉	1	3	12	2	乙卯	2	1	1	1	甲申	
9	4	7	29	甲寅	10	5	9	1	乙酉	11	5	10	2	丙辰	12	5	11	3	丙戌	1	4	12	3	丙辰	2	2	1	2	乙酉	
9	5	8	1	乙卯	10	6	9	2	丙戌	11	6	10	3	丁巳	12	6	11	4	丁亥	1	5	12	4	丁巳	2	3	1	3	丙戌	
9	6	8	2	丙辰	10	7	9	3	丁亥	11	7	10	4	戊午	12	7	11	5	戊子						2	4	1	4	丁亥	
9	7	8	3	丁巳	10	8	9	4	戊子																					
處暑					秋分					霜降					小雪					冬至					大寒					中
8/24 7時37分 辰時					9/24 4時45分 寅時					10/24 13時32分 未時					11/23 10時38分 巳時					12/22 23時41分 子時					1/21 10時20分 巳時					氣

中華民國七、八年 馬

1918、1919

年	己未									
月	丙寅					丁卯				
節氣	立春 2/5 4時39分 寅時					驚蟄 3/6 23時5分 子時				
日	國曆		農曆		干支	國曆		農曆		干支
中華民國八年 羊 1919	2	5	1	5	戊子	3	6	2	5	丁巳
	2	6	1	6	己丑	3	7	2	6	戊午
	2	7	1	7	庚寅	3	8	2	7	己未
	2	8	1	8	辛卯	3	9	2	8	庚申
	2	9	1	9	壬辰	3	10	2	9	辛酉
	2	10	1	10	癸巳	3	11	2	10	壬戌
	2	11	1	11	甲午	3	12	2	11	癸亥
	2	12	1	12	乙未	3	13	2	12	甲子
	2	13	1	13	丙申	3	14	2	13	乙丑
	2	14	1	14	丁酉	3	15	2	14	丙寅
	2	15	1	15	戊戌	3	16	2	15	丁卯
	2	16	1	16	己亥	3	17	2	16	戊辰
	2	17	1	17	庚子	3	18	2	17	己巳
	2	18	1	18	辛丑	3	19	2	18	庚午
	2	19	1	19	壬寅	3	20	2	19	辛未
	2	20	1	20	癸卯	3	21	2	20	壬申
	2	21	1	21	甲辰	3	22	2	21	癸酉
	2	22	1	22	乙巳	3	23	2	22	甲戌
	2	23	1	23	丙午	3	24	2	23	乙亥
	2	24	1	24	丁未	3	25	2	24	丙子
	2	25	1	25	戊申	3	26	2	25	丁丑
	2	26	1	26	己酉	3	27	2	26	戊寅
	2	27	1	27	庚戌	3	28	2	27	己卯
	2	28	1	28	辛亥	3	29	2	28	庚辰
	3	1	1	29	壬子	3	30	2	29	辛巳
	3	2	2	1	癸丑	3	31	2	30	壬午
	3	3	2	2	甲寅	4	1	3	1	癸未
	3	4	2	3	乙卯	4	2	3	2	甲申
	3	5	2	4	丙辰	4	3	3	3	乙酉
						4	4	3	4	丙戌
						4	5	3	5	丁亥
中氣	雨水 2/20 0時47分 子時					春分 3/22 0時19分 子時				

年	己未									
月	戊辰					己巳				
節氣	清明 4/6 4時28分 寅時					立夏 5/6 22時22分 亥時				
日	國曆		農曆		干支	國曆		農曆		干支
中華民國八年 羊 1919	4	6	3	6	戊子	5	6	4	7	戊午
	4	7	3	7	己丑	5	7	4	8	己未
	4	8	3	8	庚寅	5	8	4	9	庚申
	4	9	3	9	辛卯	5	9	4	10	辛酉
	4	10	3	10	壬辰	5	10	4	11	壬戌
	4	11	3	11	癸巳	5	11	4	12	癸亥
	4	12	3	12	甲午	5	12	4	13	甲子
	4	13	3	13	乙未	5	13	4	14	乙丑
	4	14	3	14	丙申	5	14	4	15	丙寅
	4	15	3	15	丁酉	5	15	4	16	丁卯
	4	16	3	16	戊戌	5	16	4	17	戊辰
	4	17	3	17	己亥	5	17	4	18	己巳
	4	18	3	18	庚子	5	18	4	19	庚午
	4	19	3	19	辛丑	5	19	4	20	辛未
	4	20	3	20	壬寅	5	20	4	21	壬申
	4	21	3	21	癸卯	5	21	4	22	癸酉
	4	22	3	22	甲辰	5	22	4	23	甲戌
	4	23	3	23	乙巳	5	23	4	24	乙亥
	4	24	3	24	丙午	5	24	4	25	丙子
	4	25	3	25	丁未	5	25	4	26	丁丑
	4	26	3	26	戊申	5	26	4	27	戊寅
	4	27	3	27	己酉	5	27	4	28	己卯
	4	28	3	28	庚戌	5	28	4	29	庚辰
	4	29	3	29	辛亥	5	29	5	1	辛巳
	4	30	4	1	壬子	5	30	5	2	壬午
	5	1	4	2	癸丑	5	31	5	3	癸未
	5	2	4	3	甲寅	6	1	5	4	甲申
	5	3	4	4	乙卯	6	2	5	5	乙酉
	5	4	4	5	丙辰	6	3	5	6	丙戌
	5	5	4	6	丁巳	6	4	5	7	丁亥
						6	5	5	8	戊子
						6	6	5	9	己丑
中氣	穀雨 4/21 11時58分 午時					小滿 5/22 11時39分 午時				

年	己未									
月	庚午					辛未				
節氣	芒種 6/7 2時56分 丑時					小暑 7/8 13時20分 未時				
日	國曆		農曆		干支	國曆		農曆		干支
中華民國八年 羊 1919	6	7	5	10	庚寅	7	8	6	11	辛酉
	6	8	5	11	辛卯	7	9	6	12	壬戌
	6	9	5	12	壬辰	7	10	6	13	癸亥
	6	10	5	13	癸巳	7	11	6	14	甲子
	6	11	5	14	甲午	7	12	6	15	乙丑
	6	12	5	15	乙未	7	13	6	16	丙寅
	6	13	5	16	丙申	7	14	6	17	丁卯
	6	14	5	17	丁酉	7	15	6	18	戊辰
	6	15	5	18	戊戌	7	16	6	19	己巳
	6	16	5	19	己亥	7	17	6	20	庚午
	6	17	5	20	庚子	7	18	6	21	辛未
	6	18	5	21	辛丑	7	19	6	22	壬申
	6	19	5	22	壬寅	7	20	6	23	癸酉
	6	20	5	23	癸卯	7	21	6	24	甲戌
	6	21	5	24	甲辰	7	22	6	25	乙亥
	6	22	5	25	乙巳	7	23	6	26	丙子
	6	23	5	26	丙午	7	24	6	27	丁丑
	6	24	5	27	丁未	7	25	6	28	戊寅
	6	25	5	28	戊申	7	26	6	29	己卯
	6	26	5	29	己酉	7	27	7	1	庚辰
	6	27	5	30	庚戌	7	28	7	2	辛巳
	6	28	6	1	辛亥	7	29	7	3	壬午
	6	29	6	2	壬子	7	30	7	4	癸未
	6	30	6	3	癸丑	7	31	7	5	甲申
	7	1	6	4	甲寅	8	1	7	6	乙酉
	7	2	6	5	乙卯	8	2	7	7	丙戌
	7	3	6	6	丙辰	8	3	7	8	丁亥
	7	4	6	7	丁巳	8	4	7	9	戊子
	7	5	6	8	戊午	8	5	7	10	己丑
	7	6	6	9	己未	8	6	7	11	庚寅
	7	7	6	10	庚申	8	7	7	12	辛卯
中氣	夏至 6/22 19時53分 戌時					大暑 7/24 6時44分 卯時				

己未																													年
壬申				癸酉					甲戌					乙亥					丙子					丁丑					月
立秋				白露					寒露					立冬					大雪					小寒					節氣
/8 22時58分 亥時				9/9 1時27分 丑時					10/9 16時33分 申時					11/8 19時11分 戌時					12/8 11時37分 午時					1/6 22時40分 亥時					
國曆	農曆		干支	國曆		農曆		干支	國曆		農曆		干支	國曆		農曆		干支	國曆		農曆		干支	國曆		農曆		干支	日
8	7	13	壬辰	9	9	7	16	甲子	10	9	8	16	甲午	11	8	9	16	甲子	12	8	10	17	甲午	1	6	11	16	癸亥	
9	7	14	癸巳	9	10	7	17	乙丑	10	10	8	17	乙未	11	9	9	17	乙丑	12	9	10	18	乙未	1	7	11	17	甲子	
10	7	15	甲午	9	11	7	18	丙寅	10	11	8	18	丙申	11	10	9	18	丙寅	12	10	10	19	丙申	1	8	11	18	乙丑	
11	7	16	乙未	9	12	7	19	丁卯	10	12	8	19	丁酉	11	11	9	19	丁卯	12	11	10	20	丁酉	1	9	11	19	丙寅	
12	7	17	丙申	9	13	7	20	戊辰	10	13	8	20	戊戌	11	12	9	20	戊辰	12	12	10	21	戊戌	1	10	11	20	丁卯	中華民國八、九年 羊
13	7	18	丁酉	9	14	7	21	己巳	10	14	8	21	己亥	11	13	9	21	己巳	12	13	10	22	己亥	1	11	11	21	戊辰	
14	7	19	戊戌	9	15	7	22	庚午	10	15	8	22	庚子	11	14	9	22	庚午	12	14	10	23	庚子	1	12	11	22	己巳	
15	7	20	己亥	9	16	7	23	辛未	10	16	8	23	辛丑	11	15	9	23	辛未	12	15	10	24	辛丑	1	13	11	23	庚午	
16	7	21	庚子	9	17	7	24	壬申	10	17	8	24	壬寅	11	16	9	24	壬申	12	16	10	25	壬寅	1	14	11	24	辛未	
17	7	22	辛丑	9	18	7	25	癸酉	10	18	8	25	癸卯	11	17	9	25	癸酉	12	17	10	26	癸卯	1	15	11	25	壬申	
18	7	23	壬寅	9	19	7	26	甲戌	10	19	8	26	甲辰	11	18	9	26	甲戌	12	18	10	27	甲辰	1	16	11	26	癸酉	
19	7	24	癸卯	9	20	7	27	乙亥	10	20	8	27	乙巳	11	19	9	27	乙亥	12	19	10	28	乙巳	1	17	11	27	甲戌	
20	7	25	甲辰	9	21	7	28	丙子	10	21	8	28	丙午	11	20	9	28	丙子	12	20	10	29	丙午	1	18	11	28	乙亥	
21	7	26	乙巳	9	22	7	29	丁丑	10	22	8	29	丁未	11	21	9	29	丁丑	12	21	10	30	丁未	1	19	11	29	丙子	
22	7	27	丙午	9	23	7	30	戊寅	10	23	8	30	戊申	11	22	10	1	戊寅	12	22	11	1	戊申	1	20	11	30	丁丑	
23	7	28	丁未	9	24	8	1	己卯	10	24	9	1	己酉	11	23	10	2	己卯	12	23	11	2	己酉	1	21	12	1	戊寅	
24	7	29	戊申	9	25	8	2	庚辰	10	25	9	2	庚戌	11	24	10	3	庚辰	12	24	11	3	庚戌	1	22	12	2	己卯	
25	閏7	1	己酉	9	26	8	3	辛巳	10	26	9	3	辛亥	11	25	10	4	辛巳	12	25	11	4	辛亥	1	23	12	3	庚辰	
26	7	2	庚戌	9	27	8	4	壬午	10	27	9	4	壬子	11	26	10	5	壬午	12	26	11	5	壬子	1	24	12	4	辛巳	
27	7	3	辛亥	9	28	8	5	癸未	10	28	9	5	癸丑	11	27	10	6	癸未	12	27	11	6	癸丑	1	25	12	5	壬午	
28	7	4	壬子	9	29	8	6	甲申	10	29	9	6	甲寅	11	28	10	7	甲申	12	28	11	7	甲寅	1	26	12	6	癸未	1919、1920
29	7	5	癸丑	9	30	8	7	乙酉	10	30	9	7	乙卯	11	29	10	8	乙酉	12	29	11	8	乙卯	1	27	12	7	甲申	
30	7	6	甲寅	10	1	8	8	丙戌	10	31	9	8	丙辰	11	30	10	9	丙戌	12	30	11	9	丙辰	1	28	12	8	乙酉	
31	7	7	乙卯	10	2	8	9	丁亥	11	1	9	9	丁巳	12	1	10	10	丁亥	12	31	11	10	丁巳	1	29	12	9	丙戌	
1	7	8	丙辰	10	3	8	10	戊子	11	2	9	10	戊午	12	2	10	11	戊子	1	1	11	11	戊午	1	30	12	10	丁亥	
2	7	9	丁巳	10	4	8	11	己丑	11	3	9	11	己未	12	3	10	12	己丑	1	2	11	12	己未	1	31	12	11	戊子	
3	7	10	戊午	10	5	8	12	庚寅	11	4	9	12	庚申	12	4	10	13	庚寅	1	3	11	13	庚申	2	1	12	12	己丑	
4	7	11	己未	10	6	8	13	辛卯	11	5	9	13	辛酉	12	5	10	14	辛卯	1	4	11	14	辛酉	2	2	12	13	庚寅	
5	7	12	庚申	10	7	8	14	壬辰	11	6	9	14	壬戌	12	6	10	15	壬辰	1	5	11	15	壬戌	2	3	12	14	辛卯	
6	7	13	辛酉	10	8	8	15	癸巳	11	7	9	15	癸亥	12	7	10	16	癸巳						2	4	12	15	壬辰	
7	7	14	壬戌																										
8	7	15	癸亥																										
處暑				秋分					霜降					小雪					冬至					大寒					中氣
24 13時28分 未時				9/24 10時35分 巳時					10/24 19時21分 戌時					11/23 16時25分 申時					12/23 5時27分 卯時					1/21 16時4分 申時					

年	庚申																													
月	戊寅					己卯					庚辰					辛巳					壬午					癸未				
節氣	立春					驚蟄					清明					立夏					芒種					小暑				
	2/5 10時26分 巳時					3/6 4時51分 寅時					4/5 10時15分 巳時					5/6 4時11分 寅時					6/6 8時50分 辰時					7/7 19時18分 戌時				
日	國曆		農曆		干支	國曆		農曆		干支	國曆		農曆		干支	國曆		農曆		干支	國曆		農曆		干支	國曆		農曆		干支
中華民國九年 猴 1920	2	5	12	16	癸巳	3	6	1	16	癸亥	4	5	2	17	癸巳	5	6	3	18	甲子	6	6	4	20	乙未	7	7	5	22	丙寅
	2	6	12	17	甲午	3	7	1	17	甲子	4	6	2	18	甲午	5	7	3	19	乙丑	6	7	4	21	丙申	7	8	5	23	丁卯
	2	7	12	18	乙未	3	8	1	18	乙丑	4	7	2	19	乙未	5	8	3	20	丙寅	6	8	4	22	丁酉	7	9	5	24	戊辰
	2	8	12	19	丙申	3	9	1	19	丙寅	4	8	2	20	丙申	5	9	3	21	丁卯	6	9	4	23	戊戌	7	10	5	25	己巳
	2	9	12	20	丁酉	3	10	1	20	丁卯	4	9	2	21	丁酉	5	10	3	22	戊辰	6	10	4	24	己亥	7	11	5	26	庚午
	2	10	12	21	戊戌	3	11	1	21	戊辰	4	10	2	22	戊戌	5	11	3	23	己巳	6	11	4	25	庚子	7	12	5	27	辛未
	2	11	12	22	己亥	3	12	1	22	己巳	4	11	2	23	己亥	5	12	3	24	庚午	6	12	4	26	辛丑	7	13	5	28	壬申
	2	12	12	23	庚子	3	13	1	23	庚午	4	12	2	24	庚子	5	13	3	25	辛未	6	13	4	27	壬寅	7	14	5	29	癸酉
	2	13	12	24	辛丑	3	14	1	24	辛未	4	13	2	25	辛丑	5	14	3	26	壬申	6	14	4	28	癸卯	7	15	5	30	甲戌
	2	14	12	25	壬寅	3	15	1	25	壬申	4	14	2	26	壬寅	5	15	3	27	癸酉	6	15	4	29	甲辰	7	16	6	1	乙亥
	2	15	12	26	癸卯	3	16	1	26	癸酉	4	15	2	27	癸卯	5	16	3	28	甲戌	6	16	5	1	乙巳	7	17	6	2	丙子
	2	16	12	27	甲辰	3	17	1	27	甲戌	4	16	2	28	甲辰	5	17	3	29	乙亥	6	17	5	2	丙午	7	18	6	3	丁丑
	2	17	12	28	乙巳	3	18	1	28	乙亥	4	17	2	29	乙巳	5	18	4	1	丙子	6	18	5	3	丁未	7	19	6	4	戊寅
	2	18	12	29	丙午	3	19	1	29	丙子	4	18	2	30	丙午	5	19	4	2	丁丑	6	19	5	4	戊申	7	20	6	5	己卯
	2	19	12	30	丁未	3	20	2	1	丁丑	4	19	3	1	丁未	5	20	4	3	戊寅	6	20	5	5	己酉	7	21	6	6	庚辰
	2	20	1	1	戊申	3	21	2	2	戊寅	4	20	3	2	戊申	5	21	4	4	己卯	6	21	5	6	庚戌	7	22	6	7	辛巳
	2	21	1	2	己酉	3	22	2	3	己卯	4	21	3	3	己酉	5	22	4	5	庚辰	6	22	5	7	辛亥	7	23	6	8	壬午
	2	22	1	3	庚戌	3	23	2	4	庚辰	4	22	3	4	庚戌	5	23	4	6	辛巳	6	23	5	8	壬子	7	24	6	9	癸未
	2	23	1	4	辛亥	3	24	2	5	辛巳	4	23	3	5	辛亥	5	24	4	7	壬午	6	24	5	9	癸丑	7	25	6	10	甲申
	2	24	1	5	壬子	3	25	2	6	壬午	4	24	3	6	壬子	5	25	4	8	癸未	6	25	5	10	甲寅	7	26	6	11	乙酉
	2	25	1	6	癸丑	3	26	2	7	癸未	4	25	3	7	癸丑	5	26	4	9	甲申	6	26	5	11	乙卯	7	27	6	12	丙戌
	2	26	1	7	甲寅	3	27	2	8	甲申	4	26	3	8	甲寅	5	27	4	10	乙酉	6	27	5	12	丙辰	7	28	6	13	丁亥
	2	27	1	8	乙卯	3	28	2	9	乙酉	4	27	3	9	乙卯	5	28	4	11	丙戌	6	28	5	13	丁巳	7	29	6	14	戊子
	2	28	1	9	丙辰	3	29	2	10	丙戌	4	28	3	10	丙辰	5	29	4	12	丁亥	6	29	5	14	戊午	7	30	6	15	己丑
	2	29	1	10	丁巳	3	30	2	11	丁亥	4	29	3	11	丁巳	5	30	4	13	戊子	6	30	5	15	己未	7	31	6	16	庚寅
	3	1	1	11	戊午	3	31	2	12	戊子	4	30	3	12	戊午	5	31	4	14	己丑	7	1	5	16	庚申	8	1	6	17	辛卯
	3	2	1	12	己未	4	1	2	13	己丑	5	1	3	13	己未	6	1	4	15	庚寅	7	2	5	17	辛酉	8	2	6	18	壬辰
	3	3	1	13	庚申	4	2	2	14	庚寅	5	2	3	14	庚申	6	2	4	16	辛卯	7	3	5	18	壬戌	8	3	6	19	癸巳
	3	4	1	14	辛酉	4	3	2	15	辛卯	5	3	3	15	辛酉	6	3	4	17	壬辰	7	4	5	19	癸亥	8	4	6	20	甲午
	3	5	1	15	壬戌	4	4	2	16	壬辰	5	4	3	16	壬戌	6	4	4	18	癸巳	7	5	5	20	甲子	8	5	6	21	乙未
											5	5	3	17	癸亥	6	5	4	19	甲午	7	6	5	21	乙丑	8	6	6	22	丙申
																										8	7	6	23	丁酉
中氣	雨水					春分					穀雨					小滿					夏至					大暑				
	2/20 6時29分 卯時					3/21 5時59分 卯時					4/20 17時39分 酉時					5/21 17時21分 酉時					6/22 1時39分 丑時					7/23 12時34分 午時				

國曆		農曆		干支	國曆		農曆		干支	國曆		農曆		干支	國曆		農曆		干支	國曆		農曆		干支	國曆		農曆		干支	
庚申																														年
甲申					乙酉					丙戌					丁亥					戊子					己丑					月
立秋					白露					寒露					立冬					大雪					小寒					節氣
8/8 4時58分 寅時					9/8 7時26分 辰時					10/8 22時29分 亥時					11/8 1時5分 丑時					12/7 17時30分 酉時					1/6 4時33分 寅時					
國曆		農曆		干支	國曆		農曆		干支	國曆		農曆		干支	國曆		農曆		干支	國曆		農曆		干支	國曆		農曆		干支	日
8	8	6	24	戊戌	9	8	7	26	己巳	10	8	8	27	己亥	11	8	9	28	庚午	12	7	10	27	己亥	1	6	11	28	己巳	
8	9	6	25	己亥	9	9	7	27	庚午	10	9	8	28	庚子	11	9	9	29	辛未	12	8	10	28	庚子	1	7	11	29	庚午	
8	10	6	26	庚子	9	10	7	28	辛未	10	10	8	29	辛丑	11	10	9	30	壬申	12	9	10	29	辛丑	1	8	11	30	辛未	
8	11	6	27	辛丑	9	11	7	29	壬申	10	11	8	30	壬寅	11	11	10	1	癸酉	12	10	11	1	壬寅	1	9	12	1	壬申	
8	12	6	28	壬寅	9	12	8	1	癸酉	10	12	9	1	癸卯	11	12	10	2	甲戌	12	11	11	2	癸卯	1	10	12	2	癸酉	中
8	13	6	29	癸卯	9	13	8	2	甲戌	10	13	9	2	甲辰	11	13	10	3	乙亥	12	12	11	3	甲辰	1	11	12	3	甲戌	華
8	14	7	1	甲辰	9	14	8	3	乙亥	10	14	9	3	乙巳	11	14	10	4	丙子	12	13	11	4	乙巳	1	12	12	4	乙亥	民
8	15	7	2	乙巳	9	15	8	4	丙子	10	15	9	4	丙午	11	15	10	5	丁丑	12	14	11	5	丙午	1	13	12	5	丙子	國
8	16	7	3	丙午	9	16	8	5	丁丑	10	16	9	5	丁未	11	16	10	6	戊寅	12	15	11	6	丁未	1	14	12	6	丁丑	九、
8	17	7	4	丁未	9	17	8	6	戊寅	10	17	9	6	戊申	11	17	10	7	己卯	12	16	11	7	戊申	1	15	12	7	戊寅	十
8	18	7	5	戊申	9	18	8	7	己卯	10	18	9	7	己酉	11	18	10	8	庚辰	12	17	11	8	己酉	1	16	12	8	己卯	年
8	19	7	6	己酉	9	19	8	8	庚辰	10	19	9	8	庚戌	11	19	10	9	辛巳	12	18	11	9	庚戌	1	17	12	9	庚辰	猴
8	20	7	7	庚戌	9	20	8	9	辛巳	10	20	9	9	辛亥	11	20	10	10	壬午	12	19	11	10	辛亥	1	18	12	10	辛巳	
8	21	7	8	辛亥	9	21	8	10	壬午	10	21	9	10	壬子	11	21	10	11	癸未	12	20	11	11	壬子	1	19	12	11	壬午	
8	22	7	9	壬子	9	22	8	11	癸未	10	22	9	11	癸丑	11	22	10	12	甲申	12	21	11	12	癸丑	1	20	12	12	癸未	
8	23	7	10	癸丑	9	23	8	12	甲申	10	23	9	12	甲寅	11	23	10	13	乙酉	12	22	11	13	甲寅	1	21	12	13	甲申	
8	24	7	11	甲寅	9	24	8	13	乙酉	10	24	9	13	乙卯	11	24	10	14	丙戌	12	23	11	14	乙卯	1	22	12	14	乙酉	
8	25	7	12	乙卯	9	25	8	14	丙戌	10	25	9	14	丙辰	11	25	10	15	丁亥	12	24	11	15	丙辰	1	23	12	15	丙戌	
8	26	7	13	丙辰	9	26	8	15	丁亥	10	26	9	15	丁巳	11	26	10	16	戊子	12	25	11	16	丁巳	1	24	12	16	丁亥	
8	27	7	14	丁巳	9	27	8	16	戊子	10	27	9	16	戊午	11	27	10	17	己丑	12	26	11	17	戊午	1	25	12	17	戊子	
8	28	7	15	戊午	9	28	8	17	己丑	10	28	9	17	己未	11	28	10	18	庚寅	12	27	11	18	己未	1	26	12	18	己丑	1
8	29	7	16	己未	9	29	8	18	庚寅	10	29	9	18	庚申	11	29	10	19	辛卯	12	28	11	19	庚申	1	27	12	19	庚寅	9
8	30	7	17	庚申	9	30	8	19	辛卯	10	30	9	19	辛酉	11	30	10	20	壬辰	12	29	11	20	辛酉	1	28	12	20	辛卯	2
8	31	7	18	辛酉	10	1	8	20	壬辰	10	31	9	20	壬戌	12	1	10	21	癸巳	12	30	11	21	壬戌	1	29	12	21	壬辰	0、
9	1	7	19	壬戌	10	2	8	21	癸巳	11	1	9	21	癸亥	12	2	10	22	甲午	12	31	11	22	癸亥	1	30	12	22	癸巳	1
9	2	7	20	癸亥	10	3	8	22	甲午	11	2	9	22	甲子	12	3	10	23	乙未	1	1	11	23	甲子	1	31	12	23	甲午	9
9	3	7	21	甲子	10	4	8	23	乙未	11	3	9	23	乙丑	12	4	10	24	丙申	1	2	11	24	乙丑	2	1	12	24	乙未	2
9	4	7	22	乙丑	10	5	8	24	丙申	11	4	9	24	丙寅	12	5	10	25	丁酉	1	3	11	25	丙寅	2	2	12	25	丙申	1
9	5	7	23	丙寅	10	6	8	25	丁酉	11	5	9	25	丁卯	12	6	10	26	戊戌	1	4	11	26	丁卯	2	3	12	26	丁酉	
9	6	7	24	丁卯	10	7	8	26	戊戌	11	6	9	26	戊辰						1	5	11	27	戊辰						
9	7	7	25	戊辰						11	7	9	27	己巳																
處暑					秋分					霜降					小雪					冬至					大寒					中氣
8/23 19時21分 戌時					9/23 16時28分 申時					10/24 1時12分 丑時					11/22 22時15分 亥時					12/22 11時17分 午時					1/20 21時54分 亥時					

年	辛酉																													
月	庚寅					辛卯					壬辰					癸巳					甲午					乙未				
節氣	立春					驚蟄					清明					立夏					芒種					小暑				
	2/4 16時20分 申時					3/6 10時45分 巳時					4/5 16時8分 申時					5/6 10時4分 巳時					6/6 14時41分 未時					7/8 1時6分 丑時				
日	國曆		農曆		干支	國曆		農曆		干支	國曆		農曆		干支	國曆		農曆		干支	國曆		農曆		干支	國曆		農曆		干
中華民國十年 雞 1921	2	4	12	27	戊戌	3	6	1	27	戊辰	4	5	2	27	戊戌	5	6	3	29	己巳	6	6	5	1	庚子	7	8	6	4	壬
	2	5	12	28	己亥	3	7	1	28	己巳	4	6	2	28	己亥	5	7	3	30	庚午	6	7	5	2	辛丑	7	9	6	5	癸
	2	6	12	29	庚子	3	8	1	29	庚午	4	7	2	29	庚子	5	8	4	1	辛未	6	8	5	3	壬寅	7	10	6	6	甲
	2	7	12	30	辛丑	3	9	1	30	辛未	4	8	3	1	辛丑	5	9	4	2	壬申	6	9	5	4	癸卯	7	11	6	7	乙
	2	8	1	1	壬寅	3	10	2	1	壬申	4	9	3	2	壬寅	5	10	4	3	癸酉	6	10	5	5	甲辰	7	12	6	8	丙
	2	9	1	2	癸卯	3	11	2	2	癸酉	4	10	3	3	癸卯	5	11	4	4	甲戌	6	11	5	6	乙巳	7	13	6	9	丁
	2	10	1	3	甲辰	3	12	2	3	甲戌	4	11	3	4	甲辰	5	12	4	5	乙亥	6	12	5	7	丙午	7	14	6	10	戊
	2	11	1	4	乙巳	3	13	2	4	乙亥	4	12	3	5	乙巳	5	13	4	6	丙子	6	13	5	8	丁未	7	15	6	11	己
	2	12	1	5	丙午	3	14	2	5	丙子	4	13	3	6	丙午	5	14	4	7	丁丑	6	14	5	9	戊申	7	16	6	12	庚
	2	13	1	6	丁未	3	15	2	6	丁丑	4	14	3	7	丁未	5	15	4	8	戊寅	6	15	5	10	己酉	7	17	6	13	辛
	2	14	1	7	戊申	3	16	2	7	戊寅	4	15	3	8	戊申	5	16	4	9	己卯	6	16	5	11	庚戌	7	18	6	14	壬
	2	15	1	8	己酉	3	17	2	8	己卯	4	16	3	9	己酉	5	17	4	10	庚辰	6	17	5	12	辛亥	7	19	6	15	癸
	2	16	1	9	庚戌	3	18	2	9	庚辰	4	17	3	10	庚戌	5	18	4	11	辛巳	6	18	5	13	壬子	7	20	6	16	甲
	2	17	1	10	辛亥	3	19	2	10	辛巳	4	18	3	11	辛亥	5	19	4	12	壬午	6	19	5	14	癸丑	7	21	6	17	乙
	2	18	1	11	壬子	3	20	2	11	壬午	4	19	3	12	壬子	5	20	4	13	癸未	6	20	5	15	甲寅	7	22	6	18	丙
	2	19	1	12	癸丑	3	21	2	12	癸未	4	20	3	13	癸丑	5	21	4	14	甲申	6	21	5	16	乙卯	7	23	6	19	丁
	2	20	1	13	甲寅	3	22	2	13	甲申	4	21	3	14	甲寅	5	22	4	15	乙酉	6	22	5	17	丙辰	7	24	6	20	戊
	2	21	1	14	乙卯	3	23	2	14	乙酉	4	22	3	15	乙卯	5	23	4	16	丙戌	6	23	5	18	丁巳	7	25	6	21	己
	2	22	1	15	丙辰	3	24	2	15	丙戌	4	23	3	16	丙辰	5	24	4	17	丁亥	6	24	5	19	戊午	7	26	6	22	庚
	2	23	1	16	丁巳	3	25	2	16	丁亥	4	24	3	17	丁巳	5	25	4	18	戊子	6	25	5	20	己未	7	27	6	23	辛
	2	24	1	17	戊午	3	26	2	17	戊子	4	25	3	18	戊午	5	26	4	19	己丑	6	26	5	21	庚申	7	28	6	24	壬
	2	25	1	18	己未	3	27	2	18	己丑	4	26	3	19	己未	5	27	4	20	庚寅	6	27	5	22	辛酉	7	29	6	25	癸
	2	26	1	19	庚申	3	28	2	19	庚寅	4	27	3	20	庚申	5	28	4	21	辛卯	6	28	5	23	壬戌	7	30	6	26	甲
	2	27	1	20	辛酉	3	29	2	20	辛卯	4	28	3	21	辛酉	5	29	4	22	壬辰	6	29	5	24	癸亥	7	31	6	27	乙
	2	28	1	21	壬戌	3	30	2	21	壬辰	4	29	3	22	壬戌	5	30	4	23	癸巳	6	30	5	25	甲子	8	1	6	28	丙
	3	1	1	22	癸亥	3	31	2	22	癸巳	4	30	3	23	癸亥	5	31	4	24	甲午	7	1	5	26	乙丑	8	2	6	29	丁
	3	2	1	23	甲子	4	1	2	23	甲午	5	1	3	24	甲子	6	1	4	25	乙未	7	2	5	27	丙寅	8	3	6	30	戊
	3	3	1	24	乙丑	4	2	2	24	乙未	5	2	3	25	乙丑	6	2	4	26	丙申	7	3	5	28	丁卯	8	4	7	1	己
	3	4	1	25	丙寅	4	3	2	25	丙申	5	3	3	26	丙寅	6	3	4	27	丁酉	7	4	5	29	戊辰	8	5	7	2	庚
	3	5	1	26	丁卯	4	4	2	26	丁酉	5	4	3	27	丁卯	6	4	4	28	戊戌	7	5	6	1	己巳	8	6	7	3	辛
											5	5	3	28	戊辰	6	5	4	29	己亥	7	6	6	2	庚午	8	7	7	4	壬
																					7	7	6	3	辛未					
中氣	雨水					春分					穀雨					小滿					夏至					大暑				
	2/19 12時20分 午時					3/21 11時51分 午時					4/20 23時32分 子時					5/21 23時16分 子時					6/22 7時35分 辰時					7/23 18時30分 酉				

辛酉																														年
丙申					丁酉					戊戌					己亥					庚子					辛丑					月
立秋					白露					寒露					立冬					大雪					小寒					節
8/8 10時43分 巳時					9/8 13時9分 未時					10/9 4時10分 寅時					11/8 6時45分 卯時					12/7 23時11分 子時					1/6 10時17分 巳時					氣
國曆		農曆		干支	國曆		農曆		干支	國曆		農曆		干支	國曆		農曆		干支	國曆		農曆		干支	國曆		農曆		干支	日
8	8	7	5	癸卯	9	8	8	7	甲戌	10	9	9	9	乙巳	11	8	10	9	乙亥	12	7	11	9	甲辰	1	6	12	9	甲戌	
8	9	7	6	甲辰	9	9	8	8	乙亥	10	10	9	10	丙午	11	9	10	10	丙子	12	8	11	10	乙巳	1	7	12	10	乙亥	
8	10	7	7	乙巳	9	10	8	9	丙子	10	11	9	11	丁未	11	10	10	11	丁丑	12	9	11	11	丙午	1	8	12	11	丙子	
8	11	7	8	丙午	9	11	8	10	丁丑	10	12	9	12	戊申	11	11	10	12	戊寅	12	10	11	12	丁未	1	9	12	12	丁丑	
8	12	7	9	丁未	9	12	8	11	戊寅	10	13	9	13	己酉	11	12	10	13	己卯	12	11	11	13	戊申	1	10	12	13	戊寅	中華民國十、十一年
8	13	7	10	戊申	9	13	8	12	己卯	10	14	9	14	庚戌	11	13	10	14	庚辰	12	12	11	14	己酉	1	11	12	14	己卯	
8	14	7	11	己酉	9	14	8	13	庚辰	10	15	9	15	辛亥	11	14	10	15	辛巳	12	13	11	15	庚戌	1	12	12	15	庚辰	
8	15	7	12	庚戌	9	15	8	14	辛巳	10	16	9	16	壬子	11	15	10	16	壬午	12	14	11	16	辛亥	1	13	12	16	辛巳	
8	16	7	13	辛亥	9	16	8	15	壬午	10	17	9	17	癸丑	11	16	10	17	癸未	12	15	11	17	壬子	1	14	12	17	壬午	
8	17	7	14	壬子	9	17	8	16	癸未	10	18	9	18	甲寅	11	17	10	18	甲申	12	16	11	18	癸丑	1	15	12	18	癸未	
8	18	7	15	癸丑	9	18	8	17	甲申	10	19	9	19	乙卯	11	18	10	19	乙酉	12	17	11	19	甲寅	1	16	12	19	甲申	
8	19	7	16	甲寅	9	19	8	18	乙酉	10	20	9	20	丙辰	11	19	10	20	丙戌	12	18	11	20	乙卯	1	17	12	20	乙酉	雞
8	20	7	17	乙卯	9	20	8	19	丙戌	10	21	9	21	丁巳	11	20	10	21	丁亥	12	19	11	21	丙辰	1	18	12	21	丙戌	
8	21	7	18	丙辰	9	21	8	20	丁亥	10	22	9	22	戊午	11	21	10	22	戊子	12	20	11	22	丁巳	1	19	12	22	丁亥	
8	22	7	19	丁巳	9	22	8	21	戊子	10	23	9	23	己未	11	22	10	23	己丑	12	21	11	23	戊午	1	20	12	23	戊子	
8	23	7	20	戊午	9	23	8	22	己丑	10	24	9	24	庚申	11	23	10	24	庚寅	12	22	11	24	己未	1	21	12	24	己丑	
8	24	7	21	己未	9	24	8	23	庚寅	10	25	9	25	辛酉	11	24	10	25	辛卯	12	23	11	25	庚申	1	22	12	25	庚寅	
8	25	7	22	庚申	9	25	8	24	辛卯	10	26	9	26	壬戌	11	25	10	26	壬辰	12	24	11	26	辛酉	1	23	12	26	辛卯	
8	26	7	23	辛酉	9	26	8	25	壬辰	10	27	9	27	癸亥	11	26	10	27	癸巳	12	25	11	27	壬戌	1	24	12	27	壬辰	
8	27	7	24	壬戌	9	27	8	26	癸巳	10	28	9	28	甲子	11	27	10	28	甲午	12	26	11	28	癸亥	1	25	12	28	癸巳	
8	28	7	25	癸亥	9	28	8	27	甲午	10	29	9	29	乙丑	11	28	10	29	乙未	12	27	11	29	甲子	1	26	12	29	甲午	
8	29	7	26	甲子	9	29	8	28	乙未	10	30	9	30	丙寅	11	29	11	1	丙申	12	28	11	30	乙丑	1	27	12	30	乙未	1921、1922
8	30	7	27	乙丑	9	30	8	29	丙申	10	31	10	1	丁卯	11	30	11	2	丁酉	12	29	12	1	丙寅	1	28	1	1	丙申	
8	31	7	28	丙寅	10	1	9	1	丁酉	11	1	10	2	戊辰	12	1	11	3	戊戌	12	30	12	2	丁卯	1	29	1	2	丁酉	
9	1	7	29	丁卯	10	2	9	2	戊戌	11	2	10	3	己巳	12	2	11	4	己亥	12	31	12	3	戊辰	1	30	1	3	戊戌	
9	2	8	1	戊辰	10	3	9	3	己亥	11	3	10	4	庚午	12	3	11	5	庚子	1	1	12	4	己巳	1	31	1	4	己亥	
9	3	8	2	己巳	10	4	9	4	庚子	11	4	10	5	辛未	12	4	11	6	辛丑	1	2	12	5	庚午	2	1	1	5	庚子	
9	4	8	3	庚午	10	5	9	5	辛丑	11	5	10	6	壬申	12	5	11	7	壬寅	1	3	12	6	辛未	2	2	1	6	辛丑	
9	5	8	4	辛未	10	6	9	6	壬寅	11	6	10	7	癸酉	12	6	11	8	癸卯	1	4	12	7	壬申	2	3	1	7	壬寅	
9	6	8	5	壬申	10	7	9	7	癸卯	11	7	10	8	甲戌						1	5	12	8	癸酉						
9	7	8	6	癸酉	10	8	9	8	甲辰																					
處暑					秋分					霜降					小雪					冬至					大寒					中
8/24 1時15分 丑時					9/23 22時19分 亥時					10/24 7時2分 辰時					11/23 4時4分 寅時					12/22 17時7分 酉時					1/21 3時47分 寅時					氣

年	壬戌																													
月	壬寅					癸卯					甲辰					乙巳					丙午					丁未				
節氣	立春					驚蟄					清明					立夏					芒種					小暑				
	2/4 22時6分 亥時					3/6 16時33分 申時					4/5 21時58分 亥時					5/6 15時52分 申時					6/6 20時30分 戌時					7/8 6時57分 卯時				
日	國曆		農曆		干支	國曆		農曆		干支	國曆		農曆		干支	國曆		農曆		干支	國曆		農曆		干支	國曆		農曆		干支
	2	4	1	8	癸卯	3	6	2	8	癸酉	4	5	3	9	癸卯	5	6	4	10	甲戌	6	6	5	11	乙巳	7	8	$\underline{5}$	14	丁
	2	5	1	9	甲辰	3	7	2	9	甲戌	4	6	3	10	甲辰	5	7	4	11	乙亥	6	7	5	12	丙午	7	9	$\underline{5}$	15	戊
	2	6	1	10	乙巳	3	8	2	10	乙亥	4	7	3	11	乙巳	5	8	4	12	丙子	6	8	5	13	丁未	7	10	$\underline{5}$	16	己
	2	7	1	11	丙午	3	9	2	11	丙子	4	8	3	12	丙午	5	9	4	13	丁丑	6	9	5	14	戊申	7	11	$\underline{5}$	17	庚
中華民國十一年 狗	2	8	1	12	丁未	3	10	2	12	丁丑	4	9	3	13	丁未	5	10	4	14	戊寅	6	10	5	15	己酉	7	12	$\underline{5}$	18	辛
	2	9	1	13	戊申	3	11	2	13	戊寅	4	10	3	14	戊申	5	11	4	15	己卯	6	11	5	16	庚戌	7	13	$\underline{5}$	19	壬
	2	10	1	14	己酉	3	12	2	14	己卯	4	11	3	15	己酉	5	12	4	16	庚辰	6	12	5	17	辛亥	7	14	$\underline{5}$	20	癸
	2	11	1	15	庚戌	3	13	2	15	庚辰	4	12	3	16	庚戌	5	13	4	17	辛巳	6	13	5	18	壬子	7	15	$\underline{5}$	21	甲
	2	12	1	16	辛亥	3	14	2	16	辛巳	4	13	3	17	辛亥	5	14	4	18	壬午	6	14	5	19	癸丑	7	16	$\underline{5}$	22	乙
	2	13	1	17	壬子	3	15	2	17	壬午	4	14	3	18	壬子	5	15	4	19	癸未	6	15	5	20	甲寅	7	17	$\underline{5}$	23	丙
	2	14	1	18	癸丑	3	16	2	18	癸未	4	15	3	19	癸丑	5	16	4	20	甲申	6	16	5	21	乙卯	7	18	$\underline{5}$	24	丁
	2	15	1	19	甲寅	3	17	2	19	甲申	4	16	3	20	甲寅	5	17	4	21	乙酉	6	17	5	22	丙辰	7	19	$\underline{5}$	25	戊
	2	16	1	20	乙卯	3	18	2	20	乙酉	4	17	3	21	乙卯	5	18	4	22	丙戌	6	18	5	23	丁巳	7	20	$\underline{5}$	26	己
	2	17	1	21	丙辰	3	19	2	21	丙戌	4	18	3	22	丙辰	5	19	4	23	丁亥	6	19	5	24	戊午	7	21	$\underline{5}$	27	庚
	2	18	1	22	丁巳	3	20	2	22	丁亥	4	19	3	23	丁巳	5	20	4	24	戊子	6	20	5	25	己未	7	22	$\underline{5}$	28	辛
	2	19	1	23	戊午	3	21	2	23	戊子	4	20	3	24	戊午	5	21	4	25	己丑	6	21	5	26	庚申	7	23	$\underline{5}$	29	壬
	2	20	1	24	己未	3	22	2	24	己丑	4	21	3	25	己未	5	22	4	26	庚寅	6	22	5	27	辛酉	7	24	6	1	癸
	2	21	1	25	庚申	3	23	2	25	庚寅	4	22	3	26	庚申	5	23	4	27	辛卯	6	23	5	28	壬戌	7	25	6	2	甲
	2	22	1	26	辛酉	3	24	2	26	辛卯	4	23	3	27	辛酉	5	24	4	28	壬辰	6	24	5	29	癸亥	7	26	6	3	乙
	2	23	1	27	壬戌	3	25	2	27	壬辰	4	24	3	28	壬戌	5	25	4	29	癸巳	6	25	閏5	1	甲子	7	27	6	4	丙
	2	24	1	28	癸亥	3	26	2	28	癸巳	4	25	3	29	癸亥	5	26	4	30	甲午	6	26	$\underline{5}$	2	乙丑	7	28	6	5	丁
	2	25	1	29	甲子	3	27	2	29	甲午	4	26	3	30	甲子	5	27	5	1	乙未	6	27	$\underline{5}$	3	丙寅	7	29	6	6	戊
1922	2	26	1	30	乙丑	3	28	3	1	乙未	4	27	4	1	乙丑	5	28	5	2	丙申	6	28	$\underline{5}$	4	丁卯	7	30	6	7	己
	2	27	2	1	丙寅	3	29	3	2	丙申	4	28	4	2	丙寅	5	29	5	3	丁酉	6	29	$\underline{5}$	5	戊辰	7	31	6	8	庚
	2	28	2	2	丁卯	3	30	3	3	丁酉	4	29	4	3	丁卯	5	30	5	4	戊戌	6	30	$\underline{5}$	6	己巳	8	1	6	9	辛
	3	1	2	3	戊辰	3	31	3	4	戊戌	4	30	4	4	戊辰	5	31	5	5	己亥	7	1	$\underline{5}$	7	庚午	8	2	6	10	壬
	3	2	2	4	己巳	4	1	3	5	己亥	5	1	4	5	己巳	6	1	5	6	庚子	7	2	$\underline{5}$	8	辛未	8	3	6	11	癸
	3	3	2	5	庚午	4	2	3	6	庚子	5	2	4	6	庚午	6	2	5	7	辛丑	7	3	$\underline{5}$	9	壬申	8	4	6	12	甲
	3	4	2	6	辛未	4	3	3	7	辛丑	5	3	4	7	辛未	6	3	5	8	壬寅	7	4	$\underline{5}$	10	癸酉	8	5	6	13	乙
	3	5	2	7	壬申	4	4	3	8	壬寅	5	4	4	8	壬申	6	4	5	9	癸卯	7	5	$\underline{5}$	11	甲戌	8	6	6	14	丙
											5	5	4	9	癸酉	6	5	5	10	甲辰	7	6	$\underline{5}$	12	乙亥	8	7	6	15	丁
																					7	7	$\underline{5}$	13	丙子					
中氣	雨水					春分					穀雨					小滿					夏至					大暑				
	2/19 18時16分 酉時					3/21 17時48分 酉時					4/21 5時28分 卯時					5/22 5時10分 卯時					6/22 13時26分 未時					7/24 0時19分 子時				

壬戌																													年
戊申				己酉					庚戌					辛亥					壬子					癸丑					月
立秋				白露					寒露					立冬					大雪					小寒					節氣
/8 16時37分 申時				9/8 19時6分 戌時					10/9 10時9分 巳時					11/8 12時45分 午時					12/8 5時10分 卯時					1/6 16時14分 申時					
國曆	農曆		干支	國曆		農曆		干支	國曆		農曆		干支	國曆		農曆		干支	國曆		農曆		干支	國曆		農曆		干支	日
8	6	16	戊申	9	8	7	17	己卯	10	9	8	19	庚戌	11	8	9	20	庚辰	12	8	10	20	庚戌	1	6	11	20	己卯	
9	6	17	己酉	9	9	7	18	庚辰	10	10	8	20	辛亥	11	9	9	21	辛巳	12	9	10	21	辛亥	1	7	11	21	庚辰	
10	6	18	庚戌	9	10	7	19	辛巳	10	11	8	21	壬子	11	10	9	22	壬午	12	10	10	22	壬子	1	8	11	22	辛巳	
11	6	19	辛亥	9	11	7	20	壬午	10	12	8	22	癸丑	11	11	9	23	癸未	12	11	10	23	癸丑	1	9	11	23	壬午	中華民國十一、十二年 狗
12	6	20	壬子	9	12	7	21	癸未	10	13	8	23	甲寅	11	12	9	24	甲申	12	12	10	24	甲寅	1	10	11	24	癸未	
13	6	21	癸丑	9	13	7	22	甲申	10	14	8	24	乙卯	11	13	9	25	乙酉	12	13	10	25	乙卯	1	11	11	25	甲申	
14	6	22	甲寅	9	14	7	23	乙酉	10	15	8	25	丙辰	11	14	9	26	丙戌	12	14	10	26	丙辰	1	12	11	26	乙酉	
15	6	23	乙卯	9	15	7	24	丙戌	10	16	8	26	丁巳	11	15	9	27	丁亥	12	15	10	27	丁巳	1	13	11	27	丙戌	
16	6	24	丙辰	9	16	7	25	丁亥	10	17	8	27	戊午	11	16	9	28	戊子	12	16	10	28	戊午	1	14	11	28	丁亥	
17	6	25	丁巳	9	17	7	26	戊子	10	18	8	28	己未	11	17	9	29	己丑	12	17	10	29	己未	1	15	11	29	戊子	
18	6	26	戊午	9	18	7	27	己丑	10	19	8	29	庚申	11	18	9	30	庚寅	12	18	11	1	庚申	1	16	11	30	己丑	
19	6	27	己未	9	19	7	28	庚寅	10	20	9	1	辛酉	11	19	10	1	辛卯	12	19	11	2	辛酉	1	17	12	1	庚寅	
20	6	28	庚申	9	20	7	29	辛卯	10	21	9	2	壬戌	11	20	10	2	壬辰	12	20	11	3	壬戌	1	18	12	2	辛卯	
21	6	29	辛酉	9	21	8	1	壬辰	10	22	9	3	癸亥	11	21	10	3	癸巳	12	21	11	4	癸亥	1	19	12	3	壬辰	
22	6	30	壬戌	9	22	8	2	癸巳	10	23	9	4	甲子	11	22	10	4	甲午	12	22	11	5	甲子	1	20	12	4	癸巳	
23	7	1	癸亥	9	23	8	3	甲午	10	24	9	5	乙丑	11	23	10	5	乙未	12	23	11	6	乙丑	1	21	12	5	甲午	
24	7	2	甲子	9	24	8	4	乙未	10	25	9	6	丙寅	11	24	10	6	丙申	12	24	11	7	丙寅	1	22	12	6	乙未	
25	7	3	乙丑	9	25	8	5	丙申	10	26	9	7	丁卯	11	25	10	7	丁酉	12	25	11	8	丁卯	1	23	12	7	丙申	
26	7	4	丙寅	9	26	8	6	丁酉	10	27	9	8	戊辰	11	26	10	8	戊戌	12	26	11	9	戊辰	1	24	12	8	丁酉	
27	7	5	丁卯	9	27	8	7	戊戌	10	28	9	9	己巳	11	27	10	9	己亥	12	27	11	10	己巳	1	25	12	9	戊戌	
28	7	6	戊辰	9	28	8	8	己亥	10	29	9	10	庚午	11	28	10	10	庚子	12	28	11	11	庚午	1	26	12	10	己亥	
29	7	7	己巳	9	29	8	9	庚子	10	30	9	11	辛未	11	29	10	11	辛丑	12	29	11	12	辛未	1	27	12	11	庚子	1922、1923
30	7	8	庚午	9	30	8	10	辛丑	10	31	9	12	壬申	11	30	10	12	壬寅	12	30	11	13	壬申	1	28	12	12	辛丑	
31	7	9	辛未	10	1	8	11	壬寅	11	1	9	13	癸酉	12	1	10	13	癸卯	12	31	11	14	癸酉	1	29	12	13	壬寅	
1	7	10	壬申	10	2	8	12	癸卯	11	2	9	14	甲戌	12	2	10	14	甲辰	1	1	11	15	甲戌	1	30	12	14	癸卯	
2	7	11	癸酉	10	3	8	13	甲辰	11	3	9	15	乙亥	12	3	10	15	乙巳	1	2	11	16	乙亥	1	31	12	15	甲辰	
3	7	12	甲戌	10	4	8	14	乙巳	11	4	9	16	丙子	12	4	10	16	丙午	1	3	11	17	丙子	2	1	12	16	乙巳	
4	7	13	乙亥	10	5	8	15	丙午	11	5	9	17	丁丑	12	5	10	17	丁未	1	4	11	18	丁丑	2	2	12	17	丙午	
5	7	14	丙子	10	6	8	16	丁未	11	6	9	18	戊寅	12	6	10	18	戊申	1	5	11	19	戊寅	2	3	12	18	丁未	
6	7	15	丁丑	10	7	8	17	戊申	11	7	9	19	己卯	12	7	10	19	己酉						2	4	12	19	戊申	
7	7	16	戊寅	10	8	8	18	己酉																					
處暑				秋分					霜降					小雪					冬至					大寒					中氣
/24 7時4分 辰時				9/24 4時9分 寅時					10/24 12時52分 午時					11/23 9時55分 巳時					12/22 22時56分 亥時					1/21 9時34分 巳時					

年	癸亥																													
月	甲寅					乙卯					丙辰					丁巳					戊午					己未				
節氣	立春					驚蟄					清明					立夏					芒種					小暑				
	2/5 4時0分 寅時					3/6 22時24分 亥時					4/6 3時45分 寅時					5/6 21時38分 亥時					6/7 2時14分 丑時					7/8 12時42分 午時				
日	國曆		農曆		干支	國曆		農曆		干支	國曆		農曆		干支	國曆		農曆		干支	國曆		農曆		干支	國曆		農曆		干支
中華民國十二年 豬 1923	2	5	12	20	己酉	3	6	1	19	戊寅	4	6	2	21	己酉	5	6	3	21	己卯	6	7	4	23	辛亥	7	8	5	25	壬午
	2	6	12	21	庚戌	3	7	1	20	己卯	4	7	2	22	庚戌	5	7	3	22	庚辰	6	8	4	24	壬子	7	9	5	26	癸未
	2	7	12	22	辛亥	3	8	1	21	庚辰	4	8	2	23	辛亥	5	8	3	23	辛巳	6	9	4	25	癸丑	7	10	5	27	甲申
	2	8	12	23	壬子	3	9	1	22	辛巳	4	9	2	24	壬子	5	9	3	24	壬午	6	10	4	26	甲寅	7	11	5	28	乙酉
	2	9	12	24	癸丑	3	10	1	23	壬午	4	10	2	25	癸丑	5	10	3	25	癸未	6	11	4	27	乙卯	7	12	5	29	丙戌
	2	10	12	25	甲寅	3	11	1	24	癸未	4	11	2	26	甲寅	5	11	3	26	甲申	6	12	4	28	丙辰	7	13	5	30	丁亥
	2	11	12	26	乙卯	3	12	1	25	甲申	4	12	2	27	乙卯	5	12	3	27	乙酉	6	13	4	29	丁巳	7	14	6	1	戊子
	2	12	12	27	丙辰	3	13	1	26	乙酉	4	13	2	28	丙辰	5	13	3	28	丙戌	6	14	5	1	戊午	7	15	6	2	己丑
	2	13	12	28	丁巳	3	14	1	27	丙戌	4	14	2	29	丁巳	5	14	3	29	丁亥	6	15	5	2	己未	7	16	6	3	庚寅
	2	14	12	29	戊午	3	15	1	28	丁亥	4	15	2	30	戊午	5	15	3	30	戊子	6	16	5	3	庚申	7	17	6	4	辛卯
	2	15	12	30	己未	3	16	1	29	戊子	4	16	3	1	己未	5	16	4	1	己丑	6	17	5	4	辛酉	7	18	6	5	壬辰
	2	16	1	1	庚申	3	17	2	1	己丑	4	17	3	2	庚申	5	17	4	2	庚寅	6	18	5	5	壬戌	7	19	6	6	癸巳
	2	17	1	2	辛酉	3	18	2	2	庚寅	4	18	3	3	辛酉	5	18	4	3	辛卯	6	19	5	6	癸亥	7	20	6	7	甲午
	2	18	1	3	壬戌	3	19	2	3	辛卯	4	19	3	4	壬戌	5	19	4	4	壬辰	6	20	5	7	甲子	7	21	6	8	乙未
	2	19	1	4	癸亥	3	20	2	4	壬辰	4	20	3	5	癸亥	5	20	4	5	癸巳	6	21	5	8	乙丑	7	22	6	9	丙申
	2	20	1	5	甲子	3	21	2	5	癸巳	4	21	3	6	甲子	5	21	4	6	甲午	6	22	5	9	丙寅	7	23	6	10	丁酉
	2	21	1	6	乙丑	3	22	2	6	甲午	4	22	3	7	乙丑	5	22	4	7	乙未	6	23	5	10	丁卯	7	24	6	11	戊戌
	2	22	1	7	丙寅	3	23	2	7	乙未	4	23	3	8	丙寅	5	23	4	8	丙申	6	24	5	11	戊辰	7	25	6	12	己亥
	2	23	1	8	丁卯	3	24	2	8	丙申	4	24	3	9	丁卯	5	24	4	9	丁酉	6	25	5	12	己巳	7	26	6	13	庚子
	2	24	1	9	戊辰	3	25	2	9	丁酉	4	25	3	10	戊辰	5	25	4	10	戊戌	6	26	5	13	庚午	7	27	6	14	辛丑
	2	25	1	10	己巳	3	26	2	10	戊戌	4	26	3	11	己巳	5	26	4	11	己亥	6	27	5	14	辛未	7	28	6	15	壬寅
	2	26	1	11	庚午	3	27	2	11	己亥	4	27	3	12	庚午	5	27	4	12	庚子	6	28	5	15	壬申	7	29	6	16	癸卯
	2	27	1	12	辛未	3	28	2	12	庚子	4	28	3	13	辛未	5	28	4	13	辛丑	6	29	5	16	癸酉	7	30	6	17	甲辰
	2	28	1	13	壬申	3	29	2	13	辛丑	4	29	3	14	壬申	5	29	4	14	壬寅	6	30	5	17	甲戌	7	31	6	18	乙巳
	3	1	1	14	癸酉	3	30	2	14	壬寅	4	30	3	15	癸酉	5	30	4	15	癸卯	7	1	5	18	乙亥	8	1	6	19	丙午
	3	2	1	15	甲戌	3	31	2	15	癸卯	5	1	3	16	甲戌	5	31	4	16	甲辰	7	2	5	19	丙子	8	2	6	20	丁未
	3	3	1	16	乙亥	4	1	2	16	甲辰	5	2	3	17	乙亥	6	1	4	17	乙巳	7	3	5	20	丁丑	8	3	6	21	戊申
	3	4	1	17	丙子	4	2	2	17	乙巳	5	3	3	18	丙子	6	2	4	18	丙午	7	4	5	21	戊寅	8	4	6	22	己酉
	3	5	1	18	丁丑	4	3	2	18	丙午	5	4	3	19	丁丑	6	3	4	19	丁未	7	5	5	22	己卯	8	5	6	23	庚戌
						4	4	2	19	丁未	5	5	3	20	戊寅	6	4	4	20	戊申	7	6	5	23	庚辰	8	6	6	24	辛亥
						4	5	2	20	戊申						6	5	4	21	己酉	7	7	5	24	辛巳	8	7	6	25	壬子
																6	6	4	22	庚戌										
中氣	雨水					春分					穀雨					小滿					夏至					大暑				
	2/19 23時59分 子時					3/21 23時28分 子時					4/21 11時5分 午時					5/22 10時45分 巳時					6/22 19時2分 戌時					7/24 6時0分 卯時				

癸亥																														年
庚申					辛酉					壬戌					癸亥					甲子					乙丑					月
立秋					白露					寒露					立冬					大雪					小寒					節氣
8/8 22時24分 亥時					9/9 0時57分 子時					10/9 16時3分 申時					11/8 18時40分 酉時					12/8 11時4分 午時					1/6 22時5分 亥時					
國曆		農曆		干支	國曆		農曆		干支	國曆		農曆		干支	國曆		農曆		干支	國曆		農曆		干支	國曆		農曆		干支	日
8	8	6	26	癸丑	9	9	7	29	乙酉	10	9	8	29	乙卯	11	8	10	1	乙酉	12	8	11	1	乙卯	1	6	12	1	甲申	
8	9	6	27	甲寅	9	10	7	30	丙戌	10	10	9	1	丙辰	11	9	10	2	丙戌	12	9	11	2	丙辰	1	7	12	2	乙酉	
8	10	6	28	乙卯	9	11	8	1	丁亥	10	11	9	2	丁巳	11	10	10	3	丁亥	12	10	11	3	丁巳	1	8	12	3	丙戌	
8	11	6	29	丙辰	9	12	8	2	戊子	10	12	9	3	戊午	11	11	10	4	戊子	12	11	11	4	戊午	1	9	12	4	丁亥	中華民國十二、十三年
8	12	7	1	丁巳	9	13	8	3	己丑	10	13	9	4	己未	11	12	10	5	己丑	12	12	11	5	己未	1	10	12	5	戊子	
8	13	7	2	戊午	9	14	8	4	庚寅	10	14	9	5	庚申	11	13	10	6	庚寅	12	13	11	6	庚申	1	11	12	6	己丑	
8	14	7	3	己未	9	15	8	5	辛卯	10	15	9	6	辛酉	11	14	10	7	辛卯	12	14	11	7	辛酉	1	12	12	7	庚寅	
8	15	7	4	庚申	9	16	8	6	壬辰	10	16	9	7	壬戌	11	15	10	8	壬辰	12	15	11	8	壬戌	1	13	12	8	辛卯	
8	16	7	5	辛酉	9	17	8	7	癸巳	10	17	9	8	癸亥	11	16	10	9	癸巳	12	16	11	9	癸亥	1	14	12	9	壬辰	
8	17	7	6	壬戌	9	18	8	8	甲午	10	18	9	9	甲子	11	17	10	10	甲午	12	17	11	10	甲子	1	15	12	10	癸巳	
8	18	7	7	癸亥	9	19	8	9	乙未	10	19	9	10	乙丑	11	18	10	11	乙未	12	18	11	11	乙丑	1	16	12	11	甲午	
8	19	7	8	甲子	9	20	8	10	丙申	10	20	9	11	丙寅	11	19	10	12	丙申	12	19	11	12	丙寅	1	17	12	12	乙未	
8	20	7	9	乙丑	9	21	8	11	丁酉	10	21	9	12	丁卯	11	20	10	13	丁酉	12	20	11	13	丁卯	1	18	12	13	丙申	豬
8	21	7	10	丙寅	9	22	8	12	戊戌	10	22	9	13	戊辰	11	21	10	14	戊戌	12	21	11	14	戊辰	1	19	12	14	丁酉	
8	22	7	11	丁卯	9	23	8	13	己亥	10	23	9	14	己巳	11	22	10	15	己亥	12	22	11	15	己巳	1	20	12	15	戊戌	
8	23	7	12	戊辰	9	24	8	14	庚子	10	24	9	15	庚午	11	23	10	16	庚子	12	23	11	16	庚午	1	21	12	16	己亥	
8	24	7	13	己巳	9	25	8	15	辛丑	10	25	9	16	辛未	11	24	10	17	辛丑	12	24	11	17	辛未	1	22	12	17	庚子	
8	25	7	14	庚午	9	26	8	16	壬寅	10	26	9	17	壬申	11	25	10	18	壬寅	12	25	11	18	壬申	1	23	12	18	辛丑	
8	26	7	15	辛未	9	27	8	17	癸卯	10	27	9	18	癸酉	11	26	10	19	癸卯	12	26	11	19	癸酉	1	24	12	19	壬寅	
8	27	7	16	壬申	9	28	8	18	甲辰	10	28	9	19	甲戌	11	27	10	20	甲辰	12	27	11	20	甲戌	1	25	12	20	癸卯	
8	28	7	17	癸酉	9	29	8	19	乙巳	10	29	9	20	乙亥	11	28	10	21	乙巳	12	28	11	21	乙亥	1	26	12	21	甲辰	
8	29	7	18	甲戌	9	30	8	20	丙午	10	30	9	21	丙子	11	29	10	22	丙午	12	29	11	22	丙子	1	27	12	22	乙巳	1923、1924
8	30	7	19	乙亥	10	1	8	21	丁未	10	31	9	22	丁丑	11	30	10	23	丁未	12	30	11	23	丁丑	1	28	12	23	丙午	
8	31	7	20	丙子	10	2	8	22	戊申	11	1	9	23	戊寅	12	1	10	24	戊申	12	31	11	24	戊寅	1	29	12	24	丁未	
9	1	7	21	丁丑	10	3	8	23	己酉	11	2	9	24	己卯	12	2	10	25	己酉	1	1	11	25	己卯	1	30	12	25	戊申	
9	2	7	22	戊寅	10	4	8	24	庚戌	11	3	9	25	庚辰	12	3	10	26	庚戌	1	2	11	26	庚辰	1	31	12	26	己酉	
9	3	7	23	己卯	10	5	8	25	辛亥	11	4	9	26	辛巳	12	4	10	27	辛亥	1	3	11	27	辛巳	2	1	12	27	庚戌	
9	4	7	24	庚辰	10	6	8	26	壬子	11	5	9	27	壬午	12	5	10	28	壬子	1	4	11	28	壬午	2	2	12	28	辛亥	
9	5	7	25	辛巳	10	7	8	27	癸丑	11	6	9	28	癸未	12	6	10	29	癸丑	1	5	11	29	癸未	2	3	12	29	壬子	
9	6	7	26	壬午	10	8	8	28	甲寅	11	7	9	29	甲申	12	7	10	30	甲寅						2	4	12	30	癸丑	
9	7	7	27	癸未																										
9	8	7	28	甲申																										
處暑					秋分					霜降					小雪					冬至					大寒					中氣
8/24 12時51分 午時					9/24 10時3分 巳時					10/24 18時50分 酉時					11/23 15時53分 申時					12/23 4時53分 寅時					1/21 15時28分 申時					

年	甲子																													
月	丙寅					丁卯					戊辰					己巳					庚午					辛未				
節氣	立春					驚蟄					清明					立夏					芒種					小暑				
	2/5 9時49分 巳時					3/6 4時12分 寅時					4/5 9時33分 巳時					5/6 3時25分 寅時					6/6 8時1分 辰時					7/7 18時29分 酉時				
日	國曆		農曆		干支	國曆		農曆		干支	國曆		農曆		干支	國曆		農曆		干支	國曆		農曆		干支	國曆		農曆		干支
中華民國十三年 鼠 1924	2	5	1	1	甲寅	3	6	2	2	甲申	4	5	3	2	甲寅	5	6	4	3	乙酉	6	6	5	5	丙辰	7	7	6	6	丁亥
	2	6	1	2	乙卯	3	7	2	3	乙酉	4	6	3	3	乙卯	5	7	4	4	丙戌	6	7	5	6	丁巳	7	8	6	7	戊子
	2	7	1	3	丙辰	3	8	2	4	丙戌	4	7	3	4	丙辰	5	8	4	5	丁亥	6	8	5	7	戊午	7	9	6	8	己丑
	2	8	1	4	丁巳	3	9	2	5	丁亥	4	8	3	5	丁巳	5	9	4	6	戊子	6	9	5	8	己未	7	10	6	9	庚寅
	2	9	1	5	戊午	3	10	2	6	戊子	4	9	3	6	戊午	5	10	4	7	己丑	6	10	5	9	庚申	7	11	6	10	辛卯
	2	10	1	6	己未	3	11	2	7	己丑	4	10	3	7	己未	5	11	4	8	庚寅	6	11	5	10	辛酉	7	12	6	11	壬辰
	2	11	1	7	庚申	3	12	2	8	庚寅	4	11	3	8	庚申	5	12	4	9	辛卯	6	12	5	11	壬戌	7	13	6	12	癸巳
	2	12	1	8	辛酉	3	13	2	9	辛卯	4	12	3	9	辛酉	5	13	4	10	壬辰	6	13	5	12	癸亥	7	14	6	13	甲午
	2	13	1	9	壬戌	3	14	2	10	壬辰	4	13	3	10	壬戌	5	14	4	11	癸巳	6	14	5	13	甲子	7	15	6	14	乙未
	2	14	1	10	癸亥	3	15	2	11	癸巳	4	14	3	11	癸亥	5	15	4	12	甲午	6	15	5	14	乙丑	7	16	6	15	丙申
	2	15	1	11	甲子	3	16	2	12	甲午	4	15	3	12	甲子	5	16	4	13	乙未	6	16	5	15	丙寅	7	17	6	16	丁酉
	2	16	1	12	乙丑	3	17	2	13	乙未	4	16	3	13	乙丑	5	17	4	14	丙申	6	17	5	16	丁卯	7	18	6	17	戊戌
	2	17	1	13	丙寅	3	18	2	14	丙申	4	17	3	14	丙寅	5	18	4	15	丁酉	6	18	5	17	戊辰	7	19	6	18	己亥
	2	18	1	14	丁卯	3	19	2	15	丁酉	4	18	3	15	丁卯	5	19	4	16	戊戌	6	19	5	18	己巳	7	20	6	19	庚子
	2	19	1	15	戊辰	3	20	2	16	戊戌	4	19	3	16	戊辰	5	20	4	17	己亥	6	20	5	19	庚午	7	21	6	20	辛丑
	2	20	1	16	己巳	3	21	2	17	己亥	4	20	3	17	己巳	5	21	4	18	庚子	6	21	5	20	辛未	7	22	6	21	壬寅
	2	21	1	17	庚午	3	22	2	18	庚子	4	21	3	18	庚午	5	22	4	19	辛丑	6	22	5	21	壬申	7	23	6	22	癸卯
	2	22	1	18	辛未	3	23	2	19	辛丑	4	22	3	19	辛未	5	23	4	20	壬寅	6	23	5	22	癸酉	7	24	6	23	甲辰
	2	23	1	19	壬申	3	24	2	20	壬寅	4	23	3	20	壬申	5	24	4	21	癸卯	6	24	5	23	甲戌	7	25	6	24	乙巳
	2	24	1	20	癸酉	3	25	2	21	癸卯	4	24	3	21	癸酉	5	25	4	22	甲辰	6	25	5	24	乙亥	7	26	6	25	丙午
	2	25	1	21	甲戌	3	26	2	22	甲辰	4	25	3	22	甲戌	5	26	4	23	乙巳	6	26	5	25	丙子	7	27	6	26	丁未
	2	26	1	22	乙亥	3	27	2	23	乙巳	4	26	3	23	乙亥	5	27	4	24	丙午	6	27	5	26	丁丑	7	28	6	27	戊申
	2	27	1	23	丙子	3	28	2	24	丙午	4	27	3	24	丙子	5	28	4	25	丁未	6	28	5	27	戊寅	7	29	6	28	己酉
	2	28	1	24	丁丑	3	29	2	25	丁未	4	28	3	25	丁丑	5	29	4	26	戊申	6	29	5	28	己卯	7	30	6	29	庚戌
	2	29	1	25	戊寅	3	30	2	26	戊申	4	29	3	26	戊寅	5	30	4	27	己酉	6	30	5	29	庚辰	7	31	6	30	辛亥
	3	1	1	26	己卯	3	31	2	27	己酉	4	30	3	27	己卯	5	31	4	28	庚戌	7	1	5	30	辛巳	8	1	7	1	壬子
	3	2	1	27	庚辰	4	1	2	28	庚戌	5	1	3	28	庚辰	6	1	4	29	辛亥	7	2	6	1	壬午	8	2	7	2	癸丑
	3	3	1	28	辛巳	4	2	2	29	辛亥	5	2	3	29	辛巳	6	2	5	1	壬子	7	3	6	2	癸未	8	3	7	3	甲寅
	3	4	1	29	壬午	4	3	2	30	壬子	5	3	3	30	壬午	6	3	5	2	癸丑	7	4	6	3	甲申	8	4	7	4	乙卯
	3	5	2	1	癸未	4	4	3	1	癸丑	5	4	4	1	癸未	6	4	5	3	甲寅	7	5	6	4	乙酉	8	5	7	5	丙辰
											5	5	4	2	甲申	6	5	5	4	乙卯	7	6	6	5	丙戌	8	6	7	6	丁巳
																										8	7	7	7	戊午
中氣	雨水					春分					穀雨					小滿					夏至					大暑				
	2/20 5時51分 卯時					3/21 5時20分 卯時					4/20 16時58分 申時					5/21 16時40分 申時					6/22 0時59分 子時					7/23 11時57分 午時				

甲子																														年
壬申					癸酉					甲戌					乙亥					丙子					丁丑					月
立秋					白露					寒露					立冬					大雪					小寒					節
8/8 4時12分 寅時					9/8 6時45分 卯時					10/8 21時52分 亥時					11/8 0時29分 子時					12/7 16時53分 申時					1/6 3時53分 寅時					氣
國曆		農曆		干支	國曆		農曆		干支	國曆		農曆		干支	國曆		農曆		干支	國曆		農曆		干支	國曆		農曆		干支	日
8	8	7	8	己未	9	8	8	10	庚寅	10	8	9	10	庚申	11	8	10	12	辛卯	12	7	11	11	庚申	1	6	12	12	庚寅	
8	9	7	9	庚申	9	9	8	11	辛卯	10	9	9	11	辛酉	11	9	10	13	壬辰	12	8	11	12	辛酉	1	7	12	13	辛卯	
8	10	7	10	辛酉	9	10	8	12	壬辰	10	10	9	12	壬戌	11	10	10	14	癸巳	12	9	11	13	壬戌	1	8	12	14	壬辰	
8	11	7	11	壬戌	9	11	8	13	癸巳	10	11	9	13	癸亥	11	11	10	15	甲午	12	10	11	14	癸亥	1	9	12	15	癸巳	中華民國十三、十四年 鼠
8	12	7	12	癸亥	9	12	8	14	甲午	10	12	9	14	甲子	11	12	10	16	乙未	12	11	11	15	甲子	1	10	12	16	甲午	
8	13	7	13	甲子	9	13	8	15	乙未	10	13	9	15	乙丑	11	13	10	17	丙申	12	12	11	16	乙丑	1	11	12	17	乙未	
8	14	7	14	乙丑	9	14	8	16	丙申	10	14	9	16	丙寅	11	14	10	18	丁酉	12	13	11	17	丙寅	1	12	12	18	丙申	
8	15	7	15	丙寅	9	15	8	17	丁酉	10	15	9	17	丁卯	11	15	10	19	戊戌	12	14	11	18	丁卯	1	13	12	19	丁酉	
8	16	7	16	丁卯	9	16	8	18	戊戌	10	16	9	18	戊辰	11	16	10	20	己亥	12	15	11	19	戊辰	1	14	12	20	戊戌	
8	17	7	17	戊辰	9	17	8	19	己亥	10	17	9	19	己巳	11	17	10	21	庚子	12	16	11	20	己巳	1	15	12	21	己亥	
8	18	7	18	己巳	9	18	8	20	庚子	10	18	9	20	庚午	11	18	10	22	辛丑	12	17	11	21	庚午	1	16	12	22	庚子	
8	19	7	19	庚午	9	19	8	21	辛丑	10	19	9	21	辛未	11	19	10	23	壬寅	12	18	11	22	辛未	1	17	12	23	辛丑	
8	20	7	20	辛未	9	20	8	22	壬寅	10	20	9	22	壬申	11	20	10	24	癸卯	12	19	11	23	壬申	1	18	12	24	壬寅	
8	21	7	21	壬申	9	21	8	23	癸卯	10	21	9	23	癸酉	11	21	10	25	甲辰	12	20	11	24	癸酉	1	19	12	25	癸卯	
8	22	7	22	癸酉	9	22	8	24	甲辰	10	22	9	24	甲戌	11	22	10	26	乙巳	12	21	11	25	甲戌	1	20	12	26	甲辰	
8	23	7	23	甲戌	9	23	8	25	乙巳	10	23	9	25	乙亥	11	23	10	27	丙午	12	22	11	26	乙亥	1	21	12	27	乙巳	
8	24	7	24	乙亥	9	24	8	26	丙午	10	24	9	26	丙子	11	24	10	28	丁未	12	23	11	27	丙子	1	22	12	28	丙午	
8	25	7	25	丙子	9	25	8	27	丁未	10	25	9	27	丁丑	11	25	10	29	戊申	12	24	11	28	丁丑	1	23	12	29	丁未	
8	26	7	26	丁丑	9	26	8	28	戊申	10	26	9	28	戊寅	11	26	10	30	己酉	12	25	11	29	戊寅	1	24	1	1	戊申	
8	27	7	27	戊寅	9	27	8	29	己酉	10	27	9	29	己卯	11	27	11	1	庚戌	12	26	12	1	己卯	1	25	1	2	己酉	
8	28	7	28	己卯	9	28	8	30	庚戌	10	28	10	1	庚辰	11	28	11	2	辛亥	12	27	12	2	庚辰	1	26	1	3	庚戌	1924、1925
8	29	7	29	庚辰	9	29	9	1	辛亥	10	29	10	2	辛巳	11	29	11	3	壬子	12	28	12	3	辛巳	1	27	1	4	辛亥	
8	30	8	1	辛巳	9	30	9	2	壬子	10	30	10	3	壬午	11	30	11	4	癸丑	12	29	12	4	壬午	1	28	1	5	壬子	
8	31	8	2	壬午	10	1	9	3	癸丑	10	31	10	4	癸未	12	1	11	5	甲寅	12	30	12	5	癸未	1	29	1	6	癸丑	
9	1	8	3	癸未	10	2	9	4	甲寅	11	1	10	5	甲申	12	2	11	6	乙卯	12	31	12	6	甲申	1	30	1	7	甲寅	
9	2	8	4	甲申	10	3	9	5	乙卯	11	2	10	6	乙酉	12	3	11	7	丙辰	1	1	12	7	乙酉	1	31	1	8	乙卯	
9	3	8	5	乙酉	10	4	9	6	丙辰	11	3	10	7	丙戌	12	4	11	8	丁巳	1	2	12	8	丙戌	2	1	1	9	丙辰	
9	4	8	6	丙戌	10	5	9	7	丁巳	11	4	10	8	丁亥	12	5	11	9	戊午	1	3	12	9	丁亥	2	2	1	10	丁巳	
9	5	8	7	丁亥	10	6	9	8	戊午	11	5	10	9	戊子	12	6	11	10	己未	1	4	12	10	戊子	2	3	1	11	戊午	
9	6	8	8	戊子	10	7	9	9	己未	11	6	10	10	己丑						1	5	12	11	己丑						
9	7	8	9	己丑						11	7	10	11	庚寅																
處暑					秋分					霜降					小雪					冬至					大寒					中
8/23 18時47分 酉時					9/23 15時58分 申時					10/24 0時44分 子時					11/22 21時46分 亥時					12/22 10時45分 巳時					1/20 21時20分 亥時					氣

年	乙丑																													
月	戊寅					己卯					庚辰					辛巳					壬午					癸未				
節氣	立春					驚蟄					清明					立夏					芒種					小暑				
	2/4 15時36分 申時					3/6 9時59分 巳時					4/5 15時22分 申時					5/6 9時17分 巳時					6/6 13時56分 未時					7/8 0時25分 子時				
日	國曆		農曆		干支	國曆		農曆		干支	國曆		農曆		干支	國曆		農曆		干支	國曆		農曆		干支	國曆		農曆		干支
	2	4	1	12	己未	3	6	2	12	己丑	4	5	3	13	己未	5	6	4	14	庚寅	6	6	4	16	辛酉	7	8	5	18	癸巳
	2	5	1	13	庚申	3	7	2	13	庚寅	4	6	3	14	庚申	5	7	4	15	辛卯	6	7	4	17	壬戌	7	9	5	19	甲午
	2	6	1	14	辛酉	3	8	2	14	辛卯	4	7	3	15	辛酉	5	8	4	16	壬辰	6	8	4	18	癸亥	7	10	5	20	乙未
	2	7	1	15	壬戌	3	9	2	15	壬辰	4	8	3	16	壬戌	5	9	4	17	癸巳	6	9	4	19	甲子	7	11	5	21	丙申
中	2	8	1	16	癸亥	3	10	2	16	癸巳	4	9	3	17	癸亥	5	10	4	18	甲午	6	10	4	20	乙丑	7	12	5	22	丁酉
華	2	9	1	17	甲子	3	11	2	17	甲午	4	10	3	18	甲子	5	11	4	19	乙未	6	11	4	21	丙寅	7	13	5	23	戊戌
民	2	10	1	18	乙丑	3	12	2	18	乙未	4	11	3	19	乙丑	5	12	4	20	丙申	6	12	4	22	丁卯	7	14	5	24	己亥
國	2	11	1	19	丙寅	3	13	2	19	丙申	4	12	3	20	丙寅	5	13	4	21	丁酉	6	13	4	23	戊辰	7	15	5	25	庚子
十	2	12	1	20	丁卯	3	14	2	20	丁酉	4	13	3	21	丁卯	5	14	4	22	戊戌	6	14	4	24	己巳	7	16	5	26	辛丑
四	2	13	1	21	戊辰	3	15	2	21	戊戌	4	14	3	22	戊辰	5	15	4	23	己亥	6	15	4	25	庚午	7	17	5	27	壬寅
年	2	14	1	22	己巳	3	16	2	22	己亥	4	15	3	23	己巳	5	16	4	24	庚子	6	16	4	26	辛未	7	18	5	28	癸卯
牛	2	15	1	23	庚午	3	17	2	23	庚子	4	16	3	24	庚午	5	17	4	25	辛丑	6	17	4	27	壬申	7	19	5	29	甲辰
	2	16	1	24	辛未	3	18	2	24	辛丑	4	17	3	25	辛未	5	18	4	26	壬寅	6	18	4	28	癸酉	7	20	5	30	乙巳
	2	17	1	25	壬申	3	19	2	25	壬寅	4	18	3	26	壬申	5	19	4	27	癸卯	6	19	4	29	甲戌	7	21	6	1	丙午
	2	18	1	26	癸酉	3	20	2	26	癸卯	4	19	3	27	癸酉	5	20	4	28	甲辰	6	20	4	30	乙亥	7	22	6	2	丁未
	2	19	1	27	甲戌	3	21	2	27	甲辰	4	20	3	28	甲戌	5	21	4	29	乙巳	6	21	5	1	丙子	7	23	6	3	戊申
	2	20	1	28	乙亥	3	22	2	28	乙巳	4	21	3	29	乙亥	5	22	閏4	1	丙午	6	22	5	2	丁丑	7	24	6	4	己酉
	2	21	1	29	丙子	3	23	2	29	丙午	4	22	3	30	丙子	5	23	4	2	丁未	6	23	5	3	戊寅	7	25	6	5	庚戌
	2	22	1	30	丁丑	3	24	3	1	丁未	4	23	4	1	丁丑	5	24	4	3	戊申	6	24	5	4	己卯	7	26	6	6	辛亥
	2	23	2	1	戊寅	3	25	3	2	戊申	4	24	4	2	戊寅	5	25	4	4	己酉	6	25	5	5	庚辰	7	27	6	7	壬子
	2	24	2	2	己卯	3	26	3	3	己酉	4	25	4	3	己卯	5	26	4	5	庚戌	6	26	5	6	辛巳	7	28	6	8	癸丑
	2	25	2	3	庚辰	3	27	3	4	庚戌	4	26	4	4	庚辰	5	27	4	6	辛亥	6	27	5	7	壬午	7	29	6	9	甲寅
1	2	26	2	4	辛巳	3	28	3	5	辛亥	4	27	4	5	辛巳	5	28	4	7	壬子	6	28	5	8	癸未	7	30	6	10	乙卯
9	2	27	2	5	壬午	3	29	3	6	壬子	4	28	4	6	壬午	5	29	4	8	癸丑	6	29	5	9	甲申	7	31	6	11	丙辰
2	2	28	2	6	癸未	3	30	3	7	癸丑	4	29	4	7	癸未	5	30	4	9	甲寅	6	30	5	10	乙酉	8	1	6	12	丁巳
5	3	1	2	7	甲申	3	31	3	8	甲寅	4	30	4	8	甲申	5	31	4	10	乙卯	7	1	5	11	丙戌	8	2	6	13	戊午
	3	2	2	8	乙酉	4	1	3	9	乙卯	5	1	4	9	乙酉	6	1	4	11	丙辰	7	2	5	12	丁亥	8	3	6	14	己未
	3	3	2	9	丙戌	4	2	3	10	丙辰	5	2	4	10	丙戌	6	2	4	12	丁巳	7	3	5	13	戊子	8	4	6	15	庚申
	3	4	2	10	丁亥	4	3	3	11	丁巳	5	3	4	11	丁亥	6	3	4	13	戊午	7	4	5	14	己丑	8	5	6	16	辛酉
	3	5	2	11	戊子	4	4	3	12	戊午	5	4	4	12	戊子	6	4	4	14	己未	7	5	5	15	庚寅	8	6	6	17	壬戌
											5	5	4	13	己丑	6	5	4	15	庚申	7	6	5	16	辛卯	8	7	6	18	癸亥
																					7	7	5	17	壬辰					
中氣	雨水					春分					穀雨					小滿					夏至					大暑				
	2/19 11時43分 午時					3/21 11時12分 午時					4/20 22時51分 亥時					5/21 22時32分 亥時					6/22 6時50分 卯時					7/23 17時44分 酉時				

乙丑																														年
甲申					乙酉					丙戌					丁亥					戊子					己丑					月
立秋					白露					寒露					立冬					大雪					小寒					節氣
8/8 10時7分 巳時					9/8 12時40分 午時					10/9 3時47分 寅時					11/8 6時26分 卯時					12/7 22時52分 亥時					1/6 9時54分 巳時					
國曆		農曆		干支	國曆		農曆		干支	國曆		農曆		干支	國曆		農曆		干支	國曆		農曆		干支	國曆		農曆		干支	日
8	8	6	19	甲子	9	8	7	21	乙未	10	9	8	22	丙寅	11	8	9	22	丙申	12	7	10	22	乙丑	1	6	11	22	乙未	中華民國十四、十五年 牛 1925、1926
8	9	6	20	乙丑	9	9	7	22	丙申	10	10	8	23	丁卯	11	9	9	23	丁酉	12	8	10	23	丙寅	1	7	11	23	丙申	
8	10	6	21	丙寅	9	10	7	23	丁酉	10	11	8	24	戊辰	11	10	9	24	戊戌	12	9	10	24	丁卯	1	8	11	24	丁酉	
8	11	6	22	丁卯	9	11	7	24	戊戌	10	12	8	25	己巳	11	11	9	25	己亥	12	10	10	25	戊辰	1	9	11	25	戊戌	
8	12	6	23	戊辰	9	12	7	25	己亥	10	13	8	26	庚午	11	12	9	26	庚子	12	11	10	26	己巳	1	10	11	26	己亥	
8	13	6	24	己巳	9	13	7	26	庚子	10	14	8	27	辛未	11	13	9	27	辛丑	12	12	10	27	庚午	1	11	11	27	庚子	
8	14	6	25	庚午	9	14	7	27	辛丑	10	15	8	28	壬申	11	14	9	28	壬寅	12	13	10	28	辛未	1	12	11	28	辛丑	
8	15	6	26	辛未	9	15	7	28	壬寅	10	16	8	29	癸酉	11	15	9	29	癸卯	12	14	10	29	壬申	1	13	11	29	壬寅	
8	16	6	27	壬申	9	16	7	29	癸卯	10	17	8	30	甲戌	11	16	10	1	甲辰	12	15	10	30	癸酉	1	14	12	1	癸卯	
8	17	6	28	癸酉	9	17	7	30	甲辰	10	18	9	1	乙亥	11	17	10	2	乙巳	12	16	11	1	甲戌	1	15	12	2	甲辰	
8	18	6	29	甲戌	9	18	8	1	乙巳	10	19	9	2	丙子	11	18	10	3	丙午	12	17	11	2	乙亥	1	16	12	3	乙巳	
8	19	7	1	乙亥	9	19	8	2	丙午	10	20	9	3	丁丑	11	19	10	4	丁未	12	18	11	3	丙子	1	17	12	4	丙午	
8	20	7	2	丙子	9	20	8	3	丁未	10	21	9	4	戊寅	11	20	10	5	戊申	12	19	11	4	丁丑	1	18	12	5	丁未	
8	21	7	3	丁丑	9	21	8	4	戊申	10	22	9	5	己卯	11	21	10	6	己酉	12	20	11	5	戊寅	1	19	12	6	戊申	
8	22	7	4	戊寅	9	22	8	5	己酉	10	23	9	6	庚辰	11	22	10	7	庚戌	12	21	11	6	己卯	1	20	12	7	己酉	
8	23	7	5	己卯	9	23	8	6	庚戌	10	24	9	7	辛巳	11	23	10	8	辛亥	12	22	11	7	庚辰	1	21	12	8	庚戌	
8	24	7	6	庚辰	9	24	8	7	辛亥	10	25	9	8	壬午	11	24	10	9	壬子	12	23	11	8	辛巳	1	22	12	9	辛亥	
8	25	7	7	辛巳	9	25	8	8	壬子	10	26	9	9	癸未	11	25	10	10	癸丑	12	24	11	9	壬午	1	23	12	10	壬子	
8	26	7	8	壬午	9	26	8	9	癸丑	10	27	9	10	甲申	11	26	10	11	甲寅	12	25	11	10	癸未	1	24	12	11	癸丑	
8	27	7	9	癸未	9	27	8	10	甲寅	10	28	9	11	乙酉	11	27	10	12	乙卯	12	26	11	11	甲申	1	25	12	12	甲寅	
8	28	7	10	甲申	9	28	8	11	乙卯	10	29	9	12	丙戌	11	28	10	13	丙辰	12	27	11	12	乙酉	1	26	12	13	乙卯	
8	29	7	11	乙酉	9	29	8	12	丙辰	10	30	9	13	丁亥	11	29	10	14	丁巳	12	28	11	13	丙戌	1	27	12	14	丙辰	
8	30	7	12	丙戌	9	30	8	13	丁巳	10	31	9	14	戊子	11	30	10	15	戊午	12	29	11	14	丁亥	1	28	12	15	丁巳	
8	31	7	13	丁亥	10	1	8	14	戊午	11	1	9	15	己丑	12	1	10	16	己未	12	30	11	15	戊子	1	29	12	16	戊午	
9	1	7	14	戊子	10	2	8	15	己未	11	2	9	16	庚寅	12	2	10	17	庚申	12	31	11	16	己丑	1	30	12	17	己未	
9	2	7	15	己丑	10	3	8	16	庚申	11	3	9	17	辛卯	12	3	10	18	辛酉	1	1	11	17	庚寅	1	31	12	18	庚申	
9	3	7	16	庚寅	10	4	8	17	辛酉	11	4	9	18	壬辰	12	4	10	19	壬戌	1	2	11	18	辛卯	2	1	12	19	辛酉	
9	4	7	17	辛卯	10	5	8	18	壬戌	11	5	9	19	癸巳	12	5	10	20	癸亥	1	3	11	19	壬辰	2	2	12	20	壬戌	
9	5	7	18	壬辰	10	6	8	19	癸亥	11	6	9	20	甲午	12	6	10	21	甲子	1	4	11	20	癸巳	2	3	12	21	癸亥	
9	6	7	19	癸巳	10	7	8	20	甲子	11	7	9	21	乙未						1	5	11	21	甲午						
9	7	7	20	甲午	10	8	8	21	乙丑																					
處暑					秋分					霜降					小雪					冬至					大寒					中氣
8/24 0時33分 子時					9/23 21時43分 亥時					10/24 6時31分 卯時					11/23 3時35分 寅時					12/22 16時36分 申時					1/21 3時12分 寅時					

年	丙寅																													
月	庚寅					辛卯					壬辰					癸巳					甲午					乙未				
節氣	立春					驚蟄					清明					立夏					芒種					小暑				
	2/4 21時38分 亥時					3/6 15時59分 申時					4/5 21時18分 亥時					5/6 15時8分 申時					6/6 19時41分 戌時					7/8 6時5分 卯時				
日	國曆		農曆		干支	國曆		農曆		干支	國曆		農曆		干支	國曆		農曆		干支	國曆		農曆		干支	國曆		農曆		干支
中華民國十五年 虎 1926	2	4	12	22	甲子	3	6	1	22	甲午	4	5	2	23	甲子	5	6	3	25	乙未	6	6	4	26	丙寅	7	8	5	29	戊戌
	2	5	12	23	乙丑	3	7	1	23	乙未	4	6	2	24	乙丑	5	7	3	26	丙申	6	7	4	27	丁卯	7	9	5	30	己亥
	2	6	12	24	丙寅	3	8	1	24	丙申	4	7	2	25	丙寅	5	8	3	27	丁酉	6	8	4	28	戊辰	7	10	6	1	庚子
	2	7	12	25	丁卯	3	9	1	25	丁酉	4	8	2	26	丁卯	5	9	3	28	戊戌	6	9	4	29	己巳	7	11	6	2	辛丑
	2	8	12	26	戊辰	3	10	1	26	戊戌	4	9	2	27	戊辰	5	10	3	29	己亥	6	10	5	1	庚午	7	12	6	3	壬寅
	2	9	12	27	己巳	3	11	1	27	己亥	4	10	2	28	己巳	5	11	3	30	庚子	6	11	5	2	辛未	7	13	6	4	癸卯
	2	10	12	28	庚午	3	12	1	28	庚子	4	11	2	29	庚午	5	12	4	1	辛丑	6	12	5	3	壬申	7	14	6	5	甲辰
	2	11	12	29	辛未	3	13	1	29	辛丑	4	12	3	1	辛未	5	13	4	2	壬寅	6	13	5	4	癸酉	7	15	6	6	乙巳
	2	12	12	30	壬申	3	14	2	1	壬寅	4	13	3	2	壬申	5	14	4	3	癸卯	6	14	5	5	甲戌	7	16	6	7	丙午
	2	13	1	1	癸酉	3	15	2	2	癸卯	4	14	3	3	癸酉	5	15	4	4	甲辰	6	15	5	6	乙亥	7	17	6	8	丁未
	2	14	1	2	甲戌	3	16	2	3	甲辰	4	15	3	4	甲戌	5	16	4	5	乙巳	6	16	5	7	丙子	7	18	6	9	戊申
	2	15	1	3	乙亥	3	17	2	4	乙巳	4	16	3	5	乙亥	5	17	4	6	丙午	6	17	5	8	丁丑	7	19	6	10	己酉
	2	16	1	4	丙子	3	18	2	5	丙午	4	17	3	6	丙子	5	18	4	7	丁未	6	18	5	9	戊寅	7	20	6	11	庚戌
	2	17	1	5	丁丑	3	19	2	6	丁未	4	18	3	7	丁丑	5	19	4	8	戊申	6	19	5	10	己卯	7	21	6	12	辛亥
	2	18	1	6	戊寅	3	20	2	7	戊申	4	19	3	8	戊寅	5	20	4	9	己酉	6	20	5	11	庚辰	7	22	6	13	壬子
	2	19	1	7	己卯	3	21	2	8	己酉	4	20	3	9	己卯	5	21	4	10	庚戌	6	21	5	12	辛巳	7	23	6	14	癸丑
	2	20	1	8	庚辰	3	22	2	9	庚戌	4	21	3	10	庚辰	5	22	4	11	辛亥	6	22	5	13	壬午	7	24	6	15	甲寅
	2	21	1	9	辛巳	3	23	2	10	辛亥	4	22	3	11	辛巳	5	23	4	12	壬子	6	23	5	14	癸未	7	25	6	16	乙卯
	2	22	1	10	壬午	3	24	2	11	壬子	4	23	3	12	壬午	5	24	4	13	癸丑	6	24	5	15	甲申	7	26	6	17	丙辰
	2	23	1	11	癸未	3	25	2	12	癸丑	4	24	3	13	癸未	5	25	4	14	甲寅	6	25	5	16	乙酉	7	27	6	18	丁巳
	2	24	1	12	甲申	3	26	2	13	甲寅	4	25	3	14	甲申	5	26	4	15	乙卯	6	26	5	17	丙戌	7	28	6	19	戊午
	2	25	1	13	乙酉	3	27	2	14	乙卯	4	26	3	15	乙酉	5	27	4	16	丙辰	6	27	5	18	丁亥	7	29	6	20	己未
	2	26	1	14	丙戌	3	28	2	15	丙辰	4	27	3	16	丙戌	5	28	4	17	丁巳	6	28	5	19	戊子	7	30	6	21	庚申
	2	27	1	15	丁亥	3	29	2	16	丁巳	4	28	3	17	丁亥	5	29	4	18	戊午	6	29	5	20	己丑	7	31	6	22	辛酉
	2	28	1	16	戊子	3	30	2	17	戊午	4	29	3	18	戊子	5	30	4	19	己未	6	30	5	21	庚寅	8	1	6	23	壬戌
	3	1	1	17	己丑	3	31	2	18	己未	4	30	3	19	己丑	5	31	4	20	庚申	7	1	5	22	辛卯	8	2	6	24	癸亥
	3	2	1	18	庚寅	4	1	2	19	庚申	5	1	3	20	庚寅	6	1	4	21	辛酉	7	2	5	23	壬辰	8	3	6	25	甲子
	3	3	1	19	辛卯	4	2	2	20	辛酉	5	2	3	21	辛卯	6	2	4	22	壬戌	7	3	5	24	癸巳	8	4	6	26	乙丑
	3	4	1	20	壬辰	4	3	2	21	壬戌	5	3	3	22	壬辰	6	3	4	23	癸亥	7	4	5	25	甲午	8	5	6	27	丙寅
	3	5	1	21	癸巳	4	4	2	22	癸亥	5	4	3	23	癸巳	6	4	4	24	甲子	7	5	5	26	乙未	8	6	6	28	丁卯
											5	5	3	24	甲午	6	5	4	25	乙丑	7	6	5	27	丙申	8	7	6	29	戊辰
																					7	7	5	28	丁酉					
中氣	雨水					春分					穀雨					小滿					夏至					大暑				
	2/19 17時34分 酉時					3/21 17時1分 酉時					4/21 4時36分 寅時					5/22 4時14分 寅時					6/22 12時30分 午時					7/23 23時24分 子時				

丙寅																														年
丙申					丁酉					戊戌					己亥					庚子					辛丑					月
立秋					白露					寒露					立冬					大雪					小寒					節
8/8 15時44分 申時					9/8 18時15分 酉時					10/9 9時24分 巳時					11/8 12時7分 午時					12/8 4時38分 寅時					1/6 15時44分 申時					氣
國曆		農曆		干支	國曆		農曆		干支	國曆		農曆		干支	國曆		農曆		干支	國曆		農曆		干支	國曆		農曆		干支	日
8	8	7	1	己巳	9	8	8	2	庚子	10	9	9	3	辛未	11	8	10	4	辛丑	12	8	11	4	辛未	1	6	12	3	庚子	中華民國十五、十六年 虎
8	9	7	2	庚午	9	9	8	3	辛丑	10	10	9	4	壬申	11	9	10	5	壬寅	12	9	11	5	壬申	1	7	12	4	辛丑	
8	10	7	3	辛未	9	10	8	4	壬寅	10	11	9	5	癸酉	11	10	10	6	癸卯	12	10	11	6	癸酉	1	8	12	5	壬寅	
8	11	7	4	壬申	9	11	8	5	癸卯	10	12	9	6	甲戌	11	11	10	7	甲辰	12	11	11	7	甲戌	1	9	12	6	癸卯	
8	12	7	5	癸酉	9	12	8	6	甲辰	10	13	9	7	乙亥	11	12	10	8	乙巳	12	12	11	8	乙亥	1	10	12	7	甲辰	
8	13	7	6	甲戌	9	13	8	7	乙巳	10	14	9	8	丙子	11	13	10	9	丙午	12	13	11	9	丙子	1	11	12	8	乙巳	
8	14	7	7	乙亥	9	14	8	8	丙午	10	15	9	9	丁丑	11	14	10	10	丁未	12	14	11	10	丁丑	1	12	12	9	丙午	
8	15	7	8	丙子	9	15	8	9	丁未	10	16	9	10	戊寅	11	15	10	11	戊申	12	15	11	11	戊寅	1	13	12	10	丁未	
8	16	7	9	丁丑	9	16	8	10	戊申	10	17	9	11	己卯	11	16	10	12	己酉	12	16	11	12	己卯	1	14	12	11	戊申	
8	17	7	10	戊寅	9	17	8	11	己酉	10	18	9	12	庚辰	11	17	10	13	庚戌	12	17	11	13	庚辰	1	15	12	12	己酉	
8	18	7	11	己卯	9	18	8	12	庚戌	10	19	9	13	辛巳	11	18	10	14	辛亥	12	18	11	14	辛巳	1	16	12	13	庚戌	
8	19	7	12	庚辰	9	19	8	13	辛亥	10	20	9	14	壬午	11	19	10	15	壬子	12	19	11	15	壬午	1	17	12	14	辛亥	
8	20	7	13	辛巳	9	20	8	14	壬子	10	21	9	15	癸未	11	20	10	16	癸丑	12	20	11	16	癸未	1	18	12	15	壬子	
8	21	7	14	壬午	9	21	8	15	癸丑	10	22	9	16	甲申	11	21	10	17	甲寅	12	21	11	17	甲申	1	19	12	16	癸丑	
8	22	7	15	癸未	9	22	8	16	甲寅	10	23	9	17	乙酉	11	22	10	18	乙卯	12	22	11	18	乙酉	1	20	12	17	甲寅	
8	23	7	16	甲申	9	23	8	17	乙卯	10	24	9	18	丙戌	11	23	10	19	丙辰	12	23	11	19	丙戌	1	21	12	18	乙卯	
8	24	7	17	乙酉	9	24	8	18	丙辰	10	25	9	19	丁亥	11	24	10	20	丁巳	12	24	11	20	丁亥	1	22	12	19	丙辰	
8	25	7	18	丙戌	9	25	8	19	丁巳	10	26	9	20	戊子	11	25	10	21	戊午	12	25	11	21	戊子	1	23	12	20	丁巳	
8	26	7	19	丁亥	9	26	8	20	戊午	10	27	9	21	己丑	11	26	10	22	己未	12	26	11	22	己丑	1	24	12	21	戊午	
8	27	7	20	戊子	9	27	8	21	己未	10	28	9	22	庚寅	11	27	10	23	庚申	12	27	11	23	庚寅	1	25	12	22	己未	
8	28	7	21	己丑	9	28	8	22	庚申	10	29	9	23	辛卯	11	28	10	24	辛酉	12	28	11	24	辛卯	1	26	12	23	庚申	1926、1927
8	29	7	22	庚寅	9	29	8	23	辛酉	10	30	9	24	壬辰	11	29	10	25	壬戌	12	29	11	25	壬辰	1	27	12	24	辛酉	
8	30	7	23	辛卯	9	30	8	24	壬戌	10	31	9	25	癸巳	11	30	10	26	癸亥	12	30	11	26	癸巳	1	28	12	25	壬戌	
8	31	7	24	壬辰	10	1	8	25	癸亥	11	1	9	26	甲午	12	1	10	27	甲子	12	31	11	27	甲午	1	29	12	26	癸亥	
9	1	7	25	癸巳	10	2	8	26	甲子	11	2	9	27	乙未	12	2	10	28	乙丑	1	1	11	28	乙未	1	30	12	27	甲子	
9	2	7	26	甲午	10	3	8	27	乙丑	11	3	9	28	丙申	12	3	10	29	丙寅	1	2	11	29	丙申	1	31	12	28	乙丑	
9	3	7	27	乙未	10	4	8	28	丙寅	11	4	9	29	丁酉	12	4	10	30	丁卯	1	3	11	30	丁酉	2	1	12	29	丙寅	
9	4	7	28	丙申	10	5	8	29	丁卯	11	5	10	1	戊戌	12	5	11	1	戊辰	1	4	12	1	戊戌	2	2	1	1	丁卯	
9	5	7	29	丁酉	10	6	8	30	戊辰	11	6	10	2	己亥	12	6	11	2	己巳	1	5	12	2	己亥	2	3	1	2	戊辰	
9	6	7	30	戊戌	10	7	9	1	己巳	11	7	10	3	庚子	12	7	11	3	庚午						2	4	1	3	己巳	
9	7	8	1	己亥	10	8	9	2	庚午																					
處暑					秋分					霜降					小雪					冬至					大寒					中
8/24 6時13分 卯時					9/24 3時26分 寅時					10/24 12時18分 午時					11/23 9時27分 巳時					12/22 22時33分 亥時					1/21 9時11分 巳時					氣

年	丁卯				
月	壬寅				
節氣	立春				
	2/5 3時30分 寅時				
日	國曆		農曆		干支
中華民國十六年 兔 1927	2	5	1	4	庚午
	2	6	1	5	辛未
	2	7	1	6	壬申
	2	8	1	7	癸酉
	2	9	1	8	甲戌
	2	10	1	9	乙亥
	2	11	1	10	丙子
	2	12	1	11	丁丑
	2	13	1	12	戊寅
	2	14	1	13	己卯
	2	15	1	14	庚辰
	2	16	1	15	辛巳
	2	17	1	16	壬午
	2	18	1	17	癸未
	2	19	1	18	甲申
	2	20	1	19	乙酉
	2	21	1	20	丙戌
	2	22	1	21	丁亥
	2	23	1	22	戊子
	2	24	1	23	己丑
	2	25	1	24	庚寅
	2	26	1	25	辛卯
	2	27	1	26	壬辰
	2	28	1	27	癸巳
	3	1	1	28	甲午
	3	2	1	29	乙未
	3	3	1	30	丙申
	3	4	2	1	丁酉
	3	5	2	2	戊戌
中氣	雨水				
	2/19 23時34分 子時				

月	癸卯				
節氣	驚蟄				
	3/6 21時50分 亥時				
日	國曆		農曆		干支
	3	6	2	3	己亥
	3	7	2	4	庚子
	3	8	2	5	辛丑
	3	9	2	6	壬寅
	3	10	2	7	癸卯
	3	11	2	8	甲辰
	3	12	2	9	乙巳
	3	13	2	10	丙午
	3	14	2	11	丁未
	3	15	2	12	戊申
	3	16	2	13	己酉
	3	17	2	14	庚戌
	3	18	2	15	辛亥
	3	19	2	16	壬子
	3	20	2	17	癸丑
	3	21	2	18	甲寅
	3	22	2	19	乙卯
	3	23	2	20	丙辰
	3	24	2	21	丁巳
	3	25	2	22	戊午
	3	26	2	23	己未
	3	27	2	24	庚申
	3	28	2	25	辛酉
	3	29	2	26	壬戌
	3	30	2	27	癸亥
	3	31	2	28	甲子
	4	1	2	29	乙丑
	4	2	3	1	丙寅
	4	3	3	2	丁卯
	4	4	3	3	戊辰
	4	5	3	4	己巳
中氣	春分				
	3/21 22時59分 亥時				

月	甲辰				
節氣	清明				
	4/6 3時6分 寅時				
日	國曆		農曆		干支
	4	6	3	5	庚午
	4	7	3	6	辛未
	4	8	3	7	壬申
	4	9	3	8	癸酉
	4	10	3	9	甲戌
	4	11	3	10	乙亥
	4	12	3	11	丙子
	4	13	3	12	丁丑
	4	14	3	13	戊寅
	4	15	3	14	己卯
	4	16	3	15	庚辰
	4	17	3	16	辛巳
	4	18	3	17	壬午
	4	19	3	18	癸未
	4	20	3	19	甲申
	4	21	3	20	乙酉
	4	22	3	21	丙戌
	4	23	3	22	丁亥
	4	24	3	23	戊子
	4	25	3	24	己丑
	4	26	3	25	庚寅
	4	27	3	26	辛卯
	4	28	3	27	壬辰
	4	29	3	28	癸巳
	4	30	3	29	甲午
	5	1	4	1	乙未
	5	2	4	2	丙申
	5	3	4	3	丁酉
	5	4	4	4	戊戌
	5	5	4	5	己亥
中氣	穀雨				
	4/21 10時31分 巳時				

月	乙巳				
節氣	立夏				
	5/6 20時53分 戌時				
日	國曆		農曆		干支
	5	6	4	6	庚子
	5	7	4	7	辛丑
	5	8	4	8	壬寅
	5	9	4	9	癸卯
	5	10	4	10	甲辰
	5	11	4	11	乙巳
	5	12	4	12	丙午
	5	13	4	13	丁未
	5	14	4	14	戊申
	5	15	4	15	己酉
	5	16	4	16	庚戌
	5	17	4	17	辛亥
	5	18	4	18	壬子
	5	19	4	19	癸丑
	5	20	4	20	甲寅
	5	21	4	21	乙卯
	5	22	4	22	丙辰
	5	23	4	23	丁巳
	5	24	4	24	戊午
	5	25	4	25	己未
	5	26	4	26	庚申
	5	27	4	27	辛酉
	5	28	4	28	壬戌
	5	29	4	29	癸亥
	5	30	4	30	甲子
	5	31	5	1	乙丑
	6	1	5	2	丙寅
	6	2	5	3	丁卯
	6	3	5	4	戊辰
	6	4	5	5	己巳
	6	5	5	6	庚午
	6	6	5	7	辛未
中氣	小滿				
	5/22 10時7分 巳時				

月	丙午				
節氣	芒種				
	6/7 1時24分 丑時				
日	國曆		農曆		干支
	6	7	5	8	壬申
	6	8	5	9	癸酉
	6	9	5	10	甲戌
	6	10	5	11	乙亥
	6	11	5	12	丙子
	6	12	5	13	丁丑
	6	13	5	14	戊寅
	6	14	5	15	己卯
	6	15	5	16	庚辰
	6	16	5	17	辛巳
	6	17	5	18	壬午
	6	18	5	19	癸未
	6	19	5	20	甲申
	6	20	5	21	乙酉
	6	21	5	22	丙戌
	6	22	5	23	丁亥
	6	23	5	24	戊子
	6	24	5	25	己丑
	6	25	5	26	庚寅
	6	26	5	27	辛卯
	6	27	5	28	壬辰
	6	28	5	29	癸巳
	6	29	6	1	甲午
	6	30	6	2	乙未
	7	1	6	3	丙申
	7	2	6	4	丁酉
	7	3	6	5	戊戌
	7	4	6	6	己亥
	7	5	6	7	庚子
	7	6	6	8	辛丑
	7	7	6	9	壬寅
中氣	夏至				
	6/22 18時22分 酉時				

月	丁未				
節氣	小暑				
	7/8 11時50分 午時				
日	國曆		農曆		干支
	7	8	6	10	癸卯
	7	9	6	11	甲辰
	7	10	6	12	乙巳
	7	11	6	13	丙午
	7	12	6	14	丁未
	7	13	6	15	戊申
	7	14	6	16	己酉
	7	15	6	17	庚戌
	7	16	6	18	辛亥
	7	17	6	19	壬子
	7	18	6	20	癸丑
	7	19	6	21	甲寅
	7	20	6	22	乙卯
	7	21	6	23	丙辰
	7	22	6	24	丁巳
	7	23	6	25	戊午
	7	24	6	26	己未
	7	25	6	27	庚申
	7	26	6	28	辛酉
	7	27	6	29	壬戌
	7	28	6	30	癸亥
	7	29	7	1	甲子
	7	30	7	2	乙丑
	7	31	7	3	丙寅
	8	1	7	4	丁卯
	8	2	7	5	戊辰
	8	3	7	6	己巳
	8	4	7	7	庚午
	8	5	7	8	辛未
	8	6	7	9	壬申
	8	7	7	10	癸酉
中氣	大暑				
	7/24 5時16分 卯時				

丁卯																														年
戊申					己酉					庚戌					辛亥					壬子					癸丑					月
立秋					白露					寒露					立冬					大雪					小寒					節
8/8 21時31分 亥時					9/9 0時5分 子時					10/9 15時15分 申時					11/8 17時56分 酉時					12/8 10時26分 巳時					1/6 21時31分 亥時					氣
國曆		農曆		干支	國曆		農曆		干支	國曆		農曆		干支	國曆		農曆		干支	國曆		農曆		干支	國曆		農曆		干支	日
8	8	7	11	甲戌	9	9	8	14	丙午	10	9	9	14	丙子	11	8	10	15	丙午	12	8	11	15	丙子	1	6	12	14	乙巳	中華民國十六、十七年　兔　1927、1928
8	9	7	12	乙亥	9	10	8	15	丁未	10	10	9	15	丁丑	11	9	10	16	丁未	12	9	11	16	丁丑	1	7	12	15	丙午	
8	10	7	13	丙子	9	11	8	16	戊申	10	11	9	16	戊寅	11	10	10	17	戊申	12	10	11	17	戊寅	1	8	12	16	丁未	
8	11	7	14	丁丑	9	12	8	17	己酉	10	12	9	17	己卯	11	11	10	18	己酉	12	11	11	18	己卯	1	9	12	17	戊申	
8	12	7	15	戊寅	9	13	8	18	庚戌	10	13	9	18	庚辰	11	12	10	19	庚戌	12	12	11	19	庚辰	1	10	12	18	己酉	
8	13	7	16	己卯	9	14	8	19	辛亥	10	14	9	19	辛巳	11	13	10	20	辛亥	12	13	11	20	辛巳	1	11	12	19	庚戌	
8	14	7	17	庚辰	9	15	8	20	壬子	10	15	9	20	壬午	11	14	10	21	壬子	12	14	11	21	壬午	1	12	12	20	辛亥	
8	15	7	18	辛巳	9	16	8	21	癸丑	10	16	9	21	癸未	11	15	10	22	癸丑	12	15	11	22	癸未	1	13	12	21	壬子	
8	16	7	19	壬午	9	17	8	22	甲寅	10	17	9	22	甲申	11	16	10	23	甲寅	12	16	11	23	甲申	1	14	12	22	癸丑	
8	17	7	20	癸未	9	18	8	23	乙卯	10	18	9	23	乙酉	11	17	10	24	乙卯	12	17	11	24	乙酉	1	15	12	23	甲寅	
8	18	7	21	甲申	9	19	8	24	丙辰	10	19	9	24	丙戌	11	18	10	25	丙辰	12	18	11	25	丙戌	1	16	12	24	乙卯	
8	19	7	22	乙酉	9	20	8	25	丁巳	10	20	9	25	丁亥	11	19	10	26	丁巳	12	19	11	26	丁亥	1	17	12	25	丙辰	
8	20	7	23	丙戌	9	21	8	26	戊午	10	21	9	26	戊子	11	20	10	27	戊午	12	20	11	27	戊子	1	18	12	26	丁巳	
8	21	7	24	丁亥	9	22	8	27	己未	10	22	9	27	己丑	11	21	10	28	己未	12	21	11	28	己丑	1	19	12	27	戊午	
8	22	7	25	戊子	9	23	8	28	庚申	10	23	9	28	庚寅	11	22	10	29	庚申	12	22	11	29	庚寅	1	20	12	28	己未	
8	23	7	26	己丑	9	24	8	29	辛酉	10	24	9	29	辛卯	11	23	10	30	辛酉	12	23	11	30	辛卯	1	21	12	29	庚申	
8	24	7	27	庚寅	9	25	8	30	壬戌	10	25	10	1	壬辰	11	24	11	1	壬戌	12	24	12	1	壬辰	1	22	12	30	辛酉	
8	25	7	28	辛卯	9	26	9	1	癸亥	10	26	10	2	癸巳	11	25	11	2	癸亥	12	25	12	2	癸巳	1	23	1	1	壬戌	
8	26	7	29	壬辰	9	27	9	2	甲子	10	27	10	3	甲午	11	26	11	3	甲子	12	26	12	3	甲午	1	24	1	2	癸亥	
8	27	8	1	癸巳	9	28	9	3	乙丑	10	28	10	4	乙未	11	27	11	4	乙丑	12	27	12	4	乙未	1	25	1	3	甲子	
8	28	8	2	甲午	9	29	9	4	丙寅	10	29	10	5	丙申	11	28	11	5	丙寅	12	28	12	5	丙申	1	26	1	4	乙丑	
8	29	8	3	乙未	9	30	9	5	丁卯	10	30	10	6	丁酉	11	29	11	6	丁卯	12	29	12	6	丁酉	1	27	1	5	丙寅	
8	30	8	4	丙申	10	1	9	6	戊辰	10	31	10	7	戊戌	11	30	11	7	戊辰	12	30	12	7	戊戌	1	28	1	6	丁卯	
8	31	8	5	丁酉	10	2	9	7	己巳	11	1	10	8	己亥	12	1	11	8	己巳	12	31	12	8	己亥	1	29	1	7	戊辰	
9	1	8	6	戊戌	10	3	9	8	庚午	11	2	10	9	庚子	12	2	11	9	庚午	1	1	12	9	庚子	1	30	1	8	己巳	
9	2	8	7	己亥	10	4	9	9	辛未	11	3	10	10	辛丑	12	3	11	10	辛未	1	2	12	10	辛丑	1	31	1	9	庚午	
9	3	8	8	庚子	10	5	9	10	壬申	11	4	10	11	壬寅	12	4	11	11	壬申	1	3	12	11	壬寅	2	1	1	10	辛未	
9	4	8	9	辛丑	10	6	9	11	癸酉	11	5	10	12	癸卯	12	5	11	12	癸酉	1	4	12	12	癸卯	2	2	1	11	壬申	
9	5	8	10	壬寅	10	7	9	12	甲戌	11	6	10	13	甲辰	12	6	11	13	甲戌	1	5	12	13	甲辰	2	3	1	12	癸酉	
9	6	8	11	癸卯	10	8	9	13	乙亥	11	7	10	14	乙巳	12	7	11	14	乙亥						2	4	1	13	甲戌	
9	7	8	12	甲辰																										
9	8	8	13	乙巳																										
處暑					秋分					霜降					小雪					冬至					大寒					中
8/24 12時5分 午時					9/24 9時16分 巳時					10/24 18時6分 酉時					11/23 15時14分 申時					12/23 4時18分 寅時					1/21 14時56分 未時					氣

年	戊辰																													
月	甲寅					乙卯					丙辰					丁巳					戊午					己未				
節氣	立春 2/5 9時16分 巳時					驚蟄 3/6 3時37分 寅時					清明 4/5 8時54分 辰時					立夏 5/6 2時43分 丑時					芒種 6/6 7時17分 辰時					小暑 7/7 17時44分 酉時				
日	國曆		農曆		干支	國曆		農曆		干支	國曆		農曆		干支	國曆		農曆		干支	國曆		農曆		干支	國曆		農曆		干支
中華民國十七年 龍 1928	2	5	1	14	乙亥	3	6	2	15	乙巳	4	5	2	15	乙亥	5	6	3	17	丙午	6	6	4	19	丁丑	7	7	5	20	戊申
	2	6	1	15	丙子	3	7	2	16	丙午	4	6	2	16	丙子	5	7	3	18	丁未	6	7	4	20	戊寅	7	8	5	21	己酉
	2	7	1	16	丁丑	3	8	2	17	丁未	4	7	2	17	丁丑	5	8	3	19	戊申	6	8	4	21	己卯	7	9	5	22	庚戌
	2	8	1	17	戊寅	3	9	2	18	戊申	4	8	2	18	戊寅	5	9	3	20	己酉	6	9	4	22	庚辰	7	10	5	23	辛亥
	2	9	1	18	己卯	3	10	2	19	己酉	4	9	2	19	己卯	5	10	3	21	庚戌	6	10	4	23	辛巳	7	11	5	24	壬子
	2	10	1	19	庚辰	3	11	2	20	庚戌	4	10	2	20	庚辰	5	11	3	22	辛亥	6	11	4	24	壬午	7	12	5	25	癸丑
	2	11	1	20	辛巳	3	12	2	21	辛亥	4	11	2	21	辛巳	5	12	3	23	壬子	6	12	4	25	癸未	7	13	5	26	甲寅
	2	12	1	21	壬午	3	13	2	22	壬子	4	12	2	22	壬午	5	13	3	24	癸丑	6	13	4	26	甲申	7	14	5	27	乙卯
	2	13	1	22	癸未	3	14	2	23	癸丑	4	13	2	23	癸未	5	14	3	25	甲寅	6	14	4	27	乙酉	7	15	5	28	丙辰
	2	14	1	23	甲申	3	15	2	24	甲寅	4	14	2	24	甲申	5	15	3	26	乙卯	6	15	4	28	丙戌	7	16	5	29	丁巳
	2	15	1	24	乙酉	3	16	2	25	乙卯	4	15	2	25	乙酉	5	16	3	27	丙辰	6	16	4	29	丁亥	7	17	6	1	戊午
	2	16	1	25	丙戌	3	17	2	26	丙辰	4	16	2	26	丙戌	5	17	3	28	丁巳	6	17	4	30	戊子	7	18	6	2	己未
	2	17	1	26	丁亥	3	18	2	27	丁巳	4	17	2	27	丁亥	5	18	3	29	戊午	6	18	5	1	己丑	7	19	6	3	庚申
	2	18	1	27	戊子	3	19	2	28	戊午	4	18	2	28	戊子	5	19	4	1	己未	6	19	5	2	庚寅	7	20	6	4	辛酉
	2	19	1	28	己丑	3	20	2	29	己未	4	19	2	29	己丑	5	20	4	2	庚申	6	20	5	3	辛卯	7	21	6	5	壬戌
	2	20	1	29	庚寅	3	21	2	30	庚申	4	20	3	1	庚寅	5	21	4	3	辛酉	6	21	5	4	壬辰	7	22	6	6	癸亥
	2	21	2	1	辛卯	3	22	閏2	1	辛酉	4	21	3	2	辛卯	5	22	4	4	壬戌	6	22	5	5	癸巳	7	23	6	7	甲子
	2	22	2	2	壬辰	3	23	2	2	壬戌	4	22	3	3	壬辰	5	23	4	5	癸亥	6	23	5	6	甲午	7	24	6	8	乙丑
	2	23	2	3	癸巳	3	24	2	3	癸亥	4	23	3	4	癸巳	5	24	4	6	甲子	6	24	5	7	乙未	7	25	6	9	丙寅
	2	24	2	4	甲午	3	25	2	4	甲子	4	24	3	5	甲午	5	25	4	7	乙丑	6	25	5	8	丙申	7	26	6	10	丁卯
	2	25	2	5	乙未	3	26	2	5	乙丑	4	25	3	6	乙未	5	26	4	8	丙寅	6	26	5	9	丁酉	7	27	6	11	戊辰
	2	26	2	6	丙申	3	27	2	6	丙寅	4	26	3	7	丙申	5	27	4	9	丁卯	6	27	5	10	戊戌	7	28	6	12	己巳
	2	27	2	7	丁酉	3	28	2	7	丁卯	4	27	3	8	丁酉	5	28	4	10	戊辰	6	28	5	11	己亥	7	29	6	13	庚午
	2	28	2	8	戊戌	3	29	2	8	戊辰	4	28	3	9	戊戌	5	29	4	11	己巳	6	29	5	12	庚子	7	30	6	14	辛未
	2	29	2	9	己亥	3	30	2	9	己巳	4	29	3	10	己亥	5	30	4	12	庚午	6	30	5	13	辛丑	7	31	6	15	壬申
	3	1	2	10	庚子	3	31	2	10	庚午	4	30	3	11	庚子	5	31	4	13	辛未	7	1	5	14	壬寅	8	1	6	16	癸酉
	3	2	2	11	辛丑	4	1	2	11	辛未	5	1	3	12	辛丑	6	1	4	14	壬申	7	2	5	15	癸卯	8	2	6	17	甲戌
	3	3	2	12	壬寅	4	2	2	12	壬申	5	2	3	13	壬寅	6	2	4	15	癸酉	7	3	5	16	甲辰	8	3	6	18	乙亥
	3	4	2	13	癸卯	4	3	2	13	癸酉	5	3	3	14	癸卯	6	3	4	16	甲戌	7	4	5	17	乙巳	8	4	6	19	丙子
	3	5	2	14	甲辰	4	4	2	14	甲戌	5	4	3	15	甲辰	6	4	4	17	乙亥	7	5	5	18	丙午	8	5	6	20	丁丑
											5	5	3	16	乙巳	6	5	4	18	丙子	7	6	5	19	丁未	8	6	6	21	戊寅
																										8	7	6	22	己卯
中氣	雨水 2/20 5時19分 卯時					春分 3/21 4時44分 寅時					穀雨 4/20 16時16分 申時					小滿 5/21 15時52分 申時					夏至 6/22 0時6分 子時					大暑 7/23 11時2分 午時				

年：戊辰

月：庚申　節氣：立秋 8/8 3時27分 寅時　中氣：處暑 8/23 17時53分 酉時

國曆		農曆		干支
8	8	6	23	庚辰
8	9	6	24	辛巳
8	10	6	25	壬午
8	11	6	26	癸未
8	12	6	27	甲申
8	13	6	28	乙酉
8	14	6	29	丙戌
8	15	7	1	丁亥
8	16	7	2	戊子
8	17	7	3	己丑
8	18	7	4	庚寅
8	19	7	5	辛卯
8	20	7	6	壬辰
8	21	7	7	癸巳
8	22	7	8	甲午
8	23	7	9	乙未
8	24	7	10	丙申
8	25	7	11	丁酉
8	26	7	12	戊戌
8	27	7	13	己亥
8	28	7	14	庚子
8	29	7	15	辛丑
8	30	7	16	壬寅
8	31	7	17	癸卯
9	1	7	18	甲辰
9	2	7	19	乙巳
9	3	7	20	丙午
9	4	7	21	丁未
9	5	7	22	戊申
9	6	7	23	己酉
9	7	7	24	庚戌

月：辛酉　節氣：白露 9/8 6時1分 卯時　中氣：秋分 9/23 15時5分 申時

國曆		農曆		干支
9	8	7	25	辛亥
9	9	7	26	壬子
9	10	7	27	癸丑
9	11	7	28	甲寅
9	12	7	29	乙卯
9	13	7	30	丙辰
9	14	8	1	丁巳
9	15	8	2	戊午
9	16	8	3	己未
9	17	8	4	庚申
9	18	8	5	辛酉
9	19	8	6	壬戌
9	20	8	7	癸亥
9	21	8	8	甲子
9	22	8	9	乙丑
9	23	8	10	丙寅
9	24	8	11	丁卯
9	25	8	12	戊辰
9	26	8	13	己巳
9	27	8	14	庚午
9	28	8	15	辛未
9	29	8	16	壬申
9	30	8	17	癸酉
10	1	8	18	甲戌
10	2	8	19	乙亥
10	3	8	20	丙子
10	4	8	21	丁丑
10	5	8	22	戊寅
10	6	8	23	己卯
10	7	8	24	庚辰

月：壬戌　節氣：寒露 10/8 21時9分 亥時　中氣：霜降 10/23 23時54分 子時

國曆		農曆		干支
10	8	8	25	辛巳
10	9	8	26	壬午
10	10	8	27	癸未
10	11	8	28	甲申
10	12	8	29	乙酉
10	13	9	1	丙戌
10	14	9	2	丁亥
10	15	9	3	戊子
10	16	9	4	己丑
10	17	9	5	庚寅
10	18	9	6	辛卯
10	19	9	7	壬辰
10	20	9	8	癸巳
10	21	9	9	甲午
10	22	9	10	乙未
10	23	9	11	丙申
10	24	9	12	丁酉
10	25	9	13	戊戌
10	26	9	14	己亥
10	27	9	15	庚子
10	28	9	16	辛丑
10	29	9	17	壬寅
10	30	9	18	癸卯
10	31	9	19	甲辰
11	1	9	20	乙巳
11	2	9	21	丙午
11	3	9	22	丁未
11	4	9	23	戊申
11	5	9	24	己酉
11	6	9	25	庚戌

月：癸亥　節氣：立冬 11/7 23時49分 子時　中氣：小雪 11/22 21時0分 亥時

國曆		農曆		干支
11	7	9	26	辛亥
11	8	9	27	壬子
11	9	9	28	癸丑
11	10	9	29	甲寅
11	11	9	30	乙卯
11	12	10	1	丙辰
11	13	10	2	丁巳
11	14	10	3	戊午
11	15	10	4	己未
11	16	10	5	庚申
11	17	10	6	辛酉
11	18	10	7	壬戌
11	19	10	8	癸亥
11	20	10	9	甲子
11	21	10	10	乙丑
11	22	10	11	丙寅
11	23	10	12	丁卯
11	24	10	13	戊辰
11	25	10	14	己巳
11	26	10	15	庚午
11	27	10	16	辛未
11	28	10	17	壬申
11	29	10	18	癸酉
11	30	10	19	甲戌
12	1	10	20	乙亥
12	2	10	21	丙子
12	3	10	22	丁丑
12	4	10	23	戊寅
12	5	10	24	己卯
12	6	10	25	庚辰

月：甲子　節氣：大雪 12/7 16時17分 申時　中氣：冬至 12/22 10時3分 巳時

國曆		農曆		干支
12	7	10	26	辛巳
12	8	10	27	壬午
12	9	10	28	癸未
12	10	10	29	甲申
12	11	10	30	乙酉
12	12	11	1	丙戌
12	13	11	2	丁亥
12	14	11	3	戊子
12	15	11	4	己丑
12	16	11	5	庚寅
12	17	11	6	辛卯
12	18	11	7	壬辰
12	19	11	8	癸巳
12	20	11	9	甲午
12	21	11	10	乙未
12	22	11	11	丙申
12	23	11	12	丁酉
12	24	11	13	戊戌
12	25	11	14	己亥
12	26	11	15	庚子
12	27	11	16	辛丑
12	28	11	17	壬寅
12	29	11	18	癸卯
12	30	11	19	甲辰
12	31	11	20	乙巳
1	1	11	21	丙午
1	2	11	22	丁未
1	3	11	23	戊申
1	4	11	24	己酉
1	5	11	25	庚戌

月：乙丑　節氣：小寒 1/6 3時22分 寅時　中氣：大寒 1/20 20時42分 戌時

國曆		農曆		干支
1	6	11	26	辛亥
1	7	11	27	壬子
1	8	11	28	癸丑
1	9	11	29	甲寅
1	10	11	30	乙卯
1	11	12	1	丙辰
1	12	12	2	丁巳
1	13	12	3	戊午
1	14	12	4	己未
1	15	12	5	庚申
1	16	12	6	辛酉
1	17	12	7	壬戌
1	18	12	8	癸亥
1	19	12	9	甲子
1	20	12	10	乙丑
1	21	12	11	丙寅
1	22	12	12	丁卯
1	23	12	13	戊辰
1	24	12	14	己巳
1	25	12	15	庚午
1	26	12	16	辛未
1	27	12	17	壬申
1	28	12	18	癸酉
1	29	12	19	甲戌
1	30	12	20	乙亥
1	31	12	21	丙子
2	1	12	22	丁丑
2	2	12	23	戊寅
2	3	12	24	己卯

中華民國十七、十八年 龍

1928、1929

年	己巳																													
月	丙寅					丁卯					戊辰					己巳					庚午					辛未				
節氣	立春					驚蟄					清明					立夏					芒種					小暑				
	2/4 15時8分 申時					3/6 9時32分 巳時					4/5 14時51分 未時					5/6 8時40分 辰時					6/6 13時10分 未時					7/7 23時31分 子時				
日	國曆		農曆		干支	國曆		農曆		干支	國曆		農曆		干支	國曆		農曆		干支	國曆		農曆		干支	國曆		農曆		干支
	2	4	12	25	庚辰	3	6	1	25	庚戌	4	5	2	26	庚辰	5	6	3	27	辛亥	6	6	4	29	壬午	7	7	6	1	癸丑
	2	5	12	26	辛巳	3	7	1	26	辛亥	4	6	2	27	辛巳	5	7	3	28	壬子	6	7	5	1	癸未	7	8	6	2	甲寅
	2	6	12	27	壬午	3	8	1	27	壬子	4	7	2	28	壬午	5	8	3	29	癸丑	6	8	5	2	甲申	7	9	6	3	乙卯
	2	7	12	28	癸未	3	9	1	28	癸丑	4	8	2	29	癸未	5	9	4	1	甲寅	6	9	5	3	乙酉	7	10	6	4	丙辰
中	2	8	12	29	甲申	3	10	1	29	甲寅	4	9	2	30	甲申	5	10	4	2	乙卯	6	10	5	4	丙戌	7	11	6	5	丁巳
華	2	9	12	30	乙酉	3	11	2	1	乙卯	4	10	3	1	乙酉	5	11	4	3	丙辰	6	11	5	5	丁亥	7	12	6	6	戊午
民	2	10	1	1	丙戌	3	12	2	2	丙辰	4	11	3	2	丙戌	5	12	4	4	丁巳	6	12	5	6	戊子	7	13	6	7	己未
國	2	11	1	2	丁亥	3	13	2	3	丁巳	4	12	3	3	丁亥	5	13	4	5	戊午	6	13	5	7	己丑	7	14	6	8	庚申
十	2	12	1	3	戊子	3	14	2	4	戊午	4	13	3	4	戊子	5	14	4	6	己未	6	14	5	8	庚寅	7	15	6	9	辛酉
八	2	13	1	4	己丑	3	15	2	5	己未	4	14	3	5	己丑	5	15	4	7	庚申	6	15	5	9	辛卯	7	16	6	10	壬戌
年	2	14	1	5	庚寅	3	16	2	6	庚申	4	15	3	6	庚寅	5	16	4	8	辛酉	6	16	5	10	壬辰	7	17	6	11	癸亥
蛇	2	15	1	6	辛卯	3	17	2	7	辛酉	4	16	3	7	辛卯	5	17	4	9	壬戌	6	17	5	11	癸巳	7	18	6	12	甲子
	2	16	1	7	壬辰	3	18	2	8	壬戌	4	17	3	8	壬辰	5	18	4	10	癸亥	6	18	5	12	甲午	7	19	6	13	乙丑
	2	17	1	8	癸巳	3	19	2	9	癸亥	4	18	3	9	癸巳	5	19	4	11	甲子	6	19	5	13	乙未	7	20	6	14	丙寅
	2	18	1	9	甲午	3	20	2	10	甲子	4	19	3	10	甲午	5	20	4	12	乙丑	6	20	5	14	丙申	7	21	6	15	丁卯
	2	19	1	10	乙未	3	21	2	11	乙丑	4	20	3	11	乙未	5	21	4	13	丙寅	6	21	5	15	丁酉	7	22	6	16	戊辰
	2	20	1	11	丙申	3	22	2	12	丙寅	4	21	3	12	丙申	5	22	4	14	丁卯	6	22	5	16	戊戌	7	23	6	17	己巳
	2	21	1	12	丁酉	3	23	2	13	丁卯	4	22	3	13	丁酉	5	23	4	15	戊辰	6	23	5	17	己亥	7	24	6	18	庚午
	2	22	1	13	戊戌	3	24	2	14	戊辰	4	23	3	14	戊戌	5	24	4	16	己巳	6	24	5	18	庚子	7	25	6	19	辛未
	2	23	1	14	己亥	3	25	2	15	己巳	4	24	3	15	己亥	5	25	4	17	庚午	6	25	5	19	辛丑	7	26	6	20	壬申
	2	24	1	15	庚子	3	26	2	16	庚午	4	25	3	16	庚子	5	26	4	18	辛未	6	26	5	20	壬寅	7	27	6	21	癸酉
	2	25	1	16	辛丑	3	27	2	17	辛未	4	26	3	17	辛丑	5	27	4	19	壬申	6	27	5	21	癸卯	7	28	6	22	甲戌
1	2	26	1	17	壬寅	3	28	2	18	壬申	4	27	3	18	壬寅	5	28	4	20	癸酉	6	28	5	22	甲辰	7	29	6	23	乙亥
9	2	27	1	18	癸卯	3	29	2	19	癸酉	4	28	3	19	癸卯	5	29	4	21	甲戌	6	29	5	23	乙巳	7	30	6	24	丙子
2	2	28	1	19	甲辰	3	30	2	20	甲戌	4	29	3	20	甲辰	5	30	4	22	乙亥	6	30	5	24	丙午	7	31	6	25	丁丑
9	3	1	1	20	乙巳	3	31	2	21	乙亥	4	30	3	21	乙巳	5	31	4	23	丙子	7	1	5	25	丁未	8	1	6	26	戊寅
	3	2	1	21	丙午	4	1	2	22	丙子	5	1	3	22	丙午	6	1	4	24	丁丑	7	2	5	26	戊申	8	2	6	27	己卯
	3	3	1	22	丁未	4	2	2	23	丁丑	5	2	3	23	丁未	6	2	4	25	戊寅	7	3	5	27	己酉	8	3	6	28	庚辰
	3	4	1	23	戊申	4	3	2	24	戊寅	5	3	3	24	戊申	6	3	4	26	己卯	7	4	5	28	庚戌	8	4	6	29	辛巳
	3	5	1	24	己酉	4	4	2	25	己卯	5	4	3	25	己酉	6	4	4	27	庚辰	7	5	5	29	辛亥	8	5	7	1	壬午
											5	5	3	26	庚戌	6	5	4	28	辛巳	7	6	5	30	壬子	8	6	7	2	癸未
																										8	7	7	3	甲申
中氣	雨水					春分					穀雨					小滿					夏至					大暑				
	2/19 11時6分 午時					3/21 10時34分 巳時					4/20 22時10分 亥時					5/21 21時47分 亥時					6/22 6時0分 卯時					7/23 16時53分 申時				

己巳																														年
壬申					癸酉					甲戌					乙亥					丙子					丁丑					月
立秋					白露					寒露					立冬					大雪					小寒					節
8/8 9時8分 巳時					9/8 11時39分 午時					10/9 2時47分 丑時					11/8 5時27分 卯時					12/7 21時56分 亥時					1/6 9時2分 巳時					氣
國曆		農曆		干支	國曆		農曆		干支	國曆		農曆		干支	國曆		農曆		干支	國曆		農曆		干支	國曆		農曆		干支	日
8	8	7	4	乙酉	9	8	8	6	丙辰	10	9	9	7	丁亥	11	8	10	8	丁巳	12	7	11	7	丙戌	1	6	12	7	丙辰	
8	9	7	5	丙戌	9	9	8	7	丁巳	10	10	9	8	戊子	11	9	10	9	戊午	12	8	11	8	丁亥	1	7	12	8	丁巳	
8	10	7	6	丁亥	9	10	8	8	戊午	10	11	9	9	己丑	11	10	10	10	己未	12	9	11	9	戊子	1	8	12	9	戊午	
8	11	7	7	戊子	9	11	8	9	己未	10	12	9	10	庚寅	11	11	10	11	庚申	12	10	11	10	己丑	1	9	12	10	己未	中華民國十八、十九年
8	12	7	8	己丑	9	12	8	10	庚申	10	13	9	11	辛卯	11	12	10	12	辛酉	12	11	11	11	庚寅	1	10	12	11	庚申	
8	13	7	9	庚寅	9	13	8	11	辛酉	10	14	9	12	壬辰	11	13	10	13	壬戌	12	12	11	12	辛卯	1	11	12	12	辛酉	
8	14	7	10	辛卯	9	14	8	12	壬戌	10	15	9	13	癸巳	11	14	10	14	癸亥	12	13	11	13	壬辰	1	12	12	13	壬戌	
8	15	7	11	壬辰	9	15	8	13	癸亥	10	16	9	14	甲午	11	15	10	15	甲子	12	14	11	14	癸巳	1	13	12	14	癸亥	
8	16	7	12	癸巳	9	16	8	14	甲子	10	17	9	15	乙未	11	16	10	16	乙丑	12	15	11	15	甲午	1	14	12	15	甲子	
8	17	7	13	甲午	9	17	8	15	乙丑	10	18	9	16	丙申	11	17	10	17	丙寅	12	16	11	16	乙未	1	15	12	16	乙丑	
8	18	7	14	乙未	9	18	8	16	丙寅	10	19	9	17	丁酉	11	18	10	18	丁卯	12	17	11	17	丙申	1	16	12	17	丙寅	
8	19	7	15	丙申	9	19	8	17	丁卯	10	20	9	18	戊戌	11	19	10	19	戊辰	12	18	11	18	丁酉	1	17	12	18	丁卯	
8	20	7	16	丁酉	9	20	8	18	戊辰	10	21	9	19	己亥	11	20	10	20	己巳	12	19	11	19	戊戌	1	18	12	19	戊辰	蛇
8	21	7	17	戊戌	9	21	8	19	己巳	10	22	9	20	庚子	11	21	10	21	庚午	12	20	11	20	己亥	1	19	12	20	己巳	
8	22	7	18	己亥	9	22	8	20	庚午	10	23	9	21	辛丑	11	22	10	22	辛未	12	21	11	21	庚子	1	20	12	21	庚午	
8	23	7	19	庚子	9	23	8	21	辛未	10	24	9	22	壬寅	11	23	10	23	壬申	12	22	11	22	辛丑	1	21	12	22	辛未	
8	24	7	20	辛丑	9	24	8	22	壬申	10	25	9	23	癸卯	11	24	10	24	癸酉	12	23	11	23	壬寅	1	22	12	23	壬申	
8	25	7	21	壬寅	9	25	8	23	癸酉	10	26	9	24	甲辰	11	25	10	25	甲戌	12	24	11	24	癸卯	1	23	12	24	癸酉	
8	26	7	22	癸卯	9	26	8	24	甲戌	10	27	9	25	乙巳	11	26	10	26	乙亥	12	25	11	25	甲辰	1	24	12	25	甲戌	
8	27	7	23	甲辰	9	27	8	25	乙亥	10	28	9	26	丙午	11	27	10	27	丙子	12	26	11	26	乙巳	1	25	12	26	乙亥	
8	28	7	24	乙巳	9	28	8	26	丙子	10	29	9	27	丁未	11	28	10	28	丁丑	12	27	11	27	丙午	1	26	12	27	丙子	1929、1930
8	29	7	25	丙午	9	29	8	27	丁丑	10	30	9	28	戊申	11	29	10	29	戊寅	12	28	11	28	丁未	1	27	12	28	丁丑	
8	30	7	26	丁未	9	30	8	28	戊寅	10	31	9	29	己酉	11	30	10	30	己卯	12	29	11	29	戊申	1	28	12	29	戊寅	
8	31	7	27	戊申	10	1	8	29	己卯	11	1	10	1	庚戌	12	1	11	1	庚辰	12	30	11	30	己酉	1	29	12	30	己卯	
9	1	7	28	己酉	10	2	8	30	庚辰	11	2	10	2	辛亥	12	2	11	2	辛巳	12	31	12	1	庚戌	1	30	1	1	庚辰	
9	2	7	29	庚戌	10	3	9	1	辛巳	11	3	10	3	壬子	12	3	11	3	壬午	1	1	12	2	辛亥	1	31	1	2	辛巳	
9	3	8	1	辛亥	10	4	9	2	壬午	11	4	10	4	癸丑	12	4	11	4	癸未	1	2	12	3	壬子	2	1	1	3	壬午	
9	4	8	2	壬子	10	5	9	3	癸未	11	5	10	5	甲寅	12	5	11	5	甲申	1	3	12	4	癸丑	2	2	1	4	癸未	
9	5	8	3	癸丑	10	6	9	4	甲申	11	6	10	6	乙卯	12	6	11	6	乙酉	1	4	12	5	甲寅	2	3	1	5	甲申	
9	6	8	4	甲寅	10	7	9	5	乙酉	11	7	10	7	丙辰						1	5	12	6	乙卯						
9	7	8	5	乙卯	10	8	9	6	丙戌																					
處暑					秋分					霜降					小雪					冬至					大寒					中
8/23 23時41分 子時					9/23 20時52分 戌時					10/24 5時41分 卯時					11/23 2時48分 丑時					12/22 15時52分 申時					1/21 2時33分 丑時					氣

年	庚午																													
月	戊寅					己卯					庚辰					辛巳					壬午					癸未				
節氣	立春					驚蟄					清明					立夏					芒種					小暑				
	2/4 20時51分 戌時					3/6 15時16分 申時					4/5 20時37分 戌時					5/6 14時27分 未時					6/6 18時58分 酉時					7/8 5時19分 卯時				
日	國曆		農曆		干支	國曆		農曆		干支	國曆		農曆		干支	國曆		農曆		干支	國曆		農曆		干支	國曆		農曆		干支
中華民國十九年 馬 1930	2	4	1	6	乙酉	3	6	2	7	乙卯	4	5	3	7	乙酉	5	6	4	8	丙辰	6	6	5	10	丁亥	7	8	6	13	己未
	2	5	1	7	丙戌	3	7	2	8	丙辰	4	6	3	8	丙戌	5	7	4	9	丁巳	6	7	5	11	戊子	7	9	6	14	庚申
	2	6	1	8	丁亥	3	8	2	9	丁巳	4	7	3	9	丁亥	5	8	4	10	戊午	6	8	5	12	己丑	7	10	6	15	辛酉
	2	7	1	9	戊子	3	9	2	10	戊午	4	8	3	10	戊子	5	9	4	11	己未	6	9	5	13	庚寅	7	11	6	16	壬戌
	2	8	1	10	己丑	3	10	2	11	己未	4	9	3	11	己丑	5	10	4	12	庚申	6	10	5	14	辛卯	7	12	6	17	癸亥
	2	9	1	11	庚寅	3	11	2	12	庚申	4	10	3	12	庚寅	5	11	4	13	辛酉	6	11	5	15	壬辰	7	13	6	18	甲子
	2	10	1	12	辛卯	3	12	2	13	辛酉	4	11	3	13	辛卯	5	12	4	14	壬戌	6	12	5	16	癸巳	7	14	6	19	乙丑
	2	11	1	13	壬辰	3	13	2	14	壬戌	4	12	3	14	壬辰	5	13	4	15	癸亥	6	13	5	17	甲午	7	15	6	20	丙寅
	2	12	1	14	癸巳	3	14	2	15	癸亥	4	13	3	15	癸巳	5	14	4	16	甲子	6	14	5	18	乙未	7	16	6	21	丁卯
	2	13	1	15	甲午	3	15	2	16	甲子	4	14	3	16	甲午	5	15	4	17	乙丑	6	15	5	19	丙申	7	17	6	22	戊辰
	2	14	1	16	乙未	3	16	2	17	乙丑	4	15	3	17	乙未	5	16	4	18	丙寅	6	16	5	20	丁酉	7	18	6	23	己巳
	2	15	1	17	丙申	3	17	2	18	丙寅	4	16	3	18	丙申	5	17	4	19	丁卯	6	17	5	21	戊戌	7	19	6	24	庚午
	2	16	1	18	丁酉	3	18	2	19	丁卯	4	17	3	19	丁酉	5	18	4	20	戊辰	6	18	5	22	己亥	7	20	6	25	辛未
	2	17	1	19	戊戌	3	19	2	20	戊辰	4	18	3	20	戊戌	5	19	4	21	己巳	6	19	5	23	庚子	7	21	6	26	壬申
	2	18	1	20	己亥	3	20	2	21	己巳	4	19	3	21	己亥	5	20	4	22	庚午	6	20	5	24	辛丑	7	22	6	27	癸酉
	2	19	1	21	庚子	3	21	2	22	庚午	4	20	3	22	庚子	5	21	4	23	辛未	6	21	5	25	壬寅	7	23	6	28	甲戌
	2	20	1	22	辛丑	3	22	2	23	辛未	4	21	3	23	辛丑	5	22	4	24	壬申	6	22	5	26	癸卯	7	24	6	29	乙亥
	2	21	1	23	壬寅	3	23	2	24	壬申	4	22	3	24	壬寅	5	23	4	25	癸酉	6	23	5	27	甲辰	7	25	6	30	丙子
	2	22	1	24	癸卯	3	24	2	25	癸酉	4	23	3	25	癸卯	5	24	4	26	甲戌	6	24	5	28	乙巳	7	26	閏6	1	丁丑
	2	23	1	25	甲辰	3	25	2	26	甲戌	4	24	3	26	甲辰	5	25	4	27	乙亥	6	25	5	29	丙午	7	27	6	2	戊寅
	2	24	1	26	乙巳	3	26	2	27	乙亥	4	25	3	27	乙巳	5	26	4	28	丙子	6	26	6	1	丁未	7	28	6	3	己卯
	2	25	1	27	丙午	3	27	2	28	丙子	4	26	3	28	丙午	5	27	4	29	丁丑	6	27	6	2	戊申	7	29	6	4	庚辰
	2	26	1	28	丁未	3	28	2	29	丁丑	4	27	3	29	丁未	5	28	5	1	戊寅	6	28	6	3	己酉	7	30	6	5	辛巳
	2	27	1	29	戊申	3	29	2	30	戊寅	4	28	3	30	戊申	5	29	5	2	己卯	6	29	6	4	庚戌	7	31	6	6	壬午
	2	28	2	1	己酉	3	30	3	1	己卯	4	29	4	1	己酉	5	30	5	3	庚辰	6	30	6	5	辛亥	8	1	6	7	癸未
	3	1	2	2	庚戌	3	31	3	2	庚辰	4	30	4	2	庚戌	5	31	5	4	辛巳	7	1	6	6	壬子	8	2	6	8	甲申
	3	2	2	3	辛亥	4	1	3	3	辛巳	5	1	4	3	辛亥	6	1	5	5	壬午	7	2	6	7	癸丑	8	3	6	9	乙酉
	3	3	2	4	壬子	4	2	3	4	壬午	5	2	4	4	壬子	6	2	5	6	癸未	7	3	6	8	甲寅	8	4	6	10	丙戌
	3	4	2	5	癸丑	4	3	3	5	癸未	5	3	4	5	癸丑	6	3	5	7	甲申	7	4	6	9	乙卯	8	5	6	11	丁亥
	3	5	2	6	甲寅	4	4	3	6	甲申	5	4	4	6	甲寅	6	4	5	8	乙酉	7	5	6	10	丙辰	8	6	6	12	戊子
											5	5	4	7	乙卯	6	5	5	9	丙戌	7	6	6	11	丁巳	8	7	6	13	己丑
																					7	7	6	12	戊午					
中氣	雨水					春分					穀雨					小滿					夏至					大暑				
	2/19 16時59分 申時					3/21 16時29分 申時					4/21 4時5分 寅時					5/22 3時42分 寅時					6/22 11時52分 午時					7/23 22時42分 亥時				

庚午																														年
甲申					乙酉					丙戌					丁亥					戊子					己丑					月
立秋					白露					寒露					立冬					大雪					小寒					節
8/8 14時57分 未時					9/8 17時28分 酉時					10/9 8時37分 辰時					11/8 11時20分 午時					12/8 3時50分 寅時					1/6 14時55分 未時					氣
國曆		農曆		干支	國曆		農曆		干支	國曆		農曆		干支	國曆		農曆		干支	國曆		農曆		干支	國曆		農曆		干支	日
8	8	6	14	庚寅	9	8	7	16	辛酉	10	9	8	18	壬辰	11	8	9	18	壬戌	12	8	10	19	壬辰	1	6	11	18	辛酉	
8	9	6	15	辛卯	9	9	7	17	壬戌	10	10	8	19	癸巳	11	9	9	19	癸亥	12	9	10	20	癸巳	1	7	11	19	壬戌	
8	10	6	16	壬辰	9	10	7	18	癸亥	10	11	8	20	甲午	11	10	9	20	甲子	12	10	10	21	甲午	1	8	11	20	癸亥	
8	11	6	17	癸巳	9	11	7	19	甲子	10	12	8	21	乙未	11	11	9	21	乙丑	12	11	10	22	乙未	1	9	11	21	甲子	
8	12	6	18	甲午	9	12	7	20	乙丑	10	13	8	22	丙申	11	12	9	22	丙寅	12	12	10	23	丙申	1	10	11	22	乙丑	
8	13	6	19	乙未	9	13	7	21	丙寅	10	14	8	23	丁酉	11	13	9	23	丁卯	12	13	10	24	丁酉	1	11	11	23	丙寅	
8	14	6	20	丙申	9	14	7	22	丁卯	10	15	8	24	戊戌	11	14	9	24	戊辰	12	14	10	25	戊戌	1	12	11	24	丁卯	
8	15	6	21	丁酉	9	15	7	23	戊辰	10	16	8	25	己亥	11	15	9	25	己巳	12	15	10	26	己亥	1	13	11	25	戊辰	
8	16	6	22	戊戌	9	16	7	24	己巳	10	17	8	26	庚子	11	16	9	26	庚午	12	16	10	27	庚子	1	14	11	26	己巳	
8	17	6	23	己亥	9	17	7	25	庚午	10	18	8	27	辛丑	11	17	9	27	辛未	12	17	10	28	辛丑	1	15	11	27	庚午	
8	18	6	24	庚子	9	18	7	26	辛未	10	19	8	28	壬寅	11	18	9	28	壬申	12	18	10	29	壬寅	1	16	11	28	辛未	
8	19	6	25	辛丑	9	19	7	27	壬申	10	20	8	29	癸卯	11	19	9	29	癸酉	12	19	10	30	癸卯	1	17	11	29	壬申	
8	20	6	26	壬寅	9	20	7	28	癸酉	10	21	8	30	甲辰	11	20	10	1	甲戌	12	20	11	1	甲辰	1	18	11	30	癸酉	
8	21	6	27	癸卯	9	21	7	29	甲戌	10	22	9	1	乙巳	11	21	10	2	乙亥	12	21	11	2	乙巳	1	19	12	1	甲戌	
8	22	6	28	甲辰	9	22	8	1	乙亥	10	23	9	2	丙午	11	22	10	3	丙子	12	22	11	3	丙午	1	20	12	2	乙亥	
8	23	6	29	乙巳	9	23	8	2	丙子	10	24	9	3	丁未	11	23	10	4	丁丑	12	23	11	4	丁未	1	21	12	3	丙子	
8	24	7	1	丙午	9	24	8	3	丁丑	10	25	9	4	戊申	11	24	10	5	戊寅	12	24	11	5	戊申	1	22	12	4	丁丑	
8	25	7	2	丁未	9	25	8	4	戊寅	10	26	9	5	己酉	11	25	10	6	己卯	12	25	11	6	己酉	1	23	12	5	戊寅	
8	26	7	3	戊申	9	26	8	5	己卯	10	27	9	6	庚戌	11	26	10	7	庚辰	12	26	11	7	庚戌	1	24	12	6	己卯	
8	27	7	4	己酉	9	27	8	6	庚辰	10	28	9	7	辛亥	11	27	10	8	辛巳	12	27	11	8	辛亥	1	25	12	7	庚辰	
8	28	7	5	庚戌	9	28	8	7	辛巳	10	29	9	8	壬子	11	28	10	9	壬午	12	28	11	9	壬子	1	26	12	8	辛巳	
8	29	7	6	辛亥	9	29	8	8	壬午	10	30	9	9	癸丑	11	29	10	10	癸未	12	29	11	10	癸丑	1	27	12	9	壬午	
8	30	7	7	壬子	9	30	8	9	癸未	10	31	9	10	甲寅	11	30	10	11	甲申	12	30	11	11	甲寅	1	28	12	10	癸未	
8	31	7	8	癸丑	10	1	8	10	甲申	11	1	9	11	乙卯	12	1	10	12	乙酉	12	31	11	12	乙卯	1	29	12	11	甲申	
9	1	7	9	甲寅	10	2	8	11	乙酉	11	2	9	12	丙辰	12	2	10	13	丙戌	1	1	11	13	丙辰	1	30	12	12	乙酉	
9	2	7	10	乙卯	10	3	8	12	丙戌	11	3	9	13	丁巳	12	3	10	14	丁亥	1	2	11	14	丁巳	1	31	12	13	丙戌	
9	3	7	11	丙辰	10	4	8	13	丁亥	11	4	9	14	戊午	12	4	10	15	戊子	1	3	11	15	戊午	2	1	12	14	丁亥	
9	4	7	12	丁巳	10	5	8	14	戊子	11	5	9	15	己未	12	5	10	16	己丑	1	4	11	16	己未	2	2	12	15	戊子	
9	5	7	13	戊午	10	6	8	15	己丑	11	6	9	16	庚申	12	6	10	17	庚寅	1	5	11	17	庚申	2	3	12	16	己丑	
9	6	7	14	己未	10	7	8	16	庚寅	11	7	9	17	辛酉	12	7	10	18	辛卯						2	4	12	17	庚寅	
9	7	7	15	庚申	10	8	8	17	辛卯																					
處暑					秋分					霜降					小雪					冬至					大寒					中
8/24 5時26分 卯時					9/24 2時35分 丑時					10/24 11時26分 午時					11/23 8時34分 辰時					12/22 21時39分 亥時					1/21 8時17分 辰時					氣

中華民國十九、二十年 馬

1930、1931

年	辛未																													
月	庚寅					辛卯					壬辰					癸巳					甲午					乙未				
節氣	立春					驚蟄					清明					立夏					芒種					小暑				
	2/5 2時40分 丑時					3/6 21時2分 亥時					4/6 2時20分 丑時					5/6 20時9分 戌時					6/7 0時41分 子時					7/8 11時5分 午時				
日	國曆		農曆		干支	國曆		農曆		干支	國曆		農曆		干支	國曆		農曆		干支	國曆		農曆		干支	國曆		農曆		干支
中華民國二十年 羊 1931	2	5	12	18	辛卯	3	6	1	18	庚申	4	6	2	19	辛卯	5	6	3	19	辛酉	6	7	4	22	癸巳	7	8	5	23	甲子
	2	6	12	19	壬辰	3	7	1	19	辛酉	4	7	2	20	壬辰	5	7	3	20	壬戌	6	8	4	23	甲午	7	9	5	24	乙丑
	2	7	12	20	癸巳	3	8	1	20	壬戌	4	8	2	21	癸巳	5	8	3	21	癸亥	6	9	4	24	乙未	7	10	5	25	丙寅
	2	8	12	21	甲午	3	9	1	21	癸亥	4	9	2	22	甲午	5	9	3	22	甲子	6	10	4	25	丙申	7	11	5	26	丁卯
	2	9	12	22	乙未	3	10	1	22	甲子	4	10	2	23	乙未	5	10	3	23	乙丑	6	11	4	26	丁酉	7	12	5	27	戊辰
	2	10	12	23	丙申	3	11	1	23	乙丑	4	11	2	24	丙申	5	11	3	24	丙寅	6	12	4	27	戊戌	7	13	5	28	己巳
	2	11	12	24	丁酉	3	12	1	24	丙寅	4	12	2	25	丁酉	5	12	3	25	丁卯	6	13	4	28	己亥	7	14	5	29	庚午
	2	12	12	25	戊戌	3	13	1	25	丁卯	4	13	2	26	戊戌	5	13	3	26	戊辰	6	14	4	29	庚子	7	15	6	1	辛未
	2	13	12	26	己亥	3	14	1	26	戊辰	4	14	2	27	己亥	5	14	3	27	己巳	6	15	4	30	辛丑	7	16	6	2	壬申
	2	14	12	27	庚子	3	15	1	27	己巳	4	15	2	28	庚子	5	15	3	28	庚午	6	16	5	1	壬寅	7	17	6	3	癸酉
	2	15	12	28	辛丑	3	16	1	28	庚午	4	16	2	29	辛丑	5	16	3	29	辛未	6	17	5	2	癸卯	7	18	6	4	甲戌
	2	16	12	29	壬寅	3	17	1	29	辛未	4	17	2	30	壬寅	5	17	4	1	壬申	6	18	5	3	甲辰	7	19	6	5	乙亥
	2	17	1	1	癸卯	3	18	1	30	壬申	4	18	3	1	癸卯	5	18	4	2	癸酉	6	19	5	4	乙巳	7	20	6	6	丙子
	2	18	1	2	甲辰	3	19	2	1	癸酉	4	19	3	2	甲辰	5	19	4	3	甲戌	6	20	5	5	丙午	7	21	6	7	丁丑
	2	19	1	3	乙巳	3	20	2	2	甲戌	4	20	3	3	乙巳	5	20	4	4	乙亥	6	21	5	6	丁未	7	22	6	8	戊寅
	2	20	1	4	丙午	3	21	2	3	乙亥	4	21	3	4	丙午	5	21	4	5	丙子	6	22	5	7	戊申	7	23	6	9	己卯
	2	21	1	5	丁未	3	22	2	4	丙子	4	22	3	5	丁未	5	22	4	6	丁丑	6	23	5	8	己酉	7	24	6	10	庚辰
	2	22	1	6	戊申	3	23	2	5	丁丑	4	23	3	6	戊申	5	23	4	7	戊寅	6	24	5	9	庚戌	7	25	6	11	辛巳
	2	23	1	7	己酉	3	24	2	6	戊寅	4	24	3	7	己酉	5	24	4	8	己卯	6	25	5	10	辛亥	7	26	6	12	壬午
	2	24	1	8	庚戌	3	25	2	7	己卯	4	25	3	8	庚戌	5	25	4	9	庚辰	6	26	5	11	壬子	7	27	6	13	癸未
	2	25	1	9	辛亥	3	26	2	8	庚辰	4	26	3	9	辛亥	5	26	4	10	辛巳	6	27	5	12	癸丑	7	28	6	14	甲申
	2	26	1	10	壬子	3	27	2	9	辛巳	4	27	3	10	壬子	5	27	4	11	壬午	6	28	5	13	甲寅	7	29	6	15	乙酉
	2	27	1	11	癸丑	3	28	2	10	壬午	4	28	3	11	癸丑	5	28	4	12	癸未	6	29	5	14	乙卯	7	30	6	16	丙戌
	2	28	1	12	甲寅	3	29	2	11	癸未	4	29	3	12	甲寅	5	29	4	13	甲申	6	30	5	15	丙辰	7	31	6	17	丁亥
	3	1	1	13	乙卯	3	30	2	12	甲申	4	30	3	13	乙卯	5	30	4	14	乙酉	7	1	5	16	丁巳	8	1	6	18	戊子
	3	2	1	14	丙辰	3	31	2	13	乙酉	5	1	3	14	丙辰	5	31	4	15	丙戌	7	2	5	17	戊午	8	2	6	19	己丑
	3	3	1	15	丁巳	4	1	2	14	丙戌	5	2	3	15	丁巳	6	1	4	16	丁亥	7	3	5	18	己未	8	3	6	20	庚寅
	3	4	1	16	戊午	4	2	2	15	丁亥	5	3	3	16	戊午	6	2	4	17	戊子	7	4	5	19	庚申	8	4	6	21	辛卯
	3	5	1	17	己未	4	3	2	16	戊子	5	4	3	17	己未	6	3	4	18	己丑	7	5	5	20	辛酉	8	5	6	22	壬辰
						4	4	2	17	己丑	5	5	3	18	庚申	6	4	4	19	庚寅	7	6	5	21	壬戌	8	6	6	23	癸巳
						4	5	2	18	庚寅						6	5	4	20	辛卯	7	7	5	22	癸亥	8	7	6	24	甲午
																6	6	4	21	壬辰										
中氣	雨水					春分					穀雨					小滿					夏至					大暑				
	2/19 22時40分 亥時					3/21 22時6分 亥時					4/21 9時39分 巳時					5/22 9時15分 巳時					6/22 17時28分 酉時					7/24 4時21分 寅時				

辛未																													年
丙申				丁酉					戊戌					己亥					庚子					辛丑					月
立秋				白露					寒露					立冬					大雪					小寒					節氣
8 20時44分 戌時				9/8 23時17分 子時					10/9 14時26分 未時					11/8 17時9分 酉時					12/8 9時40分 巳時					1/6 20時45分 戌時					
暦	農暦		干支	國暦		農暦		干支	國暦		農暦		干支	國暦		農暦		干支	國暦		農暦		干支	國暦		農暦		干支	日
8	6	25	乙未	9	8	7	26	丙寅	10	9	8	28	丁酉	11	8	9	29	丁卯	12	8	10	29	丁酉	1	6	11	29	丙寅	
9	6	26	丙申	9	9	7	27	丁卯	10	10	8	29	戊戌	11	9	9	30	戊辰	12	9	11	1	戊戌	1	7	11	30	丁卯	
10	6	27	丁酉	9	10	7	28	戊辰	10	11	9	1	己亥	11	10	10	1	己巳	12	10	11	2	己亥	1	8	12	1	戊辰	
11	6	28	戊戌	9	11	7	29	己巳	10	12	9	2	庚子	11	11	10	2	庚午	12	11	11	3	庚子	1	9	12	2	己巳	
12	6	29	己亥	9	12	8	1	庚午	10	13	9	3	辛丑	11	12	10	3	辛未	12	12	11	4	辛丑	1	10	12	3	庚午	
13	6	30	庚子	9	13	8	2	辛未	10	14	9	4	壬寅	11	13	10	4	壬申	12	13	11	5	壬寅	1	11	12	4	辛未	
14	7	1	辛丑	9	14	8	3	壬申	10	15	9	5	癸卯	11	14	10	5	癸酉	12	14	11	6	癸卯	1	12	12	5	壬申	
15	7	2	壬寅	9	15	8	4	癸酉	10	16	9	6	甲辰	11	15	10	6	甲戌	12	15	11	7	甲辰	1	13	12	6	癸酉	
16	7	3	癸卯	9	16	8	5	甲戌	10	17	9	7	乙巳	11	16	10	7	乙亥	12	16	11	8	乙巳	1	14	12	7	甲戌	
17	7	4	甲辰	9	17	8	6	乙亥	10	18	9	8	丙午	11	17	10	8	丙子	12	17	11	9	丙午	1	15	12	8	乙亥	
18	7	5	乙巳	9	18	8	7	丙子	10	19	9	9	丁未	11	18	10	9	丁丑	12	18	11	10	丁未	1	16	12	9	丙子	
19	7	6	丙午	9	19	8	8	丁丑	10	20	9	10	戊申	11	19	10	10	戊寅	12	19	11	11	戊申	1	17	12	10	丁丑	
20	7	7	丁未	9	20	8	9	戊寅	10	21	9	11	己酉	11	20	10	11	己卯	12	20	11	12	己酉	1	18	12	11	戊寅	
21	7	8	戊申	9	21	8	10	己卯	10	22	9	12	庚戌	11	21	10	12	庚辰	12	21	11	13	庚戌	1	19	12	12	己卯	
22	7	9	己酉	9	22	8	11	庚辰	10	23	9	13	辛亥	11	22	10	13	辛巳	12	22	11	14	辛亥	1	20	12	13	庚辰	
23	7	10	庚戌	9	23	8	12	辛巳	10	24	9	14	壬子	11	23	10	14	壬午	12	23	11	15	壬子	1	21	12	14	辛巳	
24	7	11	辛亥	9	24	8	13	壬午	10	25	9	15	癸丑	11	24	10	15	癸未	12	24	11	16	癸丑	1	22	12	15	壬午	
25	7	12	壬子	9	25	8	14	癸未	10	26	9	16	甲寅	11	25	10	16	甲申	12	25	11	17	甲寅	1	23	12	16	癸未	
26	7	13	癸丑	9	26	8	15	甲申	10	27	9	17	乙卯	11	26	10	17	乙酉	12	26	11	18	乙卯	1	24	12	17	甲申	
27	7	14	甲寅	9	27	8	16	乙酉	10	28	9	18	丙辰	11	27	10	18	丙戌	12	27	11	19	丙辰	1	25	12	18	乙酉	
28	7	15	乙卯	9	28	8	17	丙戌	10	29	9	19	丁巳	11	28	10	19	丁亥	12	28	11	20	丁巳	1	26	12	19	丙戌	
29	7	16	丙辰	9	29	8	18	丁亥	10	30	9	20	戊午	11	29	10	20	戊子	12	29	11	21	戊午	1	27	12	20	丁亥	
30	7	17	丁巳	9	30	8	19	戊子	10	31	9	21	己未	11	30	10	21	己丑	12	30	11	22	己未	1	28	12	21	戊子	
31	7	18	戊午	10	1	8	20	己丑	11	1	9	22	庚申	12	1	10	22	庚寅	12	31	11	23	庚申	1	29	12	22	己丑	
1	7	19	己未	10	2	8	21	庚寅	11	2	9	23	辛酉	12	2	10	23	辛卯	1	1	11	24	辛酉	1	30	12	23	庚寅	
2	7	20	庚申	10	3	8	22	辛卯	11	3	9	24	壬戌	12	3	10	24	壬辰	1	2	11	25	壬戌	1	31	12	24	辛卯	
3	7	21	辛酉	10	4	8	23	壬辰	11	4	9	25	癸亥	12	4	10	25	癸巳	1	3	11	26	癸亥	2	1	12	25	壬辰	
4	7	22	壬戌	10	5	8	24	癸巳	11	5	9	26	甲子	12	5	10	26	甲午	1	4	11	27	甲子	2	2	12	26	癸巳	
5	7	23	癸亥	10	6	8	25	甲午	11	6	9	27	乙丑	12	6	10	27	乙未	1	5	11	28	乙丑	2	3	12	27	甲午	
6	7	24	甲子	10	7	8	26	乙未	11	7	9	28	丙寅	12	7	10	28	丙申						2	4	12	28	乙未	
7	7	25	乙丑	10	8	8	27	丙申																					
處暑				秋分					霜降					小雪					冬至					大寒					中氣
24 11時10分 午時				9/24 8時23分 辰時					10/24 17時15分 酉時					11/23 14時24分 未時					12/23 3時29分 寅時					1/21 14時6分 未時					

中華民國二十、二十一年 羊

1931、1932

年	壬申																													
月	壬寅					癸卯					甲辰					乙巳					丙午					丁未				
節氣	立春					驚蟄					清明					立夏					芒種					小暑				
	2/5 8時29分 辰時					3/6 2時49分 丑時					4/5 8時6分 辰時					5/6 1時55分 丑時					6/6 6時27分 卯時					7/7 16時52分 申時				
日	國曆		農曆		干支	國曆		農曆		干支	國曆		農曆		干支	國曆		農曆		干支	國曆		農曆		干支	國曆		農曆		干支
	2	5	12	29	丙申	3	6	1	30	丙寅	4	5	2	30	丙申	5	6	4	1	丁卯	6	6	5	3	戊戌	7	7	6	4	己巳
	2	6	1	1	丁酉	3	7	2	1	丁卯	4	6	3	1	丁酉	5	7	4	2	戊辰	6	7	5	4	己亥	7	8	6	5	庚午
	2	7	1	2	戊戌	3	8	2	2	戊辰	4	7	3	2	戊戌	5	8	4	3	己巳	6	8	5	5	庚子	7	9	6	6	辛未
	2	8	1	3	己亥	3	9	2	3	己巳	4	8	3	3	己亥	5	9	4	4	庚午	6	9	5	6	辛丑	7	10	6	7	壬申
中華民國二十一年	2	9	1	4	庚子	3	10	2	4	庚午	4	9	3	4	庚子	5	10	4	5	辛未	6	10	5	7	壬寅	7	11	6	8	癸酉
	2	10	1	5	辛丑	3	11	2	5	辛未	4	10	3	5	辛丑	5	11	4	6	壬申	6	11	5	8	癸卯	7	12	6	9	甲戌
	2	11	1	6	壬寅	3	12	2	6	壬申	4	11	3	6	壬寅	5	12	4	7	癸酉	6	12	5	9	甲辰	7	13	6	10	乙亥
	2	12	1	7	癸卯	3	13	2	7	癸酉	4	12	3	7	癸卯	5	13	4	8	甲戌	6	13	5	10	乙巳	7	14	6	11	丙子
	2	13	1	8	甲辰	3	14	2	8	甲戌	4	13	3	8	甲辰	5	14	4	9	乙亥	6	14	5	11	丙午	7	15	6	12	丁丑
	2	14	1	9	乙巳	3	15	2	9	乙亥	4	14	3	9	乙巳	5	15	4	10	丙子	6	15	5	12	丁未	7	16	6	13	戊寅
	2	15	1	10	丙午	3	16	2	10	丙子	4	15	3	10	丙午	5	16	4	11	丁丑	6	16	5	13	戊申	7	17	6	14	己卯
猴	2	16	1	11	丁未	3	17	2	11	丁丑	4	16	3	11	丁未	5	17	4	12	戊寅	6	17	5	14	己酉	7	18	6	15	庚辰
	2	17	1	12	戊申	3	18	2	12	戊寅	4	17	3	12	戊申	5	18	4	13	己卯	6	18	5	15	庚戌	7	19	6	16	辛巳
	2	18	1	13	己酉	3	19	2	13	己卯	4	18	3	13	己酉	5	19	4	14	庚辰	6	19	5	16	辛亥	7	20	6	17	壬午
	2	19	1	14	庚戌	3	20	2	14	庚辰	4	19	3	14	庚戌	5	20	4	15	辛巳	6	20	5	17	壬子	7	21	6	18	癸未
	2	20	1	15	辛亥	3	21	2	15	辛巳	4	20	3	15	辛亥	5	21	4	16	壬午	6	21	5	18	癸丑	7	22	6	19	甲申
	2	21	1	16	壬子	3	22	2	16	壬午	4	21	3	16	壬子	5	22	4	17	癸未	6	22	5	19	甲寅	7	23	6	20	乙酉
	2	22	1	17	癸丑	3	23	2	17	癸未	4	22	3	17	癸丑	5	23	4	18	甲申	6	23	5	20	乙卯	7	24	6	21	丙戌
	2	23	1	18	甲寅	3	24	2	18	甲申	4	23	3	18	甲寅	5	24	4	19	乙酉	6	24	5	21	丙辰	7	25	6	22	丁亥
	2	24	1	19	乙卯	3	25	2	19	乙酉	4	24	3	19	乙卯	5	25	4	20	丙戌	6	25	5	22	丁巳	7	26	6	23	戊子
	2	25	1	20	丙辰	3	26	2	20	丙戌	4	25	3	20	丙辰	5	26	4	21	丁亥	6	26	5	23	戊午	7	27	6	24	己丑
	2	26	1	21	丁巳	3	27	2	21	丁亥	4	26	3	21	丁巳	5	27	4	22	戊子	6	27	5	24	己未	7	28	6	25	庚寅
1932	2	27	1	22	戊午	3	28	2	22	戊子	4	27	3	22	戊午	5	28	4	23	己丑	6	28	5	25	庚申	7	29	6	26	辛卯
	2	28	1	23	己未	3	29	2	23	己丑	4	28	3	23	己未	5	29	4	24	庚寅	6	29	5	26	辛酉	7	30	6	27	壬辰
	2	29	1	24	庚申	3	30	2	24	庚寅	4	29	3	24	庚申	5	30	4	25	辛卯	6	30	5	27	壬戌	7	31	6	28	癸巳
	3	1	1	25	辛酉	3	31	2	25	辛卯	4	30	3	25	辛酉	5	31	4	26	壬辰	7	1	5	28	癸亥	8	1	6	29	甲午
	3	2	1	26	壬戌	4	1	2	26	壬辰	5	1	3	26	壬戌	6	1	4	27	癸巳	7	2	5	29	甲子	8	2	7	1	乙未
	3	3	1	27	癸亥	4	2	2	27	癸巳	5	2	3	27	癸亥	6	2	4	28	甲午	7	3	5	30	乙丑	8	3	7	2	丙申
	3	4	1	28	甲子	4	3	2	28	甲午	5	3	3	28	甲子	6	3	4	29	乙未	7	4	6	1	丙寅	8	4	7	3	丁酉
	3	5	1	29	乙丑	4	4	2	29	乙未	5	4	3	29	乙丑	6	4	5	1	丙申	7	5	6	2	丁卯	8	5	7	4	戊戌
											5	5	3	30	丙寅	6	5	5	2	丁酉	7	6	6	3	戊辰	8	6	7	5	己亥
																										8	7	7	6	庚子
中氣	雨水					春分					穀雨					小滿					夏至					大暑				
	2/20 4時28分 寅時					3/21 3時53分 寅時					4/20 15時28分 申時					5/21 15時6分 申時					6/21 23時22分 子時					7/23 10時18分 巳時				

壬申																														年
戊申					己酉					庚戌					辛亥					壬子					癸丑					月
立秋					白露					寒露					立冬					大雪					小寒					節氣
8/8 2時31分 丑時					9/8 5時2分 卯時					10/8 20時9分 戌時					11/7 22時49分 亥時					12/7 15時18分 申時					1/6 2時23分 丑時					
國曆		農曆		干支	國曆		農曆		干支	國曆		農曆		干支	國曆		農曆		干支	國曆		農曆		干支	國曆		農曆		干支	日
8	8	7	7	辛丑	9	8	8	8	壬申	10	8	9	9	壬寅	11	7	10	10	壬申	12	7	11	10	壬寅	1	6	12	11	壬申	
8	9	7	8	壬寅	9	9	8	9	癸酉	10	9	9	10	癸卯	11	8	10	11	癸酉	12	8	11	11	癸卯	1	7	12	12	癸酉	
8	10	7	9	癸卯	9	10	8	10	甲戌	10	10	9	11	甲辰	11	9	10	12	甲戌	12	9	11	12	甲辰	1	8	12	13	甲戌	
8	11	7	10	甲辰	9	11	8	11	乙亥	10	11	9	12	乙巳	11	10	10	13	乙亥	12	10	11	13	乙巳	1	9	12	14	乙亥	
8	12	7	11	乙巳	9	12	8	12	丙子	10	12	9	13	丙午	11	11	10	14	丙子	12	11	11	14	丙午	1	10	12	15	丙子	
8	13	7	12	丙午	9	13	8	13	丁丑	10	13	9	14	丁未	11	12	10	15	丁丑	12	12	11	15	丁未	1	11	12	16	丁丑	
8	14	7	13	丁未	9	14	8	14	戊寅	10	14	9	15	戊申	11	13	10	16	戊寅	12	13	11	16	戊申	1	12	12	17	戊寅	
8	15	7	14	戊申	9	15	8	15	己卯	10	15	9	16	己酉	11	14	10	17	己卯	12	14	11	17	己酉	1	13	12	18	己卯	
8	16	7	15	己酉	9	16	8	16	庚辰	10	16	9	17	庚戌	11	15	10	18	庚辰	12	15	11	18	庚戌	1	14	12	19	庚辰	
8	17	7	16	庚戌	9	17	8	17	辛巳	10	17	9	18	辛亥	11	16	10	19	辛巳	12	16	11	19	辛亥	1	15	12	20	辛巳	
8	18	7	17	辛亥	9	18	8	18	壬午	10	18	9	19	壬子	11	17	10	20	壬午	12	17	11	20	壬子	1	16	12	21	壬午	
8	19	7	18	壬子	9	19	8	19	癸未	10	19	9	20	癸丑	11	18	10	21	癸未	12	18	11	21	癸丑	1	17	12	22	癸未	
8	20	7	19	癸丑	9	20	8	20	甲申	10	20	9	21	甲寅	11	19	10	22	甲申	12	19	11	22	甲寅	1	18	12	23	甲申	
8	21	7	20	甲寅	9	21	8	21	乙酉	10	21	9	22	乙卯	11	20	10	23	乙酉	12	20	11	23	乙卯	1	19	12	24	乙酉	
8	22	7	21	乙卯	9	22	8	22	丙戌	10	22	9	23	丙辰	11	21	10	24	丙戌	12	21	11	24	丙辰	1	20	12	25	丙戌	
8	23	7	22	丙辰	9	23	8	23	丁亥	10	23	9	24	丁巳	11	22	10	25	丁亥	12	22	11	25	丁巳	1	21	12	26	丁亥	
8	24	7	23	丁巳	9	24	8	24	戊子	10	24	9	25	戊午	11	23	10	26	戊子	12	23	11	26	戊午	1	22	12	27	戊子	
8	25	7	24	戊午	9	25	8	25	己丑	10	25	9	26	己未	11	24	10	27	己丑	12	24	11	27	己未	1	23	12	28	己丑	
8	26	7	25	己未	9	26	8	26	庚寅	10	26	9	27	庚申	11	25	10	28	庚寅	12	25	11	28	庚申	1	24	12	29	庚寅	
8	27	7	26	庚申	9	27	8	27	辛卯	10	27	9	28	辛酉	11	26	10	29	辛卯	12	26	11	29	辛酉	1	25	12	30	辛卯	
8	28	7	27	辛酉	9	28	8	28	壬辰	10	28	9	29	壬戌	11	27	10	30	壬辰	12	27	12	1	壬戌	1	26	1	1	壬辰	
8	29	7	28	壬戌	9	29	8	29	癸巳	10	29	10	1	癸亥	11	28	11	1	癸巳	12	28	12	2	癸亥	1	27	1	2	癸巳	
8	30	7	29	癸亥	9	30	9	1	甲午	10	30	10	2	甲子	11	29	11	2	甲午	12	29	12	3	甲子	1	28	1	3	甲午	
8	31	7	30	甲子	10	1	9	2	乙未	10	31	10	3	乙丑	11	30	11	3	乙未	12	30	12	4	乙丑	1	29	1	4	乙未	
9	1	8	1	乙丑	10	2	9	3	丙申	11	1	10	4	丙寅	12	1	11	4	丙申	12	31	12	5	丙寅	1	30	1	5	丙申	
9	2	8	2	丙寅	10	3	9	4	丁酉	11	2	10	5	丁卯	12	2	11	5	丁酉	1	1	12	6	丁卯	1	31	1	6	丁酉	
9	3	8	3	丁卯	10	4	9	5	戊戌	11	3	10	6	戊辰	12	3	11	6	戊戌	1	2	12	7	戊辰	2	1	1	7	戊戌	
9	4	8	4	戊辰	10	5	9	6	己亥	11	4	10	7	己巳	12	4	11	7	己亥	1	3	12	8	己巳	2	2	1	8	己亥	
9	5	8	5	己巳	10	6	9	7	庚子	11	5	10	8	庚午	12	5	11	8	庚子	1	4	12	9	庚午	2	3	1	9	庚子	
9	6	8	6	庚午	10	7	9	8	辛丑	11	6	10	9	辛未	12	6	11	9	辛丑	1	5	12	10	辛未						
9	7	8	7	辛未																										
處暑					秋分					霜降					小雪					冬至					大寒					中氣
8/23 17時6分 酉時					9/23 14時15分 未時					10/23 23時3分 子時					11/22 20時10分 戌時					12/22 9時14分 巳時					1/20 19時52分 戌時					

中華民國二十一、二十二年 猴

1932、1933

年	癸酉																													
月	甲寅					乙卯					丙辰					丁巳					戊午					己未				
節氣	立春					驚蟄					清明					立夏					芒種					小暑				
	2/4 14時9分 未時					3/6 8時31分 辰時					4/5 13時50分 未時					5/6 7時41分 辰時					6/6 12時17分 午時					7/7 22時44分 亥時				
日	國曆		農曆		干支	國曆		農曆		干支	國曆		農曆		干支	國曆		農曆		干支	國曆		農曆		干支	國曆		農曆		干支
中華民國二十二年 雞 1933	2	4	1	10	辛丑	3	6	2	11	辛未	4	5	3	11	辛丑	5	6	4	12	壬申	6	6	5	14	癸卯	7	7	5	15	甲戌
	2	5	1	11	壬寅	3	7	2	12	壬申	4	6	3	12	壬寅	5	7	4	13	癸酉	6	7	5	15	甲辰	7	8	5	16	乙亥
	2	6	1	12	癸卯	3	8	2	13	癸酉	4	7	3	13	癸卯	5	8	4	14	甲戌	6	8	5	16	乙巳	7	9	5	17	丙子
	2	7	1	13	甲辰	3	9	2	14	甲戌	4	8	3	14	甲辰	5	9	4	15	乙亥	6	9	5	17	丙午	7	10	5	18	丁丑
	2	8	1	14	乙巳	3	10	2	15	乙亥	4	9	3	15	乙巳	5	10	4	16	丙子	6	10	5	18	丁未	7	11	5	19	戊寅
	2	9	1	15	丙午	3	11	2	16	丙子	4	10	3	16	丙午	5	11	4	17	丁丑	6	11	5	19	戊申	7	12	5	20	己卯
	2	10	1	16	丁未	3	12	2	17	丁丑	4	11	3	17	丁未	5	12	4	18	戊寅	6	12	5	20	己酉	7	13	5	21	庚辰
	2	11	1	17	戊申	3	13	2	18	戊寅	4	12	3	18	戊申	5	13	4	19	己卯	6	13	5	21	庚戌	7	14	5	22	辛巳
	2	12	1	18	己酉	3	14	2	19	己卯	4	13	3	19	己酉	5	14	4	20	庚辰	6	14	5	22	辛亥	7	15	5	23	壬午
	2	13	1	19	庚戌	3	15	2	20	庚辰	4	14	3	20	庚戌	5	15	4	21	辛巳	6	15	5	23	壬子	7	16	5	24	癸未
	2	14	1	20	辛亥	3	16	2	21	辛巳	4	15	3	21	辛亥	5	16	4	22	壬午	6	16	5	24	癸丑	7	17	5	25	甲申
	2	15	1	21	壬子	3	17	2	22	壬午	4	16	3	22	壬子	5	17	4	23	癸未	6	17	5	25	甲寅	7	18	5	26	乙酉
	2	16	1	22	癸丑	3	18	2	23	癸未	4	17	3	23	癸丑	5	18	4	24	甲申	6	18	5	26	乙卯	7	19	5	27	丙戌
	2	17	1	23	甲寅	3	19	2	24	甲申	4	18	3	24	甲寅	5	19	4	25	乙酉	6	19	5	27	丙辰	7	20	5	28	丁亥
	2	18	1	24	乙卯	3	20	2	25	乙酉	4	19	3	25	乙卯	5	20	4	26	丙戌	6	20	5	28	丁巳	7	21	5	29	戊子
	2	19	1	25	丙辰	3	21	2	26	丙戌	4	20	3	26	丙辰	5	21	4	27	丁亥	6	21	5	29	戊午	7	22	5	30	己丑
	2	20	1	26	丁巳	3	22	2	27	丁亥	4	21	3	27	丁巳	5	22	4	28	戊子	6	22	5	30	己未	7	23	6	1	庚寅
	2	21	1	27	戊午	3	23	2	28	戊子	4	22	3	28	戊午	5	23	4	29	己丑	6	23	閏5	1	庚申	7	24	6	2	辛卯
	2	22	1	28	己未	3	24	2	29	己丑	4	23	3	29	己未	5	24	5	1	庚寅	6	24	5	2	辛酉	7	25	6	3	壬辰
	2	23	1	29	庚申	3	25	2	30	庚寅	4	24	3	30	庚申	5	25	5	2	辛卯	6	25	5	3	壬戌	7	26	6	4	癸巳
	2	24	2	1	辛酉	3	26	3	1	辛卯	4	25	4	1	辛酉	5	26	5	3	壬辰	6	26	5	4	癸亥	7	27	6	5	甲午
	2	25	2	2	壬戌	3	27	3	2	壬辰	4	26	4	2	壬戌	5	27	5	4	癸巳	6	27	5	5	甲子	7	28	6	6	乙未
	2	26	2	3	癸亥	3	28	3	3	癸巳	4	27	4	3	癸亥	5	28	5	5	甲午	6	28	5	6	乙丑	7	29	6	7	丙申
	2	27	2	4	甲子	3	29	3	4	甲午	4	28	4	4	甲子	5	29	5	6	乙未	6	29	5	7	丙寅	7	30	6	8	丁酉
	2	28	2	5	乙丑	3	30	3	5	乙未	4	29	4	5	乙丑	5	30	5	7	丙申	6	30	5	8	丁卯	7	31	6	9	戊戌
	3	1	2	6	丙寅	3	31	3	6	丙申	4	30	4	6	丙寅	5	31	5	8	丁酉	7	1	5	9	戊辰	8	1	6	10	己亥
	3	2	2	7	丁卯	4	1	3	7	丁酉	5	1	4	7	丁卯	6	1	5	9	戊戌	7	2	5	10	己巳	8	2	6	11	庚子
	3	3	2	8	戊辰	4	2	3	8	戊戌	5	2	4	8	戊辰	6	2	5	10	己亥	7	3	5	11	庚午	8	3	6	12	辛丑
	3	4	2	9	己巳	4	3	3	9	己亥	5	3	4	9	己巳	6	3	5	11	庚子	7	4	5	12	辛未	8	4	6	13	壬寅
	3	5	2	10	庚午	4	4	3	10	庚子	5	4	4	10	庚午	6	4	5	12	辛丑	7	5	5	13	壬申	8	5	6	14	癸卯
											5	5	4	11	辛未	6	5	5	13	壬寅	7	6	5	14	癸酉	8	6	6	15	甲辰
																										8	7	6	16	乙巳
中氣	雨水					春分					穀雨					小滿					夏至					大暑				
	2/19 10時16分 巳時					3/21 9時43分 巳時					4/20 21時18分 亥時					5/21 20時56分 戌時					6/22 5時11分 卯時					7/23 16時5分 申時				

癸酉																														年
庚申					辛酉					壬戌					癸亥					甲子					乙丑					月
立秋					白露					寒露					立冬					大雪					小寒					節氣
8/8 8時25分 辰時					9/8 10時57分 巳時					10/9 2時3分 丑時					11/8 4時43分 寅時					12/7 21時11分 亥時					1/6 8時16分 辰時					
國曆		農曆		干支	國曆		農曆		干支	國曆		農曆		干支	國曆		農曆		干支	國曆		農曆		干支	國曆		農曆		干支	日
8	8	6	17	丙午	9	8	7	19	丁丑	10	9	8	20	戊申	11	8	9	21	戊寅	12	7	10	20	丁未	1	6	11	21	丁丑	中華民國二十二、二十三年 雞
8	9	6	18	丁未	9	9	7	20	戊寅	10	10	8	21	己酉	11	9	9	22	己卯	12	8	10	21	戊申	1	7	11	22	戊寅	
8	10	6	19	戊申	9	10	7	21	己卯	10	11	8	22	庚戌	11	10	9	23	庚辰	12	9	10	22	己酉	1	8	11	23	己卯	
8	11	6	20	己酉	9	11	7	22	庚辰	10	12	8	23	辛亥	11	11	9	24	辛巳	12	10	10	23	庚戌	1	9	11	24	庚辰	
8	12	6	21	庚戌	9	12	7	23	辛巳	10	13	8	24	壬子	11	12	9	25	壬午	12	11	10	24	辛亥	1	10	11	25	辛巳	
8	13	6	22	辛亥	9	13	7	24	壬午	10	14	8	25	癸丑	11	13	9	26	癸未	12	12	10	25	壬子	1	11	11	26	壬午	
8	14	6	23	壬子	9	14	7	25	癸未	10	15	8	26	甲寅	11	14	9	27	甲申	12	13	10	26	癸丑	1	12	11	27	癸未	
8	15	6	24	癸丑	9	15	7	26	甲申	10	16	8	27	乙卯	11	15	9	28	乙酉	12	14	10	27	甲寅	1	13	11	28	甲申	
8	16	6	25	甲寅	9	16	7	27	乙酉	10	17	8	28	丙辰	11	16	9	29	丙戌	12	15	10	28	乙卯	1	14	11	29	乙酉	
8	17	6	26	乙卯	9	17	7	28	丙戌	10	18	8	29	丁巳	11	17	9	30	丁亥	12	16	10	29	丙辰	1	15	12	1	丙戌	
8	18	6	27	丙辰	9	18	7	29	丁亥	10	19	9	1	戊午	11	18	10	1	戊子	12	17	11	1	丁巳	1	16	12	2	丁亥	
8	19	6	28	丁巳	9	19	7	30	戊子	10	20	9	2	己未	11	19	10	2	己丑	12	18	11	2	戊午	1	17	12	3	戊子	
8	20	6	29	戊午	9	20	8	1	己丑	10	21	9	3	庚申	11	20	10	3	庚寅	12	19	11	3	己未	1	18	12	4	己丑	
8	21	7	1	己未	9	21	8	2	庚寅	10	22	9	4	辛酉	11	21	10	4	辛卯	12	20	11	4	庚申	1	19	12	5	庚寅	
8	22	7	2	庚申	9	22	8	3	辛卯	10	23	9	5	壬戌	11	22	10	5	壬辰	12	21	11	5	辛酉	1	20	12	6	辛卯	
8	23	7	3	辛酉	9	23	8	4	壬辰	10	24	9	6	癸亥	11	23	10	6	癸巳	12	22	11	6	壬戌	1	21	12	7	壬辰	
8	24	7	4	壬戌	9	24	8	5	癸巳	10	25	9	7	甲子	11	24	10	7	甲午	12	23	11	7	癸亥	1	22	12	8	癸巳	
8	25	7	5	癸亥	9	25	8	6	甲午	10	26	9	8	乙丑	11	25	10	8	乙未	12	24	11	8	甲子	1	23	12	9	甲午	
8	26	7	6	甲子	9	26	8	7	乙未	10	27	9	9	丙寅	11	26	10	9	丙申	12	25	11	9	乙丑	1	24	12	10	乙未	
8	27	7	7	乙丑	9	27	8	8	丙申	10	28	9	10	丁卯	11	27	10	10	丁酉	12	26	11	10	丙寅	1	25	12	11	丙申	
8	28	7	8	丙寅	9	28	8	9	丁酉	10	29	9	11	戊辰	11	28	10	11	戊戌	12	27	11	11	丁卯	1	26	12	12	丁酉	1933、1934
8	29	7	9	丁卯	9	29	8	10	戊戌	10	30	9	12	己巳	11	29	10	12	己亥	12	28	11	12	戊辰	1	27	12	13	戊戌	
8	30	7	10	戊辰	9	30	8	11	己亥	10	31	9	13	庚午	11	30	10	13	庚子	12	29	11	13	己巳	1	28	12	14	己亥	
8	31	7	11	己巳	10	1	8	12	庚子	11	1	9	14	辛未	12	1	10	14	辛丑	12	30	11	14	庚午	1	29	12	15	庚子	
9	1	7	12	庚午	10	2	8	13	辛丑	11	2	9	15	壬申	12	2	10	15	壬寅	12	31	11	15	辛未	1	30	12	16	辛丑	
9	2	7	13	辛未	10	3	8	14	壬寅	11	3	9	16	癸酉	12	3	10	16	癸卯	1	1	11	16	壬申	1	31	12	17	壬寅	
9	3	7	14	壬申	10	4	8	15	癸卯	11	4	9	17	甲戌	12	4	10	17	甲辰	1	2	11	17	癸酉	2	1	12	18	癸卯	
9	4	7	15	癸酉	10	5	8	16	甲辰	11	5	9	18	乙亥	12	5	10	18	乙巳	1	3	11	18	甲戌	2	2	12	19	甲辰	
9	5	7	16	甲戌	10	6	8	17	乙巳	11	6	9	19	丙子	12	6	10	19	丙午	1	4	11	19	乙亥	2	3	12	20	乙巳	
9	6	7	17	乙亥	10	7	8	18	丙午	11	7	9	20	丁丑						1	5	11	20	丙子						
9	7	7	18	丙子	10	8	8	19	丁未																					
處暑					秋分					霜降					小雪					冬至					大寒					中氣
8/23 22時52分 亥時					9/23 20時1分 戌時					10/24 4時48分 寅時					11/23 1時53分 丑時					12/22 14時57分 未時					1/21 1時36分 丑時					

年	甲戌																													
月	丙寅					丁卯					戊辰					己巳					庚午					辛未				
節氣	立春					驚蟄					清明					立夏					芒種					小暑				
	2/4 20時3分 戌時					3/6 14時26分 未時					4/5 19時43分 戌時					5/6 13時30分 未時					6/6 18時1分 酉時					7/8 4時24分 寅時				
日	國曆		農曆		干支	國曆		農曆		干支	國曆		農曆		干支	國曆		農曆		干支	國曆		農曆		干支	國曆		農曆		干支
中華民國二十三年 狗 1934	2	4	12	21	丙午	3	6	1	21	丙子	4	5	2	22	丙午	5	6	3	23	丁丑	6	6	4	25	戊申	7	8	5	27	庚辰
	2	5	12	22	丁未	3	7	1	22	丁丑	4	6	2	23	丁未	5	7	3	24	戊寅	6	7	4	26	己酉	7	9	5	28	辛巳
	2	6	12	23	戊申	3	8	1	23	戊寅	4	7	2	24	戊申	5	8	3	25	己卯	6	8	4	27	庚戌	7	10	5	29	壬午
	2	7	12	24	己酉	3	9	1	24	己卯	4	8	2	25	己酉	5	9	3	26	庚辰	6	9	4	28	辛亥	7	11	5	30	癸未
	2	8	12	25	庚戌	3	10	1	25	庚辰	4	9	2	26	庚戌	5	10	3	27	辛巳	6	10	4	29	壬子	7	12	6	1	甲申
	2	9	12	26	辛亥	3	11	1	26	辛巳	4	10	2	27	辛亥	5	11	3	28	壬午	6	11	4	30	癸丑	7	13	6	2	乙酉
	2	10	12	27	壬子	3	12	1	27	壬午	4	11	2	28	壬子	5	12	3	29	癸未	6	12	5	1	甲寅	7	14	6	3	丙戌
	2	11	12	28	癸丑	3	13	1	28	癸未	4	12	2	29	癸丑	5	13	4	1	甲申	6	13	5	2	乙卯	7	15	6	4	丁亥
	2	12	12	29	甲寅	3	14	1	29	甲申	4	13	2	30	甲寅	5	14	4	2	乙酉	6	14	5	3	丙辰	7	16	6	5	戊子
	2	13	12	30	乙卯	3	15	2	1	乙酉	4	14	3	1	乙卯	5	15	4	3	丙戌	6	15	5	4	丁巳	7	17	6	6	己丑
	2	14	1	1	丙辰	3	16	2	2	丙戌	4	15	3	2	丙辰	5	16	4	4	丁亥	6	16	5	5	戊午	7	18	6	7	庚寅
	2	15	1	2	丁巳	3	17	2	3	丁亥	4	16	3	3	丁巳	5	17	4	5	戊子	6	17	5	6	己未	7	19	6	8	辛卯
	2	16	1	3	戊午	3	18	2	4	戊子	4	17	3	4	戊午	5	18	4	6	己丑	6	18	5	7	庚申	7	20	6	9	壬辰
	2	17	1	4	己未	3	19	2	5	己丑	4	18	3	5	己未	5	19	4	7	庚寅	6	19	5	8	辛酉	7	21	6	10	癸巳
	2	18	1	5	庚申	3	20	2	6	庚寅	4	19	3	6	庚申	5	20	4	8	辛卯	6	20	5	9	壬戌	7	22	6	11	甲午
	2	19	1	6	辛酉	3	21	2	7	辛卯	4	20	3	7	辛酉	5	21	4	9	壬辰	6	21	5	10	癸亥	7	23	6	12	乙未
	2	20	1	7	壬戌	3	22	2	8	壬辰	4	21	3	8	壬戌	5	22	4	10	癸巳	6	22	5	11	甲子	7	24	6	13	丙申
	2	21	1	8	癸亥	3	23	2	9	癸巳	4	22	3	9	癸亥	5	23	4	11	甲午	6	23	5	12	乙丑	7	25	6	14	丁酉
	2	22	1	9	甲子	3	24	2	10	甲午	4	23	3	10	甲子	5	24	4	12	乙未	6	24	5	13	丙寅	7	26	6	15	戊戌
	2	23	1	10	乙丑	3	25	2	11	乙未	4	24	3	11	乙丑	5	25	4	13	丙申	6	25	5	14	丁卯	7	27	6	16	己亥
	2	24	1	11	丙寅	3	26	2	12	丙申	4	25	3	12	丙寅	5	26	4	14	丁酉	6	26	5	15	戊辰	7	28	6	17	庚子
	2	25	1	12	丁卯	3	27	2	13	丁酉	4	26	3	13	丁卯	5	27	4	15	戊戌	6	27	5	16	己巳	7	29	6	18	辛丑
	2	26	1	13	戊辰	3	28	2	14	戊戌	4	27	3	14	戊辰	5	28	4	16	己亥	6	28	5	17	庚午	7	30	6	19	壬寅
	2	27	1	14	己巳	3	29	2	15	己亥	4	28	3	15	己巳	5	29	4	17	庚子	6	29	5	18	辛未	7	31	6	20	癸卯
	2	28	1	15	庚午	3	30	2	16	庚子	4	29	3	16	庚午	5	30	4	18	辛丑	6	30	5	19	壬申	8	1	6	21	甲辰
	3	1	1	16	辛未	3	31	2	17	辛丑	4	30	3	17	辛未	5	31	4	19	壬寅	7	1	5	20	癸酉	8	2	6	22	乙巳
	3	2	1	17	壬申	4	1	2	18	壬寅	5	1	3	18	壬申	6	1	4	20	癸卯	7	2	5	21	甲戌	8	3	6	23	丙午
	3	3	1	18	癸酉	4	2	2	19	癸卯	5	2	3	19	癸酉	6	2	4	21	甲辰	7	3	5	22	乙亥	8	4	6	24	丁未
	3	4	1	19	甲戌	4	3	2	20	甲辰	5	3	3	20	甲戌	6	3	4	22	乙巳	7	4	5	23	丙子	8	5	6	25	戊申
	3	5	1	20	乙亥	4	4	2	21	乙巳	5	4	3	21	乙亥	6	4	4	23	丙午	7	5	5	24	丁丑	8	6	6	26	己酉
											5	5	3	22	丙子	6	5	4	24	丁未	7	6	5	25	戊寅	8	7	6	27	庚戌
																					7	7	5	26	己卯					
中氣	雨水					春分					穀雨					小滿					夏至					大暑				
	2/19 16時1分 申時					3/21 15時27分 申時					4/21 3時0分 寅時					5/22 2時34分 丑時					6/22 10時47分 巳時					7/23 21時42分 亥時				

甲戌																													年
壬申				癸酉					甲戌					乙亥					丙子					丁丑					月
立秋				白露					寒露					立冬					大雪					小寒					節氣
8/8 14時3分 未時				9/8 16時36分 申時					10/9 7時45分 辰時					11/8 10時26分 巳時					12/8 2時56分 丑時					1/6 14時2分 未時					
國曆	農曆		干支	國曆		農曆		干支	國曆		農曆		干支	國曆		農曆		干支	國曆		農曆		干支	國曆		農曆		干支	日
8	6	28	辛亥	9	8	7	30	壬午	10	9	9	2	癸丑	11	8	10	2	癸未	12	8	11	2	癸丑	1	6	12	2	壬午	
9	6	29	壬子	9	9	8	1	癸未	10	10	9	3	甲寅	11	9	10	3	甲申	12	9	11	3	甲寅	1	7	12	3	癸未	
10	7	1	癸丑	9	10	8	2	甲申	10	11	9	4	乙卯	11	10	10	4	乙酉	12	10	11	4	乙卯	1	8	12	4	甲申	
11	7	2	甲寅	9	11	8	3	乙酉	10	12	9	5	丙辰	11	11	10	5	丙戌	12	11	11	5	丙辰	1	9	12	5	乙酉	
12	7	3	乙卯	9	12	8	4	丙戌	10	13	9	6	丁巳	11	12	10	6	丁亥	12	12	11	6	丁巳	1	10	12	6	丙戌	
13	7	4	丙辰	9	13	8	5	丁亥	10	14	9	7	戊午	11	13	10	7	戊子	12	13	11	7	戊午	1	11	12	7	丁亥	
14	7	5	丁巳	9	14	8	6	戊子	10	15	9	8	己未	11	14	10	8	己丑	12	14	11	8	己未	1	12	12	8	戊子	
15	7	6	戊午	9	15	8	7	己丑	10	16	9	9	庚申	11	15	10	9	庚寅	12	15	11	9	庚申	1	13	12	9	己丑	
16	7	7	己未	9	16	8	8	庚寅	10	17	9	10	辛酉	11	16	10	10	辛卯	12	16	11	10	辛酉	1	14	12	10	庚寅	
17	7	8	庚申	9	17	8	9	辛卯	10	18	9	11	壬戌	11	17	10	11	壬辰	12	17	11	11	壬戌	1	15	12	11	辛卯	
18	7	9	辛酉	9	18	8	10	壬辰	10	19	9	12	癸亥	11	18	10	12	癸巳	12	18	11	12	癸亥	1	16	12	12	壬辰	
19	7	10	壬戌	9	19	8	11	癸巳	10	20	9	13	甲子	11	19	10	13	甲午	12	19	11	13	甲子	1	17	12	13	癸巳	
20	7	11	癸亥	9	20	8	12	甲午	10	21	9	14	乙丑	11	20	10	14	乙未	12	20	11	14	乙丑	1	18	12	14	甲午	
21	7	12	甲子	9	21	8	13	乙未	10	22	9	15	丙寅	11	21	10	15	丙申	12	21	11	15	丙寅	1	19	12	15	乙未	
22	7	13	乙丑	9	22	8	14	丙申	10	23	9	16	丁卯	11	22	10	16	丁酉	12	22	11	16	丁卯	1	20	12	16	丙申	
23	7	14	丙寅	9	23	8	15	丁酉	10	24	9	17	戊辰	11	23	10	17	戊戌	12	23	11	17	戊辰	1	21	12	17	丁酉	
24	7	15	丁卯	9	24	8	16	戊戌	10	25	9	18	己巳	11	24	10	18	己亥	12	24	11	18	己巳	1	22	12	18	戊戌	
25	7	16	戊辰	9	25	8	17	己亥	10	26	9	19	庚午	11	25	10	19	庚子	12	25	11	19	庚午	1	23	12	19	己亥	
26	7	17	己巳	9	26	8	18	庚子	10	27	9	20	辛未	11	26	10	20	辛丑	12	26	11	20	辛未	1	24	12	20	庚子	
27	7	18	庚午	9	27	8	19	辛丑	10	28	9	21	壬申	11	27	10	21	壬寅	12	27	11	21	壬申	1	25	12	21	辛丑	
28	7	19	辛未	9	28	8	20	壬寅	10	29	9	22	癸酉	11	28	10	22	癸卯	12	28	11	22	癸酉	1	26	12	22	壬寅	
29	7	20	壬申	9	29	8	21	癸卯	10	30	9	23	甲戌	11	29	10	23	甲辰	12	29	11	23	甲戌	1	27	12	23	癸卯	
30	7	21	癸酉	9	30	8	22	甲辰	10	31	9	24	乙亥	11	30	10	24	乙巳	12	30	11	24	乙亥	1	28	12	24	甲辰	
31	7	22	甲戌	10	1	8	23	乙巳	11	1	9	25	丙子	12	1	10	25	丙午	12	31	11	25	丙子	1	29	12	25	乙巳	
1	7	23	乙亥	10	2	8	24	丙午	11	2	9	26	丁丑	12	2	10	26	丁未	1	1	11	26	丁丑	1	30	12	26	丙午	
2	7	24	丙子	10	3	8	25	丁未	11	3	9	27	戊寅	12	3	10	27	戊申	1	2	11	27	戊寅	1	31	12	27	丁未	
3	7	25	丁丑	10	4	8	26	戊申	11	4	9	28	己卯	12	4	10	28	己酉	1	3	11	28	己卯	2	1	12	28	戊申	
4	7	26	戊寅	10	5	8	27	己酉	11	5	9	29	庚辰	12	5	10	29	庚戌	1	4	11	29	庚辰	2	2	12	29	己酉	
5	7	27	己卯	10	6	8	28	庚戌	11	6	9	30	辛巳	12	6	10	30	辛亥	1	5	12	1	辛巳	2	3	12	30	庚戌	
6	7	28	庚辰	10	7	8	29	辛亥	11	7	10	1	壬午	12	7	11	1	壬子						2	4	1	1	辛亥	
7	7	29	辛巳	10	8	9	1	壬子																					
處暑				秋分					霜降					小雪					冬至					大寒					中氣
8/24 4時32分 寅時				9/24 1時45分 丑時					10/24 10時36分 巳時					11/23 7時44分 辰時					12/22 20時49分 戌時					1/21 7時28分 辰時					

中華民國二十三、二十四年 狗

1934、1935

年	乙亥																													
月	戊寅					己卯					庚辰					辛巳					壬午					癸未				
節氣	立春					驚蛰					清明					立夏					芒種					小暑				
	2/5 1時48分 丑時					3/6 20時10分 戌時					4/6 1時26分 丑時					5/6 19時12分 戌時					6/6 23時41分 子時					7/8 10時5分 巳時				
日	國曆		農曆		干支	國曆		農曆		干支	國曆		農曆		干支	國曆		農曆		干支	國曆		農曆		干支	國曆		農曆		干支
中華民國二十四年 豬 1935	2	5	1	2	壬子	3	6	2	2	辛巳	4	6	3	4	壬子	5	6	4	4	壬午	6	6	5	6	癸丑	7	8	6	8	乙酉
	2	6	1	3	癸丑	3	7	2	3	壬午	4	7	3	5	癸丑	5	7	4	5	癸未	6	7	5	7	甲寅	7	9	6	9	丙戌
	2	7	1	4	甲寅	3	8	2	4	癸未	4	8	3	6	甲寅	5	8	4	6	甲申	6	8	5	8	乙卯	7	10	6	10	丁亥
	2	8	1	5	乙卯	3	9	2	5	甲申	4	9	3	7	乙卯	5	9	4	7	乙酉	6	9	5	9	丙辰	7	11	6	11	戊子
	2	9	1	6	丙辰	3	10	2	6	乙酉	4	10	3	8	丙辰	5	10	4	8	丙戌	6	10	5	10	丁巳	7	12	6	12	己丑
	2	10	1	7	丁巳	3	11	2	7	丙戌	4	11	3	9	丁巳	5	11	4	9	丁亥	6	11	5	11	戊午	7	13	6	13	庚寅
	2	11	1	8	戊午	3	12	2	8	丁亥	4	12	3	10	戊午	5	12	4	10	戊子	6	12	5	12	己未	7	14	6	14	辛卯
	2	12	1	9	己未	3	13	2	9	戊子	4	13	3	11	己未	5	13	4	11	己丑	6	13	5	13	庚申	7	15	6	15	壬辰
	2	13	1	10	庚申	3	14	2	10	己丑	4	14	3	12	庚申	5	14	4	12	庚寅	6	14	5	14	辛酉	7	16	6	16	癸巳
	2	14	1	11	辛酉	3	15	2	11	庚寅	4	15	3	13	辛酉	5	15	4	13	辛卯	6	15	5	15	壬戌	7	17	6	17	甲午
	2	15	1	12	壬戌	3	16	2	12	辛卯	4	16	3	14	壬戌	5	16	4	14	壬辰	6	16	5	16	癸亥	7	18	6	18	乙未
	2	16	1	13	癸亥	3	17	2	13	壬辰	4	17	3	15	癸亥	5	17	4	15	癸巳	6	17	5	17	甲子	7	19	6	19	丙申
	2	17	1	14	甲子	3	18	2	14	癸巳	4	18	3	16	甲子	5	18	4	16	甲午	6	18	5	18	乙丑	7	20	6	20	丁酉
	2	18	1	15	乙丑	3	19	2	15	甲午	4	19	3	17	乙丑	5	19	4	17	乙未	6	19	5	19	丙寅	7	21	6	21	戊戌
	2	19	1	16	丙寅	3	20	2	16	乙未	4	20	3	18	丙寅	5	20	4	18	丙申	6	20	5	20	丁卯	7	22	6	22	己亥
	2	20	1	17	丁卯	3	21	2	17	丙申	4	21	3	19	丁卯	5	21	4	19	丁酉	6	21	5	21	戊辰	7	23	6	23	庚子
	2	21	1	18	戊辰	3	22	2	18	丁酉	4	22	3	20	戊辰	5	22	4	20	戊戌	6	22	5	22	己巳	7	24	6	24	辛丑
	2	22	1	19	己巳	3	23	2	19	戊戌	4	23	3	21	己巳	5	23	4	21	己亥	6	23	5	23	庚午	7	25	6	25	壬寅
	2	23	1	20	庚午	3	24	2	20	己亥	4	24	3	22	庚午	5	24	4	22	庚子	6	24	5	24	辛未	7	26	6	26	癸卯
	2	24	1	21	辛未	3	25	2	21	庚子	4	25	3	23	辛未	5	25	4	23	辛丑	6	25	5	25	壬申	7	27	6	27	甲辰
	2	25	1	22	壬申	3	26	2	22	辛丑	4	26	3	24	壬申	5	26	4	24	壬寅	6	26	5	26	癸酉	7	28	6	28	乙巳
	2	26	1	23	癸酉	3	27	2	23	壬寅	4	27	3	25	癸酉	5	27	4	25	癸卯	6	27	5	27	甲戌	7	29	6	29	丙午
	2	27	1	24	甲戌	3	28	2	24	癸卯	4	28	3	26	甲戌	5	28	4	26	甲辰	6	28	5	28	乙亥	7	30	7	1	丁未
	2	28	1	25	乙亥	3	29	2	25	甲辰	4	29	3	27	乙亥	5	29	4	27	乙巳	6	29	5	29	丙子	7	31	7	2	戊申
	3	1	1	26	丙子	3	30	2	26	乙巳	4	30	3	28	丙子	5	30	4	28	丙午	6	30	5	30	丁丑	8	1	7	3	己酉
	3	2	1	27	丁丑	3	31	2	27	丙午	5	1	3	29	丁丑	5	31	4	29	丁未	7	1	6	1	戊寅	8	2	7	4	庚戌
	3	3	1	28	戊寅	4	1	2	28	丁未	5	2	3	30	戊寅	6	1	5	1	戊申	7	2	6	2	己卯	8	3	7	5	辛亥
	3	4	1	29	己卯	4	2	2	29	戊申	5	3	4	1	己卯	6	2	5	2	己酉	7	3	6	3	庚辰	8	4	7	6	壬子
	3	5	2	1	庚辰	4	3	3	1	己酉	5	4	4	2	庚辰	6	3	5	3	庚戌	7	4	6	4	辛巳	8	5	7	7	癸丑
						4	4	3	2	庚戌	5	5	4	3	辛巳	6	4	5	4	辛亥	7	5	6	5	壬午	8	6	7	8	甲寅
						4	5	3	3	辛亥						6	5	5	5	壬子	7	6	6	6	癸未	8	7	7	9	乙卯
																					7	7	6	7	甲申					
中氣	雨水					春分					穀雨					小滿					夏至					大暑				
	2/19 21時52分 亥時					3/21 21時17分 亥時					4/21 8時50分 辰時					5/22 8時24分 辰時					6/22 16時37分 申時					7/24 3時32分 寅時				

乙亥																													年
甲申				乙酉					丙戌					丁亥					戊子					己丑					月
立秋				白露					寒露					立冬					大雪					小寒					節
8 19時47分 戌時				9/8 22時24分 亥時					10/9 13時35分 未時					11/8 16時17分 申時					12/8 8時44分 辰時					1/6 19時46分 戌時					氣
曆	農曆		干支	國曆		農曆		干支	國曆		農曆		干支	國曆		農曆		干支	國曆		農曆		干支	國曆		農曆		干支	日
8	7	10	丙辰	9	8	8	11	丁亥	10	9	9	12	戊午	11	8	10	13	戊子	12	8	11	13	戊午	1	6	12	12	丁亥	中華民國二十四、二十五年 豬
9	7	11	丁巳	9	9	8	12	戊子	10	10	9	13	己未	11	9	10	14	己丑	12	9	11	14	己未	1	7	12	13	戊子	
10	7	12	戊午	9	10	8	13	己丑	10	11	9	14	庚申	11	10	10	15	庚寅	12	10	11	15	庚申	1	8	12	14	己丑	
11	7	13	己未	9	11	8	14	庚寅	10	12	9	15	辛酉	11	11	10	16	辛卯	12	11	11	16	辛酉	1	9	12	15	庚寅	
12	7	14	庚申	9	12	8	15	辛卯	10	13	9	16	壬戌	11	12	10	17	壬辰	12	12	11	17	壬戌	1	10	12	16	辛卯	
13	7	15	辛酉	9	13	8	16	壬辰	10	14	9	17	癸亥	11	13	10	18	癸巳	12	13	11	18	癸亥	1	11	12	17	壬辰	
14	7	16	壬戌	9	14	8	17	癸巳	10	15	9	18	甲子	11	14	10	19	甲午	12	14	11	19	甲子	1	12	12	18	癸巳	
15	7	17	癸亥	9	15	8	18	甲午	10	16	9	19	乙丑	11	15	10	20	乙未	12	15	11	20	乙丑	1	13	12	19	甲午	
16	7	18	甲子	9	16	8	19	乙未	10	17	9	20	丙寅	11	16	10	21	丙申	12	16	11	21	丙寅	1	14	12	20	乙未	
17	7	19	乙丑	9	17	8	20	丙申	10	18	9	21	丁卯	11	17	10	22	丁酉	12	17	11	22	丁卯	1	15	12	21	丙申	
18	7	20	丙寅	9	18	8	21	丁酉	10	19	9	22	戊辰	11	18	10	23	戊戌	12	18	11	23	戊辰	1	16	12	22	丁酉	
19	7	21	丁卯	9	19	8	22	戊戌	10	20	9	23	己巳	11	19	10	24	己亥	12	19	11	24	己巳	1	17	12	23	戊戌	
20	7	22	戊辰	9	20	8	23	己亥	10	21	9	24	庚午	11	20	10	25	庚子	12	20	11	25	庚午	1	18	12	24	己亥	
21	7	23	己巳	9	21	8	24	庚子	10	22	9	25	辛未	11	21	10	26	辛丑	12	21	11	26	辛未	1	19	12	25	庚子	
22	7	24	庚午	9	22	8	25	辛丑	10	23	9	26	壬申	11	22	10	27	壬寅	12	22	11	27	壬申	1	20	12	26	辛丑	
23	7	25	辛未	9	23	8	26	壬寅	10	24	9	27	癸酉	11	23	10	28	癸卯	12	23	11	28	癸酉	1	21	12	27	壬寅	
24	7	26	壬申	9	24	8	27	癸卯	10	25	9	28	甲戌	11	24	10	29	甲辰	12	24	11	29	甲戌	1	22	12	28	癸卯	
25	7	27	癸酉	9	25	8	28	甲辰	10	26	9	29	乙亥	11	25	10	30	乙巳	12	25	11	30	乙亥	1	23	12	29	甲辰	
26	7	28	甲戌	9	26	8	29	乙巳	10	27	10	1	丙子	11	26	11	1	丙午	12	26	12	1	丙子	1	24	1	1	乙巳	
27	7	29	乙亥	9	27	8	30	丙午	10	28	10	2	丁丑	11	27	11	2	丁未	12	27	12	2	丁丑	1	25	1	2	丙午	
28	7	30	丙子	9	28	9	1	丁未	10	29	10	3	戊寅	11	28	11	3	戊申	12	28	12	3	戊寅	1	26	1	3	丁未	1935、1936
29	8	1	丁丑	9	29	9	2	戊申	10	30	10	4	己卯	11	29	11	4	己酉	12	29	12	4	己卯	1	27	1	4	戊申	
30	8	2	戊寅	9	30	9	3	己酉	10	31	10	5	庚辰	11	30	11	5	庚戌	12	30	12	5	庚辰	1	28	1	5	己酉	
31	8	3	己卯	10	1	9	4	庚戌	11	1	10	6	辛巳	12	1	11	6	辛亥	12	31	12	6	辛巳	1	29	1	6	庚戌	
1	8	4	庚辰	10	2	9	5	辛亥	11	2	10	7	壬午	12	2	11	7	壬子	1	1	12	7	壬午	1	30	1	7	辛亥	
2	8	5	辛巳	10	3	9	6	壬子	11	3	10	8	癸未	12	3	11	8	癸丑	1	2	12	8	癸未	1	31	1	8	壬子	
3	8	6	壬午	10	4	9	7	癸丑	11	4	10	9	甲申	12	4	11	9	甲寅	1	3	12	9	甲申	2	1	1	9	癸丑	
4	8	7	癸未	10	5	9	8	甲寅	11	5	10	10	乙酉	12	5	11	10	乙卯	1	4	12	10	乙酉	2	2	1	10	甲寅	
5	8	8	甲申	10	6	9	9	乙卯	11	6	10	11	丙戌	12	6	11	11	丙辰	1	5	12	11	丙戌	2	3	1	11	乙卯	
6	8	9	乙酉	10	7	9	10	丙辰	11	7	10	12	丁亥	12	7	11	12	丁巳						2	4	1	12	丙辰	
7	8	10	丙戌	10	8	9	11	丁巳																					
處暑				秋分					霜降					小雪					冬至					大寒					中
4 10時24分 巳時				9/24 7時38分 辰時					10/24 16時29分 申時					11/23 13時35分 未時					12/23 2時37分 丑時					1/21 13時12分 未時					氣

年：丙子　中華民國二十五年　鼠　1936

月	庚寅					辛卯					壬辰				
節氣	立春 2/5 7時29分 辰時					驚蟄 3/6 1時49分 丑時					清明 4/5 7時6分 辰時				
日	國曆		農曆		干支	國曆		農曆		干支	國曆		農曆		干支
	2	5	1	13	丁巳	3	6	2	13	丁亥	4	5	3	14	丁巳
	2	6	1	14	戊午	3	7	2	14	戊子	4	6	3	15	戊午
	2	7	1	15	己未	3	8	2	15	己丑	4	7	3	16	己未
	2	8	1	16	庚申	3	9	2	16	庚寅	4	8	3	17	庚申
	2	9	1	17	辛酉	3	10	2	17	辛卯	4	9	3	18	辛酉
	2	10	1	18	壬戌	3	11	2	18	壬辰	4	10	3	19	壬戌
	2	11	1	19	癸亥	3	12	2	19	癸巳	4	11	3	20	癸亥
	2	12	1	20	甲子	3	13	2	20	甲午	4	12	3	21	甲子
	2	13	1	21	乙丑	3	14	2	21	乙未	4	13	3	22	乙丑
	2	14	1	22	丙寅	3	15	2	22	丙申	4	14	3	23	丙寅
	2	15	1	23	丁卯	3	16	2	23	丁酉	4	15	3	24	丁卯
	2	16	1	24	戊辰	3	17	2	24	戊戌	4	16	3	25	戊辰
	2	17	1	25	己巳	3	18	2	25	己亥	4	17	3	26	己巳
	2	18	1	26	庚午	3	19	2	26	庚子	4	18	3	27	庚午
	2	19	1	27	辛未	3	20	2	27	辛丑	4	19	3	28	辛未
	2	20	1	28	壬申	3	21	2	28	壬寅	4	20	3	29	壬申
	2	21	1	29	癸酉	3	22	2	29	癸卯	4	21	閏3	1	癸酉
	2	22	1	30	甲戌	3	23	3	1	甲辰	4	22	3	2	甲戌
	2	23	2	1	乙亥	3	24	3	2	乙巳	4	23	3	3	乙亥
	2	24	2	2	丙子	3	25	3	3	丙午	4	24	3	4	丙子
	2	25	2	3	丁丑	3	26	3	4	丁未	4	25	3	5	丁丑
	2	26	2	4	戊寅	3	27	3	5	戊申	4	26	3	6	戊寅
	2	27	2	5	己卯	3	28	3	6	己酉	4	27	3	7	己卯
	2	28	2	6	庚辰	3	29	3	7	庚戌	4	28	3	8	庚辰
	2	29	2	7	辛巳	3	30	3	8	辛亥	4	29	3	9	辛巳
	3	1	2	8	壬午	3	31	3	9	壬子	4	30	3	10	壬午
	3	2	2	9	癸未	4	1	3	10	癸丑	5	1	3	11	癸未
	3	3	2	10	甲申	4	2	3	11	甲寅	5	2	3	12	甲申
	3	4	2	11	乙酉	4	3	3	12	乙卯	5	3	3	13	乙酉
	3	5	2	12	丙戌	4	4	3	13	丙辰	5	4	3	14	丙戌
											5	5	3	15	丁亥
中氣	雨水 2/20 3時33分 寅時					春分 3/21 2時57分 丑時					穀雨 4/20 14時31分 未時				

月	癸巳					甲午					乙未				
節氣	立夏 5/6 0時56分 子時					芒種 6/6 5時30分 卯時					小暑 7/7 15時58分 申時				
日	國曆		農曆		干支	國曆		農曆		干支	國曆		農曆		干支
	5	6	3	16	戊子	6	6	4	17	己未	7	7	5	19	庚
	5	7	3	17	己丑	6	7	4	18	庚申	7	8	5	20	辛
	5	8	3	18	庚寅	6	8	4	19	辛酉	7	9	5	21	壬
	5	9	3	19	辛卯	6	9	4	20	壬戌	7	10	5	22	癸
	5	10	3	20	壬辰	6	10	4	21	癸亥	7	11	5	23	甲
	5	11	3	21	癸巳	6	11	4	22	甲子	7	12	5	24	乙
	5	12	3	22	甲午	6	12	4	23	乙丑	7	13	5	25	丙
	5	13	3	23	乙未	6	13	4	24	丙寅	7	14	5	26	丁
	5	14	3	24	丙申	6	14	4	25	丁卯	7	15	5	27	戊
	5	15	3	25	丁酉	6	15	4	26	戊辰	7	16	5	28	己
	5	16	3	26	戊戌	6	16	4	27	己巳	7	17	5	29	庚
	5	17	3	27	己亥	6	17	4	28	庚午	7	18	6	1	辛
	5	18	3	28	庚子	6	18	4	29	辛未	7	19	6	2	壬
	5	19	3	29	辛丑	6	19	5	1	壬申	7	20	6	3	癸
	5	20	3	30	壬寅	6	20	5	2	癸酉	7	21	6	4	甲
	5	21	4	1	癸卯	6	21	5	3	甲戌	7	22	6	5	乙
	5	22	4	2	甲辰	6	22	5	4	乙亥	7	23	6	6	丙
	5	23	4	3	乙巳	6	23	5	5	丙子	7	24	6	7	丁
	5	24	4	4	丙午	6	24	5	6	丁丑	7	25	6	8	戊
	5	25	4	5	丁未	6	25	5	7	戊寅	7	26	6	9	己
	5	26	4	6	戊申	6	26	5	8	己卯	7	27	6	10	庚
	5	27	4	7	己酉	6	27	5	9	庚辰	7	28	6	11	辛
	5	28	4	8	庚戌	6	28	5	10	辛巳	7	29	6	12	壬
	5	29	4	9	辛亥	6	29	5	11	壬午	7	30	6	13	癸
	5	30	4	10	壬子	6	30	5	12	癸未	7	31	6	14	甲
	5	31	4	11	癸丑	7	1	5	13	甲申	8	1	6	15	乙
	6	1	4	12	甲寅	7	2	5	14	乙酉	8	2	6	16	丙
	6	2	4	13	乙卯	7	3	5	15	丙戌	8	3	6	17	丁
	6	3	4	14	丙辰	7	4	5	16	丁亥	8	4	6	18	戊
	6	4	4	15	丁巳	7	5	5	17	戊子	8	5	6	19	己
	6	5	4	16	戊午	7	6	5	18	己丑	8	6	6	20	庚
											8	7	6	21	辛
中氣	小滿 5/21 14時7分 未時					夏至 6/21 22時21分 亥時					大暑 7/23 9時17分 巳時				

丙子																													年
丙申				丁酉					戊戌					己亥					庚子					辛丑					月
立秋				白露					寒露					立冬					大雪					小寒					節氣
/8 1時43分 丑時				9/8 4時20分 寅時					10/8 19時32分 戌時					11/7 22時14分 亥時					12/7 14時42分 未時					1/6 1時43分 丑時					
曆	農曆		干支	國曆		農曆		干支	國曆		農曆		干支	國曆		農曆		干支	國曆		農曆		干支	國曆		農曆		干支	日
8	6	22	壬戌	9	8	7	23	癸巳	10	8	8	23	癸亥	11	7	9	24	癸巳	12	7	10	24	癸亥	1	6	11	24	癸巳	
9	6	23	癸亥	9	9	7	24	甲午	10	9	8	24	甲子	11	8	9	25	甲午	12	8	10	25	甲子	1	7	11	25	甲午	
10	6	24	甲子	9	10	7	25	乙未	10	10	8	25	乙丑	11	9	9	26	乙未	12	9	10	26	乙丑	1	8	11	26	乙未	中華民國二十五、二十六年 鼠
11	6	25	乙丑	9	11	7	26	丙申	10	11	8	26	丙寅	11	10	9	27	丙申	12	10	10	27	丙寅	1	9	11	27	丙申	
12	6	26	丙寅	9	12	7	27	丁酉	10	12	8	27	丁卯	11	11	9	28	丁酉	12	11	10	28	丁卯	1	10	11	28	丁酉	
13	6	27	丁卯	9	13	7	28	戊戌	10	13	8	28	戊辰	11	12	9	29	戊戌	12	12	10	29	戊辰	1	11	11	29	戊戌	
14	6	28	戊辰	9	14	7	29	己亥	10	14	8	29	己巳	11	13	9	30	己亥	12	13	10	30	己巳	1	12	11	30	己亥	
15	6	29	己巳	9	15	7	30	庚子	10	15	9	1	庚午	11	14	10	1	庚子	12	14	11	1	庚午	1	13	12	1	庚子	
16	6	30	庚午	9	16	8	1	辛丑	10	16	9	2	辛未	11	15	10	2	辛丑	12	15	11	2	辛未	1	14	12	2	辛丑	
17	7	1	辛未	9	17	8	2	壬寅	10	17	9	3	壬申	11	16	10	3	壬寅	12	16	11	3	壬申	1	15	12	3	壬寅	
18	7	2	壬申	9	18	8	3	癸卯	10	18	9	4	癸酉	11	17	10	4	癸卯	12	17	11	4	癸酉	1	16	12	4	癸卯	
19	7	3	癸酉	9	19	8	4	甲辰	10	19	9	5	甲戌	11	18	10	5	甲辰	12	18	11	5	甲戌	1	17	12	5	甲辰	
20	7	4	甲戌	9	20	8	5	乙巳	10	20	9	6	乙亥	11	19	10	6	乙巳	12	19	11	6	乙亥	1	18	12	6	乙巳	
21	7	5	乙亥	9	21	8	6	丙午	10	21	9	7	丙子	11	20	10	7	丙午	12	20	11	7	丙子	1	19	12	7	丙午	
22	7	6	丙子	9	22	8	7	丁未	10	22	9	8	丁丑	11	21	10	8	丁未	12	21	11	8	丁丑	1	20	12	8	丁未	
23	7	7	丁丑	9	23	8	8	戊申	10	23	9	9	戊寅	11	22	10	9	戊申	12	22	11	9	戊寅	1	21	12	9	戊申	
24	7	8	戊寅	9	24	8	9	己酉	10	24	9	10	己卯	11	23	10	10	己酉	12	23	11	10	己卯	1	22	12	10	己酉	
25	7	9	己卯	9	25	8	10	庚戌	10	25	9	11	庚辰	11	24	10	11	庚戌	12	24	11	11	庚辰	1	23	12	11	庚戌	
26	7	10	庚辰	9	26	8	11	辛亥	10	26	9	12	辛巳	11	25	10	12	辛亥	12	25	11	12	辛巳	1	24	12	12	辛亥	
27	7	11	辛巳	9	27	8	12	壬子	10	27	9	13	壬午	11	26	10	13	壬子	12	26	11	13	壬午	1	25	12	13	壬子	
28	7	12	壬午	9	28	8	13	癸丑	10	28	9	14	癸未	11	27	10	14	癸丑	12	27	11	14	癸未	1	26	12	14	癸丑	
29	7	13	癸未	9	29	8	14	甲寅	10	29	9	15	甲申	11	28	10	15	甲寅	12	28	11	15	甲申	1	27	12	15	甲寅	1936、1937
30	7	14	甲申	9	30	8	15	乙卯	10	30	9	16	乙酉	11	29	10	16	乙卯	12	29	11	16	乙酉	1	28	12	16	乙卯	
31	7	15	乙酉	10	1	8	16	丙辰	10	31	9	17	丙戌	11	30	10	17	丙辰	12	30	11	17	丙戌	1	29	12	17	丙辰	
1	7	16	丙戌	10	2	8	17	丁巳	11	1	9	18	丁亥	12	1	10	18	丁巳	12	31	11	18	丁亥	1	30	12	18	丁巳	
2	7	17	丁亥	10	3	8	18	戊午	11	2	9	19	戊子	12	2	10	19	戊午	1	1	11	19	戊子	1	31	12	19	戊午	
3	7	18	戊子	10	4	8	19	己未	11	3	9	20	己丑	12	3	10	20	己未	1	2	11	20	己丑	2	1	12	20	己未	
4	7	19	己丑	10	5	8	20	庚申	11	4	9	21	庚寅	12	4	10	21	庚申	1	3	11	21	庚寅	2	2	12	21	庚申	
5	7	20	庚寅	10	6	8	21	辛酉	11	5	9	22	辛卯	12	5	10	22	辛酉	1	4	11	22	辛卯	2	3	12	22	辛酉	
6	7	21	辛卯	10	7	8	22	壬戌	11	6	9	23	壬辰	12	6	10	23	壬戌	1	5	11	23	壬辰						
7	7	22	壬辰																										
處暑				秋分					霜降					小雪					冬至					大寒					中氣
3 16時10分 申時				9/23 13時25分 未時					10/23 22時18分 亥時					11/22 19時25分 戌時					12/22 8時26分 辰時					1/20 19時1分 戌時					

年	丁丑																													
月	壬寅					癸卯					甲辰					乙巳					丙午					丁未				
節	立春					驚蟄					清明					立夏					芒種					小暑				
氣	2/4 13時25分 未時					3/6 7時44分 辰時					4/5 13時1分 未時					5/6 6時50分 卯時					6/6 11時22分 午時					7/7 21時46分 亥				
日	國曆		農曆		干支	國曆		農曆		干支	國曆		農曆		干支	國曆		農曆		干支	國曆		農曆		干支	國曆		農曆		干
中華民國二十六年 牛 1937	2	4	12	23	壬戌	3	6	1	24	壬辰	4	5	2	24	壬戌	5	6	3	26	癸巳	6	6	4	28	甲子	7	7	5	29	乙
	2	5	12	24	癸亥	3	7	1	25	癸巳	4	6	2	25	癸亥	5	7	3	27	甲午	6	7	4	29	乙丑	7	8	6	1	丙
	2	6	12	25	甲子	3	8	1	26	甲午	4	7	2	26	甲子	5	8	3	28	乙未	6	8	4	30	丙寅	7	9	6	2	丁
	2	7	12	26	乙丑	3	9	1	27	乙未	4	8	2	27	乙丑	5	9	3	29	丙申	6	9	5	1	丁卯	7	10	6	3	戊
	2	8	12	27	丙寅	3	10	1	28	丙申	4	9	2	28	丙寅	5	10	4	1	丁酉	6	10	5	2	戊辰	7	11	6	4	己
	2	9	12	28	丁卯	3	11	1	29	丁酉	4	10	2	29	丁卯	5	11	4	2	戊戌	6	11	5	3	己巳	7	12	6	5	庚
	2	10	12	29	戊辰	3	12	1	30	戊戌	4	11	3	1	戊辰	5	12	4	3	己亥	6	12	5	4	庚午	7	13	6	6	辛
	2	11	1	1	己巳	3	13	2	1	己亥	4	12	3	2	己巳	5	13	4	4	庚子	6	13	5	5	辛未	7	14	6	7	壬
	2	12	1	2	庚午	3	14	2	2	庚子	4	13	3	3	庚午	5	14	4	5	辛丑	6	14	5	6	壬申	7	15	6	8	癸
	2	13	1	3	辛未	3	15	2	3	辛丑	4	14	3	4	辛未	5	15	4	6	壬寅	6	15	5	7	癸酉	7	16	6	9	甲
	2	14	1	4	壬申	3	16	2	4	壬寅	4	15	3	5	壬申	5	16	4	7	癸卯	6	16	5	8	甲戌	7	17	6	10	乙
	2	15	1	5	癸酉	3	17	2	5	癸卯	4	16	3	6	癸酉	5	17	4	8	甲辰	6	17	5	9	乙亥	7	18	6	11	丙
	2	16	1	6	甲戌	3	18	2	6	甲辰	4	17	3	7	甲戌	5	18	4	9	乙巳	6	18	5	10	丙子	7	19	6	12	丁
	2	17	1	7	乙亥	3	19	2	7	乙巳	4	18	3	8	乙亥	5	19	4	10	丙午	6	19	5	11	丁丑	7	20	6	13	戊
	2	18	1	8	丙子	3	20	2	8	丙午	4	19	3	9	丙子	5	20	4	11	丁未	6	20	5	12	戊寅	7	21	6	14	己
	2	19	1	9	丁丑	3	21	2	9	丁未	4	20	3	10	丁丑	5	21	4	12	戊申	6	21	5	13	己卯	7	22	6	15	庚
	2	20	1	10	戊寅	3	22	2	10	戊申	4	21	3	11	戊寅	5	22	4	13	己酉	6	22	5	14	庚辰	7	23	6	16	辛
	2	21	1	11	己卯	3	23	2	11	己酉	4	22	3	12	己卯	5	23	4	14	庚戌	6	23	5	15	辛巳	7	24	6	17	壬
	2	22	1	12	庚辰	3	24	2	12	庚戌	4	23	3	13	庚辰	5	24	4	15	辛亥	6	24	5	16	壬午	7	25	6	18	癸
	2	23	1	13	辛巳	3	25	2	13	辛亥	4	24	3	14	辛巳	5	25	4	16	壬子	6	25	5	17	癸未	7	26	6	19	甲
	2	24	1	14	壬午	3	26	2	14	壬子	4	25	3	15	壬午	5	26	4	17	癸丑	6	26	5	18	甲申	7	27	6	20	乙
	2	25	1	15	癸未	3	27	2	15	癸丑	4	26	3	16	癸未	5	27	4	18	甲寅	6	27	5	19	乙酉	7	28	6	21	丙
	2	26	1	16	甲申	3	28	2	16	甲寅	4	27	3	17	甲申	5	28	4	19	乙卯	6	28	5	20	丙戌	7	29	6	22	丁
	2	27	1	17	乙酉	3	29	2	17	乙卯	4	28	3	18	乙酉	5	29	4	20	丙辰	6	29	5	21	丁亥	7	30	6	23	戊
	2	28	1	18	丙戌	3	30	2	18	丙辰	4	29	3	19	丙戌	5	30	4	21	丁巳	6	30	5	22	戊子	7	31	6	24	己
	3	1	1	19	丁亥	3	31	2	19	丁巳	4	30	3	20	丁亥	5	31	4	22	戊午	7	1	5	23	己丑	8	1	6	25	庚
	3	2	1	20	戊子	4	1	2	20	戊午	5	1	3	21	戊子	6	1	4	23	己未	7	2	5	24	庚寅	8	2	6	26	辛
	3	3	1	21	己丑	4	2	2	21	己未	5	2	3	22	己丑	6	2	4	24	庚申	7	3	5	25	辛卯	8	3	6	27	壬
	3	4	1	22	庚寅	4	3	2	22	庚申	5	3	3	23	庚寅	6	3	4	25	辛酉	7	4	5	26	壬辰	8	4	6	28	癸
	3	5	1	23	辛卯	4	4	2	23	辛酉	5	4	3	24	辛卯	6	4	4	26	壬戌	7	5	5	27	癸巳	8	5	6	29	甲
											5	5	3	25	壬辰	6	5	4	27	癸亥	7	6	5	28	甲午	8	6	7	1	乙
																										8	7	7	2	丙
中	雨水					春分					穀雨					小滿					夏至					大暑				
氣	2/19 9時20分 巳時					3/21 8時45分 辰時					4/20 20時19分 戌時					5/21 19時57分 戌時					6/22 4時12分 寅時					7/23 15時6分 申				

丁丑																														年
戊申					己酉					庚戌					辛亥					壬子					癸丑					月
立秋					白露					寒露					立冬					大雪					小寒					節氣
8/8 7時25分 辰時					9/8 9時59分 巳時					10/9 1時10分 丑時					11/8 3時55分 寅時					12/7 20時26分 戌時					1/6 7時31分 辰時					
國曆		農曆		干支	國曆		農曆		干支	國曆		農曆		干支	國曆		農曆		干支	國曆		農曆		干支	國曆		農曆		干支	日
8	8	7	3	丁卯	9	8	8	4	戊戌	10	9	9	6	己巳	11	8	10	6	己亥	12	7	11	5	戊辰	1	6	12	5	戊戌	
8	9	7	4	戊辰	9	9	8	5	己亥	10	10	9	7	庚午	11	9	10	7	庚子	12	8	11	6	己巳	1	7	12	6	己亥	
8	10	7	5	己巳	9	10	8	6	庚子	10	11	9	8	辛未	11	10	10	8	辛丑	12	9	11	7	庚午	1	8	12	7	庚子	
8	11	7	6	庚午	9	11	8	7	辛丑	10	12	9	9	壬申	11	11	10	9	壬寅	12	10	11	8	辛未	1	9	12	8	辛丑	
8	12	7	7	辛未	9	12	8	8	壬寅	10	13	9	10	癸酉	11	12	10	10	癸卯	12	11	11	9	壬申	1	10	12	9	壬寅	
8	13	7	8	壬申	9	13	8	9	癸卯	10	14	9	11	甲戌	11	13	10	11	甲辰	12	12	11	10	癸酉	1	11	12	10	癸卯	
8	14	7	9	癸酉	9	14	8	10	甲辰	10	15	9	12	乙亥	11	14	10	12	乙巳	12	13	11	11	甲戌	1	12	12	11	甲辰	
8	15	7	10	甲戌	9	15	8	11	乙巳	10	16	9	13	丙子	11	15	10	13	丙午	12	14	11	12	乙亥	1	13	12	12	乙巳	
8	16	7	11	乙亥	9	16	8	12	丙午	10	17	9	14	丁丑	11	16	10	14	丁未	12	15	11	13	丙子	1	14	12	13	丙午	
8	17	7	12	丙子	9	17	8	13	丁未	10	18	9	15	戊寅	11	17	10	15	戊申	12	16	11	14	丁丑	1	15	12	14	丁未	
8	18	7	13	丁丑	9	18	8	14	戊申	10	19	9	16	己卯	11	18	10	16	己酉	12	17	11	15	戊寅	1	16	12	15	戊申	
8	19	7	14	戊寅	9	19	8	15	己酉	10	20	9	17	庚辰	11	19	10	17	庚戌	12	18	11	16	己卯	1	17	12	16	己酉	
8	20	7	15	己卯	9	20	8	16	庚戌	10	21	9	18	辛巳	11	20	10	18	辛亥	12	19	11	17	庚辰	1	18	12	17	庚戌	
8	21	7	16	庚辰	9	21	8	17	辛亥	10	22	9	19	壬午	11	21	10	19	壬子	12	20	11	18	辛巳	1	19	12	18	辛亥	
8	22	7	17	辛巳	9	22	8	18	壬子	10	23	9	20	癸未	11	22	10	20	癸丑	12	21	11	19	壬午	1	20	12	19	壬子	
8	23	7	18	壬午	9	23	8	19	癸丑	10	24	9	21	甲申	11	23	10	21	甲寅	12	22	11	20	癸未	1	21	12	20	癸丑	
8	24	7	19	癸未	9	24	8	20	甲寅	10	25	9	22	乙酉	11	24	10	22	乙卯	12	23	11	21	甲申	1	22	12	21	甲寅	
8	25	7	20	甲申	9	25	8	21	乙卯	10	26	9	23	丙戌	11	25	10	23	丙辰	12	24	11	22	乙酉	1	23	12	22	乙卯	
8	26	7	21	乙酉	9	26	8	22	丙辰	10	27	9	24	丁亥	11	26	10	24	丁巳	12	25	11	23	丙戌	1	24	12	23	丙辰	
8	27	7	22	丙戌	9	27	8	23	丁巳	10	28	9	25	戊子	11	27	10	25	戊午	12	26	11	24	丁亥	1	25	12	24	丁巳	
8	28	7	23	丁亥	9	28	8	24	戊午	10	29	9	26	己丑	11	28	10	26	己未	12	27	11	25	戊子	1	26	12	25	戊午	
8	29	7	24	戊子	9	29	8	25	己未	10	30	9	27	庚寅	11	29	10	27	庚申	12	28	11	26	己丑	1	27	12	26	己未	
8	30	7	25	己丑	9	30	8	26	庚申	10	31	9	28	辛卯	11	30	10	28	辛酉	12	29	11	27	庚寅	1	28	12	27	庚申	
8	31	7	26	庚寅	10	1	8	27	辛酉	11	1	9	29	壬辰	12	1	10	29	壬戌	12	30	11	28	辛卯	1	29	12	28	辛酉	
	1	7	27	辛卯	10	2	8	28	壬戌	11	2	9	30	癸巳	12	2	10	30	癸亥	12	31	11	29	壬辰	1	30	12	29	壬戌	
	2	7	28	壬辰	10	3	8	29	癸亥	11	3	10	1	甲午	12	3	11	1	甲子	1	1	11	30	癸巳	1	31	1	1	癸亥	
	3	7	29	癸巳	10	4	9	1	甲子	11	4	10	2	乙未	12	4	11	2	乙丑	1	2	12	1	甲午	2	1	1	2	甲子	
	4	7	30	甲午	10	5	9	2	乙丑	11	5	10	3	丙申	12	5	11	3	丙寅	1	3	12	2	乙未	2	2	1	3	乙丑	
	5	8	1	乙未	10	6	9	3	丙寅	11	6	10	4	丁酉	12	6	11	4	丁卯	1	4	12	3	丙申	2	3	1	4	丙寅	
	6	8	2	丙申	10	7	9	4	丁卯	11	7	10	5	戊戌						1	5	12	4	丁酉						
	7	8	3	丁酉	10	8	9	5	戊辰																					
處暑					秋分					霜降					小雪					冬至					大寒					中氣
23 21時57分 亥時					9/23 19時12分 戌時					10/24 4時6分 寅時					11/23 1時16分 丑時					12/22 14時21分 未時					1/21 0時58分 子時					

中華民國二十六、二十七年 牛 1937、1938

年	戊寅																													
月	甲寅					乙卯					丙辰					丁巳					戊午					己未				
節氣	立春					驚蟄					清明					立夏					芒種					小暑				
	2/4 19時15分 戌時					3/6 13時33分 未時					4/5 18時48分 酉時					5/6 12時35分 午時					6/6 17時6分 酉時					7/8 3時31分 寅時				
日	國曆		農曆		干支	國曆		農曆		干支	國曆		農曆		干支	國曆		農曆		干支	國曆		農曆		干支	國曆		農曆		干支
中華民國二十七年 虎	2	4	1	5	丁卯	3	6	2	5	丁酉	4	5	3	5	丁卯	5	6	4	7	戊戌	6	6	5	9	己巳	7	8	6	11	辛丑
	2	5	1	6	戊辰	3	7	2	6	戊戌	4	6	3	6	戊辰	5	7	4	8	己亥	6	7	5	10	庚午	7	9	6	12	壬寅
	2	6	1	7	己巳	3	8	2	7	己亥	4	7	3	7	己巳	5	8	4	9	庚子	6	8	5	11	辛未	7	10	6	13	癸卯
	2	7	1	8	庚午	3	9	2	8	庚子	4	8	3	8	庚午	5	9	4	10	辛丑	6	9	5	12	壬申	7	11	6	14	甲辰
	2	8	1	9	辛未	3	10	2	9	辛丑	4	9	3	9	辛未	5	10	4	11	壬寅	6	10	5	13	癸酉	7	12	6	15	乙巳
	2	9	1	10	壬申	3	11	2	10	壬寅	4	10	3	10	壬申	5	11	4	12	癸卯	6	11	5	14	甲戌	7	13	6	16	丙午
	2	10	1	11	癸酉	3	12	2	11	癸卯	4	11	3	11	癸酉	5	12	4	13	甲辰	6	12	5	15	乙亥	7	14	6	17	丁未
	2	11	1	12	甲戌	3	13	2	12	甲辰	4	12	3	12	甲戌	5	13	4	14	乙巳	6	13	5	16	丙子	7	15	6	18	戊申
	2	12	1	13	乙亥	3	14	2	13	乙巳	4	13	3	13	乙亥	5	14	4	15	丙午	6	14	5	17	丁丑	7	16	6	19	己酉
	2	13	1	14	丙子	3	15	2	14	丙午	4	14	3	14	丙子	5	15	4	16	丁未	6	15	5	18	戊寅	7	17	6	20	庚戌
	2	14	1	15	丁丑	3	16	2	15	丁未	4	15	3	15	丁丑	5	16	4	17	戊申	6	16	5	19	己卯	7	18	6	21	辛亥
	2	15	1	16	戊寅	3	17	2	16	戊申	4	16	3	16	戊寅	5	17	4	18	己酉	6	17	5	20	庚辰	7	19	6	22	壬子
	2	16	1	17	己卯	3	18	2	17	己酉	4	17	3	17	己卯	5	18	4	19	庚戌	6	18	5	21	辛巳	7	20	6	23	癸丑
	2	17	1	18	庚辰	3	19	2	18	庚戌	4	18	3	18	庚辰	5	19	4	20	辛亥	6	19	5	22	壬午	7	21	6	24	甲寅
	2	18	1	19	辛巳	3	20	2	19	辛亥	4	19	3	19	辛巳	5	20	4	21	壬子	6	20	5	23	癸未	7	22	6	25	乙卯
	2	19	1	20	壬午	3	21	2	20	壬子	4	20	3	20	壬午	5	21	4	22	癸丑	6	21	5	24	甲申	7	23	6	26	丙辰
	2	20	1	21	癸未	3	22	2	21	癸丑	4	21	3	21	癸未	5	22	4	23	甲寅	6	22	5	25	乙酉	7	24	6	27	丁巳
	2	21	1	22	甲申	3	23	2	22	甲寅	4	22	3	22	甲申	5	23	4	24	乙卯	6	23	5	26	丙戌	7	25	6	28	戊午
	2	22	1	23	乙酉	3	24	2	23	乙卯	4	23	3	23	乙酉	5	24	4	25	丙辰	6	24	5	27	丁亥	7	26	6	29	己未
	2	23	1	24	丙戌	3	25	2	24	丙辰	4	24	3	24	丙戌	5	25	4	26	丁巳	6	25	5	28	戊子	7	27	7	1	庚申
	2	24	1	25	丁亥	3	26	2	25	丁巳	4	25	3	25	丁亥	5	26	4	27	戊午	6	26	5	29	己丑	7	28	7	2	辛酉
	2	25	1	26	戊子	3	27	2	26	戊午	4	26	3	26	戊子	5	27	4	28	己未	6	27	5	30	庚寅	7	29	7	3	壬戌
1938	2	26	1	27	己丑	3	28	2	27	己未	4	27	3	27	己丑	5	28	4	29	庚申	6	28	6	1	辛卯	7	30	7	4	癸亥
	2	27	1	28	庚寅	3	29	2	28	庚申	4	28	3	28	庚寅	5	29	5	1	辛酉	6	29	6	2	壬辰	7	31	7	5	甲子
	2	28	1	29	辛卯	3	30	2	29	辛酉	4	29	3	29	辛卯	5	30	5	2	壬戌	6	30	6	3	癸巳	8	1	7	6	乙丑
	3	1	1	30	壬辰	3	31	2	30	壬戌	4	30	4	1	壬辰	5	31	5	3	癸亥	7	1	6	4	甲午	8	2	7	7	丙寅
	3	2	2	1	癸巳	4	1	3	1	癸亥	5	1	4	2	癸巳	6	1	5	4	甲子	7	2	6	5	乙未	8	3	7	8	丁卯
	3	3	2	2	甲午	4	2	3	2	甲子	5	2	4	3	甲午	6	2	5	5	乙丑	7	3	6	6	丙申	8	4	7	9	戊辰
	3	4	2	3	乙未	4	3	3	3	乙丑	5	3	4	4	乙未	6	3	5	6	丙寅	7	4	6	7	丁酉	8	5	7	10	己巳
	3	5	2	4	丙申	4	4	3	4	丙寅	5	4	4	5	丙申	6	4	5	7	丁卯	7	5	6	8	戊戌	8	6	7	11	庚午
											5	5	4	6	丁酉	6	5	5	8	戊辰	7	6	6	9	己亥	8	7	7	12	辛未
																					7	7	6	10	庚子					
中氣	雨水					春分					穀雨					小滿					夏至					大暑				
	2/19 15時19分 申時					3/21 14時43分 未時					4/21 2時14分 丑時					5/22 1時50分 丑時					6/22 10時3分 巳時					7/23 20時57分 戌時				

年：戊寅

庚申				辛酉					壬戌					癸亥					甲子					乙丑				
立秋				白露					寒露					立冬					大雪					小寒				
/8 13時12分 未時				9/8 15時48分 申時					10/9 7時1分 辰時					11/8 9時48分 巳時					12/8 2時22分 丑時					1/6 13時27分 未時				
國曆	農曆		干支	國曆		農曆		干支	國曆		農曆		干支	國曆		農曆		干支	國曆		農曆		干支	國曆		農曆		干支
8	7	13	壬申	9	8	7	15	癸卯	10	9	8	16	甲戌	11	8	9	17	甲辰	12	8	10	17	甲戌	1	6	11	16	癸卯
9	7	14	癸酉	9	9	7	16	甲辰	10	10	8	17	乙亥	11	9	9	18	乙巳	12	9	10	18	乙亥	1	7	11	17	甲辰
10	7	15	甲戌	9	10	7	17	乙巳	10	11	8	18	丙子	11	10	9	19	丙午	12	10	10	19	丙子	1	8	11	18	乙巳
11	7	16	乙亥	9	11	7	18	丙午	10	12	8	19	丁丑	11	11	9	20	丁未	12	11	10	20	丁丑	1	9	11	19	丙午
12	7	17	丙子	9	12	7	19	丁未	10	13	8	20	戊寅	11	12	9	21	戊申	12	12	10	21	戊寅	1	10	11	20	丁未
13	7	18	丁丑	9	13	7	20	戊申	10	14	8	21	己卯	11	13	9	22	己酉	12	13	10	22	己卯	1	11	11	21	戊申
14	7	19	戊寅	9	14	7	21	己酉	10	15	8	22	庚辰	11	14	9	23	庚戌	12	14	10	23	庚辰	1	12	11	22	己酉
15	7	20	己卯	9	15	7	22	庚戌	10	16	8	23	辛巳	11	15	9	24	辛亥	12	15	10	24	辛巳	1	13	11	23	庚戌
16	7	21	庚辰	9	16	7	23	辛亥	10	17	8	24	壬午	11	16	9	25	壬子	12	16	10	25	壬午	1	14	11	24	辛亥
17	7	22	辛巳	9	17	7	24	壬子	10	18	8	25	癸未	11	17	9	26	癸丑	12	17	10	26	癸未	1	15	11	25	壬子
18	7	23	壬午	9	18	7	25	癸丑	10	19	8	26	甲申	11	18	9	27	甲寅	12	18	10	27	甲申	1	16	11	26	癸丑
19	7	24	癸未	9	19	7	26	甲寅	10	20	8	27	乙酉	11	19	9	28	乙卯	12	19	10	28	乙酉	1	17	11	27	甲寅
20	7	25	甲申	9	20	7	27	乙卯	10	21	8	28	丙戌	11	20	9	29	丙辰	12	20	10	29	丙戌	1	18	11	28	乙卯
21	7	26	乙酉	9	21	7	28	丙辰	10	22	8	29	丁亥	11	21	9	30	丁巳	12	21	10	30	丁亥	1	19	11	29	丙辰
22	7	27	丙戌	9	22	7	29	丁巳	10	23	9	1	戊子	11	22	10	1	戊午	12	22	11	1	戊子	1	20	12	1	丁巳
23	7	28	丁亥	9	23	7	30	戊午	10	24	9	2	己丑	11	23	10	2	己未	12	23	11	2	己丑	1	21	12	2	戊午
24	7	29	戊子	9	24	8	1	己未	10	25	9	3	庚寅	11	24	10	3	庚申	12	24	11	3	庚寅	1	22	12	3	己未
25	閏7	1	己丑	9	25	8	2	庚申	10	26	9	4	辛卯	11	25	10	4	辛酉	12	25	11	4	辛卯	1	23	12	4	庚申
26	7	2	庚寅	9	26	8	3	辛酉	10	27	9	5	壬辰	11	26	10	5	壬戌	12	26	11	5	壬辰	1	24	12	5	辛酉
27	7	3	辛卯	9	27	8	4	壬戌	10	28	9	6	癸巳	11	27	10	6	癸亥	12	27	11	6	癸巳	1	25	12	6	壬戌
28	7	4	壬辰	9	28	8	5	癸亥	10	29	9	7	甲午	11	28	10	7	甲子	12	28	11	7	甲午	1	26	12	7	癸亥
29	7	5	癸巳	9	29	8	6	甲子	10	30	9	8	乙未	11	29	10	8	乙丑	12	29	11	8	乙未	1	27	12	8	甲子
30	7	6	甲午	9	30	8	7	乙丑	10	31	9	9	丙申	11	30	10	9	丙寅	12	30	11	9	丙申	1	28	12	9	乙丑
31	7	7	乙未	10	1	8	8	丙寅	11	1	9	10	丁酉	12	1	10	10	丁卯	12	31	11	10	丁酉	1	29	12	10	丙寅
1	7	8	丙申	10	2	8	9	丁卯	11	2	9	11	戊戌	12	2	10	11	戊辰	1	1	11	11	戊戌	1	30	12	11	丁卯
2	7	9	丁酉	10	3	8	10	戊辰	11	3	9	12	己亥	12	3	10	12	己巳	1	2	11	12	己亥	1	31	12	12	戊辰
3	7	10	戊戌	10	4	8	11	己巳	11	4	9	13	庚子	12	4	10	13	庚午	1	3	11	13	庚子	2	1	12	13	己巳
4	7	11	己亥	10	5	8	12	庚午	11	5	9	14	辛丑	12	5	10	14	辛未	1	4	11	14	辛丑	2	2	12	14	庚午
5	7	12	庚子	10	6	8	13	辛未	11	6	9	15	壬寅	12	6	10	15	壬申	1	5	11	15	壬寅	2	3	12	15	辛未
6	7	13	辛丑	10	7	8	14	壬申	11	7	9	16	癸卯	12	7	10	16	癸酉						2	4	12	16	壬申
7	7	14	壬寅	10	8	8	15	癸酉																				
處暑				秋分					霜降					小雪					冬至					大寒				
24 3時45分 寅時				9/24 0時59分 子時					10/24 9時53分 巳時					11/23 7時6分 辰時					12/22 20時13分 戌時					1/21 6時50分 卯時				

年 月 節氣 日 中氣

中華民國二十七、二十八年 虎

1938、1939

年	己卯																													
月	丙寅					丁卯					戊辰					己巳					庚午					辛未				
節氣	立春					驚蟄					清明					立夏					芒種					小暑				
	2/5 1時10分 丑時					3/6 19時26分 戌時					4/6 0時37分 子時					5/6 18時21分 酉時					6/6 22時51分 亥時					7/8 9時18分 巳時				
日	國曆		農曆		干支	國曆		農曆		干支	國曆		農曆		干支	國曆		農曆		干支	國曆		農曆		干支	國曆		農曆		干支
中華民國二十八年 兔 1939	2	5	12	17	癸酉	3	6	1	16	壬寅	4	6	2	17	癸酉	5	6	3	17	癸卯	6	6	4	19	甲戌	7	8	5	22	丙午
	2	6	12	18	甲戌	3	7	1	17	癸卯	4	7	2	18	甲戌	5	7	3	18	甲辰	6	7	4	20	乙亥	7	9	5	23	丁未
	2	7	12	19	乙亥	3	8	1	18	甲辰	4	8	2	19	乙亥	5	8	3	19	乙巳	6	8	4	21	丙子	7	10	5	24	戊申
	2	8	12	20	丙子	3	9	1	19	乙巳	4	9	2	20	丙子	5	9	3	20	丙午	6	9	4	22	丁丑	7	11	5	25	己酉
	2	9	12	21	丁丑	3	10	1	20	丙午	4	10	2	21	丁丑	5	10	3	21	丁未	6	10	4	23	戊寅	7	12	5	26	庚戌
	2	10	12	22	戊寅	3	11	1	21	丁未	4	11	2	22	戊寅	5	11	3	22	戊申	6	11	4	24	己卯	7	13	5	27	辛亥
	2	11	12	23	己卯	3	12	1	22	戊申	4	12	2	23	己卯	5	12	3	23	己酉	6	12	4	25	庚辰	7	14	5	28	壬子
	2	12	12	24	庚辰	3	13	1	23	己酉	4	13	2	24	庚辰	5	13	3	24	庚戌	6	13	4	26	辛巳	7	15	5	29	癸丑
	2	13	12	25	辛巳	3	14	1	24	庚戌	4	14	2	25	辛巳	5	14	3	25	辛亥	6	14	4	27	壬午	7	16	5	30	甲寅
	2	14	12	26	壬午	3	15	1	25	辛亥	4	15	2	26	壬午	5	15	3	26	壬子	6	15	4	28	癸未	7	17	6	1	乙卯
	2	15	12	27	癸未	3	16	1	26	壬子	4	16	2	27	癸未	5	16	3	27	癸丑	6	16	4	29	甲申	7	18	6	2	丙辰
	2	16	12	28	甲申	3	17	1	27	癸丑	4	17	2	28	甲申	5	17	3	28	甲寅	6	17	5	1	乙酉	7	19	6	3	丁巳
	2	17	12	29	乙酉	3	18	1	28	甲寅	4	18	2	29	乙酉	5	18	3	29	乙卯	6	18	5	2	丙戌	7	20	6	4	戊午
	2	18	12	30	丙戌	3	19	1	29	乙卯	4	19	2	30	丙戌	5	19	4	1	丙辰	6	19	5	3	丁亥	7	21	6	5	己未
	2	19	1	1	丁亥	3	20	1	30	丙辰	4	20	3	1	丁亥	5	20	4	2	丁巳	6	20	5	4	戊子	7	22	6	6	庚申
	2	20	1	2	戊子	3	21	2	1	丁巳	4	21	3	2	戊子	5	21	4	3	戊午	6	21	5	5	己丑	7	23	6	7	辛酉
	2	21	1	3	己丑	3	22	2	2	戊午	4	22	3	3	己丑	5	22	4	4	己未	6	22	5	6	庚寅	7	24	6	8	壬戌
	2	22	1	4	庚寅	3	23	2	3	己未	4	23	3	4	庚寅	5	23	4	5	庚申	6	23	5	7	辛卯	7	25	6	9	癸亥
	2	23	1	5	辛卯	3	24	2	4	庚申	4	24	3	5	辛卯	5	24	4	6	辛酉	6	24	5	8	壬辰	7	26	6	10	甲子
	2	24	1	6	壬辰	3	25	2	5	辛酉	4	25	3	6	壬辰	5	25	4	7	壬戌	6	25	5	9	癸巳	7	27	6	11	乙丑
	2	25	1	7	癸巳	3	26	2	6	壬戌	4	26	3	7	癸巳	5	26	4	8	癸亥	6	26	5	10	甲午	7	28	6	12	丙寅
	2	26	1	8	甲午	3	27	2	7	癸亥	4	27	3	8	甲午	5	27	4	9	甲子	6	27	5	11	乙未	7	29	6	13	丁卯
	2	27	1	9	乙未	3	28	2	8	甲子	4	28	3	9	乙未	5	28	4	10	乙丑	6	28	5	12	丙申	7	30	6	14	戊辰
	2	28	1	10	丙申	3	29	2	9	乙丑	4	29	3	10	丙申	5	29	4	11	丙寅	6	29	5	13	丁酉	7	31	6	15	己巳
	3	1	1	11	丁酉	3	30	2	10	丙寅	4	30	3	11	丁酉	5	30	4	12	丁卯	6	30	5	14	戊戌	8	1	6	16	庚午
	3	2	1	12	戊戌	3	31	2	11	丁卯	5	1	3	12	戊戌	5	31	4	13	戊辰	7	1	5	15	己亥	8	2	6	17	辛未
	3	3	1	13	己亥	4	1	2	12	戊辰	5	2	3	13	己亥	6	1	4	14	己巳	7	2	5	16	庚子	8	3	6	18	壬申
	3	4	1	14	庚子	4	2	2	13	己巳	5	3	3	14	庚子	6	2	4	15	庚午	7	3	5	17	辛丑	8	4	6	19	癸酉
	3	5	1	15	辛丑	4	3	2	14	庚午	5	4	3	15	辛丑	6	3	4	16	辛未	7	4	5	18	壬寅	8	5	6	20	甲戌
						4	4	2	15	辛未	5	5	3	16	壬寅	6	4	4	17	壬申	7	5	5	19	癸卯	8	6	6	21	乙亥
						4	5	2	16	壬申						6	5	4	18	癸酉	7	6	5	20	甲辰	8	7	6	22	丙子
																					7	7	5	21	乙巳					
中氣	雨水					春分					穀雨					小滿					夏至					大暑				
	2/19 21時9分 亥時					3/21 20時28分 戌時					4/21 7時55分 辰時					5/22 7時26分 辰時					6/22 15時39分 申時					7/24 2時36分 丑時				

己卯																														年
壬申					癸酉					甲戌					乙亥					丙子					丁丑					月
立秋					白露					寒露					立冬					大雪					小寒					節氣
8/8 19時3分 戌時					9/8 21時42分 亥時					10/9 12時56分 午時					11/8 15時43分 申時					12/8 8時17分 辰時					1/6 19時23分 戌時					
國曆		農曆		干支	國曆		農曆		干支	國曆		農曆		干支	國曆		農曆		干支	國曆		農曆		干支	國曆		農曆		干支	日
	8	6	23	丁丑	9	8	7	25	戊申	10	9	8	27	己卯	11	8	9	27	己酉	12	8	10	28	己卯	1	6	11	27	戊申	
	9	6	24	戊寅	9	9	7	26	己酉	10	10	8	28	庚辰	11	9	9	28	庚戌	12	9	10	29	庚辰	1	7	11	28	己酉	
	10	6	25	己卯	9	10	7	27	庚戌	10	11	8	29	辛巳	11	10	9	29	辛亥	12	10	10	30	辛巳	1	8	11	29	庚戌	
	11	6	26	庚辰	9	11	7	28	辛亥	10	12	8	30	壬午	11	11	10	1	壬子	12	11	11	1	壬午	1	9	12	1	辛亥	
	12	6	27	辛巳	9	12	7	29	壬子	10	13	9	1	癸未	11	12	10	2	癸丑	12	12	11	2	癸未	1	10	12	2	壬子	
	13	6	28	壬午	9	13	8	1	癸丑	10	14	9	2	甲申	11	13	10	3	甲寅	12	13	11	3	甲申	1	11	12	3	癸丑	
	14	6	29	癸未	9	14	8	2	甲寅	10	15	9	3	乙酉	11	14	10	4	乙卯	12	14	11	4	乙酉	1	12	12	4	甲寅	
	15	7	1	甲申	9	15	8	3	乙卯	10	16	9	4	丙戌	11	15	10	5	丙辰	12	15	11	5	丙戌	1	13	12	5	乙卯	
	16	7	2	乙酉	9	16	8	4	丙辰	10	17	9	5	丁亥	11	16	10	6	丁巳	12	16	11	6	丁亥	1	14	12	6	丙辰	
	17	7	3	丙戌	9	17	8	5	丁巳	10	18	9	6	戊子	11	17	10	7	戊午	12	17	11	7	戊子	1	15	12	7	丁巳	
	18	7	4	丁亥	9	18	8	6	戊午	10	19	9	7	己丑	11	18	10	8	己未	12	18	11	8	己丑	1	16	12	8	戊午	
	19	7	5	戊子	9	19	8	7	己未	10	20	9	8	庚寅	11	19	10	9	庚申	12	19	11	9	庚寅	1	17	12	9	己未	
	20	7	6	己丑	9	20	8	8	庚申	10	21	9	9	辛卯	11	20	10	10	辛酉	12	20	11	10	辛卯	1	18	12	10	庚申	
	21	7	7	庚寅	9	21	8	9	辛酉	10	22	9	10	壬辰	11	21	10	11	壬戌	12	21	11	11	壬辰	1	19	12	11	辛酉	
	22	7	8	辛卯	9	22	8	10	壬戌	10	23	9	11	癸巳	11	22	10	12	癸亥	12	22	11	12	癸巳	1	20	12	12	壬戌	
	23	7	9	壬辰	9	23	8	11	癸亥	10	24	9	12	甲午	11	23	10	13	甲子	12	23	11	13	甲午	1	21	12	13	癸亥	
	24	7	10	癸巳	9	24	8	12	甲子	10	25	9	13	乙未	11	24	10	14	乙丑	12	24	11	14	乙未	1	22	12	14	甲子	
	25	7	11	甲午	9	25	8	13	乙丑	10	26	9	14	丙申	11	25	10	15	丙寅	12	25	11	15	丙申	1	23	12	15	乙丑	
	26	7	12	乙未	9	26	8	14	丙寅	10	27	9	15	丁酉	11	26	10	16	丁卯	12	26	11	16	丁酉	1	24	12	16	丙寅	
	27	7	13	丙申	9	27	8	15	丁卯	10	28	9	16	戊戌	11	27	10	17	戊辰	12	27	11	17	戊戌	1	25	12	17	丁卯	
	28	7	14	丁酉	9	28	8	16	戊辰	10	29	9	17	己亥	11	28	10	18	己巳	12	28	11	18	己亥	1	26	12	18	戊辰	
	29	7	15	戊戌	9	29	8	17	己巳	10	30	9	18	庚子	11	29	10	19	庚午	12	29	11	19	庚子	1	27	12	19	己巳	
	30	7	16	己亥	9	30	8	18	庚午	10	31	9	19	辛丑	11	30	10	20	辛未	12	30	11	20	辛丑	1	28	12	20	庚午	
	31	7	17	庚子	10	1	8	19	辛未	11	1	9	20	壬寅	12	1	10	21	壬申	12	31	11	21	壬寅	1	29	12	21	辛未	
	1	7	18	辛丑	10	2	8	20	壬申	11	2	9	21	癸卯	12	2	10	22	癸酉	1	1	11	22	癸卯	1	30	12	22	壬申	
	2	7	19	壬寅	10	3	8	21	癸酉	11	3	9	22	甲辰	12	3	10	23	甲戌	1	2	11	23	甲辰	1	31	12	23	癸酉	
	3	7	20	癸卯	10	4	8	22	甲戌	11	4	9	23	乙巳	12	4	10	24	乙亥	1	3	11	24	乙巳	2	1	12	24	甲戌	
	4	7	21	甲辰	10	5	8	23	乙亥	11	5	9	24	丙午	12	5	10	25	丙子	1	4	11	25	丙午	2	2	12	25	乙亥	
	5	7	22	乙巳	10	6	8	24	丙子	11	6	9	25	丁未	12	6	10	26	丁丑	1	5	11	26	丁未	2	3	12	26	丙子	
	6	7	23	丙午	10	7	8	25	丁丑	11	7	9	26	戊申	12	7	10	27	戊寅						2	4	12	27	丁丑	
	7	7	24	丁未	10	8	8	26	戊寅																					
處暑					秋分					霜降					小雪					冬至					大寒					中氣
/24 9時31分 巳時					9/24 6時49分 卯時					10/24 15時45分 申時					11/23 12時58分 午時					12/23 2時6分 丑時					1/21 12時44分 午時					

中華民國二十八、二十九年 兔

1939、1940

年	庚辰																													
月	戊寅					己卯					庚辰					辛巳					壬午					癸未				
節氣	立春					驚蟄					清明					立夏					芒種					小暑				
	2/5 7時7分 辰時					3/6 1時24分 丑時					4/5 6時34分 卯時					5/6 0時16分 子時					6/6 4時44分 寅時					7/7 15時8分 申時				
日	國曆		農曆		干支	國曆		農曆		干支	國曆		農曆		干支	國曆		農曆		干支	國曆		農曆		干支	國曆		農曆		干支
中華民國二十九年 龍 1940	2	5	12	28	戊寅	3	6	1	28	戊申	4	5	2	28	戊寅	5	6	3	29	己酉	6	6	5	1	庚辰	7	7	6	3	辛亥
	2	6	12	29	己卯	3	7	1	29	己酉	4	6	2	29	己卯	5	7	4	1	庚戌	6	7	5	2	辛巳	7	8	6	4	壬子
	2	7	12	30	庚辰	3	8	1	30	庚戌	4	7	2	30	庚辰	5	8	4	2	辛亥	6	8	5	3	壬午	7	9	6	5	癸丑
	2	8	1	1	辛巳	3	9	2	1	辛亥	4	8	3	1	辛巳	5	9	4	3	壬子	6	9	5	4	癸未	7	10	6	6	甲寅
	2	9	1	2	壬午	3	10	2	2	壬子	4	9	3	2	壬午	5	10	4	4	癸丑	6	10	5	5	甲申	7	11	6	7	乙卯
	2	10	1	3	癸未	3	11	2	3	癸丑	4	10	3	3	癸未	5	11	4	5	甲寅	6	11	5	6	乙酉	7	12	6	8	丙辰
	2	11	1	4	甲申	3	12	2	4	甲寅	4	11	3	4	甲申	5	12	4	6	乙卯	6	12	5	7	丙戌	7	13	6	9	丁巳
	2	12	1	5	乙酉	3	13	2	5	乙卯	4	12	3	5	乙酉	5	13	4	7	丙辰	6	13	5	8	丁亥	7	14	6	10	戊午
	2	13	1	6	丙戌	3	14	2	6	丙辰	4	13	3	6	丙戌	5	14	4	8	丁巳	6	14	5	9	戊子	7	15	6	11	己未
	2	14	1	7	丁亥	3	15	2	7	丁巳	4	14	3	7	丁亥	5	15	4	9	戊午	6	15	5	10	己丑	7	16	6	12	庚申
	2	15	1	8	戊子	3	16	2	8	戊午	4	15	3	8	戊子	5	16	4	10	己未	6	16	5	11	庚寅	7	17	6	13	辛酉
	2	16	1	9	己丑	3	17	2	9	己未	4	16	3	9	己丑	5	17	4	11	庚申	6	17	5	12	辛卯	7	18	6	14	壬戌
	2	17	1	10	庚寅	3	18	2	10	庚申	4	17	3	10	庚寅	5	18	4	12	辛酉	6	18	5	13	壬辰	7	19	6	15	癸亥
	2	18	1	11	辛卯	3	19	2	11	辛酉	4	18	3	11	辛卯	5	19	4	13	壬戌	6	19	5	14	癸巳	7	20	6	16	甲子
	2	19	1	12	壬辰	3	20	2	12	壬戌	4	19	3	12	壬辰	5	20	4	14	癸亥	6	20	5	15	甲午	7	21	6	17	乙丑
	2	20	1	13	癸巳	3	21	2	13	癸亥	4	20	3	13	癸巳	5	21	4	15	甲子	6	21	5	16	乙未	7	22	6	18	丙寅
	2	21	1	14	甲午	3	22	2	14	甲子	4	21	3	14	甲午	5	22	4	16	乙丑	6	22	5	17	丙申	7	23	6	19	丁卯
	2	22	1	15	乙未	3	23	2	15	乙丑	4	22	3	15	乙未	5	23	4	17	丙寅	6	23	5	18	丁酉	7	24	6	20	戊辰
	2	23	1	16	丙申	3	24	2	16	丙寅	4	23	3	16	丙申	5	24	4	18	丁卯	6	24	5	19	戊戌	7	25	6	21	己巳
	2	24	1	17	丁酉	3	25	2	17	丁卯	4	24	3	17	丁酉	5	25	4	19	戊辰	6	25	5	20	己亥	7	26	6	22	庚午
	2	25	1	18	戊戌	3	26	2	18	戊辰	4	25	3	18	戊戌	5	26	4	20	己巳	6	26	5	21	庚子	7	27	6	23	辛未
	2	26	1	19	己亥	3	27	2	19	己巳	4	26	3	19	己亥	5	27	4	21	庚午	6	27	5	22	辛丑	7	28	6	24	壬申
	2	27	1	20	庚子	3	28	2	20	庚午	4	27	3	20	庚子	5	28	4	22	辛未	6	28	5	23	壬寅	7	29	6	25	癸酉
	2	28	1	21	辛丑	3	29	2	21	辛未	4	28	3	21	辛丑	5	29	4	23	壬申	6	29	5	24	癸卯	7	30	6	26	甲戌
	2	29	1	22	壬寅	3	30	2	22	壬申	4	29	3	22	壬寅	5	30	4	24	癸酉	6	30	5	25	甲辰	7	31	6	27	乙亥
	3	1	1	23	癸卯	3	31	2	23	癸酉	4	30	3	23	癸卯	5	31	4	25	甲戌	7	1	5	26	乙巳	8	1	6	28	丙子
	3	2	1	24	甲辰	4	1	2	24	甲戌	5	1	3	24	甲辰	6	1	4	26	乙亥	7	2	5	27	丙午	8	2	6	29	丁丑
	3	3	1	25	乙巳	4	2	2	25	乙亥	5	2	3	25	乙巳	6	2	4	27	丙子	7	3	5	28	丁未	8	3	6	30	戊寅
	3	4	1	26	丙午	4	3	2	26	丙子	5	3	3	26	丙午	6	3	4	28	丁丑	7	4	5	29	戊申	8	4	7	1	己卯
	3	5	1	27	丁未	4	4	2	27	丁丑	5	4	3	27	丁未	6	4	4	29	戊寅	7	5	6	1	己酉	8	5	7	2	庚辰
											5	5	3	28	戊申	6	5	4	30	己卯	7	6	6	2	庚戌	8	6	7	3	辛巳
																										8	7	7	4	壬午
中氣	雨水					春分					穀雨					小滿					夏至					大暑				
	2/20 3時3分 寅時					3/21 2時23分 丑時					4/20 13時50分 未時					5/21 13時23分 未時					6/21 21時36分 亥時					7/23 8時34分 辰時				

庚辰																														年
甲申					乙酉					丙戌					丁亥					戊子					己丑					月
立秋					白露					寒露					立冬					大雪					小寒					節氣
8/8 0時51分 子時					9/8 3時29分 寅時					10/8 18時42分 酉時					11/7 21時26分 亥時					12/7 13時57分 未時					1/6 1時3分 丑時					
國曆		農曆		干支	國曆		農曆		干支	國曆		農曆		干支	國曆		農曆		干支	國曆		農曆		干支	國曆		農曆		干支	日
8	8	7	5	癸未	9	8	8	7	甲寅	10	8	9	8	甲申	11	7	10	8	甲寅	12	7	11	9	甲申	1	6	12	9	甲寅	中華民國二十九、三十年 龍
8	9	7	6	甲申	9	9	8	8	乙卯	10	9	9	9	乙酉	11	8	10	9	乙卯	12	8	11	10	乙酉	1	7	12	10	乙卯	
8	10	7	7	乙酉	9	10	8	9	丙辰	10	10	9	10	丙戌	11	9	10	10	丙辰	12	9	11	11	丙戌	1	8	12	11	丙辰	
8	11	7	8	丙戌	9	11	8	10	丁巳	10	11	9	11	丁亥	11	10	10	11	丁巳	12	10	11	12	丁亥	1	9	12	12	丁巳	
8	12	7	9	丁亥	9	12	8	11	戊午	10	12	9	12	戊子	11	11	10	12	戊午	12	11	11	13	戊子	1	10	12	13	戊午	
8	13	7	10	戊子	9	13	8	12	己未	10	13	9	13	己丑	11	12	10	13	己未	12	12	11	14	己丑	1	11	12	14	己未	
8	14	7	11	己丑	9	14	8	13	庚申	10	14	9	14	庚寅	11	13	10	14	庚申	12	13	11	15	庚寅	1	12	12	15	庚申	
8	15	7	12	庚寅	9	15	8	14	辛酉	10	15	9	15	辛卯	11	14	10	15	辛酉	12	14	11	16	辛卯	1	13	12	16	辛酉	
8	16	7	13	辛卯	9	16	8	15	壬戌	10	16	9	16	壬辰	11	15	10	16	壬戌	12	15	11	17	壬辰	1	14	12	17	壬戌	
8	17	7	14	壬辰	9	17	8	16	癸亥	10	17	9	17	癸巳	11	16	10	17	癸亥	12	16	11	18	癸巳	1	15	12	18	癸亥	
8	18	7	15	癸巳	9	18	8	17	甲子	10	18	9	18	甲午	11	17	10	18	甲子	12	17	11	19	甲午	1	16	12	19	甲子	
8	19	7	16	甲午	9	19	8	18	乙丑	10	19	9	19	乙未	11	18	10	19	乙丑	12	18	11	20	乙未	1	17	12	20	乙丑	
8	20	7	17	乙未	9	20	8	19	丙寅	10	20	9	20	丙申	11	19	10	20	丙寅	12	19	11	21	丙申	1	18	12	21	丙寅	
8	21	7	18	丙申	9	21	8	20	丁卯	10	21	9	21	丁酉	11	20	10	21	丁卯	12	20	11	22	丁酉	1	19	12	22	丁卯	
8	22	7	19	丁酉	9	22	8	21	戊辰	10	22	9	22	戊戌	11	21	10	22	戊辰	12	21	11	23	戊戌	1	20	12	23	戊辰	
8	23	7	20	戊戌	9	23	8	22	己巳	10	23	9	23	己亥	11	22	10	23	己巳	12	22	11	24	己亥	1	21	12	24	己巳	
8	24	7	21	己亥	9	24	8	23	庚午	10	24	9	24	庚子	11	23	10	24	庚午	12	23	11	25	庚子	1	22	12	25	庚午	
8	25	7	22	庚子	9	25	8	24	辛未	10	25	9	25	辛丑	11	24	10	25	辛未	12	24	11	26	辛丑	1	23	12	26	辛未	
8	26	7	23	辛丑	9	26	8	25	壬申	10	26	9	26	壬寅	11	25	10	26	壬申	12	25	11	27	壬寅	1	24	12	27	壬申	
8	27	7	24	壬寅	9	27	8	26	癸酉	10	27	9	27	癸卯	11	26	10	27	癸酉	12	26	11	28	癸卯	1	25	12	28	癸酉	
8	28	7	25	癸卯	9	28	8	27	甲戌	10	28	9	28	甲辰	11	27	10	28	甲戌	12	27	11	29	甲辰	1	26	12	29	甲戌	1940、1941
8	29	7	26	甲辰	9	29	8	28	乙亥	10	29	9	29	乙巳	11	28	10	29	乙亥	12	28	11	30	乙巳	1	27	1	1	乙亥	
8	30	7	27	乙巳	9	30	8	29	丙子	10	30	9	30	丙午	11	29	11	1	丙子	12	29	12	1	丙午	1	28	1	2	丙子	
8	31	7	28	丙午	10	1	9	1	丁丑	10	31	10	1	丁未	11	30	11	2	丁丑	12	30	12	2	丁未	1	29	1	3	丁丑	
9	1	7	29	丁未	10	2	9	2	戊寅	11	1	10	2	戊申	12	1	11	3	戊寅	12	31	12	3	戊申	1	30	1	4	戊寅	
9	2	8	1	戊申	10	3	9	3	己卯	11	2	10	3	己酉	12	2	11	4	己卯	1	1	12	4	己酉	1	31	1	5	己卯	
9	3	8	2	己酉	10	4	9	4	庚辰	11	3	10	4	庚戌	12	3	11	5	庚辰	1	2	12	5	庚戌	2	1	1	6	庚辰	
9	4	8	3	庚戌	10	5	9	5	辛巳	11	4	10	5	辛亥	12	4	11	6	辛巳	1	3	12	6	辛亥	2	2	1	7	辛巳	
9	5	8	4	辛亥	10	6	9	6	壬午	11	5	10	6	壬子	12	5	11	7	壬午	1	4	12	7	壬子	2	3	1	8	壬午	
9	6	8	5	壬子	10	7	9	7	癸未	11	6	10	7	癸丑	12	6	11	8	癸未	1	5	12	8	癸丑						
9	7	8	6	癸丑																										
處暑					秋分					霜降					小雪					冬至					大寒					中氣
8/23 15時28分 申時					9/23 12時45分 午時					10/23 21時39分 亥時					11/22 18時49分 酉時					12/22 7時54分 辰時					1/20 18時33分 酉時					

年	辛巳																													
月	庚寅					辛卯					壬辰					癸巳					甲午					乙未				
節氣	立春					驚蟄					清明					立夏					芒種					小暑				
	2/4 12時49分 午時					3/6 7時10分 辰時					4/5 12時25分 午時					5/6 6時9分 卯時					6/6 10時39分 巳時					7/7 21時3分 亥時				
日	國曆		農曆		干支	國曆		農曆		干支	國曆		農曆		干支	國曆		農曆		干支	國曆		農曆		干支	國曆		農曆		干支
中華民國三十年 蛇 1941	2	4	1	9	癸未	3	6	2	9	癸丑	4	5	3	9	癸未	5	6	4	11	甲寅	6	6	5	12	乙酉	7	7	6	13	丙辰
	2	5	1	10	甲申	3	7	2	10	甲寅	4	6	3	10	甲申	5	7	4	12	乙卯	6	7	5	13	丙戌	7	8	6	14	丁巳
	2	6	1	11	乙酉	3	8	2	11	乙卯	4	7	3	11	乙酉	5	8	4	13	丙辰	6	8	5	14	丁亥	7	9	6	15	戊午
	2	7	1	12	丙戌	3	9	2	12	丙辰	4	8	3	12	丙戌	5	9	4	14	丁巳	6	9	5	15	戊子	7	10	6	16	己未
	2	8	1	13	丁亥	3	10	2	13	丁巳	4	9	3	13	丁亥	5	10	4	15	戊午	6	10	5	16	己丑	7	11	6	17	庚申
	2	9	1	14	戊子	3	11	2	14	戊午	4	10	3	14	戊子	5	11	4	16	己未	6	11	5	17	庚寅	7	12	6	18	辛酉
	2	10	1	15	己丑	3	12	2	15	己未	4	11	3	15	己丑	5	12	4	17	庚申	6	12	5	18	辛卯	7	13	6	19	壬戌
	2	11	1	16	庚寅	3	13	2	16	庚申	4	12	3	16	庚寅	5	13	4	18	辛酉	6	13	5	19	壬辰	7	14	6	20	癸亥
	2	12	1	17	辛卯	3	14	2	17	辛酉	4	13	3	17	辛卯	5	14	4	19	壬戌	6	14	5	20	癸巳	7	15	6	21	甲子
	2	13	1	18	壬辰	3	15	2	18	壬戌	4	14	3	18	壬辰	5	15	4	20	癸亥	6	15	5	21	甲午	7	16	6	22	乙丑
	2	14	1	19	癸巳	3	16	2	19	癸亥	4	15	3	19	癸巳	5	16	4	21	甲子	6	16	5	22	乙未	7	17	6	23	丙寅
	2	15	1	20	甲午	3	17	2	20	甲子	4	16	3	20	甲午	5	17	4	22	乙丑	6	17	5	23	丙申	7	18	6	24	丁卯
	2	16	1	21	乙未	3	18	2	21	乙丑	4	17	3	21	乙未	5	18	4	23	丙寅	6	18	5	24	丁酉	7	19	6	25	戊辰
	2	17	1	22	丙申	3	19	2	22	丙寅	4	18	3	22	丙申	5	19	4	24	丁卯	6	19	5	25	戊戌	7	20	6	26	己巳
	2	18	1	23	丁酉	3	20	2	23	丁卯	4	19	3	23	丁酉	5	20	4	25	戊辰	6	20	5	26	己亥	7	21	6	27	庚午
	2	19	1	24	戊戌	3	21	2	24	戊辰	4	20	3	24	戊戌	5	21	4	26	己巳	6	21	5	27	庚子	7	22	6	28	辛未
	2	20	1	25	己亥	3	22	2	25	己巳	4	21	3	25	己亥	5	22	4	27	庚午	6	22	5	28	辛丑	7	23	6	29	壬申
	2	21	1	26	庚子	3	23	2	26	庚午	4	22	3	26	庚子	5	23	4	28	辛未	6	23	5	29	壬寅	7	24	閏6	1	癸酉
	2	22	1	27	辛丑	3	24	2	27	辛未	4	23	3	27	辛丑	5	24	4	29	壬申	6	24	5	30	癸卯	7	25	6	2	甲戌
	2	23	1	28	壬寅	3	25	2	28	壬申	4	24	3	28	壬寅	5	25	4	30	癸酉	6	25	6	1	甲辰	7	26	6	3	乙亥
	2	24	1	29	癸卯	3	26	2	29	癸酉	4	25	3	29	癸卯	5	26	5	1	甲戌	6	26	6	2	乙巳	7	27	6	4	丙子
	2	25	1	30	甲辰	3	27	2	30	甲戌	4	26	4	1	甲辰	5	27	5	2	乙亥	6	27	6	3	丙午	7	28	6	5	丁丑
	2	26	2	1	乙巳	3	28	3	1	乙亥	4	27	4	2	乙巳	5	28	5	3	丙子	6	28	6	4	丁未	7	29	6	6	戊寅
	2	27	2	2	丙午	3	29	3	2	丙子	4	28	4	3	丙午	5	29	5	4	丁丑	6	29	6	5	戊申	7	30	6	7	己卯
	2	28	2	3	丁未	3	30	3	3	丁丑	4	29	4	4	丁未	5	30	5	5	戊寅	6	30	6	6	己酉	7	31	6	8	庚辰
	3	1	2	4	戊申	3	31	3	4	戊寅	4	30	4	5	戊申	5	31	5	6	己卯	7	1	6	7	庚戌	8	1	6	9	辛巳
	3	2	2	5	己酉	4	1	3	5	己卯	5	1	4	6	己酉	6	1	5	7	庚辰	7	2	6	8	辛亥	8	2	6	10	壬午
	3	3	2	6	庚戌	4	2	3	6	庚辰	5	2	4	7	庚戌	6	2	5	8	辛巳	7	3	6	9	壬子	8	3	6	11	癸未
	3	4	2	7	辛亥	4	3	3	7	辛巳	5	3	4	8	辛亥	6	3	5	9	壬午	7	4	6	10	癸丑	8	4	6	12	甲申
	3	5	2	8	壬子	4	4	3	8	壬午	5	4	4	9	壬子	6	4	5	10	癸未	7	5	6	11	甲寅	8	5	6	13	乙酉
											5	5	4	10	癸丑	6	5	5	11	甲申	7	6	6	12	乙卯	8	6	6	14	丙戌
																										8	7	6	15	丁亥
中氣	雨水					春分					穀雨					小滿					夏至					大暑				
	2/19 8時56分 辰時					3/21 8時20分 辰時					4/20 19時50分 戌時					5/21 19時22分 戌時					6/22 3時33分 寅時					7/23 14時26分 未時				

辛巳																													年
丙申				丁酉					戊戌					己亥					庚子					辛丑					月
立秋				白露					寒露					立冬					大雪					小寒					節氣
8/8 6時45分 卯時				9/8 9時23分 巳時					10/9 0時38分 子時					11/8 3時24分 寅時					12/7 19時56分 戌時					1/6 7時2分 辰時					
國曆	農曆		干支	國曆		農曆		干支	國曆		農曆		干支	國曆		農曆		干支	國曆		農曆		干支	國曆		農曆		干支	日
8	6	16	戊子	9	8	7	17	己未	10	9	8	19	庚寅	11	8	9	20	庚申	12	7	10	19	己丑	1	6	11	20	己未	
9	6	17	己丑	9	9	7	18	庚申	10	10	8	20	辛卯	11	9	9	21	辛酉	12	8	10	20	庚寅	1	7	11	21	庚申	
10	6	18	庚寅	9	10	7	19	辛酉	10	11	8	21	壬辰	11	10	9	22	壬戌	12	9	10	21	辛卯	1	8	11	22	辛酉	
11	6	19	辛卯	9	11	7	20	壬戌	10	12	8	22	癸巳	11	11	9	23	癸亥	12	10	10	22	壬辰	1	9	11	23	壬戌	中華民國三十、三十一年 蛇
12	6	20	壬辰	9	12	7	21	癸亥	10	13	8	23	甲午	11	12	9	24	甲子	12	11	10	23	癸巳	1	10	11	24	癸亥	
13	6	21	癸巳	9	13	7	22	甲子	10	14	8	24	乙未	11	13	9	25	乙丑	12	12	10	24	甲午	1	11	11	25	甲子	
14	6	22	甲午	9	14	7	23	乙丑	10	15	8	25	丙申	11	14	9	26	丙寅	12	13	10	25	乙未	1	12	11	26	乙丑	
15	6	23	乙未	9	15	7	24	丙寅	10	16	8	26	丁酉	11	15	9	27	丁卯	12	14	10	26	丙申	1	13	11	27	丙寅	
16	6	24	丙申	9	16	7	25	丁卯	10	17	8	27	戊戌	11	16	9	28	戊辰	12	15	10	27	丁酉	1	14	11	28	丁卯	
17	6	25	丁酉	9	17	7	26	戊辰	10	18	8	28	己亥	11	17	9	29	己巳	12	16	10	28	戊戌	1	15	11	29	戊辰	
18	6	26	戊戌	9	18	7	27	己巳	10	19	8	29	庚子	11	18	9	30	庚午	12	17	10	29	己亥	1	16	11	30	己巳	
19	6	27	己亥	9	19	7	28	庚午	10	20	9	1	辛丑	11	19	10	1	辛未	12	18	11	1	庚子	1	17	12	1	庚午	
20	6	28	庚子	9	20	7	29	辛未	10	21	9	2	壬寅	11	20	10	2	壬申	12	19	11	2	辛丑	1	18	12	2	辛未	
21	6	29	辛丑	9	21	8	1	壬申	10	22	9	3	癸卯	11	21	10	3	癸酉	12	20	11	3	壬寅	1	19	12	3	壬申	
22	6	30	壬寅	9	22	8	2	癸酉	10	23	9	4	甲辰	11	22	10	4	甲戌	12	21	11	4	癸卯	1	20	12	4	癸酉	
23	7	1	癸卯	9	23	8	3	甲戌	10	24	9	5	乙巳	11	23	10	5	乙亥	12	22	11	5	甲辰	1	21	12	5	甲戌	
24	7	2	甲辰	9	24	8	4	乙亥	10	25	9	6	丙午	11	24	10	6	丙子	12	23	11	6	乙巳	1	22	12	6	乙亥	
25	7	3	乙巳	9	25	8	5	丙子	10	26	9	7	丁未	11	25	10	7	丁丑	12	24	11	7	丙午	1	23	12	7	丙子	
26	7	4	丙午	9	26	8	6	丁丑	10	27	9	8	戊申	11	26	10	8	戊寅	12	25	11	8	丁未	1	24	12	8	丁丑	
27	7	5	丁未	9	27	8	7	戊寅	10	28	9	9	己酉	11	27	10	9	己卯	12	26	11	9	戊申	1	25	12	9	戊寅	
28	7	6	戊申	9	28	8	8	己卯	10	29	9	10	庚戌	11	28	10	10	庚辰	12	27	11	10	己酉	1	26	12	10	己卯	1941、1942
29	7	7	己酉	9	29	8	9	庚辰	10	30	9	11	辛亥	11	29	10	11	辛巳	12	28	11	11	庚戌	1	27	12	11	庚辰	
30	7	8	庚戌	9	30	8	10	辛巳	10	31	9	12	壬子	11	30	10	12	壬午	12	29	11	12	辛亥	1	28	12	12	辛巳	
31	7	9	辛亥	10	1	8	11	壬午	11	1	9	13	癸丑	12	1	10	13	癸未	12	30	11	13	壬子	1	29	12	13	壬午	
1	7	10	壬子	10	2	8	12	癸未	11	2	9	14	甲寅	12	2	10	14	甲申	12	31	11	14	癸丑	1	30	12	14	癸未	
2	7	11	癸丑	10	3	8	13	甲申	11	3	9	15	乙卯	12	3	10	15	乙酉	1	1	11	15	甲寅	1	31	12	15	甲申	
3	7	12	甲寅	10	4	8	14	乙酉	11	4	9	16	丙辰	12	4	10	16	丙戌	1	2	11	16	乙卯	2	1	12	16	乙酉	
4	7	13	乙卯	10	5	8	15	丙戌	11	5	9	17	丁巳	12	5	10	17	丁亥	1	3	11	17	丙辰	2	2	12	17	丙戌	
5	7	14	丙辰	10	6	8	16	丁亥	11	6	9	18	戊午	12	6	10	18	戊子	1	4	11	18	丁巳	2	3	12	18	丁亥	
6	7	15	丁巳	10	7	8	17	戊子	11	7	9	19	己未						1	5	11	19	戊午						
7	7	16	戊午	10	8	8	18	己丑																					
處暑				秋分					霜降					小雪					冬至					大寒					中氣
8/23 21時16分 亥時				9/23 18時32分 酉時					10/24 3時27分 寅時					11/23 0時37分 子時					12/22 13時44分 未時					1/21 0時23分 子時					

年	壬午																													
月	壬寅					癸卯					甲辰					乙巳					丙午					丁未				
節氣	立春					驚蟄					清明					立夏					芒種					小暑				
	2/4 18時48分 酉時					3/6 13時9分 未時					4/5 18時23分 酉時					5/6 12時6分 午時					6/6 16時32分 申時					7/8 2時51分 丑時				
日	國曆		農曆		干支	國曆		農曆		干支	國曆		農曆		干支	國曆		農曆		干支	國曆		農曆		干支	國曆		農曆		干支
	2	4	12	19	戊子	3	6	1	20	戊午	4	5	2	20	戊子	5	6	3	22	己未	6	6	4	23	庚寅	7	8	5	25	壬戌
	2	5	12	20	己丑	3	7	1	21	己未	4	6	2	21	己丑	5	7	3	23	庚申	6	7	4	24	辛卯	7	9	5	26	癸亥
	2	6	12	21	庚寅	3	8	1	22	庚申	4	7	2	22	庚寅	5	8	3	24	辛酉	6	8	4	25	壬辰	7	10	5	27	甲子
	2	7	12	22	辛卯	3	9	1	23	辛酉	4	8	2	23	辛卯	5	9	3	25	壬戌	6	9	4	26	癸巳	7	11	5	28	乙丑
中華民國三十一年	2	8	12	23	壬辰	3	10	1	24	壬戌	4	9	2	24	壬辰	5	10	3	26	癸亥	6	10	4	27	甲午	7	12	5	29	丙寅
	2	9	12	24	癸巳	3	11	1	25	癸亥	4	10	2	25	癸巳	5	11	3	27	甲子	6	11	4	28	乙未	7	13	6	1	丁卯
	2	10	12	25	甲午	3	12	1	26	甲子	4	11	2	26	甲午	5	12	3	28	乙丑	6	12	4	29	丙申	7	14	6	2	戊辰
	2	11	12	26	乙未	3	13	1	27	乙丑	4	12	2	27	乙未	5	13	3	29	丙寅	6	13	4	30	丁酉	7	15	6	3	己巳
	2	12	12	27	丙申	3	14	1	28	丙寅	4	13	2	28	丙申	5	14	3	30	丁卯	6	14	5	1	戊戌	7	16	6	4	庚午
	2	13	12	28	丁酉	3	15	1	29	丁卯	4	14	2	29	丁酉	5	15	4	1	戊辰	6	15	5	2	己亥	7	17	6	5	辛未
	2	14	12	29	戊戌	3	16	1	30	戊辰	4	15	3	1	戊戌	5	16	4	2	己巳	6	16	5	3	庚子	7	18	6	6	壬申
馬	2	15	1	1	己亥	3	17	2	1	己巳	4	16	3	2	己亥	5	17	4	3	庚午	6	17	5	4	辛丑	7	19	6	7	癸酉
	2	16	1	2	庚子	3	18	2	2	庚午	4	17	3	3	庚子	5	18	4	4	辛未	6	18	5	5	壬寅	7	20	6	8	甲戌
	2	17	1	3	辛丑	3	19	2	3	辛未	4	18	3	4	辛丑	5	19	4	5	壬申	6	19	5	6	癸卯	7	21	6	9	乙亥
	2	18	1	4	壬寅	3	20	2	4	壬申	4	19	3	5	壬寅	5	20	4	6	癸酉	6	20	5	7	甲辰	7	22	6	10	丙子
	2	19	1	5	癸卯	3	21	2	5	癸酉	4	20	3	6	癸卯	5	21	4	7	甲戌	6	21	5	8	乙巳	7	23	6	11	丁丑
	2	20	1	6	甲辰	3	22	2	6	甲戌	4	21	3	7	甲辰	5	22	4	8	乙亥	6	22	5	9	丙午	7	24	6	12	戊寅
	2	21	1	7	乙巳	3	23	2	7	乙亥	4	22	3	8	乙巳	5	23	4	9	丙子	6	23	5	10	丁未	7	25	6	13	己卯
	2	22	1	8	丙午	3	24	2	8	丙子	4	23	3	9	丙午	5	24	4	10	丁丑	6	24	5	11	戊申	7	26	6	14	庚辰
	2	23	1	9	丁未	3	25	2	9	丁丑	4	24	3	10	丁未	5	25	4	11	戊寅	6	25	5	12	己酉	7	27	6	15	辛巳
	2	24	1	10	戊申	3	26	2	10	戊寅	4	25	3	11	戊申	5	26	4	12	己卯	6	26	5	13	庚戌	7	28	6	16	壬午
	2	25	1	11	己酉	3	27	2	11	己卯	4	26	3	12	己酉	5	27	4	13	庚辰	6	27	5	14	辛亥	7	29	6	17	癸未
	2	26	1	12	庚戌	3	28	2	12	庚辰	4	27	3	13	庚戌	5	28	4	14	辛巳	6	28	5	15	壬子	7	30	6	18	甲申
1942	2	27	1	13	辛亥	3	29	2	13	辛巳	4	28	3	14	辛亥	5	29	4	15	壬午	6	29	5	16	癸丑	7	31	6	19	乙酉
	2	28	1	14	壬子	3	30	2	14	壬午	4	29	3	15	壬子	5	30	4	16	癸未	6	30	5	17	甲寅	8	1	6	20	丙戌
	3	1	1	15	癸丑	3	31	2	15	癸未	4	30	3	16	癸丑	5	31	4	17	甲申	7	1	5	18	乙卯	8	2	6	21	丁亥
	3	2	1	16	甲寅	4	1	2	16	甲申	5	1	3	17	甲寅	6	1	4	18	乙酉	7	2	5	19	丙辰	8	3	6	22	戊子
	3	3	1	17	乙卯	4	2	2	17	乙酉	5	2	3	18	乙卯	6	2	4	19	丙戌	7	3	5	20	丁巳	8	4	6	23	己丑
	3	4	1	18	丙辰	4	3	2	18	丙戌	5	3	3	19	丙辰	6	3	4	20	丁亥	7	4	5	21	戊午	8	5	6	24	庚寅
	3	5	1	19	丁巳	4	4	2	19	丁亥	5	4	3	20	丁巳	6	4	4	21	戊子	7	5	5	22	己未	8	6	6	25	辛卯
											5	5	3	21	戊午	6	5	4	22	己丑	7	6	5	23	庚申	8	7	6	26	壬辰
																					7	7	5	24	辛酉					
中氣	雨水					春分					穀雨					小滿					夏至					大暑				
	2/19 14時46分 未時					3/21 14時10分 未時					4/21 1時39分 丑時					5/22 1時8分 丑時					6/22 9時16分 巳時					7/23 20時7分 戌時				

壬午																														年
戊申					己酉					庚戌					辛亥					壬子					癸丑					月
立秋					白露					寒露					立冬					大雪					小寒					節氣
8/8 12時30分 午時					9/8 15時6分 申時					10/9 6時21分 卯時					11/8 9時11分 巳時					12/8 1時46分 丑時					1/6 12時54分 午時					
國曆		農曆		干支	國曆		農曆		干支	國曆		農曆		干支	國曆		農曆		干支	國曆		農曆		干支	國曆		農曆		干支	日
8	8	6	27	癸巳	9	8	7	28	甲子	10	9	8	30	乙未	11	8	10	1	乙丑	12	8	11	1	乙未	1	6	12	1	甲子	中華民國三十一、三十二年
8	9	6	28	甲午	9	9	7	29	乙丑	10	10	9	1	丙申	11	9	10	2	丙寅	12	9	11	2	丙申	1	7	12	2	乙丑	馬
8	10	6	29	乙未	9	10	8	1	丙寅	10	11	9	2	丁酉	11	10	10	3	丁卯	12	10	11	3	丁酉	1	8	12	3	丙寅	
8	11	6	30	丙申	9	11	8	2	丁卯	10	12	9	3	戊戌	11	11	10	4	戊辰	12	11	11	4	戊戌	1	9	12	4	丁卯	
8	12	7	1	丁酉	9	12	8	3	戊辰	10	13	9	4	己亥	11	12	10	5	己巳	12	12	11	5	己亥	1	10	12	5	戊辰	
8	13	7	2	戊戌	9	13	8	4	己巳	10	14	9	5	庚子	11	13	10	6	庚午	12	13	11	6	庚子	1	11	12	6	己巳	
8	14	7	3	己亥	9	14	8	5	庚午	10	15	9	6	辛丑	11	14	10	7	辛未	12	14	11	7	辛丑	1	12	12	7	庚午	
8	15	7	4	庚子	9	15	8	6	辛未	10	16	9	7	壬寅	11	15	10	8	壬申	12	15	11	8	壬寅	1	13	12	8	辛未	
8	16	7	5	辛丑	9	16	8	7	壬申	10	17	9	8	癸卯	11	16	10	9	癸酉	12	16	11	9	癸卯	1	14	12	9	壬申	
8	17	7	6	壬寅	9	17	8	8	癸酉	10	18	9	9	甲辰	11	17	10	10	甲戌	12	17	11	10	甲辰	1	15	12	10	癸酉	
8	18	7	7	癸卯	9	18	8	9	甲戌	10	19	9	10	乙巳	11	18	10	11	乙亥	12	18	11	11	乙巳	1	16	12	11	甲戌	
8	19	7	8	甲辰	9	19	8	10	乙亥	10	20	9	11	丙午	11	19	10	12	丙子	12	19	11	12	丙午	1	17	12	12	乙亥	
8	20	7	9	乙巳	9	20	8	11	丙子	10	21	9	12	丁未	11	20	10	13	丁丑	12	20	11	13	丁未	1	18	12	13	丙子	
8	21	7	10	丙午	9	21	8	12	丁丑	10	22	9	13	戊申	11	21	10	14	戊寅	12	21	11	14	戊申	1	19	12	14	丁丑	
8	22	7	11	丁未	9	22	8	13	戊寅	10	23	9	14	己酉	11	22	10	15	己卯	12	22	11	15	己酉	1	20	12	15	戊寅	
8	23	7	12	戊申	9	23	8	14	己卯	10	24	9	15	庚戌	11	23	10	16	庚辰	12	23	11	16	庚戌	1	21	12	16	己卯	
8	24	7	13	己酉	9	24	8	15	庚辰	10	25	9	16	辛亥	11	24	10	17	辛巳	12	24	11	17	辛亥	1	22	12	17	庚辰	
8	25	7	14	庚戌	9	25	8	16	辛巳	10	26	9	17	壬子	11	25	10	18	壬午	12	25	11	18	壬子	1	23	12	18	辛巳	
8	26	7	15	辛亥	9	26	8	17	壬午	10	27	9	18	癸丑	11	26	10	19	癸未	12	26	11	19	癸丑	1	24	12	19	壬午	
8	27	7	16	壬子	9	27	8	18	癸未	10	28	9	19	甲寅	11	27	10	20	甲申	12	27	11	20	甲寅	1	25	12	20	癸未	
8	28	7	17	癸丑	9	28	8	19	甲申	10	29	9	20	乙卯	11	28	10	21	乙酉	12	28	11	21	乙卯	1	26	12	21	甲申	
8	29	7	18	甲寅	9	29	8	20	乙酉	10	30	9	21	丙辰	11	29	10	22	丙戌	12	29	11	22	丙辰	1	27	12	22	乙酉	1942、1943
8	30	7	19	乙卯	9	30	8	21	丙戌	10	31	9	22	丁巳	11	30	10	23	丁亥	12	30	11	23	丁巳	1	28	12	23	丙戌	
8	31	7	20	丙辰	10	1	8	22	丁亥	11	1	9	23	戊午	12	1	10	24	戊子	12	31	11	24	戊午	1	29	12	24	丁亥	
9	1	7	21	丁巳	10	2	8	23	戊子	11	2	9	24	己未	12	2	10	25	己丑	1	1	11	25	己未	1	30	12	25	戊子	
9	2	7	22	戊午	10	3	8	24	己丑	11	3	9	25	庚申	12	3	10	26	庚寅	1	2	11	26	庚申	1	31	12	26	己丑	
9	3	7	23	己未	10	4	8	25	庚寅	11	4	9	26	辛酉	12	4	10	27	辛卯	1	3	11	27	辛酉	2	1	12	27	庚寅	
9	4	7	24	庚申	10	5	8	26	辛卯	11	5	9	27	壬戌	12	5	10	28	壬辰	1	4	11	28	壬戌	2	2	12	28	辛卯	
9	5	7	25	辛酉	10	6	8	27	壬辰	11	6	9	28	癸亥	12	6	10	29	癸巳	1	5	11	29	癸亥	2	3	12	29	壬辰	
9	6	7	26	壬戌	10	7	8	28	癸巳	11	7	9	29	甲子	12	7	10	30	甲午						2	4	12	30	癸巳	
9	7	7	27	癸亥	10	8	8	29	甲午																					
處暑					秋分					霜降					小雪					冬至					大寒					中氣
8/24 2時58分 丑時					9/24 0時16分 子時					10/24 9時15分 巳時					11/23 6時30分 卯時					12/22 19時39分 戌時					1/21 6時18分 卯時					

年	癸未																													
月	甲寅					乙卯					丙辰					丁巳					戊午					己未				
節氣	立春 2/5 0時40分 子時					驚蟄 3/6 18時58分 酉時					清明 4/6 0時11分 子時					立夏 5/6 17時53分 酉時					芒種 6/6 22時19分 亥時					小暑 7/8 8時38分 辰時				
日	國曆		農曆		干支	國曆		農曆		干支	國曆		農曆		干支	國曆		農曆		干支	國曆		農曆		干支	國曆		農曆		干支
中華民國三十二年 羊 1943	2	5	1	1	甲午	3	6	2	1	癸亥	4	6	3	2	甲午	5	6	4	3	甲子	6	6	5	4	乙未	7	8	6	7	丁卯
	2	6	1	2	乙未	3	7	2	2	甲子	4	7	3	3	乙未	5	7	4	4	乙丑	6	7	5	5	丙申	7	9	6	8	戊辰
	2	7	1	3	丙申	3	8	2	3	乙丑	4	8	3	4	丙申	5	8	4	5	丙寅	6	8	5	6	丁酉	7	10	6	9	己巳
	2	8	1	4	丁酉	3	9	2	4	丙寅	4	9	3	5	丁酉	5	9	4	6	丁卯	6	9	5	7	戊戌	7	11	6	10	庚午
	2	9	1	5	戊戌	3	10	2	5	丁卯	4	10	3	6	戊戌	5	10	4	7	戊辰	6	10	5	8	己亥	7	12	6	11	辛未
	2	10	1	6	己亥	3	11	2	6	戊辰	4	11	3	7	己亥	5	11	4	8	己巳	6	11	5	9	庚子	7	13	6	12	壬申
	2	11	1	7	庚子	3	12	2	7	己巳	4	12	3	8	庚子	5	12	4	9	庚午	6	12	5	10	辛丑	7	14	6	13	癸酉
	2	12	1	8	辛丑	3	13	2	8	庚午	4	13	3	9	辛丑	5	13	4	10	辛未	6	13	5	11	壬寅	7	15	6	14	甲戌
	2	13	1	9	壬寅	3	14	2	9	辛未	4	14	3	10	壬寅	5	14	4	11	壬申	6	14	5	12	癸卯	7	16	6	15	乙亥
	2	14	1	10	癸卯	3	15	2	10	壬申	4	15	3	11	癸卯	5	15	4	12	癸酉	6	15	5	13	甲辰	7	17	6	16	丙子
	2	15	1	11	甲辰	3	16	2	11	癸酉	4	16	3	12	甲辰	5	16	4	13	甲戌	6	16	5	14	乙巳	7	18	6	17	丁丑
	2	16	1	12	乙巳	3	17	2	12	甲戌	4	17	3	13	乙巳	5	17	4	14	乙亥	6	17	5	15	丙午	7	19	6	18	戊寅
	2	17	1	13	丙午	3	18	2	13	乙亥	4	18	3	14	丙午	5	18	4	15	丙子	6	18	5	16	丁未	7	20	6	19	己卯
	2	18	1	14	丁未	3	19	2	14	丙子	4	19	3	15	丁未	5	19	4	16	丁丑	6	19	5	17	戊申	7	21	6	20	庚辰
	2	19	1	15	戊申	3	20	2	15	丁丑	4	20	3	16	戊申	5	20	4	17	戊寅	6	20	5	18	己酉	7	22	6	21	辛巳
	2	20	1	16	己酉	3	21	2	16	戊寅	4	21	3	17	己酉	5	21	4	18	己卯	6	21	5	19	庚戌	7	23	6	22	壬午
	2	21	1	17	庚戌	3	22	2	17	己卯	4	22	3	18	庚戌	5	22	4	19	庚辰	6	22	5	20	辛亥	7	24	6	23	癸未
	2	22	1	18	辛亥	3	23	2	18	庚辰	4	23	3	19	辛亥	5	23	4	20	辛巳	6	23	5	21	壬子	7	25	6	24	甲申
	2	23	1	19	壬子	3	24	2	19	辛巳	4	24	3	20	壬子	5	24	4	21	壬午	6	24	5	22	癸丑	7	26	6	25	乙酉
	2	24	1	20	癸丑	3	25	2	20	壬午	4	25	3	21	癸丑	5	25	4	22	癸未	6	25	5	23	甲寅	7	27	6	26	丙戌
	2	25	1	21	甲寅	3	26	2	21	癸未	4	26	3	22	甲寅	5	26	4	23	甲申	6	26	5	24	乙卯	7	28	6	27	丁亥
	2	26	1	22	乙卯	3	27	2	22	甲申	4	27	3	23	乙卯	5	27	4	24	乙酉	6	27	5	25	丙辰	7	29	6	28	戊子
	2	27	1	23	丙辰	3	28	2	23	乙酉	4	28	3	24	丙辰	5	28	4	25	丙戌	6	28	5	26	丁巳	7	30	6	29	己丑
	2	28	1	24	丁巳	3	29	2	24	丙戌	4	29	3	25	丁巳	5	29	4	26	丁亥	6	29	5	27	戊午	7	31	6	30	庚寅
	3	1	1	25	戊午	3	30	2	25	丁亥	4	30	3	26	戊午	5	30	4	27	戊子	6	30	5	28	己未	8	1	7	1	辛卯
	3	2	1	26	己未	3	31	2	26	戊子	5	1	3	27	己未	5	31	4	28	己丑	7	1	5	29	庚申	8	2	7	2	壬辰
	3	3	1	27	庚申	4	1	2	27	己丑	5	2	3	28	庚申	6	1	4	29	庚寅	7	2	6	1	辛酉	8	3	7	3	癸巳
	3	4	1	28	辛酉	4	2	2	28	庚寅	5	3	3	29	辛酉	6	2	4	30	辛卯	7	3	6	2	壬戌	8	4	7	4	甲午
	3	5	1	29	壬戌	4	3	2	29	辛卯	5	4	4	1	壬戌	6	3	5	1	壬辰	7	4	6	3	癸亥	8	5	7	5	乙未
						4	4	2	30	壬辰	5	5	4	2	癸亥	6	4	5	2	癸巳	7	5	6	4	甲子	8	6	7	6	丙申
						4	5	3	1	癸巳						6	5	5	3	甲午	7	6	6	5	乙丑	8	7	7	7	丁酉
																					7	7	6	6	丙寅					
中氣	雨水 2/19 20時40分 戌時					春分 3/21 20時2分 戌時					穀雨 4/21 7時31分 辰時					小滿 5/22 7時2分 辰時					夏至 6/22 15時12分 申時					大暑 7/24 2時4分 丑時				

癸未																														年
庚申					辛酉					壬戌					癸亥					甲子					乙丑					月
立秋					白露					寒露					立冬					大雪					小寒					節氣
8/8 18時18分 酉時					9/8 20時55分 戌時					10/9 12時10分 午時					11/8 14時58分 未時					12/8 7時32分 辰時					1/6 18時39分 酉時					
國曆		農曆		干支	國曆		農曆		干支	國曆		農曆		干支	國曆		農曆		干支	國曆		農曆		干支	國曆		農曆		干支	日
8	8	7	8	戊戌	9	8	8	9	己巳	10	9	9	11	庚子	11	8	10	11	庚午	12	8	11	12	庚子	1	6	12	11	己巳	中華民國三十二、三十三年 羊
8	9	7	9	己亥	9	9	8	10	庚午	10	10	9	12	辛丑	11	9	10	12	辛未	12	9	11	13	辛丑	1	7	12	12	庚午	
8	10	7	10	庚子	9	10	8	11	辛未	10	11	9	13	壬寅	11	10	10	13	壬申	12	10	11	14	壬寅	1	8	12	13	辛未	
8	11	7	11	辛丑	9	11	8	12	壬申	10	12	9	14	癸卯	11	11	10	14	癸酉	12	11	11	15	癸卯	1	9	12	14	壬申	
8	12	7	12	壬寅	9	12	8	13	癸酉	10	13	9	15	甲辰	11	12	10	15	甲戌	12	12	11	16	甲辰	1	10	12	15	癸酉	
8	13	7	13	癸卯	9	13	8	14	甲戌	10	14	9	16	乙巳	11	13	10	16	乙亥	12	13	11	17	乙巳	1	11	12	16	甲戌	
8	14	7	14	甲辰	9	14	8	15	乙亥	10	15	9	17	丙午	11	14	10	17	丙子	12	14	11	18	丙午	1	12	12	17	乙亥	
8	15	7	15	乙巳	9	15	8	16	丙子	10	16	9	18	丁未	11	15	10	18	丁丑	12	15	11	19	丁未	1	13	12	18	丙子	
8	16	7	16	丙午	9	16	8	17	丁丑	10	17	9	19	戊申	11	16	10	19	戊寅	12	16	11	20	戊申	1	14	12	19	丁丑	
8	17	7	17	丁未	9	17	8	18	戊寅	10	18	9	20	己酉	11	17	10	20	己卯	12	17	11	21	己酉	1	15	12	20	戊寅	
8	18	7	18	戊申	9	18	8	19	己卯	10	19	9	21	庚戌	11	18	10	21	庚辰	12	18	11	22	庚戌	1	16	12	21	己卯	
8	19	7	19	己酉	9	19	8	20	庚辰	10	20	9	22	辛亥	11	19	10	22	辛巳	12	19	11	23	辛亥	1	17	12	22	庚辰	
8	20	7	20	庚戌	9	20	8	21	辛巳	10	21	9	23	壬子	11	20	10	23	壬午	12	20	11	24	壬子	1	18	12	23	辛巳	
8	21	7	21	辛亥	9	21	8	22	壬午	10	22	9	24	癸丑	11	21	10	24	癸未	12	21	11	25	癸丑	1	19	12	24	壬午	
8	22	7	22	壬子	9	22	8	23	癸未	10	23	9	25	甲寅	11	22	10	25	甲申	12	22	11	26	甲寅	1	20	12	25	癸未	
8	23	7	23	癸丑	9	23	8	24	甲申	10	24	9	26	乙卯	11	23	10	26	乙酉	12	23	11	27	乙卯	1	21	12	26	甲申	
8	24	7	24	甲寅	9	24	8	25	乙酉	10	25	9	27	丙辰	11	24	10	27	丙戌	12	24	11	28	丙辰	1	22	12	27	乙酉	
8	25	7	25	乙卯	9	25	8	26	丙戌	10	26	9	28	丁巳	11	25	10	28	丁亥	12	25	11	29	丁巳	1	23	12	28	丙戌	
8	26	7	26	丙辰	9	26	8	27	丁亥	10	27	9	29	戊午	11	26	10	29	戊子	12	26	11	30	戊午	1	24	12	29	丁亥	
8	27	7	27	丁巳	9	27	8	28	戊子	10	28	9	30	己未	11	27	11	1	己丑	12	27	12	1	己未	1	25	1	1	戊子	
8	28	7	28	戊午	9	28	8	29	己丑	10	29	10	1	庚申	11	28	11	2	庚寅	12	28	12	2	庚申	1	26	1	2	己丑	
8	29	7	29	己未	9	29	9	1	庚寅	10	30	10	2	辛酉	11	29	11	3	辛卯	12	29	12	3	辛酉	1	27	1	3	庚寅	1943、1944
8	30	7	30	庚申	9	30	9	2	辛卯	10	31	10	3	壬戌	11	30	11	4	壬辰	12	30	12	4	壬戌	1	28	1	4	辛卯	
8	31	8	1	辛酉	10	1	9	3	壬辰	11	1	10	4	癸亥	12	1	11	5	癸巳	12	31	12	5	癸亥	1	29	1	5	壬辰	
9	1	8	2	壬戌	10	2	9	4	癸巳	11	2	10	5	甲子	12	2	11	6	甲午	1	1	12	6	甲子	1	30	1	6	癸巳	
9	2	8	3	癸亥	10	3	9	5	甲午	11	3	10	6	乙丑	12	3	11	7	乙未	1	2	12	7	乙丑	1	31	1	7	甲午	
9	3	8	4	甲子	10	4	9	6	乙未	11	4	10	7	丙寅	12	4	11	8	丙申	1	3	12	8	丙寅	2	1	1	8	乙未	
9	4	8	5	乙丑	10	5	9	7	丙申	11	5	10	8	丁卯	12	5	11	9	丁酉	1	4	12	9	丁卯	2	2	1	9	丙申	
9	5	8	6	丙寅	10	6	9	8	丁酉	11	6	10	9	戊辰	12	6	11	10	戊戌	1	5	12	10	戊辰	2	3	1	10	丁酉	
9	6	8	7	丁卯	10	7	9	9	戊戌	11	7	10	10	己巳	12	7	11	11	己亥						2	4	1	11	戊戌	
9	7	8	8	戊辰	10	8	9	10	己亥																					
處暑					秋分					霜降					小雪					冬至					大寒					中氣
8/24 8時55分 辰時					9/24 6時11分 卯時					10/24 15時8分 申時					11/23 12時21分 午時					12/23 1時29分 丑時					1/21 12時7分 午時					

年	甲申																													
月	丙寅					丁卯					戊辰					己巳					庚午					辛未				
節氣	立春					驚蟄					清明					立夏					芒種					小暑				
	2/5 6時22分 卯時					3/6 0時40分 子時					4/5 5時54分 卯時					5/5 23時39分 子時					6/6 4時10分 寅時					7/7 14時36分 未時				
日	國曆		農曆		干支	國曆		農曆		干支	國曆		農曆		干支	國曆		農曆		干支	國曆		農曆		干支	國曆		農曆		干支
中華民國三十三年 猴 1944	2	5	1	12	己亥	3	6	2	12	己巳	4	5	3	13	己亥	5	5	4	13	己巳	6	6	4	16	辛丑	7	7	5	17	壬申
	2	6	1	13	庚子	3	7	2	13	庚午	4	6	3	14	庚子	5	6	4	14	庚午	6	7	4	17	壬寅	7	8	5	18	癸酉
	2	7	1	14	辛丑	3	8	2	14	辛未	4	7	3	15	辛丑	5	7	4	15	辛未	6	8	4	18	癸卯	7	9	5	19	甲戌
	2	8	1	15	壬寅	3	9	2	15	壬申	4	8	3	16	壬寅	5	8	4	16	壬申	6	9	4	19	甲辰	7	10	5	20	乙亥
	2	9	1	16	癸卯	3	10	2	16	癸酉	4	9	3	17	癸卯	5	9	4	17	癸酉	6	10	4	20	乙巳	7	11	5	21	丙子
	2	10	1	17	甲辰	3	11	2	17	甲戌	4	10	3	18	甲辰	5	10	4	18	甲戌	6	11	4	21	丙午	7	12	5	22	丁丑
	2	11	1	18	乙巳	3	12	2	18	乙亥	4	11	3	19	乙巳	5	11	4	19	乙亥	6	12	4	22	丁未	7	13	5	23	戊寅
	2	12	1	19	丙午	3	13	2	19	丙子	4	12	3	20	丙午	5	12	4	20	丙子	6	13	4	23	戊申	7	14	5	24	己卯
	2	13	1	20	丁未	3	14	2	20	丁丑	4	13	3	21	丁未	5	13	4	21	丁丑	6	14	4	24	己酉	7	15	5	25	庚辰
	2	14	1	21	戊申	3	15	2	21	戊寅	4	14	3	22	戊申	5	14	4	22	戊寅	6	15	4	25	庚戌	7	16	5	26	辛巳
	2	15	1	22	己酉	3	16	2	22	己卯	4	15	3	23	己酉	5	15	4	23	己卯	6	16	4	26	辛亥	7	17	5	27	壬午
	2	16	1	23	庚戌	3	17	2	23	庚辰	4	16	3	24	庚戌	5	16	4	24	庚辰	6	17	4	27	壬子	7	18	5	28	癸未
	2	17	1	24	辛亥	3	18	2	24	辛巳	4	17	3	25	辛亥	5	17	4	25	辛巳	6	18	4	28	癸丑	7	19	5	29	甲申
	2	18	1	25	壬子	3	19	2	25	壬午	4	18	3	26	壬子	5	18	4	26	壬午	6	19	4	29	甲寅	7	20	6	1	乙酉
	2	19	1	26	癸丑	3	20	2	26	癸未	4	19	3	27	癸丑	5	19	4	27	癸未	6	20	4	30	乙卯	7	21	6	2	丙戌
	2	20	1	27	甲寅	3	21	2	27	甲申	4	20	3	28	甲寅	5	20	4	28	甲申	6	21	5	1	丙辰	7	22	6	3	丁亥
	2	21	1	28	乙卯	3	22	2	28	乙酉	4	21	3	29	乙卯	5	21	4	29	乙酉	6	22	5	2	丁巳	7	23	6	4	戊子
	2	22	1	29	丙辰	3	23	2	29	丙戌	4	22	3	30	丙辰	5	22	閏4	1	丙戌	6	23	5	3	戊午	7	24	6	5	己丑
	2	23	1	30	丁巳	3	24	3	1	丁亥	4	23	4	1	丁巳	5	23	4	2	丁亥	6	24	5	4	己未	7	25	6	6	庚寅
	2	24	2	1	戊午	3	25	3	2	戊子	4	24	4	2	戊午	5	24	4	3	戊子	6	25	5	5	庚申	7	26	6	7	辛卯
	2	25	2	2	己未	3	26	3	3	己丑	4	25	4	3	己未	5	25	4	4	己丑	6	26	5	6	辛酉	7	27	6	8	壬辰
	2	26	2	3	庚申	3	27	3	4	庚寅	4	26	4	4	庚申	5	26	4	5	庚寅	6	27	5	7	壬戌	7	28	6	9	癸巳
	2	27	2	4	辛酉	3	28	3	5	辛卯	4	27	4	5	辛酉	5	27	4	6	辛卯	6	28	5	8	癸亥	7	29	6	10	甲午
	2	28	2	5	壬戌	3	29	3	6	壬辰	4	28	4	6	壬戌	5	28	4	7	壬辰	6	29	5	9	甲子	7	30	6	11	乙未
	2	29	2	6	癸亥	3	30	3	7	癸巳	4	29	4	7	癸亥	5	29	4	8	癸巳	6	30	5	10	乙丑	7	31	6	12	丙申
	3	1	2	7	甲子	3	31	3	8	甲午	4	30	4	8	甲子	5	30	4	9	甲午	7	1	5	11	丙寅	8	1	6	13	丁酉
	3	2	2	8	乙丑	4	1	3	9	乙未	5	1	4	9	乙丑	5	31	4	10	乙未	7	2	5	12	丁卯	8	2	6	14	戊戌
	3	3	2	9	丙寅	4	2	3	10	丙申	5	2	4	10	丙寅	6	1	4	11	丙申	7	3	5	13	戊辰	8	3	6	15	己亥
	3	4	2	10	丁卯	4	3	3	11	丁酉	5	3	4	11	丁卯	6	2	4	12	丁酉	7	4	5	14	己巳	8	4	6	16	庚子
	3	5	2	11	戊辰	4	4	3	12	戊戌	5	4	4	12	戊辰	6	3	4	13	戊戌	7	5	5	15	庚午	8	5	6	17	辛丑
																6	4	4	14	己亥	7	6	5	16	辛未	8	6	6	18	壬寅
																6	5	4	15	庚子						8	7	6	19	癸卯
中氣	雨水					春分					穀雨					小滿					夏至					大暑				
	2/20 2時27分 丑時					3/21 1時48分 丑時					4/20 13時17分 未時					5/21 12時50分 午時					6/21 21時2分 亥時					7/23 7時55分 辰時				

甲申																														年
壬申					癸酉					甲戌					乙亥					丙子					丁丑					月
立秋					白露					寒露					立冬					大雪					小寒					節
8/8 0時18分 子時					9/8 2時55分 丑時					10/8 18時8分 酉時					11/7 20時54分 戌時					12/7 13時27分 未時					1/6 0時34分 子時					氣
國曆		農曆		干支	國曆		農曆		干支	國曆		農曆		干支	國曆		農曆		干支	國曆		農曆		干支	國曆		農曆		干支	日
8	8	6	20	甲辰	9	8	7	21	乙亥	10	8	8	22	乙巳	11	7	9	22	乙亥	12	7	10	22	乙巳	1	6	11	23	乙亥	中華民國三十三、三十四年 猴
8	9	6	21	乙巳	9	9	7	22	丙子	10	9	8	23	丙午	11	8	9	23	丙子	12	8	10	23	丙午	1	7	11	24	丙子	
8	10	6	22	丙午	9	10	7	23	丁丑	10	10	8	24	丁未	11	9	9	24	丁丑	12	9	10	24	丁未	1	8	11	25	丁丑	
8	11	6	23	丁未	9	11	7	24	戊寅	10	11	8	25	戊申	11	10	9	25	戊寅	12	10	10	25	戊申	1	9	11	26	戊寅	
8	12	6	24	戊申	9	12	7	25	己卯	10	12	8	26	己酉	11	11	9	26	己卯	12	11	10	26	己酉	1	10	11	27	己卯	
8	13	6	25	己酉	9	13	7	26	庚辰	10	13	8	27	庚戌	11	12	9	27	庚辰	12	12	10	27	庚戌	1	11	11	28	庚辰	
8	14	6	26	庚戌	9	14	7	27	辛巳	10	14	8	28	辛亥	11	13	9	28	辛巳	12	13	10	28	辛亥	1	12	11	29	辛巳	
8	15	6	27	辛亥	9	15	7	28	壬午	10	15	8	29	壬子	11	14	9	29	壬午	12	14	10	29	壬子	1	13	11	30	壬午	
8	16	6	28	壬子	9	16	7	29	癸未	10	16	8	30	癸丑	11	15	9	30	癸未	12	15	11	1	癸丑	1	14	12	1	癸未	
8	17	6	29	癸丑	9	17	8	1	甲申	10	17	9	1	甲寅	11	16	10	1	甲申	12	16	11	2	甲寅	1	15	12	2	甲申	
8	18	6	30	甲寅	9	18	8	2	乙酉	10	18	9	2	乙卯	11	17	10	2	乙酉	12	17	11	3	乙卯	1	16	12	3	乙酉	
8	19	7	1	乙卯	9	19	8	3	丙戌	10	19	9	3	丙辰	11	18	10	3	丙戌	12	18	11	4	丙辰	1	17	12	4	丙戌	
8	20	7	2	丙辰	9	20	8	4	丁亥	10	20	9	4	丁巳	11	19	10	4	丁亥	12	19	11	5	丁巳	1	18	12	5	丁亥	
8	21	7	3	丁巳	9	21	8	5	戊子	10	21	9	5	戊午	11	20	10	5	戊子	12	20	11	6	戊午	1	19	12	6	戊子	
8	22	7	4	戊午	9	22	8	6	己丑	10	22	9	6	己未	11	21	10	6	己丑	12	21	11	7	己未	1	20	12	7	己丑	
8	23	7	5	己未	9	23	8	7	庚寅	10	23	9	7	庚申	11	22	10	7	庚寅	12	22	11	8	庚申	1	21	12	8	庚寅	
8	24	7	6	庚申	9	24	8	8	辛卯	10	24	9	8	辛酉	11	23	10	8	辛卯	12	23	11	9	辛酉	1	22	12	9	辛卯	
8	25	7	7	辛酉	9	25	8	9	壬辰	10	25	9	9	壬戌	11	24	10	9	壬辰	12	24	11	10	壬戌	1	23	12	10	壬辰	
8	26	7	8	壬戌	9	26	8	10	癸巳	10	26	9	10	癸亥	11	25	10	10	癸巳	12	25	11	11	癸亥	1	24	12	11	癸巳	
8	27	7	9	癸亥	9	27	8	11	甲午	10	27	9	11	甲子	11	26	10	11	甲午	12	26	11	12	甲子	1	25	12	12	甲午	
8	28	7	10	甲子	9	28	8	12	乙未	10	28	9	12	乙丑	11	27	10	12	乙未	12	27	11	13	乙丑	1	26	12	13	乙未	1944、1945
8	29	7	11	乙丑	9	29	8	13	丙申	10	29	9	13	丙寅	11	28	10	13	丙申	12	28	11	14	丙寅	1	27	12	14	丙申	
8	30	7	12	丙寅	9	30	8	14	丁酉	10	30	9	14	丁卯	11	29	10	14	丁酉	12	29	11	15	丁卯	1	28	12	15	丁酉	
8	31	7	13	丁卯	10	1	8	15	戊戌	10	31	9	15	戊辰	11	30	10	15	戊戌	12	30	11	16	戊辰	1	29	12	16	戊戌	
9	1	7	14	戊辰	10	2	8	16	己亥	11	1	9	16	己巳	12	1	10	16	己亥	12	31	11	17	己巳	1	30	12	17	己亥	
9	2	7	15	己巳	10	3	8	17	庚子	11	2	9	17	庚午	12	2	10	17	庚子	1	1	11	18	庚午	1	31	12	18	庚子	
9	3	7	16	庚午	10	4	8	18	辛丑	11	3	9	18	辛未	12	3	10	18	辛丑	1	2	11	19	辛未	2	1	12	19	辛丑	
9	4	7	17	辛未	10	5	8	19	壬寅	11	4	9	19	壬申	12	4	10	19	壬寅	1	3	11	20	壬申	2	2	12	20	壬寅	
9	5	7	18	壬申	10	6	8	20	癸卯	11	5	9	20	癸酉	12	5	10	20	癸卯	1	4	11	21	癸酉	2	3	12	21	癸卯	
9	6	7	19	癸酉	10	7	8	21	甲辰	11	6	9	21	甲戌	12	6	10	21	甲辰	1	5	11	22	甲戌						
9	7	7	20	甲戌																										
處暑					秋分					霜降					小雪					冬至					大寒					中
8/23 14時46分 未時					9/23 12時1分 午時					10/23 20時56分 戌時					11/22 18時7分 酉時					12/22 7時14分 辰時					1/20 17時53分 酉時					氣

年	乙酉																													
月	戊寅					己卯					庚辰					辛巳					壬午					癸未				
節氣	立春 2/4 12時19分 午時					驚蟄 3/6 6時38分 卯時					清明 4/5 11時51分 午時					立夏 5/6 5時36分 卯時					芒種 6/6 10時5分 巳時					小暑 7/7 20時26分 戌時				
日	國曆		農曆		干支	國曆		農曆		干支	國曆		農曆		干支	國曆		農曆		干支	國曆		農曆		干支	國曆		農曆		干支
中華民國三十四年 雞 1945	2	4	12	22	甲辰	3	6	1	22	甲戌	4	5	2	23	甲辰	5	6	3	25	乙亥	6	6	4	26	丙午	7	7	5	28	丁丑
	2	5	12	23	乙巳	3	7	1	23	乙亥	4	6	2	24	乙巳	5	7	3	26	丙子	6	7	4	27	丁未	7	8	5	29	戊寅
	2	6	12	24	丙午	3	8	1	24	丙子	4	7	2	25	丙午	5	8	3	27	丁丑	6	8	4	28	戊申	7	9	6	1	己卯
	2	7	12	25	丁未	3	9	1	25	丁丑	4	8	2	26	丁未	5	9	3	28	戊寅	6	9	4	29	己酉	7	10	6	2	庚辰
	2	8	12	26	戊申	3	10	1	26	戊寅	4	9	2	27	戊申	5	10	3	29	己卯	6	10	5	1	庚戌	7	11	6	3	辛巳
	2	9	12	27	己酉	3	11	1	27	己卯	4	10	2	28	己酉	5	11	3	30	庚辰	6	11	5	2	辛亥	7	12	6	4	壬午
	2	10	12	28	庚戌	3	12	1	28	庚辰	4	11	2	29	庚戌	5	12	4	1	辛巳	6	12	5	3	壬子	7	13	6	5	癸未
	2	11	12	29	辛亥	3	13	1	29	辛巳	4	12	3	1	辛亥	5	13	4	2	壬午	6	13	5	4	癸丑	7	14	6	6	甲申
	2	12	12	30	壬子	3	14	2	1	壬午	4	13	3	2	壬子	5	14	4	3	癸未	6	14	5	5	甲寅	7	15	6	7	乙酉
	2	13	1	1	癸丑	3	15	2	2	癸未	4	14	3	3	癸丑	5	15	4	4	甲申	6	15	5	6	乙卯	7	16	6	8	丙戌
	2	14	1	2	甲寅	3	16	2	3	甲申	4	15	3	4	甲寅	5	16	4	5	乙酉	6	16	5	7	丙辰	7	17	6	9	丁亥
	2	15	1	3	乙卯	3	17	2	4	乙酉	4	16	3	5	乙卯	5	17	4	6	丙戌	6	17	5	8	丁巳	7	18	6	10	戊子
	2	16	1	4	丙辰	3	18	2	5	丙戌	4	17	3	6	丙辰	5	18	4	7	丁亥	6	18	5	9	戊午	7	19	6	11	己丑
	2	17	1	5	丁巳	3	19	2	6	丁亥	4	18	3	7	丁巳	5	19	4	8	戊子	6	19	5	10	己未	7	20	6	12	庚寅
	2	18	1	6	戊午	3	20	2	7	戊子	4	19	3	8	戊午	5	20	4	9	己丑	6	20	5	11	庚申	7	21	6	13	辛卯
	2	19	1	7	己未	3	21	2	8	己丑	4	20	3	9	己未	5	21	4	10	庚寅	6	21	5	12	辛酉	7	22	6	14	壬辰
	2	20	1	8	庚申	3	22	2	9	庚寅	4	21	3	10	庚申	5	22	4	11	辛卯	6	22	5	13	壬戌	7	23	6	15	癸巳
	2	21	1	9	辛酉	3	23	2	10	辛卯	4	22	3	11	辛酉	5	23	4	12	壬辰	6	23	5	14	癸亥	7	24	6	16	甲午
	2	22	1	10	壬戌	3	24	2	11	壬辰	4	23	3	12	壬戌	5	24	4	13	癸巳	6	24	5	15	甲子	7	25	6	17	乙未
	2	23	1	11	癸亥	3	25	2	12	癸巳	4	24	3	13	癸亥	5	25	4	14	甲午	6	25	5	16	乙丑	7	26	6	18	丙申
	2	24	1	12	甲子	3	26	2	13	甲午	4	25	3	14	甲子	5	26	4	15	乙未	6	26	5	17	丙寅	7	27	6	19	丁酉
	2	25	1	13	乙丑	3	27	2	14	乙未	4	26	3	15	乙丑	5	27	4	16	丙申	6	27	5	18	丁卯	7	28	6	20	戊戌
	2	26	1	14	丙寅	3	28	2	15	丙申	4	27	3	16	丙寅	5	28	4	17	丁酉	6	28	5	19	戊辰	7	29	6	21	己亥
	2	27	1	15	丁卯	3	29	2	16	丁酉	4	28	3	17	丁卯	5	29	4	18	戊戌	6	29	5	20	己巳	7	30	6	22	庚子
	2	28	1	16	戊辰	3	30	2	17	戊戌	4	29	3	18	戊辰	5	30	4	19	己亥	6	30	5	21	庚午	7	31	6	23	辛丑
	3	1	1	17	己巳	3	31	2	18	己亥	4	30	3	19	己巳	5	31	4	20	庚子	7	1	5	22	辛未	8	1	6	24	壬寅
	3	2	1	18	庚午	4	1	2	19	庚子	5	1	3	20	庚午	6	1	4	21	辛丑	7	2	5	23	壬申	8	2	6	25	癸卯
	3	3	1	19	辛未	4	2	2	20	辛丑	5	2	3	21	辛未	6	2	4	22	壬寅	7	3	5	24	癸酉	8	3	6	26	甲辰
	3	4	1	20	壬申	4	3	2	21	壬寅	5	3	3	22	壬申	6	3	4	23	癸卯	7	4	5	25	甲戌	8	4	6	27	乙巳
	3	5	1	21	癸酉	4	4	2	22	癸卯	5	4	3	23	癸酉	6	4	4	24	甲辰	7	5	5	26	乙亥	8	5	6	28	丙午
											5	5	3	24	甲戌	6	5	4	25	乙巳	7	6	5	27	丙子	8	6	6	29	丁未
																										8	7	6	30	戊申
中氣	雨水 2/19 8時14分 辰時					春分 3/21 7時37分 辰時					穀雨 4/20 19時6分 戌時					小滿 5/21 18時40分 酉時					夏至 6/22 2時52分 丑時					大暑 7/23 13時45分 未時				

日光節約時間：五月一日至九月三十日

乙酉																													年
甲申				乙酉					丙戌					丁亥					戊子					己丑					月
立秋				白露					寒露					立冬					大雪					小寒					節氣
8/8 6時5分 卯時				9/8 8時38分 辰時					10/8 23時49分 子時					11/8 2時34分 丑時					12/7 19時7分 戌時					1/6 6時16分 卯時					
曆	農曆		干支	國曆		農曆		干支	國曆		農曆		干支	國曆		農曆		干支	國曆		農曆		干支	國曆		農曆		干支	日
8	7	1	己酉	9	8	8	3	庚辰	10	8	9	3	庚戌	11	8	10	4	辛巳	12	7	11	3	庚戌	1	6	12	4	庚辰	
9	7	2	庚戌	9	9	8	4	辛巳	10	9	9	4	辛亥	11	9	10	5	壬午	12	8	11	4	辛亥	1	7	12	5	辛巳	
10	7	3	辛亥	9	10	8	5	壬午	10	10	9	5	壬子	11	10	10	6	癸未	12	9	11	5	壬子	1	8	12	6	壬午	中華民國三十四、三十五年 雞
11	7	4	壬子	9	11	8	6	癸未	10	11	9	6	癸丑	11	11	10	7	甲申	12	10	11	6	癸丑	1	9	12	7	癸未	
12	7	5	癸丑	9	12	8	7	甲申	10	12	9	7	甲寅	11	12	10	8	乙酉	12	11	11	7	甲寅	1	10	12	8	甲申	
13	7	6	甲寅	9	13	8	8	乙酉	10	13	9	8	乙卯	11	13	10	9	丙戌	12	12	11	8	乙卯	1	11	12	9	乙酉	
14	7	7	乙卯	9	14	8	9	丙戌	10	14	9	9	丙辰	11	14	10	10	丁亥	12	13	11	9	丙辰	1	12	12	10	丙戌	
15	7	8	丙辰	9	15	8	10	丁亥	10	15	9	10	丁巳	11	15	10	11	戊子	12	14	11	10	丁巳	1	13	12	11	丁亥	
16	7	9	丁巳	9	16	8	11	戊子	10	16	9	11	戊午	11	16	10	12	己丑	12	15	11	11	戊午	1	14	12	12	戊子	
17	7	10	戊午	9	17	8	12	己丑	10	17	9	12	己未	11	17	10	13	庚寅	12	16	11	12	己未	1	15	12	13	己丑	
18	7	11	己未	9	18	8	13	庚寅	10	18	9	13	庚申	11	18	10	14	辛卯	12	17	11	13	庚申	1	16	12	14	庚寅	
19	7	12	庚申	9	19	8	14	辛卯	10	19	9	14	辛酉	11	19	10	15	壬辰	12	18	11	14	辛酉	1	17	12	15	辛卯	
20	7	13	辛酉	9	20	8	15	壬辰	10	20	9	15	壬戌	11	20	10	16	癸巳	12	19	11	15	壬戌	1	18	12	16	壬辰	
21	7	14	壬戌	9	21	8	16	癸巳	10	21	9	16	癸亥	11	21	10	17	甲午	12	20	11	16	癸亥	1	19	12	17	癸巳	
22	7	15	癸亥	9	22	8	17	甲午	10	22	9	17	甲子	11	22	10	18	乙未	12	21	11	17	甲子	1	20	12	18	甲午	
23	7	16	甲子	9	23	8	18	乙未	10	23	9	18	乙丑	11	23	10	19	丙申	12	22	11	18	乙丑	1	21	12	19	乙未	
24	7	17	乙丑	9	24	8	19	丙申	10	24	9	19	丙寅	11	24	10	20	丁酉	12	23	11	19	丙寅	1	22	12	20	丙申	
25	7	18	丙寅	9	25	8	20	丁酉	10	25	9	20	丁卯	11	25	10	21	戊戌	12	24	11	20	丁卯	1	23	12	21	丁酉	
26	7	19	丁卯	9	26	8	21	戊戌	10	26	9	21	戊辰	11	26	10	22	己亥	12	25	11	21	戊辰	1	24	12	22	戊戌	
27	7	20	戊辰	9	27	8	22	己亥	10	27	9	22	己巳	11	27	10	23	庚子	12	26	11	22	己巳	1	25	12	23	己亥	
28	7	21	己巳	9	28	8	23	庚子	10	28	9	23	庚午	11	28	10	24	辛丑	12	27	11	23	庚午	1	26	12	24	庚子	1945、1946
29	7	22	庚午	9	29	8	24	辛丑	10	29	9	24	辛未	11	29	10	25	壬寅	12	28	11	24	辛未	1	27	12	25	辛丑	
30	7	23	辛未	9	30	8	25	壬寅	10	30	9	25	壬申	11	30	10	26	癸卯	12	29	11	25	壬申	1	28	12	26	壬寅	
31	7	24	壬申	10	1	8	26	癸卯	10	31	9	26	癸酉	12	1	10	27	甲辰	12	30	11	26	癸酉	1	29	12	27	癸卯	
1	7	25	癸酉	10	2	8	27	甲辰	11	1	9	27	甲戌	12	2	10	28	乙巳	12	31	11	27	甲戌	1	30	12	28	甲辰	
2	7	26	甲戌	10	3	8	28	乙巳	11	2	9	28	乙亥	12	3	10	29	丙午	1	1	11	28	乙亥	1	31	12	29	乙巳	
3	7	27	乙亥	10	4	8	29	丙午	11	3	9	29	丙子	12	4	10	30	丁未	1	2	11	29	丙子	2	1	12	30	丙午	
4	7	28	丙子	10	5	8	30	丁未	11	4	9	30	丁丑	12	5	11	1	戊申	1	3	12	1	丁丑	2	2	1	1	丁未	
5	7	29	丁丑	10	6	9	1	戊申	11	5	10	1	戊寅	12	6	11	2	己酉	1	4	12	2	戊寅	2	3	1	2	戊申	
6	8	1	戊寅	10	7	9	2	己酉	11	6	10	2	己卯						1	5	12	3	己卯						
7	8	2	己卯						11	7	10	3	庚辰																
處暑				秋分					霜降					小雪					冬至					大寒					中氣
/23 20時35分 戌時				9/23 17時49分 酉時					10/24 2時43分 丑時					11/22 23時55分 子時					12/22 13時3分 未時					1/20 23時44分 子時					

年	丙戌																													
月	庚寅					辛卯					壬辰					癸巳					甲午					乙未				
節氣	立春					驚蟄					清明					立夏					芒種					小暑				
	2/4 18時3分 酉時					3/6 12時24分 午時					4/5 17時38分 酉時					5/6 11時21分 午時					6/6 15時48分 申時					7/8 2時10分 丑時				
日	國曆		農曆		干支	國曆		農曆		干支	國曆		農曆		干支	國曆		農曆		干支	國曆		農曆		干支	國曆		農曆		干支
中華民國三十五年 狗 1946	2	4	1	3	己酉	3	6	2	3	己卯	4	5	3	4	己酉	5	6	4	6	庚辰	6	6	5	7	辛亥	7	8	6	10	癸未
	2	5	1	4	庚戌	3	7	2	4	庚辰	4	6	3	5	庚戌	5	7	4	7	辛巳	6	7	5	8	壬子	7	9	6	11	甲申
	2	6	1	5	辛亥	3	8	2	5	辛巳	4	7	3	6	辛亥	5	8	4	8	壬午	6	8	5	9	癸丑	7	10	6	12	乙酉
	2	7	1	6	壬子	3	9	2	6	壬午	4	8	3	7	壬子	5	9	4	9	癸未	6	9	5	10	甲寅	7	11	6	13	丙戌
	2	8	1	7	癸丑	3	10	2	7	癸未	4	9	3	8	癸丑	5	10	4	10	甲申	6	10	5	11	乙卯	7	12	6	14	丁亥
	2	9	1	8	甲寅	3	11	2	8	甲申	4	10	3	9	甲寅	5	11	4	11	乙酉	6	11	5	12	丙辰	7	13	6	15	戊子
	2	10	1	9	乙卯	3	12	2	9	乙酉	4	11	3	10	乙卯	5	12	4	12	丙戌	6	12	5	13	丁巳	7	14	6	16	己丑
	2	11	1	10	丙辰	3	13	2	10	丙戌	4	12	3	11	丙辰	5	13	4	13	丁亥	6	13	5	14	戊午	7	15	6	17	庚寅
	2	12	1	11	丁巳	3	14	2	11	丁亥	4	13	3	12	丁巳	5	14	4	14	戊子	6	14	5	15	己未	7	16	6	18	辛卯
	2	13	1	12	戊午	3	15	2	12	戊子	4	14	3	13	戊午	5	15	4	15	己丑	6	15	5	16	庚申	7	17	6	19	壬辰
	2	14	1	13	己未	3	16	2	13	己丑	4	15	3	14	己未	5	16	4	16	庚寅	6	16	5	17	辛酉	7	18	6	20	癸巳
	2	15	1	14	庚申	3	17	2	14	庚寅	4	16	3	15	庚申	5	17	4	17	辛卯	6	17	5	18	壬戌	7	19	6	21	甲午
	2	16	1	15	辛酉	3	18	2	15	辛卯	4	17	3	16	辛酉	5	18	4	18	壬辰	6	18	5	19	癸亥	7	20	6	22	乙未
	2	17	1	16	壬戌	3	19	2	16	壬辰	4	18	3	17	壬戌	5	19	4	19	癸巳	6	19	5	20	甲子	7	21	6	23	丙申
	2	18	1	17	癸亥	3	20	2	17	癸巳	4	19	3	18	癸亥	5	20	4	20	甲午	6	20	5	21	乙丑	7	22	6	24	丁酉
	2	19	1	18	甲子	3	21	2	18	甲午	4	20	3	19	甲子	5	21	4	21	乙未	6	21	5	22	丙寅	7	23	6	25	戊戌
	2	20	1	19	乙丑	3	22	2	19	乙未	4	21	3	20	乙丑	5	22	4	22	丙申	6	22	5	23	丁卯	7	24	6	26	己亥
	2	21	1	20	丙寅	3	23	2	20	丙申	4	22	3	21	丙寅	5	23	4	23	丁酉	6	23	5	24	戊辰	7	25	6	27	庚子
	2	22	1	21	丁卯	3	24	2	21	丁酉	4	23	3	22	丁卯	5	24	4	24	戊戌	6	24	5	25	己巳	7	26	6	28	辛丑
	2	23	1	22	戊辰	3	25	2	22	戊戌	4	24	3	23	戊辰	5	25	4	25	己亥	6	25	5	26	庚午	7	27	6	29	壬寅
	2	24	1	23	己巳	3	26	2	23	己亥	4	25	3	24	己巳	5	26	4	26	庚子	6	26	5	27	辛未	7	28	7	1	癸卯
	2	25	1	24	庚午	3	27	2	24	庚子	4	26	3	25	庚午	5	27	4	27	辛丑	6	27	5	28	壬申	7	29	7	2	甲辰
	2	26	1	25	辛未	3	28	2	25	辛丑	4	27	3	26	辛未	5	28	4	28	壬寅	6	28	5	29	癸酉	7	30	7	3	乙巳
	2	27	1	26	壬申	3	29	2	26	壬寅	4	28	3	27	壬申	5	29	4	29	癸卯	6	29	6	1	甲戌	7	31	7	4	丙午
	2	28	1	27	癸酉	3	30	2	27	癸卯	4	29	3	28	癸酉	5	30	4	30	甲辰	6	30	6	2	乙亥	8	1	7	5	丁未
	3	1	1	28	甲戌	3	31	2	28	甲辰	4	30	3	29	甲戌	5	31	5	1	乙巳	7	1	6	3	丙子	8	2	7	6	戊申
	3	2	1	29	乙亥	4	1	2	29	乙巳	5	1	4	1	乙亥	6	1	5	2	丙午	7	2	6	4	丁丑	8	3	7	7	己酉
	3	3	1	30	丙子	4	2	3	1	丙午	5	2	4	2	丙子	6	2	5	3	丁未	7	3	6	5	戊寅	8	4	7	8	庚戌
	3	4	2	1	丁丑	4	3	3	2	丁未	5	3	4	3	丁丑	6	3	5	4	戊申	7	4	6	6	己卯	8	5	7	9	辛亥
	3	5	2	2	戊寅	4	4	3	3	戊申	5	4	4	4	戊寅	6	4	5	5	己酉	7	5	6	7	庚辰	8	6	7	10	壬子
											5	5	4	5	己卯	6	5	5	6	庚戌	7	6	6	8	辛巳	8	7	7	11	癸丑
																					7	7	6	9	壬午					
中氣	雨水					春分					穀雨					小滿					夏至					大暑				
	2/19 14時8分 未時					3/21 13時32分 未時					4/21 1時2分 丑時					5/22 0時33分 子時					6/22 8時44分 辰時					7/23 19時37分 戌時				

 日光節約時間：五月一日至九月三十日

丙戌																														年
丙申					丁酉					戊戌					己亥					庚子					辛丑					月
立秋					白露					寒露					立冬					大雪					小寒					節氣
/8 11時51分 午時					9/8 14時27分 未時					10/9 5時40分 卯時					11/8 8時27分 辰時					12/8 1時0分 丑時					1/6 12時6分 午時					
國曆		農曆		干支	國曆		農曆		干支	國曆		農曆		干支	國曆		農曆		干支	國曆		農曆		干支	國曆		農曆		干支	日
8	8	7	12	甲寅	9	8	8	13	乙酉	10	9	9	15	丙辰	11	8	10	15	丙戌	12	8	11	15	丙辰	1	6	12	15	乙酉	中華民國三十五、三十六年 狗
8	9	7	13	乙卯	9	9	8	14	丙戌	10	10	9	16	丁巳	11	9	10	16	丁亥	12	9	11	16	丁巳	1	7	12	16	丙戌	
8	10	7	14	丙辰	9	10	8	15	丁亥	10	11	9	17	戊午	11	10	10	17	戊子	12	10	11	17	戊午	1	8	12	17	丁亥	
8	11	7	15	丁巳	9	11	8	16	戊子	10	12	9	18	己未	11	11	10	18	己丑	12	11	11	18	己未	1	9	12	18	戊子	
8	12	7	16	戊午	9	12	8	17	己丑	10	13	9	19	庚申	11	12	10	19	庚寅	12	12	11	19	庚申	1	10	12	19	己丑	
8	13	7	17	己未	9	13	8	18	庚寅	10	14	9	20	辛酉	11	13	10	20	辛卯	12	13	11	20	辛酉	1	11	12	20	庚寅	
8	14	7	18	庚申	9	14	8	19	辛卯	10	15	9	21	壬戌	11	14	10	21	壬辰	12	14	11	21	壬戌	1	12	12	21	辛卯	
8	15	7	19	辛酉	9	15	8	20	壬辰	10	16	9	22	癸亥	11	15	10	22	癸巳	12	15	11	22	癸亥	1	13	12	22	壬辰	
8	16	7	20	壬戌	9	16	8	21	癸巳	10	17	9	23	甲子	11	16	10	23	甲午	12	16	11	23	甲子	1	14	12	23	癸巳	
8	17	7	21	癸亥	9	17	8	22	甲午	10	18	9	24	乙丑	11	17	10	24	乙未	12	17	11	24	乙丑	1	15	12	24	甲午	
8	18	7	22	甲子	9	18	8	23	乙未	10	19	9	25	丙寅	11	18	10	25	丙申	12	18	11	25	丙寅	1	16	12	25	乙未	
8	19	7	23	乙丑	9	19	8	24	丙申	10	20	9	26	丁卯	11	19	10	26	丁酉	12	19	11	26	丁卯	1	17	12	26	丙申	
8	20	7	24	丙寅	9	20	8	25	丁酉	10	21	9	27	戊辰	11	20	10	27	戊戌	12	20	11	27	戊辰	1	18	12	27	丁酉	
8	21	7	25	丁卯	9	21	8	26	戊戌	10	22	9	28	己巳	11	21	10	28	己亥	12	21	11	28	己巳	1	19	12	28	戊戌	
8	22	7	26	戊辰	9	22	8	27	己亥	10	23	9	29	庚午	11	22	10	29	庚子	12	22	11	29	庚午	1	20	12	29	己亥	
8	23	7	27	己巳	9	23	8	28	庚子	10	24	9	30	辛未	11	23	10	30	辛丑	12	23	12	1	辛未	1	21	12	30	庚子	
8	24	7	28	庚午	9	24	8	29	辛丑	10	25	10	1	壬申	11	24	11	1	壬寅	12	24	12	2	壬申	1	22	1	1	辛丑	
8	25	7	29	辛未	9	25	9	1	壬寅	10	26	10	2	癸酉	11	25	11	2	癸卯	12	25	12	3	癸酉	1	23	1	2	壬寅	
8	26	7	30	壬申	9	26	9	2	癸卯	10	27	10	3	甲戌	11	26	11	3	甲辰	12	26	12	4	甲戌	1	24	1	3	癸卯	
8	27	8	1	癸酉	9	27	9	3	甲辰	10	28	10	4	乙亥	11	27	11	4	乙巳	12	27	12	5	乙亥	1	25	1	4	甲辰	
8	28	8	2	甲戌	9	28	9	4	乙巳	10	29	10	5	丙子	11	28	11	5	丙午	12	28	12	6	丙子	1	26	1	5	乙巳	1946、1947
8	29	8	3	乙亥	9	29	9	5	丙午	10	30	10	6	丁丑	11	29	11	6	丁未	12	29	12	7	丁丑	1	27	1	6	丙午	
8	30	8	4	丙子	9	30	9	6	丁未	10	31	10	7	戊寅	11	30	11	7	戊申	12	30	12	8	戊寅	1	28	1	7	丁未	
8	31	8	5	丁丑	10	1	9	7	戊申	11	1	10	8	己卯	12	1	11	8	己酉	12	31	12	9	己卯	1	29	1	8	戊申	
9	1	8	6	戊寅	10	2	9	8	己酉	11	2	10	9	庚辰	12	2	11	9	庚戌	1	1	12	10	庚辰	1	30	1	9	己酉	
9	2	8	7	己卯	10	3	9	9	庚戌	11	3	10	10	辛巳	12	3	11	10	辛亥	1	2	12	11	辛巳	1	31	1	10	庚戌	
9	3	8	8	庚辰	10	4	9	10	辛亥	11	4	10	11	壬午	12	4	11	11	壬子	1	3	12	12	壬午	2	1	1	11	辛亥	
9	4	8	9	辛巳	10	5	9	11	壬子	11	5	10	12	癸未	12	5	11	12	癸丑	1	4	12	13	癸未	2	2	1	12	壬子	
9	5	8	10	壬午	10	6	9	12	癸丑	11	6	10	13	甲申	12	6	11	13	甲寅	1	5	12	14	甲申	2	3	1	13	癸丑	
9	6	8	11	癸未	10	7	9	13	甲寅	11	7	10	14	乙酉	12	7	11	14	乙卯											
9	7	8	12	甲申	10	8	9	14	乙卯																					
處暑					秋分					霜降					小雪					冬至					大寒					中氣
8/24 2時26分 丑時					9/23 23時40分 子時					10/24 8時34分 辰時					11/23 5時46分 卯時					12/22 18時53分 酉時					1/21 5時31分 卯時					

年	丁亥																													
月	壬寅					癸卯					甲辰					乙巳					丙午					丁未				
節氣	立春					驚蟄					清明					立夏					芒種					小暑				
	2/4 23時50分 子時					3/6 18時7分 酉時					4/5 23時20分 子時					5/6 17時3分 酉時					6/6 21時31分 亥時					7/8 7時55分 辰時				
日	國曆		農曆		干支	國曆		農曆		干支	國曆		農曆		干支	國曆		農曆		干支	國曆		農曆		干支	國曆		農曆		干支
	2	4	1	14	甲寅	3	6	2	14	甲申	4	5	2	14	甲寅	5	6	3	16	乙酉	6	6	4	18	丙辰	7	8	5	20	戊子
	2	5	1	15	乙卯	3	7	2	15	乙酉	4	6	2	15	乙卯	5	7	3	17	丙戌	6	7	4	19	丁巳	7	9	5	21	己丑
	2	6	1	16	丙辰	3	8	2	16	丙戌	4	7	2	16	丙辰	5	8	3	18	丁亥	6	8	4	20	戊午	7	10	5	22	庚寅
	2	7	1	17	丁巳	3	9	2	17	丁亥	4	8	2	17	丁巳	5	9	3	19	戊子	6	9	4	21	己未	7	11	5	23	辛卯
中華民國三十六年	2	8	1	18	戊午	3	10	2	18	戊子	4	9	2	18	戊午	5	10	3	20	己丑	6	10	4	22	庚申	7	12	5	24	壬辰
	2	9	1	19	己未	3	11	2	19	己丑	4	10	2	19	己未	5	11	3	21	庚寅	6	11	4	23	辛酉	7	13	5	25	癸巳
	2	10	1	20	庚申	3	12	2	20	庚寅	4	11	2	20	庚申	5	12	3	22	辛卯	6	12	4	24	壬戌	7	14	5	26	甲午
	2	11	1	21	辛酉	3	13	2	21	辛卯	4	12	2	21	辛酉	5	13	3	23	壬辰	6	13	4	25	癸亥	7	15	5	27	乙未
	2	12	1	22	壬戌	3	14	2	22	壬辰	4	13	2	22	壬戌	5	14	3	24	癸巳	6	14	4	26	甲子	7	16	5	28	丙申
	2	13	1	23	癸亥	3	15	2	23	癸巳	4	14	2	23	癸亥	5	15	3	25	甲午	6	15	4	27	乙丑	7	17	5	29	丁酉
	2	14	1	24	甲子	3	16	2	24	甲午	4	15	2	24	甲子	5	16	3	26	乙未	6	16	4	28	丙寅	7	18	6	1	戊戌
豬	2	15	1	25	乙丑	3	17	2	25	乙未	4	16	2	25	乙丑	5	17	3	27	丙申	6	17	4	29	丁卯	7	19	6	2	己亥
	2	16	1	26	丙寅	3	18	2	26	丙申	4	17	2	26	丙寅	5	18	3	28	丁酉	6	18	4	30	戊辰	7	20	6	3	庚子
	2	17	1	27	丁卯	3	19	2	27	丁酉	4	18	2	27	丁卯	5	19	3	29	戊戌	6	19	5	1	己巳	7	21	6	4	辛丑
	2	18	1	28	戊辰	3	20	2	28	戊戌	4	19	2	28	戊辰	5	20	4	1	己亥	6	20	5	2	庚午	7	22	6	5	壬寅
	2	19	1	29	己巳	3	21	2	29	己亥	4	20	2	29	己巳	5	21	4	2	庚子	6	21	5	3	辛未	7	23	6	6	癸卯
	2	20	1	30	庚午	3	22	2	30	庚子	4	21	3	1	庚午	5	22	4	3	辛丑	6	22	5	4	壬申	7	24	6	7	甲辰
	2	21	2	1	辛未	3	23	閏2	1	辛丑	4	22	3	2	辛未	5	23	4	4	壬寅	6	23	5	5	癸酉	7	25	6	8	乙巳
	2	22	2	2	壬申	3	24	2	2	壬寅	4	23	3	3	壬申	5	24	4	5	癸卯	6	24	5	6	甲戌	7	26	6	9	丙午
	2	23	2	3	癸酉	3	25	2	3	癸卯	4	24	3	4	癸酉	5	25	4	6	甲辰	6	25	5	7	乙亥	7	27	6	10	丁未
	2	24	2	4	甲戌	3	26	2	4	甲辰	4	25	3	5	甲戌	5	26	4	7	乙巳	6	26	5	8	丙子	7	28	6	11	戊申
	2	25	2	5	乙亥	3	27	2	5	乙巳	4	26	3	6	乙亥	5	27	4	8	丙午	6	27	5	9	丁丑	7	29	6	12	己酉
1947	2	26	2	6	丙子	3	28	2	6	丙午	4	27	3	7	丙子	5	28	4	9	丁未	6	28	5	10	戊寅	7	30	6	13	庚戌
	2	27	2	7	丁丑	3	29	2	7	丁未	4	28	3	8	丁丑	5	29	4	10	戊申	6	29	5	11	己卯	7	31	6	14	辛亥
	2	28	2	8	戊寅	3	30	2	8	戊申	4	29	3	9	戊寅	5	30	4	11	己酉	6	30	5	12	庚辰	8	1	6	15	壬子
	3	1	2	9	己卯	3	31	2	9	己酉	4	30	3	10	己卯	5	31	4	12	庚戌	7	1	5	13	辛巳	8	2	6	16	癸丑
	3	2	2	10	庚辰	4	1	2	10	庚戌	5	1	3	11	庚辰	6	1	4	13	辛亥	7	2	5	14	壬午	8	3	6	17	甲寅
	3	3	2	11	辛巳	4	2	2	11	辛亥	5	2	3	12	辛巳	6	2	4	14	壬子	7	3	5	15	癸未	8	4	6	18	乙卯
	3	4	2	12	壬午	4	3	2	12	壬子	5	3	3	13	壬午	6	3	4	15	癸丑	7	4	5	16	甲申	8	5	6	19	丙辰
	3	5	2	13	癸未	4	4	2	13	癸丑	5	4	3	14	癸未	6	4	4	16	甲寅	7	5	5	17	乙酉	8	6	6	20	丁巳
											5	5	3	15	甲申	6	5	4	17	乙卯	7	6	5	18	丙戌	8	7	6	21	戊午
																					7	7	5	19	丁亥					
中氣	雨水					春分					穀雨					小滿					夏至					大暑				
	2/19 19時51分 戌時					3/21 19時12分 戌時					4/21 6時39分 卯時					5/22 6時9分 卯時					6/22 14時18分 未時					7/24 1時14分 丑時				

 日光節約時間：五月一日至九月三十日

丁亥																														年
戊申					己酉					庚戌					辛亥					壬子					癸丑					月
立秋					白露					寒露					立冬					大雪					小寒					節氣
/8 17時40分 酉時					9/8 20時21分 戌時					10/9 11時37分 午時					11/8 14時24分 未時					12/8 6時56分 卯時					1/6 18時0分 酉時					
國曆		農曆		干支	國曆		農曆		干支	國曆		農曆		干支	國曆		農曆		干支	國曆		農曆		干支	國曆		農曆		干支	日
	8	6	22	己未	9	8	7	24	庚寅	10	9	8	25	辛酉	11	8	9	26	辛卯	12	8	10	26	辛酉	1	6	11	26	庚寅	中華民國三十六、三十七年 豬
	9	6	23	庚申	9	9	7	25	辛卯	10	10	8	26	壬戌	11	9	9	27	壬辰	12	9	10	27	壬戌	1	7	11	27	辛卯	
	10	6	24	辛酉	9	10	7	26	壬辰	10	11	8	27	癸亥	11	10	9	28	癸巳	12	10	10	28	癸亥	1	8	11	28	壬辰	
	11	6	25	壬戌	9	11	7	27	癸巳	10	12	8	28	甲子	11	11	9	29	甲午	12	11	10	29	甲子	1	9	11	29	癸巳	
	12	6	26	癸亥	9	12	7	28	甲午	10	13	8	29	乙丑	11	12	9	30	乙未	12	12	11	1	乙丑	1	10	11	30	甲午	
	13	6	27	甲子	9	13	7	29	乙未	10	14	9	1	丙寅	11	13	10	1	丙申	12	13	11	2	丙寅	1	11	12	1	乙未	
	14	6	28	乙丑	9	14	7	30	丙申	10	15	9	2	丁卯	11	14	10	2	丁酉	12	14	11	3	丁卯	1	12	12	2	丙申	
	15	6	29	丙寅	9	15	8	1	丁酉	10	16	9	3	戊辰	11	15	10	3	戊戌	12	15	11	4	戊辰	1	13	12	3	丁酉	
	16	7	1	丁卯	9	16	8	2	戊戌	10	17	9	4	己巳	11	16	10	4	己亥	12	16	11	5	己巳	1	14	12	4	戊戌	
	17	7	2	戊辰	9	17	8	3	己亥	10	18	9	5	庚午	11	17	10	5	庚子	12	17	11	6	庚午	1	15	12	5	己亥	
	18	7	3	己巳	9	18	8	4	庚子	10	19	9	6	辛未	11	18	10	6	辛丑	12	18	11	7	辛未	1	16	12	6	庚子	
	19	7	4	庚午	9	19	8	5	辛丑	10	20	9	7	壬申	11	19	10	7	壬寅	12	19	11	8	壬申	1	17	12	7	辛丑	
	20	7	5	辛未	9	20	8	6	壬寅	10	21	9	8	癸酉	11	20	10	8	癸卯	12	20	11	9	癸酉	1	18	12	8	壬寅	
	21	7	6	壬申	9	21	8	7	癸卯	10	22	9	9	甲戌	11	21	10	9	甲辰	12	21	11	10	甲戌	1	19	12	9	癸卯	
	22	7	7	癸酉	9	22	8	8	甲辰	10	23	9	10	乙亥	11	22	10	10	乙巳	12	22	11	11	乙亥	1	20	12	10	甲辰	
	23	7	8	甲戌	9	23	8	9	乙巳	10	24	9	11	丙子	11	23	10	11	丙午	12	23	11	12	丙子	1	21	12	11	乙巳	
	24	7	9	乙亥	9	24	8	10	丙午	10	25	9	12	丁丑	11	24	10	12	丁未	12	24	11	13	丁丑	1	22	12	12	丙午	
	25	7	10	丙子	9	25	8	11	丁未	10	26	9	13	戊寅	11	25	10	13	戊申	12	25	11	14	戊寅	1	23	12	13	丁未	
	26	7	11	丁丑	9	26	8	12	戊申	10	27	9	14	己卯	11	26	10	14	己酉	12	26	11	15	己卯	1	24	12	14	戊申	
	27	7	12	戊寅	9	27	8	13	己酉	10	28	9	15	庚辰	11	27	10	15	庚戌	12	27	11	16	庚辰	1	25	12	15	己酉	
	28	7	13	己卯	9	28	8	14	庚戌	10	29	9	16	辛巳	11	28	10	16	辛亥	12	28	11	17	辛巳	1	26	12	16	庚戌	1947、1948
	29	7	14	庚辰	9	29	8	15	辛亥	10	30	9	17	壬午	11	29	10	17	壬子	12	29	11	18	壬午	1	27	12	17	辛亥	
	30	7	15	辛巳	9	30	8	16	壬子	10	31	9	18	癸未	11	30	10	18	癸丑	12	30	11	19	癸未	1	28	12	18	壬子	
	31	7	16	壬午	10	1	8	17	癸丑	11	1	9	19	甲申	12	1	10	19	甲寅	12	31	11	20	甲申	1	29	12	19	癸丑	
	1	7	17	癸未	10	2	8	18	甲寅	11	2	9	20	乙酉	12	2	10	20	乙卯	1	1	11	21	乙酉	1	30	12	20	甲寅	
	2	7	18	甲申	10	3	8	19	乙卯	11	3	9	21	丙戌	12	3	10	21	丙辰	1	2	11	22	丙戌	1	31	12	21	乙卯	
	3	7	19	乙酉	10	4	8	20	丙辰	11	4	9	22	丁亥	12	4	10	22	丁巳	1	3	11	23	丁亥	2	1	12	22	丙辰	
	4	7	20	丙戌	10	5	8	21	丁巳	11	5	9	23	戊子	12	5	10	23	戊午	1	4	11	24	戊子	2	2	12	23	丁巳	
	5	7	21	丁亥	10	6	8	22	戊午	11	6	9	24	己丑	12	6	10	24	己未	1	5	11	25	己丑	2	3	12	24	戊午	
	6	7	22	戊子	10	7	8	23	己未	11	7	9	25	庚寅	12	7	10	25	庚申						2	4	12	25	己未	
	7	7	23	己丑	10	8	8	24	庚申																					
處暑					秋分					霜降					小雪					冬至					大寒					中氣
8/24 8時9分 辰時					9/24 5時28分 卯時					10/24 14時25分 未時					11/23 11時37分 午時					12/23 0時42分 子時					1/21 11時18分 午時					

年	戊子																													
月	甲寅					乙卯					丙辰					丁巳					戊午					己未				
節氣	立春 2/5 5時42分 卯時					驚蟄 3/5 23時57分 子時					清明 4/5 5時9分 卯時					立夏 5/5 22時52分 亥時					芒種 6/6 3時20分 寅時					小暑 7/7 13時43分 未時				
日	國曆		農曆		干支	國曆		農曆		干支	國曆		農曆		干支	國曆		農曆		干支	國曆		農曆		干支	國曆		農曆		干支
中華民國三十七年 鼠 1948	2	5	12	26	庚申	3	5	1	25	己丑	4	5	2	26	庚申	5	5	3	27	庚寅	6	6	4	29	壬戌	7	7	6	1	癸巳
	2	6	12	27	辛酉	3	6	1	26	庚寅	4	6	2	27	辛酉	5	6	3	28	辛卯	6	7	5	1	癸亥	7	8	6	2	甲午
	2	7	12	28	壬戌	3	7	1	27	辛卯	4	7	2	28	壬戌	5	7	3	29	壬辰	6	8	5	2	甲子	7	9	6	3	乙未
	2	8	12	29	癸亥	3	8	1	28	壬辰	4	8	2	29	癸亥	5	8	3	30	癸巳	6	9	5	3	乙丑	7	10	6	4	丙申
	2	9	12	30	甲子	3	9	1	29	癸巳	4	9	3	1	甲子	5	9	4	1	甲午	6	10	5	4	丙寅	7	11	6	5	丁酉
	2	10	1	1	乙丑	3	10	1	30	甲午	4	10	3	2	乙丑	5	10	4	2	乙未	6	11	5	5	丁卯	7	12	6	6	戊戌
	2	11	1	2	丙寅	3	11	2	1	乙未	4	11	3	3	丙寅	5	11	4	3	丙申	6	12	5	6	戊辰	7	13	6	7	己亥
	2	12	1	3	丁卯	3	12	2	2	丙申	4	12	3	4	丁卯	5	12	4	4	丁酉	6	13	5	7	己巳	7	14	6	8	庚子
	2	13	1	4	戊辰	3	13	2	3	丁酉	4	13	3	5	戊辰	5	13	4	5	戊戌	6	14	5	8	庚午	7	15	6	9	辛丑
	2	14	1	5	己巳	3	14	2	4	戊戌	4	14	3	6	己巳	5	14	4	6	己亥	6	15	5	9	辛未	7	16	6	10	壬寅
	2	15	1	6	庚午	3	15	2	5	己亥	4	15	3	7	庚午	5	15	4	7	庚子	6	16	5	10	壬申	7	17	6	11	癸卯
	2	16	1	7	辛未	3	16	2	6	庚子	4	16	3	8	辛未	5	16	4	8	辛丑	6	17	5	11	癸酉	7	18	6	12	甲辰
	2	17	1	8	壬申	3	17	2	7	辛丑	4	17	3	9	壬申	5	17	4	9	壬寅	6	18	5	12	甲戌	7	19	6	13	乙巳
	2	18	1	9	癸酉	3	18	2	8	壬寅	4	18	3	10	癸酉	5	18	4	10	癸卯	6	19	5	13	乙亥	7	20	6	14	丙午
	2	19	1	10	甲戌	3	19	2	9	癸卯	4	19	3	11	甲戌	5	19	4	11	甲辰	6	20	5	14	丙子	7	21	6	15	丁未
	2	20	1	11	乙亥	3	20	2	10	甲辰	4	20	3	12	乙亥	5	20	4	12	乙巳	6	21	5	15	丁丑	7	22	6	16	戊申
	2	21	1	12	丙子	3	21	2	11	乙巳	4	21	3	13	丙子	5	21	4	13	丙午	6	22	5	16	戊寅	7	23	6	17	己酉
	2	22	1	13	丁丑	3	22	2	12	丙午	4	22	3	14	丁丑	5	22	4	14	丁未	6	23	5	17	己卯	7	24	6	18	庚戌
	2	23	1	14	戊寅	3	23	2	13	丁未	4	23	3	15	戊寅	5	23	4	15	戊申	6	24	5	18	庚辰	7	25	6	19	辛亥
	2	24	1	15	己卯	3	24	2	14	戊申	4	24	3	16	己卯	5	24	4	16	己酉	6	25	5	19	辛巳	7	26	6	20	壬子
	2	25	1	16	庚辰	3	25	2	15	己酉	4	25	3	17	庚辰	5	25	4	17	庚戌	6	26	5	20	壬午	7	27	6	21	癸丑
	2	26	1	17	辛巳	3	26	2	16	庚戌	4	26	3	18	辛巳	5	26	4	18	辛亥	6	27	5	21	癸未	7	28	6	22	甲寅
	2	27	1	18	壬午	3	27	2	17	辛亥	4	27	3	19	壬午	5	27	4	19	壬子	6	28	5	22	甲申	7	29	6	23	乙卯
	2	28	1	19	癸未	3	28	2	18	壬子	4	28	3	20	癸未	5	28	4	20	癸丑	6	29	5	23	乙酉	7	30	6	24	丙辰
	2	29	1	20	甲申	3	29	2	19	癸丑	4	29	3	21	甲申	5	29	4	21	甲寅	6	30	5	24	丙戌	7	31	6	25	丁巳
	3	1	1	21	乙酉	3	30	2	20	甲寅	4	30	3	22	乙酉	5	30	4	22	乙卯	7	1	5	25	丁亥	8	1	6	26	戊午
	3	2	1	22	丙戌	3	31	2	21	乙卯	5	1	3	23	丙戌	5	31	4	23	丙辰	7	2	5	26	戊子	8	2	6	27	己未
	3	3	1	23	丁亥	4	1	2	22	丙辰	5	2	3	24	丁亥	6	1	4	24	丁巳	7	3	5	27	己丑	8	3	6	28	庚申
	3	4	1	24	戊子	4	2	2	23	丁巳	5	3	3	25	戊子	6	2	4	25	戊午	7	4	5	28	庚寅	8	4	6	29	辛酉
						4	3	2	24	戊午	5	4	3	26	己丑	6	3	4	26	己未	7	5	5	29	辛卯	8	5	7	1	壬戌
						4	4	2	25	己未						6	4	4	27	庚申	7	6	5	30	壬辰	8	6	7	2	癸亥
																6	5	4	28	辛酉										
中氣	雨水 2/20 1時36分 丑時					春分 3/21 0時56分 子時					穀雨 4/20 12時24分 午時					小滿 5/21 11時57分 午時					夏至 6/21 20時10分 戌時					大暑 7/23 7時7分 辰時				

 日光節約時間：五月一日至九月三十日

中華民國三十七、三十八年　鼠　1948、1949

年：戊子

月	庚申			
節氣	立秋			
	8/7 23時26分 子時			
國曆		農曆		干支
8	7	7	3	甲子
8	8	7	4	乙丑
8	9	7	5	丙寅
8	10	7	6	丁卯
8	11	7	7	戊辰
8	12	7	8	己巳
8	13	7	9	庚午
8	14	7	10	辛未
8	15	7	11	壬申
8	16	7	12	癸酉
8	17	7	13	甲戌
8	18	7	14	乙亥
8	19	7	15	丙子
8	20	7	16	丁丑
8	21	7	17	戊寅
8	22	7	18	己卯
8	23	7	19	庚辰
8	24	7	20	辛巳
8	25	7	21	壬午
8	26	7	22	癸未
8	27	7	23	甲申
8	28	7	24	乙酉
8	29	7	25	丙戌
8	30	7	26	丁亥
8	31	7	27	戊子
9	1	7	28	己丑
9	2	7	29	庚寅
9	3	8	1	辛卯
9	4	8	2	壬辰
9	5	8	3	癸巳
9	6	8	4	甲午
9	7	8	5	乙未
中氣	處暑			
	8/23 14時2分 未時			

月	辛酉			
節氣	白露			
	9/8 2時5分 丑時			
國曆		農曆		干支
9	8	8	6	丙申
9	9	8	7	丁酉
9	10	8	8	戊戌
9	11	8	9	己亥
9	12	8	10	庚子
9	13	8	11	辛丑
9	14	8	12	壬寅
9	15	8	13	癸卯
9	16	8	14	甲辰
9	17	8	15	乙巳
9	18	8	16	丙午
9	19	8	17	丁未
9	20	8	18	戊申
9	21	8	19	己酉
9	22	8	20	庚戌
9	23	8	21	辛亥
9	24	8	22	壬子
9	25	8	23	癸丑
9	26	8	24	甲寅
9	27	8	25	乙卯
9	28	8	26	丙辰
9	29	8	27	丁巳
9	30	8	28	戊午
10	1	8	29	己未
10	2	8	30	庚申
10	3	9	1	辛酉
10	4	9	2	壬戌
10	5	9	3	癸亥
10	6	9	4	甲子
10	7	9	5	乙丑
中氣	秋分			
	9/23 11時21分 午時			

月	壬戌			
節氣	寒露			
	10/8 17時20分 酉時			
國曆		農曆		干支
10	8	9	6	丙寅
10	9	9	7	丁卯
10	10	9	8	戊辰
10	11	9	9	己巳
10	12	9	10	庚午
10	13	9	11	辛未
10	14	9	12	壬申
10	15	9	13	癸酉
10	16	9	14	甲戌
10	17	9	15	乙亥
10	18	9	16	丙子
10	19	9	17	丁丑
10	20	9	18	戊寅
10	21	9	19	己卯
10	22	9	20	庚辰
10	23	9	21	辛巳
10	24	9	22	壬午
10	25	9	23	癸未
10	26	9	24	甲申
10	27	9	25	乙酉
10	28	9	26	丙戌
10	29	9	27	丁亥
10	30	9	28	戊子
10	31	9	29	己丑
11	1	10	1	庚寅
11	2	10	2	辛卯
11	3	10	3	壬辰
11	4	10	4	癸巳
11	5	10	5	甲午
11	6	10	6	乙未
中氣	霜降			
	10/23 20時18分 戌時			

月	癸亥			
節氣	立冬			
	11/7 20時6分 戌時			
國曆		農曆		干支
11	7	10	7	丙申
11	8	10	8	丁酉
11	9	10	9	戊戌
11	10	10	10	己亥
11	11	10	11	庚子
11	12	10	12	辛丑
11	13	10	13	壬寅
11	14	10	14	癸卯
11	15	10	15	甲辰
11	16	10	16	乙巳
11	17	10	17	丙午
11	18	10	18	丁未
11	19	10	19	戊申
11	20	10	20	己酉
11	21	10	21	庚戌
11	22	10	22	辛亥
11	23	10	23	壬子
11	24	10	24	癸丑
11	25	10	25	甲寅
11	26	10	26	乙卯
11	27	10	27	丙辰
11	28	10	28	丁巳
11	29	10	29	戊午
11	30	10	30	己未
12	1	11	1	庚申
12	2	11	2	辛酉
12	3	11	3	壬戌
12	4	11	4	癸亥
12	5	11	5	甲子
12	6	11	6	乙丑
中氣	小雪			
	11/22 17時28分 酉時			

月	甲子			
節氣	大雪			
	12/7 12時37分 午時			
國曆		農曆		干支
12	7	11	7	丙寅
12	8	11	8	丁卯
12	9	11	9	戊辰
12	10	11	10	己巳
12	11	11	11	庚午
12	12	11	12	辛未
12	13	11	13	壬申
12	14	11	14	癸酉
12	15	11	15	甲戌
12	16	11	16	乙亥
12	17	11	17	丙子
12	18	11	18	丁丑
12	19	11	19	戊寅
12	20	11	20	己卯
12	21	11	21	庚辰
12	22	11	22	辛巳
12	23	11	23	壬午
12	24	11	24	癸未
12	25	11	25	甲申
12	26	11	26	乙酉
12	27	11	27	丙戌
12	28	11	28	丁亥
12	29	11	29	戊子
12	30	12	1	己丑
12	31	12	2	庚寅
1	1	12	3	辛卯
1	2	12	4	壬辰
1	3	12	5	癸巳
1	4	12	6	甲午
中氣	冬至			
	12/22 6時33分 卯時			

月	乙丑			
節氣	小寒			
	1/5 23時41分 子時			
國曆		農曆		干支
1	5	12	7	乙未
1	6	12	8	丙申
1	7	12	9	丁酉
1	8	12	10	戊戌
1	9	12	11	己亥
1	10	12	12	庚子
1	11	12	13	辛丑
1	12	12	14	壬寅
1	13	12	15	癸卯
1	14	12	16	甲辰
1	15	12	17	乙巳
1	16	12	18	丙午
1	17	12	19	丁未
1	18	12	20	戊申
1	19	12	21	己酉
1	20	12	22	庚戌
1	21	12	23	辛亥
1	22	12	24	壬子
1	23	12	25	癸丑
1	24	12	26	甲寅
1	25	12	27	乙卯
1	26	12	28	丙辰
1	27	12	29	丁巳
1	28	12	30	戊午
1	29	1	1	己未
1	30	1	2	庚申
1	31	1	3	辛酉
2	1	1	4	壬戌
2	2	1	5	癸亥
2	3	1	6	甲子
中氣	大寒			
	1/20 17時8分 酉時			

年	己丑																													
月	丙寅					丁卯					戊辰					己巳					庚午					辛未				
節氣	立春					驚蟄					清明					立夏					芒種					小暑				
	2/4 11時22分 午時					3/6 5時39分 卯時					4/5 10時52分 巳時					5/6 4時36分 寅時					6/6 9時6分 巳時					7/7 19時31分 戌				
日	國曆		農曆		干支	國曆		農曆		干支	國曆		農曆		干支	國曆		農曆		干支	國曆		農曆		干支	國曆		農曆		干
中華民國三十八年 牛	2	4	1	7	乙丑	3	6	2	7	乙未	4	5	3	8	乙丑	5	6	4	9	丙申	6	6	5	10	丁卯	7	7	6	12	戊
	2	5	1	8	丙寅	3	7	2	8	丙申	4	6	3	9	丙寅	5	7	4	10	丁酉	6	7	5	11	戊辰	7	8	6	13	己
	2	6	1	9	丁卯	3	8	2	9	丁酉	4	7	3	10	丁卯	5	8	4	11	戊戌	6	8	5	12	己巳	7	9	6	14	庚
	2	7	1	10	戊辰	3	9	2	10	戊戌	4	8	3	11	戊辰	5	9	4	12	己亥	6	9	5	13	庚午	7	10	6	15	辛
	2	8	1	11	己巳	3	10	2	11	己亥	4	9	3	12	己巳	5	10	4	13	庚子	6	10	5	14	辛未	7	11	6	16	壬
	2	9	1	12	庚午	3	11	2	12	庚子	4	10	3	13	庚午	5	11	4	14	辛丑	6	11	5	15	壬申	7	12	6	17	癸
	2	10	1	13	辛未	3	12	2	13	辛丑	4	11	3	14	辛未	5	12	4	15	壬寅	6	12	5	16	癸酉	7	13	6	18	甲
	2	11	1	14	壬申	3	13	2	14	壬寅	4	12	3	15	壬申	5	13	4	16	癸卯	6	13	5	17	甲戌	7	14	6	19	乙
	2	12	1	15	癸酉	3	14	2	15	癸卯	4	13	3	16	癸酉	5	14	4	17	甲辰	6	14	5	18	乙亥	7	15	6	20	丙
	2	13	1	16	甲戌	3	15	2	16	甲辰	4	14	3	17	甲戌	5	15	4	18	乙巳	6	15	5	19	丙子	7	16	6	21	丁
	2	14	1	17	乙亥	3	16	2	17	乙巳	4	15	3	18	乙亥	5	16	4	19	丙午	6	16	5	20	丁丑	7	17	6	22	戊
	2	15	1	18	丙子	3	17	2	18	丙午	4	16	3	19	丙子	5	17	4	20	丁未	6	17	5	21	戊寅	7	18	6	23	己
	2	16	1	19	丁丑	3	18	2	19	丁未	4	17	3	20	丁丑	5	18	4	21	戊申	6	18	5	22	己卯	7	19	6	24	庚
	2	17	1	20	戊寅	3	19	2	20	戊申	4	18	3	21	戊寅	5	19	4	22	己酉	6	19	5	23	庚辰	7	20	6	25	辛
	2	18	1	21	己卯	3	20	2	21	己酉	4	19	3	22	己卯	5	20	4	23	庚戌	6	20	5	24	辛巳	7	21	6	26	壬
	2	19	1	22	庚辰	3	21	2	22	庚戌	4	20	3	23	庚辰	5	21	4	24	辛亥	6	21	5	25	壬午	7	22	6	27	癸
	2	20	1	23	辛巳	3	22	2	23	辛亥	4	21	3	24	辛巳	5	22	4	25	壬子	6	22	5	26	癸未	7	23	6	28	甲
	2	21	1	24	壬午	3	23	2	24	壬子	4	22	3	25	壬午	5	23	4	26	癸丑	6	23	5	27	甲申	7	24	6	29	乙
	2	22	1	25	癸未	3	24	2	25	癸丑	4	23	3	26	癸未	5	24	4	27	甲寅	6	24	5	28	乙酉	7	25	6	30	丙
	2	23	1	26	甲申	3	25	2	26	甲寅	4	24	3	27	甲申	5	25	4	28	乙卯	6	25	5	29	丙戌	7	26	7	1	丁
	2	24	1	27	乙酉	3	26	2	27	乙卯	4	25	3	28	乙酉	5	26	4	29	丙辰	6	26	6	1	丁亥	7	27	7	2	戊
	2	25	1	28	丙戌	3	27	2	28	丙辰	4	26	3	29	丙戌	5	27	4	30	丁巳	6	27	6	2	戊子	7	28	7	3	己
1949	2	26	1	29	丁亥	3	28	2	29	丁巳	4	27	3	30	丁亥	5	28	5	1	戊午	6	28	6	3	己丑	7	29	7	4	庚
	2	27	1	30	戊子	3	29	3	1	戊午	4	28	4	1	戊子	5	29	5	2	己未	6	29	6	4	庚寅	7	30	7	5	辛
	2	28	2	1	己丑	3	30	3	2	己未	4	29	4	2	己丑	5	30	5	3	庚申	6	30	6	5	辛卯	7	31	7	6	壬
	3	1	2	2	庚寅	3	31	3	3	庚申	4	30	4	3	庚寅	5	31	5	4	辛酉	7	1	6	6	壬辰	8	1	7	7	癸
	3	2	2	3	辛卯	4	1	3	4	辛酉	5	1	4	4	辛卯	6	1	5	5	壬戌	7	2	6	7	癸巳	8	2	7	8	甲
	3	3	2	4	壬辰	4	2	3	5	壬戌	5	2	4	5	壬辰	6	2	5	6	癸亥	7	3	6	8	甲午	8	3	7	9	乙
	3	4	2	5	癸巳	4	3	3	6	癸亥	5	3	4	6	癸巳	6	3	5	7	甲子	7	4	6	9	乙未	8	4	7	10	丙
	3	5	2	6	甲午	4	4	3	7	甲子	5	4	4	7	甲午	6	4	5	8	乙丑	7	5	6	10	丙申	8	5	7	11	丁
											5	5	4	8	乙未	6	5	5	9	丙寅	7	6	6	11	丁酉	8	6	7	12	戊
																										8	7	7	13	己
中氣	雨水					春分					穀雨					小滿					夏至					大暑				
	2/19 7時27分 辰時					3/21 6時48分 卯時					4/20 18時17分 酉時					5/21 17時50分 酉時					6/22 2時2分 丑時					7/23 12時56分 午				

 日光節約時間：五月一日至九月三十日

己丑																														年
壬申					癸酉					甲戌					乙亥					丙子					丁丑					月
立秋					白露					寒露					立冬					大雪					小寒					節氣
8/8 5時15分 卯時					9/8 7時54分 辰時					10/8 23時11分 子時					11/8 1時59分 丑時					12/7 18時33分 酉時					1/6 5時38分 卯時					
國曆		農曆		干支	國曆		農曆		干支	國曆		農曆		干支	國曆		農曆		干支	國曆		農曆		干支	國曆		農曆		干支	日
8	8	7	14	庚午	9	8	7	16	辛丑	10	8	8	17	辛未	11	8	9	18	壬寅	12	7	10	18	辛未	1	6	11	18	辛丑	
8	9	7	15	辛未	9	9	7	17	壬寅	10	9	8	18	壬申	11	9	9	19	癸卯	12	8	10	19	壬申	1	7	11	19	壬寅	
8	10	7	16	壬申	9	10	7	18	癸卯	10	10	8	19	癸酉	11	10	9	20	甲辰	12	9	10	20	癸酉	1	8	11	20	癸卯	
8	11	7	17	癸酉	9	11	7	19	甲辰	10	11	8	20	甲戌	11	11	9	21	乙巳	12	10	10	21	甲戌	1	9	11	21	甲辰	
8	12	7	18	甲戌	9	12	7	20	乙巳	10	12	8	21	乙亥	11	12	9	22	丙午	12	11	10	22	乙亥	1	10	11	22	乙巳	
8	13	7	19	乙亥	9	13	7	21	丙午	10	13	8	22	丙子	11	13	9	23	丁未	12	12	10	23	丙子	1	11	11	23	丙午	
8	14	7	20	丙子	9	14	7	22	丁未	10	14	8	23	丁丑	11	14	9	24	戊申	12	13	10	24	丁丑	1	12	11	24	丁未	
8	15	7	21	丁丑	9	15	7	23	戊申	10	15	8	24	戊寅	11	15	9	25	己酉	12	14	10	25	戊寅	1	13	11	25	戊申	
8	16	7	22	戊寅	9	16	7	24	己酉	10	16	8	25	己卯	11	16	9	26	庚戌	12	15	10	26	己卯	1	14	11	26	己酉	
8	17	7	23	己卯	9	17	7	25	庚戌	10	17	8	26	庚辰	11	17	9	27	辛亥	12	16	10	27	庚辰	1	15	11	27	庚戌	
8	18	7	24	庚辰	9	18	7	26	辛亥	10	18	8	27	辛巳	11	18	9	28	壬子	12	17	10	28	辛巳	1	16	11	28	辛亥	
8	19	7	25	辛巳	9	19	7	27	壬子	10	19	8	28	壬午	11	19	9	29	癸丑	12	18	10	29	壬午	1	17	11	29	壬子	
8	20	7	26	壬午	9	20	7	28	癸丑	10	20	8	29	癸未	11	20	10	1	甲寅	12	19	10	30	癸未	1	18	12	1	癸丑	
8	21	7	27	癸未	9	21	7	29	甲寅	10	21	8	30	甲申	11	21	10	2	乙卯	12	20	11	1	甲申	1	19	12	2	甲寅	
8	22	7	28	甲申	9	22	8	1	乙卯	10	22	9	1	乙酉	11	22	10	3	丙辰	12	21	11	2	乙酉	1	20	12	3	乙卯	
8	23	7	29	乙酉	9	23	8	2	丙辰	10	23	9	2	丙戌	11	23	10	4	丁巳	12	22	11	3	丙戌	1	21	12	4	丙辰	
8	24	閏7	1	丙戌	9	24	8	3	丁巳	10	24	9	3	丁亥	11	24	10	5	戊午	12	23	11	4	丁亥	1	22	12	5	丁巳	
8	25	7	2	丁亥	9	25	8	4	戊午	10	25	9	4	戊子	11	25	10	6	己未	12	24	11	5	戊子	1	23	12	6	戊午	
8	26	7	3	戊子	9	26	8	5	己未	10	26	9	5	己丑	11	26	10	7	庚申	12	25	11	6	己丑	1	24	12	7	己未	
8	27	7	4	己丑	9	27	8	6	庚申	10	27	9	6	庚寅	11	27	10	8	辛酉	12	26	11	7	庚寅	1	25	12	8	庚申	
8	28	7	5	庚寅	9	28	8	7	辛酉	10	28	9	7	辛卯	11	28	10	9	壬戌	12	27	11	8	辛卯	1	26	12	9	辛酉	
8	29	7	6	辛卯	9	29	8	8	壬戌	10	29	9	8	壬辰	11	29	10	10	癸亥	12	28	11	9	壬辰	1	27	12	10	壬戌	
8	30	7	7	壬辰	9	30	8	9	癸亥	10	30	9	9	癸巳	11	30	10	11	甲子	12	29	11	10	癸巳	1	28	12	11	癸亥	
8	31	7	8	癸巳	10	1	8	10	甲子	10	31	9	10	甲午	12	1	10	12	乙丑	12	30	11	11	甲午	1	29	12	12	甲子	
9	1	7	9	甲午	10	2	8	11	乙丑	11	1	9	11	乙未	12	2	10	13	丙寅	12	31	11	12	乙未	1	30	12	13	乙丑	
9	2	7	10	乙未	10	3	8	12	丙寅	11	2	9	12	丙申	12	3	10	14	丁卯	1	1	11	13	丙申	1	31	12	14	丙寅	
9	3	7	11	丙申	10	4	8	13	丁卯	11	3	9	13	丁酉	12	4	10	15	戊辰	1	2	11	14	丁酉	2	1	12	15	丁卯	
9	4	7	12	丁酉	10	5	8	14	戊辰	11	4	9	14	戊戌	12	5	10	16	己巳	1	3	11	15	戊戌	2	2	12	16	戊辰	
9	5	7	13	戊戌	10	6	8	15	己巳	11	5	9	15	己亥	12	6	10	17	庚午	1	4	11	16	己亥	2	3	12	17	己巳	
9	6	7	14	己亥	10	7	8	16	庚午	11	6	9	16	庚子						1	5	11	17	庚子						
9	7	7	15	庚子						11	7	9	17	辛丑																
處暑					秋分					霜降					小雪					冬至					大寒					中氣
8/23 19時48分 戌時					9/23 17時5分 酉時					10/24 2時3分 丑時					11/22 23時16分 子時					12/22 12時22分 午時					1/20 22時59分 亥時					

中華民國三十八、三十九年 牛

1949、1950

日光節約時間：五月一日至九月三十日

年	庚寅																													
月	戊寅					己卯					庚辰					辛巳					壬午					癸未				
節氣	立春 2/4 17時20分 酉時					驚蛰 3/6 11時35分 午時					清明 4/5 16時44分 申時					立夏 5/6 10時24分 巳時					芒種 6/6 14時51分 未時					小暑 7/8 1時13分 丑時				
日	國曆		農曆		干支	國曆		農曆		干支	國曆		農曆		干支	國曆		農曆		干支	國曆		農曆		干支	國曆		農曆		干支
中華民國三十九年 虎 1950	2	4	12	18	庚午	3	6	1	18	庚子	4	5	2	19	庚午	5	6	3	20	辛丑	6	6	4	21	壬申	7	8	5	24	甲辰
	2	5	12	19	辛未	3	7	1	19	辛丑	4	6	2	20	辛未	5	7	3	21	壬寅	6	7	4	22	癸酉	7	9	5	25	乙巳
	2	6	12	20	壬申	3	8	1	20	壬寅	4	7	2	21	壬申	5	8	3	22	癸卯	6	8	4	23	甲戌	7	10	5	26	丙午
	2	7	12	21	癸酉	3	9	1	21	癸卯	4	8	2	22	癸酉	5	9	3	23	甲辰	6	9	4	24	乙亥	7	11	5	27	丁未
	2	8	12	22	甲戌	3	10	1	22	甲辰	4	9	2	23	甲戌	5	10	3	24	乙巳	6	10	4	25	丙子	7	12	5	28	戊申
	2	9	12	23	乙亥	3	11	1	23	乙巳	4	10	2	24	乙亥	5	11	3	25	丙午	6	11	4	26	丁丑	7	13	5	29	己酉
	2	10	12	24	丙子	3	12	1	24	丙午	4	11	2	25	丙子	5	12	3	26	丁未	6	12	4	27	戊寅	7	14	5	30	庚戌
	2	11	12	25	丁丑	3	13	1	25	丁未	4	12	2	26	丁丑	5	13	3	27	戊申	6	13	4	28	己卯	7	15	6	1	辛亥
	2	12	12	26	戊寅	3	14	1	26	戊申	4	13	2	27	戊寅	5	14	3	28	己酉	6	14	4	29	庚辰	7	16	6	2	壬子
	2	13	12	27	己卯	3	15	1	27	己酉	4	14	2	28	己卯	5	15	3	29	庚戌	6	15	5	1	辛巳	7	17	6	3	癸丑
	2	14	12	28	庚辰	3	16	1	28	庚戌	4	15	2	29	庚辰	5	16	3	30	辛亥	6	16	5	2	壬午	7	18	6	4	甲寅
	2	15	12	29	辛巳	3	17	1	29	辛亥	4	16	2	30	辛巳	5	17	4	1	壬子	6	17	5	3	癸未	7	19	6	5	乙卯
	2	16	12	30	壬午	3	18	2	1	壬子	4	17	3	1	壬午	5	18	4	2	癸丑	6	18	5	4	甲申	7	20	6	6	丙辰
	2	17	1	1	癸未	3	19	2	2	癸丑	4	18	3	2	癸未	5	19	4	3	甲寅	6	19	5	5	乙酉	7	21	6	7	丁巳
	2	18	1	2	甲申	3	20	2	3	甲寅	4	19	3	3	甲申	5	20	4	4	乙卯	6	20	5	6	丙戌	7	22	6	8	戊午
	2	19	1	3	乙酉	3	21	2	4	乙卯	4	20	3	4	乙酉	5	21	4	5	丙辰	6	21	5	7	丁亥	7	23	6	9	己未
	2	20	1	4	丙戌	3	22	2	5	丙辰	4	21	3	5	丙戌	5	22	4	6	丁巳	6	22	5	8	戊子	7	24	6	10	庚申
	2	21	1	5	丁亥	3	23	2	6	丁巳	4	22	3	6	丁亥	5	23	4	7	戊午	6	23	5	9	己丑	7	25	6	11	辛酉
	2	22	1	6	戊子	3	24	2	7	戊午	4	23	3	7	戊子	5	24	4	8	己未	6	24	5	10	庚寅	7	26	6	12	壬戌
	2	23	1	7	己丑	3	25	2	8	己未	4	24	3	8	己丑	5	25	4	9	庚申	6	25	5	11	辛卯	7	27	6	13	癸亥
	2	24	1	8	庚寅	3	26	2	9	庚申	4	25	3	9	庚寅	5	26	4	10	辛酉	6	26	5	12	壬辰	7	28	6	14	甲子
	2	25	1	9	辛卯	3	27	2	10	辛酉	4	26	3	10	辛卯	5	27	4	11	壬戌	6	27	5	13	癸巳	7	29	6	15	乙丑
	2	26	1	10	壬辰	3	28	2	11	壬戌	4	27	3	11	壬辰	5	28	4	12	癸亥	6	28	5	14	甲午	7	30	6	16	丙寅
	2	27	1	11	癸巳	3	29	2	12	癸亥	4	28	3	12	癸巳	5	29	4	13	甲子	6	29	5	15	乙未	7	31	6	17	丁卯
	2	28	1	12	甲午	3	30	2	13	甲子	4	29	3	13	甲午	5	30	4	14	乙丑	6	30	5	16	丙申	8	1	6	18	戊辰
	3	1	1	13	乙未	3	31	2	14	乙丑	4	30	3	14	乙未	5	31	4	15	丙寅	7	1	5	17	丁酉	8	2	6	19	己巳
	3	2	1	14	丙申	4	1	2	15	丙寅	5	1	3	15	丙申	6	1	4	16	丁卯	7	2	5	18	戊戌	8	3	6	20	庚午
	3	3	1	15	丁酉	4	2	2	16	丁卯	5	2	3	16	丁酉	6	2	4	17	戊辰	7	3	5	19	己亥	8	4	6	21	辛未
	3	4	1	16	戊戌	4	3	2	17	戊辰	5	3	3	17	戊戌	6	3	4	18	己巳	7	4	5	20	庚子	8	5	6	22	壬申
	3	5	1	17	己亥	4	4	2	18	己巳	5	4	3	18	己亥	6	4	4	19	庚午	7	5	5	21	辛丑	8	6	6	23	癸酉
											5	5	3	19	庚子	6	5	4	20	辛未	7	6	5	22	壬寅	8	7	6	24	甲戌
																					7	7	5	23	癸卯					
中氣	雨水 2/19 13時17分 未時					春分 3/21 12時35分 午時					穀雨 4/20 23時59分 子時					小滿 5/21 23時27分 子時					夏至 6/22 7時36分 辰時					大暑 7/23 18時29分 酉時				

 日光節約時間：五月一日至九月三十日

庚寅																													年
甲申				乙酉					丙戌					丁亥					戊子					己丑					月
立秋				白露					寒露					立冬					大雪					小寒					節
8 10時55分 巳時				9/8 13時33分 未時					10/9 4時51分 寅時					11/8 7時43分 辰時					12/8 0時21分 子時					1/6 11時30分 午時					氣
曆	農曆		干支	國曆		農曆		干支	國曆		農曆		干支	國曆		農曆		干支	國曆		農曆		干支	國曆		農曆		干支	日
8	6	25	乙亥	9	8	7	26	丙午	10	9	8	28	丁丑	11	8	9	29	丁未	12	8	10	29	丁丑	1	6	11	29	丙午	中華民國三十九、四十年 虎 1950、1951
9	6	26	丙子	9	9	7	27	丁未	10	10	8	29	戊寅	11	9	9	30	戊申	12	9	11	1	戊寅	1	7	11	30	丁未	
10	6	27	丁丑	9	10	7	28	戊申	10	11	9	1	己卯	11	10	10	1	己酉	12	10	11	2	己卯	1	8	12	1	戊申	
11	6	28	戊寅	9	11	7	29	己酉	10	12	9	2	庚辰	11	11	10	2	庚戌	12	11	11	3	庚辰	1	9	12	2	己酉	
12	6	29	己卯	9	12	8	1	庚戌	10	13	9	3	辛巳	11	12	10	3	辛亥	12	12	11	4	辛巳	1	10	12	3	庚戌	
13	6	30	庚辰	9	13	8	2	辛亥	10	14	9	4	壬午	11	13	10	4	壬子	12	13	11	5	壬午	1	11	12	4	辛亥	
14	7	1	辛巳	9	14	8	3	壬子	10	15	9	5	癸未	11	14	10	5	癸丑	12	14	11	6	癸未	1	12	12	5	壬子	
15	7	2	壬午	9	15	8	4	癸丑	10	16	9	6	甲申	11	15	10	6	甲寅	12	15	11	7	甲申	1	13	12	6	癸丑	
16	7	3	癸未	9	16	8	5	甲寅	10	17	9	7	乙酉	11	16	10	7	乙卯	12	16	11	8	乙酉	1	14	12	7	甲寅	
17	7	4	甲申	9	17	8	6	乙卯	10	18	9	8	丙戌	11	17	10	8	丙辰	12	17	11	9	丙戌	1	15	12	8	乙卯	
18	7	5	乙酉	9	18	8	7	丙辰	10	19	9	9	丁亥	11	18	10	9	丁巳	12	18	11	10	丁亥	1	16	12	9	丙辰	
19	7	6	丙戌	9	19	8	8	丁巳	10	20	9	10	戊子	11	19	10	10	戊午	12	19	11	11	戊子	1	17	12	10	丁巳	
20	7	7	丁亥	9	20	8	9	戊午	10	21	9	11	己丑	11	20	10	11	己未	12	20	11	12	己丑	1	18	12	11	戊午	
21	7	8	戊子	9	21	8	10	己未	10	22	9	12	庚寅	11	21	10	12	庚申	12	21	11	13	庚寅	1	19	12	12	己未	
22	7	9	己丑	9	22	8	11	庚申	10	23	9	13	辛卯	11	22	10	13	辛酉	12	22	11	14	辛卯	1	20	12	13	庚申	
23	7	10	庚寅	9	23	8	12	辛酉	10	24	9	14	壬辰	11	23	10	14	壬戌	12	23	11	15	壬辰	1	21	12	14	辛酉	
24	7	11	辛卯	9	24	8	13	壬戌	10	25	9	15	癸巳	11	24	10	15	癸亥	12	24	11	16	癸巳	1	22	12	15	壬戌	
25	7	12	壬辰	9	25	8	14	癸亥	10	26	9	16	甲午	11	25	10	16	甲子	12	25	11	17	甲午	1	23	12	16	癸亥	
26	7	13	癸巳	9	26	8	15	甲子	10	27	9	17	乙未	11	26	10	17	乙丑	12	26	11	18	乙未	1	24	12	17	甲子	
27	7	14	甲午	9	27	8	16	乙丑	10	28	9	18	丙申	11	27	10	18	丙寅	12	27	11	19	丙申	1	25	12	18	乙丑	
28	7	15	乙未	9	28	8	17	丙寅	10	29	9	19	丁酉	11	28	10	19	丁卯	12	28	11	20	丁酉	1	26	12	19	丙寅	
29	7	16	丙申	9	29	8	18	丁卯	10	30	9	20	戊戌	11	29	10	20	戊辰	12	29	11	21	戊戌	1	27	12	20	丁卯	
30	7	17	丁酉	9	30	8	19	戊辰	10	31	9	21	己亥	11	30	10	21	己巳	12	30	11	22	己亥	1	28	12	21	戊辰	
31	7	18	戊戌	10	1	8	20	己巳	11	1	9	22	庚子	12	1	10	22	庚午	12	31	11	23	庚子	1	29	12	22	己巳	
1	7	19	己亥	10	2	8	21	庚午	11	2	9	23	辛丑	12	2	10	23	辛未	1	1	11	24	辛丑	1	30	12	23	庚午	
2	7	20	庚子	10	3	8	22	辛未	11	3	9	24	壬寅	12	3	10	24	壬申	1	2	11	25	壬寅	1	31	12	24	辛未	
3	7	21	辛丑	10	4	8	23	壬申	11	4	9	25	癸卯	12	4	10	25	癸酉	1	3	11	26	癸卯	2	1	12	25	壬申	
4	7	22	壬寅	10	5	8	24	癸酉	11	5	9	26	甲辰	12	5	10	26	甲戌	1	4	11	27	甲辰	2	2	12	26	癸酉	
5	7	23	癸卯	10	6	8	25	甲戌	11	6	9	27	乙巳	12	6	10	27	乙亥	1	5	11	28	乙巳	2	3	12	27	甲戌	
6	7	24	甲辰	10	7	8	26	乙亥	11	7	9	28	丙午	12	7	10	28	丙子											
7	7	25	乙巳	10	8	8	27	丙子																					
處暑				秋分					霜降					小雪					冬至					大寒					中
8/24 1時23分 丑時				9/23 22時43分 亥時					10/24 7時44分 辰時					11/23 5時2分 卯時					12/22 18時13分 酉時					1/21 4時52分 寅時					氣

年	辛卯																													
月	庚寅					辛卯					壬辰					癸巳					甲午					乙未				
節氣	立春					驚蟄					清明					立夏					芒種					小暑				
	2/4 23時13分 子時					3/6 17時26分 酉時					4/5 22時32分 亥時					5/6 16時9分 申時					6/6 20時32分 戌時					7/8 6時53分 卯時				
日	國曆		農曆		干支	國曆		農曆		干支	國曆		農曆		干支	國曆		農曆		干支	國曆		農曆		干支	國曆		農曆		干支
中華民國四十年 兔 1951	2	4	12	28	乙亥	3	6	1	29	乙巳	4	5	2	29	乙亥	5	6	4	1	丙午	6	6	5	2	丁丑	7	8	6	5	己酉
	2	5	12	29	丙子	3	7	1	30	丙午	4	6	3	1	丙子	5	7	4	2	丁未	6	7	5	3	戊寅	7	9	6	6	庚戌
	2	6	1	1	丁丑	3	8	2	1	丁未	4	7	3	2	丁丑	5	8	4	3	戊申	6	8	5	4	己卯	7	10	6	7	辛亥
	2	7	1	2	戊寅	3	9	2	2	戊申	4	8	3	3	戊寅	5	9	4	4	己酉	6	9	5	5	庚辰	7	11	6	8	壬子
	2	8	1	3	己卯	3	10	2	3	己酉	4	9	3	4	己卯	5	10	4	5	庚戌	6	10	5	6	辛巳	7	12	6	9	癸丑
	2	9	1	4	庚辰	3	11	2	4	庚戌	4	10	3	5	庚辰	5	11	4	6	辛亥	6	11	5	7	壬午	7	13	6	10	甲寅
	2	10	1	5	辛巳	3	12	2	5	辛亥	4	11	3	6	辛巳	5	12	4	7	壬子	6	12	5	8	癸未	7	14	6	11	乙卯
	2	11	1	6	壬午	3	13	2	6	壬子	4	12	3	7	壬午	5	13	4	8	癸丑	6	13	5	9	甲申	7	15	6	12	丙辰
	2	12	1	7	癸未	3	14	2	7	癸丑	4	13	3	8	癸未	5	14	4	9	甲寅	6	14	5	10	乙酉	7	16	6	13	丁巳
	2	13	1	8	甲申	3	15	2	8	甲寅	4	14	3	9	甲申	5	15	4	10	乙卯	6	15	5	11	丙戌	7	17	6	14	戊午
	2	14	1	9	乙酉	3	16	2	9	乙卯	4	15	3	10	乙酉	5	16	4	11	丙辰	6	16	5	12	丁亥	7	18	6	15	己未
	2	15	1	10	丙戌	3	17	2	10	丙辰	4	16	3	11	丙戌	5	17	4	12	丁巳	6	17	5	13	戊子	7	19	6	16	庚申
	2	16	1	11	丁亥	3	18	2	11	丁巳	4	17	3	12	丁亥	5	18	4	13	戊午	6	18	5	14	己丑	7	20	6	17	辛酉
	2	17	1	12	戊子	3	19	2	12	戊午	4	18	3	13	戊子	5	19	4	14	己未	6	19	5	15	庚寅	7	21	6	18	壬戌
	2	18	1	13	己丑	3	20	2	13	己未	4	19	3	14	己丑	5	20	4	15	庚申	6	20	5	16	辛卯	7	22	6	19	癸亥
	2	19	1	14	庚寅	3	21	2	14	庚申	4	20	3	15	庚寅	5	21	4	16	辛酉	6	21	5	17	壬辰	7	23	6	20	甲子
	2	20	1	15	辛卯	3	22	2	15	辛酉	4	21	3	16	辛卯	5	22	4	17	壬戌	6	22	5	18	癸巳	7	24	6	21	乙丑
	2	21	1	16	壬辰	3	23	2	16	壬戌	4	22	3	17	壬辰	5	23	4	18	癸亥	6	23	5	19	甲午	7	25	6	22	丙寅
	2	22	1	17	癸巳	3	24	2	17	癸亥	4	23	3	18	癸巳	5	24	4	19	甲子	6	24	5	20	乙未	7	26	6	23	丁卯
	2	23	1	18	甲午	3	25	2	18	甲子	4	24	3	19	甲午	5	25	4	20	乙丑	6	25	5	21	丙申	7	27	6	24	戊辰
	2	24	1	19	乙未	3	26	2	19	乙丑	4	25	3	20	乙未	5	26	4	21	丙寅	6	26	5	22	丁酉	7	28	6	25	己巳
	2	25	1	20	丙申	3	27	2	20	丙寅	4	26	3	21	丙申	5	27	4	22	丁卯	6	27	5	23	戊戌	7	29	6	26	庚午
	2	26	1	21	丁酉	3	28	2	21	丁卯	4	27	3	22	丁酉	5	28	4	23	戊辰	6	28	5	24	己亥	7	30	6	27	辛未
	2	27	1	22	戊戌	3	29	2	22	戊辰	4	28	3	23	戊戌	5	29	4	24	己巳	6	29	5	25	庚子	7	31	6	28	壬申
	2	28	1	23	己亥	3	30	2	23	己巳	4	29	3	24	己亥	5	30	4	25	庚午	6	30	5	26	辛丑	8	1	6	29	癸酉
	3	1	1	24	庚子	3	31	2	24	庚午	4	30	3	25	庚子	5	31	4	26	辛未	7	1	5	27	壬寅	8	2	6	30	甲戌
	3	2	1	25	辛丑	4	1	2	25	辛未	5	1	3	26	辛丑	6	1	4	27	壬申	7	2	5	28	癸卯	8	3	7	1	乙亥
	3	3	1	26	壬寅	4	2	2	26	壬申	5	2	3	27	壬寅	6	2	4	28	癸酉	7	3	5	29	甲辰	8	4	7	2	丙子
	3	4	1	27	癸卯	4	3	2	27	癸酉	5	3	3	28	癸卯	6	3	4	29	甲戌	7	4	6	1	乙巳	8	5	7	3	丁丑
	3	5	1	28	甲辰	4	4	2	28	甲戌	5	4	3	29	甲辰	6	4	4	30	乙亥	7	5	6	2	丙午	8	6	7	4	戊寅
											5	5	3	30	乙巳	6	5	5	1	丙子	7	6	6	3	丁未	8	7	7	5	己卯
																					7	7	6	4	戊申					
中氣	雨水					春分					穀雨					小滿					夏至					大暑				
	2/19 19時9分 戌時					3/21 18時25分 酉時					4/21 5時48分 卯時					5/22 5時15分 卯時					6/22 13時24分 未時					7/24 0時20分 子時				

 日光節約時間：五月一日至九月三十日

年	辛卯
	中華民國四十、四十一年 兔 1951、1952

月	丙申		
節氣	立秋		
	8 16時37分 申時		
國曆	農曆		干支
8	7	6	庚辰
9	7	7	辛巳
10	7	8	壬午
11	7	9	癸未
12	7	10	甲申
13	7	11	乙酉
14	7	12	丙戌
15	7	13	丁亥
16	7	14	戊子
17	7	15	己丑
18	7	16	庚寅
19	7	17	辛卯
20	7	18	壬辰
21	7	19	癸巳
22	7	20	甲午
23	7	21	乙未
24	7	22	丙申
25	7	23	丁酉
26	7	24	戊戌
27	7	25	己亥
28	7	26	庚子
29	7	27	辛丑
30	7	28	壬寅
31	7	29	癸卯
1	8	1	甲辰
2	8	2	乙巳
3	8	3	丙午
4	8	4	丁未
5	8	5	戊申
6	8	6	己酉
7	8	7	庚戌
中氣	處暑		
	4 7時16分 辰時		

月	丁酉			
節氣	白露			
	9/8 19時18分 戌時			
國曆		農曆		干支
9	8	8	8	辛亥
9	9	8	9	壬子
9	10	8	10	癸丑
9	11	8	11	甲寅
9	12	8	12	乙卯
9	13	8	13	丙辰
9	14	8	14	丁巳
9	15	8	15	戊午
9	16	8	16	己未
9	17	8	17	庚申
9	18	8	18	辛酉
9	19	8	19	壬戌
9	20	8	20	癸亥
9	21	8	21	甲子
9	22	8	22	乙丑
9	23	8	23	丙寅
9	24	8	24	丁卯
9	25	8	25	戊辰
9	26	8	26	己巳
9	27	8	27	庚午
9	28	8	28	辛未
9	29	8	29	壬申
9	30	8	30	癸酉
10	1	9	1	甲戌
10	2	9	2	乙亥
10	3	9	3	丙子
10	4	9	4	丁丑
10	5	9	5	戊寅
10	6	9	6	己卯
10	7	9	7	庚辰
10	8	9	8	辛巳
中氣	秋分			
	9/24 4時36分 寅時			

月	戊戌			
節氣	寒露			
	10/9 10時36分 巳時			
國曆		農曆		干支
10	9	9	9	壬午
10	10	9	10	癸未
10	11	9	11	甲申
10	12	9	12	乙酉
10	13	9	13	丙戌
10	14	9	14	丁亥
10	15	9	15	戊子
10	16	9	16	己丑
10	17	9	17	庚寅
10	18	9	18	辛卯
10	19	9	19	壬辰
10	20	9	20	癸巳
10	21	9	21	甲午
10	22	9	22	乙未
10	23	9	23	丙申
10	24	9	24	丁酉
10	25	9	25	戊戌
10	26	9	26	己亥
10	27	9	27	庚子
10	28	9	28	辛丑
10	29	9	29	壬寅
10	30	10	1	癸卯
10	31	10	2	甲辰
11	1	10	3	乙巳
11	2	10	4	丙午
11	3	10	5	丁未
11	4	10	6	戊申
11	5	10	7	己酉
11	6	10	8	庚戌
11	7	10	9	辛亥
中氣	霜降			
	10/24 13時36分 未時			

月	己亥			
節氣	立冬			
	11/8 13時26分 未時			
國曆		農曆		干支
11	8	10	10	壬子
11	9	10	11	癸丑
11	10	10	12	甲寅
11	11	10	13	乙卯
11	12	10	14	丙辰
11	13	10	15	丁巳
11	14	10	16	戊午
11	15	10	17	己未
11	16	10	18	庚申
11	17	10	19	辛酉
11	18	10	20	壬戌
11	19	10	21	癸亥
11	20	10	22	甲子
11	21	10	23	乙丑
11	22	10	24	丙寅
11	23	10	25	丁卯
11	24	10	26	戊辰
11	25	10	27	己巳
11	26	10	28	庚午
11	27	10	29	辛未
11	28	10	30	壬申
11	29	11	1	癸酉
11	30	11	2	甲戌
12	1	11	3	乙亥
12	2	11	4	丙子
12	3	11	5	丁丑
12	4	11	6	戊寅
12	5	11	7	己卯
12	6	11	8	庚辰
12	7	11	9	辛巳
中氣	小雪			
	11/23 10時51分 巳時			

月	庚子			
節氣	大雪			
	12/8 6時2分 卯時			
國曆		農曆		干支
12	8	11	10	壬午
12	9	11	11	癸未
12	10	11	12	甲申
12	11	11	13	乙酉
12	12	11	14	丙戌
12	13	11	15	丁亥
12	14	11	16	戊子
12	15	11	17	己丑
12	16	11	18	庚寅
12	17	11	19	辛卯
12	18	11	20	壬辰
12	19	11	21	癸巳
12	20	11	22	甲午
12	21	11	23	乙未
12	22	11	24	丙申
12	23	11	25	丁酉
12	24	11	26	戊戌
12	25	11	27	己亥
12	26	11	28	庚子
12	27	11	29	辛丑
12	28	12	1	壬寅
12	29	12	2	癸卯
12	30	12	3	甲辰
12	31	12	4	乙巳
1	1	12	5	丙午
1	2	12	6	丁未
1	3	12	7	戊申
1	4	12	8	己酉
1	5	12	9	庚戌
中氣	冬至			
	12/23 0時0分 子時			

月	辛丑			
節氣	小寒			
	1/6 17時9分 酉時			
國曆		農曆		干支
1	6	12	10	辛亥
1	7	12	11	壬子
1	8	12	12	癸丑
1	9	12	13	甲寅
1	10	12	14	乙卯
1	11	12	15	丙辰
1	12	12	16	丁巳
1	13	12	17	戊午
1	14	12	18	己未
1	15	12	19	庚申
1	16	12	20	辛酉
1	17	12	21	壬戌
1	18	12	22	癸亥
1	19	12	23	甲子
1	20	12	24	乙丑
1	21	12	25	丙寅
1	22	12	26	丁卯
1	23	12	27	戊辰
1	24	12	28	己巳
1	25	12	29	庚午
1	26	12	30	辛未
1	27	1	1	壬申
1	28	1	2	癸酉
1	29	1	3	甲戌
1	30	1	4	乙亥
1	31	1	5	丙子
2	1	1	6	丁丑
2	2	1	7	戊寅
2	3	1	8	己卯
2	4	1	9	庚辰
中氣	大寒			
	1/21 10時38分 巳時			

日光節約時間：五月一日至九月三十日

年	壬辰																													
月	壬寅					癸卯					甲辰					乙巳					丙午					丁未				
節氣	立春					驚蟄					清明					立夏					芒種					小暑				
	2/5 4時52分 寅時					3/5 23時7分 子時					4/5 4時15分 寅時					5/5 21時54分 亥時					6/6 2時20分 丑時					7/7 12時44分 午時				
日	國曆		農曆		干支	國曆		農曆		干支	國曆		農曆		干支	國曆		農曆		干支	國曆		農曆		干支	國曆		農曆		干支
	2	5	1	10	辛巳	3	5	2	10	庚戌	4	5	3	11	辛巳	5	5	4	12	辛亥	6	6	5	14	癸未	7	7	5̲	16	甲
	2	6	1	11	壬午	3	6	2	11	辛亥	4	6	3	12	壬午	5	6	4	13	壬子	6	7	5	15	甲申	7	8	5̲	17	乙
	2	7	1	12	癸未	3	7	2	12	壬子	4	7	3	13	癸未	5	7	4	14	癸丑	6	8	5	16	乙酉	7	9	5̲	18	丙
	2	8	1	13	甲申	3	8	2	13	癸丑	4	8	3	14	甲申	5	8	4	15	甲寅	6	9	5	17	丙戌	7	10	5̲	19	丁
中華民國四十一年 龍	2	9	1	14	乙酉	3	9	2	14	甲寅	4	9	3	15	乙酉	5	9	4	16	乙卯	6	10	5	18	丁亥	7	11	5̲	20	戊
	2	10	1	15	丙戌	3	10	2	15	乙卯	4	10	3	16	丙戌	5	10	4	17	丙辰	6	11	5	19	戊子	7	12	5̲	21	己
	2	11	1	16	丁亥	3	11	2	16	丙辰	4	11	3	17	丁亥	5	11	4	18	丁巳	6	12	5	20	己丑	7	13	5̲	22	庚
	2	12	1	17	戊子	3	12	2	17	丁巳	4	12	3	18	戊子	5	12	4	19	戊午	6	13	5	21	庚寅	7	14	5̲	23	辛
	2	13	1	18	己丑	3	13	2	18	戊午	4	13	3	19	己丑	5	13	4	20	己未	6	14	5	22	辛卯	7	15	5̲	24	壬
	2	14	1	19	庚寅	3	14	2	19	己未	4	14	3	20	庚寅	5	14	4	21	庚申	6	15	5	23	壬辰	7	16	5̲	25	癸
	2	15	1	20	辛卯	3	15	2	20	庚申	4	15	3	21	辛卯	5	15	4	22	辛酉	6	16	5	24	癸巳	7	17	5̲	26	甲
	2	16	1	21	壬辰	3	16	2	21	辛酉	4	16	3	22	壬辰	5	16	4	23	壬戌	6	17	5	25	甲午	7	18	5̲	27	乙
	2	17	1	22	癸巳	3	17	2	22	壬戌	4	17	3	23	癸巳	5	17	4	24	癸亥	6	18	5	26	乙未	7	19	5̲	28	丙
	2	18	1	23	甲午	3	18	2	23	癸亥	4	18	3	24	甲午	5	18	4	25	甲子	6	19	5	27	丙申	7	20	5̲	29	丁
	2	19	1	24	乙未	3	19	2	24	甲子	4	19	3	25	乙未	5	19	4	26	乙丑	6	20	5	28	丁酉	7	21	5̲	30	戊
	2	20	1	25	丙申	3	20	2	25	乙丑	4	20	3	26	丙申	5	20	4	27	丙寅	6	21	5	29	戊戌	7	22	6	1	己
	2	21	1	26	丁酉	3	21	2	26	丙寅	4	21	3	27	丁酉	5	21	4	28	丁卯	6	22	閏5	1	己亥	7	23	6	2	庚
	2	22	1	27	戊戌	3	22	2	27	丁卯	4	22	3	28	戊戌	5	22	4	29	戊辰	6	23	5̲	2	庚子	7	24	6	3	辛
	2	23	1	28	己亥	3	23	2	28	戊辰	4	23	3	29	己亥	5	23	4	30	己巳	6	24	5̲	3	辛丑	7	25	6	4	壬
	2	24	1	29	庚子	3	24	2	29	己巳	4	24	4	1	庚子	5	24	5	1	庚午	6	25	5̲	4	壬寅	7	26	6	5	癸
	2	25	2	1	辛丑	3	25	2	30	庚午	4	25	4	2	辛丑	5	25	5	2	辛未	6	26	5̲	5	癸卯	7	27	6	6	甲
	2	26	2	2	壬寅	3	26	3	1	辛未	4	26	4	3	壬寅	5	26	5	3	壬申	6	27	5̲	6	甲辰	7	28	6	7	乙
1952	2	27	2	3	癸卯	3	27	3	2	壬申	4	27	4	4	癸卯	5	27	5	4	癸酉	6	28	5̲	7	乙巳	7	29	6	8	丙
	2	28	2	4	甲辰	3	28	3	3	癸酉	4	28	4	5	甲辰	5	28	5	5	甲戌	6	29	5̲	8	丙午	7	30	6	9	丁
	2	29	2	5	乙巳	3	29	3	4	甲戌	4	29	4	6	乙巳	5	29	5	6	乙亥	6	30	5̲	9	丁未	7	31	6	10	戊
	3	1	2	6	丙午	3	30	3	5	乙亥	4	30	4	7	丙午	5	30	5	7	丙子	7	1	5̲	10	戊申	8	1	6	11	己
	3	2	2	7	丁未	3	31	3	6	丙子	5	1	4	8	丁未	5	31	5	8	丁丑	7	2	5̲	11	己酉	8	2	6	12	庚
	3	3	2	8	戊申	4	1	3	7	丁丑	5	2	4	9	戊申	6	1	5	9	戊寅	7	3	5̲	12	庚戌	8	3	6	13	辛
	3	4	2	9	己酉	4	2	3	8	戊寅	5	3	4	10	己酉	6	2	5	10	己卯	7	4	5̲	13	辛亥	8	4	6	14	壬
						4	3	3	9	己卯	5	4	4	11	庚戌	6	3	5	11	庚辰	7	5	5̲	14	壬子	8	5	6	15	癸
						4	4	3	10	庚辰						6	4	5	12	辛巳	7	6	5̲	15	癸丑	8	6	6	16	甲
																6	5	5	13	壬午										
中氣	雨水					春分					穀雨					小滿					夏至					大暑				
	2/20 0時56分 子時					3/21 0時13分 子時					4/20 11時36分 午時					5/21 11時3分 午時					6/21 19時12分 戌時					7/23 6時7分 卯時				

 日光節約時間：三月一日至十月卅一日

壬辰																									年
戊申				己酉					庚戌					辛亥					壬子					癸丑	月
立秋				白露					寒露					立冬					大雪					小寒	節氣
/7 22時31分 亥時				9/8 1時13分 丑時					10/8 16時32分 申時					11/7 19時21分 戌時					12/7 11時55分 午時					1/5 23時2分 子時	
曆	農曆		干支	國曆		農曆		干支	國曆		農曆		干支	國曆		農曆		干支	國曆		農曆		干支	國曆	農曆	干支	日
7	6	17	乙酉	9	8	7	20	丁巳	10	8	8	20	丁亥	11	7	9	20	丁巳	12	7	10	21	丁亥	1 5	11 20	丙辰	中華民國四十一、四十二年 龍 1952、1953
8	6	18	丙戌	9	9	7	21	戊午	10	9	8	21	戊子	11	8	9	21	戊午	12	8	10	22	戊子	1 6	11 21	丁巳	
9	6	19	丁亥	9	10	7	22	己未	10	10	8	22	己丑	11	9	9	22	己未	12	9	10	23	己丑	1 7	11 22	戊午	
10	6	20	戊子	9	11	7	23	庚申	10	11	8	23	庚寅	11	10	9	23	庚申	12	10	10	24	庚寅	1 8	11 23	己未	
11	6	21	己丑	9	12	7	24	辛酉	10	12	8	24	辛卯	11	11	9	24	辛酉	12	11	10	25	辛卯	1 9	11 24	庚申	
12	6	22	庚寅	9	13	7	25	壬戌	10	13	8	25	壬辰	11	12	9	25	壬戌	12	12	10	26	壬辰	1 10	11 25	辛酉	
13	6	23	辛卯	9	14	7	26	癸亥	10	14	8	26	癸巳	11	13	9	26	癸亥	12	13	10	27	癸巳	1 11	11 26	壬戌	
14	6	24	壬辰	9	15	7	27	甲子	10	15	8	27	甲午	11	14	9	27	甲子	12	14	10	28	甲午	1 12	11 27	癸亥	
15	6	25	癸巳	9	16	7	28	乙丑	10	16	8	28	乙未	11	15	9	28	乙丑	12	15	10	29	乙未	1 13	11 28	甲子	
16	6	26	甲午	9	17	7	29	丙寅	10	17	8	29	丙申	11	16	9	29	丙寅	12	16	10	30	丙申	1 14	11 29	乙丑	
17	6	27	乙未	9	18	7	30	丁卯	10	18	8	30	丁酉	11	17	10	1	丁卯	12	17	11	1	丁酉	1 15	12 1	丙寅	
18	6	28	丙申	9	19	8	1	戊辰	10	19	9	1	戊戌	11	18	10	2	戊辰	12	18	11	2	戊戌	1 16	12 2	丁卯	
19	6	29	丁酉	9	20	8	2	己巳	10	20	9	2	己亥	11	19	10	3	己巳	12	19	11	3	己亥	1 17	12 3	戊辰	
20	7	1	戊戌	9	21	8	3	庚午	10	21	9	3	庚子	11	20	10	4	庚午	12	20	11	4	庚子	1 18	12 4	己巳	
21	7	2	己亥	9	22	8	4	辛未	10	22	9	4	辛丑	11	21	10	5	辛未	12	21	11	5	辛丑	1 19	12 5	庚午	
22	7	3	庚子	9	23	8	5	壬申	10	23	9	5	壬寅	11	22	10	6	壬申	12	22	11	6	壬寅	1 20	12 6	辛未	
23	7	4	辛丑	9	24	8	6	癸酉	10	24	9	6	癸卯	11	23	10	7	癸酉	12	23	11	7	癸卯	1 21	12 7	壬申	
24	7	5	壬寅	9	25	8	7	甲戌	10	25	9	7	甲辰	11	24	10	8	甲戌	12	24	11	8	甲辰	1 22	12 8	癸酉	
25	7	6	癸卯	9	26	8	8	乙亥	10	26	9	8	乙巳	11	25	10	9	乙亥	12	25	11	9	乙巳	1 23	12 9	甲戌	
26	7	7	甲辰	9	27	8	9	丙子	10	27	9	9	丙午	11	26	10	10	丙子	12	26	11	10	丙午	1 24	12 10	乙亥	
27	7	8	乙巳	9	28	8	10	丁丑	10	28	9	10	丁未	11	27	10	11	丁丑	12	27	11	11	丁未	1 25	12 11	丙子	
28	7	9	丙午	9	29	8	11	戊寅	10	29	9	11	戊申	11	28	10	12	戊寅	12	28	11	12	戊申	1 26	12 12	丁丑	
29	7	10	丁未	9	30	8	12	己卯	10	30	9	12	己酉	11	29	10	13	己卯	12	29	11	13	己酉	1 27	12 13	戊寅	
30	7	11	戊申	10	1	8	13	庚辰	10	31	9	13	庚戌	11	30	10	14	庚辰	12	30	11	14	庚戌	1 28	12 14	己卯	
31	7	12	己酉	10	2	8	14	辛巳	11	1	9	14	辛亥	12	1	10	15	辛巳	12	31	11	15	辛亥	1 29	12 15	庚辰	
1	7	13	庚戌	10	3	8	15	壬午	11	2	9	15	壬子	12	2	10	16	壬午	1	1	11	16	壬子	1 30	12 16	辛巳	
2	7	14	辛亥	10	4	8	16	癸未	11	3	9	16	癸丑	12	3	10	17	癸未	1	2	11	17	癸丑	1 31	12 17	壬午	
3	7	15	壬子	10	5	8	17	甲申	11	4	9	17	甲寅	12	4	10	18	甲申	1	3	11	18	甲寅	2 1	12 18	癸未	
4	7	16	癸丑	10	6	8	18	乙酉	11	5	9	18	乙卯	12	5	10	19	乙酉	1	4	11	19	乙卯	2 2	12 19	甲申	
5	7	17	甲寅	10	7	8	19	丙戌	11	6	9	19	丙辰	12	6	10	20	丙戌						2 3	12 20	乙酉	
6	7	18	乙卯																								
7	7	19	丙辰																								
處暑				秋分					霜降					小雪					冬至					大寒			中氣
23 13時2分 未時				9/23 10時23分 巳時					10/23 19時22分 戌時					11/22 16時35分 申時					12/22 5時43分 卯時					1/20 16時21分 申時			

年	癸巳																													
月	甲寅					乙卯					丙辰					丁巳					戊午					己未				
節氣	立春					驚蟄					清明					立夏					芒種					小暑				
	2/4 10時45分 巳時					3/6 5時2分 卯時					4/5 10時12分 巳時					5/6 3時52分 寅時					6/6 8時16分 辰時					7/7 18時34分 酉				
日	國曆		農曆		干支	國曆		農曆		干支	國曆		農曆		干支	國曆		農曆		干支	國曆		農曆		干支	國曆		農曆		干
中華民國四十二年 蛇 1953	2	4	12	21	丙戌	3	6	1	21	丙辰	4	5	2	22	丙戌	5	6	3	23	丁巳	6	6	4	25	戊子	7	7	5	27	己
	2	5	12	22	丁亥	3	7	1	22	丁巳	4	6	2	23	丁亥	5	7	3	24	戊午	6	7	4	26	己丑	7	8	5	28	庚
	2	6	12	23	戊子	3	8	1	23	戊午	4	7	2	24	戊子	5	8	3	25	己未	6	8	4	27	庚寅	7	9	5	29	辛
	2	7	12	24	己丑	3	9	1	24	己未	4	8	2	25	己丑	5	9	3	26	庚申	6	9	4	28	辛卯	7	10	5	30	壬
	2	8	12	25	庚寅	3	10	1	25	庚申	4	9	2	26	庚寅	5	10	3	27	辛酉	6	10	4	29	壬辰	7	11	6	1	癸
	2	9	12	26	辛卯	3	11	1	26	辛酉	4	10	2	27	辛卯	5	11	3	28	壬戌	6	11	5	1	癸巳	7	12	6	2	甲
	2	10	12	27	壬辰	3	12	1	27	壬戌	4	11	2	28	壬辰	5	12	3	29	癸亥	6	12	5	2	甲午	7	13	6	3	乙
	2	11	12	28	癸巳	3	13	1	28	癸亥	4	12	2	29	癸巳	5	13	4	1	甲子	6	13	5	3	乙未	7	14	6	4	丙
	2	12	12	29	甲午	3	14	1	29	甲子	4	13	2	30	甲午	5	14	4	2	乙丑	6	14	5	4	丙申	7	15	6	5	丁
	2	13	12	30	乙未	3	15	2	1	乙丑	4	14	3	1	乙未	5	15	4	3	丙寅	6	15	5	5	丁酉	7	16	6	6	戊
	2	14	1	1	丙申	3	16	2	2	丙寅	4	15	3	2	丙申	5	16	4	4	丁卯	6	16	5	6	戊戌	7	17	6	7	己
	2	15	1	2	丁酉	3	17	2	3	丁卯	4	16	3	3	丁酉	5	17	4	5	戊辰	6	17	5	7	己亥	7	18	6	8	庚
	2	16	1	3	戊戌	3	18	2	4	戊辰	4	17	3	4	戊戌	5	18	4	6	己巳	6	18	5	8	庚子	7	19	6	9	辛
	2	17	1	4	己亥	3	19	2	5	己巳	4	18	3	5	己亥	5	19	4	7	庚午	6	19	5	9	辛丑	7	20	6	10	壬
	2	18	1	5	庚子	3	20	2	6	庚午	4	19	3	6	庚子	5	20	4	8	辛未	6	20	5	10	壬寅	7	21	6	11	癸
	2	19	1	6	辛丑	3	21	2	7	辛未	4	20	3	7	辛丑	5	21	4	9	壬申	6	21	5	11	癸卯	7	22	6	12	甲
	2	20	1	7	壬寅	3	22	2	8	壬申	4	21	3	8	壬寅	5	22	4	10	癸酉	6	22	5	12	甲辰	7	23	6	13	乙
	2	21	1	8	癸卯	3	23	2	9	癸酉	4	22	3	9	癸卯	5	23	4	11	甲戌	6	23	5	13	乙巳	7	24	6	14	丙
	2	22	1	9	甲辰	3	24	2	10	甲戌	4	23	3	10	甲辰	5	24	4	12	乙亥	6	24	5	14	丙午	7	25	6	15	丁
	2	23	1	10	乙巳	3	25	2	11	乙亥	4	24	3	11	乙巳	5	25	4	13	丙子	6	25	5	15	丁未	7	26	6	16	戊
	2	24	1	11	丙午	3	26	2	12	丙子	4	25	3	12	丙午	5	26	4	14	丁丑	6	26	5	16	戊申	7	27	6	17	己
	2	25	1	12	丁未	3	27	2	13	丁丑	4	26	3	13	丁未	5	27	4	15	戊寅	6	27	5	17	己酉	7	28	6	18	庚
	2	26	1	13	戊申	3	28	2	14	戊寅	4	27	3	14	戊申	5	28	4	16	己卯	6	28	5	18	庚戌	7	29	6	19	辛
	2	27	1	14	己酉	3	29	2	15	己卯	4	28	3	15	己酉	5	29	4	17	庚辰	6	29	5	19	辛亥	7	30	6	20	壬
	2	28	1	15	庚戌	3	30	2	16	庚辰	4	29	3	16	庚戌	5	30	4	18	辛巳	6	30	5	20	壬子	7	31	6	21	癸
	3	1	1	16	辛亥	3	31	2	17	辛巳	4	30	3	17	辛亥	5	31	4	19	壬午	7	1	5	21	癸丑	8	1	6	22	甲
	3	2	1	17	壬子	4	1	2	18	壬午	5	1	3	18	壬子	6	1	4	20	癸未	7	2	5	22	甲寅	8	2	6	23	乙
	3	3	1	18	癸丑	4	2	2	19	癸未	5	2	3	19	癸丑	6	2	4	21	甲申	7	3	5	23	乙卯	8	3	6	24	丙
	3	4	1	19	甲寅	4	3	2	20	甲申	5	3	3	20	甲寅	6	3	4	22	乙酉	7	4	5	24	丙辰	8	4	6	25	丁
	3	5	1	20	乙卯	4	4	2	21	乙酉	5	4	3	21	乙卯	6	4	4	23	丙戌	7	5	5	25	丁巳	8	5	6	26	戊
											5	5	3	22	丙辰	6	5	4	24	丁亥	7	6	5	26	戊午	8	6	6	27	己
																										8	7	6	28	庚
中氣	雨水					春分					穀雨					小滿					夏至					大暑				
	2/19 6時41分 卯時					3/21 6時0分 卯時					4/20 17時25分 酉時					5/21 16時52分 申時					6/22 0時59分 子時					7/23 11時52分 午				

 日光節約時間：四月一日至十月卅一日

癸巳																														年
庚申					辛酉					壬戌					癸亥					甲子					乙丑					月
立秋					白露					寒露					立冬					大雪					小寒					節氣
8/8 4時14分 寅時					9/8 6時52分 卯時					10/8 22時10分 亥時					11/8 1時1分 丑時					12/7 17時37分 酉時					1/6 4時45分 寅時					
國曆		農曆		干支	國曆		農曆		干支	國曆		農曆		干支	國曆		農曆		干支	國曆		農曆		干支	國曆		農曆		干支	日
8	8	6	29	辛卯	9	8	8	1	壬戌	10	8	9	1	壬辰	11	8	10	2	癸亥	12	7	11	2	壬辰	1	6	12	2	壬戌	中華民國四十二、四十三年 蛇
8	9	6	30	壬辰	9	9	8	2	癸亥	10	9	9	2	癸巳	11	9	10	3	甲子	12	8	11	3	癸巳	1	7	12	3	癸亥	
8	10	7	1	癸巳	9	10	8	3	甲子	10	10	9	3	甲午	11	10	10	4	乙丑	12	9	11	4	甲午	1	8	12	4	甲子	
8	11	7	2	甲午	9	11	8	4	乙丑	10	11	9	4	乙未	11	11	10	5	丙寅	12	10	11	5	乙未	1	9	12	5	乙丑	
8	12	7	3	乙未	9	12	8	5	丙寅	10	12	9	5	丙申	11	12	10	6	丁卯	12	11	11	6	丙申	1	10	12	6	丙寅	
8	13	7	4	丙申	9	13	8	6	丁卯	10	13	9	6	丁酉	11	13	10	7	戊辰	12	12	11	7	丁酉	1	11	12	7	丁卯	
8	14	7	5	丁酉	9	14	8	7	戊辰	10	14	9	7	戊戌	11	14	10	8	己巳	12	13	11	8	戊戌	1	12	12	8	戊辰	
8	15	7	6	戊戌	9	15	8	8	己巳	10	15	9	8	己亥	11	15	10	9	庚午	12	14	11	9	己亥	1	13	12	9	己巳	
8	16	7	7	己亥	9	16	8	9	庚午	10	16	9	9	庚子	11	16	10	10	辛未	12	15	11	10	庚子	1	14	12	10	庚午	
8	17	7	8	庚子	9	17	8	10	辛未	10	17	9	10	辛丑	11	17	10	11	壬申	12	16	11	11	辛丑	1	15	12	11	辛未	
8	18	7	9	辛丑	9	18	8	11	壬申	10	18	9	11	壬寅	11	18	10	12	癸酉	12	17	11	12	壬寅	1	16	12	12	壬申	
8	19	7	10	壬寅	9	19	8	12	癸酉	10	19	9	12	癸卯	11	19	10	13	甲戌	12	18	11	13	癸卯	1	17	12	13	癸酉	
8	20	7	11	癸卯	9	20	8	13	甲戌	10	20	9	13	甲辰	11	20	10	14	乙亥	12	19	11	14	甲辰	1	18	12	14	甲戌	
8	21	7	12	甲辰	9	21	8	14	乙亥	10	21	9	14	乙巳	11	21	10	15	丙子	12	20	11	15	乙巳	1	19	12	15	乙亥	
8	22	7	13	乙巳	9	22	8	15	丙子	10	22	9	15	丙午	11	22	10	16	丁丑	12	21	11	16	丙午	1	20	12	16	丙子	
8	23	7	14	丙午	9	23	8	16	丁丑	10	23	9	16	丁未	11	23	10	17	戊寅	12	22	11	17	丁未	1	21	12	17	丁丑	
8	24	7	15	丁未	9	24	8	17	戊寅	10	24	9	17	戊申	11	24	10	18	己卯	12	23	11	18	戊申	1	22	12	18	戊寅	
8	25	7	16	戊申	9	25	8	18	己卯	10	25	9	18	己酉	11	25	10	19	庚辰	12	24	11	19	己酉	1	23	12	19	己卯	
8	26	7	17	己酉	9	26	8	19	庚辰	10	26	9	19	庚戌	11	26	10	20	辛巳	12	25	11	20	庚戌	1	24	12	20	庚辰	
8	27	7	18	庚戌	9	27	8	20	辛巳	10	27	9	20	辛亥	11	27	10	21	壬午	12	26	11	21	辛亥	1	25	12	21	辛巳	
8	28	7	19	辛亥	9	28	8	21	壬午	10	28	9	21	壬子	11	28	10	22	癸未	12	27	11	22	壬子	1	26	12	22	壬午	
8	29	7	20	壬子	9	29	8	22	癸未	10	29	9	22	癸丑	11	29	10	23	甲申	12	28	11	23	癸丑	1	27	12	23	癸未	1953、1954
8	30	7	21	癸丑	9	30	8	23	甲申	10	30	9	23	甲寅	11	30	10	24	乙酉	12	29	11	24	甲寅	1	28	12	24	甲申	
8	31	7	22	甲寅	10	1	8	24	乙酉	10	31	9	24	乙卯	12	1	10	25	丙戌	12	30	11	25	乙卯	1	29	12	25	乙酉	
9	1	7	23	乙卯	10	2	8	25	丙戌	11	1	9	25	丙辰	12	2	10	26	丁亥	12	31	11	26	丙辰	1	30	12	26	丙戌	
9	2	7	24	丙辰	10	3	8	26	丁亥	11	2	9	26	丁巳	12	3	10	27	戊子	1	1	11	27	丁巳	1	31	12	27	丁亥	
9	3	7	25	丁巳	10	4	8	27	戊子	11	3	9	27	戊午	12	4	10	28	己丑	1	2	11	28	戊午	2	1	12	28	戊子	
9	4	7	26	戊午	10	5	8	28	己丑	11	4	9	28	己未	12	5	10	29	庚寅	1	3	11	29	己未	2	2	12	29	己丑	
9	5	7	27	己未	10	6	8	29	庚寅	11	5	9	29	庚申	12	6	11	1	辛卯	1	4	11	30	庚申	2	3	1	1	庚寅	
9	6	7	28	庚申	10	7	8	30	辛卯	11	6	9	30	辛酉						1	5	12	1	辛酉						
9	7	7	29	辛酉						11	7	10	1	壬戌																
處暑					秋分					霜降					小雪					冬至					大寒					中氣
/23 18時45分 酉時					9/23 16時5分 申時					10/24 1時6分 丑時					11/22 22時22分 亥時					12/22 11時31分 午時					1/20 22時11分 亥時					

年	甲午																													
月	丙寅					丁卯					戊辰					己巳					庚午					辛未				
節氣	立春					驚蟄					清明					立夏					芒種					小暑				
	2/4 16時30分 申時					3/6 10時48分 巳時					4/5 15時59分 申時					5/6 9時38分 巳時					6/6 14時0分 未時					7/8 0時19分 子時				
日	國曆		農曆		干支	國曆		農曆		干支	國曆		農曆		干支	國曆		農曆		干支	國曆		農曆		干支	國曆		農曆		干支
中華民國四十三年 馬	2	4	1	2	辛卯	3	6	2	2	辛酉	4	5	3	3	辛卯	5	6	4	4	壬戌	6	6	5	6	癸巳	7	8	6	9	乙丑
	2	5	1	3	壬辰	3	7	2	3	壬戌	4	6	3	4	壬辰	5	7	4	5	癸亥	6	7	5	7	甲午	7	9	6	10	丙寅
	2	6	1	4	癸巳	3	8	2	4	癸亥	4	7	3	5	癸巳	5	8	4	6	甲子	6	8	5	8	乙未	7	10	6	11	丁卯
	2	7	1	5	甲午	3	9	2	5	甲子	4	8	3	6	甲午	5	9	4	7	乙丑	6	9	5	9	丙申	7	11	6	12	戊辰
	2	8	1	6	乙未	3	10	2	6	乙丑	4	9	3	7	乙未	5	10	4	8	丙寅	6	10	5	10	丁酉	7	12	6	13	己巳
	2	9	1	7	丙申	3	11	2	7	丙寅	4	10	3	8	丙申	5	11	4	9	丁卯	6	11	5	11	戊戌	7	13	6	14	庚午
	2	10	1	8	丁酉	3	12	2	8	丁卯	4	11	3	9	丁酉	5	12	4	10	戊辰	6	12	5	12	己亥	7	14	6	15	辛未
	2	11	1	9	戊戌	3	13	2	9	戊辰	4	12	3	10	戊戌	5	13	4	11	己巳	6	13	5	13	庚子	7	15	6	16	壬申
	2	12	1	10	己亥	3	14	2	10	己巳	4	13	3	11	己亥	5	14	4	12	庚午	6	14	5	14	辛丑	7	16	6	17	癸酉
	2	13	1	11	庚子	3	15	2	11	庚午	4	14	3	12	庚子	5	15	4	13	辛未	6	15	5	15	壬寅	7	17	6	18	甲戌
	2	14	1	12	辛丑	3	16	2	12	辛未	4	15	3	13	辛丑	5	16	4	14	壬申	6	16	5	16	癸卯	7	18	6	19	乙亥
	2	15	1	13	壬寅	3	17	2	13	壬申	4	16	3	14	壬寅	5	17	4	15	癸酉	6	17	5	17	甲辰	7	19	6	20	丙子
	2	16	1	14	癸卯	3	18	2	14	癸酉	4	17	3	15	癸卯	5	18	4	16	甲戌	6	18	5	18	乙巳	7	20	6	21	丁丑
	2	17	1	15	甲辰	3	19	2	15	甲戌	4	18	3	16	甲辰	5	19	4	17	乙亥	6	19	5	19	丙午	7	21	6	22	戊寅
	2	18	1	16	乙巳	3	20	2	16	乙亥	4	19	3	17	乙巳	5	20	4	18	丙子	6	20	5	20	丁未	7	22	6	23	己卯
	2	19	1	17	丙午	3	21	2	17	丙子	4	20	3	18	丙午	5	21	4	19	丁丑	6	21	5	21	戊申	7	23	6	24	庚辰
	2	20	1	18	丁未	3	22	2	18	丁丑	4	21	3	19	丁未	5	22	4	20	戊寅	6	22	5	22	己酉	7	24	6	25	辛巳
	2	21	1	19	戊申	3	23	2	19	戊寅	4	22	3	20	戊申	5	23	4	21	己卯	6	23	5	23	庚戌	7	25	6	26	壬午
	2	22	1	20	己酉	3	24	2	20	己卯	4	23	3	21	己酉	5	24	4	22	庚辰	6	24	5	24	辛亥	7	26	6	27	癸未
	2	23	1	21	庚戌	3	25	2	21	庚辰	4	24	3	22	庚戌	5	25	4	23	辛巳	6	25	5	25	壬子	7	27	6	28	甲申
	2	24	1	22	辛亥	3	26	2	22	辛巳	4	25	3	23	辛亥	5	26	4	24	壬午	6	26	5	26	癸丑	7	28	6	29	乙酉
	2	25	1	23	壬子	3	27	2	23	壬午	4	26	3	24	壬子	5	27	4	25	癸未	6	27	5	27	甲寅	7	29	6	30	丙戌
1954	2	26	1	24	癸丑	3	28	2	24	癸未	4	27	3	25	癸丑	5	28	4	26	甲申	6	28	5	28	乙卯	7	30	7	1	丁亥
	2	27	1	25	甲寅	3	29	2	25	甲申	4	28	3	26	甲寅	5	29	4	27	乙酉	6	29	5	29	丙辰	7	31	7	2	戊子
	2	28	1	26	乙卯	3	30	2	26	乙酉	4	29	3	27	乙卯	5	30	4	28	丙戌	6	30	6	1	丁巳	8	1	7	3	己丑
	3	1	1	27	丙辰	3	31	2	27	丙戌	4	30	3	28	丙辰	5	31	4	29	丁亥	7	1	6	2	戊午	8	2	7	4	庚寅
	3	2	1	28	丁巳	4	1	2	28	丁亥	5	1	3	29	丁巳	6	1	5	1	戊子	7	2	6	3	己未	8	3	7	5	辛卯
	3	3	1	29	戊午	4	2	2	29	戊子	5	2	3	30	戊午	6	2	5	2	己丑	7	3	6	4	庚申	8	4	7	6	壬辰
	3	4	1	30	己未	4	3	3	1	己丑	5	3	4	1	己未	6	3	5	3	庚寅	7	4	6	5	辛酉	8	5	7	7	癸巳
	3	5	2	1	庚申	4	4	3	2	庚寅	5	4	4	2	庚申	6	4	5	4	辛卯	7	5	6	6	壬戌	8	6	7	8	甲午
											5	5	4	3	辛酉	6	5	5	5	壬辰	7	6	6	7	癸亥	8	7	7	9	乙未
																					7	7	6	8	甲子					
中氣	雨水					春分					穀雨					小滿					夏至					大暑				
	2/19 12時32分 午時					3/21 11時53分 午時					4/20 23時19分 子時					5/21 22時47分 亥時					6/22 6時54分 卯時					7/23 17時44分 酉時				

 日光節約時間：四月一日至十月卅一日

甲午																													年
壬申				癸酉					甲戌					乙亥					丙子					丁丑					月
立秋				白露					寒露					立冬					大雪					小寒					節
8/8 9時59分 巳時				9/8 12時37分 午時					10/9 3時57分 寅時					11/8 6時50分 卯時					12/7 23時28分 子時					1/6 10時35分 巳時					氣
國曆	農曆		干支	國曆		農曆		干支	國曆		農曆		干支	國曆		農曆		干支	國曆		農曆		干支	國曆		農曆		干支	日
8	7	10	丙申	9	8	8	12	丁卯	10	9	9	13	戊戌	11	8	10	13	戊辰	12	7	11	13	丁酉	1	6	12	13	丁卯	中華民國四十三、四十四年 馬
9	7	11	丁酉	9	9	8	13	戊辰	10	10	9	14	己亥	11	9	10	14	己巳	12	8	11	14	戊戌	1	7	12	14	戊辰	
10	7	12	戊戌	9	10	8	14	己巳	10	11	9	15	庚子	11	10	10	15	庚午	12	9	11	15	己亥	1	8	12	15	己巳	
11	7	13	己亥	9	11	8	15	庚午	10	12	9	16	辛丑	11	11	10	16	辛未	12	10	11	16	庚子	1	9	12	16	庚午	
12	7	14	庚子	9	12	8	16	辛未	10	13	9	17	壬寅	11	12	10	17	壬申	12	11	11	17	辛丑	1	10	12	17	辛未	
13	7	15	辛丑	9	13	8	17	壬申	10	14	9	18	癸卯	11	13	10	18	癸酉	12	12	11	18	壬寅	1	11	12	18	壬申	
14	7	16	壬寅	9	14	8	18	癸酉	10	15	9	19	甲辰	11	14	10	19	甲戌	12	13	11	19	癸卯	1	12	12	19	癸酉	
15	7	17	癸卯	9	15	8	19	甲戌	10	16	9	20	乙巳	11	15	10	20	乙亥	12	14	11	20	甲辰	1	13	12	20	甲戌	
16	7	18	甲辰	9	16	8	20	乙亥	10	17	9	21	丙午	11	16	10	21	丙子	12	15	11	21	乙巳	1	14	12	21	乙亥	
17	7	19	乙巳	9	17	8	21	丙子	10	18	9	22	丁未	11	17	10	22	丁丑	12	16	11	22	丙午	1	15	12	22	丙子	
18	7	20	丙午	9	18	8	22	丁丑	10	19	9	23	戊申	11	18	10	23	戊寅	12	17	11	23	丁未	1	16	12	23	丁丑	
19	7	21	丁未	9	19	8	23	戊寅	10	20	9	24	己酉	11	19	10	24	己卯	12	18	11	24	戊申	1	17	12	24	戊寅	
20	7	22	戊申	9	20	8	24	己卯	10	21	9	25	庚戌	11	20	10	25	庚辰	12	19	11	25	己酉	1	18	12	25	己卯	
21	7	23	己酉	9	21	8	25	庚辰	10	22	9	26	辛亥	11	21	10	26	辛巳	12	20	11	26	庚戌	1	19	12	26	庚辰	
22	7	24	庚戌	9	22	8	26	辛巳	10	23	9	27	壬子	11	22	10	27	壬午	12	21	11	27	辛亥	1	20	12	27	辛巳	
23	7	25	辛亥	9	23	8	27	壬午	10	24	9	28	癸丑	11	23	10	28	癸未	12	22	11	28	壬子	1	21	12	28	壬午	
24	7	26	壬子	9	24	8	28	癸未	10	25	9	29	甲寅	11	24	10	29	甲申	12	23	11	29	癸丑	1	22	12	29	癸未	
25	7	27	癸丑	9	25	8	29	甲申	10	26	9	30	乙卯	11	25	11	1	乙酉	12	24	11	30	甲寅	1	23	12	30	甲申	
26	7	28	甲寅	9	26	8	30	乙酉	10	27	10	1	丙辰	11	26	11	2	丙戌	12	25	12	1	乙卯	1	24	1	1	乙酉	
27	7	29	乙卯	9	27	9	1	丙戌	10	28	10	2	丁巳	11	27	11	3	丁亥	12	26	12	2	丙辰	1	25	1	2	丙戌	
28	8	1	丙辰	9	28	9	2	丁亥	10	29	10	3	戊午	11	28	11	4	戊子	12	27	12	3	丁巳	1	26	1	3	丁亥	1954、1955
29	8	2	丁巳	9	29	9	3	戊子	10	30	10	4	己未	11	29	11	5	己丑	12	28	12	4	戊午	1	27	1	4	戊子	
30	8	3	戊午	9	30	9	4	己丑	10	31	10	5	庚申	11	30	11	6	庚寅	12	29	12	5	己未	1	28	1	5	己丑	
31	8	4	己未	10	1	9	5	庚寅	11	1	10	6	辛酉	12	1	11	7	辛卯	12	30	12	6	庚申	1	29	1	6	庚寅	
1	8	5	庚申	10	2	9	6	辛卯	11	2	10	7	壬戌	12	2	11	8	壬辰	12	31	12	7	辛酉	1	30	1	7	辛卯	
2	8	6	辛酉	10	3	9	7	壬辰	11	3	10	8	癸亥	12	3	11	9	癸巳	1	1	12	8	壬戌	1	31	1	8	壬辰	
3	8	7	壬戌	10	4	9	8	癸巳	11	4	10	9	甲子	12	4	11	10	甲午	1	2	12	9	癸亥	2	1	1	9	癸巳	
4	8	8	癸亥	10	5	9	9	甲午	11	5	10	10	乙丑	12	5	11	11	乙未	1	3	12	10	甲子	2	2	1	10	甲午	
5	8	9	甲子	10	6	9	10	乙未	11	6	10	11	丙寅	12	6	11	12	丙申	1	4	12	11	乙丑	2	3	1	11	乙未	
6	8	10	乙丑	10	7	9	11	丙申	11	7	10	12	丁卯						1	5	12	12	丙寅						
7	8	11	丙寅	10	8	9	12	丁酉																					
處暑				秋分					霜降					小雪					冬至					大寒					中
24 0時35分 子時				9/23 21時55分 亥時					10/24 6時56分 卯時					11/23 4時14分 寅時					12/22 17時24分 酉時					1/21 4時1分 寅時					氣

年	乙未																													
月	戊寅					己卯					庚辰					辛巳					壬午					癸未				
節氣	立春					驚蟄					清明					立夏					芒種					小暑				
	2/4 22時17分 亥時					3/6 16時31分 申時					4/5 21時38分 亥時					5/6 15時18分 申時					6/6 19時43分 戌時					7/8 6時5分 卯時				
日	國曆		農曆		干支	國曆		農曆		干支	國曆		農曆		干支	國曆		農曆		干支	國曆		農曆		干支	國曆		農曆		干支
中華民國四十四年 羊 1955	2	4	1	12	丙申	3	6	2	13	丙寅	4	5	3	13	丙申	5	6	3	15	丁卯	6	6	4	16	戊戌	7	8	5	19	庚午
	2	5	1	13	丁酉	3	7	2	14	丁卯	4	6	3	14	丁酉	5	7	3	16	戊辰	6	7	4	17	己亥	7	9	5	20	辛未
	2	6	1	14	戊戌	3	8	2	15	戊辰	4	7	3	15	戊戌	5	8	3	17	己巳	6	8	4	18	庚子	7	10	5	21	壬申
	2	7	1	15	己亥	3	9	2	16	己巳	4	8	3	16	己亥	5	9	3	18	庚午	6	9	4	19	辛丑	7	11	5	22	癸酉
	2	8	1	16	庚子	3	10	2	17	庚午	4	9	3	17	庚子	5	10	3	19	辛未	6	10	4	20	壬寅	7	12	5	23	甲戌
	2	9	1	17	辛丑	3	11	2	18	辛未	4	10	3	18	辛丑	5	11	3	20	壬申	6	11	4	21	癸卯	7	13	5	24	乙亥
	2	10	1	18	壬寅	3	12	2	19	壬申	4	11	3	19	壬寅	5	12	3	21	癸酉	6	12	4	22	甲辰	7	14	5	25	丙子
	2	11	1	19	癸卯	3	13	2	20	癸酉	4	12	3	20	癸卯	5	13	3	22	甲戌	6	13	4	23	乙巳	7	15	5	26	丁丑
	2	12	1	20	甲辰	3	14	2	21	甲戌	4	13	3	21	甲辰	5	14	3	23	乙亥	6	14	4	24	丙午	7	16	5	27	戊寅
	2	13	1	21	乙巳	3	15	2	22	乙亥	4	14	3	22	乙巳	5	15	3	24	丙子	6	15	4	25	丁未	7	17	5	28	己卯
	2	14	1	22	丙午	3	16	2	23	丙子	4	15	3	23	丙午	5	16	3	25	丁丑	6	16	4	26	戊申	7	18	5	29	庚辰
	2	15	1	23	丁未	3	17	2	24	丁丑	4	16	3	24	丁未	5	17	3	26	戊寅	6	17	4	27	己酉	7	19	6	1	辛巳
	2	16	1	24	戊申	3	18	2	25	戊寅	4	17	3	25	戊申	5	18	3	27	己卯	6	18	4	28	庚戌	7	20	6	2	壬午
	2	17	1	25	己酉	3	19	2	26	己卯	4	18	3	26	己酉	5	19	3	28	庚辰	6	19	4	29	辛亥	7	21	6	3	癸未
	2	18	1	26	庚戌	3	20	2	27	庚辰	4	19	3	27	庚戌	5	20	3	29	辛巳	6	20	5	1	壬子	7	22	6	4	甲申
	2	19	1	27	辛亥	3	21	2	28	辛巳	4	20	3	28	辛亥	5	21	3	30	壬午	6	21	5	2	癸丑	7	23	6	5	乙酉
	2	20	1	28	壬子	3	22	2	29	壬午	4	21	3	29	壬子	5	22	4	1	癸未	6	22	5	3	甲寅	7	24	6	6	丙戌
	2	21	1	29	癸丑	3	23	2	30	癸未	4	22	閏3	1	癸丑	5	23	4	2	甲申	6	23	5	4	乙卯	7	25	6	7	丁亥
	2	22	2	1	甲寅	3	24	3	1	甲申	4	23	3	2	甲寅	5	24	4	3	乙酉	6	24	5	5	丙辰	7	26	6	8	戊子
	2	23	2	2	乙卯	3	25	3	2	乙酉	4	24	3	3	乙卯	5	25	4	4	丙戌	6	25	5	6	丁巳	7	27	6	9	己丑
	2	24	2	3	丙辰	3	26	3	3	丙戌	4	25	3	4	丙辰	5	26	4	5	丁亥	6	26	5	7	戊午	7	28	6	10	庚寅
	2	25	2	4	丁巳	3	27	3	4	丁亥	4	26	3	5	丁巳	5	27	4	6	戊子	6	27	5	8	己未	7	29	6	11	辛卯
	2	26	2	5	戊午	3	28	3	5	戊子	4	27	3	6	戊午	5	28	4	7	己丑	6	28	5	9	庚申	7	30	6	12	壬辰
	2	27	2	6	己未	3	29	3	6	己丑	4	28	3	7	己未	5	29	4	8	庚寅	6	29	5	10	辛酉	7	31	6	13	癸巳
	2	28	2	7	庚申	3	30	3	7	庚寅	4	29	3	8	庚申	5	30	4	9	辛卯	6	30	5	11	壬戌	8	1	6	14	甲午
	3	1	2	8	辛酉	3	31	3	8	辛卯	4	30	3	9	辛酉	5	31	4	10	壬辰	7	1	5	12	癸亥	8	2	6	15	乙未
	3	2	2	9	壬戌	4	1	3	9	壬辰	5	1	3	10	壬戌	6	1	4	11	癸巳	7	2	5	13	甲子	8	3	6	16	丙申
	3	3	2	10	癸亥	4	2	3	10	癸巳	5	2	3	11	癸亥	6	2	4	12	甲午	7	3	5	14	乙丑	8	4	6	17	丁酉
	3	4	2	11	甲子	4	3	3	11	甲午	5	3	3	12	甲子	6	3	4	13	乙未	7	4	5	15	丙寅	8	5	6	18	戊戌
	3	5	2	12	乙丑	4	4	3	12	乙未	5	4	3	13	乙丑	6	4	4	14	丙申	7	5	5	16	丁卯	8	6	6	19	己亥
											5	5	3	14	丙寅	6	5	4	15	丁酉	7	6	5	17	戊辰	8	7	6	20	庚子
																					7	7	5	18	己巳					
中氣	雨水					春分					穀雨					小滿					夏至					大暑				
	2/19 18時18分 酉時					3/21 17時35分 酉時					4/21 4時57分 寅時					5/22 4時24分 寅時					6/22 12時31分 午時					7/23 23時24分 子時				

 日光節約時間：四月一日至九月三十日

乙未																														年
甲申					乙酉					丙戌					丁亥					戊子					己丑					月
立秋					白露					寒露					立冬					大雪					小寒					節氣
8/8 15時50分 申時					9/8 18時31分 酉時					10/9 9時52分 巳時					11/8 12時45分 午時					12/8 5時22分 卯時					1/6 16時30分 申時					
國曆		農曆		干支	國曆		農曆		干支	國曆		農曆		干支	國曆		農曆		干支	國曆		農曆		干支	國曆		農曆		干支	日
8	8	6	21	辛丑	9	8	7	22	壬申	10	9	8	24	癸卯	11	8	9	24	癸酉	12	8	10	25	癸卯	1	6	11	24	壬申	中華民國四十四、四十五年 羊
8	9	6	22	壬寅	9	9	7	23	癸酉	10	10	8	25	甲辰	11	9	9	25	甲戌	12	9	10	26	甲辰	1	7	11	25	癸酉	
8	10	6	23	癸卯	9	10	7	24	甲戌	10	11	8	26	乙巳	11	10	9	26	乙亥	12	10	10	27	乙巳	1	8	11	26	甲戌	
8	11	6	24	甲辰	9	11	7	25	乙亥	10	12	8	27	丙午	11	11	9	27	丙子	12	11	10	28	丙午	1	9	11	27	乙亥	
8	12	6	25	乙巳	9	12	7	26	丙子	10	13	8	28	丁未	11	12	9	28	丁丑	12	12	10	29	丁未	1	10	11	28	丙子	
8	13	6	26	丙午	9	13	7	27	丁丑	10	14	8	29	戊申	11	13	9	29	戊寅	12	13	10	30	戊申	1	11	11	29	丁丑	
8	14	6	27	丁未	9	14	7	28	戊寅	10	15	8	30	己酉	11	14	10	1	己卯	12	14	11	1	己酉	1	12	11	30	戊寅	
8	15	6	28	戊申	9	15	7	29	己卯	10	16	9	1	庚戌	11	15	10	2	庚辰	12	15	11	2	庚戌	1	13	12	1	己卯	
8	16	6	29	己酉	9	16	8	1	庚辰	10	17	9	2	辛亥	11	16	10	3	辛巳	12	16	11	3	辛亥	1	14	12	2	庚辰	
8	17	6	30	庚戌	9	17	8	2	辛巳	10	18	9	3	壬子	11	17	10	4	壬午	12	17	11	4	壬子	1	15	12	3	辛巳	
8	18	7	1	辛亥	9	18	8	3	壬午	10	19	9	4	癸丑	11	18	10	5	癸未	12	18	11	5	癸丑	1	16	12	4	壬午	
8	19	7	2	壬子	9	19	8	4	癸未	10	20	9	5	甲寅	11	19	10	6	甲申	12	19	11	6	甲寅	1	17	12	5	癸未	
8	20	7	3	癸丑	9	20	8	5	甲申	10	21	9	6	乙卯	11	20	10	7	乙酉	12	20	11	7	乙卯	1	18	12	6	甲申	
8	21	7	4	甲寅	9	21	8	6	乙酉	10	22	9	7	丙辰	11	21	10	8	丙戌	12	21	11	8	丙辰	1	19	12	7	乙酉	
8	22	7	5	乙卯	9	22	8	7	丙戌	10	23	9	8	丁巳	11	22	10	9	丁亥	12	22	11	9	丁巳	1	20	12	8	丙戌	
8	23	7	6	丙辰	9	23	8	8	丁亥	10	24	9	9	戊午	11	23	10	10	戊子	12	23	11	10	戊午	1	21	12	9	丁亥	
8	24	7	7	丁巳	9	24	8	9	戊子	10	25	9	10	己未	11	24	10	11	己丑	12	24	11	11	己未	1	22	12	10	戊子	
8	25	7	8	戊午	9	25	8	10	己丑	10	26	9	11	庚申	11	25	10	12	庚寅	12	25	11	12	庚申	1	23	12	11	己丑	
8	26	7	9	己未	9	26	8	11	庚寅	10	27	9	12	辛酉	11	26	10	13	辛卯	12	26	11	13	辛酉	1	24	12	12	庚寅	
8	27	7	10	庚申	9	27	8	12	辛卯	10	28	9	13	壬戌	11	27	10	14	壬辰	12	27	11	14	壬戌	1	25	12	13	辛卯	
8	28	7	11	辛酉	9	28	8	13	壬辰	10	29	9	14	癸亥	11	28	10	15	癸巳	12	28	11	15	癸亥	1	26	12	14	壬辰	
8	29	7	12	壬戌	9	29	8	14	癸巳	10	30	9	15	甲子	11	29	10	16	甲午	12	29	11	16	甲子	1	27	12	15	癸巳	1955、1956
8	30	7	13	癸亥	9	30	8	15	甲午	10	31	9	16	乙丑	11	30	10	17	乙未	12	30	11	17	乙丑	1	28	12	16	甲午	
8	31	7	14	甲子	10	1	8	16	乙未	11	1	9	17	丙寅	12	1	10	18	丙申	12	31	11	18	丙寅	1	29	12	17	乙未	
9	1	7	15	乙丑	10	2	8	17	丙申	11	2	9	18	丁卯	12	2	10	19	丁酉	1	1	11	19	丁卯	1	30	12	18	丙申	
9	2	7	16	丙寅	10	3	8	18	丁酉	11	3	9	19	戊辰	12	3	10	20	戊戌	1	2	11	20	戊辰	1	31	12	19	丁酉	
9	3	7	17	丁卯	10	4	8	19	戊戌	11	4	9	20	己巳	12	4	10	21	己亥	1	3	11	21	己巳	2	1	12	20	戊戌	
9	4	7	18	戊辰	10	5	8	20	己亥	11	5	9	21	庚午	12	5	10	22	庚子	1	4	11	22	庚午	2	2	12	21	己亥	
9	5	7	19	己巳	10	6	8	21	庚子	11	6	9	22	辛未	12	6	10	23	辛丑	1	5	11	23	辛未	2	3	12	22	庚子	
9	6	7	20	庚午	10	7	8	22	辛丑	11	7	9	23	壬申	12	7	10	24	壬寅						2	4	12	23	辛丑	
9	7	7	21	辛未	10	8	8	23	壬寅																					
處暑					秋分					霜降					小雪					冬至					大寒					中氣
8/24 6時18分 卯時					9/24 3時40分 寅時					10/24 12時43分 午時					11/23 10時0分 巳時					12/22 23時10分 子時					1/21 9時48分 巳時					

日光節約時間：四月一日至九月三十日

年	丙申																													
月	庚寅					辛卯					壬辰					癸巳					甲午					乙未				
節氣	立春					驚蟄					清明					立夏					芒種					小暑				
	2/5 4時11分 寅時					3/5 22時24分 亥時					4/5 3時31分 寅時					5/5 21時10分 亥時					6/6 1時35分 丑時					7/7 11時58分 午時				
日	國曆		農曆		干支	國曆		農曆		干支	國曆		農曆		干支	國曆		農曆		干支	國曆		農曆		干支	國曆		農曆		干支
中華民國四十五年 猴 1956	2	5	12	24	壬寅	3	5	1	23	辛未	4	5	2	25	壬寅	5	5	3	25	壬申	6	6	4	28	甲辰	7	7	5	29	乙亥
	2	6	12	25	癸卯	3	6	1	24	壬申	4	6	2	26	癸卯	5	6	3	26	癸酉	6	7	4	29	乙巳	7	8	6	1	丙子
	2	7	12	26	甲辰	3	7	1	25	癸酉	4	7	2	27	甲辰	5	7	3	27	甲戌	6	8	4	30	丙午	7	9	6	2	丁丑
	2	8	12	27	乙巳	3	8	1	26	甲戌	4	8	2	28	乙巳	5	8	3	28	乙亥	6	9	5	1	丁未	7	10	6	3	戊寅
	2	9	12	28	丙午	3	9	1	27	乙亥	4	9	2	29	丙午	5	9	3	29	丙子	6	10	5	2	戊申	7	11	6	4	己卯
	2	10	12	29	丁未	3	10	1	28	丙子	4	10	2	30	丁未	5	10	4	1	丁丑	6	11	5	3	己酉	7	12	6	5	庚辰
	2	11	12	30	戊申	3	11	1	29	丁丑	4	11	3	1	戊申	5	11	4	2	戊寅	6	12	5	4	庚戌	7	13	6	6	辛巳
	2	12	1	1	己酉	3	12	2	1	戊寅	4	12	3	2	己酉	5	12	4	3	己卯	6	13	5	5	辛亥	7	14	6	7	壬午
	2	13	1	2	庚戌	3	13	2	2	己卯	4	13	3	3	庚戌	5	13	4	4	庚辰	6	14	5	6	壬子	7	15	6	8	癸未
	2	14	1	3	辛亥	3	14	2	3	庚辰	4	14	3	4	辛亥	5	14	4	5	辛巳	6	15	5	7	癸丑	7	16	6	9	甲申
	2	15	1	4	壬子	3	15	2	4	辛巳	4	15	3	5	壬子	5	15	4	6	壬午	6	16	5	8	甲寅	7	17	6	10	乙酉
	2	16	1	5	癸丑	3	16	2	5	壬午	4	16	3	6	癸丑	5	16	4	7	癸未	6	17	5	9	乙卯	7	18	6	11	丙戌
	2	17	1	6	甲寅	3	17	2	6	癸未	4	17	3	7	甲寅	5	17	4	8	甲申	6	18	5	10	丙辰	7	19	6	12	丁亥
	2	18	1	7	乙卯	3	18	2	7	甲申	4	18	3	8	乙卯	5	18	4	9	乙酉	6	19	5	11	丁巳	7	20	6	13	戊子
	2	19	1	8	丙辰	3	19	2	8	乙酉	4	19	3	9	丙辰	5	19	4	10	丙戌	6	20	5	12	戊午	7	21	6	14	己丑
	2	20	1	9	丁巳	3	20	2	9	丙戌	4	20	3	10	丁巳	5	20	4	11	丁亥	6	21	5	13	己未	7	22	6	15	庚寅
	2	21	1	10	戊午	3	21	2	10	丁亥	4	21	3	11	戊午	5	21	4	12	戊子	6	22	5	14	庚申	7	23	6	16	辛卯
	2	22	1	11	己未	3	22	2	11	戊子	4	22	3	12	己未	5	22	4	13	己丑	6	23	5	15	辛酉	7	24	6	17	壬辰
	2	23	1	12	庚申	3	23	2	12	己丑	4	23	3	13	庚申	5	23	4	14	庚寅	6	24	5	16	壬戌	7	25	6	18	癸巳
	2	24	1	13	辛酉	3	24	2	13	庚寅	4	24	3	14	辛酉	5	24	4	15	辛卯	6	25	5	17	癸亥	7	26	6	19	甲午
	2	25	1	14	壬戌	3	25	2	14	辛卯	4	25	3	15	壬戌	5	25	4	16	壬辰	6	26	5	18	甲子	7	27	6	20	乙未
	2	26	1	15	癸亥	3	26	2	15	壬辰	4	26	3	16	癸亥	5	26	4	17	癸巳	6	27	5	19	乙丑	7	28	6	21	丙申
	2	27	1	16	甲子	3	27	2	16	癸巳	4	27	3	17	甲子	5	27	4	18	甲午	6	28	5	20	丙寅	7	29	6	22	丁酉
	2	28	1	17	乙丑	3	28	2	17	甲午	4	28	3	18	乙丑	5	28	4	19	乙未	6	29	5	21	丁卯	7	30	6	23	戊戌
	2	29	1	18	丙寅	3	29	2	18	乙未	4	29	3	19	丙寅	5	29	4	20	丙申	6	30	5	22	戊辰	7	31	6	24	己亥
	3	1	1	19	丁卯	3	30	2	19	丙申	4	30	3	20	丁卯	5	30	4	21	丁酉	7	1	5	23	己巳	8	1	6	25	庚子
	3	2	1	20	戊辰	3	31	2	20	丁酉	5	1	3	21	戊辰	5	31	4	22	戊戌	7	2	5	24	庚午	8	2	6	26	辛丑
	3	3	1	21	己巳	4	1	2	21	戊戌	5	2	3	22	己巳	6	1	4	23	己亥	7	3	5	25	辛未	8	3	6	27	壬寅
	3	4	1	22	庚午	4	2	2	22	己亥	5	3	3	23	庚午	6	2	4	24	庚子	7	4	5	26	壬申	8	4	6	28	癸卯
						4	3	2	23	庚子	5	4	3	24	辛未	6	3	4	25	辛丑	7	5	5	27	癸酉	8	5	6	29	甲辰
						4	4	2	24	辛丑						6	4	4	26	壬寅	7	6	5	28	甲戌	8	6	7	1	乙巳
																6	5	4	27	癸卯										
中氣	雨水					春分					穀雨					小滿					夏至					大暑				
	2/20 0時4分 子時					3/20 23時20分 子時					4/20 10時43分 巳時					5/21 10時12分 巳時					6/21 18時23分 酉時					7/23 5時19分 卯時				

 日光節約時間：四月一日至九月三十日

丙申																														年
丙申					丁酉					戊戌					己亥					庚子					辛丑					月
立秋					白露					寒露					立冬					大雪					小寒					節氣
8/7 21時40分 亥時					9/8 0時18分 子時					10/8 15時35分 申時					11/7 18時25分 酉時					12/7 11時2分 午時					1/5 22時10分 亥時					
國曆		農曆		干支	國曆		農曆		干支	國曆		農曆		干支	國曆		農曆		干支	國曆		農曆		干支	國曆		農曆		干支	日
8	7	7	2	丙午	9	8	8	4	戊寅	10	8	9	5	戊申	11	7	10	5	戊寅	12	7	11	6	戊申	1	5	12	5	丁丑	
8	8	7	3	丁未	9	9	8	5	己卯	10	9	9	6	己酉	11	8	10	6	己卯	12	8	11	7	己酉	1	6	12	6	戊寅	
8	9	7	4	戊申	9	10	8	6	庚辰	10	10	9	7	庚戌	11	9	10	7	庚辰	12	9	11	8	庚戌	1	7	12	7	己卯	
8	10	7	5	己酉	9	11	8	7	辛巳	10	11	9	8	辛亥	11	10	10	8	辛巳	12	10	11	9	辛亥	1	8	12	8	庚辰	
8	11	7	6	庚戌	9	12	8	8	壬午	10	12	9	9	壬子	11	11	10	9	壬午	12	11	11	10	壬子	1	9	12	9	辛巳	
8	12	7	7	辛亥	9	13	8	9	癸未	10	13	9	10	癸丑	11	12	10	10	癸未	12	12	11	11	癸丑	1	10	12	10	壬午	
8	13	7	8	壬子	9	14	8	10	甲申	10	14	9	11	甲寅	11	13	10	11	甲申	12	13	11	12	甲寅	1	11	12	11	癸未	
8	14	7	9	癸丑	9	15	8	11	乙酉	10	15	9	12	乙卯	11	14	10	12	乙酉	12	14	11	13	乙卯	1	12	12	12	甲申	
8	15	7	10	甲寅	9	16	8	12	丙戌	10	16	9	13	丙辰	11	15	10	13	丙戌	12	15	11	14	丙辰	1	13	12	13	乙酉	
8	16	7	11	乙卯	9	17	8	13	丁亥	10	17	9	14	丁巳	11	16	10	14	丁亥	12	16	11	15	丁巳	1	14	12	14	丙戌	
8	17	7	12	丙辰	9	18	8	14	戊子	10	18	9	15	戊午	11	17	10	15	戊子	12	17	11	16	戊午	1	15	12	15	丁亥	
8	18	7	13	丁巳	9	19	8	15	己丑	10	19	9	16	己未	11	18	10	16	己丑	12	18	11	17	己未	1	16	12	16	戊子	
8	19	7	14	戊午	9	20	8	16	庚寅	10	20	9	17	庚申	11	19	10	17	庚寅	12	19	11	18	庚申	1	17	12	17	己丑	
8	20	7	15	己未	9	21	8	17	辛卯	10	21	9	18	辛酉	11	20	10	18	辛卯	12	20	11	19	辛酉	1	18	12	18	庚寅	
8	21	7	16	庚申	9	22	8	18	壬辰	10	22	9	19	壬戌	11	21	10	19	壬辰	12	21	11	20	壬戌	1	19	12	19	辛卯	
8	22	7	17	辛酉	9	23	8	19	癸巳	10	23	9	20	癸亥	11	22	10	20	癸巳	12	22	11	21	癸亥	1	20	12	20	壬辰	
8	23	7	18	壬戌	9	24	8	20	甲午	10	24	9	21	甲子	11	23	10	21	甲午	12	23	11	22	甲子	1	21	12	21	癸巳	
8	24	7	19	癸亥	9	25	8	21	乙未	10	25	9	22	乙丑	11	24	10	22	乙未	12	24	11	23	乙丑	1	22	12	22	甲午	
8	25	7	20	甲子	9	26	8	22	丙申	10	26	9	23	丙寅	11	25	10	23	丙申	12	25	11	24	丙寅	1	23	12	23	乙未	
8	26	7	21	乙丑	9	27	8	23	丁酉	10	27	9	24	丁卯	11	26	10	24	丁酉	12	26	11	25	丁卯	1	24	12	24	丙申	
8	27	7	22	丙寅	9	28	8	24	戊戌	10	28	9	25	戊辰	11	27	10	25	戊戌	12	27	11	26	戊辰	1	25	12	25	丁酉	
8	28	7	23	丁卯	9	29	8	25	己亥	10	29	9	26	己巳	11	28	10	26	己亥	12	28	11	27	己巳	1	26	12	26	戊戌	
8	29	7	24	戊辰	9	30	8	26	庚子	10	30	9	27	庚午	11	29	10	27	庚子	12	29	11	28	庚午	1	27	12	27	己亥	
8	30	7	25	己巳	10	1	8	27	辛丑	10	31	9	28	辛未	11	30	10	28	辛丑	12	30	11	29	辛未	1	28	12	28	庚子	
8	31	7	26	庚午	10	2	8	28	壬寅	11	1	9	29	壬申	12	1	10	29	壬寅	12	31	11	30	壬申	1	29	12	29	辛丑	
9	1	7	27	辛未	10	3	8	29	癸卯	11	2	9	30	癸酉	12	2	11	1	癸卯	1	1	12	1	癸酉	1	30	12	30	壬寅	
9	2	7	28	壬申	10	4	9	1	甲辰	11	3	10	1	甲戌	12	3	11	2	甲辰	1	2	12	2	甲戌	1	31	1	1	癸卯	
9	3	7	29	癸酉	10	5	9	2	乙巳	11	4	10	2	乙亥	12	4	11	3	乙巳	1	3	12	3	乙亥	2	1	1	2	甲辰	
9	4	7	30	甲戌	10	6	9	3	丙午	11	5	10	3	丙子	12	5	11	4	丙午	1	4	12	4	丙子	2	2	1	3	乙巳	
9	5	8	1	乙亥	10	7	9	4	丁未	11	6	10	4	丁丑	12	6	11	5	丁未						2	3	1	4	丙午	
9	6	8	2	丙子																										
9	7	8	3	丁丑																										
處暑					秋分					霜降					小雪					冬至					大寒					中氣
8/23 12時14分 午時					9/23 9時35分 巳時					10/23 18時34分 酉時					11/22 15時49分 申時					12/22 4時59分 寅時					1/20 15時38分 申時					

中華民國四十五、四十六年 猴

1956、1957

年	丁酉																													
月	壬寅					癸卯					甲辰					乙巳					丙午					丁未				
節氣	立春 2/4 9時54分 巳時					驚蟄 3/6 4時10分 寅時					清明 4/5 9時18分 巳時					立夏 5/6 2時58分 丑時					芒種 6/6 7時24分 辰時					小暑 7/7 17時48分 酉時				
日	國曆		農曆		干支	國曆		農曆		干支	國曆		農曆		干支	國曆		農曆		干支	國曆		農曆		干支	國曆		農曆		干支
中華民國四十六年 雞 1957	2	4	1	5	丁未	3	6	2	5	丁丑	4	5	3	6	丁未	5	6	4	7	戊寅	6	6	5	9	己酉	7	7	6	10	庚辰
	2	5	1	6	戊申	3	7	2	6	戊寅	4	6	3	7	戊申	5	7	4	8	己卯	6	7	5	10	庚戌	7	8	6	11	辛巳
	2	6	1	7	己酉	3	8	2	7	己卯	4	7	3	8	己酉	5	8	4	9	庚辰	6	8	5	11	辛亥	7	9	6	12	壬午
	2	7	1	8	庚戌	3	9	2	8	庚辰	4	8	3	9	庚戌	5	9	4	10	辛巳	6	9	5	12	壬子	7	10	6	13	癸未
	2	8	1	9	辛亥	3	10	2	9	辛巳	4	9	3	10	辛亥	5	10	4	11	壬午	6	10	5	13	癸丑	7	11	6	14	甲申
	2	9	1	10	壬子	3	11	2	10	壬午	4	10	3	11	壬子	5	11	4	12	癸未	6	11	5	14	甲寅	7	12	6	15	乙酉
	2	10	1	11	癸丑	3	12	2	11	癸未	4	11	3	12	癸丑	5	12	4	13	甲申	6	12	5	15	乙卯	7	13	6	16	丙戌
	2	11	1	12	甲寅	3	13	2	12	甲申	4	12	3	13	甲寅	5	13	4	14	乙酉	6	13	5	16	丙辰	7	14	6	17	丁亥
	2	12	1	13	乙卯	3	14	2	13	乙酉	4	13	3	14	乙卯	5	14	4	15	丙戌	6	14	5	17	丁巳	7	15	6	18	戊子
	2	13	1	14	丙辰	3	15	2	14	丙戌	4	14	3	15	丙辰	5	15	4	16	丁亥	6	15	5	18	戊午	7	16	6	19	己丑
	2	14	1	15	丁巳	3	16	2	15	丁亥	4	15	3	16	丁巳	5	16	4	17	戊子	6	16	5	19	己未	7	17	6	20	庚寅
	2	15	1	16	戊午	3	17	2	16	戊子	4	16	3	17	戊午	5	17	4	18	己丑	6	17	5	20	庚申	7	18	6	21	辛卯
	2	16	1	17	己未	3	18	2	17	己丑	4	17	3	18	己未	5	18	4	19	庚寅	6	18	5	21	辛酉	7	19	6	22	壬辰
	2	17	1	18	庚申	3	19	2	18	庚寅	4	18	3	19	庚申	5	19	4	20	辛卯	6	19	5	22	壬戌	7	20	6	23	癸巳
	2	18	1	19	辛酉	3	20	2	19	辛卯	4	19	3	20	辛酉	5	20	4	21	壬辰	6	20	5	23	癸亥	7	21	6	24	甲午
	2	19	1	20	壬戌	3	21	2	20	壬辰	4	20	3	21	壬戌	5	21	4	22	癸巳	6	21	5	24	甲子	7	22	6	25	乙未
	2	20	1	21	癸亥	3	22	2	21	癸巳	4	21	3	22	癸亥	5	22	4	23	甲午	6	22	5	25	乙丑	7	23	6	26	丙申
	2	21	1	22	甲子	3	23	2	22	甲午	4	22	3	23	甲子	5	23	4	24	乙未	6	23	5	26	丙寅	7	24	6	27	丁酉
	2	22	1	23	乙丑	3	24	2	23	乙未	4	23	3	24	乙丑	5	24	4	25	丙申	6	24	5	27	丁卯	7	25	6	28	戊戌
	2	23	1	24	丙寅	3	25	2	24	丙申	4	24	3	25	丙寅	5	25	4	26	丁酉	6	25	5	28	戊辰	7	26	6	29	己亥
	2	24	1	25	丁卯	3	26	2	25	丁酉	4	25	3	26	丁卯	5	26	4	27	戊戌	6	26	5	29	己巳	7	27	7	1	庚子
	2	25	1	26	戊辰	3	27	2	26	戊戌	4	26	3	27	戊辰	5	27	4	28	己亥	6	27	5	30	庚午	7	28	7	2	辛丑
	2	26	1	27	己巳	3	28	2	27	己亥	4	27	3	28	己巳	5	28	4	29	庚子	6	28	6	1	辛未	7	29	7	3	壬寅
	2	27	1	28	庚午	3	29	2	28	庚子	4	28	3	29	庚午	5	29	5	1	辛丑	6	29	6	2	壬申	7	30	7	4	癸卯
	2	28	1	29	辛未	3	30	2	29	辛丑	4	29	3	30	辛未	5	30	5	2	壬寅	6	30	6	3	癸酉	7	31	7	5	甲辰
	3	1	1	30	壬申	3	31	3	1	壬寅	4	30	4	1	壬申	5	31	5	3	癸卯	7	1	6	4	甲戌	8	1	7	6	乙巳
	3	2	2	1	癸酉	4	1	3	2	癸卯	5	1	4	2	癸酉	6	1	5	4	甲辰	7	2	6	5	乙亥	8	2	7	7	丙午
	3	3	2	2	甲戌	4	2	3	3	甲辰	5	2	4	3	甲戌	6	2	5	5	乙巳	7	3	6	6	丙子	8	3	7	8	丁未
	3	4	2	3	乙亥	4	3	3	4	乙巳	5	3	4	4	乙亥	6	3	5	6	丙午	7	4	6	7	丁丑	8	4	7	9	戊申
	3	5	2	4	丙子	4	4	3	5	丙午	5	4	4	5	丙子	6	4	5	7	丁未	7	5	6	8	戊寅	8	5	7	10	己酉
											5	5	4	6	丁丑	6	5	5	8	戊申	7	6	6	9	己卯	8	6	7	11	庚戌
																										8	7	7	12	辛亥
中氣	雨水 2/19 5時58分 卯時					春分 3/21 5時16分 卯時					穀雨 4/20 16時41分 申時					小滿 5/21 16時10分 申時					夏至 6/22 0時20分 子時					大暑 7/23 11時14分 午時				

 日光節約時間：四月一日至九月三十日

丁酉																													年
戊申				己酉					庚戌					辛亥					壬子					癸丑					月
立秋				白露					寒露					立冬					大雪					小寒					節
/8 3時32分 寅時				9/8 6時12分 卯時					10/8 21時30分 亥時					11/8 0時20分 子時					12/7 16時56分 申時					1/6 4時4分 寅時					氣
曆	農曆		干支	國曆		農曆		干支	國曆		農曆		干支	國曆		農曆		干支	國曆		農曆		干支	國曆		農曆		干支	日
8	7	13	壬子	9	8	8	15	癸未	10	8	8	15	癸丑	11	8	9	17	甲申	12	7	10	16	癸丑	1	6	11	17	癸未	中華民國四十六、四十七年 雞 1957、1958
9	7	14	癸丑	9	9	8	16	甲申	10	9	8	16	甲寅	11	9	9	18	乙酉	12	8	10	17	甲寅	1	7	11	18	甲申	
10	7	15	甲寅	9	10	8	17	乙酉	10	10	8	17	乙卯	11	10	9	19	丙戌	12	9	10	18	乙卯	1	8	11	19	乙酉	
11	7	16	乙卯	9	11	8	18	丙戌	10	11	8	18	丙辰	11	11	9	20	丁亥	12	10	10	19	丙辰	1	9	11	20	丙戌	
12	7	17	丙辰	9	12	8	19	丁亥	10	12	8	19	丁巳	11	12	9	21	戊子	12	11	10	20	丁巳	1	10	11	21	丁亥	
13	7	18	丁巳	9	13	8	20	戊子	10	13	8	20	戊午	11	13	9	22	己丑	12	12	10	21	戊午	1	11	11	22	戊子	
14	7	19	戊午	9	14	8	21	己丑	10	14	8	21	己未	11	14	9	23	庚寅	12	13	10	22	己未	1	12	11	23	己丑	
15	7	20	己未	9	15	8	22	庚寅	10	15	8	22	庚申	11	15	9	24	辛卯	12	14	10	23	庚申	1	13	11	24	庚寅	
16	7	21	庚申	9	16	8	23	辛卯	10	16	8	23	辛酉	11	16	9	25	壬辰	12	15	10	24	辛酉	1	14	11	25	辛卯	
17	7	22	辛酉	9	17	8	24	壬辰	10	17	8	24	壬戌	11	17	9	26	癸巳	12	16	10	25	壬戌	1	15	11	26	壬辰	
18	7	23	壬戌	9	18	8	25	癸巳	10	18	8	25	癸亥	11	18	9	27	甲午	12	17	10	26	癸亥	1	16	11	27	癸巳	
19	7	24	癸亥	9	19	8	26	甲午	10	19	8	26	甲子	11	19	9	28	乙未	12	18	10	27	甲子	1	17	11	28	甲午	
20	7	25	甲子	9	20	8	27	乙未	10	20	8	27	乙丑	11	20	9	29	丙申	12	19	10	28	乙丑	1	18	11	29	乙未	
21	7	26	乙丑	9	21	8	28	丙申	10	21	8	28	丙寅	11	21	9	30	丁酉	12	20	10	29	丙寅	1	19	11	30	丙申	
22	7	27	丙寅	9	22	8	29	丁酉	10	22	8	29	丁卯	11	22	10	1	戊戌	12	21	11	1	丁卯	1	20	12	1	丁酉	
23	7	28	丁卯	9	23	8	30	戊戌	10	23	9	1	戊辰	11	23	10	2	己亥	12	22	11	2	戊辰	1	21	12	2	戊戌	
24	7	29	戊辰	9	24	閏8	1	己亥	10	24	9	2	己巳	11	24	10	3	庚子	12	23	11	3	己巳	1	22	12	3	己亥	
25	8	1	己巳	9	25	8	2	庚子	10	25	9	3	庚午	11	25	10	4	辛丑	12	24	11	4	庚午	1	23	12	4	庚子	
26	8	2	庚午	9	26	8	3	辛丑	10	26	9	4	辛未	11	26	10	5	壬寅	12	25	11	5	辛未	1	24	12	5	辛丑	
27	8	3	辛未	9	27	8	4	壬寅	10	27	9	5	壬申	11	27	10	6	癸卯	12	26	11	6	壬申	1	25	12	6	壬寅	
28	8	4	壬申	9	28	8	5	癸卯	10	28	9	6	癸酉	11	28	10	7	甲辰	12	27	11	7	癸酉	1	26	12	7	癸卯	
29	8	5	癸酉	9	29	8	6	甲辰	10	29	9	7	甲戌	11	29	10	8	乙巳	12	28	11	8	甲戌	1	27	12	8	甲辰	
30	8	6	甲戌	9	30	8	7	乙巳	10	30	9	8	乙亥	11	30	10	9	丙午	12	29	11	9	乙亥	1	28	12	9	乙巳	
31	8	7	乙亥	10	1	8	8	丙午	10	31	9	9	丙子	12	1	10	10	丁未	12	30	11	10	丙子	1	29	12	10	丙午	
1	8	8	丙子	10	2	8	9	丁未	11	1	9	10	丁丑	12	2	10	11	戊申	12	31	11	11	丁丑	1	30	12	11	丁未	
2	8	9	丁丑	10	3	8	10	戊申	11	2	9	11	戊寅	12	3	10	12	己酉	1	1	11	12	戊寅	1	31	12	12	戊申	
3	8	10	戊寅	10	4	8	11	己酉	11	3	9	12	己卯	12	4	10	13	庚戌	1	2	11	13	己卯	2	1	12	13	己酉	
4	8	11	己卯	10	5	8	12	庚戌	11	4	9	13	庚辰	12	5	10	14	辛亥	1	3	11	14	庚辰	2	2	12	14	庚戌	
5	8	12	庚辰	10	6	8	13	辛亥	11	5	9	14	辛巳	12	6	10	15	壬子	1	4	11	15	辛巳	2	3	12	15	辛亥	
6	8	13	辛巳	10	7	8	14	壬子	11	6	9	15	壬午						1	5	11	16	壬午						
7	8	14	壬午						11	7	9	16	癸未																
處暑				秋分					霜降					小雪					冬至					大寒					中
/23 18時7分 酉時				9/23 15時26分 申時					10/24 0時24分 子時					11/22 21時39分 亥時					12/22 10時48分 巳時					1/20 21時28分 亥時					氣

年	戊戌																													
月	甲寅					乙卯					丙辰					丁巳					戊午					己未				
節氣	立春					驚蟄					清明					立夏					芒種					小暑				
	2/4 15時49分 申時					3/6 10時4分 巳時					4/5 15時12分 申時					5/6 8時49分 辰時					6/6 13時12分 未時					7/7 23時33分 子時				
日	國曆		農曆		干支	國曆		農曆		干支	國曆		農曆		干支	國曆		農曆		干支	國曆		農曆		干支	國曆		農曆		干支
中華民國四十七年 狗 1958	2	4	12	16	壬子	3	6	1	17	壬午	4	5	2	17	壬子	5	6	3	18	癸未	6	6	4	19	甲寅	7	7	5	21	乙酉
	2	5	12	17	癸丑	3	7	1	18	癸未	4	6	2	18	癸丑	5	7	3	19	甲申	6	7	4	20	乙卯	7	8	5	22	丙戌
	2	6	12	18	甲寅	3	8	1	19	甲申	4	7	2	19	甲寅	5	8	3	20	乙酉	6	8	4	21	丙辰	7	9	5	23	丁亥
	2	7	12	19	乙卯	3	9	1	20	乙酉	4	8	2	20	乙卯	5	9	3	21	丙戌	6	9	4	22	丁巳	7	10	5	24	戊子
	2	8	12	20	丙辰	3	10	1	21	丙戌	4	9	2	21	丙辰	5	10	3	22	丁亥	6	10	4	23	戊午	7	11	5	25	己丑
	2	9	12	21	丁巳	3	11	1	22	丁亥	4	10	2	22	丁巳	5	11	3	23	戊子	6	11	4	24	己未	7	12	5	26	庚寅
	2	10	12	22	戊午	3	12	1	23	戊子	4	11	2	23	戊午	5	12	3	24	己丑	6	12	4	25	庚申	7	13	5	27	辛卯
	2	11	12	23	己未	3	13	1	24	己丑	4	12	2	24	己未	5	13	3	25	庚寅	6	13	4	26	辛酉	7	14	5	28	壬辰
	2	12	12	24	庚申	3	14	1	25	庚寅	4	13	2	25	庚申	5	14	3	26	辛卯	6	14	4	27	壬戌	7	15	5	29	癸巳
	2	13	12	25	辛酉	3	15	1	26	辛卯	4	14	2	26	辛酉	5	15	3	27	壬辰	6	15	4	28	癸亥	7	16	5	30	甲午
	2	14	12	26	壬戌	3	16	1	27	壬辰	4	15	2	27	壬戌	5	16	3	28	癸巳	6	16	4	29	甲子	7	17	6	1	乙未
	2	15	12	27	癸亥	3	17	1	28	癸巳	4	16	2	28	癸亥	5	17	3	29	甲午	6	17	5	1	乙丑	7	18	6	2	丙申
	2	16	12	28	甲子	3	18	1	29	甲午	4	17	2	29	甲子	5	18	3	30	乙未	6	18	5	2	丙寅	7	19	6	3	丁酉
	2	17	12	29	乙丑	3	19	1	30	乙未	4	18	2	30	乙丑	5	19	4	1	丙申	6	19	5	3	丁卯	7	20	6	4	戊戌
	2	18	1	1	丙寅	3	20	2	1	丙申	4	19	3	1	丙寅	5	20	4	2	丁酉	6	20	5	4	戊辰	7	21	6	5	己亥
	2	19	1	2	丁卯	3	21	2	2	丁酉	4	20	3	2	丁卯	5	21	4	3	戊戌	6	21	5	5	己巳	7	22	6	6	庚子
	2	20	1	3	戊辰	3	22	2	3	戊戌	4	21	3	3	戊辰	5	22	4	4	己亥	6	22	5	6	庚午	7	23	6	7	辛丑
	2	21	1	4	己巳	3	23	2	4	己亥	4	22	3	4	己巳	5	23	4	5	庚子	6	23	5	7	辛未	7	24	6	8	壬寅
	2	22	1	5	庚午	3	24	2	5	庚子	4	23	3	5	庚午	5	24	4	6	辛丑	6	24	5	8	壬申	7	25	6	9	癸卯
	2	23	1	6	辛未	3	25	2	6	辛丑	4	24	3	6	辛未	5	25	4	7	壬寅	6	25	5	9	癸酉	7	26	6	10	甲辰
	2	24	1	7	壬申	3	26	2	7	壬寅	4	25	3	7	壬申	5	26	4	8	癸卯	6	26	5	10	甲戌	7	27	6	11	乙巳
	2	25	1	8	癸酉	3	27	2	8	癸卯	4	26	3	8	癸酉	5	27	4	9	甲辰	6	27	5	11	乙亥	7	28	6	12	丙午
	2	26	1	9	甲戌	3	28	2	9	甲辰	4	27	3	9	甲戌	5	28	4	10	乙巳	6	28	5	12	丙子	7	29	6	13	丁未
	2	27	1	10	乙亥	3	29	2	10	乙巳	4	28	3	10	乙亥	5	29	4	11	丙午	6	29	5	13	丁丑	7	30	6	14	戊申
	2	28	1	11	丙子	3	30	2	11	丙午	4	29	3	11	丙子	5	30	4	12	丁未	6	30	5	14	戊寅	7	31	6	15	己酉
	3	1	1	12	丁丑	3	31	2	12	丁未	4	30	3	12	丁丑	5	31	4	13	戊申	7	1	5	15	己卯	8	1	6	16	庚戌
	3	2	1	13	戊寅	4	1	2	13	戊申	5	1	3	13	戊寅	6	1	4	14	己酉	7	2	5	16	庚辰	8	2	6	17	辛亥
	3	3	1	14	己卯	4	2	2	14	己酉	5	2	3	14	己卯	6	2	4	15	庚戌	7	3	5	17	辛巳	8	3	6	18	壬子
	3	4	1	15	庚辰	4	3	2	15	庚戌	5	3	3	15	庚辰	6	3	4	16	辛亥	7	4	5	18	壬午	8	4	6	19	癸丑
	3	5	1	16	辛巳	4	4	2	16	辛亥	5	4	3	16	辛巳	6	4	4	17	壬子	7	5	5	19	癸未	8	5	6	20	甲寅
											5	5	3	17	壬午	6	5	4	18	癸丑	7	6	5	20	甲申	8	6	6	21	乙卯
																										8	7	6	22	丙辰
中氣	雨水					春分					穀雨					小滿					夏至					大暑				
	2/19 11時48分 午時					3/21 11時5分 午時					4/20 22時27分 亥時					5/21 21時51分 亥時					6/22 5時56分 卯時					7/23 16時50分 申時				

 日光節約時間：四月一日至九月三十日

戊戌																														年
庚申					辛酉					壬戌					癸亥					甲子					乙丑					月
立秋					白露					寒露					立冬					大雪					小寒					節
8/8 9時17分 巳時					9/8 11時58分 午時					10/9 3時19分 寅時					11/8 6時11分 卯時					12/7 22時49分 亥時					1/6 9時58分 巳時					氣
國曆		農曆		干支	國曆		農曆		干支	國曆		農曆		干支	國曆		農曆		干支	國曆		農曆		干支	國曆		農曆		干支	日
8	8	6	23	丁巳	9	8	7	25	戊子	10	9	8	27	己未	11	8	9	27	己丑	12	7	10	27	戊午	1	6	11	27	戊子	
8	9	6	24	戊午	9	9	7	26	己丑	10	10	8	28	庚申	11	9	9	28	庚寅	12	8	10	28	己未	1	7	11	28	己丑	
8	10	6	25	己未	9	10	7	27	庚寅	10	11	8	29	辛酉	11	10	9	29	辛卯	12	9	10	29	庚申	1	8	11	29	庚寅	
8	11	6	26	庚申	9	11	7	28	辛卯	10	12	8	30	壬戌	11	11	10	1	壬辰	12	10	10	30	辛酉	1	9	12	1	辛卯	
8	12	6	27	辛酉	9	12	7	29	壬辰	10	13	9	1	癸亥	11	12	10	2	癸巳	12	11	11	1	壬戌	1	10	12	2	壬辰	
8	13	6	28	壬戌	9	13	8	1	癸巳	10	14	9	2	甲子	11	13	10	3	甲午	12	12	11	2	癸亥	1	11	12	3	癸巳	
8	14	6	29	癸亥	9	14	8	2	甲午	10	15	9	3	乙丑	11	14	10	4	乙未	12	13	11	3	甲子	1	12	12	4	甲午	
8	15	7	1	甲子	9	15	8	3	乙未	10	16	9	4	丙寅	11	15	10	5	丙申	12	14	11	4	乙丑	1	13	12	5	乙未	
8	16	7	2	乙丑	9	16	8	4	丙申	10	17	9	5	丁卯	11	16	10	6	丁酉	12	15	11	5	丙寅	1	14	12	6	丙申	
8	17	7	3	丙寅	9	17	8	5	丁酉	10	18	9	6	戊辰	11	17	10	7	戊戌	12	16	11	6	丁卯	1	15	12	7	丁酉	
8	18	7	4	丁卯	9	18	8	6	戊戌	10	19	9	7	己巳	11	18	10	8	己亥	12	17	11	7	戊辰	1	16	12	8	戊戌	
8	19	7	5	戊辰	9	19	8	7	己亥	10	20	9	8	庚午	11	19	10	9	庚子	12	18	11	8	己巳	1	17	12	9	己亥	
8	20	7	6	己巳	9	20	8	8	庚子	10	21	9	9	辛未	11	20	10	10	辛丑	12	19	11	9	庚午	1	18	12	10	庚子	
8	21	7	7	庚午	9	21	8	9	辛丑	10	22	9	10	壬申	11	21	10	11	壬寅	12	20	11	10	辛未	1	19	12	11	辛丑	
8	22	7	8	辛未	9	22	8	10	壬寅	10	23	9	11	癸酉	11	22	10	12	癸卯	12	21	11	11	壬申	1	20	12	12	壬寅	
8	23	7	9	壬申	9	23	8	11	癸卯	10	24	9	12	甲戌	11	23	10	13	甲辰	12	22	11	12	癸酉	1	21	12	13	癸卯	
8	24	7	10	癸酉	9	24	8	12	甲辰	10	25	9	13	乙亥	11	24	10	14	乙巳	12	23	11	13	甲戌	1	22	12	14	甲辰	
8	25	7	11	甲戌	9	25	8	13	乙巳	10	26	9	14	丙子	11	25	10	15	丙午	12	24	11	14	乙亥	1	23	12	15	乙巳	
8	26	7	12	乙亥	9	26	8	14	丙午	10	27	9	15	丁丑	11	26	10	16	丁未	12	25	11	15	丙子	1	24	12	16	丙午	
8	27	7	13	丙子	9	27	8	15	丁未	10	28	9	16	戊寅	11	27	10	17	戊申	12	26	11	16	丁丑	1	25	12	17	丁未	
8	28	7	14	丁丑	9	28	8	16	戊申	10	29	9	17	己卯	11	28	10	18	己酉	12	27	11	17	戊寅	1	26	12	18	戊申	
8	29	7	15	戊寅	9	29	8	17	己酉	10	30	9	18	庚辰	11	29	10	19	庚戌	12	28	11	18	己卯	1	27	12	19	己酉	
8	30	7	16	己卯	9	30	8	18	庚戌	10	31	9	19	辛巳	11	30	10	20	辛亥	12	29	11	19	庚辰	1	28	12	20	庚戌	
8	31	7	17	庚辰	10	1	8	19	辛亥	11	1	9	20	壬午	12	1	10	21	壬子	12	30	11	20	辛巳	1	29	12	21	辛亥	
9	1	7	18	辛巳	10	2	8	20	壬子	11	2	9	21	癸未	12	2	10	22	癸丑	12	31	11	21	壬午	1	30	12	22	壬子	
9	2	7	19	壬午	10	3	8	21	癸丑	11	3	9	22	甲申	12	3	10	23	甲寅	1	1	11	22	癸未	1	31	12	23	癸丑	
9	3	7	20	癸未	10	4	8	22	甲寅	11	4	9	23	乙酉	12	4	10	24	乙卯	1	2	11	23	甲申	2	1	12	24	甲寅	
9	4	7	21	甲申	10	5	8	23	乙卯	11	5	9	24	丙戌	12	5	10	25	丙辰	1	3	11	24	乙酉	2	2	12	25	乙卯	
9	5	7	22	乙酉	10	6	8	24	丙辰	11	6	9	25	丁亥	12	6	10	26	丁巳	1	4	11	25	丙戌	2	3	12	26	丙辰	
9	6	7	23	丙戌	10	7	8	25	丁巳	11	7	9	26	戊子						1	5	11	26	丁亥						
9	7	7	24	丁亥	10	8	8	26	戊午																					
處暑					秋分					霜降					小雪					冬至					大寒					中
8/23 23時45分 子時					9/23 21時8分 亥時					10/24 6時11分 卯時					11/23 3時29分 寅時					12/22 16時39分 申時					1/21 3時18分 寅時					氣

中華民國四十七、四十八年 狗

1958、1959

年	己亥																													
月	丙寅					丁卯					戊辰					己巳					庚午					辛未				
節氣	立春					驚蟄					清明					立夏					芒種					小暑				
	2/4 21時42分 亥時					3/6 15時56分 申時					4/5 21時3分 亥時					5/6 14時38分 未時					6/6 19時0分 戌時					7/8 5時19分 卯時				
日	國曆		農曆		干支	國曆		農曆		干支	國曆		農曆		干支	國曆		農曆		干支	國曆		農曆		干支	國曆		農曆		干支
	2	4	12	27	丁巳	3	6	1	27	丁亥	4	5	2	28	丁巳	5	6	3	29	戊子	6	6	5	1	己未	7	8	6	3	辛卯
	2	5	12	28	戊午	3	7	1	28	戊子	4	6	2	29	戊午	5	7	3	30	己丑	6	7	5	2	庚申	7	9	6	4	壬辰
	2	6	12	29	己未	3	8	1	29	己丑	4	7	2	30	己未	5	8	4	1	庚寅	6	8	5	3	辛酉	7	10	6	5	癸巳
	2	7	12	30	庚申	3	9	2	1	庚寅	4	8	3	1	庚申	5	9	4	2	辛卯	6	9	5	4	壬戌	7	11	6	6	甲午
中華民國四十八年 豬	2	8	1	1	辛酉	3	10	2	2	辛卯	4	9	3	2	辛酉	5	10	4	3	壬辰	6	10	5	5	癸亥	7	12	6	7	乙未
	2	9	1	2	壬戌	3	11	2	3	壬辰	4	10	3	3	壬戌	5	11	4	4	癸巳	6	11	5	6	甲子	7	13	6	8	丙申
	2	10	1	3	癸亥	3	12	2	4	癸巳	4	11	3	4	癸亥	5	12	4	5	甲午	6	12	5	7	乙丑	7	14	6	9	丁酉
	2	11	1	4	甲子	3	13	2	5	甲午	4	12	3	5	甲子	5	13	4	6	乙未	6	13	5	8	丙寅	7	15	6	10	戊戌
	2	12	1	5	乙丑	3	14	2	6	乙未	4	13	3	6	乙丑	5	14	4	7	丙申	6	14	5	9	丁卯	7	16	6	11	己亥
	2	13	1	6	丙寅	3	15	2	7	丙申	4	14	3	7	丙寅	5	15	4	8	丁酉	6	15	5	10	戊辰	7	17	6	12	庚子
	2	14	1	7	丁卯	3	16	2	8	丁酉	4	15	3	8	丁卯	5	16	4	9	戊戌	6	16	5	11	己巳	7	18	6	13	辛丑
	2	15	1	8	戊辰	3	17	2	9	戊戌	4	16	3	9	戊辰	5	17	4	10	己亥	6	17	5	12	庚午	7	19	6	14	壬寅
	2	16	1	9	己巳	3	18	2	10	己亥	4	17	3	10	己巳	5	18	4	11	庚子	6	18	5	13	辛未	7	20	6	15	癸卯
	2	17	1	10	庚午	3	19	2	11	庚子	4	18	3	11	庚午	5	19	4	12	辛丑	6	19	5	14	壬申	7	21	6	16	甲辰
	2	18	1	11	辛未	3	20	2	12	辛丑	4	19	3	12	辛未	5	20	4	13	壬寅	6	20	5	15	癸酉	7	22	6	17	乙巳
	2	19	1	12	壬申	3	21	2	13	壬寅	4	20	3	13	壬申	5	21	4	14	癸卯	6	21	5	16	甲戌	7	23	6	18	丙午
	2	20	1	13	癸酉	3	22	2	14	癸卯	4	21	3	14	癸酉	5	22	4	15	甲辰	6	22	5	17	乙亥	7	24	6	19	丁未
	2	21	1	14	甲戌	3	23	2	15	甲辰	4	22	3	15	甲戌	5	23	4	16	乙巳	6	23	5	18	丙子	7	25	6	20	戊申
	2	22	1	15	乙亥	3	24	2	16	乙巳	4	23	3	16	乙亥	5	24	4	17	丙午	6	24	5	19	丁丑	7	26	6	21	己酉
	2	23	1	16	丙子	3	25	2	17	丙午	4	24	3	17	丙子	5	25	4	18	丁未	6	25	5	20	戊寅	7	27	6	22	庚戌
	2	24	1	17	丁丑	3	26	2	18	丁未	4	25	3	18	丁丑	5	26	4	19	戊申	6	26	5	21	己卯	7	28	6	23	辛亥
	2	25	1	18	戊寅	3	27	2	19	戊申	4	26	3	19	戊寅	5	27	4	20	己酉	6	27	5	22	庚辰	7	29	6	24	壬子
1959	2	26	1	19	己卯	3	28	2	20	己酉	4	27	3	20	己卯	5	28	4	21	庚戌	6	28	5	23	辛巳	7	30	6	25	癸丑
	2	27	1	20	庚辰	3	29	2	21	庚戌	4	28	3	21	庚辰	5	29	4	22	辛亥	6	29	5	24	壬午	7	31	6	26	甲寅
	2	28	1	21	辛巳	3	30	2	22	辛亥	4	29	3	22	辛巳	5	30	4	23	壬子	6	30	5	25	癸未	8	1	6	27	乙卯
	3	1	1	22	壬午	3	31	2	23	壬子	4	30	3	23	壬午	5	31	4	24	癸丑	7	1	5	26	甲申	8	2	6	28	丙辰
	3	2	1	23	癸未	4	1	2	24	癸丑	5	1	3	24	癸未	6	1	4	25	甲寅	7	2	5	27	乙酉	8	3	6	29	丁巳
	3	3	1	24	甲申	4	2	2	25	甲寅	5	2	3	25	甲申	6	2	4	26	乙卯	7	3	5	28	丙戌	8	4	7	1	戊午
	3	4	1	25	乙酉	4	3	2	26	乙卯	5	3	3	26	乙酉	6	3	4	27	丙辰	7	4	5	29	丁亥	8	5	7	2	己未
	3	5	1	26	丙戌	4	4	2	27	丙辰	5	4	3	27	丙戌	6	4	4	28	丁巳	7	5	5	30	戊子	8	6	7	3	庚申
											5	5	3	28	丁亥	6	5	4	29	戊午	7	6	6	1	己丑	8	7	7	4	辛酉
																					7	7	6	2	庚寅					
中氣	雨水					春分					穀雨					小滿					夏至					大暑				
	2/19 17時37分 酉時					3/21 16時54分 申時					4/21 4時16分 寅時					5/22 3時42分 寅時					6/22 11時49分 午時					7/23 22時45分 亥時				

 日光節約時間：四月一日至九月三十日

己亥																														年
壬申					癸酉					甲戌					乙亥					丙子					丁丑					月
立秋					白露					寒露					立冬					大雪					小寒					節氣
8/8 15時4分 申時					9/8 17時47分 酉時					10/9 9時9分 巳時					11/8 12時2分 午時					12/8 4時37分 寅時					1/6 15時42分 申時					
國曆		農曆		干支	國曆		農曆		干支	國曆		農曆		干支	國曆		農曆		干支	國曆		農曆		干支	國曆		農曆		干支	日
8	8	7	5	壬戌	9	8	8	6	癸巳	10	9	9	8	甲子	11	8	10	8	甲午	12	8	11	9	甲子	1	6	12	8	癸巳	中華民國四十八、四十九年 豬 1959、1960
8	9	7	6	癸亥	9	9	8	7	甲午	10	10	9	9	乙丑	11	9	10	9	乙未	12	9	11	10	乙丑	1	7	12	9	甲午	
8	10	7	7	甲子	9	10	8	8	乙未	10	11	9	10	丙寅	11	10	10	10	丙申	12	10	11	11	丙寅	1	8	12	10	乙未	
8	11	7	8	乙丑	9	11	8	9	丙申	10	12	9	11	丁卯	11	11	10	11	丁酉	12	11	11	12	丁卯	1	9	12	11	丙申	
8	12	7	9	丙寅	9	12	8	10	丁酉	10	13	9	12	戊辰	11	12	10	12	戊戌	12	12	11	13	戊辰	1	10	12	12	丁酉	
8	13	7	10	丁卯	9	13	8	11	戊戌	10	14	9	13	己巳	11	13	10	13	己亥	12	13	11	14	己巳	1	11	12	13	戊戌	
8	14	7	11	戊辰	9	14	8	12	己亥	10	15	9	14	庚午	11	14	10	14	庚子	12	14	11	15	庚午	1	12	12	14	己亥	
8	15	7	12	己巳	9	15	8	13	庚子	10	16	9	15	辛未	11	15	10	15	辛丑	12	15	11	16	辛未	1	13	12	15	庚子	
8	16	7	13	庚午	9	16	8	14	辛丑	10	17	9	16	壬申	11	16	10	16	壬寅	12	16	11	17	壬申	1	14	12	16	辛丑	
8	17	7	14	辛未	9	17	8	15	壬寅	10	18	9	17	癸酉	11	17	10	17	癸卯	12	17	11	18	癸酉	1	15	12	17	壬寅	
8	18	7	15	壬申	9	18	8	16	癸卯	10	19	9	18	甲戌	11	18	10	18	甲辰	12	18	11	19	甲戌	1	16	12	18	癸卯	
8	19	7	16	癸酉	9	19	8	17	甲辰	10	20	9	19	乙亥	11	19	10	19	乙巳	12	19	11	20	乙亥	1	17	12	19	甲辰	
8	20	7	17	甲戌	9	20	8	18	乙巳	10	21	9	20	丙子	11	20	10	20	丙午	12	20	11	21	丙子	1	18	12	20	乙巳	
8	21	7	18	乙亥	9	21	8	19	丙午	10	22	9	21	丁丑	11	21	10	21	丁未	12	21	11	22	丁丑	1	19	12	21	丙午	
8	22	7	19	丙子	9	22	8	20	丁未	10	23	9	22	戊寅	11	22	10	22	戊申	12	22	11	23	戊寅	1	20	12	22	丁未	
8	23	7	20	丁丑	9	23	8	21	戊申	10	24	9	23	己卯	11	23	10	23	己酉	12	23	11	24	己卯	1	21	12	23	戊申	
8	24	7	21	戊寅	9	24	8	22	己酉	10	25	9	24	庚辰	11	24	10	24	庚戌	12	24	11	25	庚辰	1	22	12	24	己酉	
8	25	7	22	己卯	9	25	8	23	庚戌	10	26	9	25	辛巳	11	25	10	25	辛亥	12	25	11	26	辛巳	1	23	12	25	庚戌	
8	26	7	23	庚辰	9	26	8	24	辛亥	10	27	9	26	壬午	11	26	10	26	壬子	12	26	11	27	壬午	1	24	12	26	辛亥	
8	27	7	24	辛巳	9	27	8	25	壬子	10	28	9	27	癸未	11	27	10	27	癸丑	12	27	11	28	癸未	1	25	12	27	壬子	
8	28	7	25	壬午	9	28	8	26	癸丑	10	29	9	28	甲申	11	28	10	28	甲寅	12	28	11	29	甲申	1	26	12	28	癸丑	
8	29	7	26	癸未	9	29	8	27	甲寅	10	30	9	29	乙酉	11	29	10	29	乙卯	12	29	11	30	乙酉	1	27	12	29	甲寅	
8	30	7	27	甲申	9	30	8	28	乙卯	10	31	9	30	丙戌	11	30	11	1	丙辰	12	30	12	1	丙戌	1	28	1	1	乙卯	
8	31	7	28	乙酉	10	1	8	29	丙辰	11	1	10	1	丁亥	12	1	11	2	丁巳	12	31	12	2	丁亥	1	29	1	2	丙辰	
9	1	7	29	丙戌	10	2	9	1	丁巳	11	2	10	2	戊子	12	2	11	3	戊午	1	1	12	3	戊子	1	30	1	3	丁巳	
9	2	7	30	丁亥	10	3	9	2	戊午	11	3	10	3	己丑	12	3	11	4	己未	1	2	12	4	己丑	1	31	1	4	戊午	
9	3	8	1	戊子	10	4	9	3	己未	11	4	10	4	庚寅	12	4	11	5	庚申	1	3	12	5	庚寅	2	1	1	5	己未	
9	4	8	2	己丑	10	5	9	4	庚申	11	5	10	5	辛卯	12	5	11	6	辛酉	1	4	12	6	辛卯	2	2	1	6	庚申	
9	5	8	3	庚寅	10	6	9	5	辛酉	11	6	10	6	壬辰	12	6	11	7	壬戌	1	5	12	7	壬辰	2	3	1	7	辛酉	
9	6	8	4	辛卯	10	7	9	6	壬戌	11	7	10	7	癸巳	12	7	11	8	癸亥						2	4	1	8	壬戌	
9	7	8	5	壬辰	10	8	9	7	癸亥																					
處暑					秋分					霜降					小雪					冬至					大寒					中氣
8/24 5時43分 卯時					9/24 3時8分 寅時					10/24 12時11分 午時					11/23 9時26分 巳時					12/22 22時34分 亥時					1/21 9時10分 巳時					

年	庚子														
月	戊寅					己卯					庚辰				
節氣	立春 2/5 3時23分 寅時					驚蟄 3/5 21時36分 亥時					清明 4/5 2時43分 丑時				
日	國曆		農曆		干支	國曆		農曆		干支	國曆		農曆		干支
中華民國四十九年 鼠 1960	2	5	1	9	癸亥	3	5	2	8	壬辰	4	5	3	10	癸亥
	2	6	1	10	甲子	3	6	2	9	癸巳	4	6	3	11	甲子
	2	7	1	11	乙丑	3	7	2	10	甲午	4	7	3	12	乙丑
	2	8	1	12	丙寅	3	8	2	11	乙未	4	8	3	13	丙寅
	2	9	1	13	丁卯	3	9	2	12	丙申	4	9	3	14	丁卯
	2	10	1	14	戊辰	3	10	2	13	丁酉	4	10	3	15	戊辰
	2	11	1	15	己巳	3	11	2	14	戊戌	4	11	3	16	己巳
	2	12	1	16	庚午	3	12	2	15	己亥	4	12	3	17	庚午
	2	13	1	17	辛未	3	13	2	16	庚子	4	13	3	18	辛未
	2	14	1	18	壬申	3	14	2	17	辛丑	4	14	3	19	壬申
	2	15	1	19	癸酉	3	15	2	18	壬寅	4	15	3	20	癸酉
	2	16	1	20	甲戌	3	16	2	19	癸卯	4	16	3	21	甲戌
	2	17	1	21	乙亥	3	17	2	20	甲辰	4	17	3	22	乙亥
	2	18	1	22	丙子	3	18	2	21	乙巳	4	18	3	23	丙子
	2	19	1	23	丁丑	3	19	2	22	丙午	4	19	3	24	丁丑
	2	20	1	24	戊寅	3	20	2	23	丁未	4	20	3	25	戊寅
	2	21	1	25	己卯	3	21	2	24	戊申	4	21	3	26	己卯
	2	22	1	26	庚辰	3	22	2	25	己酉	4	22	3	27	庚辰
	2	23	1	27	辛巳	3	23	2	26	庚戌	4	23	3	28	辛巳
	2	24	1	28	壬午	3	24	2	27	辛亥	4	24	3	29	壬午
	2	25	1	29	癸未	3	25	2	28	壬子	4	25	3	30	癸未
	2	26	1	30	甲申	3	26	2	29	癸丑	4	26	4	1	甲申
	2	27	2	1	乙酉	3	27	3	1	甲寅	4	27	4	2	乙酉
	2	28	2	2	丙戌	3	28	3	2	乙卯	4	28	4	3	丙戌
	2	29	2	3	丁亥	3	29	3	3	丙辰	4	29	4	4	丁亥
	3	1	2	4	戊子	3	30	3	4	丁巳	4	30	4	5	戊子
	3	2	2	5	己丑	3	31	3	5	戊午	5	1	4	6	己丑
	3	3	2	6	庚寅	4	1	3	6	己未	5	2	4	7	庚寅
	3	4	2	7	辛卯	4	2	3	7	庚申	5	3	4	8	辛卯
						4	3	3	8	辛酉	5	4	4	9	壬辰
						4	4	3	9	壬戌					
中氣	雨水 2/19 23時26分 子時					春分 3/20 22時42分 亥時					穀雨 4/20 10時5分 巳時				

年	庚子														
月	辛巳					壬午					癸未				
節氣	立夏 5/5 20時22分 戌時					芒種 6/6 0時48分 子時					小暑 7/7 11時12分 午時				
日	國曆		農曆		干支	國曆		農曆		干支	國曆		農曆		干支
中華民國四十九年 鼠 1960	5	5	4	10	癸巳	6	6	5	13	乙丑	7	7	6	14	丙申
	5	6	4	11	甲午	6	7	5	14	丙寅	7	8	6	15	丁酉
	5	7	4	12	乙未	6	8	5	15	丁卯	7	9	6	16	戊戌
	5	8	4	13	丙申	6	9	5	16	戊辰	7	10	6	17	己亥
	5	9	4	14	丁酉	6	10	5	17	己巳	7	11	6	18	庚子
	5	10	4	15	戊戌	6	11	5	18	庚午	7	12	6	19	辛丑
	5	11	4	16	己亥	6	12	5	19	辛未	7	13	6	20	壬寅
	5	12	4	17	庚子	6	13	5	20	壬申	7	14	6	21	癸卯
	5	13	4	18	辛丑	6	14	5	21	癸酉	7	15	6	22	甲辰
	5	14	4	19	壬寅	6	15	5	22	甲戌	7	16	6	23	乙巳
	5	15	4	20	癸卯	6	16	5	23	乙亥	7	17	6	24	丙午
	5	16	4	21	甲辰	6	17	5	24	丙子	7	18	6	25	丁未
	5	17	4	22	乙巳	6	18	5	25	丁丑	7	19	6	26	戊申
	5	18	4	23	丙午	6	19	5	26	戊寅	7	20	6	27	己酉
	5	19	4	24	丁未	6	20	5	27	己卯	7	21	6	28	庚戌
	5	20	4	25	戊申	6	21	5	28	庚辰	7	22	6	29	辛亥
	5	21	4	26	己酉	6	22	5	29	辛巳	7	23	6	30	壬子
	5	22	4	27	庚戌	6	23	5	30	壬午	7	24	閏6	1	癸丑
	5	23	4	28	辛亥	6	24	6	1	癸未	7	25	6	2	甲寅
	5	24	4	29	壬子	6	25	6	2	甲申	7	26	6	3	乙卯
	5	25	5	1	癸丑	6	26	6	3	乙酉	7	27	6	4	丙辰
	5	26	5	2	甲寅	6	27	6	4	丙戌	7	28	6	5	丁巳
	5	27	5	3	乙卯	6	28	6	5	丁亥	7	29	6	6	戊午
	5	28	5	4	丙辰	6	29	6	6	戊子	7	30	6	7	己未
	5	29	5	5	丁巳	6	30	6	7	己丑	7	31	6	8	庚申
	5	30	5	6	戊午	7	1	6	8	庚寅	8	1	6	9	辛酉
	5	31	5	7	己未	7	2	6	9	辛卯	8	2	6	10	壬戌
	6	1	5	8	庚申	7	3	6	10	壬辰	8	3	6	11	癸亥
	6	2	5	9	辛酉	7	4	6	11	癸巳	8	4	6	12	甲子
	6	3	5	10	壬戌	7	5	6	12	甲午	8	5	6	13	乙丑
	6	4	5	11	癸亥	7	6	6	13	乙未	8	6	6	14	丙寅
	6	5	5	12	甲子										
中氣	小滿 5/21 9時33分 巳時					夏至 6/21 17時42分 酉時					大暑 7/23 4時37分 寅時				

 日光節約時間：六月一日至九月三十日

年	庚子

月	甲申			
節氣	立秋 8/7 20時59分 戌時			
國曆		農曆		干支
8	7	6	15	丁卯
8	8	6	16	戊辰
8	9	6	17	己巳
8	10	6	18	庚午
8	11	6	19	辛未
8	12	6	20	壬申
8	13	6	21	癸酉
8	14	6	22	甲戌
8	15	6	23	乙亥
8	16	6	24	丙子
8	17	6	25	丁丑
8	18	6	26	戊寅
8	19	6	27	己卯
8	20	6	28	庚辰
8	21	6	29	辛巳
8	22	7	1	壬午
8	23	7	2	癸未
8	24	7	3	甲申
8	25	7	4	乙酉
8	26	7	5	丙戌
8	27	7	6	丁亥
8	28	7	7	戊子
8	29	7	8	己丑
8	30	7	9	庚寅
8	31	7	10	辛卯
9	1	7	11	壬辰
9	2	7	12	癸巳
9	3	7	13	甲午
9	4	7	14	乙未
9	5	7	15	丙申
9	6	7	16	丁酉
中氣	處暑 8/23 11時34分 午時			

月	乙酉			
節氣	白露 9/7 23時45分 子時			
國曆		農曆		干支
9	7	7	17	戊戌
9	8	7	18	己亥
9	9	7	19	庚子
9	10	7	20	辛丑
9	11	7	21	壬寅
9	12	7	22	癸卯
9	13	7	23	甲辰
9	14	7	24	乙巳
9	15	7	25	丙午
9	16	7	26	丁未
9	17	7	27	戊申
9	18	7	28	己酉
9	19	7	29	庚戌
9	20	7	30	辛亥
9	21	8	1	壬子
9	22	8	2	癸丑
9	23	8	3	甲寅
9	24	8	4	乙卯
9	25	8	5	丙辰
9	26	8	6	丁巳
9	27	8	7	戊午
9	28	8	8	己未
9	29	8	9	庚申
9	30	8	10	辛酉
10	1	8	11	壬戌
10	2	8	12	癸亥
10	3	8	13	甲子
10	4	8	14	乙丑
10	5	8	15	丙寅
10	6	8	16	丁卯
10	7	8	17	戊辰
中氣	秋分 9/23 8時58分 辰時			

月	丙戌			
節氣	寒露 10/8 15時8分 申時			
國曆		農曆		干支
10	8	8	18	己巳
10	9	8	19	庚午
10	10	8	20	辛未
10	11	8	21	壬申
10	12	8	22	癸酉
10	13	8	23	甲戌
10	14	8	24	乙亥
10	15	8	25	丙子
10	16	8	26	丁丑
10	17	8	27	戊寅
10	18	8	28	己卯
10	19	8	29	庚辰
10	20	9	1	辛巳
10	21	9	2	壬午
10	22	9	3	癸未
10	23	9	4	甲申
10	24	9	5	乙酉
10	25	9	6	丙戌
10	26	9	7	丁亥
10	27	9	8	戊子
10	28	9	9	己丑
10	29	9	10	庚寅
10	30	9	11	辛卯
10	31	9	12	壬辰
11	1	9	13	癸巳
11	2	9	14	甲午
11	3	9	15	乙未
11	4	9	16	丙申
11	5	9	17	丁酉
11	6	9	18	戊戌
中氣	霜降 10/23 18時1分 酉時			

月	丁亥			
節氣	立冬 11/7 18時2分 酉時			
國曆		農曆		干支
11	7	9	19	己亥
11	8	9	20	庚子
11	9	9	21	辛丑
11	10	9	22	壬寅
11	11	9	23	癸卯
11	12	9	24	甲辰
11	13	9	25	乙巳
11	14	9	26	丙午
11	15	9	27	丁未
11	16	9	28	戊申
11	17	9	29	己酉
11	18	9	30	庚戌
11	19	10	1	辛亥
11	20	10	2	壬子
11	21	10	3	癸丑
11	22	10	4	甲寅
11	23	10	5	乙卯
11	24	10	6	丙辰
11	25	10	7	丁巳
11	26	10	8	戊午
11	27	10	9	己未
11	28	10	10	庚申
11	29	10	11	辛酉
11	30	10	12	壬戌
12	1	10	13	癸亥
12	2	10	14	甲子
12	3	10	15	乙丑
12	4	10	16	丙寅
12	5	10	17	丁卯
12	6	10	18	戊辰
中氣	小雪 11/22 15時18分 申時			

月	戊子			
節氣	大雪 12/7 10時37分 巳時			
國曆		農曆		干支
12	7	10	19	己巳
12	8	10	20	庚午
12	9	10	21	辛未
12	10	10	22	壬申
12	11	10	23	癸酉
12	12	10	24	甲戌
12	13	10	25	乙亥
12	14	10	26	丙子
12	15	10	27	丁丑
12	16	10	28	戊寅
12	17	10	29	己卯
12	18	11	1	庚辰
12	19	11	2	辛巳
12	20	11	3	壬午
12	21	11	4	癸未
12	22	11	5	甲申
12	23	11	6	乙酉
12	24	11	7	丙戌
12	25	11	8	丁亥
12	26	11	9	戊子
12	27	11	10	己丑
12	28	11	11	庚寅
12	29	11	12	辛卯
12	30	11	13	壬辰
12	31	11	14	癸巳
1	1	11	15	甲午
1	2	11	16	乙未
1	3	11	17	丙申
1	4	11	18	丁酉
中氣	冬至 12/22 4時25分 寅時			

月	己丑			
節氣	小寒 1/5 21時42分 亥時			
國曆		農曆		干支
1	5	11	19	戊戌
1	6	11	20	己亥
1	7	11	21	庚子
1	8	11	22	辛丑
1	9	11	23	壬寅
1	10	11	24	癸卯
1	11	11	25	甲辰
1	12	11	26	乙巳
1	13	11	27	丙午
1	14	11	28	丁未
1	15	11	29	戊申
1	16	11	30	己酉
1	17	12	1	庚戌
1	18	12	2	辛亥
1	19	12	3	壬子
1	20	12	4	癸丑
1	21	12	5	甲寅
1	22	12	6	乙卯
1	23	12	7	丙辰
1	24	12	8	丁巳
1	25	12	9	戊午
1	26	12	10	己未
1	27	12	11	庚申
1	28	12	12	辛酉
1	29	12	13	壬戌
1	30	12	14	癸亥
1	31	12	15	甲子
2	1	12	16	乙丑
2	2	12	17	丙寅
2	3	12	18	丁卯
中氣	大寒 1/20 15時1分 申時			

中華民國四十九、五十年 鼠

1960、1961

年	辛丑																													
月	庚寅					辛卯					壬辰					癸巳					甲午					乙未				
節氣	立春					驚蟄					清明					立夏					芒種					小暑				
	2/4 9時22分 巳時					3/6 3時34分 寅時					4/5 8時42分 辰時					5/6 2時21分 丑時					6/6 6時46分 卯時					7/7 17時6分 酉時				
日	國曆		農曆		干支	國曆		農曆		干支	國曆		農曆		干支	國曆		農曆		干支	國曆		農曆		干支	國曆		農曆		干支
中華民國五十年 牛 1961	2	4	12	19	戊辰	3	6	1	20	戊戌	4	5	2	20	戊辰	5	6	3	22	己亥	6	6	4	23	庚午	7	7	5	25	辛丑
	2	5	12	20	己巳	3	7	1	21	己亥	4	6	2	21	己巳	5	7	3	23	庚子	6	7	4	24	辛未	7	8	5	26	壬寅
	2	6	12	21	庚午	3	8	1	22	庚子	4	7	2	22	庚午	5	8	3	24	辛丑	6	8	4	25	壬申	7	9	5	27	癸卯
	2	7	12	22	辛未	3	9	1	23	辛丑	4	8	2	23	辛未	5	9	3	25	壬寅	6	9	4	26	癸酉	7	10	5	28	甲辰
	2	8	12	23	壬申	3	10	1	24	壬寅	4	9	2	24	壬申	5	10	3	26	癸卯	6	10	4	27	甲戌	7	11	5	29	乙巳
	2	9	12	24	癸酉	3	11	1	25	癸卯	4	10	2	25	癸酉	5	11	3	27	甲辰	6	11	4	28	乙亥	7	12	5	30	丙午
	2	10	12	25	甲戌	3	12	1	26	甲辰	4	11	2	26	甲戌	5	12	3	28	乙巳	6	12	4	29	丙子	7	13	6	1	丁未
	2	11	12	26	乙亥	3	13	1	27	乙巳	4	12	2	27	乙亥	5	13	3	29	丙午	6	13	5	1	丁丑	7	14	6	2	戊申
	2	12	12	27	丙子	3	14	1	28	丙午	4	13	2	28	丙子	5	14	3	30	丁未	6	14	5	2	戊寅	7	15	6	3	己酉
	2	13	12	28	丁丑	3	15	1	29	丁未	4	14	2	29	丁丑	5	15	4	1	戊申	6	15	5	3	己卯	7	16	6	4	庚戌
	2	14	12	29	戊寅	3	16	1	30	戊申	4	15	3	1	戊寅	5	16	4	2	己酉	6	16	5	4	庚辰	7	17	6	5	辛亥
	2	15	1	1	己卯	3	17	2	1	己酉	4	16	3	2	己卯	5	17	4	3	庚戌	6	17	5	5	辛巳	7	18	6	6	壬子
	2	16	1	2	庚辰	3	18	2	2	庚戌	4	17	3	3	庚辰	5	18	4	4	辛亥	6	18	5	6	壬午	7	19	6	7	癸丑
	2	17	1	3	辛巳	3	19	2	3	辛亥	4	18	3	4	辛巳	5	19	4	5	壬子	6	19	5	7	癸未	7	20	6	8	甲寅
	2	18	1	4	壬午	3	20	2	4	壬子	4	19	3	5	壬午	5	20	4	6	癸丑	6	20	5	8	甲申	7	21	6	9	乙卯
	2	19	1	5	癸未	3	21	2	5	癸丑	4	20	3	6	癸未	5	21	4	7	甲寅	6	21	5	9	乙酉	7	22	6	10	丙辰
	2	20	1	6	甲申	3	22	2	6	甲寅	4	21	3	7	甲申	5	22	4	8	乙卯	6	22	5	10	丙戌	7	23	6	11	丁巳
	2	21	1	7	乙酉	3	23	2	7	乙卯	4	22	3	8	乙酉	5	23	4	9	丙辰	6	23	5	11	丁亥	7	24	6	12	戊午
	2	22	1	8	丙戌	3	24	2	8	丙辰	4	23	3	9	丙戌	5	24	4	10	丁巳	6	24	5	12	戊子	7	25	6	13	己未
	2	23	1	9	丁亥	3	25	2	9	丁巳	4	24	3	10	丁亥	5	25	4	11	戊午	6	25	5	13	己丑	7	26	6	14	庚申
	2	24	1	10	戊子	3	26	2	10	戊午	4	25	3	11	戊子	5	26	4	12	己未	6	26	5	14	庚寅	7	27	6	15	辛酉
	2	25	1	11	己丑	3	27	2	11	己未	4	26	3	12	己丑	5	27	4	13	庚申	6	27	5	15	辛卯	7	28	6	16	壬戌
	2	26	1	12	庚寅	3	28	2	12	庚申	4	27	3	13	庚寅	5	28	4	14	辛酉	6	28	5	16	壬辰	7	29	6	17	癸亥
	2	27	1	13	辛卯	3	29	2	13	辛酉	4	28	3	14	辛卯	5	29	4	15	壬戌	6	29	5	17	癸巳	7	30	6	18	甲子
	2	28	1	14	壬辰	3	30	2	14	壬戌	4	29	3	15	壬辰	5	30	4	16	癸亥	6	30	5	18	甲午	7	31	6	19	乙丑
	3	1	1	15	癸巳	3	31	2	15	癸亥	4	30	3	16	癸巳	5	31	4	17	甲子	7	1	5	19	乙未	8	1	6	20	丙寅
	3	2	1	16	甲午	4	1	2	16	甲子	5	1	3	17	甲午	6	1	4	18	乙丑	7	2	5	20	丙申	8	2	6	21	丁卯
	3	3	1	17	乙未	4	2	2	17	乙丑	5	2	3	18	乙未	6	2	4	19	丙寅	7	3	5	21	丁酉	8	3	6	22	戊辰
	3	4	1	18	丙申	4	3	2	18	丙寅	5	3	3	19	丙申	6	3	4	20	丁卯	7	4	5	22	戊戌	8	4	6	23	己巳
	3	5	1	19	丁酉	4	4	2	19	丁卯	5	4	3	20	丁酉	6	4	4	21	戊辰	7	5	5	23	己亥	8	5	6	24	庚午
											5	5	3	21	戊戌	6	5	4	22	己巳	7	6	5	24	庚子	8	6	6	25	辛未
																										8	7	6	26	壬申
中氣	雨水					春分					穀雨					小滿					夏至					大暑				
	2/19 5時16分 卯時					3/21 4時32分 寅時					4/20 15時55分 申時					5/21 15時22分 申時					6/21 23時30分 子時					7/23 10時23分 巳時				

 日光節約時間：六月一日至九月三十日

辛丑																														年
丙申				丁酉					戊戌					己亥					庚子					辛丑						月
立秋				白露					寒露					立冬					大雪					小寒						節
8 2時48分 丑時				9/8 5時29分 卯時					10/8 20時50分 戌時					11/7 23時46分 子時					12/7 16時25分 申時					1/6 3時34分 寅時						氣
暦	農暦		干支	國暦		農暦		干支	國暦		農暦		干支	國暦		農暦		干支	國暦		農暦		干支	國暦		農暦		干支		日
8	6	27	癸酉	9	8	7	29	甲辰	10	8	8	29	甲戌	11	7	9	29	甲辰	12	7	10	30	甲戌	1	6	12	1	甲辰		
9	6	28	甲戌	9	9	7	30	乙巳	10	9	8	30	乙亥	11	8	10	1	乙巳	12	8	11	1	乙亥	1	7	12	2	乙巳		
10	6	29	乙亥	9	10	8	1	丙午	10	10	9	1	丙子	11	9	10	2	丙午	12	9	11	2	丙子	1	8	12	3	丙午		
11	7	1	丙子	9	11	8	2	丁未	10	11	9	2	丁丑	11	10	10	3	丁未	12	10	11	3	丁丑	1	9	12	4	丁未		
12	7	2	丁丑	9	12	8	3	戊申	10	12	9	3	戊寅	11	11	10	4	戊申	12	11	11	4	戊寅	1	10	12	5	戊申		
13	7	3	戊寅	9	13	8	4	己酉	10	13	9	4	己卯	11	12	10	5	己酉	12	12	11	5	己卯	1	11	12	6	己酉		
14	7	4	己卯	9	14	8	5	庚戌	10	14	9	5	庚辰	11	13	10	6	庚戌	12	13	11	6	庚辰	1	12	12	7	庚戌		
15	7	5	庚辰	9	15	8	6	辛亥	10	15	9	6	辛巳	11	14	10	7	辛亥	12	14	11	7	辛巳	1	13	12	8	辛亥		
16	7	6	辛巳	9	16	8	7	壬子	10	16	9	7	壬午	11	15	10	8	壬子	12	15	11	8	壬午	1	14	12	9	壬子		
17	7	7	壬午	9	17	8	8	癸丑	10	17	9	8	癸未	11	16	10	9	癸丑	12	16	11	9	癸未	1	15	12	10	癸丑		
18	7	8	癸未	9	18	8	9	甲寅	10	18	9	9	甲申	11	17	10	10	甲寅	12	17	11	10	甲申	1	16	12	11	甲寅		
19	7	9	甲申	9	19	8	10	乙卯	10	19	9	10	乙酉	11	18	10	11	乙卯	12	18	11	11	乙酉	1	17	12	12	乙卯		
20	7	10	乙酉	9	20	8	11	丙辰	10	20	9	11	丙戌	11	19	10	12	丙辰	12	19	11	12	丙戌	1	18	12	13	丙辰		
21	7	11	丙戌	9	21	8	12	丁巳	10	21	9	12	丁亥	11	20	10	13	丁巳	12	20	11	13	丁亥	1	19	12	14	丁巳		
22	7	12	丁亥	9	22	8	13	戊午	10	22	9	13	戊子	11	21	10	14	戊午	12	21	11	14	戊子	1	20	12	15	戊午		
23	7	13	戊子	9	23	8	14	己未	10	23	9	14	己丑	11	22	10	15	己未	12	22	11	15	己丑	1	21	12	16	己未		
24	7	14	己丑	9	24	8	15	庚申	10	24	9	15	庚寅	11	23	10	16	庚申	12	23	11	16	庚寅	1	22	12	17	庚申		
25	7	15	庚寅	9	25	8	16	辛酉	10	25	9	16	辛卯	11	24	10	17	辛酉	12	24	11	17	辛卯	1	23	12	18	辛酉		
26	7	16	辛卯	9	26	8	17	壬戌	10	26	9	17	壬辰	11	25	10	18	壬戌	12	25	11	18	壬辰	1	24	12	19	壬戌		
27	7	17	壬辰	9	27	8	18	癸亥	10	27	9	18	癸巳	11	26	10	19	癸亥	12	26	11	19	癸巳	1	25	12	20	癸亥		
28	7	18	癸巳	9	28	8	19	甲子	10	28	9	19	甲午	11	27	10	20	甲子	12	27	11	20	甲午	1	26	12	21	甲子		
29	7	19	甲午	9	29	8	20	乙丑	10	29	9	20	乙未	11	28	10	21	乙丑	12	28	11	21	乙未	1	27	12	22	乙丑		
30	7	20	乙未	9	30	8	21	丙寅	10	30	9	21	丙申	11	29	10	22	丙寅	12	29	11	22	丙申	1	28	12	23	丙寅		
31	7	21	丙申	10	1	8	22	丁卯	10	31	9	22	丁酉	11	30	10	23	丁卯	12	30	11	23	丁酉	1	29	12	24	丁卯		
1	7	22	丁酉	10	2	8	23	戊辰	11	1	9	23	戊戌	12	1	10	24	戊辰	12	31	11	24	戊戌	1	30	12	25	戊辰		
2	7	23	戊戌	10	3	8	24	己巳	11	2	9	24	己亥	12	2	10	25	己巳	1	1	11	25	己亥	1	31	12	26	己巳		
3	7	24	己亥	10	4	8	25	庚午	11	3	9	25	庚子	12	3	10	26	庚午	1	2	11	26	庚子	2	1	12	27	庚午		
4	7	25	庚子	10	5	8	26	辛未	11	4	9	26	辛丑	12	4	10	27	辛未	1	3	11	27	辛丑	2	2	12	28	辛未		
5	7	26	辛丑	10	6	8	27	壬申	11	5	9	27	壬寅	12	5	10	28	壬申	1	4	11	28	壬寅	2	3	12	29	壬申		
6	7	27	壬寅	10	7	8	28	癸酉	11	6	9	28	癸卯	12	6	10	29	癸酉	1	5	11	29	癸卯							
7	7	28	癸卯																											
處暑				秋分					霜降					小雪					冬至					大寒						中
23 17時18分 酉時				9/23 14時42分 未時					10/23 23時47分 子時					11/22 21時7分 亥時					12/22 10時19分 巳時					1/20 20時57分 戌時						氣

中華民國五十、五十一年 牛

1961、1962

年	壬寅																													
月	壬寅					癸卯					甲辰					乙巳					丙午					丁未				
節氣	立春					驚蟄					清明					立夏					芒種					小暑				
	2/4 15時17分 申時					3/6 9時29分 巳時					4/5 14時34分 未時					5/6 8時9分 辰時					6/6 12時31分 午時					7/7 22時51分 亥				
日	國曆		農曆		干支	國曆		農曆		干支	國曆		農曆		干支	國曆		農曆		干支	國曆		農曆		干支	國曆		農曆		干
中華民國五十一年 虎 1962	2	4	12	30	癸酉	3	6	2	1	癸卯	4	5	3	1	癸酉	5	6	4	3	甲辰	6	6	5	5	乙亥	7	7	6	6	丙
	2	5	1	1	甲戌	3	7	2	2	甲辰	4	6	3	2	甲戌	5	7	4	4	乙巳	6	7	5	6	丙子	7	8	6	7	丁
	2	6	1	2	乙亥	3	8	2	3	乙巳	4	7	3	3	乙亥	5	8	4	5	丙午	6	8	5	7	丁丑	7	9	6	8	戊
	2	7	1	3	丙子	3	9	2	4	丙午	4	8	3	4	丙子	5	9	4	6	丁未	6	9	5	8	戊寅	7	10	6	9	己
	2	8	1	4	丁丑	3	10	2	5	丁未	4	9	3	5	丁丑	5	10	4	7	戊申	6	10	5	9	己卯	7	11	6	10	庚
	2	9	1	5	戊寅	3	11	2	6	戊申	4	10	3	6	戊寅	5	11	4	8	己酉	6	11	5	10	庚辰	7	12	6	11	辛
	2	10	1	6	己卯	3	12	2	7	己酉	4	11	3	7	己卯	5	12	4	9	庚戌	6	12	5	11	辛巳	7	13	6	12	壬
	2	11	1	7	庚辰	3	13	2	8	庚戌	4	12	3	8	庚辰	5	13	4	10	辛亥	6	13	5	12	壬午	7	14	6	13	癸
	2	12	1	8	辛巳	3	14	2	9	辛亥	4	13	3	9	辛巳	5	14	4	11	壬子	6	14	5	13	癸未	7	15	6	14	甲
	2	13	1	9	壬午	3	15	2	10	壬子	4	14	3	10	壬午	5	15	4	12	癸丑	6	15	5	14	甲申	7	16	6	15	乙
	2	14	1	10	癸未	3	16	2	11	癸丑	4	15	3	11	癸未	5	16	4	13	甲寅	6	16	5	15	乙酉	7	17	6	16	丙
	2	15	1	11	甲申	3	17	2	12	甲寅	4	16	3	12	甲申	5	17	4	14	乙卯	6	17	5	16	丙戌	7	18	6	17	丁
	2	16	1	12	乙酉	3	18	2	13	乙卯	4	17	3	13	乙酉	5	18	4	15	丙辰	6	18	5	17	丁亥	7	19	6	18	戊
	2	17	1	13	丙戌	3	19	2	14	丙辰	4	18	3	14	丙戌	5	19	4	16	丁巳	6	19	5	18	戊子	7	20	6	19	己
	2	18	1	14	丁亥	3	20	2	15	丁巳	4	19	3	15	丁亥	5	20	4	17	戊午	6	20	5	19	己丑	7	21	6	20	庚
	2	19	1	15	戊子	3	21	2	16	戊午	4	20	3	16	戊子	5	21	4	18	己未	6	21	5	20	庚寅	7	22	6	21	辛
	2	20	1	16	己丑	3	22	2	17	己未	4	21	3	17	己丑	5	22	4	19	庚申	6	22	5	21	辛卯	7	23	6	22	壬
	2	21	1	17	庚寅	3	23	2	18	庚申	4	22	3	18	庚寅	5	23	4	20	辛酉	6	23	5	22	壬辰	7	24	6	23	癸
	2	22	1	18	辛卯	3	24	2	19	辛酉	4	23	3	19	辛卯	5	24	4	21	壬戌	6	24	5	23	癸巳	7	25	6	24	甲
	2	23	1	19	壬辰	3	25	2	20	壬戌	4	24	3	20	壬辰	5	25	4	22	癸亥	6	25	5	24	甲午	7	26	6	25	乙
	2	24	1	20	癸巳	3	26	2	21	癸亥	4	25	3	21	癸巳	5	26	4	23	甲子	6	26	5	25	乙未	7	27	6	26	丙
	2	25	1	21	甲午	3	27	2	22	甲子	4	26	3	22	甲午	5	27	4	24	乙丑	6	27	5	26	丙申	7	28	6	27	丁
	2	26	1	22	乙未	3	28	2	23	乙丑	4	27	3	23	乙未	5	28	4	25	丙寅	6	28	5	27	丁酉	7	29	6	28	戊
	2	27	1	23	丙申	3	29	2	24	丙寅	4	28	3	24	丙申	5	29	4	26	丁卯	6	29	5	28	戊戌	7	30	6	29	己
	2	28	1	24	丁酉	3	30	2	25	丁卯	4	29	3	25	丁酉	5	30	4	27	戊辰	6	30	5	29	己亥	7	31	7	1	庚
	3	1	1	25	戊戌	3	31	2	26	戊辰	4	30	3	26	戊戌	5	31	4	28	己巳	7	1	5	30	庚子	8	1	7	2	辛
	3	2	1	26	己亥	4	1	2	27	己巳	5	1	3	27	己亥	6	1	4	29	庚午	7	2	6	1	辛丑	8	2	7	3	壬
	3	3	1	27	庚子	4	2	2	28	庚午	5	2	3	28	庚子	6	2	5	1	辛未	7	3	6	2	壬寅	8	3	7	4	癸
	3	4	1	28	辛丑	4	3	2	29	辛未	5	3	3	29	辛丑	6	3	5	2	壬申	7	4	6	3	癸卯	8	4	7	5	甲
	3	5	1	29	壬寅	4	4	2	30	壬申	5	4	4	1	壬寅	6	4	5	3	癸酉	7	5	6	4	甲辰	8	5	7	6	乙
											5	5	4	2	癸卯	6	5	5	4	甲戌	7	6	6	5	乙巳	8	6	7	7	丙
																										8	7	7	8	丁
中氣	雨水					春分					穀雨					小滿					夏至					大暑				
	2/19 11時14分 午時					3/21 10時29分 巳時					4/20 21時50分 亥時					5/21 21時16分 亥時					6/22 5時24分 卯時					7/23 16時17分 申				

壬寅																														年
戊申					己酉					庚戌					辛亥					壬子					癸丑					月
立秋					白露					寒露					立冬					大雪					小寒					節
8/8 8時33分 辰時					9/8 11時15分 午時					10/9 2時37分 丑時					11/8 5時34分 卯時					12/7 22時16分 亥時					1/6 9時26分 巳時					氣
國曆		農曆		干支	國曆		農曆		干支	國曆		農曆		干支	國曆		農曆		干支	國曆		農曆		干支	國曆		農曆		干支	日
8	8	7	9	戊寅	9	8	8	10	己酉	10	9	9	11	庚辰	11	8	10	12	庚戌	12	7	11	11	己卯	1	6	12	11	己酉	中華民國五十一、五十二年 虎 1962、1963
8	9	7	10	己卯	9	9	8	11	庚戌	10	10	9	12	辛巳	11	9	10	13	辛亥	12	8	11	12	庚辰	1	7	12	12	庚戌	
8	10	7	11	庚辰	9	10	8	12	辛亥	10	11	9	13	壬午	11	10	10	14	壬子	12	9	11	13	辛巳	1	8	12	13	辛亥	
8	11	7	12	辛巳	9	11	8	13	壬子	10	12	9	14	癸未	11	11	10	15	癸丑	12	10	11	14	壬午	1	9	12	14	壬子	
8	12	7	13	壬午	9	12	8	14	癸丑	10	13	9	15	甲申	11	12	10	16	甲寅	12	11	11	15	癸未	1	10	12	15	癸丑	
8	13	7	14	癸未	9	13	8	15	甲寅	10	14	9	16	乙酉	11	13	10	17	乙卯	12	12	11	16	甲申	1	11	12	16	甲寅	
8	14	7	15	甲申	9	14	8	16	乙卯	10	15	9	17	丙戌	11	14	10	18	丙辰	12	13	11	17	乙酉	1	12	12	17	乙卯	
8	15	7	16	乙酉	9	15	8	17	丙辰	10	16	9	18	丁亥	11	15	10	19	丁巳	12	14	11	18	丙戌	1	13	12	18	丙辰	
8	16	7	17	丙戌	9	16	8	18	丁巳	10	17	9	19	戊子	11	16	10	20	戊午	12	15	11	19	丁亥	1	14	12	19	丁巳	
8	17	7	18	丁亥	9	17	8	19	戊午	10	18	9	20	己丑	11	17	10	21	己未	12	16	11	20	戊子	1	15	12	20	戊午	
8	18	7	19	戊子	9	18	8	20	己未	10	19	9	21	庚寅	11	18	10	22	庚申	12	17	11	21	己丑	1	16	12	21	己未	
8	19	7	20	己丑	9	19	8	21	庚申	10	20	9	22	辛卯	11	19	10	23	辛酉	12	18	11	22	庚寅	1	17	12	22	庚申	
8	20	7	21	庚寅	9	20	8	22	辛酉	10	21	9	23	壬辰	11	20	10	24	壬戌	12	19	11	23	辛卯	1	18	12	23	辛酉	
8	21	7	22	辛卯	9	21	8	23	壬戌	10	22	9	24	癸巳	11	21	10	25	癸亥	12	20	11	24	壬辰	1	19	12	24	壬戌	
8	22	7	23	壬辰	9	22	8	24	癸亥	10	23	9	25	甲午	11	22	10	26	甲子	12	21	11	25	癸巳	1	20	12	25	癸亥	
8	23	7	24	癸巳	9	23	8	25	甲子	10	24	9	26	乙未	11	23	10	27	乙丑	12	22	11	26	甲午	1	21	12	26	甲子	
8	24	7	25	甲午	9	24	8	26	乙丑	10	25	9	27	丙申	11	24	10	28	丙寅	12	23	11	27	乙未	1	22	12	27	乙丑	
8	25	7	26	乙未	9	25	8	27	丙寅	10	26	9	28	丁酉	11	25	10	29	丁卯	12	24	11	28	丙申	1	23	12	28	丙寅	
8	26	7	27	丙申	9	26	8	28	丁卯	10	27	9	29	戊戌	11	26	10	30	戊辰	12	25	11	29	丁酉	1	24	12	29	丁卯	
8	27	7	28	丁酉	9	27	8	29	戊辰	10	28	10	1	己亥	11	27	11	1	己巳	12	26	11	30	戊戌	1	25	1	1	戊辰	
8	28	7	29	戊戌	9	28	8	30	己巳	10	29	10	2	庚子	11	28	11	2	庚午	12	27	12	1	己亥	1	26	1	2	己巳	
8	29	7	30	己亥	9	29	9	1	庚午	10	30	10	3	辛丑	11	29	11	3	辛未	12	28	12	2	庚子	1	27	1	3	庚午	
8	30	8	1	庚子	9	30	9	2	辛未	10	31	10	4	壬寅	11	30	11	4	壬申	12	29	12	3	辛丑	1	28	1	4	辛未	
8	31	8	2	辛丑	10	1	9	3	壬申	11	1	10	5	癸卯	12	1	11	5	癸酉	12	30	12	4	壬寅	1	29	1	5	壬申	
9	1	8	3	壬寅	10	2	9	4	癸酉	11	2	10	6	甲辰	12	2	11	6	甲戌	12	31	12	5	癸卯	1	30	1	6	癸酉	
9	2	8	4	癸卯	10	3	9	5	甲戌	11	3	10	7	乙巳	12	3	11	7	乙亥	1	1	12	6	甲辰	1	31	1	7	甲戌	
9	3	8	5	甲辰	10	4	9	6	乙亥	11	4	10	8	丙午	12	4	11	8	丙子	1	2	12	7	乙巳	2	1	1	8	乙亥	
9	4	8	6	乙巳	10	5	9	7	丙子	11	5	10	9	丁未	12	5	11	9	丁丑	1	3	12	8	丙午	2	2	1	9	丙子	
9	5	8	7	丙午	10	6	9	8	丁丑	11	6	10	10	戊申	12	6	11	10	戊寅	1	4	12	9	丁未	2	3	1	10	丁丑	
9	6	8	8	丁未	10	7	9	9	戊寅	11	7	10	11	己酉						1	5	12	10	戊申						
9	7	8	9	戊申	10	8	9	10	己卯																					
處暑					秋分					霜降					小雪					冬至					大寒					中
8/23 23時12分 子時					9/23 20時35分 戌時					10/24 5時40分 卯時					11/23 3時1分 寅時					12/22 16時15分 申時					1/21 2時53分 丑時					氣

年	癸卯																													
月	甲寅					乙卯					丙辰					丁巳					戊午					己未				
節氣	立春					驚蟄					清明					立夏					芒種					小暑				
	2/4 21時7分 亥時					3/6 15時17分 申時					4/5 20時18分 戌時					5/6 13時52分 未時					6/6 18時14分 酉時					7/8 4時37分 寅時				
日	國曆		農曆		干支	國曆		農曆		干支	國曆		農曆		干支	國曆		農曆		干支	國曆		農曆		干支	國曆		農曆		干支
中華民國五十二年 兔 1963	2	4	1	11	戊寅	3	6	2	11	戊申	4	5	3	12	戊寅	5	6	4	13	己酉	6	6	4	15	庚辰	7	8	5	18	壬子
	2	5	1	12	己卯	3	7	2	12	己酉	4	6	3	13	己卯	5	7	4	14	庚戌	6	7	4	16	辛巳	7	9	5	19	癸丑
	2	6	1	13	庚辰	3	8	2	13	庚戌	4	7	3	14	庚辰	5	8	4	15	辛亥	6	8	4	17	壬午	7	10	5	20	甲寅
	2	7	1	14	辛巳	3	9	2	14	辛亥	4	8	3	15	辛巳	5	9	4	16	壬子	6	9	4	18	癸未	7	11	5	21	乙卯
	2	8	1	15	壬午	3	10	2	15	壬子	4	9	3	16	壬午	5	10	4	17	癸丑	6	10	4	19	甲申	7	12	5	22	丙辰
	2	9	1	16	癸未	3	11	2	16	癸丑	4	10	3	17	癸未	5	11	4	18	甲寅	6	11	4	20	乙酉	7	13	5	23	丁巳
	2	10	1	17	甲申	3	12	2	17	甲寅	4	11	3	18	甲申	5	12	4	19	乙卯	6	12	4	21	丙戌	7	14	5	24	戊午
	2	11	1	18	乙酉	3	13	2	18	乙卯	4	12	3	19	乙酉	5	13	4	20	丙辰	6	13	4	22	丁亥	7	15	5	25	己未
	2	12	1	19	丙戌	3	14	2	19	丙辰	4	13	3	20	丙戌	5	14	4	21	丁巳	6	14	4	23	戊子	7	16	5	26	庚申
	2	13	1	20	丁亥	3	15	2	20	丁巳	4	14	3	21	丁亥	5	15	4	22	戊午	6	15	4	24	己丑	7	17	5	27	辛酉
	2	14	1	21	戊子	3	16	2	21	戊午	4	15	3	22	戊子	5	16	4	23	己未	6	16	4	25	庚寅	7	18	5	28	壬戌
	2	15	1	22	己丑	3	17	2	22	己未	4	16	3	23	己丑	5	17	4	24	庚申	6	17	4	26	辛卯	7	19	5	29	癸亥
	2	16	1	23	庚寅	3	18	2	23	庚申	4	17	3	24	庚寅	5	18	4	25	辛酉	6	18	4	27	壬辰	7	20	5	30	甲子
	2	17	1	24	辛卯	3	19	2	24	辛酉	4	18	3	25	辛卯	5	19	4	26	壬戌	6	19	4	28	癸巳	7	21	6	1	乙丑
	2	18	1	25	壬辰	3	20	2	25	壬戌	4	19	3	26	壬辰	5	20	4	27	癸亥	6	20	4	29	甲午	7	22	6	2	丙寅
	2	19	1	26	癸巳	3	21	2	26	癸亥	4	20	3	27	癸巳	5	21	4	28	甲子	6	21	5	1	乙未	7	23	6	3	丁卯
	2	20	1	27	甲午	3	22	2	27	甲子	4	21	3	28	甲午	5	22	4	29	乙丑	6	22	5	2	丙申	7	24	6	4	戊辰
	2	21	1	28	乙未	3	23	2	28	乙丑	4	22	3	29	乙未	5	23	閏4	1	丙寅	6	23	5	3	丁酉	7	25	6	5	己巳
	2	22	1	29	丙申	3	24	2	29	丙寅	4	23	3	30	丙申	5	24	4	2	丁卯	6	24	5	4	戊戌	7	26	6	6	庚午
	2	23	1	30	丁酉	3	25	3	1	丁卯	4	24	4	1	丁酉	5	25	4	3	戊辰	6	25	5	5	己亥	7	27	6	7	辛未
	2	24	2	1	戊戌	3	26	3	2	戊辰	4	25	4	2	戊戌	5	26	4	4	己巳	6	26	5	6	庚子	7	28	6	8	壬申
	2	25	2	2	己亥	3	27	3	3	己巳	4	26	4	3	己亥	5	27	4	5	庚午	6	27	5	7	辛丑	7	29	6	9	癸酉
	2	26	2	3	庚子	3	28	3	4	庚午	4	27	4	4	庚子	5	28	4	6	辛未	6	28	5	8	壬寅	7	30	6	10	甲戌
	2	27	2	4	辛丑	3	29	3	5	辛未	4	28	4	5	辛丑	5	29	4	7	壬申	6	29	5	9	癸卯	7	31	6	11	乙亥
	2	28	2	5	壬寅	3	30	3	6	壬申	4	29	4	6	壬寅	5	30	4	8	癸酉	6	30	5	10	甲辰	8	1	6	12	丙子
	3	1	2	6	癸卯	3	31	3	7	癸酉	4	30	4	7	癸卯	5	31	4	9	甲戌	7	1	5	11	乙巳	8	2	6	13	丁丑
	3	2	2	7	甲辰	4	1	3	8	甲戌	5	1	4	8	甲辰	6	1	4	10	乙亥	7	2	5	12	丙午	8	3	6	14	戊寅
	3	3	2	8	乙巳	4	2	3	9	乙亥	5	2	4	9	乙巳	6	2	4	11	丙子	7	3	5	13	丁未	8	4	6	15	己卯
	3	4	2	9	丙午	4	3	3	10	丙子	5	3	4	10	丙午	6	3	4	12	丁丑	7	4	5	14	戊申	8	5	6	16	庚辰
	3	5	2	10	丁未	4	4	3	11	丁丑	5	4	4	11	丁未	6	4	4	13	戊寅	7	5	5	15	己酉	8	6	6	17	辛巳
											5	5	4	12	戊申	6	5	4	14	己卯	7	6	5	16	庚戌	8	7	6	18	壬午
																					7	7	5	17	辛亥					
中氣	雨水					春分					穀雨					小滿					夏至					大暑				
	2/19 17時8分 酉時					3/21 16時19分 申時					4/21 3時36分 寅時					5/22 2時58分 丑時					6/22 11時4分 午時					7/23 21時59分 亥時				

癸卯																													年
庚申				辛酉					壬戌					癸亥					甲子					乙丑					月
立秋				白露					寒露					立冬					大雪					小寒					節氣
8 14時25分 未時				9/8 17時11分 酉時					10/9 8時36分 辰時					11/8 11時32分 午時					12/8 4時12分 寅時					1/6 15時22分 申時					
曆	農曆		干支	國曆		農曆		干支	國曆		農曆		干支	國曆		農曆		干支	國曆		農曆		干支	國曆		農曆		干支	日
8	6	19	癸未	9	8	7	21	甲寅	10	9	8	22	乙酉	11	8	9	23	乙卯	12	8	10	23	乙酉	1	6	11	22	甲寅	中華民國五十二、五十三年 兔
9	6	20	甲申	9	9	7	22	乙卯	10	10	8	23	丙戌	11	9	9	24	丙辰	12	9	10	24	丙戌	1	7	11	23	乙卯	
10	6	21	乙酉	9	10	7	23	丙辰	10	11	8	24	丁亥	11	10	9	25	丁巳	12	10	10	25	丁亥	1	8	11	24	丙辰	
11	6	22	丙戌	9	11	7	24	丁巳	10	12	8	25	戊子	11	11	9	26	戊午	12	11	10	26	戊子	1	9	11	25	丁巳	
12	6	23	丁亥	9	12	7	25	戊午	10	13	8	26	己丑	11	12	9	27	己未	12	12	10	27	己丑	1	10	11	26	戊午	
13	6	24	戊子	9	13	7	26	己未	10	14	8	27	庚寅	11	13	9	28	庚申	12	13	10	28	庚寅	1	11	11	27	己未	
14	6	25	己丑	9	14	7	27	庚申	10	15	8	28	辛卯	11	14	9	29	辛酉	12	14	10	29	辛卯	1	12	11	28	庚申	
15	6	26	庚寅	9	15	7	28	辛酉	10	16	8	29	壬辰	11	15	9	30	壬戌	12	15	10	30	壬辰	1	13	11	29	辛酉	
16	6	27	辛卯	9	16	7	29	壬戌	10	17	9	1	癸巳	11	16	10	1	癸亥	12	16	11	1	癸巳	1	14	11	30	壬戌	
17	6	28	壬辰	9	17	7	30	癸亥	10	18	9	2	甲午	11	17	10	2	甲子	12	17	11	2	甲午	1	15	12	1	癸亥	
18	6	29	癸巳	9	18	8	1	甲子	10	19	9	3	乙未	11	18	10	3	乙丑	12	18	11	3	乙未	1	16	12	2	甲子	
19	7	1	甲午	9	19	8	2	乙丑	10	20	9	4	丙申	11	19	10	4	丙寅	12	19	11	4	丙申	1	17	12	3	乙丑	
20	7	2	乙未	9	20	8	3	丙寅	10	21	9	5	丁酉	11	20	10	5	丁卯	12	20	11	5	丁酉	1	18	12	4	丙寅	
21	7	3	丙申	9	21	8	4	丁卯	10	22	9	6	戊戌	11	21	10	6	戊辰	12	21	11	6	戊戌	1	19	12	5	丁卯	
22	7	4	丁酉	9	22	8	5	戊辰	10	23	9	7	己亥	11	22	10	7	己巳	12	22	11	7	己亥	1	20	12	6	戊辰	
23	7	5	戊戌	9	23	8	6	己巳	10	24	9	8	庚子	11	23	10	8	庚午	12	23	11	8	庚子	1	21	12	7	己巳	
24	7	6	己亥	9	24	8	7	庚午	10	25	9	9	辛丑	11	24	10	9	辛未	12	24	11	9	辛丑	1	22	12	8	庚午	
25	7	7	庚子	9	25	8	8	辛未	10	26	9	10	壬寅	11	25	10	10	壬申	12	25	11	10	壬寅	1	23	12	9	辛未	
26	7	8	辛丑	9	26	8	9	壬申	10	27	9	11	癸卯	11	26	10	11	癸酉	12	26	11	11	癸卯	1	24	12	10	壬申	
27	7	9	壬寅	9	27	8	10	癸酉	10	28	9	12	甲辰	11	27	10	12	甲戌	12	27	11	12	甲辰	1	25	12	11	癸酉	
28	7	10	癸卯	9	28	8	11	甲戌	10	29	9	13	乙巳	11	28	10	13	乙亥	12	28	11	13	乙巳	1	26	12	12	甲戌	
29	7	11	甲辰	9	29	8	12	乙亥	10	30	9	14	丙午	11	29	10	14	丙子	12	29	11	14	丙午	1	27	12	13	乙亥	1963、1964
30	7	12	乙巳	9	30	8	13	丙子	10	31	9	15	丁未	11	30	10	15	丁丑	12	30	11	15	丁未	1	28	12	14	丙子	
31	7	13	丙午	10	1	8	14	丁丑	11	1	9	16	戊申	12	1	10	16	戊寅	12	31	11	16	戊申	1	29	12	15	丁丑	
1	7	14	丁未	10	2	8	15	戊寅	11	2	9	17	己酉	12	2	10	17	己卯	1	1	11	17	己酉	1	30	12	16	戊寅	
2	7	15	戊申	10	3	8	16	己卯	11	3	9	18	庚戌	12	3	10	18	庚辰	1	2	11	18	庚戌	1	31	12	17	己卯	
3	7	16	己酉	10	4	8	17	庚辰	11	4	9	19	辛亥	12	4	10	19	辛巳	1	3	11	19	辛亥	2	1	12	18	庚辰	
4	7	17	庚戌	10	5	8	18	辛巳	11	5	9	20	壬子	12	5	10	20	壬午	1	4	11	20	壬子	2	2	12	19	辛巳	
5	7	18	辛亥	10	6	8	19	壬午	11	6	9	21	癸丑	12	6	10	21	癸未	1	5	11	21	癸丑	2	3	12	20	壬午	
6	7	19	壬子	10	7	8	20	癸未	11	7	9	22	甲寅	12	7	10	22	甲申						2	4	12	21	癸未	
7	7	20	癸丑	10	8	8	21	甲申																					
處暑				秋分					霜降					小雪					冬至					大寒					中氣
/24 4時57分 寅時				9/24 2時23分 丑時					10/24 11時28分 午時					11/23 8時49分 辰時					12/22 22時1分 亥時					1/21 8時41分 辰時					

年	甲辰																													
月	丙寅					丁卯					戊辰					己巳					庚午					辛未				
節氣	立春					驚蟄					清明					立夏					芒種					小暑				
	2/5 3時4分 寅時					3/5 21時16分 亥時					4/5 2時18分 丑時					5/5 19時51分 戌時					6/6 0時11分 子時					7/7 10時32分 巳時				
日	國曆		農曆		干支	國曆		農曆		干支	國曆		農曆		干支	國曆		農曆		干支	國曆		農曆		干支	國曆		農曆		干支
中華民國五十三年 龍 1964	2	5	12	22	甲申	3	5	1	22	癸丑	4	5	2	23	甲申	5	5	3	24	甲寅	6	6	4	26	丙戌	7	7	5	28	丁巳
	2	6	12	23	乙酉	3	6	1	23	甲寅	4	6	2	24	乙酉	5	6	3	25	乙卯	6	7	4	27	丁亥	7	8	5	29	戊午
	2	7	12	24	丙戌	3	7	1	24	乙卯	4	7	2	25	丙戌	5	7	3	26	丙辰	6	8	4	28	戊子	7	9	6	1	己未
	2	8	12	25	丁亥	3	8	1	25	丙辰	4	8	2	26	丁亥	5	8	3	27	丁巳	6	9	4	29	己丑	7	10	6	2	庚申
	2	9	12	26	戊子	3	9	1	26	丁巳	4	9	2	27	戊子	5	9	3	28	戊午	6	10	5	1	庚寅	7	11	6	3	辛酉
	2	10	12	27	己丑	3	10	1	27	戊午	4	10	2	28	己丑	5	10	3	29	己未	6	11	5	2	辛卯	7	12	6	4	壬戌
	2	11	12	28	庚寅	3	11	1	28	己未	4	11	2	29	庚寅	5	11	3	30	庚申	6	12	5	3	壬辰	7	13	6	5	癸亥
	2	12	12	29	辛卯	3	12	1	29	庚申	4	12	3	1	辛卯	5	12	4	1	辛酉	6	13	5	4	癸巳	7	14	6	6	甲子
	2	13	1	1	壬辰	3	13	1	30	辛酉	4	13	3	2	壬辰	5	13	4	2	壬戌	6	14	5	5	甲午	7	15	6	7	乙丑
	2	14	1	2	癸巳	3	14	2	1	壬戌	4	14	3	3	癸巳	5	14	4	3	癸亥	6	15	5	6	乙未	7	16	6	8	丙寅
	2	15	1	3	甲午	3	15	2	2	癸亥	4	15	3	4	甲午	5	15	4	4	甲子	6	16	5	7	丙申	7	17	6	9	丁卯
	2	16	1	4	乙未	3	16	2	3	甲子	4	16	3	5	乙未	5	16	4	5	乙丑	6	17	5	8	丁酉	7	18	6	10	戊辰
	2	17	1	5	丙申	3	17	2	4	乙丑	4	17	3	6	丙申	5	17	4	6	丙寅	6	18	5	9	戊戌	7	19	6	11	己巳
	2	18	1	6	丁酉	3	18	2	5	丙寅	4	18	3	7	丁酉	5	18	4	7	丁卯	6	19	5	10	己亥	7	20	6	12	庚午
	2	19	1	7	戊戌	3	19	2	6	丁卯	4	19	3	8	戊戌	5	19	4	8	戊辰	6	20	5	11	庚子	7	21	6	13	辛未
	2	20	1	8	己亥	3	20	2	7	戊辰	4	20	3	9	己亥	5	20	4	9	己巳	6	21	5	12	辛丑	7	22	6	14	壬申
	2	21	1	9	庚子	3	21	2	8	己巳	4	21	3	10	庚子	5	21	4	10	庚午	6	22	5	13	壬寅	7	23	6	15	癸酉
	2	22	1	10	辛丑	3	22	2	9	庚午	4	22	3	11	辛丑	5	22	4	11	辛未	6	23	5	14	癸卯	7	24	6	16	甲戌
	2	23	1	11	壬寅	3	23	2	10	辛未	4	23	3	12	壬寅	5	23	4	12	壬申	6	24	5	15	甲辰	7	25	6	17	乙亥
	2	24	1	12	癸卯	3	24	2	11	壬申	4	24	3	13	癸卯	5	24	4	13	癸酉	6	25	5	16	乙巳	7	26	6	18	丙子
	2	25	1	13	甲辰	3	25	2	12	癸酉	4	25	3	14	甲辰	5	25	4	14	甲戌	6	26	5	17	丙午	7	27	6	19	丁丑
	2	26	1	14	乙巳	3	26	2	13	甲戌	4	26	3	15	乙巳	5	26	4	15	乙亥	6	27	5	18	丁未	7	28	6	20	戊寅
	2	27	1	15	丙午	3	27	2	14	乙亥	4	27	3	16	丙午	5	27	4	16	丙子	6	28	5	19	戊申	7	29	6	21	己卯
	2	28	1	16	丁未	3	28	2	15	丙子	4	28	3	17	丁未	5	28	4	17	丁丑	6	29	5	20	己酉	7	30	6	22	庚辰
	2	29	1	17	戊申	3	29	2	16	丁丑	4	29	3	18	戊申	5	29	4	18	戊寅	6	30	5	21	庚戌	7	31	6	23	辛巳
	3	1	1	18	己酉	3	30	2	17	戊寅	4	30	3	19	己酉	5	30	4	19	己卯	7	1	5	22	辛亥	8	1	6	24	壬午
	3	2	1	19	庚戌	3	31	2	18	己卯	5	1	3	20	庚戌	5	31	4	20	庚辰	7	2	5	23	壬子	8	2	6	25	癸未
	3	3	1	20	辛亥	4	1	2	19	庚辰	5	2	3	21	辛亥	6	1	4	21	辛巳	7	3	5	24	癸丑	8	3	6	26	甲申
	3	4	1	21	壬子	4	2	2	20	辛巳	5	3	3	22	壬子	6	2	4	22	壬午	7	4	5	25	甲寅	8	4	6	27	乙酉
						4	3	2	21	壬午	5	4	3	23	癸丑	6	3	4	23	癸未	7	5	5	26	乙卯	8	5	6	28	丙戌
						4	4	2	22	癸未						6	4	4	24	甲申	7	6	5	27	丙辰	8	6	6	29	丁亥
																6	5	4	25	乙酉										
中氣	雨水					春分					穀雨					小滿					夏至					大暑				
	2/19 22時57分 亥時					3/20 22時9分 亥時					4/20 9時27分 巳時					5/21 8時49分 辰時					6/21 16時56分 申時					7/23 3時52分 寅時				

甲辰																														年
壬申					癸酉					甲戌					乙亥					丙子					丁丑					月
立秋					白露					寒露					立冬					大雪					小寒					節
7 20時16分 戌時					9/7 22時59分 亥時					10/8 14時21分 未時					11/7 17時15分 酉時					12/7 9時53分 巳時					1/5 21時2分 亥時					氣
曆		農曆		干支	國曆		農曆		干支	國曆		農曆		干支	國曆		農曆		干支	國曆		農曆		干支	國曆		農曆		干支	日
	7	6	30	戊子	9	7	8	2	己未	10	8	9	3	庚寅	11	7	10	4	庚申	12	7	11	4	庚寅	1	5	12	3	己未	
	8	7	1	己丑	9	8	8	3	庚申	10	9	9	4	辛卯	11	8	10	5	辛酉	12	8	11	5	辛卯	1	6	12	4	庚申	
	9	7	2	庚寅	9	9	8	4	辛酉	10	10	9	5	壬辰	11	9	10	6	壬戌	12	9	11	6	壬辰	1	7	12	5	辛酉	
	10	7	3	辛卯	9	10	8	5	壬戌	10	11	9	6	癸巳	11	10	10	7	癸亥	12	10	11	7	癸巳	1	8	12	6	壬戌	
	11	7	4	壬辰	9	11	8	6	癸亥	10	12	9	7	甲午	11	11	10	8	甲子	12	11	11	8	甲午	1	9	12	7	癸亥	
	12	7	5	癸巳	9	12	8	7	甲子	10	13	9	8	乙未	11	12	10	9	乙丑	12	12	11	9	乙未	1	10	12	8	甲子	
	13	7	6	甲午	9	13	8	8	乙丑	10	14	9	9	丙申	11	13	10	10	丙寅	12	13	11	10	丙申	1	11	12	9	乙丑	
	14	7	7	乙未	9	14	8	9	丙寅	10	15	9	10	丁酉	11	14	10	11	丁卯	12	14	11	11	丁酉	1	12	12	10	丙寅	
	15	7	8	丙申	9	15	8	10	丁卯	10	16	9	11	戊戌	11	15	10	12	戊辰	12	15	11	12	戊戌	1	13	12	11	丁卯	
	16	7	9	丁酉	9	16	8	11	戊辰	10	17	9	12	己亥	11	16	10	13	己巳	12	16	11	13	己亥	1	14	12	12	戊辰	
	17	7	10	戊戌	9	17	8	12	己巳	10	18	9	13	庚子	11	17	10	14	庚午	12	17	11	14	庚子	1	15	12	13	己巳	
	18	7	11	己亥	9	18	8	13	庚午	10	19	9	14	辛丑	11	18	10	15	辛未	12	18	11	15	辛丑	1	16	12	14	庚午	
	19	7	12	庚子	9	19	8	14	辛未	10	20	9	15	壬寅	11	19	10	16	壬申	12	19	11	16	壬寅	1	17	12	15	辛未	
	20	7	13	辛丑	9	20	8	15	壬申	10	21	9	16	癸卯	11	20	10	17	癸酉	12	20	11	17	癸卯	1	18	12	16	壬申	
	21	7	14	壬寅	9	21	8	16	癸酉	10	22	9	17	甲辰	11	21	10	18	甲戌	12	21	11	18	甲辰	1	19	12	17	癸酉	
	22	7	15	癸卯	9	22	8	17	甲戌	10	23	9	18	乙巳	11	22	10	19	乙亥	12	22	11	19	乙巳	1	20	12	18	甲戌	
	23	7	16	甲辰	9	23	8	18	乙亥	10	24	9	19	丙午	11	23	10	20	丙子	12	23	11	20	丙午	1	21	12	19	乙亥	
	24	7	17	乙巳	9	24	8	19	丙子	10	25	9	20	丁未	11	24	10	21	丁丑	12	24	11	21	丁未	1	22	12	20	丙子	
	25	7	18	丙午	9	25	8	20	丁丑	10	26	9	21	戊申	11	25	10	22	戊寅	12	25	11	22	戊申	1	23	12	21	丁丑	
	26	7	19	丁未	9	26	8	21	戊寅	10	27	9	22	己酉	11	26	10	23	己卯	12	26	11	23	己酉	1	24	12	22	戊寅	
	27	7	20	戊申	9	27	8	22	己卯	10	28	9	23	庚戌	11	27	10	24	庚辰	12	27	11	24	庚戌	1	25	12	23	己卯	
	28	7	21	己酉	9	28	8	23	庚辰	10	29	9	24	辛亥	11	28	10	25	辛巳	12	28	11	25	辛亥	1	26	12	24	庚辰	
	29	7	22	庚戌	9	29	8	24	辛巳	10	30	9	25	壬子	11	29	10	26	壬午	12	29	11	26	壬子	1	27	12	25	辛巳	
	30	7	23	辛亥	9	30	8	25	壬午	10	31	9	26	癸丑	11	30	10	27	癸未	12	30	11	27	癸丑	1	28	12	26	壬午	
	31	7	24	壬子	10	1	8	26	癸未	11	1	9	27	甲寅	12	1	10	28	甲申	12	31	11	28	甲寅	1	29	12	27	癸未	
	1	7	25	癸丑	10	2	8	27	甲申	11	2	9	28	乙卯	12	2	10	29	乙酉	1	1	11	29	乙卯	1	30	12	28	甲申	
	2	7	26	甲寅	10	3	8	28	乙酉	11	3	9	29	丙辰	12	3	10	30	丙戌	1	2	11	30	丙辰	1	31	12	29	乙酉	
	3	7	27	乙卯	10	4	8	29	丙戌	11	4	10	1	丁巳	12	4	11	1	丁亥	1	3	12	1	丁巳	2	1	12	30	丙戌	
	4	7	28	丙辰	10	5	8	30	丁亥	11	5	10	2	戊午	12	5	11	2	戊子	1	4	12	2	戊午	2	2	1	1	丁亥	
	5	7	29	丁巳	10	6	9	1	戊子	11	6	10	3	己未	12	6	11	3	己丑						2	3	1	2	戊子	
	6	8	1	戊午	10	7	9	2	己丑																					
處暑					秋分					霜降					小雪					冬至					大寒					中
/23 10時51分 巳時					9/23 8時16分 辰時					10/23 17時20分 酉時					11/22 14時38分 未時					12/22 3時49分 寅時					1/20 14時28分 未時					氣

中華民國五十三、五十四年 龍

1964、1965

年	乙巳																													
月	戊寅					己卯					庚辰					辛巳					壬午					癸未				
節氣	立春					驚蟄					清明					立夏					芒種					小暑				
	2/4 8時46分 辰時					3/6 3時0分 寅時					4/5 8時6分 辰時					5/6 1時41分 丑時					6/6 6時2分 卯時					7/7 16時21分 申				
日	國曆		農曆		干支	國曆		農曆		干支	國曆		農曆		干支	國曆		農曆		干支	國曆		農曆		干支	國曆		農曆		干
	2	4	1	3	己丑	3	6	2	4	己未	4	5	3	4	己丑	5	6	4	6	庚申	6	6	5	7	辛卯	7	7	6	9	壬
	2	5	1	4	庚寅	3	7	2	5	庚申	4	6	3	5	庚寅	5	7	4	7	辛酉	6	7	5	8	壬辰	7	8	6	10	癸
	2	6	1	5	辛卯	3	8	2	6	辛酉	4	7	3	6	辛卯	5	8	4	8	壬戌	6	8	5	9	癸巳	7	9	6	11	甲
	2	7	1	6	壬辰	3	9	2	7	壬戌	4	8	3	7	壬辰	5	9	4	9	癸亥	6	9	5	10	甲午	7	10	6	12	乙
中華民國五十四年	2	8	1	7	癸巳	3	10	2	8	癸亥	4	9	3	8	癸巳	5	10	4	10	甲子	6	10	5	11	乙未	7	11	6	13	丙
	2	9	1	8	甲午	3	11	2	9	甲子	4	10	3	9	甲午	5	11	4	11	乙丑	6	11	5	12	丙申	7	12	6	14	丁
	2	10	1	9	乙未	3	12	2	10	乙丑	4	11	3	10	乙未	5	12	4	12	丙寅	6	12	5	13	丁酉	7	13	6	15	戊
	2	11	1	10	丙申	3	13	2	11	丙寅	4	12	3	11	丙申	5	13	4	13	丁卯	6	13	5	14	戊戌	7	14	6	16	己
	2	12	1	11	丁酉	3	14	2	12	丁卯	4	13	3	12	丁酉	5	14	4	14	戊辰	6	14	5	15	己亥	7	15	6	17	庚
	2	13	1	12	戊戌	3	15	2	13	戊辰	4	14	3	13	戊戌	5	15	4	15	己巳	6	15	5	16	庚子	7	16	6	18	辛
	2	14	1	13	己亥	3	16	2	14	己巳	4	15	3	14	己亥	5	16	4	16	庚午	6	16	5	17	辛丑	7	17	6	19	壬
蛇	2	15	1	14	庚子	3	17	2	15	庚午	4	16	3	15	庚子	5	17	4	17	辛未	6	17	5	18	壬寅	7	18	6	20	癸
	2	16	1	15	辛丑	3	18	2	16	辛未	4	17	3	16	辛丑	5	18	4	18	壬申	6	18	5	19	癸卯	7	19	6	21	甲
	2	17	1	16	壬寅	3	19	2	17	壬申	4	18	3	17	壬寅	5	19	4	19	癸酉	6	19	5	20	甲辰	7	20	6	22	乙
	2	18	1	17	癸卯	3	20	2	18	癸酉	4	19	3	18	癸卯	5	20	4	20	甲戌	6	20	5	21	乙巳	7	21	6	23	丙
	2	19	1	18	甲辰	3	21	2	19	甲戌	4	20	3	19	甲辰	5	21	4	21	乙亥	6	21	5	22	丙午	7	22	6	24	丁
	2	20	1	19	乙巳	3	22	2	20	乙亥	4	21	3	20	乙巳	5	22	4	22	丙子	6	22	5	23	丁未	7	23	6	25	戊
	2	21	1	20	丙午	3	23	2	21	丙子	4	22	3	21	丙午	5	23	4	23	丁丑	6	23	5	24	戊申	7	24	6	26	己
	2	22	1	21	丁未	3	24	2	22	丁丑	4	23	3	22	丁未	5	24	4	24	戊寅	6	24	5	25	己酉	7	25	6	27	庚
	2	23	1	22	戊申	3	25	2	23	戊寅	4	24	3	23	戊申	5	25	4	25	己卯	6	25	5	26	庚戌	7	26	6	28	辛
	2	24	1	23	己酉	3	26	2	24	己卯	4	25	3	24	己酉	5	26	4	26	庚辰	6	26	5	27	辛亥	7	27	6	29	壬
	2	25	1	24	庚戌	3	27	2	25	庚辰	4	26	3	25	庚戌	5	27	4	27	辛巳	6	27	5	28	壬子	7	28	7	1	癸
1965	2	26	1	25	辛亥	3	28	2	26	辛巳	4	27	3	26	辛亥	5	28	4	28	壬午	6	28	5	29	癸丑	7	29	7	2	甲
	2	27	1	26	壬子	3	29	2	27	壬午	4	28	3	27	壬子	5	29	4	29	癸未	6	29	6	1	甲寅	7	30	7	3	乙
	2	28	1	27	癸丑	3	30	2	28	癸未	4	29	3	28	癸丑	5	30	4	30	甲申	6	30	6	2	乙卯	7	31	7	4	丙
	3	1	1	28	甲寅	3	31	2	29	甲申	4	30	3	29	甲寅	5	31	5	1	乙酉	7	1	6	3	丙辰	8	1	7	5	丁
	3	2	1	29	乙卯	4	1	2	30	乙酉	5	1	4	1	乙卯	6	1	5	2	丙戌	7	2	6	4	丁巳	8	2	7	6	戊
	3	3	2	1	丙辰	4	2	3	1	丙戌	5	2	4	2	丙辰	6	2	5	3	丁亥	7	3	6	5	戊午	8	3	7	7	己
	3	4	2	2	丁巳	4	3	3	2	丁亥	5	3	4	3	丁巳	6	3	5	4	戊子	7	4	6	6	己未	8	4	7	8	庚
	3	5	2	3	戊午	4	4	3	3	戊子	5	4	4	4	戊午	6	4	5	5	己丑	7	5	6	7	庚申	8	5	7	9	辛
											5	5	4	5	己未	6	5	5	6	庚寅	7	6	6	8	辛酉	8	6	7	10	壬
																										8	7	7	11	癸
中氣	雨水					春分					穀雨					小滿					夏至					大暑				
	2/19 4時47分 寅時					3/21 4時4分 寅時					4/20 15時26分 申時					5/21 14時50分 未時					6/21 22時55分 亥時					7/23 9時48分 巳時				

乙巳																														年
甲申					乙酉					丙戌					丁亥					戊子					己丑					月
立秋					白露					寒露					立冬					大雪					小寒					節氣
8/8 2時4分 丑時					9/8 4時47分 寅時					10/8 20時11分 戌時					11/7 23時6分 子時					12/7 15時45分 申時					1/6 2時54分 丑時					
國曆		農曆		干支	國曆		農曆		干支	國曆		農曆		干支	國曆		農曆		干支	國曆		農曆		干支	國曆		農曆		干支	日
8	8	7	12	甲午	9	8	8	13	乙丑	10	8	9	14	乙未	11	7	10	15	乙丑	12	7	11	15	乙未	1	6	12	15	乙丑	
8	9	7	13	乙未	9	9	8	14	丙寅	10	9	9	15	丙申	11	8	10	16	丙寅	12	8	11	16	丙申	1	7	12	16	丙寅	
8	10	7	14	丙申	9	10	8	15	丁卯	10	10	9	16	丁酉	11	9	10	17	丁卯	12	9	11	17	丁酉	1	8	12	17	丁卯	
8	11	7	15	丁酉	9	11	8	16	戊辰	10	11	9	17	戊戌	11	10	10	18	戊辰	12	10	11	18	戊戌	1	9	12	18	戊辰	
8	12	7	16	戊戌	9	12	8	17	己巳	10	12	9	18	己亥	11	11	10	19	己巳	12	11	11	19	己亥	1	10	12	19	己巳	
8	13	7	17	己亥	9	13	8	18	庚午	10	13	9	19	庚子	11	12	10	20	庚午	12	12	11	20	庚子	1	11	12	20	庚午	
8	14	7	18	庚子	9	14	8	19	辛未	10	14	9	20	辛丑	11	13	10	21	辛未	12	13	11	21	辛丑	1	12	12	21	辛未	
8	15	7	19	辛丑	9	15	8	20	壬申	10	15	9	21	壬寅	11	14	10	22	壬申	12	14	11	22	壬寅	1	13	12	22	壬申	
8	16	7	20	壬寅	9	16	8	21	癸酉	10	16	9	22	癸卯	11	15	10	23	癸酉	12	15	11	23	癸卯	1	14	12	23	癸酉	
8	17	7	21	癸卯	9	17	8	22	甲戌	10	17	9	23	甲辰	11	16	10	24	甲戌	12	16	11	24	甲辰	1	15	12	24	甲戌	
8	18	7	22	甲辰	9	18	8	23	乙亥	10	18	9	24	乙巳	11	17	10	25	乙亥	12	17	11	25	乙巳	1	16	12	25	乙亥	
8	19	7	23	乙巳	9	19	8	24	丙子	10	19	9	25	丙午	11	18	10	26	丙子	12	18	11	26	丙午	1	17	12	26	丙子	
8	20	7	24	丙午	9	20	8	25	丁丑	10	20	9	26	丁未	11	19	10	27	丁丑	12	19	11	27	丁未	1	18	12	27	丁丑	
8	21	7	25	丁未	9	21	8	26	戊寅	10	21	9	27	戊申	11	20	10	28	戊寅	12	20	11	28	戊申	1	19	12	28	戊寅	
8	22	7	26	戊申	9	22	8	27	己卯	10	22	9	28	己酉	11	21	10	29	己卯	12	21	11	29	己酉	1	20	12	29	己卯	
8	23	7	27	己酉	9	23	8	28	庚辰	10	23	9	29	庚戌	11	22	10	30	庚辰	12	22	11	30	庚戌	1	21	1	1	庚辰	
8	24	7	28	庚戌	9	24	8	29	辛巳	10	24	10	1	辛亥	11	23	11	1	辛巳	12	23	12	1	辛亥	1	22	1	2	辛巳	
8	25	7	29	辛亥	9	25	9	1	壬午	10	25	10	2	壬子	11	24	11	2	壬午	12	24	12	2	壬子	1	23	1	3	壬午	
8	26	7	30	壬子	9	26	9	2	癸未	10	26	10	3	癸丑	11	25	11	3	癸未	12	25	12	3	癸丑	1	24	1	4	癸未	
8	27	8	1	癸丑	9	27	9	3	甲申	10	27	10	4	甲寅	11	26	11	4	甲申	12	26	12	4	甲寅	1	25	1	5	甲申	
8	28	8	2	甲寅	9	28	9	4	乙酉	10	28	10	5	乙卯	11	27	11	5	乙酉	12	27	12	5	乙卯	1	26	1	6	乙酉	
8	29	8	3	乙卯	9	29	9	5	丙戌	10	29	10	6	丙辰	11	28	11	6	丙戌	12	28	12	6	丙辰	1	27	1	7	丙戌	
8	30	8	4	丙辰	9	30	9	6	丁亥	10	30	10	7	丁巳	11	29	11	7	丁亥	12	29	12	7	丁巳	1	28	1	8	丁亥	
8	31	8	5	丁巳	10	1	9	7	戊子	10	31	10	8	戊午	11	30	11	8	戊子	12	30	12	8	戊午	1	29	1	9	戊子	
9	1	8	6	戊午	10	2	9	8	己丑	11	1	10	9	己未	12	1	11	9	己丑	12	31	12	9	己未	1	30	1	10	己丑	
9	2	8	7	己未	10	3	9	9	庚寅	11	2	10	10	庚申	12	2	11	10	庚寅	1	1	12	10	庚申	1	31	1	11	庚寅	
9	3	8	8	庚申	10	4	9	10	辛卯	11	3	10	11	辛酉	12	3	11	11	辛卯	1	2	12	11	辛酉	2	1	1	12	辛卯	
9	4	8	9	辛酉	10	5	9	11	壬辰	11	4	10	12	壬戌	12	4	11	12	壬辰	1	3	12	12	壬戌	2	2	1	13	壬辰	
9	5	8	10	壬戌	10	6	9	12	癸巳	11	5	10	13	癸亥	12	5	11	13	癸巳	1	4	12	13	癸亥	2	3	1	14	癸巳	
9	6	8	11	癸亥	10	7	9	13	甲午	11	6	10	14	甲子	12	6	11	14	甲午	1	5	12	14	甲子						
9	7	8	12	甲子																										
處暑					秋分					霜降					小雪					冬至					大寒					中氣
8/23 16時42分 申時					9/23 14時6分 未時					10/23 23時9分 子時					11/22 20時29分 戌時					12/22 9時40分 巳時					1/20 20時19分 戌時					

中華民國五十四、五十五年 蛇

1965、1966

年	丙午																													
月	庚寅					辛卯					壬辰					癸巳					甲午					乙未				
節氣	立春					驚蟄					清明					立夏					芒種					小暑				
	2/4 14時37分 未時					3/6 8時51分 辰時					4/5 13時56分 未時					5/6 7時30分 辰時					6/6 11時49分 午時					7/7 22時7分 亥時				
日	國曆		農曆		干支	國曆		農曆		干支	國曆		農曆		干支	國曆		農曆		干支	國曆		農曆		干支	國曆		農曆		干支
	2	4	1	15	甲午	3	6	2	15	甲子	4	5	3	15	甲午	5	6	3	16	乙丑	6	6	4	18	丙申	7	7	5	19	丁卯
	2	5	1	16	乙未	3	7	2	16	乙丑	4	6	3	16	乙未	5	7	3	17	丙寅	6	7	4	19	丁酉	7	8	5	20	戊辰
	2	6	1	17	丙申	3	8	2	17	丙寅	4	7	3	17	丙申	5	8	3	18	丁卯	6	8	4	20	戊戌	7	9	5	21	己巳
	2	7	1	18	丁酉	3	9	2	18	丁卯	4	8	3	18	丁酉	5	9	3	19	戊辰	6	9	4	21	己亥	7	10	5	22	庚午
中華民國五十五年 馬	2	8	1	19	戊戌	3	10	2	19	戊辰	4	9	3	19	戊戌	5	10	3	20	己巳	6	10	4	22	庚子	7	11	5	23	辛未
	2	9	1	20	己亥	3	11	2	20	己巳	4	10	3	20	己亥	5	11	3	21	庚午	6	11	4	23	辛丑	7	12	5	24	壬申
	2	10	1	21	庚子	3	12	2	21	庚午	4	11	3	21	庚子	5	12	3	22	辛未	6	12	4	24	壬寅	7	13	5	25	癸酉
	2	11	1	22	辛丑	3	13	2	22	辛未	4	12	3	22	辛丑	5	13	3	23	壬申	6	13	4	25	癸卯	7	14	5	26	甲戌
	2	12	1	23	壬寅	3	14	2	23	壬申	4	13	3	23	壬寅	5	14	3	24	癸酉	6	14	4	26	甲辰	7	15	5	27	乙亥
	2	13	1	24	癸卯	3	15	2	24	癸酉	4	14	3	24	癸卯	5	15	3	25	甲戌	6	15	4	27	乙巳	7	16	5	28	丙子
	2	14	1	25	甲辰	3	16	2	25	甲戌	4	15	3	25	甲辰	5	16	3	26	乙亥	6	16	4	28	丙午	7	17	5	29	丁丑
	2	15	1	26	乙巳	3	17	2	26	乙亥	4	16	3	26	乙巳	5	17	3	27	丙子	6	17	4	29	丁未	7	18	6	1	戊寅
	2	16	1	27	丙午	3	18	2	27	丙子	4	17	3	27	丙午	5	18	3	28	丁丑	6	18	4	30	戊申	7	19	6	2	己卯
	2	17	1	28	丁未	3	19	2	28	丁丑	4	18	3	28	丁未	5	19	3	29	戊寅	6	19	5	1	己酉	7	20	6	3	庚辰
	2	18	1	29	戊申	3	20	2	29	戊寅	4	19	3	29	戊申	5	20	4	1	己卯	6	20	5	2	庚戌	7	21	6	4	辛巳
	2	19	1	30	己酉	3	21	2	30	己卯	4	20	3	30	己酉	5	21	4	2	庚辰	6	21	5	3	辛亥	7	22	6	5	壬午
	2	20	2	1	庚戌	3	22	3	1	庚辰	4	21	閏3	1	庚戌	5	22	4	3	辛巳	6	22	5	4	壬子	7	23	6	6	癸未
	2	21	2	2	辛亥	3	23	3	2	辛巳	4	22	3	2	辛亥	5	23	4	4	壬午	6	23	5	5	癸丑	7	24	6	7	甲申
	2	22	2	3	壬子	3	24	3	3	壬午	4	23	3	3	壬子	5	24	4	5	癸未	6	24	5	6	甲寅	7	25	6	8	乙酉
	2	23	2	4	癸丑	3	25	3	4	癸未	4	24	3	4	癸丑	5	25	4	6	甲申	6	25	5	7	乙卯	7	26	6	9	丙戌
	2	24	2	5	甲寅	3	26	3	5	甲申	4	25	3	5	甲寅	5	26	4	7	乙酉	6	26	5	8	丙辰	7	27	6	10	丁亥
	2	25	2	6	乙卯	3	27	3	6	乙酉	4	26	3	6	乙卯	5	27	4	8	丙戌	6	27	5	9	丁巳	7	28	6	11	戊子
1966	2	26	2	7	丙辰	3	28	3	7	丙戌	4	27	3	7	丙辰	5	28	4	9	丁亥	6	28	5	10	戊午	7	29	6	12	己丑
	2	27	2	8	丁巳	3	29	3	8	丁亥	4	28	3	8	丁巳	5	29	4	10	戊子	6	29	5	11	己未	7	30	6	13	庚寅
	2	28	2	9	戊午	3	30	3	9	戊子	4	29	3	9	戊午	5	30	4	11	己丑	6	30	5	12	庚申	7	31	6	14	辛卯
	3	1	2	10	己未	3	31	3	10	己丑	4	30	3	10	己未	5	31	4	12	庚寅	7	1	5	13	辛酉	8	1	6	15	壬辰
	3	2	2	11	庚申	4	1	3	11	庚寅	5	1	3	11	庚申	6	1	4	13	辛卯	7	2	5	14	壬戌	8	2	6	16	癸巳
	3	3	2	12	辛酉	4	2	3	12	辛卯	5	2	3	12	辛酉	6	2	4	14	壬辰	7	3	5	15	癸亥	8	3	6	17	甲午
	3	4	2	13	壬戌	4	3	3	13	壬辰	5	3	3	13	壬戌	6	3	4	15	癸巳	7	4	5	16	甲子	8	4	6	18	乙未
	3	5	2	14	癸亥	4	4	3	14	癸巳	5	4	3	14	癸亥	6	4	4	16	甲午	7	5	5	17	乙丑	8	5	6	19	丙申
											5	5	3	15	甲子	6	5	4	17	乙未	7	6	5	18	丙寅	8	6	6	20	丁酉
																										8	7	6	21	戊戌
中氣	雨水					春分					穀雨					小滿					夏至					大暑				
	2/19 10時37分 巳時					3/21 9時52分 巳時					4/20 21時11分 亥時					5/21 20時32分 戌時					6/22 4時33分 寅時					7/23 15時23分 申時				

丙午																														年
丙申					丁酉					戊戌					己亥					庚子					辛丑					月
立秋					白露					寒露					立冬					大雪					小寒					節氣
/8 7時49分 辰時					9/8 10時32分 巳時					10/9 1時56分 丑時					11/8 4時55分 寅時					12/7 21時37分 亥時					1/6 8時48分 辰時					
國曆		農曆		干支	國曆		農曆		干支	國曆		農曆		干支	國曆		農曆		干支	國曆		農曆		干支	國曆		農曆		干支	日
	8	6	22	己亥	9	8	7	24	庚午	10	9	8	25	辛丑	11	8	9	26	辛未	12	7	10	26	庚子	1	6	11	26	庚午	
	9	6	23	庚子	9	9	7	25	辛未	10	10	8	26	壬寅	11	9	9	27	壬申	12	8	10	27	辛丑	1	7	11	27	辛未	
	10	6	24	辛丑	9	10	7	26	壬申	10	11	8	27	癸卯	11	10	9	28	癸酉	12	9	10	28	壬寅	1	8	11	28	壬申	中華民國五十五、五十六年 馬
	11	6	25	壬寅	9	11	7	27	癸酉	10	12	8	28	甲辰	11	11	9	29	甲戌	12	10	10	29	癸卯	1	9	11	29	癸酉	
	12	6	26	癸卯	9	12	7	28	甲戌	10	13	8	29	乙巳	11	12	10	1	乙亥	12	11	10	30	甲辰	1	10	11	30	甲戌	
	13	6	27	甲辰	9	13	7	29	乙亥	10	14	9	1	丙午	11	13	10	2	丙子	12	12	11	1	乙巳	1	11	12	1	乙亥	
	14	6	28	乙巳	9	14	7	30	丙子	10	15	9	2	丁未	11	14	10	3	丁丑	12	13	11	2	丙午	1	12	12	2	丙子	
	15	6	29	丙午	9	15	8	1	丁丑	10	16	9	3	戊申	11	15	10	4	戊寅	12	14	11	3	丁未	1	13	12	3	丁丑	
	16	7	1	丁未	9	16	8	2	戊寅	10	17	9	4	己酉	11	16	10	5	己卯	12	15	11	4	戊申	1	14	12	4	戊寅	
	17	7	2	戊申	9	17	8	3	己卯	10	18	9	5	庚戌	11	17	10	6	庚辰	12	16	11	5	己酉	1	15	12	5	己卯	
	18	7	3	己酉	9	18	8	4	庚辰	10	19	9	6	辛亥	11	18	10	7	辛巳	12	17	11	6	庚戌	1	16	12	6	庚辰	
	19	7	4	庚戌	9	19	8	5	辛巳	10	20	9	7	壬子	11	19	10	8	壬午	12	18	11	7	辛亥	1	17	12	7	辛巳	
	20	7	5	辛亥	9	20	8	6	壬午	10	21	9	8	癸丑	11	20	10	9	癸未	12	19	11	8	壬子	1	18	12	8	壬午	
	21	7	6	壬子	9	21	8	7	癸未	10	22	9	9	甲寅	11	21	10	10	甲申	12	20	11	9	癸丑	1	19	12	9	癸未	
	22	7	7	癸丑	9	22	8	8	甲申	10	23	9	10	乙卯	11	22	10	11	乙酉	12	21	11	10	甲寅	1	20	12	10	甲申	
	23	7	8	甲寅	9	23	8	9	乙酉	10	24	9	11	丙辰	11	23	10	12	丙戌	12	22	11	11	乙卯	1	21	12	11	乙酉	
	24	7	9	乙卯	9	24	8	10	丙戌	10	25	9	12	丁巳	11	24	10	13	丁亥	12	23	11	12	丙辰	1	22	12	12	丙戌	
	25	7	10	丙辰	9	25	8	11	丁亥	10	26	9	13	戊午	11	25	10	14	戊子	12	24	11	13	丁巳	1	23	12	13	丁亥	
	26	7	11	丁巳	9	26	8	12	戊子	10	27	9	14	己未	11	26	10	15	己丑	12	25	11	14	戊午	1	24	12	14	戊子	
	27	7	12	戊午	9	27	8	13	己丑	10	28	9	15	庚申	11	27	10	16	庚寅	12	26	11	15	己未	1	25	12	15	己丑	
	28	7	13	己未	9	28	8	14	庚寅	10	29	9	16	辛酉	11	28	10	17	辛卯	12	27	11	16	庚申	1	26	12	16	庚寅	
	29	7	14	庚申	9	29	8	15	辛卯	10	30	9	17	壬戌	11	29	10	18	壬辰	12	28	11	17	辛酉	1	27	12	17	辛卯	1966、1967
	30	7	15	辛酉	9	30	8	16	壬辰	10	31	9	18	癸亥	11	30	10	19	癸巳	12	29	11	18	壬戌	1	28	12	18	壬辰	
	31	7	16	壬戌	10	1	8	17	癸巳	11	1	9	19	甲子	12	1	10	20	甲午	12	30	11	19	癸亥	1	29	12	19	癸巳	
	1	7	17	癸亥	10	2	8	18	甲午	11	2	9	20	乙丑	12	2	10	21	乙未	12	31	11	20	甲子	1	30	12	20	甲午	
	2	7	18	甲子	10	3	8	19	乙未	11	3	9	21	丙寅	12	3	10	22	丙申	1	1	11	21	乙丑	1	31	12	21	乙未	
	3	7	19	乙丑	10	4	8	20	丙申	11	4	9	22	丁卯	12	4	10	23	丁酉	1	2	11	22	丙寅	2	1	12	22	丙申	
	4	7	20	丙寅	10	5	8	21	丁酉	11	5	9	23	戊辰	12	5	10	24	戊戌	1	3	11	23	丁卯	2	2	12	23	丁酉	
	5	7	21	丁卯	10	6	8	22	戊戌	11	6	9	24	己巳	12	6	10	25	己亥	1	4	11	24	戊辰	2	3	12	24	戊戌	
	6	7	22	戊辰	10	7	8	23	己亥	11	7	9	25	庚午						1	5	11	25	己巳						
	7	7	23	己巳	10	8	8	24	庚子																					
處暑					秋分					霜降					小雪					冬至					大寒					中氣
/23 22時17分 亥時					9/23 19時43分 戌時					10/24 4時50分 寅時					11/23 2時14分 丑時					12/22 15時28分 申時					1/21 2時7分 丑時					

年	丁未																													
月	壬寅					癸卯					甲辰					乙巳					丙午					丁未				
節氣	立春					驚蟄					清明					立夏					芒種					小暑				
	2/4 20時30分 戌時					3/6 14時41分 未時					4/5 19時44分 戌時					5/6 13時17分 未時					6/6 17時36分 酉時					7/8 3時53分 寅時				
日	國曆		農曆		干支	國曆		農曆		干支	國曆		農曆		干支	國曆		農曆		干支	國曆		農曆		干支	國曆		農曆		干支
中華民國五十六年 羊 1967	2	4	12	25	己亥	3	6	1	26	己巳	4	5	2	26	己亥	5	6	3	27	庚午	6	6	4	29	辛丑	7	8	6	1	癸酉
	2	5	12	26	庚子	3	7	1	27	庚午	4	6	2	27	庚子	5	7	3	28	辛未	6	7	4	30	壬寅	7	9	6	2	甲戌
	2	6	12	27	辛丑	3	8	1	28	辛未	4	7	2	28	辛丑	5	8	3	29	壬申	6	8	5	1	癸卯	7	10	6	3	乙亥
	2	7	12	28	壬寅	3	9	1	29	壬申	4	8	2	29	壬寅	5	9	4	1	癸酉	6	9	5	2	甲辰	7	11	6	4	丙子
	2	8	12	29	癸卯	3	10	1	30	癸酉	4	9	2	30	癸卯	5	10	4	2	甲戌	6	10	5	3	乙巳	7	12	6	5	丁丑
	2	9	1	1	甲辰	3	11	2	1	甲戌	4	10	3	1	甲辰	5	11	4	3	乙亥	6	11	5	4	丙午	7	13	6	6	戊寅
	2	10	1	2	乙巳	3	12	2	2	乙亥	4	11	3	2	乙巳	5	12	4	4	丙子	6	12	5	5	丁未	7	14	6	7	己卯
	2	11	1	3	丙午	3	13	2	3	丙子	4	12	3	3	丙午	5	13	4	5	丁丑	6	13	5	6	戊申	7	15	6	8	庚辰
	2	12	1	4	丁未	3	14	2	4	丁丑	4	13	3	4	丁未	5	14	4	6	戊寅	6	14	5	7	己酉	7	16	6	9	辛巳
	2	13	1	5	戊申	3	15	2	5	戊寅	4	14	3	5	戊申	5	15	4	7	己卯	6	15	5	8	庚戌	7	17	6	10	壬午
	2	14	1	6	己酉	3	16	2	6	己卯	4	15	3	6	己酉	5	16	4	8	庚辰	6	16	5	9	辛亥	7	18	6	11	癸未
	2	15	1	7	庚戌	3	17	2	7	庚辰	4	16	3	7	庚戌	5	17	4	9	辛巳	6	17	5	10	壬子	7	19	6	12	甲申
	2	16	1	8	辛亥	3	18	2	8	辛巳	4	17	3	8	辛亥	5	18	4	10	壬午	6	18	5	11	癸丑	7	20	6	13	乙酉
	2	17	1	9	壬子	3	19	2	9	壬午	4	18	3	9	壬子	5	19	4	11	癸未	6	19	5	12	甲寅	7	21	6	14	丙戌
	2	18	1	10	癸丑	3	20	2	10	癸未	4	19	3	10	癸丑	5	20	4	12	甲申	6	20	5	13	乙卯	7	22	6	15	丁亥
	2	19	1	11	甲寅	3	21	2	11	甲申	4	20	3	11	甲寅	5	21	4	13	乙酉	6	21	5	14	丙辰	7	23	6	16	戊子
	2	20	1	12	乙卯	3	22	2	12	乙酉	4	21	3	12	乙卯	5	22	4	14	丙戌	6	22	5	15	丁巳	7	24	6	17	己丑
	2	21	1	13	丙辰	3	23	2	13	丙戌	4	22	3	13	丙辰	5	23	4	15	丁亥	6	23	5	16	戊午	7	25	6	18	庚寅
	2	22	1	14	丁巳	3	24	2	14	丁亥	4	23	3	14	丁巳	5	24	4	16	戊子	6	24	5	17	己未	7	26	6	19	辛卯
	2	23	1	15	戊午	3	25	2	15	戊子	4	24	3	15	戊午	5	25	4	17	己丑	6	25	5	18	庚申	7	27	6	20	壬辰
	2	24	1	16	己未	3	26	2	16	己丑	4	25	3	16	己未	5	26	4	18	庚寅	6	26	5	19	辛酉	7	28	6	21	癸巳
	2	25	1	17	庚申	3	27	2	17	庚寅	4	26	3	17	庚申	5	27	4	19	辛卯	6	27	5	20	壬戌	7	29	6	22	甲午
	2	26	1	18	辛酉	3	28	2	18	辛卯	4	27	3	18	辛酉	5	28	4	20	壬辰	6	28	5	21	癸亥	7	30	6	23	乙未
	2	27	1	19	壬戌	3	29	2	19	壬辰	4	28	3	19	壬戌	5	29	4	21	癸巳	6	29	5	22	甲子	7	31	6	24	丙申
	2	28	1	20	癸亥	3	30	2	20	癸巳	4	29	3	20	癸亥	5	30	4	22	甲午	6	30	5	23	乙丑	8	1	6	25	丁酉
	3	1	1	21	甲子	3	31	2	21	甲午	4	30	3	21	甲子	5	31	4	23	乙未	7	1	5	24	丙寅	8	2	6	26	戊戌
	3	2	1	22	乙丑	4	1	2	22	乙未	5	1	3	22	乙丑	6	1	4	24	丙申	7	2	5	25	丁卯	8	3	6	27	己亥
	3	3	1	23	丙寅	4	2	2	23	丙申	5	2	3	23	丙寅	6	2	4	25	丁酉	7	3	5	26	戊辰	8	4	6	28	庚子
	3	4	1	24	丁卯	4	3	2	24	丁酉	5	3	3	24	丁卯	6	3	4	26	戊戌	7	4	5	27	己巳	8	5	6	29	辛丑
	3	5	1	25	戊辰	4	4	2	25	戊戌	5	4	3	25	戊辰	6	4	4	27	己亥	7	5	5	28	庚午	8	6	7	1	壬寅
											5	5	3	26	己巳	6	5	4	28	庚子	7	6	5	29	辛未	8	7	7	2	癸卯
																					7	7	5	30	壬申					
中氣	雨水					春分					穀雨					小滿					夏至					大暑				
	2/19 16時23分 申時					3/21 15時36分 申時					4/21 2時55分 丑時					5/22 2時17分 丑時					6/22 10時22分 巳時					7/23 21時15分 亥時				

丁未																													年
戊申				己酉					庚戌					辛亥					壬子					癸丑					月
立秋				白露					寒露					立冬					大雪					小寒					節氣
8 13時34分 未時				9/8 16時17分 申時					10/9 7時41分 辰時					11/8 10時37分 巳時					12/8 3時17分 寅時					1/6 14時26分 未時					
曆	農曆		干支	國曆		農曆		干支	國曆		農曆		干支	國曆		農曆		干支	國曆		農曆		干支	國曆		農曆		干支	日
8	7	3	甲辰	9	8	8	5	乙亥	10	9	9	6	丙午	11	8	10	7	丙子	12	8	11	7	丙午	1	6	12	7	乙亥	中華民國五十六、五十七年 羊
9	7	4	乙巳	9	9	8	6	丙子	10	10	9	7	丁未	11	9	10	8	丁丑	12	9	11	8	丁未	1	7	12	8	丙子	
10	7	5	丙午	9	10	8	7	丁丑	10	11	9	8	戊申	11	10	10	9	戊寅	12	10	11	9	戊申	1	8	12	9	丁丑	
11	7	6	丁未	9	11	8	8	戊寅	10	12	9	9	己酉	11	11	10	10	己卯	12	11	11	10	己酉	1	9	12	10	戊寅	
12	7	7	戊申	9	12	8	9	己卯	10	13	9	10	庚戌	11	12	10	11	庚辰	12	12	11	11	庚戌	1	10	12	11	己卯	
13	7	8	己酉	9	13	8	10	庚辰	10	14	9	11	辛亥	11	13	10	12	辛巳	12	13	11	12	辛亥	1	11	12	12	庚辰	
14	7	9	庚戌	9	14	8	11	辛巳	10	15	9	12	壬子	11	14	10	13	壬午	12	14	11	13	壬子	1	12	12	13	辛巳	
15	7	10	辛亥	9	15	8	12	壬午	10	16	9	13	癸丑	11	15	10	14	癸未	12	15	11	14	癸丑	1	13	12	14	壬午	
16	7	11	壬子	9	16	8	13	癸未	10	17	9	14	甲寅	11	16	10	15	甲申	12	16	11	15	甲寅	1	14	12	15	癸未	
17	7	12	癸丑	9	17	8	14	甲申	10	18	9	15	乙卯	11	17	10	16	乙酉	12	17	11	16	乙卯	1	15	12	16	甲申	
18	7	13	甲寅	9	18	8	15	乙酉	10	19	9	16	丙辰	11	18	10	17	丙戌	12	18	11	17	丙辰	1	16	12	17	乙酉	
19	7	14	乙卯	9	19	8	16	丙戌	10	20	9	17	丁巳	11	19	10	18	丁亥	12	19	11	18	丁巳	1	17	12	18	丙戌	
20	7	15	丙辰	9	20	8	17	丁亥	10	21	9	18	戊午	11	20	10	19	戊子	12	20	11	19	戊午	1	18	12	19	丁亥	
21	7	16	丁巳	9	21	8	18	戊子	10	22	9	19	己未	11	21	10	20	己丑	12	21	11	20	己未	1	19	12	20	戊子	
22	7	17	戊午	9	22	8	19	己丑	10	23	9	20	庚申	11	22	10	21	庚寅	12	22	11	21	庚申	1	20	12	21	己丑	
23	7	18	己未	9	23	8	20	庚寅	10	24	9	21	辛酉	11	23	10	22	辛卯	12	23	11	22	辛酉	1	21	12	22	庚寅	
24	7	19	庚申	9	24	8	21	辛卯	10	25	9	22	壬戌	11	24	10	23	壬辰	12	24	11	23	壬戌	1	22	12	23	辛卯	
25	7	20	辛酉	9	25	8	22	壬辰	10	26	9	23	癸亥	11	25	10	24	癸巳	12	25	11	24	癸亥	1	23	12	24	壬辰	
26	7	21	壬戌	9	26	8	23	癸巳	10	27	9	24	甲子	11	26	10	25	甲午	12	26	11	25	甲子	1	24	12	25	癸巳	
27	7	22	癸亥	9	27	8	24	甲午	10	28	9	25	乙丑	11	27	10	26	乙未	12	27	11	26	乙丑	1	25	12	26	甲午	
28	7	23	甲子	9	28	8	25	乙未	10	29	9	26	丙寅	11	28	10	27	丙申	12	28	11	27	丙寅	1	26	12	27	乙未	1967、1968
29	7	24	乙丑	9	29	8	26	丙申	10	30	9	27	丁卯	11	29	10	28	丁酉	12	29	11	28	丁卯	1	27	12	28	丙申	
30	7	25	丙寅	9	30	8	27	丁酉	10	31	9	28	戊辰	11	30	10	29	戊戌	12	30	11	29	戊辰	1	28	12	29	丁酉	
31	7	26	丁卯	10	1	8	28	戊戌	11	1	9	29	己巳	12	1	10	30	己亥	12	31	12	1	己巳	1	29	12	30	戊戌	
1	7	27	戊辰	10	2	8	29	己亥	11	2	10	1	庚午	12	2	11	1	庚子	1	1	12	2	庚午	1	30	1	1	己亥	
2	7	28	己巳	10	3	8	30	庚子	11	3	10	2	辛未	12	3	11	2	辛丑	1	2	12	3	辛未	1	31	1	2	庚子	
3	7	29	庚午	10	4	9	1	辛丑	11	4	10	3	壬申	12	4	11	3	壬寅	1	3	12	4	壬申	2	1	1	3	辛丑	
4	8	1	辛未	10	5	9	2	壬寅	11	5	10	4	癸酉	12	5	11	4	癸卯	1	4	12	5	癸酉	2	2	1	4	壬寅	
5	8	2	壬申	10	6	9	3	癸卯	11	6	10	5	甲戌	12	6	11	5	甲辰	1	5	12	6	甲戌	2	3	1	5	癸卯	
6	8	3	癸酉	10	7	9	4	甲辰	11	7	10	6	乙亥	12	7	11	6	乙巳						2	4	1	6	甲辰	
7	8	4	甲戌	10	8	9	5	乙巳																					
處暑				秋分					霜降					小雪					冬至					大寒					中氣
4 4時12分 寅時				9/24 1時38分 丑時					10/24 10時43分 巳時					11/23 8時4分 辰時					12/22 21時16分 亥時					1/21 7時54分 辰時					

年	戊申																													
月	甲寅					乙卯					丙辰					丁巳					戊午					己未				
節氣	立春					驚蟄					清明					立夏					芒種					小暑				
	2/5 2時7分 丑時					3/5 20時17分 戌時					4/5 1時20分 丑時					5/5 18時55分 酉時					6/5 23時19分 子時					7/7 9時41分 巳時				
日	國曆		農曆		干支	國曆		農曆		干支	國曆		農曆		干支	國曆		農曆		干支	國曆		農曆		干支	國曆		農曆		干支
	2	5	1	7	乙巳	3	5	2	7	甲戌	4	5	3	8	乙巳	5	5	4	9	乙亥	6	5	5	10	丙午	7	7	6	12	戊
	2	6	1	8	丙午	3	6	2	8	乙亥	4	6	3	9	丙午	5	6	4	10	丙子	6	6	5	11	丁未	7	8	6	13	己
	2	7	1	9	丁未	3	7	2	9	丙子	4	7	3	10	丁未	5	7	4	11	丁丑	6	7	5	12	戊申	7	9	6	14	庚
	2	8	1	10	戊申	3	8	2	10	丁丑	4	8	3	11	戊申	5	8	4	12	戊寅	6	8	5	13	己酉	7	10	6	15	辛
中華民國五十七年 猴	2	9	1	11	己酉	3	9	2	11	戊寅	4	9	3	12	己酉	5	9	4	13	己卯	6	9	5	14	庚戌	7	11	6	16	壬
	2	10	1	12	庚戌	3	10	2	12	己卯	4	10	3	13	庚戌	5	10	4	14	庚辰	6	10	5	15	辛亥	7	12	6	17	癸
	2	11	1	13	辛亥	3	11	2	13	庚辰	4	11	3	14	辛亥	5	11	4	15	辛巳	6	11	5	16	壬子	7	13	6	18	甲
	2	12	1	14	壬子	3	12	2	14	辛巳	4	12	3	15	壬子	5	12	4	16	壬午	6	12	5	17	癸丑	7	14	6	19	乙
	2	13	1	15	癸丑	3	13	2	15	壬午	4	13	3	16	癸丑	5	13	4	17	癸未	6	13	5	18	甲寅	7	15	6	20	丙
	2	14	1	16	甲寅	3	14	2	16	癸未	4	14	3	17	甲寅	5	14	4	18	甲申	6	14	5	19	乙卯	7	16	6	21	丁
	2	15	1	17	乙卯	3	15	2	17	甲申	4	15	3	18	乙卯	5	15	4	19	乙酉	6	15	5	20	丙辰	7	17	6	22	戊
	2	16	1	18	丙辰	3	16	2	18	乙酉	4	16	3	19	丙辰	5	16	4	20	丙戌	6	16	5	21	丁巳	7	18	6	23	己
	2	17	1	19	丁巳	3	17	2	19	丙戌	4	17	3	20	丁巳	5	17	4	21	丁亥	6	17	5	22	戊午	7	19	6	24	庚
	2	18	1	20	戊午	3	18	2	20	丁亥	4	18	3	21	戊午	5	18	4	22	戊子	6	18	5	23	己未	7	20	6	25	辛
	2	19	1	21	己未	3	19	2	21	戊子	4	19	3	22	己未	5	19	4	23	己丑	6	19	5	24	庚申	7	21	6	26	壬
	2	20	1	22	庚申	3	20	2	22	己丑	4	20	3	23	庚申	5	20	4	24	庚寅	6	20	5	25	辛酉	7	22	6	27	癸
	2	21	1	23	辛酉	3	21	2	23	庚寅	4	21	3	24	辛酉	5	21	4	25	辛卯	6	21	5	26	壬戌	7	23	6	28	甲
	2	22	1	24	壬戌	3	22	2	24	辛卯	4	22	3	25	壬戌	5	22	4	26	壬辰	6	22	5	27	癸亥	7	24	6	29	乙
	2	23	1	25	癸亥	3	23	2	25	壬辰	4	23	3	26	癸亥	5	23	4	27	癸巳	6	23	5	28	甲子	7	25	7	1	丙
	2	24	1	26	甲子	3	24	2	26	癸巳	4	24	3	27	甲子	5	24	4	28	甲午	6	24	5	29	乙丑	7	26	7	2	丁
	2	25	1	27	乙丑	3	25	2	27	甲午	4	25	3	28	乙丑	5	25	4	29	乙未	6	25	5	30	丙寅	7	27	7	3	戊
	2	26	1	28	丙寅	3	26	2	28	乙未	4	26	3	29	丙寅	5	26	4	30	丙申	6	26	6	1	丁卯	7	28	7	4	己
	2	27	1	29	丁卯	3	27	2	29	丙申	4	27	4	1	丁卯	5	27	5	1	丁酉	6	27	6	2	戊辰	7	29	7	5	庚
1968	2	28	2	1	戊辰	3	28	2	30	丁酉	4	28	4	2	戊辰	5	28	5	2	戊戌	6	28	6	3	己巳	7	30	7	6	辛
	2	29	2	2	己巳	3	29	3	1	戊戌	4	29	4	3	己巳	5	29	5	3	己亥	6	29	6	4	庚午	7	31	7	7	壬
	3	1	2	3	庚午	3	30	3	2	己亥	4	30	4	4	庚午	5	30	5	4	庚子	6	30	6	5	辛未	8	1	7	8	癸
	3	2	2	4	辛未	3	31	3	3	庚子	5	1	4	5	辛未	5	31	5	5	辛丑	7	1	6	6	壬申	8	2	7	9	甲
	3	3	2	5	壬申	4	1	3	4	辛丑	5	2	4	6	壬申	6	1	5	6	壬寅	7	2	6	7	癸酉	8	3	7	10	乙
	3	4	2	6	癸酉	4	2	3	5	壬寅	5	3	4	7	癸酉	6	2	5	7	癸卯	7	3	6	8	甲戌	8	4	7	11	丙
						4	3	3	6	癸卯	5	4	4	8	甲戌	6	3	5	8	甲辰	7	4	6	9	乙亥	8	5	7	12	丁
						4	4	3	7	甲辰						6	4	5	9	乙巳	7	5	6	10	丙子	8	6	7	13	戊
																					7	6	6	11	丁丑					
中氣	雨水					春分					穀雨					小滿					夏至					大暑				
	2/19 22時9分 亥時					3/20 21時22分 亥時					4/20 8時41分 辰時					5/21 8時5分 辰時					6/21 16時13分 申時					7/23 3時7分 寅時				

戊申																													年
庚申				辛酉					壬戌					癸亥					甲子					乙丑					月
立秋				白露					寒露					立冬					大雪					小寒					節氣
7 19時27分 戌時				9/7 22時11分 亥時					10/8 13時34分 未時					11/7 16時29分 申時					12/7 9時8分 巳時					1/5 20時16分 戌時					
曆	農曆		干支	國曆		農曆		干支	國曆		農曆		干支	國曆		農曆		干支	國曆		農曆		干支	國曆		農曆		干支	日
7	7	14	己酉	9	7	7	15	庚辰	10	8	8	17	辛亥	11	7	9	17	辛巳	12	7	10	18	辛亥	1	5	11	17	庚辰	中華民國五十七、五十八年 猴
8	7	15	庚戌	9	8	7	16	辛巳	10	9	8	18	壬子	11	8	9	18	壬午	12	8	10	19	壬子	1	6	11	18	辛巳	
9	7	16	辛亥	9	9	7	17	壬午	10	10	8	19	癸丑	11	9	9	19	癸未	12	9	10	20	癸丑	1	7	11	19	壬午	
10	7	17	壬子	9	10	7	18	癸未	10	11	8	20	甲寅	11	10	9	20	甲申	12	10	10	21	甲寅	1	8	11	20	癸未	
11	7	18	癸丑	9	11	7	19	甲申	10	12	8	21	乙卯	11	11	9	21	乙酉	12	11	10	22	乙卯	1	9	11	21	甲申	
12	7	19	甲寅	9	12	7	20	乙酉	10	13	8	22	丙辰	11	12	9	22	丙戌	12	12	10	23	丙辰	1	10	11	22	乙酉	
13	7	20	乙卯	9	13	7	21	丙戌	10	14	8	23	丁巳	11	13	9	23	丁亥	12	13	10	24	丁巳	1	11	11	23	丙戌	
14	7	21	丙辰	9	14	7	22	丁亥	10	15	8	24	戊午	11	14	9	24	戊子	12	14	10	25	戊午	1	12	11	24	丁亥	
15	7	22	丁巳	9	15	7	23	戊子	10	16	8	25	己未	11	15	9	25	己丑	12	15	10	26	己未	1	13	11	25	戊子	
16	7	23	戊午	9	16	7	24	己丑	10	17	8	26	庚申	11	16	9	26	庚寅	12	16	10	27	庚申	1	14	11	26	己丑	
17	7	24	己未	9	17	7	25	庚寅	10	18	8	27	辛酉	11	17	9	27	辛卯	12	17	10	28	辛酉	1	15	11	27	庚寅	
18	7	25	庚申	9	18	7	26	辛卯	10	19	8	28	壬戌	11	18	9	28	壬辰	12	18	10	29	壬戌	1	16	11	28	辛卯	
19	7	26	辛酉	9	19	7	27	壬辰	10	20	8	29	癸亥	11	19	9	29	癸巳	12	19	10	30	癸亥	1	17	11	29	壬辰	
20	7	27	壬戌	9	20	7	28	癸巳	10	21	8	30	甲子	11	20	10	1	甲午	12	20	11	1	甲子	1	18	12	1	癸巳	
21	7	28	癸亥	9	21	7	29	甲午	10	22	9	1	乙丑	11	21	10	2	乙未	12	21	11	2	乙丑	1	19	12	2	甲午	
22	7	29	甲子	9	22	8	1	乙未	10	23	9	2	丙寅	11	22	10	3	丙申	12	22	11	3	丙寅	1	20	12	3	乙未	
23	7	30	乙丑	9	23	8	2	丙申	10	24	9	3	丁卯	11	23	10	4	丁酉	12	23	11	4	丁卯	1	21	12	4	丙申	
24	閏7	1	丙寅	9	24	8	3	丁酉	10	25	9	4	戊辰	11	24	10	5	戊戌	12	24	11	5	戊辰	1	22	12	5	丁酉	
25	7	2	丁卯	9	25	8	4	戊戌	10	26	9	5	己巳	11	25	10	6	己亥	12	25	11	6	己巳	1	23	12	6	戊戌	
26	7	3	戊辰	9	26	8	5	己亥	10	27	9	6	庚午	11	26	10	7	庚子	12	26	11	7	庚午	1	24	12	7	己亥	
27	7	4	己巳	9	27	8	6	庚子	10	28	9	7	辛未	11	27	10	8	辛丑	12	27	11	8	辛未	1	25	12	8	庚子	
28	7	5	庚午	9	28	8	7	辛丑	10	29	9	8	壬申	11	28	10	9	壬寅	12	28	11	9	壬申	1	26	12	9	辛丑	1968、1969
29	7	6	辛未	9	29	8	8	壬寅	10	30	9	9	癸酉	11	29	10	10	癸卯	12	29	11	10	癸酉	1	27	12	10	壬寅	
30	7	7	壬申	9	30	8	9	癸卯	10	31	9	10	甲戌	11	30	10	11	甲辰	12	30	11	11	甲戌	1	28	12	11	癸卯	
31	7	8	癸酉	10	1	8	10	甲辰	11	1	9	11	乙亥	12	1	10	12	乙巳	12	31	11	12	乙亥	1	29	12	12	甲辰	
1	7	9	甲戌	10	2	8	11	乙巳	11	2	9	12	丙子	12	2	10	13	丙午	1	1	11	13	丙子	1	30	12	13	乙巳	
2	7	10	乙亥	10	3	8	12	丙午	11	3	9	13	丁丑	12	3	10	14	丁未	1	2	11	14	丁丑	1	31	12	14	丙午	
3	7	11	丙子	10	4	8	13	丁未	11	4	9	14	戊寅	12	4	10	15	戊申	1	3	11	15	戊寅	2	1	12	15	丁未	
4	7	12	丁丑	10	5	8	14	戊申	11	5	9	15	己卯	12	5	10	16	己酉	1	4	11	16	己卯	2	2	12	16	戊申	
5	7	13	戊寅	10	6	8	15	己酉	11	6	9	16	庚辰	12	6	10	17	庚戌						2	3	12	17	己酉	
6	7	14	己卯	10	7	8	16	庚戌																					
處暑				秋分					霜降					小雪					冬至					大寒					中氣
3 10時2分 巳時				9/23 7時26分 辰時					10/23 16時29分 申時					11/22 13時48分 未時					12/22 2時59分 丑時					1/20 13時38分 未時					

年	己酉																													
月	丙寅					丁卯					戊辰					己巳					庚午					辛未				
節氣	立春 2/4 7時58分 辰時					驚蟄 3/6 2時10分 丑時					清明 4/5 7時14分 辰時					立夏 5/6 0時49分 子時					芒種 6/6 5時11分 卯時					小暑 7/7 15時31分 申				
日	國曆		農曆		干支	國曆		農曆		干支	國曆		農曆		干支	國曆		農曆		干支	國曆		農曆		干支	國曆		農曆		干
中華民國五十八年 雞 1969	2	4	12	18	庚戌	3	6	1	18	庚辰	4	5	2	19	庚戌	5	6	3	20	辛巳	6	6	4	22	壬子	7	7	5	23	癸
	2	5	12	19	辛亥	3	7	1	19	辛巳	4	6	2	20	辛亥	5	7	3	21	壬午	6	7	4	23	癸丑	7	8	5	24	甲
	2	6	12	20	壬子	3	8	1	20	壬午	4	7	2	21	壬子	5	8	3	22	癸未	6	8	4	24	甲寅	7	9	5	25	乙
	2	7	12	21	癸丑	3	9	1	21	癸未	4	8	2	22	癸丑	5	9	3	23	甲申	6	9	4	25	乙卯	7	10	5	26	丙
	2	8	12	22	甲寅	3	10	1	22	甲申	4	9	2	23	甲寅	5	10	3	24	乙酉	6	10	4	26	丙辰	7	11	5	27	丁
	2	9	12	23	乙卯	3	11	1	23	乙酉	4	10	2	24	乙卯	5	11	3	25	丙戌	6	11	4	27	丁巳	7	12	5	28	戊
	2	10	12	24	丙辰	3	12	1	24	丙戌	4	11	2	25	丙辰	5	12	3	26	丁亥	6	12	4	28	戊午	7	13	5	29	己
	2	11	12	25	丁巳	3	13	1	25	丁亥	4	12	2	26	丁巳	5	13	3	27	戊子	6	13	4	29	己未	7	14	6	1	庚
	2	12	12	26	戊午	3	14	1	26	戊子	4	13	2	27	戊午	5	14	3	28	己丑	6	14	4	30	庚申	7	15	6	2	辛
	2	13	12	27	己未	3	15	1	27	己丑	4	14	2	28	己未	5	15	3	29	庚寅	6	15	5	1	辛酉	7	16	6	3	壬
	2	14	12	28	庚申	3	16	1	28	庚寅	4	15	2	29	庚申	5	16	4	1	辛卯	6	16	5	2	壬戌	7	17	6	4	癸
	2	15	12	29	辛酉	3	17	1	29	辛卯	4	16	2	30	辛酉	5	17	4	2	壬辰	6	17	5	3	癸亥	7	18	6	5	甲
	2	16	12	30	壬戌	3	18	2	1	壬辰	4	17	3	1	壬戌	5	18	4	3	癸巳	6	18	5	4	甲子	7	19	6	6	乙
	2	17	1	1	癸亥	3	19	2	2	癸巳	4	18	3	2	癸亥	5	19	4	4	甲午	6	19	5	5	乙丑	7	20	6	7	丙
	2	18	1	2	甲子	3	20	2	3	甲午	4	19	3	3	甲子	5	20	4	5	乙未	6	20	5	6	丙寅	7	21	6	8	丁
	2	19	1	3	乙丑	3	21	2	4	乙未	4	20	3	4	乙丑	5	21	4	6	丙申	6	21	5	7	丁卯	7	22	6	9	戊
	2	20	1	4	丙寅	3	22	2	5	丙申	4	21	3	5	丙寅	5	22	4	7	丁酉	6	22	5	8	戊辰	7	23	6	10	己
	2	21	1	5	丁卯	3	23	2	6	丁酉	4	22	3	6	丁卯	5	23	4	8	戊戌	6	23	5	9	己巳	7	24	6	11	庚
	2	22	1	6	戊辰	3	24	2	7	戊戌	4	23	3	7	戊辰	5	24	4	9	己亥	6	24	5	10	庚午	7	25	6	12	辛
	2	23	1	7	己巳	3	25	2	8	己亥	4	24	3	8	己巳	5	25	4	10	庚子	6	25	5	11	辛未	7	26	6	13	壬
	2	24	1	8	庚午	3	26	2	9	庚子	4	25	3	9	庚午	5	26	4	11	辛丑	6	26	5	12	壬申	7	27	6	14	癸
	2	25	1	9	辛未	3	27	2	10	辛丑	4	26	3	10	辛未	5	27	4	12	壬寅	6	27	5	13	癸酉	7	28	6	15	甲
	2	26	1	10	壬申	3	28	2	11	壬寅	4	27	3	11	壬申	5	28	4	13	癸卯	6	28	5	14	甲戌	7	29	6	16	乙
	2	27	1	11	癸酉	3	29	2	12	癸卯	4	28	3	12	癸酉	5	29	4	14	甲辰	6	29	5	15	乙亥	7	30	6	17	丙
	2	28	1	12	甲戌	3	30	2	13	甲辰	4	29	3	13	甲戌	5	30	4	15	乙巳	6	30	5	16	丙子	7	31	6	18	丁
	3	1	1	13	乙亥	3	31	2	14	乙巳	4	30	3	14	乙亥	5	31	4	16	丙午	7	1	5	17	丁丑	8	1	6	19	戊
	3	2	1	14	丙子	4	1	2	15	丙午	5	1	3	15	丙子	6	1	4	17	丁未	7	2	5	18	戊寅	8	2	6	20	己
	3	3	1	15	丁丑	4	2	2	16	丁未	5	2	3	16	丁丑	6	2	4	18	戊申	7	3	5	19	己卯	8	3	6	21	庚
	3	4	1	16	戊寅	4	3	2	17	戊申	5	3	3	17	戊寅	6	3	4	19	己酉	7	4	5	20	庚辰	8	4	6	22	辛
	3	5	1	17	己卯	4	4	2	18	己酉	5	4	3	18	己卯	6	4	4	20	庚戌	7	5	5	21	辛巳	8	5	6	23	壬
											5	5	3	19	庚辰	6	5	4	21	辛亥	7	6	5	22	壬午	8	6	6	24	癸
																										8	7	6	25	甲
中氣	雨水 2/19 3時54分 寅時					春分 3/21 3時8分 寅時					穀雨 4/20 14時26分 未時					小滿 5/21 13時49分 未時					夏至 6/21 21時55分 亥時					大暑 7/23 8時48分 辰				

己酉																														年
壬申					癸酉					甲戌					乙亥					丙子					丁丑					月
立秋					白露					寒露					立冬					大雪					小寒					節氣
8/8 1時14分 丑時					9/8 3時55分 寅時					10/8 19時16分 戌時					11/7 22時11分 亥時					12/7 14時51分 未時					1/6 2時1分 丑時					
國曆		農曆		干支	國曆		農曆		干支	國曆		農曆		干支	國曆		農曆		干支	國曆		農曆		干支	國曆		農曆		干支	日
8	8	6	26	乙卯	9	8	7	27	丙戌	10	8	8	27	丙辰	11	7	9	28	丙戌	12	7	10	28	丙辰	1	6	11	29	丙戌	中華民國五十八、五十九年 雞 1969、1970
8	9	6	27	丙辰	9	9	7	28	丁亥	10	9	8	28	丁巳	11	8	9	29	丁亥	12	8	10	29	丁巳	1	7	11	30	丁亥	
8	10	6	28	丁巳	9	10	7	29	戊子	10	10	8	29	戊午	11	9	9	30	戊子	12	9	11	1	戊午	1	8	12	1	戊子	
8	11	6	29	戊午	9	11	7	30	己丑	10	11	9	1	己未	11	10	10	1	己丑	12	10	11	2	己未	1	9	12	2	己丑	
8	12	6	30	己未	9	12	8	1	庚寅	10	12	9	2	庚申	11	11	10	2	庚寅	12	11	11	3	庚申	1	10	12	3	庚寅	
8	13	7	1	庚申	9	13	8	2	辛卯	10	13	9	3	辛酉	11	12	10	3	辛卯	12	12	11	4	辛酉	1	11	12	4	辛卯	
8	14	7	2	辛酉	9	14	8	3	壬辰	10	14	9	4	壬戌	11	13	10	4	壬辰	12	13	11	5	壬戌	1	12	12	5	壬辰	
8	15	7	3	壬戌	9	15	8	4	癸巳	10	15	9	5	癸亥	11	14	10	5	癸巳	12	14	11	6	癸亥	1	13	12	6	癸巳	
8	16	7	4	癸亥	9	16	8	5	甲午	10	16	9	6	甲子	11	15	10	6	甲午	12	15	11	7	甲子	1	14	12	7	甲午	
8	17	7	5	甲子	9	17	8	6	乙未	10	17	9	7	乙丑	11	16	10	7	乙未	12	16	11	8	乙丑	1	15	12	8	乙未	
8	18	7	6	乙丑	9	18	8	7	丙申	10	18	9	8	丙寅	11	17	10	8	丙申	12	17	11	9	丙寅	1	16	12	9	丙申	
8	19	7	7	丙寅	9	19	8	8	丁酉	10	19	9	9	丁卯	11	18	10	9	丁酉	12	18	11	10	丁卯	1	17	12	10	丁酉	
8	20	7	8	丁卯	9	20	8	9	戊戌	10	20	9	10	戊辰	11	19	10	10	戊戌	12	19	11	11	戊辰	1	18	12	11	戊戌	
8	21	7	9	戊辰	9	21	8	10	己亥	10	21	9	11	己巳	11	20	10	11	己亥	12	20	11	12	己巳	1	19	12	12	己亥	
8	22	7	10	己巳	9	22	8	11	庚子	10	22	9	12	庚午	11	21	10	12	庚子	12	21	11	13	庚午	1	20	12	13	庚子	
8	23	7	11	庚午	9	23	8	12	辛丑	10	23	9	13	辛未	11	22	10	13	辛丑	12	22	11	14	辛未	1	21	12	14	辛丑	
8	24	7	12	辛未	9	24	8	13	壬寅	10	24	9	14	壬申	11	23	10	14	壬寅	12	23	11	15	壬申	1	22	12	15	壬寅	
8	25	7	13	壬申	9	25	8	14	癸卯	10	25	9	15	癸酉	11	24	10	15	癸卯	12	24	11	16	癸酉	1	23	12	16	癸卯	
8	26	7	14	癸酉	9	26	8	15	甲辰	10	26	9	16	甲戌	11	25	10	16	甲辰	12	25	11	17	甲戌	1	24	12	17	甲辰	
8	27	7	15	甲戌	9	27	8	16	乙巳	10	27	9	17	乙亥	11	26	10	17	乙巳	12	26	11	18	乙亥	1	25	12	18	乙巳	
8	28	7	16	乙亥	9	28	8	17	丙午	10	28	9	18	丙子	11	27	10	18	丙午	12	27	11	19	丙子	1	26	12	19	丙午	
8	29	7	17	丙子	9	29	8	18	丁未	10	29	9	19	丁丑	11	28	10	19	丁未	12	28	11	20	丁丑	1	27	12	20	丁未	
8	30	7	18	丁丑	9	30	8	19	戊申	10	30	9	20	戊寅	11	29	10	20	戊申	12	29	11	21	戊寅	1	28	12	21	戊申	
8	31	7	19	戊寅	10	1	8	20	己酉	10	31	9	21	己卯	11	30	10	21	己酉	12	30	11	22	己卯	1	29	12	22	己酉	
9	1	7	20	己卯	10	2	8	21	庚戌	11	1	9	22	庚辰	12	1	10	22	庚戌	12	31	11	23	庚辰	1	30	12	23	庚戌	
9	2	7	21	庚辰	10	3	8	22	辛亥	11	2	9	23	辛巳	12	2	10	23	辛亥	1	1	11	24	辛巳	1	31	12	24	辛亥	
9	3	7	22	辛巳	10	4	8	23	壬子	11	3	9	24	壬午	12	3	10	24	壬子	1	2	11	25	壬午	2	1	12	25	壬子	
9	4	7	23	壬午	10	5	8	24	癸丑	11	4	9	25	癸未	12	4	10	25	癸丑	1	3	11	26	癸未	2	2	12	26	癸丑	
9	5	7	24	癸未	10	6	8	25	甲寅	11	5	9	26	甲申	12	5	10	26	甲寅	1	4	11	27	甲申	2	3	12	27	甲寅	
9	6	7	25	甲申	10	7	8	26	乙卯	11	6	9	27	乙酉	12	6	10	27	乙卯	1	5	11	28	乙酉						
9	7	7	26	乙酉																										
處暑					秋分					霜降					小雪					冬至					大寒					中氣
/23 15時43分 申時					9/23 13時6分 未時					10/23 22時11分 亥時					11/22 19時31分 戌時					12/22 8時43分 辰時					1/20 19時23分 戌時					

年	庚戌																													
月	戊寅					己卯					庚辰					辛巳					壬午					癸未				
節氣	立春					驚蟄					清明					立夏					芒種					小暑				
	2/4 13時45分 未時					3/6 7時58分 辰時					4/5 13時1分 未時					5/6 6時33分 卯時					6/6 10時52分 巳時					7/7 21時10分 亥時				
日	國曆		農曆		干支	國曆		農曆		干支	國曆		農曆		干支	國曆		農曆		干支	國曆		農曆		干支	國曆		農曆		干支
中華民國五十九年 狗 1970	2	4	12	28	乙卯	3	6	1	29	乙酉	4	5	2	29	乙卯	5	6	4	2	丙戌	6	6	5	3	丁巳	7	7	6	5	戊子
	2	5	12	29	丙辰	3	7	1	30	丙戌	4	6	3	1	丙辰	5	7	4	3	丁亥	6	7	5	4	戊午	7	8	6	6	己丑
	2	6	1	1	丁巳	3	8	2	1	丁亥	4	7	3	2	丁巳	5	8	4	4	戊子	6	8	5	5	己未	7	9	6	7	庚寅
	2	7	1	2	戊午	3	9	2	2	戊子	4	8	3	3	戊午	5	9	4	5	己丑	6	9	5	6	庚申	7	10	6	8	辛卯
	2	8	1	3	己未	3	10	2	3	己丑	4	9	3	4	己未	5	10	4	6	庚寅	6	10	5	7	辛酉	7	11	6	9	壬辰
	2	9	1	4	庚申	3	11	2	4	庚寅	4	10	3	5	庚申	5	11	4	7	辛卯	6	11	5	8	壬戌	7	12	6	10	癸巳
	2	10	1	5	辛酉	3	12	2	5	辛卯	4	11	3	6	辛酉	5	12	4	8	壬辰	6	12	5	9	癸亥	7	13	6	11	甲午
	2	11	1	6	壬戌	3	13	2	6	壬辰	4	12	3	7	壬戌	5	13	4	9	癸巳	6	13	5	10	甲子	7	14	6	12	乙未
	2	12	1	7	癸亥	3	14	2	7	癸巳	4	13	3	8	癸亥	5	14	4	10	甲午	6	14	5	11	乙丑	7	15	6	13	丙申
	2	13	1	8	甲子	3	15	2	8	甲午	4	14	3	9	甲子	5	15	4	11	乙未	6	15	5	12	丙寅	7	16	6	14	丁酉
	2	14	1	9	乙丑	3	16	2	9	乙未	4	15	3	10	乙丑	5	16	4	12	丙申	6	16	5	13	丁卯	7	17	6	15	戊戌
	2	15	1	10	丙寅	3	17	2	10	丙申	4	16	3	11	丙寅	5	17	4	13	丁酉	6	17	5	14	戊辰	7	18	6	16	己亥
	2	16	1	11	丁卯	3	18	2	11	丁酉	4	17	3	12	丁卯	5	18	4	14	戊戌	6	18	5	15	己巳	7	19	6	17	庚子
	2	17	1	12	戊辰	3	19	2	12	戊戌	4	18	3	13	戊辰	5	19	4	15	己亥	6	19	5	16	庚午	7	20	6	18	辛丑
	2	18	1	13	己巳	3	20	2	13	己亥	4	19	3	14	己巳	5	20	4	16	庚子	6	20	5	17	辛未	7	21	6	19	壬寅
	2	19	1	14	庚午	3	21	2	14	庚子	4	20	3	15	庚午	5	21	4	17	辛丑	6	21	5	18	壬申	7	22	6	20	癸卯
	2	20	1	15	辛未	3	22	2	15	辛丑	4	21	3	16	辛未	5	22	4	18	壬寅	6	22	5	19	癸酉	7	23	6	21	甲辰
	2	21	1	16	壬申	3	23	2	16	壬寅	4	22	3	17	壬申	5	23	4	19	癸卯	6	23	5	20	甲戌	7	24	6	22	乙巳
	2	22	1	17	癸酉	3	24	2	17	癸卯	4	23	3	18	癸酉	5	24	4	20	甲辰	6	24	5	21	乙亥	7	25	6	23	丙午
	2	23	1	18	甲戌	3	25	2	18	甲辰	4	24	3	19	甲戌	5	25	4	21	乙巳	6	25	5	22	丙子	7	26	6	24	丁未
	2	24	1	19	乙亥	3	26	2	19	乙巳	4	25	3	20	乙亥	5	26	4	22	丙午	6	26	5	23	丁丑	7	27	6	25	戊申
	2	25	1	20	丙子	3	27	2	20	丙午	4	26	3	21	丙子	5	27	4	23	丁未	6	27	5	24	戊寅	7	28	6	26	己酉
	2	26	1	21	丁丑	3	28	2	21	丁未	4	27	3	22	丁丑	5	28	4	24	戊申	6	28	5	25	己卯	7	29	6	27	庚戌
	2	27	1	22	戊寅	3	29	2	22	戊申	4	28	3	23	戊寅	5	29	4	25	己酉	6	29	5	26	庚辰	7	30	6	28	辛亥
	2	28	1	23	己卯	3	30	2	23	己酉	4	29	3	24	己卯	5	30	4	26	庚戌	6	30	5	27	辛巳	7	31	6	29	壬子
	3	1	1	24	庚辰	3	31	2	24	庚戌	4	30	3	25	庚辰	5	31	4	27	辛亥	7	1	5	28	壬午	8	1	6	30	癸丑
	3	2	1	25	辛巳	4	1	2	25	辛亥	5	1	3	26	辛巳	6	1	4	28	壬子	7	2	5	29	癸未	8	2	7	1	甲寅
	3	3	1	26	壬午	4	2	2	26	壬子	5	2	3	27	壬午	6	2	4	29	癸丑	7	3	6	1	甲申	8	3	7	2	乙卯
	3	4	1	27	癸未	4	3	2	27	癸丑	5	3	3	28	癸未	6	3	4	30	甲寅	7	4	6	2	乙酉	8	4	7	3	丙辰
	3	5	1	28	甲申	4	4	2	28	甲寅	5	4	3	29	甲申	6	4	5	1	乙卯	7	5	6	3	丙戌	8	5	7	4	丁巳
											5	5	4	1	乙酉	6	5	5	2	丙辰	7	6	6	4	丁亥	8	6	7	5	戊午
																										8	7	7	6	己未
中氣	雨水					春分					穀雨					小滿					夏至					大暑				
	2/19 9時41分 巳時					3/21 8時56分 辰時					4/20 20時14分 戌時					5/21 19時37分 戌時					6/22 3時42分 寅時					7/23 14時36分 未時				

庚戌																													年
甲申				乙酉					丙戌					丁亥					戊子					己丑					月
立秋				白露					寒露					立冬					大雪					小寒					節
8/8 6時54分 卯時				9/8 9時37分 巳時					10/9 1時1分 丑時					11/8 3時57分 寅時					12/7 20時37分 戌時					1/6 7時45分 辰時					氣
國曆	農曆		干支	國曆		農曆		干支	國曆		農曆		干支	國曆		農曆		干支	國曆		農曆		干支	國曆		農曆		干支	日
8	7	7	庚申	9	8	8	8	辛卯	10	9	9	10	壬戌	11	8	10	10	壬辰	12	7	11	9	辛酉	1	6	12	10	辛卯	中華民國五十九、六十年 狗
9	7	8	辛酉	9	9	8	9	壬辰	10	10	9	11	癸亥	11	9	10	11	癸巳	12	8	11	10	壬戌	1	7	12	11	壬辰	
10	7	9	壬戌	9	10	8	10	癸巳	10	11	9	12	甲子	11	10	10	12	甲午	12	9	11	11	癸亥	1	8	12	12	癸巳	
11	7	10	癸亥	9	11	8	11	甲午	10	12	9	13	乙丑	11	11	10	13	乙未	12	10	11	12	甲子	1	9	12	13	甲午	
12	7	11	甲子	9	12	8	12	乙未	10	13	9	14	丙寅	11	12	10	14	丙申	12	11	11	13	乙丑	1	10	12	14	乙未	
13	7	12	乙丑	9	13	8	13	丙申	10	14	9	15	丁卯	11	13	10	15	丁酉	12	12	11	14	丙寅	1	11	12	15	丙申	
14	7	13	丙寅	9	14	8	14	丁酉	10	15	9	16	戊辰	11	14	10	16	戊戌	12	13	11	15	丁卯	1	12	12	16	丁酉	
15	7	14	丁卯	9	15	8	15	戊戌	10	16	9	17	己巳	11	15	10	17	己亥	12	14	11	16	戊辰	1	13	12	17	戊戌	
16	7	15	戊辰	9	16	8	16	己亥	10	17	9	18	庚午	11	16	10	18	庚子	12	15	11	17	己巳	1	14	12	18	己亥	
17	7	16	己巳	9	17	8	17	庚子	10	18	9	19	辛未	11	17	10	19	辛丑	12	16	11	18	庚午	1	15	12	19	庚子	
18	7	17	庚午	9	18	8	18	辛丑	10	19	9	20	壬申	11	18	10	20	壬寅	12	17	11	19	辛未	1	16	12	20	辛丑	
19	7	18	辛未	9	19	8	19	壬寅	10	20	9	21	癸酉	11	19	10	21	癸卯	12	18	11	20	壬申	1	17	12	21	壬寅	
20	7	19	壬申	9	20	8	20	癸卯	10	21	9	22	甲戌	11	20	10	22	甲辰	12	19	11	21	癸酉	1	18	12	22	癸卯	
21	7	20	癸酉	9	21	8	21	甲辰	10	22	9	23	乙亥	11	21	10	23	乙巳	12	20	11	22	甲戌	1	19	12	23	甲辰	
22	7	21	甲戌	9	22	8	22	乙巳	10	23	9	24	丙子	11	22	10	24	丙午	12	21	11	23	乙亥	1	20	12	24	乙巳	
23	7	22	乙亥	9	23	8	23	丙午	10	24	9	25	丁丑	11	23	10	25	丁未	12	22	11	24	丙子	1	21	12	25	丙午	
24	7	23	丙子	9	24	8	24	丁未	10	25	9	26	戊寅	11	24	10	26	戊申	12	23	11	25	丁丑	1	22	12	26	丁未	
25	7	24	丁丑	9	25	8	25	戊申	10	26	9	27	己卯	11	25	10	27	己酉	12	24	11	26	戊寅	1	23	12	27	戊申	
26	7	25	戊寅	9	26	8	26	己酉	10	27	9	28	庚辰	11	26	10	28	庚戌	12	25	11	27	己卯	1	24	12	28	己酉	
27	7	26	己卯	9	27	8	27	庚戌	10	28	9	29	辛巳	11	27	10	29	辛亥	12	26	11	28	庚辰	1	25	12	29	庚戌	
28	7	27	庚辰	9	28	8	28	辛亥	10	29	9	30	壬午	11	28	10	30	壬子	12	27	11	29	辛巳	1	26	12	30	辛亥	
29	7	28	辛巳	9	29	8	29	壬子	10	30	10	1	癸未	11	29	11	1	癸丑	12	28	12	1	壬午	1	27	1	1	壬子	1970、1971
30	7	29	壬午	9	30	9	1	癸丑	10	31	10	2	甲申	11	30	11	2	甲寅	12	29	12	2	癸未	1	28	1	2	癸丑	
31	7	30	癸未	10	1	9	2	甲寅	11	1	10	3	乙酉	12	1	11	3	乙卯	12	30	12	3	甲申	1	29	1	3	甲寅	
1	8	1	甲申	10	2	9	3	乙卯	11	2	10	4	丙戌	12	2	11	4	丙辰	12	31	12	4	乙酉	1	30	1	4	乙卯	
2	8	2	乙酉	10	3	9	4	丙辰	11	3	10	5	丁亥	12	3	11	5	丁巳	1	1	12	5	丙戌	1	31	1	5	丙辰	
3	8	3	丙戌	10	4	9	5	丁巳	11	4	10	6	戊子	12	4	11	6	戊午	1	2	12	6	丁亥	2	1	1	6	丁巳	
4	8	4	丁亥	10	5	9	6	戊午	11	5	10	7	己丑	12	5	11	7	己未	1	3	12	7	戊子	2	2	1	7	戊午	
5	8	5	戊子	10	6	9	7	己未	11	6	10	8	庚寅	12	6	11	8	庚申	1	4	12	8	己丑	2	3	1	8	己未	
6	8	6	己丑	10	7	9	8	庚申	11	7	10	9	辛卯						1	5	12	9	庚寅						
7	8	7	庚寅	10	8	9	9	辛酉																					
處暑				秋分					霜降					小雪					冬至					大寒					中
8/23 21時33分 亥時				9/23 18時58分 酉時					10/24 4時4分 寅時					11/23 1時24分 丑時					12/22 14時35分 未時					1/21 1時12分 丑時					氣

年	辛亥																													
月	庚寅					辛卯					壬辰					癸巳					甲午					乙未				
節氣	立春					驚蟄					清明					立夏					芒種					小暑				
	2/4 19時25分 戌時					3/6 13時34分 未時					4/5 18時36分 酉時					5/6 12時8分 午時					6/6 16時28分 申時					7/8 2時51分 丑時				
日	國曆		農曆		干支	國曆		農曆		干支	國曆		農曆		干支	國曆		農曆		干支	國曆		農曆		干支	國曆		農曆		干支
中華民國六十年 豬 1971	2	4	1	9	庚申	3	6	2	10	庚寅	4	5	3	10	庚申	5	6	4	12	辛卯	6	6	5	14	壬戌	7	8	5	16	甲午
	2	5	1	10	辛酉	3	7	2	11	辛卯	4	6	3	11	辛酉	5	7	4	13	壬辰	6	7	5	15	癸亥	7	9	5	17	乙未
	2	6	1	11	壬戌	3	8	2	12	壬辰	4	7	3	12	壬戌	5	8	4	14	癸巳	6	8	5	16	甲子	7	10	5	18	丙申
	2	7	1	12	癸亥	3	9	2	13	癸巳	4	8	3	13	癸亥	5	9	4	15	甲午	6	9	5	17	乙丑	7	11	5	19	丁酉
	2	8	1	13	甲子	3	10	2	14	甲午	4	9	3	14	甲子	5	10	4	16	乙未	6	10	5	18	丙寅	7	12	5	20	戊戌
	2	9	1	14	乙丑	3	11	2	15	乙未	4	10	3	15	乙丑	5	11	4	17	丙申	6	11	5	19	丁卯	7	13	5	21	己亥
	2	10	1	15	丙寅	3	12	2	16	丙申	4	11	3	16	丙寅	5	12	4	18	丁酉	6	12	5	20	戊辰	7	14	5	22	庚子
	2	11	1	16	丁卯	3	13	2	17	丁酉	4	12	3	17	丁卯	5	13	4	19	戊戌	6	13	5	21	己巳	7	15	5	23	辛丑
	2	12	1	17	戊辰	3	14	2	18	戊戌	4	13	3	18	戊辰	5	14	4	20	己亥	6	14	5	22	庚午	7	16	5	24	壬寅
	2	13	1	18	己巳	3	15	2	19	己亥	4	14	3	19	己巳	5	15	4	21	庚子	6	15	5	23	辛未	7	17	5	25	癸卯
	2	14	1	19	庚午	3	16	2	20	庚子	4	15	3	20	庚午	5	16	4	22	辛丑	6	16	5	24	壬申	7	18	5	26	甲辰
	2	15	1	20	辛未	3	17	2	21	辛丑	4	16	3	21	辛未	5	17	4	23	壬寅	6	17	5	25	癸酉	7	19	5	27	乙巳
	2	16	1	21	壬申	3	18	2	22	壬寅	4	17	3	22	壬申	5	18	4	24	癸卯	6	18	5	26	甲戌	7	20	5	28	丙午
	2	17	1	22	癸酉	3	19	2	23	癸卯	4	18	3	23	癸酉	5	19	4	25	甲辰	6	19	5	27	乙亥	7	21	5	29	丁未
	2	18	1	23	甲戌	3	20	2	24	甲辰	4	19	3	24	甲戌	5	20	4	26	乙巳	6	20	5	28	丙子	7	22	6	1	戊申
	2	19	1	24	乙亥	3	21	2	25	乙巳	4	20	3	25	乙亥	5	21	4	27	丙午	6	21	5	29	丁丑	7	23	6	2	己酉
	2	20	1	25	丙子	3	22	2	26	丙午	4	21	3	26	丙子	5	22	4	28	丁未	6	22	5	30	戊寅	7	24	6	3	庚戌
	2	21	1	26	丁丑	3	23	2	27	丁未	4	22	3	27	丁丑	5	23	4	29	戊申	6	23	閏5	1	己卯	7	25	6	4	辛亥
	2	22	1	27	戊寅	3	24	2	28	戊申	4	23	3	28	戊寅	5	24	5	1	己酉	6	24	5	2	庚辰	7	26	6	5	壬子
	2	23	1	28	己卯	3	25	2	29	己酉	4	24	3	29	己卯	5	25	5	2	庚戌	6	25	5	3	辛巳	7	27	6	6	癸丑
	2	24	1	29	庚辰	3	26	2	30	庚戌	4	25	4	1	庚辰	5	26	5	3	辛亥	6	26	5	4	壬午	7	28	6	7	甲寅
	2	25	2	1	辛巳	3	27	3	1	辛亥	4	26	4	2	辛巳	5	27	5	4	壬子	6	27	5	5	癸未	7	29	6	8	乙卯
	2	26	2	2	壬午	3	28	3	2	壬子	4	27	4	3	壬午	5	28	5	5	癸丑	6	28	5	6	甲申	7	30	6	9	丙辰
	2	27	2	3	癸未	3	29	3	3	癸丑	4	28	4	4	癸未	5	29	5	6	甲寅	6	29	5	7	乙酉	7	31	6	10	丁巳
	2	28	2	4	甲申	3	30	3	4	甲寅	4	29	4	5	甲申	5	30	5	7	乙卯	6	30	5	8	丙戌	8	1	6	11	戊午
	3	1	2	5	乙酉	3	31	3	5	乙卯	4	30	4	6	乙酉	5	31	5	8	丙辰	7	1	5	9	丁亥	8	2	6	12	己未
	3	2	2	6	丙戌	4	1	3	6	丙辰	5	1	4	7	丙戌	6	1	5	9	丁巳	7	2	5	10	戊子	8	3	6	13	庚申
	3	3	2	7	丁亥	4	2	3	7	丁巳	5	2	4	8	丁亥	6	2	5	10	戊午	7	3	5	11	己丑	8	4	6	14	辛酉
	3	4	2	8	戊子	4	3	3	8	戊午	5	3	4	9	戊子	6	3	5	11	己未	7	4	5	12	庚寅	8	5	6	15	壬戌
	3	5	2	9	己丑	4	4	3	9	己未	5	4	4	10	己丑	6	4	5	12	庚申	7	5	5	13	辛卯	8	6	6	16	癸亥
											5	5	4	11	庚寅	6	5	5	13	辛酉	7	6	5	14	壬辰	8	7	6	17	甲子
																					7	7	5	15	癸巳					
中氣	雨水					春分					穀雨					小滿					夏至					大暑				
	2/19 15時26分 申時					3/21 14時38分 未時					4/21 1時54分 丑時					5/22 1時15分 丑時					6/22 9時19分 巳時					7/23 20時14分 戌時				

辛亥																														年
丙申					丁酉					戊戌					己亥					庚子					辛丑					月
立秋					白露					寒露					立冬					大雪					小寒					節
8/8 12時40分 午時					9/8 15時30分 申時					10/9 6時58分 卯時					11/8 9時56分 巳時					12/8 2時35分 丑時					1/6 13時41分 未時					氣
國曆		農曆		干支	國曆		農曆		干支	國曆		農曆		干支	國曆		農曆		干支	國曆		農曆		干支	國曆		農曆		干支	日
	8	6	18	乙丑	9	8	7	19	丙申	10	9	8	21	丁卯	11	8	9	21	丁酉	12	8	10	21	丁卯	1	6	11	20	丙申	中華民國六十、六十一年 豬
	9	6	19	丙寅	9	9	7	20	丁酉	10	10	8	22	戊辰	11	9	9	22	戊戌	12	9	10	22	戊辰	1	7	11	21	丁酉	
	10	6	20	丁卯	9	10	7	21	戊戌	10	11	8	23	己巳	11	10	9	23	己亥	12	10	10	23	己巳	1	8	11	22	戊戌	
	11	6	21	戊辰	9	11	7	22	己亥	10	12	8	24	庚午	11	11	9	24	庚子	12	11	10	24	庚午	1	9	11	23	己亥	
	12	6	22	己巳	9	12	7	23	庚子	10	13	8	25	辛未	11	12	9	25	辛丑	12	12	10	25	辛未	1	10	11	24	庚子	
	13	6	23	庚午	9	13	7	24	辛丑	10	14	8	26	壬申	11	13	9	26	壬寅	12	13	10	26	壬申	1	11	11	25	辛丑	
	14	6	24	辛未	9	14	7	25	壬寅	10	15	8	27	癸酉	11	14	9	27	癸卯	12	14	10	27	癸酉	1	12	11	26	壬寅	
	15	6	25	壬申	9	15	7	26	癸卯	10	16	8	28	甲戌	11	15	9	28	甲辰	12	15	10	28	甲戌	1	13	11	27	癸卯	
	16	6	26	癸酉	9	16	7	27	甲辰	10	17	8	29	乙亥	11	16	9	29	乙巳	12	16	10	29	乙亥	1	14	11	28	甲辰	
	17	6	27	甲戌	9	17	7	28	乙巳	10	18	8	30	丙子	11	17	9	30	丙午	12	17	10	30	丙子	1	15	11	29	乙巳	
	18	6	28	乙亥	9	18	7	29	丙午	10	19	9	1	丁丑	11	18	10	1	丁未	12	18	11	1	丁丑	1	16	12	1	丙午	
	19	6	29	丙子	9	19	8	1	丁未	10	20	9	2	戊寅	11	19	10	2	戊申	12	19	11	2	戊寅	1	17	12	2	丁未	
	20	6	30	丁丑	9	20	8	2	戊申	10	21	9	3	己卯	11	20	10	3	己酉	12	20	11	3	己卯	1	18	12	3	戊申	
	21	7	1	戊寅	9	21	8	3	己酉	10	22	9	4	庚辰	11	21	10	4	庚戌	12	21	11	4	庚辰	1	19	12	4	己酉	
	22	7	2	己卯	9	22	8	4	庚戌	10	23	9	5	辛巳	11	22	10	5	辛亥	12	22	11	5	辛巳	1	20	12	5	庚戌	
	23	7	3	庚辰	9	23	8	5	辛亥	10	24	9	6	壬午	11	23	10	6	壬子	12	23	11	6	壬午	1	21	12	6	辛亥	
	24	7	4	辛巳	9	24	8	6	壬子	10	25	9	7	癸未	11	24	10	7	癸丑	12	24	11	7	癸未	1	22	12	7	壬子	
	25	7	5	壬午	9	25	8	7	癸丑	10	26	9	8	甲申	11	25	10	8	甲寅	12	25	11	8	甲申	1	23	12	8	癸丑	
	26	7	6	癸未	9	26	8	8	甲寅	10	27	9	9	乙酉	11	26	10	9	乙卯	12	26	11	9	乙酉	1	24	12	9	甲寅	
	27	7	7	甲申	9	27	8	9	乙卯	10	28	9	10	丙戌	11	27	10	10	丙辰	12	27	11	10	丙戌	1	25	12	10	乙卯	
	28	7	8	乙酉	9	28	8	10	丙辰	10	29	9	11	丁亥	11	28	10	11	丁巳	12	28	11	11	丁亥	1	26	12	11	丙辰	
	29	7	9	丙戌	9	29	8	11	丁巳	10	30	9	12	戊子	11	29	10	12	戊午	12	29	11	12	戊子	1	27	12	12	丁巳	1971、1972
	30	7	10	丁亥	9	30	8	12	戊午	10	31	9	13	己丑	11	30	10	13	己未	12	30	11	13	己丑	1	28	12	13	戊午	
	31	7	11	戊子	10	1	8	13	己未	11	1	9	14	庚寅	12	1	10	14	庚申	12	31	11	14	庚寅	1	29	12	14	己未	
	1	7	12	己丑	10	2	8	14	庚申	11	2	9	15	辛卯	12	2	10	15	辛酉	1	1	11	15	辛卯	1	30	12	15	庚申	
	2	7	13	庚寅	10	3	8	15	辛酉	11	3	9	16	壬辰	12	3	10	16	壬戌	1	2	11	16	壬辰	1	31	12	16	辛酉	
	3	7	14	辛卯	10	4	8	16	壬戌	11	4	9	17	癸巳	12	4	10	17	癸亥	1	3	11	17	癸巳	2	1	12	17	壬戌	
	4	7	15	壬辰	10	5	8	17	癸亥	11	5	9	18	甲午	12	5	10	18	甲子	1	4	11	18	甲午	2	2	12	18	癸亥	
	5	7	16	癸巳	10	6	8	18	甲子	11	6	9	19	乙未	12	6	10	19	乙丑	1	5	11	19	乙未	2	3	12	19	甲子	
	6	7	17	甲午	10	7	8	19	乙丑	11	7	9	20	丙申	12	7	10	20	丙寅						2	4	12	20	乙丑	
	7	7	18	乙未	10	8	8	20	丙寅																					
處暑					秋分					霜降					小雪					冬至					大寒					中
8/24 3時15分 寅時					9/24 0時44分 子時					10/24 9時53分 巳時					11/23 7時13分 辰時					12/22 20時23分 戌時					1/21 6時59分 卯時					氣

年	壬子																													
月	壬寅					癸卯					甲辰					乙巳					丙午					丁未				
節氣	立春					驚蟄					清明					立夏					芒種					小暑				
	2/5 1時20分 丑時					3/5 19時28分 戌時					4/5 0時28分 子時					5/5 18時1分 酉時					6/5 22時22分 亥時					7/7 8時42分 辰時				
日	國曆		農曆		干支	國曆		農曆		干支	國曆		農曆		干支	國曆		農曆		干支	國曆		農曆		干支	國曆		農曆		干支
中華民國六十一年 鼠 1972	2	5	12	21	丙寅	3	5	1	20	乙未	4	5	2	22	丙寅	5	5	3	22	丙申	6	5	4	24	丁卯	7	7	5	27	己亥
	2	6	12	22	丁卯	3	6	1	21	丙申	4	6	2	23	丁卯	5	6	3	23	丁酉	6	6	4	25	戊辰	7	8	5	28	庚子
	2	7	12	23	戊辰	3	7	1	22	丁酉	4	7	2	24	戊辰	5	7	3	24	戊戌	6	7	4	26	己巳	7	9	5	29	辛丑
	2	8	12	24	己巳	3	8	1	23	戊戌	4	8	2	25	己巳	5	8	3	25	己亥	6	8	4	27	庚午	7	10	5	30	壬寅
	2	9	12	25	庚午	3	9	1	24	己亥	4	9	2	26	庚午	5	9	3	26	庚子	6	9	4	28	辛未	7	11	6	1	癸卯
	2	10	12	26	辛未	3	10	1	25	庚子	4	10	2	27	辛未	5	10	3	27	辛丑	6	10	4	29	壬申	7	12	6	2	甲辰
	2	11	12	27	壬申	3	11	1	26	辛丑	4	11	2	28	壬申	5	11	3	28	壬寅	6	11	5	1	癸酉	7	13	6	3	乙巳
	2	12	12	28	癸酉	3	12	1	27	壬寅	4	12	2	29	癸酉	5	12	3	29	癸卯	6	12	5	2	甲戌	7	14	6	4	丙午
	2	13	12	29	甲戌	3	13	1	28	癸卯	4	13	2	30	甲戌	5	13	4	1	甲辰	6	13	5	3	乙亥	7	15	6	5	丁未
	2	14	12	30	乙亥	3	14	1	29	甲辰	4	14	3	1	乙亥	5	14	4	2	乙巳	6	14	5	4	丙子	7	16	6	6	戊申
	2	15	1	1	丙子	3	15	2	1	乙巳	4	15	3	2	丙子	5	15	4	3	丙午	6	15	5	5	丁丑	7	17	6	7	己酉
	2	16	1	2	丁丑	3	16	2	2	丙午	4	16	3	3	丁丑	5	16	4	4	丁未	6	16	5	6	戊寅	7	18	6	8	庚戌
	2	17	1	3	戊寅	3	17	2	3	丁未	4	17	3	4	戊寅	5	17	4	5	戊申	6	17	5	7	己卯	7	19	6	9	辛亥
	2	18	1	4	己卯	3	18	2	4	戊申	4	18	3	5	己卯	5	18	4	6	己酉	6	18	5	8	庚辰	7	20	6	10	壬子
	2	19	1	5	庚辰	3	19	2	5	己酉	4	19	3	6	庚辰	5	19	4	7	庚戌	6	19	5	9	辛巳	7	21	6	11	癸丑
	2	20	1	6	辛巳	3	20	2	6	庚戌	4	20	3	7	辛巳	5	20	4	8	辛亥	6	20	5	10	壬午	7	22	6	12	甲寅
	2	21	1	7	壬午	3	21	2	7	辛亥	4	21	3	8	壬午	5	21	4	9	壬子	6	21	5	11	癸未	7	23	6	13	乙卯
	2	22	1	8	癸未	3	22	2	8	壬子	4	22	3	9	癸未	5	22	4	10	癸丑	6	22	5	12	甲申	7	24	6	14	丙辰
	2	23	1	9	甲申	3	23	2	9	癸丑	4	23	3	10	甲申	5	23	4	11	甲寅	6	23	5	13	乙酉	7	25	6	15	丁巳
	2	24	1	10	乙酉	3	24	2	10	甲寅	4	24	3	11	乙酉	5	24	4	12	乙卯	6	24	5	14	丙戌	7	26	6	16	戊午
	2	25	1	11	丙戌	3	25	2	11	乙卯	4	25	3	12	丙戌	5	25	4	13	丙辰	6	25	5	15	丁亥	7	27	6	17	己未
	2	26	1	12	丁亥	3	26	2	12	丙辰	4	26	3	13	丁亥	5	26	4	14	丁巳	6	26	5	16	戊子	7	28	6	18	庚申
	2	27	1	13	戊子	3	27	2	13	丁巳	4	27	3	14	戊子	5	27	4	15	戊午	6	27	5	17	己丑	7	29	6	19	辛酉
	2	28	1	14	己丑	3	28	2	14	戊午	4	28	3	15	己丑	5	28	4	16	己未	6	28	5	18	庚寅	7	30	6	20	壬戌
	2	29	1	15	庚寅	3	29	2	15	己未	4	29	3	16	庚寅	5	29	4	17	庚申	6	29	5	19	辛卯	7	31	6	21	癸亥
	3	1	1	16	辛卯	3	30	2	16	庚申	4	30	3	17	辛卯	5	30	4	18	辛酉	6	30	5	20	壬辰	8	1	6	22	甲子
	3	2	1	17	壬辰	3	31	2	17	辛酉	5	1	3	18	壬辰	5	31	4	19	壬戌	7	1	5	21	癸巳	8	2	6	23	乙丑
	3	3	1	18	癸巳	4	1	2	18	壬戌	5	2	3	19	癸巳	6	1	4	20	癸亥	7	2	5	22	甲午	8	3	6	24	丙寅
	3	4	1	19	甲午	4	2	2	19	癸亥	5	3	3	20	甲午	6	2	4	21	甲子	7	3	5	23	乙未	8	4	6	25	丁卯
						4	3	2	20	甲子	5	4	3	21	乙未	6	3	4	22	乙丑	7	4	5	24	丙申	8	5	6	26	戊辰
						4	4	2	21	乙丑						6	4	4	23	丙寅	7	5	5	25	丁酉	8	6	6	27	己巳
																					7	6	5	26	戊戌					
中氣	雨水					春分					穀雨					小滿					夏至					大暑				
	2/19 21時11分 亥時					3/20 20時21分 戌時					4/20 7時37分 辰時					5/21 6時59分 卯時					6/21 15時6分 申時					7/23 2時2分 丑時				

壬子																														年
戊申					己酉					庚戌					辛亥					壬子					癸丑					月
立秋					白露					寒露					立冬					大雪					小寒					節氣
8/7 18時28分 酉時					9/7 21時15分 亥時					10/8 12時41分 午時					11/7 15時39分 申時					12/7 8時18分 辰時					1/5 19時25分 戌時					
國曆		農曆		干支	國曆		農曆		干支	國曆		農曆		干支	國曆		農曆		干支	國曆		農曆		干支	國曆		農曆		干支	日
8	7	6	28	庚午	9	7	7	30	辛丑	10	8	9	2	壬申	11	7	10	2	壬寅	12	7	11	2	壬申	1	5	12	2	辛丑	中華民國六十一、六十二年 鼠 1972、1973
8	8	6	29	辛未	9	8	8	1	壬寅	10	9	9	3	癸酉	11	8	10	3	癸卯	12	8	11	3	癸酉	1	6	12	3	壬寅	
8	9	7	1	壬申	9	9	8	2	癸卯	10	10	9	4	甲戌	11	9	10	4	甲辰	12	9	11	4	甲戌	1	7	12	4	癸卯	
8	10	7	2	癸酉	9	10	8	3	甲辰	10	11	9	5	乙亥	11	10	10	5	乙巳	12	10	11	5	乙亥	1	8	12	5	甲辰	
8	11	7	3	甲戌	9	11	8	4	乙巳	10	12	9	6	丙子	11	11	10	6	丙午	12	11	11	6	丙子	1	9	12	6	乙巳	
8	12	7	4	乙亥	9	12	8	5	丙午	10	13	9	7	丁丑	11	12	10	7	丁未	12	12	11	7	丁丑	1	10	12	7	丙午	
8	13	7	5	丙子	9	13	8	6	丁未	10	14	9	8	戊寅	11	13	10	8	戊申	12	13	11	8	戊寅	1	11	12	8	丁未	
8	14	7	6	丁丑	9	14	8	7	戊申	10	15	9	9	己卯	11	14	10	9	己酉	12	14	11	9	己卯	1	12	12	9	戊申	
8	15	7	7	戊寅	9	15	8	8	己酉	10	16	9	10	庚辰	11	15	10	10	庚戌	12	15	11	10	庚辰	1	13	12	10	己酉	
8	16	7	8	己卯	9	16	8	9	庚戌	10	17	9	11	辛巳	11	16	10	11	辛亥	12	16	11	11	辛巳	1	14	12	11	庚戌	
8	17	7	9	庚辰	9	17	8	10	辛亥	10	18	9	12	壬午	11	17	10	12	壬子	12	17	11	12	壬午	1	15	12	12	辛亥	
8	18	7	10	辛巳	9	18	8	11	壬子	10	19	9	13	癸未	11	18	10	13	癸丑	12	18	11	13	癸未	1	16	12	13	壬子	
8	19	7	11	壬午	9	19	8	12	癸丑	10	20	9	14	甲申	11	19	10	14	甲寅	12	19	11	14	甲申	1	17	12	14	癸丑	
8	20	7	12	癸未	9	20	8	13	甲寅	10	21	9	15	乙酉	11	20	10	15	乙卯	12	20	11	15	乙酉	1	18	12	15	甲寅	
8	21	7	13	甲申	9	21	8	14	乙卯	10	22	9	16	丙戌	11	21	10	16	丙辰	12	21	11	16	丙戌	1	19	12	16	乙卯	
8	22	7	14	乙酉	9	22	8	15	丙辰	10	23	9	17	丁亥	11	22	10	17	丁巳	12	22	11	17	丁亥	1	20	12	17	丙辰	
8	23	7	15	丙戌	9	23	8	16	丁巳	10	24	9	18	戊子	11	23	10	18	戊午	12	23	11	18	戊子	1	21	12	18	丁巳	
8	24	7	16	丁亥	9	24	8	17	戊午	10	25	9	19	己丑	11	24	10	19	己未	12	24	11	19	己丑	1	22	12	19	戊午	
8	25	7	17	戊子	9	25	8	18	己未	10	26	9	20	庚寅	11	25	10	20	庚申	12	25	11	20	庚寅	1	23	12	20	己未	
8	26	7	18	己丑	9	26	8	19	庚申	10	27	9	21	辛卯	11	26	10	21	辛酉	12	26	11	21	辛卯	1	24	12	21	庚申	
8	27	7	19	庚寅	9	27	8	20	辛酉	10	28	9	22	壬辰	11	27	10	22	壬戌	12	27	11	22	壬辰	1	25	12	22	辛酉	
8	28	7	20	辛卯	9	28	8	21	壬戌	10	29	9	23	癸巳	11	28	10	23	癸亥	12	28	11	23	癸巳	1	26	12	23	壬戌	
8	29	7	21	壬辰	9	29	8	22	癸亥	10	30	9	24	甲午	11	29	10	24	甲子	12	29	11	24	甲午	1	27	12	24	癸亥	
8	30	7	22	癸巳	9	30	8	23	甲子	10	31	9	25	乙未	11	30	10	25	乙丑	12	30	11	25	乙未	1	28	12	25	甲子	
8	31	7	23	甲午	10	1	8	24	乙丑	11	1	9	26	丙申	12	1	10	26	丙寅	12	31	11	26	丙申	1	29	12	26	乙丑	
9	1	7	24	乙未	10	2	8	25	丙寅	11	2	9	27	丁酉	12	2	10	27	丁卯	1	1	11	27	丁酉	1	30	12	27	丙寅	
9	2	7	25	丙申	10	3	8	26	丁卯	11	3	9	28	戊戌	12	3	10	28	戊辰	1	2	11	28	戊戌	1	31	12	28	丁卯	
9	3	7	26	丁酉	10	4	8	27	戊辰	11	4	9	29	己亥	12	4	10	29	己巳	1	3	11	29	己亥	2	1	12	29	戊辰	
9	4	7	27	戊戌	10	5	8	28	己巳	11	5	9	30	庚子	12	5	10	30	庚午	1	4	12	1	庚子	2	2	12	30	己巳	
9	5	7	28	己亥	10	6	8	29	庚午	11	6	10	1	辛丑	12	6	11	1	辛未						2	3	1	1	庚午	
9	6	7	29	庚子	10	7	9	1	辛未																					
處暑					秋分					霜降					小雪					冬至					大寒					中氣
8/23 9時3分 巳時					9/23 6時32分 卯時					10/23 15時41分 申時					11/22 13時2分 未時					12/22 2時12分 丑時					1/20 12時48分 午時					

年	癸丑																													
月	甲寅					乙卯					丙辰					丁巳					戊午					己未				
節氣	立春					驚蟄					清明					立夏					芒種					小暑				
	2/4 7時4分 辰時					3/6 1時12分 丑時					4/5 6時13分 卯時					5/5 23時46分 子時					6/6 4時6分 寅時					7/7 14時27分 未時				
日	國曆		農曆		干支	國曆		農曆		干支	國曆		農曆		干支	國曆		農曆		干支	國曆		農曆		干支	國曆		農曆		干支
中華民國六十二年 牛 1973	2	4	1	2	辛未	3	6	2	2	辛丑	4	5	3	3	辛未	5	5	4	3	辛丑	6	6	5	6	癸酉	7	7	6	8	甲辰
	2	5	1	3	壬申	3	7	2	3	壬寅	4	6	3	4	壬申	5	6	4	4	壬寅	6	7	5	7	甲戌	7	8	6	9	乙巳
	2	6	1	4	癸酉	3	8	2	4	癸卯	4	7	3	5	癸酉	5	7	4	5	癸卯	6	8	5	8	乙亥	7	9	6	10	丙午
	2	7	1	5	甲戌	3	9	2	5	甲辰	4	8	3	6	甲戌	5	8	4	6	甲辰	6	9	5	9	丙子	7	10	6	11	丁未
	2	8	1	6	乙亥	3	10	2	6	乙巳	4	9	3	7	乙亥	5	9	4	7	乙巳	6	10	5	10	丁丑	7	11	6	12	戊申
	2	9	1	7	丙子	3	11	2	7	丙午	4	10	3	8	丙子	5	10	4	8	丙午	6	11	5	11	戊寅	7	12	6	13	己酉
	2	10	1	8	丁丑	3	12	2	8	丁未	4	11	3	9	丁丑	5	11	4	9	丁未	6	12	5	12	己卯	7	13	6	14	庚戌
	2	11	1	9	戊寅	3	13	2	9	戊申	4	12	3	10	戊寅	5	12	4	10	戊申	6	13	5	13	庚辰	7	14	6	15	辛亥
	2	12	1	10	己卯	3	14	2	10	己酉	4	13	3	11	己卯	5	13	4	11	己酉	6	14	5	14	辛巳	7	15	6	16	壬子
	2	13	1	11	庚辰	3	15	2	11	庚戌	4	14	3	12	庚辰	5	14	4	12	庚戌	6	15	5	15	壬午	7	16	6	17	癸丑
	2	14	1	12	辛巳	3	16	2	12	辛亥	4	15	3	13	辛巳	5	15	4	13	辛亥	6	16	5	16	癸未	7	17	6	18	甲寅
	2	15	1	13	壬午	3	17	2	13	壬子	4	16	3	14	壬午	5	16	4	14	壬子	6	17	5	17	甲申	7	18	6	19	乙卯
	2	16	1	14	癸未	3	18	2	14	癸丑	4	17	3	15	癸未	5	17	4	15	癸丑	6	18	5	18	乙酉	7	19	6	20	丙辰
	2	17	1	15	甲申	3	19	2	15	甲寅	4	18	3	16	甲申	5	18	4	16	甲寅	6	19	5	19	丙戌	7	20	6	21	丁巳
	2	18	1	16	乙酉	3	20	2	16	乙卯	4	19	3	17	乙酉	5	19	4	17	乙卯	6	20	5	20	丁亥	7	21	6	22	戊午
	2	19	1	17	丙戌	3	21	2	17	丙辰	4	20	3	18	丙戌	5	20	4	18	丙辰	6	21	5	21	戊子	7	22	6	23	己未
	2	20	1	18	丁亥	3	22	2	18	丁巳	4	21	3	19	丁亥	5	21	4	19	丁巳	6	22	5	22	己丑	7	23	6	24	庚申
	2	21	1	19	戊子	3	23	2	19	戊午	4	22	3	20	戊子	5	22	4	20	戊午	6	23	5	23	庚寅	7	24	6	25	辛酉
	2	22	1	20	己丑	3	24	2	20	己未	4	23	3	21	己丑	5	23	4	21	己未	6	24	5	24	辛卯	7	25	6	26	壬戌
	2	23	1	21	庚寅	3	25	2	21	庚申	4	24	3	22	庚寅	5	24	4	22	庚申	6	25	5	25	壬辰	7	26	6	27	癸亥
	2	24	1	22	辛卯	3	26	2	22	辛酉	4	25	3	23	辛卯	5	25	4	23	辛酉	6	26	5	26	癸巳	7	27	6	28	甲子
	2	25	1	23	壬辰	3	27	2	23	壬戌	4	26	3	24	壬辰	5	26	4	24	壬戌	6	27	5	27	甲午	7	28	6	29	乙丑
	2	26	1	24	癸巳	3	28	2	24	癸亥	4	27	3	25	癸巳	5	27	4	25	癸亥	6	28	5	28	乙未	7	29	6	30	丙寅
	2	27	1	25	甲午	3	29	2	25	甲子	4	28	3	26	甲午	5	28	4	26	甲子	6	29	5	29	丙申	7	30	7	1	丁卯
	2	28	1	26	乙未	3	30	2	26	乙丑	4	29	3	27	乙未	5	29	4	27	乙丑	6	30	6	1	丁酉	7	31	7	2	戊辰
	3	1	1	27	丙申	3	31	2	27	丙寅	4	30	3	28	丙申	5	30	4	28	丙寅	7	1	6	2	戊戌	8	1	7	3	己巳
	3	2	1	28	丁酉	4	1	2	28	丁卯	5	1	3	29	丁酉	5	31	4	29	丁卯	7	2	6	3	己亥	8	2	7	4	庚午
	3	3	1	29	戊戌	4	2	2	29	戊辰	5	2	3	30	戊戌	6	1	5	1	戊辰	7	3	6	4	庚子	8	3	7	5	辛未
	3	4	1	30	己亥	4	3	3	1	己巳	5	3	4	1	己亥	6	2	5	2	己巳	7	4	6	5	辛丑	8	4	7	6	壬申
	3	5	2	1	庚子	4	4	3	2	庚午	5	4	4	2	庚子	6	3	5	3	庚午	7	5	6	6	壬寅	8	5	7	7	癸酉
																6	4	5	4	辛未	7	6	6	7	癸卯	8	6	7	8	甲戌
																6	5	5	5	壬申						8	7	7	9	乙亥
中氣	雨水					春分					穀雨					小滿					夏至					大暑				
	2/19 3時1分 寅時					3/21 2時12分 丑時					4/20 13時30分 未時					5/21 12時53分 午時					6/21 21時0分 亥時					7/23 7時55分 辰時				

癸丑																														年
庚申					辛酉					壬戌					癸亥					甲子					乙丑					月
立秋					白露					寒露					立冬					大雪					小寒					節氣
8/8 0時12分 子時					9/8 2時59分 丑時					10/8 18時27分 酉時					11/7 21時27分 亥時					12/7 14時10分 未時					1/6 1時19分 丑時					
國曆		農曆		干支	國曆		農曆		干支	國曆		農曆		干支	國曆		農曆		干支	國曆		農曆		干支	國曆		農曆		干支	日
8	8	7	10	丙子	9	8	8	12	丁未	10	8	9	13	丁丑	11	7	10	13	丁未	12	7	11	13	丁丑	1	6	12	14	丁未	中華民國六十二、六十三年 牛 1973、1974
8	9	7	11	丁丑	9	9	8	13	戊申	10	9	9	14	戊寅	11	8	10	14	戊申	12	8	11	14	戊寅	1	7	12	15	戊申	
8	10	7	12	戊寅	9	10	8	14	己酉	10	10	9	15	己卯	11	9	10	15	己酉	12	9	11	15	己卯	1	8	12	16	己酉	
8	11	7	13	己卯	9	11	8	15	庚戌	10	11	9	16	庚辰	11	10	10	16	庚戌	12	10	11	16	庚辰	1	9	12	17	庚戌	
8	12	7	14	庚辰	9	12	8	16	辛亥	10	12	9	17	辛巳	11	11	10	17	辛亥	12	11	11	17	辛巳	1	10	12	18	辛亥	
8	13	7	15	辛巳	9	13	8	17	壬子	10	13	9	18	壬午	11	12	10	18	壬子	12	12	11	18	壬午	1	11	12	19	壬子	
8	14	7	16	壬午	9	14	8	18	癸丑	10	14	9	19	癸未	11	13	10	19	癸丑	12	13	11	19	癸未	1	12	12	20	癸丑	
8	15	7	17	癸未	9	15	8	19	甲寅	10	15	9	20	甲申	11	14	10	20	甲寅	12	14	11	20	甲申	1	13	12	21	甲寅	
8	16	7	18	甲申	9	16	8	20	乙卯	10	16	9	21	乙酉	11	15	10	21	乙卯	12	15	11	21	乙酉	1	14	12	22	乙卯	
8	17	7	19	乙酉	9	17	8	21	丙辰	10	17	9	22	丙戌	11	16	10	22	丙辰	12	16	11	22	丙戌	1	15	12	23	丙辰	
8	18	7	20	丙戌	9	18	8	22	丁巳	10	18	9	23	丁亥	11	17	10	23	丁巳	12	17	11	23	丁亥	1	16	12	24	丁巳	
8	19	7	21	丁亥	9	19	8	23	戊午	10	19	9	24	戊子	11	18	10	24	戊午	12	18	11	24	戊子	1	17	12	25	戊午	
8	20	7	22	戊子	9	20	8	24	己未	10	20	9	25	己丑	11	19	10	25	己未	12	19	11	25	己丑	1	18	12	26	己未	
8	21	7	23	己丑	9	21	8	25	庚申	10	21	9	26	庚寅	11	20	10	26	庚申	12	20	11	26	庚寅	1	19	12	27	庚申	
8	22	7	24	庚寅	9	22	8	26	辛酉	10	22	9	27	辛卯	11	21	10	27	辛酉	12	21	11	27	辛卯	1	20	12	28	辛酉	
8	23	7	25	辛卯	9	23	8	27	壬戌	10	23	9	28	壬辰	11	22	10	28	壬戌	12	22	11	28	壬辰	1	21	12	29	壬戌	
8	24	7	26	壬辰	9	24	8	28	癸亥	10	24	9	29	癸巳	11	23	10	29	癸亥	12	23	11	29	癸巳	1	22	12	30	癸亥	
8	25	7	27	癸巳	9	25	8	29	甲子	10	25	9	30	甲午	11	24	10	30	甲子	12	24	12	1	甲午	1	23	1	1	甲子	
8	26	7	28	甲午	9	26	9	1	乙丑	10	26	10	1	乙未	11	25	11	1	乙丑	12	25	12	2	乙未	1	24	1	2	乙丑	
8	27	7	29	乙未	9	27	9	2	丙寅	10	27	10	2	丙申	11	26	11	2	丙寅	12	26	12	3	丙申	1	25	1	3	丙寅	
8	28	8	1	丙申	9	28	9	3	丁卯	10	28	10	3	丁酉	11	27	11	3	丁卯	12	27	12	4	丁酉	1	26	1	4	丁卯	
8	29	8	2	丁酉	9	29	9	4	戊辰	10	29	10	4	戊戌	11	28	11	4	戊辰	12	28	12	5	戊戌	1	27	1	5	戊辰	
8	30	8	3	戊戌	9	30	9	5	己巳	10	30	10	5	己亥	11	29	11	5	己巳	12	29	12	6	己亥	1	28	1	6	己巳	
8	31	8	4	己亥	10	1	9	6	庚午	10	31	10	6	庚子	11	30	11	6	庚午	12	30	12	7	庚子	1	29	1	7	庚午	
9	1	8	5	庚子	10	2	9	7	辛未	11	1	10	7	辛丑	12	1	11	7	辛未	12	31	12	8	辛丑	1	30	1	8	辛未	
9	2	8	6	辛丑	10	3	9	8	壬申	11	2	10	8	壬寅	12	2	11	8	壬申	1	1	12	9	壬寅	1	31	1	9	壬申	
9	3	8	7	壬寅	10	4	9	9	癸酉	11	3	10	9	癸卯	12	3	11	9	癸酉	1	2	12	10	癸卯	2	1	1	10	癸酉	
9	4	8	8	癸卯	10	5	9	10	甲戌	11	4	10	10	甲辰	12	4	11	10	甲戌	1	3	12	11	甲辰	2	2	1	11	甲戌	
9	5	8	9	甲辰	10	6	9	11	乙亥	11	5	10	11	乙巳	12	5	11	11	乙亥	1	4	12	12	乙巳	2	3	1	12	乙亥	
9	6	8	10	乙巳	10	7	9	12	丙子	11	6	10	12	丙午	12	6	11	12	丙子	1	5	12	13	丙午						
9	7	8	11	丙午																										
處暑					秋分					霜降					小雪					冬至					大寒					中氣
8/23 14時53分 未時					9/23 12時21分 午時					10/23 21時30分 亥時					11/22 18時54分 酉時					12/22 8時7分 辰時					1/20 18時45分 酉時					

年	甲寅																													
月	丙寅					丁卯					戊辰					己巳					庚午					辛未				
節氣	立春					驚蛰					清明					立夏					芒種					小暑				
	2/4 13時0分 未時					3/6 7時7分 辰時					4/5 12時5分 午時					5/6 5時33分 卯時					6/6 9時51分 巳時					7/7 20時11分 戌時				
日	國曆		農曆		干支	國曆		農曆		干支	國曆		農曆		干支	國曆		農曆		干支	國曆		農曆		干支	國曆		農曆		干支
	2	4	1	13	丙子	3	6	2	13	丙午	4	5	3	13	丙子	5	6	4	15	丁未	6	6	4	16	戊寅	7	7	5	18	己酉
	2	5	1	14	丁丑	3	7	2	14	丁未	4	6	3	14	丁丑	5	7	4	16	戊申	6	7	4	17	己卯	7	8	5	19	庚戌
	2	6	1	15	戊寅	3	8	2	15	戊申	4	7	3	15	戊寅	5	8	4	17	己酉	6	8	4	18	庚辰	7	9	5	20	辛亥
	2	7	1	16	己卯	3	9	2	16	己酉	4	8	3	16	己卯	5	9	4	18	庚戌	6	9	4	19	辛巳	7	10	5	21	壬子
中華民國六十三年	2	8	1	17	庚辰	3	10	2	17	庚戌	4	9	3	17	庚辰	5	10	4	19	辛亥	6	10	4	20	壬午	7	11	5	22	癸丑
	2	9	1	18	辛巳	3	11	2	18	辛亥	4	10	3	18	辛巳	5	11	4	20	壬子	6	11	4	21	癸未	7	12	5	23	甲寅
	2	10	1	19	壬午	3	12	2	19	壬子	4	11	3	19	壬午	5	12	4	21	癸丑	6	12	4	22	甲申	7	13	5	24	乙卯
	2	11	1	20	癸未	3	13	2	20	癸丑	4	12	3	20	癸未	5	13	4	22	甲寅	6	13	4	23	乙酉	7	14	5	25	丙辰
	2	12	1	21	甲申	3	14	2	21	甲寅	4	13	3	21	甲申	5	14	4	23	乙卯	6	14	4	24	丙戌	7	15	5	26	丁巳
	2	13	1	22	乙酉	3	15	2	22	乙卯	4	14	3	22	乙酉	5	15	4	24	丙辰	6	15	4	25	丁亥	7	16	5	27	戊午
	2	14	1	23	丙戌	3	16	2	23	丙辰	4	15	3	23	丙戌	5	16	4	25	丁巳	6	16	4	26	戊子	7	17	5	28	己未
虎	2	15	1	24	丁亥	3	17	2	24	丁巳	4	16	3	24	丁亥	5	17	4	26	戊午	6	17	4	27	己丑	7	18	5	29	庚申
	2	16	1	25	戊子	3	18	2	25	戊午	4	17	3	25	戊子	5	18	4	27	己未	6	18	4	28	庚寅	7	19	6	1	辛酉
	2	17	1	26	己丑	3	19	2	26	己未	4	18	3	26	己丑	5	19	4	28	庚申	6	19	4	29	辛卯	7	20	6	2	壬戌
	2	18	1	27	庚寅	3	20	2	27	庚申	4	19	3	27	庚寅	5	20	4	29	辛酉	6	20	5	1	壬辰	7	21	6	3	癸亥
	2	19	1	28	辛卯	3	21	2	28	辛酉	4	20	3	28	辛卯	5	21	4	30	壬戌	6	21	5	2	癸巳	7	22	6	4	甲子
	2	20	1	29	壬辰	3	22	2	29	壬戌	4	21	3	29	壬辰	5	22	閏4	1	癸亥	6	22	5	3	甲午	7	23	6	5	乙丑
	2	21	1	30	癸巳	3	23	2	30	癸亥	4	22	4	1	癸巳	5	23	4	2	甲子	6	23	5	4	乙未	7	24	6	6	丙寅
	2	22	2	1	甲午	3	24	3	1	甲子	4	23	4	2	甲午	5	24	4	3	乙丑	6	24	5	5	丙申	7	25	6	7	丁卯
	2	23	2	2	乙未	3	25	3	2	乙丑	4	24	4	3	乙未	5	25	4	4	丙寅	6	25	5	6	丁酉	7	26	6	8	戊辰
	2	24	2	3	丙申	3	26	3	3	丙寅	4	25	4	4	丙申	5	26	4	5	丁卯	6	26	5	7	戊戌	7	27	6	9	己巳
	2	25	2	4	丁酉	3	27	3	4	丁卯	4	26	4	5	丁酉	5	27	4	6	戊辰	6	27	5	8	己亥	7	28	6	10	庚午
1974	2	26	2	5	戊戌	3	28	3	5	戊辰	4	27	4	6	戊戌	5	28	4	7	己巳	6	28	5	9	庚子	7	29	6	11	辛未
	2	27	2	6	己亥	3	29	3	6	己巳	4	28	4	7	己亥	5	29	4	8	庚午	6	29	5	10	辛丑	7	30	6	12	壬申
	2	28	2	7	庚子	3	30	3	7	庚午	4	29	4	8	庚子	5	30	4	9	辛未	6	30	5	11	壬寅	7	31	6	13	癸酉
	3	1	2	8	辛丑	3	31	3	8	辛未	4	30	4	9	辛丑	5	31	4	10	壬申	7	1	5	12	癸卯	8	1	6	14	甲戌
	3	2	2	9	壬寅	4	1	3	9	壬申	5	1	4	10	壬寅	6	1	4	11	癸酉	7	2	5	13	甲辰	8	2	6	15	乙亥
	3	3	2	10	癸卯	4	2	3	10	癸酉	5	2	4	11	癸卯	6	2	4	12	甲戌	7	3	5	14	乙巳	8	3	6	16	丙子
	3	4	2	11	甲辰	4	3	3	11	甲戌	5	3	4	12	甲辰	6	3	4	13	乙亥	7	4	5	15	丙午	8	4	6	17	丁丑
	3	5	2	12	乙巳	4	4	3	12	乙亥	5	4	4	13	乙巳	6	4	4	14	丙子	7	5	5	16	丁未	8	5	6	18	戊寅
											5	5	4	14	丙午	6	5	4	15	丁丑	7	6	5	17	戊申	8	6	6	19	己卯
																										8	7	6	20	庚辰
中氣	雨水					春分					穀雨					小滿					夏至					大暑				
	2/19 8時58分 辰時					3/21 8時6分 辰時					4/20 19時18分 戌時					5/21 18時36分 酉時					6/22 2時37分 丑時					7/23 13時30分 未時				

日光節約時間：四月一日至九月三十日

甲寅																														年
壬申					癸酉					甲戌					乙亥					丙子					丁丑					月
立秋					白露					寒露					立冬					大雪					小寒					節
8/8 5時57分 卯時					9/8 8時45分 辰時					10/9 0時14分 子時					11/8 3時17分 寅時					12/7 20時4分 戌時					1/6 7時17分 辰時					氣
國曆		農曆		干支	國曆		農曆		干支	國曆		農曆		干支	國曆		農曆		干支	國曆		農曆		干支	國曆		農曆		干支	日
8	8	6	21	辛巳	9	8	7	22	壬子	10	9	8	24	癸未	11	8	9	25	癸丑	12	7	10	24	壬午	1	6	11	24	壬子	中華民國六十三、六十四年 虎
8	9	6	22	壬午	9	9	7	23	癸丑	10	10	8	25	甲申	11	9	9	26	甲寅	12	8	10	25	癸未	1	7	11	25	癸丑	
8	10	6	23	癸未	9	10	7	24	甲寅	10	11	8	26	乙酉	11	10	9	27	乙卯	12	9	10	26	甲申	1	8	11	26	甲寅	
8	11	6	24	甲申	9	11	7	25	乙卯	10	12	8	27	丙戌	11	11	9	28	丙辰	12	10	10	27	乙酉	1	9	11	27	乙卯	
8	12	6	25	乙酉	9	12	7	26	丙辰	10	13	8	28	丁亥	11	12	9	29	丁巳	12	11	10	28	丙戌	1	10	11	28	丙辰	
8	13	6	26	丙戌	9	13	7	27	丁巳	10	14	8	29	戊子	11	13	9	30	戊午	12	12	10	29	丁亥	1	11	11	29	丁巳	
8	14	6	27	丁亥	9	14	7	28	戊午	10	15	9	1	己丑	11	14	10	1	己未	12	13	10	30	戊子	1	12	12	1	戊午	
8	15	6	28	戊子	9	15	7	29	己未	10	16	9	2	庚寅	11	15	10	2	庚申	12	14	11	1	己丑	1	13	12	2	己未	
8	16	6	29	己丑	9	16	8	1	庚申	10	17	9	3	辛卯	11	16	10	3	辛酉	12	15	11	2	庚寅	1	14	12	3	庚申	
8	17	6	30	庚寅	9	17	8	2	辛酉	10	18	9	4	壬辰	11	17	10	4	壬戌	12	16	11	3	辛卯	1	15	12	4	辛酉	
8	18	7	1	辛卯	9	18	8	3	壬戌	10	19	9	5	癸巳	11	18	10	5	癸亥	12	17	11	4	壬辰	1	16	12	5	壬戌	
8	19	7	2	壬辰	9	19	8	4	癸亥	10	20	9	6	甲午	11	19	10	6	甲子	12	18	11	5	癸巳	1	17	12	6	癸亥	
8	20	7	3	癸巳	9	20	8	5	甲子	10	21	9	7	乙未	11	20	10	7	乙丑	12	19	11	6	甲午	1	18	12	7	甲子	
8	21	7	4	甲午	9	21	8	6	乙丑	10	22	9	8	丙申	11	21	10	8	丙寅	12	20	11	7	乙未	1	19	12	8	乙丑	
8	22	7	5	乙未	9	22	8	7	丙寅	10	23	9	9	丁酉	11	22	10	9	丁卯	12	21	11	8	丙申	1	20	12	9	丙寅	
8	23	7	6	丙申	9	23	8	8	丁卯	10	24	9	10	戊戌	11	23	10	10	戊辰	12	22	11	9	丁酉	1	21	12	10	丁卯	
8	24	7	7	丁酉	9	24	8	9	戊辰	10	25	9	11	己亥	11	24	10	11	己巳	12	23	11	10	戊戌	1	22	12	11	戊辰	
8	25	7	8	戊戌	9	25	8	10	己巳	10	26	9	12	庚子	11	25	10	12	庚午	12	24	11	11	己亥	1	23	12	12	己巳	
8	26	7	9	己亥	9	26	8	11	庚午	10	27	9	13	辛丑	11	26	10	13	辛未	12	25	11	12	庚子	1	24	12	13	庚午	
8	27	7	10	庚子	9	27	8	12	辛未	10	28	9	14	壬寅	11	27	10	14	壬申	12	26	11	13	辛丑	1	25	12	14	辛未	
8	28	7	11	辛丑	9	28	8	13	壬申	10	29	9	15	癸卯	11	28	10	15	癸酉	12	27	11	14	壬寅	1	26	12	15	壬申	
8	29	7	12	壬寅	9	29	8	14	癸酉	10	30	9	16	甲辰	11	29	10	16	甲戌	12	28	11	15	癸卯	1	27	12	16	癸酉	1974、1975
8	30	7	13	癸卯	9	30	8	15	甲戌	10	31	9	17	乙巳	11	30	10	17	乙亥	12	29	11	16	甲辰	1	28	12	17	甲戌	
8	31	7	14	甲辰	10	1	8	16	乙亥	11	1	9	18	丙午	12	1	10	18	丙子	12	30	11	17	乙巳	1	29	12	18	乙亥	
9	1	7	15	乙巳	10	2	8	17	丙子	11	2	9	19	丁未	12	2	10	19	丁丑	12	31	11	18	丙午	1	30	12	19	丙子	
9	2	7	16	丙午	10	3	8	18	丁丑	11	3	9	20	戊申	12	3	10	20	戊寅	1	1	11	19	丁未	1	31	12	20	丁丑	
9	3	7	17	丁未	10	4	8	19	戊寅	11	4	9	21	己酉	12	4	10	21	己卯	1	2	11	20	戊申	2	1	12	21	戊寅	
9	4	7	18	戊申	10	5	8	20	己卯	11	5	9	22	庚戌	12	5	10	22	庚辰	1	3	11	21	己酉	2	2	12	22	己卯	
9	5	7	19	己酉	10	6	8	21	庚辰	11	6	9	23	辛亥	12	6	10	23	辛巳	1	4	11	22	庚戌	2	3	12	23	庚辰	
9	6	7	20	庚戌	10	7	8	22	辛巳	11	7	9	24	壬子						1	5	11	23	辛亥						
9	7	7	21	辛亥	10	8	8	23	壬午																					
處暑					秋分					霜降					小雪					冬至					大寒					中
8/23 20時28分 戌時					9/23 17時58分 酉時					10/24 3時10分 寅時					11/23 0時38分 子時					12/22 13時55分 未時					1/21 0時36分 子時					氣

年	乙卯																													
月	戊寅					己卯					庚辰					辛巳					壬午					癸未				
節氣	立春 2/4 18時59分 酉時					驚蟄 3/6 13時5分 未時					清明 4/5 18時1分 酉時					立夏 5/6 11時27分 午時					芒種 6/6 15時42分 申時					小暑 7/8 1時59分 丑時				
日	國曆		農曆		干支	國曆		農曆		干支	國曆		農曆		干支	國曆		農曆		干支	國曆		農曆		干支	國曆		農曆		干支
中華民國六十四年 兔 1975	2	4	12	24	辛巳	3	6	1	24	辛亥	4	5	2	24	辛巳	5	6	3	25	壬子	6	6	4	27	癸未	7	8	5	29	乙卯
	2	5	12	25	壬午	3	7	1	25	壬子	4	6	2	25	壬午	5	7	3	26	癸丑	6	7	4	28	甲申	7	9	6	1	丙辰
	2	6	12	26	癸未	3	8	1	26	癸丑	4	7	2	26	癸未	5	8	3	27	甲寅	6	8	4	29	乙酉	7	10	6	2	丁巳
	2	7	12	27	甲申	3	9	1	27	甲寅	4	8	2	27	甲申	5	9	3	28	乙卯	6	9	4	30	丙戌	7	11	6	3	戊午
	2	8	12	28	乙酉	3	10	1	28	乙卯	4	9	2	28	乙酉	5	10	3	29	丙辰	6	10	5	1	丁亥	7	12	6	4	己未
	2	9	12	29	丙戌	3	11	1	29	丙辰	4	10	2	29	丙戌	5	11	4	1	丁巳	6	11	5	2	戊子	7	13	6	5	庚申
	2	10	12	30	丁亥	3	12	1	30	丁巳	4	11	2	30	丁亥	5	12	4	2	戊午	6	12	5	3	己丑	7	14	6	6	辛酉
	2	11	1	1	戊子	3	13	2	1	戊午	4	12	3	1	戊子	5	13	4	3	己未	6	13	5	4	庚寅	7	15	6	7	壬戌
	2	12	1	2	己丑	3	14	2	2	己未	4	13	3	2	己丑	5	14	4	4	庚申	6	14	5	5	辛卯	7	16	6	8	癸亥
	2	13	1	3	庚寅	3	15	2	3	庚申	4	14	3	3	庚寅	5	15	4	5	辛酉	6	15	5	6	壬辰	7	17	6	9	甲子
	2	14	1	4	辛卯	3	16	2	4	辛酉	4	15	3	4	辛卯	5	16	4	6	壬戌	6	16	5	7	癸巳	7	18	6	10	乙丑
	2	15	1	5	壬辰	3	17	2	5	壬戌	4	16	3	5	壬辰	5	17	4	7	癸亥	6	17	5	8	甲午	7	19	6	11	丙寅
	2	16	1	6	癸巳	3	18	2	6	癸亥	4	17	3	6	癸巳	5	18	4	8	甲子	6	18	5	9	乙未	7	20	6	12	丁卯
	2	17	1	7	甲午	3	19	2	7	甲子	4	18	3	7	甲午	5	19	4	9	乙丑	6	19	5	10	丙申	7	21	6	13	戊辰
	2	18	1	8	乙未	3	20	2	8	乙丑	4	19	3	8	乙未	5	20	4	10	丙寅	6	20	5	11	丁酉	7	22	6	14	己巳
	2	19	1	9	丙申	3	21	2	9	丙寅	4	20	3	9	丙申	5	21	4	11	丁卯	6	21	5	12	戊戌	7	23	6	15	庚午
	2	20	1	10	丁酉	3	22	2	10	丁卯	4	21	3	10	丁酉	5	22	4	12	戊辰	6	22	5	13	己亥	7	24	6	16	辛未
	2	21	1	11	戊戌	3	23	2	11	戊辰	4	22	3	11	戊戌	5	23	4	13	己巳	6	23	5	14	庚子	7	25	6	17	壬申
	2	22	1	12	己亥	3	24	2	12	己巳	4	23	3	12	己亥	5	24	4	14	庚午	6	24	5	15	辛丑	7	26	6	18	癸酉
	2	23	1	13	庚子	3	25	2	13	庚午	4	24	3	13	庚子	5	25	4	15	辛未	6	25	5	16	壬寅	7	27	6	19	甲戌
	2	24	1	14	辛丑	3	26	2	14	辛未	4	25	3	14	辛丑	5	26	4	16	壬申	6	26	5	17	癸卯	7	28	6	20	乙亥
	2	25	1	15	壬寅	3	27	2	15	壬申	4	26	3	15	壬寅	5	27	4	17	癸酉	6	27	5	18	甲辰	7	29	6	21	丙子
	2	26	1	16	癸卯	3	28	2	16	癸酉	4	27	3	16	癸卯	5	28	4	18	甲戌	6	28	5	19	乙巳	7	30	6	22	丁丑
	2	27	1	17	甲辰	3	29	2	17	甲戌	4	28	3	17	甲辰	5	29	4	19	乙亥	6	29	5	20	丙午	7	31	6	23	戊寅
	2	28	1	18	乙巳	3	30	2	18	乙亥	4	29	3	18	乙巳	5	30	4	20	丙子	6	30	5	21	丁未	8	1	6	24	己卯
	3	1	1	19	丙午	3	31	2	19	丙子	4	30	3	19	丙午	5	31	4	21	丁丑	7	1	5	22	戊申	8	2	6	25	庚辰
	3	2	1	20	丁未	4	1	2	20	丁丑	5	1	3	20	丁未	6	1	4	22	戊寅	7	2	5	23	己酉	8	3	6	26	辛巳
	3	3	1	21	戊申	4	2	2	21	戊寅	5	2	3	21	戊申	6	2	4	23	己卯	7	3	5	24	庚戌	8	4	6	27	壬午
	3	4	1	22	己酉	4	3	2	22	己卯	5	3	3	22	己酉	6	3	4	24	庚辰	7	4	5	25	辛亥	8	5	6	28	癸未
	3	5	1	23	庚戌	4	4	2	23	庚辰	5	4	3	23	庚戌	6	4	4	25	辛巳	7	5	5	26	壬子	8	6	6	29	甲申
											5	5	3	24	辛亥	6	5	4	26	壬午	7	6	5	27	癸丑	8	7	7	1	乙酉
																					7	7	5	28	甲寅					
中氣	雨水 2/19 14時49分 未時					春分 3/21 13時56分 未時					穀雨 4/21 1時7分 丑時					小滿 5/22 0時23分 子時					夏至 6/22 8時26分 辰時					大暑 7/23 19時21分 戌時				

 日光節約時間：四月一日至九月三十日

乙卯																														年
甲申					乙酉					丙戌					丁亥					戊子					己丑					月
立秋					白露					寒露					立冬					大雪					小寒					節氣
8/8 11時44分 午時					9/8 14時33分 未時					10/9 6時2分 卯時					11/8 9時2分 巳時					12/8 1時46分 丑時					1/6 12時57分 午時					
國曆		農曆		干支	國曆		農曆		干支	國曆		農曆		干支	國曆		農曆		干支	國曆		農曆		干支	國曆		農曆		干支	日
8	8	7	2	丙戌	9	8	8	3	丁巳	10	9	9	5	戊子	11	8	10	6	戊午	12	8	11	6	戊子	1	6	12	6	丁巳	中華民國六十四、六十五年 兔
8	9	7	3	丁亥	9	9	8	4	戊午	10	10	9	6	己丑	11	9	10	7	己未	12	9	11	7	己丑	1	7	12	7	戊午	
8	10	7	4	戊子	9	10	8	5	己未	10	11	9	7	庚寅	11	10	10	8	庚申	12	10	11	8	庚寅	1	8	12	8	己未	
8	11	7	5	己丑	9	11	8	6	庚申	10	12	9	8	辛卯	11	11	10	9	辛酉	12	11	11	9	辛卯	1	9	12	9	庚申	
8	12	7	6	庚寅	9	12	8	7	辛酉	10	13	9	9	壬辰	11	12	10	10	壬戌	12	12	11	10	壬辰	1	10	12	10	辛酉	
8	13	7	7	辛卯	9	13	8	8	壬戌	10	14	9	10	癸巳	11	13	10	11	癸亥	12	13	11	11	癸巳	1	11	12	11	壬戌	
8	14	7	8	壬辰	9	14	8	9	癸亥	10	15	9	11	甲午	11	14	10	12	甲子	12	14	11	12	甲午	1	12	12	12	癸亥	
8	15	7	9	癸巳	9	15	8	10	甲子	10	16	9	12	乙未	11	15	10	13	乙丑	12	15	11	13	乙未	1	13	12	13	甲子	
8	16	7	10	甲午	9	16	8	11	乙丑	10	17	9	13	丙申	11	16	10	14	丙寅	12	16	11	14	丙申	1	14	12	14	乙丑	
8	17	7	11	乙未	9	17	8	12	丙寅	10	18	9	14	丁酉	11	17	10	15	丁卯	12	17	11	15	丁酉	1	15	12	15	丙寅	
8	18	7	12	丙申	9	18	8	13	丁卯	10	19	9	15	戊戌	11	18	10	16	戊辰	12	18	11	16	戊戌	1	16	12	16	丁卯	
8	19	7	13	丁酉	9	19	8	14	戊辰	10	20	9	16	己亥	11	19	10	17	己巳	12	19	11	17	己亥	1	17	12	17	戊辰	
8	20	7	14	戊戌	9	20	8	15	己巳	10	21	9	17	庚子	11	20	10	18	庚午	12	20	11	18	庚子	1	18	12	18	己巳	
8	21	7	15	己亥	9	21	8	16	庚午	10	22	9	18	辛丑	11	21	10	19	辛未	12	21	11	19	辛丑	1	19	12	19	庚午	
8	22	7	16	庚子	9	22	8	17	辛未	10	23	9	19	壬寅	11	22	10	20	壬申	12	22	11	20	壬寅	1	20	12	20	辛未	
8	23	7	17	辛丑	9	23	8	18	壬申	10	24	9	20	癸卯	11	23	10	21	癸酉	12	23	11	21	癸卯	1	21	12	21	壬申	
8	24	7	18	壬寅	9	24	8	19	癸酉	10	25	9	21	甲辰	11	24	10	22	甲戌	12	24	11	22	甲辰	1	22	12	22	癸酉	
8	25	7	19	癸卯	9	25	8	20	甲戌	10	26	9	22	乙巳	11	25	10	23	乙亥	12	25	11	23	乙巳	1	23	12	23	甲戌	
8	26	7	20	甲辰	9	26	8	21	乙亥	10	27	9	23	丙午	11	26	10	24	丙子	12	26	11	24	丙午	1	24	12	24	乙亥	
8	27	7	21	乙巳	9	27	8	22	丙子	10	28	9	24	丁未	11	27	10	25	丁丑	12	27	11	25	丁未	1	25	12	25	丙子	
8	28	7	22	丙午	9	28	8	23	丁丑	10	29	9	25	戊申	11	28	10	26	戊寅	12	28	11	26	戊申	1	26	12	26	丁丑	1975、1976
8	29	7	23	丁未	9	29	8	24	戊寅	10	30	9	26	己酉	11	29	10	27	己卯	12	29	11	27	己酉	1	27	12	27	戊寅	
8	30	7	24	戊申	9	30	8	25	己卯	10	31	9	27	庚戌	11	30	10	28	庚辰	12	30	11	28	庚戌	1	28	12	28	己卯	
8	31	7	25	己酉	10	1	8	26	庚辰	11	1	9	28	辛亥	12	1	10	29	辛巳	12	31	11	29	辛亥	1	29	12	29	庚辰	
9	1	7	26	庚戌	10	2	8	27	辛巳	11	2	9	29	壬子	12	2	10	30	壬午	1	1	12	1	壬子	1	30	12	30	辛巳	
9	2	7	27	辛亥	10	3	8	28	壬午	11	3	10	1	癸丑	12	3	11	1	癸未	1	2	12	2	癸丑	1	31	1	1	壬午	
9	3	7	28	壬子	10	4	8	29	癸未	11	4	10	2	甲寅	12	4	11	2	甲申	1	3	12	3	甲寅	2	1	1	2	癸未	
9	4	7	29	癸丑	10	5	9	1	甲申	11	5	10	3	乙卯	12	5	11	3	乙酉	1	4	12	4	乙卯	2	2	1	3	甲申	
9	5	7	30	甲寅	10	6	9	2	乙酉	11	6	10	4	丙辰	12	6	11	4	丙戌	1	5	12	5	丙辰	2	3	1	4	乙酉	
9	6	8	1	乙卯	10	7	9	3	丙戌	11	7	10	5	丁巳	12	7	11	5	丁亥						2	4	1	5	丙戌	
9	7	8	2	丙辰	10	8	9	4	丁亥																					
處暑					秋分					霜降					小雪					冬至					大寒					中氣
8/24 2時23分 丑時					9/23 23時55分 子時					10/24 9時6分 巳時					11/23 6時30分 卯時					12/22 19時45分 戌時					1/21 6時25分 卯時					

年	丙辰																													
月	庚寅					辛卯					壬辰					癸巳					甲午					乙未				
節氣	立春					驚蟄					清明					立夏					芒種					小暑				
	2/5 0時39分 子時					3/5 18時48分 酉時					4/4 23時46分 子時					5/5 17時14分 酉時					6/5 21時31分 亥時					7/7 7時50分 辰時				
日	國曆		農曆		干支	國曆		農曆		干支	國曆		農曆		干支	國曆		農曆		干支	國曆		農曆		干支	國曆		農曆		干支
中華民國六十五年 龍 1976	2	5	1	6	丁亥	3	5	2	5	丙辰	4	4	3	5	丙戌	5	5	4	7	丁巳	6	5	5	8	戊子	7	7	6	11	庚申
	2	6	1	7	戊子	3	6	2	6	丁巳	4	5	3	6	丁亥	5	6	4	8	戊午	6	6	5	9	己丑	7	8	6	12	辛酉
	2	7	1	8	己丑	3	7	2	7	戊午	4	6	3	7	戊子	5	7	4	9	己未	6	7	5	10	庚寅	7	9	6	13	壬戌
	2	8	1	9	庚寅	3	8	2	8	己未	4	7	3	8	己丑	5	8	4	10	庚申	6	8	5	11	辛卯	7	10	6	14	癸亥
	2	9	1	10	辛卯	3	9	2	9	庚申	4	8	3	9	庚寅	5	9	4	11	辛酉	6	9	5	12	壬辰	7	11	6	15	甲子
	2	10	1	11	壬辰	3	10	2	10	辛酉	4	9	3	10	辛卯	5	10	4	12	壬戌	6	10	5	13	癸巳	7	12	6	16	乙丑
	2	11	1	12	癸巳	3	11	2	11	壬戌	4	10	3	11	壬辰	5	11	4	13	癸亥	6	11	5	14	甲午	7	13	6	17	丙寅
	2	12	1	13	甲午	3	12	2	12	癸亥	4	11	3	12	癸巳	5	12	4	14	甲子	6	12	5	15	乙未	7	14	6	18	丁卯
	2	13	1	14	乙未	3	13	2	13	甲子	4	12	3	13	甲午	5	13	4	15	乙丑	6	13	5	16	丙申	7	15	6	19	戊辰
	2	14	1	15	丙申	3	14	2	14	乙丑	4	13	3	14	乙未	5	14	4	16	丙寅	6	14	5	17	丁酉	7	16	6	20	己巳
	2	15	1	16	丁酉	3	15	2	15	丙寅	4	14	3	15	丙申	5	15	4	17	丁卯	6	15	5	18	戊戌	7	17	6	21	庚午
	2	16	1	17	戊戌	3	16	2	16	丁卯	4	15	3	16	丁酉	5	16	4	18	戊辰	6	16	5	19	己亥	7	18	6	22	辛未
	2	17	1	18	己亥	3	17	2	17	戊辰	4	16	3	17	戊戌	5	17	4	19	己巳	6	17	5	20	庚子	7	19	6	23	壬申
	2	18	1	19	庚子	3	18	2	18	己巳	4	17	3	18	己亥	5	18	4	20	庚午	6	18	5	21	辛丑	7	20	6	24	癸酉
	2	19	1	20	辛丑	3	19	2	19	庚午	4	18	3	19	庚子	5	19	4	21	辛未	6	19	5	22	壬寅	7	21	6	25	甲戌
	2	20	1	21	壬寅	3	20	2	20	辛未	4	19	3	20	辛丑	5	20	4	22	壬申	6	20	5	23	癸卯	7	22	6	26	乙亥
	2	21	1	22	癸卯	3	21	2	21	壬申	4	20	3	21	壬寅	5	21	4	23	癸酉	6	21	5	24	甲辰	7	23	6	27	丙子
	2	22	1	23	甲辰	3	22	2	22	癸酉	4	21	3	22	癸卯	5	22	4	24	甲戌	6	22	5	25	乙巳	7	24	6	28	丁丑
	2	23	1	24	乙巳	3	23	2	23	甲戌	4	22	3	23	甲辰	5	23	4	25	乙亥	6	23	5	26	丙午	7	25	6	29	戊寅
	2	24	1	25	丙午	3	24	2	24	乙亥	4	23	3	24	乙巳	5	24	4	26	丙子	6	24	5	27	丁未	7	26	6	30	己卯
	2	25	1	26	丁未	3	25	2	25	丙子	4	24	3	25	丙午	5	25	4	27	丁丑	6	25	5	28	戊申	7	27	7	1	庚辰
	2	26	1	27	戊申	3	26	2	26	丁丑	4	25	3	26	丁未	5	26	4	28	戊寅	6	26	5	29	己酉	7	28	7	2	辛巳
	2	27	1	28	己酉	3	27	2	27	戊寅	4	26	3	27	戊申	5	27	4	29	己卯	6	27	6	1	庚戌	7	29	7	3	壬午
	2	28	1	29	庚戌	3	28	2	28	己卯	4	27	3	28	己酉	5	28	4	30	庚辰	6	28	6	2	辛亥	7	30	7	4	癸未
	2	29	1	30	辛亥	3	29	2	29	庚辰	4	28	3	29	庚戌	5	29	5	1	辛巳	6	29	6	3	壬子	7	31	7	5	甲申
	3	1	2	1	壬子	3	30	2	30	辛巳	4	29	4	1	辛亥	5	30	5	2	壬午	6	30	6	4	癸丑	8	1	7	6	乙酉
	3	2	2	2	癸丑	3	31	3	1	壬午	4	30	4	2	壬子	5	31	5	3	癸未	7	1	6	5	甲寅	8	2	7	7	丙戌
	3	3	2	3	甲寅	4	1	3	2	癸未	5	1	4	3	癸丑	6	1	5	4	甲申	7	2	6	6	乙卯	8	3	7	8	丁亥
	3	4	2	4	乙卯	4	2	3	3	甲申	5	2	4	4	甲寅	6	2	5	5	乙酉	7	3	6	7	丙辰	8	4	7	9	戊子
						4	3	3	4	乙酉	5	3	4	5	乙卯	6	3	5	6	丙戌	7	4	6	8	丁巳	8	5	7	10	己丑
											5	4	4	6	丙辰	6	4	5	7	丁亥	7	5	6	9	戊午	8	6	7	11	庚寅
																					7	6	6	10	己未					
中氣	雨水					春分					穀雨					小滿					夏至					大暑				
	2/19 20時39分 戌時					3/20 19時49分 戌時					4/20 7時2分 辰時					5/21 6時21分 卯時					6/21 14時24分 未時					7/23 1時18分 丑時				

丙辰																														年
丙申					丁酉					戊戌					己亥					庚子					辛丑					月
立秋					白露					寒露					立冬					大雪					小寒					節氣
8/7 17時38分 酉時					9/7 20時28分 戌時					10/8 11時58分 午時					11/7 14時58分 未時					12/7 7時40分 辰時					1/5 18時51分 酉時					
國曆		農曆		干支	國曆		農曆		干支	國曆		農曆		干支	國曆		農曆		干支	國曆		農曆		干支	國曆		農曆		干支	日
8	7	7	12	辛卯	9	7	8	14	壬戌	10	8	8	15	癸巳	11	7	9	16	癸亥	12	7	10	17	癸巳	1	5	11	16	壬戌	中華民國六十五、六十六年 龍 1976、1977
8	8	7	13	壬辰	9	8	8	15	癸亥	10	9	8	16	甲午	11	8	9	17	甲子	12	8	10	18	甲午	1	6	11	17	癸亥	
8	9	7	14	癸巳	9	9	8	16	甲子	10	10	8	17	乙未	11	9	9	18	乙丑	12	9	10	19	乙未	1	7	11	18	甲子	
8	10	7	15	甲午	9	10	8	17	乙丑	10	11	8	18	丙申	11	10	9	19	丙寅	12	10	10	20	丙申	1	8	11	19	乙丑	
8	11	7	16	乙未	9	11	8	18	丙寅	10	12	8	19	丁酉	11	11	9	20	丁卯	12	11	10	21	丁酉	1	9	11	20	丙寅	
8	12	7	17	丙申	9	12	8	19	丁卯	10	13	8	20	戊戌	11	12	9	21	戊辰	12	12	10	22	戊戌	1	10	11	21	丁卯	
8	13	7	18	丁酉	9	13	8	20	戊辰	10	14	8	21	己亥	11	13	9	22	己巳	12	13	10	23	己亥	1	11	11	22	戊辰	
8	14	7	19	戊戌	9	14	8	21	己巳	10	15	8	22	庚子	11	14	9	23	庚午	12	14	10	24	庚子	1	12	11	23	己巳	
8	15	7	20	己亥	9	15	8	22	庚午	10	16	8	23	辛丑	11	15	9	24	辛未	12	15	10	25	辛丑	1	13	11	24	庚午	
8	16	7	21	庚子	9	16	8	23	辛未	10	17	8	24	壬寅	11	16	9	25	壬申	12	16	10	26	壬寅	1	14	11	25	辛未	
8	17	7	22	辛丑	9	17	8	24	壬申	10	18	8	25	癸卯	11	17	9	26	癸酉	12	17	10	27	癸卯	1	15	11	26	壬申	
8	18	7	23	壬寅	9	18	8	25	癸酉	10	19	8	26	甲辰	11	18	9	27	甲戌	12	18	10	28	甲辰	1	16	11	27	癸酉	
8	19	7	24	癸卯	9	19	8	26	甲戌	10	20	8	27	乙巳	11	19	9	28	乙亥	12	19	10	29	乙巳	1	17	11	28	甲戌	
8	20	7	25	甲辰	9	20	8	27	乙亥	10	21	8	28	丙午	11	20	9	29	丙子	12	20	10	30	丙午	1	18	11	29	乙亥	
8	21	7	26	乙巳	9	21	8	28	丙子	10	22	8	29	丁未	11	21	10	1	丁丑	12	21	11	1	丁未	1	19	12	1	丙子	
8	22	7	27	丙午	9	22	8	29	丁丑	10	23	9	1	戊申	11	22	10	2	戊寅	12	22	11	2	戊申	1	20	12	2	丁丑	
8	23	7	28	丁未	9	23	8	30	戊寅	10	24	9	2	己酉	11	23	10	3	己卯	12	23	11	3	己酉	1	21	12	3	戊寅	
8	24	7	29	戊申	9	24	閏8	1	己卯	10	25	9	3	庚戌	11	24	10	4	庚辰	12	24	11	4	庚戌	1	22	12	4	己卯	
8	25	8	1	己酉	9	25	8	2	庚辰	10	26	9	4	辛亥	11	25	10	5	辛巳	12	25	11	5	辛亥	1	23	12	5	庚辰	
8	26	8	2	庚戌	9	26	8	3	辛巳	10	27	9	5	壬子	11	26	10	6	壬午	12	26	11	6	壬子	1	24	12	6	辛巳	
8	27	8	3	辛亥	9	27	8	4	壬午	10	28	9	6	癸丑	11	27	10	7	癸未	12	27	11	7	癸丑	1	25	12	7	壬午	
8	28	8	4	壬子	9	28	8	5	癸未	10	29	9	7	甲寅	11	28	10	8	甲申	12	28	11	8	甲寅	1	26	12	8	癸未	
8	29	8	5	癸丑	9	29	8	6	甲申	10	30	9	8	乙卯	11	29	10	9	乙酉	12	29	11	9	乙卯	1	27	12	9	甲申	
8	30	8	6	甲寅	9	30	8	7	乙酉	10	31	9	9	丙辰	11	30	10	10	丙戌	12	30	11	10	丙辰	1	28	12	10	乙酉	
8	31	8	7	乙卯	10	1	8	8	丙戌	11	1	9	10	丁巳	12	1	10	11	丁亥	12	31	11	11	丁巳	1	29	12	11	丙戌	
9	1	8	8	丙辰	10	2	8	9	丁亥	11	2	9	11	戊午	12	2	10	12	戊子	1	1	11	12	戊午	1	30	12	12	丁亥	
9	2	8	9	丁巳	10	3	8	10	戊子	11	3	9	12	己未	12	3	10	13	己丑	1	2	11	13	己未	1	31	12	13	戊子	
9	3	8	10	戊午	10	4	8	11	己丑	11	4	9	13	庚申	12	4	10	14	庚寅	1	3	11	14	庚申	2	1	12	14	己丑	
9	4	8	11	己未	10	5	8	12	庚寅	11	5	9	14	辛酉	12	5	10	15	辛卯	1	4	11	15	辛酉	2	2	12	15	庚寅	
9	5	8	12	庚申	10	6	8	13	辛卯	11	6	9	15	壬戌	12	6	10	16	壬辰						2	3	12	16	辛卯	
9	6	8	13	辛酉	10	7	8	14	壬辰																					
處暑					秋分					霜降					小雪					冬至					大寒					中氣
8/23 8時18分 辰時					9/23 5時48分 卯時					10/23 14時58分 未時					11/22 12時21分 午時					12/22 1時35分 丑時					1/20 12時14分 午時					

年	丁巳																													
月	壬寅					癸卯					甲辰					乙巳					丙午					丁未				
節氣	立春					驚蟄					清明					立夏					芒種					小暑				
	2/4 6時33分 卯時					3/6 0時44分 子時					4/5 5時45分 卯時					5/5 23時16分 子時					6/6 3時32分 寅時					7/7 13時47分 未時				
日	國曆		農曆		干支	國曆		農曆			國曆		農曆		干支	國曆		農曆		干支	國曆		農曆		干支	國曆		農曆		干支
中華民國六十六年 蛇 1977	2	4	12	17	壬辰	3	6	1	17	壬戌	4	5	2	17	壬辰	5	5	3	18	壬戌	6	6	4	20	甲午	7	7	5	21	乙丑
	2	5	12	18	癸巳	3	7	1	18	癸亥	4	6	2	18	癸巳	5	6	3	19	癸亥	6	7	4	21	乙未	7	8	5	22	丙寅
	2	6	12	19	甲午	3	8	1	19	甲子	4	7	2	19	甲午	5	7	3	20	甲子	6	8	4	22	丙申	7	9	5	23	丁卯
	2	7	12	20	乙未	3	9	1	20	乙丑	4	8	2	20	乙未	5	8	3	21	乙丑	6	9	4	23	丁酉	7	10	5	24	戊辰
	2	8	12	21	丙申	3	10	1	21	丙寅	4	9	2	21	丙申	5	9	3	22	丙寅	6	10	4	24	戊戌	7	11	5	25	己巳
	2	9	12	22	丁酉	3	11	1	22	丁卯	4	10	2	22	丁酉	5	10	3	23	丁卯	6	11	4	25	己亥	7	12	5	26	庚午
	2	10	12	23	戊戌	3	12	1	23	戊辰	4	11	2	23	戊戌	5	11	3	24	戊辰	6	12	4	26	庚子	7	13	5	27	辛未
	2	11	12	24	己亥	3	13	1	24	己巳	4	12	2	24	己亥	5	12	3	25	己巳	6	13	4	27	辛丑	7	14	5	28	壬申
	2	12	12	25	庚子	3	14	1	25	庚午	4	13	2	25	庚子	5	13	3	26	庚午	6	14	4	28	壬寅	7	15	5	29	癸酉
	2	13	12	26	辛丑	3	15	1	26	辛未	4	14	2	26	辛丑	5	14	3	27	辛未	6	15	4	29	癸卯	7	16	6	1	甲戌
	2	14	12	27	壬寅	3	16	1	27	壬申	4	15	2	27	壬寅	5	15	3	28	壬申	6	16	4	30	甲辰	7	17	6	2	乙亥
	2	15	12	28	癸卯	3	17	1	28	癸酉	4	16	2	28	癸卯	5	16	3	29	癸酉	6	17	5	1	乙巳	7	18	6	3	丙子
	2	16	12	29	甲辰	3	18	1	29	甲戌	4	17	2	29	甲辰	5	17	3	30	甲戌	6	18	5	2	丙午	7	19	6	4	丁丑
	2	17	12	30	乙巳	3	19	1	30	乙亥	4	18	3	1	乙巳	5	18	4	1	乙亥	6	19	5	3	丁未	7	20	6	5	戊寅
	2	18	1	1	丙午	3	20	2	1	丙子	4	19	3	2	丙午	5	19	4	2	丙子	6	20	5	4	戊申	7	21	6	6	己卯
	2	19	1	2	丁未	3	21	2	2	丁丑	4	20	3	3	丁未	5	20	4	3	丁丑	6	21	5	5	己酉	7	22	6	7	庚辰
	2	20	1	3	戊申	3	22	2	3	戊寅	4	21	3	4	戊申	5	21	4	4	戊寅	6	22	5	6	庚戌	7	23	6	8	辛巳
	2	21	1	4	己酉	3	23	2	4	己卯	4	22	3	5	己酉	5	22	4	5	己卯	6	23	5	7	辛亥	7	24	6	9	壬午
	2	22	1	5	庚戌	3	24	2	5	庚辰	4	23	3	6	庚戌	5	23	4	6	庚辰	6	24	5	8	壬子	7	25	6	10	癸未
	2	23	1	6	辛亥	3	25	2	6	辛巳	4	24	3	7	辛亥	5	24	4	7	辛巳	6	25	5	9	癸丑	7	26	6	11	甲申
	2	24	1	7	壬子	3	26	2	7	壬午	4	25	3	8	壬子	5	25	4	8	壬午	6	26	5	10	甲寅	7	27	6	12	乙酉
	2	25	1	8	癸丑	3	27	2	8	癸未	4	26	3	9	癸丑	5	26	4	9	癸未	6	27	5	11	乙卯	7	28	6	13	丙戌
	2	26	1	9	甲寅	3	28	2	9	甲申	4	27	3	10	甲寅	5	27	4	10	甲申	6	28	5	12	丙辰	7	29	6	14	丁亥
	2	27	1	10	乙卯	3	29	2	10	乙酉	4	28	3	11	乙卯	5	28	4	11	乙酉	6	29	5	13	丁巳	7	30	6	15	戊子
	2	28	1	11	丙辰	3	30	2	11	丙戌	4	29	3	12	丙辰	5	29	4	12	丙戌	6	30	5	14	戊午	7	31	6	16	己丑
	3	1	1	12	丁巳	3	31	2	12	丁亥	4	30	3	13	丁巳	5	30	4	13	丁亥	7	1	5	15	己未	8	1	6	17	庚寅
	3	2	1	13	戊午	4	1	2	13	戊子	5	1	3	14	戊午	5	31	4	14	戊子	7	2	5	16	庚申	8	2	6	18	辛卯
	3	3	1	14	己未	4	2	2	14	己丑	5	2	3	15	己未	6	1	4	15	己丑	7	3	5	17	辛酉	8	3	6	19	壬辰
	3	4	1	15	庚申	4	3	2	15	庚寅	5	3	3	16	庚申	6	2	4	16	庚寅	7	4	5	18	壬戌	8	4	6	20	癸巳
	3	5	1	16	辛酉	4	4	2	16	辛卯	5	4	3	17	辛酉	6	3	4	17	辛卯	7	5	5	19	癸亥	8	5	6	21	甲午
																6	4	4	18	壬辰	7	6	5	20	甲子	8	6	6	22	乙未
																6	5	4	19	癸巳										
中氣	雨水					春分					穀雨					小滿					夏至					大暑				
	2/19 2時30分 丑時					3/21 1時42分 丑時					4/20 12時57分 午時					5/21 12時14分 午時					6/21 20時13分 戌時					7/23 7時3分 辰時				

丁巳																														年
戊申					己酉					庚戌					辛亥					壬子					癸丑					月
立秋					白露					寒露					立冬					大雪					小寒					節氣
8/7 23時30分 子時					9/8 2時15分 丑時					10/8 17時43分 酉時					11/7 20時45分 戌時					12/7 13時30分 未時					1/6 0時43分 子時					
國曆		農曆		干支	國曆		農曆		干支	國曆		農曆		干支	國曆		農曆		干支	國曆		農曆		干支	國曆		農曆		干支	日
8	7	6	23	丙申	9	8	7	25	戊辰	10	8	8	26	戊戌	11	7	9	26	戊辰	12	7	10	27	戊戌	1	6	11	27	戊辰	中華民國六十六、六十七年 蛇 1977、1978
8	8	6	24	丁酉	9	9	7	26	己巳	10	9	8	27	己亥	11	8	9	27	己巳	12	8	10	28	己亥	1	7	11	28	己巳	
8	9	6	25	戊戌	9	10	7	27	庚午	10	10	8	28	庚子	11	9	9	28	庚午	12	9	10	29	庚子	1	8	11	29	庚午	
8	10	6	26	己亥	9	11	7	28	辛未	10	11	8	29	辛丑	11	10	9	29	辛未	12	10	10	30	辛丑	1	9	12	1	辛未	
8	11	6	27	庚子	9	12	7	29	壬申	10	12	8	30	壬寅	11	11	10	1	壬申	12	11	11	1	壬寅	1	10	12	2	壬申	
8	12	6	28	辛丑	9	13	8	1	癸酉	10	13	9	1	癸卯	11	12	10	2	癸酉	12	12	11	2	癸卯	1	11	12	3	癸酉	
8	13	6	29	壬寅	9	14	8	2	甲戌	10	14	9	2	甲辰	11	13	10	3	甲戌	12	13	11	3	甲辰	1	12	12	4	甲戌	
8	14	6	30	癸卯	9	15	8	3	乙亥	10	15	9	3	乙巳	11	14	10	4	乙亥	12	14	11	4	乙巳	1	13	12	5	乙亥	
8	15	7	1	甲辰	9	16	8	4	丙子	10	16	9	4	丙午	11	15	10	5	丙子	12	15	11	5	丙午	1	14	12	6	丙子	
8	16	7	2	乙巳	9	17	8	5	丁丑	10	17	9	5	丁未	11	16	10	6	丁丑	12	16	11	6	丁未	1	15	12	7	丁丑	
8	17	7	3	丙午	9	18	8	6	戊寅	10	18	9	6	戊申	11	17	10	7	戊寅	12	17	11	7	戊申	1	16	12	8	戊寅	
8	18	7	4	丁未	9	19	8	7	己卯	10	19	9	7	己酉	11	18	10	8	己卯	12	18	11	8	己酉	1	17	12	9	己卯	
8	19	7	5	戊申	9	20	8	8	庚辰	10	20	9	8	庚戌	11	19	10	9	庚辰	12	19	11	9	庚戌	1	18	12	10	庚辰	
8	20	7	6	己酉	9	21	8	9	辛巳	10	21	9	9	辛亥	11	20	10	10	辛巳	12	20	11	10	辛亥	1	19	12	11	辛巳	
8	21	7	7	庚戌	9	22	8	10	壬午	10	22	9	10	壬子	11	21	10	11	壬午	12	21	11	11	壬子	1	20	12	12	壬午	
8	22	7	8	辛亥	9	23	8	11	癸未	10	23	9	11	癸丑	11	22	10	12	癸未	12	22	11	12	癸丑	1	21	12	13	癸未	
8	23	7	9	壬子	9	24	8	12	甲申	10	24	9	12	甲寅	11	23	10	13	甲申	12	23	11	13	甲寅	1	22	12	14	甲申	
8	24	7	10	癸丑	9	25	8	13	乙酉	10	25	9	13	乙卯	11	24	10	14	乙酉	12	24	11	14	乙卯	1	23	12	15	乙酉	
8	25	7	11	甲寅	9	26	8	14	丙戌	10	26	9	14	丙辰	11	25	10	15	丙戌	12	25	11	15	丙辰	1	24	12	16	丙戌	
8	26	7	12	乙卯	9	27	8	15	丁亥	10	27	9	15	丁巳	11	26	10	16	丁亥	12	26	11	16	丁巳	1	25	12	17	丁亥	
8	27	7	13	丙辰	9	28	8	16	戊子	10	28	9	16	戊午	11	27	10	17	戊子	12	27	11	17	戊午	1	26	12	18	戊子	
8	28	7	14	丁巳	9	29	8	17	己丑	10	29	9	17	己未	11	28	10	18	己丑	12	28	11	18	己未	1	27	12	19	己丑	
8	29	7	15	戊午	9	30	8	18	庚寅	10	30	9	18	庚申	11	29	10	19	庚寅	12	29	11	19	庚申	1	28	12	20	庚寅	
8	30	7	16	己未	10	1	8	19	辛卯	10	31	9	19	辛酉	11	30	10	20	辛卯	12	30	11	20	辛酉	1	29	12	21	辛卯	
8	31	7	17	庚申	10	2	8	20	壬辰	11	1	9	20	壬戌	12	1	10	21	壬辰	12	31	11	21	壬戌	1	30	12	22	壬辰	
9	1	7	18	辛酉	10	3	8	21	癸巳	11	2	9	21	癸亥	12	2	10	22	癸巳	1	1	11	22	癸亥	1	31	12	23	癸巳	
9	2	7	19	壬戌	10	4	8	22	甲午	11	3	9	22	甲子	12	3	10	23	甲午	1	2	11	23	甲子	2	1	12	24	甲午	
9	3	7	20	癸亥	10	5	8	23	乙未	11	4	9	23	乙丑	12	4	10	24	乙未	1	3	11	24	乙丑	2	2	12	25	乙未	
9	4	7	21	甲子	10	6	8	24	丙申	11	5	9	24	丙寅	12	5	10	25	丙申	1	4	11	25	丙寅	2	3	12	26	丙申	
9	5	7	22	乙丑	10	7	8	25	丁酉	11	6	9	25	丁卯	12	6	10	26	丁酉	1	5	11	26	丁卯						
9	6	7	23	丙寅																										
9	7	7	24	丁卯																										
處暑					秋分					霜降					小雪					冬至					大寒					中氣
8/23 14時0分 未時					9/23 11時29分 午時					10/23 20時40分 戌時					11/22 18時7分 酉時					12/22 7時23分 辰時					1/20 18時4分 酉時					

年	戊午																													
月	甲寅					乙卯					丙辰					丁巳					戊午					己未				
節氣	立春					驚蟄					清明					立夏					芒種					小暑				
	2/4 12時27分 午時					3/6 6時38分 卯時					4/5 11時39分 午時					5/6 5時8分 卯時					6/6 9時23分 巳時					7/7 19時36分 戌時				
日	國曆		農曆		干支	國曆		農曆		干支	國曆		農曆		干支	國曆		農曆		干支	國曆		農曆		干支	國曆		農曆		干支
中華民國六十七年 馬 1978	2	4	12	27	丁酉	3	6	1	28	丁卯	4	5	2	28	丁酉	5	6	3	30	戊辰	6	6	5	1	己亥	7	7	6	3	庚午
	2	5	12	28	戊戌	3	7	1	29	戊辰	4	6	2	29	戊戌	5	7	4	1	己巳	6	7	5	2	庚子	7	8	6	4	辛未
	2	6	12	29	己亥	3	8	1	30	己巳	4	7	3	1	己亥	5	8	4	2	庚午	6	8	5	3	辛丑	7	9	6	5	壬申
	2	7	1	1	庚子	3	9	2	1	庚午	4	8	3	2	庚子	5	9	4	3	辛未	6	9	5	4	壬寅	7	10	6	6	癸酉
	2	8	1	2	辛丑	3	10	2	2	辛未	4	9	3	3	辛丑	5	10	4	4	壬申	6	10	5	5	癸卯	7	11	6	7	甲戌
	2	9	1	3	壬寅	3	11	2	3	壬申	4	10	3	4	壬寅	5	11	4	5	癸酉	6	11	5	6	甲辰	7	12	6	8	乙亥
	2	10	1	4	癸卯	3	12	2	4	癸酉	4	11	3	5	癸卯	5	12	4	6	甲戌	6	12	5	7	乙巳	7	13	6	9	丙子
	2	11	1	5	甲辰	3	13	2	5	甲戌	4	12	3	6	甲辰	5	13	4	7	乙亥	6	13	5	8	丙午	7	14	6	10	丁丑
	2	12	1	6	乙巳	3	14	2	6	乙亥	4	13	3	7	乙巳	5	14	4	8	丙子	6	14	5	9	丁未	7	15	6	11	戊寅
	2	13	1	7	丙午	3	15	2	7	丙子	4	14	3	8	丙午	5	15	4	9	丁丑	6	15	5	10	戊申	7	16	6	12	己卯
	2	14	1	8	丁未	3	16	2	8	丁丑	4	15	3	9	丁未	5	16	4	10	戊寅	6	16	5	11	己酉	7	17	6	13	庚辰
	2	15	1	9	戊申	3	17	2	9	戊寅	4	16	3	10	戊申	5	17	4	11	己卯	6	17	5	12	庚戌	7	18	6	14	辛巳
	2	16	1	10	己酉	3	18	2	10	己卯	4	17	3	11	己酉	5	18	4	12	庚辰	6	18	5	13	辛亥	7	19	6	15	壬午
	2	17	1	11	庚戌	3	19	2	11	庚辰	4	18	3	12	庚戌	5	19	4	13	辛巳	6	19	5	14	壬子	7	20	6	16	癸未
	2	18	1	12	辛亥	3	20	2	12	辛巳	4	19	3	13	辛亥	5	20	4	14	壬午	6	20	5	15	癸丑	7	21	6	17	甲申
	2	19	1	13	壬子	3	21	2	13	壬午	4	20	3	14	壬子	5	21	4	15	癸未	6	21	5	16	甲寅	7	22	6	18	乙酉
	2	20	1	14	癸丑	3	22	2	14	癸未	4	21	3	15	癸丑	5	22	4	16	甲申	6	22	5	17	乙卯	7	23	6	19	丙戌
	2	21	1	15	甲寅	3	23	2	15	甲申	4	22	3	16	甲寅	5	23	4	17	乙酉	6	23	5	18	丙辰	7	24	6	20	丁亥
	2	22	1	16	乙卯	3	24	2	16	乙酉	4	23	3	17	乙卯	5	24	4	18	丙戌	6	24	5	19	丁巳	7	25	6	21	戊子
	2	23	1	17	丙辰	3	25	2	17	丙戌	4	24	3	18	丙辰	5	25	4	19	丁亥	6	25	5	20	戊午	7	26	6	22	己丑
	2	24	1	18	丁巳	3	26	2	18	丁亥	4	25	3	19	丁巳	5	26	4	20	戊子	6	26	5	21	己未	7	27	6	23	庚寅
	2	25	1	19	戊午	3	27	2	19	戊子	4	26	3	20	戊午	5	27	4	21	己丑	6	27	5	22	庚申	7	28	6	24	辛卯
	2	26	1	20	己未	3	28	2	20	己丑	4	27	3	21	己未	5	28	4	22	庚寅	6	28	5	23	辛酉	7	29	6	25	壬辰
	2	27	1	21	庚申	3	29	2	21	庚寅	4	28	3	22	庚申	5	29	4	23	辛卯	6	29	5	24	壬戌	7	30	6	26	癸巳
	2	28	1	22	辛酉	3	30	2	22	辛卯	4	29	3	23	辛酉	5	30	4	24	壬辰	6	30	5	25	癸亥	7	31	6	27	甲午
	3	1	1	23	壬戌	3	31	2	23	壬辰	4	30	3	24	壬戌	5	31	4	25	癸巳	7	1	5	26	甲子	8	1	6	28	乙未
	3	2	1	24	癸亥	4	1	2	24	癸巳	5	1	3	25	癸亥	6	1	4	26	甲午	7	2	5	27	乙丑	8	2	6	29	丙申
	3	3	1	25	甲子	4	2	2	25	甲午	5	2	3	26	甲子	6	2	4	27	乙未	7	3	5	28	丙寅	8	3	6	30	丁酉
	3	4	1	26	乙丑	4	3	2	26	乙未	5	3	3	27	乙丑	6	3	4	28	丙申	7	4	5	29	丁卯	8	4	7	1	戊戌
	3	5	1	27	丙寅	4	4	2	27	丙申	5	4	3	28	丙寅	6	4	4	29	丁酉	7	5	6	1	戊辰	8	5	7	2	己亥
											5	5	3	29	丁卯	6	5	4	30	戊戌	7	6	6	2	己巳	8	6	7	3	庚子
																										8	7	7	4	辛丑
中氣	雨水					春分					穀雨					小滿					夏至					大暑				
	2/19 8時20分 辰時					3/21 7時33分 辰時					4/20 18時49分 酉時					5/21 18時8分 酉時					6/22 2時9分 丑時					7/23 13時0分 未時				

戊午																														年
庚申					辛酉					壬戌					癸亥					甲子					乙丑					月
立秋					白露					寒露					立冬					大雪					小寒					節氣
8/8 5時17分 卯時					9/8 8時2分 辰時					10/8 23時30分 子時					11/8 2時34分 丑時					12/7 19時20分 戌時					1/6 6時31分 卯時					
國曆		農曆		干支	國曆		農曆		干支	國曆		農曆		干支	國曆		農曆		干支	國曆		農曆		干支	國曆		農曆		干支	日
8	8	7	5	壬寅	9	8	8	6	癸酉	10	8	9	7	癸卯	11	8	10	8	甲戌	12	7	11	8	癸卯	1	6	12	8	癸酉	中華民國六十七、六十八年 馬 1978、1979
8	9	7	6	癸卯	9	9	8	7	甲戌	10	9	9	8	甲辰	11	9	10	9	乙亥	12	8	11	9	甲辰	1	7	12	9	甲戌	
8	10	7	7	甲辰	9	10	8	8	乙亥	10	10	9	9	乙巳	11	10	10	10	丙子	12	9	11	10	乙巳	1	8	12	10	乙亥	
8	11	7	8	乙巳	9	11	8	9	丙子	10	11	9	10	丙午	11	11	10	11	丁丑	12	10	11	11	丙午	1	9	12	11	丙子	
8	12	7	9	丙午	9	12	8	10	丁丑	10	12	9	11	丁未	11	12	10	12	戊寅	12	11	11	12	丁未	1	10	12	12	丁丑	
8	13	7	10	丁未	9	13	8	11	戊寅	10	13	9	12	戊申	11	13	10	13	己卯	12	12	11	13	戊申	1	11	12	13	戊寅	
8	14	7	11	戊申	9	14	8	12	己卯	10	14	9	13	己酉	11	14	10	14	庚辰	12	13	11	14	己酉	1	12	12	14	己卯	
8	15	7	12	己酉	9	15	8	13	庚辰	10	15	9	14	庚戌	11	15	10	15	辛巳	12	14	11	15	庚戌	1	13	12	15	庚辰	
8	16	7	13	庚戌	9	16	8	14	辛巳	10	16	9	15	辛亥	11	16	10	16	壬午	12	15	11	16	辛亥	1	14	12	16	辛巳	
8	17	7	14	辛亥	9	17	8	15	壬午	10	17	9	16	壬子	11	17	10	17	癸未	12	16	11	17	壬子	1	15	12	17	壬午	
8	18	7	15	壬子	9	18	8	16	癸未	10	18	9	17	癸丑	11	18	10	18	甲申	12	17	11	18	癸丑	1	16	12	18	癸未	
8	19	7	16	癸丑	9	19	8	17	甲申	10	19	9	18	甲寅	11	19	10	19	乙酉	12	18	11	19	甲寅	1	17	12	19	甲申	
8	20	7	17	甲寅	9	20	8	18	乙酉	10	20	9	19	乙卯	11	20	10	20	丙戌	12	19	11	20	乙卯	1	18	12	20	乙酉	
8	21	7	18	乙卯	9	21	8	19	丙戌	10	21	9	20	丙辰	11	21	10	21	丁亥	12	20	11	21	丙辰	1	19	12	21	丙戌	
8	22	7	19	丙辰	9	22	8	20	丁亥	10	22	9	21	丁巳	11	22	10	22	戊子	12	21	11	22	丁巳	1	20	12	22	丁亥	
8	23	7	20	丁巳	9	23	8	21	戊子	10	23	9	22	戊午	11	23	10	23	己丑	12	22	11	23	戊午	1	21	12	23	戊子	
8	24	7	21	戊午	9	24	8	22	己丑	10	24	9	23	己未	11	24	10	24	庚寅	12	23	11	24	己未	1	22	12	24	己丑	
8	25	7	22	己未	9	25	8	23	庚寅	10	25	9	24	庚申	11	25	10	25	辛卯	12	24	11	25	庚申	1	23	12	25	庚寅	
8	26	7	23	庚申	9	26	8	24	辛卯	10	26	9	25	辛酉	11	26	10	26	壬辰	12	25	11	26	辛酉	1	24	12	26	辛卯	
8	27	7	24	辛酉	9	27	8	25	壬辰	10	27	9	26	壬戌	11	27	10	27	癸巳	12	26	11	27	壬戌	1	25	12	27	壬辰	
8	28	7	25	壬戌	9	28	8	26	癸巳	10	28	9	27	癸亥	11	28	10	28	甲午	12	27	11	28	癸亥	1	26	12	28	癸巳	
8	29	7	26	癸亥	9	29	8	27	甲午	10	29	9	28	甲子	11	29	10	29	乙未	12	28	11	29	甲子	1	27	12	29	甲午	
8	30	7	27	甲子	9	30	8	28	乙未	10	30	9	29	乙丑	11	30	11	1	丙申	12	29	11	30	乙丑	1	28	1	1	乙未	
8	31	7	28	乙丑	10	1	8	29	丙申	10	31	9	30	丙寅	12	1	11	2	丁酉	12	30	12	1	丙寅	1	29	1	2	丙申	
9	1	7	29	丙寅	10	2	9	1	丁酉	11	1	10	1	丁卯	12	2	11	3	戊戌	12	31	12	2	丁卯	1	30	1	3	丁酉	
9	2	7	30	丁卯	10	3	9	2	戊戌	11	2	10	2	戊辰	12	3	11	4	己亥	1	1	12	3	戊辰	1	31	1	4	戊戌	
9	3	8	1	戊辰	10	4	9	3	己亥	11	3	10	3	己巳	12	4	11	5	庚子	1	2	12	4	己巳	2	1	1	5	己亥	
9	4	8	2	己巳	10	5	9	4	庚子	11	4	10	4	庚午	12	5	11	6	辛丑	1	3	12	5	庚午	2	2	1	6	庚子	
9	5	8	3	庚午	10	6	9	5	辛丑	11	5	10	5	辛未	12	6	11	7	壬寅	1	4	12	6	辛未	2	3	1	7	辛丑	
9	6	8	4	辛未	10	7	9	6	壬寅	11	6	10	6	壬申						1	5	12	7	壬申						
9	7	8	5	壬申						11	7	10	7	癸酉																
處暑					秋分					霜降					小雪					冬至					大寒					中氣
8/23 19時56分 戌時					9/23 17時25分 酉時					10/24 2時37分 丑時					11/23 0時4分 子時					12/22 13時20分 未時					1/20 23時59分 子時					

年	己未																													
月	丙寅					丁卯					戊辰					己巳					庚午					辛未				
節氣	立春					驚蟄					清明					立夏					芒種					小暑				
	2/4 18時12分 酉時					3/6 12時19分 午時					4/5 17時17分 酉時					5/6 10時47分 巳時					6/6 15時5分 申時					7/8 1時24分 丑時				
日	國曆		農曆		干支	國曆		農曆		干支	國曆		農曆		干支	國曆		農曆		干支	國曆		農曆		干支	國曆		農曆		干支
中華民國六十八年 羊 1979	2	4	1	8	壬寅	3	6	2	8	壬申	4	5	3	9	壬寅	5	6	4	11	癸酉	6	6	5	12	甲辰	7	8	6	15	丙子
	2	5	1	9	癸卯	3	7	2	9	癸酉	4	6	3	10	癸卯	5	7	4	12	甲戌	6	7	5	13	乙巳	7	9	6	16	丁丑
	2	6	1	10	甲辰	3	8	2	10	甲戌	4	7	3	11	甲辰	5	8	4	13	乙亥	6	8	5	14	丙午	7	10	6	17	戊寅
	2	7	1	11	乙巳	3	9	2	11	乙亥	4	8	3	12	乙巳	5	9	4	14	丙子	6	9	5	15	丁未	7	11	6	18	己卯
	2	8	1	12	丙午	3	10	2	12	丙子	4	9	3	13	丙午	5	10	4	15	丁丑	6	10	5	16	戊申	7	12	6	19	庚辰
	2	9	1	13	丁未	3	11	2	13	丁丑	4	10	3	14	丁未	5	11	4	16	戊寅	6	11	5	17	己酉	7	13	6	20	辛巳
	2	10	1	14	戊申	3	12	2	14	戊寅	4	11	3	15	戊申	5	12	4	17	己卯	6	12	5	18	庚戌	7	14	6	21	壬午
	2	11	1	15	己酉	3	13	2	15	己卯	4	12	3	16	己酉	5	13	4	18	庚辰	6	13	5	19	辛亥	7	15	6	22	癸未
	2	12	1	16	庚戌	3	14	2	16	庚辰	4	13	3	17	庚戌	5	14	4	19	辛巳	6	14	5	20	壬子	7	16	6	23	甲申
	2	13	1	17	辛亥	3	15	2	17	辛巳	4	14	3	18	辛亥	5	15	4	20	壬午	6	15	5	21	癸丑	7	17	6	24	乙酉
	2	14	1	18	壬子	3	16	2	18	壬午	4	15	3	19	壬子	5	16	4	21	癸未	6	16	5	22	甲寅	7	18	6	25	丙戌
	2	15	1	19	癸丑	3	17	2	19	癸未	4	16	3	20	癸丑	5	17	4	22	甲申	6	17	5	23	乙卯	7	19	6	26	丁亥
	2	16	1	20	甲寅	3	18	2	20	甲申	4	17	3	21	甲寅	5	18	4	23	乙酉	6	18	5	24	丙辰	7	20	6	27	戊子
	2	17	1	21	乙卯	3	19	2	21	乙酉	4	18	3	22	乙卯	5	19	4	24	丙戌	6	19	5	25	丁巳	7	21	6	28	己丑
	2	18	1	22	丙辰	3	20	2	22	丙戌	4	19	3	23	丙辰	5	20	4	25	丁亥	6	20	5	26	戊午	7	22	6	29	庚寅
	2	19	1	23	丁巳	3	21	2	23	丁亥	4	20	3	24	丁巳	5	21	4	26	戊子	6	21	5	27	己未	7	23	6	30	辛卯
	2	20	1	24	戊午	3	22	2	24	戊子	4	21	3	25	戊午	5	22	4	27	己丑	6	22	5	28	庚申	7	24	閏6	1	壬辰
	2	21	1	25	己未	3	23	2	25	己丑	4	22	3	26	己未	5	23	4	28	庚寅	6	23	5	29	辛酉	7	25	6	2	癸巳
	2	22	1	26	庚申	3	24	2	26	庚寅	4	23	3	27	庚申	5	24	4	29	辛卯	6	24	6	1	壬戌	7	26	6	3	甲午
	2	23	1	27	辛酉	3	25	2	27	辛卯	4	24	3	28	辛酉	5	25	4	30	壬辰	6	25	6	2	癸亥	7	27	6	4	乙未
	2	24	1	28	壬戌	3	26	2	28	壬辰	4	25	3	29	壬戌	5	26	5	1	癸巳	6	26	6	3	甲子	7	28	6	5	丙申
	2	25	1	29	癸亥	3	27	2	29	癸巳	4	26	4	1	癸亥	5	27	5	2	甲午	6	27	6	4	乙丑	7	29	6	6	丁酉
	2	26	1	30	甲子	3	28	3	1	甲午	4	27	4	2	甲子	5	28	5	3	乙未	6	28	6	5	丙寅	7	30	6	7	戊戌
	2	27	2	1	乙丑	3	29	3	2	乙未	4	28	4	3	乙丑	5	29	5	4	丙申	6	29	6	6	丁卯	7	31	6	8	己亥
	2	28	2	2	丙寅	3	30	3	3	丙申	4	29	4	4	丙寅	5	30	5	5	丁酉	6	30	6	7	戊辰	8	1	6	9	庚子
	3	1	2	3	丁卯	3	31	3	4	丁酉	4	30	4	5	丁卯	5	31	5	6	戊戌	7	1	6	8	己巳	8	2	6	10	辛丑
	3	2	2	4	戊辰	4	1	3	5	戊戌	5	1	4	6	戊辰	6	1	5	7	己亥	7	2	6	9	庚午	8	3	6	11	壬寅
	3	3	2	5	己巳	4	2	3	6	己亥	5	2	4	7	己巳	6	2	5	8	庚子	7	3	6	10	辛未	8	4	6	12	癸卯
	3	4	2	6	庚午	4	3	3	7	庚子	5	3	4	8	庚午	6	3	5	9	辛丑	7	4	6	11	壬申	8	5	6	13	甲辰
	3	5	2	7	辛未	4	4	3	8	辛丑	5	4	4	9	辛未	6	4	5	10	壬寅	7	5	6	12	癸酉	8	6	6	14	乙巳
											5	5	4	10	壬申	6	5	5	11	癸卯	7	6	6	13	甲戌	8	7	6	15	丙午
																					7	7	6	14	乙亥					
中氣	雨水					春分					穀雨					小滿					夏至					大暑				
	2/19 14時13分 未時					3/21 13時21分 未時					4/21 0時35分 子時					5/21 23時53分 子時					6/22 7時56分 辰時					7/23 18時48分 酉時				

日光節約時間：七月一日至九月三十日

己未																													年
壬申				癸酉					甲戌					乙亥					丙子					丁丑					月
立秋				白露					寒露					立冬					大雪					小寒					節氣
8 11時10分 午時				9/8 13時59分 未時					10/9 5時30分 卯時					11/8 8時32分 辰時					12/8 1時17分 丑時					1/6 12時28分 午時					
曆	農曆		干支	國曆		農曆		干支	國曆		農曆		干支	國曆		農曆		干支	國曆		農曆		干支	國曆		農曆		干支	日
8	6	16	丁未	9	8	7	17	戊寅	10	8	8	18	戊申	11	8	9	19	己卯	12	8	10	19	己酉	1	6	11	19	戊寅	
9	6	17	戊申	9	9	7	18	己卯	10	9	8	19	己酉	11	9	9	20	庚辰	12	9	10	20	庚戌	1	7	11	20	己卯	
10	6	18	己酉	9	10	7	19	庚辰	10	10	8	20	庚戌	11	10	9	21	辛巳	12	10	10	21	辛亥	1	8	11	21	庚辰	
11	6	19	庚戌	9	11	7	20	辛巳	10	11	8	21	辛亥	11	11	9	22	壬午	12	11	10	22	壬子	1	9	11	22	辛巳	
12	6	20	辛亥	9	12	7	21	壬午	10	12	8	22	壬子	11	12	9	23	癸未	12	12	10	23	癸丑	1	10	11	23	壬午	
13	6	21	壬子	9	13	7	22	癸未	10	13	8	23	癸丑	11	13	9	24	甲申	12	13	10	24	甲寅	1	11	11	24	癸未	
14	6	22	癸丑	9	14	7	23	甲申	10	14	8	24	甲寅	11	14	9	25	乙酉	12	14	10	25	乙卯	1	12	11	25	甲申	
15	6	23	甲寅	9	15	7	24	乙酉	10	15	8	25	乙卯	11	15	9	26	丙戌	12	15	10	26	丙辰	1	13	11	26	乙酉	
16	6	24	乙卯	9	16	7	25	丙戌	10	16	8	26	丙辰	11	16	9	27	丁亥	12	16	10	27	丁巳	1	14	11	27	丙戌	
17	6	25	丙辰	9	17	7	26	丁亥	10	17	8	27	丁巳	11	17	9	28	戊子	12	17	10	28	戊午	1	15	11	28	丁亥	
18	6	26	丁巳	9	18	7	27	戊子	10	18	8	28	戊午	11	18	9	29	己丑	12	18	10	29	己未	1	16	11	29	戊子	
19	6	27	戊午	9	19	7	28	己丑	10	19	8	29	己未	11	19	9	30	庚寅	12	19	11	1	庚申	1	17	11	30	己丑	
20	6	28	己未	9	20	7	29	庚寅	10	20	8	30	庚申	11	20	10	1	辛卯	12	20	11	2	辛酉	1	18	12	1	庚寅	
21	6	29	庚申	9	21	8	1	辛卯	10	21	9	1	辛酉	11	21	10	2	壬辰	12	21	11	3	壬戌	1	19	12	2	辛卯	
22	6	30	辛酉	9	22	8	2	壬辰	10	22	9	2	壬戌	11	22	10	3	癸巳	12	22	11	4	癸亥	1	20	12	3	壬辰	
23	7	1	壬戌	9	23	8	3	癸巳	10	23	9	3	癸亥	11	23	10	4	甲午	12	23	11	5	甲子	1	21	12	4	癸巳	
24	7	2	癸亥	9	24	8	4	甲午	10	24	9	4	甲子	11	24	10	5	乙未	12	24	11	6	乙丑	1	22	12	5	甲午	
25	7	3	甲子	9	25	8	5	乙未	10	25	9	5	乙丑	11	25	10	6	丙申	12	25	11	7	丙寅	1	23	12	6	乙未	
26	7	4	乙丑	9	26	8	6	丙申	10	26	9	6	丙寅	11	26	10	7	丁酉	12	26	11	8	丁卯	1	24	12	7	丙申	
27	7	5	丙寅	9	27	8	7	丁酉	10	27	9	7	丁卯	11	27	10	8	戊戌	12	27	11	9	戊辰	1	25	12	8	丁酉	
28	7	6	丁卯	9	28	8	8	戊戌	10	28	9	8	戊辰	11	28	10	9	己亥	12	28	11	10	己巳	1	26	12	9	戊戌	
29	7	7	戊辰	9	29	8	9	己亥	10	29	9	9	己巳	11	29	10	10	庚子	12	29	11	11	庚午	1	27	12	10	己亥	
30	7	8	己巳	9	30	8	10	庚子	10	30	9	10	庚午	11	30	10	11	辛丑	12	30	11	12	辛未	1	28	12	11	庚子	
31	7	9	庚午	10	1	8	11	辛丑	10	31	9	11	辛未	12	1	10	12	壬寅	12	31	11	13	壬申	1	29	12	12	辛丑	
1	7	10	辛未	10	2	8	12	壬寅	11	1	9	12	壬申	12	2	10	13	癸卯	1	1	11	14	癸酉	1	30	12	13	壬寅	
2	7	11	壬申	10	3	8	13	癸卯	11	2	9	13	癸酉	12	3	10	14	甲辰	1	2	11	15	甲戌	1	31	12	14	癸卯	
3	7	12	癸酉	10	4	8	14	甲辰	11	3	9	14	甲戌	12	4	10	15	乙巳	1	3	11	16	乙亥	2	1	12	15	甲辰	
4	7	13	甲戌	10	5	8	15	乙巳	11	4	9	15	乙亥	12	5	10	16	丙午	1	4	11	17	丙子	2	2	12	16	乙巳	
5	7	14	乙亥	10	6	8	16	丙午	11	5	9	16	丙子	12	6	10	17	丁未	1	5	11	18	丁丑	2	3	12	17	丙午	
6	7	15	丙子	10	7	8	17	丁未	11	6	9	17	丁丑	12	7	10	18	戊申						2	4	12	18	丁未	
7	7	16	丁丑						11	7	9	18	戊寅																
處暑				秋分					霜降					小雪					冬至					大寒					中氣
/24 1時46分 丑時				9/23 23時16分 子時					10/24 8時27分 辰時					11/23 5時54分 卯時					12/22 19時9分 戌時					1/21 5時48分 卯時					

中華民國六十八、六十九年 羊

1979、1980

年	庚申																	
月	戊寅			己卯			庚辰			辛巳			壬午			癸未		
節氣	立春 2/5 0時9分 子時			驚蟄 3/5 18時16分 酉時			清明 4/4 23時14分 子時			立夏 5/5 16時44分 申時			芒種 6/5 21時3分 亥時			小暑 7/7 7時23分 辰時		
日	國曆	農曆	干支	國曆	農曆	干支	國曆	農曆	干支	國曆	農曆	干支	國曆	農曆	干支	國曆	農曆	干支
中華民國六十九年 猴 1980	2 5	12 19	戊申	3 5	1 19	丁丑	4 4	2 19	丁未	5 5	3 21	戊寅	6 5	4 23	己酉	7 7	5 25	辛巳
	2 6	12 20	己酉	3 6	1 20	戊寅	4 5	2 20	戊申	5 6	3 22	己卯	6 6	4 24	庚戌	7 8	5 26	壬午
	2 7	12 21	庚戌	3 7	1 21	己卯	4 6	2 21	己酉	5 7	3 23	庚辰	6 7	4 25	辛亥	7 9	5 27	癸未
	2 8	12 22	辛亥	3 8	1 22	庚辰	4 7	2 22	庚戌	5 8	3 24	辛巳	6 8	4 26	壬子	7 10	5 28	甲申
	2 9	12 23	壬子	3 9	1 23	辛巳	4 8	2 23	辛亥	5 9	3 25	壬午	6 9	4 27	癸丑	7 11	5 29	乙酉
	2 10	12 24	癸丑	3 10	1 24	壬午	4 9	2 24	壬子	5 10	3 26	癸未	6 10	4 28	甲寅	7 12	6 1	丙戌
	2 11	12 25	甲寅	3 11	1 25	癸未	4 10	2 25	癸丑	5 11	3 27	甲申	6 11	4 29	乙卯	7 13	6 2	丁亥
	2 12	12 26	乙卯	3 12	1 26	甲申	4 11	2 26	甲寅	5 12	3 28	乙酉	6 12	4 30	丙辰	7 14	6 3	戊子
	2 13	12 27	丙辰	3 13	1 27	乙酉	4 12	2 27	乙卯	5 13	3 29	丙戌	6 13	5 1	丁巳	7 15	6 4	己丑
	2 14	12 28	丁巳	3 14	1 28	丙戌	4 13	2 28	丙辰	5 14	4 1	丁亥	6 14	5 2	戊午	7 16	6 5	庚寅
	2 15	12 29	戊午	3 15	1 29	丁亥	4 14	2 29	丁巳	5 15	4 2	戊子	6 15	5 3	己未	7 17	6 6	辛卯
	2 16	1 1	己未	3 16	1 30	戊子	4 15	3 1	戊午	5 16	4 3	己丑	6 16	5 4	庚申	7 18	6 7	壬辰
	2 17	1 2	庚申	3 17	2 1	己丑	4 16	3 2	己未	5 17	4 4	庚寅	6 17	5 5	辛酉	7 19	6 8	癸巳
	2 18	1 3	辛酉	3 18	2 2	庚寅	4 17	3 3	庚申	5 18	4 5	辛卯	6 18	5 6	壬戌	7 20	6 9	甲午
	2 19	1 4	壬戌	3 19	2 3	辛卯	4 18	3 4	辛酉	5 19	4 6	壬辰	6 19	5 7	癸亥	7 21	6 10	乙未
	2 20	1 5	癸亥	3 20	2 4	壬辰	4 19	3 5	壬戌	5 20	4 7	癸巳	6 20	5 8	甲子	7 22	6 11	丙申
	2 21	1 6	甲子	3 21	2 5	癸巳	4 20	3 6	癸亥	5 21	4 8	甲午	6 21	5 9	乙丑	7 23	6 12	丁酉
	2 22	1 7	乙丑	3 22	2 6	甲午	4 21	3 7	甲子	5 22	4 9	乙未	6 22	5 10	丙寅	7 24	6 13	戊戌
	2 23	1 8	丙寅	3 23	2 7	乙未	4 22	3 8	乙丑	5 23	4 10	丙申	6 23	5 11	丁卯	7 25	6 14	己亥
	2 24	1 9	丁卯	3 24	2 8	丙申	4 23	3 9	丙寅	5 24	4 11	丁酉	6 24	5 12	戊辰	7 26	6 15	庚子
	2 25	1 10	戊辰	3 25	2 9	丁酉	4 24	3 10	丁卯	5 25	4 12	戊戌	6 25	5 13	己巳	7 27	6 16	辛丑
	2 26	1 11	己巳	3 26	2 10	戊戌	4 25	3 11	戊辰	5 26	4 13	己亥	6 26	5 14	庚午	7 28	6 17	壬寅
	2 27	1 12	庚午	3 27	2 11	己亥	4 26	3 12	己巳	5 27	4 14	庚子	6 27	5 15	辛未	7 29	6 18	癸卯
	2 28	1 13	辛未	3 28	2 12	庚子	4 27	3 13	庚午	5 28	4 15	辛丑	6 28	5 16	壬申	7 30	6 19	甲辰
	2 29	1 14	壬申	3 29	2 13	辛丑	4 28	3 14	辛未	5 29	4 16	壬寅	6 29	5 17	癸酉	7 31	6 20	乙巳
	3 1	1 15	癸酉	3 30	2 14	壬寅	4 29	3 15	壬申	5 30	4 17	癸卯	6 30	5 18	甲戌	8 1	6 21	丙午
	3 2	1 16	甲戌	3 31	2 15	癸卯	4 30	3 16	癸酉	5 31	4 18	甲辰	7 1	5 19	乙亥	8 2	6 22	丁未
	3 3	1 17	乙亥	4 1	2 16	甲辰	5 1	3 17	甲戌	6 1	4 19	乙巳	7 2	5 20	丙子	8 3	6 23	戊申
	3 4	1 18	丙子	4 2	2 17	乙巳	5 2	3 18	乙亥	6 2	4 20	丙午	7 3	5 21	丁丑	8 4	6 24	己酉
				4 3	2 18	丙午	5 3	3 19	丙子	6 3	4 21	丁未	7 4	5 22	戊寅	8 5	6 25	庚戌
							5 4	3 20	丁丑	6 4	4 22	戊申	7 5	5 23	己卯	8 6	6 26	辛亥
													7 6	5 24	庚辰			
中氣	雨水 2/19 20時1分 戌時			春分 3/20 19時9分 戌時			穀雨 4/20 6時22分 卯時			小滿 5/21 5時42分 卯時			夏至 6/21 13時47分 未時			大暑 7/23 0時42分 子時		

庚申																														年
甲申					乙酉					丙戌					丁亥					戊子					己丑					月
立秋					白露					寒露					立冬					大雪					小寒					節氣
/7 17時8分 酉時					9/7 19時53分 戌時					10/8 11時19分 午時					11/7 14時18分 未時					12/7 7時1分 辰時					1/5 18時12分 酉時					
曆		農曆		干支	國曆		農曆		干支	國曆		農曆		干支	國曆		農曆		干支	國曆		農曆		干支	國曆		農曆		干支	日
	7	6	27	壬子	9	7	7	28	癸未	10	8	8	30	甲寅	11	7	9	30	甲申	12	7	11	1	甲寅	1	5	11	30	癸未	
	8	6	28	癸丑	9	8	7	29	甲申	10	9	9	1	乙卯	11	8	10	1	乙酉	12	8	11	2	乙卯	1	6	12	1	甲申	
	9	6	29	甲寅	9	9	8	1	乙酉	10	10	9	2	丙辰	11	9	10	2	丙戌	12	9	11	3	丙辰	1	7	12	2	乙酉	
	10	6	30	乙卯	9	10	8	2	丙戌	10	11	9	3	丁巳	11	10	10	3	丁亥	12	10	11	4	丁巳	1	8	12	3	丙戌	
	11	7	1	丙辰	9	11	8	3	丁亥	10	12	9	4	戊午	11	11	10	4	戊子	12	11	11	5	戊午	1	9	12	4	丁亥	
	12	7	2	丁巳	9	12	8	4	戊子	10	13	9	5	己未	11	12	10	5	己丑	12	12	11	6	己未	1	10	12	5	戊子	
	13	7	3	戊午	9	13	8	5	己丑	10	14	9	6	庚申	11	13	10	6	庚寅	12	13	11	7	庚申	1	11	12	6	己丑	
	14	7	4	己未	9	14	8	6	庚寅	10	15	9	7	辛酉	11	14	10	7	辛卯	12	14	11	8	辛酉	1	12	12	7	庚寅	
	15	7	5	庚申	9	15	8	7	辛卯	10	16	9	8	壬戌	11	15	10	8	壬辰	12	15	11	9	壬戌	1	13	12	8	辛卯	
	16	7	6	辛酉	9	16	8	8	壬辰	10	17	9	9	癸亥	11	16	10	9	癸巳	12	16	11	10	癸亥	1	14	12	9	壬辰	
	17	7	7	壬戌	9	17	8	9	癸巳	10	18	9	10	甲子	11	17	10	10	甲午	12	17	11	11	甲子	1	15	12	10	癸巳	
	18	7	8	癸亥	9	18	8	10	甲午	10	19	9	11	乙丑	11	18	10	11	乙未	12	18	11	12	乙丑	1	16	12	11	甲午	
	19	7	9	甲子	9	19	8	11	乙未	10	20	9	12	丙寅	11	19	10	12	丙申	12	19	11	13	丙寅	1	17	12	12	乙未	
	20	7	10	乙丑	9	20	8	12	丙申	10	21	9	13	丁卯	11	20	10	13	丁酉	12	20	11	14	丁卯	1	18	12	13	丙申	
	21	7	11	丙寅	9	21	8	13	丁酉	10	22	9	14	戊辰	11	21	10	14	戊戌	12	21	11	15	戊辰	1	19	12	14	丁酉	
	22	7	12	丁卯	9	22	8	14	戊戌	10	23	9	15	己巳	11	22	10	15	己亥	12	22	11	16	己巳	1	20	12	15	戊戌	
	23	7	13	戊辰	9	23	8	15	己亥	10	24	9	16	庚午	11	23	10	16	庚子	12	23	11	17	庚午	1	21	12	16	己亥	
	24	7	14	己巳	9	24	8	16	庚子	10	25	9	17	辛未	11	24	10	17	辛丑	12	24	11	18	辛未	1	22	12	17	庚子	
	25	7	15	庚午	9	25	8	17	辛丑	10	26	9	18	壬申	11	25	10	18	壬寅	12	25	11	19	壬申	1	23	12	18	辛丑	
	26	7	16	辛未	9	26	8	18	壬寅	10	27	9	19	癸酉	11	26	10	19	癸卯	12	26	11	20	癸酉	1	24	12	19	壬寅	
	27	7	17	壬申	9	27	8	19	癸卯	10	28	9	20	甲戌	11	27	10	20	甲辰	12	27	11	21	甲戌	1	25	12	20	癸卯	
	28	7	18	癸酉	9	28	8	20	甲辰	10	29	9	21	乙亥	11	28	10	21	乙巳	12	28	11	22	乙亥	1	26	12	21	甲辰	
	29	7	19	甲戌	9	29	8	21	乙巳	10	30	9	22	丙子	11	29	10	22	丙午	12	29	11	23	丙子	1	27	12	22	乙巳	
	30	7	20	乙亥	9	30	8	22	丙午	10	31	9	23	丁丑	11	30	10	23	丁未	12	30	11	24	丁丑	1	28	12	23	丙午	
	31	7	21	丙子	10	1	8	23	丁未	11	1	9	24	戊寅	12	1	10	24	戊申	12	31	11	25	戊寅	1	29	12	24	丁未	
	1	7	22	丁丑	10	2	8	24	戊申	11	2	9	25	己卯	12	2	10	25	己酉	1	1	11	26	己卯	1	30	12	25	戊申	
	2	7	23	戊寅	10	3	8	25	己酉	11	3	9	26	庚辰	12	3	10	26	庚戌	1	2	11	27	庚辰	1	31	12	26	己酉	
	3	7	24	己卯	10	4	8	26	庚戌	11	4	9	27	辛巳	12	4	10	27	辛亥	1	3	11	28	辛巳	2	1	12	27	庚戌	
	4	7	25	庚辰	10	5	8	27	辛亥	11	5	9	28	壬午	12	5	10	28	壬子	1	4	11	29	壬午	2	2	12	28	辛亥	
	5	7	26	辛巳	10	6	8	28	壬子	11	6	9	29	癸未	12	6	10	29	癸丑						2	3	12	29	壬子	
	6	7	27	壬午	10	7	8	29	癸丑																					
處暑					秋分					霜降					小雪					冬至					大寒					中氣
8/23 7時40分 辰時					9/23 5時8分 卯時					10/23 14時17分 未時					11/22 11時41分 午時					12/22 0時56分 子時					1/20 11時35分 午時					

中華民國六十九、七十年 猴

1980、1981

年	辛酉																													
月	庚寅					辛卯					壬辰					癸巳					甲午					乙未				
節氣	立春					驚蟄					清明					立夏					芒種					小暑				
	2/4 5時55分 卯時					3/6 0時5分 子時					4/5 5時5分 卯時					5/5 22時34分 亥時					6/6 2時52分 丑時					7/7 13時11分 未時				
日	國曆		農曆		干支	國曆		農曆		干支	國曆		農曆		干支	國曆		農曆		干支	國曆		農曆		干支	國曆		農曆		干支
中華民國七十年 雞 1981	2	4	12	30	癸丑	3	6	2	1	癸未	4	5	3	1	癸丑	5	5	4	2	癸未	6	6	5	5	乙卯	7	7	6	6	丙
	2	5	1	1	甲寅	3	7	2	2	甲申	4	6	3	2	甲寅	5	6	4	3	甲申	6	7	5	6	丙辰	7	8	6	7	丁
	2	6	1	2	乙卯	3	8	2	3	乙酉	4	7	3	3	乙卯	5	7	4	4	乙酉	6	8	5	7	丁巳	7	9	6	8	戊
	2	7	1	3	丙辰	3	9	2	4	丙戌	4	8	3	4	丙辰	5	8	4	5	丙戌	6	9	5	8	戊午	7	10	6	9	己
	2	8	1	4	丁巳	3	10	2	5	丁亥	4	9	3	5	丁巳	5	9	4	6	丁亥	6	10	5	9	己未	7	11	6	10	庚
	2	9	1	5	戊午	3	11	2	6	戊子	4	10	3	6	戊午	5	10	4	7	戊子	6	11	5	10	庚申	7	12	6	11	辛
	2	10	1	6	己未	3	12	2	7	己丑	4	11	3	7	己未	5	11	4	8	己丑	6	12	5	11	辛酉	7	13	6	12	壬
	2	11	1	7	庚申	3	13	2	8	庚寅	4	12	3	8	庚申	5	12	4	9	庚寅	6	13	5	12	壬戌	7	14	6	13	癸
	2	12	1	8	辛酉	3	14	2	9	辛卯	4	13	3	9	辛酉	5	13	4	10	辛卯	6	14	5	13	癸亥	7	15	6	14	甲
	2	13	1	9	壬戌	3	15	2	10	壬辰	4	14	3	10	壬戌	5	14	4	11	壬辰	6	15	5	14	甲子	7	16	6	15	乙
	2	14	1	10	癸亥	3	16	2	11	癸巳	4	15	3	11	癸亥	5	15	4	12	癸巳	6	16	5	15	乙丑	7	17	6	16	丙
	2	15	1	11	甲子	3	17	2	12	甲午	4	16	3	12	甲子	5	16	4	13	甲午	6	17	5	16	丙寅	7	18	6	17	丁
	2	16	1	12	乙丑	3	18	2	13	乙未	4	17	3	13	乙丑	5	17	4	14	乙未	6	18	5	17	丁卯	7	19	6	18	戊
	2	17	1	13	丙寅	3	19	2	14	丙申	4	18	3	14	丙寅	5	18	4	15	丙申	6	19	5	18	戊辰	7	20	6	19	己
	2	18	1	14	丁卯	3	20	2	15	丁酉	4	19	3	15	丁卯	5	19	4	16	丁酉	6	20	5	19	己巳	7	21	6	20	庚
	2	19	1	15	戊辰	3	21	2	16	戊戌	4	20	3	16	戊辰	5	20	4	17	戊戌	6	21	5	20	庚午	7	22	6	21	辛
	2	20	1	16	己巳	3	22	2	17	己亥	4	21	3	17	己巳	5	21	4	18	己亥	6	22	5	21	辛未	7	23	6	22	壬
	2	21	1	17	庚午	3	23	2	18	庚子	4	22	3	18	庚午	5	22	4	19	庚子	6	23	5	22	壬申	7	24	6	23	癸
	2	22	1	18	辛未	3	24	2	19	辛丑	4	23	3	19	辛未	5	23	4	20	辛丑	6	24	5	23	癸酉	7	25	6	24	甲
	2	23	1	19	壬申	3	25	2	20	壬寅	4	24	3	20	壬申	5	24	4	21	壬寅	6	25	5	24	甲戌	7	26	6	25	乙
	2	24	1	20	癸酉	3	26	2	21	癸卯	4	25	3	21	癸酉	5	25	4	22	癸卯	6	26	5	25	乙亥	7	27	6	26	丙
	2	25	1	21	甲戌	3	27	2	22	甲辰	4	26	3	22	甲戌	5	26	4	23	甲辰	6	27	5	26	丙子	7	28	6	27	丁
	2	26	1	22	乙亥	3	28	2	23	乙巳	4	27	3	23	乙亥	5	27	4	24	乙巳	6	28	5	27	丁丑	7	29	6	28	戊
	2	27	1	23	丙子	3	29	2	24	丙午	4	28	3	24	丙子	5	28	4	25	丙午	6	29	5	28	戊寅	7	30	6	29	己
	2	28	1	24	丁丑	3	30	2	25	丁未	4	29	3	25	丁丑	5	29	4	26	丁未	6	30	5	29	己卯	7	31	7	1	庚
	3	1	1	25	戊寅	3	31	2	26	戊申	4	30	3	26	戊寅	5	30	4	27	戊申	7	1	5	30	庚辰	8	1	7	2	辛
	3	2	1	26	己卯	4	1	2	27	己酉	5	1	3	27	己卯	5	31	4	28	己酉	7	2	6	1	辛巳	8	2	7	3	壬
	3	3	1	27	庚辰	4	2	2	28	庚戌	5	2	3	28	庚辰	6	1	4	29	庚戌	7	3	6	2	壬午	8	3	7	4	癸
	3	4	1	28	辛巳	4	3	2	29	辛亥	5	3	3	29	辛巳	6	2	5	1	辛亥	7	4	6	3	癸未	8	4	7	5	甲
	3	5	1	29	壬午	4	4	2	30	壬子	5	4	4	1	壬午	6	3	5	2	壬子	7	5	6	4	甲申	8	5	7	6	乙
																6	4	5	3	癸丑	7	6	6	5	乙酉	8	6	7	7	丙
																6	5	5	4	甲寅										
中氣	雨水					春分					穀雨					小滿					夏至					大暑				
	2/19 1時51分 丑時					3/21 1時2分 丑時					4/20 12時18分 午時					5/21 11時39分 午時					6/21 19時44分 戌時					7/23 6時39分 卯時				

辛酉																														年
丙申					丁酉					戊戌					己亥					庚子					辛丑					月
立秋					白露					寒露					立冬					大雪					小寒					節氣
8/7 22時57分 亥時					9/8 1時43分 丑時					10/8 17時9分 酉時					11/7 20時8分 戌時					12/7 12時51分 午時					1/6 0時2分 子時					
國曆		農曆		干支	國曆		農曆		干支	國曆		農曆		干支	國曆		農曆		干支	國曆		農曆		干支	國曆		農曆		干支	日
8	7	7	8	丁巳	9	8	8	11	己丑	10	8	9	11	己未	11	7	10	11	己丑	12	7	11	12	己未	1	6	12	12	己丑	中華民國七十、七十一年 雞 1981、1982
8	8	7	9	戊午	9	9	8	12	庚寅	10	9	9	12	庚申	11	8	10	12	庚寅	12	8	11	13	庚申	1	7	12	13	庚寅	
8	9	7	10	己未	9	10	8	13	辛卯	10	10	9	13	辛酉	11	9	10	13	辛卯	12	9	11	14	辛酉	1	8	12	14	辛卯	
8	10	7	11	庚申	9	11	8	14	壬辰	10	11	9	14	壬戌	11	10	10	14	壬辰	12	10	11	15	壬戌	1	9	12	15	壬辰	
8	11	7	12	辛酉	9	12	8	15	癸巳	10	12	9	15	癸亥	11	11	10	15	癸巳	12	11	11	16	癸亥	1	10	12	16	癸巳	
8	12	7	13	壬戌	9	13	8	16	甲午	10	13	9	16	甲子	11	12	10	16	甲午	12	12	11	17	甲子	1	11	12	17	甲午	
8	13	7	14	癸亥	9	14	8	17	乙未	10	14	9	17	乙丑	11	13	10	17	乙未	12	13	11	18	乙丑	1	12	12	18	乙未	
8	14	7	15	甲子	9	15	8	18	丙申	10	15	9	18	丙寅	11	14	10	18	丙申	12	14	11	19	丙寅	1	13	12	19	丙申	
8	15	7	16	乙丑	9	16	8	19	丁酉	10	16	9	19	丁卯	11	15	10	19	丁酉	12	15	11	20	丁卯	1	14	12	20	丁酉	
8	16	7	17	丙寅	9	17	8	20	戊戌	10	17	9	20	戊辰	11	16	10	20	戊戌	12	16	11	21	戊辰	1	15	12	21	戊戌	
8	17	7	18	丁卯	9	18	8	21	己亥	10	18	9	21	己巳	11	17	10	21	己亥	12	17	11	22	己巳	1	16	12	22	己亥	
8	18	7	19	戊辰	9	19	8	22	庚子	10	19	9	22	庚午	11	18	10	22	庚子	12	18	11	23	庚午	1	17	12	23	庚子	
8	19	7	20	己巳	9	20	8	23	辛丑	10	20	9	23	辛未	11	19	10	23	辛丑	12	19	11	24	辛未	1	18	12	24	辛丑	
8	20	7	21	庚午	9	21	8	24	壬寅	10	21	9	24	壬申	11	20	10	24	壬寅	12	20	11	25	壬申	1	19	12	25	壬寅	
8	21	7	22	辛未	9	22	8	25	癸卯	10	22	9	25	癸酉	11	21	10	25	癸卯	12	21	11	26	癸酉	1	20	12	26	癸卯	
8	22	7	23	壬申	9	23	8	26	甲辰	10	23	9	26	甲戌	11	22	10	26	甲辰	12	22	11	27	甲戌	1	21	12	27	甲辰	
8	23	7	24	癸酉	9	24	8	27	乙巳	10	24	9	27	乙亥	11	23	10	27	乙巳	12	23	11	28	乙亥	1	22	12	28	乙巳	
8	24	7	25	甲戌	9	25	8	28	丙午	10	25	9	28	丙子	11	24	10	28	丙午	12	24	11	29	丙子	1	23	12	29	丙午	
8	25	7	26	乙亥	9	26	8	29	丁未	10	26	9	29	丁丑	11	25	10	29	丁未	12	25	11	30	丁丑	1	24	12	30	丁未	
8	26	7	27	丙子	9	27	8	30	戊申	10	27	9	30	戊寅	11	26	11	1	戊申	12	26	12	1	戊寅	1	25	1	1	戊申	
8	27	7	28	丁丑	9	28	9	1	己酉	10	28	10	1	己卯	11	27	11	2	己酉	12	27	12	2	己卯	1	26	1	2	己酉	
8	28	7	29	戊寅	9	29	9	2	庚戌	10	29	10	2	庚辰	11	28	11	3	庚戌	12	28	12	3	庚辰	1	27	1	3	庚戌	
8	29	8	1	己卯	9	30	9	3	辛亥	10	30	10	3	辛巳	11	29	11	4	辛亥	12	29	12	4	辛巳	1	28	1	4	辛亥	
8	30	8	2	庚辰	10	1	9	4	壬子	10	31	10	4	壬午	11	30	11	5	壬子	12	30	12	5	壬午	1	29	1	5	壬子	
8	31	8	3	辛巳	10	2	9	5	癸丑	11	1	10	5	癸未	12	1	11	6	癸丑	12	31	12	6	癸未	1	30	1	6	癸丑	
9	1	8	4	壬午	10	3	9	6	甲寅	11	2	10	6	甲申	12	2	11	7	甲寅	1	1	12	7	甲申	1	31	1	7	甲寅	
9	2	8	5	癸未	10	4	9	7	乙卯	11	3	10	7	乙酉	12	3	11	8	乙卯	1	2	12	8	乙酉	2	1	1	8	乙卯	
9	3	8	6	甲申	10	5	9	8	丙辰	11	4	10	8	丙戌	12	4	11	9	丙辰	1	3	12	9	丙戌	2	2	1	9	丙辰	
9	4	8	7	乙酉	10	6	9	9	丁巳	11	5	10	9	丁亥	12	5	11	10	丁巳	1	4	12	10	丁亥	2	3	1	10	丁巳	
9	5	8	8	丙戌	10	7	9	10	戊午	11	6	10	10	戊子	12	6	11	11	戊午	1	5	12	11	戊子						
9	6	8	9	丁亥																										
9	7	8	10	戊子																										
處暑					秋分					霜降					小雪					冬至					大寒					中氣
8/23 13時38分 未時					9/23 11時5分 午時					10/23 20時12分 戌時					11/22 17時35分 酉時					12/22 6時50分 卯時					1/20 17時30分 酉時					

年	壬戌																													
月	壬寅					癸卯					甲辰					乙巳					丙午					丁未				
節氣	立春					驚蟄					清明					立夏					芒種					小暑				
	2/4 11時45分 午時					3/6 5時54分 卯時					4/5 10時52分 巳時					5/6 4時20分 寅時					6/6 8時35分 辰時					7/7 18時54分 酉時				
日	國曆		農曆		干支	國曆		農曆		干支	國曆		農曆		干支	國曆		農曆		干支	國曆		農曆		干支	國曆		農曆		干支
中華民國七十一年 狗 1982	2	4	1	11	戊午	3	6	2	11	戊子	4	5	3	12	戊午	5	6	4	13	己丑	6	6	4	15	庚申	7	7	5	17	辛卯
	2	5	1	12	己未	3	7	2	12	己丑	4	6	3	13	己未	5	7	4	14	庚寅	6	7	4	16	辛酉	7	8	5	18	壬辰
	2	6	1	13	庚申	3	8	2	13	庚寅	4	7	3	14	庚申	5	8	4	15	辛卯	6	8	4	17	壬戌	7	9	5	19	癸巳
	2	7	1	14	辛酉	3	9	2	14	辛卯	4	8	3	15	辛酉	5	9	4	16	壬辰	6	9	4	18	癸亥	7	10	5	20	甲午
	2	8	1	15	壬戌	3	10	2	15	壬辰	4	9	3	16	壬戌	5	10	4	17	癸巳	6	10	4	19	甲子	7	11	5	21	乙未
	2	9	1	16	癸亥	3	11	2	16	癸巳	4	10	3	17	癸亥	5	11	4	18	甲午	6	11	4	20	乙丑	7	12	5	22	丙申
	2	10	1	17	甲子	3	12	2	17	甲午	4	11	3	18	甲子	5	12	4	19	乙未	6	12	4	21	丙寅	7	13	5	23	丁酉
	2	11	1	18	乙丑	3	13	2	18	乙未	4	12	3	19	乙丑	5	13	4	20	丙申	6	13	4	22	丁卯	7	14	5	24	戊戌
	2	12	1	19	丙寅	3	14	2	19	丙申	4	13	3	20	丙寅	5	14	4	21	丁酉	6	14	4	23	戊辰	7	15	5	25	己亥
	2	13	1	20	丁卯	3	15	2	20	丁酉	4	14	3	21	丁卯	5	15	4	22	戊戌	6	15	4	24	己巳	7	16	5	26	庚子
	2	14	1	21	戊辰	3	16	2	21	戊戌	4	15	3	22	戊辰	5	16	4	23	己亥	6	16	4	25	庚午	7	17	5	27	辛丑
	2	15	1	22	己巳	3	17	2	22	己亥	4	16	3	23	己巳	5	17	4	24	庚子	6	17	4	26	辛未	7	18	5	28	壬寅
	2	16	1	23	庚午	3	18	2	23	庚子	4	17	3	24	庚午	5	18	4	25	辛丑	6	18	4	27	壬申	7	19	5	29	癸卯
	2	17	1	24	辛未	3	19	2	24	辛丑	4	18	3	25	辛未	5	19	4	26	壬寅	6	19	4	28	癸酉	7	20	5	30	甲辰
	2	18	1	25	壬申	3	20	2	25	壬寅	4	19	3	26	壬申	5	20	4	27	癸卯	6	20	4	29	甲戌	7	21	6	1	乙巳
	2	19	1	26	癸酉	3	21	2	26	癸卯	4	20	3	27	癸酉	5	21	4	28	甲辰	6	21	5	1	乙亥	7	22	6	2	丙午
	2	20	1	27	甲戌	3	22	2	27	甲辰	4	21	3	28	甲戌	5	22	4	29	乙巳	6	22	5	2	丙子	7	23	6	3	丁未
	2	21	1	28	乙亥	3	23	2	28	乙巳	4	22	3	29	乙亥	5	23	閏4	1	丙午	6	23	5	3	丁丑	7	24	6	4	戊申
	2	22	1	29	丙子	3	24	2	29	丙午	4	23	3	30	丙子	5	24	4	2	丁未	6	24	5	4	戊寅	7	25	6	5	己酉
	2	23	1	30	丁丑	3	25	3	1	丁未	4	24	4	1	丁丑	5	25	4	3	戊申	6	25	5	5	己卯	7	26	6	6	庚戌
	2	24	2	1	戊寅	3	26	3	2	戊申	4	25	4	2	戊寅	5	26	4	4	己酉	6	26	5	6	庚辰	7	27	6	7	辛亥
	2	25	2	2	己卯	3	27	3	3	己酉	4	26	4	3	己卯	5	27	4	5	庚戌	6	27	5	7	辛巳	7	28	6	8	壬子
	2	26	2	3	庚辰	3	28	3	4	庚戌	4	27	4	4	庚辰	5	28	4	6	辛亥	6	28	5	8	壬午	7	29	6	9	癸丑
	2	27	2	4	辛巳	3	29	3	5	辛亥	4	28	4	5	辛巳	5	29	4	7	壬子	6	29	5	9	癸未	7	30	6	10	甲寅
	2	28	2	5	壬午	3	30	3	6	壬子	4	29	4	6	壬午	5	30	4	8	癸丑	6	30	5	10	甲申	7	31	6	11	乙卯
	3	1	2	6	癸未	3	31	3	7	癸丑	4	30	4	7	癸未	5	31	4	9	甲寅	7	1	5	11	乙酉	8	1	6	12	丙辰
	3	2	2	7	甲申	4	1	3	8	甲寅	5	1	4	8	甲申	6	1	4	10	乙卯	7	2	5	12	丙戌	8	2	6	13	丁巳
	3	3	2	8	乙酉	4	2	3	9	乙卯	5	2	4	9	乙酉	6	2	4	11	丙辰	7	3	5	13	丁亥	8	3	6	14	戊午
	3	4	2	9	丙戌	4	3	3	10	丙辰	5	3	4	10	丙戌	6	3	4	12	丁巳	7	4	5	14	戊子	8	4	6	15	己未
	3	5	2	10	丁亥	4	4	3	11	丁巳	5	4	4	11	丁亥	6	4	4	13	戊午	7	5	5	15	己丑	8	5	6	16	庚申
											5	5	4	12	戊子	6	5	4	14	己未	7	6	5	16	庚寅	8	6	6	17	辛酉
																										8	7	6	18	壬戌
中氣	雨水					春分					穀雨					小滿					夏至					大暑				
	2/19 7時46分 辰時					3/21 6時55分 卯時					4/20 18時7分 酉時					5/21 17時22分 酉時					6/22 1時23分 丑時					7/23 12時15分 午時				

壬戌																														年
戊申					己酉					庚戌					辛亥					壬子					癸丑					月
立秋 8/8 4時41分 寅時					白露 9/8 7時31分 辰時					寒露 10/8 23時2分 子時					立冬 11/8 2時4分 丑時					大雪 12/7 18時48分 酉時					小寒 1/6 5時58分 卯時					節氣
國曆		農曆		干支	國曆		農曆		干支	國曆		農曆		干支	國曆		農曆		干支	國曆		農曆		干支	國曆		農曆		干支	日
8	8	6	19	癸亥	9	8	7	21	甲午	10	8	8	22	甲子	11	8	9	23	乙未	12	7	10	23	甲子	1	6	11	23	甲午	中華民國七十一、七十二年 狗 1982、1983
8	9	6	20	甲子	9	9	7	22	乙未	10	9	8	23	乙丑	11	9	9	24	丙申	12	8	10	24	乙丑	1	7	11	24	乙未	
8	10	6	21	乙丑	9	10	7	23	丙申	10	10	8	24	丙寅	11	10	9	25	丁酉	12	9	10	25	丙寅	1	8	11	25	丙申	
8	11	6	22	丙寅	9	11	7	24	丁酉	10	11	8	25	丁卯	11	11	9	26	戊戌	12	10	10	26	丁卯	1	9	11	26	丁酉	
8	12	6	23	丁卯	9	12	7	25	戊戌	10	12	8	26	戊辰	11	12	9	27	己亥	12	11	10	27	戊辰	1	10	11	27	戊戌	
8	13	6	24	戊辰	9	13	7	26	己亥	10	13	8	27	己巳	11	13	9	28	庚子	12	12	10	28	己巳	1	11	11	28	己亥	
8	14	6	25	己巳	9	14	7	27	庚子	10	14	8	28	庚午	11	14	9	29	辛丑	12	13	10	29	庚午	1	12	11	29	庚子	
8	15	6	26	庚午	9	15	7	28	辛丑	10	15	8	29	辛未	11	15	10	1	壬寅	12	14	10	30	辛未	1	13	11	30	辛丑	
8	16	6	27	辛未	9	16	7	29	壬寅	10	16	8	30	壬申	11	16	10	2	癸卯	12	15	11	1	壬申	1	14	12	1	壬寅	
8	17	6	28	壬申	9	17	8	1	癸卯	10	17	9	1	癸酉	11	17	10	3	甲辰	12	16	11	2	癸酉	1	15	12	2	癸卯	
8	18	6	29	癸酉	9	18	8	2	甲辰	10	18	9	2	甲戌	11	18	10	4	乙巳	12	17	11	3	甲戌	1	16	12	3	甲辰	
8	19	7	1	甲戌	9	19	8	3	乙巳	10	19	9	3	乙亥	11	19	10	5	丙午	12	18	11	4	乙亥	1	17	12	4	乙巳	
8	20	7	2	乙亥	9	20	8	4	丙午	10	20	9	4	丙子	11	20	10	6	丁未	12	19	11	5	丙子	1	18	12	5	丙午	
8	21	7	3	丙子	9	21	8	5	丁未	10	21	9	5	丁丑	11	21	10	7	戊申	12	20	11	6	丁丑	1	19	12	6	丁未	
8	22	7	4	丁丑	9	22	8	6	戊申	10	22	9	6	戊寅	11	22	10	8	己酉	12	21	11	7	戊寅	1	20	12	7	戊申	
8	23	7	5	戊寅	9	23	8	7	己酉	10	23	9	7	己卯	11	23	10	9	庚戌	12	22	11	8	己卯	1	21	12	8	己酉	
8	24	7	6	己卯	9	24	8	8	庚戌	10	24	9	8	庚辰	11	24	10	10	辛亥	12	23	11	9	庚辰	1	22	12	9	庚戌	
8	25	7	7	庚辰	9	25	8	9	辛亥	10	25	9	9	辛巳	11	25	10	11	壬子	12	24	11	10	辛巳	1	23	12	10	辛亥	
8	26	7	8	辛巳	9	26	8	10	壬子	10	26	9	10	壬午	11	26	10	12	癸丑	12	25	11	11	壬午	1	24	12	11	壬子	
8	27	7	9	壬午	9	27	8	11	癸丑	10	27	9	11	癸未	11	27	10	13	甲寅	12	26	11	12	癸未	1	25	12	12	癸丑	
8	28	7	10	癸未	9	28	8	12	甲寅	10	28	9	12	甲申	11	28	10	14	乙卯	12	27	11	13	甲申	1	26	12	13	甲寅	
8	29	7	11	甲申	9	29	8	13	乙卯	10	29	9	13	乙酉	11	29	10	15	丙辰	12	28	11	14	乙酉	1	27	12	14	乙卯	
8	30	7	12	乙酉	9	30	8	14	丙辰	10	30	9	14	丙戌	11	30	10	16	丁巳	12	29	11	15	丙戌	1	28	12	15	丙辰	
8	31	7	13	丙戌	10	1	8	15	丁巳	10	31	9	15	丁亥	12	1	10	17	戊午	12	30	11	16	丁亥	1	29	12	16	丁巳	
9	1	7	14	丁亥	10	2	8	16	戊午	11	1	9	16	戊子	12	2	10	18	己未	12	31	11	17	戊子	1	30	12	17	戊午	
9	2	7	15	戊子	10	3	8	17	己未	11	2	9	17	己丑	12	3	10	19	庚申	1	1	11	18	己丑	1	31	12	18	己未	
9	3	7	16	己丑	10	4	8	18	庚申	11	3	9	18	庚寅	12	4	10	20	辛酉	1	2	11	19	庚寅	2	1	12	19	庚申	
9	4	7	17	庚寅	10	5	8	19	辛酉	11	4	9	19	辛卯	12	5	10	21	壬戌	1	3	11	20	辛卯	2	2	12	20	辛酉	
9	5	7	18	辛卯	10	6	8	20	壬戌	11	5	9	20	壬辰	12	6	10	22	癸亥	1	4	11	21	壬辰	2	3	12	21	壬戌	
9	6	7	19	壬辰	10	7	8	21	癸亥	11	6	9	21	癸巳						1	5	11	22	癸巳						
9	7	7	20	癸巳						11	7	9	22	甲午																
處暑 8/23 19時15分 戌時					秋分 9/23 16時46分 申時					霜降 10/24 1時57分 丑時					小雪 11/22 23時23分 子時					冬至 12/22 12時38分 午時					大寒 1/20 23時16分 子時					中氣

年	癸亥																													
月	甲寅					乙卯					丙辰					丁巳					戊午					己未				
節氣	立春					驚蟄					清明					立夏					芒種					小暑				
	2/4 17時39分 酉時					3/6 11時47分 午時					4/5 16時44分 申時					5/6 10時10分 巳時					6/6 14時25分 未時					7/8 0時43分 子時				
日	國曆		農曆		干支	國曆		農曆		干支	國曆		農曆		干支	國曆		農曆		干支	國曆		農曆		干支	國曆		農曆		干支
中華民國七十二年 豬 1983	2	4	12	22	癸亥	3	6	1	22	癸巳	4	5	2	22	癸亥	5	6	3	24	甲午	6	6	4	25	乙丑	7	8	5	28	丁酉
	2	5	12	23	甲子	3	7	1	23	甲午	4	6	2	23	甲子	5	7	3	25	乙未	6	7	4	26	丙寅	7	9	5	29	戊戌
	2	6	12	24	乙丑	3	8	1	24	乙未	4	7	2	24	乙丑	5	8	3	26	丙申	6	8	4	27	丁卯	7	10	6	1	己亥
	2	7	12	25	丙寅	3	9	1	25	丙申	4	8	2	25	丙寅	5	9	3	27	丁酉	6	9	4	28	戊辰	7	11	6	2	庚子
	2	8	12	26	丁卯	3	10	1	26	丁酉	4	9	2	26	丁卯	5	10	3	28	戊戌	6	10	4	29	己巳	7	12	6	3	辛丑
	2	9	12	27	戊辰	3	11	1	27	戊戌	4	10	2	27	戊辰	5	11	3	29	己亥	6	11	5	1	庚午	7	13	6	4	壬寅
	2	10	12	28	己巳	3	12	1	28	己亥	4	11	2	28	己巳	5	12	3	30	庚子	6	12	5	2	辛未	7	14	6	5	癸卯
	2	11	12	29	庚午	3	13	1	29	庚子	4	12	2	29	庚午	5	13	4	1	辛丑	6	13	5	3	壬申	7	15	6	6	甲辰
	2	12	12	30	辛未	3	14	1	30	辛丑	4	13	3	1	辛未	5	14	4	2	壬寅	6	14	5	4	癸酉	7	16	6	7	乙巳
	2	13	1	1	壬申	3	15	2	1	壬寅	4	14	3	2	壬申	5	15	4	3	癸卯	6	15	5	5	甲戌	7	17	6	8	丙午
	2	14	1	2	癸酉	3	16	2	2	癸卯	4	15	3	3	癸酉	5	16	4	4	甲辰	6	16	5	6	乙亥	7	18	6	9	丁未
	2	15	1	3	甲戌	3	17	2	3	甲辰	4	16	3	4	甲戌	5	17	4	5	乙巳	6	17	5	7	丙子	7	19	6	10	戊申
	2	16	1	4	乙亥	3	18	2	4	乙巳	4	17	3	5	乙亥	5	18	4	6	丙午	6	18	5	8	丁丑	7	20	6	11	己酉
	2	17	1	5	丙子	3	19	2	5	丙午	4	18	3	6	丙子	5	19	4	7	丁未	6	19	5	9	戊寅	7	21	6	12	庚戌
	2	18	1	6	丁丑	3	20	2	6	丁未	4	19	3	7	丁丑	5	20	4	8	戊申	6	20	5	10	己卯	7	22	6	13	辛亥
	2	19	1	7	戊寅	3	21	2	7	戊申	4	20	3	8	戊寅	5	21	4	9	己酉	6	21	5	11	庚辰	7	23	6	14	壬子
	2	20	1	8	己卯	3	22	2	8	己酉	4	21	3	9	己卯	5	22	4	10	庚戌	6	22	5	12	辛巳	7	24	6	15	癸丑
	2	21	1	9	庚辰	3	23	2	9	庚戌	4	22	3	10	庚辰	5	23	4	11	辛亥	6	23	5	13	壬午	7	25	6	16	甲寅
	2	22	1	10	辛巳	3	24	2	10	辛亥	4	23	3	11	辛巳	5	24	4	12	壬子	6	24	5	14	癸未	7	26	6	17	乙卯
	2	23	1	11	壬午	3	25	2	11	壬子	4	24	3	12	壬午	5	25	4	13	癸丑	6	25	5	15	甲申	7	27	6	18	丙辰
	2	24	1	12	癸未	3	26	2	12	癸丑	4	25	3	13	癸未	5	26	4	14	甲寅	6	26	5	16	乙酉	7	28	6	19	丁巳
	2	25	1	13	甲申	3	27	2	13	甲寅	4	26	3	14	甲申	5	27	4	15	乙卯	6	27	5	17	丙戌	7	29	6	20	戊午
	2	26	1	14	乙酉	3	28	2	14	乙卯	4	27	3	15	乙酉	5	28	4	16	丙辰	6	28	5	18	丁亥	7	30	6	21	己未
	2	27	1	15	丙戌	3	29	2	15	丙辰	4	28	3	16	丙戌	5	29	4	17	丁巳	6	29	5	19	戊子	7	31	6	22	庚申
	2	28	1	16	丁亥	3	30	2	16	丁巳	4	29	3	17	丁亥	5	30	4	18	戊午	6	30	5	20	己丑	8	1	6	23	辛酉
	3	1	1	17	戊子	3	31	2	17	戊午	4	30	3	18	戊子	5	31	4	19	己未	7	1	5	21	庚寅	8	2	6	24	壬戌
	3	2	1	18	己丑	4	1	2	18	己未	5	1	3	19	己丑	6	1	4	20	庚申	7	2	5	22	辛卯	8	3	6	25	癸亥
	3	3	1	19	庚寅	4	2	2	19	庚申	5	2	3	20	庚寅	6	2	4	21	辛酉	7	3	5	23	壬辰	8	4	6	26	甲子
	3	4	1	20	辛卯	4	3	2	20	辛酉	5	3	3	21	辛卯	6	3	4	22	壬戌	7	4	5	24	癸巳	8	5	6	27	乙丑
	3	5	1	21	壬辰	4	4	2	21	壬戌	5	4	3	22	壬辰	6	4	4	23	癸亥	7	5	5	25	甲午	8	6	6	28	丙寅
											5	5	3	23	癸巳	6	5	4	24	甲子	7	6	5	26	乙未	8	7	6	29	丁卯
																					7	7	5	27	丙申					
中氣	雨水					春分					穀雨					小滿					夏至					大暑				
	2/19 13時30分 未時					3/21 12時38分 午時					4/20 23時50分 子時					5/21 23時6分 子時					6/22 7時8分 辰時					7/23 18時4分 酉時				

癸亥																													年
庚申				辛酉					壬戌					癸亥					甲子					乙丑					月
立秋				白露					寒露					立冬					大雪					小寒					節氣
10時29分 巳時				9/8 13時20分 未時					10/9 4時51分 寅時					11/8 7時52分 辰時					12/8 0時33分 子時					1/6 11時40分 午時					
曆	農曆		干支	國曆		農曆		干支	國曆		農曆		干支	國曆		農曆		干支	國曆		農曆		干支	國曆		農曆		干支	日
8	6	30	戊辰	9	8	8	2	己亥	10	9	9	4	庚午	11	8	10	4	庚子	12	8	11	5	庚午	1	6	12	4	己亥	中華民國七十二、七十三年 豬 1983、1984
9	7	1	己巳	9	9	8	3	庚子	10	10	9	5	辛未	11	9	10	5	辛丑	12	9	11	6	辛未	1	7	12	5	庚子	
10	7	2	庚午	9	10	8	4	辛丑	10	11	9	6	壬申	11	10	10	6	壬寅	12	10	11	7	壬申	1	8	12	6	辛丑	
11	7	3	辛未	9	11	8	5	壬寅	10	12	9	7	癸酉	11	11	10	7	癸卯	12	11	11	8	癸酉	1	9	12	7	壬寅	
12	7	4	壬申	9	12	8	6	癸卯	10	13	9	8	甲戌	11	12	10	8	甲辰	12	12	11	9	甲戌	1	10	12	8	癸卯	
13	7	5	癸酉	9	13	8	7	甲辰	10	14	9	9	乙亥	11	13	10	9	乙巳	12	13	11	10	乙亥	1	11	12	9	甲辰	
14	7	6	甲戌	9	14	8	8	乙巳	10	15	9	10	丙子	11	14	10	10	丙午	12	14	11	11	丙子	1	12	12	10	乙巳	
15	7	7	乙亥	9	15	8	9	丙午	10	16	9	11	丁丑	11	15	10	11	丁未	12	15	11	12	丁丑	1	13	12	11	丙午	
16	7	8	丙子	9	16	8	10	丁未	10	17	9	12	戊寅	11	16	10	12	戊申	12	16	11	13	戊寅	1	14	12	12	丁未	
17	7	9	丁丑	9	17	8	11	戊申	10	18	9	13	己卯	11	17	10	13	己酉	12	17	11	14	己卯	1	15	12	13	戊申	
18	7	10	戊寅	9	18	8	12	己酉	10	19	9	14	庚辰	11	18	10	14	庚戌	12	18	11	15	庚辰	1	16	12	14	己酉	
19	7	11	己卯	9	19	8	13	庚戌	10	20	9	15	辛巳	11	19	10	15	辛亥	12	19	11	16	辛巳	1	17	12	15	庚戌	
20	7	12	庚辰	9	20	8	14	辛亥	10	21	9	16	壬午	11	20	10	16	壬子	12	20	11	17	壬午	1	18	12	16	辛亥	
21	7	13	辛巳	9	21	8	15	壬子	10	22	9	17	癸未	11	21	10	17	癸丑	12	21	11	18	癸未	1	19	12	17	壬子	
22	7	14	壬午	9	22	8	16	癸丑	10	23	9	18	甲申	11	22	10	18	甲寅	12	22	11	19	甲申	1	20	12	18	癸丑	
23	7	15	癸未	9	23	8	17	甲寅	10	24	9	19	乙酉	11	23	10	19	乙卯	12	23	11	20	乙酉	1	21	12	19	甲寅	
24	7	16	甲申	9	24	8	18	乙卯	10	25	9	20	丙戌	11	24	10	20	丙辰	12	24	11	21	丙戌	1	22	12	20	乙卯	
25	7	17	乙酉	9	25	8	19	丙辰	10	26	9	21	丁亥	11	25	10	21	丁巳	12	25	11	22	丁亥	1	23	12	21	丙辰	
26	7	18	丙戌	9	26	8	20	丁巳	10	27	9	22	戊子	11	26	10	22	戊午	12	26	11	23	戊子	1	24	12	22	丁巳	
27	7	19	丁亥	9	27	8	21	戊午	10	28	9	23	己丑	11	27	10	23	己未	12	27	11	24	己丑	1	25	12	23	戊午	
28	7	20	戊子	9	28	8	22	己未	10	29	9	24	庚寅	11	28	10	24	庚申	12	28	11	25	庚寅	1	26	12	24	己未	
29	7	21	己丑	9	29	8	23	庚申	10	30	9	25	辛卯	11	29	10	25	辛酉	12	29	11	26	辛卯	1	27	12	25	庚申	
30	7	22	庚寅	9	30	8	24	辛酉	10	31	9	26	壬辰	11	30	10	26	壬戌	12	30	11	27	壬辰	1	28	12	26	辛酉	
31	7	23	辛卯	10	1	8	25	壬戌	11	1	9	27	癸巳	12	1	10	27	癸亥	12	31	11	28	癸巳	1	29	12	27	壬戌	
1	7	24	壬辰	10	2	8	26	癸亥	11	2	9	28	甲午	12	2	10	28	甲子	1	1	11	29	甲午	1	30	12	28	癸亥	
2	7	25	癸巳	10	3	8	27	甲子	11	3	9	29	乙未	12	3	10	29	乙丑	1	2	11	30	乙未	1	31	12	29	甲子	
3	7	26	甲午	10	4	8	28	乙丑	11	4	9	30	丙申	12	4	11	1	丙寅	1	3	12	1	丙申	2	1	12	30	乙丑	
4	7	27	乙未	10	5	8	29	丙寅	11	5	10	1	丁酉	12	5	11	2	丁卯	1	4	12	2	丁酉	2	2	1	1	丙寅	
5	7	28	丙申	10	6	9	1	丁卯	11	6	10	2	戊戌	12	6	11	3	戊辰	1	5	12	3	戊戌	2	3	1	2	丁卯	
6	7	29	丁酉	10	7	9	2	戊辰	11	7	10	3	己亥	12	7	11	4	己巳											
7	8	1	戊戌	10	8	9	3	己巳																					
處暑				秋分					霜降					小雪					冬至					大寒					中氣
24 1時7分 丑時				9/23 22時41分 亥時					10/24 7時54分 辰時					11/23 5時18分 卯時					12/22 18時29分 酉時					1/21 5時5分 卯時					

年	甲子																													
月	丙寅					丁卯					戊辰					己巳					庚午					辛未				
節氣	立春					驚蟄					清明					立夏					芒種					小暑				
	2/4 23時18分 子時					3/5 17時24分 酉時					4/4 22時22分 亥時					5/5 15時50分 申時					6/5 20時8分 戌時					7/7 6時29分 卯時				
日	國曆		農曆		干支	國曆		農曆		干支	國曆		農曆		干支	國曆		農曆		干支	國曆		農曆		干支	國曆		農曆		干支
中華民國七十三年 鼠 1984	2	4	1	3	戊辰	3	5	2	3	戊戌	4	4	3	4	戊辰	5	5	4	5	己亥	6	5	5	6	庚午	7	7	6	9	壬
	2	5	1	4	己巳	3	6	2	4	己亥	4	5	3	5	己巳	5	6	4	6	庚子	6	6	5	7	辛未	7	8	6	10	癸
	2	6	1	5	庚午	3	7	2	5	庚子	4	6	3	6	庚午	5	7	4	7	辛丑	6	7	5	8	壬申	7	9	6	11	甲
	2	7	1	6	辛未	3	8	2	6	辛丑	4	7	3	7	辛未	5	8	4	8	壬寅	6	8	5	9	癸酉	7	10	6	12	乙
	2	8	1	7	壬申	3	9	2	7	壬寅	4	8	3	8	壬申	5	9	4	9	癸卯	6	9	5	10	甲戌	7	11	6	13	丙
	2	9	1	8	癸酉	3	10	2	8	癸卯	4	9	3	9	癸酉	5	10	4	10	甲辰	6	10	5	11	乙亥	7	12	6	14	丁
	2	10	1	9	甲戌	3	11	2	9	甲辰	4	10	3	10	甲戌	5	11	4	11	乙巳	6	11	5	12	丙子	7	13	6	15	戊
	2	11	1	10	乙亥	3	12	2	10	乙巳	4	11	3	11	乙亥	5	12	4	12	丙午	6	12	5	13	丁丑	7	14	6	16	己
	2	12	1	11	丙子	3	13	2	11	丙午	4	12	3	12	丙子	5	13	4	13	丁未	6	13	5	14	戊寅	7	15	6	17	庚
	2	13	1	12	丁丑	3	14	2	12	丁未	4	13	3	13	丁丑	5	14	4	14	戊申	6	14	5	15	己卯	7	16	6	18	辛
	2	14	1	13	戊寅	3	15	2	13	戊申	4	14	3	14	戊寅	5	15	4	15	己酉	6	15	5	16	庚辰	7	17	6	19	壬
	2	15	1	14	己卯	3	16	2	14	己酉	4	15	3	15	己卯	5	16	4	16	庚戌	6	16	5	17	辛巳	7	18	6	20	癸
	2	16	1	15	庚辰	3	17	2	15	庚戌	4	16	3	16	庚辰	5	17	4	17	辛亥	6	17	5	18	壬午	7	19	6	21	甲
	2	17	1	16	辛巳	3	18	2	16	辛亥	4	17	3	17	辛巳	5	18	4	18	壬子	6	18	5	19	癸未	7	20	6	22	乙
	2	18	1	17	壬午	3	19	2	17	壬子	4	18	3	18	壬午	5	19	4	19	癸丑	6	19	5	20	甲申	7	21	6	23	丙
	2	19	1	18	癸未	3	20	2	18	癸丑	4	19	3	19	癸未	5	20	4	20	甲寅	6	20	5	21	乙酉	7	22	6	24	丁
	2	20	1	19	甲申	3	21	2	19	甲寅	4	20	3	20	甲申	5	21	4	21	乙卯	6	21	5	22	丙戌	7	23	6	25	戊
	2	21	1	20	乙酉	3	22	2	20	乙卯	4	21	3	21	乙酉	5	22	4	22	丙辰	6	22	5	23	丁亥	7	24	6	26	己
	2	22	1	21	丙戌	3	23	2	21	丙辰	4	22	3	22	丙戌	5	23	4	23	丁巳	6	23	5	24	戊子	7	25	6	27	庚
	2	23	1	22	丁亥	3	24	2	22	丁巳	4	23	3	23	丁亥	5	24	4	24	戊午	6	24	5	25	己丑	7	26	6	28	辛
	2	24	1	23	戊子	3	25	2	23	戊午	4	24	3	24	戊子	5	25	4	25	己未	6	25	5	26	庚寅	7	27	6	29	壬
	2	25	1	24	己丑	3	26	2	24	己未	4	25	3	25	己丑	5	26	4	26	庚申	6	26	5	27	辛卯	7	28	7	1	癸
	2	26	1	25	庚寅	3	27	2	25	庚申	4	26	3	26	庚寅	5	27	4	27	辛酉	6	27	5	28	壬辰	7	29	7	2	甲
	2	27	1	26	辛卯	3	28	2	26	辛酉	4	27	3	27	辛卯	5	28	4	28	壬戌	6	28	5	29	癸巳	7	30	7	3	乙
	2	28	1	27	壬辰	3	29	2	27	壬戌	4	28	3	28	壬辰	5	29	4	29	癸亥	6	29	6	1	甲午	7	31	7	4	丙
	2	29	1	28	癸巳	3	30	2	28	癸亥	4	29	3	29	癸巳	5	30	4	30	甲子	6	30	6	2	乙未	8	1	7	5	丁
	3	1	1	29	甲午	3	31	2	29	甲子	4	30	3	30	甲午	5	31	5	1	乙丑	7	1	6	3	丙申	8	2	7	6	戊
	3	2	1	30	乙未	4	1	3	1	乙丑	5	1	4	1	乙未	6	1	5	2	丙寅	7	2	6	4	丁酉	8	3	7	7	己
	3	3	2	1	丙申	4	2	3	2	丙寅	5	2	4	2	丙申	6	2	5	3	丁卯	7	3	6	5	戊戌	8	4	7	8	庚
	3	4	2	2	丁酉	4	3	3	3	丁卯	5	3	4	3	丁酉	6	3	5	4	戊辰	7	4	6	6	己亥	8	5	7	9	辛
											5	4	4	4	戊戌	6	4	5	5	己巳	7	5	6	7	庚子	8	6	7	10	壬
																					7	6	6	8	辛丑					
中氣	雨水					春分					穀雨					小滿					夏至					大暑				
	2/19 19時16分 戌時					3/20 18時24分 酉時					4/20 5時38分 卯時					5/21 4時57分 寅時					6/21 13時2分 未時					7/22 23時58分 子				

甲子																														年
壬申					癸酉					甲戌					乙亥					丙子					丁丑					月
立秋					白露					寒露					立冬					大雪					小寒					節氣
8/7 16時17分 申時					9/7 19時9分 戌時					10/8 10時42分 巳時					11/7 13時45分 未時					12/7 6時28分 卯時					1/5 17時35分 酉時					
國曆		農曆		干支	國曆		農曆		干支	國曆		農曆		干支	國曆		農曆		干支	國曆		農曆		干支	國曆		農曆		干支	日
8	7	7	11	癸酉	9	7	8	12	甲辰	10	8	9	14	乙亥	11	7	10	15	乙巳	12	7	10	15	乙亥	1	5	11	15	甲辰	
8	8	7	12	甲戌	9	8	8	13	乙巳	10	9	9	15	丙子	11	8	10	16	丙午	12	8	10	16	丙子	1	6	11	16	乙巳	
8	9	7	13	乙亥	9	9	8	14	丙午	10	10	9	16	丁丑	11	9	10	17	丁未	12	9	10	17	丁丑	1	7	11	17	丙午	
8	10	7	14	丙子	9	10	8	15	丁未	10	11	9	17	戊寅	11	10	10	18	戊申	12	10	10	18	戊寅	1	8	11	18	丁未	
8	11	7	15	丁丑	9	11	8	16	戊申	10	12	9	18	己卯	11	11	10	19	己酉	12	11	10	19	己卯	1	9	11	19	戊申	
8	12	7	16	戊寅	9	12	8	17	己酉	10	13	9	19	庚辰	11	12	10	20	庚戌	12	12	10	20	庚辰	1	10	11	20	己酉	
8	13	7	17	己卯	9	13	8	18	庚戌	10	14	9	20	辛巳	11	13	10	21	辛亥	12	13	10	21	辛巳	1	11	11	21	庚戌	
8	14	7	18	庚辰	9	14	8	19	辛亥	10	15	9	21	壬午	11	14	10	22	壬子	12	14	10	22	壬午	1	12	11	22	辛亥	
8	15	7	19	辛巳	9	15	8	20	壬子	10	16	9	22	癸未	11	15	10	23	癸丑	12	15	10	23	癸未	1	13	11	23	壬子	
8	16	7	20	壬午	9	16	8	21	癸丑	10	17	9	23	甲申	11	16	10	24	甲寅	12	16	10	24	甲申	1	14	11	24	癸丑	
8	17	7	21	癸未	9	17	8	22	甲寅	10	18	9	24	乙酉	11	17	10	25	乙卯	12	17	10	25	乙酉	1	15	11	25	甲寅	
8	18	7	22	甲申	9	18	8	23	乙卯	10	19	9	25	丙戌	11	18	10	26	丙辰	12	18	10	26	丙戌	1	16	11	26	乙卯	
8	19	7	23	乙酉	9	19	8	24	丙辰	10	20	9	26	丁亥	11	19	10	27	丁巳	12	19	10	27	丁亥	1	17	11	27	丙辰	
8	20	7	24	丙戌	9	20	8	25	丁巳	10	21	9	27	戊子	11	20	10	28	戊午	12	20	10	28	戊子	1	18	11	28	丁巳	
8	21	7	25	丁亥	9	21	8	26	戊午	10	22	9	28	己丑	11	21	10	29	己未	12	21	10	29	己丑	1	19	11	29	戊午	
8	22	7	26	戊子	9	22	8	27	己未	10	23	9	29	庚寅	11	22	10	30	庚申	12	22	11	1	庚寅	1	20	11	30	己未	
8	23	7	27	己丑	9	23	8	28	庚申	10	24	10	1	辛卯	11	23	閏10	1	辛酉	12	23	11	2	辛卯	1	21	12	1	庚申	
8	24	7	28	庚寅	9	24	8	29	辛酉	10	25	10	2	壬辰	11	24	10	2	壬戌	12	24	11	3	壬辰	1	22	12	2	辛酉	
8	25	7	29	辛卯	9	25	9	1	壬戌	10	26	10	3	癸巳	11	25	10	3	癸亥	12	25	11	4	癸巳	1	23	12	3	壬戌	
8	26	7	30	壬辰	9	26	9	2	癸亥	10	27	10	4	甲午	11	26	10	4	甲子	12	26	11	5	甲午	1	24	12	4	癸亥	
8	27	8	1	癸巳	9	27	9	3	甲子	10	28	10	5	乙未	11	27	10	5	乙丑	12	27	11	6	乙未	1	25	12	5	甲子	
8	28	8	2	甲午	9	28	9	4	乙丑	10	29	10	6	丙申	11	28	10	6	丙寅	12	28	11	7	丙申	1	26	12	6	乙丑	
8	29	8	3	乙未	9	29	9	5	丙寅	10	30	10	7	丁酉	11	29	10	7	丁卯	12	29	11	8	丁酉	1	27	12	7	丙寅	
8	30	8	4	丙申	9	30	9	6	丁卯	10	31	10	8	戊戌	11	30	10	8	戊辰	12	30	11	9	戊戌	1	28	12	8	丁卯	
8	31	8	5	丁酉	10	1	9	7	戊辰	11	1	10	9	己亥	12	1	10	9	己巳	12	31	11	10	己亥	1	29	12	9	戊辰	
	1	8	6	戊戌	10	2	9	8	己巳	11	2	10	10	庚子	12	2	10	10	庚午	1	1	11	11	庚子	1	30	12	10	己巳	
	2	8	7	己亥	10	3	9	9	庚午	11	3	10	11	辛丑	12	3	10	11	辛未	1	2	11	12	辛丑	1	31	12	11	庚午	
	3	8	8	庚子	10	4	9	10	辛未	11	4	10	12	壬寅	12	4	10	12	壬申	1	3	11	13	壬寅	2	1	12	12	辛未	
	4	8	9	辛丑	10	5	9	11	壬申	11	5	10	13	癸卯	12	5	10	13	癸酉	1	4	11	14	癸卯	2	2	12	13	壬申	
	5	8	10	壬寅	10	6	9	12	癸酉	11	6	10	14	甲辰	12	6	10	14	甲戌						2	3	12	14	癸酉	
	6	8	11	癸卯	10	7	9	13	甲戌																					
處暑					秋分					霜降					小雪					冬至					大寒					中氣
/23 7時0分 辰時					9/23 4時32分 寅時					10/23 13時45分 未時					11/22 11時10分 午時					12/22 0時22分 子時					1/20 10時57分 巳時					

中華民國七十三、七十四年 鼠

1984、1985

年	乙丑																													
月	戊寅					己卯					庚辰					辛巳					壬午					癸未				
節氣	立春					驚蟄					清明					立夏					芒種					小暑				
	2/4 5時11分 卯時					3/5 23時16分 子時					4/5 4時13分 寅時					5/5 21時42分 亥時					6/6 1時59分 丑時					7/7 12時18分 午時				
日	國曆		農曆		干支	國曆		農曆		干支	國曆		農曆		干支	國曆		農曆		干支	國曆		農曆		干支	國曆		農曆		干支
	2	4	12	15	甲戌	3	5	1	14	癸卯	4	5	2	16	甲戌	5	5	3	16	甲辰	6	6	4	18	丙子	7	7	5	20	丁未
	2	5	12	16	乙亥	3	6	1	15	甲辰	4	6	2	17	乙亥	5	6	3	17	乙巳	6	7	4	19	丁丑	7	8	5	21	戊申
	2	6	12	17	丙子	3	7	1	16	乙巳	4	7	2	18	丙子	5	7	3	18	丙午	6	8	4	20	戊寅	7	9	5	22	己酉
	2	7	12	18	丁丑	3	8	1	17	丙午	4	8	2	19	丁丑	5	8	3	19	丁未	6	9	4	21	己卯	7	10	5	23	庚戌
中華民國七十四年	2	8	12	19	戊寅	3	9	1	18	丁未	4	9	2	20	戊寅	5	9	3	20	戊申	6	10	4	22	庚辰	7	11	5	24	辛亥
	2	9	12	20	己卯	3	10	1	19	戊申	4	10	2	21	己卯	5	10	3	21	己酉	6	11	4	23	辛巳	7	12	5	25	壬子
	2	10	12	21	庚辰	3	11	1	20	己酉	4	11	2	22	庚辰	5	11	3	22	庚戌	6	12	4	24	壬午	7	13	5	26	癸丑
	2	11	12	22	辛巳	3	12	1	21	庚戌	4	12	2	23	辛巳	5	12	3	23	辛亥	6	13	4	25	癸未	7	14	5	27	甲寅
	2	12	12	23	壬午	3	13	1	22	辛亥	4	13	2	24	壬午	5	13	3	24	壬子	6	14	4	26	甲申	7	15	5	28	乙卯
	2	13	12	24	癸未	3	14	1	23	壬子	4	14	2	25	癸未	5	14	3	25	癸丑	6	15	4	27	乙酉	7	16	5	29	丙辰
	2	14	12	25	甲申	3	15	1	24	癸丑	4	15	2	26	甲申	5	15	3	26	甲寅	6	16	4	28	丙戌	7	17	5	30	丁巳
牛	2	15	12	26	乙酉	3	16	1	25	甲寅	4	16	2	27	乙酉	5	16	3	27	乙卯	6	17	4	29	丁亥	7	18	6	1	戊午
	2	16	12	27	丙戌	3	17	1	26	乙卯	4	17	2	28	丙戌	5	17	3	28	丙辰	6	18	5	1	戊子	7	19	6	2	己未
	2	17	12	28	丁亥	3	18	1	27	丙辰	4	18	2	29	丁亥	5	18	3	29	丁巳	6	19	5	2	己丑	7	20	6	3	庚申
	2	18	12	29	戊子	3	19	1	28	丁巳	4	19	2	30	戊子	5	19	3	30	戊午	6	20	5	3	庚寅	7	21	6	4	辛酉
	2	19	12	30	己丑	3	20	1	29	戊午	4	20	3	1	己丑	5	20	4	1	己未	6	21	5	4	辛卯	7	22	6	5	壬戌
	2	20	1	1	庚寅	3	21	2	1	己未	4	21	3	2	庚寅	5	21	4	2	庚申	6	22	5	5	壬辰	7	23	6	6	癸亥
	2	21	1	2	辛卯	3	22	2	2	庚申	4	22	3	3	辛卯	5	22	4	3	辛酉	6	23	5	6	癸巳	7	24	6	7	甲子
	2	22	1	3	壬辰	3	23	2	3	辛酉	4	23	3	4	壬辰	5	23	4	4	壬戌	6	24	5	7	甲午	7	25	6	8	乙丑
	2	23	1	4	癸巳	3	24	2	4	壬戌	4	24	3	5	癸巳	5	24	4	5	癸亥	6	25	5	8	乙未	7	26	6	9	丙寅
	2	24	1	5	甲午	3	25	2	5	癸亥	4	25	3	6	甲午	5	25	4	6	甲子	6	26	5	9	丙申	7	27	6	10	丁卯
	2	25	1	6	乙未	3	26	2	6	甲子	4	26	3	7	乙未	5	26	4	7	乙丑	6	27	5	10	丁酉	7	28	6	11	戊辰
1985	2	26	1	7	丙申	3	27	2	7	乙丑	4	27	3	8	丙申	5	27	4	8	丙寅	6	28	5	11	戊戌	7	29	6	12	己巳
	2	27	1	8	丁酉	3	28	2	8	丙寅	4	28	3	9	丁酉	5	28	4	9	丁卯	6	29	5	12	己亥	7	30	6	13	庚午
	2	28	1	9	戊戌	3	29	2	9	丁卯	4	29	3	10	戊戌	5	29	4	10	戊辰	6	30	5	13	庚子	7	31	6	14	辛未
	3	1	1	10	己亥	3	30	2	10	戊辰	4	30	3	11	己亥	5	30	4	11	己巳	7	1	5	14	辛丑	8	1	6	15	壬申
	3	2	1	11	庚子	3	31	2	11	己巳	5	1	3	12	庚子	5	31	4	12	庚午	7	2	5	15	壬寅	8	2	6	16	癸酉
	3	3	1	12	辛丑	4	1	2	12	庚午	5	2	3	13	辛丑	6	1	4	13	辛未	7	3	5	16	癸卯	8	3	6	17	甲戌
	3	4	1	13	壬寅	4	2	2	13	辛未	5	3	3	14	壬寅	6	2	4	14	壬申	7	4	5	17	甲辰	8	4	6	18	乙亥
						4	3	2	14	壬申	5	4	3	15	癸卯	6	3	4	15	癸酉	7	5	5	18	乙巳	8	5	6	19	丙[illegible]
						4	4	2	15	癸酉						6	4	4	16	甲戌	7	6	5	19	丙午	8	6	6	20	丁[illegible]
																6	5	4	17	乙亥										
中氣	雨水					春分					穀雨					小滿					夏至					大暑				
	2/19 1時7分 丑時					3/21 0時13分 子時					4/20 11時25分 午時					5/21 10時42分 巳時					6/21 18時44分 酉時					7/23 5時36分 卯時				

年	乙丑																													
月	甲申					乙酉					丙戌					丁亥					戊子					己丑				
節	立秋					白露					寒露					立冬					大雪					小寒				
氣	8/7 22時4分 亥時					9/8 0時53分 子時					10/8 16時24分 申時					11/7 19時29分 戌時					12/7 12時16分 午時					1/5 23時28分 子時				
日	國曆		農曆		干支	國曆		農曆		干支	國曆		農曆		干支	國曆		農曆		干支	國曆		農曆		干支	國曆		農曆		干支
中華民國七十四、七十五年 牛 1985、1986	8	7	6	21	戊寅	9	8	7	24	庚戌	10	8	8	24	庚辰	11	7	9	25	庚戌	12	7	10	26	庚辰	1	5	11	25	己酉
	8	8	6	22	己卯	9	9	7	25	辛亥	10	9	8	25	辛巳	11	8	9	26	辛亥	12	8	10	27	辛巳	1	6	11	26	庚戌
	8	9	6	23	庚辰	9	10	7	26	壬子	10	10	8	26	壬午	11	9	9	27	壬子	12	9	10	28	壬午	1	7	11	27	辛亥
	8	10	6	24	辛巳	9	11	7	27	癸丑	10	11	8	27	癸未	11	10	9	28	癸丑	12	10	10	29	癸未	1	8	11	28	壬子
	8	11	6	25	壬午	9	12	7	28	甲寅	10	12	8	28	甲申	11	11	9	29	甲寅	12	11	10	30	甲申	1	9	11	29	癸丑
	8	12	6	26	癸未	9	13	7	29	乙卯	10	13	8	29	乙酉	11	12	10	1	乙卯	12	12	11	1	乙酉	1	10	12	1	甲寅
	8	13	6	27	甲申	9	14	7	30	丙辰	10	14	9	1	丙戌	11	13	10	2	丙辰	12	13	11	2	丙戌	1	11	12	2	乙卯
	8	14	6	28	乙酉	9	15	8	1	丁巳	10	15	9	2	丁亥	11	14	10	3	丁巳	12	14	11	3	丁亥	1	12	12	3	丙辰
	8	15	6	29	丙戌	9	16	8	2	戊午	10	16	9	3	戊子	11	15	10	4	戊午	12	15	11	4	戊子	1	13	12	4	丁巳
	8	16	7	1	丁亥	9	17	8	3	己未	10	17	9	4	己丑	11	16	10	5	己未	12	16	11	5	己丑	1	14	12	5	戊午
	8	17	7	2	戊子	9	18	8	4	庚申	10	18	9	5	庚寅	11	17	10	6	庚申	12	17	11	6	庚寅	1	15	12	6	己未
	8	18	7	3	己丑	9	19	8	5	辛酉	10	19	9	6	辛卯	11	18	10	7	辛酉	12	18	11	7	辛卯	1	16	12	7	庚申
	8	19	7	4	庚寅	9	20	8	6	壬戌	10	20	9	7	壬辰	11	19	10	8	壬戌	12	19	11	8	壬辰	1	17	12	8	辛酉
	8	20	7	5	辛卯	9	21	8	7	癸亥	10	21	9	8	癸巳	11	20	10	9	癸亥	12	20	11	9	癸巳	1	18	12	9	壬戌
	8	21	7	6	壬辰	9	22	8	8	甲子	10	22	9	9	甲午	11	21	10	10	甲子	12	21	11	10	甲午	1	19	12	10	癸亥
	8	22	7	7	癸巳	9	23	8	9	乙丑	10	23	9	10	乙未	11	22	10	11	乙丑	12	22	11	11	乙未	1	20	12	11	甲子
	8	23	7	8	甲午	9	24	8	10	丙寅	10	24	9	11	丙申	11	23	10	12	丙寅	12	23	11	12	丙申	1	21	12	12	乙丑
	8	24	7	9	乙未	9	25	8	11	丁卯	10	25	9	12	丁酉	11	24	10	13	丁卯	12	24	11	13	丁酉	1	22	12	13	丙寅
	8	25	7	10	丙申	9	26	8	12	戊辰	10	26	9	13	戊戌	11	25	10	14	戊辰	12	25	11	14	戊戌	1	23	12	14	丁卯
	8	26	7	11	丁酉	9	27	8	13	己巳	10	27	9	14	己亥	11	26	10	15	己巳	12	26	11	15	己亥	1	24	12	15	戊辰
	8	27	7	12	戊戌	9	28	8	14	庚午	10	28	9	15	庚子	11	27	10	16	庚午	12	27	11	16	庚子	1	25	12	16	己巳
	8	28	7	13	己亥	9	29	8	15	辛未	10	29	9	16	辛丑	11	28	10	17	辛未	12	28	11	17	辛丑	1	26	12	17	庚午
	8	29	7	14	庚子	9	30	8	16	壬申	10	30	9	17	壬寅	11	29	10	18	壬申	12	29	11	18	壬寅	1	27	12	18	辛未
	8	30	7	15	辛丑	10	1	8	17	癸酉	10	31	9	18	癸卯	11	30	10	19	癸酉	12	30	11	19	癸卯	1	28	12	19	壬申
	8	31	7	16	壬寅	10	2	8	18	甲戌	11	1	9	19	甲辰	12	1	10	20	甲戌	12	31	11	20	甲辰	1	29	12	20	癸酉
	9	1	7	17	癸卯	10	3	8	19	乙亥	11	2	9	20	乙巳	12	2	10	21	乙亥	1	1	11	21	乙巳	1	30	12	21	甲戌
	9	2	7	18	甲辰	10	4	8	20	丙子	11	3	9	21	丙午	12	3	10	22	丙子	1	2	11	22	丙午	1	31	12	22	乙亥
	9	3	7	19	乙巳	10	5	8	21	丁丑	11	4	9	22	丁未	12	4	10	23	丁丑	1	3	11	23	丁未	2	1	12	23	丙子
	9	4	7	20	丙午	10	6	8	22	戊寅	11	5	9	23	戊申	12	5	10	24	戊寅	1	4	11	24	戊申	2	2	12	24	丁丑
	9	5	7	21	丁未	10	7	8	23	己卯	11	6	9	24	己酉	12	6	10	25	己卯						2	3	12	25	戊寅
	9	6	7	22	戊申																									
	9	7	7	23	己酉																									
中	處暑					秋分					霜降					小雪					冬至					大寒				
氣	8/23 12時35分 午時					9/23 10時7分 巳時					10/23 19時21分 戌時					11/22 16時50分 申時					12/22 6時7分 卯時					1/20 16時46分 申時				

年	丙寅																													
月	庚寅					辛卯					壬辰					癸巳					甲午					乙未				
節氣	立春					驚蟄					清明					立夏					芒種					小暑				
	2/4 11時7分 午時					3/6 5時12分 卯時					4/5 10時6分 巳時					5/6 3時30分 寅時					6/6 7時44分 辰時					7/7 18時0分 酉時				
日	國曆		農曆		干支	國曆		農曆		干支	國曆		農曆		干支	國曆		農曆		干支	國曆		農曆		干支	國曆		農曆		干支
	2	4	12	26	己卯	3	6	1	26	己酉	4	5	2	27	己卯	5	6	3	28	庚戌	6	6	4	29	辛巳	7	7	6	1	壬子
	2	5	12	27	庚辰	3	7	1	27	庚戌	4	6	2	28	庚辰	5	7	3	29	辛亥	6	7	5	1	壬午	7	8	6	2	癸丑
	2	6	12	28	辛巳	3	8	1	28	辛亥	4	7	2	29	辛巳	5	8	3	30	壬子	6	8	5	2	癸未	7	9	6	3	甲寅
	2	7	12	29	壬午	3	9	1	29	壬子	4	8	2	30	壬午	5	9	4	1	癸丑	6	9	5	3	甲申	7	10	6	4	乙卯
中華民國七十五年 虎	2	8	12	30	癸未	3	10	2	1	癸丑	4	9	3	1	癸未	5	10	4	2	甲寅	6	10	5	4	乙酉	7	11	6	5	丙辰
	2	9	1	1	甲申	3	11	2	2	甲寅	4	10	3	2	甲申	5	11	4	3	乙卯	6	11	5	5	丙戌	7	12	6	6	丁巳
	2	10	1	2	乙酉	3	12	2	3	乙卯	4	11	3	3	乙酉	5	12	4	4	丙辰	6	12	5	6	丁亥	7	13	6	7	戊午
	2	11	1	3	丙戌	3	13	2	4	丙辰	4	12	3	4	丙戌	5	13	4	5	丁巳	6	13	5	7	戊子	7	14	6	8	己未
	2	12	1	4	丁亥	3	14	2	5	丁巳	4	13	3	5	丁亥	5	14	4	6	戊午	6	14	5	8	己丑	7	15	6	9	庚申
	2	13	1	5	戊子	3	15	2	6	戊午	4	14	3	6	戊子	5	15	4	7	己未	6	15	5	9	庚寅	7	16	6	10	辛酉
	2	14	1	6	己丑	3	16	2	7	己未	4	15	3	7	己丑	5	16	4	8	庚申	6	16	5	10	辛卯	7	17	6	11	壬戌
	2	15	1	7	庚寅	3	17	2	8	庚申	4	16	3	8	庚寅	5	17	4	9	辛酉	6	17	5	11	壬辰	7	18	6	12	癸亥
	2	16	1	8	辛卯	3	18	2	9	辛酉	4	17	3	9	辛卯	5	18	4	10	壬戌	6	18	5	12	癸巳	7	19	6	13	甲子
	2	17	1	9	壬辰	3	19	2	10	壬戌	4	18	3	10	壬辰	5	19	4	11	癸亥	6	19	5	13	甲午	7	20	6	14	乙丑
	2	18	1	10	癸巳	3	20	2	11	癸亥	4	19	3	11	癸巳	5	20	4	12	甲子	6	20	5	14	乙未	7	21	6	15	丙寅
	2	19	1	11	甲午	3	21	2	12	甲子	4	20	3	12	甲午	5	21	4	13	乙丑	6	21	5	15	丙申	7	22	6	16	丁卯
	2	20	1	12	乙未	3	22	2	13	乙丑	4	21	3	13	乙未	5	22	4	14	丙寅	6	22	5	16	丁酉	7	23	6	17	戊辰
	2	21	1	13	丙申	3	23	2	14	丙寅	4	22	3	14	丙申	5	23	4	15	丁卯	6	23	5	17	戊戌	7	24	6	18	己巳
	2	22	1	14	丁酉	3	24	2	15	丁卯	4	23	3	15	丁酉	5	24	4	16	戊辰	6	24	5	18	己亥	7	25	6	19	庚午
	2	23	1	15	戊戌	3	25	2	16	戊辰	4	24	3	16	戊戌	5	25	4	17	己巳	6	25	5	19	庚子	7	26	6	20	辛未
	2	24	1	16	己亥	3	26	2	17	己巳	4	25	3	17	己亥	5	26	4	18	庚午	6	26	5	20	辛丑	7	27	6	21	壬申
	2	25	1	17	庚子	3	27	2	18	庚午	4	26	3	18	庚子	5	27	4	19	辛未	6	27	5	21	壬寅	7	28	6	22	癸酉
1986	2	26	1	18	辛丑	3	28	2	19	辛未	4	27	3	19	辛丑	5	28	4	20	壬申	6	28	5	22	癸卯	7	29	6	23	甲戌
	2	27	1	19	壬寅	3	29	2	20	壬申	4	28	3	20	壬寅	5	29	4	21	癸酉	6	29	5	23	甲辰	7	30	6	24	乙亥
	2	28	1	20	癸卯	3	30	2	21	癸酉	4	29	3	21	癸卯	5	30	4	22	甲戌	6	30	5	24	乙巳	7	31	6	25	丙子
	3	1	1	21	甲辰	3	31	2	22	甲戌	4	30	3	22	甲辰	5	31	4	23	乙亥	7	1	5	25	丙午	8	1	6	26	丁丑
	3	2	1	22	乙巳	4	1	2	23	乙亥	5	1	3	23	乙巳	6	1	4	24	丙子	7	2	5	26	丁未	8	2	6	27	戊寅
	3	3	1	23	丙午	4	2	2	24	丙子	5	2	3	24	丙午	6	2	4	25	丁丑	7	3	5	27	戊申	8	3	6	28	己卯
	3	4	1	24	丁未	4	3	2	25	丁丑	5	3	3	25	丁未	6	3	4	26	戊寅	7	4	5	28	己酉	8	4	6	29	庚辰
	3	5	1	25	戊申	4	4	2	26	戊寅	5	4	3	26	戊申	6	4	4	27	己卯	7	5	5	29	庚戌	8	5	6	30	辛巳
											5	5	3	27	己酉	6	5	4	28	庚辰	7	6	5	30	辛亥	8	6	7	1	壬午
																										8	7	7	2	癸未
中氣	雨水					春分					穀雨					小滿					夏至					大暑				
	2/19 6時57分 卯時					3/21 6時2分 卯時					4/20 17時12分 酉時					5/21 16時27分 申時					6/22 0時29分 子時					7/23 11時24分 午時				

丙寅																													年
丙申				丁酉					戊戌					己亥					庚子					辛丑					月
立秋				白露					寒露					立冬					大雪					小寒					節氣
/8 3時45分 寅時				9/8 6時34分 卯時					10/8 22時6分 亥時					11/8 1時12分 丑時					12/7 18時0分 酉時					1/6 5時13分 卯時					
曆	農曆		干支	國曆		農曆		干支	國曆		農曆		干支	國曆		農曆		干支	國曆		農曆		干支	國曆		農曆		干支	日
8	7	3	甲申	9	8	8	5	乙卯	10	8	9	5	乙酉	11	8	10	7	丙辰	12	7	11	6	乙酉	1	6	12	7	乙卯	中華民國七十五、七十六年　虎
9	7	4	乙酉	9	9	8	6	丙辰	10	9	9	6	丙戌	11	9	10	8	丁巳	12	8	11	7	丙戌	1	7	12	8	丙辰	
10	7	5	丙戌	9	10	8	7	丁巳	10	10	9	7	丁亥	11	10	10	9	戊午	12	9	11	8	丁亥	1	8	12	9	丁巳	
11	7	6	丁亥	9	11	8	8	戊午	10	11	9	8	戊子	11	11	10	10	己未	12	10	11	9	戊子	1	9	12	10	戊午	
12	7	7	戊子	9	12	8	9	己未	10	12	9	9	己丑	11	12	10	11	庚申	12	11	11	10	己丑	1	10	12	11	己未	
13	7	8	己丑	9	13	8	10	庚申	10	13	9	10	庚寅	11	13	10	12	辛酉	12	12	11	11	庚寅	1	11	12	12	庚申	
14	7	9	庚寅	9	14	8	11	辛酉	10	14	9	11	辛卯	11	14	10	13	壬戌	12	13	11	12	辛卯	1	12	12	13	辛酉	
15	7	10	辛卯	9	15	8	12	壬戌	10	15	9	12	壬辰	11	15	10	14	癸亥	12	14	11	13	壬辰	1	13	12	14	壬戌	
16	7	11	壬辰	9	16	8	13	癸亥	10	16	9	13	癸巳	11	16	10	15	甲子	12	15	11	14	癸巳	1	14	12	15	癸亥	
17	7	12	癸巳	9	17	8	14	甲子	10	17	9	14	甲午	11	17	10	16	乙丑	12	16	11	15	甲午	1	15	12	16	甲子	
18	7	13	甲午	9	18	8	15	乙丑	10	18	9	15	乙未	11	18	10	17	丙寅	12	17	11	16	乙未	1	16	12	17	乙丑	
19	7	14	乙未	9	19	8	16	丙寅	10	19	9	16	丙申	11	19	10	18	丁卯	12	18	11	17	丙申	1	17	12	18	丙寅	
20	7	15	丙申	9	20	8	17	丁卯	10	20	9	17	丁酉	11	20	10	19	戊辰	12	19	11	18	丁酉	1	18	12	19	丁卯	
21	7	16	丁酉	9	21	8	18	戊辰	10	21	9	18	戊戌	11	21	10	20	己巳	12	20	11	19	戊戌	1	19	12	20	戊辰	
22	7	17	戊戌	9	22	8	19	己巳	10	22	9	19	己亥	11	22	10	21	庚午	12	21	11	20	己亥	1	20	12	21	己巳	
23	7	18	己亥	9	23	8	20	庚午	10	23	9	20	庚子	11	23	10	22	辛未	12	22	11	21	庚子	1	21	12	22	庚午	
24	7	19	庚子	9	24	8	21	辛未	10	24	9	21	辛丑	11	24	10	23	壬申	12	23	11	22	辛丑	1	22	12	23	辛未	
25	7	20	辛丑	9	25	8	22	壬申	10	25	9	22	壬寅	11	25	10	24	癸酉	12	24	11	23	壬寅	1	23	12	24	壬申	
26	7	21	壬寅	9	26	8	23	癸酉	10	26	9	23	癸卯	11	26	10	25	甲戌	12	25	11	24	癸卯	1	24	12	25	癸酉	
27	7	22	癸卯	9	27	8	24	甲戌	10	27	9	24	甲辰	11	27	10	26	乙亥	12	26	11	25	甲辰	1	25	12	26	甲戌	
28	7	23	甲辰	9	28	8	25	乙亥	10	28	9	25	乙巳	11	28	10	27	丙子	12	27	11	26	乙巳	1	26	12	27	乙亥	1986、1987
29	7	24	乙巳	9	29	8	26	丙子	10	29	9	26	丙午	11	29	10	28	丁丑	12	28	11	27	丙午	1	27	12	28	丙子	
30	7	25	丙午	9	30	8	27	丁丑	10	30	9	27	丁未	11	30	10	29	戊寅	12	29	11	28	丁未	1	28	12	29	丁丑	
31	7	26	丁未	10	1	8	28	戊寅	10	31	9	28	戊申	12	1	10	30	己卯	12	30	11	29	戊申	1	29	1	1	戊寅	
1	7	27	戊申	10	2	7	29	己卯	11	1	9	29	己酉	12	2	11	1	庚辰	12	31	12	1	己酉	1	30	1	2	己卯	
2	7	28	己酉	10	3	8	30	庚辰	11	2	10	1	庚戌	12	3	11	2	辛巳	1	1	12	2	庚戌	1	31	1	3	庚辰	
3	7	29	庚戌	10	4	9	1	辛巳	11	3	10	2	辛亥	12	4	11	3	壬午	1	2	12	3	辛亥	2	1	1	4	辛巳	
4	8	1	辛亥	10	5	9	2	壬午	11	4	10	3	壬子	12	5	11	4	癸未	1	3	12	4	壬子	2	2	1	5	壬午	
5	8	2	壬子	10	6	9	3	癸未	11	5	10	4	癸丑	12	6	11	5	甲申	1	4	12	5	癸丑	2	3	1	6	癸未	
6	8	3	癸丑	10	7	9	4	甲申	11	6	10	5	甲寅						1	5	12	6	甲寅						
7	8	4	甲寅						11	7	10	6	乙卯																
處暑				秋分					霜降					小雪					冬至					大寒					中氣
23 18時25分 酉時				9/23 15時58分 申時					10/24 1時14分 丑時					11/22 22時44分 亥時					12/22 12時2分 午時					1/20 22時40分 亥時					

年	丁卯																													
月	壬寅					癸卯					甲辰					乙巳					丙午					丁未				
節氣	立春					驚蟄					清明					立夏					芒種					小暑				
	2/4 16時51分 申時					3/6 10時53分 巳時					4/5 15時44分 申時					5/6 9時5分 巳時					6/6 13時18分 未時					7/7 23時38分 子時				
日	國曆		農曆		干支	國曆		農曆		干支	國曆		農曆		干支	國曆		農曆		干支	國曆		農曆		干支	國曆		農曆		干支
	2	4	1	7	甲申	3	6	2	7	甲寅	4	5	3	8	甲申	5	6	4	9	乙卯	6	6	5	11	丙戌	7	7	6	12	丁巳
	2	5	1	8	乙酉	3	7	2	8	乙卯	4	6	3	9	乙酉	5	7	4	10	丙辰	6	7	5	12	丁亥	7	8	6	13	戊午
	2	6	1	9	丙戌	3	8	2	9	丙辰	4	7	3	10	丙戌	5	8	4	11	丁巳	6	8	5	13	戊子	7	9	6	14	己未
	2	7	1	10	丁亥	3	9	2	10	丁巳	4	8	3	11	丁亥	5	9	4	12	戊午	6	9	5	14	己丑	7	10	6	15	庚申
中華民國七十六年 兔	2	8	1	11	戊子	3	10	2	11	戊午	4	9	3	12	戊子	5	10	4	13	己未	6	10	5	15	庚寅	7	11	6	16	辛酉
	2	9	1	12	己丑	3	11	2	12	己未	4	10	3	13	己丑	5	11	4	14	庚申	6	11	5	16	辛卯	7	12	6	17	壬戌
	2	10	1	13	庚寅	3	12	2	13	庚申	4	11	3	14	庚寅	5	12	4	15	辛酉	6	12	5	17	壬辰	7	13	6	18	癸亥
	2	11	1	14	辛卯	3	13	2	14	辛酉	4	12	3	15	辛卯	5	13	4	16	壬戌	6	13	5	18	癸巳	7	14	6	19	甲子
	2	12	1	15	壬辰	3	14	2	15	壬戌	4	13	3	16	壬辰	5	14	4	17	癸亥	6	14	5	19	甲午	7	15	6	20	乙丑
	2	13	1	16	癸巳	3	15	2	16	癸亥	4	14	3	17	癸巳	5	15	4	18	甲子	6	15	5	20	乙未	7	16	6	21	丙寅
	2	14	1	17	甲午	3	16	2	17	甲子	4	15	3	18	甲午	5	16	4	19	乙丑	6	16	5	21	丙申	7	17	6	22	丁卯
	2	15	1	18	乙未	3	17	2	18	乙丑	4	16	3	19	乙未	5	17	4	20	丙寅	6	17	5	22	丁酉	7	18	6	23	戊辰
	2	16	1	19	丙申	3	18	2	19	丙寅	4	17	3	20	丙申	5	18	4	21	丁卯	6	18	5	23	戊戌	7	19	6	24	己巳
	2	17	1	20	丁酉	3	19	2	20	丁卯	4	18	3	21	丁酉	5	19	4	22	戊辰	6	19	5	24	己亥	7	20	6	25	庚午
	2	18	1	21	戊戌	3	20	2	21	戊辰	4	19	3	22	戊戌	5	20	4	23	己巳	6	20	5	25	庚子	7	21	6	26	辛未
	2	19	1	22	己亥	3	21	2	22	己巳	4	20	3	23	己亥	5	21	4	24	庚午	6	21	5	26	辛丑	7	22	6	27	壬申
	2	20	1	23	庚子	3	22	2	23	庚午	4	21	3	24	庚子	5	22	4	25	辛未	6	22	5	27	壬寅	7	23	6	28	癸酉
	2	21	1	24	辛丑	3	23	2	24	辛未	4	22	3	25	辛丑	5	23	4	26	壬申	6	23	5	28	癸卯	7	24	6	29	甲戌
	2	22	1	25	壬寅	3	24	2	25	壬申	4	23	3	26	壬寅	5	24	4	27	癸酉	6	24	5	29	甲辰	7	25	6	30	乙亥
	2	23	1	26	癸卯	3	25	2	26	癸酉	4	24	3	27	癸卯	5	25	4	28	甲戌	6	25	5	30	乙巳	7	26	閏6	1	丙子
	2	24	1	27	甲辰	3	26	2	27	甲戌	4	25	3	28	甲辰	5	26	4	29	乙亥	6	26	6	1	丙午	7	27	6	2	丁丑
	2	25	1	28	乙巳	3	27	2	28	乙亥	4	26	3	29	乙巳	5	27	5	1	丙子	6	27	6	2	丁未	7	28	6	3	戊寅
	2	26	1	29	丙午	3	28	2	29	丙子	4	27	3	30	丙午	5	28	5	2	丁丑	6	28	6	3	戊申	7	29	6	4	己卯
1987	2	27	1	30	丁未	3	29	3	1	丁丑	4	28	4	1	丁未	5	29	5	3	戊寅	6	29	6	4	己酉	7	30	6	5	庚辰
	2	28	2	1	戊申	3	30	3	2	戊寅	4	29	4	2	戊申	5	30	5	4	己卯	6	30	6	5	庚戌	7	31	6	6	辛巳
	3	1	2	2	己酉	3	31	3	3	己卯	4	30	4	3	己酉	5	31	5	5	庚辰	7	1	6	6	辛亥	8	1	6	7	壬午
	3	2	2	3	庚戌	4	1	3	4	庚辰	5	1	4	4	庚戌	6	1	5	6	辛巳	7	2	6	7	壬子	8	2	6	8	癸未
	3	3	2	4	辛亥	4	2	3	5	辛巳	5	2	4	5	辛亥	6	2	5	7	壬午	7	3	6	8	癸丑	8	3	6	9	甲申
	3	4	2	5	壬子	4	3	3	6	壬午	5	3	4	6	壬子	6	3	5	8	癸未	7	4	6	9	甲寅	8	4	6	10	乙酉
	3	5	2	6	癸丑	4	4	3	7	癸未	5	4	4	7	癸丑	6	4	5	9	甲申	7	5	6	10	乙卯	8	5	6	11	丙戌
											5	5	4	8	甲寅	6	5	5	10	乙酉	7	6	6	11	丙辰	8	6	6	12	丁亥
																										8	7	6	13	戊子
中氣	雨水					春分					穀雨					小滿					夏至					大暑				
	2/19 12時49分 午時					3/21 11時51分 午時					4/20 22時57分 亥時					5/21 22時10分 亥時					6/22 6時10分 卯時					7/23 17時6分 酉時				

丁卯																														年
戊申					己酉					庚戌					辛亥					壬子					癸丑					月
立秋					白露					寒露					立冬					大雪					小寒					節
8/8 9時29分 巳時					9/8 12時24分 午時					10/9 3時59分 寅時					11/8 7時5分 辰時					12/7 23時52分 子時					1/6 11時3分 午時					氣
國曆		農曆		干支	國曆		農曆		干支	國曆		農曆		干支	國曆		農曆		干支	國曆		農曆		干支	國曆		農曆		干支	日
8	8	6	14	己丑	9	8	7	16	庚申	10	9	8	17	辛卯	11	8	9	17	辛酉	12	7	10	17	庚寅	1	6	11	17	庚申	中華民國七十六、七十七年 兔
8	9	6	15	庚寅	9	9	7	17	辛酉	10	10	8	18	壬辰	11	9	9	18	壬戌	12	8	10	18	辛卯	1	7	11	18	辛酉	
8	10	6	16	辛卯	9	10	7	18	壬戌	10	11	8	19	癸巳	11	10	9	19	癸亥	12	9	10	19	壬辰	1	8	11	19	壬戌	
8	11	6	17	壬辰	9	11	7	19	癸亥	10	12	8	20	甲午	11	11	9	20	甲子	12	10	10	20	癸巳	1	9	11	20	癸亥	
8	12	6	18	癸巳	9	12	7	20	甲子	10	13	8	21	乙未	11	12	9	21	乙丑	12	11	10	21	甲午	1	10	11	21	甲子	
8	13	6	19	甲午	9	13	7	21	乙丑	10	14	8	22	丙申	11	13	9	22	丙寅	12	12	10	22	乙未	1	11	11	22	乙丑	
8	14	6	20	乙未	9	14	7	22	丙寅	10	15	8	23	丁酉	11	14	9	23	丁卯	12	13	10	23	丙申	1	12	11	23	丙寅	
8	15	6	21	丙申	9	15	7	23	丁卯	10	16	8	24	戊戌	11	15	9	24	戊辰	12	14	10	24	丁酉	1	13	11	24	丁卯	
8	16	6	22	丁酉	9	16	7	24	戊辰	10	17	8	25	己亥	11	16	9	25	己巳	12	15	10	25	戊戌	1	14	11	25	戊辰	
8	17	6	23	戊戌	9	17	7	25	己巳	10	18	8	26	庚子	11	17	9	26	庚午	12	16	10	26	己亥	1	15	11	26	己巳	
8	18	6	24	己亥	9	18	7	26	庚午	10	19	8	27	辛丑	11	18	9	27	辛未	12	17	10	27	庚子	1	16	11	27	庚午	
8	19	6	25	庚子	9	19	7	27	辛未	10	20	8	28	壬寅	11	19	9	28	壬申	12	18	10	28	辛丑	1	17	11	28	辛未	
8	20	6	26	辛丑	9	20	7	28	壬申	10	21	8	29	癸卯	11	20	9	29	癸酉	12	19	10	29	壬寅	1	18	11	29	壬申	
8	21	6	27	壬寅	9	21	7	29	癸酉	10	22	8	30	甲辰	11	21	10	1	甲戌	12	20	10	30	癸卯	1	19	12	1	癸酉	
8	22	6	28	癸卯	9	22	7	30	甲戌	10	23	9	1	乙巳	11	22	10	2	乙亥	12	21	11	1	甲辰	1	20	12	2	甲戌	
8	23	6	29	甲辰	9	23	8	1	乙亥	10	24	9	2	丙午	11	23	10	3	丙子	12	22	11	2	乙巳	1	21	12	3	乙亥	
8	24	7	1	乙巳	9	24	8	2	丙子	10	25	9	3	丁未	11	24	10	4	丁丑	12	23	11	3	丙午	1	22	12	4	丙子	
8	25	7	2	丙午	9	25	8	3	丁丑	10	26	9	4	戊申	11	25	10	5	戊寅	12	24	11	4	丁未	1	23	12	5	丁丑	
8	26	7	3	丁未	9	26	8	4	戊寅	10	27	9	5	己酉	11	26	10	6	己卯	12	25	11	5	戊申	1	24	12	6	戊寅	
8	27	7	4	戊申	9	27	8	5	己卯	10	28	9	6	庚戌	11	27	10	7	庚辰	12	26	11	6	己酉	1	25	12	7	己卯	
8	28	7	5	己酉	9	28	8	6	庚辰	10	29	9	7	辛亥	11	28	10	8	辛巳	12	27	11	7	庚戌	1	26	12	8	庚辰	1987、1988
8	29	7	6	庚戌	9	29	8	7	辛巳	10	30	9	8	壬子	11	29	10	9	壬午	12	28	11	8	辛亥	1	27	12	9	辛巳	
8	30	7	7	辛亥	9	30	8	8	壬午	10	31	9	9	癸丑	11	30	10	10	癸未	12	29	11	9	壬子	1	28	12	10	壬午	
8	31	7	8	壬子	10	1	8	9	癸未	11	1	9	10	甲寅	12	1	10	11	甲申	12	30	11	10	癸丑	1	29	12	11	癸未	
9	1	7	9	癸丑	10	2	8	10	甲申	11	2	9	11	乙卯	12	2	10	12	乙酉	12	31	11	11	甲寅	1	30	12	12	甲申	
9	2	7	10	甲寅	10	3	8	11	乙酉	11	3	9	12	丙辰	12	3	10	13	丙戌	1	1	11	12	乙卯	1	31	12	13	乙酉	
9	3	7	11	乙卯	10	4	8	12	丙戌	11	4	9	13	丁巳	12	4	10	14	丁亥	1	2	11	13	丙辰	2	1	12	14	丙戌	
9	4	7	12	丙辰	10	5	8	13	丁亥	11	5	9	14	戊午	12	5	10	15	戊子	1	3	11	14	丁巳	2	2	12	15	丁亥	
9	5	7	13	丁巳	10	6	8	14	戊子	11	6	9	15	己未	12	6	10	16	己丑	1	4	11	15	戊午	2	3	12	16	戊子	
9	6	7	14	戊午	10	7	8	15	己丑	11	7	9	16	庚申						1	5	11	16	己未						
9	7	7	15	己未	10	8	8	16	庚寅																					
處暑					秋分					霜降					小雪					冬至					大寒					中
8/24 0時9分 子時					9/23 21時45分 亥時					10/24 7時0分 辰時					11/23 4時29分 寅時					12/22 17時45分 酉時					1/21 4時24分 寅時					氣

年	戊辰																													
月	甲寅					乙卯					丙辰					丁巳					戊午					己未				
節氣	立春 2/4 22時42分 亥時					驚蟄 3/5 16時46分 申時					清明 4/4 21時39分 亥時					立夏 5/5 15時1分 申時					芒種 6/5 19時14分 戌時					小暑 7/7 5時32分 卯時				
日	國曆		農曆		干支	國曆		農曆		干支	國曆		農曆		干支	國曆		農曆		干支	國曆		農曆		干支	國曆		農曆		干支
中華民國七十七年 龍 1988	2	4	12	17	己丑	3	5	1	18	己未	4	4	2	18	己丑	5	5	3	20	庚申	6	5	4	21	辛卯	7	7	5	24	癸亥
	2	5	12	18	庚寅	3	6	1	19	庚申	4	5	2	19	庚寅	5	6	3	21	辛酉	6	6	4	22	壬辰	7	8	5	25	甲子
	2	6	12	19	辛卯	3	7	1	20	辛酉	4	6	2	20	辛卯	5	7	3	22	壬戌	6	7	4	23	癸巳	7	9	5	26	乙丑
	2	7	12	20	壬辰	3	8	1	21	壬戌	4	7	2	21	壬辰	5	8	3	23	癸亥	6	8	4	24	甲午	7	10	5	27	丙寅
	2	8	12	21	癸巳	3	9	1	22	癸亥	4	8	2	22	癸巳	5	9	3	24	甲子	6	9	4	25	乙未	7	11	5	28	丁卯
	2	9	12	22	甲午	3	10	1	23	甲子	4	9	2	23	甲午	5	10	3	25	乙丑	6	10	4	26	丙申	7	12	5	29	戊辰
	2	10	12	23	乙未	3	11	1	24	乙丑	4	10	2	24	乙未	5	11	3	26	丙寅	6	11	4	27	丁酉	7	13	5	30	己巳
	2	11	12	24	丙申	3	12	1	25	丙寅	4	11	2	25	丙申	5	12	3	27	丁卯	6	12	4	28	戊戌	7	14	6	1	庚午
	2	12	12	25	丁酉	3	13	1	26	丁卯	4	12	2	26	丁酉	5	13	3	28	戊辰	6	13	4	29	己亥	7	15	6	2	辛未
	2	13	12	26	戊戌	3	14	1	27	戊辰	4	13	2	27	戊戌	5	14	3	29	己巳	6	14	5	1	庚子	7	16	6	3	壬申
	2	14	12	27	己亥	3	15	1	28	己巳	4	14	2	28	己亥	5	15	3	30	庚午	6	15	5	2	辛丑	7	17	6	4	癸酉
	2	15	12	28	庚子	3	16	1	29	庚午	4	15	2	29	庚子	5	16	4	1	辛未	6	16	5	3	壬寅	7	18	6	5	甲戌
	2	16	12	29	辛丑	3	17	1	30	辛未	4	16	3	1	辛丑	5	17	4	2	壬申	6	17	5	4	癸卯	7	19	6	6	乙亥
	2	17	1	1	壬寅	3	18	2	1	壬申	4	17	3	2	壬寅	5	18	4	3	癸酉	6	18	5	5	甲辰	7	20	6	7	丙子
	2	18	1	2	癸卯	3	19	2	2	癸酉	4	18	3	3	癸卯	5	19	4	4	甲戌	6	19	5	6	乙巳	7	21	6	8	丁丑
	2	19	1	3	甲辰	3	20	2	3	甲戌	4	19	3	4	甲辰	5	20	4	5	乙亥	6	20	5	7	丙午	7	22	6	9	戊寅
	2	20	1	4	乙巳	3	21	2	4	乙亥	4	20	3	5	乙巳	5	21	4	6	丙子	6	21	5	8	丁未	7	23	6	10	己卯
	2	21	1	5	丙午	3	22	2	5	丙子	4	21	3	6	丙午	5	22	4	7	丁丑	6	22	5	9	戊申	7	24	6	11	庚辰
	2	22	1	6	丁未	3	23	2	6	丁丑	4	22	3	7	丁未	5	23	4	8	戊寅	6	23	5	10	己酉	7	25	6	12	辛巳
	2	23	1	7	戊申	3	24	2	7	戊寅	4	23	3	8	戊申	5	24	4	9	己卯	6	24	5	11	庚戌	7	26	6	13	壬午
	2	24	1	8	己酉	3	25	2	8	己卯	4	24	3	9	己酉	5	25	4	10	庚辰	6	25	5	12	辛亥	7	27	6	14	癸未
	2	25	1	9	庚戌	3	26	2	9	庚辰	4	25	3	10	庚戌	5	26	4	11	辛巳	6	26	5	13	壬子	7	28	6	15	甲申
	2	26	1	10	辛亥	3	27	2	10	辛巳	4	26	3	11	辛亥	5	27	4	12	壬午	6	27	5	14	癸丑	7	29	6	16	乙酉
	2	27	1	11	壬子	3	28	2	11	壬午	4	27	3	12	壬子	5	28	4	13	癸未	6	28	5	15	甲寅	7	30	6	17	丙戌
	2	28	1	12	癸丑	3	29	2	12	癸未	4	28	3	13	癸丑	5	29	4	14	甲申	6	29	5	16	乙卯	7	31	6	18	丁亥
	2	29	1	13	甲寅	3	30	2	13	甲申	4	29	3	14	甲寅	5	30	4	15	乙酉	6	30	5	17	丙辰	8	1	6	19	戊子
	3	1	1	14	乙卯	3	31	2	14	乙酉	4	30	3	15	乙卯	5	31	4	16	丙戌	7	1	5	18	丁巳	8	2	6	20	己丑
	3	2	1	15	丙辰	4	1	2	15	丙戌	5	1	3	16	丙辰	6	1	4	17	丁亥	7	2	5	19	戊午	8	3	6	21	庚寅
	3	3	1	16	丁巳	4	2	2	16	丁亥	5	2	3	17	丁巳	6	2	4	18	戊子	7	3	5	20	己未	8	4	6	22	辛卯
	3	4	1	17	戊午	4	3	2	17	戊子	5	3	3	18	戊午	6	3	4	19	己丑	7	4	5	21	庚申	8	5	6	23	壬辰
											5	4	3	19	己未	6	4	4	20	庚寅	7	5	5	22	辛酉	8	6	6	24	癸巳
																					7	6	5	23	壬戌					
中氣	雨水 2/19 18時35分 酉時					春分 3/20 17時38分 酉時					穀雨 4/20 4時44分 寅時					小滿 5/21 3時56分 寅時					夏至 6/21 11時56分 午時					大暑 7/22 22時51分 亥時				

戊辰																														年
庚申					辛酉					壬戌					癸亥					甲子					乙丑					月
立秋					白露					寒露					立冬					大雪					小寒					節
8/7 15時20分 申時					9/7 18時11分 酉時					10/8 9時44分 巳時					11/7 12時48分 午時					12/7 5時34分 卯時					1/5 16時45分 申時					氣
國曆		農曆		干支	國曆		農曆		干支	國曆		農曆		干支	國曆		農曆		干支	國曆		農曆		干支	國曆		農曆		干支	日
8	7	6	25	甲午	9	7	7	27	乙丑	10	8	8	28	丙申	11	7	9	28	丙寅	12	7	10	29	丙申	1	5	11	28	乙丑	中華民國七十七、七十八年 龍 1988、1989
8	8	6	26	乙未	9	8	7	28	丙寅	10	9	8	29	丁酉	11	8	9	29	丁卯	12	8	10	30	丁酉	1	6	11	29	丙寅	
8	9	6	27	丙申	9	9	7	29	丁卯	10	10	8	30	戊戌	11	9	10	1	戊辰	12	9	11	1	戊戌	1	7	11	30	丁卯	
8	10	6	28	丁酉	9	10	7	30	戊辰	10	11	9	1	己亥	11	10	10	2	己巳	12	10	11	2	己亥	1	8	12	1	戊辰	
8	11	6	29	戊戌	9	11	8	1	己巳	10	12	9	2	庚子	11	11	10	3	庚午	12	11	11	3	庚子	1	9	12	2	己巳	
8	12	7	1	己亥	9	12	8	2	庚午	10	13	9	3	辛丑	11	12	10	4	辛未	12	12	11	4	辛丑	1	10	12	3	庚午	
8	13	7	2	庚子	9	13	8	3	辛未	10	14	9	4	壬寅	11	13	10	5	壬申	12	13	11	5	壬寅	1	11	12	4	辛未	
8	14	7	3	辛丑	9	14	8	4	壬申	10	15	9	5	癸卯	11	14	10	6	癸酉	12	14	11	6	癸卯	1	12	12	5	壬申	
8	15	7	4	壬寅	9	15	8	5	癸酉	10	16	9	6	甲辰	11	15	10	7	甲戌	12	15	11	7	甲辰	1	13	12	6	癸酉	
8	16	7	5	癸卯	9	16	8	6	甲戌	10	17	9	7	乙巳	11	16	10	8	乙亥	12	16	11	8	乙巳	1	14	12	7	甲戌	
8	17	7	6	甲辰	9	17	8	7	乙亥	10	18	9	8	丙午	11	17	10	9	丙子	12	17	11	9	丙午	1	15	12	8	乙亥	
8	18	7	7	乙巳	9	18	8	8	丙子	10	19	9	9	丁未	11	18	10	10	丁丑	12	18	11	10	丁未	1	16	12	9	丙子	
8	19	7	8	丙午	9	19	8	9	丁丑	10	20	9	10	戊申	11	19	10	11	戊寅	12	19	11	11	戊申	1	17	12	10	丁丑	
8	20	7	9	丁未	9	20	8	10	戊寅	10	21	9	11	己酉	11	20	10	12	己卯	12	20	11	12	己酉	1	18	12	11	戊寅	
8	21	7	10	戊申	9	21	8	11	己卯	10	22	9	12	庚戌	11	21	10	13	庚辰	12	21	11	13	庚戌	1	19	12	12	己卯	
8	22	7	11	己酉	9	22	8	12	庚辰	10	23	9	13	辛亥	11	22	10	14	辛巳	12	22	11	14	辛亥	1	20	12	13	庚辰	
8	23	7	12	庚戌	9	23	8	13	辛巳	10	24	9	14	壬子	11	23	10	15	壬午	12	23	11	15	壬子	1	21	12	14	辛巳	
8	24	7	13	辛亥	9	24	8	14	壬午	10	25	9	15	癸丑	11	24	10	16	癸未	12	24	11	16	癸丑	1	22	12	15	壬午	
8	25	7	14	壬子	9	25	8	15	癸未	10	26	9	16	甲寅	11	25	10	17	甲申	12	25	11	17	甲寅	1	23	12	16	癸未	
8	26	7	15	癸丑	9	26	8	16	甲申	10	27	9	17	乙卯	11	26	10	18	乙酉	12	26	11	18	乙卯	1	24	12	17	甲申	
8	27	7	16	甲寅	9	27	8	17	乙酉	10	28	9	18	丙辰	11	27	10	19	丙戌	12	27	11	19	丙辰	1	25	12	18	乙酉	
8	28	7	17	乙卯	9	28	8	18	丙戌	10	29	9	19	丁巳	11	28	10	20	丁亥	12	28	11	20	丁巳	1	26	12	19	丙戌	
8	29	7	18	丙辰	9	29	8	19	丁亥	10	30	9	20	戊午	11	29	10	21	戊子	12	29	11	21	戊午	1	27	12	20	丁亥	
8	30	7	19	丁巳	9	30	8	20	戊子	10	31	9	21	己未	11	30	10	22	己丑	12	30	11	22	己未	1	28	12	21	戊子	
8	31	7	20	戊午	10	1	8	21	己丑	11	1	9	22	庚申	12	1	10	23	庚寅	12	31	11	23	庚申	1	29	12	22	己丑	
9	1	7	21	己未	10	2	8	22	庚寅	11	2	9	23	辛酉	12	2	10	24	辛卯	1	1	11	24	辛酉	1	30	12	23	庚寅	
9	2	7	22	庚申	10	3	8	23	辛卯	11	3	9	24	壬戌	12	3	10	25	壬辰	1	2	11	25	壬戌	1	31	12	24	辛卯	
9	3	7	23	辛酉	10	4	8	24	壬辰	11	4	9	25	癸亥	12	4	10	26	癸巳	1	3	11	26	癸亥	2	1	12	25	壬辰	
9	4	7	24	壬戌	10	5	8	25	癸巳	11	5	9	26	甲子	12	5	10	27	甲午	1	4	11	27	甲子	2	2	12	26	癸巳	
9	5	7	25	癸亥	10	6	8	26	甲午	11	6	9	27	乙丑	12	6	10	28	乙未						2	3	12	27	甲午	
9	6	7	26	甲子	10	7	8	27	乙未																					
處暑					秋分					霜降					小雪					冬至					大寒					中
8/23 5時54分 卯時					9/23 3時28分 寅時					10/23 12時44分 午時					11/22 10時11分 巳時					12/21 23時27分 子時					1/20 10時6分 巳時					氣

年	己巳																													
月	丙寅					丁卯					戊辰					己巳					庚午					辛未				
節氣	立春					驚蟄					清明					立夏					芒種					小暑				
	2/4 4時27分 寅時					3/5 22時34分 亥時					4/5 3時29分 寅時					5/5 20時53分 戌時					6/6 1時5分 丑時					7/7 11時19分 午時				
日	國曆		農曆		干支	國曆		農曆		干支	國曆		農曆		干支	國曆		農曆		干支	國曆		農曆		干支	國曆		農曆		干支
中華民國七十八年 蛇 1989	2	4	12	28	乙未	3	5	1	28	甲子	4	5	2	29	乙未	5	5	4	1	乙丑	6	6	5	3	丁酉	7	7	6	5	戊辰
	2	5	12	29	丙申	3	6	1	29	乙丑	4	6	3	1	丙申	5	6	4	2	丙寅	6	7	5	4	戊戌	7	8	6	6	己巳
	2	6	1	1	丁酉	3	7	1	30	丙寅	4	7	3	2	丁酉	5	7	4	3	丁卯	6	8	5	5	己亥	7	9	6	7	庚午
	2	7	1	2	戊戌	3	8	2	1	丁卯	4	8	3	3	戊戌	5	8	4	4	戊辰	6	9	5	6	庚子	7	10	6	8	辛未
	2	8	1	3	己亥	3	9	2	2	戊辰	4	9	3	4	己亥	5	9	4	5	己巳	6	10	5	7	辛丑	7	11	6	9	壬申
	2	9	1	4	庚子	3	10	2	3	己巳	4	10	3	5	庚子	5	10	4	6	庚午	6	11	5	8	壬寅	7	12	6	10	癸酉
	2	10	1	5	辛丑	3	11	2	4	庚午	4	11	3	6	辛丑	5	11	4	7	辛未	6	12	5	9	癸卯	7	13	6	11	甲戌
	2	11	1	6	壬寅	3	12	2	5	辛未	4	12	3	7	壬寅	5	12	4	8	壬申	6	13	5	10	甲辰	7	14	6	12	乙亥
	2	12	1	7	癸卯	3	13	2	6	壬申	4	13	3	8	癸卯	5	13	4	9	癸酉	6	14	5	11	乙巳	7	15	6	13	丙子
	2	13	1	8	甲辰	3	14	2	7	癸酉	4	14	3	9	甲辰	5	14	4	10	甲戌	6	15	5	12	丙午	7	16	6	14	丁丑
	2	14	1	9	乙巳	3	15	2	8	甲戌	4	15	3	10	乙巳	5	15	4	11	乙亥	6	16	5	13	丁未	7	17	6	15	戊寅
	2	15	1	10	丙午	3	16	2	9	乙亥	4	16	3	11	丙午	5	16	4	12	丙子	6	17	5	14	戊申	7	18	6	16	己卯
	2	16	1	11	丁未	3	17	2	10	丙子	4	17	3	12	丁未	5	17	4	13	丁丑	6	18	5	15	己酉	7	19	6	17	庚辰
	2	17	1	12	戊申	3	18	2	11	丁丑	4	18	3	13	戊申	5	18	4	14	戊寅	6	19	5	16	庚戌	7	20	6	18	辛巳
	2	18	1	13	己酉	3	19	2	12	戊寅	4	19	3	14	己酉	5	19	4	15	己卯	6	20	5	17	辛亥	7	21	6	19	壬午
	2	19	1	14	庚戌	3	20	2	13	己卯	4	20	3	15	庚戌	5	20	4	16	庚辰	6	21	5	18	壬子	7	22	6	20	癸未
	2	20	1	15	辛亥	3	21	2	14	庚辰	4	21	3	16	辛亥	5	21	4	17	辛巳	6	22	5	19	癸丑	7	23	6	21	甲申
	2	21	1	16	壬子	3	22	2	15	辛巳	4	22	3	17	壬子	5	22	4	18	壬午	6	23	5	20	甲寅	7	24	6	22	乙酉
	2	22	1	17	癸丑	3	23	2	16	壬午	4	23	3	18	癸丑	5	23	4	19	癸未	6	24	5	21	乙卯	7	25	6	23	丙戌
	2	23	1	18	甲寅	3	24	2	17	癸未	4	24	3	19	甲寅	5	24	4	20	甲申	6	25	5	22	丙辰	7	26	6	24	丁亥
	2	24	1	19	乙卯	3	25	2	18	甲申	4	25	3	20	乙卯	5	25	4	21	乙酉	6	26	5	23	丁巳	7	27	6	25	戊子
	2	25	1	20	丙辰	3	26	2	19	乙酉	4	26	3	21	丙辰	5	26	4	22	丙戌	6	27	5	24	戊午	7	28	6	26	己丑
	2	26	1	21	丁巳	3	27	2	20	丙戌	4	27	3	22	丁巳	5	27	4	23	丁亥	6	28	5	25	己未	7	29	6	27	庚寅
	2	27	1	22	戊午	3	28	2	21	丁亥	4	28	3	23	戊午	5	28	4	24	戊子	6	29	5	26	庚申	7	30	6	28	辛卯
	2	28	1	23	己未	3	29	2	22	戊子	4	29	3	24	己未	5	29	4	25	己丑	6	30	5	27	辛酉	7	31	6	29	壬辰
	3	1	1	24	庚申	3	30	2	23	己丑	4	30	3	25	庚申	5	30	4	26	庚寅	7	1	5	28	壬戌	8	1	6	30	癸巳
	3	2	1	25	辛酉	3	31	2	24	庚寅	5	1	3	26	辛酉	5	31	4	27	辛卯	7	2	5	29	癸亥	8	2	7	1	甲午
	3	3	1	26	壬戌	4	1	2	25	辛卯	5	2	3	27	壬戌	6	1	4	28	壬辰	7	3	6	1	甲子	8	3	7	2	乙未
	3	4	1	27	癸亥	4	2	2	26	壬辰	5	3	3	28	癸亥	6	2	4	29	癸巳	7	4	6	2	乙丑	8	4	7	3	丙申
						4	3	2	27	癸巳	5	4	3	29	甲子	6	3	4	30	甲午	7	5	6	3	丙寅	8	5	7	4	丁酉
						4	4	2	28	甲午						6	4	5	1	乙未	7	6	6	4	丁卯	8	6	7	5	戊戌
																6	5	5	2	丙申										
中氣	雨水					春分					穀雨					小滿					夏至					大暑				
	2/19 0時20分 子時					3/20 23時28分 子時					4/20 10時38分 巳時					5/21 9時53分 巳時					6/21 17時53分 酉時					7/23 4時45分 寅時				

己巳																													年
壬申				癸酉					甲戌					乙亥					丙子					丁丑					月
立秋				白露					寒露					立冬					大雪					小寒					節
7 21時3分 亥時				9/7 23時53分 子時					10/8 15時27分 申時					11/7 18時33分 酉時					12/7 11時20分 午時					1/5 22時33分 亥時					氣
曆	農曆		干支	國曆		農曆		干支	國曆		農曆		干支	國曆		農曆		干支	國曆		農曆		干支	國曆		農曆		干支	日
7	7	6	己亥	9	7	8	8	庚午	10	8	9	9	辛丑	11	7	10	10	辛未	12	7	11	10	辛丑	1	5	12	9	庚午	
8	7	7	庚子	9	8	8	9	辛未	10	9	9	10	壬寅	11	8	10	11	壬申	12	8	11	11	壬寅	1	6	12	10	辛未	
9	7	8	辛丑	9	9	8	10	壬申	10	10	9	11	癸卯	11	9	10	12	癸酉	12	9	11	12	癸卯	1	7	12	11	壬申	
10	7	9	壬寅	9	10	8	11	癸酉	10	11	9	12	甲辰	11	10	10	13	甲戌	12	10	11	13	甲辰	1	8	12	12	癸酉	
11	7	10	癸卯	9	11	8	12	甲戌	10	12	9	13	乙巳	11	11	10	14	乙亥	12	11	11	14	乙巳	1	9	12	13	甲戌	
12	7	11	甲辰	9	12	8	13	乙亥	10	13	9	14	丙午	11	12	10	15	丙子	12	12	11	15	丙午	1	10	12	14	乙亥	
13	7	12	乙巳	9	13	8	14	丙子	10	14	9	15	丁未	11	13	10	16	丁丑	12	13	11	16	丁未	1	11	12	15	丙子	
14	7	13	丙午	9	14	8	15	丁丑	10	15	9	16	戊申	11	14	10	17	戊寅	12	14	11	17	戊申	1	12	12	16	丁丑	
15	7	14	丁未	9	15	8	16	戊寅	10	16	9	17	己酉	11	15	10	18	己卯	12	15	11	18	己酉	1	13	12	17	戊寅	
16	7	15	戊申	9	16	8	17	己卯	10	17	9	18	庚戌	11	16	10	19	庚辰	12	16	11	19	庚戌	1	14	12	18	己卯	
17	7	16	己酉	9	17	8	18	庚辰	10	18	9	19	辛亥	11	17	10	20	辛巳	12	17	11	20	辛亥	1	15	12	19	庚辰	
18	7	17	庚戌	9	18	8	19	辛巳	10	19	9	20	壬子	11	18	10	21	壬午	12	18	11	21	壬子	1	16	12	20	辛巳	
19	7	18	辛亥	9	19	8	20	壬午	10	20	9	21	癸丑	11	19	10	22	癸未	12	19	11	22	癸丑	1	17	12	21	壬午	
20	7	19	壬子	9	20	8	21	癸未	10	21	9	22	甲寅	11	20	10	23	甲申	12	20	11	23	甲寅	1	18	12	22	癸未	
21	7	20	癸丑	9	21	8	22	甲申	10	22	9	23	乙卯	11	21	10	24	乙酉	12	21	11	24	乙卯	1	19	12	23	甲申	
22	7	21	甲寅	9	22	8	23	乙酉	10	23	9	24	丙辰	11	22	10	25	丙戌	12	22	11	25	丙辰	1	20	12	24	乙酉	
23	7	22	乙卯	9	23	8	24	丙戌	10	24	9	25	丁巳	11	23	10	26	丁亥	12	23	11	26	丁巳	1	21	12	25	丙戌	
24	7	23	丙辰	9	24	8	25	丁亥	10	25	9	26	戊午	11	24	10	27	戊子	12	24	11	27	戊午	1	22	12	26	丁亥	
25	7	24	丁巳	9	25	8	26	戊子	10	26	9	27	己未	11	25	10	28	己丑	12	25	11	28	己未	1	23	12	27	戊子	
26	7	25	戊午	9	26	8	27	己丑	10	27	9	28	庚申	11	26	10	29	庚寅	12	26	11	29	庚申	1	24	12	28	己丑	
27	7	26	己未	9	27	8	28	庚寅	10	28	9	29	辛酉	11	27	10	30	辛卯	12	27	11	30	辛酉	1	25	12	29	庚寅	
28	7	27	庚申	9	28	8	29	辛卯	10	29	10	1	壬戌	11	28	11	1	壬辰	12	28	12	1	壬戌	1	26	12	30	辛卯	
29	7	28	辛酉	9	29	8	30	壬辰	10	30	10	2	癸亥	11	29	11	2	癸巳	12	29	12	2	癸亥	1	27	1	1	壬辰	
30	7	29	壬戌	9	30	9	1	癸巳	10	31	10	3	甲子	11	30	11	3	甲午	12	30	12	3	甲子	1	28	1	2	癸巳	
31	8	1	癸亥	10	1	9	2	甲午	11	1	10	4	乙丑	12	1	11	4	乙未	12	31	12	4	乙丑	1	29	1	3	甲午	
1	8	2	甲子	10	2	9	3	乙未	11	2	10	5	丙寅	12	2	11	5	丙申	1	1	12	5	丙寅	1	30	1	4	乙未	
2	8	3	乙丑	10	3	9	4	丙申	11	3	10	6	丁卯	12	3	11	6	丁酉	1	2	12	6	丁卯	1	31	1	5	丙申	
3	8	4	丙寅	10	4	9	5	丁酉	11	4	10	7	戊辰	12	4	11	7	戊戌	1	3	12	7	戊辰	2	1	1	6	丁酉	
4	8	5	丁卯	10	5	9	6	戊戌	11	5	10	8	己巳	12	5	11	8	己亥	1	4	12	8	己巳	2	2	1	7	戊戌	
5	8	6	戊辰	10	6	9	7	己亥	11	6	10	9	庚午	12	6	11	9	庚子						2	3	1	8	己亥	
6	8	7	己巳	10	7	9	8	庚子																					
處暑				秋分					霜降					小雪					冬至					大寒					中
23 11時46分 午時				9/23 9時19分 巳時					10/23 18時35分 酉時					11/22 16時4分 申時					12/22 5時22分 卯時					1/20 16時1分 申時					氣

中華民國七十八、七十九年 蛇

1989、1990

年	庚午																													
月	戊寅					己卯					庚辰					辛巳					壬午					癸未				
節氣	立春					驚蟄					清明					立夏					芒種					小暑				
	2/4 10時14分 巳時					3/6 4時19分 寅時					4/5 9時12分 巳時					5/6 2時35分 丑時					6/6 6時46分 卯時					7/7 17時0分 酉時				
日	國曆		農曆		干支	國曆		農曆		干支	國曆		農曆		干支	國曆		農曆		干支	國曆		農曆		干支	國曆		農曆		干支
中華民國七十九年 馬 1990	2	4	1	9	庚子	3	6	2	10	庚午	4	5	3	10	庚子	5	6	4	12	辛未	6	6	5	14	壬寅	7	7	5	15	癸酉
	2	5	1	10	辛丑	3	7	2	11	辛未	4	6	3	11	辛丑	5	7	4	13	壬申	6	7	5	15	癸卯	7	8	5	16	甲戌
	2	6	1	11	壬寅	3	8	2	12	壬申	4	7	3	12	壬寅	5	8	4	14	癸酉	6	8	5	16	甲辰	7	9	5	17	乙亥
	2	7	1	12	癸卯	3	9	2	13	癸酉	4	8	3	13	癸卯	5	9	4	15	甲戌	6	9	5	17	乙巳	7	10	5	18	丙子
	2	8	1	13	甲辰	3	10	2	14	甲戌	4	9	3	14	甲辰	5	10	4	16	乙亥	6	10	5	18	丙午	7	11	5	19	丁丑
	2	9	1	14	乙巳	3	11	2	15	乙亥	4	10	3	15	乙巳	5	11	4	17	丙子	6	11	5	19	丁未	7	12	5	20	戊寅
	2	10	1	15	丙午	3	12	2	16	丙子	4	11	3	16	丙午	5	12	4	18	丁丑	6	12	5	20	戊申	7	13	5	21	己卯
	2	11	1	16	丁未	3	13	2	17	丁丑	4	12	3	17	丁未	5	13	4	19	戊寅	6	13	5	21	己酉	7	14	5	22	庚辰
	2	12	1	17	戊申	3	14	2	18	戊寅	4	13	3	18	戊申	5	14	4	20	己卯	6	14	5	22	庚戌	7	15	5	23	辛巳
	2	13	1	18	己酉	3	15	2	19	己卯	4	14	3	19	己酉	5	15	4	21	庚辰	6	15	5	23	辛亥	7	16	5	24	壬午
	2	14	1	19	庚戌	3	16	2	20	庚辰	4	15	3	20	庚戌	5	16	4	22	辛巳	6	16	5	24	壬子	7	17	5	25	癸未
	2	15	1	20	辛亥	3	17	2	21	辛巳	4	16	3	21	辛亥	5	17	4	23	壬午	6	17	5	25	癸丑	7	18	5	26	甲申
	2	16	1	21	壬子	3	18	2	22	壬午	4	17	3	22	壬子	5	18	4	24	癸未	6	18	5	26	甲寅	7	19	5	27	乙酉
	2	17	1	22	癸丑	3	19	2	23	癸未	4	18	3	23	癸丑	5	19	4	25	甲申	6	19	5	27	乙卯	7	20	5	28	丙戌
	2	18	1	23	甲寅	3	20	2	24	甲申	4	19	3	24	甲寅	5	20	4	26	乙酉	6	20	5	28	丙辰	7	21	5	29	丁亥
	2	19	1	24	乙卯	3	21	2	25	乙酉	4	20	3	25	乙卯	5	21	4	27	丙戌	6	21	5	29	丁巳	7	22	6	1	戊子
	2	20	1	25	丙辰	3	22	2	26	丙戌	4	21	3	26	丙辰	5	22	4	28	丁亥	6	22	5	30	戊午	7	23	6	2	己丑
	2	21	1	26	丁巳	3	23	2	27	丁亥	4	22	3	27	丁巳	5	23	4	29	戊子	6	23	閏5	1	己未	7	24	6	3	庚寅
	2	22	1	27	戊午	3	24	2	28	戊子	4	23	3	28	戊午	5	24	5	1	己丑	6	24	5	2	庚申	7	25	6	4	辛卯
	2	23	1	28	己未	3	25	2	29	己丑	4	24	3	29	己未	5	25	5	2	庚寅	6	25	5	3	辛酉	7	26	6	5	壬辰
	2	24	1	29	庚申	3	26	2	30	庚寅	4	25	4	1	庚申	5	26	5	3	辛卯	6	26	5	4	壬戌	7	27	6	6	癸巳
	2	25	2	1	辛酉	3	27	3	1	辛卯	4	26	4	2	辛酉	5	27	5	4	壬辰	6	27	5	5	癸亥	7	28	6	7	甲午
	2	26	2	2	壬戌	3	28	3	2	壬辰	4	27	4	3	壬戌	5	28	5	5	癸巳	6	28	5	6	甲子	7	29	6	8	乙未
	2	27	2	3	癸亥	3	29	3	3	癸巳	4	28	4	4	癸亥	5	29	5	6	甲午	6	29	5	7	乙丑	7	30	6	9	丙申
	2	28	2	4	甲子	3	30	3	4	甲午	4	29	4	5	甲子	5	30	5	7	乙未	6	30	5	8	丙寅	7	31	6	10	丁酉
	3	1	2	5	乙丑	3	31	3	5	乙未	4	30	4	6	乙丑	5	31	5	8	丙申	7	1	5	9	丁卯	8	1	6	11	戊戌
	3	2	2	6	丙寅	4	1	3	6	丙申	5	1	4	7	丙寅	6	1	5	9	丁酉	7	2	5	10	戊辰	8	2	6	12	己亥
	3	3	2	7	丁卯	4	2	3	7	丁酉	5	2	4	8	丁卯	6	2	5	10	戊戌	7	3	5	11	己巳	8	3	6	13	庚子
	3	4	2	8	戊辰	4	3	3	8	戊戌	5	3	4	9	戊辰	6	3	5	11	己亥	7	4	5	12	庚午	8	4	6	14	辛丑
	3	5	2	9	己巳	4	4	3	9	己亥	5	4	4	10	己巳	6	4	5	12	庚子	7	5	5	13	辛未	8	5	6	15	壬寅
											5	5	4	11	庚午	6	5	5	13	辛丑	7	6	5	14	壬申	8	6	6	16	癸卯
																										8	7	6	17	甲辰
中氣	雨水					春分					穀雨					小滿					夏至					大暑				
	2/19 6時14分 卯時					3/21 5時19分 卯時					4/20 16時26分 申時					5/21 15時37分 申時					6/21 23時32分 子時					7/23 10時21分 巳時				

庚午																														年
甲申					乙酉					丙戌					丁亥					戊子					己丑					月
立秋					白露					寒露					立冬					大雪					小寒					節氣
8/8 2時45分 丑時					9/8 5時37分 卯時					10/8 21時13分 亥時					11/8 0時23分 子時					12/7 17時14分 酉時					1/6 4時28分 寅時					
國曆		農曆		干支	國曆		農曆		干支	國曆		農曆		干支	國曆		農曆		干支	國曆		農曆		干支	國曆		農曆		干支	日
8	8	6	18	乙巳	9	8	7	20	丙子	10	8	8	20	丙午	11	8	9	22	丁丑	12	7	10	21	丙午	1	6	11	21	丙子	中華民國七十九、八十年 馬 1990、1991
8	9	6	19	丙午	9	9	7	21	丁丑	10	9	8	21	丁未	11	9	9	23	戊寅	12	8	10	22	丁未	1	7	11	22	丁丑	
8	10	6	20	丁未	9	10	7	22	戊寅	10	10	8	22	戊申	11	10	9	24	己卯	12	9	10	23	戊申	1	8	11	23	戊寅	
8	11	6	21	戊申	9	11	7	23	己卯	10	11	8	23	己酉	11	11	9	25	庚辰	12	10	10	24	己酉	1	9	11	24	己卯	
8	12	6	22	己酉	9	12	7	24	庚辰	10	12	8	24	庚戌	11	12	9	26	辛巳	12	11	10	25	庚戌	1	10	11	25	庚辰	
8	13	6	23	庚戌	9	13	7	25	辛巳	10	13	8	25	辛亥	11	13	9	27	壬午	12	12	10	26	辛亥	1	11	11	26	辛巳	
8	14	6	24	辛亥	9	14	7	26	壬午	10	14	8	26	壬子	11	14	9	28	癸未	12	13	10	27	壬子	1	12	11	27	壬午	
8	15	6	25	壬子	9	15	7	27	癸未	10	15	8	27	癸丑	11	15	9	29	甲申	12	14	10	28	癸丑	1	13	11	28	癸未	
8	16	6	26	癸丑	9	16	7	28	甲申	10	16	8	28	甲寅	11	16	9	30	乙酉	12	15	10	29	甲寅	1	14	11	29	甲申	
8	17	6	27	甲寅	9	17	7	29	乙酉	10	17	8	29	乙卯	11	17	10	1	丙戌	12	16	10	30	乙卯	1	15	11	30	乙酉	
8	18	6	28	乙卯	9	18	7	30	丙戌	10	18	9	1	丙辰	11	18	10	2	丁亥	12	17	11	1	丙辰	1	16	12	1	丙戌	
8	19	6	29	丙辰	9	19	8	1	丁亥	10	19	9	2	丁巳	11	19	10	3	戊子	12	18	11	2	丁巳	1	17	12	2	丁亥	
8	20	7	1	丁巳	9	20	8	2	戊子	10	20	9	3	戊午	11	20	10	4	己丑	12	19	11	3	戊午	1	18	12	3	戊子	
8	21	7	2	戊午	9	21	8	3	己丑	10	21	9	4	己未	11	21	10	5	庚寅	12	20	11	4	己未	1	19	12	4	己丑	
8	22	7	3	己未	9	22	8	4	庚寅	10	22	9	5	庚申	11	22	10	6	辛卯	12	21	11	5	庚申	1	20	12	5	庚寅	
8	23	7	4	庚申	9	23	8	5	辛卯	10	23	9	6	辛酉	11	23	10	7	壬辰	12	22	11	6	辛酉	1	21	12	6	辛卯	
8	24	7	5	辛酉	9	24	8	6	壬辰	10	24	9	7	壬戌	11	24	10	8	癸巳	12	23	11	7	壬戌	1	22	12	7	壬辰	
8	25	7	6	壬戌	9	25	8	7	癸巳	10	25	9	8	癸亥	11	25	10	9	甲午	12	24	11	8	癸亥	1	23	12	8	癸巳	
8	26	7	7	癸亥	9	26	8	8	甲午	10	26	9	9	甲子	11	26	10	10	乙未	12	25	11	9	甲子	1	24	12	9	甲午	
8	27	7	8	甲子	9	27	8	9	乙未	10	27	9	10	乙丑	11	27	10	11	丙申	12	26	11	10	乙丑	1	25	12	10	乙未	
8	28	7	9	乙丑	9	28	8	10	丙申	10	28	9	11	丙寅	11	28	10	12	丁酉	12	27	11	11	丙寅	1	26	12	11	丙申	
8	29	7	10	丙寅	9	29	8	11	丁酉	10	29	9	12	丁卯	11	29	10	13	戊戌	12	28	11	12	丁卯	1	27	12	12	丁酉	
8	30	7	11	丁卯	9	30	8	12	戊戌	10	30	9	13	戊辰	11	30	10	14	己亥	12	29	11	13	戊辰	1	28	12	13	戊戌	
8	31	7	12	戊辰	10	1	8	13	己亥	10	31	9	14	己巳	12	1	10	15	庚子	12	30	11	14	己巳	1	29	12	14	己亥	
9	1	7	13	己巳	10	2	8	14	庚子	11	1	9	15	庚午	12	2	10	16	辛丑	12	31	11	15	庚午	1	30	12	15	庚子	
9	2	7	14	庚午	10	3	8	15	辛丑	11	2	9	16	辛未	12	3	10	17	壬寅	1	1	11	16	辛未	1	31	12	16	辛丑	
9	3	7	15	辛未	10	4	8	16	壬寅	11	3	9	17	壬申	12	4	10	18	癸卯	1	2	11	17	壬申	2	1	12	17	壬寅	
9	4	7	16	壬申	10	5	8	17	癸卯	11	4	9	18	癸酉	12	5	10	19	甲辰	1	3	11	18	癸酉	2	2	12	18	癸卯	
9	5	7	17	癸酉	10	6	8	18	甲辰	11	5	9	19	甲戌	12	6	10	20	乙巳	1	4	11	19	甲戌	2	3	12	19	甲辰	
9	6	7	18	甲戌	10	7	8	19	乙巳	11	6	9	20	乙亥						1	5	11	20	乙亥						
9	7	7	19	乙亥						11	7	9	21	丙子																
處暑					秋分					霜降					小雪					冬至					大寒					中氣
8/23 17時20分 酉時					9/23 14時55分 未時					10/24 0時13分 子時					11/22 21時46分 亥時					12/22 11時7分 午時					1/20 21時47分 亥時					

年	辛未																													
月	庚寅					辛卯					壬辰					癸巳					甲午					乙未				
節氣	立春					驚蟄					清明					立夏					芒種					小暑				
	2/4 16時8分 申時					3/6 10時12分 巳時					4/5 15時4分 申時					5/6 8時26分 辰時					6/6 12時38分 午時					7/7 22時53分 亥時				
日	國曆		農曆		干支	國曆		農曆		干支	國曆		農曆		干支	國曆		農曆		干支	國曆		農曆		干支	國曆		農曆		干支
中華民國八十年 羊 1991	2	4	12	20	乙巳	3	6	1	20	乙亥	4	5	2	21	乙巳	5	6	3	22	丙子	6	6	4	24	丁未	7	7	5	26	戊寅
	2	5	12	21	丙午	3	7	1	21	丙子	4	6	2	22	丙午	5	7	3	23	丁丑	6	7	4	25	戊申	7	8	5	27	己卯
	2	6	12	22	丁未	3	8	1	22	丁丑	4	7	2	23	丁未	5	8	3	24	戊寅	6	8	4	26	己酉	7	9	5	28	庚辰
	2	7	12	23	戊申	3	9	1	23	戊寅	4	8	2	24	戊申	5	9	3	25	己卯	6	9	4	27	庚戌	7	10	5	29	辛巳
	2	8	12	24	己酉	3	10	1	24	己卯	4	9	2	25	己酉	5	10	3	26	庚辰	6	10	4	28	辛亥	7	11	5	30	壬午
	2	9	12	25	庚戌	3	11	1	25	庚辰	4	10	2	26	庚戌	5	11	3	27	辛巳	6	11	4	29	壬子	7	12	6	1	癸未
	2	10	12	26	辛亥	3	12	1	26	辛巳	4	11	2	27	辛亥	5	12	3	28	壬午	6	12	5	1	癸丑	7	13	6	2	甲申
	2	11	12	27	壬子	3	13	1	27	壬午	4	12	2	28	壬子	5	13	3	29	癸未	6	13	5	2	甲寅	7	14	6	3	乙酉
	2	12	12	28	癸丑	3	14	1	28	癸未	4	13	2	29	癸丑	5	14	4	1	甲申	6	14	5	3	乙卯	7	15	6	4	丙戌
	2	13	12	29	甲寅	3	15	1	29	甲申	4	14	2	30	甲寅	5	15	4	2	乙酉	6	15	5	4	丙辰	7	16	6	5	丁亥
	2	14	12	30	乙卯	3	16	2	1	乙酉	4	15	3	1	乙卯	5	16	4	3	丙戌	6	16	5	5	丁巳	7	17	6	6	戊子
	2	15	1	1	丙辰	3	17	2	2	丙戌	4	16	3	2	丙辰	5	17	4	4	丁亥	6	17	5	6	戊午	7	18	6	7	己丑
	2	16	1	2	丁巳	3	18	2	3	丁亥	4	17	3	3	丁巳	5	18	4	5	戊子	6	18	5	7	己未	7	19	6	8	庚寅
	2	17	1	3	戊午	3	19	2	4	戊子	4	18	3	4	戊午	5	19	4	6	己丑	6	19	5	8	庚申	7	20	6	9	辛卯
	2	18	1	4	己未	3	20	2	5	己丑	4	19	3	5	己未	5	20	4	7	庚寅	6	20	5	9	辛酉	7	21	6	10	壬辰
	2	19	1	5	庚申	3	21	2	6	庚寅	4	20	3	6	庚申	5	21	4	8	辛卯	6	21	5	10	壬戌	7	22	6	11	癸巳
	2	20	1	6	辛酉	3	22	2	7	辛卯	4	21	3	7	辛酉	5	22	4	9	壬辰	6	22	5	11	癸亥	7	23	6	12	甲午
	2	21	1	7	壬戌	3	23	2	8	壬辰	4	22	3	8	壬戌	5	23	4	10	癸巳	6	23	5	12	甲子	7	24	6	13	乙未
	2	22	1	8	癸亥	3	24	2	9	癸巳	4	23	3	9	癸亥	5	24	4	11	甲午	6	24	5	13	乙丑	7	25	6	14	丙申
	2	23	1	9	甲子	3	25	2	10	甲午	4	24	3	10	甲子	5	25	4	12	乙未	6	25	5	14	丙寅	7	26	6	15	丁酉
	2	24	1	10	乙丑	3	26	2	11	乙未	4	25	3	11	乙丑	5	26	4	13	丙申	6	26	5	15	丁卯	7	27	6	16	戊戌
	2	25	1	11	丙寅	3	27	2	12	丙申	4	26	3	12	丙寅	5	27	4	14	丁酉	6	27	5	16	戊辰	7	28	6	17	己亥
	2	26	1	12	丁卯	3	28	2	13	丁酉	4	27	3	13	丁卯	5	28	4	15	戊戌	6	28	5	17	己巳	7	29	6	18	庚子
	2	27	1	13	戊辰	3	29	2	14	戊戌	4	28	3	14	戊辰	5	29	4	16	己亥	6	29	5	18	庚午	7	30	6	19	辛丑
	2	28	1	14	己巳	3	30	2	15	己亥	4	29	3	15	己巳	5	30	4	17	庚子	6	30	5	19	辛未	7	31	6	20	壬寅
	3	1	1	15	庚午	3	31	2	16	庚子	4	30	3	16	庚午	5	31	4	18	辛丑	7	1	5	20	壬申	8	1	6	21	癸卯
	3	2	1	16	辛未	4	1	2	17	辛丑	5	1	3	17	辛未	6	1	4	19	壬寅	7	2	5	21	癸酉	8	2	6	22	甲辰
	3	3	1	17	壬申	4	2	2	18	壬寅	5	2	3	18	壬申	6	2	4	20	癸卯	7	3	5	22	甲戌	8	3	6	23	乙巳
	3	4	1	18	癸酉	4	3	2	19	癸卯	5	3	3	19	癸酉	6	3	4	21	甲辰	7	4	5	23	乙亥	8	4	6	24	丙午
	3	5	1	19	甲戌	4	4	2	20	甲辰	5	4	3	20	甲戌	6	4	4	22	乙巳	7	5	5	24	丙子	8	5	6	25	丁未
											5	5	3	21	乙亥	6	5	4	23	丙午	7	6	5	25	丁丑	8	6	6	26	戊申
																										8	7	6	27	己酉
中氣	雨水					春分					穀雨					小滿					夏至					大暑				
	2/19 11時58分 午時					3/21 11時1分 午時					4/20 22時8分 亥時					5/21 21時20分 亥時					6/22 5時18分 卯時					7/23 16時11分 申時				

辛未																														年
丙申					丁酉					戊戌					己亥					庚子					辛丑					月
立秋					白露					寒露					立冬					大雪					小寒					節氣
8/8 8時37分 辰時					9/8 11時27分 午時					10/9 3時1分 寅時					11/8 6時7分 卯時					12/7 22時56分 亥時					1/6 10時8分 巳時					
國曆		農曆		干支	國曆		農曆		干支	國曆		農曆		干支	國曆		農曆		干支	國曆		農曆		干支	國曆		農曆		干支	日
8	8	6	28	庚戌	9	8	8	1	辛巳	10	9	9	2	壬子	11	8	10	3	壬午	12	7	11	2	辛亥	1	6	12	2	辛巳	
8	9	6	29	辛亥	9	9	8	2	壬午	10	10	9	3	癸丑	11	9	10	4	癸未	12	8	11	3	壬子	1	7	12	3	壬午	
8	10	7	1	壬子	9	10	8	3	癸未	10	11	9	4	甲寅	11	10	10	5	甲申	12	9	11	4	癸丑	1	8	12	4	癸未	
8	11	7	2	癸丑	9	11	8	4	甲申	10	12	9	5	乙卯	11	11	10	6	乙酉	12	10	11	5	甲寅	1	9	12	5	甲申	
8	12	7	3	甲寅	9	12	8	5	乙酉	10	13	9	6	丙辰	11	12	10	7	丙戌	12	11	11	6	乙卯	1	10	12	6	乙酉	
8	13	7	4	乙卯	9	13	8	6	丙戌	10	14	9	7	丁巳	11	13	10	8	丁亥	12	12	11	7	丙辰	1	11	12	7	丙戌	
8	14	7	5	丙辰	9	14	8	7	丁亥	10	15	9	8	戊午	11	14	10	9	戊子	12	13	11	8	丁巳	1	12	12	8	丁亥	
8	15	7	6	丁巳	9	15	8	8	戊子	10	16	9	9	己未	11	15	10	10	己丑	12	14	11	9	戊午	1	13	12	9	戊子	
8	16	7	7	戊午	9	16	8	9	己丑	10	17	9	10	庚申	11	16	10	11	庚寅	12	15	11	10	己未	1	14	12	10	己丑	
8	17	7	8	己未	9	17	8	10	庚寅	10	18	9	11	辛酉	11	17	10	12	辛卯	12	16	11	11	庚申	1	15	12	11	庚寅	
8	18	7	9	庚申	9	18	8	11	辛卯	10	19	9	12	壬戌	11	18	10	13	壬辰	12	17	11	12	辛酉	1	16	12	12	辛卯	
8	19	7	10	辛酉	9	19	8	12	壬辰	10	20	9	13	癸亥	11	19	10	14	癸巳	12	18	11	13	壬戌	1	17	12	13	壬辰	
8	20	7	11	壬戌	9	20	8	13	癸巳	10	21	9	14	甲子	11	20	10	15	甲午	12	19	11	14	癸亥	1	18	12	14	癸巳	
8	21	7	12	癸亥	9	21	8	14	甲午	10	22	9	15	乙丑	11	21	10	16	乙未	12	20	11	15	甲子	1	19	12	15	甲午	
8	22	7	13	甲子	9	22	8	15	乙未	10	23	9	16	丙寅	11	22	10	17	丙申	12	21	11	16	乙丑	1	20	12	16	乙未	
8	23	7	14	乙丑	9	23	8	16	丙申	10	24	9	17	丁卯	11	23	10	18	丁酉	12	22	11	17	丙寅	1	21	12	17	丙申	
8	24	7	15	丙寅	9	24	8	17	丁酉	10	25	9	18	戊辰	11	24	10	19	戊戌	12	23	11	18	丁卯	1	22	12	18	丁酉	
8	25	7	16	丁卯	9	25	8	18	戊戌	10	26	9	19	己巳	11	25	10	20	己亥	12	24	11	19	戊辰	1	23	12	19	戊戌	
8	26	7	17	戊辰	9	26	8	19	己亥	10	27	9	20	庚午	11	26	10	21	庚子	12	25	11	20	己巳	1	24	12	20	己亥	
8	27	7	18	己巳	9	27	8	20	庚子	10	28	9	21	辛未	11	27	10	22	辛丑	12	26	11	21	庚午	1	25	12	21	庚子	
8	28	7	19	庚午	9	28	8	21	辛丑	10	29	9	22	壬申	11	28	10	23	壬寅	12	27	11	22	辛未	1	26	12	22	辛丑	
8	29	7	20	辛未	9	29	8	22	壬寅	10	30	9	23	癸酉	11	29	10	24	癸卯	12	28	11	23	壬申	1	27	12	23	壬寅	
8	30	7	21	壬申	9	30	8	23	癸卯	10	31	9	24	甲戌	11	30	10	25	甲辰	12	29	11	24	癸酉	1	28	12	24	癸卯	
8	31	7	22	癸酉	10	1	8	24	甲辰	11	1	9	25	乙亥	12	1	10	26	乙巳	12	30	11	25	甲戌	1	29	12	25	甲辰	
9	1	7	23	甲戌	10	2	8	25	乙巳	11	2	9	26	丙子	12	2	10	27	丙午	12	31	11	26	乙亥	1	30	12	26	乙巳	
9	2	7	24	乙亥	10	3	8	26	丙午	11	3	9	27	丁丑	12	3	10	28	丁未	1	1	11	27	丙子	1	31	12	27	丙午	
9	3	7	25	丙子	10	4	8	27	丁未	11	4	9	28	戊寅	12	4	10	29	戊申	1	2	11	28	丁丑	2	1	12	28	丁未	
9	4	7	26	丁丑	10	5	8	28	戊申	11	5	9	29	己卯	12	5	10	30	己酉	1	3	11	29	戊寅	2	2	12	29	戊申	
9	5	7	27	戊寅	10	6	8	29	己酉	11	6	10	1	庚辰	12	6	11	1	庚戌	1	4	11	30	己卯	2	3	12	30	己酉	
9	6	7	28	己卯	10	7	8	30	庚戌	11	7	10	2	辛巳						1	5	12	1	庚辰						
9	7	7	29	庚辰	10	8	9	1	辛亥																					
處暑					秋分					霜降					小雪					冬至					大寒					中氣
8/23 23時12分 子時					9/23 20時48分 戌時					10/24 6時5分 卯時					11/23 3時35分 寅時					12/22 16時53分 申時					1/21 3時32分 寅時					

中華民國八十、八十一年 羊

1991、1992

年	壬申																													
月	壬寅					癸卯					甲辰					乙巳					丙午					丁未				
節氣	立春					驚蟄					清明					立夏					芒種					小暑				
	2/4 21時48分 亥時					3/5 15時52分 申時					4/4 20時45分 戌時					5/5 14時8分 未時					6/5 18時22分 酉時					7/7 4時40分 寅時				
日	國曆		農曆		干支	國曆		農曆		干支	國曆		農曆		干支	國曆		農曆		干支	國曆		農曆		干支	國曆		農曆		干支
中華民國八十一年 猴 1992	2	4	1	1	庚戌	3	5	2	2	庚辰	4	4	3	2	庚戌	5	5	4	3	辛巳	6	5	5	5	壬子	7	7	6	8	甲申
	2	5	1	2	辛亥	3	6	2	3	辛巳	4	5	3	3	辛亥	5	6	4	4	壬午	6	6	5	6	癸丑	7	8	6	9	乙酉
	2	6	1	3	壬子	3	7	2	4	壬午	4	6	3	4	壬子	5	7	4	5	癸未	6	7	5	7	甲寅	7	9	6	10	丙戌
	2	7	1	4	癸丑	3	8	2	5	癸未	4	7	3	5	癸丑	5	8	4	6	甲申	6	8	5	8	乙卯	7	10	6	11	丁亥
	2	8	1	5	甲寅	3	9	2	6	甲申	4	8	3	6	甲寅	5	9	4	7	乙酉	6	9	5	9	丙辰	7	11	6	12	戊子
	2	9	1	6	乙卯	3	10	2	7	乙酉	4	9	3	7	乙卯	5	10	4	8	丙戌	6	10	5	10	丁巳	7	12	6	13	己丑
	2	10	1	7	丙辰	3	11	2	8	丙戌	4	10	3	8	丙辰	5	11	4	9	丁亥	6	11	5	11	戊午	7	13	6	14	庚寅
	2	11	1	8	丁巳	3	12	2	9	丁亥	4	11	3	9	丁巳	5	12	4	10	戊子	6	12	5	12	己未	7	14	6	15	辛卯
	2	12	1	9	戊午	3	13	2	10	戊子	4	12	3	10	戊午	5	13	4	11	己丑	6	13	5	13	庚申	7	15	6	16	壬辰
	2	13	1	10	己未	3	14	2	11	己丑	4	13	3	11	己未	5	14	4	12	庚寅	6	14	5	14	辛酉	7	16	6	17	癸巳
	2	14	1	11	庚申	3	15	2	12	庚寅	4	14	3	12	庚申	5	15	4	13	辛卯	6	15	5	15	壬戌	7	17	6	18	甲午
	2	15	1	12	辛酉	3	16	2	13	辛卯	4	15	3	13	辛酉	5	16	4	14	壬辰	6	16	5	16	癸亥	7	18	6	19	乙未
	2	16	1	13	壬戌	3	17	2	14	壬辰	4	16	3	14	壬戌	5	17	4	15	癸巳	6	17	5	17	甲子	7	19	6	20	丙申
	2	17	1	14	癸亥	3	18	2	15	癸巳	4	17	3	15	癸亥	5	18	4	16	甲午	6	18	5	18	乙丑	7	20	6	21	丁酉
	2	18	1	15	甲子	3	19	2	16	甲午	4	18	3	16	甲子	5	19	4	17	乙未	6	19	5	19	丙寅	7	21	6	22	戊戌
	2	19	1	16	乙丑	3	20	2	17	乙未	4	19	3	17	乙丑	5	20	4	18	丙申	6	20	5	20	丁卯	7	22	6	23	己亥
	2	20	1	17	丙寅	3	21	2	18	丙申	4	20	3	18	丙寅	5	21	4	19	丁酉	6	21	5	21	戊辰	7	23	6	24	庚子
	2	21	1	18	丁卯	3	22	2	19	丁酉	4	21	3	19	丁卯	5	22	4	20	戊戌	6	22	5	22	己巳	7	24	6	25	辛丑
	2	22	1	19	戊辰	3	23	2	20	戊戌	4	22	3	20	戊辰	5	23	4	21	己亥	6	23	5	23	庚午	7	25	6	26	壬寅
	2	23	1	20	己巳	3	24	2	21	己亥	4	23	3	21	己巳	5	24	4	22	庚子	6	24	5	24	辛未	7	26	6	27	癸卯
	2	24	1	21	庚午	3	25	2	22	庚子	4	24	3	22	庚午	5	25	4	23	辛丑	6	25	5	25	壬申	7	27	6	28	甲辰
	2	25	1	22	辛未	3	26	2	23	辛丑	4	25	3	23	辛未	5	26	4	24	壬寅	6	26	5	26	癸酉	7	28	6	29	乙巳
	2	26	1	23	壬申	3	27	2	24	壬寅	4	26	3	24	壬申	5	27	4	25	癸卯	6	27	5	27	甲戌	7	29	6	30	丙午
	2	27	1	24	癸酉	3	28	2	25	癸卯	4	27	3	25	癸酉	5	28	4	26	甲辰	6	28	5	28	乙亥	7	30	7	1	丁未
	2	28	1	25	甲戌	3	29	2	26	甲辰	4	28	3	26	甲戌	5	29	4	27	乙巳	6	29	5	29	丙子	7	31	7	2	戊申
	2	29	1	26	乙亥	3	30	2	27	乙巳	4	29	3	27	乙亥	5	30	4	28	丙午	6	30	6	1	丁丑	8	1	7	3	己酉
	3	1	1	27	丙子	3	31	2	28	丙午	4	30	3	28	丙子	5	31	4	29	丁未	7	1	6	2	戊寅	8	2	7	4	庚戌
	3	2	1	28	丁丑	4	1	2	29	丁未	5	1	3	29	丁丑	6	1	5	1	戊申	7	2	6	3	己卯	8	3	7	5	辛亥
	3	3	1	29	戊寅	4	2	2	30	戊申	5	2	3	30	戊寅	6	2	5	2	己酉	7	3	6	4	庚辰	8	4	7	6	壬子
	3	4	2	1	己卯	4	3	3	1	己酉	5	3	4	1	己卯	6	3	5	3	庚戌	7	4	6	5	辛巳	8	5	7	7	癸丑
											5	4	4	2	庚辰	6	4	5	4	辛亥	7	5	6	6	壬午	8	6	7	8	甲寅
																					7	6	6	7	癸未					
中氣	雨水					春分					穀雨					小滿					夏至					大暑				
	2/19 17時43分 酉時					3/20 16時48分 申時					4/20 3時56分 寅時					5/21 3時12分 寅時					6/21 11時14分 午時					7/22 22時8分 亥時				

壬申																														年
戊申					己酉					庚戌					辛亥					壬子					癸丑					月
立秋					白露					寒露					立冬					大雪					小寒					節
8/7 14時27分 未時					9/7 17時18分 酉時					10/8 8時51分 辰時					11/7 11時57分 午時					12/7 4時44分 寅時					1/5 15時56分 申時					氣
國曆		農曆		干支	國曆		農曆		干支	國曆		農曆		干支	國曆		農曆		干支	國曆		農曆		干支	國曆		農曆		干支	日
8	7	7	9	乙卯	9	7	8	11	丙戌	10	8	9	13	丁巳	11	7	10	13	丁亥	12	7	11	14	丁巳	1	5	12	13	丙戌	
8	8	7	10	丙辰	9	8	8	12	丁亥	10	9	9	14	戊午	11	8	10	14	戊子	12	8	11	15	戊午	1	6	12	14	丁亥	
8	9	7	11	丁巳	9	9	8	13	戊子	10	10	9	15	己未	11	9	10	15	己丑	12	9	11	16	己未	1	7	12	15	戊子	中華民國八十一、八十二年
8	10	7	12	戊午	9	10	8	14	己丑	10	11	9	16	庚申	11	10	10	16	庚寅	12	10	11	17	庚申	1	8	12	16	己丑	
8	11	7	13	己未	9	11	8	15	庚寅	10	12	9	17	辛酉	11	11	10	17	辛卯	12	11	11	18	辛酉	1	9	12	17	庚寅	
8	12	7	14	庚申	9	12	8	16	辛卯	10	13	9	18	壬戌	11	12	10	18	壬辰	12	12	11	19	壬戌	1	10	12	18	辛卯	
8	13	7	15	辛酉	9	13	8	17	壬辰	10	14	9	19	癸亥	11	13	10	19	癸巳	12	13	11	20	癸亥	1	11	12	19	壬辰	
8	14	7	16	壬戌	9	14	8	18	癸巳	10	15	9	20	甲子	11	14	10	20	甲午	12	14	11	21	甲子	1	12	12	20	癸巳	
8	15	7	17	癸亥	9	15	8	19	甲午	10	16	9	21	乙丑	11	15	10	21	乙未	12	15	11	22	乙丑	1	13	12	21	甲午	
8	16	7	18	甲子	9	16	8	20	乙未	10	17	9	22	丙寅	11	16	10	22	丙申	12	16	11	23	丙寅	1	14	12	22	乙未	
8	17	7	19	乙丑	9	17	8	21	丙申	10	18	9	23	丁卯	11	17	10	23	丁酉	12	17	11	24	丁卯	1	15	12	23	丙申	
8	18	7	20	丙寅	9	18	8	22	丁酉	10	19	9	24	戊辰	11	18	10	24	戊戌	12	18	11	25	戊辰	1	16	12	24	丁酉	
8	19	7	21	丁卯	9	19	8	23	戊戌	10	20	9	25	己巳	11	19	10	25	己亥	12	19	11	26	己巳	1	17	12	25	戊戌	猴
8	20	7	22	戊辰	9	20	8	24	己亥	10	21	9	26	庚午	11	20	10	26	庚子	12	20	11	27	庚午	1	18	12	26	己亥	
8	21	7	23	己巳	9	21	8	25	庚子	10	22	9	27	辛未	11	21	10	27	辛丑	12	21	11	28	辛未	1	19	12	27	庚子	
8	22	7	24	庚午	9	22	8	26	辛丑	10	23	9	28	壬申	11	22	10	28	壬寅	12	22	11	29	壬申	1	20	12	28	辛丑	
8	23	7	25	辛未	9	23	8	27	壬寅	10	24	9	29	癸酉	11	23	10	29	癸卯	12	23	11	30	癸酉	1	21	12	29	壬寅	
8	24	7	26	壬申	9	24	8	28	癸卯	10	25	9	30	甲戌	11	24	11	1	甲辰	12	24	12	1	甲戌	1	22	12	30	癸卯	
8	25	7	27	癸酉	9	25	8	29	甲辰	10	26	10	1	乙亥	11	25	11	2	乙巳	12	25	12	2	乙亥	1	23	1	1	甲辰	
8	26	7	28	甲戌	9	26	9	1	乙巳	10	27	10	2	丙子	11	26	11	3	丙午	12	26	12	3	丙子	1	24	1	2	乙巳	
8	27	7	29	乙亥	9	27	9	2	丙午	10	28	10	3	丁丑	11	27	11	4	丁未	12	27	12	4	丁丑	1	25	1	3	丙午	
8	28	8	1	丙子	9	28	9	3	丁未	10	29	10	4	戊寅	11	28	11	5	戊申	12	28	12	5	戊寅	1	26	1	4	丁未	1992、1993
8	29	8	2	丁丑	9	29	9	4	戊申	10	30	10	5	己卯	11	29	11	6	己酉	12	29	12	6	己卯	1	27	1	5	戊申	
8	30	8	3	戊寅	9	30	9	5	己酉	10	31	10	6	庚辰	11	30	11	7	庚戌	12	30	12	7	庚辰	1	28	1	6	己酉	
8	31	8	4	己卯	10	1	9	6	庚戌	11	1	10	7	辛巳	12	1	11	8	辛亥	12	31	12	8	辛巳	1	29	1	7	庚戌	
9	1	8	5	庚辰	10	2	9	7	辛亥	11	2	10	8	壬午	12	2	11	9	壬子	1	1	12	9	壬午	1	30	1	8	辛亥	
9	2	8	6	辛巳	10	3	9	8	壬子	11	3	10	9	癸未	12	3	11	10	癸丑	1	2	12	10	癸未	1	31	1	9	壬子	
9	3	8	7	壬午	10	4	9	9	癸丑	11	4	10	10	甲申	12	4	11	11	甲寅	1	3	12	11	甲申	2	1	1	10	癸丑	
9	4	8	8	癸未	10	5	9	10	甲寅	11	5	10	11	乙酉	12	5	11	12	乙卯	1	4	12	12	乙酉	2	2	1	11	甲寅	
9	5	8	9	甲申	10	6	9	11	乙卯	11	6	10	12	丙戌	12	6	11	13	丙辰						2	3	1	12	乙卯	
9	6	8	10	乙酉	10	7	9	12	丙辰																					
處暑					秋分					霜降					小雪					冬至					大寒					中
8/23 5時10分 卯時					9/23 2時42分 丑時					10/23 11時57分 午時					11/22 9時25分 巳時					12/21 22時43分 亥時					1/20 9時22分 巳時					氣

年	癸酉																													
月	甲寅					乙卯					丙辰					丁巳					戊午					己未				
節氣	立春					驚蟄					清明					立夏					芒種					小暑				
	2/4 3時37分 寅時					3/5 21時42分 亥時					4/5 2時37分 丑時					5/5 20時1分 戌時					6/6 0時15分 子時					7/7 10時32分 巳時				
日	國曆		農曆		干支	國曆		農曆		干支	國曆		農曆		干支	國曆		農曆		干支	國曆		農曆		干支	國曆		農曆		干支
中華民國八十二年 雞 1993	2	4	1	13	丙辰	3	5	2	13	乙酉	4	5	3	14	丙辰	5	5	3	14	丙戌	6	6	4	17	戊午	7	7	5	18	己丑
	2	5	1	14	丁巳	3	6	2	14	丙戌	4	6	3	15	丁巳	5	6	3	15	丁亥	6	7	4	18	己未	7	8	5	19	庚寅
	2	6	1	15	戊午	3	7	2	15	丁亥	4	7	3	16	戊午	5	7	3	16	戊子	6	8	4	19	庚申	7	9	5	20	辛卯
	2	7	1	16	己未	3	8	2	16	戊子	4	8	3	17	己未	5	8	3	17	己丑	6	9	4	20	辛酉	7	10	5	21	壬辰
	2	8	1	17	庚申	3	9	2	17	己丑	4	9	3	18	庚申	5	9	3	18	庚寅	6	10	4	21	壬戌	7	11	5	22	癸巳
	2	9	1	18	辛酉	3	10	2	18	庚寅	4	10	3	19	辛酉	5	10	3	19	辛卯	6	11	4	22	癸亥	7	12	5	23	甲午
	2	10	1	19	壬戌	3	11	2	19	辛卯	4	11	3	20	壬戌	5	11	3	20	壬辰	6	12	4	23	甲子	7	13	5	24	乙未
	2	11	1	20	癸亥	3	12	2	20	壬辰	4	12	3	21	癸亥	5	12	3	21	癸巳	6	13	4	24	乙丑	7	14	5	25	丙申
	2	12	1	21	甲子	3	13	2	21	癸巳	4	13	3	22	甲子	5	13	3	22	甲午	6	14	4	25	丙寅	7	15	5	26	丁酉
	2	13	1	22	乙丑	3	14	2	22	甲午	4	14	3	23	乙丑	5	14	3	23	乙未	6	15	4	26	丁卯	7	16	5	27	戊戌
	2	14	1	23	丙寅	3	15	2	23	乙未	4	15	3	24	丙寅	5	15	3	24	丙申	6	16	4	27	戊辰	7	17	5	28	己亥
	2	15	1	24	丁卯	3	16	2	24	丙申	4	16	3	25	丁卯	5	16	3	25	丁酉	6	17	4	28	己巳	7	18	5	29	庚子
	2	16	1	25	戊辰	3	17	2	25	丁酉	4	17	3	26	戊辰	5	17	3	26	戊戌	6	18	4	29	庚午	7	19	6	1	辛丑
	2	17	1	26	己巳	3	18	2	26	戊戌	4	18	3	27	己巳	5	18	3	27	己亥	6	19	4	30	辛未	7	20	6	2	壬寅
	2	18	1	27	庚午	3	19	2	27	己亥	4	19	3	28	庚午	5	19	3	28	庚子	6	20	5	1	壬申	7	21	6	3	癸卯
	2	19	1	28	辛未	3	20	2	28	庚子	4	20	3	29	辛未	5	20	3	29	辛丑	6	21	5	2	癸酉	7	22	6	4	甲辰
	2	20	1	29	壬申	3	21	2	29	辛丑	4	21	3	30	壬申	5	21	4	1	壬寅	6	22	5	3	甲戌	7	23	6	5	乙巳
	2	21	2	1	癸酉	3	22	2	30	壬寅	4	22	閏3	1	癸酉	5	22	4	2	癸卯	6	23	5	4	乙亥	7	24	6	6	丙午
	2	22	2	2	甲戌	3	23	3	1	癸卯	4	23	3	2	甲戌	5	23	4	3	甲辰	6	24	5	5	丙子	7	25	6	7	丁未
	2	23	2	3	乙亥	3	24	3	2	甲辰	4	24	3	3	乙亥	5	24	4	4	乙巳	6	25	5	6	丁丑	7	26	6	8	戊申
	2	24	2	4	丙子	3	25	3	3	乙巳	4	25	3	4	丙子	5	25	4	5	丙午	6	26	5	7	戊寅	7	27	6	9	己酉
	2	25	2	5	丁丑	3	26	3	4	丙午	4	26	3	5	丁丑	5	26	4	6	丁未	6	27	5	8	己卯	7	28	6	10	庚戌
	2	26	2	6	戊寅	3	27	3	5	丁未	4	27	3	6	戊寅	5	27	4	7	戊申	6	28	5	9	庚辰	7	29	6	11	辛亥
	2	27	2	7	己卯	3	28	3	6	戊申	4	28	3	7	己卯	5	28	4	8	己酉	6	29	5	10	辛巳	7	30	6	12	壬子
	2	28	2	8	庚辰	3	29	3	7	己酉	4	29	3	8	庚辰	5	29	4	9	庚戌	6	30	5	11	壬午	7	31	6	13	癸丑
	3	1	2	9	辛巳	3	30	3	8	庚戌	4	30	3	9	辛巳	5	30	4	10	辛亥	7	1	5	12	癸未	8	1	6	14	甲寅
	3	2	2	10	壬午	3	31	3	9	辛亥	5	1	3	10	壬午	5	31	4	11	壬子	7	2	5	13	甲申	8	2	6	15	乙卯
	3	3	2	11	癸未	4	1	3	10	壬子	5	2	3	11	癸未	6	1	4	12	癸丑	7	3	5	14	乙酉	8	3	6	16	丙辰
	3	4	2	12	甲申	4	2	3	11	癸丑	5	3	3	12	甲申	6	2	4	13	甲寅	7	4	5	15	丙戌	8	4	6	17	丁巳
						4	3	3	12	甲寅	5	4	3	13	乙酉	6	3	4	14	乙卯	7	5	5	16	丁亥	8	5	6	18	戊午
						4	4	3	13	乙卯						6	4	4	15	丙辰	7	6	5	17	戊子	8	6	6	19	己未
																6	5	4	16	丁巳										
中氣	雨水					春分					穀雨					小滿					夏至					大暑				
	2/18 23時35分 子時					3/20 22時40分 亥時					4/20 9時49分 巳時					5/21 9時1分 巳時					6/21 16時59分 申時					7/23 3時50分 寅時				

癸酉																													年
庚申				辛酉					壬戌					癸亥					甲子					乙丑					月
立秋				白露					寒露					立冬					大雪					小寒					節
7 20時17分 戌時				9/7 23時7分 子時					10/8 14時40分 未時					11/7 17時45分 酉時					12/7 10時33分 巳時					1/5 21時48分 亥時					氣
曆	農曆		干支	國曆		農曆		干支	國曆		農曆		干支	國曆		農曆		干支	國曆		農曆		干支	國曆		農曆		干支	日
7	6	20	庚申	9	7	7	21	辛卯	10	8	8	23	壬戌	11	7	9	24	壬辰	12	7	10	24	壬戌	1	5	11	24	辛卯	中華民國八十二、八十三年 雞 1993、1994
8	6	21	辛酉	9	8	7	22	壬辰	10	9	8	24	癸亥	11	8	9	25	癸巳	12	8	10	25	癸亥	1	6	11	25	壬辰	
9	6	22	壬戌	9	9	7	23	癸巳	10	10	8	25	甲子	11	9	9	26	甲午	12	9	10	26	甲子	1	7	11	26	癸巳	
10	6	23	癸亥	9	10	7	24	甲午	10	11	8	26	乙丑	11	10	9	27	乙未	12	10	10	27	乙丑	1	8	11	27	甲午	
11	6	24	甲子	9	11	7	25	乙未	10	12	8	27	丙寅	11	11	9	28	丙申	12	11	10	28	丙寅	1	9	11	28	乙未	
12	6	25	乙丑	9	12	7	26	丙申	10	13	8	28	丁卯	11	12	9	29	丁酉	12	12	10	29	丁卯	1	10	11	29	丙申	
13	6	26	丙寅	9	13	7	27	丁酉	10	14	8	29	戊辰	11	13	9	30	戊戌	12	13	11	1	戊辰	1	11	11	30	丁酉	
14	6	27	丁卯	9	14	7	28	戊戌	10	15	9	1	己巳	11	14	10	1	己亥	12	14	11	2	己巳	1	12	12	1	戊戌	
15	6	28	戊辰	9	15	7	29	己亥	10	16	9	2	庚午	11	15	10	2	庚子	12	15	11	3	庚午	1	13	12	2	己亥	
16	6	29	己巳	9	16	8	1	庚子	10	17	9	3	辛未	11	16	10	3	辛丑	12	16	11	4	辛未	1	14	12	3	庚子	
17	6	30	庚午	9	17	8	2	辛丑	10	18	9	4	壬申	11	17	10	4	壬寅	12	17	11	5	壬申	1	15	12	4	辛丑	
18	7	1	辛未	9	18	8	3	壬寅	10	19	9	5	癸酉	11	18	10	5	癸卯	12	18	11	6	癸酉	1	16	12	5	壬寅	
19	7	2	壬申	9	19	8	4	癸卯	10	20	9	6	甲戌	11	19	10	6	甲辰	12	19	11	7	甲戌	1	17	12	6	癸卯	
20	7	3	癸酉	9	20	8	5	甲辰	10	21	9	7	乙亥	11	20	10	7	乙巳	12	20	11	8	乙亥	1	18	12	7	甲辰	
21	7	4	甲戌	9	21	8	6	乙巳	10	22	9	8	丙子	11	21	10	8	丙午	12	21	11	9	丙子	1	19	12	8	乙巳	
22	7	5	乙亥	9	22	8	7	丙午	10	23	9	9	丁丑	11	22	10	9	丁未	12	22	11	10	丁丑	1	20	12	9	丙午	
23	7	6	丙子	9	23	8	8	丁未	10	24	9	10	戊寅	11	23	10	10	戊申	12	23	11	11	戊寅	1	21	12	10	丁未	
24	7	7	丁丑	9	24	8	9	戊申	10	25	9	11	己卯	11	24	10	11	己酉	12	24	11	12	己卯	1	22	12	11	戊申	
25	7	8	戊寅	9	25	8	10	己酉	10	26	9	12	庚辰	11	25	10	12	庚戌	12	25	11	13	庚辰	1	23	12	12	己酉	
26	7	9	己卯	9	26	8	11	庚戌	10	27	9	13	辛巳	11	26	10	13	辛亥	12	26	11	14	辛巳	1	24	12	13	庚戌	
27	7	10	庚辰	9	27	8	12	辛亥	10	28	9	14	壬午	11	27	10	14	壬子	12	27	11	15	壬午	1	25	12	14	辛亥	
28	7	11	辛巳	9	28	8	13	壬子	10	29	9	15	癸未	11	28	10	15	癸丑	12	28	11	16	癸未	1	26	12	15	壬子	
29	7	12	壬午	9	29	8	14	癸丑	10	30	9	16	甲申	11	29	10	16	甲寅	12	29	11	17	甲申	1	27	12	16	癸丑	
30	7	13	癸未	9	30	8	15	甲寅	10	31	9	17	乙酉	11	30	10	17	乙卯	12	30	11	18	乙酉	1	28	12	17	甲寅	
31	7	14	甲申	10	1	8	16	乙卯	11	1	9	18	丙戌	12	1	10	18	丙辰	12	31	11	19	丙戌	1	29	12	18	乙卯	
1	7	15	乙酉	10	2	8	17	丙辰	11	2	9	19	丁亥	12	2	10	19	丁巳	1	1	11	20	丁亥	1	30	12	19	丙辰	
2	7	16	丙戌	10	3	8	18	丁巳	11	3	9	20	戊子	12	3	10	20	戊午	1	2	11	21	戊子	1	31	12	20	丁巳	
3	7	17	丁亥	10	4	8	19	戊午	11	4	9	21	己丑	12	4	10	21	己未	1	3	11	22	己丑	2	1	12	21	戊午	
4	7	18	戊子	10	5	8	20	己未	11	5	9	22	庚寅	12	5	10	22	庚申	1	4	11	23	庚寅	2	2	12	22	己未	
5	7	19	己丑	10	6	8	21	庚申	11	6	9	23	辛卯	12	6	10	23	辛酉						2	3	12	23	庚申	
6	7	20	庚寅	10	7	8	22	辛酉																					
處暑				秋分					霜降					小雪					冬至					大寒					中
3 10時50分 巳時				9/23 8時22分 辰時					10/23 17時37分 酉時					11/22 15時6分 申時					12/22 4時25分 寅時					1/20 15時7分 申時					氣

年	甲戌																													
月	丙寅					丁卯					戊辰					己巳					庚午					辛未				
節氣	立春					驚蟄					清明					立夏					芒種					小暑				
	2/4 9時30分 巳時					3/6 3時37分 寅時					4/5 8時31分 辰時					5/6 1時54分 丑時					6/6 6時4分 卯時					7/7 16時19分 申				
日	國曆		農曆		干支	國曆		農曆		干支	國曆		農曆		干支	國曆		農曆		干支	國曆		農曆		干支	國曆		農曆		干
中華民國八十三年 狗 1994	2	4	12	24	辛酉	3	6	1	25	辛卯	4	5	2	25	辛酉	5	6	3	26	壬辰	6	6	4	27	癸亥	7	7	5	29	甲
	2	5	12	25	壬戌	3	7	1	26	壬辰	4	6	2	26	壬戌	5	7	3	27	癸巳	6	7	4	28	甲子	7	8	5	30	乙
	2	6	12	26	癸亥	3	8	1	27	癸巳	4	7	2	27	癸亥	5	8	3	28	甲午	6	8	4	29	乙丑	7	9	6	1	丙
	2	7	12	27	甲子	3	9	1	28	甲午	4	8	2	28	甲子	5	9	3	29	乙未	6	9	5	1	丙寅	7	10	6	2	丁
	2	8	12	28	乙丑	3	10	1	29	乙未	4	9	2	29	乙丑	5	10	3	30	丙申	6	10	5	2	丁卯	7	11	6	3	戊
	2	9	12	29	丙寅	3	11	1	30	丙申	4	10	2	30	丙寅	5	11	4	1	丁酉	6	11	5	3	戊辰	7	12	6	4	己
	2	10	1	1	丁卯	3	12	2	1	丁酉	4	11	3	1	丁卯	5	12	4	2	戊戌	6	12	5	4	己巳	7	13	6	5	庚
	2	11	1	2	戊辰	3	13	2	2	戊戌	4	12	3	2	戊辰	5	13	4	3	己亥	6	13	5	5	庚午	7	14	6	6	辛
	2	12	1	3	己巳	3	14	2	3	己亥	4	13	3	3	己巳	5	14	4	4	庚子	6	14	5	6	辛未	7	15	6	7	壬
	2	13	1	4	庚午	3	15	2	4	庚子	4	14	3	4	庚午	5	15	4	5	辛丑	6	15	5	7	壬申	7	16	6	8	癸
	2	14	1	5	辛未	3	16	2	5	辛丑	4	15	3	5	辛未	5	16	4	6	壬寅	6	16	5	8	癸酉	7	17	6	9	甲
	2	15	1	6	壬申	3	17	2	6	壬寅	4	16	3	6	壬申	5	17	4	7	癸卯	6	17	5	9	甲戌	7	18	6	10	乙
	2	16	1	7	癸酉	3	18	2	7	癸卯	4	17	3	7	癸酉	5	18	4	8	甲辰	6	18	5	10	乙亥	7	19	6	11	丙
	2	17	1	8	甲戌	3	19	2	8	甲辰	4	18	3	8	甲戌	5	19	4	9	乙巳	6	19	5	11	丙子	7	20	6	12	丁
	2	18	1	9	乙亥	3	20	2	9	乙巳	4	19	3	9	乙亥	5	20	4	10	丙午	6	20	5	12	丁丑	7	21	6	13	戊
	2	19	1	10	丙子	3	21	2	10	丙午	4	20	3	10	丙子	5	21	4	11	丁未	6	21	5	13	戊寅	7	22	6	14	己
	2	20	1	11	丁丑	3	22	2	11	丁未	4	21	3	11	丁丑	5	22	4	12	戊申	6	22	5	14	己卯	7	23	6	15	庚
	2	21	1	12	戊寅	3	23	2	12	戊申	4	22	3	12	戊寅	5	23	4	13	己酉	6	23	5	15	庚辰	7	24	6	16	辛
	2	22	1	13	己卯	3	24	2	13	己酉	4	23	3	13	己卯	5	24	4	14	庚戌	6	24	5	16	辛巳	7	25	6	17	壬
	2	23	1	14	庚辰	3	25	2	14	庚戌	4	24	3	14	庚辰	5	25	4	15	辛亥	6	25	5	17	壬午	7	26	6	18	癸
	2	24	1	15	辛巳	3	26	2	15	辛亥	4	25	3	15	辛巳	5	26	4	16	壬子	6	26	5	18	癸未	7	27	6	19	甲
	2	25	1	16	壬午	3	27	2	16	壬子	4	26	3	16	壬午	5	27	4	17	癸丑	6	27	5	19	甲申	7	28	6	20	乙
	2	26	1	17	癸未	3	28	2	17	癸丑	4	27	3	17	癸未	5	28	4	18	甲寅	6	28	5	20	乙酉	7	29	6	21	丙
	2	27	1	18	甲申	3	29	2	18	甲寅	4	28	3	18	甲申	5	29	4	19	乙卯	6	29	5	21	丙戌	7	30	6	22	丁
	2	28	1	19	乙酉	3	30	2	19	乙卯	4	29	3	19	乙酉	5	30	4	20	丙辰	6	30	5	22	丁亥	7	31	6	23	戊
	3	1	1	20	丙戌	3	31	2	20	丙辰	4	30	3	20	丙戌	5	31	4	21	丁巳	7	1	5	23	戊子	8	1	6	24	己
	3	2	1	21	丁亥	4	1	2	21	丁巳	5	1	3	21	丁亥	6	1	4	22	戊午	7	2	5	24	己丑	8	2	6	25	庚
	3	3	1	22	戊子	4	2	2	22	戊午	5	2	3	22	戊子	6	2	4	23	己未	7	3	5	25	庚寅	8	3	6	26	辛
	3	4	1	23	己丑	4	3	2	23	己未	5	3	3	23	己丑	6	3	4	24	庚申	7	4	5	26	辛卯	8	4	6	27	壬
	3	5	1	24	庚寅	4	4	2	24	庚申	5	4	3	24	庚寅	6	4	4	25	辛酉	7	5	5	27	壬辰	8	5	6	28	癸
											5	5	3	25	辛卯	6	5	4	26	壬戌	7	6	5	28	癸巳	8	6	6	29	甲
																										8	7	7	1	乙
中氣	雨水					春分					穀雨					小滿					夏至					大暑				
	2/19 5時21分 卯時					3/21 4時28分 寅時					4/20 15時36分 申時					5/21 14時48分 未時					6/21 22時47分 亥時					7/23 9時41分 巳				

甲戌																														年
壬申					癸酉					甲戌					乙亥					丙子					丁丑					月
立秋					白露					寒露					立冬					大雪					小寒					節氣
8/8 2時4分 丑時					9/8 4時55分 寅時					10/8 20時29分 戌時					11/7 23時35分 子時					12/7 16時22分 申時					1/6 3時34分 寅時					
國曆		農曆		干支	國曆		農曆		干支	國曆		農曆		干支	國曆		農曆		干支	國曆		農曆		干支	國曆		農曆		干支	日
8	8	7	2	丙寅	9	8	8	3	丁酉	10	8	9	4	丁卯	11	7	10	5	丁酉	12	7	11	5	丁卯	1	6	12	6	丁酉	
8	9	7	3	丁卯	9	9	8	4	戊戌	10	9	9	5	戊辰	11	8	10	6	戊戌	12	8	11	6	戊辰	1	7	12	7	戊戌	
8	10	7	4	戊辰	9	10	8	5	己亥	10	10	9	6	己巳	11	9	10	7	己亥	12	9	11	7	己巳	1	8	12	8	己亥	
8	11	7	5	己巳	9	11	8	6	庚子	10	11	9	7	庚午	11	10	10	8	庚子	12	10	11	8	庚午	1	9	12	9	庚子	
8	12	7	6	庚午	9	12	8	7	辛丑	10	12	9	8	辛未	11	11	10	9	辛丑	12	11	11	9	辛未	1	10	12	10	辛丑	
8	13	7	7	辛未	9	13	8	8	壬寅	10	13	9	9	壬申	11	12	10	10	壬寅	12	12	11	10	壬申	1	11	12	11	壬寅	
8	14	7	8	壬申	9	14	8	9	癸卯	10	14	9	10	癸酉	11	13	10	11	癸卯	12	13	11	11	癸酉	1	12	12	12	癸卯	
8	15	7	9	癸酉	9	15	8	10	甲辰	10	15	9	11	甲戌	11	14	10	12	甲辰	12	14	11	12	甲戌	1	13	12	13	甲辰	
8	16	7	10	甲戌	9	16	8	11	乙巳	10	16	9	12	乙亥	11	15	10	13	乙巳	12	15	11	13	乙亥	1	14	12	14	乙巳	
8	17	7	11	乙亥	9	17	8	12	丙午	10	17	9	13	丙子	11	16	10	14	丙午	12	16	11	14	丙子	1	15	12	15	丙午	
8	18	7	12	丙子	9	18	8	13	丁未	10	18	9	14	丁丑	11	17	10	15	丁未	12	17	11	15	丁丑	1	16	12	16	丁未	
8	19	7	13	丁丑	9	19	8	14	戊申	10	19	9	15	戊寅	11	18	10	16	戊申	12	18	11	16	戊寅	1	17	12	17	戊申	
8	20	7	14	戊寅	9	20	8	15	己酉	10	20	9	16	己卯	11	19	10	17	己酉	12	19	11	17	己卯	1	18	12	18	己酉	
8	21	7	15	己卯	9	21	8	16	庚戌	10	21	9	17	庚辰	11	20	10	18	庚戌	12	20	11	18	庚辰	1	19	12	19	庚戌	
8	22	7	16	庚辰	9	22	8	17	辛亥	10	22	9	18	辛巳	11	21	10	19	辛亥	12	21	11	19	辛巳	1	20	12	20	辛亥	
8	23	7	17	辛巳	9	23	8	18	壬子	10	23	9	19	壬午	11	22	10	20	壬子	12	22	11	20	壬午	1	21	12	21	壬子	
8	24	7	18	壬午	9	24	8	19	癸丑	10	24	9	20	癸未	11	23	10	21	癸丑	12	23	11	21	癸未	1	22	12	22	癸丑	
8	25	7	19	癸未	9	25	8	20	甲寅	10	25	9	21	甲申	11	24	10	22	甲寅	12	24	11	22	甲申	1	23	12	23	甲寅	
8	26	7	20	甲申	9	26	8	21	乙卯	10	26	9	22	乙酉	11	25	10	23	乙卯	12	25	11	23	乙酉	1	24	12	24	乙卯	
8	27	7	21	乙酉	9	27	8	22	丙辰	10	27	9	23	丙戌	11	26	10	24	丙辰	12	26	11	24	丙戌	1	25	12	25	丙辰	
8	28	7	22	丙戌	9	28	8	23	丁巳	10	28	9	24	丁亥	11	27	10	25	丁巳	12	27	11	25	丁亥	1	26	12	26	丁巳	
8	29	7	23	丁亥	9	29	8	24	戊午	10	29	9	25	戊子	11	28	10	26	戊午	12	28	11	26	戊子	1	27	12	27	戊午	
8	30	7	24	戊子	9	30	8	25	己未	10	30	9	26	己丑	11	29	10	27	己未	12	29	11	27	己丑	1	28	12	28	己未	
8	31	7	25	己丑	10	1	8	26	庚申	10	31	9	27	庚寅	11	30	10	28	庚申	12	30	11	28	庚寅	1	29	12	29	庚申	
9	1	7	26	庚寅	10	2	8	27	辛酉	11	1	9	28	辛卯	12	1	10	29	辛酉	12	31	11	29	辛卯	1	30	12	30	辛酉	
9	2	7	27	辛卯	10	3	8	28	壬戌	11	2	9	29	壬辰	12	2	10	30	壬戌	1	1	12	1	壬辰	1	31	1	1	壬戌	
9	3	7	28	壬辰	10	4	8	29	癸亥	11	3	10	1	癸巳	12	3	11	1	癸亥	1	2	12	2	癸巳	2	1	1	2	癸亥	
9	4	7	29	癸巳	10	5	9	1	甲子	11	4	10	2	甲午	12	4	11	2	甲子	1	3	12	3	甲午	2	2	1	3	甲子	
9	5	7	30	甲午	10	6	9	2	乙丑	11	5	10	3	乙未	12	5	11	3	乙丑	1	4	12	4	乙未	2	3	1	4	乙丑	
9	6	8	1	乙未	10	7	9	3	丙寅	11	6	10	4	丙申	12	6	11	4	丙寅	1	5	12	5	丙申						
9	7	8	2	丙申																										
處暑					秋分					霜降					小雪					冬至					大寒					中氣
8/23 16時43分 申時					9/23 14時19分 未時					10/23 23時36分 子時					11/22 21時5分 亥時					12/22 10時22分 巳時					1/20 21時0分 亥時					

中華民國八十三、八十四年 狗

1994、1995

年	乙亥																													
月	戊寅					己卯					庚辰					辛巳					壬午					癸未				
節氣	立春					驚蛰					清明					立夏					芒種					小暑				
	2/4 15時12分 申時					3/6 9時16分 巳時					4/5 14時8分 未時					5/6 7時30分 辰時					6/6 11時42分 午時					7/7 22時1分 亥時				
日	國曆		農曆		干支	國曆		農曆		干支	國曆		農曆		干支	國曆		農曆		干支	國曆		農曆		干支	國曆		農曆		干支
中華民國八十四年 豬 1995	2	4	1	5	丙寅	3	6	2	6	丙申	4	5	3	6	丙寅	5	6	4	7	丁酉	6	6	5	9	戊辰	7	7	6	10	己亥
	2	5	1	6	丁卯	3	7	2	7	丁酉	4	6	3	7	丁卯	5	7	4	8	戊戌	6	7	5	10	己巳	7	8	6	11	庚子
	2	6	1	7	戊辰	3	8	2	8	戊戌	4	7	3	8	戊辰	5	8	4	9	己亥	6	8	5	11	庚午	7	9	6	12	辛丑
	2	7	1	8	己巳	3	9	2	9	己亥	4	8	3	9	己巳	5	9	4	10	庚子	6	9	5	12	辛未	7	10	6	13	壬寅
	2	8	1	9	庚午	3	10	2	10	庚子	4	9	3	10	庚午	5	10	4	11	辛丑	6	10	5	13	壬申	7	11	6	14	癸卯
	2	9	1	10	辛未	3	11	2	11	辛丑	4	10	3	11	辛未	5	11	4	12	壬寅	6	11	5	14	癸酉	7	12	6	15	甲辰
	2	10	1	11	壬申	3	12	2	12	壬寅	4	11	3	12	壬申	5	12	4	13	癸卯	6	12	5	15	甲戌	7	13	6	16	乙巳
	2	11	1	12	癸酉	3	13	2	13	癸卯	4	12	3	13	癸酉	5	13	4	14	甲辰	6	13	5	16	乙亥	7	14	6	17	丙午
	2	12	1	13	甲戌	3	14	2	14	甲辰	4	13	3	14	甲戌	5	14	4	15	乙巳	6	14	5	17	丙子	7	15	6	18	丁未
	2	13	1	14	乙亥	3	15	2	15	乙巳	4	14	3	15	乙亥	5	15	4	16	丙午	6	15	5	18	丁丑	7	16	6	19	戊申
	2	14	1	15	丙子	3	16	2	16	丙午	4	15	3	16	丙子	5	16	4	17	丁未	6	16	5	19	戊寅	7	17	6	20	己酉
	2	15	1	16	丁丑	3	17	2	17	丁未	4	16	3	17	丁丑	5	17	4	18	戊申	6	17	5	20	己卯	7	18	6	21	庚戌
	2	16	1	17	戊寅	3	18	2	18	戊申	4	17	3	18	戊寅	5	18	4	19	己酉	6	18	5	21	庚辰	7	19	6	22	辛亥
	2	17	1	18	己卯	3	19	2	19	己酉	4	18	3	19	己卯	5	19	4	20	庚戌	6	19	5	22	辛巳	7	20	6	23	壬子
	2	18	1	19	庚辰	3	20	2	20	庚戌	4	19	3	20	庚辰	5	20	4	21	辛亥	6	20	5	23	壬午	7	21	6	24	癸丑
	2	19	1	20	辛巳	3	21	2	21	辛亥	4	20	3	21	辛巳	5	21	4	22	壬子	6	21	5	24	癸未	7	22	6	25	甲寅
	2	20	1	21	壬午	3	22	2	22	壬子	4	21	3	22	壬午	5	22	4	23	癸丑	6	22	5	25	甲申	7	23	6	26	乙卯
	2	21	1	22	癸未	3	23	2	23	癸丑	4	22	3	23	癸未	5	23	4	24	甲寅	6	23	5	26	乙酉	7	24	6	27	丙辰
	2	22	1	23	甲申	3	24	2	24	甲寅	4	23	3	24	甲申	5	24	4	25	乙卯	6	24	5	27	丙戌	7	25	6	28	丁巳
	2	23	1	24	乙酉	3	25	2	25	乙卯	4	24	3	25	乙酉	5	25	4	26	丙辰	6	25	5	28	丁亥	7	26	6	29	戊午
	2	24	1	25	丙戌	3	26	2	26	丙辰	4	25	3	26	丙戌	5	26	4	27	丁巳	6	26	5	29	戊子	7	27	7	1	己未
	2	25	1	26	丁亥	3	27	2	27	丁巳	4	26	3	27	丁亥	5	27	4	28	戊午	6	27	5	30	己丑	7	28	7	2	庚申
	2	26	1	27	戊子	3	28	2	28	戊午	4	27	3	28	戊子	5	28	4	29	己未	6	28	6	1	庚寅	7	29	7	3	辛酉
	2	27	1	28	己丑	3	29	2	29	己未	4	28	3	29	己丑	5	29	5	1	庚申	6	29	6	2	辛卯	7	30	7	4	壬戌
	2	28	1	29	庚寅	3	30	2	30	庚申	4	29	3	30	庚寅	5	30	5	2	辛酉	6	30	6	3	壬辰	7	31	7	5	癸亥
	3	1	2	1	辛卯	3	31	3	1	辛酉	4	30	4	1	辛卯	5	31	5	3	壬戌	7	1	6	4	癸巳	8	1	7	6	甲子
	3	2	2	2	壬辰	4	1	3	2	壬戌	5	1	4	2	壬辰	6	1	5	4	癸亥	7	2	6	5	甲午	8	2	7	7	乙丑
	3	3	2	3	癸巳	4	2	3	3	癸亥	5	2	4	3	癸巳	6	2	5	5	甲子	7	3	6	6	乙未	8	3	7	8	丙寅
	3	4	2	4	甲午	4	3	3	4	甲子	5	3	4	4	甲午	6	3	5	6	乙丑	7	4	6	7	丙申	8	4	7	9	丁卯
	3	5	2	5	乙未	4	4	3	5	乙丑	5	4	4	5	乙未	6	4	5	7	丙寅	7	5	6	8	丁酉	8	5	7	10	戊辰
											5	5	4	6	丙申	6	5	5	8	丁卯	7	6	6	9	戊戌	8	6	7	11	己巳
																										8	7	7	12	庚午
中氣	雨水					春分					穀雨					小滿					夏至					大暑				
	2/19 11時10分 午時					3/21 10時14分 巳時					4/20 21時21分 亥時					5/21 20時34分 戌時					6/22 4時34分 寅時					7/23 15時29分 申時				

乙亥																													年
甲申				乙酉					丙戌					丁亥					戊子					己丑					月
立秋				白露					寒露					立冬					大雪					小寒					節
8 7時51分 辰時				9/8 10時48分 巳時					10/9 2時27分 丑時					11/8 5時35分 卯時					12/7 22時22分 亥時					1/6 9時31分 巳時					氣
曆	農曆		干支	國曆		農曆		干支	國曆		農曆		干支	國曆		農曆		干支	國曆		農曆		干支	國曆		農曆		干支	日
8	7	13	辛未	9	8	8	14	壬寅	10	9	8	15	癸酉	11	8	9	16	癸卯	12	7	10	16	壬申	1	6	11	16	壬寅	
9	7	14	壬申	9	9	8	15	癸卯	10	10	8	16	甲戌	11	9	9	17	甲辰	12	8	10	17	癸酉	1	7	11	17	癸卯	
10	7	15	癸酉	9	10	8	16	甲辰	10	11	8	17	乙亥	11	10	9	18	乙巳	12	9	10	18	甲戌	1	8	11	18	甲辰	
11	7	16	甲戌	9	11	8	17	乙巳	10	12	8	18	丙子	11	11	9	19	丙午	12	10	10	19	乙亥	1	9	11	19	乙巳	
12	7	17	乙亥	9	12	8	18	丙午	10	13	8	19	丁丑	11	12	9	20	丁未	12	11	10	20	丙子	1	10	11	20	丙午	
13	7	18	丙子	9	13	8	19	丁未	10	14	8	20	戊寅	11	13	9	21	戊申	12	12	10	21	丁丑	1	11	11	21	丁未	
14	7	19	丁丑	9	14	8	20	戊申	10	15	8	21	己卯	11	14	9	22	己酉	12	13	10	22	戊寅	1	12	11	22	戊申	
15	7	20	戊寅	9	15	8	21	己酉	10	16	8	22	庚辰	11	15	9	23	庚戌	12	14	10	23	己卯	1	13	11	23	己酉	
16	7	21	己卯	9	16	8	22	庚戌	10	17	8	23	辛巳	11	16	9	24	辛亥	12	15	10	24	庚辰	1	14	11	24	庚戌	
17	7	22	庚辰	9	17	8	23	辛亥	10	18	8	24	壬午	11	17	9	25	壬子	12	16	10	25	辛巳	1	15	11	25	辛亥	
18	7	23	辛巳	9	18	8	24	壬子	10	19	8	25	癸未	11	18	9	26	癸丑	12	17	10	26	壬午	1	16	11	26	壬子	
19	7	24	壬午	9	19	8	25	癸丑	10	20	8	26	甲申	11	19	9	27	甲寅	12	18	10	27	癸未	1	17	11	27	癸丑	
20	7	25	癸未	9	20	8	26	甲寅	10	21	8	27	乙酉	11	20	9	28	乙卯	12	19	10	28	甲申	1	18	11	28	甲寅	
21	7	26	甲申	9	21	8	27	乙卯	10	22	8	28	丙戌	11	21	9	29	丙辰	12	20	10	29	乙酉	1	19	11	29	乙卯	
22	7	27	乙酉	9	22	8	28	丙辰	10	23	8	29	丁亥	11	22	10	1	丁巳	12	21	10	30	丙戌	1	20	12	1	丙辰	
23	7	28	丙戌	9	23	8	29	丁巳	10	24	9	1	戊子	11	23	10	2	戊午	12	22	11	1	丁亥	1	21	12	2	丁巳	
24	7	29	丁亥	9	24	8	30	戊午	10	25	9	2	己丑	11	24	10	3	己未	12	23	11	2	戊子	1	22	12	3	戊午	
25	7	30	戊子	9	25	閏8	1	己未	10	26	9	3	庚寅	11	25	10	4	庚申	12	24	11	3	己丑	1	23	12	4	己未	
26	8	1	己丑	9	26	8	2	庚申	10	27	9	4	辛卯	11	26	10	5	辛酉	12	25	11	4	庚寅	1	24	12	5	庚申	
27	8	2	庚寅	9	27	8	3	辛酉	10	28	9	5	壬辰	11	27	10	6	壬戌	12	26	11	5	辛卯	1	25	12	6	辛酉	
28	8	3	辛卯	9	28	8	4	壬戌	10	29	9	6	癸巳	11	28	10	7	癸亥	12	27	11	6	壬辰	1	26	12	7	壬戌	
29	8	4	壬辰	9	29	8	5	癸亥	10	30	9	7	甲午	11	29	10	8	甲子	12	28	11	7	癸巳	1	27	12	8	癸亥	
30	8	5	癸巳	9	30	8	6	甲子	10	31	9	8	乙未	11	30	10	9	乙丑	12	29	11	8	甲午	1	28	12	9	甲子	
31	8	6	甲午	10	1	8	7	乙丑	11	1	9	9	丙申	12	1	10	10	丙寅	12	30	11	9	乙未	1	29	12	10	乙丑	
1	8	7	乙未	10	2	8	8	丙寅	11	2	9	10	丁酉	12	2	10	11	丁卯	12	31	11	10	丙申	1	30	12	11	丙寅	
2	8	8	丙申	10	3	8	9	丁卯	11	3	9	11	戊戌	12	3	10	12	戊辰	1	1	11	11	丁酉	1	31	12	12	丁卯	
3	8	9	丁酉	10	4	8	10	戊辰	11	4	9	12	己亥	12	4	10	13	己巳	1	2	11	12	戊戌	2	1	12	13	戊辰	
4	8	10	戊戌	10	5	8	11	己巳	11	5	9	13	庚子	12	5	10	14	庚午	1	3	11	13	己亥	2	2	12	14	己巳	
5	8	11	己亥	10	6	8	12	庚午	11	6	9	14	辛丑	12	6	10	15	辛未	1	4	11	14	庚子	2	3	12	15	庚午	
6	8	12	庚子	10	7	8	13	辛未	11	7	9	15	壬寅						1	5	11	15	辛丑						
7	8	13	辛丑	10	8	8	14	壬申																					
處暑				秋分					霜降					小雪					冬至					大寒					中
23 22時34分 亥時				9/23 20時12分 戌時					10/24 5時31分 卯時					11/23 3時1分 寅時					12/22 16時16分 申時					1/21 2時52分 丑時					氣

中華民國八十四、八十五年 豬

1995、1996

年	丙子																													
月	庚寅					辛卯					壬辰					癸巳					甲午					乙未				
節氣	立春					驚蛰					清明					立夏					芒種					小暑				
	2/4 21時7分 亥時					3/5 15時9分 申時					4/4 20時2分 戌時					5/5 13時26分 未時					6/5 17時40分 酉時					7/7 4時0分 寅時				
日	國曆		農曆		干支	國曆		農曆		干支	國曆		農曆		干支	國曆		農曆		干支	國曆		農曆		干支	國曆		農曆		干支
中華民國八十五年 鼠 1996	2	4	12	16	辛未	3	5	1	16	辛丑	4	4	2	17	辛未	5	5	3	18	壬寅	6	5	4	20	癸酉	7	7	5	22	乙
	2	5	12	17	壬申	3	6	1	17	壬寅	4	5	2	18	壬申	5	6	3	19	癸卯	6	6	4	21	甲戌	7	8	5	23	丙
	2	6	12	18	癸酉	3	7	1	18	癸卯	4	6	2	19	癸酉	5	7	3	20	甲辰	6	7	4	22	乙亥	7	9	5	24	丁
	2	7	12	19	甲戌	3	8	1	19	甲辰	4	7	2	20	甲戌	5	8	3	21	乙巳	6	8	4	23	丙子	7	10	5	25	戊
	2	8	12	20	乙亥	3	9	1	20	乙巳	4	8	2	21	乙亥	5	9	3	22	丙午	6	9	4	24	丁丑	7	11	5	26	己
	2	9	12	21	丙子	3	10	1	21	丙午	4	9	2	22	丙子	5	10	3	23	丁未	6	10	4	25	戊寅	7	12	5	27	庚
	2	10	12	22	丁丑	3	11	1	22	丁未	4	10	2	23	丁丑	5	11	3	24	戊申	6	11	4	26	己卯	7	13	5	28	辛
	2	11	12	23	戊寅	3	12	1	23	戊申	4	11	2	24	戊寅	5	12	3	25	己酉	6	12	4	27	庚辰	7	14	5	29	壬
	2	12	12	24	己卯	3	13	1	24	己酉	4	12	2	25	己卯	5	13	3	26	庚戌	6	13	4	28	辛巳	7	15	5	30	癸
	2	13	12	25	庚辰	3	14	1	25	庚戌	4	13	2	26	庚辰	5	14	3	27	辛亥	6	14	4	29	壬午	7	16	6	1	甲
	2	14	12	26	辛巳	3	15	1	26	辛亥	4	14	2	27	辛巳	5	15	3	28	壬子	6	15	4	30	癸未	7	17	6	2	乙
	2	15	12	27	壬午	3	16	1	27	壬子	4	15	2	28	壬午	5	16	3	29	癸丑	6	16	5	1	甲申	7	18	6	3	丙
	2	16	12	28	癸未	3	17	1	28	癸丑	4	16	2	29	癸未	5	17	4	1	甲寅	6	17	5	2	乙酉	7	19	6	4	丁
	2	17	12	29	甲申	3	18	1	29	甲寅	4	17	2	30	甲申	5	18	4	2	乙卯	6	18	5	3	丙戌	7	20	6	5	戊
	2	18	12	30	乙酉	3	19	2	1	乙卯	4	18	3	1	乙酉	5	19	4	3	丙辰	6	19	5	4	丁亥	7	21	6	6	己
	2	19	1	1	丙戌	3	20	2	2	丙辰	4	19	3	2	丙戌	5	20	4	4	丁巳	6	20	5	5	戊子	7	22	6	7	庚
	2	20	1	2	丁亥	3	21	2	3	丁巳	4	20	3	3	丁亥	5	21	4	5	戊午	6	21	5	6	己丑	7	23	6	8	辛
	2	21	1	3	戊子	3	22	2	4	戊午	4	21	3	4	戊子	5	22	4	6	己未	6	22	5	7	庚寅	7	24	6	9	壬
	2	22	1	4	己丑	3	23	2	5	己未	4	22	3	5	己丑	5	23	4	7	庚申	6	23	5	8	辛卯	7	25	6	10	癸
	2	23	1	5	庚寅	3	24	2	6	庚申	4	23	3	6	庚寅	5	24	4	8	辛酉	6	24	5	9	壬辰	7	26	6	11	甲
	2	24	1	6	辛卯	3	25	2	7	辛酉	4	24	3	7	辛卯	5	25	4	9	壬戌	6	25	5	10	癸巳	7	27	6	12	乙
	2	25	1	7	壬辰	3	26	2	8	壬戌	4	25	3	8	壬辰	5	26	4	10	癸亥	6	26	5	11	甲午	7	28	6	13	丙
	2	26	1	8	癸巳	3	27	2	9	癸亥	4	26	3	9	癸巳	5	27	4	11	甲子	6	27	5	12	乙未	7	29	6	14	丁
	2	27	1	9	甲午	3	28	2	10	甲子	4	27	3	10	甲午	5	28	4	12	乙丑	6	28	5	13	丙申	7	30	6	15	戊
	2	28	1	10	乙未	3	29	2	11	乙丑	4	28	3	11	乙未	5	29	4	13	丙寅	6	29	5	14	丁酉	7	31	6	16	己
	2	29	1	11	丙申	3	30	2	12	丙寅	4	29	3	12	丙申	5	30	4	14	丁卯	6	30	5	15	戊戌	8	1	6	17	庚
	3	1	1	12	丁酉	3	31	2	13	丁卯	4	30	3	13	丁酉	5	31	4	15	戊辰	7	1	5	16	己亥	8	2	6	18	辛
	3	2	1	13	戊戌	4	1	2	14	戊辰	5	1	3	14	戊戌	6	1	4	16	己巳	7	2	5	17	庚子	8	3	6	19	壬
	3	3	1	14	己亥	4	2	2	15	己巳	5	2	3	15	己亥	6	2	4	17	庚午	7	3	5	18	辛丑	8	4	6	20	癸
	3	4	1	15	庚子	4	3	2	16	庚午	5	3	3	16	庚子	6	3	4	18	辛未	7	4	5	19	壬寅	8	5	6	21	甲
											5	4	3	17	辛丑	6	4	4	19	壬申	7	5	5	20	癸卯	8	6	6	22	乙
																					7	6	5	21	甲辰					
中氣	雨水					春分					穀雨					小滿					夏至					大暑				
	2/19 17時0分 酉時					3/20 16時3分 申時					4/20 3時9分 寅時					5/21 2時23分 丑時					6/21 10時23分 巳時					7/22 21時18分 亥				

丙子																													年
丙申				丁酉					戊戌					己亥					庚子					辛丑					月
立秋				白露					寒露					立冬					大雪					小寒					節氣
7 13時48分 未時				9/7 16時42分 申時					10/8 8時18分 辰時					11/7 11時26分 午時					12/7 4時14分 寅時					1/5 15時24分 申時					
曆	農曆		干支	國曆		農曆		干支	國曆		農曆		干支	國曆		農曆		干支	國曆		農曆		干支	國曆		農曆		干支	日
7	6	23	丙子	9	7	7	25	丁未	10	8	8	26	戊寅	11	7	9	27	戊申	12	7	10	27	戊寅	1	5	11	26	丁未	中華民國八十五、八十六年 鼠 1996、1997
8	6	24	丁丑	9	8	7	26	戊申	10	9	8	27	己卯	11	8	9	28	己酉	12	8	10	28	己卯	1	6	11	27	戊申	
9	6	25	戊寅	9	9	7	27	己酉	10	10	8	28	庚辰	11	9	9	29	庚戌	12	9	10	29	庚辰	1	7	11	28	己酉	
10	6	26	己卯	9	10	7	28	庚戌	10	11	8	29	辛巳	11	10	9	30	辛亥	12	10	10	30	辛巳	1	8	11	29	庚戌	
11	6	27	庚辰	9	11	7	29	辛亥	10	12	9	1	壬午	11	11	10	1	壬子	12	11	11	1	壬午	1	9	12	1	辛亥	
12	6	28	辛巳	9	12	7	30	壬子	10	13	9	2	癸未	11	12	10	2	癸丑	12	12	11	2	癸未	1	10	12	2	壬子	
13	6	29	壬午	9	13	8	1	癸丑	10	14	9	3	甲申	11	13	10	3	甲寅	12	13	11	3	甲申	1	11	12	3	癸丑	
14	7	1	癸未	9	14	8	2	甲寅	10	15	9	4	乙酉	11	14	10	4	乙卯	12	14	11	4	乙酉	1	12	12	4	甲寅	
15	7	2	甲申	9	15	8	3	乙卯	10	16	9	5	丙戌	11	15	10	5	丙辰	12	15	11	5	丙戌	1	13	12	5	乙卯	
16	7	3	乙酉	9	16	8	4	丙辰	10	17	9	6	丁亥	11	16	10	6	丁巳	12	16	11	6	丁亥	1	14	12	6	丙辰	
17	7	4	丙戌	9	17	8	5	丁巳	10	18	9	7	戊子	11	17	10	7	戊午	12	17	11	7	戊子	1	15	12	7	丁巳	
18	7	5	丁亥	9	18	8	6	戊午	10	19	9	8	己丑	11	18	10	8	己未	12	18	11	8	己丑	1	16	12	8	戊午	
19	7	6	戊子	9	19	8	7	己未	10	20	9	9	庚寅	11	19	10	9	庚申	12	19	11	9	庚寅	1	17	12	9	己未	
20	7	7	己丑	9	20	8	8	庚申	10	21	9	10	辛卯	11	20	10	10	辛酉	12	20	11	10	辛卯	1	18	12	10	庚申	
21	7	8	庚寅	9	21	8	9	辛酉	10	22	9	11	壬辰	11	21	10	11	壬戌	12	21	11	11	壬辰	1	19	12	11	辛酉	
22	7	9	辛卯	9	22	8	10	壬戌	10	23	9	12	癸巳	11	22	10	12	癸亥	12	22	11	12	癸巳	1	20	12	12	壬戌	
23	7	10	壬辰	9	23	8	11	癸亥	10	24	9	13	甲午	11	23	10	13	甲子	12	23	11	13	甲午	1	21	12	13	癸亥	
24	7	11	癸巳	9	24	8	12	甲子	10	25	9	14	乙未	11	24	10	14	乙丑	12	24	11	14	乙未	1	22	12	14	甲子	
25	7	12	甲午	9	25	8	13	乙丑	10	26	9	15	丙申	11	25	10	15	丙寅	12	25	11	15	丙申	1	23	12	15	乙丑	
26	7	13	乙未	9	26	8	14	丙寅	10	27	9	16	丁酉	11	26	10	16	丁卯	12	26	11	16	丁酉	1	24	12	16	丙寅	
27	7	14	丙申	9	27	8	15	丁卯	10	28	9	17	戊戌	11	27	10	17	戊辰	12	27	11	17	戊戌	1	25	12	17	丁卯	
28	7	15	丁酉	9	28	8	16	戊辰	10	29	9	18	己亥	11	28	10	18	己巳	12	28	11	18	己亥	1	26	12	18	戊辰	
29	7	16	戊戌	9	29	8	17	己巳	10	30	9	19	庚子	11	29	10	19	庚午	12	29	11	19	庚子	1	27	12	19	己巳	
30	7	17	己亥	9	30	8	18	庚午	10	31	9	20	辛丑	11	30	10	20	辛未	12	30	11	20	辛丑	1	28	12	20	庚午	
31	7	18	庚子	10	1	8	19	辛未	11	1	9	21	壬寅	12	1	10	21	壬申	12	31	11	21	壬寅	1	29	12	21	辛未	
1	7	19	辛丑	10	2	8	20	壬申	11	2	9	22	癸卯	12	2	10	22	癸酉	1	1	11	22	癸卯	1	30	12	22	壬申	
2	7	20	壬寅	10	3	8	21	癸酉	11	3	9	23	甲辰	12	3	10	23	甲戌	1	2	11	23	甲辰	1	31	12	23	癸酉	
3	7	21	癸卯	10	4	8	22	甲戌	11	4	9	24	乙巳	12	4	10	24	乙亥	1	3	11	24	乙巳	2	1	12	24	甲戌	
4	7	22	甲辰	10	5	8	23	乙亥	11	5	9	25	丙午	12	5	10	25	丙子	1	4	11	25	丙午	2	2	12	25	乙亥	
5	7	23	乙巳	10	6	8	24	丙子	11	6	9	26	丁未	12	6	10	26	丁丑						2	3	12	26	丙子	
6	7	24	丙午	10	7	8	25	丁丑																					
處暑				秋分					霜降					小雪					冬至					大寒					中氣
23 4時22分 寅時				9/23 2時0分 丑時					10/23 11時18分 午時					11/22 8時49分 辰時					12/21 22時5分 亥時					1/20 8時42分 辰時					

年	丁丑																													
月	壬寅					癸卯					甲辰					乙巳					丙午					丁未				
節氣	立春 2/4 3時1分 寅時					驚蟄 3/5 21時4分 亥時					清明 4/5 1時56分 丑時					立夏 5/5 19時19分 戌時					芒種 6/5 23時32分 子時					小暑 7/7 9時49分 巳時				
日	國曆		農曆		干支	國曆		農曆		干支	國曆		農曆		干支	國曆		農曆		干支	國曆		農曆		干支	國曆		農曆		干
	2	4	12	27	丁丑	3	5	1	27	丙午	4	5	2	28	丁丑	5	5	3	29	丁未	6	5	5	1	戊寅	7	7	6	3	庚
	2	5	12	28	戊寅	3	6	1	28	丁未	4	6	2	29	戊寅	5	6	3	30	戊申	6	6	5	2	己卯	7	8	6	4	辛
	2	6	12	29	己卯	3	7	1	29	戊申	4	7	3	1	己卯	5	7	4	1	己酉	6	7	5	3	庚辰	7	9	6	5	壬
	2	7	1	1	庚辰	3	8	1	30	己酉	4	8	3	2	庚辰	5	8	4	2	庚戌	6	8	5	4	辛巳	7	10	6	6	癸
中華民國八十六年	2	8	1	2	辛巳	3	9	2	1	庚戌	4	9	3	3	辛巳	5	9	4	3	辛亥	6	9	5	5	壬午	7	11	6	7	甲
	2	9	1	3	壬午	3	10	2	2	辛亥	4	10	3	4	壬午	5	10	4	4	壬子	6	10	5	6	癸未	7	12	6	8	乙
	2	10	1	4	癸未	3	11	2	3	壬子	4	11	3	5	癸未	5	11	4	5	癸丑	6	11	5	7	甲申	7	13	6	9	丙
	2	11	1	5	甲申	3	12	2	4	癸丑	4	12	3	6	甲申	5	12	4	6	甲寅	6	12	5	8	乙酉	7	14	6	10	丁
	2	12	1	6	乙酉	3	13	2	5	甲寅	4	13	3	7	乙酉	5	13	4	7	乙卯	6	13	5	9	丙戌	7	15	6	11	戊
	2	13	1	7	丙戌	3	14	2	6	乙卯	4	14	3	8	丙戌	5	14	4	8	丙辰	6	14	5	10	丁亥	7	16	6	12	己
	2	14	1	8	丁亥	3	15	2	7	丙辰	4	15	3	9	丁亥	5	15	4	9	丁巳	6	15	5	11	戊子	7	17	6	13	庚
牛	2	15	1	9	戊子	3	16	2	8	丁巳	4	16	3	10	戊子	5	16	4	10	戊午	6	16	5	12	己丑	7	18	6	14	辛
	2	16	1	10	己丑	3	17	2	9	戊午	4	17	3	11	己丑	5	17	4	11	己未	6	17	5	13	庚寅	7	19	6	15	壬
	2	17	1	11	庚寅	3	18	2	10	己未	4	18	3	12	庚寅	5	18	4	12	庚申	6	18	5	14	辛卯	7	20	6	16	癸
	2	18	1	12	辛卯	3	19	2	11	庚申	4	19	3	13	辛卯	5	19	4	13	辛酉	6	19	5	15	壬辰	7	21	6	17	甲
	2	19	1	13	壬辰	3	20	2	12	辛酉	4	20	3	14	壬辰	5	20	4	14	壬戌	6	20	5	16	癸巳	7	22	6	18	乙
	2	20	1	14	癸巳	3	21	2	13	壬戌	4	21	3	15	癸巳	5	21	4	15	癸亥	6	21	5	17	甲午	7	23	6	19	丙
	2	21	1	15	甲午	3	22	2	14	癸亥	4	22	3	16	甲午	5	22	4	16	甲子	6	22	5	18	乙未	7	24	6	20	丁
	2	22	1	16	乙未	3	23	2	15	甲子	4	23	3	17	乙未	5	23	4	17	乙丑	6	23	5	19	丙申	7	25	6	21	戊
	2	23	1	17	丙申	3	24	2	16	乙丑	4	24	3	18	丙申	5	24	4	18	丙寅	6	24	5	20	丁酉	7	26	6	22	己
	2	24	1	18	丁酉	3	25	2	17	丙寅	4	25	3	19	丁酉	5	25	4	19	丁卯	6	25	5	21	戊戌	7	27	6	23	庚
	2	25	1	19	戊戌	3	26	2	18	丁卯	4	26	3	20	戊戌	5	26	4	20	戊辰	6	26	5	22	己亥	7	28	6	24	辛
1997	2	26	1	20	己亥	3	27	2	19	戊辰	4	27	3	21	己亥	5	27	4	21	己巳	6	27	5	23	庚子	7	29	6	25	壬
	2	27	1	21	庚子	3	28	2	20	己巳	4	28	3	22	庚子	5	28	4	22	庚午	6	28	5	24	辛丑	7	30	6	26	癸
	2	28	1	22	辛丑	3	29	2	21	庚午	4	29	3	23	辛丑	5	29	4	23	辛未	6	29	5	25	壬寅	7	31	6	27	甲
	3	1	1	23	壬寅	3	30	2	22	辛未	4	30	3	24	壬寅	5	30	4	24	壬申	6	30	5	26	癸卯	8	1	6	28	乙
	3	2	1	24	癸卯	3	31	2	23	壬申	5	1	3	25	癸卯	5	31	4	25	癸酉	7	1	5	27	甲辰	8	2	6	29	丙
	3	3	1	25	甲辰	4	1	2	24	癸酉	5	2	3	26	甲辰	6	1	4	26	甲戌	7	2	5	28	乙巳	8	3	7	1	丁
	3	4	1	26	乙巳	4	2	2	25	甲戌	5	3	3	27	乙巳	6	2	4	27	乙亥	7	3	5	29	丙午	8	4	7	2	戊
						4	3	2	26	乙亥	5	4	3	28	丙午	6	3	4	28	丙子	7	4	5	30	丁未	8	5	7	3	己
						4	4	2	27	丙子						6	4	4	29	丁丑	7	5	6	1	戊申	8	6	7	4	庚
																					7	6	6	2	己酉					
中氣	雨水 2/18 22時51分 亥時					春分 3/20 21時54分 亥時					穀雨 4/20 9時2分 巳時					小滿 5/21 8時17分 辰時					夏至 6/21 16時19分 申時					大暑 7/23 3時15分 寅時				

丁丑																														年
戊申					己酉					庚戌					辛亥					壬子					癸丑					月
立秋					白露					寒露					立冬					大雪					小寒					節
8/7 19時36分 戌時					9/7 22時28分 亥時					10/8 14時5分 未時					11/7 17時14分 酉時					12/7 10時4分 巳時					1/5 21時18分 亥時					氣
國曆		農曆		干支	國曆		農曆		干支	國曆		農曆		干支	國曆		農曆		干支	國曆		農曆		干支	國曆		農曆		干支	日
8	7	7	5	辛巳	9	7	8	6	壬子	10	8	9	7	癸未	11	7	10	8	癸丑	12	7	11	8	癸未	1	5	12	7	壬子	中華民國八十六、八十七年 牛
8	8	7	6	壬午	9	8	8	7	癸丑	10	9	9	8	甲申	11	8	10	9	甲寅	12	8	11	9	甲申	1	6	12	8	癸丑	
8	9	7	7	癸未	9	9	8	8	甲寅	10	10	9	9	乙酉	11	9	10	10	乙卯	12	9	11	10	乙酉	1	7	12	9	甲寅	
8	10	7	8	甲申	9	10	8	9	乙卯	10	11	9	10	丙戌	11	10	10	11	丙辰	12	10	11	11	丙戌	1	8	12	10	乙卯	
8	11	7	9	乙酉	9	11	8	10	丙辰	10	12	9	11	丁亥	11	11	10	12	丁巳	12	11	11	12	丁亥	1	9	12	11	丙辰	
8	12	7	10	丙戌	9	12	8	11	丁巳	10	13	9	12	戊子	11	12	10	13	戊午	12	12	11	13	戊子	1	10	12	12	丁巳	
8	13	7	11	丁亥	9	13	8	12	戊午	10	14	9	13	己丑	11	13	10	14	己未	12	13	11	14	己丑	1	11	12	13	戊午	
8	14	7	12	戊子	9	14	8	13	己未	10	15	9	14	庚寅	11	14	10	15	庚申	12	14	11	15	庚寅	1	12	12	14	己未	
8	15	7	13	己丑	9	15	8	14	庚申	10	16	9	15	辛卯	11	15	10	16	辛酉	12	15	11	16	辛卯	1	13	12	15	庚申	
8	16	7	14	庚寅	9	16	8	15	辛酉	10	17	9	16	壬辰	11	16	10	17	壬戌	12	16	11	17	壬辰	1	14	12	16	辛酉	
8	17	7	15	辛卯	9	17	8	16	壬戌	10	18	9	17	癸巳	11	17	10	18	癸亥	12	17	11	18	癸巳	1	15	12	17	壬戌	
8	18	7	16	壬辰	9	18	8	17	癸亥	10	19	9	18	甲午	11	18	10	19	甲子	12	18	11	19	甲午	1	16	12	18	癸亥	
8	19	7	17	癸巳	9	19	8	18	甲子	10	20	9	19	乙未	11	19	10	20	乙丑	12	19	11	20	乙未	1	17	12	19	甲子	
8	20	7	18	甲午	9	20	8	19	乙丑	10	21	9	20	丙申	11	20	10	21	丙寅	12	20	11	21	丙申	1	18	12	20	乙丑	
8	21	7	19	乙未	9	21	8	20	丙寅	10	22	9	21	丁酉	11	21	10	22	丁卯	12	21	11	22	丁酉	1	19	12	21	丙寅	
8	22	7	20	丙申	9	22	8	21	丁卯	10	23	9	22	戊戌	11	22	10	23	戊辰	12	22	11	23	戊戌	1	20	12	22	丁卯	
8	23	7	21	丁酉	9	23	8	22	戊辰	10	24	9	23	己亥	11	23	10	24	己巳	12	23	11	24	己亥	1	21	12	23	戊辰	
8	24	7	22	戊戌	9	24	8	23	己巳	10	25	9	24	庚子	11	24	10	25	庚午	12	24	11	25	庚子	1	22	12	24	己巳	
8	25	7	23	己亥	9	25	8	24	庚午	10	26	9	25	辛丑	11	25	10	26	辛未	12	25	11	26	辛丑	1	23	12	25	庚午	
8	26	7	24	庚子	9	26	8	25	辛未	10	27	9	26	壬寅	11	26	10	27	壬申	12	26	11	27	壬寅	1	24	12	26	辛未	
8	27	7	25	辛丑	9	27	8	26	壬申	10	28	9	27	癸卯	11	27	10	28	癸酉	12	27	11	28	癸卯	1	25	12	27	壬申	1997、1998
8	28	7	26	壬寅	9	28	8	27	癸酉	10	29	9	28	甲辰	11	28	10	29	甲戌	12	28	11	29	甲辰	1	26	12	28	癸酉	
8	29	7	27	癸卯	9	29	8	28	甲戌	10	30	9	29	乙巳	11	29	10	30	乙亥	12	29	11	30	乙巳	1	27	12	29	甲戌	
8	30	7	28	甲辰	9	30	8	29	乙亥	10	31	10	1	丙午	11	30	11	1	丙子	12	30	12	1	丙午	1	28	1	1	乙亥	
8	31	7	29	乙巳	10	1	8	30	丙子	11	1	10	2	丁未	12	1	11	2	丁丑	12	31	12	2	丁未	1	29	1	2	丙子	
9	1	7	30	丙午	10	2	9	1	丁丑	11	2	10	3	戊申	12	2	11	3	戊寅	1	1	12	3	戊申	1	30	1	3	丁丑	
9	2	8	1	丁未	10	3	9	2	戊寅	11	3	10	4	己酉	12	3	11	4	己卯	1	2	12	4	己酉	1	31	1	4	戊寅	
9	3	8	2	戊申	10	4	9	3	己卯	11	4	10	5	庚戌	12	4	11	5	庚辰	1	3	12	5	庚戌	2	1	1	5	己卯	
9	4	8	3	己酉	10	5	9	4	庚辰	11	5	10	6	辛亥	12	5	11	6	辛巳	1	4	12	6	辛亥	2	2	1	6	庚辰	
9	5	8	4	庚戌	10	6	9	5	辛巳	11	6	10	7	壬子	12	6	11	7	壬午						2	3	1	7	辛巳	
9	6	8	5	辛亥	10	7	9	6	壬午																					
處暑					秋分					霜降					小雪					冬至					大寒					中
8/23 10時19分 巳時					9/23 7時55分 辰時					10/23 17時14分 酉時					11/22 14時47分 未時					12/22 4時7分 寅時					1/20 14時46分 未時					氣

年	戊寅									
月	甲寅					乙卯				
節氣	立春					驚蟄				
	2/4 8時56分 辰時					3/6 2時57分 丑時				
日	國曆		農曆		干支	國曆		農曆		干支
中華民國八十七年 虎 1998	2	4	1	8	壬午	3	6	2	8	壬子
	2	5	1	9	癸未	3	7	2	9	癸丑
	2	6	1	10	甲申	3	8	2	10	甲寅
	2	7	1	11	乙酉	3	9	2	11	乙卯
	2	8	1	12	丙戌	3	10	2	12	丙辰
	2	9	1	13	丁亥	3	11	2	13	丁巳
	2	10	1	14	戊子	3	12	2	14	戊午
	2	11	1	15	己丑	3	13	2	15	己未
	2	12	1	16	庚寅	3	14	2	16	庚申
	2	13	1	17	辛卯	3	15	2	17	辛酉
	2	14	1	18	壬辰	3	16	2	18	壬戌
	2	15	1	19	癸巳	3	17	2	19	癸亥
	2	16	1	20	甲午	3	18	2	20	甲子
	2	17	1	21	乙未	3	19	2	21	乙丑
	2	18	1	22	丙申	3	20	2	22	丙寅
	2	19	1	23	丁酉	3	21	2	23	丁卯
	2	20	1	24	戊戌	3	22	2	24	戊辰
	2	21	1	25	己亥	3	23	2	25	己巳
	2	22	1	26	庚子	3	24	2	26	庚午
	2	23	1	27	辛丑	3	25	2	27	辛未
	2	24	1	28	壬寅	3	26	2	28	壬申
	2	25	1	29	癸卯	3	27	2	29	癸酉
	2	26	1	30	甲辰	3	28	3	1	甲戌
	2	27	2	1	乙巳	3	29	3	2	乙亥
	2	28	2	2	丙午	3	30	3	3	丙子
	3	1	2	3	丁未	3	31	3	4	丁丑
	3	2	2	4	戊申	4	1	3	5	戊寅
	3	3	2	5	己酉	4	2	3	6	己卯
	3	4	2	6	庚戌	4	3	3	7	庚辰
	3	5	2	7	辛亥	4	4	3	8	辛巳
中氣	雨水					春分				
	2/19 4時54分 寅時					3/21 3時54分 寅時				

年	戊寅									
月	丙辰					丁巳				
節氣	清明					立夏				
	4/5 7時44分 辰時					5/6 1時3分 丑時				
日	國曆		農曆		干支	國曆		農曆		干支
	4	5	3	9	壬午	5	6	4	11	癸丑
	4	6	3	10	癸未	5	7	4	12	甲寅
	4	7	3	11	甲申	5	8	4	13	乙卯
	4	8	3	12	乙酉	5	9	4	14	丙辰
	4	9	3	13	丙戌	5	10	4	15	丁巳
	4	10	3	14	丁亥	5	11	4	16	戊午
	4	11	3	15	戊子	5	12	4	17	己未
	4	12	3	16	己丑	5	13	4	18	庚申
	4	13	3	17	庚寅	5	14	4	19	辛酉
	4	14	3	18	辛卯	5	15	4	20	壬戌
	4	15	3	19	壬辰	5	16	4	21	癸亥
	4	16	3	20	癸巳	5	17	4	22	甲子
	4	17	3	21	甲午	5	18	4	23	乙丑
	4	18	3	22	乙未	5	19	4	24	丙寅
	4	19	3	23	丙申	5	20	4	25	丁卯
	4	20	3	24	丁酉	5	21	4	26	戊辰
	4	21	3	25	戊戌	5	22	4	27	己巳
	4	22	3	26	己亥	5	23	4	28	庚午
	4	23	3	27	庚子	5	24	4	29	辛未
	4	24	3	28	辛丑	5	25	4	30	壬申
	4	25	3	29	壬寅	5	26	5	1	癸酉
	4	26	4	1	癸卯	5	27	5	2	甲戌
	4	27	4	2	甲辰	5	28	5	3	乙亥
	4	28	4	3	乙巳	5	29	5	4	丙子
	4	29	4	4	丙午	5	30	5	5	丁丑
	4	30	4	5	丁未	5	31	5	6	戊寅
	5	1	4	6	戊申	6	1	5	7	己卯
	5	2	4	7	己酉	6	2	5	8	庚辰
	5	3	4	8	庚戌	6	3	5	9	辛巳
	5	4	4	9	辛亥	6	4	5	10	壬午
	5	5	4	10	壬子	6	5	5	11	癸未
中氣	穀雨					小滿				
	4/20 14時56分 未時					5/21 14時5分 未時				

年	戊寅									
月	戊午					己未				
節氣	芒種					小暑				
	6/6 5時13分 卯時					7/7 15時30分 申時				
日	國曆		農曆		干支	國曆		農曆		干支
	6	6	5	12	甲申	7	7	5	14	乙卯
	6	7	5	13	乙酉	7	8	5	15	丙辰
	6	8	5	14	丙戌	7	9	5	16	丁巳
	6	9	5	15	丁亥	7	10	5	17	戊午
	6	10	5	16	戊子	7	11	5	18	己未
	6	11	5	17	己丑	7	12	5	19	庚申
	6	12	5	18	庚寅	7	13	5	20	辛酉
	6	13	5	19	辛卯	7	14	5	21	壬戌
	6	14	5	20	壬辰	7	15	5	22	癸亥
	6	15	5	21	癸巳	7	16	5	23	甲子
	6	16	5	22	甲午	7	17	5	24	乙丑
	6	17	5	23	乙未	7	18	5	25	丙寅
	6	18	5	24	丙申	7	19	5	26	丁卯
	6	19	5	25	丁酉	7	20	5	27	戊辰
	6	20	5	26	戊戌	7	21	5	28	己巳
	6	21	5	27	己亥	7	22	5	29	庚午
	6	22	5	28	庚子	7	23	6	1	辛未
	6	23	5	29	辛丑	7	24	6	2	壬申
	6	24	閏5	1	壬寅	7	25	6	3	癸酉
	6	25	5	2	癸卯	7	26	6	4	甲戌
	6	26	5	3	甲辰	7	27	6	5	乙亥
	6	27	5	4	乙巳	7	28	6	6	丙子
	6	28	5	5	丙午	7	29	6	7	丁丑
	6	29	5	6	丁未	7	30	6	8	戊寅
	6	30	5	7	戊申	7	31	6	9	己卯
	7	1	5	8	己酉	8	1	6	10	庚辰
	7	2	5	9	庚戌	8	2	6	11	辛巳
	7	3	5	10	辛亥	8	3	6	12	壬午
	7	4	5	11	壬子	8	4	6	13	癸未
	7	5	5	12	癸丑	8	5	6	14	甲申
	7	6	5	13	甲寅	8	6	6	15	乙酉
						8	7	6	16	丙戌
中氣	夏至					大暑				
	6/21 22時2分 亥時					7/23 8時55分 辰時				

戊寅																													年
庚申				辛酉					壬戌					癸亥					甲子					乙丑					月
立秋				白露					寒露					立冬					大雪					小寒					節
/8 1時19分 丑時				9/8 4時15分 寅時					10/8 19時55分 戌時					11/7 23時8分 子時					12/7 16時1分 申時					1/6 3時17分 寅時					氣
曆	農曆		干支	國曆		農曆		干支	國曆		農曆		干支	國曆		農曆		干支	國曆		農曆		干支	國曆		農曆		干支	日
8	6	17	丁亥	9	8	7	18	戊午	10	8	8	18	戊子	11	7	9	19	戊午	12	7	10	19	戊子	1	6	11	19	戊午	中華民國八十七、八十八年 虎
9	6	18	戊子	9	9	7	19	己未	10	9	8	19	己丑	11	8	9	20	己未	12	8	10	20	己丑	1	7	11	20	己未	
10	6	19	己丑	9	10	7	20	庚申	10	10	8	20	庚寅	11	9	9	21	庚申	12	9	10	21	庚寅	1	8	11	21	庚申	
11	6	20	庚寅	9	11	7	21	辛酉	10	11	8	21	辛卯	11	10	9	22	辛酉	12	10	10	22	辛卯	1	9	11	22	辛酉	
12	6	21	辛卯	9	12	7	22	壬戌	10	12	8	22	壬辰	11	11	9	23	壬戌	12	11	10	23	壬辰	1	10	11	23	壬戌	
13	6	22	壬辰	9	13	7	23	癸亥	10	13	8	23	癸巳	11	12	9	24	癸亥	12	12	10	24	癸巳	1	11	11	24	癸亥	
14	6	23	癸巳	9	14	7	24	甲子	10	14	8	24	甲午	11	13	9	25	甲子	12	13	10	25	甲午	1	12	11	25	甲子	
15	6	24	甲午	9	15	7	25	乙丑	10	15	8	25	乙未	11	14	9	26	乙丑	12	14	10	26	乙未	1	13	11	26	乙丑	
16	6	25	乙未	9	16	7	26	丙寅	10	16	8	26	丙申	11	15	9	27	丙寅	12	15	10	27	丙申	1	14	11	27	丙寅	
17	6	26	丙申	9	17	7	27	丁卯	10	17	8	27	丁酉	11	16	9	28	丁卯	12	16	10	28	丁酉	1	15	11	28	丁卯	
18	6	27	丁酉	9	18	7	28	戊辰	10	18	8	28	戊戌	11	17	9	29	戊辰	12	17	10	29	戊戌	1	16	11	29	戊辰	
19	6	28	戊戌	9	19	7	29	己巳	10	19	8	29	己亥	11	18	9	30	己巳	12	18	10	30	己亥	1	17	12	1	己巳	
20	6	29	己亥	9	20	7	30	庚午	10	20	9	1	庚子	11	19	10	1	庚午	12	19	11	1	庚子	1	18	12	2	庚午	
21	6	30	庚子	9	21	8	1	辛未	10	21	9	2	辛丑	11	20	10	2	辛未	12	20	11	2	辛丑	1	19	12	3	辛未	
22	7	1	辛丑	9	22	8	2	壬申	10	22	9	3	壬寅	11	21	10	3	壬申	12	21	11	3	壬寅	1	20	12	4	壬申	
23	7	2	壬寅	9	23	8	3	癸酉	10	23	9	4	癸卯	11	22	10	4	癸酉	12	22	11	4	癸卯	1	21	12	5	癸酉	
24	7	3	癸卯	9	24	8	4	甲戌	10	24	9	5	甲辰	11	23	10	5	甲戌	12	23	11	5	甲辰	1	22	12	6	甲戌	
25	7	4	甲辰	9	25	8	5	乙亥	10	25	9	6	乙巳	11	24	10	6	乙亥	12	24	11	6	乙巳	1	23	12	7	乙亥	
26	7	5	乙巳	9	26	8	6	丙子	10	26	9	7	丙午	11	25	10	7	丙子	12	25	11	7	丙午	1	24	12	8	丙子	
27	7	6	丙午	9	27	8	7	丁丑	10	27	9	8	丁未	11	26	10	8	丁丑	12	26	11	8	丁未	1	25	12	9	丁丑	
28	7	7	丁未	9	28	8	8	戊寅	10	28	9	9	戊申	11	27	10	9	戊寅	12	27	11	9	戊申	1	26	12	10	戊寅	1998、1999
29	7	8	戊申	9	29	8	9	己卯	10	29	9	10	己酉	11	28	10	10	己卯	12	28	11	10	己酉	1	27	12	11	己卯	
30	7	9	己酉	9	30	8	10	庚辰	10	30	9	11	庚戌	11	29	10	11	庚辰	12	29	11	11	庚戌	1	28	12	12	庚辰	
31	7	10	庚戌	10	1	8	11	辛巳	10	31	9	12	辛亥	11	30	10	12	辛巳	12	30	11	12	辛亥	1	29	12	13	辛巳	
1	7	11	辛亥	10	2	8	12	壬午	11	1	9	13	壬子	12	1	10	13	壬午	12	31	11	13	壬子	1	30	12	14	壬午	
2	7	12	壬子	10	3	8	13	癸未	11	2	9	14	癸丑	12	2	10	14	癸未	1	1	11	14	癸丑	1	31	12	15	癸未	
3	7	13	癸丑	10	4	8	14	甲申	11	3	9	15	甲寅	12	3	10	15	甲申	1	2	11	15	甲寅	2	1	12	16	甲申	
4	7	14	甲寅	10	5	8	15	乙酉	11	4	9	16	乙卯	12	4	10	16	乙酉	1	3	11	16	乙卯	2	2	12	17	乙酉	
5	7	15	乙卯	10	6	8	16	丙戌	11	5	9	17	丙辰	12	5	10	17	丙戌	1	4	11	17	丙辰	2	3	12	18	丙戌	
6	7	16	丙辰	10	7	8	17	丁亥	11	6	9	18	丁巳	12	6	10	18	丁亥	1	5	11	18	丁巳						
7	7	17	丁巳																										
處暑				秋分					霜降					小雪					冬至					大寒					中
23 15時58分 申時				9/23 13時37分 未時					10/23 22時58分 亥時					11/22 20時34分 戌時					12/22 9時56分 巳時					1/20 20時37分 戌時					氣

年	己卯																													
月	丙寅					丁卯					戊辰					己巳					庚午					辛未				
節氣	立春					驚蟄					清明					立夏					芒種					小暑				
	2/4 14時57分 未時					3/6 8時57分 辰時					4/5 13時44分 未時					5/6 7時0分 辰時					6/6 11時9分 午時					7/7 21時24分 亥時				
日	國曆		農曆		干支	國曆		農曆		干支	國曆		農曆		干支	國曆		農曆		干支	國曆		農曆		干支	國曆		農曆		干支
中華民國八十八年 兔 1999	2	4	12	19	丁亥	3	6	1	19	丁巳	4	5	2	19	丁亥	5	6	3	21	戊午	6	6	4	23	己丑	7	7	5	24	庚申
	2	5	12	20	戊子	3	7	1	20	戊午	4	6	2	20	戊子	5	7	3	22	己未	6	7	4	24	庚寅	7	8	5	25	辛酉
	2	6	12	21	己丑	3	8	1	21	己未	4	7	2	21	己丑	5	8	3	23	庚申	6	8	4	25	辛卯	7	9	5	26	壬戌
	2	7	12	22	庚寅	3	9	1	22	庚申	4	8	2	22	庚寅	5	9	3	24	辛酉	6	9	4	26	壬辰	7	10	5	27	癸亥
	2	8	12	23	辛卯	3	10	1	23	辛酉	4	9	2	23	辛卯	5	10	3	25	壬戌	6	10	4	27	癸巳	7	11	5	28	甲子
	2	9	12	24	壬辰	3	11	1	24	壬戌	4	10	2	24	壬辰	5	11	3	26	癸亥	6	11	4	28	甲午	7	12	5	29	乙丑
	2	10	12	25	癸巳	3	12	1	25	癸亥	4	11	2	25	癸巳	5	12	3	27	甲子	6	12	4	29	乙未	7	13	6	1	丙寅
	2	11	12	26	甲午	3	13	1	26	甲子	4	12	2	26	甲午	5	13	3	28	乙丑	6	13	4	30	丙申	7	14	6	2	丁卯
	2	12	12	27	乙未	3	14	1	27	乙丑	4	13	2	27	乙未	5	14	3	29	丙寅	6	14	5	1	丁酉	7	15	6	3	戊辰
	2	13	12	28	丙申	3	15	1	28	丙寅	4	14	2	28	丙申	5	15	4	1	丁卯	6	15	5	2	戊戌	7	16	6	4	己巳
	2	14	12	29	丁酉	3	16	1	29	丁卯	4	15	2	29	丁酉	5	16	4	2	戊辰	6	16	5	3	己亥	7	17	6	5	庚午
	2	15	12	30	戊戌	3	17	1	30	戊辰	4	16	3	1	戊戌	5	17	4	3	己巳	6	17	5	4	庚子	7	18	6	6	辛未
	2	16	1	1	己亥	3	18	2	1	己巳	4	17	3	2	己亥	5	18	4	4	庚午	6	18	5	5	辛丑	7	19	6	7	壬申
	2	17	1	2	庚子	3	19	2	2	庚午	4	18	3	3	庚子	5	19	4	5	辛未	6	19	5	6	壬寅	7	20	6	8	癸酉
	2	18	1	3	辛丑	3	20	2	3	辛未	4	19	3	4	辛丑	5	20	4	6	壬申	6	20	5	7	癸卯	7	21	6	9	甲戌
	2	19	1	4	壬寅	3	21	2	4	壬申	4	20	3	5	壬寅	5	21	4	7	癸酉	6	21	5	8	甲辰	7	22	6	10	乙亥
	2	20	1	5	癸卯	3	22	2	5	癸酉	4	21	3	6	癸卯	5	22	4	8	甲戌	6	22	5	9	乙巳	7	23	6	11	丙子
	2	21	1	6	甲辰	3	23	2	6	甲戌	4	22	3	7	甲辰	5	23	4	9	乙亥	6	23	5	10	丙午	7	24	6	12	丁丑
	2	22	1	7	乙巳	3	24	2	7	乙亥	4	23	3	8	乙巳	5	24	4	10	丙子	6	24	5	11	丁未	7	25	6	13	戊寅
	2	23	1	8	丙午	3	25	2	8	丙子	4	24	3	9	丙午	5	25	4	11	丁丑	6	25	5	12	戊申	7	26	6	14	己卯
	2	24	1	9	丁未	3	26	2	9	丁丑	4	25	3	10	丁未	5	26	4	12	戊寅	6	26	5	13	己酉	7	27	6	15	庚辰
	2	25	1	10	戊申	3	27	2	10	戊寅	4	26	3	11	戊申	5	27	4	13	己卯	6	27	5	14	庚戌	7	28	6	16	辛巳
	2	26	1	11	己酉	3	28	2	11	己卯	4	27	3	12	己酉	5	28	4	14	庚辰	6	28	5	15	辛亥	7	29	6	17	壬午
	2	27	1	12	庚戌	3	29	2	12	庚辰	4	28	3	13	庚戌	5	29	4	15	辛巳	6	29	5	16	壬子	7	30	6	18	癸未
	2	28	1	13	辛亥	3	30	2	13	辛巳	4	29	3	14	辛亥	5	30	4	16	壬午	6	30	5	17	癸丑	7	31	6	19	甲申
	3	1	1	14	壬子	3	31	2	14	壬午	4	30	3	15	壬子	5	31	4	17	癸未	7	1	5	18	甲寅	8	1	6	20	乙酉
	3	2	1	15	癸丑	4	1	2	15	癸未	5	1	3	16	癸丑	6	1	4	18	甲申	7	2	5	19	乙卯	8	2	6	21	丙戌
	3	3	1	16	甲寅	4	2	2	16	甲申	5	2	3	17	甲寅	6	2	4	19	乙酉	7	3	5	20	丙辰	8	3	6	22	丁亥
	3	4	1	17	乙卯	4	3	2	17	乙酉	5	3	3	18	乙卯	6	3	4	20	丙戌	7	4	5	21	丁巳	8	4	6	23	戊子
	3	5	1	18	丙辰	4	4	2	18	丙戌	5	4	3	19	丙辰	6	4	4	21	丁亥	7	5	5	22	戊午	8	5	6	24	己丑
											5	5	3	20	丁巳	6	5	4	22	戊子	7	6	5	23	己未	8	6	6	25	庚寅
																										8	7	6	26	辛卯
中氣	雨水					春分					穀雨					小滿					夏至					大暑				
	2/19 10時46分 巳時					3/21 9時45分 巳時					4/20 20時45分 戌時					5/21 19時52分 戌時					6/22 3時49分 寅時					7/23 14時44分 未時				

己卯																													年
壬申				癸酉					甲戌					乙亥					丙子					丁丑					月
立秋				白露					寒露					立冬					大雪					小寒					節
8 7時14分 辰時				9/8 10時9分 巳時					10/9 1時48分 丑時					11/8 4時57分 寅時					12/7 21時47分 亥時					1/6 9時0分 巳時					氣
曆	農曆		干支	國曆		農曆		干支	國曆		農曆		干支	國曆		農曆		干支	國曆		農曆		干支	國曆		農曆		干支	日
8	6	27	壬辰	9	8	7	29	癸亥	10	9	9	1	甲午	11	8	10	1	甲子	12	7	10	30	癸巳	1	6	11	30	癸亥	中華民國八十八、八十九年 兔 1999、2000
9	6	28	癸巳	9	9	7	30	甲子	10	10	9	2	乙未	11	9	10	2	乙丑	12	8	11	1	甲午	1	7	12	1	甲子	
10	6	29	甲午	9	10	8	1	乙丑	10	11	9	3	丙申	11	10	10	3	丙寅	12	9	11	2	乙未	1	8	12	2	乙丑	
11	7	1	乙未	9	11	8	2	丙寅	10	12	9	4	丁酉	11	11	10	4	丁卯	12	10	11	3	丙申	1	9	12	3	丙寅	
12	7	2	丙申	9	12	8	3	丁卯	10	13	9	5	戊戌	11	12	10	5	戊辰	12	11	11	4	丁酉	1	10	12	4	丁卯	
13	7	3	丁酉	9	13	8	4	戊辰	10	14	9	6	己亥	11	13	10	6	己巳	12	12	11	5	戊戌	1	11	12	5	戊辰	
14	7	4	戊戌	9	14	8	5	己巳	10	15	9	7	庚子	11	14	10	7	庚午	12	13	11	6	己亥	1	12	12	6	己巳	
15	7	5	己亥	9	15	8	6	庚午	10	16	9	8	辛丑	11	15	10	8	辛未	12	14	11	7	庚子	1	13	12	7	庚午	
16	7	6	庚子	9	16	8	7	辛未	10	17	9	9	壬寅	11	16	10	9	壬申	12	15	11	8	辛丑	1	14	12	8	辛未	
17	7	7	辛丑	9	17	8	8	壬申	10	18	9	10	癸卯	11	17	10	10	癸酉	12	16	11	9	壬寅	1	15	12	9	壬申	
18	7	8	壬寅	9	18	8	9	癸酉	10	19	9	11	甲辰	11	18	10	11	甲戌	12	17	11	10	癸卯	1	16	12	10	癸酉	
19	7	9	癸卯	9	19	8	10	甲戌	10	20	9	12	乙巳	11	19	10	12	乙亥	12	18	11	11	甲辰	1	17	12	11	甲戌	
20	7	10	甲辰	9	20	8	11	乙亥	10	21	9	13	丙午	11	20	10	13	丙子	12	19	11	12	乙巳	1	18	12	12	乙亥	
21	7	11	乙巳	9	21	8	12	丙子	10	22	9	14	丁未	11	21	10	14	丁丑	12	20	11	13	丙午	1	19	12	13	丙子	
22	7	12	丙午	9	22	8	13	丁丑	10	23	9	15	戊申	11	22	10	15	戊寅	12	21	11	14	丁未	1	20	12	14	丁丑	
23	7	13	丁未	9	23	8	14	戊寅	10	24	9	16	己酉	11	23	10	16	己卯	12	22	11	15	戊申	1	21	12	15	戊寅	
24	7	14	戊申	9	24	8	15	己卯	10	25	9	17	庚戌	11	24	10	17	庚辰	12	23	11	16	己酉	1	22	12	16	己卯	
25	7	15	己酉	9	25	8	16	庚辰	10	26	9	18	辛亥	11	25	10	18	辛巳	12	24	11	17	庚戌	1	23	12	17	庚辰	
26	7	16	庚戌	9	26	8	17	辛巳	10	27	9	19	壬子	11	26	10	19	壬午	12	25	11	18	辛亥	1	24	12	18	辛巳	
27	7	17	辛亥	9	27	8	18	壬午	10	28	9	20	癸丑	11	27	10	20	癸未	12	26	11	19	壬子	1	25	12	19	壬午	
28	7	18	壬子	9	28	8	19	癸未	10	29	9	21	甲寅	11	28	10	21	甲申	12	27	11	20	癸丑	1	26	12	20	癸未	
29	7	19	癸丑	9	29	8	20	甲申	10	30	9	22	乙卯	11	29	10	22	乙酉	12	28	11	21	甲寅	1	27	12	21	甲申	
30	7	20	甲寅	9	30	8	21	乙酉	10	31	9	23	丙辰	11	30	10	23	丙戌	12	29	11	22	乙卯	1	28	12	22	乙酉	
31	7	21	乙卯	10	1	8	22	丙戌	11	1	9	24	丁巳	12	1	10	24	丁亥	12	30	11	23	丙辰	1	29	12	23	丙戌	
1	7	22	丙辰	10	2	8	23	丁亥	11	2	9	25	戊午	12	2	10	25	戊子	12	31	11	24	丁巳	1	30	12	24	丁亥	
2	7	23	丁巳	10	3	8	24	戊子	11	3	9	26	己未	12	3	10	26	己丑	1	1	11	25	戊午	1	31	12	25	戊子	
3	7	24	戊午	10	4	8	25	己丑	11	4	9	27	庚申	12	4	10	27	庚寅	1	2	11	26	己未	2	1	12	26	己丑	
4	7	25	己未	10	5	8	26	庚寅	11	5	9	28	辛酉	12	5	10	28	辛卯	1	3	11	27	庚申	2	2	12	27	庚寅	
5	7	26	庚申	10	6	8	27	辛卯	11	6	9	29	壬戌	12	6	10	29	壬辰	1	4	11	28	辛酉	2	3	12	28	辛卯	
6	7	27	辛酉	10	7	8	28	壬辰	11	7	9	30	癸亥						1	5	11	29	壬戌						
7	7	28	壬戌	10	8	8	29	癸巳																					
處暑				秋分					霜降					小雪					冬至					大寒					中
3 21時51分 亥時				9/23 19時31分 戌時					10/24 4時52分 寅時					11/23 2時24分 丑時					12/22 15時43分 申時					1/21 2時23分 丑時					氣

年	庚辰																													
月	戊寅					己卯					庚辰					辛巳					壬午					癸未				
節氣	立春					驚蟄					清明					立夏					芒種					小暑				
	2/4 20時40分 戌時					3/5 14時42分 未時					4/4 19時31分 戌時					5/5 12時50分 午時					6/5 16時58分 申時					7/7 3時13分 寅				
日	國曆		農曆		干支	國曆		農曆		干支	國曆		農曆		干支	國曆		農曆		干支	國曆		農曆		干支	國曆		農曆		干
中華民國八十九年 龍 2000	2	4	12	29	壬辰	3	5	1	30	壬戌	4	4	2	30	壬辰	5	5	4	2	癸亥	6	5	5	4	甲午	7	7	6	6	丙
	2	5	1	1	癸巳	3	6	2	1	癸亥	4	5	3	1	癸巳	5	6	4	3	甲子	6	6	5	5	乙未	7	8	6	7	丁
	2	6	1	2	甲午	3	7	2	2	甲子	4	6	3	2	甲午	5	7	4	4	乙丑	6	7	5	6	丙申	7	9	6	8	戊
	2	7	1	3	乙未	3	8	2	3	乙丑	4	7	3	3	乙未	5	8	4	5	丙寅	6	8	5	7	丁酉	7	10	6	9	己
	2	8	1	4	丙申	3	9	2	4	丙寅	4	8	3	4	丙申	5	9	4	6	丁卯	6	9	5	8	戊戌	7	11	6	10	庚
	2	9	1	5	丁酉	3	10	2	5	丁卯	4	9	3	5	丁酉	5	10	4	7	戊辰	6	10	5	9	己亥	7	12	6	11	辛
	2	10	1	6	戊戌	3	11	2	6	戊辰	4	10	3	6	戊戌	5	11	4	8	己巳	6	11	5	10	庚子	7	13	6	12	壬
	2	11	1	7	己亥	3	12	2	7	己巳	4	11	3	7	己亥	5	12	4	9	庚午	6	12	5	11	辛丑	7	14	6	13	癸
	2	12	1	8	庚子	3	13	2	8	庚午	4	12	3	8	庚子	5	13	4	10	辛未	6	13	5	12	壬寅	7	15	6	14	甲
	2	13	1	9	辛丑	3	14	2	9	辛未	4	13	3	9	辛丑	5	14	4	11	壬申	6	14	5	13	癸卯	7	16	6	15	乙
	2	14	1	10	壬寅	3	15	2	10	壬申	4	14	3	10	壬寅	5	15	4	12	癸酉	6	15	5	14	甲辰	7	17	6	16	丙
	2	15	1	11	癸卯	3	16	2	11	癸酉	4	15	3	11	癸卯	5	16	4	13	甲戌	6	16	5	15	乙巳	7	18	6	17	丁
	2	16	1	12	甲辰	3	17	2	12	甲戌	4	16	3	12	甲辰	5	17	4	14	乙亥	6	17	5	16	丙午	7	19	6	18	戊
	2	17	1	13	乙巳	3	18	2	13	乙亥	4	17	3	13	乙巳	5	18	4	15	丙子	6	18	5	17	丁未	7	20	6	19	己
	2	18	1	14	丙午	3	19	2	14	丙子	4	18	3	14	丙午	5	19	4	16	丁丑	6	19	5	18	戊申	7	21	6	20	庚
	2	19	1	15	丁未	3	20	2	15	丁丑	4	19	3	15	丁未	5	20	4	17	戊寅	6	20	5	19	己酉	7	22	6	21	辛
	2	20	1	16	戊申	3	21	2	16	戊寅	4	20	3	16	戊申	5	21	4	18	己卯	6	21	5	20	庚戌	7	23	6	22	壬
	2	21	1	17	己酉	3	22	2	17	己卯	4	21	3	17	己酉	5	22	4	19	庚辰	6	22	5	21	辛亥	7	24	6	23	癸
	2	22	1	18	庚戌	3	23	2	18	庚辰	4	22	3	18	庚戌	5	23	4	20	辛巳	6	23	5	22	壬子	7	25	6	24	甲
	2	23	1	19	辛亥	3	24	2	19	辛巳	4	23	3	19	辛亥	5	24	4	21	壬午	6	24	5	23	癸丑	7	26	6	25	乙
	2	24	1	20	壬子	3	25	2	20	壬午	4	24	3	20	壬子	5	25	4	22	癸未	6	25	5	24	甲寅	7	27	6	26	丙
	2	25	1	21	癸丑	3	26	2	21	癸未	4	25	3	21	癸丑	5	26	4	23	甲申	6	26	5	25	乙卯	7	28	6	27	丁
	2	26	1	22	甲寅	3	27	2	22	甲申	4	26	3	22	甲寅	5	27	4	24	乙酉	6	27	5	26	丙辰	7	29	6	28	戊
	2	27	1	23	乙卯	3	28	2	23	乙酉	4	27	3	23	乙卯	5	28	4	25	丙戌	6	28	5	27	丁巳	7	30	6	29	己
	2	28	1	24	丙辰	3	29	2	24	丙戌	4	28	3	24	丙辰	5	29	4	26	丁亥	6	29	5	28	戊午	7	31	7	1	庚
	2	29	1	25	丁巳	3	30	2	25	丁亥	4	29	3	25	丁巳	5	30	4	27	戊子	6	30	5	29	己未	8	1	7	2	辛
	3	1	1	26	戊午	3	31	2	26	戊子	4	30	3	26	戊午	5	31	4	28	己丑	7	1	5	30	庚申	8	2	7	3	壬
	3	2	1	27	己未	4	1	2	27	己丑	5	1	3	27	己未	6	1	4	29	庚寅	7	2	6	1	辛酉	8	3	7	4	癸
	3	3	1	28	庚申	4	2	2	28	庚寅	5	2	3	28	庚申	6	2	5	1	辛卯	7	3	6	2	壬戌	8	4	7	5	甲
	3	4	1	29	辛酉	4	3	2	29	辛卯	5	3	3	29	辛酉	6	3	5	2	壬辰	7	4	6	3	癸亥	8	5	7	6	乙
											5	4	4	1	壬戌	6	4	5	3	癸巳	7	5	6	4	甲子	8	6	7	7	丙
																					7	6	6	5	乙丑					
中氣	雨水					春分					穀雨					小滿					夏至					大暑				
	2/19 16時33分 申時					3/20 15時35分 申時					4/20 2時39分 丑時					5/21 1時49分 丑時					6/21 9時47分 巳時					7/22 20時42分 戌				

庚辰																													年
甲申				乙酉					丙戌					丁亥					戊子					己丑					月
立秋				白露					寒露					立冬					大雪					小寒					節氣
7 13時2分 未時				9/7 15時59分 申時					10/8 7時38分 辰時					11/7 10時48分 巳時					12/7 3時37分 寅時					1/5 14時49分 未時					
曆	農曆		干支	國曆		農曆		干支	國曆		農曆		干支	國曆		農曆		干支	國曆		農曆		干支	國曆		農曆		干支	日
7	7	8	丁酉	9	7	8	10	戊辰	10	8	9	11	己亥	11	7	10	12	己巳	12	7	11	12	己亥	1	5	12	11	戊辰	中華民國八十九、九十年 龍 2000、2001
8	7	9	戊戌	9	8	8	11	己巳	10	9	9	12	庚子	11	8	10	13	庚午	12	8	11	13	庚子	1	6	12	12	己巳	
9	7	10	己亥	9	9	8	12	庚午	10	10	9	13	辛丑	11	9	10	14	辛未	12	9	11	14	辛丑	1	7	12	13	庚午	
10	7	11	庚子	9	10	8	13	辛未	10	11	9	14	壬寅	11	10	10	15	壬申	12	10	11	15	壬寅	1	8	12	14	辛未	
11	7	12	辛丑	9	11	8	14	壬申	10	12	9	15	癸卯	11	11	10	16	癸酉	12	11	11	16	癸卯	1	9	12	15	壬申	
12	7	13	壬寅	9	12	8	15	癸酉	10	13	9	16	甲辰	11	12	10	17	甲戌	12	12	11	17	甲辰	1	10	12	16	癸酉	
13	7	14	癸卯	9	13	8	16	甲戌	10	14	9	17	乙巳	11	13	10	18	乙亥	12	13	11	18	乙巳	1	11	12	17	甲戌	
14	7	15	甲辰	9	14	8	17	乙亥	10	15	9	18	丙午	11	14	10	19	丙子	12	14	11	19	丙午	1	12	12	18	乙亥	
15	7	16	乙巳	9	15	8	18	丙子	10	16	9	19	丁未	11	15	10	20	丁丑	12	15	11	20	丁未	1	13	12	19	丙子	
16	7	17	丙午	9	16	8	19	丁丑	10	17	9	20	戊申	11	16	10	21	戊寅	12	16	11	21	戊申	1	14	12	20	丁丑	
17	7	18	丁未	9	17	8	20	戊寅	10	18	9	21	己酉	11	17	10	22	己卯	12	17	11	22	己酉	1	15	12	21	戊寅	
18	7	19	戊申	9	18	8	21	己卯	10	19	9	22	庚戌	11	18	10	23	庚辰	12	18	11	23	庚戌	1	16	12	22	己卯	
19	7	20	己酉	9	19	8	22	庚辰	10	20	9	23	辛亥	11	19	10	24	辛巳	12	19	11	24	辛亥	1	17	12	23	庚辰	
20	7	21	庚戌	9	20	8	23	辛巳	10	21	9	24	壬子	11	20	10	25	壬午	12	20	11	25	壬子	1	18	12	24	辛巳	
21	7	22	辛亥	9	21	8	24	壬午	10	22	9	25	癸丑	11	21	10	26	癸未	12	21	11	26	癸丑	1	19	12	25	壬午	
22	7	23	壬子	9	22	8	25	癸未	10	23	9	26	甲寅	11	22	10	27	甲申	12	22	11	27	甲寅	1	20	12	26	癸未	
23	7	24	癸丑	9	23	8	26	甲申	10	24	9	27	乙卯	11	23	10	28	乙酉	12	23	11	28	乙卯	1	21	12	27	甲申	
24	7	25	甲寅	9	24	8	27	乙酉	10	25	9	28	丙辰	11	24	10	29	丙戌	12	24	11	29	丙辰	1	22	12	28	乙酉	
25	7	26	乙卯	9	25	8	28	丙戌	10	26	9	29	丁巳	11	25	10	30	丁亥	12	25	11	30	丁巳	1	23	12	29	丙戌	
26	7	27	丙辰	9	26	8	29	丁亥	10	27	10	1	戊午	11	26	11	1	戊子	12	26	12	1	戊午	1	24	1	1	丁亥	
27	7	28	丁巳	9	27	8	30	戊子	10	28	10	2	己未	11	27	11	2	己丑	12	27	12	2	己未	1	25	1	2	戊子	
28	7	29	戊午	9	28	9	1	己丑	10	29	10	3	庚申	11	28	11	3	庚寅	12	28	12	3	庚申	1	26	1	3	己丑	
29	8	1	己未	9	29	9	2	庚寅	10	30	10	4	辛酉	11	29	11	4	辛卯	12	29	12	4	辛酉	1	27	1	4	庚寅	
30	8	2	庚申	9	30	9	3	辛卯	10	31	10	5	壬戌	11	30	11	5	壬辰	12	30	12	5	壬戌	1	28	1	5	辛卯	
31	8	3	辛酉	10	1	9	4	壬辰	11	1	10	6	癸亥	12	1	11	6	癸巳	12	31	12	6	癸亥	1	29	1	6	壬辰	
1	8	4	壬戌	10	2	9	5	癸巳	11	2	10	7	甲子	12	2	11	7	甲午	1	1	12	7	甲子	1	30	1	7	癸巳	
2	8	5	癸亥	10	3	9	6	甲午	11	3	10	8	乙丑	12	3	11	8	乙未	1	2	12	8	乙丑	1	31	1	8	甲午	
3	8	6	甲子	10	4	9	7	乙未	11	4	10	9	丙寅	12	4	11	9	丙申	1	3	12	9	丙寅	2	1	1	9	乙未	
4	8	7	乙丑	10	5	9	8	丙申	11	5	10	10	丁卯	12	5	11	10	丁酉	1	4	12	10	丁卯	2	2	1	10	丙申	
5	8	8	丙寅	10	6	9	9	丁酉	11	6	10	11	戊辰	12	6	11	11	戊戌						2	3	1	11	丁酉	
6	8	9	丁卯	10	7	9	10	戊戌																					
處暑				秋分					霜降					小雪					冬至					大寒					中氣
23 3時48分 寅時				9/23 1時27分 丑時					10/23 10時47分 巳時					11/22 8時19分 辰時					12/21 21時37分 亥時					1/20 8時16分 辰時					

年	辛巳																													
月	庚寅					辛卯					壬辰					癸巳					甲午					乙未				
節	立春					驚蛰					清明					立夏					芒種					小暑				
氣	2/4 2時28分 丑時					3/5 20時32分 戌時					4/5 1時24分 丑時					5/5 18時44分 酉時					6/5 22時53分 亥時					7/7 9時6分 巳時				
日	國曆		農曆		干支	國曆		農曆		干支	國曆		農曆		干支	國曆		農曆		干支	國曆		農曆		干支	國曆		農曆		干
中華民國九十年 蛇 2001	2	4	1	12	戊戌	3	5	2	11	丁卯	4	5	3	12	戊戌	5	5	4	13	戊辰	6	5	4	14	己亥	7	7	5	17	辛
	2	5	1	13	己亥	3	6	2	12	戊辰	4	6	3	13	己亥	5	6	4	14	己巳	6	6	4	15	庚子	7	8	5	18	壬
	2	6	1	14	庚子	3	7	2	13	己巳	4	7	3	14	庚子	5	7	4	15	庚午	6	7	4	16	辛丑	7	9	5	19	癸
	2	7	1	15	辛丑	3	8	2	14	庚午	4	8	3	15	辛丑	5	8	4	16	辛未	6	8	4	17	壬寅	7	10	5	20	甲
	2	8	1	16	壬寅	3	9	2	15	辛未	4	9	3	16	壬寅	5	9	4	17	壬申	6	9	4	18	癸卯	7	11	5	21	乙
	2	9	1	17	癸卯	3	10	2	16	壬申	4	10	3	17	癸卯	5	10	4	18	癸酉	6	10	4	19	甲辰	7	12	5	22	丙
	2	10	1	18	甲辰	3	11	2	17	癸酉	4	11	3	18	甲辰	5	11	4	19	甲戌	6	11	4	20	乙巳	7	13	5	23	丁
	2	11	1	19	乙巳	3	12	2	18	甲戌	4	12	3	19	乙巳	5	12	4	20	乙亥	6	12	4	21	丙午	7	14	5	24	戊
	2	12	1	20	丙午	3	13	2	19	乙亥	4	13	3	20	丙午	5	13	4	21	丙子	6	13	4	22	丁未	7	15	5	25	己
	2	13	1	21	丁未	3	14	2	20	丙子	4	14	3	21	丁未	5	14	4	22	丁丑	6	14	4	23	戊申	7	16	5	26	庚
	2	14	1	22	戊申	3	15	2	21	丁丑	4	15	3	22	戊申	5	15	4	23	戊寅	6	15	4	24	己酉	7	17	5	27	辛
	2	15	1	23	己酉	3	16	2	22	戊寅	4	16	3	23	己酉	5	16	4	24	己卯	6	16	4	25	庚戌	7	18	5	28	壬
	2	16	1	24	庚戌	3	17	2	23	己卯	4	17	3	24	庚戌	5	17	4	25	庚辰	6	17	4	26	辛亥	7	19	5	29	癸
	2	17	1	25	辛亥	3	18	2	24	庚辰	4	18	3	25	辛亥	5	18	4	26	辛巳	6	18	4	27	壬子	7	20	5	30	甲
	2	18	1	26	壬子	3	19	2	25	辛巳	4	19	3	26	壬子	5	19	4	27	壬午	6	19	4	28	癸丑	7	21	6	1	乙
	2	19	1	27	癸丑	3	20	2	26	壬午	4	20	3	27	癸丑	5	20	4	28	癸未	6	20	4	29	甲寅	7	22	6	2	丙
	2	20	1	28	甲寅	3	21	2	27	癸未	4	21	3	28	甲寅	5	21	4	29	甲申	6	21	5	1	乙卯	7	23	6	3	丁
	2	21	1	29	乙卯	3	22	2	28	甲申	4	22	3	29	乙卯	5	22	4	30	乙酉	6	22	5	2	丙辰	7	24	6	4	戊
	2	22	1	30	丙辰	3	23	2	29	乙酉	4	23	4	1	丙辰	5	23	閏4	1	丙戌	6	23	5	3	丁巳	7	25	6	5	己
	2	23	2	1	丁巳	3	24	2	30	丙戌	4	24	4	2	丁巳	5	24	4	2	丁亥	6	24	5	4	戊午	7	26	6	6	庚
	2	24	2	2	戊午	3	25	3	1	丁亥	4	25	4	3	戊午	5	25	4	3	戊子	6	25	5	5	己未	7	27	6	7	辛
	2	25	2	3	己未	3	26	3	2	戊子	4	26	4	4	己未	5	26	4	4	己丑	6	26	5	6	庚申	7	28	6	8	壬
	2	26	2	4	庚申	3	27	3	3	己丑	4	27	4	5	庚申	5	27	4	5	庚寅	6	27	5	7	辛酉	7	29	6	9	癸
	2	27	2	5	辛酉	3	28	3	4	庚寅	4	28	4	6	辛酉	5	28	4	6	辛卯	6	28	5	8	壬戌	7	30	6	10	甲
	2	28	2	6	壬戌	3	29	3	5	辛卯	4	29	4	7	壬戌	5	29	4	7	壬辰	6	29	5	9	癸亥	7	31	6	11	乙
	3	1	2	7	癸亥	3	30	3	6	壬辰	4	30	4	8	癸亥	5	30	4	8	癸巳	6	30	5	10	甲子	8	1	6	12	丙
	3	2	2	8	甲子	3	31	3	7	癸巳	5	1	4	9	甲子	5	31	4	9	甲午	7	1	5	11	乙丑	8	2	6	13	丁
	3	3	2	9	乙丑	4	1	3	8	甲午	5	2	4	10	乙丑	6	1	4	10	乙未	7	2	5	12	丙寅	8	3	6	14	戊
	3	4	2	10	丙寅	4	2	3	9	乙未	5	3	4	11	丙寅	6	2	4	11	丙申	7	3	5	13	丁卯	8	4	6	15	己
						4	3	3	10	丙申	5	4	4	12	丁卯	6	3	4	12	丁酉	7	4	5	14	戊辰	8	5	6	16	庚
						4	4	3	11	丁酉						6	4	4	13	戊戌	7	5	5	15	己巳	8	6	6	17	辛
																					7	6	5	16	庚午					
中	雨水					春分					穀雨					小滿					夏至					大暑				
氣	2/18 22時27分 亥時					3/20 21時30分 亥時					4/20 8時35分 辰時					5/21 7時44分 辰時					6/21 15時37分 申時					7/23 2時26分 丑				

辛巳																														年
丙申					丁酉					戊戌					己亥					庚子					辛丑					月
立秋					白露					寒露					立冬					大雪					小寒					節氣
8/7 18時52分 酉時					9/7 21時46分 亥時					10/8 13時25分 未時					11/7 16時36分 申時					12/7 9時28分 巳時					1/5 20時43分 戌時					
國曆		農曆		干支	國曆		農曆		干支	國曆		農曆		干支	國曆		農曆		干支	國曆		農曆		干支	國曆		農曆		干支	日
8	7	6	18	壬寅	9	7	7	20	癸酉	10	8	8	22	甲辰	11	7	9	22	甲戌	12	7	10	23	甲辰	1	5	11	22	癸酉	
8	8	6	19	癸卯	9	8	7	21	甲戌	10	9	8	23	乙巳	11	8	9	23	乙亥	12	8	10	24	乙巳	1	6	11	23	甲戌	
8	9	6	20	甲辰	9	9	7	22	乙亥	10	10	8	24	丙午	11	9	9	24	丙子	12	9	10	25	丙午	1	7	11	24	乙亥	
8	10	6	21	乙巳	9	10	7	23	丙子	10	11	8	25	丁未	11	10	9	25	丁丑	12	10	10	26	丁未	1	8	11	25	丙子	中華民國九十、九十一年 蛇
8	11	6	22	丙午	9	11	7	24	丁丑	10	12	8	26	戊申	11	11	9	26	戊寅	12	11	10	27	戊申	1	9	11	26	丁丑	
8	12	6	23	丁未	9	12	7	25	戊寅	10	13	8	27	己酉	11	12	9	27	己卯	12	12	10	28	己酉	1	10	11	27	戊寅	
8	13	6	24	戊申	9	13	7	26	己卯	10	14	8	28	庚戌	11	13	9	28	庚辰	12	13	10	29	庚戌	1	11	11	28	己卯	
8	14	6	25	己酉	9	14	7	27	庚辰	10	15	8	29	辛亥	11	14	9	29	辛巳	12	14	10	30	辛亥	1	12	11	29	庚辰	
8	15	6	26	庚戌	9	15	7	28	辛巳	10	16	8	30	壬子	11	15	10	1	壬午	12	15	11	1	壬子	1	13	12	1	辛巳	
8	16	6	27	辛亥	9	16	7	29	壬午	10	17	9	1	癸丑	11	16	10	2	癸未	12	16	11	2	癸丑	1	14	12	2	壬午	
8	17	6	28	壬子	9	17	8	1	癸未	10	18	9	2	甲寅	11	17	10	3	甲申	12	17	11	3	甲寅	1	15	12	3	癸未	
8	18	6	29	癸丑	9	18	8	2	甲申	10	19	9	3	乙卯	11	18	10	4	乙酉	12	18	11	4	乙卯	1	16	12	4	甲申	
8	19	7	1	甲寅	9	19	8	3	乙酉	10	20	9	4	丙辰	11	19	10	5	丙戌	12	19	11	5	丙辰	1	17	12	5	乙酉	
8	20	7	2	乙卯	9	20	8	4	丙戌	10	21	9	5	丁巳	11	20	10	6	丁亥	12	20	11	6	丁巳	1	18	12	6	丙戌	
8	21	7	3	丙辰	9	21	8	5	丁亥	10	22	9	6	戊午	11	21	10	7	戊子	12	21	11	7	戊午	1	19	12	7	丁亥	
8	22	7	4	丁巳	9	22	8	6	戊子	10	23	9	7	己未	11	22	10	8	己丑	12	22	11	8	己未	1	20	12	8	戊子	
8	23	7	5	戊午	9	23	8	7	己丑	10	24	9	8	庚申	11	23	10	9	庚寅	12	23	11	9	庚申	1	21	12	9	己丑	
8	24	7	6	己未	9	24	8	8	庚寅	10	25	9	9	辛酉	11	24	10	10	辛卯	12	24	11	10	辛酉	1	22	12	10	庚寅	
8	25	7	7	庚申	9	25	8	9	辛卯	10	26	9	10	壬戌	11	25	10	11	壬辰	12	25	11	11	壬戌	1	23	12	11	辛卯	
8	26	7	8	辛酉	9	26	8	10	壬辰	10	27	9	11	癸亥	11	26	10	12	癸巳	12	26	11	12	癸亥	1	24	12	12	壬辰	
8	27	7	9	壬戌	9	27	8	11	癸巳	10	28	9	12	甲子	11	27	10	13	甲午	12	27	11	13	甲子	1	25	12	13	癸巳	2001、2002
8	28	7	10	癸亥	9	28	8	12	甲午	10	29	9	13	乙丑	11	28	10	14	乙未	12	28	11	14	乙丑	1	26	12	14	甲午	
8	29	7	11	甲子	9	29	8	13	乙未	10	30	9	14	丙寅	11	29	10	15	丙申	12	29	11	15	丙寅	1	27	12	15	乙未	
8	30	7	12	乙丑	9	30	8	14	丙申	10	31	9	15	丁卯	11	30	10	16	丁酉	12	30	11	16	丁卯	1	28	12	16	丙申	
8	31	7	13	丙寅	10	1	8	15	丁酉	11	1	9	16	戊辰	12	1	10	17	戊戌	12	31	11	17	戊辰	1	29	12	17	丁酉	
9	1	7	14	丁卯	10	2	8	16	戊戌	11	2	9	17	己巳	12	2	10	18	己亥	1	1	11	18	己巳	1	30	12	18	戊戌	
9	2	7	15	戊辰	10	3	8	17	己亥	11	3	9	18	庚午	12	3	10	19	庚子	1	2	11	19	庚午	1	31	12	19	己亥	
9	3	7	16	己巳	10	4	8	18	庚子	11	4	9	19	辛未	12	4	10	20	辛丑	1	3	11	20	辛未	2	1	12	20	庚子	
9	4	7	17	庚午	10	5	8	19	辛丑	11	5	9	20	壬申	12	5	10	21	壬寅	1	4	11	21	壬申	2	2	12	21	辛丑	
9	5	7	18	辛未	10	6	8	20	壬寅	11	6	9	21	癸酉	12	6	10	22	癸卯						2	3	12	22	壬寅	
9	6	7	19	壬申	10	7	8	21	癸卯																					
處暑					秋分					霜降					小雪					冬至					大寒					中氣
8/23 9時27分 巳時					9/23 7時4分 辰時					10/23 16時25分 申時					11/22 14時0分 未時					12/22 3時21分 寅時					1/20 14時2分 未時					

年	壬午																													
月	壬寅					癸卯					甲辰					乙巳					丙午					丁未				
節氣	立春					驚蟄					清明					立夏					芒種					小暑				
	2/4 8時24分 辰時					3/6 2時27分 丑時					4/5 7時18分 辰時					5/6 0時37分 子時					6/6 4時44分 寅時					7/7 14時56分 未時				
日	國曆		農曆		干支	國曆		農曆		干支	國曆		農曆		干支	國曆		農曆		干支	國曆		農曆		干支	國曆		農曆		干支
中華民國九十一年 馬 2002	2	4	12	23	癸卯	3	6	1	23	癸酉	4	5	2	23	癸卯	5	6	3	24	甲戌	6	6	4	26	乙巳	7	7	5	27	丙子
	2	5	12	24	甲辰	3	7	1	24	甲戌	4	6	2	24	甲辰	5	7	3	25	乙亥	6	7	4	27	丙午	7	8	5	28	丁丑
	2	6	12	25	乙巳	3	8	1	25	乙亥	4	7	2	25	乙巳	5	8	3	26	丙子	6	8	4	28	丁未	7	9	5	29	戊寅
	2	7	12	26	丙午	3	9	1	26	丙子	4	8	2	26	丙午	5	9	3	27	丁丑	6	9	4	29	戊申	7	10	6	1	己卯
	2	8	12	27	丁未	3	10	1	27	丁丑	4	9	2	27	丁未	5	10	3	28	戊寅	6	10	4	30	己酉	7	11	6	2	庚辰
	2	9	12	28	戊申	3	11	1	28	戊寅	4	10	2	28	戊申	5	11	3	29	己卯	6	11	5	1	庚戌	7	12	6	3	辛巳
	2	10	12	29	己酉	3	12	1	29	己卯	4	11	2	29	己酉	5	12	4	1	庚辰	6	12	5	2	辛亥	7	13	6	4	壬午
	2	11	12	30	庚戌	3	13	1	30	庚辰	4	12	2	30	庚戌	5	13	4	2	辛巳	6	13	5	3	壬子	7	14	6	5	癸未
	2	12	1	1	辛亥	3	14	2	1	辛巳	4	13	3	1	辛亥	5	14	4	3	壬午	6	14	5	4	癸丑	7	15	6	6	甲申
	2	13	1	2	壬子	3	15	2	2	壬午	4	14	3	2	壬子	5	15	4	4	癸未	6	15	5	5	甲寅	7	16	6	7	乙酉
	2	14	1	3	癸丑	3	16	2	3	癸未	4	15	3	3	癸丑	5	16	4	5	甲申	6	16	5	6	乙卯	7	17	6	8	丙戌
	2	15	1	4	甲寅	3	17	2	4	甲申	4	16	3	4	甲寅	5	17	4	6	乙酉	6	17	5	7	丙辰	7	18	6	9	丁亥
	2	16	1	5	乙卯	3	18	2	5	乙酉	4	17	3	5	乙卯	5	18	4	7	丙戌	6	18	5	8	丁巳	7	19	6	10	戊子
	2	17	1	6	丙辰	3	19	2	6	丙戌	4	18	3	6	丙辰	5	19	4	8	丁亥	6	19	5	9	戊午	7	20	6	11	己丑
	2	18	1	7	丁巳	3	20	2	7	丁亥	4	19	3	7	丁巳	5	20	4	9	戊子	6	20	5	10	己未	7	21	6	12	庚寅
	2	19	1	8	戊午	3	21	2	8	戊子	4	20	3	8	戊午	5	21	4	10	己丑	6	21	5	11	庚申	7	22	6	13	辛卯
	2	20	1	9	己未	3	22	2	9	己丑	4	21	3	9	己未	5	22	4	11	庚寅	6	22	5	12	辛酉	7	23	6	14	壬辰
	2	21	1	10	庚申	3	23	2	10	庚寅	4	22	3	10	庚申	5	23	4	12	辛卯	6	23	5	13	壬戌	7	24	6	15	癸巳
	2	22	1	11	辛酉	3	24	2	11	辛卯	4	23	3	11	辛酉	5	24	4	13	壬辰	6	24	5	14	癸亥	7	25	6	16	甲午
	2	23	1	12	壬戌	3	25	2	12	壬辰	4	24	3	12	壬戌	5	25	4	14	癸巳	6	25	5	15	甲子	7	26	6	17	乙未
	2	24	1	13	癸亥	3	26	2	13	癸巳	4	25	3	13	癸亥	5	26	4	15	甲午	6	26	5	16	乙丑	7	27	6	18	丙申
	2	25	1	14	甲子	3	27	2	14	甲午	4	26	3	14	甲子	5	27	4	16	乙未	6	27	5	17	丙寅	7	28	6	19	丁酉
	2	26	1	15	乙丑	3	28	2	15	乙未	4	27	3	15	乙丑	5	28	4	17	丙申	6	28	5	18	丁卯	7	29	6	20	戊戌
	2	27	1	16	丙寅	3	29	2	16	丙申	4	28	3	16	丙寅	5	29	4	18	丁酉	6	29	5	19	戊辰	7	30	6	21	己亥
	2	28	1	17	丁卯	3	30	2	17	丁酉	4	29	3	17	丁卯	5	30	4	19	戊戌	6	30	5	20	己巳	7	31	6	22	庚子
	3	1	1	18	戊辰	3	31	2	18	戊戌	4	30	3	18	戊辰	5	31	4	20	己亥	7	1	5	21	庚午	8	1	6	23	辛丑
	3	2	1	19	己巳	4	1	2	19	己亥	5	1	3	19	己巳	6	1	4	21	庚子	7	2	5	22	辛未	8	2	6	24	壬寅
	3	3	1	20	庚午	4	2	2	20	庚子	5	2	3	20	庚午	6	2	4	22	辛丑	7	3	5	23	壬申	8	3	6	25	癸卯
	3	4	1	21	辛未	4	3	2	21	辛丑	5	3	3	21	辛未	6	3	4	23	壬寅	7	4	5	24	癸酉	8	4	6	26	甲辰
	3	5	1	22	壬申	4	4	2	22	壬寅	5	4	3	22	壬申	6	4	4	24	癸卯	7	5	5	25	甲戌	8	5	6	27	乙巳
											5	5	3	23	癸酉	6	5	4	25	甲辰	7	6	5	26	乙亥	8	6	6	28	丙午
																										8	7	6	29	丁未
中氣	雨水					春分					穀雨					小滿					夏至					大暑				
	2/19 4時13分 寅時					3/21 3時16分 寅時					4/20 14時20分 未時					5/21 13時29分 未時					6/21 21時24分 亥時					7/23 8時14分 辰時				

壬午																														年
戊申					己酉					庚戌					辛亥					壬子					癸丑					月
立秋					白露					寒露					立冬					大雪					小寒					節
8/8 0時39分 子時					9/8 3時31分 寅時					10/8 19時9分 戌時					11/7 22時21分 亥時					12/7 15時14分 申時					1/6 2時27分 丑時					氣
國曆		農曆		干支	國曆		農曆		干支	國曆		農曆		干支	國曆		農曆		干支	國曆		農曆		干支	國曆		農曆		干支	日
	8	6	30	戊申	9	8	8	2	己卯	10	8	9	3	己酉	11	7	10	3	己卯	12	7	11	4	己酉	1	6	12	4	己卯	中華民國九十一、九十二年 馬
	9	7	1	己酉	9	9	8	3	庚辰	10	9	9	4	庚戌	11	8	10	4	庚辰	12	8	11	5	庚戌	1	7	12	5	庚辰	
	10	7	2	庚戌	9	10	8	4	辛巳	10	10	9	5	辛亥	11	9	10	5	辛巳	12	9	11	6	辛亥	1	8	12	6	辛巳	
	11	7	3	辛亥	9	11	8	5	壬午	10	11	9	6	壬子	11	10	10	6	壬午	12	10	11	7	壬子	1	9	12	7	壬午	
	12	7	4	壬子	9	12	8	6	癸未	10	12	9	7	癸丑	11	11	10	7	癸未	12	11	11	8	癸丑	1	10	12	8	癸未	
	13	7	5	癸丑	9	13	8	7	甲申	10	13	9	8	甲寅	11	12	10	8	甲申	12	12	11	9	甲寅	1	11	12	9	甲申	
	14	7	6	甲寅	9	14	8	8	乙酉	10	14	9	9	乙卯	11	13	10	9	乙酉	12	13	11	10	乙卯	1	12	12	10	乙酉	
	15	7	7	乙卯	9	15	8	9	丙戌	10	15	9	10	丙辰	11	14	10	10	丙戌	12	14	11	11	丙辰	1	13	12	11	丙戌	
	16	7	8	丙辰	9	16	8	10	丁亥	10	16	9	11	丁巳	11	15	10	11	丁亥	12	15	11	12	丁巳	1	14	12	12	丁亥	
	17	7	9	丁巳	9	17	8	11	戊子	10	17	9	12	戊午	11	16	10	12	戊子	12	16	11	13	戊午	1	15	12	13	戊子	
	18	7	10	戊午	9	18	8	12	己丑	10	18	9	13	己未	11	17	10	13	己丑	12	17	11	14	己未	1	16	12	14	己丑	
	19	7	11	己未	9	19	8	13	庚寅	10	19	9	14	庚申	11	18	10	14	庚寅	12	18	11	15	庚申	1	17	12	15	庚寅	
	20	7	12	庚申	9	20	8	14	辛卯	10	20	9	15	辛酉	11	19	10	15	辛卯	12	19	11	16	辛酉	1	18	12	16	辛卯	
	21	7	13	辛酉	9	21	8	15	壬辰	10	21	9	16	壬戌	11	20	10	16	壬辰	12	20	11	17	壬戌	1	19	12	17	壬辰	
	22	7	14	壬戌	9	22	8	16	癸巳	10	22	9	17	癸亥	11	21	10	17	癸巳	12	21	11	18	癸亥	1	20	12	18	癸巳	
	23	7	15	癸亥	9	23	8	17	甲午	10	23	9	18	甲子	11	22	10	18	甲午	12	22	11	19	甲子	1	21	12	19	甲午	
	24	7	16	甲子	9	24	8	18	乙未	10	24	9	19	乙丑	11	23	10	19	乙未	12	23	11	20	乙丑	1	22	12	20	乙未	
	25	7	17	乙丑	9	25	8	19	丙申	10	25	9	20	丙寅	11	24	10	20	丙申	12	24	11	21	丙寅	1	23	12	21	丙申	
	26	7	18	丙寅	9	26	8	20	丁酉	10	26	9	21	丁卯	11	25	10	21	丁酉	12	25	11	22	丁卯	1	24	12	22	丁酉	
	27	7	19	丁卯	9	27	8	21	戊戌	10	27	9	22	戊辰	11	26	10	22	戊戌	12	26	11	23	戊辰	1	25	12	23	戊戌	
	28	7	20	戊辰	9	28	8	22	己亥	10	28	9	23	己巳	11	27	10	23	己亥	12	27	11	24	己巳	1	26	12	24	己亥	
	29	7	21	己巳	9	29	8	23	庚子	10	29	9	24	庚午	11	28	10	24	庚子	12	28	11	25	庚午	1	27	12	25	庚子	
	30	7	22	庚午	9	30	8	24	辛丑	10	30	9	25	辛未	11	29	10	25	辛丑	12	29	11	26	辛未	1	28	12	26	辛丑	
	31	7	23	辛未	10	1	8	25	壬寅	10	31	9	26	壬申	11	30	10	26	壬寅	12	30	11	27	壬申	1	29	12	27	壬寅	
	1	7	24	壬申	10	2	8	26	癸卯	11	1	9	27	癸酉	12	1	10	27	癸卯	12	31	11	28	癸酉	1	30	12	28	癸卯	2002、2003
	2	7	25	癸酉	10	3	8	27	甲辰	11	2	9	28	甲戌	12	2	10	28	甲辰	1	1	11	29	甲戌	1	31	12	29	甲辰	
	3	7	26	甲戌	10	4	8	28	乙巳	11	3	9	29	乙亥	12	3	10	29	乙巳	1	2	11	30	乙亥	2	1	1	1	乙巳	
	4	7	27	乙亥	10	5	8	29	丙午	11	4	9	30	丙子	12	4	11	1	丙午	1	3	12	1	丙子	2	2	1	2	丙午	
	5	7	28	丙子	10	6	9	1	丁未	11	5	10	1	丁丑	12	5	11	2	丁未	1	4	12	2	丁丑	2	3	1	3	丁未	
	6	7	29	丁丑	10	7	9	2	戊申	11	6	10	2	戊寅	12	6	11	3	戊申	1	5	12	3	戊寅						
	7	8	1	戊寅																										
處暑					秋分					霜降					小雪					冬至					大寒					中
/23 15時16分 申時					9/23 12時55分 午時					10/23 22時17分 亥時					11/22 19時53分 戌時					12/22 9時14分 巳時					1/20 19時52分 戌時					氣

年	癸未																													
月	甲寅					乙卯					丙辰					丁巳					戊午					己未				
節氣	立春					驚蟄					清明					立夏					芒種					小暑				
	2/4 14時5分 未時					3/6 8時4分 辰時					4/5 12時52分 午時					5/6 6時10分 卯時					6/6 10時19分 巳時					7/7 20時35分 戌時				
日	國曆		農曆		干支	國曆		農曆		干支	國曆		農曆		干支	國曆		農曆		干支	國曆		農曆		干支	國曆		農曆		干支
中華民國九十二年 羊 2003	2	4	1	4	戊申	3	6	2	4	戊寅	4	5	3	4	戊申	5	6	4	6	己卯	6	6	5	7	庚戌	7	7	6	8	辛巳
	2	5	1	5	己酉	3	7	2	5	己卯	4	6	3	5	己酉	5	7	4	7	庚辰	6	7	5	8	辛亥	7	8	6	9	壬午
	2	6	1	6	庚戌	3	8	2	6	庚辰	4	7	3	6	庚戌	5	8	4	8	辛巳	6	8	5	9	壬子	7	9	6	10	癸未
	2	7	1	7	辛亥	3	9	2	7	辛巳	4	8	3	7	辛亥	5	9	4	9	壬午	6	9	5	10	癸丑	7	10	6	11	甲申
	2	8	1	8	壬子	3	10	2	8	壬午	4	9	3	8	壬子	5	10	4	10	癸未	6	10	5	11	甲寅	7	11	6	12	乙酉
	2	9	1	9	癸丑	3	11	2	9	癸未	4	10	3	9	癸丑	5	11	4	11	甲申	6	11	5	12	乙卯	7	12	6	13	丙戌
	2	10	1	10	甲寅	3	12	2	10	甲申	4	11	3	10	甲寅	5	12	4	12	乙酉	6	12	5	13	丙辰	7	13	6	14	丁亥
	2	11	1	11	乙卯	3	13	2	11	乙酉	4	12	3	11	乙卯	5	13	4	13	丙戌	6	13	5	14	丁巳	7	14	6	15	戊子
	2	12	1	12	丙辰	3	14	2	12	丙戌	4	13	3	12	丙辰	5	14	4	14	丁亥	6	14	5	15	戊午	7	15	6	16	己丑
	2	13	1	13	丁巳	3	15	2	13	丁亥	4	14	3	13	丁巳	5	15	4	15	戊子	6	15	5	16	己未	7	16	6	17	庚寅
	2	14	1	14	戊午	3	16	2	14	戊子	4	15	3	14	戊午	5	16	4	16	己丑	6	16	5	17	庚申	7	17	6	18	辛卯
	2	15	1	15	己未	3	17	2	15	己丑	4	16	3	15	己未	5	17	4	17	庚寅	6	17	5	18	辛酉	7	18	6	19	壬辰
	2	16	1	16	庚申	3	18	2	16	庚寅	4	17	3	16	庚申	5	18	4	18	辛卯	6	18	5	19	壬戌	7	19	6	20	癸巳
	2	17	1	17	辛酉	3	19	2	17	辛卯	4	18	3	17	辛酉	5	19	4	19	壬辰	6	19	5	20	癸亥	7	20	6	21	甲午
	2	18	1	18	壬戌	3	20	2	18	壬辰	4	19	3	18	壬戌	5	20	4	20	癸巳	6	20	5	21	甲子	7	21	6	22	乙未
	2	19	1	19	癸亥	3	21	2	19	癸巳	4	20	3	19	癸亥	5	21	4	21	甲午	6	21	5	22	乙丑	7	22	6	23	丙申
	2	20	1	20	甲子	3	22	2	20	甲午	4	21	3	20	甲子	5	22	4	22	乙未	6	22	5	23	丙寅	7	23	6	24	丁酉
	2	21	1	21	乙丑	3	23	2	21	乙未	4	22	3	21	乙丑	5	23	4	23	丙申	6	23	5	24	丁卯	7	24	6	25	戊戌
	2	22	1	22	丙寅	3	24	2	22	丙申	4	23	3	22	丙寅	5	24	4	24	丁酉	6	24	5	25	戊辰	7	25	6	26	己亥
	2	23	1	23	丁卯	3	25	2	23	丁酉	4	24	3	23	丁卯	5	25	4	25	戊戌	6	25	5	26	己巳	7	26	6	27	庚子
	2	24	1	24	戊辰	3	26	2	24	戊戌	4	25	3	24	戊辰	5	26	4	26	己亥	6	26	5	27	庚午	7	27	6	28	辛丑
	2	25	1	25	己巳	3	27	2	25	己亥	4	26	3	25	己巳	5	27	4	27	庚子	6	27	5	28	辛未	7	28	6	29	壬寅
	2	26	1	26	庚午	3	28	2	26	庚子	4	27	3	26	庚午	5	28	4	28	辛丑	6	28	5	29	壬申	7	29	7	1	癸卯
	2	27	1	27	辛未	3	29	2	27	辛丑	4	28	3	27	辛未	5	29	4	29	壬寅	6	29	5	30	癸酉	7	30	7	2	甲辰
	2	28	1	28	壬申	3	30	2	28	壬寅	4	29	3	28	壬申	5	30	4	30	癸卯	6	30	6	1	甲戌	7	31	7	3	乙巳
	3	1	1	29	癸酉	3	31	2	29	癸卯	4	30	3	29	癸酉	5	31	5	1	甲辰	7	1	6	2	乙亥	8	1	7	4	丙午
	3	2	1	30	甲戌	4	1	2	30	甲辰	5	1	4	1	甲戌	6	1	5	2	乙巳	7	2	6	3	丙子	8	2	7	5	丁未
	3	3	2	1	乙亥	4	2	3	1	乙巳	5	2	4	2	乙亥	6	2	5	3	丙午	7	3	6	4	丁丑	8	3	7	6	戊申
	3	4	2	2	丙子	4	3	3	2	丙午	5	3	4	3	丙子	6	3	5	4	丁未	7	4	6	5	戊寅	8	4	7	7	己酉
	3	5	2	3	丁丑	4	4	3	3	丁未	5	4	4	4	丁丑	6	4	5	5	戊申	7	5	6	6	己卯	8	5	7	8	庚戌
											5	5	4	5	戊寅	6	5	5	6	己酉	7	6	6	7	庚辰	8	6	7	9	辛亥
																										8	7	7	10	壬子
中氣	雨水					春分					穀雨					小滿					夏至					大暑				
	2/19 10時0分 巳時					3/21 8時59分 辰時					4/20 20時2分 戌時					5/21 19時12分 戌時					6/22 3時10分 寅時					7/23 14時4分 未時				

年	癸未																													
月	庚申					辛酉					壬戌					癸亥					甲子					乙丑				
節氣	立秋					白露					寒露					立冬					大雪					小寒				
	8/8 6時24分 卯時					9/8 9時20分 巳時					10/9 1時0分 丑時					11/8 4時13分 寅時					12/7 21時5分 亥時					1/6 8時18分 辰時				
日	國曆		農曆		干支	國曆		農曆		干支	國曆		農曆		干支	國曆		農曆		干支	國曆		農曆		干支	國曆		農曆		干支
中華民國九十二、九十三年 羊 2003、2004	8	8	7	11	癸丑	9	8	8	12	甲申	10	9	9	14	乙卯	11	8	10	15	乙酉	12	7	11	14	甲寅	1	6	12	15	甲申
	8	9	7	12	甲寅	9	9	8	13	乙酉	10	10	9	15	丙辰	11	9	10	16	丙戌	12	8	11	15	乙卯	1	7	12	16	乙酉
	8	10	7	13	乙卯	9	10	8	14	丙戌	10	11	9	16	丁巳	11	10	10	17	丁亥	12	9	11	16	丙辰	1	8	12	17	丙戌
	8	11	7	14	丙辰	9	11	8	15	丁亥	10	12	9	17	戊午	11	11	10	18	戊子	12	10	11	17	丁巳	1	9	12	18	丁亥
	8	12	7	15	丁巳	9	12	8	16	戊子	10	13	9	18	己未	11	12	10	19	己丑	12	11	11	18	戊午	1	10	12	19	戊子
	8	13	7	16	戊午	9	13	8	17	己丑	10	14	9	19	庚申	11	13	10	20	庚寅	12	12	11	19	己未	1	11	12	20	己丑
	8	14	7	17	己未	9	14	8	18	庚寅	10	15	9	20	辛酉	11	14	10	21	辛卯	12	13	11	20	庚申	1	12	12	21	庚寅
	8	15	7	18	庚申	9	15	8	19	辛卯	10	16	9	21	壬戌	11	15	10	22	壬辰	12	14	11	21	辛酉	1	13	12	22	辛卯
	8	16	7	19	辛酉	9	16	8	20	壬辰	10	17	9	22	癸亥	11	16	10	23	癸巳	12	15	11	22	壬戌	1	14	12	23	壬辰
	8	17	7	20	壬戌	9	17	8	21	癸巳	10	18	9	23	甲子	11	17	10	24	甲午	12	16	11	23	癸亥	1	15	12	24	癸巳
	8	18	7	21	癸亥	9	18	8	22	甲午	10	19	9	24	乙丑	11	18	10	25	乙未	12	17	11	24	甲子	1	16	12	25	甲午
	8	19	7	22	甲子	9	19	8	23	乙未	10	20	9	25	丙寅	11	19	10	26	丙申	12	18	11	25	乙丑	1	17	12	26	乙未
	8	20	7	23	乙丑	9	20	8	24	丙申	10	21	9	26	丁卯	11	20	10	27	丁酉	12	19	11	26	丙寅	1	18	12	27	丙申
	8	21	7	24	丙寅	9	21	8	25	丁酉	10	22	9	27	戊辰	11	21	10	28	戊戌	12	20	11	27	丁卯	1	19	12	28	丁酉
	8	22	7	25	丁卯	9	22	8	26	戊戌	10	23	9	28	己巳	11	22	10	29	己亥	12	21	11	28	戊辰	1	20	12	29	戊戌
	8	23	7	26	戊辰	9	23	8	27	己亥	10	24	9	29	庚午	11	23	10	30	庚子	12	22	11	29	己巳	1	21	12	30	己亥
	8	24	7	27	己巳	9	24	8	28	庚子	10	25	10	1	辛未	11	24	11	1	辛丑	12	23	12	1	庚午	1	22	1	1	庚子
	8	25	7	28	庚午	9	25	8	29	辛丑	10	26	10	2	壬申	11	25	11	2	壬寅	12	24	12	2	辛未	1	23	1	2	辛丑
	8	26	7	29	辛未	9	26	9	1	壬寅	10	27	10	3	癸酉	11	26	11	3	癸卯	12	25	12	3	壬申	1	24	1	3	壬寅
	8	27	7	30	壬申	9	27	9	2	癸卯	10	28	10	4	甲戌	11	27	11	4	甲辰	12	26	12	4	癸酉	1	25	1	4	癸卯
	8	28	8	1	癸酉	9	28	9	3	甲辰	10	29	10	5	乙亥	11	28	11	5	乙巳	12	27	12	5	甲戌	1	26	1	5	甲辰
	8	29	8	2	甲戌	9	29	9	4	乙巳	10	30	10	6	丙子	11	29	11	6	丙午	12	28	12	6	乙亥	1	27	1	6	乙巳
	8	30	8	3	乙亥	9	30	9	5	丙午	10	31	10	7	丁丑	11	30	11	7	丁未	12	29	12	7	丙子	1	28	1	7	丙午
	8	31	8	4	丙子	10	1	9	6	丁未	11	1	10	8	戊寅	12	1	11	8	戊申	12	30	12	8	丁丑	1	29	1	8	丁未
	9	1	8	5	丁丑	10	2	9	7	戊申	11	2	10	9	己卯	12	2	11	9	己酉	12	31	12	9	戊寅	1	30	1	9	戊申
	9	2	8	6	戊寅	10	3	9	8	己酉	11	3	10	10	庚辰	12	3	11	10	庚戌	1	1	12	10	己卯	1	31	1	10	己酉
	9	3	8	7	己卯	10	4	9	9	庚戌	11	4	10	11	辛巳	12	4	11	11	辛亥	1	2	12	11	庚辰	2	1	1	11	庚戌
	9	4	8	8	庚辰	10	5	9	10	辛亥	11	5	10	12	壬午	12	5	11	12	壬子	1	3	12	12	辛巳	2	2	1	12	辛亥
	9	5	8	9	辛巳	10	6	9	11	壬子	11	6	10	13	癸未	12	6	11	13	癸丑	1	4	12	13	壬午	2	3	1	13	壬子
	9	6	8	10	壬午	10	7	9	12	癸丑	11	7	10	14	甲申						1	5	12	14	癸未					
	9	7	8	11	癸未	10	8	9	13	甲寅																				
中氣	處暑					秋分					霜降					小雪					冬至					大寒				
	8/23 21時8分 亥時					9/23 18時46分 酉時					10/24 4時8分 寅時					11/23 1時43分 丑時					12/22 15時3分 申時					1/21 1時42分 丑時				

年	甲申																													
月	丙寅					丁卯					戊辰					己巳					庚午					辛未				
節氣	立春					驚蟄					清明					立夏					芒種					小暑				
	2/4 19時56分 戌時					3/5 13時55分 未時					4/4 18時43分 酉時					5/5 12時2分 午時					6/5 16時13分 申時					7/7 2時31分 丑時				
日	國曆		農曆		干支	國曆		農曆		干支	國曆		農曆		干支	國曆		農曆		干支	國曆		農曆		干支	國曆		農曆		干支
中華民國九十三年 猴 2004	2	4	1	14	癸丑	3	5	2	15	癸未	4	4	2	15	癸丑	5	5	3	17	甲申	6	5	4	18	乙卯	7	7	5	20	丁亥
	2	5	1	15	甲寅	3	6	2	16	甲申	4	5	2	16	甲寅	5	6	3	18	乙酉	6	6	4	19	丙辰	7	8	5	21	戊子
	2	6	1	16	乙卯	3	7	2	17	乙酉	4	6	2	17	乙卯	5	7	3	19	丙戌	6	7	4	20	丁巳	7	9	5	22	己丑
	2	7	1	17	丙辰	3	8	2	18	丙戌	4	7	2	18	丙辰	5	8	3	20	丁亥	6	8	4	21	戊午	7	10	5	23	庚寅
	2	8	1	18	丁巳	3	9	2	19	丁亥	4	8	2	19	丁巳	5	9	3	21	戊子	6	9	4	22	己未	7	11	5	24	辛卯
	2	9	1	19	戊午	3	10	2	20	戊子	4	9	2	20	戊午	5	10	3	22	己丑	6	10	4	23	庚申	7	12	5	25	壬辰
	2	10	1	20	己未	3	11	2	21	己丑	4	10	2	21	己未	5	11	3	23	庚寅	6	11	4	24	辛酉	7	13	5	26	癸巳
	2	11	1	21	庚申	3	12	2	22	庚寅	4	11	2	22	庚申	5	12	3	24	辛卯	6	12	4	25	壬戌	7	14	5	27	甲午
	2	12	1	22	辛酉	3	13	2	23	辛卯	4	12	2	23	辛酉	5	13	3	25	壬辰	6	13	4	26	癸亥	7	15	5	28	乙未
	2	13	1	23	壬戌	3	14	2	24	壬辰	4	13	2	24	壬戌	5	14	3	26	癸巳	6	14	4	27	甲子	7	16	5	29	丙申
	2	14	1	24	癸亥	3	15	2	25	癸巳	4	14	2	25	癸亥	5	15	3	27	甲午	6	15	4	28	乙丑	7	17	6	1	丁酉
	2	15	1	25	甲子	3	16	2	26	甲午	4	15	2	26	甲子	5	16	3	28	乙未	6	16	4	29	丙寅	7	18	6	2	戊戌
	2	16	1	26	乙丑	3	17	2	27	乙未	4	16	2	27	乙丑	5	17	3	29	丙申	6	17	4	30	丁卯	7	19	6	3	己亥
	2	17	1	27	丙寅	3	18	2	28	丙申	4	17	2	28	丙寅	5	18	3	30	丁酉	6	18	5	1	戊辰	7	20	6	4	庚子
	2	18	1	28	丁卯	3	19	2	29	丁酉	4	18	2	29	丁卯	5	19	4	1	戊戌	6	19	5	2	己巳	7	21	6	5	辛丑
	2	19	1	29	戊辰	3	20	2	30	戊戌	4	19	3	1	戊辰	5	20	4	2	己亥	6	20	5	3	庚午	7	22	6	6	壬寅
	2	20	2	1	己巳	3	21	閏2	1	己亥	4	20	3	2	己巳	5	21	4	3	庚子	6	21	5	4	辛未	7	23	6	7	癸卯
	2	21	2	2	庚午	3	22	2	2	庚子	4	21	3	3	庚午	5	22	4	4	辛丑	6	22	5	5	壬申	7	24	6	8	甲辰
	2	22	2	3	辛未	3	23	2	3	辛丑	4	22	3	4	辛未	5	23	4	5	壬寅	6	23	5	6	癸酉	7	25	6	9	乙巳
	2	23	2	4	壬申	3	24	2	4	壬寅	4	23	3	5	壬申	5	24	4	6	癸卯	6	24	5	7	甲戌	7	26	6	10	丙午
	2	24	2	5	癸酉	3	25	2	5	癸卯	4	24	3	6	癸酉	5	25	4	7	甲辰	6	25	5	8	乙亥	7	27	6	11	丁未
	2	25	2	6	甲戌	3	26	2	6	甲辰	4	25	3	7	甲戌	5	26	4	8	乙巳	6	26	5	9	丙子	7	28	6	12	戊申
	2	26	2	7	乙亥	3	27	2	7	乙巳	4	26	3	8	乙亥	5	27	4	9	丙午	6	27	5	10	丁丑	7	29	6	13	己酉
	2	27	2	8	丙子	3	28	2	8	丙午	4	27	3	9	丙子	5	28	4	10	丁未	6	28	5	11	戊寅	7	30	6	14	庚戌
	2	28	2	9	丁丑	3	29	2	9	丁未	4	28	3	10	丁丑	5	29	4	11	戊申	6	29	5	12	己卯	7	31	6	15	辛亥
	2	29	2	10	戊寅	3	30	2	10	戊申	4	29	3	11	戊寅	5	30	4	12	己酉	6	30	5	13	庚辰	8	1	6	16	壬子
	3	1	2	11	己卯	3	31	2	11	己酉	4	30	3	12	己卯	5	31	4	13	庚戌	7	1	5	14	辛巳	8	2	6	17	癸丑
	3	2	2	12	庚辰	4	1	2	12	庚戌	5	1	3	13	庚辰	6	1	4	14	辛亥	7	2	5	15	壬午	8	3	6	18	甲寅
	3	3	2	13	辛巳	4	2	2	13	辛亥	5	2	3	14	辛巳	6	2	4	15	壬子	7	3	5	16	癸未	8	4	6	19	乙卯
	3	4	2	14	壬午	4	3	2	14	壬子	5	3	3	15	壬午	6	3	4	16	癸丑	7	4	5	17	甲申	8	5	6	20	丙辰
											5	4	3	16	癸未	6	4	4	17	甲寅	7	5	5	18	乙酉	8	6	6	21	丁巳
																					7	6	5	19	丙戌					
中氣	雨水					春分					穀雨					小滿					夏至					大暑				
	2/19 15時49分 申時					3/20 14時48分 未時					4/20 1時50分 丑時					5/21 0時59分 子時					6/21 8時56分 辰時					7/22 19時50分 戌時				

甲申																														年
壬申					癸酉					甲戌					乙亥					丙子					丁丑					月
立秋					白露					寒露					立冬					大雪					小寒					節氣
8/7 12時19分 午時					9/7 15時12分 申時					10/8 6時49分 卯時					11/7 9時58分 巳時					12/7 2時48分 丑時					1/5 14時2分 未時					
國曆		農曆		干支	國曆		農曆		干支	國曆		農曆		干支	國曆		農曆		干支	國曆		農曆		干支	國曆		農曆		干支	日
8	7	6	22	戊午	9	7	7	23	己丑	10	8	8	25	庚申	11	7	9	25	庚寅	12	7	10	26	庚申	1	5	11	25	己丑	中華民國九十三、九十四年 猴
8	8	6	23	己未	9	8	7	24	庚寅	10	9	8	26	辛酉	11	8	9	26	辛卯	12	8	10	27	辛酉	1	6	11	26	庚寅	
8	9	6	24	庚申	9	9	7	25	辛卯	10	10	8	27	壬戌	11	9	9	27	壬辰	12	9	10	28	壬戌	1	7	11	27	辛卯	
8	10	6	25	辛酉	9	10	7	26	壬辰	10	11	8	28	癸亥	11	10	9	28	癸巳	12	10	10	29	癸亥	1	8	11	28	壬辰	
8	11	6	26	壬戌	9	11	7	27	癸巳	10	12	8	29	甲子	11	11	9	29	甲午	12	11	10	30	甲子	1	9	11	29	癸巳	
8	12	6	27	癸亥	9	12	7	28	甲午	10	13	8	30	乙丑	11	12	10	1	乙未	12	12	11	1	乙丑	1	10	12	1	甲午	
8	13	6	28	甲子	9	13	7	29	乙未	10	14	9	1	丙寅	11	13	10	2	丙申	12	13	11	2	丙寅	1	11	12	2	乙未	
8	14	6	29	乙丑	9	14	8	1	丙申	10	15	9	2	丁卯	11	14	10	3	丁酉	12	14	11	3	丁卯	1	12	12	3	丙申	
8	15	6	30	丙寅	9	15	8	2	丁酉	10	16	9	3	戊辰	11	15	10	4	戊戌	12	15	11	4	戊辰	1	13	12	4	丁酉	
8	16	7	1	丁卯	9	16	8	3	戊戌	10	17	9	4	己巳	11	16	10	5	己亥	12	16	11	5	己巳	1	14	12	5	戊戌	
8	17	7	2	戊辰	9	17	8	4	己亥	10	18	9	5	庚午	11	17	10	6	庚子	12	17	11	6	庚午	1	15	12	6	己亥	
8	18	7	3	己巳	9	18	8	5	庚子	10	19	9	6	辛未	11	18	10	7	辛丑	12	18	11	7	辛未	1	16	12	7	庚子	
8	19	7	4	庚午	9	19	8	6	辛丑	10	20	9	7	壬申	11	19	10	8	壬寅	12	19	11	8	壬申	1	17	12	8	辛丑	
8	20	7	5	辛未	9	20	8	7	壬寅	10	21	9	8	癸酉	11	20	10	9	癸卯	12	20	11	9	癸酉	1	18	12	9	壬寅	
8	21	7	6	壬申	9	21	8	8	癸卯	10	22	9	9	甲戌	11	21	10	10	甲辰	12	21	11	10	甲戌	1	19	12	10	癸卯	
8	22	7	7	癸酉	9	22	8	9	甲辰	10	23	9	10	乙亥	11	22	10	11	乙巳	12	22	11	11	乙亥	1	20	12	11	甲辰	
8	23	7	8	甲戌	9	23	8	10	乙巳	10	24	9	11	丙子	11	23	10	12	丙午	12	23	11	12	丙子	1	21	12	12	乙巳	
8	24	7	9	乙亥	9	24	8	11	丙午	10	25	9	12	丁丑	11	24	10	13	丁未	12	24	11	13	丁丑	1	22	12	13	丙午	
8	25	7	10	丙子	9	25	8	12	丁未	10	26	9	13	戊寅	11	25	10	14	戊申	12	25	11	14	戊寅	1	23	12	14	丁未	
8	26	7	11	丁丑	9	26	8	13	戊申	10	27	9	14	己卯	11	26	10	15	己酉	12	26	11	15	己卯	1	24	12	15	戊申	
8	27	7	12	戊寅	9	27	8	14	己酉	10	28	9	15	庚辰	11	27	10	16	庚戌	12	27	11	16	庚辰	1	25	12	16	己酉	2004、2005
8	28	7	13	己卯	9	28	8	15	庚戌	10	29	9	16	辛巳	11	28	10	17	辛亥	12	28	11	17	辛巳	1	26	12	17	庚戌	
8	29	7	14	庚辰	9	29	8	16	辛亥	10	30	9	17	壬午	11	29	10	18	壬子	12	29	11	18	壬午	1	27	12	18	辛亥	
8	30	7	15	辛巳	9	30	8	17	壬子	10	31	9	18	癸未	11	30	10	19	癸丑	12	30	11	19	癸未	1	28	12	19	壬子	
8	31	7	16	壬午	10	1	8	18	癸丑	11	1	9	19	甲申	12	1	10	20	甲寅	12	31	11	20	甲申	1	29	12	20	癸丑	
9	1	7	17	癸未	10	2	8	19	甲寅	11	2	9	20	乙酉	12	2	10	21	乙卯	1	1	11	21	乙酉	1	30	12	21	甲寅	
9	2	7	18	甲申	10	3	8	20	乙卯	11	3	9	21	丙戌	12	3	10	22	丙辰	1	2	11	22	丙戌	1	31	12	22	乙卯	
9	3	7	19	乙酉	10	4	8	21	丙辰	11	4	9	22	丁亥	12	4	10	23	丁巳	1	3	11	23	丁亥	2	1	12	23	丙辰	
9	4	7	20	丙戌	10	5	8	22	丁巳	11	5	9	23	戊子	12	5	10	24	戊午	1	4	11	24	戊子	2	2	12	24	丁巳	
9	5	7	21	丁亥	10	6	8	23	戊午	11	6	9	24	己丑	12	6	10	25	己未						2	3	12	25	戊午	
9	6	7	22	戊子	10	7	8	24	己未																					
處暑					秋分					霜降					小雪					冬至					大寒					中氣
8/23 2時53分 丑時					9/23 0時29分 子時					10/23 9時48分 巳時					11/22 7時21分 辰時					12/21 20時41分 戌時					1/20 7時21分 辰時					

年	乙酉																													
月	戊寅					己卯					庚辰					辛巳					壬午					癸未				
節	立春					驚蟄					清明					立夏					芒種					小暑				
氣	2/4 1時43分 丑時					3/5 19時45分 戌時					4/5 0時34分 子時					5/5 17時52分 酉時					6/5 22時1分 亥時					7/7 8時16分 辰時				
日	國曆		農曆		干支	國曆		農曆		干支	國曆		農曆		干支	國曆		農曆		干支	國曆		農曆		干支	國曆		農曆		干支
中華民國九十四年 雞 2005	2	4	12	26	己未	3	5	1	25	戊子	4	5	2	27	己未	5	5	3	27	己丑	6	5	4	29	庚申	7	7	6	2	壬辰
	2	5	12	27	庚申	3	6	1	26	己丑	4	6	2	28	庚申	5	6	3	28	庚寅	6	6	4	30	辛酉	7	8	6	3	癸巳
	2	6	12	28	辛酉	3	7	1	27	庚寅	4	7	2	29	辛酉	5	7	3	29	辛卯	6	7	5	1	壬戌	7	9	6	4	甲午
	2	7	12	29	壬戌	3	8	1	28	辛卯	4	8	2	30	壬戌	5	8	4	1	壬辰	6	8	5	2	癸亥	7	10	6	5	乙未
	2	8	12	30	癸亥	3	9	1	29	壬辰	4	9	3	1	癸亥	5	9	4	2	癸巳	6	9	5	3	甲子	7	11	6	6	丙申
	2	9	1	1	甲子	3	10	2	1	癸巳	4	10	3	2	甲子	5	10	4	3	甲午	6	10	5	4	乙丑	7	12	6	7	丁酉
	2	10	1	2	乙丑	3	11	2	2	甲午	4	11	3	3	乙丑	5	11	4	4	乙未	6	11	5	5	丙寅	7	13	6	8	戊戌
	2	11	1	3	丙寅	3	12	2	3	乙未	4	12	3	4	丙寅	5	12	4	5	丙申	6	12	5	6	丁卯	7	14	6	9	己亥
	2	12	1	4	丁卯	3	13	2	4	丙申	4	13	3	5	丁卯	5	13	4	6	丁酉	6	13	5	7	戊辰	7	15	6	10	庚子
	2	13	1	5	戊辰	3	14	2	5	丁酉	4	14	3	6	戊辰	5	14	4	7	戊戌	6	14	5	8	己巳	7	16	6	11	辛丑
	2	14	1	6	己巳	3	15	2	6	戊戌	4	15	3	7	己巳	5	15	4	8	己亥	6	15	5	9	庚午	7	17	6	12	壬寅
	2	15	1	7	庚午	3	16	2	7	己亥	4	16	3	8	庚午	5	16	4	9	庚子	6	16	5	10	辛未	7	18	6	13	癸卯
	2	16	1	8	辛未	3	17	2	8	庚子	4	17	3	9	辛未	5	17	4	10	辛丑	6	17	5	11	壬申	7	19	6	14	甲辰
	2	17	1	9	壬申	3	18	2	9	辛丑	4	18	3	10	壬申	5	18	4	11	壬寅	6	18	5	12	癸酉	7	20	6	15	乙巳
	2	18	1	10	癸酉	3	19	2	10	壬寅	4	19	3	11	癸酉	5	19	4	12	癸卯	6	19	5	13	甲戌	7	21	6	16	丙午
	2	19	1	11	甲戌	3	20	2	11	癸卯	4	20	3	12	甲戌	5	20	4	13	甲辰	6	20	5	14	乙亥	7	22	6	17	丁未
	2	20	1	12	乙亥	3	21	2	12	甲辰	4	21	3	13	乙亥	5	21	4	14	乙巳	6	21	5	15	丙子	7	23	6	18	戊申
	2	21	1	13	丙子	3	22	2	13	乙巳	4	22	3	14	丙子	5	22	4	15	丙午	6	22	5	16	丁丑	7	24	6	19	己酉
	2	22	1	14	丁丑	3	23	2	14	丙午	4	23	3	15	丁丑	5	23	4	16	丁未	6	23	5	17	戊寅	7	25	6	20	庚戌
	2	23	1	15	戊寅	3	24	2	15	丁未	4	24	3	16	戊寅	5	24	4	17	戊申	6	24	5	18	己卯	7	26	6	21	辛亥
	2	24	1	16	己卯	3	25	2	16	戊申	4	25	3	17	己卯	5	25	4	18	己酉	6	25	5	19	庚辰	7	27	6	22	壬子
	2	25	1	17	庚辰	3	26	2	17	己酉	4	26	3	18	庚辰	5	26	4	19	庚戌	6	26	5	20	辛巳	7	28	6	23	癸丑
	2	26	1	18	辛巳	3	27	2	18	庚戌	4	27	3	19	辛巳	5	27	4	20	辛亥	6	27	5	21	壬午	7	29	6	24	甲寅
	2	27	1	19	壬午	3	28	2	19	辛亥	4	28	3	20	壬午	5	28	4	21	壬子	6	28	5	22	癸未	7	30	6	25	乙卯
	2	28	1	20	癸未	3	29	2	20	壬子	4	29	3	21	癸未	5	29	4	22	癸丑	6	29	5	23	甲申	7	31	6	26	丙辰
	3	1	1	21	甲申	3	30	2	21	癸丑	4	30	3	22	甲申	5	30	4	23	甲寅	6	30	5	24	乙酉	8	1	6	27	丁巳
	3	2	1	22	乙酉	3	31	2	22	甲寅	5	1	3	23	乙酉	5	31	4	24	乙卯	7	1	5	25	丙戌	8	2	6	28	戊午
	3	3	1	23	丙戌	4	1	2	23	乙卯	5	2	3	24	丙戌	6	1	4	25	丙辰	7	2	5	26	丁亥	8	3	6	29	己未
	3	4	1	24	丁亥	4	2	2	24	丙辰	5	3	3	25	丁亥	6	2	4	26	丁巳	7	3	5	27	戊子	8	4	6	30	庚申
						4	3	2	25	丁巳	5	4	3	26	戊子	6	3	4	27	戊午	7	4	5	28	己丑	8	5	7	1	辛酉
						4	4	2	26	戊午						6	4	4	28	己未	7	5	5	29	庚寅	8	6	7	2	壬戌
																					7	6	6	1	辛卯					
中	雨水					春分					穀雨					小滿					夏至					大暑				
氣	2/18 21時31分 亥時					3/20 20時33分 戌時					4/20 7時37分 辰時					5/21 6時47分 卯時					6/21 14時46分 未時					7/23 1時40分 丑時				

乙酉																														年
甲申					乙酉					丙戌					丁亥					戊子					己丑					月
立秋					白露					寒露					立冬					大雪					小寒					節氣
8/7 18時3分 酉時					9/7 20時56分 戌時					10/8 12時33分 午時					11/7 15時42分 申時					12/7 8時32分 辰時					1/5 19時46分 戌時					
國曆		農曆		干支	國曆		農曆		干支	國曆		農曆		干支	國曆		農曆		干支	國曆		農曆		干支	國曆		農曆		干支	日
8	7	7	3	癸亥	9	7	8	4	甲午	10	8	9	6	乙丑	11	7	10	6	乙未	12	7	11	7	乙丑	1	5	12	6	甲午	中華民國九十四、九十五年
8	8	7	4	甲子	9	8	8	5	乙未	10	9	9	7	丙寅	11	8	10	7	丙申	12	8	11	8	丙寅	1	6	12	7	乙未	雞
8	9	7	5	乙丑	9	9	8	6	丙申	10	10	9	8	丁卯	11	9	10	8	丁酉	12	9	11	9	丁卯	1	7	12	8	丙申	2005、2006
8	10	7	6	丙寅	9	10	8	7	丁酉	10	11	9	9	戊辰	11	10	10	9	戊戌	12	10	11	10	戊辰	1	8	12	9	丁酉	
8	11	7	7	丁卯	9	11	8	8	戊戌	10	12	9	10	己巳	11	11	10	10	己亥	12	11	11	11	己巳	1	9	12	10	戊戌	
8	12	7	8	戊辰	9	12	8	9	己亥	10	13	9	11	庚午	11	12	10	11	庚子	12	12	11	12	庚午	1	10	12	11	己亥	
8	13	7	9	己巳	9	13	8	10	庚子	10	14	9	12	辛未	11	13	10	12	辛丑	12	13	11	13	辛未	1	11	12	12	庚子	
8	14	7	10	庚午	9	14	8	11	辛丑	10	15	9	13	壬申	11	14	10	13	壬寅	12	14	11	14	壬申	1	12	12	13	辛丑	
8	15	7	11	辛未	9	15	8	12	壬寅	10	16	9	14	癸酉	11	15	10	14	癸卯	12	15	11	15	癸酉	1	13	12	14	壬寅	
8	16	7	12	壬申	9	16	8	13	癸卯	10	17	9	15	甲戌	11	16	10	15	甲辰	12	16	11	16	甲戌	1	14	12	15	癸卯	
8	17	7	13	癸酉	9	17	8	14	甲辰	10	18	9	16	乙亥	11	17	10	16	乙巳	12	17	11	17	乙亥	1	15	12	16	甲辰	
8	18	7	14	甲戌	9	18	8	15	乙巳	10	19	9	17	丙子	11	18	10	17	丙午	12	18	11	18	丙子	1	16	12	17	乙巳	
8	19	7	15	乙亥	9	19	8	16	丙午	10	20	9	18	丁丑	11	19	10	18	丁未	12	19	11	19	丁丑	1	17	12	18	丙午	
8	20	7	16	丙子	9	20	8	17	丁未	10	21	9	19	戊寅	11	20	10	19	戊申	12	20	11	20	戊寅	1	18	12	19	丁未	
8	21	7	17	丁丑	9	21	8	18	戊申	10	22	9	20	己卯	11	21	10	20	己酉	12	21	11	21	己卯	1	19	12	20	戊申	
8	22	7	18	戊寅	9	22	8	19	己酉	10	23	9	21	庚辰	11	22	10	21	庚戌	12	22	11	22	庚辰	1	20	12	21	己酉	
8	23	7	19	己卯	9	23	8	20	庚戌	10	24	9	22	辛巳	11	23	10	22	辛亥	12	23	11	23	辛巳	1	21	12	22	庚戌	
8	24	7	20	庚辰	9	24	8	21	辛亥	10	25	9	23	壬午	11	24	10	23	壬子	12	24	11	24	壬午	1	22	12	23	辛亥	
8	25	7	21	辛巳	9	25	8	22	壬子	10	26	9	24	癸未	11	25	10	24	癸丑	12	25	11	25	癸未	1	23	12	24	壬子	
8	26	7	22	壬午	9	26	8	23	癸丑	10	27	9	25	甲申	11	26	10	25	甲寅	12	26	11	26	甲申	1	24	12	25	癸丑	
8	27	7	23	癸未	9	27	8	24	甲寅	10	28	9	26	乙酉	11	27	10	26	乙卯	12	27	11	27	乙酉	1	25	12	26	甲寅	
8	28	7	24	甲申	9	28	8	25	乙卯	10	29	9	27	丙戌	11	28	10	27	丙辰	12	28	11	28	丙戌	1	26	12	27	乙卯	
8	29	7	25	乙酉	9	29	8	26	丙辰	10	30	9	28	丁亥	11	29	10	28	丁巳	12	29	11	29	丁亥	1	27	12	28	丙辰	
8	30	7	26	丙戌	9	30	8	27	丁巳	10	31	9	29	戊子	11	30	10	29	戊午	12	30	11	30	戊子	1	28	12	29	丁巳	
8	31	7	27	丁亥	10	1	8	28	戊午	11	1	9	30	己丑	12	1	11	1	己未	12	31	12	1	己丑	1	29	1	1	戊午	
9	1	7	28	戊子	10	2	8	29	己未	11	2	10	1	庚寅	12	2	11	2	庚申	1	1	12	2	庚寅	1	30	1	2	己未	
9	2	7	29	己丑	10	3	9	1	庚申	11	3	10	2	辛卯	12	3	11	3	辛酉	1	2	12	3	辛卯	1	31	1	3	庚申	
9	3	7	30	庚寅	10	4	9	2	辛酉	11	4	10	3	壬辰	12	4	11	4	壬戌	1	3	12	4	壬辰	2	1	1	4	辛酉	
9	4	8	1	辛卯	10	5	9	3	壬戌	11	5	10	4	癸巳	12	5	11	5	癸亥	1	4	12	5	癸巳	2	2	1	5	壬戌	
9	5	8	2	壬辰	10	6	9	4	癸亥	11	6	10	5	甲午	12	6	11	6	甲子						2	3	1	6	癸亥	
9	6	8	3	癸巳	10	7	9	5	甲子																					
處暑					秋分					霜降					小雪					冬至					大寒					中氣
8/23 8時45分 辰時					9/23 6時23分 卯時					10/23 15時42分 申時					11/22 13時14分 未時					12/22 2時34分 丑時					1/20 13時15分 未時					

年	丙戌																													
月	庚寅					辛卯					壬辰					癸巳					甲午					乙未				
節氣	立春					驚蛰					清明					立夏					芒種					小暑				
	2/4 7時27分 辰時					3/6 1時28分 丑時					4/5 6時15分 卯時					5/5 23時30分 子時					6/6 3時36分 寅時					7/7 13時51分 未時				
日	國曆		農曆		干支	國曆		農曆		干支	國曆		農曆		干支	國曆		農曆		干支	國曆		農曆		干支	國曆		農曆		干支
中華民國九十五年 狗 2006	2	4	1	7	甲子	3	6	2	7	甲午	4	5	3	8	甲子	5	5	4	8	甲午	6	6	5	11	丙寅	7	7	6	12	丁酉
	2	5	1	8	乙丑	3	7	2	8	乙未	4	6	3	9	乙丑	5	6	4	9	乙未	6	7	5	12	丁卯	7	8	6	13	戊戌
	2	6	1	9	丙寅	3	8	2	9	丙申	4	7	3	10	丙寅	5	7	4	10	丙申	6	8	5	13	戊辰	7	9	6	14	己亥
	2	7	1	10	丁卯	3	9	2	10	丁酉	4	8	3	11	丁卯	5	8	4	11	丁酉	6	9	5	14	己巳	7	10	6	15	庚子
	2	8	1	11	戊辰	3	10	2	11	戊戌	4	9	3	12	戊辰	5	9	4	12	戊戌	6	10	5	15	庚午	7	11	6	16	辛丑
	2	9	1	12	己巳	3	11	2	12	己亥	4	10	3	13	己巳	5	10	4	13	己亥	6	11	5	16	辛未	7	12	6	17	壬寅
	2	10	1	13	庚午	3	12	2	13	庚子	4	11	3	14	庚午	5	11	4	14	庚子	6	12	5	17	壬申	7	13	6	18	癸卯
	2	11	1	14	辛未	3	13	2	14	辛丑	4	12	3	15	辛未	5	12	4	15	辛丑	6	13	5	18	癸酉	7	14	6	19	甲辰
	2	12	1	15	壬申	3	14	2	15	壬寅	4	13	3	16	壬申	5	13	4	16	壬寅	6	14	5	19	甲戌	7	15	6	20	乙巳
	2	13	1	16	癸酉	3	15	2	16	癸卯	4	14	3	17	癸酉	5	14	4	17	癸卯	6	15	5	20	乙亥	7	16	6	21	丙午
	2	14	1	17	甲戌	3	16	2	17	甲辰	4	15	3	18	甲戌	5	15	4	18	甲辰	6	16	5	21	丙子	7	17	6	22	丁未
	2	15	1	18	乙亥	3	17	2	18	乙巳	4	16	3	19	乙亥	5	16	4	19	乙巳	6	17	5	22	丁丑	7	18	6	23	戊申
	2	16	1	19	丙子	3	18	2	19	丙午	4	17	3	20	丙子	5	17	4	20	丙午	6	18	5	23	戊寅	7	19	6	24	己酉
	2	17	1	20	丁丑	3	19	2	20	丁未	4	18	3	21	丁丑	5	18	4	21	丁未	6	19	5	24	己卯	7	20	6	25	庚戌
	2	18	1	21	戊寅	3	20	2	21	戊申	4	19	3	22	戊寅	5	19	4	22	戊申	6	20	5	25	庚辰	7	21	6	26	辛亥
	2	19	1	22	己卯	3	21	2	22	己酉	4	20	3	23	己卯	5	20	4	23	己酉	6	21	5	26	辛巳	7	22	6	27	壬子
	2	20	1	23	庚辰	3	22	2	23	庚戌	4	21	3	24	庚辰	5	21	4	24	庚戌	6	22	5	27	壬午	7	23	6	28	癸丑
	2	21	1	24	辛巳	3	23	2	24	辛亥	4	22	3	25	辛巳	5	22	4	25	辛亥	6	23	5	28	癸未	7	24	6	29	甲寅
	2	22	1	25	壬午	3	24	2	25	壬子	4	23	3	26	壬午	5	23	4	26	壬子	6	24	5	29	甲申	7	25	7	1	乙卯
	2	23	1	26	癸未	3	25	2	26	癸丑	4	24	3	27	癸未	5	24	4	27	癸丑	6	25	5	30	乙酉	7	26	7	2	丙辰
	2	24	1	27	甲申	3	26	2	27	甲寅	4	25	3	28	甲申	5	25	4	28	甲寅	6	26	6	1	丙戌	7	27	7	3	丁巳
	2	25	1	28	乙酉	3	27	2	28	乙卯	4	26	3	29	乙酉	5	26	4	29	乙卯	6	27	6	2	丁亥	7	28	7	4	戊午
	2	26	1	29	丙戌	3	28	2	29	丙辰	4	27	3	30	丙戌	5	27	5	1	丙辰	6	28	6	3	戊子	7	29	7	5	己未
	2	27	1	30	丁亥	3	29	3	1	丁巳	4	28	4	1	丁亥	5	28	5	2	丁巳	6	29	6	4	己丑	7	30	7	6	庚申
	2	28	2	1	戊子	3	30	3	2	戊午	4	29	4	2	戊子	5	29	5	3	戊午	6	30	6	5	庚寅	7	31	7	7	辛酉
	3	1	2	2	己丑	3	31	3	3	己未	4	30	4	3	己丑	5	30	5	4	己未	7	1	6	6	辛卯	8	1	7	8	壬戌
	3	2	2	3	庚寅	4	1	3	4	庚申	5	1	4	4	庚寅	5	31	5	5	庚申	7	2	6	7	壬辰	8	2	7	9	癸亥
	3	3	2	4	辛卯	4	2	3	5	辛酉	5	2	4	5	辛卯	6	1	5	6	辛酉	7	3	6	8	癸巳	8	3	7	10	甲子
	3	4	2	5	壬辰	4	3	3	6	壬戌	5	3	4	6	壬辰	6	2	5	7	壬戌	7	4	6	9	甲午	8	4	7	11	乙丑
	3	5	2	6	癸巳	4	4	3	7	癸亥	5	4	4	7	癸巳	6	3	5	8	癸亥	7	5	6	10	乙未	8	5	7	12	丙寅
																6	4	5	9	甲子	7	6	6	11	丙申	8	6	7	13	丁卯
																6	5	5	10	乙丑										
中氣	雨水					春分					穀雨					小滿					夏至					大暑				
	2/19 3時25分 寅時					3/21 2時25分 丑時					4/20 13時26分 未時					5/21 12時31分 午時					6/21 20時25分 戌時					7/23 7時17分 辰時				

丙戌																														年
丙申					丁酉					戊戌					己亥					庚子					辛丑					月
立秋					白露					寒露					立冬					大雪					小寒					節氣
8/7 23時40分 子時					9/8 2時38分 丑時					10/8 18時21分 酉時					11/7 21時34分 亥時					12/7 14時26分 未時					1/6 1時40分 丑時					
國曆		農曆		干支	國曆		農曆		干支	國曆		農曆		干支	國曆		農曆		干支	國曆		農曆		干支	國曆		農曆		干支	日
8	7	7	14	戊辰	9	8	7	16	庚子	10	8	8	17	庚午	11	7	9	17	庚子	12	7	10	17	庚午	1	6	11	18	庚子	中華民國九十五、九十六年 狗 2006、2007
8	8	7	15	己巳	9	9	7	17	辛丑	10	9	8	18	辛未	11	8	9	18	辛丑	12	8	10	18	辛未	1	7	11	19	辛丑	
8	9	7	16	庚午	9	10	7	18	壬寅	10	10	8	19	壬申	11	9	9	19	壬寅	12	9	10	19	壬申	1	8	11	20	壬寅	
8	10	7	17	辛未	9	11	7	19	癸卯	10	11	8	20	癸酉	11	10	9	20	癸卯	12	10	10	20	癸酉	1	9	11	21	癸卯	
8	11	7	18	壬申	9	12	7	20	甲辰	10	12	8	21	甲戌	11	11	9	21	甲辰	12	11	10	21	甲戌	1	10	11	22	甲辰	
8	12	7	19	癸酉	9	13	7	21	乙巳	10	13	8	22	乙亥	11	12	9	22	乙巳	12	12	10	22	乙亥	1	11	11	23	乙巳	
8	13	7	20	甲戌	9	14	7	22	丙午	10	14	8	23	丙子	11	13	9	23	丙午	12	13	10	23	丙子	1	12	11	24	丙午	
8	14	7	21	乙亥	9	15	7	23	丁未	10	15	8	24	丁丑	11	14	9	24	丁未	12	14	10	24	丁丑	1	13	11	25	丁未	
8	15	7	22	丙子	9	16	7	24	戊申	10	16	8	25	戊寅	11	15	9	25	戊申	12	15	10	25	戊寅	1	14	11	26	戊申	
8	16	7	23	丁丑	9	17	7	25	己酉	10	17	8	26	己卯	11	16	9	26	己酉	12	16	10	26	己卯	1	15	11	27	己酉	
8	17	7	24	戊寅	9	18	7	26	庚戌	10	18	8	27	庚辰	11	17	9	27	庚戌	12	17	10	27	庚辰	1	16	11	28	庚戌	
8	18	7	25	己卯	9	19	7	27	辛亥	10	19	8	28	辛巳	11	18	9	28	辛亥	12	18	10	28	辛巳	1	17	11	29	辛亥	
8	19	7	26	庚辰	9	20	7	28	壬子	10	20	8	29	壬午	11	19	9	29	壬子	12	19	10	29	壬午	1	18	11	30	壬子	
8	20	7	27	辛巳	9	21	7	29	癸丑	10	21	8	30	癸未	11	20	9	30	癸丑	12	20	11	1	癸未	1	19	12	1	癸丑	
8	21	7	28	壬午	9	22	8	1	甲寅	10	22	9	1	甲申	11	21	10	1	甲寅	12	21	11	2	甲申	1	20	12	2	甲寅	
8	22	7	29	癸未	9	23	8	2	乙卯	10	23	9	2	乙酉	11	22	10	2	乙卯	12	22	11	3	乙酉	1	21	12	3	乙卯	
8	23	7	30	甲申	9	24	8	3	丙辰	10	24	9	3	丙戌	11	23	10	3	丙辰	12	23	11	4	丙戌	1	22	12	4	丙辰	
8	24	閏7	1	乙酉	9	25	8	4	丁巳	10	25	9	4	丁亥	11	24	10	4	丁巳	12	24	11	5	丁亥	1	23	12	5	丁巳	
8	25	7	2	丙戌	9	26	8	5	戊午	10	26	9	5	戊子	11	25	10	5	戊午	12	25	11	6	戊子	1	24	12	6	戊午	
8	26	7	3	丁亥	9	27	8	6	己未	10	27	9	6	己丑	11	26	10	6	己未	12	26	11	7	己丑	1	25	12	7	己未	
8	27	7	4	戊子	9	28	8	7	庚申	10	28	9	7	庚寅	11	27	10	7	庚申	12	27	11	8	庚寅	1	26	12	8	庚申	
8	28	7	5	己丑	9	29	8	8	辛酉	10	29	9	8	辛卯	11	28	10	8	辛酉	12	28	11	9	辛卯	1	27	12	9	辛酉	
8	29	7	6	庚寅	9	30	8	9	壬戌	10	30	9	9	壬辰	11	29	10	9	壬戌	12	29	11	10	壬辰	1	28	12	10	壬戌	
8	30	7	7	辛卯	10	1	8	10	癸亥	10	31	9	10	癸巳	11	30	10	10	癸亥	12	30	11	11	癸巳	1	29	12	11	癸亥	
8	31	7	8	壬辰	10	2	8	11	甲子	11	1	9	11	甲午	12	1	10	11	甲子	12	31	11	12	甲午	1	30	12	12	甲子	
9	1	7	9	癸巳	10	3	8	12	乙丑	11	2	9	12	乙未	12	2	10	12	乙丑	1	1	11	13	乙未	1	31	12	13	乙丑	
9	2	7	10	甲午	10	4	8	13	丙寅	11	3	9	13	丙申	12	3	10	13	丙寅	1	2	11	14	丙申	2	1	12	14	丙寅	
9	3	7	11	乙未	10	5	8	14	丁卯	11	4	9	14	丁酉	12	4	10	14	丁卯	1	3	11	15	丁酉	2	2	12	15	丁卯	
9	4	7	12	丙申	10	6	8	15	戊辰	11	5	9	15	戊戌	12	5	10	15	戊辰	1	4	11	16	戊戌	2	3	12	16	戊辰	
9	5	7	13	丁酉	10	7	8	16	己巳	11	6	9	16	己亥	12	6	10	16	己巳	1	5	11	17	己亥						
9	6	7	14	戊戌																										
9	7	7	15	己亥																										
處暑					秋分					霜降					小雪					冬至					大寒					中氣
8/23 14時22分 未時					9/23 12時3分 午時					10/23 21時26分 亥時					11/22 19時1分 戌時					12/22 8時22分 辰時					1/20 19時0分 戌時					

年	丁亥																													
月	壬寅					癸卯					甲辰					乙巳					丙午					丁未				
節氣	立春					驚蟄					清明					立夏					芒種					小暑				
	2/4 13時18分 未時					3/6 7時17分 辰時					4/5 12時4分 午時					5/6 5時20分 卯時					6/6 9時27分 巳時					7/7 19時41分 戌時				
日	國曆		農曆		干支	國曆		農曆		干支	國曆		農曆		干支	國曆		農曆		干支	國曆		農曆		干支	國曆		農曆		干支
中華民國九十六年 豬	2	4	12	17	己巳	3	6	1	17	己亥	4	5	2	18	己巳	5	6	3	20	庚子	6	6	4	21	辛未	7	7	5	23	壬寅
	2	5	12	18	庚午	3	7	1	18	庚子	4	6	2	19	庚午	5	7	3	21	辛丑	6	7	4	22	壬申	7	8	5	24	癸卯
	2	6	12	19	辛未	3	8	1	19	辛丑	4	7	2	20	辛未	5	8	3	22	壬寅	6	8	4	23	癸酉	7	9	5	25	甲辰
	2	7	12	20	壬申	3	9	1	20	壬寅	4	8	2	21	壬申	5	9	3	23	癸卯	6	9	4	24	甲戌	7	10	5	26	乙巳
	2	8	12	21	癸酉	3	10	1	21	癸卯	4	9	2	22	癸酉	5	10	3	24	甲辰	6	10	4	25	乙亥	7	11	5	27	丙午
	2	9	12	22	甲戌	3	11	1	22	甲辰	4	10	2	23	甲戌	5	11	3	25	乙巳	6	11	4	26	丙子	7	12	5	28	丁未
	2	10	12	23	乙亥	3	12	1	23	乙巳	4	11	2	24	乙亥	5	12	3	26	丙午	6	12	4	27	丁丑	7	13	5	29	戊申
	2	11	12	24	丙子	3	13	1	24	丙午	4	12	2	25	丙子	5	13	3	27	丁未	6	13	4	28	戊寅	7	14	6	1	己酉
	2	12	12	25	丁丑	3	14	1	25	丁未	4	13	2	26	丁丑	5	14	3	28	戊申	6	14	4	29	己卯	7	15	6	2	庚戌
	2	13	12	26	戊寅	3	15	1	26	戊申	4	14	2	27	戊寅	5	15	3	29	己酉	6	15	5	1	庚辰	7	16	6	3	辛亥
	2	14	12	27	己卯	3	16	1	27	己酉	4	15	2	28	己卯	5	16	3	30	庚戌	6	16	5	2	辛巳	7	17	6	4	壬子
	2	15	12	28	庚辰	3	17	1	28	庚戌	4	16	2	29	庚辰	5	17	4	1	辛亥	6	17	5	3	壬午	7	18	6	5	癸丑
	2	16	12	29	辛巳	3	18	1	29	辛亥	4	17	3	1	辛巳	5	18	4	2	壬子	6	18	5	4	癸未	7	19	6	6	甲寅
	2	17	12	30	壬午	3	19	2	1	壬子	4	18	3	2	壬午	5	19	4	3	癸丑	6	19	5	5	甲申	7	20	6	7	乙卯
	2	18	1	1	癸未	3	20	2	2	癸丑	4	19	3	3	癸未	5	20	4	4	甲寅	6	20	5	6	乙酉	7	21	6	8	丙辰
	2	19	1	2	甲申	3	21	2	3	甲寅	4	20	3	4	甲申	5	21	4	5	乙卯	6	21	5	7	丙戌	7	22	6	9	丁巳
	2	20	1	3	乙酉	3	22	2	4	乙卯	4	21	3	5	乙酉	5	22	4	6	丙辰	6	22	5	8	丁亥	7	23	6	10	戊午
	2	21	1	4	丙戌	3	23	2	5	丙辰	4	22	3	6	丙戌	5	23	4	7	丁巳	6	23	5	9	戊子	7	24	6	11	己未
	2	22	1	5	丁亥	3	24	2	6	丁巳	4	23	3	7	丁亥	5	24	4	8	戊午	6	24	5	10	己丑	7	25	6	12	庚申
	2	23	1	6	戊子	3	25	2	7	戊午	4	24	3	8	戊子	5	25	4	9	己未	6	25	5	11	庚寅	7	26	6	13	辛酉
	2	24	1	7	己丑	3	26	2	8	己未	4	25	3	9	己丑	5	26	4	10	庚申	6	26	5	12	辛卯	7	27	6	14	壬戌
	2	25	1	8	庚寅	3	27	2	9	庚申	4	26	3	10	庚寅	5	27	4	11	辛酉	6	27	5	13	壬辰	7	28	6	15	癸亥
2007	2	26	1	9	辛卯	3	28	2	10	辛酉	4	27	3	11	辛卯	5	28	4	12	壬戌	6	28	5	14	癸巳	7	29	6	16	甲子
	2	27	1	10	壬辰	3	29	2	11	壬戌	4	28	3	12	壬辰	5	29	4	13	癸亥	6	29	5	15	甲午	7	30	6	17	乙丑
	2	28	1	11	癸巳	3	30	2	12	癸亥	4	29	3	13	癸巳	5	30	4	14	甲子	6	30	5	16	乙未	7	31	6	18	丙寅
	3	1	1	12	甲午	3	31	2	13	甲子	4	30	3	14	甲午	5	31	4	15	乙丑	7	1	5	17	丙申	8	1	6	19	丁卯
	3	2	1	13	乙未	4	1	2	14	乙丑	5	1	3	15	乙未	6	1	4	16	丙寅	7	2	5	18	丁酉	8	2	6	20	戊辰
	3	3	1	14	丙申	4	2	2	15	丙寅	5	2	3	16	丙申	6	2	4	17	丁卯	7	3	5	19	戊戌	8	3	6	21	己巳
	3	4	1	15	丁酉	4	3	2	16	丁卯	5	3	3	17	丁酉	6	3	4	18	戊辰	7	4	5	20	己亥	8	4	6	22	庚午
	3	5	1	16	戊戌	4	4	2	17	戊辰	5	4	3	18	戊戌	6	4	4	19	己巳	7	5	5	21	庚子	8	5	6	23	辛未
											5	5	3	19	己亥	6	5	4	20	庚午	7	6	5	22	辛丑	8	6	6	24	壬申
																										8	7	6	25	癸酉
中氣	雨水					春分					穀雨					小滿					夏至					大暑				
	2/19 9時8分 巳時					3/21 8時7分 辰時					4/20 19時7分 戌時					5/21 18時11分 酉時					6/22 2時6分 丑時					7/23 13時0分 未時				

丁亥																														年
戊申					己酉					庚戌					辛亥					壬子					癸丑					月
立秋					白露					寒露					立冬					大雪					小寒					節
8/8 5時31分 卯時					9/8 8時29分 辰時					10/9 0時11分 子時					11/8 3時23分 寅時					12/7 20時14分 戌時					1/6 7時24分 辰時					氣
國曆		農曆		干支	國曆		農曆		干支	國曆		農曆		干支	國曆		農曆		干支	國曆		農曆		干支	國曆		農曆		干支	日
8	8	6	26	甲戌	9	8	7	27	乙巳	10	9	8	29	丙子	11	8	9	29	丙午	12	7	10	28	乙亥	1	6	11	28	乙巳	中華民國九十六、九十七年 豬 2007、2008
8	9	6	27	乙亥	9	9	7	28	丙午	10	10	8	30	丁丑	11	9	9	30	丁未	12	8	10	29	丙子	1	7	11	29	丙午	
8	10	6	28	丙子	9	10	7	29	丁未	10	11	9	1	戊寅	11	10	10	1	戊申	12	9	10	30	丁丑	1	8	12	1	丁未	
8	11	6	29	丁丑	9	11	8	1	戊申	10	12	9	2	己卯	11	11	10	2	己酉	12	10	11	1	戊寅	1	9	12	2	戊申	
8	12	6	30	戊寅	9	12	8	2	己酉	10	13	9	3	庚辰	11	12	10	3	庚戌	12	11	11	2	己卯	1	10	12	3	己酉	
8	13	7	1	己卯	9	13	8	3	庚戌	10	14	9	4	辛巳	11	13	10	4	辛亥	12	12	11	3	庚辰	1	11	12	4	庚戌	
8	14	7	2	庚辰	9	14	8	4	辛亥	10	15	9	5	壬午	11	14	10	5	壬子	12	13	11	4	辛巳	1	12	12	5	辛亥	
8	15	7	3	辛巳	9	15	8	5	壬子	10	16	9	6	癸未	11	15	10	6	癸丑	12	14	11	5	壬午	1	13	12	6	壬子	
8	16	7	4	壬午	9	16	8	6	癸丑	10	17	9	7	甲申	11	16	10	7	甲寅	12	15	11	6	癸未	1	14	12	7	癸丑	
8	17	7	5	癸未	9	17	8	7	甲寅	10	18	9	8	乙酉	11	17	10	8	乙卯	12	16	11	7	甲申	1	15	12	8	甲寅	
8	18	7	6	甲申	9	18	8	8	乙卯	10	19	9	9	丙戌	11	18	10	9	丙辰	12	17	11	8	乙酉	1	16	12	9	乙卯	
8	19	7	7	乙酉	9	19	8	9	丙辰	10	20	9	10	丁亥	11	19	10	10	丁巳	12	18	11	9	丙戌	1	17	12	10	丙辰	
8	20	7	8	丙戌	9	20	8	10	丁巳	10	21	9	11	戊子	11	20	10	11	戊午	12	19	11	10	丁亥	1	18	12	11	丁巳	
8	21	7	9	丁亥	9	21	8	11	戊午	10	22	9	12	己丑	11	21	10	12	己未	12	20	11	11	戊子	1	19	12	12	戊午	
8	22	7	10	戊子	9	22	8	12	己未	10	23	9	13	庚寅	11	22	10	13	庚申	12	21	11	12	己丑	1	20	12	13	己未	
8	23	7	11	己丑	9	23	8	13	庚申	10	24	9	14	辛卯	11	23	10	14	辛酉	12	22	11	13	庚寅	1	21	12	14	庚申	
8	24	7	12	庚寅	9	24	8	14	辛酉	10	25	9	15	壬辰	11	24	10	15	壬戌	12	23	11	14	辛卯	1	22	12	15	辛酉	
8	25	7	13	辛卯	9	25	8	15	壬戌	10	26	9	16	癸巳	11	25	10	16	癸亥	12	24	11	15	壬辰	1	23	12	16	壬戌	
8	26	7	14	壬辰	9	26	8	16	癸亥	10	27	9	17	甲午	11	26	10	17	甲子	12	25	11	16	癸巳	1	24	12	17	癸亥	
8	27	7	15	癸巳	9	27	8	17	甲子	10	28	9	18	乙未	11	27	10	18	乙丑	12	26	11	17	甲午	1	25	12	18	甲子	
8	28	7	16	甲午	9	28	8	18	乙丑	10	29	9	19	丙申	11	28	10	19	丙寅	12	27	11	18	乙未	1	26	12	19	乙丑	
8	29	7	17	乙未	9	29	8	19	丙寅	10	30	9	20	丁酉	11	29	10	20	丁卯	12	28	11	19	丙申	1	27	12	20	丙寅	
8	30	7	18	丙申	9	30	8	20	丁卯	10	31	9	21	戊戌	11	30	10	21	戊辰	12	29	11	20	丁酉	1	28	12	21	丁卯	
8	31	7	19	丁酉	10	1	8	21	戊辰	11	1	9	22	己亥	12	1	10	22	己巳	12	30	11	21	戊戌	1	29	12	22	戊辰	
9	1	7	20	戊戌	10	2	8	22	己巳	11	2	9	23	庚子	12	2	10	23	庚午	12	31	11	22	己亥	1	30	12	23	己巳	
9	2	7	21	己亥	10	3	8	23	庚午	11	3	9	24	辛丑	12	3	10	24	辛未	1	1	11	23	庚子	1	31	12	24	庚午	
9	3	7	22	庚子	10	4	8	24	辛未	11	4	9	25	壬寅	12	4	10	25	壬申	1	2	11	24	辛丑	2	1	12	25	辛未	
9	4	7	23	辛丑	10	5	8	25	壬申	11	5	9	26	癸卯	12	5	10	26	癸酉	1	3	11	25	壬寅	2	2	12	26	壬申	
9	5	7	24	壬寅	10	6	8	26	癸酉	11	6	9	27	甲辰	12	6	10	27	甲戌	1	4	11	26	癸卯	2	3	12	27	癸酉	
9	6	7	25	癸卯	10	7	8	27	甲戌	11	7	9	28	乙巳						1	5	11	27	甲辰						
9	7	7	26	甲辰	10	8	8	28	乙亥																					
處暑					秋分					霜降					小雪					冬至					大寒					中
8/23 20時7分 戌時					9/23 17時51分 酉時					10/24 3時15分 寅時					11/23 0時49分 子時					12/22 14時7分 未時					1/21 0時43分 子時					氣

年	戊子																													
月	甲寅					乙卯					丙辰					丁巳					戊午					己未				
節氣	立春					驚蛰					清明					立夏					芒種					小暑				
	2/4 19時0分 戌時					3/5 12時58分 午時					4/4 17時45分 酉時					5/5 11時3分 午時					6/5 15時11分 申時					7/7 1時26分 丑時				
日	國曆		農曆		干支	國曆		農曆		干支	國曆		農曆		干支	國曆		農曆		干支	國曆		農曆		干支	國曆		農曆		干支
中華民國九十七年 鼠 2008	2	4	12	28	甲戌	3	5	1	28	甲辰	4	4	2	28	甲戌	5	5	4	1	乙巳	6	5	5	2	丙子	7	7	6	5	戊申
	2	5	12	29	乙亥	3	6	1	29	乙巳	4	5	2	29	乙亥	5	6	4	2	丙午	6	6	5	3	丁丑	7	8	6	6	己酉
	2	6	12	30	丙子	3	7	1	30	丙午	4	6	3	1	丙子	5	7	4	3	丁未	6	7	5	4	戊寅	7	9	6	7	庚戌
	2	7	1	1	丁丑	3	8	2	1	丁未	4	7	3	2	丁丑	5	8	4	4	戊申	6	8	5	5	己卯	7	10	6	8	辛亥
	2	8	1	2	戊寅	3	9	2	2	戊申	4	8	3	3	戊寅	5	9	4	5	己酉	6	9	5	6	庚辰	7	11	6	9	壬子
	2	9	1	3	己卯	3	10	2	3	己酉	4	9	3	4	己卯	5	10	4	6	庚戌	6	10	5	7	辛巳	7	12	6	10	癸丑
	2	10	1	4	庚辰	3	11	2	4	庚戌	4	10	3	5	庚辰	5	11	4	7	辛亥	6	11	5	8	壬午	7	13	6	11	甲寅
	2	11	1	5	辛巳	3	12	2	5	辛亥	4	11	3	6	辛巳	5	12	4	8	壬子	6	12	5	9	癸未	7	14	6	12	乙卯
	2	12	1	6	壬午	3	13	2	6	壬子	4	12	3	7	壬午	5	13	4	9	癸丑	6	13	5	10	甲申	7	15	6	13	丙辰
	2	13	1	7	癸未	3	14	2	7	癸丑	4	13	3	8	癸未	5	14	4	10	甲寅	6	14	5	11	乙酉	7	16	6	14	丁巳
	2	14	1	8	甲申	3	15	2	8	甲寅	4	14	3	9	甲申	5	15	4	11	乙卯	6	15	5	12	丙戌	7	17	6	15	戊午
	2	15	1	9	乙酉	3	16	2	9	乙卯	4	15	3	10	乙酉	5	16	4	12	丙辰	6	16	5	13	丁亥	7	18	6	16	己未
	2	16	1	10	丙戌	3	17	2	10	丙辰	4	16	3	11	丙戌	5	17	4	13	丁巳	6	17	5	14	戊子	7	19	6	17	庚申
	2	17	1	11	丁亥	3	18	2	11	丁巳	4	17	3	12	丁亥	5	18	4	14	戊午	6	18	5	15	己丑	7	20	6	18	辛酉
	2	18	1	12	戊子	3	19	2	12	戊午	4	18	3	13	戊子	5	19	4	15	己未	6	19	5	16	庚寅	7	21	6	19	壬戌
	2	19	1	13	己丑	3	20	2	13	己未	4	19	3	14	己丑	5	20	4	16	庚申	6	20	5	17	辛卯	7	22	6	20	癸亥
	2	20	1	14	庚寅	3	21	2	14	庚申	4	20	3	15	庚寅	5	21	4	17	辛酉	6	21	5	18	壬辰	7	23	6	21	甲子
	2	21	1	15	辛卯	3	22	2	15	辛酉	4	21	3	16	辛卯	5	22	4	18	壬戌	6	22	5	19	癸巳	7	24	6	22	乙丑
	2	22	1	16	壬辰	3	23	2	16	壬戌	4	22	3	17	壬辰	5	23	4	19	癸亥	6	23	5	20	甲午	7	25	6	23	丙寅
	2	23	1	17	癸巳	3	24	2	17	癸亥	4	23	3	18	癸巳	5	24	4	20	甲子	6	24	5	21	乙未	7	26	6	24	丁卯
	2	24	1	18	甲午	3	25	2	18	甲子	4	24	3	19	甲午	5	25	4	21	乙丑	6	25	5	22	丙申	7	27	6	25	戊辰
	2	25	1	19	乙未	3	26	2	19	乙丑	4	25	3	20	乙未	5	26	4	22	丙寅	6	26	5	23	丁酉	7	28	6	26	己巳
	2	26	1	20	丙申	3	27	2	20	丙寅	4	26	3	21	丙申	5	27	4	23	丁卯	6	27	5	24	戊戌	7	29	6	27	庚午
	2	27	1	21	丁酉	3	28	2	21	丁卯	4	27	3	22	丁酉	5	28	4	24	戊辰	6	28	5	25	己亥	7	30	6	28	辛未
	2	28	1	22	戊戌	3	29	2	22	戊辰	4	28	3	23	戊戌	5	29	4	25	己巳	6	29	5	26	庚子	7	31	6	29	壬申
	2	29	1	23	己亥	3	30	2	23	己巳	4	29	3	24	己亥	5	30	4	26	庚午	6	30	5	27	辛丑	8	1	7	1	癸酉
	3	1	1	24	庚子	3	31	2	24	庚午	4	30	3	25	庚子	5	31	4	27	辛未	7	1	5	28	壬寅	8	2	7	2	甲戌
	3	2	1	25	辛丑	4	1	2	25	辛未	5	1	3	26	辛丑	6	1	4	28	壬申	7	2	5	29	癸卯	8	3	7	3	乙亥
	3	3	1	26	壬寅	4	2	2	26	壬申	5	2	3	27	壬寅	6	2	4	29	癸酉	7	3	6	1	甲辰	8	4	7	4	丙子
	3	4	1	27	癸卯	4	3	2	27	癸酉	5	3	3	28	癸卯	6	3	4	30	甲戌	7	4	6	2	乙巳	8	5	7	5	丁丑
											5	4	3	29	甲辰	6	4	5	1	乙亥	7	5	6	3	丙午	8	6	7	6	戊寅
																					7	6	6	4	丁未					
中氣	雨水					春分					穀雨					小滿					夏至					大暑				
	2/19 14時49分 未時					3/20 13時48分 未時					4/20 0時51分 子時					5/21 0時0分 子時					6/21 7時59分 辰時					7/22 18時54分 酉時				

戊子																														年
庚申					辛酉					壬戌					癸亥					甲子					乙丑					月
立秋					白露					寒露					立冬					大雪					小寒					節氣
8/7 11時16分 午時					9/7 14時14分 未時					10/8 5時56分 卯時					11/7 9時10分 巳時					12/7 2時2分 丑時					1/5 13時14分 未時					
國曆		農曆		干支	國曆		農曆		干支	國曆		農曆		干支	國曆		農曆		干支	國曆		農曆		干支	國曆		農曆		干支	日
8	7	7	7	己卯	9	7	8	8	庚戌	10	8	9	10	辛巳	11	7	10	10	辛亥	12	7	11	10	辛巳	1	5	12	10	庚戌	中華民國九十七、九十八年 鼠
8	8	7	8	庚辰	9	8	8	9	辛亥	10	9	9	11	壬午	11	8	10	11	壬子	12	8	11	11	壬午	1	6	12	11	辛亥	
8	9	7	9	辛巳	9	9	8	10	壬子	10	10	9	12	癸未	11	9	10	12	癸丑	12	9	11	12	癸未	1	7	12	12	壬子	
8	10	7	10	壬午	9	10	8	11	癸丑	10	11	9	13	甲申	11	10	10	13	甲寅	12	10	11	13	甲申	1	8	12	13	癸丑	
8	11	7	11	癸未	9	11	8	12	甲寅	10	12	9	14	乙酉	11	11	10	14	乙卯	12	11	11	14	乙酉	1	9	12	14	甲寅	
8	12	7	12	甲申	9	12	8	13	乙卯	10	13	9	15	丙戌	11	12	10	15	丙辰	12	12	11	15	丙戌	1	10	12	15	乙卯	
8	13	7	13	乙酉	9	13	8	14	丙辰	10	14	9	16	丁亥	11	13	10	16	丁巳	12	13	11	16	丁亥	1	11	12	16	丙辰	
8	14	7	14	丙戌	9	14	8	15	丁巳	10	15	9	17	戊子	11	14	10	17	戊午	12	14	11	17	戊子	1	12	12	17	丁巳	
8	15	7	15	丁亥	9	15	8	16	戊午	10	16	9	18	己丑	11	15	10	18	己未	12	15	11	18	己丑	1	13	12	18	戊午	
8	16	7	16	戊子	9	16	8	17	己未	10	17	9	19	庚寅	11	16	10	19	庚申	12	16	11	19	庚寅	1	14	12	19	己未	
8	17	7	17	己丑	9	17	8	18	庚申	10	18	9	20	辛卯	11	17	10	20	辛酉	12	17	11	20	辛卯	1	15	12	20	庚申	
8	18	7	18	庚寅	9	18	8	19	辛酉	10	19	9	21	壬辰	11	18	10	21	壬戌	12	18	11	21	壬辰	1	16	12	21	辛酉	
8	19	7	19	辛卯	9	19	8	20	壬戌	10	20	9	22	癸巳	11	19	10	22	癸亥	12	19	11	22	癸巳	1	17	12	22	壬戌	
8	20	7	20	壬辰	9	20	8	21	癸亥	10	21	9	23	甲午	11	20	10	23	甲子	12	20	11	23	甲午	1	18	12	23	癸亥	
8	21	7	21	癸巳	9	21	8	22	甲子	10	22	9	24	乙未	11	21	10	24	乙丑	12	21	11	24	乙未	1	19	12	24	甲子	
8	22	7	22	甲午	9	22	8	23	乙丑	10	23	9	25	丙申	11	22	10	25	丙寅	12	22	11	25	丙申	1	20	12	25	乙丑	
8	23	7	23	乙未	9	23	8	24	丙寅	10	24	9	26	丁酉	11	23	10	26	丁卯	12	23	11	26	丁酉	1	21	12	26	丙寅	
8	24	7	24	丙申	9	24	8	25	丁卯	10	25	9	27	戊戌	11	24	10	27	戊辰	12	24	11	27	戊戌	1	22	12	27	丁卯	
8	25	7	25	丁酉	9	25	8	26	戊辰	10	26	9	28	己亥	11	25	10	28	己巳	12	25	11	28	己亥	1	23	12	28	戊辰	
8	26	7	26	戊戌	9	26	8	27	己巳	10	27	9	29	庚子	11	26	10	29	庚午	12	26	11	29	庚子	1	24	12	29	己巳	
8	27	7	27	己亥	9	27	8	28	庚午	10	28	9	30	辛丑	11	27	10	30	辛未	12	27	12	1	辛丑	1	25	12	30	庚午	2008、2009
8	28	7	28	庚子	9	28	8	29	辛未	10	29	10	1	壬寅	11	28	11	1	壬申	12	28	12	2	壬寅	1	26	1	1	辛未	
8	29	7	29	辛丑	9	29	9	1	壬申	10	30	10	2	癸卯	11	29	11	2	癸酉	12	29	12	3	癸卯	1	27	1	2	壬申	
8	30	7	30	壬寅	9	30	9	2	癸酉	10	31	10	3	甲辰	11	30	11	3	甲戌	12	30	12	4	甲辰	1	28	1	3	癸酉	
8	31	8	1	癸卯	10	1	9	3	甲戌	11	1	10	4	乙巳	12	1	11	4	乙亥	12	31	12	5	乙巳	1	29	1	4	甲戌	
9	1	8	2	甲辰	10	2	9	4	乙亥	11	2	10	5	丙午	12	2	11	5	丙子	1	1	12	6	丙午	1	30	1	5	乙亥	
9	2	8	3	乙巳	10	3	9	5	丙子	11	3	10	6	丁未	12	3	11	6	丁丑	1	2	12	7	丁未	1	31	1	6	丙子	
9	3	8	4	丙午	10	4	9	6	丁丑	11	4	10	7	戊申	12	4	11	7	戊寅	1	3	12	8	戊申	2	1	1	7	丁丑	
9	4	8	5	丁未	10	5	9	7	戊寅	11	5	10	8	己酉	12	5	11	8	己卯	1	4	12	9	己酉	2	2	1	8	戊寅	
9	5	8	6	戊申	10	6	9	8	己卯	11	6	10	9	庚戌	12	6	11	9	庚辰						2	3	1	9	己卯	
9	6	8	7	己酉	10	7	9	9	庚辰																					
處暑					秋分					霜降					小雪					冬至					大寒					中氣
8/23 2時2分 丑時					9/22 23時44分 子時					10/23 9時8分 巳時					11/22 6時44分 卯時					12/21 20時3分 戌時					1/20 6時40分 卯時					

年	己丑																													
月	丙寅					丁卯					戊辰					己巳					庚午					辛未				
節氣	立春					驚蟄					清明					立夏					芒種					小暑				
	2/4 0時49分 子時					3/5 18時47分 酉時					4/4 23時33分 子時					5/5 16時50分 申時					6/5 20時59分 戌時					7/7 7時13分 辰時				
日	國曆		農曆		干支	國曆		農曆		干支	國曆		農曆		干支	國曆		農曆		干支	國曆		農曆		干支	國曆		農曆		干支
中華民國九十八年 牛 2009	2	4	1	10	庚辰	3	5	2	9	己酉	4	4	3	9	己卯	5	5	4	11	庚戌	6	5	5	13	辛巳	7	7	5	15	癸丑
	2	5	1	11	辛巳	3	6	2	10	庚戌	4	5	3	10	庚辰	5	6	4	12	辛亥	6	6	5	14	壬午	7	8	5	16	甲寅
	2	6	1	12	壬午	3	7	2	11	辛亥	4	6	3	11	辛巳	5	7	4	13	壬子	6	7	5	15	癸未	7	9	5	17	乙卯
	2	7	1	13	癸未	3	8	2	12	壬子	4	7	3	12	壬午	5	8	4	14	癸丑	6	8	5	16	甲申	7	10	5	18	丙辰
	2	8	1	14	甲申	3	9	2	13	癸丑	4	8	3	13	癸未	5	9	4	15	甲寅	6	9	5	17	乙酉	7	11	5	19	丁巳
	2	9	1	15	乙酉	3	10	2	14	甲寅	4	9	3	14	甲申	5	10	4	16	乙卯	6	10	5	18	丙戌	7	12	5	20	戊午
	2	10	1	16	丙戌	3	11	2	15	乙卯	4	10	3	15	乙酉	5	11	4	17	丙辰	6	11	5	19	丁亥	7	13	5	21	己未
	2	11	1	17	丁亥	3	12	2	16	丙辰	4	11	3	16	丙戌	5	12	4	18	丁巳	6	12	5	20	戊子	7	14	5	22	庚申
	2	12	1	18	戊子	3	13	2	17	丁巳	4	12	3	17	丁亥	5	13	4	19	戊午	6	13	5	21	己丑	7	15	5	23	辛酉
	2	13	1	19	己丑	3	14	2	18	戊午	4	13	3	18	戊子	5	14	4	20	己未	6	14	5	22	庚寅	7	16	5	24	壬戌
	2	14	1	20	庚寅	3	15	2	19	己未	4	14	3	19	己丑	5	15	4	21	庚申	6	15	5	23	辛卯	7	17	5	25	癸亥
	2	15	1	21	辛卯	3	16	2	20	庚申	4	15	3	20	庚寅	5	16	4	22	辛酉	6	16	5	24	壬辰	7	18	5	26	甲子
	2	16	1	22	壬辰	3	17	2	21	辛酉	4	16	3	21	辛卯	5	17	4	23	壬戌	6	17	5	25	癸巳	7	19	5	27	乙丑
	2	17	1	23	癸巳	3	18	2	22	壬戌	4	17	3	22	壬辰	5	18	4	24	癸亥	6	18	5	26	甲午	7	20	5	28	丙寅
	2	18	1	24	甲午	3	19	2	23	癸亥	4	18	3	23	癸巳	5	19	4	25	甲子	6	19	5	27	乙未	7	21	5	29	丁卯
	2	19	1	25	乙未	3	20	2	24	甲子	4	19	3	24	甲午	5	20	4	26	乙丑	6	20	5	28	丙申	7	22	6	1	戊辰
	2	20	1	26	丙申	3	21	2	25	乙丑	4	20	3	25	乙未	5	21	4	27	丙寅	6	21	5	29	丁酉	7	23	6	2	己巳
	2	21	1	27	丁酉	3	22	2	26	丙寅	4	21	3	26	丙申	5	22	4	28	丁卯	6	22	5	30	戊戌	7	24	6	3	庚午
	2	22	1	28	戊戌	3	23	2	27	丁卯	4	22	3	27	丁酉	5	23	4	29	戊辰	6	23	閏5	1	己亥	7	25	6	4	辛未
	2	23	1	29	己亥	3	24	2	28	戊辰	4	23	3	28	戊戌	5	24	5	1	己巳	6	24	5	2	庚子	7	26	6	5	壬申
	2	24	1	30	庚子	3	25	2	29	己巳	4	24	3	29	己亥	5	25	5	2	庚午	6	25	5	3	辛丑	7	27	6	6	癸酉
	2	25	2	1	辛丑	3	26	2	30	庚午	4	25	4	1	庚子	5	26	5	3	辛未	6	26	5	4	壬寅	7	28	6	7	甲戌
	2	26	2	2	壬寅	3	27	3	1	辛未	4	26	4	2	辛丑	5	27	5	4	壬申	6	27	5	5	癸卯	7	29	6	8	乙亥
	2	27	2	3	癸卯	3	28	3	2	壬申	4	27	4	3	壬寅	5	28	5	5	癸酉	6	28	5	6	甲辰	7	30	6	9	丙子
	2	28	2	4	甲辰	3	29	3	3	癸酉	4	28	4	4	癸卯	5	29	5	6	甲戌	6	29	5	7	乙巳	7	31	6	10	丁丑
	3	1	2	5	乙巳	3	30	3	4	甲戌	4	29	4	5	甲辰	5	30	5	7	乙亥	6	30	5	8	丙午	8	1	6	11	戊寅
	3	2	2	6	丙午	3	31	3	5	乙亥	4	30	4	6	乙巳	5	31	5	8	丙子	7	1	5	9	丁未	8	2	6	12	己卯
	3	3	2	7	丁未	4	1	3	6	丙子	5	1	4	7	丙午	6	1	5	9	丁丑	7	2	5	10	戊申	8	3	6	13	庚辰
	3	4	2	8	戊申	4	2	3	7	丁丑	5	2	4	8	丁未	6	2	5	10	戊寅	7	3	5	11	己酉	8	4	6	14	辛巳
						4	3	3	8	戊寅	5	3	4	9	戊申	6	3	5	11	己卯	7	4	5	12	庚戌	8	5	6	15	壬午
											5	4	4	10	己酉	6	4	5	12	庚辰	7	5	5	13	辛亥	8	6	6	16	癸未
																					7	6	5	14	壬子					
中氣	雨水					春分					穀雨					小滿					夏至					大暑				
	2/18 20時46分 戌時					3/20 19時43分 戌時					4/20 6時44分 卯時					5/21 5時51分 卯時					6/21 13時45分 未時					7/23 0時35分 子時				

己丑																														年
壬申					癸酉					甲戌					乙亥					丙子					丁丑					月
立秋 8/7 17時1分 酉時					白露 9/7 19時57分 戌時					寒露 10/8 11時39分 午時					立冬 11/7 14時56分 未時					大雪 12/7 7時52分 辰時					小寒 1/5 19時8分 戌時					節氣
國曆		農曆		干支	國曆		農曆		干支	國曆		農曆		干支	國曆		農曆		干支	國曆		農曆		干支	國曆		農曆		干支	日
8	7	6	17	甲申	9	7	7	19	乙卯	10	8	8	20	丙戌	11	7	9	21	丙辰	12	7	10	21	丙戌	1	5	11	21	乙卯	中華民國九十八、九十九年 牛 2009、2010
8	8	6	18	乙酉	9	8	7	20	丙辰	10	9	8	21	丁亥	11	8	9	22	丁巳	12	8	10	22	丁亥	1	6	11	22	丙辰	
8	9	6	19	丙戌	9	9	7	21	丁巳	10	10	8	22	戊子	11	9	9	23	戊午	12	9	10	23	戊子	1	7	11	23	丁巳	
8	10	6	20	丁亥	9	10	7	22	戊午	10	11	8	23	己丑	11	10	9	24	己未	12	10	10	24	己丑	1	8	11	24	戊午	
8	11	6	21	戊子	9	11	7	23	己未	10	12	8	24	庚寅	11	11	9	25	庚申	12	11	10	25	庚寅	1	9	11	25	己未	
8	12	6	22	己丑	9	12	7	24	庚申	10	13	8	25	辛卯	11	12	9	26	辛酉	12	12	10	26	辛卯	1	10	11	26	庚申	
8	13	6	23	庚寅	9	13	7	25	辛酉	10	14	8	26	壬辰	11	13	9	27	壬戌	12	13	10	27	壬辰	1	11	11	27	辛酉	
8	14	6	24	辛卯	9	14	7	26	壬戌	10	15	8	27	癸巳	11	14	9	28	癸亥	12	14	10	28	癸巳	1	12	11	28	壬戌	
8	15	6	25	壬辰	9	15	7	27	癸亥	10	16	8	28	甲午	11	15	9	29	甲子	12	15	10	29	甲午	1	13	11	29	癸亥	
8	16	6	26	癸巳	9	16	7	28	甲子	10	17	8	29	乙未	11	16	9	30	乙丑	12	16	11	1	乙未	1	14	11	30	甲子	
8	17	6	27	甲午	9	17	7	29	乙丑	10	18	9	1	丙申	11	17	10	1	丙寅	12	17	11	2	丙申	1	15	12	1	乙丑	
8	18	6	28	乙未	9	18	7	30	丙寅	10	19	9	2	丁酉	11	18	10	2	丁卯	12	18	11	3	丁酉	1	16	12	2	丙寅	
8	19	6	29	丙申	9	19	8	1	丁卯	10	20	9	3	戊戌	11	19	10	3	戊辰	12	19	11	4	戊戌	1	17	12	3	丁卯	
8	20	7	1	丁酉	9	20	8	2	戊辰	10	21	9	4	己亥	11	20	10	4	己巳	12	20	11	5	己亥	1	18	12	4	戊辰	
8	21	7	2	戊戌	9	21	8	3	己巳	10	22	9	5	庚子	11	21	10	5	庚午	12	21	11	6	庚子	1	19	12	5	己巳	
8	22	7	3	己亥	9	22	8	4	庚午	10	23	9	6	辛丑	11	22	10	6	辛未	12	22	11	7	辛丑	1	20	12	6	庚午	
8	23	7	4	庚子	9	23	8	5	辛未	10	24	9	7	壬寅	11	23	10	7	壬申	12	23	11	8	壬寅	1	21	12	7	辛未	
8	24	7	5	辛丑	9	24	8	6	壬申	10	25	9	8	癸卯	11	24	10	8	癸酉	12	24	11	9	癸卯	1	22	12	8	壬申	
8	25	7	6	壬寅	9	25	8	7	癸酉	10	26	9	9	甲辰	11	25	10	9	甲戌	12	25	11	10	甲辰	1	23	12	9	癸酉	
8	26	7	7	癸卯	9	26	8	8	甲戌	10	27	9	10	乙巳	11	26	10	10	乙亥	12	26	11	11	乙巳	1	24	12	10	甲戌	
	27	7	8	甲辰	9	27	8	9	乙亥	10	28	9	11	丙午	11	27	10	11	丙子	12	27	11	12	丙午	1	25	12	11	乙亥	
	28	7	9	乙巳	9	28	8	10	丙子	10	29	9	12	丁未	11	28	10	12	丁丑	12	28	11	13	丁未	1	26	12	12	丙子	
	29	7	10	丙午	9	29	8	11	丁丑	10	30	9	13	戊申	11	29	10	13	戊寅	12	29	11	14	戊申	1	27	12	13	丁丑	
	30	7	11	丁未	9	30	8	12	戊寅	10	31	9	14	己酉	11	30	10	14	己卯	12	30	11	15	己酉	1	28	12	14	戊寅	
	31	7	12	戊申	10	1	8	13	己卯	11	1	9	15	庚戌	12	1	10	15	庚辰	12	31	11	16	庚戌	1	29	12	15	己卯	
	1	7	13	己酉	10	2	8	14	庚辰	11	2	9	16	辛亥	12	2	10	16	辛巳	1	1	11	17	辛亥	1	30	12	16	庚辰	
	2	7	14	庚戌	10	3	8	15	辛巳	11	3	9	17	壬子	12	3	10	17	壬午	1	2	11	18	壬子	1	31	12	17	辛巳	
	3	7	15	辛亥	10	4	8	16	壬午	11	4	9	18	癸丑	12	4	10	18	癸未	1	3	11	19	癸丑	2	1	12	18	壬午	
	4	7	16	壬子	10	5	8	17	癸未	11	5	9	19	甲寅	12	5	10	19	甲申	1	4	11	20	甲寅	2	2	12	19	癸未	
	5	7	17	癸丑	10	6	8	18	甲申	11	6	9	20	乙卯	12	6	10	20	乙酉						2	3	12	20	甲申	
	6	7	18	甲寅	10	7	8	19	乙酉																					
處暑 23 7時38分 辰時					秋分 9/23 5時18分 卯時					霜降 10/23 14時43分 未時					小雪 11/22 12時22分 午時					冬至 12/22 1時46分 丑時					大寒 1/20 12時27分 午時					中氣

年	庚寅																													
月	戊寅					己卯					庚辰					辛巳					壬午					癸未				
節氣	立春					驚蟄					清明					立夏					芒種					小暑				
	2/4 6時47分 卯時					3/6 0時46分 子時					4/5 5時30分 卯時					5/5 22時43分 亥時					6/6 2時49分 丑時					7/7 13時2分 未時				
日	國曆		農曆		干支	國曆		農曆		干支	國曆		農曆		干支	國曆		農曆		干支	國曆		農曆		干支	國曆		農曆		干支
中華民國九十九年 虎 2010	2	4	12	21	乙酉	3	6	1	21	乙卯	4	5	2	21	乙酉	5	5	3	22	乙卯	6	6	4	24	丁亥	7	7	5	26	戊午
	2	5	12	22	丙戌	3	7	1	22	丙辰	4	6	2	22	丙戌	5	6	3	23	丙辰	6	7	4	25	戊子	7	8	5	27	己未
	2	6	12	23	丁亥	3	8	1	23	丁巳	4	7	2	23	丁亥	5	7	3	24	丁巳	6	8	4	26	己丑	7	9	5	28	庚申
	2	7	12	24	戊子	3	9	1	24	戊午	4	8	2	24	戊子	5	8	3	25	戊午	6	9	4	27	庚寅	7	10	5	29	辛酉
	2	8	12	25	己丑	3	10	1	25	己未	4	9	2	25	己丑	5	9	3	26	己未	6	10	4	28	辛卯	7	11	5	30	壬戌
	2	9	12	26	庚寅	3	11	1	26	庚申	4	10	2	26	庚寅	5	10	3	27	庚申	6	11	4	29	壬辰	7	12	6	1	癸亥
	2	10	12	27	辛卯	3	12	1	27	辛酉	4	11	2	27	辛卯	5	11	3	28	辛酉	6	12	5	1	癸巳	7	13	6	2	甲子
	2	11	12	28	壬辰	3	13	1	28	壬戌	4	12	2	28	壬辰	5	12	3	29	壬戌	6	13	5	2	甲午	7	14	6	3	乙丑
	2	12	12	29	癸巳	3	14	1	29	癸亥	4	13	2	29	癸巳	5	13	3	30	癸亥	6	14	5	3	乙未	7	15	6	4	丙寅
	2	13	12	30	甲午	3	15	1	30	甲子	4	14	3	1	甲午	5	14	4	1	甲子	6	15	5	4	丙申	7	16	6	5	丁卯
	2	14	1	1	乙未	3	16	2	1	乙丑	4	15	3	2	乙未	5	15	4	2	乙丑	6	16	5	5	丁酉	7	17	6	6	戊辰
	2	15	1	2	丙申	3	17	2	2	丙寅	4	16	3	3	丙申	5	16	4	3	丙寅	6	17	5	6	戊戌	7	18	6	7	己巳
	2	16	1	3	丁酉	3	18	2	3	丁卯	4	17	3	4	丁酉	5	17	4	4	丁卯	6	18	5	7	己亥	7	19	6	8	庚午
	2	17	1	4	戊戌	3	19	2	4	戊辰	4	18	3	5	戊戌	5	18	4	5	戊辰	6	19	5	8	庚子	7	20	6	9	辛未
	2	18	1	5	己亥	3	20	2	5	己巳	4	19	3	6	己亥	5	19	4	6	己巳	6	20	5	9	辛丑	7	21	6	10	壬申
	2	19	1	6	庚子	3	21	2	6	庚午	4	20	3	7	庚子	5	20	4	7	庚午	6	21	5	10	壬寅	7	22	6	11	癸酉
	2	20	1	7	辛丑	3	22	2	7	辛未	4	21	3	8	辛丑	5	21	4	8	辛未	6	22	5	11	癸卯	7	23	6	12	甲戌
	2	21	1	8	壬寅	3	23	2	8	壬申	4	22	3	9	壬寅	5	22	4	9	壬申	6	23	5	12	甲辰	7	24	6	13	乙亥
	2	22	1	9	癸卯	3	24	2	9	癸酉	4	23	3	10	癸卯	5	23	4	10	癸酉	6	24	5	13	乙巳	7	25	6	14	丙子
	2	23	1	10	甲辰	3	25	2	10	甲戌	4	24	3	11	甲辰	5	24	4	11	甲戌	6	25	5	14	丙午	7	26	6	15	丁丑
	2	24	1	11	乙巳	3	26	2	11	乙亥	4	25	3	12	乙巳	5	25	4	12	乙亥	6	26	5	15	丁未	7	27	6	16	戊寅
	2	25	1	12	丙午	3	27	2	12	丙子	4	26	3	13	丙午	5	26	4	13	丙子	6	27	5	16	戊申	7	28	6	17	己卯
	2	26	1	13	丁未	3	28	2	13	丁丑	4	27	3	14	丁未	5	27	4	14	丁丑	6	28	5	17	己酉	7	29	6	18	庚辰
	2	27	1	14	戊申	3	29	2	14	戊寅	4	28	3	15	戊申	5	28	4	15	戊寅	6	29	5	18	庚戌	7	30	6	19	辛巳
	2	28	1	15	己酉	3	30	2	15	己卯	4	29	3	16	己酉	5	29	4	16	己卯	6	30	5	19	辛亥	7	31	6	20	壬午
	3	1	1	16	庚戌	3	31	2	16	庚辰	4	30	3	17	庚戌	5	30	4	17	庚辰	7	1	5	20	壬子	8	1	6	21	癸
	3	2	1	17	辛亥	4	1	2	17	辛巳	5	1	3	18	辛亥	5	31	4	18	辛巳	7	2	5	21	癸丑	8	2	6	22	甲
	3	3	1	18	壬子	4	2	2	18	壬午	5	2	3	19	壬子	6	1	4	19	壬午	7	3	5	22	甲寅	8	3	6	23	乙
	3	4	1	19	癸丑	4	3	2	19	癸未	5	3	3	20	癸丑	6	2	4	20	癸未	7	4	5	23	乙卯	8	4	6	24	丙
	3	5	1	20	甲寅	4	4	2	20	甲申	5	4	3	21	甲寅	6	3	4	21	甲申	7	5	5	24	丙辰	8	5	6	25	丁
																6	4	4	22	乙酉	7	6	5	25	丁巳	8	6	6	26	戊
																6	5	4	23	丙戌										
中氣	雨水					春分					穀雨					小滿					夏至					大暑				
	2/19 2時35分 丑時					3/21 1時32分 丑時					4/20 12時29分 午時					5/21 11時33分 午時					6/21 19時28分 戌時					7/23 6時21分 卯				

庚寅																														年
甲申					乙酉					丙戌					丁亥					戊子					己丑					月
立秋					白露					寒露					立冬					大雪					小寒					節
8/7 22時49分 亥時					9/8 1時44分 丑時					10/8 17時26分 酉時					11/7 20時42分 戌時					12/7 13時38分 未時					1/6 0時54分 子時					氣
國曆		農曆		干支	國曆		農曆		干支	國曆		農曆		干支	國曆		農曆		干支	國曆		農曆		干支	國曆		農曆		干支	日
8	7	6	27	己丑	9	8	8	1	辛酉	10	8	9	1	辛卯	11	7	10	2	辛酉	12	7	11	2	辛卯	1	6	12	3	辛酉	中華民國九十九、一百年 虎 2010、2011
8	8	6	28	庚寅	9	9	8	2	壬戌	10	9	9	2	壬辰	11	8	10	3	壬戌	12	8	11	3	壬辰	1	7	12	4	壬戌	
8	9	6	29	辛卯	9	10	8	3	癸亥	10	10	9	3	癸巳	11	9	10	4	癸亥	12	9	11	4	癸巳	1	8	12	5	癸亥	
8	10	7	1	壬辰	9	11	8	4	甲子	10	11	9	4	甲午	11	10	10	5	甲子	12	10	11	5	甲午	1	9	12	6	甲子	
8	11	7	2	癸巳	9	12	8	5	乙丑	10	12	9	5	乙未	11	11	10	6	乙丑	12	11	11	6	乙未	1	10	12	7	乙丑	
8	12	7	3	甲午	9	13	8	6	丙寅	10	13	9	6	丙申	11	12	10	7	丙寅	12	12	11	7	丙申	1	11	12	8	丙寅	
8	13	7	4	乙未	9	14	8	7	丁卯	10	14	9	7	丁酉	11	13	10	8	丁卯	12	13	11	8	丁酉	1	12	12	9	丁卯	
8	14	7	5	丙申	9	15	8	8	戊辰	10	15	9	8	戊戌	11	14	10	9	戊辰	12	14	11	9	戊戌	1	13	12	10	戊辰	
8	15	7	6	丁酉	9	16	8	9	己巳	10	16	9	9	己亥	11	15	10	10	己巳	12	15	11	10	己亥	1	14	12	11	己巳	
8	16	7	7	戊戌	9	17	8	10	庚午	10	17	9	10	庚子	11	16	10	11	庚午	12	16	11	11	庚子	1	15	12	12	庚午	
8	17	7	8	己亥	9	18	8	11	辛未	10	18	9	11	辛丑	11	17	10	12	辛未	12	17	11	12	辛丑	1	16	12	13	辛未	
8	18	7	9	庚子	9	19	8	12	壬申	10	19	9	12	壬寅	11	18	10	13	壬申	12	18	11	13	壬寅	1	17	12	14	壬申	
8	19	7	10	辛丑	9	20	8	13	癸酉	10	20	9	13	癸卯	11	19	10	14	癸酉	12	19	11	14	癸卯	1	18	12	15	癸酉	
8	20	7	11	壬寅	9	21	8	14	甲戌	10	21	9	14	甲辰	11	20	10	15	甲戌	12	20	11	15	甲辰	1	19	12	16	甲戌	
8	21	7	12	癸卯	9	22	8	15	乙亥	10	22	9	15	乙巳	11	21	10	16	乙亥	12	21	11	16	乙巳	1	20	12	17	乙亥	
8	22	7	13	甲辰	9	23	8	16	丙子	10	23	9	16	丙午	11	22	10	17	丙子	12	22	11	17	丙午	1	21	12	18	丙子	
8	23	7	14	乙巳	9	24	8	17	丁丑	10	24	9	17	丁未	11	23	10	18	丁丑	12	23	11	18	丁未	1	22	12	19	丁丑	
8	24	7	15	丙午	9	25	8	18	戊寅	10	25	9	18	戊申	11	24	10	19	戊寅	12	24	11	19	戊申	1	23	12	20	戊寅	
8	25	7	16	丁未	9	26	8	19	己卯	10	26	9	19	己酉	11	25	10	20	己卯	12	25	11	20	己酉	1	24	12	21	己卯	
8	26	7	17	戊申	9	27	8	20	庚辰	10	27	9	20	庚戌	11	26	10	21	庚辰	12	26	11	21	庚戌	1	25	12	22	庚辰	
8	27	7	18	己酉	9	28	8	21	辛巳	10	28	9	21	辛亥	11	27	10	22	辛巳	12	27	11	22	辛亥	1	26	12	23	辛巳	
8	28	7	19	庚戌	9	29	8	22	壬午	10	29	9	22	壬子	11	28	10	23	壬午	12	28	11	23	壬子	1	27	12	24	壬午	
8	29	7	20	辛亥	9	30	8	23	癸未	10	30	9	23	癸丑	11	29	10	24	癸未	12	29	11	24	癸丑	1	28	12	25	癸未	
8	30	7	21	壬子	10	1	8	24	甲申	10	31	9	24	甲寅	11	30	10	25	甲申	12	30	11	25	甲寅	1	29	12	26	甲申	
8	31	7	22	癸丑	10	2	8	25	乙酉	11	1	9	25	乙卯	12	1	10	26	乙酉	12	31	11	26	乙卯	1	30	12	27	乙酉	
9	1	7	23	甲寅	10	3	8	26	丙戌	11	2	9	26	丙辰	12	2	10	27	丙戌	1	1	11	27	丙辰	1	31	12	28	丙戌	
9	2	7	24	乙卯	10	4	8	27	丁亥	11	3	9	27	丁巳	12	3	10	28	丁亥	1	2	11	28	丁巳	2	1	12	29	丁亥	
9	3	7	25	丙辰	10	5	8	28	戊子	11	4	9	28	戊午	12	4	10	29	戊子	1	3	11	29	戊午	2	2	12	30	戊子	
9	4	7	26	丁巳	10	6	8	29	己丑	11	5	9	29	己未	12	5	10	30	己丑	1	4	12	1	己未	2	3	1	1	己丑	
9	5	7	27	戊午	10	7	8	30	庚寅	11	6	10	1	庚申	12	6	11	1	庚寅	1	5	12	2	庚申						
9	6	7	28	己未																										
9	7	7	29	庚申																										
處暑					秋分					霜降					小雪					冬至					大寒					中
8/23 13時26分 未時					9/23 11時8分 午時					10/23 20時34分 戌時					11/22 18時14分 酉時					12/22 7時38分 辰時					1/20 18時18分 酉時					氣

年	辛卯																													
月	庚寅					辛卯					壬辰					癸巳					甲午					乙未				
節氣	立春					驚蟄					清明					立夏					芒種					小暑				
	2/4 12時32分 午時					3/6 6時29分 卯時					4/5 11時11分 午時					5/6 4時23分 寅時					6/6 8時27分 辰時					7/7 18時41分 酉時				
日	國曆		農曆		干支	國曆		農曆		干支	國曆		農曆		干支	國曆		農曆		干支	國曆		農曆		干支	國曆		農曆		干支
中華民國一百年 兔	2	4	1	2	庚寅	3	6	2	2	庚申	4	5	3	3	庚寅	5	6	4	4	辛酉	6	6	5	5	壬辰	7	7	6	7	癸亥
	2	5	1	3	辛卯	3	7	2	3	辛酉	4	6	3	4	辛卯	5	7	4	5	壬戌	6	7	5	6	癸巳	7	8	6	8	甲子
	2	6	1	4	壬辰	3	8	2	4	壬戌	4	7	3	5	壬辰	5	8	4	6	癸亥	6	8	5	7	甲午	7	9	6	9	乙丑
	2	7	1	5	癸巳	3	9	2	5	癸亥	4	8	3	6	癸巳	5	9	4	7	甲子	6	9	5	8	乙未	7	10	6	10	丙寅
	2	8	1	6	甲午	3	10	2	6	甲子	4	9	3	7	甲午	5	10	4	8	乙丑	6	10	5	9	丙申	7	11	6	11	丁卯
	2	9	1	7	乙未	3	11	2	7	乙丑	4	10	3	8	乙未	5	11	4	9	丙寅	6	11	5	10	丁酉	7	12	6	12	戊辰
	2	10	1	8	丙申	3	12	2	8	丙寅	4	11	3	9	丙申	5	12	4	10	丁卯	6	12	5	11	戊戌	7	13	6	13	己巳
	2	11	1	9	丁酉	3	13	2	9	丁卯	4	12	3	10	丁酉	5	13	4	11	戊辰	6	13	5	12	己亥	7	14	6	14	庚午
	2	12	1	10	戊戌	3	14	2	10	戊辰	4	13	3	11	戊戌	5	14	4	12	己巳	6	14	5	13	庚子	7	15	6	15	辛未
	2	13	1	11	己亥	3	15	2	11	己巳	4	14	3	12	己亥	5	15	4	13	庚午	6	15	5	14	辛丑	7	16	6	16	壬申
	2	14	1	12	庚子	3	16	2	12	庚午	4	15	3	13	庚子	5	16	4	14	辛未	6	16	5	15	壬寅	7	17	6	17	癸酉
	2	15	1	13	辛丑	3	17	2	13	辛未	4	16	3	14	辛丑	5	17	4	15	壬申	6	17	5	16	癸卯	7	18	6	18	甲戌
	2	16	1	14	壬寅	3	18	2	14	壬申	4	17	3	15	壬寅	5	18	4	16	癸酉	6	18	5	17	甲辰	7	19	6	19	乙亥
	2	17	1	15	癸卯	3	19	2	15	癸酉	4	18	3	16	癸卯	5	19	4	17	甲戌	6	19	5	18	乙巳	7	20	6	20	丙子
	2	18	1	16	甲辰	3	20	2	16	甲戌	4	19	3	17	甲辰	5	20	4	18	乙亥	6	20	5	19	丙午	7	21	6	21	丁丑
	2	19	1	17	乙巳	3	21	2	17	乙亥	4	20	3	18	乙巳	5	21	4	19	丙子	6	21	5	20	丁未	7	22	6	22	戊寅
	2	20	1	18	丙午	3	22	2	18	丙子	4	21	3	19	丙午	5	22	4	20	丁丑	6	22	5	21	戊申	7	23	6	23	己卯
	2	21	1	19	丁未	3	23	2	19	丁丑	4	22	3	20	丁未	5	23	4	21	戊寅	6	23	5	22	己酉	7	24	6	24	庚辰
	2	22	1	20	戊申	3	24	2	20	戊寅	4	23	3	21	戊申	5	24	4	22	己卯	6	24	5	23	庚戌	7	25	6	25	辛巳
	2	23	1	21	己酉	3	25	2	21	己卯	4	24	3	22	己酉	5	25	4	23	庚辰	6	25	5	24	辛亥	7	26	6	26	壬午
	2	24	1	22	庚戌	3	26	2	22	庚辰	4	25	3	23	庚戌	5	26	4	24	辛巳	6	26	5	25	壬子	7	27	6	27	癸未
	2	25	1	23	辛亥	3	27	2	23	辛巳	4	26	3	24	辛亥	5	27	4	25	壬午	6	27	5	26	癸丑	7	28	6	28	甲申
2011	2	26	1	24	壬子	3	28	2	24	壬午	4	27	3	25	壬子	5	28	4	26	癸未	6	28	5	27	甲寅	7	29	6	29	乙酉
	2	27	1	25	癸丑	3	29	2	25	癸未	4	28	3	26	癸丑	5	29	4	27	甲申	6	29	5	28	乙卯	7	30	6	30	丙戌
	2	28	1	26	甲寅	3	30	2	26	甲申	4	29	3	27	甲寅	5	30	4	28	乙酉	6	30	5	29	丙辰	7	31	7	1	丁亥
	3	1	1	27	乙卯	3	31	2	27	乙酉	4	30	3	28	乙卯	5	31	4	29	丙戌	7	1	6	1	丁巳	8	1	7	2	戊子
	3	2	1	28	丙辰	4	1	2	28	丙戌	5	1	3	29	丙辰	6	1	4	30	丁亥	7	2	6	2	戊午	8	2	7	3	己丑
	3	3	1	29	丁巳	4	2	2	29	丁亥	5	2	3	30	丁巳	6	2	5	1	戊子	7	3	6	3	己未	8	3	7	4	庚寅
	3	4	1	30	戊午	4	3	3	1	戊子	5	3	4	1	戊午	6	3	5	2	己丑	7	4	6	4	庚申	8	4	7	5	辛卯
	3	5	2	1	己未	4	4	3	2	己丑	5	4	4	2	己未	6	4	5	3	庚寅	7	5	6	5	辛酉	8	5	7	6	壬辰
											5	5	4	3	庚申	6	5	5	4	辛卯	7	6	6	6	壬戌	8	6	7	7	癸巳
																										8	7	7	8	甲午
中氣	雨水					春分					穀雨					小滿					夏至					大暑				
	2/19 8時25分 辰時					3/21 7時20分 辰時					4/20 18時17分 酉時					5/21 17時21分 酉時					6/22 1時16分 丑時					7/23 12時11分 午時				

辛卯																														年
丙申					丁酉					戊戌					己亥					庚子					辛丑					月
立秋					白露					寒露					立冬					大雪					小寒					節氣
8/8 4時33分 寅時					9/8 7時34分 辰時					10/8 23時19分 子時					11/8 2時34分 丑時					12/7 19時28分 戌時					1/6 6時43分 卯時					
國曆		農曆		干支	國曆		農曆		干支	國曆		農曆		干支	國曆		農曆		干支	國曆		農曆		干支	國曆		農曆		干支	日
8	8	7	9	乙未	9	8	8	11	丙寅	10	8	9	12	丙申	11	8	10	13	丁卯	12	7	11	13	丙申	1	6	12	13	丙寅	中華民國一百、一百零一年 兔
8	9	7	10	丙申	9	9	8	12	丁卯	10	9	9	13	丁酉	11	9	10	14	戊辰	12	8	11	14	丁酉	1	7	12	14	丁卯	
8	10	7	11	丁酉	9	10	8	13	戊辰	10	10	9	14	戊戌	11	10	10	15	己巳	12	9	11	15	戊戌	1	8	12	15	戊辰	
8	11	7	12	戊戌	9	11	8	14	己巳	10	11	9	15	己亥	11	11	10	16	庚午	12	10	11	16	己亥	1	9	12	16	己巳	
8	12	7	13	己亥	9	12	8	15	庚午	10	12	9	16	庚子	11	12	10	17	辛未	12	11	11	17	庚子	1	10	12	17	庚午	
8	13	7	14	庚子	9	13	8	16	辛未	10	13	9	17	辛丑	11	13	10	18	壬申	12	12	11	18	辛丑	1	11	12	18	辛未	
8	14	7	15	辛丑	9	14	8	17	壬申	10	14	9	18	壬寅	11	14	10	19	癸酉	12	13	11	19	壬寅	1	12	12	19	壬申	
8	15	7	16	壬寅	9	15	8	18	癸酉	10	15	9	19	癸卯	11	15	10	20	甲戌	12	14	11	20	癸卯	1	13	12	20	癸酉	
8	16	7	17	癸卯	9	16	8	19	甲戌	10	16	9	20	甲辰	11	16	10	21	乙亥	12	15	11	21	甲辰	1	14	12	21	甲戌	
8	17	7	18	甲辰	9	17	8	20	乙亥	10	17	9	21	乙巳	11	17	10	22	丙子	12	16	11	22	乙巳	1	15	12	22	乙亥	
8	18	7	19	乙巳	9	18	8	21	丙子	10	18	9	22	丙午	11	18	10	23	丁丑	12	17	11	23	丙午	1	16	12	23	丙子	
8	19	7	20	丙午	9	19	8	22	丁丑	10	19	9	23	丁未	11	19	10	24	戊寅	12	18	11	24	丁未	1	17	12	24	丁丑	
8	20	7	21	丁未	9	20	8	23	戊寅	10	20	9	24	戊申	11	20	10	25	己卯	12	19	11	25	戊申	1	18	12	25	戊寅	
8	21	7	22	戊申	9	21	8	24	己卯	10	21	9	25	己酉	11	21	10	26	庚辰	12	20	11	26	己酉	1	19	12	26	己卯	
8	22	7	23	己酉	9	22	8	25	庚辰	10	22	9	26	庚戌	11	22	10	27	辛巳	12	21	11	27	庚戌	1	20	12	27	庚辰	
8	23	7	24	庚戌	9	23	8	26	辛巳	10	23	9	27	辛亥	11	23	10	28	壬午	12	22	11	28	辛亥	1	21	12	28	辛巳	
8	24	7	25	辛亥	9	24	8	27	壬午	10	24	9	28	壬子	11	24	10	29	癸未	12	23	11	29	壬子	1	22	12	29	壬午	
8	25	7	26	壬子	9	25	8	28	癸未	10	25	9	29	癸丑	11	25	11	1	甲申	12	24	11	30	癸丑	1	23	1	1	癸未	
8	26	7	27	癸丑	9	26	8	29	甲申	10	26	9	30	甲寅	11	26	11	2	乙酉	12	25	12	1	甲寅	1	24	1	2	甲申	
8	27	7	28	甲寅	9	27	9	1	乙酉	10	27	10	1	乙卯	11	27	11	3	丙戌	12	26	12	2	乙卯	1	25	1	3	乙酉	
8	28	7	29	乙卯	9	28	9	2	丙戌	10	28	10	2	丙辰	11	28	11	4	丁亥	12	27	12	3	丙辰	1	26	1	4	丙戌	2011、2012
8	29	8	1	丙辰	9	29	9	3	丁亥	10	29	10	3	丁巳	11	29	11	5	戊子	12	28	12	4	丁巳	1	27	1	5	丁亥	
8	30	8	2	丁巳	9	30	9	4	戊子	10	30	10	4	戊午	11	30	11	6	己丑	12	29	12	5	戊午	1	28	1	6	戊子	
8	31	8	3	戊午	10	1	9	5	己丑	10	31	10	5	己未	12	1	11	7	庚寅	12	30	12	6	己未	1	29	1	7	己丑	
	1	8	4	己未	10	2	9	6	庚寅	11	1	10	6	庚申	12	2	11	8	辛卯	12	31	12	7	庚申	1	30	1	8	庚寅	
	2	8	5	庚申	10	3	9	7	辛卯	11	2	10	7	辛酉	12	3	11	9	壬辰	1	1	12	8	辛酉	1	31	1	9	辛卯	
	3	8	6	辛酉	10	4	9	8	壬辰	11	3	10	8	壬戌	12	4	11	10	癸巳	1	2	12	9	壬戌	2	1	1	10	壬辰	
	4	8	7	壬戌	10	5	9	9	癸巳	11	4	10	9	癸亥	12	5	11	11	甲午	1	3	12	10	癸亥	2	2	1	11	癸巳	
	5	8	8	癸亥	10	6	9	10	甲午	11	5	10	10	甲子	12	6	11	12	乙未	1	4	12	11	甲子	2	3	1	12	甲午	
	6	8	9	甲子	10	7	9	11	乙未	11	6	10	11	乙丑						1	5	12	12	乙丑						
	7	8	10	乙丑						11	7	10	12	丙寅																
處暑					秋分					霜降					小雪					冬至					大寒					中氣
23 19時20分 戌時					9/23 17時4分 酉時					10/24 2時30分 丑時					11/23 0時7分 子時					12/22 13時29分 未時					1/21 0時9分 子時					

年	壬辰																													
月	壬寅					癸卯					甲辰					乙巳					丙午					丁未				
節氣	立春					驚蟄					清明					立夏					芒種					小暑				
	2/4 18時22分 酉時					3/5 12時20分 午時					4/4 17時5分 酉時					5/5 10時19分 巳時					6/5 14時25分 未時					7/7 0時40分 子時				
日	國曆		農曆		干支	國曆		農曆		干支	國曆		農曆		干支	國曆		農曆		干支	國曆		農曆		干支	國曆		農曆		干支
中華民國一百零一年 龍 2012	2	4	1	13	乙未	3	5	2	13	乙丑	4	4	3	14	乙未	5	5	4	15	丙寅	6	5	4	16	丁酉	7	7	5	19	己巳
	2	5	1	14	丙申	3	6	2	14	丙寅	4	5	3	15	丙申	5	6	4	16	丁卯	6	6	4	17	戊戌	7	8	5	20	庚午
	2	6	1	15	丁酉	3	7	2	15	丁卯	4	6	3	16	丁酉	5	7	4	17	戊辰	6	7	4	18	己亥	7	9	5	21	辛未
	2	7	1	16	戊戌	3	8	2	16	戊辰	4	7	3	17	戊戌	5	8	4	18	己巳	6	8	4	19	庚子	7	10	5	22	壬申
	2	8	1	17	己亥	3	9	2	17	己巳	4	8	3	18	己亥	5	9	4	19	庚午	6	9	4	20	辛丑	7	11	5	23	癸酉
	2	9	1	18	庚子	3	10	2	18	庚午	4	9	3	19	庚子	5	10	4	20	辛未	6	10	4	21	壬寅	7	12	5	24	甲戌
	2	10	1	19	辛丑	3	11	2	19	辛未	4	10	3	20	辛丑	5	11	4	21	壬申	6	11	4	22	癸卯	7	13	5	25	乙亥
	2	11	1	20	壬寅	3	12	2	20	壬申	4	11	3	21	壬寅	5	12	4	22	癸酉	6	12	4	23	甲辰	7	14	5	26	丙子
	2	12	1	21	癸卯	3	13	2	21	癸酉	4	12	3	22	癸卯	5	13	4	23	甲戌	6	13	4	24	乙巳	7	15	5	27	丁丑
	2	13	1	22	甲辰	3	14	2	22	甲戌	4	13	3	23	甲辰	5	14	4	24	乙亥	6	14	4	25	丙午	7	16	5	28	戊寅
	2	14	1	23	乙巳	3	15	2	23	乙亥	4	14	3	24	乙巳	5	15	4	25	丙子	6	15	4	26	丁未	7	17	5	29	己卯
	2	15	1	24	丙午	3	16	2	24	丙子	4	15	3	25	丙午	5	16	4	26	丁丑	6	16	4	27	戊申	7	18	5	30	庚辰
	2	16	1	25	丁未	3	17	2	25	丁丑	4	16	3	26	丁未	5	17	4	27	戊寅	6	17	4	28	己酉	7	19	6	1	辛巳
	2	17	1	26	戊申	3	18	2	26	戊寅	4	17	3	27	戊申	5	18	4	28	己卯	6	18	4	29	庚戌	7	20	6	2	壬午
	2	18	1	27	己酉	3	19	2	27	己卯	4	18	3	28	己酉	5	19	4	29	庚辰	6	19	5	1	辛亥	7	21	6	3	癸未
	2	19	1	28	庚戌	3	20	2	28	庚辰	4	19	3	29	庚戌	5	20	4	30	辛巳	6	20	5	2	壬子	7	22	6	4	甲申
	2	20	1	29	辛亥	3	21	2	29	辛巳	4	20	3	30	辛亥	5	21	閏4	1	壬午	6	21	5	3	癸丑	7	23	6	5	乙酉
	2	21	1	30	壬子	3	22	3	1	壬午	4	21	4	1	壬子	5	22	4	2	癸未	6	22	5	4	甲寅	7	24	6	6	丙戌
	2	22	2	1	癸丑	3	23	3	2	癸未	4	22	4	2	癸丑	5	23	4	3	甲申	6	23	5	5	乙卯	7	25	6	7	丁亥
	2	23	2	2	甲寅	3	24	3	3	甲申	4	23	4	3	甲寅	5	24	4	4	乙酉	6	24	5	6	丙辰	7	26	6	8	戊子
	2	24	2	3	乙卯	3	25	3	4	乙酉	4	24	4	4	乙卯	5	25	4	5	丙戌	6	25	5	7	丁巳	7	27	6	9	己丑
	2	25	2	4	丙辰	3	26	3	5	丙戌	4	25	4	5	丙辰	5	26	4	6	丁亥	6	26	5	8	戊午	7	28	6	10	庚寅
	2	26	2	5	丁巳	3	27	3	6	丁亥	4	26	4	6	丁巳	5	27	4	7	戊子	6	27	5	9	己未	7	29	6	11	辛卯
	2	27	2	6	戊午	3	28	3	7	戊子	4	27	4	7	戊午	5	28	4	8	己丑	6	28	5	10	庚申	7	30	6	12	壬辰
	2	28	2	7	己未	3	29	3	8	己丑	4	28	4	8	己未	5	29	4	9	庚寅	6	29	5	11	辛酉	7	31	6	13	癸巳
	2	29	2	8	庚申	3	30	3	9	庚寅	4	29	4	9	庚申	5	30	4	10	辛卯	6	30	5	12	壬戌	8	1	6	14	甲午
	3	1	2	9	辛酉	3	31	3	10	辛卯	4	30	4	10	辛酉	5	31	4	11	壬辰	7	1	5	13	癸亥	8	2	6	15	乙未
	3	2	2	10	壬戌	4	1	3	11	壬辰	5	1	4	11	壬戌	6	1	4	12	癸巳	7	2	5	14	甲子	8	3	6	16	丙申
	3	3	2	11	癸亥	4	2	3	12	癸巳	5	2	4	12	癸亥	6	2	4	13	甲午	7	3	5	15	乙丑	8	4	6	17	丁酉
	3	4	2	12	甲子	4	3	3	13	甲午	5	3	4	13	甲子	6	3	4	14	乙未	7	4	5	16	丙寅	8	5	6	18	戊戌
											5	4	4	14	乙丑	6	4	4	15	丙申	7	5	5	17	丁卯	8	6	6	19	己亥
																					7	6	5	18	戊辰					
中氣	雨水					春分					穀雨					小滿					夏至					大暑				
	2/19 14時17分 未時					3/20 13時14分 未時					4/20 0時11分 子時					5/20 23時15分 子時					6/21 7時8分 辰時					7/22 18時0分 酉時				

壬辰																														年
戊申					己酉					庚戌					辛亥					壬子					癸丑					月
立秋					白露					寒露					立冬					大雪					小寒					節氣
8/7 10時30分 巳時					9/7 13時28分 未時					10/8 5時11分 卯時					11/7 8時25分 辰時					12/7 1時18分 丑時					1/5 12時33分 午時					
國曆		農曆		干支	國曆		農曆		干支	國曆		農曆		干支	國曆		農曆		干支	國曆		農曆		干支	國曆		農曆		干支	日
8	7	6	20	庚子	9	7	7	22	辛未	10	8	8	23	壬寅	11	7	9	24	壬申	12	7	10	24	壬寅	1	5	11	24	辛未	中華民國一百零一、一百零二年 龍 2012、2013
8	8	6	21	辛丑	9	8	7	23	壬申	10	9	8	24	癸卯	11	8	9	25	癸酉	12	8	10	25	癸卯	1	6	11	25	壬申	
8	9	6	22	壬寅	9	9	7	24	癸酉	10	10	8	25	甲辰	11	9	9	26	甲戌	12	9	10	26	甲辰	1	7	11	26	癸酉	
8	10	6	23	癸卯	9	10	7	25	甲戌	10	11	8	26	乙巳	11	10	9	27	乙亥	12	10	10	27	乙巳	1	8	11	27	甲戌	
8	11	6	24	甲辰	9	11	7	26	乙亥	10	12	8	27	丙午	11	11	9	28	丙子	12	11	10	28	丙午	1	9	11	28	乙亥	
8	12	6	25	乙巳	9	12	7	27	丙子	10	13	8	28	丁未	11	12	9	29	丁丑	12	12	10	29	丁未	1	10	11	29	丙子	
8	13	6	26	丙午	9	13	7	28	丁丑	10	14	8	29	戊申	11	13	9	30	戊寅	12	13	11	1	戊申	1	11	11	30	丁丑	
8	14	6	27	丁未	9	14	7	29	戊寅	10	15	9	1	己酉	11	14	10	1	己卯	12	14	11	2	己酉	1	12	12	1	戊寅	
8	15	6	28	戊申	9	15	7	30	己卯	10	16	9	2	庚戌	11	15	10	2	庚辰	12	15	11	3	庚戌	1	13	12	2	己卯	
8	16	6	29	己酉	9	16	8	1	庚辰	10	17	9	3	辛亥	11	16	10	3	辛巳	12	16	11	4	辛亥	1	14	12	3	庚辰	
8	17	7	1	庚戌	9	17	8	2	辛巳	10	18	9	4	壬子	11	17	10	4	壬午	12	17	11	5	壬子	1	15	12	4	辛巳	
8	18	7	2	辛亥	9	18	8	3	壬午	10	19	9	5	癸丑	11	18	10	5	癸未	12	18	11	6	癸丑	1	16	12	5	壬午	
8	19	7	3	壬子	9	19	8	4	癸未	10	20	9	6	甲寅	11	19	10	6	甲申	12	19	11	7	甲寅	1	17	12	6	癸未	
8	20	7	4	癸丑	9	20	8	5	甲申	10	21	9	7	乙卯	11	20	10	7	乙酉	12	20	11	8	乙卯	1	18	12	7	甲申	
8	21	7	5	甲寅	9	21	8	6	乙酉	10	22	9	8	丙辰	11	21	10	8	丙戌	12	21	11	9	丙辰	1	19	12	8	乙酉	
8	22	7	6	乙卯	9	22	8	7	丙戌	10	23	9	9	丁巳	11	22	10	9	丁亥	12	22	11	10	丁巳	1	20	12	9	丙戌	
8	23	7	7	丙辰	9	23	8	8	丁亥	10	24	9	10	戊午	11	23	10	10	戊子	12	23	11	11	戊午	1	21	12	10	丁亥	
8	24	7	8	丁巳	9	24	8	9	戊子	10	25	9	11	己未	11	24	10	11	己丑	12	24	11	12	己未	1	22	12	11	戊子	
8	25	7	9	戊午	9	25	8	10	己丑	10	26	9	12	庚申	11	25	10	12	庚寅	12	25	11	13	庚申	1	23	12	12	己丑	
8	26	7	10	己未	9	26	8	11	庚寅	10	27	9	13	辛酉	11	26	10	13	辛卯	12	26	11	14	辛酉	1	24	12	13	庚寅	
8	27	7	11	庚申	9	27	8	12	辛卯	10	28	9	14	壬戌	11	27	10	14	壬辰	12	27	11	15	壬戌	1	25	12	14	辛卯	
8	28	7	12	辛酉	9	28	8	13	壬辰	10	29	9	15	癸亥	11	28	10	15	癸巳	12	28	11	16	癸亥	1	26	12	15	壬辰	
8	29	7	13	壬戌	9	29	8	14	癸巳	10	30	9	16	甲子	11	29	10	16	甲午	12	29	11	17	甲子	1	27	12	16	癸巳	
8	30	7	14	癸亥	9	30	8	15	甲午	10	31	9	17	乙丑	11	30	10	17	乙未	12	30	11	18	乙丑	1	28	12	17	甲午	
8	31	7	15	甲子	10	1	8	16	乙未	11	1	9	18	丙寅	12	1	10	18	丙申	12	31	11	19	丙寅	1	29	12	18	乙未	
9	1	7	16	乙丑	10	2	8	17	丙申	11	2	9	19	丁卯	12	2	10	19	丁酉	1	1	11	20	丁卯	1	30	12	19	丙申	
9	2	7	17	丙寅	10	3	8	18	丁酉	11	3	9	20	戊辰	12	3	10	20	戊戌	1	2	11	21	戊辰	1	31	12	20	丁酉	
9	3	7	18	丁卯	10	4	8	19	戊戌	11	4	9	21	己巳	12	4	10	21	己亥	1	3	11	22	己巳	2	1	12	21	戊戌	
	4	7	19	戊辰	10	5	8	20	己亥	11	5	9	22	庚午	12	5	10	22	庚子	1	4	11	23	庚午	2	2	12	22	己亥	
	5	7	20	己巳	10	6	8	21	庚子	11	6	9	23	辛未	12	6	10	23	辛丑						2	3	12	23	庚子	
	6	7	21	庚午	10	7	8	22	辛丑																					
處暑					秋分					霜降					小雪					冬至					大寒					中氣
8/23 1時6分 丑時					9/22 22時48分 亥時					10/23 8時13分 辰時					11/22 5時50分 卯時					12/21 19時11分 戌時					1/20 5時51分 卯時					

年	癸巳																													
月	甲寅					乙卯					丙辰					丁巳					戊午					己未				
節氣	立春					驚蟄					清明					立夏					芒種					小暑				
	2/4 0時13分 子時					3/5 18時14分 酉時					4/4 23時2分 子時					5/5 16時18分 申時					6/5 20時23分 戌時					7/7 6時34分 卯時				
日	國曆		農曆		干支	國曆		農曆		干支	國曆		農曆		干支	國曆		農曆		干支	國曆		農曆		干支	國曆		農曆		干支
中華民國一百零二年 蛇 2013	2	4	12	24	辛丑	3	5	1	24	庚午	4	4	2	24	庚子	5	5	3	26	辛未	6	5	4	27	壬寅	7	7	5	30	甲戌
	2	5	12	25	壬寅	3	6	1	25	辛未	4	5	2	25	辛丑	5	6	3	27	壬申	6	6	4	28	癸卯	7	8	6	1	乙亥
	2	6	12	26	癸卯	3	7	1	26	壬申	4	6	2	26	壬寅	5	7	3	28	癸酉	6	7	4	29	甲辰	7	9	6	2	丙子
	2	7	12	27	甲辰	3	8	1	27	癸酉	4	7	2	27	癸卯	5	8	3	29	甲戌	6	8	5	1	乙巳	7	10	6	3	丁丑
	2	8	12	28	乙巳	3	9	1	28	甲戌	4	8	2	28	甲辰	5	9	3	30	乙亥	6	9	5	2	丙午	7	11	6	4	戊寅
	2	9	12	29	丙午	3	10	1	29	乙亥	4	9	2	29	乙巳	5	10	4	1	丙子	6	10	5	3	丁未	7	12	6	5	己卯
	2	10	1	1	丁未	3	11	1	30	丙子	4	10	3	1	丙午	5	11	4	2	丁丑	6	11	5	4	戊申	7	13	6	6	庚辰
	2	11	1	2	戊申	3	12	2	1	丁丑	4	11	3	2	丁未	5	12	4	3	戊寅	6	12	5	5	己酉	7	14	6	7	辛巳
	2	12	1	3	己酉	3	13	2	2	戊寅	4	12	3	3	戊申	5	13	4	4	己卯	6	13	5	6	庚戌	7	15	6	8	壬午
	2	13	1	4	庚戌	3	14	2	3	己卯	4	13	3	4	己酉	5	14	4	5	庚辰	6	14	5	7	辛亥	7	16	6	9	癸未
	2	14	1	5	辛亥	3	15	2	4	庚辰	4	14	3	5	庚戌	5	15	4	6	辛巳	6	15	5	8	壬子	7	17	6	10	甲申
	2	15	1	6	壬子	3	16	2	5	辛巳	4	15	3	6	辛亥	5	16	4	7	壬午	6	16	5	9	癸丑	7	18	6	11	乙酉
	2	16	1	7	癸丑	3	17	2	6	壬午	4	16	3	7	壬子	5	17	4	8	癸未	6	17	5	10	甲寅	7	19	6	12	丙戌
	2	17	1	8	甲寅	3	18	2	7	癸未	4	17	3	8	癸丑	5	18	4	9	甲申	6	18	5	11	乙卯	7	20	6	13	丁亥
	2	18	1	9	乙卯	3	19	2	8	甲申	4	18	3	9	甲寅	5	19	4	10	乙酉	6	19	5	12	丙辰	7	21	6	14	戊子
	2	19	1	10	丙辰	3	20	2	9	乙酉	4	19	3	10	乙卯	5	20	4	11	丙戌	6	20	5	13	丁巳	7	22	6	15	己丑
	2	20	1	11	丁巳	3	21	2	10	丙戌	4	20	3	11	丙辰	5	21	4	12	丁亥	6	21	5	14	戊午	7	23	6	16	庚寅
	2	21	1	12	戊午	3	22	2	11	丁亥	4	21	3	12	丁巳	5	22	4	13	戊子	6	22	5	15	己未	7	24	6	17	辛卯
	2	22	1	13	己未	3	23	2	12	戊子	4	22	3	13	戊午	5	23	4	14	己丑	6	23	5	16	庚申	7	25	6	18	壬辰
	2	23	1	14	庚申	3	24	2	13	己丑	4	23	3	14	己未	5	24	4	15	庚寅	6	24	5	17	辛酉	7	26	6	19	癸巳
	2	24	1	15	辛酉	3	25	2	14	庚寅	4	24	3	15	庚申	5	25	4	16	辛卯	6	25	5	18	壬戌	7	27	6	20	甲午
	2	25	1	16	壬戌	3	26	2	15	辛卯	4	25	3	16	辛酉	5	26	4	17	壬辰	6	26	5	19	癸亥	7	28	6	21	乙未
	2	26	1	17	癸亥	3	27	2	16	壬辰	4	26	3	17	壬戌	5	27	4	18	癸巳	6	27	5	20	甲子	7	29	6	22	丙申
	2	27	1	18	甲子	3	28	2	17	癸巳	4	27	3	18	癸亥	5	28	4	19	甲午	6	28	5	21	乙丑	7	30	6	23	丁酉
	2	28	1	19	乙丑	3	29	2	18	甲午	4	28	3	19	甲子	5	29	4	20	乙未	6	29	5	22	丙寅	7	31	6	24	戊戌
	3	1	1	20	丙寅	3	30	2	19	乙未	4	29	3	20	乙丑	5	30	4	21	丙申	6	30	5	23	丁卯	8	1	6	25	己亥
	3	2	1	21	丁卯	3	31	2	20	丙申	4	30	3	21	丙寅	5	31	4	22	丁酉	7	1	5	24	戊辰	8	2	6	26	庚子
	3	3	1	22	戊辰	4	1	2	21	丁酉	5	1	3	22	丁卯	6	1	4	23	戊戌	7	2	5	25	己巳	8	3	6	27	辛丑
	3	4	1	23	己巳	4	2	2	22	戊戌	5	2	3	23	戊辰	6	2	4	24	己亥	7	3	5	26	庚午	8	4	6	28	壬寅
						4	3	2	23	己亥	5	3	3	24	己巳	6	3	4	25	庚子	7	4	5	27	辛未	8	5	6	29	癸卯
											5	4	3	25	庚午	6	4	4	26	辛丑	7	5	5	28	壬申	8	6	6	30	甲辰
																					7	6	5	29	癸酉					
中氣	雨水					春分					穀雨					小滿					夏至					大暑				
	2/18 20時1分 戌時					3/20 19時1分 戌時					4/20 6時3分 卯時					5/21 5時9分 卯時					6/21 13時3分 未時					7/22 23時55分 子				

癸巳																													年
庚申				辛酉					壬戌					癸亥					甲子					乙丑					月
立秋				白露					寒露					立冬					大雪					小寒					節氣
/7 16時20分 申時				9/7 19時16分 戌時					10/8 10時58分 巳時					11/7 14時13分 未時					12/7 7時8分 辰時					1/5 18時24分 酉時					
曆	農曆		干支	國曆		農曆		干支	國曆		農曆		干支	國曆		農曆		干支	國曆		農曆		干支	國曆		農曆		干支	日
7	7	1	乙巳	9	7	8	3	丙子	10	8	9	4	丁未	11	7	10	5	丁丑	12	7	11	5	丁未	1	5	12	5	丙子	中華民國一百零二、一百零三年　蛇　2013、2014
8	7	2	丙午	9	8	8	4	丁丑	10	9	9	5	戊申	11	8	10	6	戊寅	12	8	11	6	戊申	1	6	12	6	丁丑	
9	7	3	丁未	9	9	8	5	戊寅	10	10	9	6	己酉	11	9	10	7	己卯	12	9	11	7	己酉	1	7	12	7	戊寅	
10	7	4	戊申	9	10	8	6	己卯	10	11	9	7	庚戌	11	10	10	8	庚辰	12	10	11	8	庚戌	1	8	12	8	己卯	
11	7	5	己酉	9	11	8	7	庚辰	10	12	9	8	辛亥	11	11	10	9	辛巳	12	11	11	9	辛亥	1	9	12	9	庚辰	
12	7	6	庚戌	9	12	8	8	辛巳	10	13	9	9	壬子	11	12	10	10	壬午	12	12	11	10	壬子	1	10	12	10	辛巳	
13	7	7	辛亥	9	13	8	9	壬午	10	14	9	10	癸丑	11	13	10	11	癸未	12	13	11	11	癸丑	1	11	12	11	壬午	
14	7	8	壬子	9	14	8	10	癸未	10	15	9	11	甲寅	11	14	10	12	甲申	12	14	11	12	甲寅	1	12	12	12	癸未	
15	7	9	癸丑	9	15	8	11	甲申	10	16	9	12	乙卯	11	15	10	13	乙酉	12	15	11	13	乙卯	1	13	12	13	甲申	
16	7	10	甲寅	9	16	8	12	乙酉	10	17	9	13	丙辰	11	16	10	14	丙戌	12	16	11	14	丙辰	1	14	12	14	乙酉	
17	7	11	乙卯	9	17	8	13	丙戌	10	18	9	14	丁巳	11	17	10	15	丁亥	12	17	11	15	丁巳	1	15	12	15	丙戌	
18	7	12	丙辰	9	18	8	14	丁亥	10	19	9	15	戊午	11	18	10	16	戊子	12	18	11	16	戊午	1	16	12	16	丁亥	
19	7	13	丁巳	9	19	8	15	戊子	10	20	9	16	己未	11	19	10	17	己丑	12	19	11	17	己未	1	17	12	17	戊子	
20	7	14	戊午	9	20	8	16	己丑	10	21	9	17	庚申	11	20	10	18	庚寅	12	20	11	18	庚申	1	18	12	18	己丑	
21	7	15	己未	9	21	8	17	庚寅	10	22	9	18	辛酉	11	21	10	19	辛卯	12	21	11	19	辛酉	1	19	12	19	庚寅	
22	7	16	庚申	9	22	8	18	辛卯	10	23	9	19	壬戌	11	22	10	20	壬辰	12	22	11	20	壬戌	1	20	12	20	辛卯	
23	7	17	辛酉	9	23	8	19	壬辰	10	24	9	20	癸亥	11	23	10	21	癸巳	12	23	11	21	癸亥	1	21	12	21	壬辰	
24	7	18	壬戌	9	24	8	20	癸巳	10	25	9	21	甲子	11	24	10	22	甲午	12	24	11	22	甲子	1	22	12	22	癸巳	
25	7	19	癸亥	9	25	8	21	甲午	10	26	9	22	乙丑	11	25	10	23	乙未	12	25	11	23	乙丑	1	23	12	23	甲午	
26	7	20	甲子	9	26	8	22	乙未	10	27	9	23	丙寅	11	26	10	24	丙申	12	26	11	24	丙寅	1	24	12	24	乙未	
27	7	21	乙丑	9	27	8	23	丙申	10	28	9	24	丁卯	11	27	10	25	丁酉	12	27	11	25	丁卯	1	25	12	25	丙申	
28	7	22	丙寅	9	28	8	24	丁酉	10	29	9	25	戊辰	11	28	10	26	戊戌	12	28	11	26	戊辰	1	26	12	26	丁酉	
29	7	23	丁卯	9	29	8	25	戊戌	10	30	9	26	己巳	11	29	10	27	己亥	12	29	11	27	己巳	1	27	12	27	戊戌	
30	7	24	戊辰	9	30	8	26	己亥	10	31	9	27	庚午	11	30	10	28	庚子	12	30	11	28	庚午	1	28	12	28	己亥	
31	7	25	己巳	10	1	8	27	庚子	11	1	9	28	辛未	12	1	10	29	辛丑	12	31	11	29	辛未	1	29	12	29	庚子	
1	7	26	庚午	10	2	8	28	辛丑	11	2	9	29	壬申	12	2	10	30	壬寅	1	1	12	1	壬申	1	30	12	30	辛丑	
2	7	27	辛未	10	3	8	29	壬寅	11	3	10	1	癸酉	12	3	11	1	癸卯	1	2	12	2	癸酉	1	31	1	1	壬寅	
3	7	28	壬申	10	4	8	30	癸卯	11	4	10	2	甲戌	12	4	11	2	甲辰	1	3	12	3	甲戌	2	1	1	2	癸卯	
4	7	29	癸酉	10	5	9	1	甲辰	11	5	10	3	乙亥	12	5	11	3	乙巳	1	4	12	4	乙亥	2	2	1	3	甲辰	
5	8	1	甲戌	10	6	9	2	乙巳	11	6	10	4	丙子	12	6	11	4	丙午						2	3	1	4	乙巳	
6	8	2	乙亥	10	7	9	3	丙午																					
處暑				秋分					霜降					小雪					冬至					大寒					中氣
/23 7時1分 辰時				9/23 4時44分 寅時					10/23 14時9分 未時					11/22 11時48分 午時					12/22 1時10分 丑時					1/20 11時51分 午時					

中華民國一百零三年　馬　2014

年：甲午

月	丙寅				
節氣	立春 2/4 6時3分 卯時				
日	國曆		農曆		干支
	2	4	1	5	丙午
	2	5	1	6	丁未
	2	6	1	7	戊申
	2	7	1	8	己酉
	2	8	1	9	庚戌
	2	9	1	10	辛亥
	2	10	1	11	壬子
	2	11	1	12	癸丑
	2	12	1	13	甲寅
	2	13	1	14	乙卯
	2	14	1	15	丙辰
	2	15	1	16	丁巳
	2	16	1	17	戊午
	2	17	1	18	己未
	2	18	1	19	庚申
	2	19	1	20	辛酉
	2	20	1	21	壬戌
	2	21	1	22	癸亥
	2	22	1	23	甲子
	2	23	1	24	乙丑
	2	24	1	25	丙寅
	2	25	1	26	丁卯
	2	26	1	27	戊辰
	2	27	1	28	己巳
	2	28	1	29	庚午
	3	1	2	1	辛未
	3	2	2	2	壬申
	3	3	2	3	癸酉
	3	4	2	4	甲戌
	3	5	2	5	乙亥
中氣	雨水 2/19 1時59分 丑時				

月	丁卯				
節氣	驚蟄 3/6 0時2分 子時				
日	國曆		農曆		干支
	3	6	2	6	丙子
	3	7	2	7	丁丑
	3	8	2	8	戊寅
	3	9	2	9	己卯
	3	10	2	10	庚辰
	3	11	2	11	辛巳
	3	12	2	12	壬午
	3	13	2	13	癸未
	3	14	2	14	甲申
	3	15	2	15	乙酉
	3	16	2	16	丙戌
	3	17	2	17	丁亥
	3	18	2	18	戊子
	3	19	2	19	己丑
	3	20	2	20	庚寅
	3	21	2	21	辛卯
	3	22	2	22	壬辰
	3	23	2	23	癸巳
	3	24	2	24	甲午
	3	25	2	25	乙未
	3	26	2	26	丙申
	3	27	2	27	丁酉
	3	28	2	28	戊戌
	3	29	2	29	己亥
	3	30	2	30	庚子
	3	31	3	1	辛丑
	4	1	3	2	壬寅
	4	2	3	3	癸卯
	4	3	3	4	甲辰
	4	4	3	5	乙巳
中氣	春分 3/21 0時56分 子時				

月	戊辰				
節氣	清明 4/5 4時46分 寅時				
日	國曆		農曆		干支
	4	5	3	6	丙午
	4	6	3	7	丁未
	4	7	3	8	戊申
	4	8	3	9	己酉
	4	9	3	10	庚戌
	4	10	3	11	辛亥
	4	11	3	12	壬子
	4	12	3	13	癸丑
	4	13	3	14	甲寅
	4	14	3	15	乙卯
	4	15	3	16	丙辰
	4	16	3	17	丁巳
	4	17	3	18	戊午
	4	18	3	19	己未
	4	19	3	20	庚申
	4	20	3	21	辛酉
	4	21	3	22	壬戌
	4	22	3	23	癸亥
	4	23	3	24	甲子
	4	24	3	25	乙丑
	4	25	3	26	丙寅
	4	26	3	27	丁卯
	4	27	3	28	戊辰
	4	28	3	29	己巳
	4	29	4	1	庚午
	4	30	4	2	辛未
	5	1	4	3	壬申
	5	2	4	4	癸酉
	5	3	4	5	甲戌
	5	4	4	6	乙亥
中氣	穀雨 4/20 11時55分 午時				

月	己巳				
節氣	立夏 5/5 21時59分 亥時				
日	國曆		農曆		干支
	5	5	4	7	丙子
	5	6	4	8	丁丑
	5	7	4	9	戊寅
	5	8	4	10	己卯
	5	9	4	11	庚辰
	5	10	4	12	辛巳
	5	11	4	13	壬午
	5	12	4	14	癸未
	5	13	4	15	甲申
	5	14	4	16	乙酉
	5	15	4	17	丙戌
	5	16	4	18	丁亥
	5	17	4	19	戊子
	5	18	4	20	己丑
	5	19	4	21	庚寅
	5	20	4	22	辛卯
	5	21	4	23	壬辰
	5	22	4	24	癸巳
	5	23	4	25	甲午
	5	24	4	26	乙未
	5	25	4	27	丙申
	5	26	4	28	丁酉
	5	27	4	29	戊戌
	5	28	4	30	己亥
	5	29	5	1	庚子
	5	30	5	2	辛丑
	5	31	5	3	壬寅
	6	1	5	4	癸卯
	6	2	5	5	甲辰
	6	3	5	6	乙巳
	6	4	5	7	丙午
	6	5	5	8	丁未
中氣	小滿 5/21 10時58分 巳時				

月	庚午				
節氣	芒種 6/6 2時2分 丑時				
日	國曆		農曆		干支
	6	6	5	9	戊申
	6	7	5	10	己酉
	6	8	5	11	庚戌
	6	9	5	12	辛亥
	6	10	5	13	壬子
	6	11	5	14	癸丑
	6	12	5	15	甲寅
	6	13	5	16	乙卯
	6	14	5	17	丙辰
	6	15	5	18	丁巳
	6	16	5	19	戊午
	6	17	5	20	己未
	6	18	5	21	庚申
	6	19	5	22	辛酉
	6	20	5	23	壬戌
	6	21	5	24	癸亥
	6	22	5	25	甲子
	6	23	5	26	乙丑
	6	24	5	27	丙寅
	6	25	5	28	丁卯
	6	26	5	29	戊辰
	6	27	6	1	己巳
	6	28	6	2	庚午
	6	29	6	3	辛未
	6	30	6	4	壬申
	7	1	6	5	癸酉
	7	2	6	6	甲戌
	7	3	6	7	乙亥
	7	4	6	8	丙子
	7	5	6	9	丁丑
	7	6	6	10	戊寅
中氣	夏至 6/21 18時51分 酉時				

月	辛未				
節氣	小暑 7/7 12時14分 午時				
日	國曆		農曆		干支
	7	7	6	11	己卯
	7	8	6	12	庚辰
	7	9	6	13	辛巳
	7	10	6	14	壬午
	7	11	6	15	癸未
	7	12	6	16	甲申
	7	13	6	17	乙酉
	7	14	6	18	丙戌
	7	15	6	19	丁亥
	7	16	6	20	戊子
	7	17	6	21	己丑
	7	18	6	22	庚寅
	7	19	6	23	辛卯
	7	20	6	24	壬辰
	7	21	6	25	癸巳
	7	22	6	26	甲午
	7	23	6	27	乙未
	7	24	6	28	丙申
	7	25	6	29	丁酉
	7	26	6	30	戊戌
	7	27	7	1	己亥
	7	28	7	2	庚子
	7	29	7	3	辛丑
	7	30	7	4	壬寅
	7	31	7	5	癸卯
	8	1	7	6	甲辰
	8	2	7	7	乙巳
	8	3	7	8	丙午
	8	4	7	9	丁未
	8	5	7	10	戊申
	8	6	7	11	己酉
中氣	大暑 7/23 5時41分 卯時				

甲午																														年
壬申					癸酉					甲戌					乙亥					丙子					丁丑					月
立秋					白露					寒露					立冬					大雪					小寒					節氣
8/7 22時2分 亥時					9/8 1時1分 丑時					10/8 16時47分 申時					11/7 20時6分 戌時					12/7 13時3分 未時					1/6 0時20分 子時					
國曆		農曆		干支	國曆		農曆		干支	國曆		農曆		干支	國曆		農曆		干支	國曆		農曆		干支	國曆		農曆		干支	日
8	7	7	12	庚戌	9	8	8	15	壬午	10	8	9	15	壬子	11	7	9	15	壬午	12	7	10	16	壬子	1	6	11	16	壬午	中華民國一百零三、一百零四年 馬 2014、2015
8	8	7	13	辛亥	9	9	8	16	癸未	10	9	9	16	癸丑	11	8	9	16	癸未	12	8	10	17	癸丑	1	7	11	17	癸未	
8	9	7	14	壬子	9	10	8	17	甲申	10	10	9	17	甲寅	11	9	9	17	甲申	12	9	10	18	甲寅	1	8	11	18	甲申	
8	10	7	15	癸丑	9	11	8	18	乙酉	10	11	9	18	乙卯	11	10	9	18	乙酉	12	10	10	19	乙卯	1	9	11	19	乙酉	
8	11	7	16	甲寅	9	12	8	19	丙戌	10	12	9	19	丙辰	11	11	9	19	丙戌	12	11	10	20	丙辰	1	10	11	20	丙戌	
8	12	7	17	乙卯	9	13	8	20	丁亥	10	13	9	20	丁巳	11	12	9	20	丁亥	12	12	10	21	丁巳	1	11	11	21	丁亥	
8	13	7	18	丙辰	9	14	8	21	戊子	10	14	9	21	戊午	11	13	9	21	戊子	12	13	10	22	戊午	1	12	11	22	戊子	
8	14	7	19	丁巳	9	15	8	22	己丑	10	15	9	22	己未	11	14	9	22	己丑	12	14	10	23	己未	1	13	11	23	己丑	
8	15	7	20	戊午	9	16	8	23	庚寅	10	16	9	23	庚申	11	15	9	23	庚寅	12	15	10	24	庚申	1	14	11	24	庚寅	
8	16	7	21	己未	9	17	8	24	辛卯	10	17	9	24	辛酉	11	16	9	24	辛卯	12	16	10	25	辛酉	1	15	11	25	辛卯	
8	17	7	22	庚申	9	18	8	25	壬辰	10	18	9	25	壬戌	11	17	9	25	壬辰	12	17	10	26	壬戌	1	16	11	26	壬辰	
8	18	7	23	辛酉	9	19	8	26	癸巳	10	19	9	26	癸亥	11	18	9	26	癸巳	12	18	10	27	癸亥	1	17	11	27	癸巳	
8	19	7	24	壬戌	9	20	8	27	甲午	10	20	9	27	甲子	11	19	9	27	甲午	12	19	10	28	甲子	1	18	11	28	甲午	
8	20	7	25	癸亥	9	21	8	28	乙未	10	21	9	28	乙丑	11	20	9	28	乙未	12	20	10	29	乙丑	1	19	11	29	乙未	
8	21	7	26	甲子	9	22	8	29	丙申	10	22	9	29	丙寅	11	21	9	29	丙申	12	21	10	30	丙寅	1	20	12	1	丙申	
8	22	7	27	乙丑	9	23	8	30	丁酉	10	23	9	30	丁卯	11	22	10	1	丁酉	12	22	11	1	丁卯	1	21	12	2	丁酉	
8	23	7	28	丙寅	9	24	9	1	戊戌	10	24	閏9	1	戊辰	11	23	10	2	戊戌	12	23	11	2	戊辰	1	22	12	3	戊戌	
8	24	7	29	丁卯	9	25	9	2	己亥	10	25	9	2	己巳	11	24	10	3	己亥	12	24	11	3	己巳	1	23	12	4	己亥	
8	25	8	1	戊辰	9	26	9	3	庚子	10	26	9	3	庚午	11	25	10	4	庚子	12	25	11	4	庚午	1	24	12	5	庚子	
8	26	8	2	己巳	9	27	9	4	辛丑	10	27	9	4	辛未	11	26	10	5	辛丑	12	26	11	5	辛未	1	25	12	6	辛丑	
8	27	8	3	庚午	9	28	9	5	壬寅	10	28	9	5	壬申	11	27	10	6	壬寅	12	27	11	6	壬申	1	26	12	7	壬寅	
8	28	8	4	辛未	9	29	9	6	癸卯	10	29	9	6	癸酉	11	28	10	7	癸卯	12	28	11	7	癸酉	1	27	12	8	癸卯	
8	29	8	5	壬申	9	30	9	7	甲辰	10	30	9	7	甲戌	11	29	10	8	甲辰	12	29	11	8	甲戌	1	28	12	9	甲辰	
8	30	8	6	癸酉	10	1	9	8	乙巳	10	31	9	8	乙亥	11	30	10	9	乙巳	12	30	11	9	乙亥	1	29	12	10	乙巳	
8	31	8	7	甲戌	10	2	9	9	丙午	11	1	9	9	丙子	12	1	10	10	丙午	12	31	11	10	丙子	1	30	12	11	丙午	
9	1	8	8	乙亥	10	3	9	10	丁未	11	2	9	10	丁丑	12	2	10	11	丁未	1	1	11	11	丁丑	1	31	12	12	丁未	
9	2	8	9	丙子	10	4	9	11	戊申	11	3	9	11	戊寅	12	3	10	12	戊申	1	2	11	12	戊寅	2	1	12	13	戊申	
9	3	8	10	丁丑	10	5	9	12	己酉	11	4	9	12	己卯	12	4	10	13	己酉	1	3	11	13	己卯	2	2	12	14	己酉	
9	4	8	11	戊寅	10	6	9	13	庚戌	11	5	9	13	庚辰	12	5	10	14	庚戌	1	4	11	14	庚辰	2	3	12	15	庚戌	
9	5	8	12	己卯	10	7	9	14	辛亥	11	6	9	14	辛巳	12	6	10	15	辛亥	1	5	11	15	辛巳						
9	6	8	13	庚辰																										
9	7	8	14	辛巳																										
處暑					秋分					霜降					小雪					冬至					大寒					中氣
8/23 12時45分 午時					9/23 10時28分 巳時					10/23 19時56分 戌時					11/22 17時38分 酉時					12/22 7時2分 辰時					1/20 17時43分 酉時					

年	乙未																													
月	戊寅					己卯					庚辰					辛巳					壬午					癸未				
節氣	立春					驚蟄					清明					立夏					芒種					小暑				
	2/4 11時58分 午時					3/6 5時55分 卯時					4/5 10時38分 巳時					5/6 3時52分 寅時					6/6 7時58分 辰時					7/7 18時12分 酉時				
日	國曆		農曆		干支	國曆		農曆		干支	國曆		農曆		干支	國曆		農曆		干支	國曆		農曆		干支	國曆		農曆		干支
中華民國一百零四年 羊 2015	2	4	12	16	辛亥	3	6	1	16	辛巳	4	5	2	17	辛亥	5	6	3	18	壬午	6	6	4	20	癸丑	7	7	5	22	甲申
	2	5	12	17	壬子	3	7	1	17	壬午	4	6	2	18	壬子	5	7	3	19	癸未	6	7	4	21	甲寅	7	8	5	23	乙酉
	2	6	12	18	癸丑	3	8	1	18	癸未	4	7	2	19	癸丑	5	8	3	20	甲申	6	8	4	22	乙卯	7	9	5	24	丙戌
	2	7	12	19	甲寅	3	9	1	19	甲申	4	8	2	20	甲寅	5	9	3	21	乙酉	6	9	4	23	丙辰	7	10	5	25	丁亥
	2	8	12	20	乙卯	3	10	1	20	乙酉	4	9	2	21	乙卯	5	10	3	22	丙戌	6	10	4	24	丁巳	7	11	5	26	戊子
	2	9	12	21	丙辰	3	11	1	21	丙戌	4	10	2	22	丙辰	5	11	3	23	丁亥	6	11	4	25	戊午	7	12	5	27	己丑
	2	10	12	22	丁巳	3	12	1	22	丁亥	4	11	2	23	丁巳	5	12	3	24	戊子	6	12	4	26	己未	7	13	5	28	庚寅
	2	11	12	23	戊午	3	13	1	23	戊子	4	12	2	24	戊午	5	13	3	25	己丑	6	13	4	27	庚申	7	14	5	29	辛卯
	2	12	12	24	己未	3	14	1	24	己丑	4	13	2	25	己未	5	14	3	26	庚寅	6	14	4	28	辛酉	7	15	5	30	壬辰
	2	13	12	25	庚申	3	15	1	25	庚寅	4	14	2	26	庚申	5	15	3	27	辛卯	6	15	4	29	壬戌	7	16	6	1	癸巳
	2	14	12	26	辛酉	3	16	1	26	辛卯	4	15	2	27	辛酉	5	16	3	28	壬辰	6	16	5	1	癸亥	7	17	6	2	甲午
	2	15	12	27	壬戌	3	17	1	27	壬辰	4	16	2	28	壬戌	5	17	3	29	癸巳	6	17	5	2	甲子	7	18	6	3	乙未
	2	16	12	28	癸亥	3	18	1	28	癸巳	4	17	2	29	癸亥	5	18	4	1	甲午	6	18	5	3	乙丑	7	19	6	4	丙申
	2	17	12	29	甲子	3	19	1	29	甲午	4	18	2	30	甲子	5	19	4	2	乙未	6	19	5	4	丙寅	7	20	6	5	丁酉
	2	18	12	30	乙丑	3	20	2	1	乙未	4	19	3	1	乙丑	5	20	4	3	丙申	6	20	5	5	丁卯	7	21	6	6	戊戌
	2	19	1	1	丙寅	3	21	2	2	丙申	4	20	3	2	丙寅	5	21	4	4	丁酉	6	21	5	6	戊辰	7	22	6	7	己亥
	2	20	1	2	丁卯	3	22	2	3	丁酉	4	21	3	3	丁卯	5	22	4	5	戊戌	6	22	5	7	己巳	7	23	6	8	庚子
	2	21	1	3	戊辰	3	23	2	4	戊戌	4	22	3	4	戊辰	5	23	4	6	己亥	6	23	5	8	庚午	7	24	6	9	辛丑
	2	22	1	4	己巳	3	24	2	5	己亥	4	23	3	5	己巳	5	24	4	7	庚子	6	24	5	9	辛未	7	25	6	10	壬寅
	2	23	1	5	庚午	3	25	2	6	庚子	4	24	3	6	庚午	5	25	4	8	辛丑	6	25	5	10	壬申	7	26	6	11	癸卯
	2	24	1	6	辛未	3	26	2	7	辛丑	4	25	3	7	辛未	5	26	4	9	壬寅	6	26	5	11	癸酉	7	27	6	12	甲辰
	2	25	1	7	壬申	3	27	2	8	壬寅	4	26	3	8	壬申	5	27	4	10	癸卯	6	27	5	12	甲戌	7	28	6	13	乙巳
	2	26	1	8	癸酉	3	28	2	9	癸卯	4	27	3	9	癸酉	5	28	4	11	甲辰	6	28	5	13	乙亥	7	29	6	14	丙午
	2	27	1	9	甲戌	3	29	2	10	甲辰	4	28	3	10	甲戌	5	29	4	12	乙巳	6	29	5	14	丙子	7	30	6	15	丁未
	2	28	1	10	乙亥	3	30	2	11	乙巳	4	29	3	11	乙亥	5	30	4	13	丙午	6	30	5	15	丁丑	7	31	6	16	戊申
	3	1	1	11	丙子	3	31	2	12	丙午	4	30	3	12	丙子	5	31	4	14	丁未	7	1	5	16	戊寅	8	1	6	17	己酉
	3	2	1	12	丁丑	4	1	2	13	丁未	5	1	3	13	丁丑	6	1	4	15	戊申	7	2	5	17	己卯	8	2	6	18	庚戌
	3	3	1	13	戊寅	4	2	2	14	戊申	5	2	3	14	戊寅	6	2	4	16	己酉	7	3	5	18	庚辰	8	3	6	19	辛亥
	3	4	1	14	己卯	4	3	2	15	己酉	5	3	3	15	己卯	6	3	4	17	庚戌	7	4	5	19	辛巳	8	4	6	20	壬子
	3	5	1	15	庚辰	4	4	2	16	庚戌	5	4	3	16	庚辰	6	4	4	18	辛亥	7	5	5	20	壬午	8	5	6	21	癸丑
											5	5	3	17	辛巳	6	5	4	19	壬子	7	6	5	21	癸未	8	6	6	22	甲寅
																										8	7	6	23	乙卯
中氣	雨水					春分					穀雨					小滿					夏至					大暑				
	2/19 7時49分 辰時					3/21 6時45分 卯時					4/20 17時41分 酉時					5/21 16時44分 申時					6/22 0時37分 子時					7/23 11時30分 午時				

乙未																														年
甲申					乙酉					丙戌					丁亥					戊子					己丑					月
立秋					白露					寒露					立冬					大雪					小寒					節氣
8/8 4時1分 寅時					9/8 6時59分 卯時					10/8 22時42分 亥時					11/8 1時58分 丑時					12/7 18時53分 酉時					1/6 6時8分 卯時					
國曆		農曆		干支	國曆		農曆		干支	國曆		農曆		干支	國曆		農曆		干支	國曆		農曆		干支	國曆		農曆		干支	日
8	8	6	24	丙辰	9	8	7	26	丁亥	10	8	8	26	丁巳	11	8	9	27	戊子	12	7	10	26	丁巳	1	6	11	27	丁亥	中華民國一百零四、一百零五年 羊 2015、2016
8	9	6	25	丁巳	9	9	7	27	戊子	10	9	8	27	戊午	11	9	9	28	己丑	12	8	10	27	戊午	1	7	11	28	戊子	
8	10	6	26	戊午	9	10	7	28	己丑	10	10	8	28	己未	11	10	9	29	庚寅	12	9	10	28	己未	1	8	11	29	己丑	
8	11	6	27	己未	9	11	7	29	庚寅	10	11	8	29	庚申	11	11	9	30	辛卯	12	10	10	29	庚申	1	9	11	30	庚寅	
8	12	6	28	庚申	9	12	7	30	辛卯	10	12	8	30	辛酉	11	12	10	1	壬辰	12	11	11	1	辛酉	1	10	12	1	辛卯	
8	13	6	29	辛酉	9	13	8	1	壬辰	10	13	9	1	壬戌	11	13	10	2	癸巳	12	12	11	2	壬戌	1	11	12	2	壬辰	
8	14	7	1	壬戌	9	14	8	2	癸巳	10	14	9	2	癸亥	11	14	10	3	甲午	12	13	11	3	癸亥	1	12	12	3	癸巳	
8	15	7	2	癸亥	9	15	8	3	甲午	10	15	9	3	甲子	11	15	10	4	乙未	12	14	11	4	甲子	1	13	12	4	甲午	
8	16	7	3	甲子	9	16	8	4	乙未	10	16	9	4	乙丑	11	16	10	5	丙申	12	15	11	5	乙丑	1	14	12	5	乙未	
8	17	7	4	乙丑	9	17	8	5	丙申	10	17	9	5	丙寅	11	17	10	6	丁酉	12	16	11	6	丙寅	1	15	12	6	丙申	
8	18	7	5	丙寅	9	18	8	6	丁酉	10	18	9	6	丁卯	11	18	10	7	戊戌	12	17	11	7	丁卯	1	16	12	7	丁酉	
8	19	7	6	丁卯	9	19	8	7	戊戌	10	19	9	7	戊辰	11	19	10	8	己亥	12	18	11	8	戊辰	1	17	12	8	戊戌	
8	20	7	7	戊辰	9	20	8	8	己亥	10	20	9	8	己巳	11	20	10	9	庚子	12	19	11	9	己巳	1	18	12	9	己亥	
8	21	7	8	己巳	9	21	8	9	庚子	10	21	9	9	庚午	11	21	10	10	辛丑	12	20	11	10	庚午	1	19	12	10	庚子	
8	22	7	9	庚午	9	22	8	10	辛丑	10	22	9	10	辛未	11	22	10	11	壬寅	12	21	11	11	辛未	1	20	12	11	辛丑	
8	23	7	10	辛未	9	23	8	11	壬寅	10	23	9	11	壬申	11	23	10	12	癸卯	12	22	11	12	壬申	1	21	12	12	壬寅	
8	24	7	11	壬申	9	24	8	12	癸卯	10	24	9	12	癸酉	11	24	10	13	甲辰	12	23	11	13	癸酉	1	22	12	13	癸卯	
8	25	7	12	癸酉	9	25	8	13	甲辰	10	25	9	13	甲戌	11	25	10	14	乙巳	12	24	11	14	甲戌	1	23	12	14	甲辰	
	26	7	13	甲戌	9	26	8	14	乙巳	10	26	9	14	乙亥	11	26	10	15	丙午	12	25	11	15	乙亥	1	24	12	15	乙巳	
	27	7	14	乙亥	9	27	8	15	丙午	10	27	9	15	丙子	11	27	10	16	丁未	12	26	11	16	丙子	1	25	12	16	丙午	
	28	7	15	丙子	9	28	8	16	丁未	10	28	9	16	丁丑	11	28	10	17	戊申	12	27	11	17	丁丑	1	26	12	17	丁未	
	29	7	16	丁丑	9	29	8	17	戊申	10	29	9	17	戊寅	11	29	10	18	己酉	12	28	11	18	戊寅	1	27	12	18	戊申	
	30	7	17	戊寅	9	30	8	18	己酉	10	30	9	18	己卯	11	30	10	19	庚戌	12	29	11	19	己卯	1	28	12	19	己酉	
	31	7	18	己卯	10	1	8	19	庚戌	10	31	9	19	庚辰	12	1	10	20	辛亥	12	30	11	20	庚辰	1	29	12	20	庚戌	
	1	7	19	庚辰	10	2	8	20	辛亥	11	1	9	20	辛巳	12	2	10	21	壬子	12	31	11	21	辛巳	1	30	12	21	辛亥	
	2	7	20	辛巳	10	3	8	21	壬子	11	2	9	21	壬午	12	3	10	22	癸丑	1	1	11	22	壬午	1	31	12	22	壬子	
	3	7	21	壬午	10	4	8	22	癸丑	11	3	9	22	癸未	12	4	10	23	甲寅	1	2	11	23	癸未	2	1	12	23	癸丑	
	4	7	22	癸未	10	5	8	23	甲寅	11	4	9	23	甲申	12	5	10	24	乙卯	1	3	11	24	甲申	2	2	12	24	甲寅	
	5	7	23	甲申	10	6	8	24	乙卯	11	5	9	24	乙酉	12	6	10	25	丙辰	1	4	11	25	乙酉	2	3	12	25	乙卯	
	6	7	24	乙酉	10	7	8	25	丙辰	11	6	9	25	丙戌						1	5	11	26	丙戌						
	7	7	25	丙戌						11	7	9	26	丁亥																
處暑					秋分					霜降					小雪					冬至					大寒					中氣
3 18時37分 酉時					9/23 16時20分 申時					10/24 1時46分 丑時					11/22 23時25分 子時					12/22 12時47分 午時					1/20 23時26分 子時					

年：丙申

日：中華民國一百零五年 猴 2016

月	庚寅			
節氣	立春 2/4 17時45分 酉時			
國曆		農曆		干支
2	4	12	26	丙辰
2	5	12	27	丁巳
2	6	12	28	戊午
2	7	12	29	己未
2	8	1	1	庚申
2	9	1	2	辛酉
2	10	1	3	壬戌
2	11	1	4	癸亥
2	12	1	5	甲子
2	13	1	6	乙丑
2	14	1	7	丙寅
2	15	1	8	丁卯
2	16	1	9	戊辰
2	17	1	10	己巳
2	18	1	11	庚午
2	19	1	12	辛未
2	20	1	13	壬申
2	21	1	14	癸酉
2	22	1	15	甲戌
2	23	1	16	乙亥
2	24	1	17	丙子
2	25	1	18	丁丑
2	26	1	19	戊寅
2	27	1	20	己卯
2	28	1	21	庚辰
2	29	1	22	辛巳
3	1	1	23	壬午
3	2	1	24	癸未
3	3	1	25	甲申
3	4	1	26	乙酉
中氣	雨水 2/19 13時33分 未時			

月	辛卯			
節氣	驚蟄 3/5 11時43分 午時			
國曆		農曆		干支
3	5	1	27	丙戌
3	6	1	28	丁亥
3	7	1	29	戊子
3	8	1	30	己丑
3	9	2	1	庚寅
3	10	2	2	辛卯
3	11	2	3	壬辰
3	12	2	4	癸巳
3	13	2	5	甲午
3	14	2	6	乙未
3	15	2	7	丙申
3	16	2	8	丁酉
3	17	2	9	戊戌
3	18	2	10	己亥
3	19	2	11	庚子
3	20	2	12	辛丑
3	21	2	13	壬寅
3	22	2	14	癸卯
3	23	2	15	甲辰
3	24	2	16	乙巳
3	25	2	17	丙午
3	26	2	18	丁未
3	27	2	19	戊申
3	28	2	20	己酉
3	29	2	21	庚戌
3	30	2	22	辛亥
3	31	2	23	壬子
4	1	2	24	癸丑
4	2	2	25	甲寅
4	3	2	26	乙卯
中氣	春分 3/20 12時30分 午時			

月	壬辰			
節氣	清明 4/4 16時27分 申時			
國曆		農曆		干支
4	4	2	27	丙辰
4	5	2	28	丁巳
4	6	2	29	戊午
4	7	3	1	己未
4	8	3	2	庚申
4	9	3	3	辛酉
4	10	3	4	壬戌
4	11	3	5	癸亥
4	12	3	6	甲子
4	13	3	7	乙丑
4	14	3	8	丙寅
4	15	3	9	丁卯
4	16	3	10	戊辰
4	17	3	11	己巳
4	18	3	12	庚午
4	19	3	13	辛未
4	20	3	14	壬申
4	21	3	15	癸酉
4	22	3	16	甲戌
4	23	3	17	乙亥
4	24	3	18	丙子
4	25	3	19	丁丑
4	26	3	20	戊寅
4	27	3	21	己卯
4	28	3	22	庚辰
4	29	3	23	辛巳
4	30	3	24	壬午
5	1	3	25	癸未
5	2	3	26	甲申
5	3	3	27	乙酉
5	4	3	28	丙戌
中氣	穀雨 4/19 23時29分 子時			

月	癸巳			
節氣	立夏 5/5 9時41分 巳時			
國曆		農曆		干支
5	5	3	29	丁亥
5	6	3	30	戊子
5	7	4	1	己丑
5	8	4	2	庚寅
5	9	4	3	辛卯
5	10	4	4	壬辰
5	11	4	5	癸巳
5	12	4	6	甲午
5	13	4	7	乙未
5	14	4	8	丙申
5	15	4	9	丁酉
5	16	4	10	戊戌
5	17	4	11	己亥
5	18	4	12	庚子
5	19	4	13	辛丑
5	20	4	14	壬寅
5	21	4	15	癸卯
5	22	4	16	甲辰
5	23	4	17	乙巳
5	24	4	18	丙午
5	25	4	19	丁未
5	26	4	20	戊申
5	27	4	21	己酉
5	28	4	22	庚戌
5	29	4	23	辛亥
5	30	4	24	壬子
5	31	4	25	癸丑
6	1	4	26	甲寅
6	2	4	27	乙卯
6	3	4	28	丙辰
6	4	4	29	丁巳
中氣	小滿 5/20 22時36分 亥時			

月	甲午			
節氣	芒種 6/5 13時48分 未時			
國曆		農曆		干支
6	5	5	1	戊午
6	6	5	2	己未
6	7	5	3	庚申
6	8	5	4	辛酉
6	9	5	5	壬戌
6	10	5	6	癸亥
6	11	5	7	甲子
6	12	5	8	乙丑
6	13	5	9	丙寅
6	14	5	10	丁卯
6	15	5	11	戊辰
6	16	5	12	己巳
6	17	5	13	庚午
6	18	5	14	辛未
6	19	5	15	壬申
6	20	5	16	癸酉
6	21	5	17	甲戌
6	22	5	18	乙亥
6	23	5	19	丙子
6	24	5	20	丁丑
6	25	5	21	戊寅
6	26	5	22	己卯
6	27	5	23	庚辰
6	28	5	24	辛巳
6	29	5	25	壬午
6	30	5	26	癸未
7	1	5	27	甲申
7	2	5	28	乙酉
7	3	5	29	丙戌
7	4	6	1	丁亥
7	5	6	2	戊子
7	6	6	3	己丑
中氣	夏至 6/21 6時34分 卯時			

月	乙未			
節氣	小暑 7/7 0時3分 子時			
國曆		農曆		干支
7	7	6	4	庚寅
7	8	6	5	辛卯
7	9	6	6	壬辰
7	10	6	7	癸巳
7	11	6	8	甲午
7	12	6	9	乙未
7	13	6	10	丙申
7	14	6	11	丁酉
7	15	6	12	戊戌
7	16	6	13	己亥
7	17	6	14	庚子
7	18	6	15	辛丑
7	19	6	16	壬寅
7	20	6	17	癸卯
7	21	6	18	甲辰
7	22	6	19	乙巳
7	23	6	20	丙午
7	24	6	21	丁未
7	25	6	22	戊申
7	26	6	23	己酉
7	27	6	24	庚戌
7	28	6	25	辛亥
7	29	6	26	壬子
7	30	6	27	癸丑
7	31	6	28	甲寅
8	1	6	29	乙卯
8	2	6	30	丙辰
8	3	7	1	丁巳
8	4	7	2	戊午
8	5	7	3	己未
8	6	7	4	庚申
中氣	大暑 7/22 17時30分 酉時			

丙申																													年
丙申				丁酉					戊戌					己亥					庚子					辛丑					月
立秋				白露					寒露					立冬					大雪					小寒					節氣
/7 9時52分 巳時				9/7 12時50分 午時					10/8 4時33分 寅時					11/7 7時47分 辰時					12/7 0時40分 子時					1/5 11時55分 午時					
曆	農曆		干支	國曆		農曆		干支	國曆		農曆		干支	國曆		農曆		干支	國曆		農曆		干支	國曆		農曆		干支	日
7	7	5	辛酉	9	7	8	7	壬辰	10	8	9	8	癸亥	11	7	10	8	癸巳	12	7	11	9	癸亥	1	5	12	8	壬辰	中華民國一百零五、一百零六年　猴　2016、2017
8	7	6	壬戌	9	8	8	8	癸巳	10	9	9	9	甲子	11	8	10	9	甲午	12	8	11	10	甲子	1	6	12	9	癸巳	
9	7	7	癸亥	9	9	8	9	甲午	10	10	9	10	乙丑	11	9	10	10	乙未	12	9	11	11	乙丑	1	7	12	10	甲午	
10	7	8	甲子	9	10	8	10	乙未	10	11	9	11	丙寅	11	10	10	11	丙申	12	10	11	12	丙寅	1	8	12	11	乙未	
11	7	9	乙丑	9	11	8	11	丙申	10	12	9	12	丁卯	11	11	10	12	丁酉	12	11	11	13	丁卯	1	9	12	12	丙申	
12	7	10	丙寅	9	12	8	12	丁酉	10	13	9	13	戊辰	11	12	10	13	戊戌	12	12	11	14	戊辰	1	10	12	13	丁酉	
13	7	11	丁卯	9	13	8	13	戊戌	10	14	9	14	己巳	11	13	10	14	己亥	12	13	11	15	己巳	1	11	12	14	戊戌	
14	7	12	戊辰	9	14	8	14	己亥	10	15	9	15	庚午	11	14	10	15	庚子	12	14	11	16	庚午	1	12	12	15	己亥	
15	7	13	己巳	9	15	8	15	庚子	10	16	9	16	辛未	11	15	10	16	辛丑	12	15	11	17	辛未	1	13	12	16	庚子	
16	7	14	庚午	9	16	8	16	辛丑	10	17	9	17	壬申	11	16	10	17	壬寅	12	16	11	18	壬申	1	14	12	17	辛丑	
17	7	15	辛未	9	17	8	17	壬寅	10	18	9	18	癸酉	11	17	10	18	癸卯	12	17	11	19	癸酉	1	15	12	18	壬寅	
18	7	16	壬申	9	18	8	18	癸卯	10	19	9	19	甲戌	11	18	10	19	甲辰	12	18	11	20	甲戌	1	16	12	19	癸卯	
19	7	17	癸酉	9	19	8	19	甲辰	10	20	9	20	乙亥	11	19	10	20	乙巳	12	19	11	21	乙亥	1	17	12	20	甲辰	
20	7	18	甲戌	9	20	8	20	乙巳	10	21	9	21	丙子	11	20	10	21	丙午	12	20	11	22	丙子	1	18	12	21	乙巳	
21	7	19	乙亥	9	21	8	21	丙午	10	22	9	22	丁丑	11	21	10	22	丁未	12	21	11	23	丁丑	1	19	12	22	丙午	
22	7	20	丙子	9	22	8	22	丁未	10	23	9	23	戊寅	11	22	10	23	戊申	12	22	11	24	戊寅	1	20	12	23	丁未	
23	7	21	丁丑	9	23	8	23	戊申	10	24	9	24	己卯	11	23	10	24	己酉	12	23	11	25	己卯	1	21	12	24	戊申	
24	7	22	戊寅	9	24	8	24	己酉	10	25	9	25	庚辰	11	24	10	25	庚戌	12	24	11	26	庚辰	1	22	12	25	己酉	
25	7	23	己卯	9	25	8	25	庚戌	10	26	9	26	辛巳	11	25	10	26	辛亥	12	25	11	27	辛巳	1	23	12	26	庚戌	
26	7	24	庚辰	9	26	8	26	辛亥	10	27	9	27	壬午	11	26	10	27	壬子	12	26	11	28	壬午	1	24	12	27	辛亥	
27	7	25	辛巳	9	27	8	27	壬子	10	28	9	28	癸未	11	27	10	28	癸丑	12	27	11	29	癸未	1	25	12	28	壬子	
28	7	26	壬午	9	28	8	28	癸丑	10	29	9	29	甲申	11	28	10	29	甲寅	12	28	11	30	甲申	1	26	12	29	癸丑	
29	7	27	癸未	9	29	8	29	甲寅	10	30	9	30	乙酉	11	29	11	1	乙卯	12	29	12	1	乙酉	1	27	12	30	甲寅	
30	7	28	甲申	9	30	8	30	乙卯	10	31	10	1	丙戌	11	30	11	2	丙辰	12	30	12	2	丙戌	1	28	1	1	乙卯	
31	7	29	乙酉	10	1	9	1	丙辰	11	1	10	2	丁亥	12	1	11	3	丁巳	12	31	12	3	丁亥	1	29	1	2	丙辰	
1	8	1	丙戌	10	2	9	2	丁巳	11	2	10	3	戊子	12	2	11	4	戊午	1	1	12	4	戊子	1	30	1	3	丁巳	
2	8	2	丁亥	10	3	9	3	戊午	11	3	10	4	己丑	12	3	11	5	己未	1	2	12	5	己丑	1	31	1	4	戊午	
3	8	3	戊子	10	4	9	4	己未	11	4	10	5	庚寅	12	4	11	6	庚申	1	3	12	6	庚寅	2	1	1	5	己未	
4	8	4	己丑	10	5	9	5	庚申	11	5	10	6	辛卯	12	5	11	7	辛酉	1	4	12	7	辛卯	2	2	1	6	庚申	
5	8	5	庚寅	10	6	9	6	辛酉	11	6	10	7	壬辰	12	6	11	8	壬戌											
6	8	6	辛卯	10	7	9	7	壬戌																					
處暑				秋分					霜降					小雪					冬至					大寒					中氣
23 0時38分 子時				9/22 22時20分 亥時					10/23 7時45分 辰時					11/22 5時22分 卯時					12/21 18時44分 酉時					1/20 5時23分 卯時					

年	丁酉																													
月	壬寅					癸卯					甲辰					乙巳					丙午					丁未				
節氣	立春					驚蟄					清明					立夏					芒種					小暑				
	2/3 23時33分 子時					3/5 17時32分 酉時					4/4 22時17分 亥時					5/5 15時30分 申時					6/5 19時36分 戌時					7/7 5時50分 卯時				
日	國曆		農曆		干支	國曆		農曆		干支	國曆		農曆		干支	國曆		農曆		干支	國曆		農曆		干支	國曆		農曆		干
中華民國一百零六年 雞 2017	2	3	1	7	辛酉	3	5	2	8	辛卯	4	4	3	8	辛酉	5	5	4	10	壬辰	6	5	5	11	癸亥	7	7	6	14	乙
	2	4	1	8	壬戌	3	6	2	9	壬辰	4	5	3	9	壬戌	5	6	4	11	癸巳	6	6	5	12	甲子	7	8	6	15	丙
	2	5	1	9	癸亥	3	7	2	10	癸巳	4	6	3	10	癸亥	5	7	4	12	甲午	6	7	5	13	乙丑	7	9	6	16	丁
	2	6	1	10	甲子	3	8	2	11	甲午	4	7	3	11	甲子	5	8	4	13	乙未	6	8	5	14	丙寅	7	10	6	17	戊
	2	7	1	11	乙丑	3	9	2	12	乙未	4	8	3	12	乙丑	5	9	4	14	丙申	6	9	5	15	丁卯	7	11	6	18	己
	2	8	1	12	丙寅	3	10	2	13	丙申	4	9	3	13	丙寅	5	10	4	15	丁酉	6	10	5	16	戊辰	7	12	6	19	庚
	2	9	1	13	丁卯	3	11	2	14	丁酉	4	10	3	14	丁卯	5	11	4	16	戊戌	6	11	5	17	己巳	7	13	6	20	辛
	2	10	1	14	戊辰	3	12	2	15	戊戌	4	11	3	15	戊辰	5	12	4	17	己亥	6	12	5	18	庚午	7	14	6	21	壬
	2	11	1	15	己巳	3	13	2	16	己亥	4	12	3	16	己巳	5	13	4	18	庚子	6	13	5	19	辛未	7	15	6	22	癸
	2	12	1	16	庚午	3	14	2	17	庚子	4	13	3	17	庚午	5	14	4	19	辛丑	6	14	5	20	壬申	7	16	6	23	甲
	2	13	1	17	辛未	3	15	2	18	辛丑	4	14	3	18	辛未	5	15	4	20	壬寅	6	15	5	21	癸酉	7	17	6	24	乙
	2	14	1	18	壬申	3	16	2	19	壬寅	4	15	3	19	壬申	5	16	4	21	癸卯	6	16	5	22	甲戌	7	18	6	25	丙
	2	15	1	19	癸酉	3	17	2	20	癸卯	4	16	3	20	癸酉	5	17	4	22	甲辰	6	17	5	23	乙亥	7	19	6	26	丁
	2	16	1	20	甲戌	3	18	2	21	甲辰	4	17	3	21	甲戌	5	18	4	23	乙巳	6	18	5	24	丙子	7	20	6	27	戊
	2	17	1	21	乙亥	3	19	2	22	乙巳	4	18	3	22	乙亥	5	19	4	24	丙午	6	19	5	25	丁丑	7	21	6	28	己
	2	18	1	22	丙子	3	20	2	23	丙午	4	19	3	23	丙子	5	20	4	25	丁未	6	20	5	26	戊寅	7	22	6	29	庚
	2	19	1	23	丁丑	3	21	2	24	丁未	4	20	3	24	丁丑	5	21	4	26	戊申	6	21	5	27	己卯	7	23	閏6	1	辛
	2	20	1	24	戊寅	3	22	2	25	戊申	4	21	3	25	戊寅	5	22	4	27	己酉	6	22	5	28	庚辰	7	24	6	2	壬
	2	21	1	25	己卯	3	23	2	26	己酉	4	22	3	26	己卯	5	23	4	28	庚戌	6	23	5	29	辛巳	7	25	6	3	癸
	2	22	1	26	庚辰	3	24	2	27	庚戌	4	23	3	27	庚辰	5	24	4	29	辛亥	6	24	6	1	壬午	7	26	6	4	甲
	2	23	1	27	辛巳	3	25	2	28	辛亥	4	24	3	28	辛巳	5	25	4	30	壬子	6	25	6	2	癸未	7	27	6	5	乙
	2	24	1	28	壬午	3	26	2	29	壬子	4	25	3	29	壬午	5	26	5	1	癸丑	6	26	6	3	甲申	7	28	6	6	丙
	2	25	1	29	癸未	3	27	2	30	癸丑	4	26	4	1	癸未	5	27	5	2	甲寅	6	27	6	4	乙酉	7	29	6	7	丁
	2	26	2	1	甲申	3	28	3	1	甲寅	4	27	4	2	甲申	5	28	5	3	乙卯	6	28	6	5	丙戌	7	30	6	8	戊
	2	27	2	2	乙酉	3	29	3	2	乙卯	4	28	4	3	乙酉	5	29	5	4	丙辰	6	29	6	6	丁亥	7	31	6	9	己
	2	28	2	3	丙戌	3	30	3	3	丙辰	4	29	4	4	丙戌	5	30	5	5	丁巳	6	30	6	7	戊子	8	1	6	10	庚
	3	1	2	4	丁亥	3	31	3	4	丁巳	4	30	4	5	丁亥	5	31	5	6	戊午	7	1	6	8	己丑	8	2	6	11	辛
	3	2	2	5	戊子	4	1	3	5	戊午	5	1	4	6	戊子	6	1	5	7	己未	7	2	6	9	庚寅	8	3	6	12	壬
	3	3	2	6	己丑	4	2	3	6	己未	5	2	4	7	己丑	6	2	5	8	庚申	7	3	6	10	辛卯	8	4	6	13	癸
	3	4	2	7	庚寅	4	3	3	7	庚申	5	3	4	8	庚寅	6	3	5	9	辛酉	7	4	6	11	壬辰	8	5	6	14	甲
											5	4	4	9	辛卯	6	4	5	10	壬戌	7	5	6	12	癸巳	8	6	6	15	乙
																					7	6	6	13	甲午					
中氣	雨水					春分					穀雨					小滿					夏至					大暑				
	2/18 19時31分 戌時					3/20 18時28分 酉時					4/20 5時26分 卯時					5/21 4時30分 寅時					6/21 12時23分 午時					7/22 23時15分 子				

丁酉																														年
戊申					己酉					庚戌					辛亥					壬子					癸丑					月
立秋					白露					寒露					立冬					大雪					小寒					節氣
8/7 15時39分 申時					9/7 18時38分 酉時					10/8 10時21分 巳時					11/7 13時37分 未時					12/7 6時32分 卯時					1/5 17時48分 酉時					
國曆		農曆		干支	國曆		農曆		干支	國曆		農曆		干支	國曆		農曆		干支	國曆		農曆		干支	國曆		農曆		干支	日
8	7	6	16	丙寅	9	7	7	17	丁酉	10	8	8	19	戊辰	11	7	9	19	戊戌	12	7	10	20	戊辰	1	5	11	19	丁酉	中華民國一百零六、一百零七年 雞 2017、2018
8	8	6	17	丁卯	9	8	7	18	戊戌	10	9	8	20	己巳	11	8	9	20	己亥	12	8	10	21	己巳	1	6	11	20	戊戌	
8	9	6	18	戊辰	9	9	7	19	己亥	10	10	8	21	庚午	11	9	9	21	庚子	12	9	10	22	庚午	1	7	11	21	己亥	
8	10	6	19	己巳	9	10	7	20	庚子	10	11	8	22	辛未	11	10	9	22	辛丑	12	10	10	23	辛未	1	8	11	22	庚子	
8	11	6	20	庚午	9	11	7	21	辛丑	10	12	8	23	壬申	11	11	9	23	壬寅	12	11	10	24	壬申	1	9	11	23	辛丑	
8	12	6	21	辛未	9	12	7	22	壬寅	10	13	8	24	癸酉	11	12	9	24	癸卯	12	12	10	25	癸酉	1	10	11	24	壬寅	
8	13	6	22	壬申	9	13	7	23	癸卯	10	14	8	25	甲戌	11	13	9	25	甲辰	12	13	10	26	甲戌	1	11	11	25	癸卯	
8	14	6	23	癸酉	9	14	7	24	甲辰	10	15	8	26	乙亥	11	14	9	26	乙巳	12	14	10	27	乙亥	1	12	11	26	甲辰	
8	15	6	24	甲戌	9	15	7	25	乙巳	10	16	8	27	丙子	11	15	9	27	丙午	12	15	10	28	丙子	1	13	11	27	乙巳	
8	16	6	25	乙亥	9	16	7	26	丙午	10	17	8	28	丁丑	11	16	9	28	丁未	12	16	10	29	丁丑	1	14	11	28	丙午	
8	17	6	26	丙子	9	17	7	27	丁未	10	18	8	29	戊寅	11	17	9	29	戊申	12	17	10	30	戊寅	1	15	11	29	丁未	
8	18	6	27	丁丑	9	18	7	28	戊申	10	19	8	30	己卯	11	18	10	1	己酉	12	18	11	1	己卯	1	16	11	30	戊申	
8	19	6	28	戊寅	9	19	7	29	己酉	10	20	9	1	庚辰	11	19	10	2	庚戌	12	19	11	2	庚辰	1	17	12	1	己酉	
8	20	6	29	己卯	9	20	8	1	庚戌	10	21	9	2	辛巳	11	20	10	3	辛亥	12	20	11	3	辛巳	1	18	12	2	庚戌	
8	21	6	30	庚辰	9	21	8	2	辛亥	10	22	9	3	壬午	11	21	10	4	壬子	12	21	11	4	壬午	1	19	12	3	辛亥	
8	22	7	1	辛巳	9	22	8	3	壬子	10	23	9	4	癸未	11	22	10	5	癸丑	12	22	11	5	癸未	1	20	12	4	壬子	
8	23	7	2	壬午	9	23	8	4	癸丑	10	24	9	5	甲申	11	23	10	6	甲寅	12	23	11	6	甲申	1	21	12	5	癸丑	
8	24	7	3	癸未	9	24	8	5	甲寅	10	25	9	6	乙酉	11	24	10	7	乙卯	12	24	11	7	乙酉	1	22	12	6	甲寅	
8	25	7	4	甲申	9	25	8	6	乙卯	10	26	9	7	丙戌	11	25	10	8	丙辰	12	25	11	8	丙戌	1	23	12	7	乙卯	
8	26	7	5	乙酉	9	26	8	7	丙辰	10	27	9	8	丁亥	11	26	10	9	丁巳	12	26	11	9	丁亥	1	24	12	8	丙辰	
8	27	7	6	丙戌	9	27	8	8	丁巳	10	28	9	9	戊子	11	27	10	10	戊午	12	27	11	10	戊子	1	25	12	9	丁巳	
8	28	7	7	丁亥	9	28	8	9	戊午	10	29	9	10	己丑	11	28	10	11	己未	12	28	11	11	己丑	1	26	12	10	戊午	
8	29	7	8	戊子	9	29	8	10	己未	10	30	9	11	庚寅	11	29	10	12	庚申	12	29	11	12	庚寅	1	27	12	11	己未	
8	30	7	9	己丑	9	30	8	11	庚申	10	31	9	12	辛卯	11	30	10	13	辛酉	12	30	11	13	辛卯	1	28	12	12	庚申	
8	31	7	10	庚寅	10	1	8	12	辛酉	11	1	9	13	壬辰	12	1	10	14	壬戌	12	31	11	14	壬辰	1	29	12	13	辛酉	
9	1	7	11	辛卯	10	2	8	13	壬戌	11	2	9	14	癸巳	12	2	10	15	癸亥	1	1	11	15	癸巳	1	30	12	14	壬戌	
9	2	7	12	壬辰	10	3	8	14	癸亥	11	3	9	15	甲午	12	3	10	16	甲子	1	2	11	16	甲午	1	31	12	15	癸亥	
9	3	7	13	癸巳	10	4	8	15	甲子	11	4	9	16	乙未	12	4	10	17	乙丑	1	3	11	17	乙未	2	1	12	16	甲子	
9	4	7	14	甲午	10	5	8	16	乙丑	11	5	9	17	丙申	12	5	10	18	丙寅	1	4	11	18	丙申	2	2	12	17	乙丑	
9	5	7	15	乙未	10	6	8	17	丙寅	11	6	9	18	丁酉	12	6	10	19	丁卯						2	3	12	18	丙寅	
9	6	7	16	丙申	10	7	8	18	丁卯																					
處暑					秋分					霜降					小雪					冬至					大寒					中氣
8/23 6時20分 卯時					9/23 4時1分 寅時					10/23 13時26分 未時					11/22 11時4分 午時					12/22 0時27分 子時					1/20 11時8分 午時					

年	戊戌																													
月	甲寅					乙卯					丙辰					丁巳					戊午					己未				
節氣	立春					驚蟄					清明					立夏					芒種					小暑				
	2/4 5時28分 卯時					3/5 23時27分 子時					4/5 4時12分 寅時					5/5 21時25分 亥時					6/6 1時28分 丑時					7/7 11時41分 午時				
日	國曆		農曆		干支	國曆		農曆		干支	國曆		農曆		干支	國曆		農曆		干支	國曆		農曆		干支	國曆		農曆		干支
中華民國一百零七年 狗	2	4	12	19	丁卯	3	5	1	18	丙申	4	5	2	20	丁卯	5	5	3	20	丁酉	6	6	4	23	己巳	7	7	5	24	庚子
	2	5	12	20	戊辰	3	6	1	19	丁酉	4	6	2	21	戊辰	5	6	3	21	戊戌	6	7	4	24	庚午	7	8	5	25	辛丑
	2	6	12	21	己巳	3	7	1	20	戊戌	4	7	2	22	己巳	5	7	3	22	己亥	6	8	4	25	辛未	7	9	5	26	壬寅
	2	7	12	22	庚午	3	8	1	21	己亥	4	8	2	23	庚午	5	8	3	23	庚子	6	9	4	26	壬申	7	10	5	27	癸卯
	2	8	12	23	辛未	3	9	1	22	庚子	4	9	2	24	辛未	5	9	3	24	辛丑	6	10	4	27	癸酉	7	11	5	28	甲辰
	2	9	12	24	壬申	3	10	1	23	辛丑	4	10	2	25	壬申	5	10	3	25	壬寅	6	11	4	28	甲戌	7	12	5	29	乙巳
	2	10	12	25	癸酉	3	11	1	24	壬寅	4	11	2	26	癸酉	5	11	3	26	癸卯	6	12	4	29	乙亥	7	13	6	1	丙午
	2	11	12	26	甲戌	3	12	1	25	癸卯	4	12	2	27	甲戌	5	12	3	27	甲辰	6	13	4	30	丙子	7	14	6	2	丁未
	2	12	12	27	乙亥	3	13	1	26	甲辰	4	13	2	28	乙亥	5	13	3	28	乙巳	6	14	5	1	丁丑	7	15	6	3	戊申
	2	13	12	28	丙子	3	14	1	27	乙巳	4	14	2	29	丙子	5	14	3	29	丙午	6	15	5	2	戊寅	7	16	6	4	己酉
	2	14	12	29	丁丑	3	15	1	28	丙午	4	15	2	30	丁丑	5	15	4	1	丁未	6	16	5	3	己卯	7	17	6	5	庚戌
	2	15	12	30	戊寅	3	16	1	29	丁未	4	16	3	1	戊寅	5	16	4	2	戊申	6	17	5	4	庚辰	7	18	6	6	辛亥
	2	16	1	1	己卯	3	17	2	1	戊申	4	17	3	2	己卯	5	17	4	3	己酉	6	18	5	5	辛巳	7	19	6	7	壬子
	2	17	1	2	庚辰	3	18	2	2	己酉	4	18	3	3	庚辰	5	18	4	4	庚戌	6	19	5	6	壬午	7	20	6	8	癸丑
	2	18	1	3	辛巳	3	19	2	3	庚戌	4	19	3	4	辛巳	5	19	4	5	辛亥	6	20	5	7	癸未	7	21	6	9	甲寅
	2	19	1	4	壬午	3	20	2	4	辛亥	4	20	3	5	壬午	5	20	4	6	壬子	6	21	5	8	甲申	7	22	6	10	乙卯
	2	20	1	5	癸未	3	21	2	5	壬子	4	21	3	6	癸未	5	21	4	7	癸丑	6	22	5	9	乙酉	7	23	6	11	丙辰
	2	21	1	6	甲申	3	22	2	6	癸丑	4	22	3	7	甲申	5	22	4	8	甲寅	6	23	5	10	丙戌	7	24	6	12	丁巳
	2	22	1	7	乙酉	3	23	2	7	甲寅	4	23	3	8	乙酉	5	23	4	9	乙卯	6	24	5	11	丁亥	7	25	6	13	戊午
	2	23	1	8	丙戌	3	24	2	8	乙卯	4	24	3	9	丙戌	5	24	4	10	丙辰	6	25	5	12	戊子	7	26	6	14	己未
	2	24	1	9	丁亥	3	25	2	9	丙辰	4	25	3	10	丁亥	5	25	4	11	丁巳	6	26	5	13	己丑	7	27	6	15	庚申
	2	25	1	10	戊子	3	26	2	10	丁巳	4	26	3	11	戊子	5	26	4	12	戊午	6	27	5	14	庚寅	7	28	6	16	辛酉
2018	2	26	1	11	己丑	3	27	2	11	戊午	4	27	3	12	己丑	5	27	4	13	己未	6	28	5	15	辛卯	7	29	6	17	壬戌
	2	27	1	12	庚寅	3	28	2	12	己未	4	28	3	13	庚寅	5	28	4	14	庚申	6	29	5	16	壬辰	7	30	6	18	癸亥
	2	28	1	13	辛卯	3	29	2	13	庚申	4	29	3	14	辛卯	5	29	4	15	辛酉	6	30	5	17	癸巳	7	31	6	19	甲子
	3	1	1	14	壬辰	3	30	2	14	辛酉	4	30	3	15	壬辰	5	30	4	16	壬戌	7	1	5	18	甲午	8	1	6	20	乙丑
	3	2	1	15	癸巳	3	31	2	15	壬戌	5	1	3	16	癸巳	5	31	4	17	癸亥	7	2	5	19	乙未	8	2	6	21	丙寅
	3	3	1	16	甲午	4	1	2	16	癸亥	5	2	3	17	甲午	6	1	4	18	甲子	7	3	5	20	丙申	8	3	6	22	丁卯
	3	4	1	17	乙未	4	2	2	17	甲子	5	3	3	18	乙未	6	2	4	19	乙丑	7	4	5	21	丁酉	8	4	6	23	戊辰
						4	3	2	18	乙丑	5	4	3	19	丙申	6	3	4	20	丙寅	7	5	5	22	戊戌	8	5	6	24	己巳
						4	4	2	19	丙寅						6	4	4	21	丁卯	7	6	5	23	己亥	8	6	6	25	庚午
																6	5	4	22	戊辰										
中氣	雨水					春分					穀雨					小滿					夏至					大暑				
	2/19 1時17分 丑時					3/21 0時15分 子時					4/20 11時12分 午時					5/21 10時14分 巳時					6/21 18時7分 酉時					7/23 5時0分 卯時				

戊戌																														年
庚申					辛酉					壬戌					癸亥					甲子					乙丑					月
立秋					白露					寒露					立冬					大雪					小寒					節氣
8/7 21時30分 亥時					9/8 0時29分 子時					10/8 16時14分 申時					11/7 19時31分 戌時					12/7 12時25分 午時					1/5 23時38分 子時					
國曆		農曆		干支	國曆		農曆		干支	國曆		農曆		干支	國曆		農曆		干支	國曆		農曆		干支	國曆		農曆		干支	日
8	7	6	26	辛未	9	8	7	29	癸卯	10	8	8	29	癸酉	11	7	9	30	癸卯	12	7	11	1	癸酉	1	5	11	30	壬寅	中華民國一百零七、一百零八年 狗 2018、2019
8	8	6	27	壬申	9	9	7	30	甲辰	10	9	9	1	甲戌	11	8	10	1	甲辰	12	8	11	2	甲戌	1	6	12	1	癸卯	
8	9	6	28	癸酉	9	10	8	1	乙巳	10	10	9	2	乙亥	11	9	10	2	乙巳	12	9	11	3	乙亥	1	7	12	2	甲辰	
8	10	6	29	甲戌	9	11	8	2	丙午	10	11	9	3	丙子	11	10	10	3	丙午	12	10	11	4	丙子	1	8	12	3	乙巳	
8	11	7	1	乙亥	9	12	8	3	丁未	10	12	9	4	丁丑	11	11	10	4	丁未	12	11	11	5	丁丑	1	9	12	4	丙午	
8	12	7	2	丙子	9	13	8	4	戊申	10	13	9	5	戊寅	11	12	10	5	戊申	12	12	11	6	戊寅	1	10	12	5	丁未	
8	13	7	3	丁丑	9	14	8	5	己酉	10	14	9	6	己卯	11	13	10	6	己酉	12	13	11	7	己卯	1	11	12	6	戊申	
8	14	7	4	戊寅	9	15	8	6	庚戌	10	15	9	7	庚辰	11	14	10	7	庚戌	12	14	11	8	庚辰	1	12	12	7	己酉	
8	15	7	5	己卯	9	16	8	7	辛亥	10	16	9	8	辛巳	11	15	10	8	辛亥	12	15	11	9	辛巳	1	13	12	8	庚戌	
8	16	7	6	庚辰	9	17	8	8	壬子	10	17	9	9	壬午	11	16	10	9	壬子	12	16	11	10	壬午	1	14	12	9	辛亥	
8	17	7	7	辛巳	9	18	8	9	癸丑	10	18	9	10	癸未	11	17	10	10	癸丑	12	17	11	11	癸未	1	15	12	10	壬子	
8	18	7	8	壬午	9	19	8	10	甲寅	10	19	9	11	甲申	11	18	10	11	甲寅	12	18	11	12	甲申	1	16	12	11	癸丑	
8	19	7	9	癸未	9	20	8	11	乙卯	10	20	9	12	乙酉	11	19	10	12	乙卯	12	19	11	13	乙酉	1	17	12	12	甲寅	
8	20	7	10	甲申	9	21	8	12	丙辰	10	21	9	13	丙戌	11	20	10	13	丙辰	12	20	11	14	丙戌	1	18	12	13	乙卯	
8	21	7	11	乙酉	9	22	8	13	丁巳	10	22	9	14	丁亥	11	21	10	14	丁巳	12	21	11	15	丁亥	1	19	12	14	丙辰	
8	22	7	12	丙戌	9	23	8	14	戊午	10	23	9	15	戊子	11	22	10	15	戊午	12	22	11	16	戊子	1	20	12	15	丁巳	
8	23	7	13	丁亥	9	24	8	15	己未	10	24	9	16	己丑	11	23	10	16	己未	12	23	11	17	己丑	1	21	12	16	戊午	
8	24	7	14	戊子	9	25	8	16	庚申	10	25	9	17	庚寅	11	24	10	17	庚申	12	24	11	18	庚寅	1	22	12	17	己未	
8	25	7	15	己丑	9	26	8	17	辛酉	10	26	9	18	辛卯	11	25	10	18	辛酉	12	25	11	19	辛卯	1	23	12	18	庚申	
8	26	7	16	庚寅	9	27	8	18	壬戌	10	27	9	19	壬辰	11	26	10	19	壬戌	12	26	11	20	壬辰	1	24	12	19	辛酉	
8	27	7	17	辛卯	9	28	8	19	癸亥	10	28	9	20	癸巳	11	27	10	20	癸亥	12	27	11	21	癸巳	1	25	12	20	壬戌	
8	28	7	18	壬辰	9	29	8	20	甲子	10	29	9	21	甲午	11	28	10	21	甲子	12	28	11	22	甲午	1	26	12	21	癸亥	
8	29	7	19	癸巳	9	30	8	21	乙丑	10	30	9	22	乙未	11	29	10	22	乙丑	12	29	11	23	乙未	1	27	12	22	甲子	
8	30	7	20	甲午	10	1	8	22	丙寅	10	31	9	23	丙申	11	30	10	23	丙寅	12	30	11	24	丙申	1	28	12	23	乙丑	
8	31	7	21	乙未	10	2	8	23	丁卯	11	1	9	24	丁酉	12	1	10	24	丁卯	12	31	11	25	丁酉	1	29	12	24	丙寅	
9	1	7	22	丙申	10	3	8	24	戊辰	11	2	9	25	戊戌	12	2	10	25	戊辰	1	1	11	26	戊戌	1	30	12	25	丁卯	
9	2	7	23	丁酉	10	4	8	25	己巳	11	3	9	26	己亥	12	3	10	26	己巳	1	2	11	27	己亥	1	31	12	26	戊辰	
9	3	7	24	戊戌	10	5	8	26	庚午	11	4	9	27	庚子	12	4	10	27	庚午	1	3	11	28	庚子	2	1	12	27	己巳	
9	4	7	25	己亥	10	6	8	27	辛未	11	5	9	28	辛丑	12	5	10	28	辛未	1	4	11	29	辛丑	2	2	12	28	庚午	
9	5	7	26	庚子	10	7	8	28	壬申	11	6	9	29	壬寅	12	6	10	29	壬申						2	3	12	29	辛未	
	6	7	27	辛丑																										
	7	7	28	壬寅																										
處暑					秋分					霜降					小雪					冬至					大寒					中氣
/23 12時8分 午時					9/23 9時53分 巳時					10/23 19時22分 戌時					11/22 17時1分 酉時					12/22 6時22分 卯時					1/20 16時59分 申時					

年	己亥																													
月	丙寅					丁卯					戊辰					己巳					庚午					辛未				
節氣	立春					驚蟄					清明					立夏					芒種					小暑				
	2/4 11時14分 午時					3/6 5時9分 卯時					4/5 9時51分 巳時					5/6 3時2分 寅時					6/6 7時6分 辰時					7/7 17時20分 酉時				
日	國曆		農曆		干支	國曆		農曆		干支	國曆		農曆		干支	國曆		農曆		干支	國曆		農曆		干支	國曆		農曆		干支
中華民國一百零八年 豬 2019	2	4	12	30	壬申	3	6	1	30	壬寅	4	5	3	1	壬申	5	6	4	2	癸卯	6	6	5	4	甲戌	7	7	6	5	乙巳
	2	5	1	1	癸酉	3	7	2	1	癸卯	4	6	3	2	癸酉	5	7	4	3	甲辰	6	7	5	5	乙亥	7	8	6	6	丙午
	2	6	1	2	甲戌	3	8	2	2	甲辰	4	7	3	3	甲戌	5	8	4	4	乙巳	6	8	5	6	丙子	7	9	6	7	丁未
	2	7	1	3	乙亥	3	9	2	3	乙巳	4	8	3	4	乙亥	5	9	4	5	丙午	6	9	5	7	丁丑	7	10	6	8	戊申
	2	8	1	4	丙子	3	10	2	4	丙午	4	9	3	5	丙子	5	10	4	6	丁未	6	10	5	8	戊寅	7	11	6	9	己酉
	2	9	1	5	丁丑	3	11	2	5	丁未	4	10	3	6	丁丑	5	11	4	7	戊申	6	11	5	9	己卯	7	12	6	10	庚戌
	2	10	1	6	戊寅	3	12	2	6	戊申	4	11	3	7	戊寅	5	12	4	8	己酉	6	12	5	10	庚辰	7	13	6	11	辛亥
	2	11	1	7	己卯	3	13	2	7	己酉	4	12	3	8	己卯	5	13	4	9	庚戌	6	13	5	11	辛巳	7	14	6	12	壬子
	2	12	1	8	庚辰	3	14	2	8	庚戌	4	13	3	9	庚辰	5	14	4	10	辛亥	6	14	5	12	壬午	7	15	6	13	癸丑
	2	13	1	9	辛巳	3	15	2	9	辛亥	4	14	3	10	辛巳	5	15	4	11	壬子	6	15	5	13	癸未	7	16	6	14	甲寅
	2	14	1	10	壬午	3	16	2	10	壬子	4	15	3	11	壬午	5	16	4	12	癸丑	6	16	5	14	甲申	7	17	6	15	乙卯
	2	15	1	11	癸未	3	17	2	11	癸丑	4	16	3	12	癸未	5	17	4	13	甲寅	6	17	5	15	乙酉	7	18	6	16	丙辰
	2	16	1	12	甲申	3	18	2	12	甲寅	4	17	3	13	甲申	5	18	4	14	乙卯	6	18	5	16	丙戌	7	19	6	17	丁巳
	2	17	1	13	乙酉	3	19	2	13	乙卯	4	18	3	14	乙酉	5	19	4	15	丙辰	6	19	5	17	丁亥	7	20	6	18	戊午
	2	18	1	14	丙戌	3	20	2	14	丙辰	4	19	3	15	丙戌	5	20	4	16	丁巳	6	20	5	18	戊子	7	21	6	19	己未
	2	19	1	15	丁亥	3	21	2	15	丁巳	4	20	3	16	丁亥	5	21	4	17	戊午	6	21	5	19	己丑	7	22	6	20	庚申
	2	20	1	16	戊子	3	22	2	16	戊午	4	21	3	17	戊子	5	22	4	18	己未	6	22	5	20	庚寅	7	23	6	21	辛酉
	2	21	1	17	己丑	3	23	2	17	己未	4	22	3	18	己丑	5	23	4	19	庚申	6	23	5	21	辛卯	7	24	6	22	壬戌
	2	22	1	18	庚寅	3	24	2	18	庚申	4	23	3	19	庚寅	5	24	4	20	辛酉	6	24	5	22	壬辰	7	25	6	23	癸亥
	2	23	1	19	辛卯	3	25	2	19	辛酉	4	24	3	20	辛卯	5	25	4	21	壬戌	6	25	5	23	癸巳	7	26	6	24	甲子
	2	24	1	20	壬辰	3	26	2	20	壬戌	4	25	3	21	壬辰	5	26	4	22	癸亥	6	26	5	24	甲午	7	27	6	25	乙丑
	2	25	1	21	癸巳	3	27	2	21	癸亥	4	26	3	22	癸巳	5	27	4	23	甲子	6	27	5	25	乙未	7	28	6	26	丙寅
	2	26	1	22	甲午	3	28	2	22	甲子	4	27	3	23	甲午	5	28	4	24	乙丑	6	28	5	26	丙申	7	29	6	27	丁卯
	2	27	1	23	乙未	3	29	2	23	乙丑	4	28	3	24	乙未	5	29	4	25	丙寅	6	29	5	27	丁酉	7	30	6	28	戊辰
	2	28	1	24	丙申	3	30	2	24	丙寅	4	29	3	25	丙申	5	30	4	26	丁卯	6	30	5	28	戊戌	7	31	6	29	己巳
	3	1	1	25	丁酉	3	31	2	25	丁卯	4	30	3	26	丁酉	5	31	4	27	戊辰	7	1	5	29	己亥	8	1	7	1	庚午
	3	2	1	26	戊戌	4	1	2	26	戊辰	5	1	3	27	戊戌	6	1	4	28	己巳	7	2	5	30	庚子	8	2	7	2	辛未
	3	3	1	27	己亥	4	2	2	27	己巳	5	2	3	28	己亥	6	2	4	29	庚午	7	3	6	1	辛丑	8	3	7	3	壬申
	3	4	1	28	庚子	4	3	2	28	庚午	5	3	3	29	庚子	6	3	5	1	辛未	7	4	6	2	壬寅	8	4	7	4	癸酉
	3	5	1	29	辛丑	4	4	2	29	辛未	5	4	3	30	辛丑	6	4	5	2	壬申	7	5	6	3	癸卯	8	5	7	5	甲戌
											5	5	4	1	壬寅	6	5	5	3	癸酉	7	6	6	4	甲辰	8	6	7	6	乙亥
																										8	7	7	7	丙子
中氣	雨水					春分					穀雨					小滿					夏至					大暑				
	2/19 7時3分 辰時					3/21 5時58分 卯時					4/20 16時55分 申時					5/21 15時58分 申時					6/21 23時54分 子時					7/23 10時50分 巳時				

己亥																														年
壬申					癸酉					甲戌					乙亥					丙子					丁丑					月
立秋					白露					寒露					立冬					大雪					小寒					節氣
8/8 3時12分 寅時					9/8 6時16分 卯時					10/8 22時5分 亥時					11/8 1時24分 丑時					12/7 18時18分 酉時					1/6 5時29分 卯時					
國曆		農曆		干支	國曆		農曆		干支	國曆		農曆		干支	國曆		農曆		干支	國曆		農曆		干支	國曆		農曆		干支	日
8	8	7	8	丁丑	9	8	8	10	戊申	10	8	9	10	戊寅	11	8	10	12	己酉	12	7	11	12	戊寅	1	6	12	12	戊申	中華民國一百零八、一百零九年 豬 2019、2020
8	9	7	9	戊寅	9	9	8	11	己酉	10	9	9	11	己卯	11	9	10	13	庚戌	12	8	11	13	己卯	1	7	12	13	己酉	
8	10	7	10	己卯	9	10	8	12	庚戌	10	10	9	12	庚辰	11	10	10	14	辛亥	12	9	11	14	庚辰	1	8	12	14	庚戌	
8	11	7	11	庚辰	9	11	8	13	辛亥	10	11	9	13	辛巳	11	11	10	15	壬子	12	10	11	15	辛巳	1	9	12	15	辛亥	
8	12	7	12	辛巳	9	12	8	14	壬子	10	12	9	14	壬午	11	12	10	16	癸丑	12	11	11	16	壬午	1	10	12	16	壬子	
8	13	7	13	壬午	9	13	8	15	癸丑	10	13	9	15	癸未	11	13	10	17	甲寅	12	12	11	17	癸未	1	11	12	17	癸丑	
8	14	7	14	癸未	9	14	8	16	甲寅	10	14	9	16	甲申	11	14	10	18	乙卯	12	13	11	18	甲申	1	12	12	18	甲寅	
8	15	7	15	甲申	9	15	8	17	乙卯	10	15	9	17	乙酉	11	15	10	19	丙辰	12	14	11	19	乙酉	1	13	12	19	乙卯	
8	16	7	16	乙酉	9	16	8	18	丙辰	10	16	9	18	丙戌	11	16	10	20	丁巳	12	15	11	20	丙戌	1	14	12	20	丙辰	
8	17	7	17	丙戌	9	17	8	19	丁巳	10	17	9	19	丁亥	11	17	10	21	戊午	12	16	11	21	丁亥	1	15	12	21	丁巳	
8	18	7	18	丁亥	9	18	8	20	戊午	10	18	9	20	戊子	11	18	10	22	己未	12	17	11	22	戊子	1	16	12	22	戊午	
8	19	7	19	戊子	9	19	8	21	己未	10	19	9	21	己丑	11	19	10	23	庚申	12	18	11	23	己丑	1	17	12	23	己未	
8	20	7	20	己丑	9	20	8	22	庚申	10	20	9	22	庚寅	11	20	10	24	辛酉	12	19	11	24	庚寅	1	18	12	24	庚申	
8	21	7	21	庚寅	9	21	8	23	辛酉	10	21	9	23	辛卯	11	21	10	25	壬戌	12	20	11	25	辛卯	1	19	12	25	辛酉	
8	22	7	22	辛卯	9	22	8	24	壬戌	10	22	9	24	壬辰	11	22	10	26	癸亥	12	21	11	26	壬辰	1	20	12	26	壬戌	
8	23	7	23	壬辰	9	23	8	25	癸亥	10	23	9	25	癸巳	11	23	10	27	甲子	12	22	11	27	癸巳	1	21	12	27	癸亥	
8	24	7	24	癸巳	9	24	8	26	甲子	10	24	9	26	甲午	11	24	10	28	乙丑	12	23	11	28	甲午	1	22	12	28	甲子	
8	25	7	25	甲午	9	25	8	27	乙丑	10	25	9	27	乙未	11	25	10	29	丙寅	12	24	11	29	乙未	1	23	12	29	乙丑	
8	26	7	26	乙未	9	26	8	28	丙寅	10	26	9	28	丙申	11	26	11	1	丁卯	12	25	11	30	丙申	1	24	12	30	丙寅	
8	27	7	27	丙申	9	27	8	29	丁卯	10	27	9	29	丁酉	11	27	11	2	戊辰	12	26	12	1	丁酉	1	25	1	1	丁卯	
8	28	7	28	丁酉	9	28	8	30	戊辰	10	28	10	1	戊戌	11	28	11	3	己巳	12	27	12	2	戊戌	1	26	1	2	戊辰	
8	29	7	29	戊戌	9	29	9	1	己巳	10	29	10	2	己亥	11	29	11	4	庚午	12	28	12	3	己亥	1	27	1	3	己巳	
8	30	8	1	己亥	9	30	9	2	庚午	10	30	10	3	庚子	11	30	11	5	辛未	12	29	12	4	庚子	1	28	1	4	庚午	
8	31	8	2	庚子	10	1	9	3	辛未	10	31	10	4	辛丑	12	1	11	6	壬申	12	30	12	5	辛丑	1	29	1	5	辛未	
9	1	8	3	辛丑	10	2	9	4	壬申	11	1	10	5	壬寅	12	2	11	7	癸酉	12	31	12	6	壬寅	1	30	1	6	壬申	
9	2	8	4	壬寅	10	3	9	5	癸酉	11	2	10	6	癸卯	12	3	11	8	甲戌	1	1	12	7	癸卯	1	31	1	7	癸酉	
9	3	8	5	癸卯	10	4	9	6	甲戌	11	3	10	7	甲辰	12	4	11	9	乙亥	1	2	12	8	甲辰	2	1	1	8	甲戌	
9	4	8	6	甲辰	10	5	9	7	乙亥	11	4	10	8	乙巳	12	5	11	10	丙子	1	3	12	9	乙巳	2	2	1	9	乙亥	
9	5	8	7	乙巳	10	6	9	8	丙子	11	5	10	9	丙午	12	6	11	11	丁丑	1	4	12	10	丙午	2	3	1	10	丙子	
9	6	8	8	丙午	10	7	9	9	丁丑	11	6	10	10	丁未						1	5	12	11	丁未						
9	7	8	9	丁未						11	7	10	11	戊申																
處暑					秋分					霜降					小雪					冬至					大寒					中氣
/23 18時1分 酉時					9/23 15時49分 申時					10/24 1時19分 丑時					11/22 22時58分 亥時					12/22 12時19分 午時					1/20 22時54分 亥時					

年	庚子																													
月	戊寅					己卯					庚辰					辛巳					壬午					癸未				
節氣	立春					驚蟄					清明					立夏					芒種					小暑				
	2/4 17時3分 酉時					3/5 10時56分 巳時					4/4 15時37分 申時					5/5 8時51分 辰時					6/5 12時58分 午時					7/6 23時14分 子時				
日	國曆		農曆		干支	國曆		農曆		干支	國曆		農曆		干支	國曆		農曆		干支	國曆		農曆		干支	國曆		農曆		干支
中華民國一百零九年 鼠	2	4	1	11	丁丑	3	5	2	12	丁未	4	4	3	12	丁丑	5	5	4	13	戊申	6	5	4	14	己卯	7	6	5	16	庚戌
	2	5	1	12	戊寅	3	6	2	13	戊申	4	5	3	13	戊寅	5	6	4	14	己酉	6	6	4	15	庚辰	7	7	5	17	辛亥
	2	6	1	13	己卯	3	7	2	14	己酉	4	6	3	14	己卯	5	7	4	15	庚戌	6	7	4	16	辛巳	7	8	5	18	壬子
	2	7	1	14	庚辰	3	8	2	15	庚戌	4	7	3	15	庚辰	5	8	4	16	辛亥	6	8	4	17	壬午	7	9	5	19	癸丑
	2	8	1	15	辛巳	3	9	2	16	辛亥	4	8	3	16	辛巳	5	9	4	17	壬子	6	9	4	18	癸未	7	10	5	20	甲寅
	2	9	1	16	壬午	3	10	2	17	壬子	4	9	3	17	壬午	5	10	4	18	癸丑	6	10	4	19	甲申	7	11	5	21	乙卯
	2	10	1	17	癸未	3	11	2	18	癸丑	4	10	3	18	癸未	5	11	4	19	甲寅	6	11	4	20	乙酉	7	12	5	22	丙辰
	2	11	1	18	甲申	3	12	2	19	甲寅	4	11	3	19	甲申	5	12	4	20	乙卯	6	12	4	21	丙戌	7	13	5	23	丁巳
	2	12	1	19	乙酉	3	13	2	20	乙卯	4	12	3	20	乙酉	5	13	4	21	丙辰	6	13	4	22	丁亥	7	14	5	24	戊午
	2	13	1	20	丙戌	3	14	2	21	丙辰	4	13	3	21	丙戌	5	14	4	22	丁巳	6	14	4	23	戊子	7	15	5	25	己未
	2	14	1	21	丁亥	3	15	2	22	丁巳	4	14	3	22	丁亥	5	15	4	23	戊午	6	15	4	24	己丑	7	16	5	26	庚申
	2	15	1	22	戊子	3	16	2	23	戊午	4	15	3	23	戊子	5	16	4	24	己未	6	16	4	25	庚寅	7	17	5	27	辛酉
	2	16	1	23	己丑	3	17	2	24	己未	4	16	3	24	己丑	5	17	4	25	庚申	6	17	4	26	辛卯	7	18	5	28	壬戌
	2	17	1	24	庚寅	3	18	2	25	庚申	4	17	3	25	庚寅	5	18	4	26	辛酉	6	18	4	27	壬辰	7	19	5	29	癸亥
	2	18	1	25	辛卯	3	19	2	26	辛酉	4	18	3	26	辛卯	5	19	4	27	壬戌	6	19	4	28	癸巳	7	20	5	30	甲子
	2	19	1	26	壬辰	3	20	2	27	壬戌	4	19	3	27	壬辰	5	20	4	28	癸亥	6	20	4	29	甲午	7	21	6	1	乙丑
	2	20	1	27	癸巳	3	21	2	28	癸亥	4	20	3	28	癸巳	5	21	4	29	甲子	6	21	5	1	乙未	7	22	6	2	丙寅
	2	21	1	28	甲午	3	22	2	29	甲子	4	21	3	29	甲午	5	22	4	30	乙丑	6	22	5	2	丙申	7	23	6	3	丁卯
	2	22	1	29	乙未	3	23	2	30	乙丑	4	22	3	30	乙未	5	23	閏4	1	丙寅	6	23	5	3	丁酉	7	24	6	4	戊辰
	2	23	2	1	丙申	3	24	3	1	丙寅	4	23	4	1	丙申	5	24	4	2	丁卯	6	24	5	4	戊戌	7	25	6	5	己巳
	2	24	2	2	丁酉	3	25	3	2	丁卯	4	24	4	2	丁酉	5	25	4	3	戊辰	6	25	5	5	己亥	7	26	6	6	庚午
	2	25	2	3	戊戌	3	26	3	3	戊辰	4	25	4	3	戊戌	5	26	4	4	己巳	6	26	5	6	庚子	7	27	6	7	辛未
2020	2	26	2	4	己亥	3	27	3	4	己巳	4	26	4	4	己亥	5	27	4	5	庚午	6	27	5	7	辛丑	7	28	6	8	壬申
	2	27	2	5	庚子	3	28	3	5	庚午	4	27	4	5	庚子	5	28	4	6	辛未	6	28	5	8	壬寅	7	29	6	9	癸酉
	2	28	2	6	辛丑	3	29	3	6	辛未	4	28	4	6	辛丑	5	29	4	7	壬申	6	29	5	9	癸卯	7	30	6	10	甲戌
	2	29	2	7	壬寅	3	30	3	7	壬申	4	29	4	7	壬寅	5	30	4	8	癸酉	6	30	5	10	甲辰	7	31	6	11	乙亥
	3	1	2	8	癸卯	3	31	3	8	癸酉	4	30	4	8	癸卯	5	31	4	9	甲戌	7	1	5	11	乙巳	8	1	6	12	丙子
	3	2	2	9	甲辰	4	1	3	9	甲戌	5	1	4	9	甲辰	6	1	4	10	乙亥	7	2	5	12	丙午	8	2	6	13	丁丑
	3	3	2	10	乙巳	4	2	3	10	乙亥	5	2	4	10	乙巳	6	2	4	11	丙子	7	3	5	13	丁未	8	3	6	14	戊寅
	3	4	2	11	丙午	4	3	3	11	丙子	5	3	4	11	丙午	6	3	4	12	丁丑	7	4	5	14	戊申	8	4	6	15	己卯
											5	4	4	12	丁未	6	4	4	13	戊寅	7	5	5	15	己酉	8	5	6	16	庚辰
																										8	6	6	17	辛巳
中氣	雨水					春分					穀雨					小滿					夏至					大暑				
	2/19 12時56分 午時					3/20 11時49分 午時					4/19 22時45分 亥時					5/20 21時49分 亥時					6/21 5時43分 卯時					7/22 16時36分 申時				

庚子																														年
甲申					乙酉					丙戌					丁亥					戊子					己丑					月
立秋					白露					寒露					立冬					大雪					小寒					節氣
8/7 9時5分 巳時					9/7 12時7分 午時					10/8 3時55分 寅時					11/7 7時13分 辰時					12/7 0時9分 子時					1/5 11時23分 午時					
國曆		農曆		干支	國曆		農曆		干支	國曆		農曆		干支	國曆		農曆		干支	國曆		農曆		干支	國曆		農曆		干支	日
8	7	6	18	壬午	9	7	7	20	癸丑	10	8	8	22	甲申	11	7	9	22	甲寅	12	7	10	23	甲申	1	5	11	22	癸丑	中華民國一百零九、一百一十年 鼠 2020、2021
8	8	6	19	癸未	9	8	7	21	甲寅	10	9	8	23	乙酉	11	8	9	23	乙卯	12	8	10	24	乙酉	1	6	11	23	甲寅	
8	9	6	20	甲申	9	9	7	22	乙卯	10	10	8	24	丙戌	11	9	9	24	丙辰	12	9	10	25	丙戌	1	7	11	24	乙卯	
8	10	6	21	乙酉	9	10	7	23	丙辰	10	11	8	25	丁亥	11	10	9	25	丁巳	12	10	10	26	丁亥	1	8	11	25	丙辰	
8	11	6	22	丙戌	9	11	7	24	丁巳	10	12	8	26	戊子	11	11	9	26	戊午	12	11	10	27	戊子	1	9	11	26	丁巳	
8	12	6	23	丁亥	9	12	7	25	戊午	10	13	8	27	己丑	11	12	9	27	己未	12	12	10	28	己丑	1	10	11	27	戊午	
8	13	6	24	戊子	9	13	7	26	己未	10	14	8	28	庚寅	11	13	9	28	庚申	12	13	10	29	庚寅	1	11	11	28	己未	
8	14	6	25	己丑	9	14	7	27	庚申	10	15	8	29	辛卯	11	14	9	29	辛酉	12	14	10	30	辛卯	1	12	11	29	庚申	
8	15	6	26	庚寅	9	15	7	28	辛酉	10	16	8	30	壬辰	11	15	10	1	壬戌	12	15	11	1	壬辰	1	13	12	1	辛酉	
8	16	6	27	辛卯	9	16	7	29	壬戌	10	17	9	1	癸巳	11	16	10	2	癸亥	12	16	11	2	癸巳	1	14	12	2	壬戌	
8	17	6	28	壬辰	9	17	8	1	癸亥	10	18	9	2	甲午	11	17	10	3	甲子	12	17	11	3	甲午	1	15	12	3	癸亥	
8	18	6	29	癸巳	9	18	8	2	甲子	10	19	9	3	乙未	11	18	10	4	乙丑	12	18	11	4	乙未	1	16	12	4	甲子	
8	19	7	1	甲午	9	19	8	3	乙丑	10	20	9	4	丙申	11	19	10	5	丙寅	12	19	11	5	丙申	1	17	12	5	乙丑	
8	20	7	2	乙未	9	20	8	4	丙寅	10	21	9	5	丁酉	11	20	10	6	丁卯	12	20	11	6	丁酉	1	18	12	6	丙寅	
8	21	7	3	丙申	9	21	8	5	丁卯	10	22	9	6	戊戌	11	21	10	7	戊辰	12	21	11	7	戊戌	1	19	12	7	丁卯	
8	22	7	4	丁酉	9	22	8	6	戊辰	10	23	9	7	己亥	11	22	10	8	己巳	12	22	11	8	己亥	1	20	12	8	戊辰	
8	23	7	5	戊戌	9	23	8	7	己巳	10	24	9	8	庚子	11	23	10	9	庚午	12	23	11	9	庚子	1	21	12	9	己巳	
8	24	7	6	己亥	9	24	8	8	庚午	10	25	9	9	辛丑	11	24	10	10	辛未	12	24	11	10	辛丑	1	22	12	10	庚午	
8	25	7	7	庚子	9	25	8	9	辛未	10	26	9	10	壬寅	11	25	10	11	壬申	12	25	11	11	壬寅	1	23	12	11	辛未	
8	26	7	8	辛丑	9	26	8	10	壬申	10	27	9	11	癸卯	11	26	10	12	癸酉	12	26	11	12	癸卯	1	24	12	12	壬申	
8	27	7	9	壬寅	9	27	8	11	癸酉	10	28	9	12	甲辰	11	27	10	13	甲戌	12	27	11	13	甲辰	1	25	12	13	癸酉	
8	28	7	10	癸卯	9	28	8	12	甲戌	10	29	9	13	乙巳	11	28	10	14	乙亥	12	28	11	14	乙巳	1	26	12	14	甲戌	
8	29	7	11	甲辰	9	29	8	13	乙亥	10	30	9	14	丙午	11	29	10	15	丙子	12	29	11	15	丙午	1	27	12	15	乙亥	
8	30	7	12	乙巳	9	30	8	14	丙子	10	31	9	15	丁未	11	30	10	16	丁丑	12	30	11	16	丁未	1	28	12	16	丙子	
8	31	7	13	丙午	10	1	8	15	丁丑	11	1	9	16	戊申	12	1	10	17	戊寅	12	31	11	17	戊申	1	29	12	17	丁丑	
9	1	7	14	丁未	10	2	8	16	戊寅	11	2	9	17	己酉	12	2	10	18	己卯	1	1	11	18	己酉	1	30	12	18	戊寅	
9	2	7	15	戊申	10	3	8	17	己卯	11	3	9	18	庚戌	12	3	10	19	庚辰	1	2	11	19	庚戌	1	31	12	19	己卯	
9	3	7	16	己酉	10	4	8	18	庚辰	11	4	9	19	辛亥	12	4	10	20	辛巳	1	3	11	20	辛亥	2	1	12	20	庚辰	
9	4	7	17	庚戌	10	5	8	19	辛巳	11	5	9	20	壬子	12	5	10	21	壬午	1	4	11	21	壬子	2	2	12	21	辛巳	
9	5	7	18	辛亥	10	6	8	20	壬午	11	6	9	21	癸丑	12	6	10	22	癸未											
9	6	7	19	壬子	10	7	8	21	癸未																					
處暑					秋分					霜降					小雪					冬至					大寒					中氣
8/22 23時44分 子時					9/22 21時30分 亥時					10/23 6時59分 卯時					11/22 4時39分 寅時					12/21 18時2分 酉時					1/20 4時39分 寅時					

年	辛丑																													
月	庚寅					辛卯					壬辰					癸巳					甲午					乙未				
節	立春					驚蟄					清明					立夏					芒種					小暑				
氣	2/3 22時58分 亥時					3/5 16時53分 申時					4/4 21時34分 亥時					5/5 14時46分 未時					6/5 18時51分 酉時					7/7 5時5分 卯時				
日	國曆		農曆		干支	國曆		農曆		干支	國曆		農曆		干支	國曆		農曆		干支	國曆		農曆		干支	國曆		農曆		干支
中華民國一百一十年 牛 2021	2	3	12	22	壬午	3	5	1	22	壬子	4	4	2	23	壬午	5	5	3	24	癸丑	6	5	4	25	甲申	7	7	5	28	丙辰
	2	4	12	23	癸未	3	6	1	23	癸丑	4	5	2	24	癸未	5	6	3	25	甲寅	6	6	4	26	乙酉	7	8	5	29	丁巳
	2	5	12	24	甲申	3	7	1	24	甲寅	4	6	2	25	甲申	5	7	3	26	乙卯	6	7	4	27	丙戌	7	9	5	30	戊午
	2	6	12	25	乙酉	3	8	1	25	乙卯	4	7	2	26	乙酉	5	8	3	27	丙辰	6	8	4	28	丁亥	7	10	6	1	己未
	2	7	12	26	丙戌	3	9	1	26	丙辰	4	8	2	27	丙戌	5	9	3	28	丁巳	6	9	4	29	戊子	7	11	6	2	庚申
	2	8	12	27	丁亥	3	10	1	27	丁巳	4	9	2	28	丁亥	5	10	3	29	戊午	6	10	5	1	己丑	7	12	6	3	辛酉
	2	9	12	28	戊子	3	11	1	28	戊午	4	10	2	29	戊子	5	11	3	30	己未	6	11	5	2	庚寅	7	13	6	4	壬戌
	2	10	12	29	己丑	3	12	1	29	己未	4	11	2	30	己丑	5	12	4	1	庚申	6	12	5	3	辛卯	7	14	6	5	癸亥
	2	11	12	30	庚寅	3	13	2	1	庚申	4	12	3	1	庚寅	5	13	4	2	辛酉	6	13	5	4	壬辰	7	15	6	6	甲子
	2	12	1	1	辛卯	3	14	2	2	辛酉	4	13	3	2	辛卯	5	14	4	3	壬戌	6	14	5	5	癸巳	7	16	6	7	乙丑
	2	13	1	2	壬辰	3	15	2	3	壬戌	4	14	3	3	壬辰	5	15	4	4	癸亥	6	15	5	6	甲午	7	17	6	8	丙寅
	2	14	1	3	癸巳	3	16	2	4	癸亥	4	15	3	4	癸巳	5	16	4	5	甲子	6	16	5	7	乙未	7	18	6	9	丁卯
	2	15	1	4	甲午	3	17	2	5	甲子	4	16	3	5	甲午	5	17	4	6	乙丑	6	17	5	8	丙申	7	19	6	10	戊辰
	2	16	1	5	乙未	3	18	2	6	乙丑	4	17	3	6	乙未	5	18	4	7	丙寅	6	18	5	9	丁酉	7	20	6	11	己巳
	2	17	1	6	丙申	3	19	2	7	丙寅	4	18	3	7	丙申	5	19	4	8	丁卯	6	19	5	10	戊戌	7	21	6	12	庚午
	2	18	1	7	丁酉	3	20	2	8	丁卯	4	19	3	8	丁酉	5	20	4	9	戊辰	6	20	5	11	己亥	7	22	6	13	辛未
	2	19	1	8	戊戌	3	21	2	9	戊辰	4	20	3	9	戊戌	5	21	4	10	己巳	6	21	5	12	庚子	7	23	6	14	壬申
	2	20	1	9	己亥	3	22	2	10	己巳	4	21	3	10	己亥	5	22	4	11	庚午	6	22	5	13	辛丑	7	24	6	15	癸酉
	2	21	1	10	庚子	3	23	2	11	庚午	4	22	3	11	庚子	5	23	4	12	辛未	6	23	5	14	壬寅	7	25	6	16	甲戌
	2	22	1	11	辛丑	3	24	2	12	辛未	4	23	3	12	辛丑	5	24	4	13	壬申	6	24	5	15	癸卯	7	26	6	17	乙亥
	2	23	1	12	壬寅	3	25	2	13	壬申	4	24	3	13	壬寅	5	25	4	14	癸酉	6	25	5	16	甲辰	7	27	6	18	丙子
	2	24	1	13	癸卯	3	26	2	14	癸酉	4	25	3	14	癸卯	5	26	4	15	甲戌	6	26	5	17	乙巳	7	28	6	19	丁丑
	2	25	1	14	甲辰	3	27	2	15	甲戌	4	26	3	15	甲辰	5	27	4	16	乙亥	6	27	5	18	丙午	7	29	6	20	戊寅
	2	26	1	15	乙巳	3	28	2	16	乙亥	4	27	3	16	乙巳	5	28	4	17	丙子	6	28	5	19	丁未	7	30	6	21	己卯
	2	27	1	16	丙午	3	29	2	17	丙子	4	28	3	17	丙午	5	29	4	18	丁丑	6	29	5	20	戊申	7	31	6	22	庚辰
	2	28	1	17	丁未	3	30	2	18	丁丑	4	29	3	18	丁未	5	30	4	19	戊寅	6	30	5	21	己酉	8	1	6	23	辛巳
	3	1	1	18	戊申	3	31	2	19	戊寅	4	30	3	19	戊申	5	31	4	20	己卯	7	1	5	22	庚戌	8	2	6	24	壬午
	3	2	1	19	己酉	4	1	2	20	己卯	5	1	3	20	己酉	6	1	4	21	庚辰	7	2	5	23	辛亥	8	3	6	25	癸未
	3	3	1	20	庚戌	4	2	2	21	庚辰	5	2	3	21	庚戌	6	2	4	22	辛巳	7	3	5	24	壬子	8	4	6	26	甲申
	3	4	1	21	辛亥	4	3	2	22	辛巳	5	3	3	22	辛亥	6	3	4	23	壬午	7	4	5	25	癸丑	8	5	6	27	乙酉
											5	4	3	23	壬子	6	4	4	24	癸未	7	5	5	26	甲寅	8	6	6	28	丙戌
																					7	6	5	27	乙卯					
中	雨水					春分					穀雨					小滿					夏至					大暑				
氣	2/18 18時43分 酉時					3/20 17時37分 酉時					4/20 4時33分 寅時					5/21 3時36分 寅時					6/21 11時31分 午時					7/22 22時26分 亥時				

辛丑																													年
丙申				丁酉					戊戌					己亥					庚子					辛丑					月
立秋				白露					寒露					立冬					大雪					小寒					節氣
/ 14時53分 未時				9/7 17時52分 酉時					10/8 9時38分 巳時					11/7 12時58分 午時					12/7 5時56分 卯時					1/5 17時13分 酉時					
曆	農曆		干支	國曆		農曆		干支	國曆		農曆		干支	國曆		農曆		干支	國曆		農曆		干支	國曆		農曆		干支	日
7	6	29	丁亥	9	7	8	1	戊午	10	8	9	3	己丑	11	7	10	3	己未	12	7	11	4	己丑	1	5	12	3	戊午	
8	7	1	戊子	9	8	8	2	己未	10	9	9	4	庚寅	11	8	10	4	庚申	12	8	11	5	庚寅	1	6	12	4	己未	中華民國一百一十、一百十一年 牛
9	7	2	己丑	9	9	8	3	庚申	10	10	9	5	辛卯	11	9	10	5	辛酉	12	9	11	6	辛卯	1	7	12	5	庚申	
10	7	3	庚寅	9	10	8	4	辛酉	10	11	9	6	壬辰	11	10	10	6	壬戌	12	10	11	7	壬辰	1	8	12	6	辛酉	
11	7	4	辛卯	9	11	8	5	壬戌	10	12	9	7	癸巳	11	11	10	7	癸亥	12	11	11	8	癸巳	1	9	12	7	壬戌	
12	7	5	壬辰	9	12	8	6	癸亥	10	13	9	8	甲午	11	12	10	8	甲子	12	12	11	9	甲午	1	10	12	8	癸亥	
13	7	6	癸巳	9	13	8	7	甲子	10	14	9	9	乙未	11	13	10	9	乙丑	12	13	11	10	乙未	1	11	12	9	甲子	
14	7	7	甲午	9	14	8	8	乙丑	10	15	9	10	丙申	11	14	10	10	丙寅	12	14	11	11	丙申	1	12	12	10	乙丑	
15	7	8	乙未	9	15	8	9	丙寅	10	16	9	11	丁酉	11	15	10	11	丁卯	12	15	11	12	丁酉	1	13	12	11	丙寅	
16	7	9	丙申	9	16	8	10	丁卯	10	17	9	12	戊戌	11	16	10	12	戊辰	12	16	11	13	戊戌	1	14	12	12	丁卯	
17	7	10	丁酉	9	17	8	11	戊辰	10	18	9	13	己亥	11	17	10	13	己巳	12	17	11	14	己亥	1	15	12	13	戊辰	
18	7	11	戊戌	9	18	8	12	己巳	10	19	9	14	庚子	11	18	10	14	庚午	12	18	11	15	庚子	1	16	12	14	己巳	
19	7	12	己亥	9	19	8	13	庚午	10	20	9	15	辛丑	11	19	10	15	辛未	12	19	11	16	辛丑	1	17	12	15	庚午	
20	7	13	庚子	9	20	8	14	辛未	10	21	9	16	壬寅	11	20	10	16	壬申	12	20	11	17	壬寅	1	18	12	16	辛未	
21	7	14	辛丑	9	21	8	15	壬申	10	22	9	17	癸卯	11	21	10	17	癸酉	12	21	11	18	癸卯	1	19	12	17	壬申	
22	7	15	壬寅	9	22	8	16	癸酉	10	23	9	18	甲辰	11	22	10	18	甲戌	12	22	11	19	甲辰	1	20	12	18	癸酉	
23	7	16	癸卯	9	23	8	17	甲戌	10	24	9	19	乙巳	11	23	10	19	乙亥	12	23	11	20	乙巳	1	21	12	19	甲戌	
24	7	17	甲辰	9	24	8	18	乙亥	10	25	9	20	丙午	11	24	10	20	丙子	12	24	11	21	丙午	1	22	12	20	乙亥	
25	7	18	乙巳	9	25	8	19	丙子	10	26	9	21	丁未	11	25	10	21	丁丑	12	25	11	22	丁未	1	23	12	21	丙子	
26	7	19	丙午	9	26	8	20	丁丑	10	27	9	22	戊申	11	26	10	22	戊寅	12	26	11	23	戊申	1	24	12	22	丁丑	
27	7	20	丁未	9	27	8	21	戊寅	10	28	9	23	己酉	11	27	10	23	己卯	12	27	11	24	己酉	1	25	12	23	戊寅	2021、2022
28	7	21	戊申	9	28	8	22	己卯	10	29	9	24	庚戌	11	28	10	24	庚辰	12	28	11	25	庚戌	1	26	12	24	己卯	
29	7	22	己酉	9	29	8	23	庚辰	10	30	9	25	辛亥	11	29	10	25	辛巳	12	29	11	26	辛亥	1	27	12	25	庚辰	
30	7	23	庚戌	9	30	8	24	辛巳	10	31	9	26	壬子	11	30	10	26	壬午	12	30	11	27	壬子	1	28	12	26	辛巳	
31	7	24	辛亥	10	1	8	25	壬午	11	1	9	27	癸丑	12	1	10	27	癸未	12	31	11	28	癸丑	1	29	12	27	壬午	
1	7	25	壬子	10	2	8	26	癸未	11	2	9	28	甲寅	12	2	10	28	甲申	1	1	11	29	甲寅	1	30	12	28	癸未	
2	7	26	癸丑	10	3	8	27	甲申	11	3	9	29	乙卯	12	3	10	29	乙酉	1	2	11	30	乙卯	1	31	12	29	甲申	
3	7	27	甲寅	10	4	8	28	乙酉	11	4	9	30	丙辰	12	4	11	1	丙戌	1	3	12	1	丙辰	2	1	1	1	乙酉	
4	7	28	乙卯	10	5	8	29	丙戌	11	5	10	1	丁巳	12	5	11	2	丁亥	1	4	12	2	丁巳	2	2	1	2	丙戌	
5	7	29	丙辰	10	6	9	1	丁亥	11	6	10	2	戊午	12	6	11	3	戊子						2	3	1	3	丁亥	
6	7	30	丁巳	10	7	9	2	戊子																					
處暑				秋分					霜降					小雪					冬至					大寒					中氣
23 5時34分 卯時				9/23 3時20分 寅時					10/23 12時50分 午時					11/22 10時33分 巳時					12/21 23時59分 子時					1/20 10時38分 巳時					

年	壬寅																													
月	壬寅					癸卯					甲辰					乙巳					丙午					丁未				
節氣	立春					驚蟄					清明					立夏					芒種					小暑				
	2/4 4時50分 寅時					3/5 22時43分 亥時					4/5 3時19分 寅時					5/5 20時25分 戌時					6/6 0時25分 子時					7/7 10時37分 巳時				
日	國曆		農曆		干支	國曆		農曆		干支	國曆		農曆		干支	國曆		農曆		干支	國曆		農曆		干支	國曆		農曆		干支
中華民國一百十一年 虎 2022	2	4	1	4	戊子	3	5	2	3	丁巳	4	5	3	5	戊子	5	5	4	5	戊午	6	6	5	8	庚寅	7	7	6	9	辛酉
	2	5	1	5	己丑	3	6	2	4	戊午	4	6	3	6	己丑	5	6	4	6	己未	6	7	5	9	辛卯	7	8	6	10	壬戌
	2	6	1	6	庚寅	3	7	2	5	己未	4	7	3	7	庚寅	5	7	4	7	庚申	6	8	5	10	壬辰	7	9	6	11	癸亥
	2	7	1	7	辛卯	3	8	2	6	庚申	4	8	3	8	辛卯	5	8	4	8	辛酉	6	9	5	11	癸巳	7	10	6	12	甲子
	2	8	1	8	壬辰	3	9	2	7	辛酉	4	9	3	9	壬辰	5	9	4	9	壬戌	6	10	5	12	甲午	7	11	6	13	乙丑
	2	9	1	9	癸巳	3	10	2	8	壬戌	4	10	3	10	癸巳	5	10	4	10	癸亥	6	11	5	13	乙未	7	12	6	14	丙寅
	2	10	1	10	甲午	3	11	2	9	癸亥	4	11	3	11	甲午	5	11	4	11	甲子	6	12	5	14	丙申	7	13	6	15	丁卯
	2	11	1	11	乙未	3	12	2	10	甲子	4	12	3	12	乙未	5	12	4	12	乙丑	6	13	5	15	丁酉	7	14	6	16	戊辰
	2	12	1	12	丙申	3	13	2	11	乙丑	4	13	3	13	丙申	5	13	4	13	丙寅	6	14	5	16	戊戌	7	15	6	17	己巳
	2	13	1	13	丁酉	3	14	2	12	丙寅	4	14	3	14	丁酉	5	14	4	14	丁卯	6	15	5	17	己亥	7	16	6	18	庚午
	2	14	1	14	戊戌	3	15	2	13	丁卯	4	15	3	15	戊戌	5	15	4	15	戊辰	6	16	5	18	庚子	7	17	6	19	辛未
	2	15	1	15	己亥	3	16	2	14	戊辰	4	16	3	16	己亥	5	16	4	16	己巳	6	17	5	19	辛丑	7	18	6	20	壬申
	2	16	1	16	庚子	3	17	2	15	己巳	4	17	3	17	庚子	5	17	4	17	庚午	6	18	5	20	壬寅	7	19	6	21	癸酉
	2	17	1	17	辛丑	3	18	2	16	庚午	4	18	3	18	辛丑	5	18	4	18	辛未	6	19	5	21	癸卯	7	20	6	22	甲戌
	2	18	1	18	壬寅	3	19	2	17	辛未	4	19	3	19	壬寅	5	19	4	19	壬申	6	20	5	22	甲辰	7	21	6	23	乙亥
	2	19	1	19	癸卯	3	20	2	18	壬申	4	20	3	20	癸卯	5	20	4	20	癸酉	6	21	5	23	乙巳	7	22	6	24	丙子
	2	20	1	20	甲辰	3	21	2	19	癸酉	4	21	3	21	甲辰	5	21	4	21	甲戌	6	22	5	24	丙午	7	23	6	25	丁丑
	2	21	1	21	乙巳	3	22	2	20	甲戌	4	22	3	22	乙巳	5	22	4	22	乙亥	6	23	5	25	丁未	7	24	6	26	戊寅
	2	22	1	22	丙午	3	23	2	21	乙亥	4	23	3	23	丙午	5	23	4	23	丙子	6	24	5	26	戊申	7	25	6	27	己卯
	2	23	1	23	丁未	3	24	2	22	丙子	4	24	3	24	丁未	5	24	4	24	丁丑	6	25	5	27	己酉	7	26	6	28	庚辰
	2	24	1	24	戊申	3	25	2	23	丁丑	4	25	3	25	戊申	5	25	4	25	戊寅	6	26	5	28	庚戌	7	27	6	29	辛巳
	2	25	1	25	己酉	3	26	2	24	戊寅	4	26	3	26	己酉	5	26	4	26	己卯	6	27	5	29	辛亥	7	28	6	30	壬午
	2	26	1	26	庚戌	3	27	2	25	己卯	4	27	3	27	庚戌	5	27	4	27	庚辰	6	28	5	30	壬子	7	29	7	1	癸未
	2	27	1	27	辛亥	3	28	2	26	庚辰	4	28	3	28	辛亥	5	28	4	28	辛巳	6	29	6	1	癸丑	7	30	7	2	甲申
	2	28	1	28	壬子	3	29	2	27	辛巳	4	29	3	29	壬子	5	29	4	29	壬午	6	30	6	2	甲寅	7	31	7	3	乙酉
	3	1	1	29	癸丑	3	30	2	28	壬午	4	30	3	30	癸丑	5	30	5	1	癸未	7	1	6	3	乙卯	8	1	7	4	丙戌
	3	2	1	30	甲寅	3	31	2	29	癸未	5	1	4	1	甲寅	5	31	5	2	甲申	7	2	6	4	丙辰	8	2	7	5	丁亥
	3	3	2	1	乙卯	4	1	3	1	甲申	5	2	4	2	乙卯	6	1	5	3	乙酉	7	3	6	5	丁巳	8	3	7	6	戊子
	3	4	2	2	丙辰	4	2	3	2	乙酉	5	3	4	3	丙辰	6	2	5	4	丙戌	7	4	6	6	戊午	8	4	7	7	己丑
						4	3	3	3	丙戌	5	4	4	4	丁巳	6	3	5	5	丁亥	7	5	6	7	己未	8	5	7	8	庚寅
						4	4	3	4	丁亥						6	4	5	6	戊子	7	6	6	8	庚申	8	6	7	9	辛卯
																6	5	5	7	己丑										
中氣	雨水					春分					穀雨					小滿					夏至					大暑				
	2/19 0時42分 子時					3/20 23時33分 子時					4/20 10時23分 巳時					5/21 9時22分 巳時					6/21 17時13分 酉時					7/23 4時6分 寅時				

壬寅																														年
戊申					己酉					庚戌					辛亥					壬子					癸丑					月
立秋					白露					寒露					立冬					大雪					小寒					節氣
8/7 20時28分 戌時					9/7 23時32分 子時					10/8 15時22分 申時					11/7 18時45分 酉時					12/7 11時45分 午時					1/5 23時4分 子時					
國曆		農曆		干支	國曆		農曆		干支	國曆		農曆		干支	國曆		農曆		干支	國曆		農曆		干支	國曆		農曆		干支	日
8	7	7	10	壬辰	9	7	8	12	癸亥	10	8	9	13	甲午	11	7	10	14	甲子	12	7	11	14	甲午	1	5	12	14	癸亥	中華民國一百十一、一百十二年 虎 2022、2023
8	8	7	11	癸巳	9	8	8	13	甲子	10	9	9	14	乙未	11	8	10	15	乙丑	12	8	11	15	乙未	1	6	12	15	甲子	
8	9	7	12	甲午	9	9	8	14	乙丑	10	10	9	15	丙申	11	9	10	16	丙寅	12	9	11	16	丙申	1	7	12	16	乙丑	
8	10	7	13	乙未	9	10	8	15	丙寅	10	11	9	16	丁酉	11	10	10	17	丁卯	12	10	11	17	丁酉	1	8	12	17	丙寅	
8	11	7	14	丙申	9	11	8	16	丁卯	10	12	9	17	戊戌	11	11	10	18	戊辰	12	11	11	18	戊戌	1	9	12	18	丁卯	
8	12	7	15	丁酉	9	12	8	17	戊辰	10	13	9	18	己亥	11	12	10	19	己巳	12	12	11	19	己亥	1	10	12	19	戊辰	
8	13	7	16	戊戌	9	13	8	18	己巳	10	14	9	19	庚子	11	13	10	20	庚午	12	13	11	20	庚子	1	11	12	20	己巳	
8	14	7	17	己亥	9	14	8	19	庚午	10	15	9	20	辛丑	11	14	10	21	辛未	12	14	11	21	辛丑	1	12	12	21	庚午	
8	15	7	18	庚子	9	15	8	20	辛未	10	16	9	21	壬寅	11	15	10	22	壬申	12	15	11	22	壬寅	1	13	12	22	辛未	
8	16	7	19	辛丑	9	16	8	21	壬申	10	17	9	22	癸卯	11	16	10	23	癸酉	12	16	11	23	癸卯	1	14	12	23	壬申	
8	17	7	20	壬寅	9	17	8	22	癸酉	10	18	9	23	甲辰	11	17	10	24	甲戌	12	17	11	24	甲辰	1	15	12	24	癸酉	
8	18	7	21	癸卯	9	18	8	23	甲戌	10	19	9	24	乙巳	11	18	10	25	乙亥	12	18	11	25	乙巳	1	16	12	25	甲戌	
8	19	7	22	甲辰	9	19	8	24	乙亥	10	20	9	25	丙午	11	19	10	26	丙子	12	19	11	26	丙午	1	17	12	26	乙亥	
8	20	7	23	乙巳	9	20	8	25	丙子	10	21	9	26	丁未	11	20	10	27	丁丑	12	20	11	27	丁未	1	18	12	27	丙子	
8	21	7	24	丙午	9	21	8	26	丁丑	10	22	9	27	戊申	11	21	10	28	戊寅	12	21	11	28	戊申	1	19	12	28	丁丑	
8	22	7	25	丁未	9	22	8	27	戊寅	10	23	9	28	己酉	11	22	10	29	己卯	12	22	11	29	己酉	1	20	12	29	戊寅	
8	23	7	26	戊申	9	23	8	28	己卯	10	24	9	29	庚戌	11	23	10	30	庚辰	12	23	12	1	庚戌	1	21	12	30	己卯	
8	24	7	27	己酉	9	24	8	29	庚辰	10	25	10	1	辛亥	11	24	11	1	辛巳	12	24	12	2	辛亥	1	22	1	1	庚辰	
8	25	7	28	庚戌	9	25	8	30	辛巳	10	26	10	2	壬子	11	25	11	2	壬午	12	25	12	3	壬子	1	23	1	2	辛巳	
8	26	7	29	辛亥	9	26	9	1	壬午	10	27	10	3	癸丑	11	26	11	3	癸未	12	26	12	4	癸丑	1	24	1	3	壬午	
8	27	8	1	壬子	9	27	9	2	癸未	10	28	10	4	甲寅	11	27	11	4	甲申	12	27	12	5	甲寅	1	25	1	4	癸未	
8	28	8	2	癸丑	9	28	9	3	甲申	10	29	10	5	乙卯	11	28	11	5	乙酉	12	28	12	6	乙卯	1	26	1	5	甲申	
8	29	8	3	甲寅	9	29	9	4	乙酉	10	30	10	6	丙辰	11	29	11	6	丙戌	12	29	12	7	丙辰	1	27	1	6	乙酉	
8	30	8	4	乙卯	9	30	9	5	丙戌	10	31	10	7	丁巳	11	30	11	7	丁亥	12	30	12	8	丁巳	1	28	1	7	丙戌	
8	31	8	5	丙辰	10	1	9	6	丁亥	11	1	10	8	戊午	12	1	11	8	戊子	12	31	12	9	戊午	1	29	1	8	丁亥	
9	1	8	6	丁巳	10	2	9	7	戊子	11	2	10	9	己未	12	2	11	9	己丑	1	1	12	10	己未	1	30	1	9	戊子	
9	2	8	7	戊午	10	3	9	8	己丑	11	3	10	10	庚申	12	3	11	10	庚寅	1	2	12	11	庚申	1	31	1	10	己丑	
9	3	8	8	己未	10	4	9	9	庚寅	11	4	10	11	辛酉	12	4	11	11	辛卯	1	3	12	12	辛酉	2	1	1	11	庚寅	
9	4	8	9	庚申	10	5	9	10	辛卯	11	5	10	12	壬戌	12	5	11	12	壬辰	1	4	12	13	壬戌	2	2	1	12	辛卯	
9	5	8	10	辛酉	10	6	9	11	壬辰	11	6	10	13	癸亥	12	6	11	13	癸巳						2	3	1	13	壬辰	
9	6	8	11	壬戌	10	7	9	12	癸巳																					
處暑					秋分					霜降					小雪					冬至					大寒					中氣
8/23 11時15分 午時					9/23 9時3分 巳時					10/23 18時35分 酉時					11/22 16時20分 申時					12/22 5時47分 卯時					1/20 16時29分 申時					

年	癸卯																													
月	甲寅					乙卯					丙辰					丁巳					戊午					己未				
節氣	立春					驚蟄					清明					立夏					芒種					小暑				
	2/4 10時42分 巳時					3/6 4時35分 寅時					4/5 9時12分 巳時					5/6 2時18分 丑時					6/6 6時18分 卯時					7/7 16時30分 申時				
日	國曆		農曆		干支	國曆		農曆		干支	國曆		農曆		干支	國曆		農曆		干支	國曆		農曆		干支	國曆		農曆		干支
中華民國一百十二年 兔	2	4	1	14	癸巳	3	6	2	15	癸亥	4	5	2	15	癸巳	5	6	3	17	甲子	6	6	4	19	乙未	7	7	5	20	丙寅
	2	5	1	15	甲午	3	7	2	16	甲子	4	6	2	16	甲午	5	7	3	18	乙丑	6	7	4	20	丙申	7	8	5	21	丁卯
	2	6	1	16	乙未	3	8	2	17	乙丑	4	7	2	17	乙未	5	8	3	19	丙寅	6	8	4	21	丁酉	7	9	5	22	戊辰
	2	7	1	17	丙申	3	9	2	18	丙寅	4	8	2	18	丙申	5	9	3	20	丁卯	6	9	4	22	戊戌	7	10	5	23	己巳
	2	8	1	18	丁酉	3	10	2	19	丁卯	4	9	2	19	丁酉	5	10	3	21	戊辰	6	10	4	23	己亥	7	11	5	24	庚午
	2	9	1	19	戊戌	3	11	2	20	戊辰	4	10	2	20	戊戌	5	11	3	22	己巳	6	11	4	24	庚子	7	12	5	25	辛未
	2	10	1	20	己亥	3	12	2	21	己巳	4	11	2	21	己亥	5	12	3	23	庚午	6	12	4	25	辛丑	7	13	5	26	壬申
	2	11	1	21	庚子	3	13	2	22	庚午	4	12	2	22	庚子	5	13	3	24	辛未	6	13	4	26	壬寅	7	14	5	27	癸酉
	2	12	1	22	辛丑	3	14	2	23	辛未	4	13	2	23	辛丑	5	14	3	25	壬申	6	14	4	27	癸卯	7	15	5	28	甲戌
	2	13	1	23	壬寅	3	15	2	24	壬申	4	14	2	24	壬寅	5	15	3	26	癸酉	6	15	4	28	甲辰	7	16	5	29	乙亥
	2	14	1	24	癸卯	3	16	2	25	癸酉	4	15	2	25	癸卯	5	16	3	27	甲戌	6	16	4	29	乙巳	7	17	5	30	丙子
	2	15	1	25	甲辰	3	17	2	26	甲戌	4	16	2	26	甲辰	5	17	3	28	乙亥	6	17	4	30	丙午	7	18	6	1	丁丑
	2	16	1	26	乙巳	3	18	2	27	乙亥	4	17	2	27	乙巳	5	18	3	29	丙子	6	18	5	1	丁未	7	19	6	2	戊寅
	2	17	1	27	丙午	3	19	2	28	丙子	4	18	2	28	丙午	5	19	4	1	丁丑	6	19	5	2	戊申	7	20	6	3	己卯
	2	18	1	28	丁未	3	20	2	29	丁丑	4	19	2	29	丁未	5	20	4	2	戊寅	6	20	5	3	己酉	7	21	6	4	庚辰
	2	19	1	29	戊申	3	21	2	30	戊寅	4	20	3	1	戊申	5	21	4	3	己卯	6	21	5	4	庚戌	7	22	6	5	辛巳
	2	20	2	1	己酉	3	22	閏2	1	己卯	4	21	3	2	己酉	5	22	4	4	庚辰	6	22	5	5	辛亥	7	23	6	6	壬午
	2	21	2	2	庚戌	3	23	2	2	庚辰	4	22	3	3	庚戌	5	23	4	5	辛巳	6	23	5	6	壬子	7	24	6	7	癸未
	2	22	2	3	辛亥	3	24	2	3	辛巳	4	23	3	4	辛亥	5	24	4	6	壬午	6	24	5	7	癸丑	7	25	6	8	甲申
	2	23	2	4	壬子	3	25	2	4	壬午	4	24	3	5	壬子	5	25	4	7	癸未	6	25	5	8	甲寅	7	26	6	9	乙酉
	2	24	2	5	癸丑	3	26	2	5	癸未	4	25	3	6	癸丑	5	26	4	8	甲申	6	26	5	9	乙卯	7	27	6	10	丙戌
	2	25	2	6	甲寅	3	27	2	6	甲申	4	26	3	7	甲寅	5	27	4	9	乙酉	6	27	5	10	丙辰	7	28	6	11	丁亥
2023	2	26	2	7	乙卯	3	28	2	7	乙酉	4	27	3	8	乙卯	5	28	4	10	丙戌	6	28	5	11	丁巳	7	29	6	12	戊子
	2	27	2	8	丙辰	3	29	2	8	丙戌	4	28	3	9	丙辰	5	29	4	11	丁亥	6	29	5	12	戊午	7	30	6	13	己丑
	2	28	2	9	丁巳	3	30	2	9	丁亥	4	29	3	10	丁巳	5	30	4	12	戊子	6	30	5	13	己未	7	31	6	14	庚寅
	3	1	2	10	戊午	3	31	2	10	戊子	4	30	3	11	戊午	5	31	4	13	己丑	7	1	5	14	庚申	8	1	6	15	辛卯
	3	2	2	11	己未	4	1	2	11	己丑	5	1	3	12	己未	6	1	4	14	庚寅	7	2	5	15	辛酉	8	2	6	16	壬辰
	3	3	2	12	庚申	4	2	2	12	庚寅	5	2	3	13	庚申	6	2	4	15	辛卯	7	3	5	16	壬戌	8	3	6	17	癸巳
	3	4	2	13	辛酉	4	3	2	13	辛卯	5	3	3	14	辛酉	6	3	4	16	壬辰	7	4	5	17	癸亥	8	4	6	18	甲午
	3	5	2	14	壬戌	4	4	2	14	壬辰	5	4	3	15	壬戌	6	4	4	17	癸巳	7	5	5	18	甲子	8	5	6	19	乙未
											5	5	3	16	癸亥	6	5	4	18	甲午	7	6	5	19	乙丑	8	6	6	20	丙申
																										8	7	6	21	丁酉
中氣	雨水					春分					穀雨					小滿					夏至					大暑				
	2/19 6時34分 卯時					3/21 5時24分 卯時					4/20 16時13分 申時					5/21 15時8分 申時					6/21 22時57分 亥時					7/23 9時50分 巳時				

癸卯																														年
庚申					辛酉					壬戌					癸亥					甲子					乙丑					月
立秋					白露					寒露					立冬					大雪					小寒					節
8/8 2時22分 丑時					9/8 5時26分 卯時					10/8 21時15分 亥時					11/8 0時35分 子時					12/7 17時32分 酉時					1/6 4時49分 寅時					氣
國曆		農曆		干支	國曆		農曆		干支	國曆		農曆		干支	國曆		農曆		干支	國曆		農曆		干支	國曆		農曆		干支	日
8	8	6	22	戊戌	9	8	7	24	己巳	10	8	8	24	己亥	11	8	9	25	庚午	12	7	10	25	己亥	1	6	11	25	己巳	中華民國一百十二、一百十三年 兔
8	9	6	23	己亥	9	9	7	25	庚午	10	9	8	25	庚子	11	9	9	26	辛未	12	8	10	26	庚子	1	7	11	26	庚午	
8	10	6	24	庚子	9	10	7	26	辛未	10	10	8	26	辛丑	11	10	9	27	壬申	12	9	10	27	辛丑	1	8	11	27	辛未	
8	11	6	25	辛丑	9	11	7	27	壬申	10	11	8	27	壬寅	11	11	9	28	癸酉	12	10	10	28	壬寅	1	9	11	28	壬申	
8	12	6	26	壬寅	9	12	7	28	癸酉	10	12	8	28	癸卯	11	12	9	29	甲戌	12	11	10	29	癸卯	1	10	11	29	癸酉	
8	13	6	27	癸卯	9	13	7	29	甲戌	10	13	8	29	甲辰	11	13	10	1	乙亥	12	12	10	30	甲辰	1	11	12	1	甲戌	
8	14	6	28	甲辰	9	14	7	30	乙亥	10	14	8	30	乙巳	11	14	10	2	丙子	12	13	11	1	乙巳	1	12	12	2	乙亥	
8	15	6	29	乙巳	9	15	8	1	丙子	10	15	9	1	丙午	11	15	10	3	丁丑	12	14	11	2	丙午	1	13	12	3	丙子	
8	16	7	1	丙午	9	16	8	2	丁丑	10	16	9	2	丁未	11	16	10	4	戊寅	12	15	11	3	丁未	1	14	12	4	丁丑	
8	17	7	2	丁未	9	17	8	3	戊寅	10	17	9	3	戊申	11	17	10	5	己卯	12	16	11	4	戊申	1	15	12	5	戊寅	
8	18	7	3	戊申	9	18	8	4	己卯	10	18	9	4	己酉	11	18	10	6	庚辰	12	17	11	5	己酉	1	16	12	6	己卯	
8	19	7	4	己酉	9	19	8	5	庚辰	10	19	9	5	庚戌	11	19	10	7	辛巳	12	18	11	6	庚戌	1	17	12	7	庚辰	
8	20	7	5	庚戌	9	20	8	6	辛巳	10	20	9	6	辛亥	11	20	10	8	壬午	12	19	11	7	辛亥	1	18	12	8	辛巳	
8	21	7	6	辛亥	9	21	8	7	壬午	10	21	9	7	壬子	11	21	10	9	癸未	12	20	11	8	壬子	1	19	12	9	壬午	
8	22	7	7	壬子	9	22	8	8	癸未	10	22	9	8	癸丑	11	22	10	10	甲申	12	21	11	9	癸丑	1	20	12	10	癸未	
8	23	7	8	癸丑	9	23	8	9	甲申	10	23	9	9	甲寅	11	23	10	11	乙酉	12	22	11	10	甲寅	1	21	12	11	甲申	
8	24	7	9	甲寅	9	24	8	10	乙酉	10	24	9	10	乙卯	11	24	10	12	丙戌	12	23	11	11	乙卯	1	22	12	12	乙酉	
8	25	7	10	乙卯	9	25	8	11	丙戌	10	25	9	11	丙辰	11	25	10	13	丁亥	12	24	11	12	丙辰	1	23	12	13	丙戌	
8	26	7	11	丙辰	9	26	8	12	丁亥	10	26	9	12	丁巳	11	26	10	14	戊子	12	25	11	13	丁巳	1	24	12	14	丁亥	
8	27	7	12	丁巳	9	27	8	13	戊子	10	27	9	13	戊午	11	27	10	15	己丑	12	26	11	14	戊午	1	25	12	15	戊子	
8	28	7	13	戊午	9	28	8	14	己丑	10	28	9	14	己未	11	28	10	16	庚寅	12	27	11	15	己未	1	26	12	16	己丑	2023、2024
8	29	7	14	己未	9	29	8	15	庚寅	10	29	9	15	庚申	11	29	10	17	辛卯	12	28	11	16	庚申	1	27	12	17	庚寅	
8	30	7	15	庚申	9	30	8	16	辛卯	10	30	9	16	辛酉	11	30	10	18	壬辰	12	29	11	17	辛酉	1	28	12	18	辛卯	
8	31	7	16	辛酉	10	1	8	17	壬辰	10	31	9	17	壬戌	12	1	10	19	癸巳	12	30	11	18	壬戌	1	29	12	19	壬辰	
9	1	7	17	壬戌	10	2	8	18	癸巳	11	1	9	18	癸亥	12	2	10	20	甲午	12	31	11	19	癸亥	1	30	12	20	癸巳	
9	2	7	18	癸亥	10	3	8	19	甲午	11	2	9	19	甲子	12	3	10	21	乙未	1	1	11	20	甲子	1	31	12	21	甲午	
9	3	7	19	甲子	10	4	8	20	乙未	11	3	9	20	乙丑	12	4	10	22	丙申	1	2	11	21	乙丑	2	1	12	22	乙未	
9	4	7	20	乙丑	10	5	8	21	丙申	11	4	9	21	丙寅	12	5	10	23	丁酉	1	3	11	22	丙寅	2	2	12	23	丙申	
9	5	7	21	丙寅	10	6	8	22	丁酉	11	5	9	22	丁卯	12	6	10	24	戊戌	1	4	11	23	丁卯	2	3	12	24	丁酉	
9	6	7	22	丁卯	10	7	8	23	戊戌	11	6	9	23	戊辰						1	5	11	24	戊辰						
9	7	7	23	戊辰						11	7	9	24	己巳																
處暑					秋分					霜降					小雪					冬至					大寒					中
8/23 17時1分 酉時					9/23 14時49分 未時					10/24 0時20分 子時					11/22 22時2分 亥時					12/22 11時27分 午時					1/20 22時7分 亥時					氣

年	甲辰																													
月	丙寅					丁卯					戊辰					己巳					庚午					辛未				
節氣	立春					驚蟄					清明					立夏					芒種					小暑				
	2/4 16時26分 申時					3/5 10時22分 巳時					4/4 15時1分 申時					5/5 8時9分 辰時					6/5 12時9分 午時					7/6 22時19分 亥時				
日	國曆		農曆		干支	國曆		農曆		干支	國曆		農曆		干支	國曆		農曆		干支	國曆		農曆		干支	國曆		農曆		干支
中華民國一百十三年 龍 2024	2	4	12	25	戊戌	3	5	1	25	戊辰	4	4	2	26	戊戌	5	5	3	27	己巳	6	5	4	29	庚子	7	6	6	1	辛未
	2	5	12	26	己亥	3	6	1	26	己巳	4	5	2	27	己亥	5	6	3	28	庚午	6	6	5	1	辛丑	7	7	6	2	壬申
	2	6	12	27	庚子	3	7	1	27	庚午	4	6	2	28	庚子	5	7	3	29	辛未	6	7	5	2	壬寅	7	8	6	3	癸酉
	2	7	12	28	辛丑	3	8	1	28	辛未	4	7	2	29	辛丑	5	8	4	1	壬申	6	8	5	3	癸卯	7	9	6	4	甲戌
	2	8	12	29	壬寅	3	9	1	29	壬申	4	8	2	30	壬寅	5	9	4	2	癸酉	6	9	5	4	甲辰	7	10	6	5	乙亥
	2	9	12	30	癸卯	3	10	2	1	癸酉	4	9	3	1	癸卯	5	10	4	3	甲戌	6	10	5	5	乙巳	7	11	6	6	丙子
	2	10	1	1	甲辰	3	11	2	2	甲戌	4	10	3	2	甲辰	5	11	4	4	乙亥	6	11	5	6	丙午	7	12	6	7	丁丑
	2	11	1	2	乙巳	3	12	2	3	乙亥	4	11	3	3	乙巳	5	12	4	5	丙子	6	12	5	7	丁未	7	13	6	8	戊寅
	2	12	1	3	丙午	3	13	2	4	丙子	4	12	3	4	丙午	5	13	4	6	丁丑	6	13	5	8	戊申	7	14	6	9	己卯
	2	13	1	4	丁未	3	14	2	5	丁丑	4	13	3	5	丁未	5	14	4	7	戊寅	6	14	5	9	己酉	7	15	6	10	庚辰
	2	14	1	5	戊申	3	15	2	6	戊寅	4	14	3	6	戊申	5	15	4	8	己卯	6	15	5	10	庚戌	7	16	6	11	辛巳
	2	15	1	6	己酉	3	16	2	7	己卯	4	15	3	7	己酉	5	16	4	9	庚辰	6	16	5	11	辛亥	7	17	6	12	壬午
	2	16	1	7	庚戌	3	17	2	8	庚辰	4	16	3	8	庚戌	5	17	4	10	辛巳	6	17	5	12	壬子	7	18	6	13	癸未
	2	17	1	8	辛亥	3	18	2	9	辛巳	4	17	3	9	辛亥	5	18	4	11	壬午	6	18	5	13	癸丑	7	19	6	14	甲申
	2	18	1	9	壬子	3	19	2	10	壬午	4	18	3	10	壬子	5	19	4	12	癸未	6	19	5	14	甲寅	7	20	6	15	乙酉
	2	19	1	10	癸丑	3	20	2	11	癸未	4	19	3	11	癸丑	5	20	4	13	甲申	6	20	5	15	乙卯	7	21	6	16	丙戌
	2	20	1	11	甲寅	3	21	2	12	甲申	4	20	3	12	甲寅	5	21	4	14	乙酉	6	21	5	16	丙辰	7	22	6	17	丁亥
	2	21	1	12	乙卯	3	22	2	13	乙酉	4	21	3	13	乙卯	5	22	4	15	丙戌	6	22	5	17	丁巳	7	23	6	18	戊子
	2	22	1	13	丙辰	3	23	2	14	丙戌	4	22	3	14	丙辰	5	23	4	16	丁亥	6	23	5	18	戊午	7	24	6	19	己丑
	2	23	1	14	丁巳	3	24	2	15	丁亥	4	23	3	15	丁巳	5	24	4	17	戊子	6	24	5	19	己未	7	25	6	20	庚寅
	2	24	1	15	戊午	3	25	2	16	戊子	4	24	3	16	戊午	5	25	4	18	己丑	6	25	5	20	庚申	7	26	6	21	辛卯
	2	25	1	16	己未	3	26	2	17	己丑	4	25	3	17	己未	5	26	4	19	庚寅	6	26	5	21	辛酉	7	27	6	22	壬辰
	2	26	1	17	庚申	3	27	2	18	庚寅	4	26	3	18	庚申	5	27	4	20	辛卯	6	27	5	22	壬戌	7	28	6	23	癸巳
	2	27	1	18	辛酉	3	28	2	19	辛卯	4	27	3	19	辛酉	5	28	4	21	壬辰	6	28	5	23	癸亥	7	29	6	24	甲午
	2	28	1	19	壬戌	3	29	2	20	壬辰	4	28	3	20	壬戌	5	29	4	22	癸巳	6	29	5	24	甲子	7	30	6	25	乙未
	2	29	1	20	癸亥	3	30	2	21	癸巳	4	29	3	21	癸亥	5	30	4	23	甲午	6	30	5	25	乙丑	7	31	6	26	丙申
	3	1	1	21	甲子	3	31	2	22	甲午	4	30	3	22	甲子	5	31	4	24	乙未	7	1	5	26	丙寅	8	1	6	27	丁酉
	3	2	1	22	乙丑	4	1	2	23	乙未	5	1	3	23	乙丑	6	1	4	25	丙申	7	2	5	27	丁卯	8	2	6	28	戊戌
	3	3	1	23	丙寅	4	2	2	24	丙申	5	2	3	24	丙寅	6	2	4	26	丁酉	7	3	5	28	戊辰	8	3	6	29	己亥
	3	4	1	24	丁卯	4	3	2	25	丁酉	5	3	3	25	丁卯	6	3	4	27	戊戌	7	4	5	29	己巳	8	4	7	1	庚子
											5	4	3	26	戊辰	6	4	4	28	己亥	7	5	5	30	庚午	8	5	7	2	辛丑
																										8	6	7	3	壬寅
中氣	雨水					春分					穀雨					小滿					夏至					大暑				
	2/19 12時12分 午時					3/20 11時6分 午時					4/19 21時59分 亥時					5/20 20時59分 戌時					6/21 4時50分 寅時					7/22 15時44分 申時				

甲辰																														年
壬申					癸酉					甲戌					乙亥					丙子					丁丑					月
立秋					白露					寒露					立冬					大雪					小寒					節氣
8/7 8時8分 辰時					9/7 11時10分 午時					10/8 2時59分 丑時					11/7 6時19分 卯時					12/6 23時16分 子時					1/5 10時32分 巳時					
國曆		農曆		干支	國曆		農曆		干支	國曆		農曆		干支	國曆		農曆		干支	國曆		農曆		干支	國曆		農曆		干支	日
8	7	7	4	癸卯	9	7	8	5	甲戌	10	8	9	6	乙巳	11	7	10	7	乙亥	12	6	11	6	甲辰	1	5	12	6	甲戌	中華民國一百十三、一百十四年 龍 2024、2025
8	8	7	5	甲辰	9	8	8	6	乙亥	10	9	9	7	丙午	11	8	10	8	丙子	12	7	11	7	乙巳	1	6	12	7	乙亥	
8	9	7	6	乙巳	9	9	8	7	丙子	10	10	9	8	丁未	11	9	10	9	丁丑	12	8	11	8	丙午	1	7	12	8	丙子	
8	10	7	7	丙午	9	10	8	8	丁丑	10	11	9	9	戊申	11	10	10	10	戊寅	12	9	11	9	丁未	1	8	12	9	丁丑	
8	11	7	8	丁未	9	11	8	9	戊寅	10	12	9	10	己酉	11	11	10	11	己卯	12	10	11	10	戊申	1	9	12	10	戊寅	
8	12	7	9	戊申	9	12	8	10	己卯	10	13	9	11	庚戌	11	12	10	12	庚辰	12	11	11	11	己酉	1	10	12	11	己卯	
8	13	7	10	己酉	9	13	8	11	庚辰	10	14	9	12	辛亥	11	13	10	13	辛巳	12	12	11	12	庚戌	1	11	12	12	庚辰	
8	14	7	11	庚戌	9	14	8	12	辛巳	10	15	9	13	壬子	11	14	10	14	壬午	12	13	11	13	辛亥	1	12	12	13	辛巳	
8	15	7	12	辛亥	9	15	8	13	壬午	10	16	9	14	癸丑	11	15	10	15	癸未	12	14	11	14	壬子	1	13	12	14	壬午	
8	16	7	13	壬子	9	16	8	14	癸未	10	17	9	15	甲寅	11	16	10	16	甲申	12	15	11	15	癸丑	1	14	12	15	癸未	
8	17	7	14	癸丑	9	17	8	15	甲申	10	18	9	16	乙卯	11	17	10	17	乙酉	12	16	11	16	甲寅	1	15	12	16	甲申	
8	18	7	15	甲寅	9	18	8	16	乙酉	10	19	9	17	丙辰	11	18	10	18	丙戌	12	17	11	17	乙卯	1	16	12	17	乙酉	
8	19	7	16	乙卯	9	19	8	17	丙戌	10	20	9	18	丁巳	11	19	10	19	丁亥	12	18	11	18	丙辰	1	17	12	18	丙戌	
8	20	7	17	丙辰	9	20	8	18	丁亥	10	21	9	19	戊午	11	20	10	20	戊子	12	19	11	19	丁巳	1	18	12	19	丁亥	
8	21	7	18	丁巳	9	21	8	19	戊子	10	22	9	20	己未	11	21	10	21	己丑	12	20	11	20	戊午	1	19	12	20	戊子	
8	22	7	19	戊午	9	22	8	20	己丑	10	23	9	21	庚申	11	22	10	22	庚寅	12	21	11	21	己未	1	20	12	21	己丑	
8	23	7	20	己未	9	23	8	21	庚寅	10	24	9	22	辛酉	11	23	10	23	辛卯	12	22	11	22	庚申	1	21	12	22	庚寅	
8	24	7	21	庚申	9	24	8	22	辛卯	10	25	9	23	壬戌	11	24	10	24	壬辰	12	23	11	23	辛酉	1	22	12	23	辛卯	
8	25	7	22	辛酉	9	25	8	23	壬辰	10	26	9	24	癸亥	11	25	10	25	癸巳	12	24	11	24	壬戌	1	23	12	24	壬辰	
8	26	7	23	壬戌	9	26	8	24	癸巳	10	27	9	25	甲子	11	26	10	26	甲午	12	25	11	25	癸亥	1	24	12	25	癸巳	
8	27	7	24	癸亥	9	27	8	25	甲午	10	28	9	26	乙丑	11	27	10	27	乙未	12	26	11	26	甲子	1	25	12	26	甲午	
8	28	7	25	甲子	9	28	8	26	乙未	10	29	9	27	丙寅	11	28	10	28	丙申	12	27	11	27	乙丑	1	26	12	27	乙未	
8	29	7	26	乙丑	9	29	8	27	丙申	10	30	9	28	丁卯	11	29	10	29	丁酉	12	28	11	28	丙寅	1	27	12	28	丙申	
8	30	7	27	丙寅	9	30	8	28	丁酉	10	31	9	29	戊辰	11	30	10	30	戊戌	12	29	11	29	丁卯	1	28	12	29	丁酉	
8	31	7	28	丁卯	10	1	8	29	戊戌	11	1	10	1	己巳	12	1	11	1	己亥	12	30	11	30	戊辰	1	29	1	1	戊戌	
9	1	7	29	戊辰	10	2	8	30	己亥	11	2	10	2	庚午	12	2	11	2	庚子	12	31	12	1	己巳	1	30	1	2	己亥	
9	2	7	30	己巳	10	3	9	1	庚子	11	3	10	3	辛未	12	3	11	3	辛丑	1	1	12	2	庚午	1	31	1	3	庚子	
9	3	8	1	庚午	10	4	9	2	辛丑	11	4	10	4	壬申	12	4	11	4	壬寅	1	2	12	3	辛未	2	1	1	4	辛丑	
9	4	8	2	辛未	10	5	9	3	壬寅	11	5	10	5	癸酉	12	5	11	5	癸卯	1	3	12	4	壬申	2	2	1	5	壬寅	
9	5	8	3	壬申	10	6	9	4	癸卯	11	6	10	6	甲戌						1	4	12	5	癸酉						
9	6	8	4	癸酉	10	7	9	5	甲辰																					
處暑					秋分					霜降					小雪					冬至					大寒					中氣
8/22 22時54分 亥時					9/22 20時43分 戌時					10/23 6時14分 卯時					11/22 3時56分 寅時					12/21 17時20分 酉時					1/20 3時59分 寅時					

年	乙巳																													
月	戊寅					己卯					庚辰					辛巳					壬午					癸未				
節氣	立春					驚蟄					清明					立夏					芒種					小暑				
	2/3 22時10分 亥時					3/5 16時6分 申時					4/4 20時48分 戌時					5/5 13時56分 未時					6/5 17時56分 酉時					7/7 4時4分 寅時				
日	國曆		農曆		干支	國曆		農曆		干支	國曆		農曆		干支	國曆		農曆		干支	國曆		農曆		干支	國曆		農曆		干支
中華民國一百十四年 蛇 2025	2	3	1	6	癸卯	3	5	2	6	癸酉	4	4	3	7	癸卯	5	5	4	8	甲戌	6	5	5	10	乙巳	7	7	6	13	丁丑
	2	4	1	7	甲辰	3	6	2	7	甲戌	4	5	3	8	甲辰	5	6	4	9	乙亥	6	6	5	11	丙午	7	8	6	14	戊寅
	2	5	1	8	乙巳	3	7	2	8	乙亥	4	6	3	9	乙巳	5	7	4	10	丙子	6	7	5	12	丁未	7	9	6	15	己卯
	2	6	1	9	丙午	3	8	2	9	丙子	4	7	3	10	丙午	5	8	4	11	丁丑	6	8	5	13	戊申	7	10	6	16	庚辰
	2	7	1	10	丁未	3	9	2	10	丁丑	4	8	3	11	丁未	5	9	4	12	戊寅	6	9	5	14	己酉	7	11	6	17	辛巳
	2	8	1	11	戊申	3	10	2	11	戊寅	4	9	3	12	戊申	5	10	4	13	己卯	6	10	5	15	庚戌	7	12	6	18	壬午
	2	9	1	12	己酉	3	11	2	12	己卯	4	10	3	13	己酉	5	11	4	14	庚辰	6	11	5	16	辛亥	7	13	6	19	癸未
	2	10	1	13	庚戌	3	12	2	13	庚辰	4	11	3	14	庚戌	5	12	4	15	辛巳	6	12	5	17	壬子	7	14	6	20	甲申
	2	11	1	14	辛亥	3	13	2	14	辛巳	4	12	3	15	辛亥	5	13	4	16	壬午	6	13	5	18	癸丑	7	15	6	21	乙酉
	2	12	1	15	壬子	3	14	2	15	壬午	4	13	3	16	壬子	5	14	4	17	癸未	6	14	5	19	甲寅	7	16	6	22	丙戌
	2	13	1	16	癸丑	3	15	2	16	癸未	4	14	3	17	癸丑	5	15	4	18	甲申	6	15	5	20	乙卯	7	17	6	23	丁亥
	2	14	1	17	甲寅	3	16	2	17	甲申	4	15	3	18	甲寅	5	16	4	19	乙酉	6	16	5	21	丙辰	7	18	6	24	戊子
	2	15	1	18	乙卯	3	17	2	18	乙酉	4	16	3	19	乙卯	5	17	4	20	丙戌	6	17	5	22	丁巳	7	19	6	25	己丑
	2	16	1	19	丙辰	3	18	2	19	丙戌	4	17	3	20	丙辰	5	18	4	21	丁亥	6	18	5	23	戊午	7	20	6	26	庚寅
	2	17	1	20	丁巳	3	19	2	20	丁亥	4	18	3	21	丁巳	5	19	4	22	戊子	6	19	5	24	己未	7	21	6	27	辛卯
	2	18	1	21	戊午	3	20	2	21	戊子	4	19	3	22	戊午	5	20	4	23	己丑	6	20	5	25	庚申	7	22	6	28	壬辰
	2	19	1	22	己未	3	21	2	22	己丑	4	20	3	23	己未	5	21	4	24	庚寅	6	21	5	26	辛酉	7	23	6	29	癸巳
	2	20	1	23	庚申	3	22	2	23	庚寅	4	21	3	24	庚申	5	22	4	25	辛卯	6	22	5	27	壬戌	7	24	6	30	甲午
	2	21	1	24	辛酉	3	23	2	24	辛卯	4	22	3	25	辛酉	5	23	4	26	壬辰	6	23	5	28	癸亥	7	25	閏6	1	乙未
	2	22	1	25	壬戌	3	24	2	25	壬辰	4	23	3	26	壬戌	5	24	4	27	癸巳	6	24	5	29	甲子	7	26	6	2	丙申
	2	23	1	26	癸亥	3	25	2	26	癸巳	4	24	3	27	癸亥	5	25	4	28	甲午	6	25	6	1	乙丑	7	27	6	3	丁酉
	2	24	1	27	甲子	3	26	2	27	甲午	4	25	3	28	甲子	5	26	4	29	乙未	6	26	6	2	丙寅	7	28	6	4	戊戌
	2	25	1	28	乙丑	3	27	2	28	乙未	4	26	3	29	乙丑	5	27	5	1	丙申	6	27	6	3	丁卯	7	29	6	5	己亥
	2	26	1	29	丙寅	3	28	2	29	丙申	4	27	3	30	丙寅	5	28	5	2	丁酉	6	28	6	4	戊辰	7	30	6	6	庚子
	2	27	1	30	丁卯	3	29	3	1	丁酉	4	28	4	1	丁卯	5	29	5	3	戊戌	6	29	6	5	己巳	7	31	6	7	辛丑
	2	28	2	1	戊辰	3	30	3	2	戊戌	4	29	4	2	戊辰	5	30	5	4	己亥	6	30	6	6	庚午	8	1	6	8	壬寅
	3	1	2	2	己巳	3	31	3	3	己亥	4	30	4	3	己巳	5	31	5	5	庚子	7	1	6	7	辛未	8	2	6	9	癸卯
	3	2	2	3	庚午	4	1	3	4	庚子	5	1	4	4	庚午	6	1	5	6	辛丑	7	2	6	8	壬申	8	3	6	10	甲辰
	3	3	2	4	辛未	4	2	3	5	辛丑	5	2	4	5	辛未	6	2	5	7	壬寅	7	3	6	9	癸酉	8	4	6	11	乙巳
	3	4	2	5	壬申	4	3	3	6	壬寅	5	3	4	6	壬申	6	3	5	8	癸卯	7	4	6	10	甲戌	8	5	6	12	丙午
											5	4	4	7	癸酉	6	4	5	9	甲辰	7	5	6	11	乙亥	8	6	6	13	丁未
																					7	6	6	12	丙子					
中氣	雨水					春分					穀雨					小滿					夏至					大暑				
	2/18 18時6分 酉時					3/20 17時1分 酉時					4/20 3時55分 寅時					5/21 2時54分 丑時					6/21 10時41分 巳時					7/22 21時29分 亥時				

乙巳																														年
甲申					乙酉					丙戌					丁亥					戊子					己丑					月
立秋					白露					寒露					立冬					大雪					小寒					節氣
8/7 13時51分 未時					9/7 16時51分 申時					10/8 8時40分 辰時					11/7 12時3分 午時					12/7 5時4分 卯時					1/5 16時22分 申時					
國曆		農曆		干支	國曆		農曆		干支	國曆		農曆		干支	國曆		農曆		干支	國曆		農曆		干支	國曆		農曆		干支	日
8	7	6	14	戊申	9	7	7	16	己卯	10	8	8	17	庚戌	11	7	9	18	庚辰	12	7	10	18	庚戌	1	5	11	17	己卯	中華民國一百十四、一百十五年 蛇 2025、2026
8	8	6	15	己酉	9	8	7	17	庚辰	10	9	8	18	辛亥	11	8	9	19	辛巳	12	8	10	19	辛亥	1	6	11	18	庚辰	
8	9	6	16	庚戌	9	9	7	18	辛巳	10	10	8	19	壬子	11	9	9	20	壬午	12	9	10	20	壬子	1	7	11	19	辛巳	
8	10	6	17	辛亥	9	10	7	19	壬午	10	11	8	20	癸丑	11	10	9	21	癸未	12	10	10	21	癸丑	1	8	11	20	壬午	
8	11	6	18	壬子	9	11	7	20	癸未	10	12	8	21	甲寅	11	11	9	22	甲申	12	11	10	22	甲寅	1	9	11	21	癸未	
8	12	6	19	癸丑	9	12	7	21	甲申	10	13	8	22	乙卯	11	12	9	23	乙酉	12	12	10	23	乙卯	1	10	11	22	甲申	
8	13	6	20	甲寅	9	13	7	22	乙酉	10	14	8	23	丙辰	11	13	9	24	丙戌	12	13	10	24	丙辰	1	11	11	23	乙酉	
8	14	6	21	乙卯	9	14	7	23	丙戌	10	15	8	24	丁巳	11	14	9	25	丁亥	12	14	10	25	丁巳	1	12	11	24	丙戌	
8	15	6	22	丙辰	9	15	7	24	丁亥	10	16	8	25	戊午	11	15	9	26	戊子	12	15	10	26	戊午	1	13	11	25	丁亥	
8	16	6	23	丁巳	9	16	7	25	戊子	10	17	8	26	己未	11	16	9	27	己丑	12	16	10	27	己未	1	14	11	26	戊子	
8	17	6	24	戊午	9	17	7	26	己丑	10	18	8	27	庚申	11	17	9	28	庚寅	12	17	10	28	庚申	1	15	11	27	己丑	
8	18	6	25	己未	9	18	7	27	庚寅	10	19	8	28	辛酉	11	18	9	29	辛卯	12	18	10	29	辛酉	1	16	11	28	庚寅	
8	19	6	26	庚申	9	19	7	28	辛卯	10	20	8	29	壬戌	11	19	9	30	壬辰	12	19	10	30	壬戌	1	17	11	29	辛卯	
8	20	6	27	辛酉	9	20	7	29	壬辰	10	21	9	1	癸亥	11	20	10	1	癸巳	12	20	11	1	癸亥	1	18	11	30	壬辰	
8	21	6	28	壬戌	9	21	7	30	癸巳	10	22	9	2	甲子	11	21	10	2	甲午	12	21	11	2	甲子	1	19	12	1	癸巳	
8	22	6	29	癸亥	9	22	8	1	甲午	10	23	9	3	乙丑	11	22	10	3	乙未	12	22	11	3	乙丑	1	20	12	2	甲午	
8	23	7	1	甲子	9	23	8	2	乙未	10	24	9	4	丙寅	11	23	10	4	丙申	12	23	11	4	丙寅	1	21	12	3	乙未	
8	24	7	2	乙丑	9	24	8	3	丙申	10	25	9	5	丁卯	11	24	10	5	丁酉	12	24	11	5	丁卯	1	22	12	4	丙申	
8	25	7	3	丙寅	9	25	8	4	丁酉	10	26	9	6	戊辰	11	25	10	6	戊戌	12	25	11	6	戊辰	1	23	12	5	丁酉	
8	26	7	4	丁卯	9	26	8	5	戊戌	10	27	9	7	己巳	11	26	10	7	己亥	12	26	11	7	己巳	1	24	12	6	戊戌	
	27	7	5	戊辰	9	27	8	6	己亥	10	28	9	8	庚午	11	27	10	8	庚子	12	27	11	8	庚午	1	25	12	7	己亥	
	28	7	6	己巳	9	28	8	7	庚子	10	29	9	9	辛未	11	28	10	9	辛丑	12	28	11	9	辛未	1	26	12	8	庚子	
	29	7	7	庚午	9	29	8	8	辛丑	10	30	9	10	壬申	11	29	10	10	壬寅	12	29	11	10	壬申	1	27	12	9	辛丑	
	30	7	8	辛未	9	30	8	9	壬寅	10	31	9	11	癸酉	11	30	10	11	癸卯	12	30	11	11	癸酉	1	28	12	10	壬寅	
	31	7	9	壬申	10	1	8	10	癸卯	11	1	9	12	甲戌	12	1	10	12	甲辰	12	31	11	12	甲戌	1	29	12	11	癸卯	
	1	7	10	癸酉	10	2	8	11	甲辰	11	2	9	13	乙亥	12	2	10	13	乙巳	1	1	11	13	乙亥	1	30	12	12	甲辰	
	2	7	11	甲戌	10	3	8	12	乙巳	11	3	9	14	丙子	12	3	10	14	丙午	1	2	11	14	丙子	1	31	12	13	乙巳	
	3	7	12	乙亥	10	4	8	13	丙午	11	4	9	15	丁丑	12	4	10	15	丁未	1	3	11	15	丁丑	2	1	12	14	丙午	
	4	7	13	丙子	10	5	8	14	丁未	11	5	9	16	戊寅	12	5	10	16	戊申	1	4	11	16	戊寅	2	2	12	15	丁未	
	5	7	14	丁丑	10	6	8	15	戊申	11	6	9	17	己卯	12	6	10	17	己酉						2	3	12	16	戊申	
	6	7	15	戊寅	10	7	8	16	己酉																					
處暑					秋分					霜降					小雪					冬至					大寒					中氣
23 4時33分 寅時					9/23 2時18分 丑時					10/23 11時50分 午時					11/22 9時35分 巳時					12/21 23時2分 子時					1/20 9時44分 巳時					

年	丙午																													
月	庚寅					辛卯					壬辰					癸巳					甲午					乙未				
節氣	立春					驚蟄					清明					立夏					芒種					小暑				
	2/4 4時1分 寅時					3/5 21時58分 亥時					4/5 2時39分 丑時					5/5 19時48分 戌時					6/5 23時47分 子時					7/7 9時56分 巳時				
日	國曆		農曆		干支	國曆		農曆		干支	國曆		農曆		干支	國曆		農曆		干支	國曆		農曆		干支	國曆		農曆		干支
中華民國一百十五年 馬 2026	2	4	12	17	己酉	3	5	1	17	戊寅	4	5	2	18	己酉	5	5	3	19	己卯	6	5	4	20	庚戌	7	7	5	23	壬午
	2	5	12	18	庚戌	3	6	1	18	己卯	4	6	2	19	庚戌	5	6	3	20	庚辰	6	6	4	21	辛亥	7	8	5	24	癸未
	2	6	12	19	辛亥	3	7	1	19	庚辰	4	7	2	20	辛亥	5	7	3	21	辛巳	6	7	4	22	壬子	7	9	5	25	甲申
	2	7	12	20	壬子	3	8	1	20	辛巳	4	8	2	21	壬子	5	8	3	22	壬午	6	8	4	23	癸丑	7	10	5	26	乙酉
	2	8	12	21	癸丑	3	9	1	21	壬午	4	9	2	22	癸丑	5	9	3	23	癸未	6	9	4	24	甲寅	7	11	5	27	丙戌
	2	9	12	22	甲寅	3	10	1	22	癸未	4	10	2	23	甲寅	5	10	3	24	甲申	6	10	4	25	乙卯	7	12	5	28	丁亥
	2	10	12	23	乙卯	3	11	1	23	甲申	4	11	2	24	乙卯	5	11	3	25	乙酉	6	11	4	26	丙辰	7	13	5	29	戊子
	2	11	12	24	丙辰	3	12	1	24	乙酉	4	12	2	25	丙辰	5	12	3	26	丙戌	6	12	4	27	丁巳	7	14	6	1	己丑
	2	12	12	25	丁巳	3	13	1	25	丙戌	4	13	2	26	丁巳	5	13	3	27	丁亥	6	13	4	28	戊午	7	15	6	2	庚寅
	2	13	12	26	戊午	3	14	1	26	丁亥	4	14	2	27	戊午	5	14	3	28	戊子	6	14	4	29	己未	7	16	6	3	辛卯
	2	14	12	27	己未	3	15	1	27	戊子	4	15	2	28	己未	5	15	3	29	己丑	6	15	5	1	庚申	7	17	6	4	壬辰
	2	15	12	28	庚申	3	16	1	28	己丑	4	16	2	29	庚申	5	16	3	30	庚寅	6	16	5	2	辛酉	7	18	6	5	癸巳
	2	16	12	29	辛酉	3	17	1	29	庚寅	4	17	3	1	辛酉	5	17	4	1	辛卯	6	17	5	3	壬戌	7	19	6	6	甲午
	2	17	1	1	壬戌	3	18	1	30	辛卯	4	18	3	2	壬戌	5	18	4	2	壬辰	6	18	5	4	癸亥	7	20	6	7	乙未
	2	18	1	2	癸亥	3	19	2	1	壬辰	4	19	3	3	癸亥	5	19	4	3	癸巳	6	19	5	5	甲子	7	21	6	8	丙申
	2	19	1	3	甲子	3	20	2	2	癸巳	4	20	3	4	甲子	5	20	4	4	甲午	6	20	5	6	乙丑	7	22	6	9	丁酉
	2	20	1	4	乙丑	3	21	2	3	甲午	4	21	3	5	乙丑	5	21	4	5	乙未	6	21	5	7	丙寅	7	23	6	10	戊戌
	2	21	1	5	丙寅	3	22	2	4	乙未	4	22	3	6	丙寅	5	22	4	6	丙申	6	22	5	8	丁卯	7	24	6	11	己亥
	2	22	1	6	丁卯	3	23	2	5	丙申	4	23	3	7	丁卯	5	23	4	7	丁酉	6	23	5	9	戊辰	7	25	6	12	庚子
	2	23	1	7	戊辰	3	24	2	6	丁酉	4	24	3	8	戊辰	5	24	4	8	戊戌	6	24	5	10	己巳	7	26	6	13	辛丑
	2	24	1	8	己巳	3	25	2	7	戊戌	4	25	3	9	己巳	5	25	4	9	己亥	6	25	5	11	庚午	7	27	6	14	壬寅
	2	25	1	9	庚午	3	26	2	8	己亥	4	26	3	10	庚午	5	26	4	10	庚子	6	26	5	12	辛未	7	28	6	15	癸卯
	2	26	1	10	辛未	3	27	2	9	庚子	4	27	3	11	辛未	5	27	4	11	辛丑	6	27	5	13	壬申	7	29	6	16	甲辰
	2	27	1	11	壬申	3	28	2	10	辛丑	4	28	3	12	壬申	5	28	4	12	壬寅	6	28	5	14	癸酉	7	30	6	17	乙巳
	2	28	1	12	癸酉	3	29	2	11	壬寅	4	29	3	13	癸酉	5	29	4	13	癸卯	6	29	5	15	甲戌	7	31	6	18	丙午
	3	1	1	13	甲戌	3	30	2	12	癸卯	4	30	3	14	甲戌	5	30	4	14	甲辰	6	30	5	16	乙亥	8	1	6	19	丁未
	3	2	1	14	乙亥	3	31	2	13	甲辰	5	1	3	15	乙亥	5	31	4	15	乙巳	7	1	5	17	丙子	8	2	6	20	戊申
	3	3	1	15	丙子	4	1	2	14	乙巳	5	2	3	16	丙子	6	1	4	16	丙午	7	2	5	18	丁丑	8	3	6	21	己酉
	3	4	1	16	丁丑	4	2	2	15	丙午	5	3	3	17	丁丑	6	2	4	17	丁未	7	3	5	19	戊寅	8	4	6	22	庚戌
						4	3	2	16	丁未	5	4	3	18	戊寅	6	3	4	18	戊申	7	4	5	20	己卯	8	5	6	23	辛亥
						4	4	2	17	戊申						6	4	4	19	己酉	7	5	5	21	庚辰	8	6	6	24	壬子
																					7	6	5	22	辛巳					
中氣	雨水					春分					穀雨					小滿					夏至					大暑				
	2/18 23時51分 子時					3/20 22時45分 亥時					4/20 9時38分 巳時					5/21 8時36分 辰時					6/21 16時24分 申時					7/23 3時12分 寅				

丙午																														年
丙申					丁酉					戊戌					己亥					庚子					辛丑					月
立秋					白露					寒露					立冬					大雪					小寒					節氣
8/7 19時42分 戌時					9/7 22時40分 亥時					10/8 14時28分 未時					11/7 17時51分 酉時					12/7 10時52分 巳時					1/5 22時9分 亥時					
國曆		農曆		干支	國曆		農曆		干支	國曆		農曆		干支	國曆		農曆		干支	國曆		農曆		干支	國曆		農曆		干支	日
8	7	6	25	癸丑	9	7	7	26	甲申	10	8	8	28	乙卯	11	7	9	29	乙酉	12	7	10	29	乙卯	1	5	11	28	甲申	中華民國一百十五、一百十六年 馬 2026、2027
8	8	6	26	甲寅	9	8	7	27	乙酉	10	9	8	29	丙辰	11	8	9	30	丙戌	12	8	10	30	丙辰	1	6	11	29	乙酉	
8	9	6	27	乙卯	9	9	7	28	丙戌	10	10	9	1	丁巳	11	9	10	1	丁亥	12	9	11	1	丁巳	1	7	11	30	丙戌	
8	10	6	28	丙辰	9	10	7	29	丁亥	10	11	9	2	戊午	11	10	10	2	戊子	12	10	11	2	戊午	1	8	12	1	丁亥	
8	11	6	29	丁巳	9	11	8	1	戊子	10	12	9	3	己未	11	11	10	3	己丑	12	11	11	3	己未	1	9	12	2	戊子	
8	12	6	30	戊午	9	12	8	2	己丑	10	13	9	4	庚申	11	12	10	4	庚寅	12	12	11	4	庚申	1	10	12	3	己丑	
8	13	7	1	己未	9	13	8	3	庚寅	10	14	9	5	辛酉	11	13	10	5	辛卯	12	13	11	5	辛酉	1	11	12	4	庚寅	
8	14	7	2	庚申	9	14	8	4	辛卯	10	15	9	6	壬戌	11	14	10	6	壬辰	12	14	11	6	壬戌	1	12	12	5	辛卯	
8	15	7	3	辛酉	9	15	8	5	壬辰	10	16	9	7	癸亥	11	15	10	7	癸巳	12	15	11	7	癸亥	1	13	12	6	壬辰	
8	16	7	4	壬戌	9	16	8	6	癸巳	10	17	9	8	甲子	11	16	10	8	甲午	12	16	11	8	甲子	1	14	12	7	癸巳	
8	17	7	5	癸亥	9	17	8	7	甲午	10	18	9	9	乙丑	11	17	10	9	乙未	12	17	11	9	乙丑	1	15	12	8	甲午	
8	18	7	6	甲子	9	18	8	8	乙未	10	19	9	10	丙寅	11	18	10	10	丙申	12	18	11	10	丙寅	1	16	12	9	乙未	
8	19	7	7	乙丑	9	19	8	9	丙申	10	20	9	11	丁卯	11	19	10	11	丁酉	12	19	11	11	丁卯	1	17	12	10	丙申	
8	20	7	8	丙寅	9	20	8	10	丁酉	10	21	9	12	戊辰	11	20	10	12	戊戌	12	20	11	12	戊辰	1	18	12	11	丁酉	
8	21	7	9	丁卯	9	21	8	11	戊戌	10	22	9	13	己巳	11	21	10	13	己亥	12	21	11	13	己巳	1	19	12	12	戊戌	
8	22	7	10	戊辰	9	22	8	12	己亥	10	23	9	14	庚午	11	22	10	14	庚子	12	22	11	14	庚午	1	20	12	13	己亥	
8	23	7	11	己巳	9	23	8	13	庚子	10	24	9	15	辛未	11	23	10	15	辛丑	12	23	11	15	辛未	1	21	12	14	庚子	
8	24	7	12	庚午	9	24	8	14	辛丑	10	25	9	16	壬申	11	24	10	16	壬寅	12	24	11	16	壬申	1	22	12	15	辛丑	
8	25	7	13	辛未	9	25	8	15	壬寅	10	26	9	17	癸酉	11	25	10	17	癸卯	12	25	11	17	癸酉	1	23	12	16	壬寅	
8	26	7	14	壬申	9	26	8	16	癸卯	10	27	9	18	甲戌	11	26	10	18	甲辰	12	26	11	18	甲戌	1	24	12	17	癸卯	
8	27	7	15	癸酉	9	27	8	17	甲辰	10	28	9	19	乙亥	11	27	10	19	乙巳	12	27	11	19	乙亥	1	25	12	18	甲辰	
8	28	7	16	甲戌	9	28	8	18	乙巳	10	29	9	20	丙子	11	28	10	20	丙午	12	28	11	20	丙子	1	26	12	19	乙巳	
8	29	7	17	乙亥	9	29	8	19	丙午	10	30	9	21	丁丑	11	29	10	21	丁未	12	29	11	21	丁丑	1	27	12	20	丙午	
8	30	7	18	丙子	9	30	8	20	丁未	10	31	9	22	戊寅	11	30	10	22	戊申	12	30	11	22	戊寅	1	28	12	21	丁未	
8	31	7	19	丁丑	10	1	8	21	戊申	11	1	9	23	己卯	12	1	10	23	己酉	12	31	11	23	己卯	1	29	12	22	戊申	
9	1	7	20	戊寅	10	2	8	22	己酉	11	2	9	24	庚辰	12	2	10	24	庚戌	1	1	11	24	庚辰	1	30	12	23	己酉	
9	2	7	21	己卯	10	3	8	23	庚戌	11	3	9	25	辛巳	12	3	10	25	辛亥	1	2	11	25	辛巳	1	31	12	24	庚戌	
9	3	7	22	庚辰	10	4	8	24	辛亥	11	4	9	26	壬午	12	4	10	26	壬子	1	3	11	26	壬午	2	1	12	25	辛亥	
9	4	7	23	辛巳	10	5	8	25	壬子	11	5	9	27	癸未	12	5	10	27	癸丑	1	4	11	27	癸未	2	2	12	26	壬子	
9	5	7	24	壬午	10	6	8	26	癸丑	11	6	9	28	甲申	12	6	10	28	甲寅						2	3	12	27	癸丑	
9	6	7	25	癸未	10	7	8	27	甲寅																					
處暑					秋分					霜降					小雪					冬至					大寒					中氣
8/23 10時18分 巳時					9/23 8時4分 辰時					10/23 17時37分 酉時					11/22 15時22分 申時					12/22 4時49分 寅時					1/20 15時29分 申時					

年	丁未																													
月	壬寅					癸卯					甲辰					乙巳					丙午					丁未				
節氣	立春					驚蟄					清明					立夏					芒種					小暑				
	2/4 9時45分 巳時					3/6 3時39分 寅時					4/5 8時17分 辰時					5/6 1時24分 丑時					6/6 5時25分 卯時					7/7 15時36分 申時				
日	國曆		農曆		干支	國曆		農曆		干支	國曆		農曆		干支	國曆		農曆		干支	國曆		農曆		干支	國曆		農曆		干支
中華民國一百十六年 羊 2027	2	4	12	28	甲寅	3	6	1	29	甲申	4	5	2	29	甲寅	5	6	4	1	乙酉	6	6	5	2	丙辰	7	7	6	4	丁亥
	2	5	12	29	乙卯	3	7	1	30	乙酉	4	6	2	30	乙卯	5	7	4	2	丙戌	6	7	5	3	丁巳	7	8	6	5	戊子
	2	6	1	1	丙辰	3	8	2	1	丙戌	4	7	3	1	丙辰	5	8	4	3	丁亥	6	8	5	4	戊午	7	9	6	6	己丑
	2	7	1	2	丁巳	3	9	2	2	丁亥	4	8	3	2	丁巳	5	9	4	4	戊子	6	9	5	5	己未	7	10	6	7	庚寅
	2	8	1	3	戊午	3	10	2	3	戊子	4	9	3	3	戊午	5	10	4	5	己丑	6	10	5	6	庚申	7	11	6	8	辛卯
	2	9	1	4	己未	3	11	2	4	己丑	4	10	3	4	己未	5	11	4	6	庚寅	6	11	5	7	辛酉	7	12	6	9	壬辰
	2	10	1	5	庚申	3	12	2	5	庚寅	4	11	3	5	庚申	5	12	4	7	辛卯	6	12	5	8	壬戌	7	13	6	10	癸巳
	2	11	1	6	辛酉	3	13	2	6	辛卯	4	12	3	6	辛酉	5	13	4	8	壬辰	6	13	5	9	癸亥	7	14	6	11	甲午
	2	12	1	7	壬戌	3	14	2	7	壬辰	4	13	3	7	壬戌	5	14	4	9	癸巳	6	14	5	10	甲子	7	15	6	12	乙未
	2	13	1	8	癸亥	3	15	2	8	癸巳	4	14	3	8	癸亥	5	15	4	10	甲午	6	15	5	11	乙丑	7	16	6	13	丙申
	2	14	1	9	甲子	3	16	2	9	甲午	4	15	3	9	甲子	5	16	4	11	乙未	6	16	5	12	丙寅	7	17	6	14	丁酉
	2	15	1	10	乙丑	3	17	2	10	乙未	4	16	3	10	乙丑	5	17	4	12	丙申	6	17	5	13	丁卯	7	18	6	15	戊戌
	2	16	1	11	丙寅	3	18	2	11	丙申	4	17	3	11	丙寅	5	18	4	13	丁酉	6	18	5	14	戊辰	7	19	6	16	己亥
	2	17	1	12	丁卯	3	19	2	12	丁酉	4	18	3	12	丁卯	5	19	4	14	戊戌	6	19	5	15	己巳	7	20	6	17	庚子
	2	18	1	13	戊辰	3	20	2	13	戊戌	4	19	3	13	戊辰	5	20	4	15	己亥	6	20	5	16	庚午	7	21	6	18	辛丑
	2	19	1	14	己巳	3	21	2	14	己亥	4	20	3	14	己巳	5	21	4	16	庚子	6	21	5	17	辛未	7	22	6	19	壬寅
	2	20	1	15	庚午	3	22	2	15	庚子	4	21	3	15	庚午	5	22	4	17	辛丑	6	22	5	18	壬申	7	23	6	20	癸卯
	2	21	1	16	辛未	3	23	2	16	辛丑	4	22	3	16	辛未	5	23	4	18	壬寅	6	23	5	19	癸酉	7	24	6	21	甲辰
	2	22	1	17	壬申	3	24	2	17	壬寅	4	23	3	17	壬申	5	24	4	19	癸卯	6	24	5	20	甲戌	7	25	6	22	乙巳
	2	23	1	18	癸酉	3	25	2	18	癸卯	4	24	3	18	癸酉	5	25	4	20	甲辰	6	25	5	21	乙亥	7	26	6	23	丙午
	2	24	1	19	甲戌	3	26	2	19	甲辰	4	25	3	19	甲戌	5	26	4	21	乙巳	6	26	5	22	丙子	7	27	6	24	丁未
	2	25	1	20	乙亥	3	27	2	20	乙巳	4	26	3	20	乙亥	5	27	4	22	丙午	6	27	5	23	丁丑	7	28	6	25	戊申
	2	26	1	21	丙子	3	28	2	21	丙午	4	27	3	21	丙子	5	28	4	23	丁未	6	28	5	24	戊寅	7	29	6	26	己酉
	2	27	1	22	丁丑	3	29	2	22	丁未	4	28	3	22	丁丑	5	29	4	24	戊申	6	29	5	25	己卯	7	30	6	27	庚戌
	2	28	1	23	戊寅	3	30	2	23	戊申	4	29	3	23	戊寅	5	30	4	25	己酉	6	30	5	26	庚辰	7	31	6	28	辛亥
	3	1	1	24	己卯	3	31	2	24	己酉	4	30	3	24	己卯	5	31	4	26	庚戌	7	1	5	27	辛巳	8	1	6	29	壬子
	3	2	1	25	庚辰	4	1	2	25	庚戌	5	1	3	25	庚辰	6	1	4	27	辛亥	7	2	5	28	壬午	8	2	7	1	癸丑
	3	3	1	26	辛巳	4	2	2	26	辛亥	5	2	3	26	辛巳	6	2	4	28	壬子	7	3	5	29	癸未	8	3	7	2	甲寅
	3	4	1	27	壬午	4	3	2	27	壬子	5	3	3	27	壬午	6	3	4	29	癸丑	7	4	6	1	甲申	8	4	7	3	乙卯
	3	5	1	28	癸未	4	4	2	28	癸丑	5	4	3	28	癸未	6	4	4	30	甲寅	7	5	6	2	乙酉	8	5	7	4	丙辰
											5	5	3	29	甲申	6	5	5	1	乙卯	7	6	6	3	丙戌	8	6	7	5	丁巳
																										8	7	7	6	戊午
中氣	雨水					春分					穀雨					小滿					夏至					大暑				
	2/19 5時33分 卯時					3/21 4時24分 寅時					4/20 15時17分 申時					5/21 14時17分 未時					6/21 22時10分 亥時					7/23 9時4分 巳時				

丁未																														年
戊申					己酉					庚戌					辛亥					壬子					癸丑					月
立秋					白露					寒露					立冬					大雪					小寒					節氣
8/8 1時26分 丑時					9/8 4時28分 寅時					10/8 20時16分 戌時					11/7 23時38分 子時					12/7 16時37分 申時					1/6 3時54分 寅時					
國曆		農曆		干支	國曆		農曆		干支	國曆		農曆		干支	國曆		農曆		干支	國曆		農曆		干支	國曆		農曆		干支	日
8	8	7	7	己未	9	8	8	8	庚寅	10	8	9	9	庚申	11	7	10	10	庚寅	12	7	11	10	庚申	1	6	12	10	庚寅	中華民國一百十六、一百十七年 羊 2027、2028
8	9	7	8	庚申	9	9	8	9	辛卯	10	9	9	10	辛酉	11	8	10	11	辛卯	12	8	11	11	辛酉	1	7	12	11	辛卯	
8	10	7	9	辛酉	9	10	8	10	壬辰	10	10	9	11	壬戌	11	9	10	12	壬辰	12	9	11	12	壬戌	1	8	12	12	壬辰	
8	11	7	10	壬戌	9	11	8	11	癸巳	10	11	9	12	癸亥	11	10	10	13	癸巳	12	10	11	13	癸亥	1	9	12	13	癸巳	
8	12	7	11	癸亥	9	12	8	12	甲午	10	12	9	13	甲子	11	11	10	14	甲午	12	11	11	14	甲子	1	10	12	14	甲午	
8	13	7	12	甲子	9	13	8	13	乙未	10	13	9	14	乙丑	11	12	10	15	乙未	12	12	11	15	乙丑	1	11	12	15	乙未	
8	14	7	13	乙丑	9	14	8	14	丙申	10	14	9	15	丙寅	11	13	10	16	丙申	12	13	11	16	丙寅	1	12	12	16	丙申	
8	15	7	14	丙寅	9	15	8	15	丁酉	10	15	9	16	丁卯	11	14	10	17	丁酉	12	14	11	17	丁卯	1	13	12	17	丁酉	
8	16	7	15	丁卯	9	16	8	16	戊戌	10	16	9	17	戊辰	11	15	10	18	戊戌	12	15	11	18	戊辰	1	14	12	18	戊戌	
8	17	7	16	戊辰	9	17	8	17	己亥	10	17	9	18	己巳	11	16	10	19	己亥	12	16	11	19	己巳	1	15	12	19	己亥	
8	18	7	17	己巳	9	18	8	18	庚子	10	18	9	19	庚午	11	17	10	20	庚子	12	17	11	20	庚午	1	16	12	20	庚子	
8	19	7	18	庚午	9	19	8	19	辛丑	10	19	9	20	辛未	11	18	10	21	辛丑	12	18	11	21	辛未	1	17	12	21	辛丑	
8	20	7	19	辛未	9	20	8	20	壬寅	10	20	9	21	壬申	11	19	10	22	壬寅	12	19	11	22	壬申	1	18	12	22	壬寅	
8	21	7	20	壬申	9	21	8	21	癸卯	10	21	9	22	癸酉	11	20	10	23	癸卯	12	20	11	23	癸酉	1	19	12	23	癸卯	
8	22	7	21	癸酉	9	22	8	22	甲辰	10	22	9	23	甲戌	11	21	10	24	甲辰	12	21	11	24	甲戌	1	20	12	24	甲辰	
8	23	7	22	甲戌	9	23	8	23	乙巳	10	23	9	24	乙亥	11	22	10	25	乙巳	12	22	11	25	乙亥	1	21	12	25	乙巳	
8	24	7	23	乙亥	9	24	8	24	丙午	10	24	9	25	丙子	11	23	10	26	丙午	12	23	11	26	丙子	1	22	12	26	丙午	
8	25	7	24	丙子	9	25	8	25	丁未	10	25	9	26	丁丑	11	24	10	27	丁未	12	24	11	27	丁丑	1	23	12	27	丁未	
8	26	7	25	丁丑	9	26	8	26	戊申	10	26	9	27	戊寅	11	25	10	28	戊申	12	25	11	28	戊寅	1	24	12	28	戊申	
8	27	7	26	戊寅	9	27	8	27	己酉	10	27	9	28	己卯	11	26	10	29	己酉	12	26	11	29	己卯	1	25	12	29	己酉	
8	28	7	27	己卯	9	28	8	28	庚戌	10	28	9	29	庚辰	11	27	10	30	庚戌	12	27	11	30	庚辰	1	26	1	1	庚戌	
8	29	7	28	庚辰	9	29	8	29	辛亥	10	29	10	1	辛巳	11	28	11	1	辛亥	12	28	12	1	辛巳	1	27	1	2	辛亥	
8	30	7	29	辛巳	9	30	9	1	壬子	10	30	10	2	壬午	11	29	11	2	壬子	12	29	12	2	壬午	1	28	1	3	壬子	
8	31	7	30	壬午	10	1	9	2	癸丑	10	31	10	3	癸未	11	30	11	3	癸丑	12	30	12	3	癸未	1	29	1	4	癸丑	
	1	8	1	癸未	10	2	9	3	甲寅	11	1	10	4	甲申	12	1	11	4	甲寅	12	31	12	4	甲申	1	30	1	5	甲寅	
	2	8	2	甲申	10	3	9	4	乙卯	11	2	10	5	乙酉	12	2	11	5	乙卯	1	1	12	5	乙酉	1	31	1	6	乙卯	
	3	8	3	乙酉	10	4	9	5	丙辰	11	3	10	6	丙戌	12	3	11	6	丙辰	1	2	12	6	丙戌	2	1	1	7	丙辰	
	4	8	4	丙戌	10	5	9	6	丁巳	11	4	10	7	丁亥	12	4	11	7	丁巳	1	3	12	7	丁亥	2	2	1	8	丁巳	
	5	8	5	丁亥	10	6	9	7	戊午	11	5	10	8	戊子	12	5	11	8	戊午	1	4	12	8	戊子	2	3	1	9	戊午	
	6	8	6	戊子	10	7	9	8	己未	11	6	10	9	己丑	12	6	11	9	己未	1	5	12	9	己丑						
	7	8	7	己丑																										
處暑					秋分					霜降					小雪					冬至					大寒					中氣
23 16時13分 申時					9/23 14時1分 未時					10/23 23時32分 子時					11/22 21時15分 亥時					12/22 10時41分 巳時					1/20 21時21分 亥時					

年	戊申																													
月	甲寅					乙卯					丙辰					丁巳					戊午					己未				
節	立春					驚蟄					清明					立夏					芒種					小暑				
氣	2/4 15時30分 申時					3/5 9時24分 巳時					4/4 14時2分 未時					5/5 7時11分 辰時					6/5 11時15分 午時					7/6 21時29分 亥時				
日	國曆		農曆		干支	國曆		農曆		干支	國曆		農曆		干支	國曆		農曆		干支	國曆		農曆		干支	國曆		農曆		干支
中華民國一百十七年 猴 2028	2	4	1	10	己未	3	5	2	10	己丑	4	4	3	10	己未	5	5	4	11	庚寅	6	5	5	13	辛酉	7	6	5	14	壬辰
	2	5	1	11	庚申	3	6	2	11	庚寅	4	5	3	11	庚申	5	6	4	12	辛卯	6	6	5	14	壬戌	7	7	5	15	癸巳
	2	6	1	12	辛酉	3	7	2	12	辛卯	4	6	3	12	辛酉	5	7	4	13	壬辰	6	7	5	15	癸亥	7	8	5	16	甲午
	2	7	1	13	壬戌	3	8	2	13	壬辰	4	7	3	13	壬戌	5	8	4	14	癸巳	6	8	5	16	甲子	7	9	5	17	乙未
	2	8	1	14	癸亥	3	9	2	14	癸巳	4	8	3	14	癸亥	5	9	4	15	甲午	6	9	5	17	乙丑	7	10	5	18	丙申
	2	9	1	15	甲子	3	10	2	15	甲午	4	9	3	15	甲子	5	10	4	16	乙未	6	10	5	18	丙寅	7	11	5	19	丁酉
	2	10	1	16	乙丑	3	11	2	16	乙未	4	10	3	16	乙丑	5	11	4	17	丙申	6	11	5	19	丁卯	7	12	5	20	戊戌
	2	11	1	17	丙寅	3	12	2	17	丙申	4	11	3	17	丙寅	5	12	4	18	丁酉	6	12	5	20	戊辰	7	13	5	21	己亥
	2	12	1	18	丁卯	3	13	2	18	丁酉	4	12	3	18	丁卯	5	13	4	19	戊戌	6	13	5	21	己巳	7	14	5	22	庚子
	2	13	1	19	戊辰	3	14	2	19	戊戌	4	13	3	19	戊辰	5	14	4	20	己亥	6	14	5	22	庚午	7	15	5	23	辛丑
	2	14	1	20	己巳	3	15	2	20	己亥	4	14	3	20	己巳	5	15	4	21	庚子	6	15	5	23	辛未	7	16	5	24	壬寅
	2	15	1	21	庚午	3	16	2	21	庚子	4	15	3	21	庚午	5	16	4	22	辛丑	6	16	5	24	壬申	7	17	5	25	癸卯
	2	16	1	22	辛未	3	17	2	22	辛丑	4	16	3	22	辛未	5	17	4	23	壬寅	6	17	5	25	癸酉	7	18	5	26	甲辰
	2	17	1	23	壬申	3	18	2	23	壬寅	4	17	3	23	壬申	5	18	4	24	癸卯	6	18	5	26	甲戌	7	19	5	27	乙巳
	2	18	1	24	癸酉	3	19	2	24	癸卯	4	18	3	24	癸酉	5	19	4	25	甲辰	6	19	5	27	乙亥	7	20	5	28	丙午
	2	19	1	25	甲戌	3	20	2	25	甲辰	4	19	3	25	甲戌	5	20	4	26	乙巳	6	20	5	28	丙子	7	21	5	29	丁未
	2	20	1	26	乙亥	3	21	2	26	乙巳	4	20	3	26	乙亥	5	21	4	27	丙午	6	21	5	29	丁丑	7	22	6	1	戊申
	2	21	1	27	丙子	3	22	2	27	丙午	4	21	3	27	丙子	5	22	4	28	丁未	6	22	5	30	戊寅	7	23	6	2	己酉
	2	22	1	28	丁丑	3	23	2	28	丁未	4	22	3	28	丁丑	5	23	4	29	戊申	6	23	閏5	1	己卯	7	24	6	3	庚戌
	2	23	1	29	戊寅	3	24	2	29	戊申	4	23	3	29	戊寅	5	24	5	1	己酉	6	24	5	2	庚辰	7	25	6	4	辛亥
	2	24	1	30	己卯	3	25	2	30	己酉	4	24	3	30	己卯	5	25	5	2	庚戌	6	25	5	3	辛巳	7	26	6	5	壬子
	2	25	2	1	庚辰	3	26	3	1	庚戌	4	25	4	1	庚辰	5	26	5	3	辛亥	6	26	5	4	壬午	7	27	6	6	癸丑
	2	26	2	2	辛巳	3	27	3	2	辛亥	4	26	4	2	辛巳	5	27	5	4	壬子	6	27	5	5	癸未	7	28	6	7	甲寅
	2	27	2	3	壬午	3	28	3	3	壬子	4	27	4	3	壬午	5	28	5	5	癸丑	6	28	5	6	甲申	7	29	6	8	乙卯
	2	28	2	4	癸未	3	29	3	4	癸丑	4	28	4	4	癸未	5	29	5	6	甲寅	6	29	5	7	乙酉	7	30	6	9	丙辰
	2	29	2	5	甲申	3	30	3	5	甲寅	4	29	4	5	甲申	5	30	5	7	乙卯	6	30	5	8	丙戌	7	31	6	10	丁巳
	3	1	2	6	乙酉	3	31	3	6	乙卯	4	30	4	6	乙酉	5	31	5	8	丙辰	7	1	5	9	丁亥	8	1	6	11	戊午
	3	2	2	7	丙戌	4	1	3	7	丙辰	5	1	4	7	丙戌	6	1	5	9	丁巳	7	2	5	10	戊子	8	2	6	12	己未
	3	3	2	8	丁亥	4	2	3	8	丁巳	5	2	4	8	丁亥	6	2	5	10	戊午	7	3	5	11	己丑	8	3	6	13	庚申
	3	4	2	9	戊子	4	3	3	9	戊午	5	3	4	9	戊子	6	3	5	11	己未	7	4	5	12	庚寅	8	4	6	14	辛酉
											5	4	4	10	己丑	6	4	5	12	庚申	7	5	5	13	辛卯	8	5	6	15	壬戌
																										8	6	6	16	癸亥
中	雨水					春分					穀雨					小滿					夏至					大暑				
氣	2/19 11時25分 午時					3/20 10時16分 巳時					4/19 21時9分 亥時					5/20 20時9分 戌時					6/21 4時1分 寅時					7/22 14時53分 未時				

戊申																													年
庚申				辛酉					壬戌					癸亥					甲子					乙丑					月
立秋				白露					寒露					立冬					大雪					小寒					節氣
/7 7時20分 辰時				9/7 10時21分 巳時					10/8 2時8分 丑時					11/7 5時26分 卯時					12/6 22時24分 亥時					1/5 9時41分 巳時					
曆	農曆		干支	國曆		農曆		干支	國曆		農曆		干支	國曆		農曆		干支	國曆		農曆		干支	國曆		農曆		干支	日
7	6	17	甲子	9	7	7	19	乙未	10	8	8	20	丙寅	11	7	9	21	丙申	12	6	10	21	乙丑	1	5	11	21	乙未	中華民國一百十七、一百十八年 猴 2028、2029
8	6	18	乙丑	9	8	7	20	丙申	10	9	8	21	丁卯	11	8	9	22	丁酉	12	7	10	22	丙寅	1	6	11	22	丙申	
9	6	19	丙寅	9	9	7	21	丁酉	10	10	8	22	戊辰	11	9	9	23	戊戌	12	8	10	23	丁卯	1	7	11	23	丁酉	
10	6	20	丁卯	9	10	7	22	戊戌	10	11	8	23	己巳	11	10	9	24	己亥	12	9	10	24	戊辰	1	8	11	24	戊戌	
11	6	21	戊辰	9	11	7	23	己亥	10	12	8	24	庚午	11	11	9	25	庚子	12	10	10	25	己巳	1	9	11	25	己亥	
12	6	22	己巳	9	12	7	24	庚子	10	13	8	25	辛未	11	12	9	26	辛丑	12	11	10	26	庚午	1	10	11	26	庚子	
13	6	23	庚午	9	13	7	25	辛丑	10	14	8	26	壬申	11	13	9	27	壬寅	12	12	10	27	辛未	1	11	11	27	辛丑	
14	6	24	辛未	9	14	7	26	壬寅	10	15	8	27	癸酉	11	14	9	28	癸卯	12	13	10	28	壬申	1	12	11	28	壬寅	
15	6	25	壬申	9	15	7	27	癸卯	10	16	8	28	甲戌	11	15	9	29	甲辰	12	14	10	29	癸酉	1	13	11	29	癸卯	
16	6	26	癸酉	9	16	7	28	甲辰	10	17	8	29	乙亥	11	16	10	1	乙巳	12	15	10	30	甲戌	1	14	11	30	甲辰	
17	6	27	甲戌	9	17	7	29	乙巳	10	18	9	1	丙子	11	17	10	2	丙午	12	16	11	1	乙亥	1	15	12	1	乙巳	
18	6	28	乙亥	9	18	7	30	丙午	10	19	9	2	丁丑	11	18	10	3	丁未	12	17	11	2	丙子	1	16	12	2	丙午	
19	6	29	丙子	9	19	8	1	丁未	10	20	9	3	戊寅	11	19	10	4	戊申	12	18	11	3	丁丑	1	17	12	3	丁未	
20	7	1	丁丑	9	20	8	2	戊申	10	21	9	4	己卯	11	20	10	5	己酉	12	19	11	4	戊寅	1	18	12	4	戊申	
21	7	2	戊寅	9	21	8	3	己酉	10	22	9	5	庚辰	11	21	10	6	庚戌	12	20	11	5	己卯	1	19	12	5	己酉	
22	7	3	己卯	9	22	8	4	庚戌	10	23	9	6	辛巳	11	22	10	7	辛亥	12	21	11	6	庚辰	1	20	12	6	庚戌	
23	7	4	庚辰	9	23	8	5	辛亥	10	24	9	7	壬午	11	23	10	8	壬子	12	22	11	7	辛巳	1	21	12	7	辛亥	
24	7	5	辛巳	9	24	8	6	壬子	10	25	9	8	癸未	11	24	10	9	癸丑	12	23	11	8	壬午	1	22	12	8	壬子	
25	7	6	壬午	9	25	8	7	癸丑	10	26	9	9	甲申	11	25	10	10	甲寅	12	24	11	9	癸未	1	23	12	9	癸丑	
26	7	7	癸未	9	26	8	8	甲寅	10	27	9	10	乙酉	11	26	10	11	乙卯	12	25	11	10	甲申	1	24	12	10	甲寅	
27	7	8	甲申	9	27	8	9	乙卯	10	28	9	11	丙戌	11	27	10	12	丙辰	12	26	11	11	乙酉	1	25	12	11	乙卯	
28	7	9	乙酉	9	28	8	10	丙辰	10	29	9	12	丁亥	11	28	10	13	丁巳	12	27	11	12	丙戌	1	26	12	12	丙辰	
29	7	10	丙戌	9	29	8	11	丁巳	10	30	9	13	戊子	11	29	10	14	戊午	12	28	11	13	丁亥	1	27	12	13	丁巳	
30	7	11	丁亥	9	30	8	12	戊午	10	31	9	14	己丑	11	30	10	15	己未	12	29	11	14	戊子	1	28	12	14	戊午	
31	7	12	戊子	10	1	8	13	己未	11	1	9	15	庚寅	12	1	10	16	庚申	12	30	11	15	己丑	1	29	12	15	己未	
1	7	13	己丑	10	2	8	14	庚申	11	2	9	16	辛卯	12	2	10	17	辛酉	12	31	11	16	庚寅	1	30	12	16	庚申	
2	7	14	庚寅	10	3	8	15	辛酉	11	3	9	17	壬辰	12	3	10	18	壬戌	1	1	11	17	辛卯	1	31	12	17	辛酉	
3	7	15	辛卯	10	4	8	16	壬戌	11	4	9	18	癸巳	12	4	10	19	癸亥	1	2	11	18	壬辰	2	1	12	18	壬戌	
4	7	16	壬辰	10	5	8	17	癸亥	11	5	9	19	甲午	12	5	10	20	甲子	1	3	11	19	癸巳	2	2	12	19	癸亥	
5	7	17	癸巳	10	6	8	18	甲子	11	6	9	20	乙未						1	4	11	20	甲午						
6	7	18	甲午	10	7	8	19	乙丑																					
處暑				秋分					霜降					小雪					冬至					大寒					中氣
/22 22時0分 亥時				9/22 19時44分 戌時					10/23 5時12分 卯時					11/22 2時53分 丑時					12/21 16時19分 申時					1/20 3時0分 寅時					

年	己酉																													
月	丙寅					丁卯					戊辰					己巳					庚午					辛未				
節氣	立春					驚蟄					清明					立夏					芒種					小暑				
	2/3 21時20分 亥時					3/5 15時17分 申時					4/4 19時57分 戌時					5/5 13時7分 未時					6/5 17時9分 酉時					7/7 3時21分 寅時				
日	國曆		農曆		干支	國曆		農曆		干支	國曆		農曆		干支	國曆		農曆		干支	國曆		農曆		干支	國曆		農曆		干支
中華民國一百十八年 雞 2029	2	3	12	20	甲子	3	5	1	21	甲午	4	4	2	21	甲子	5	5	3	22	乙未	6	5	4	24	丙寅	7	7	5	26	戊
	2	4	12	21	乙丑	3	6	1	22	乙未	4	5	2	22	乙丑	5	6	3	23	丙申	6	6	4	25	丁卯	7	8	5	27	己
	2	5	12	22	丙寅	3	7	1	23	丙申	4	6	2	23	丙寅	5	7	3	24	丁酉	6	7	4	26	戊辰	7	9	5	28	庚
	2	6	12	23	丁卯	3	8	1	24	丁酉	4	7	2	24	丁卯	5	8	3	25	戊戌	6	8	4	27	己巳	7	10	5	29	辛
	2	7	12	24	戊辰	3	9	1	25	戊戌	4	8	2	25	戊辰	5	9	3	26	己亥	6	9	4	28	庚午	7	11	6	1	壬
	2	8	12	25	己巳	3	10	1	26	己亥	4	9	2	26	己巳	5	10	3	27	庚子	6	10	4	29	辛未	7	12	6	2	癸
	2	9	12	26	庚午	3	11	1	27	庚子	4	10	2	27	庚午	5	11	3	28	辛丑	6	11	4	30	壬申	7	13	6	3	甲
	2	10	12	27	辛未	3	12	1	28	辛丑	4	11	2	28	辛未	5	12	3	29	壬寅	6	12	5	1	癸酉	7	14	6	4	乙
	2	11	12	28	壬申	3	13	1	29	壬寅	4	12	2	29	壬申	5	13	4	1	癸卯	6	13	5	2	甲戌	7	15	6	5	丙
	2	12	12	29	癸酉	3	14	1	30	癸卯	4	13	2	30	癸酉	5	14	4	2	甲辰	6	14	5	3	乙亥	7	16	6	6	丁
	2	13	1	1	甲戌	3	15	2	1	甲辰	4	14	3	1	甲戌	5	15	4	3	乙巳	6	15	5	4	丙子	7	17	6	7	戊
	2	14	1	2	乙亥	3	16	2	2	乙巳	4	15	3	2	乙亥	5	16	4	4	丙午	6	16	5	5	丁丑	7	18	6	8	己
	2	15	1	3	丙子	3	17	2	3	丙午	4	16	3	3	丙子	5	17	4	5	丁未	6	17	5	6	戊寅	7	19	6	9	庚
	2	16	1	4	丁丑	3	18	2	4	丁未	4	17	3	4	丁丑	5	18	4	6	戊申	6	18	5	7	己卯	7	20	6	10	辛
	2	17	1	5	戊寅	3	19	2	5	戊申	4	18	3	5	戊寅	5	19	4	7	己酉	6	19	5	8	庚辰	7	21	6	11	壬
	2	18	1	6	己卯	3	20	2	6	己酉	4	19	3	6	己卯	5	20	4	8	庚戌	6	20	5	9	辛巳	7	22	6	12	癸
	2	19	1	7	庚辰	3	21	2	7	庚戌	4	20	3	7	庚辰	5	21	4	9	辛亥	6	21	5	10	壬午	7	23	6	13	甲
	2	20	1	8	辛巳	3	22	2	8	辛亥	4	21	3	8	辛巳	5	22	4	10	壬子	6	22	5	11	癸未	7	24	6	14	乙
	2	21	1	9	壬午	3	23	2	9	壬子	4	22	3	9	壬午	5	23	4	11	癸丑	6	23	5	12	甲申	7	25	6	15	丙
	2	22	1	10	癸未	3	24	2	10	癸丑	4	23	3	10	癸未	5	24	4	12	甲寅	6	24	5	13	乙酉	7	26	6	16	丁
	2	23	1	11	甲申	3	25	2	11	甲寅	4	24	3	11	甲申	5	25	4	13	乙卯	6	25	5	14	丙戌	7	27	6	17	戊
	2	24	1	12	乙酉	3	26	2	12	乙卯	4	25	3	12	乙酉	5	26	4	14	丙辰	6	26	5	15	丁亥	7	28	6	18	己
	2	25	1	13	丙戌	3	27	2	13	丙辰	4	26	3	13	丙戌	5	27	4	15	丁巳	6	27	5	16	戊子	7	29	6	19	庚
	2	26	1	14	丁亥	3	28	2	14	丁巳	4	27	3	14	丁亥	5	28	4	16	戊午	6	28	5	17	己丑	7	30	6	20	辛
	2	27	1	15	戊子	3	29	2	15	戊午	4	28	3	15	戊子	5	29	4	17	己未	6	29	5	18	庚寅	7	31	6	21	壬
	2	28	1	16	己丑	3	30	2	16	己未	4	29	3	16	己丑	5	30	4	18	庚申	6	30	5	19	辛卯	8	1	6	22	癸
	3	1	1	17	庚寅	3	31	2	17	庚申	4	30	3	17	庚寅	5	31	4	19	辛酉	7	1	5	20	壬辰	8	2	6	23	甲
	3	2	1	18	辛卯	4	1	2	18	辛酉	5	1	3	18	辛卯	6	1	4	20	壬戌	7	2	5	21	癸巳	8	3	6	24	乙
	3	3	1	19	壬辰	4	2	2	19	壬戌	5	2	3	19	壬辰	6	2	4	21	癸亥	7	3	5	22	甲午	8	4	6	25	丙
	3	4	1	20	癸巳	4	3	2	20	癸亥	5	3	3	20	癸巳	6	3	4	22	甲子	7	4	5	23	乙未	8	5	6	26	丁
											5	4	3	21	甲午	6	4	4	23	乙丑	7	5	5	24	丙申	8	6	6	27	戊
																					7	6	5	25	丁酉					
中氣	雨水					春分					穀雨					小滿					夏至					大暑				
	2/18 17時7分 酉時					3/20 16時1分 申時					4/20 2時55分 丑時					5/21 1時55分 丑時					6/21 9時47分 巳時					7/22 20時41分 戌				

己酉																														年
壬申					癸酉					甲戌					乙亥					丙子					丁丑					月
立秋					白露					寒露					立冬					大雪					小寒					節氣
8/7 13時11分 未時					9/7 16時11分 申時					10/8 7時57分 辰時					11/7 11時16分 午時					12/7 4時13分 寅時					1/5 15時30分 申時					
國曆		農曆		干支	國曆		農曆		干支	國曆		農曆		干支	國曆		農曆		干支	國曆		農曆		干支	國曆		農曆		干支	日
8	7	6	28	己巳	9	7	7	29	庚子	10	8	9	1	辛未	11	7	10	2	辛丑	12	7	11	3	辛未	1	5	12	2	庚子	中華民國一百十八、一百十九年 雞 2029、2030
8	8	6	29	庚午	9	8	8	1	辛丑	10	9	9	2	壬申	11	8	10	3	壬寅	12	8	11	4	壬申	1	6	12	3	辛丑	
8	9	6	30	辛未	9	9	8	2	壬寅	10	10	9	3	癸酉	11	9	10	4	癸卯	12	9	11	5	癸酉	1	7	12	4	壬寅	
8	10	7	1	壬申	9	10	8	3	癸卯	10	11	9	4	甲戌	11	10	10	5	甲辰	12	10	11	6	甲戌	1	8	12	5	癸卯	
8	11	7	2	癸酉	9	11	8	4	甲辰	10	12	9	5	乙亥	11	11	10	6	乙巳	12	11	11	7	乙亥	1	9	12	6	甲辰	
8	12	7	3	甲戌	9	12	8	5	乙巳	10	13	9	6	丙子	11	12	10	7	丙午	12	12	11	8	丙子	1	10	12	7	乙巳	
8	13	7	4	乙亥	9	13	8	6	丙午	10	14	9	7	丁丑	11	13	10	8	丁未	12	13	11	9	丁丑	1	11	12	8	丙午	
8	14	7	5	丙子	9	14	8	7	丁未	10	15	9	8	戊寅	11	14	10	9	戊申	12	14	11	10	戊寅	1	12	12	9	丁未	
8	15	7	6	丁丑	9	15	8	8	戊申	10	16	9	9	己卯	11	15	10	10	己酉	12	15	11	11	己卯	1	13	12	10	戊申	
8	16	7	7	戊寅	9	16	8	9	己酉	10	17	9	10	庚辰	11	16	10	11	庚戌	12	16	11	12	庚辰	1	14	12	11	己酉	
8	17	7	8	己卯	9	17	8	10	庚戌	10	18	9	11	辛巳	11	17	10	12	辛亥	12	17	11	13	辛巳	1	15	12	12	庚戌	
8	18	7	9	庚辰	9	18	8	11	辛亥	10	19	9	12	壬午	11	18	10	13	壬子	12	18	11	14	壬午	1	16	12	13	辛亥	
8	19	7	10	辛巳	9	19	8	12	壬子	10	20	9	13	癸未	11	19	10	14	癸丑	12	19	11	15	癸未	1	17	12	14	壬子	
8	20	7	11	壬午	9	20	8	13	癸丑	10	21	9	14	甲申	11	20	10	15	甲寅	12	20	11	16	甲申	1	18	12	15	癸丑	
8	21	7	12	癸未	9	21	8	14	甲寅	10	22	9	15	乙酉	11	21	10	16	乙卯	12	21	11	17	乙酉	1	19	12	16	甲寅	
8	22	7	13	甲申	9	22	8	15	乙卯	10	23	9	16	丙戌	11	22	10	17	丙辰	12	22	11	18	丙戌	1	20	12	17	乙卯	
8	23	7	14	乙酉	9	23	8	16	丙辰	10	24	9	17	丁亥	11	23	10	18	丁巳	12	23	11	19	丁亥	1	21	12	18	丙辰	
8	24	7	15	丙戌	9	24	8	17	丁巳	10	25	9	18	戊子	11	24	10	19	戊午	12	24	11	20	戊子	1	22	12	19	丁巳	
8	25	7	16	丁亥	9	25	8	18	戊午	10	26	9	19	己丑	11	25	10	20	己未	12	25	11	21	己丑	1	23	12	20	戊午	
8	26	7	17	戊子	9	26	8	19	己未	10	27	9	20	庚寅	11	26	10	21	庚申	12	26	11	22	庚寅	1	24	12	21	己未	
8	27	7	18	己丑	9	27	8	20	庚申	10	28	9	21	辛卯	11	27	10	22	辛酉	12	27	11	23	辛卯	1	25	12	22	庚申	
8	28	7	19	庚寅	9	28	8	21	辛酉	10	29	9	22	壬辰	11	28	10	23	壬戌	12	28	11	24	壬辰	1	26	12	23	辛酉	
8	29	7	20	辛卯	9	29	8	22	壬戌	10	30	9	23	癸巳	11	29	10	24	癸亥	12	29	11	25	癸巳	1	27	12	24	壬戌	
8	30	7	21	壬辰	9	30	8	23	癸亥	10	31	9	24	甲午	11	30	10	25	甲子	12	30	11	26	甲午	1	28	12	25	癸亥	
8	31	7	22	癸巳	10	1	8	24	甲子	11	1	9	25	乙未	12	1	10	26	乙丑	12	31	11	27	乙未	1	29	12	26	甲子	
9	1	7	23	甲午	10	2	8	25	乙丑	11	2	9	26	丙申	12	2	10	27	丙寅	1	1	11	28	丙申	1	30	12	27	乙丑	
9	2	7	24	乙未	10	3	8	26	丙寅	11	3	9	27	丁酉	12	3	10	28	丁卯	1	2	11	29	丁酉	1	31	12	28	丙寅	
9	3	7	25	丙申	10	4	8	27	丁卯	11	4	9	28	戊戌	12	4	10	29	戊辰	1	3	11	30	戊戌	2	1	12	29	丁卯	
9	4	7	26	丁酉	10	5	8	28	戊辰	11	5	9	29	己亥	12	5	11	1	己巳	1	4	12	1	己亥	2	2	12	30	戊辰	
9	5	7	27	戊戌	10	6	8	29	己巳	11	6	10	1	庚子	12	6	11	2	庚午						2	3	1	1	己巳	
9	6	7	28	己亥	10	7	8	30	庚午																					
處暑					秋分					霜降					小雪					冬至					大寒					中氣
8/23 3時51分 寅時					9/23 1時38分 丑時					10/23 11時7分 午時					11/22 8時48分 辰時					12/21 22時13分 亥時					1/20 8時53分 辰時					

年	庚戌																													
月	戊寅					己卯					庚辰					辛巳					壬午					癸未				
節氣	立春					驚蟄					清明					立夏					芒種					小暑				
	2/4 3時7分 寅時					3/5 21時2分 亥時					4/5 1時40分 丑時					5/5 18時45分 酉時					6/5 22時44分 亥時					7/7 8時54分 辰時				
日	國曆		農曆		干支	國曆		農曆		干支	國曆		農曆		干支	國曆		農曆		干支	國曆		農曆		干支	國曆		農曆		干支
中華民國一百十九年 狗 2030	2	4	1	2	庚午	3	5	2	2	己亥	4	5	3	3	庚午	5	5	4	4	庚子	6	5	5	5	辛未	7	7	6	7	癸卯
	2	5	1	3	辛未	3	6	2	3	庚子	4	6	3	4	辛未	5	6	4	5	辛丑	6	6	5	6	壬申	7	8	6	8	甲辰
	2	6	1	4	壬申	3	7	2	4	辛丑	4	7	3	5	壬申	5	7	4	6	壬寅	6	7	5	7	癸酉	7	9	6	9	乙巳
	2	7	1	5	癸酉	3	8	2	5	壬寅	4	8	3	6	癸酉	5	8	4	7	癸卯	6	8	5	8	甲戌	7	10	6	10	丙午
	2	8	1	6	甲戌	3	9	2	6	癸卯	4	9	3	7	甲戌	5	9	4	8	甲辰	6	9	5	9	乙亥	7	11	6	11	丁未
	2	9	1	7	乙亥	3	10	2	7	甲辰	4	10	3	8	乙亥	5	10	4	9	乙巳	6	10	5	10	丙子	7	12	6	12	戊申
	2	10	1	8	丙子	3	11	2	8	乙巳	4	11	3	9	丙子	5	11	4	10	丙午	6	11	5	11	丁丑	7	13	6	13	己酉
	2	11	1	9	丁丑	3	12	2	9	丙午	4	12	3	10	丁丑	5	12	4	11	丁未	6	12	5	12	戊寅	7	14	6	14	庚戌
	2	12	1	10	戊寅	3	13	2	10	丁未	4	13	3	11	戊寅	5	13	4	12	戊申	6	13	5	13	己卯	7	15	6	15	辛亥
	2	13	1	11	己卯	3	14	2	11	戊申	4	14	3	12	己卯	5	14	4	13	己酉	6	14	5	14	庚辰	7	16	6	16	壬子
	2	14	1	12	庚辰	3	15	2	12	己酉	4	15	3	13	庚辰	5	15	4	14	庚戌	6	15	5	15	辛巳	7	17	6	17	癸丑
	2	15	1	13	辛巳	3	16	2	13	庚戌	4	16	3	14	辛巳	5	16	4	15	辛亥	6	16	5	16	壬午	7	18	6	18	甲寅
	2	16	1	14	壬午	3	17	2	14	辛亥	4	17	3	15	壬午	5	17	4	16	壬子	6	17	5	17	癸未	7	19	6	19	乙卯
	2	17	1	15	癸未	3	18	2	15	壬子	4	18	3	16	癸未	5	18	4	17	癸丑	6	18	5	18	甲申	7	20	6	20	丙辰
	2	18	1	16	甲申	3	19	2	16	癸丑	4	19	3	17	甲申	5	19	4	18	甲寅	6	19	5	19	乙酉	7	21	6	21	丁巳
	2	19	1	17	乙酉	3	20	2	17	甲寅	4	20	3	18	乙酉	5	20	4	19	乙卯	6	20	5	20	丙戌	7	22	6	22	戊午
	2	20	1	18	丙戌	3	21	2	18	乙卯	4	21	3	19	丙戌	5	21	4	20	丙辰	6	21	5	21	丁亥	7	23	6	23	己未
	2	21	1	19	丁亥	3	22	2	19	丙辰	4	22	3	20	丁亥	5	22	4	21	丁巳	6	22	5	22	戊子	7	24	6	24	庚申
	2	22	1	20	戊子	3	23	2	20	丁巳	4	23	3	21	戊子	5	23	4	22	戊午	6	23	5	23	己丑	7	25	6	25	辛酉
	2	23	1	21	己丑	3	24	2	21	戊午	4	24	3	22	己丑	5	24	4	23	己未	6	24	5	24	庚寅	7	26	6	26	壬戌
	2	24	1	22	庚寅	3	25	2	22	己未	4	25	3	23	庚寅	5	25	4	24	庚申	6	25	5	25	辛卯	7	27	6	27	癸亥
	2	25	1	23	辛卯	3	26	2	23	庚申	4	26	3	24	辛卯	5	26	4	25	辛酉	6	26	5	26	壬辰	7	28	6	28	甲子
	2	26	1	24	壬辰	3	27	2	24	辛酉	4	27	3	25	壬辰	5	27	4	26	壬戌	6	27	5	27	癸巳	7	29	6	29	乙丑
	2	27	1	25	癸巳	3	28	2	25	壬戌	4	28	3	26	癸巳	5	28	4	27	癸亥	6	28	5	28	甲午	7	30	7	1	丙寅
	2	28	1	26	甲午	3	29	2	26	癸亥	4	29	3	27	甲午	5	29	4	28	甲子	6	29	5	29	乙未	7	31	7	2	丁卯
	3	1	1	27	乙未	3	30	2	27	甲子	4	30	3	28	乙未	5	30	4	29	乙丑	6	30	5	30	丙申	8	1	7	3	戊辰
	3	2	1	28	丙申	3	31	2	28	乙丑	5	1	3	29	丙申	5	31	4	30	丙寅	7	1	6	1	丁酉	8	2	7	4	己巳
	3	3	1	29	丁酉	4	1	2	29	丙寅	5	2	4	1	丁酉	6	1	5	1	丁卯	7	2	6	2	戊戌	8	3	7	5	庚午
	3	4	2	1	戊戌	4	2	2	30	丁卯	5	3	4	2	戊戌	6	2	5	2	戊辰	7	3	6	3	己亥	8	4	7	6	辛未
						4	3	3	1	戊辰	5	4	4	3	己亥	6	3	5	3	己巳	7	4	6	4	庚子	8	5	7	7	壬申
						4	4	3	2	己巳						6	4	5	4	庚午	7	5	6	5	辛丑	8	6	7	8	癸酉
																					7	6	6	6	壬寅					
中氣	雨水					春分					穀雨					小滿					夏至					大暑				
	2/18 22時59分 亥時					3/20 21時51分 亥時					4/20 8時43分 辰時					5/21 7時40分 辰時					6/21 15時30分 申時					7/23 2時24分 丑時				

庚戌																														年
甲申					乙酉					丙戌					丁亥					戊子					己丑					月
立秋					白露					寒露					立冬					大雪					小寒					節氣
8/7 18時46分 酉時					9/7 21時52分 亥時					10/8 13時44分 未時					11/7 17時8分 酉時					12/7 10時7分 巳時					1/5 21時22分 亥時					
國曆		農曆		干支	國曆		農曆		干支	國曆		農曆		干支	國曆		農曆		干支	國曆		農曆		干支	國曆		農曆		干支	日
8	7	7	9	甲戌	9	7	8	10	乙巳	10	8	9	12	丙子	11	7	10	12	丙午	12	7	11	13	丙子	1	5	12	12	乙巳	中華民國一百十九、一百二十年 狗
8	8	7	10	乙亥	9	8	8	11	丙午	10	9	9	13	丁丑	11	8	10	13	丁未	12	8	11	14	丁丑	1	6	12	13	丙午	
8	9	7	11	丙子	9	9	8	12	丁未	10	10	9	14	戊寅	11	9	10	14	戊申	12	9	11	15	戊寅	1	7	12	14	丁未	
8	10	7	12	丁丑	9	10	8	13	戊申	10	11	9	15	己卯	11	10	10	15	己酉	12	10	11	16	己卯	1	8	12	15	戊申	
8	11	7	13	戊寅	9	11	8	14	己酉	10	12	9	16	庚辰	11	11	10	16	庚戌	12	11	11	17	庚辰	1	9	12	16	己酉	
8	12	7	14	己卯	9	12	8	15	庚戌	10	13	9	17	辛巳	11	12	10	17	辛亥	12	12	11	18	辛巳	1	10	12	17	庚戌	
8	13	7	15	庚辰	9	13	8	16	辛亥	10	14	9	18	壬午	11	13	10	18	壬子	12	13	11	19	壬午	1	11	12	18	辛亥	
8	14	7	16	辛巳	9	14	8	17	壬子	10	15	9	19	癸未	11	14	10	19	癸丑	12	14	11	20	癸未	1	12	12	19	壬子	
8	15	7	17	壬午	9	15	8	18	癸丑	10	16	9	20	甲申	11	15	10	20	甲寅	12	15	11	21	甲申	1	13	12	20	癸丑	
8	16	7	18	癸未	9	16	8	19	甲寅	10	17	9	21	乙酉	11	16	10	21	乙卯	12	16	11	22	乙酉	1	14	12	21	甲寅	
8	17	7	19	甲申	9	17	8	20	乙卯	10	18	9	22	丙戌	11	17	10	22	丙辰	12	17	11	23	丙戌	1	15	12	22	乙卯	
8	18	7	20	乙酉	9	18	8	21	丙辰	10	19	9	23	丁亥	11	18	10	23	丁巳	12	18	11	24	丁亥	1	16	12	23	丙辰	
8	19	7	21	丙戌	9	19	8	22	丁巳	10	20	9	24	戊子	11	19	10	24	戊午	12	19	11	25	戊子	1	17	12	24	丁巳	
8	20	7	22	丁亥	9	20	8	23	戊午	10	21	9	25	己丑	11	20	10	25	己未	12	20	11	26	己丑	1	18	12	25	戊午	
8	21	7	23	戊子	9	21	8	24	己未	10	22	9	26	庚寅	11	21	10	26	庚申	12	21	11	27	庚寅	1	19	12	26	己未	
8	22	7	24	己丑	9	22	8	25	庚申	10	23	9	27	辛卯	11	22	10	27	辛酉	12	22	11	28	辛卯	1	20	12	27	庚申	
8	23	7	25	庚寅	9	23	8	26	辛酉	10	24	9	28	壬辰	11	23	10	28	壬戌	12	23	11	29	壬辰	1	21	12	28	辛酉	
8	24	7	26	辛卯	9	24	8	27	壬戌	10	25	9	29	癸巳	11	24	10	29	癸亥	12	24	11	30	癸巳	1	22	12	29	壬戌	
8	25	7	27	壬辰	9	25	8	28	癸亥	10	26	9	30	甲午	11	25	11	1	甲子	12	25	12	1	甲午	1	23	1	1	癸亥	
8	26	7	28	癸巳	9	26	8	29	甲子	10	27	10	1	乙未	11	26	11	2	乙丑	12	26	12	2	乙未	1	24	1	2	甲子	
8	27	7	29	甲午	9	27	9	1	乙丑	10	28	10	2	丙申	11	27	11	3	丙寅	12	27	12	3	丙申	1	25	1	3	乙丑	2030、2031
8	28	7	30	乙未	9	28	9	2	丙寅	10	29	10	3	丁酉	11	28	11	4	丁卯	12	28	12	4	丁酉	1	26	1	4	丙寅	
8	29	8	1	丙申	9	29	9	3	丁卯	10	30	10	4	戊戌	11	29	11	5	戊辰	12	29	12	5	戊戌	1	27	1	5	丁卯	
8	30	8	2	丁酉	9	30	9	4	戊辰	10	31	10	5	己亥	11	30	11	6	己巳	12	30	12	6	己亥	1	28	1	6	戊辰	
8	31	8	3	戊戌	10	1	9	5	己巳	11	1	10	6	庚子	12	1	11	7	庚午	12	31	12	7	庚子	1	29	1	7	己巳	
9	1	8	4	己亥	10	2	9	6	庚午	11	2	10	7	辛丑	12	2	11	8	辛未	1	1	12	8	辛丑	1	30	1	8	庚午	
9	2	8	5	庚子	10	3	9	7	辛未	11	3	10	8	壬寅	12	3	11	9	壬申	1	2	12	9	壬寅	1	31	1	9	辛未	
9	3	8	6	辛丑	10	4	9	8	壬申	11	4	10	9	癸卯	12	4	11	10	癸酉	1	3	12	10	癸卯	2	1	1	10	壬申	
9	4	8	7	壬寅	10	5	9	9	癸酉	11	5	10	10	甲辰	12	5	11	11	甲戌	1	4	12	11	甲辰	2	2	1	11	癸酉	
9	5	8	8	癸卯	10	6	9	10	甲戌	11	6	10	11	乙巳	12	6	11	12	乙亥						2	3	1	12	甲戌	
9	6	8	9	甲辰	10	7	9	11	乙亥																					
處暑					秋分					霜降					小雪					冬至					大寒					中氣
8/23 9時35分 巳時					9/23 7時26分 辰時					10/23 17時0分 酉時					11/22 14時44分 未時					12/22 4時9分 寅時					1/20 14時47分 未時					

年	辛亥																													
月	庚寅					辛卯					壬辰					癸巳					甲午					乙未				
節氣	立春					驚蟄					清明					立夏					芒種					小暑				
	2/4 8時57分 辰時					3/6 2時50分 丑時					4/5 7時27分 辰時					5/6 0時34分 子時					6/6 4時35分 寅時					7/7 14時48分 未時				
日	國曆		農曆		干支	國曆		農曆		干支	國曆		農曆		干支	國曆		農曆		干支	國曆		農曆		干支	國曆		農曆		干支
	2	4	1	13	乙亥	3	6	2	14	乙巳	4	5	3	14	乙亥	5	6	3̲	15	丙午	6	6	4	17	丁丑	7	7	5	18	戊申
	2	5	1	14	丙子	3	7	2	15	丙午	4	6	3	15	丙子	5	7	3̲	16	丁未	6	7	4	18	戊寅	7	8	5	19	己酉
	2	6	1	15	丁丑	3	8	2	16	丁未	4	7	3	16	丁丑	5	8	3̲	17	戊申	6	8	4	19	己卯	7	9	5	20	庚戌
中華民國一百二十年 豬	2	7	1	16	戊寅	3	9	2	17	戊申	4	8	3	17	戊寅	5	9	3̲	18	己酉	6	9	4	20	庚辰	7	10	5	21	辛亥
	2	8	1	17	己卯	3	10	2	18	己酉	4	9	3	18	己卯	5	10	3̲	19	庚戌	6	10	4	21	辛巳	7	11	5	22	壬子
	2	9	1	18	庚辰	3	11	2	19	庚戌	4	10	3	19	庚辰	5	11	3̲	20	辛亥	6	11	4	22	壬午	7	12	5	23	癸丑
	2	10	1	19	辛巳	3	12	2	20	辛亥	4	11	3	20	辛巳	5	12	3̲	21	壬子	6	12	4	23	癸未	7	13	5	24	甲寅
	2	11	1	20	壬午	3	13	2	21	壬子	4	12	3	21	壬午	5	13	3̲	22	癸丑	6	13	4	24	甲申	7	14	5	25	乙卯
	2	12	1	21	癸未	3	14	2	22	癸丑	4	13	3	22	癸未	5	14	3̲	23	甲寅	6	14	4	25	乙酉	7	15	5	26	丙辰
	2	13	1	22	甲申	3	15	2	23	甲寅	4	14	3	23	甲申	5	15	3̲	24	乙卯	6	15	4	26	丙戌	7	16	5	27	丁巳
	2	14	1	23	乙酉	3	16	2	24	乙卯	4	15	3	24	乙酉	5	16	3̲	25	丙辰	6	16	4	27	丁亥	7	17	5	28	戊午
	2	15	1	24	丙戌	3	17	2	25	丙辰	4	16	3	25	丙戌	5	17	3̲	26	丁巳	6	17	4	28	戊子	7	18	5	29	己未
	2	16	1	25	丁亥	3	18	2	26	丁巳	4	17	3	26	丁亥	5	18	3̲	27	戊午	6	18	4	29	己丑	7	19	6	1	庚申
	2	17	1	26	戊子	3	19	2	27	戊午	4	18	3	27	戊子	5	19	3̲	28	己未	6	19	4	30	庚寅	7	20	6	2	辛酉
	2	18	1	27	己丑	3	20	2	28	己未	4	19	3	28	己丑	5	20	3̲	29	庚申	6	20	5	1	辛卯	7	21	6	3	壬戌
	2	19	1	28	庚寅	3	21	2	29	庚申	4	20	3	29	庚寅	5	21	4	1	辛酉	6	21	5	2	壬辰	7	22	6	4	癸亥
	2	20	1	29	辛卯	3	22	2	30	辛酉	4	21	3	30	辛卯	5	22	4	2	壬戌	6	22	5	3	癸巳	7	23	6	5	甲子
	2	21	2	1	壬辰	3	23	3	1	壬戌	4	22	閏3	1	壬辰	5	23	4	3	癸亥	6	23	5	4	甲午	7	24	6	6	乙丑
	2	22	2	2	癸巳	3	24	3	2	癸亥	4	23	3̲	2	癸巳	5	24	4	4	甲子	6	24	5	5	乙未	7	25	6	7	丙寅
	2	23	2	3	甲午	3	25	3	3	甲子	4	24	3̲	3	甲午	5	25	4	5	乙丑	6	25	5	6	丙申	7	26	6	8	丁卯
	2	24	2	4	乙未	3	26	3	4	乙丑	4	25	3̲	4	乙未	5	26	4	6	丙寅	6	26	5	7	丁酉	7	27	6	9	戊辰
	2	25	2	5	丙申	3	27	3	5	丙寅	4	26	3̲	5	丙申	5	27	4	7	丁卯	6	27	5	8	戊戌	7	28	6	10	己巳
2031	2	26	2	6	丁酉	3	28	3	6	丁卯	4	27	3̲	6	丁酉	5	28	4	8	戊辰	6	28	5	9	己亥	7	29	6	11	庚午
	2	27	2	7	戊戌	3	29	3	7	戊辰	4	28	3̲	7	戊戌	5	29	4	9	己巳	6	29	5	10	庚子	7	30	6	12	辛未
	2	28	2	8	己亥	3	30	3	8	己巳	4	29	3̲	8	己亥	5	30	4	10	庚午	6	30	5	11	辛丑	7	31	6	13	壬申
	3	1	2	9	庚子	3	31	3	9	庚午	4	30	3̲	9	庚子	5	31	4	11	辛未	7	1	5	12	壬寅	8	1	6	14	癸酉
	3	2	2	10	辛丑	4	1	3	10	辛未	5	1	3̲	10	辛丑	6	1	4	12	壬申	7	2	5	13	癸卯	8	2	6	15	甲戌
	3	3	2	11	壬寅	4	2	3	11	壬申	5	2	3̲	11	壬寅	6	2	4	13	癸酉	7	3	5	14	甲辰	8	3	6	16	乙亥
	3	4	2	12	癸卯	4	3	3	12	癸酉	5	3	3̲	12	癸卯	6	3	4	14	甲戌	7	4	5	15	乙巳	8	4	6	17	丙子
	3	5	2	13	甲辰	4	4	3	13	甲戌	5	4	3̲	13	甲辰	6	4	4	15	乙亥	7	5	5	16	丙午	8	5	6	18	丁丑
											5	5	3̲	14	乙巳	6	5	4	16	丙子	7	6	5	17	丁未	8	6	6	19	戊寅
																										8	7	6	20	己卯
中氣	雨水					春分					穀雨					小滿					夏至					大暑				
	2/19 4時50分 寅時					3/21 3時40分 寅時					4/20 14時30分 未時					5/21 13時27分 未時					6/21 21時16分 亥時					7/23 8時9分 辰時				

辛亥																													年
丙申				丁酉					戊戌					己亥					庚子					辛丑					月
立秋				白露					寒露					立冬					大雪					小寒					節氣
/8 0時42分 子時				9/8 3時49分 寅時					10/8 19時42分 戌時					11/7 23時5分 子時					12/7 16時2分 申時					1/6 3時15分 寅時					
曆	農曆		干支	國曆		農曆		干支	國曆		農曆		干支	國曆		農曆		干支	國曆		農曆		干支	國曆		農曆		干支	日
8	6	21	庚辰	9	8	7	22	辛亥	10	8	8	22	辛巳	11	7	9	23	辛亥	12	7	10	23	辛巳	1	6	11	24	辛亥	中華民國一百二十、一百二十一年 豬 2031、2032
9	6	22	辛巳	9	9	7	23	壬子	10	9	8	23	壬午	11	8	9	24	壬子	12	8	10	24	壬午	1	7	11	25	壬子	
10	6	23	壬午	9	10	7	24	癸丑	10	10	8	24	癸未	11	9	9	25	癸丑	12	9	10	25	癸未	1	8	11	26	癸丑	
11	6	24	癸未	9	11	7	25	甲寅	10	11	8	25	甲申	11	10	9	26	甲寅	12	10	10	26	甲申	1	9	11	27	甲寅	
12	6	25	甲申	9	12	7	26	乙卯	10	12	8	26	乙酉	11	11	9	27	乙卯	12	11	10	27	乙酉	1	10	11	28	乙卯	
13	6	26	乙酉	9	13	7	27	丙辰	10	13	8	27	丙戌	11	12	9	28	丙辰	12	12	10	28	丙戌	1	11	11	29	丙辰	
14	6	27	丙戌	9	14	7	28	丁巳	10	14	8	28	丁亥	11	13	9	29	丁巳	12	13	10	29	丁亥	1	12	11	30	丁巳	
15	6	28	丁亥	9	15	7	29	戊午	10	15	8	29	戊子	11	14	9	30	戊午	12	14	11	1	戊子	1	13	12	1	戊午	
16	6	29	戊子	9	16	7	30	己未	10	16	9	1	己丑	11	15	10	1	己未	12	15	11	2	己丑	1	14	12	2	己未	
17	6	30	己丑	9	17	8	1	庚申	10	17	9	2	庚寅	11	16	10	2	庚申	12	16	11	3	庚寅	1	15	12	3	庚申	
18	7	1	庚寅	9	18	8	2	辛酉	10	18	9	3	辛卯	11	17	10	3	辛酉	12	17	11	4	辛卯	1	16	12	4	辛酉	
19	7	2	辛卯	9	19	8	3	壬戌	10	19	9	4	壬辰	11	18	10	4	壬戌	12	18	11	5	壬辰	1	17	12	5	壬戌	
20	7	3	壬辰	9	20	8	4	癸亥	10	20	9	5	癸巳	11	19	10	5	癸亥	12	19	11	6	癸巳	1	18	12	6	癸亥	
21	7	4	癸巳	9	21	8	5	甲子	10	21	9	6	甲午	11	20	10	6	甲子	12	20	11	7	甲午	1	19	12	7	甲子	
22	7	5	甲午	9	22	8	6	乙丑	10	22	9	7	乙未	11	21	10	7	乙丑	12	21	11	8	乙未	1	20	12	8	乙丑	
23	7	6	乙未	9	23	8	7	丙寅	10	23	9	8	丙申	11	22	10	8	丙寅	12	22	11	9	丙申	1	21	12	9	丙寅	
24	7	7	丙申	9	24	8	8	丁卯	10	24	9	9	丁酉	11	23	10	9	丁卯	12	23	11	10	丁酉	1	22	12	10	丁卯	
25	7	8	丁酉	9	25	8	9	戊辰	10	25	9	10	戊戌	11	24	10	10	戊辰	12	24	11	11	戊戌	1	23	12	11	戊辰	
26	7	9	戊戌	9	26	8	10	己巳	10	26	9	11	己亥	11	25	10	11	己巳	12	25	11	12	己亥	1	24	12	12	己巳	
27	7	10	己亥	9	27	8	11	庚午	10	27	9	12	庚子	11	26	10	12	庚午	12	26	11	13	庚子	1	25	12	13	庚午	
28	7	11	庚子	9	28	8	12	辛未	10	28	9	13	辛丑	11	27	10	13	辛未	12	27	11	14	辛丑	1	26	12	14	辛未	
29	7	12	辛丑	9	29	8	13	壬申	10	29	9	14	壬寅	11	28	10	14	壬申	12	28	11	15	壬寅	1	27	12	15	壬申	
30	7	13	壬寅	9	30	8	14	癸酉	10	30	9	15	癸卯	11	29	10	15	癸酉	12	29	11	16	癸卯	1	28	12	16	癸酉	
31	7	14	癸卯	10	1	8	15	甲戌	10	31	9	16	甲辰	11	30	10	16	甲戌	12	30	11	17	甲辰	1	29	12	17	甲戌	
1	7	15	甲辰	10	2	8	16	乙亥	11	1	9	17	乙巳	12	1	10	17	乙亥	12	31	11	18	乙巳	1	30	12	18	乙亥	
2	7	16	乙巳	10	3	8	17	丙子	11	2	9	18	丙午	12	2	10	18	丙子	1	1	11	19	丙午	1	31	12	19	丙子	
3	7	17	丙午	10	4	8	18	丁丑	11	3	9	19	丁未	12	3	10	19	丁丑	1	2	11	20	丁未	2	1	12	20	丁丑	
4	7	18	丁未	10	5	8	19	戊寅	11	4	9	20	戊申	12	4	10	20	戊寅	1	3	11	21	戊申	2	2	12	21	戊寅	
5	7	19	戊申	10	6	8	20	己卯	11	5	9	21	己酉	12	5	10	21	己卯	1	4	11	22	己酉	2	3	12	22	己卯	
6	7	20	己酉	10	7	8	21	庚辰	11	6	9	22	庚戌	12	6	10	22	庚辰	1	5	11	23	庚戌						
7	7	21	庚戌																										
處暑				秋分					霜降					小雪					冬至					大寒					中氣
15時22分 申時				9/23 13時14分 未時					10/23 22時48分 亥時					11/22 20時32分 戌時					12/22 9時55分 巳時					1/20 20時30分 戌時					

年	壬子																													
月	壬寅					癸卯					甲辰					乙巳					丙午					丁未				
節氣	立春					驚蟄					清明					立夏					芒種					小暑				
	2/4 14時48分 未時					3/5 8時39分 辰時					4/4 13時17分 未時					5/5 6時25分 卯時					6/5 10時27分 巳時					7/6 20時40分 戌				
日	國曆		農曆		干支	國曆		農曆		干支	國曆		農曆		干支	國曆		農曆		干支	國曆		農曆		干支	國曆		農曆		干
中華民國一百二十一年 鼠 2032	2	4	12	23	庚辰	3	5	1	24	庚戌	4	4	2	24	庚辰	5	5	3	26	辛亥	6	5	4	28	壬午	7	6	5	29	癸
	2	5	12	24	辛巳	3	6	1	25	辛亥	4	5	2	25	辛巳	5	6	3	27	壬子	6	6	4	29	癸未	7	7	6	1	甲
	2	6	12	25	壬午	3	7	1	26	壬子	4	6	2	26	壬午	5	7	3	28	癸丑	6	7	4	30	甲申	7	8	6	2	乙
	2	7	12	26	癸未	3	8	1	27	癸丑	4	7	2	27	癸未	5	8	3	29	甲寅	6	8	5	1	乙酉	7	9	6	3	丙
	2	8	12	27	甲申	3	9	1	28	甲寅	4	8	2	28	甲申	5	9	4	1	乙卯	6	9	5	2	丙戌	7	10	6	4	丁
	2	9	12	28	乙酉	3	10	1	29	乙卯	4	9	2	29	乙酉	5	10	4	2	丙辰	6	10	5	3	丁亥	7	11	6	5	戊
	2	10	12	29	丙戌	3	11	1	30	丙辰	4	10	3	1	丙戌	5	11	4	3	丁巳	6	11	5	4	戊子	7	12	6	6	己
	2	11	1	1	丁亥	3	12	2	1	丁巳	4	11	3	2	丁亥	5	12	4	4	戊午	6	12	5	5	己丑	7	13	6	7	庚
	2	12	1	2	戊子	3	13	2	2	戊午	4	12	3	3	戊子	5	13	4	5	己未	6	13	5	6	庚寅	7	14	6	8	辛
	2	13	1	3	己丑	3	14	2	3	己未	4	13	3	4	己丑	5	14	4	6	庚申	6	14	5	7	辛卯	7	15	6	9	壬
	2	14	1	4	庚寅	3	15	2	4	庚申	4	14	3	5	庚寅	5	15	4	7	辛酉	6	15	5	8	壬辰	7	16	6	10	癸
	2	15	1	5	辛卯	3	16	2	5	辛酉	4	15	3	6	辛卯	5	16	4	8	壬戌	6	16	5	9	癸巳	7	17	6	11	甲
	2	16	1	6	壬辰	3	17	2	6	壬戌	4	16	3	7	壬辰	5	17	4	9	癸亥	6	17	5	10	甲午	7	18	6	12	乙
	2	17	1	7	癸巳	3	18	2	7	癸亥	4	17	3	8	癸巳	5	18	4	10	甲子	6	18	5	11	乙未	7	19	6	13	丙
	2	18	1	8	甲午	3	19	2	8	甲子	4	18	3	9	甲午	5	19	4	11	乙丑	6	19	5	12	丙申	7	20	6	14	丁
	2	19	1	9	乙未	3	20	2	9	乙丑	4	19	3	10	乙未	5	20	4	12	丙寅	6	20	5	13	丁酉	7	21	6	15	戊
	2	20	1	10	丙申	3	21	2	10	丙寅	4	20	3	11	丙申	5	21	4	13	丁卯	6	21	5	14	戊戌	7	22	6	16	己
	2	21	1	11	丁酉	3	22	2	11	丁卯	4	21	3	12	丁酉	5	22	4	14	戊辰	6	22	5	15	己亥	7	23	6	17	庚
	2	22	1	12	戊戌	3	23	2	12	戊辰	4	22	3	13	戊戌	5	23	4	15	己巳	6	23	5	16	庚子	7	24	6	18	辛
	2	23	1	13	己亥	3	24	2	13	己巳	4	23	3	14	己亥	5	24	4	16	庚午	6	24	5	17	辛丑	7	25	6	19	壬
	2	24	1	14	庚子	3	25	2	14	庚午	4	24	3	15	庚子	5	25	4	17	辛未	6	25	5	18	壬寅	7	26	6	20	癸
	2	25	1	15	辛丑	3	26	2	15	辛未	4	25	3	16	辛丑	5	26	4	18	壬申	6	26	5	19	癸卯	7	27	6	21	甲
	2	26	1	16	壬寅	3	27	2	16	壬申	4	26	3	17	壬寅	5	27	4	19	癸酉	6	27	5	20	甲辰	7	28	6	22	乙
	2	27	1	17	癸卯	3	28	2	17	癸酉	4	27	3	18	癸卯	5	28	4	20	甲戌	6	28	5	21	乙巳	7	29	6	23	丙
	2	28	1	18	甲辰	3	29	2	18	甲戌	4	28	3	19	甲辰	5	29	4	21	乙亥	6	29	5	22	丙午	7	30	6	24	丁
	2	29	1	19	乙巳	3	30	2	19	乙亥	4	29	3	20	乙巳	5	30	4	22	丙子	6	30	5	23	丁未	7	31	6	25	戊
	3	1	1	20	丙午	3	31	2	20	丙子	4	30	3	21	丙午	5	31	4	23	丁丑	7	1	5	24	戊申	8	1	6	26	己
	3	2	1	21	丁未	4	1	2	21	丁丑	5	1	3	22	丁未	6	1	4	24	戊寅	7	2	5	25	己酉	8	2	6	27	庚
	3	3	1	22	戊申	4	2	2	22	戊寅	5	2	3	23	戊申	6	2	4	25	己卯	7	3	5	26	庚戌	8	3	6	28	辛
	3	4	1	23	己酉	4	3	2	23	己卯	5	3	3	24	己酉	6	3	4	26	庚辰	7	4	5	27	辛亥	8	4	6	29	壬
											5	4	3	25	庚戌	6	4	4	27	辛巳	7	5	5	28	壬子	8	5	6	30	癸
																										8	6	7	1	甲
中氣	雨水					春分					穀雨					小滿					夏至					大暑				
	2/19 10時31分 巳時					3/20 9時21分 巳時					4/19 20時13分 戌時					5/20 19時14分 戌時					6/21 3時8分 寅時					7/22 14時4分 未				

年	壬子

中華民國一百二十一、一百二十二年 鼠 2032、2033

月	戊申			
節氣	立秋			
	8/7 6時32分 卯時			
日	國曆		農曆	干支
8	7	7	2	乙酉
8	8	7	3	丙戌
8	9	7	4	丁亥
8	10	7	5	戊子
8	11	7	6	己丑
8	12	7	7	庚寅
8	13	7	8	辛卯
8	14	7	9	壬辰
8	15	7	10	癸巳
8	16	7	11	甲午
8	17	7	12	乙未
8	18	7	13	丙申
8	19	7	14	丁酉
8	20	7	15	戊戌
8	21	7	16	己亥
8	22	7	17	庚子
8	23	7	18	辛丑
8	24	7	19	壬寅
	25	7	20	癸卯
	26	7	21	甲辰
	27	7	22	乙巳
	28	7	23	丙午
	29	7	24	丁未
	30	7	25	戊申
	31	7	26	己酉
	1	7	27	庚戌
	2	7	28	辛亥
	3	7	29	壬子
	4	7	30	癸丑
	5	8	1	甲寅
	6	8	2	乙卯
中氣	處暑			
	2 21時17分 亥時			

月	己酉			
節氣	白露			
	9/7 9時37分 巳時			
國曆		農曆		干支
9	7	8	3	丙辰
9	8	8	4	丁巳
9	9	8	5	戊午
9	10	8	6	己未
9	11	8	7	庚申
9	12	8	8	辛酉
9	13	8	9	壬戌
9	14	8	10	癸亥
9	15	8	11	甲子
9	16	8	12	乙丑
9	17	8	13	丙寅
9	18	8	14	丁卯
9	19	8	15	戊辰
9	20	8	16	己巳
9	21	8	17	庚午
9	22	8	18	辛未
9	23	8	19	壬申
9	24	8	20	癸酉
9	25	8	21	甲戌
9	26	8	22	乙亥
9	27	8	23	丙子
9	28	8	24	丁丑
9	29	8	25	戊寅
9	30	8	26	己卯
10	1	8	27	庚辰
10	2	8	28	辛巳
10	3	8	29	壬午
10	4	9	1	癸未
10	5	9	2	甲申
10	6	9	3	乙酉
10	7	9	4	丙戌
秋分				
9/22 19時10分 戌時				

月	庚戌			
節氣	寒露			
	10/8 1時29分 丑時			
國曆		農曆		干支
10	8	9	5	丁亥
10	9	9	6	戊子
10	10	9	7	己丑
10	11	9	8	庚寅
10	12	9	9	辛卯
10	13	9	10	壬辰
10	14	9	11	癸巳
10	15	9	12	甲午
10	16	9	13	乙未
10	17	9	14	丙申
10	18	9	15	丁酉
10	19	9	16	戊戌
10	20	9	17	己亥
10	21	9	18	庚子
10	22	9	19	辛丑
10	23	9	20	壬寅
10	24	9	21	癸卯
10	25	9	22	甲辰
10	26	9	23	乙巳
10	27	9	24	丙午
10	28	9	25	丁未
10	29	9	26	戊申
10	30	9	27	己酉
10	31	9	28	庚戌
11	1	9	29	辛亥
11	2	9	30	壬子
11	3	10	1	癸丑
11	4	10	2	甲寅
11	5	10	3	乙卯
11	6	10	4	丙辰
霜降				
10/23 4時45分 寅時				

月	辛亥			
節氣	立冬			
	11/7 4時53分 寅時			
國曆		農曆		干支
11	7	10	5	丁巳
11	8	10	6	戊午
11	9	10	7	己未
11	10	10	8	庚申
11	11	10	9	辛酉
11	12	10	10	壬戌
11	13	10	11	癸亥
11	14	10	12	甲子
11	15	10	13	乙丑
11	16	10	14	丙寅
11	17	10	15	丁卯
11	18	10	16	戊辰
11	19	10	17	己巳
11	20	10	18	庚午
11	21	10	19	辛未
11	22	10	20	壬申
11	23	10	21	癸酉
11	24	10	22	甲戌
11	25	10	23	乙亥
11	26	10	24	丙子
11	27	10	25	丁丑
11	28	10	26	戊寅
11	29	10	27	己卯
11	30	10	28	庚辰
12	1	10	29	辛巳
12	2	10	30	壬午
12	3	11	1	癸未
12	4	11	2	甲申
12	5	11	3	乙酉
小雪				
11/22 2時30分 丑時				

月	壬子			
節氣	大雪			
	12/6 21時52分 亥時			
國曆		農曆		干支
12	6	11	4	丙戌
12	7	11	5	丁亥
12	8	11	6	戊子
12	9	11	7	己丑
12	10	11	8	庚寅
12	11	11	9	辛卯
12	12	11	10	壬辰
12	13	11	11	癸巳
12	14	11	12	甲午
12	15	11	13	乙未
12	16	11	14	丙申
12	17	11	15	丁酉
12	18	11	16	戊戌
12	19	11	17	己亥
12	20	11	18	庚子
12	21	11	19	辛丑
12	22	11	20	壬寅
12	23	11	21	癸卯
12	24	11	22	甲辰
12	25	11	23	乙巳
12	26	11	24	丙午
12	27	11	25	丁未
12	28	11	26	戊申
12	29	11	27	己酉
12	30	11	28	庚戌
12	31	11	29	辛亥
1	1	12	1	壬子
1	2	12	2	癸丑
1	3	12	3	甲寅
1	4	12	4	乙卯
冬至				
12/21 15時55分 申時				

月	癸丑			
節氣	小寒			
	1/5 9時7分 巳時			
國曆		農曆		干支
1	5	12	5	丙辰
1	6	12	6	丁巳
1	7	12	7	戊午
1	8	12	8	己未
1	9	12	9	庚申
1	10	12	10	辛酉
1	11	12	11	壬戌
1	12	12	12	癸亥
1	13	12	13	甲子
1	14	12	14	乙丑
1	15	12	15	丙寅
1	16	12	16	丁卯
1	17	12	17	戊辰
1	18	12	18	己巳
1	19	12	19	庚午
1	20	12	20	辛未
1	21	12	21	壬申
1	22	12	22	癸酉
1	23	12	23	甲戌
1	24	12	24	乙亥
1	25	12	25	丙子
1	26	12	26	丁丑
1	27	12	27	戊寅
1	28	12	28	己卯
1	29	12	29	庚辰
1	30	12	30	辛巳
1	31	1	1	壬午
2	1	1	2	癸未
2	2	1	3	甲申
大寒				
1/20 2時32分 丑時				

年	癸丑																													
月	甲寅					乙卯					丙辰					丁巳					戊午					己未				
節	立春					驚蟄					清明					立夏					芒種					小暑				
氣	2/3 20時41分 戌時					3/5 14時31分 未時					4/4 19時7分 戌時					5/5 12時13分 午時					6/5 16時12分 申時					7/7 2時24分 丑時				
日	國曆		農曆		干支	國曆		農曆		干支	國曆		農曆		干支	國曆		農曆		干支	國曆		農曆		干支	國曆		農曆		干支
中華民國一百二十二年 牛 2033	2	3	1	4	乙酉	3	5	2	5	乙卯	4	4	3	5	乙酉	5	5	4	7	丙辰	6	5	5	9	丁亥	7	7	6	11	己未
	2	4	1	5	丙戌	3	6	2	6	丙辰	4	5	3	6	丙戌	5	6	4	8	丁巳	6	6	5	10	戊子	7	8	6	12	庚申
	2	5	1	6	丁亥	3	7	2	7	丁巳	4	6	3	7	丁亥	5	7	4	9	戊午	6	7	5	11	己丑	7	9	6	13	辛酉
	2	6	1	7	戊子	3	8	2	8	戊午	4	7	3	8	戊子	5	8	4	10	己未	6	8	5	12	庚寅	7	10	6	14	壬戌
	2	7	1	8	己丑	3	9	2	9	己未	4	8	3	9	己丑	5	9	4	11	庚申	6	9	5	13	辛卯	7	11	6	15	癸亥
	2	8	1	9	庚寅	3	10	2	10	庚申	4	9	3	10	庚寅	5	10	4	12	辛酉	6	10	5	14	壬辰	7	12	6	16	甲子
	2	9	1	10	辛卯	3	11	2	11	辛酉	4	10	3	11	辛卯	5	11	4	13	壬戌	6	11	5	15	癸巳	7	13	6	17	乙丑
	2	10	1	11	壬辰	3	12	2	12	壬戌	4	11	3	12	壬辰	5	12	4	14	癸亥	6	12	5	16	甲午	7	14	6	18	丙寅
	2	11	1	12	癸巳	3	13	2	13	癸亥	4	12	3	13	癸巳	5	13	4	15	甲子	6	13	5	17	乙未	7	15	6	19	丁卯
	2	12	1	13	甲午	3	14	2	14	甲子	4	13	3	14	甲午	5	14	4	16	乙丑	6	14	5	18	丙申	7	16	6	20	戊辰
	2	13	1	14	乙未	3	15	2	15	乙丑	4	14	3	15	乙未	5	15	4	17	丙寅	6	15	5	19	丁酉	7	17	6	21	己巳
	2	14	1	15	丙申	3	16	2	16	丙寅	4	15	3	16	丙申	5	16	4	18	丁卯	6	16	5	20	戊戌	7	18	6	22	庚午
	2	15	1	16	丁酉	3	17	2	17	丁卯	4	16	3	17	丁酉	5	17	4	19	戊辰	6	17	5	21	己亥	7	19	6	23	辛未
	2	16	1	17	戊戌	3	18	2	18	戊辰	4	17	3	18	戊戌	5	18	4	20	己巳	6	18	5	22	庚子	7	20	6	24	壬申
	2	17	1	18	己亥	3	19	2	19	己巳	4	18	3	19	己亥	5	19	4	21	庚午	6	19	5	23	辛丑	7	21	6	25	癸酉
	2	18	1	19	庚子	3	20	2	20	庚午	4	19	3	20	庚子	5	20	4	22	辛未	6	20	5	24	壬寅	7	22	6	26	甲戌
	2	19	1	20	辛丑	3	21	2	21	辛未	4	20	3	21	辛丑	5	21	4	23	壬申	6	21	5	25	癸卯	7	23	6	27	乙亥
	2	20	1	21	壬寅	3	22	2	22	壬申	4	21	3	22	壬寅	5	22	4	24	癸酉	6	22	5	26	甲辰	7	24	6	28	丙子
	2	21	1	22	癸卯	3	23	2	23	癸酉	4	22	3	23	癸卯	5	23	4	25	甲戌	6	23	5	27	乙巳	7	25	6	29	丁丑
	2	22	1	23	甲辰	3	24	2	24	甲戌	4	23	3	24	甲辰	5	24	4	26	乙亥	6	24	5	28	丙午	7	26	7	1	戊寅
	2	23	1	24	乙巳	3	25	2	25	乙亥	4	24	3	25	乙巳	5	25	4	27	丙子	6	25	5	29	丁未	7	27	7	2	己卯
	2	24	1	25	丙午	3	26	2	26	丙子	4	25	3	26	丙午	5	26	4	28	丁丑	6	26	5	30	戊申	7	28	7	3	庚辰
	2	25	1	26	丁未	3	27	2	27	丁丑	4	26	3	27	丁未	5	27	4	29	戊寅	6	27	6	1	己酉	7	29	7	4	辛
	2	26	1	27	戊申	3	28	2	28	戊寅	4	27	3	28	戊申	5	28	5	1	己卯	6	28	6	2	庚戌	7	30	7	5	壬
	2	27	1	28	己酉	3	29	2	29	己卯	4	28	3	29	己酉	5	29	5	2	庚辰	6	29	6	3	辛亥	7	31	7	6	癸
	2	28	1	29	庚戌	3	30	2	30	庚辰	4	29	4	1	庚戌	5	30	5	3	辛巳	6	30	6	4	壬子	8	1	7	7	甲
	3	1	2	1	辛亥	3	31	3	1	辛巳	4	30	4	2	辛亥	5	31	5	4	壬午	7	1	6	5	癸丑	8	2	7	8	乙
	3	2	2	2	壬子	4	1	3	2	壬午	5	1	4	3	壬子	6	1	5	5	癸未	7	2	6	6	甲寅	8	3	7	9	丙
	3	3	2	3	癸丑	4	2	3	3	癸未	5	2	4	4	癸丑	6	2	5	6	甲申	7	3	6	7	乙卯	8	4	7	10	丁
	3	4	2	4	甲寅	4	3	3	4	甲申	5	3	4	5	甲寅	6	3	5	7	乙酉	7	4	6	8	丙辰	8	5	7	11	戊
											5	4	4	6	乙卯	6	4	5	8	丙戌	7	5	6	9	丁巳	8	6	7	12	己
																					7	6	6	10	戊午					
中	雨水					春分					穀雨					小滿					夏至					大暑				
氣	2/18 16時33分 申時					3/20 15時22分 申時					4/20 2時12分 丑時					5/21 1時10分 丑時					6/21 9時0分 巳時					7/22 19時52分 戌				

年	癸丑

中華民國一百二十二、一百二十三年 牛 2033、2034

庚申 月 — 節氣：立秋 8/7 12時15分 午時

國曆		農曆		干支
8	7	7	13	庚寅
8	8	7	14	辛卯
8	9	7	15	壬辰
8	10	7	16	癸巳
8	11	7	17	甲午
8	12	7	18	乙未
8	13	7	19	丙申
8	14	7	20	丁酉
8	15	7	21	戊戌
8	16	7	22	己亥
8	17	7	23	庚子
8	18	7	24	辛丑
8	19	7	25	壬寅
8	20	7	26	癸卯
8	21	7	27	甲辰
8	22	7	28	乙巳
8	23	7	29	丙午
8	24	7	30	丁未
8	25	8	1	戊申
8	26	8	2	己酉
8	27	8	3	庚戌
8	28	8	4	辛亥
8	29	8	5	壬子
8	30	8	6	癸丑
8	31	8	7	甲寅
9	1	8	8	乙卯
9	2	8	9	丙辰
9	3	8	10	丁巳
9	4	8	11	戊午
9	5	8	12	己未
9	6	8	13	庚申

中氣：處暑 3/23 3時1分 寅時

辛酉 月 — 節氣：白露 9/7 15時19分 申時

國曆		農曆		干支
9	7	8	14	辛酉
9	8	8	15	壬戌
9	9	8	16	癸亥
9	10	8	17	甲子
9	11	8	18	乙丑
9	12	8	19	丙寅
9	13	8	20	丁卯
9	14	8	21	戊辰
9	15	8	22	己巳
9	16	8	23	庚午
9	17	8	24	辛未
9	18	8	25	壬申
9	19	8	26	癸酉
9	20	8	27	甲戌
9	21	8	28	乙亥
9	22	8	29	丙子
9	23	9	1	丁丑
9	24	9	2	戊寅
9	25	9	3	己卯
9	26	9	4	庚辰
9	27	9	5	辛巳
9	28	9	6	壬午
9	29	9	7	癸未
9	30	9	8	甲申
10	1	9	9	乙酉
10	2	9	10	丙戌
10	3	9	11	丁亥
10	4	9	12	戊子
10	5	9	13	己丑
10	6	9	14	庚寅
10	7	9	15	辛卯

中氣：秋分 9/23 0時51分 子時

壬戌 月 — 節氣：寒露 10/8 7時13分 辰時

國曆		農曆		干支
10	8	9	16	壬辰
10	9	9	17	癸巳
10	10	9	18	甲午
10	11	9	19	乙未
10	12	9	20	丙申
10	13	9	21	丁酉
10	14	9	22	戊戌
10	15	9	23	己亥
10	16	9	24	庚子
10	17	9	25	辛丑
10	18	9	26	壬寅
10	19	9	27	癸卯
10	20	9	28	甲辰
10	21	9	29	乙巳
10	22	9	30	丙午
10	23	10	1	丁未
10	24	10	2	戊申
10	25	10	3	己酉
10	26	10	4	庚戌
10	27	10	5	辛亥
10	28	10	6	壬子
10	29	10	7	癸丑
10	30	10	8	甲寅
10	31	10	9	乙卯
11	1	10	10	丙辰
11	2	10	11	丁巳
11	3	10	12	戊午
11	4	10	13	己未
11	5	10	14	庚申
11	6	10	15	辛酉

中氣：霜降 10/23 10時27分 巳時

癸亥 月 — 節氣：立冬 11/7 10時40分 巳時

國曆		農曆		干支
11	7	10	16	壬戌
11	8	10	17	癸亥
11	9	10	18	甲子
11	10	10	19	乙丑
11	11	10	20	丙寅
11	12	10	21	丁卯
11	13	10	22	戊辰
11	14	10	23	己巳
11	15	10	24	庚午
11	16	10	25	辛未
11	17	10	26	壬申
11	18	10	27	癸酉
11	19	10	28	甲戌
11	20	10	29	乙亥
11	21	10	30	丙子
11	22	11	1	丁丑
11	23	11	2	戊寅
11	24	11	3	己卯
11	25	11	4	庚辰
11	26	11	5	辛巳
11	27	11	6	壬午
11	28	11	7	癸未
11	29	11	8	甲申
11	30	11	9	乙酉
12	1	11	10	丙戌
12	2	11	11	丁亥
12	3	11	12	戊子
12	4	11	13	己丑
12	5	11	14	庚寅
12	6	11	15	辛卯

中氣：小雪 11/22 8時15分 辰時

甲子 月 — 節氣：大雪 12/7 3時44分 寅時

國曆		農曆		干支
12	7	11	16	壬辰
12	8	11	17	癸巳
12	9	11	18	甲午
12	10	11	19	乙未
12	11	11	20	丙申
12	12	11	21	丁酉
12	13	11	22	戊戌
12	14	11	23	己亥
12	15	11	24	庚子
12	16	11	25	辛丑
12	17	11	26	壬寅
12	18	11	27	癸卯
12	19	11	28	甲辰
12	20	11	29	乙巳
12	21	11	30	丙午
12	22	閏11	1	丁未
12	23	11	2	戊申
12	24	11	3	己酉
12	25	11	4	庚戌
12	26	11	5	辛亥
12	27	11	6	壬子
12	28	11	7	癸丑
12	29	11	8	甲寅
12	30	11	9	乙卯
12	31	11	10	丙辰
1	1	11	11	丁巳
1	2	11	12	戊午
1	3	11	13	己未
1	4	11	14	庚申

中氣：冬至 12/21 21時45分 亥時

乙丑 月 — 節氣：小寒 1/5 15時3分 申時

國曆		農曆		干支
1	5	11	15	辛酉
1	6	11	16	壬戌
1	7	11	17	癸亥
1	8	11	18	甲子
1	9	11	19	乙丑
1	10	11	20	丙寅
1	11	11	21	丁卯
1	12	11	22	戊辰
1	13	11	23	己巳
1	14	11	24	庚午
1	15	11	25	辛未
1	16	11	26	壬申
1	17	11	27	癸酉
1	18	11	28	甲戌
1	19	11	29	乙亥
1	20	12	1	丙子
1	21	12	2	丁丑
1	22	12	3	戊寅
1	23	12	4	己卯
1	24	12	5	庚辰
1	25	12	6	辛巳
1	26	12	7	壬午
1	27	12	8	癸未
1	28	12	9	甲申
1	29	12	10	乙酉
1	30	12	11	丙戌
1	31	12	12	丁亥
2	1	12	13	戊子
2	2	12	14	己丑
2	3	12	15	庚寅

中氣：大寒 1/20 8時26分 辰時

年	甲寅																													
月	丙寅					丁卯					戊辰					己巳					庚午					辛未				
節氣	立春					驚蟄					清明					立夏					芒種					小暑				
	2/4 2時40分 丑時					3/5 20時31分 戌時					4/5 1時5分 丑時					5/5 18時8分 酉時					6/5 22時6分 亥時					7/7 8時17分 辰時				
日	國曆		農曆		干支	國曆		農曆		干支	國曆		農曆		干支	國曆		農曆		干支	國曆		農曆		干支	國曆		農曆		干支
中華民國一百二十三年 虎 2034	2	4	12	16	辛卯	3	5	1	15	庚申	4	5	2	17	辛卯	5	5	3	17	辛酉	6	5	4	19	壬辰	7	7	5	22	甲子
	2	5	12	17	壬辰	3	6	1	16	辛酉	4	6	2	18	壬辰	5	6	3	18	壬戌	6	6	4	20	癸巳	7	8	5	23	乙丑
	2	6	12	18	癸巳	3	7	1	17	壬戌	4	7	2	19	癸巳	5	7	3	19	癸亥	6	7	4	21	甲午	7	9	5	24	丙寅
	2	7	12	19	甲午	3	8	1	18	癸亥	4	8	2	20	甲午	5	8	3	20	甲子	6	8	4	22	乙未	7	10	5	25	丁卯
	2	8	12	20	乙未	3	9	1	19	甲子	4	9	2	21	乙未	5	9	3	21	乙丑	6	9	4	23	丙申	7	11	5	26	戊辰
	2	9	12	21	丙申	3	10	1	20	乙丑	4	10	2	22	丙申	5	10	3	22	丙寅	6	10	4	24	丁酉	7	12	5	27	己巳
	2	10	12	22	丁酉	3	11	1	21	丙寅	4	11	2	23	丁酉	5	11	3	23	丁卯	6	11	4	25	戊戌	7	13	5	28	庚午
	2	11	12	23	戊戌	3	12	1	22	丁卯	4	12	2	24	戊戌	5	12	3	24	戊辰	6	12	4	26	己亥	7	14	5	29	辛未
	2	12	12	24	己亥	3	13	1	23	戊辰	4	13	2	25	己亥	5	13	3	25	己巳	6	13	4	27	庚子	7	15	5	30	壬申
	2	13	12	25	庚子	3	14	1	24	己巳	4	14	2	26	庚子	5	14	3	26	庚午	6	14	4	28	辛丑	7	16	6	1	癸酉
	2	14	12	26	辛丑	3	15	1	25	庚午	4	15	2	27	辛丑	5	15	3	27	辛未	6	15	4	29	壬寅	7	17	6	2	甲戌
	2	15	12	27	壬寅	3	16	1	26	辛未	4	16	2	28	壬寅	5	16	3	28	壬申	6	16	5	1	癸卯	7	18	6	3	乙亥
	2	16	12	28	癸卯	3	17	1	27	壬申	4	17	2	29	癸卯	5	17	3	29	癸酉	6	17	5	2	甲辰	7	19	6	4	丙子
	2	17	12	29	甲辰	3	18	1	28	癸酉	4	18	2	30	甲辰	5	18	4	1	甲戌	6	18	5	3	乙巳	7	20	6	5	丁丑
	2	18	12	30	乙巳	3	19	1	29	甲戌	4	19	3	1	乙巳	5	19	4	2	乙亥	6	19	5	4	丙午	7	21	6	6	戊寅
	2	19	1	1	丙午	3	20	2	1	乙亥	4	20	3	2	丙午	5	20	4	3	丙子	6	20	5	5	丁未	7	22	6	7	己卯
	2	20	1	2	丁未	3	21	2	2	丙子	4	21	3	3	丁未	5	21	4	4	丁丑	6	21	5	6	戊申	7	23	6	8	庚辰
	2	21	1	3	戊申	3	22	2	3	丁丑	4	22	3	4	戊申	5	22	4	5	戊寅	6	22	5	7	己酉	7	24	6	9	辛巳
	2	22	1	4	己酉	3	23	2	4	戊寅	4	23	3	5	己酉	5	23	4	6	己卯	6	23	5	8	庚戌	7	25	6	10	壬午
	2	23	1	5	庚戌	3	24	2	5	己卯	4	24	3	6	庚戌	5	24	4	7	庚辰	6	24	5	9	辛亥	7	26	6	11	癸未
	2	24	1	6	辛亥	3	25	2	6	庚辰	4	25	3	7	辛亥	5	25	4	8	辛巳	6	25	5	10	壬子	7	27	6	12	甲申
	2	25	1	7	壬子	3	26	2	7	辛巳	4	26	3	8	壬子	5	26	4	9	壬午	6	26	5	11	癸丑	7	28	6	13	乙酉
	2	26	1	8	癸丑	3	27	2	8	壬午	4	27	3	9	癸丑	5	27	4	10	癸未	6	27	5	12	甲寅	7	29	6	14	丙戌
	2	27	1	9	甲寅	3	28	2	9	癸未	4	28	3	10	甲寅	5	28	4	11	甲申	6	28	5	13	乙卯	7	30	6	15	丁亥
	2	28	1	10	乙卯	3	29	2	10	甲申	4	29	3	11	乙卯	5	29	4	12	乙酉	6	29	5	14	丙辰	7	31	6	16	戊子
	3	1	1	11	丙辰	3	30	2	11	乙酉	4	30	3	12	丙辰	5	30	4	13	丙戌	6	30	5	15	丁巳	8	1	6	17	己丑
	3	2	1	12	丁巳	3	31	2	12	丙戌	5	1	3	13	丁巳	5	31	4	14	丁亥	7	1	5	16	戊午	8	2	6	18	庚寅
	3	3	1	13	戊午	4	1	2	13	丁亥	5	2	3	14	戊午	6	1	4	15	戊子	7	2	5	17	己未	8	3	6	19	辛卯
	3	4	1	14	己未	4	2	2	14	戊子	5	3	3	15	己未	6	2	4	16	己丑	7	3	5	18	庚申	8	4	6	20	壬辰
						4	3	2	15	己丑	5	4	3	16	庚申	6	3	4	17	庚寅	7	4	5	19	辛酉	8	5	6	21	癸巳
						4	4	2	16	庚寅						6	4	4	18	辛卯	7	5	5	20	壬戌	8	6	6	22	甲午
																					7	6	5	21	癸亥					
中氣	雨水					春分					穀雨					小滿					夏至					大暑				
	2/18 22時29分 亥時					3/20 21時16分 亥時					4/20 8時3分 辰時					5/21 6時56分 卯時					6/21 14時43分 未時					7/23 1時35分 丑時				

甲寅																														年
壬申					癸酉					甲戌					乙亥					丙子					丁丑					月
立秋					白露					寒露					立冬					大雪					小寒					節
8/7 18時8分 酉時					9/7 21時13分 亥時					10/8 13時6分 未時					11/7 16時33分 申時					12/7 9時36分 巳時					1/5 20時55分 戌時					氣
國曆		農曆		干支	國曆		農曆		干支	國曆		農曆		干支	國曆		農曆		干支	國曆		農曆		干支	國曆		農曆		干支	日
8	7	6	23	乙未	9	7	7	25	丙寅	10	8	8	26	丁酉	11	7	9	27	丁卯	12	7	10	27	丁酉	1	5	11	26	丙寅	中華民國一百二十三、一百二十四年 虎
8	8	6	24	丙申	9	8	7	26	丁卯	10	9	8	27	戊戌	11	8	9	28	戊辰	12	8	10	28	戊戌	1	6	11	27	丁卯	
8	9	6	25	丁酉	9	9	7	27	戊辰	10	10	8	28	己亥	11	9	9	29	己巳	12	9	10	29	己亥	1	7	11	28	戊辰	
8	10	6	26	戊戌	9	10	7	28	己巳	10	11	8	29	庚子	11	10	9	30	庚午	12	10	10	30	庚子	1	8	11	29	己巳	
8	11	6	27	己亥	9	11	7	29	庚午	10	12	9	1	辛丑	11	11	10	1	辛未	12	11	11	1	辛丑	1	9	12	1	庚午	
8	12	6	28	庚子	9	12	7	30	辛未	10	13	9	2	壬寅	11	12	10	2	壬申	12	12	11	2	壬寅	1	10	12	2	辛未	
8	13	6	29	辛丑	9	13	8	1	壬申	10	14	9	3	癸卯	11	13	10	3	癸酉	12	13	11	3	癸卯	1	11	12	3	壬申	
8	14	7	1	壬寅	9	14	8	2	癸酉	10	15	9	4	甲辰	11	14	10	4	甲戌	12	14	11	4	甲辰	1	12	12	4	癸酉	
8	15	7	2	癸卯	9	15	8	3	甲戌	10	16	9	5	乙巳	11	15	10	5	乙亥	12	15	11	5	乙巳	1	13	12	5	甲戌	
8	16	7	3	甲辰	9	16	8	4	乙亥	10	17	9	6	丙午	11	16	10	6	丙子	12	16	11	6	丙午	1	14	12	6	乙亥	
8	17	7	4	乙巳	9	17	8	5	丙子	10	18	9	7	丁未	11	17	10	7	丁丑	12	17	11	7	丁未	1	15	12	7	丙子	
8	18	7	5	丙午	9	18	8	6	丁丑	10	19	9	8	戊申	11	18	10	8	戊寅	12	18	11	8	戊申	1	16	12	8	丁丑	
8	19	7	6	丁未	9	19	8	7	戊寅	10	20	9	9	己酉	11	19	10	9	己卯	12	19	11	9	己酉	1	17	12	9	戊寅	
8	20	7	7	戊申	9	20	8	8	己卯	10	21	9	10	庚戌	11	20	10	10	庚辰	12	20	11	10	庚戌	1	18	12	10	己卯	
8	21	7	8	己酉	9	21	8	9	庚辰	10	22	9	11	辛亥	11	21	10	11	辛巳	12	21	11	11	辛亥	1	19	12	11	庚辰	
8	22	7	9	庚戌	9	22	8	10	辛巳	10	23	9	12	壬子	11	22	10	12	壬午	12	22	11	12	壬子	1	20	12	12	辛巳	
8	23	7	10	辛亥	9	23	8	11	壬午	10	24	9	13	癸丑	11	23	10	13	癸未	12	23	11	13	癸丑	1	21	12	13	壬午	
8	24	7	11	壬子	9	24	8	12	癸未	10	25	9	14	甲寅	11	24	10	14	甲申	12	24	11	14	甲寅	1	22	12	14	癸未	
8	25	7	12	癸丑	9	25	8	13	甲申	10	26	9	15	乙卯	11	25	10	15	乙酉	12	25	11	15	乙卯	1	23	12	15	甲申	
8	26	7	13	甲寅	9	26	8	14	乙酉	10	27	9	16	丙辰	11	26	10	16	丙戌	12	26	11	16	丙辰	1	24	12	16	乙酉	
8	27	7	14	乙卯	9	27	8	15	丙戌	10	28	9	17	丁巳	11	27	10	17	丁亥	12	27	11	17	丁巳	1	25	12	17	丙戌	2034、2035
8	28	7	15	丙辰	9	28	8	16	丁亥	10	29	9	18	戊午	11	28	10	18	戊子	12	28	11	18	戊午	1	26	12	18	丁亥	
8	29	7	16	丁巳	9	29	8	17	戊子	10	30	9	19	己未	11	29	10	19	己丑	12	29	11	19	己未	1	27	12	19	戊子	
8	30	7	17	戊午	9	30	8	18	己丑	10	31	9	20	庚申	11	30	10	20	庚寅	12	30	11	20	庚申	1	28	12	20	己丑	
8	31	7	18	己未	10	1	8	19	庚寅	11	1	9	21	辛酉	12	1	10	21	辛卯	12	31	11	21	辛酉	1	29	12	21	庚寅	
	1	7	19	庚申	10	2	8	20	辛卯	11	2	9	22	壬戌	12	2	10	22	壬辰	1	1	11	22	壬戌	1	30	12	22	辛卯	
	2	7	20	辛酉	10	3	8	21	壬辰	11	3	9	23	癸亥	12	3	10	23	癸巳	1	2	11	23	癸亥	1	31	12	23	壬辰	
	3	7	21	壬戌	10	4	8	22	癸巳	11	4	9	24	甲子	12	4	10	24	甲午	1	3	11	24	甲子	2	1	12	24	癸巳	
	4	7	22	癸亥	10	5	8	23	甲午	11	5	9	25	乙丑	12	5	10	25	乙未	1	4	11	25	乙丑	2	2	12	25	甲午	
	5	7	23	甲子	10	6	8	24	乙未	11	6	9	26	丙寅	12	6	10	26	丙申						2	3	12	26	乙未	
	6	7	24	乙丑	10	7	8	25	丙申																					
處暑					秋分					霜降					小雪					冬至					大寒					中
/23 8時47分 辰時					9/23 6時38分 卯時					10/23 16時15分 申時					11/22 14時4分 未時					12/22 3時33分 寅時					1/20 14時13分 未時					氣

年	乙卯																													
月	戊寅					己卯					庚辰					辛巳					壬午					癸未				
節氣	立春					驚蟄					清明					立夏					芒種					小暑				
	2/4 8時30分 辰時					3/6 2時21分 丑時					4/5 6時53分 卯時					5/5 23時54分 子時					6/6 3時50分 寅時					7/7 14時0分 未時				
日	國曆		農曆		干支	國曆		農曆		干支	國曆		農曆		干支	國曆		農曆		干支	國曆		農曆		干支	國曆		農曆		干支
中華民國一百二十四年 兔 2035	2	4	12	27	丙申	3	6	1	27	丙寅	4	5	2	27	丙申	5	5	3	28	丙寅	6	6	5	1	戊戌	7	7	6	3	己巳
	2	5	12	28	丁酉	3	7	1	28	丁卯	4	6	2	28	丁酉	5	6	3	29	丁卯	6	7	5	2	己亥	7	8	6	4	庚午
	2	6	12	29	戊戌	3	8	1	29	戊辰	4	7	2	29	戊戌	5	7	3	30	戊辰	6	8	5	3	庚子	7	9	6	5	辛未
	2	7	12	30	己亥	3	9	1	30	己巳	4	8	3	1	己亥	5	8	4	1	己巳	6	9	5	4	辛丑	7	10	6	6	壬申
	2	8	1	1	庚子	3	10	2	1	庚午	4	9	3	2	庚子	5	9	4	2	庚午	6	10	5	5	壬寅	7	11	6	7	癸酉
	2	9	1	2	辛丑	3	11	2	2	辛未	4	10	3	3	辛丑	5	10	4	3	辛未	6	11	5	6	癸卯	7	12	6	8	甲戌
	2	10	1	3	壬寅	3	12	2	3	壬申	4	11	3	4	壬寅	5	11	4	4	壬申	6	12	5	7	甲辰	7	13	6	9	乙亥
	2	11	1	4	癸卯	3	13	2	4	癸酉	4	12	3	5	癸卯	5	12	4	5	癸酉	6	13	5	8	乙巳	7	14	6	10	丙子
	2	12	1	5	甲辰	3	14	2	5	甲戌	4	13	3	6	甲辰	5	13	4	6	甲戌	6	14	5	9	丙午	7	15	6	11	丁丑
	2	13	1	6	乙巳	3	15	2	6	乙亥	4	14	3	7	乙巳	5	14	4	7	乙亥	6	15	5	10	丁未	7	16	6	12	戊寅
	2	14	1	7	丙午	3	16	2	7	丙子	4	15	3	8	丙午	5	15	4	8	丙子	6	16	5	11	戊申	7	17	6	13	己卯
	2	15	1	8	丁未	3	17	2	8	丁丑	4	16	3	9	丁未	5	16	4	9	丁丑	6	17	5	12	己酉	7	18	6	14	庚辰
	2	16	1	9	戊申	3	18	2	9	戊寅	4	17	3	10	戊申	5	17	4	10	戊寅	6	18	5	13	庚戌	7	19	6	15	辛巳
	2	17	1	10	己酉	3	19	2	10	己卯	4	18	3	11	己酉	5	18	4	11	己卯	6	19	5	14	辛亥	7	20	6	16	壬午
	2	18	1	11	庚戌	3	20	2	11	庚辰	4	19	3	12	庚戌	5	19	4	12	庚辰	6	20	5	15	壬子	7	21	6	17	癸未
	2	19	1	12	辛亥	3	21	2	12	辛巳	4	20	3	13	辛亥	5	20	4	13	辛巳	6	21	5	16	癸丑	7	22	6	18	甲申
	2	20	1	13	壬子	3	22	2	13	壬午	4	21	3	14	壬子	5	21	4	14	壬午	6	22	5	17	甲寅	7	23	6	19	乙酉
	2	21	1	14	癸丑	3	23	2	14	癸未	4	22	3	15	癸丑	5	22	4	15	癸未	6	23	5	18	乙卯	7	24	6	20	丙戌
	2	22	1	15	甲寅	3	24	2	15	甲申	4	23	3	16	甲寅	5	23	4	16	甲申	6	24	5	19	丙辰	7	25	6	21	丁亥
	2	23	1	16	乙卯	3	25	2	16	乙酉	4	24	3	17	乙卯	5	24	4	17	乙酉	6	25	5	20	丁巳	7	26	6	22	戊子
	2	24	1	17	丙辰	3	26	2	17	丙戌	4	25	3	18	丙辰	5	25	4	18	丙戌	6	26	5	21	戊午	7	27	6	23	己丑
	2	25	1	18	丁巳	3	27	2	18	丁亥	4	26	3	19	丁巳	5	26	4	19	丁亥	6	27	5	22	己未	7	28	6	24	庚寅
	2	26	1	19	戊午	3	28	2	19	戊子	4	27	3	20	戊午	5	27	4	20	戊子	6	28	5	23	庚申	7	29	6	25	辛卯
	2	27	1	20	己未	3	29	2	20	己丑	4	28	3	21	己未	5	28	4	21	己丑	6	29	5	24	辛酉	7	30	6	26	壬辰
	2	28	1	21	庚申	3	30	2	21	庚寅	4	29	3	22	庚申	5	29	4	22	庚寅	6	30	5	25	壬戌	7	31	6	27	癸巳
	3	1	1	22	辛酉	3	31	2	22	辛卯	4	30	3	23	辛酉	5	30	4	23	辛卯	7	1	5	26	癸亥	8	1	6	28	甲午
	3	2	1	23	壬戌	4	1	2	23	壬辰	5	1	3	24	壬戌	5	31	4	24	壬辰	7	2	5	27	甲子	8	2	6	29	乙未
	3	3	1	24	癸亥	4	2	2	24	癸巳	5	2	3	25	癸亥	6	1	4	25	癸巳	7	3	5	28	乙丑	8	3	6	30	丙申
	3	4	1	25	甲子	4	3	2	25	甲午	5	3	3	26	甲子	6	2	4	26	甲午	7	4	5	29	丙寅	8	4	7	1	丁酉
	3	5	1	26	乙丑	4	4	2	26	乙未	5	4	3	27	乙丑	6	3	4	27	乙未	7	5	6	1	丁卯	8	5	7	2	戊戌
																6	4	4	28	丙申	7	6	6	2	戊辰	8	6	7	3	己亥
																6	5	4	29	丁酉										
中氣	雨水					春分					穀雨					小滿					夏至					大暑				
	2/19 4時15分 寅時					3/21 3時2分 寅時					4/20 13時48分 未時					5/21 12時42分 午時					6/21 20時32分 戌時					7/23 7時28分 辰時				

乙卯																														年
甲申					乙酉					丙戌					丁亥					戊子					己丑					月
立秋					白露					寒露					立冬					大雪					小寒					節氣
8/7 23時53分 子時					9/8 3時1分 寅時					10/8 18時57分 酉時					11/7 22時23分 亥時					12/7 15時24分 申時					1/6 2時42分 丑時					
國曆		農曆		干支	國曆		農曆		干支	國曆		農曆		干支	國曆		農曆		干支	國曆		農曆		干支	國曆		農曆		干支	日
8	7	7	4	庚子	9	8	8	7	壬申	10	8	9	8	壬寅	11	7	10	8	壬申	12	7	11	8	壬寅	1	6	12	9	壬申	
8	8	7	5	辛丑	9	9	8	8	癸酉	10	9	9	9	癸卯	11	8	10	9	癸酉	12	8	11	9	癸卯	1	7	12	10	癸酉	
8	9	7	6	壬寅	9	10	8	9	甲戌	10	10	9	10	甲辰	11	9	10	10	甲戌	12	9	11	10	甲辰	1	8	12	11	甲戌	
8	10	7	7	癸卯	9	11	8	10	乙亥	10	11	9	11	乙巳	11	10	10	11	乙亥	12	10	11	11	乙巳	1	9	12	12	乙亥	
8	11	7	8	甲辰	9	12	8	11	丙子	10	12	9	12	丙午	11	11	10	12	丙子	12	11	11	12	丙午	1	10	12	13	丙子	
8	12	7	9	乙巳	9	13	8	12	丁丑	10	13	9	13	丁未	11	12	10	13	丁丑	12	12	11	13	丁未	1	11	12	14	丁丑	
8	13	7	10	丙午	9	14	8	13	戊寅	10	14	9	14	戊申	11	13	10	14	戊寅	12	13	11	14	戊申	1	12	12	15	戊寅	
8	14	7	11	丁未	9	15	8	14	己卯	10	15	9	15	己酉	11	14	10	15	己卯	12	14	11	15	己酉	1	13	12	16	己卯	
8	15	7	12	戊申	9	16	8	15	庚辰	10	16	9	16	庚戌	11	15	10	16	庚辰	12	15	11	16	庚戌	1	14	12	17	庚辰	
8	16	7	13	己酉	9	17	8	16	辛巳	10	17	9	17	辛亥	11	16	10	17	辛巳	12	16	11	17	辛亥	1	15	12	18	辛巳	
8	17	7	14	庚戌	9	18	8	17	壬午	10	18	9	18	壬子	11	17	10	18	壬午	12	17	11	18	壬子	1	16	12	19	壬午	
8	18	7	15	辛亥	9	19	8	18	癸未	10	19	9	19	癸丑	11	18	10	19	癸未	12	18	11	19	癸丑	1	17	12	20	癸未	
8	19	7	16	壬子	9	20	8	19	甲申	10	20	9	20	甲寅	11	19	10	20	甲申	12	19	11	20	甲寅	1	18	12	21	甲申	
8	20	7	17	癸丑	9	21	8	20	乙酉	10	21	9	21	乙卯	11	20	10	21	乙酉	12	20	11	21	乙卯	1	19	12	22	乙酉	
8	21	7	18	甲寅	9	22	8	21	丙戌	10	22	9	22	丙辰	11	21	10	22	丙戌	12	21	11	22	丙辰	1	20	12	23	丙戌	
8	22	7	19	乙卯	9	23	8	22	丁亥	10	23	9	23	丁巳	11	22	10	23	丁亥	12	22	11	23	丁巳	1	21	12	24	丁亥	
8	23	7	20	丙辰	9	24	8	23	戊子	10	24	9	24	戊午	11	23	10	24	戊子	12	23	11	24	戊午	1	22	12	25	戊子	
8	24	7	21	丁巳	9	25	8	24	己丑	10	25	9	25	己未	11	24	10	25	己丑	12	24	11	25	己未	1	23	12	26	己丑	
8	25	7	22	戊午	9	26	8	25	庚寅	10	26	9	26	庚申	11	25	10	26	庚寅	12	25	11	26	庚申	1	24	12	27	庚寅	
8	26	7	23	己未	9	27	8	26	辛卯	10	27	9	27	辛酉	11	26	10	27	辛卯	12	26	11	27	辛酉	1	25	12	28	辛卯	
8	27	7	24	庚申	9	28	8	27	壬辰	10	28	9	28	壬戌	11	27	10	28	壬辰	12	27	11	28	壬戌	1	26	12	29	壬辰	
8	28	7	25	辛酉	9	29	8	28	癸巳	10	29	9	29	癸亥	11	28	10	29	癸巳	12	28	11	29	癸亥	1	27	12	30	癸巳	
8	29	7	26	壬戌	9	30	8	29	甲午	10	30	9	30	甲子	11	29	10	30	甲午	12	29	12	1	甲子	1	28	1	1	甲午	
8	30	7	27	癸亥	10	1	9	1	乙未	10	31	10	1	乙丑	11	30	11	1	乙未	12	30	12	2	乙丑	1	29	1	2	乙未	
8	31	7	28	甲子	10	2	9	2	丙申	11	1	10	2	丙寅	12	1	11	2	丙申	12	31	12	3	丙寅	1	30	1	3	丙申	
9	1	7	29	乙丑	10	3	9	3	丁酉	11	2	10	3	丁卯	12	2	11	3	丁酉	1	1	12	4	丁卯	1	31	1	4	丁酉	
9	2	8	1	丙寅	10	4	9	4	戊戌	11	3	10	4	戊辰	12	3	11	4	戊戌	1	2	12	5	戊辰	2	1	1	5	戊戌	
9	3	8	2	丁卯	10	5	9	5	己亥	11	4	10	5	己巳	12	4	11	5	己亥	1	3	12	6	己巳	2	2	1	6	己亥	
9	4	8	3	戊辰	10	6	9	6	庚子	11	5	10	6	庚午	12	5	11	6	庚子	1	4	12	7	庚午	2	3	1	7	庚子	
9	5	8	4	己巳	10	7	9	7	辛丑	11	6	10	7	辛未	12	6	11	7	辛丑	1	5	12	8	辛未						
	6	8	5	庚午																										
	7	8	6	辛未																										
處暑					秋分					霜降					小雪					冬至					大寒					中氣
23 14時43分 未時					9/23 12時38分 午時					10/23 22時15分 亥時					11/22 20時2分 戌時					12/22 9時30分 巳時					1/20 20時10分 戌時					

中華民國一百二十四、一百二十五年 兔

2035、2036

年	丙辰																													
月	庚寅					辛卯					壬辰					癸巳					甲午					乙未				
節氣	立春					驚蟄					清明					立夏					芒種					小暑				
	2/4 14時19分 未時					3/5 8時11分 辰時					4/4 12時45分 午時					5/5 5時48分 卯時					6/5 9時46分 巳時					7/6 19時56分 戌時				
日	國曆		農曆		干支	國曆		農曆		干支	國曆		農曆		干支	國曆		農曆		干支	國曆		農曆		干支	國曆		農曆		干支
中華民國一百二十五年 龍	2	4	1	8	辛丑	3	5	2	8	辛未	4	4	3	8	辛丑	5	5	4	10	壬申	6	5	5	11	癸卯	7	6	6	13	甲戌
	2	5	1	9	壬寅	3	6	2	9	壬申	4	5	3	9	壬寅	5	6	4	11	癸酉	6	6	5	12	甲辰	7	7	6	14	乙亥
	2	6	1	10	癸卯	3	7	2	10	癸酉	4	6	3	10	癸卯	5	7	4	12	甲戌	6	7	5	13	乙巳	7	8	6	15	丙子
	2	7	1	11	甲辰	3	8	2	11	甲戌	4	7	3	11	甲辰	5	8	4	13	乙亥	6	8	5	14	丙午	7	9	6	16	丁丑
	2	8	1	12	乙巳	3	9	2	12	乙亥	4	8	3	12	乙巳	5	9	4	14	丙子	6	9	5	15	丁未	7	10	6	17	戊寅
	2	9	1	13	丙午	3	10	2	13	丙子	4	9	3	13	丙午	5	10	4	15	丁丑	6	10	5	16	戊申	7	11	6	18	己卯
	2	10	1	14	丁未	3	11	2	14	丁丑	4	10	3	14	丁未	5	11	4	16	戊寅	6	11	5	17	己酉	7	12	6	19	庚辰
	2	11	1	15	戊申	3	12	2	15	戊寅	4	11	3	15	戊申	5	12	4	17	己卯	6	12	5	18	庚戌	7	13	6	20	辛巳
	2	12	1	16	己酉	3	13	2	16	己卯	4	12	3	16	己酉	5	13	4	18	庚辰	6	13	5	19	辛亥	7	14	6	21	壬午
	2	13	1	17	庚戌	3	14	2	17	庚辰	4	13	3	17	庚戌	5	14	4	19	辛巳	6	14	5	20	壬子	7	15	6	22	癸未
	2	14	1	18	辛亥	3	15	2	18	辛巳	4	14	3	18	辛亥	5	15	4	20	壬午	6	15	5	21	癸丑	7	16	6	23	甲申
	2	15	1	19	壬子	3	16	2	19	壬午	4	15	3	19	壬子	5	16	4	21	癸未	6	16	5	22	甲寅	7	17	6	24	乙酉
	2	16	1	20	癸丑	3	17	2	20	癸未	4	16	3	20	癸丑	5	17	4	22	甲申	6	17	5	23	乙卯	7	18	6	25	丙戌
	2	17	1	21	甲寅	3	18	2	21	甲申	4	17	3	21	甲寅	5	18	4	23	乙酉	6	18	5	24	丙辰	7	19	6	26	丁亥
	2	18	1	22	乙卯	3	19	2	22	乙酉	4	18	3	22	乙卯	5	19	4	24	丙戌	6	19	5	25	丁巳	7	20	6	27	戊子
	2	19	1	23	丙辰	3	20	2	23	丙戌	4	19	3	23	丙辰	5	20	4	25	丁亥	6	20	5	26	戊午	7	21	6	28	己丑
	2	20	1	24	丁巳	3	21	2	24	丁亥	4	20	3	24	丁巳	5	21	4	26	戊子	6	21	5	27	己未	7	22	6	29	庚寅
	2	21	1	25	戊午	3	22	2	25	戊子	4	21	3	25	戊午	5	22	4	27	己丑	6	22	5	28	庚申	7	23	閏6	1	辛卯
	2	22	1	26	己未	3	23	2	26	己丑	4	22	3	26	己未	5	23	4	28	庚寅	6	23	5	29	辛酉	7	24	6	2	壬辰
	2	23	1	27	庚申	3	24	2	27	庚寅	4	23	3	27	庚申	5	24	4	29	辛卯	6	24	6	1	壬戌	7	25	6	3	癸巳
	2	24	1	28	辛酉	3	25	2	28	辛卯	4	24	3	28	辛酉	5	25	4	30	壬辰	6	25	6	2	癸亥	7	26	6	4	甲午
	2	25	1	29	壬戌	3	26	2	29	壬辰	4	25	3	29	壬戌	5	26	5	1	癸巳	6	26	6	3	甲子	7	27	6	5	乙未
2036	2	26	1	30	癸亥	3	27	2	30	癸巳	4	26	4	1	癸亥	5	27	5	2	甲午	6	27	6	4	乙丑	7	28	6	6	丙申
	2	27	2	1	甲子	3	28	3	1	甲午	4	27	4	2	甲子	5	28	5	3	乙未	6	28	6	5	丙寅	7	29	6	7	丁酉
	2	28	2	2	乙丑	3	29	3	2	乙未	4	28	4	3	乙丑	5	29	5	4	丙申	6	29	6	6	丁卯	7	30	6	8	戊戌
	2	29	2	3	丙寅	3	30	3	3	丙申	4	29	4	4	丙寅	5	30	5	5	丁酉	6	30	6	7	戊辰	7	31	6	9	己亥
	3	1	2	4	丁卯	3	31	3	4	丁酉	4	30	4	5	丁卯	5	31	5	6	戊戌	7	1	6	8	己巳	8	1	6	10	庚子
	3	2	2	5	戊辰	4	1	3	5	戊戌	5	1	4	6	戊辰	6	1	5	7	己亥	7	2	6	9	庚午	8	2	6	11	辛丑
	3	3	2	6	己巳	4	2	3	6	己亥	5	2	4	7	己巳	6	2	5	8	庚子	7	3	6	10	辛未	8	3	6	12	壬寅
	3	4	2	7	庚午	4	3	3	7	庚子	5	3	4	8	庚午	6	3	5	9	辛丑	7	4	6	11	壬申	8	4	6	13	癸卯
											5	4	4	9	辛未	6	4	5	10	壬寅	7	5	6	12	癸酉	8	5	6	14	甲辰
																										8	6	6	15	乙巳
中氣	雨水					春分					穀雨					小滿					夏至					大暑				
	2/19 10時13分 巳時					3/20 9時2分 巳時					4/19 19時49分 戌時					5/20 18時44分 酉時					6/21 2時31分 丑時					7/22 13時22分 未時				

中華民國一百二十五、一百二十六年 龍 2036、2037

年：丙辰

月：丙申　節氣：立秋 8/7 5時48分 卯時　中氣：處暑 8/22 20時31分 戌時

國曆		農曆		干支
8	7	6	16	丙午
8	8	6	17	丁未
8	9	6	18	戊申
8	10	6	19	己酉
8	11	6	20	庚戌
8	12	6	21	辛亥
8	13	6	22	壬子
8	14	6	23	癸丑
8	15	6	24	甲寅
8	16	6	25	乙卯
8	17	6	26	丙辰
8	18	6	27	丁巳
8	19	6	28	戊午
8	20	6	29	己未
8	21	6	30	庚申
8	22	7	1	辛酉
8	23	7	2	壬戌
8	24	7	3	癸亥
8	25	7	4	甲子
8	26	7	5	乙丑
8	27	7	6	丙寅
8	28	7	7	丁卯
8	29	7	8	戊辰
8	30	7	9	己巳
8	31	7	10	庚午
9	1	7	11	辛未
9	2	7	12	壬申
9	3	7	13	癸酉
9	4	7	14	甲戌
9	5	7	15	乙亥
9	6	7	16	丙子

月：丁酉　節氣：白露 9/7 8時54分 辰時　中氣：秋分 9/22 18時22分 酉時

國曆		農曆		干支
9	7	7	17	丁丑
9	8	7	18	戊寅
9	9	7	19	己卯
9	10	7	20	庚辰
9	11	7	21	辛巳
9	12	7	22	壬午
9	13	7	23	癸未
9	14	7	24	甲申
9	15	7	25	乙酉
9	16	7	26	丙戌
9	17	7	27	丁亥
9	18	7	28	戊子
9	19	7	29	己丑
9	20	8	1	庚寅
9	21	8	2	辛卯
9	22	8	3	壬辰
9	23	8	4	癸巳
9	24	8	5	甲午
9	25	8	6	乙未
9	26	8	7	丙申
9	27	8	8	丁酉
9	28	8	9	戊戌
9	29	8	10	己亥
9	30	8	11	庚子
10	1	8	12	辛丑
10	2	8	13	壬寅
10	3	8	14	癸卯
10	4	8	15	甲辰
10	5	8	16	乙巳
10	6	8	17	丙午
10	7	8	18	丁未

月：戊戌　節氣：寒露 10/8 0時48分 子時　中氣：霜降 10/23 3時58分 寅時

國曆		農曆		干支
10	8	8	19	戊申
10	9	8	20	己酉
10	10	8	21	庚戌
10	11	8	22	辛亥
10	12	8	23	壬子
10	13	8	24	癸丑
10	14	8	25	甲寅
10	15	8	26	乙卯
10	16	8	27	丙辰
10	17	8	28	丁巳
10	18	8	29	戊午
10	19	9	1	己未
10	20	9	2	庚申
10	21	9	3	辛酉
10	22	9	4	壬戌
10	23	9	5	癸亥
10	24	9	6	甲子
10	25	9	7	乙丑
10	26	9	8	丙寅
10	27	9	9	丁卯
10	28	9	10	戊辰
10	29	9	11	己巳
10	30	9	12	庚午
10	31	9	13	辛未
11	1	9	14	壬申
11	2	9	15	癸酉
11	3	9	16	甲戌
11	4	9	17	乙亥
11	5	9	18	丙子
11	6	9	19	丁丑

月：己亥　節氣：立冬 11/7 4時13分 寅時　中氣：小雪 11/22 1時44分 丑時

國曆		農曆		干支
11	7	9	20	戊寅
11	8	9	21	己卯
11	9	9	22	庚辰
11	10	9	23	辛巳
11	11	9	24	壬午
11	12	9	25	癸未
11	13	9	26	甲申
11	14	9	27	乙酉
11	15	9	28	丙戌
11	16	9	29	丁亥
11	17	9	30	戊子
11	18	10	1	己丑
11	19	10	2	庚寅
11	20	10	3	辛卯
11	21	10	4	壬辰
11	22	10	5	癸巳
11	23	10	6	甲午
11	24	10	7	乙未
11	25	10	8	丙申
11	26	10	9	丁酉
11	27	10	10	戊戌
11	28	10	11	己亥
11	29	10	12	庚子
11	30	10	13	辛丑
12	1	10	14	壬寅
12	2	10	15	癸卯
12	3	10	16	甲辰
12	4	10	17	乙巳
12	5	10	18	丙午

月：庚子　節氣：大雪 12/6 21時15分 亥時　中氣：冬至 12/21 15時12分 申時

國曆		農曆		干支
12	6	10	19	丁未
12	7	10	20	戊申
12	8	10	21	己酉
12	9	10	22	庚戌
12	10	10	23	辛亥
12	11	10	24	壬子
12	12	10	25	癸丑
12	13	10	26	甲寅
12	14	10	27	乙卯
12	15	10	28	丙辰
12	16	10	29	丁巳
12	17	11	1	戊午
12	18	11	2	己未
12	19	11	3	庚申
12	20	11	4	辛酉
12	21	11	5	壬戌
12	22	11	6	癸亥
12	23	11	7	甲子
12	24	11	8	乙丑
12	25	11	9	丙寅
12	26	11	10	丁卯
12	27	11	11	戊辰
12	28	11	12	己巳
12	29	11	13	庚午
12	30	11	14	辛未
12	31	11	15	壬申
1	1	11	16	癸酉
1	2	11	17	甲戌
1	3	11	18	乙亥
1	4	11	19	丙子

月：辛丑　節氣：小寒 1/5 8時33分 辰時　中氣：大寒 1/20 1時53分 丑時

國曆		農曆		干支
1	5	11	20	丁丑
1	6	11	21	戊寅
1	7	11	22	己卯
1	8	11	23	庚辰
1	9	11	24	辛巳
1	10	11	25	壬午
1	11	11	26	癸未
1	12	11	27	甲申
1	13	11	28	乙酉
1	14	11	29	丙戌
1	15	11	30	丁亥
1	16	12	1	戊子
1	17	12	2	己丑
1	18	12	3	庚寅
1	19	12	4	辛卯
1	20	12	5	壬辰
1	21	12	6	癸巳
1	22	12	7	甲午
1	23	12	8	乙未
1	24	12	9	丙申
1	25	12	10	丁酉
1	26	12	11	戊戌
1	27	12	12	己亥
1	28	12	13	庚子
1	29	12	14	辛丑
1	30	12	15	壬寅
1	31	12	16	癸卯
2	1	12	17	甲辰
2	2	12	18	乙巳

年	丁巳																													
月	壬寅					癸卯					甲辰					乙巳					丙午					丁未				
節氣	立春					驚蟄					清明					立夏					芒種					小暑				
	2/3 20時10分 戌時					3/5 14時5分 未時					4/4 18時43分 酉時					5/5 11時48分 午時					6/5 15時46分 申時					7/7 1時54分 丑時				
日	國曆		農曆		干支	國曆		農曆		干支	國曆		農曆		干支	國曆		農曆		干支	國曆		農曆		干支	國曆		農曆		干支
中華民國一百二十六年 蛇 2037	2	3	12	19	丙午	3	5	1	19	丙子	4	4	2	19	丙午	5	5	3	20	丁丑	6	5	4	22	戊申	7	7	5	24	庚辰
	2	4	12	20	丁未	3	6	1	20	丁丑	4	5	2	20	丁未	5	6	3	21	戊寅	6	6	4	23	己酉	7	8	5	25	辛巳
	2	5	12	21	戊申	3	7	1	21	戊寅	4	6	2	21	戊申	5	7	3	22	己卯	6	7	4	24	庚戌	7	9	5	26	壬午
	2	6	12	22	己酉	3	8	1	22	己卯	4	7	2	22	己酉	5	8	3	23	庚辰	6	8	4	25	辛亥	7	10	5	27	癸未
	2	7	12	23	庚戌	3	9	1	23	庚辰	4	8	2	23	庚戌	5	9	3	24	辛巳	6	9	4	26	壬子	7	11	5	28	甲申
	2	8	12	24	辛亥	3	10	1	24	辛巳	4	9	2	24	辛亥	5	10	3	25	壬午	6	10	4	27	癸丑	7	12	5	29	乙酉
	2	9	12	25	壬子	3	11	1	25	壬午	4	10	2	25	壬子	5	11	3	26	癸未	6	11	4	28	甲寅	7	13	6	1	丙戌
	2	10	12	26	癸丑	3	12	1	26	癸未	4	11	2	26	癸丑	5	12	3	27	甲申	6	12	4	29	乙卯	7	14	6	2	丁亥
	2	11	12	27	甲寅	3	13	1	27	甲申	4	12	2	27	甲寅	5	13	3	28	乙酉	6	13	4	30	丙辰	7	15	6	3	戊子
	2	12	12	28	乙卯	3	14	1	28	乙酉	4	13	2	28	乙卯	5	14	3	29	丙戌	6	14	5	1	丁巳	7	16	6	4	己丑
	2	13	12	29	丙辰	3	15	1	29	丙戌	4	14	2	29	丙辰	5	15	4	1	丁亥	6	15	5	2	戊午	7	17	6	5	庚寅
	2	14	12	30	丁巳	3	16	1	30	丁亥	4	15	2	30	丁巳	5	16	4	2	戊子	6	16	5	3	己未	7	18	6	6	辛卯
	2	15	1	1	戊午	3	17	2	1	戊子	4	16	3	1	戊午	5	17	4	3	己丑	6	17	5	4	庚申	7	19	6	7	壬辰
	2	16	1	2	己未	3	18	2	2	己丑	4	17	3	2	己未	5	18	4	4	庚寅	6	18	5	5	辛酉	7	20	6	8	癸巳
	2	17	1	3	庚申	3	19	2	3	庚寅	4	18	3	3	庚申	5	19	4	5	辛卯	6	19	5	6	壬戌	7	21	6	9	甲午
	2	18	1	4	辛酉	3	20	2	4	辛卯	4	19	3	4	辛酉	5	20	4	6	壬辰	6	20	5	7	癸亥	7	22	6	10	乙未
	2	19	1	5	壬戌	3	21	2	5	壬辰	4	20	3	5	壬戌	5	21	4	7	癸巳	6	21	5	8	甲子	7	23	6	11	丙申
	2	20	1	6	癸亥	3	22	2	6	癸巳	4	21	3	6	癸亥	5	22	4	8	甲午	6	22	5	9	乙丑	7	24	6	12	丁酉
	2	21	1	7	甲子	3	23	2	7	甲午	4	22	3	7	甲子	5	23	4	9	乙未	6	23	5	10	丙寅	7	25	6	13	戊戌
	2	22	1	8	乙丑	3	24	2	8	乙未	4	23	3	8	乙丑	5	24	4	10	丙申	6	24	5	11	丁卯	7	26	6	14	己亥
	2	23	1	9	丙寅	3	25	2	9	丙申	4	24	3	9	丙寅	5	25	4	11	丁酉	6	25	5	12	戊辰	7	27	6	15	庚子
	2	24	1	10	丁卯	3	26	2	10	丁酉	4	25	3	10	丁卯	5	26	4	12	戊戌	6	26	5	13	己巳	7	28	6	16	辛丑
	2	25	1	11	戊辰	3	27	2	11	戊戌	4	26	3	11	戊辰	5	27	4	13	己亥	6	27	5	14	庚午	7	29	6	17	壬寅
	2	26	1	12	己巳	3	28	2	12	己亥	4	27	3	12	己巳	5	28	4	14	庚子	6	28	5	15	辛未	7	30	6	18	癸卯
	2	27	1	13	庚午	3	29	2	13	庚子	4	28	3	13	庚午	5	29	4	15	辛丑	6	29	5	16	壬申	7	31	6	19	甲辰
	2	28	1	14	辛未	3	30	2	14	辛丑	4	29	3	14	辛未	5	30	4	16	壬寅	6	30	5	17	癸酉	8	1	6	20	乙巳
	3	1	1	15	壬申	3	31	2	15	壬寅	4	30	3	15	壬申	5	31	4	17	癸卯	7	1	5	18	甲戌	8	2	6	21	丙午
	3	2	1	16	癸酉	4	1	2	16	癸卯	5	1	3	16	癸酉	6	1	4	18	甲辰	7	2	5	19	乙亥	8	3	6	22	丁未
	3	3	1	17	甲戌	4	2	2	17	甲辰	5	2	3	17	甲戌	6	2	4	19	乙巳	7	3	5	20	丙子	8	4	6	23	戊申
	3	4	1	18	乙亥	4	3	2	18	乙巳	5	3	3	18	乙亥	6	3	4	20	丙午	7	4	5	21	丁丑	8	5	6	24	己酉
											5	4	3	19	丙子	6	4	4	21	丁未	7	5	5	22	戊寅	8	6	6	25	庚戌
																					7	6	5	23	己卯					
中氣	雨水					春分					穀雨					小滿					夏至					大暑				
	2/18 15時58分 申時					3/20 14時49分 未時					4/20 1時39分 丑時					5/21 0時34分 子時					6/21 8時21分 辰時					7/22 19時11分 戌時				

丁巳																														年
戊申					己酉					庚戌					辛亥					壬子					癸丑					月
立秋					白露					寒露					立冬					大雪					小寒					節氣
8/7 11時42分 午時					9/7 14時44分 未時					10/8 6時37分 卯時					11/7 10時3分 巳時					12/7 3時6分 寅時					1/5 14時26分 未時					
國曆		農曆		干支	國曆		農曆		干支	國曆		農曆		干支	國曆		農曆		干支	國曆		農曆		干支	國曆		農曆		干支	日
8	7	6	26	辛亥	9	7	7	28	壬午	10	8	8	29	癸丑	11	7	10	1	癸未	12	7	11	1	癸丑	1	5	12	1	壬午	中華民國一百二十六、一百二十七年 蛇
8	8	6	27	壬子	9	8	7	29	癸未	10	9	9	1	甲寅	11	8	10	2	甲申	12	8	11	2	甲寅	1	6	12	2	癸未	
8	9	6	28	癸丑	9	9	7	30	甲申	10	10	9	2	乙卯	11	9	10	3	乙酉	12	9	11	3	乙卯	1	7	12	3	甲申	
8	10	6	29	甲寅	9	10	8	1	乙酉	10	11	9	3	丙辰	11	10	10	4	丙戌	12	10	11	4	丙辰	1	8	12	4	乙酉	
8	11	7	1	乙卯	9	11	8	2	丙戌	10	12	9	4	丁巳	11	11	10	5	丁亥	12	11	11	5	丁巳	1	9	12	5	丙戌	
8	12	7	2	丙辰	9	12	8	3	丁亥	10	13	9	5	戊午	11	12	10	6	戊子	12	12	11	6	戊午	1	10	12	6	丁亥	
8	13	7	3	丁巳	9	13	8	4	戊子	10	14	9	6	己未	11	13	10	7	己丑	12	13	11	7	己未	1	11	12	7	戊子	
8	14	7	4	戊午	9	14	8	5	己丑	10	15	9	7	庚申	11	14	10	8	庚寅	12	14	11	8	庚申	1	12	12	8	己丑	
8	15	7	5	己未	9	15	8	6	庚寅	10	16	9	8	辛酉	11	15	10	9	辛卯	12	15	11	9	辛酉	1	13	12	9	庚寅	
8	16	7	6	庚申	9	16	8	7	辛卯	10	17	9	9	壬戌	11	16	10	10	壬辰	12	16	11	10	壬戌	1	14	12	10	辛卯	
8	17	7	7	辛酉	9	17	8	8	壬辰	10	18	9	10	癸亥	11	17	10	11	癸巳	12	17	11	11	癸亥	1	15	12	11	壬辰	
8	18	7	8	壬戌	9	18	8	9	癸巳	10	19	9	11	甲子	11	18	10	12	甲午	12	18	11	12	甲子	1	16	12	12	癸巳	
8	19	7	9	癸亥	9	19	8	10	甲午	10	20	9	12	乙丑	11	19	10	13	乙未	12	19	11	13	乙丑	1	17	12	13	甲午	
8	20	7	10	甲子	9	20	8	11	乙未	10	21	9	13	丙寅	11	20	10	14	丙申	12	20	11	14	丙寅	1	18	12	14	乙未	
8	21	7	11	乙丑	9	21	8	12	丙申	10	22	9	14	丁卯	11	21	10	15	丁酉	12	21	11	15	丁卯	1	19	12	15	丙申	
8	22	7	12	丙寅	9	22	8	13	丁酉	10	23	9	15	戊辰	11	22	10	16	戊戌	12	22	11	16	戊辰	1	20	12	16	丁酉	
8	23	7	13	丁卯	9	23	8	14	戊戌	10	24	9	16	己巳	11	23	10	17	己亥	12	23	11	17	己巳	1	21	12	17	戊戌	
8	24	7	14	戊辰	9	24	8	15	己亥	10	25	9	17	庚午	11	24	10	18	庚子	12	24	11	18	庚午	1	22	12	18	己亥	
8	25	7	15	己巳	9	25	8	16	庚子	10	26	9	18	辛未	11	25	10	19	辛丑	12	25	11	19	辛未	1	23	12	19	庚子	
8	26	7	16	庚午	9	26	8	17	辛丑	10	27	9	19	壬申	11	26	10	20	壬寅	12	26	11	20	壬申	1	24	12	20	辛丑	
8	27	7	17	辛未	9	27	8	18	壬寅	10	28	9	20	癸酉	11	27	10	21	癸卯	12	27	11	21	癸酉	1	25	12	21	壬寅	2037、2038
8	28	7	18	壬申	9	28	8	19	癸卯	10	29	9	21	甲戌	11	28	10	22	甲辰	12	28	11	22	甲戌	1	26	12	22	癸卯	
8	29	7	19	癸酉	9	29	8	20	甲辰	10	30	9	22	乙亥	11	29	10	23	乙巳	12	29	11	23	乙亥	1	27	12	23	甲辰	
8	30	7	20	甲戌	9	30	8	21	乙巳	10	31	9	23	丙子	11	30	10	24	丙午	12	30	11	24	丙子	1	28	12	24	乙巳	
8	31	7	21	乙亥	10	1	8	22	丙午	11	1	9	24	丁丑	12	1	10	25	丁未	12	31	11	25	丁丑	1	29	12	25	丙午	
	1	7	22	丙子	10	2	8	23	丁未	11	2	9	25	戊寅	12	2	10	26	戊申	1	1	11	26	戊寅	1	30	12	26	丁未	
	2	7	23	丁丑	10	3	8	24	戊申	11	3	9	26	己卯	12	3	10	27	己酉	1	2	11	27	己卯	1	31	12	27	戊申	
	3	7	24	戊寅	10	4	8	25	己酉	11	4	9	27	庚辰	12	4	10	28	庚戌	1	3	11	28	庚辰	2	1	12	28	己酉	
	4	7	25	己卯	10	5	8	26	庚戌	11	5	9	28	辛巳	12	5	10	29	辛亥	1	4	11	29	辛巳	2	2	12	29	庚戌	
	5	7	26	庚辰	10	6	8	27	辛亥	11	6	9	29	壬午	12	6	10	30	壬子						2	3	12	30	辛亥	
	6	7	27	辛巳	10	7	8	28	壬子																					
處暑					秋分					霜降					小雪					冬至					大寒					中氣
23 2時21分 丑時					9/23 0時12分 子時					10/23 9時49分 巳時					11/22 7時37分 辰時					12/21 21時7分 亥時					1/20 7時48分 辰時					

年	戊午																													
月	甲寅					乙卯					丙辰					丁巳					戊午					己未				
節氣	立春					驚蟄					清明					立夏					芒種					小暑				
	2/4 2時3分 丑時					3/5 19時54分 戌時					4/5 0時28分 子時					5/5 17時30分 酉時					6/5 21時24分 亥時					7/7 7時31分 辰時				
日	國曆		農曆		干支	國曆		農曆		干支	國曆		農曆		干支	國曆		農曆		干支	國曆		農曆		干支	國曆		農曆		干支
中華民國一百二十七年 馬 2038	2	4	1	1	壬子	3	5	1	30	辛巳	4	5	3	1	壬子	5	5	4	2	壬午	6	5	5	3	癸丑	7	7	6	6	乙酉
	2	5	1	2	癸丑	3	6	2	1	壬午	4	6	3	2	癸丑	5	6	4	3	癸未	6	6	5	4	甲寅	7	8	6	7	丙戌
	2	6	1	3	甲寅	3	7	2	2	癸未	4	7	3	3	甲寅	5	7	4	4	甲申	6	7	5	5	乙卯	7	9	6	8	丁亥
	2	7	1	4	乙卯	3	8	2	3	甲申	4	8	3	4	乙卯	5	8	4	5	乙酉	6	8	5	6	丙辰	7	10	6	9	戊子
	2	8	1	5	丙辰	3	9	2	4	乙酉	4	9	3	5	丙辰	5	9	4	6	丙戌	6	9	5	7	丁巳	7	11	6	10	己丑
	2	9	1	6	丁巳	3	10	2	5	丙戌	4	10	3	6	丁巳	5	10	4	7	丁亥	6	10	5	8	戊午	7	12	6	11	庚寅
	2	10	1	7	戊午	3	11	2	6	丁亥	4	11	3	7	戊午	5	11	4	8	戊子	6	11	5	9	己未	7	13	6	12	辛卯
	2	11	1	8	己未	3	12	2	7	戊子	4	12	3	8	己未	5	12	4	9	己丑	6	12	5	10	庚申	7	14	6	13	壬辰
	2	12	1	9	庚申	3	13	2	8	己丑	4	13	3	9	庚申	5	13	4	10	庚寅	6	13	5	11	辛酉	7	15	6	14	癸巳
	2	13	1	10	辛酉	3	14	2	9	庚寅	4	14	3	10	辛酉	5	14	4	11	辛卯	6	14	5	12	壬戌	7	16	6	15	甲午
	2	14	1	11	壬戌	3	15	2	10	辛卯	4	15	3	11	壬戌	5	15	4	12	壬辰	6	15	5	13	癸亥	7	17	6	16	乙未
	2	15	1	12	癸亥	3	16	2	11	壬辰	4	16	3	12	癸亥	5	16	4	13	癸巳	6	16	5	14	甲子	7	18	6	17	丙申
	2	16	1	13	甲子	3	17	2	12	癸巳	4	17	3	13	甲子	5	17	4	14	甲午	6	17	5	15	乙丑	7	19	6	18	丁酉
	2	17	1	14	乙丑	3	18	2	13	甲午	4	18	3	14	乙丑	5	18	4	15	乙未	6	18	5	16	丙寅	7	20	6	19	戊戌
	2	18	1	15	丙寅	3	19	2	14	乙未	4	19	3	15	丙寅	5	19	4	16	丙申	6	19	5	17	丁卯	7	21	6	20	己亥
	2	19	1	16	丁卯	3	20	2	15	丙申	4	20	3	16	丁卯	5	20	4	17	丁酉	6	20	5	18	戊辰	7	22	6	21	庚子
	2	20	1	17	戊辰	3	21	2	16	丁酉	4	21	3	17	戊辰	5	21	4	18	戊戌	6	21	5	19	己巳	7	23	6	22	辛丑
	2	21	1	18	己巳	3	22	2	17	戊戌	4	22	3	18	己巳	5	22	4	19	己亥	6	22	5	20	庚午	7	24	6	23	壬寅
	2	22	1	19	庚午	3	23	2	18	己亥	4	23	3	19	庚午	5	23	4	20	庚子	6	23	5	21	辛未	7	25	6	24	癸卯
	2	23	1	20	辛未	3	24	2	19	庚子	4	24	3	20	辛未	5	24	4	21	辛丑	6	24	5	22	壬申	7	26	6	25	甲辰
	2	24	1	21	壬申	3	25	2	20	辛丑	4	25	3	21	壬申	5	25	4	22	壬寅	6	25	5	23	癸酉	7	27	6	26	乙巳
	2	25	1	22	癸酉	3	26	2	21	壬寅	4	26	3	22	癸酉	5	26	4	23	癸卯	6	26	5	24	甲戌	7	28	6	27	丙午
	2	26	1	23	甲戌	3	27	2	22	癸卯	4	27	3	23	甲戌	5	27	4	24	甲辰	6	27	5	25	乙亥	7	29	6	28	丁未
	2	27	1	24	乙亥	3	28	2	23	甲辰	4	28	3	24	乙亥	5	28	4	25	乙巳	6	28	5	26	丙子	7	30	6	29	戊申
	2	28	1	25	丙子	3	29	2	24	乙巳	4	29	3	25	丙子	5	29	4	26	丙午	6	29	5	27	丁丑	7	31	6	30	己酉
	3	1	1	26	丁丑	3	30	2	25	丙午	4	30	3	26	丁丑	5	30	4	27	丁未	6	30	5	28	戊寅	8	1	7	1	庚戌
	3	2	1	27	戊寅	3	31	2	26	丁未	5	1	3	27	戊寅	5	31	4	28	戊申	7	1	5	29	己卯	8	2	7	2	辛亥
	3	3	1	28	己卯	4	1	2	27	戊申	5	2	3	28	己卯	6	1	4	29	己酉	7	2	6	1	庚辰	8	3	7	3	壬子
	3	4	1	29	庚辰	4	2	2	28	己酉	5	3	3	29	庚辰	6	2	4	30	庚戌	7	3	6	2	辛巳	8	4	7	4	癸丑
						4	3	2	29	庚戌	5	4	4	1	辛巳	6	3	5	1	辛亥	7	4	6	3	壬午	8	5	7	5	甲寅
						4	4	2	30	辛亥						6	4	5	2	壬子	7	5	6	4	癸未	8	6	7	6	乙卯
																					7	6	6	5	甲申					
中氣	雨水					春分					穀雨					小滿					夏至					大暑				
	2/18 21時51分 亥時					3/20 20時39分 戌時					4/20 7時27分 辰時					5/21 6時22分 卯時					6/21 14時8分 未時					7/23 0時59分 子時				

戊午																														年
庚申					辛酉					壬戌					癸亥					甲子					乙丑					月
立秋					白露					寒露					立冬					大雪					小寒					節氣
8/7 17時20分 酉時					9/7 20時25分 戌時					10/8 12時20分 午時					11/7 15時50分 申時					12/7 8時55分 辰時					1/5 20時15分 戌時					
國曆		農曆		干支	國曆		農曆		干支	國曆		農曆		干支	國曆		農曆		干支	國曆		農曆		干支	國曆		農曆		干支	日
8	7	7	7	丙辰	9	7	8	9	丁亥	10	8	9	10	戊午	11	7	10	11	戊子	12	7	11	12	戊午	1	5	12	11	丁亥	中華民國一百二十七、一百二十八年 馬 2038、2039
8	8	7	8	丁巳	9	8	8	10	戊子	10	9	9	11	己未	11	8	10	12	己丑	12	8	11	13	己未	1	6	12	12	戊子	
8	9	7	9	戊午	9	9	8	11	己丑	10	10	9	12	庚申	11	9	10	13	庚寅	12	9	11	14	庚申	1	7	12	13	己丑	
8	10	7	10	己未	9	10	8	12	庚寅	10	11	9	13	辛酉	11	10	10	14	辛卯	12	10	11	15	辛酉	1	8	12	14	庚寅	
8	11	7	11	庚申	9	11	8	13	辛卯	10	12	9	14	壬戌	11	11	10	15	壬辰	12	11	11	16	壬戌	1	9	12	15	辛卯	
8	12	7	12	辛酉	9	12	8	14	壬辰	10	13	9	15	癸亥	11	12	10	16	癸巳	12	12	11	17	癸亥	1	10	12	16	壬辰	
8	13	7	13	壬戌	9	13	8	15	癸巳	10	14	9	16	甲子	11	13	10	17	甲午	12	13	11	18	甲子	1	11	12	17	癸巳	
8	14	7	14	癸亥	9	14	8	16	甲午	10	15	9	17	乙丑	11	14	10	18	乙未	12	14	11	19	乙丑	1	12	12	18	甲午	
8	15	7	15	甲子	9	15	8	17	乙未	10	16	9	18	丙寅	11	15	10	19	丙申	12	15	11	20	丙寅	1	13	12	19	乙未	
8	16	7	16	乙丑	9	16	8	18	丙申	10	17	9	19	丁卯	11	16	10	20	丁酉	12	16	11	21	丁卯	1	14	12	20	丙申	
8	17	7	17	丙寅	9	17	8	19	丁酉	10	18	9	20	戊辰	11	17	10	21	戊戌	12	17	11	22	戊辰	1	15	12	21	丁酉	
8	18	7	18	丁卯	9	18	8	20	戊戌	10	19	9	21	己巳	11	18	10	22	己亥	12	18	11	23	己巳	1	16	12	22	戊戌	
8	19	7	19	戊辰	9	19	8	21	己亥	10	20	9	22	庚午	11	19	10	23	庚子	12	19	11	24	庚午	1	17	12	23	己亥	
8	20	7	20	己巳	9	20	8	22	庚子	10	21	9	23	辛未	11	20	10	24	辛丑	12	20	11	25	辛未	1	18	12	24	庚子	
8	21	7	21	庚午	9	21	8	23	辛丑	10	22	9	24	壬申	11	21	10	25	壬寅	12	21	11	26	壬申	1	19	12	25	辛丑	
8	22	7	22	辛未	9	22	8	24	壬寅	10	23	9	25	癸酉	11	22	10	26	癸卯	12	22	11	27	癸酉	1	20	12	26	壬寅	
8	23	7	23	壬申	9	23	8	25	癸卯	10	24	9	26	甲戌	11	23	10	27	甲辰	12	23	11	28	甲戌	1	21	12	27	癸卯	
8	24	7	24	癸酉	9	24	8	26	甲辰	10	25	9	27	乙亥	11	24	10	28	乙巳	12	24	11	29	乙亥	1	22	12	28	甲辰	
8	25	7	25	甲戌	9	25	8	27	乙巳	10	26	9	28	丙子	11	25	10	29	丙午	12	25	11	30	丙子	1	23	12	29	乙巳	
8	26	7	26	乙亥	9	26	8	28	丙午	10	27	9	29	丁丑	11	26	11	1	丁未	12	26	12	1	丁丑	1	24	1	1	丙午	
8	27	7	27	丙子	9	27	8	29	丁未	10	28	10	1	戊寅	11	27	11	2	戊申	12	27	12	2	戊寅	1	25	1	2	丁未	
8	28	7	28	丁丑	9	28	8	30	戊申	10	29	10	2	己卯	11	28	11	3	己酉	12	28	12	3	己卯	1	26	1	3	戊申	
8	29	7	29	戊寅	9	29	9	1	己酉	10	30	10	3	庚辰	11	29	11	4	庚戌	12	29	12	4	庚辰	1	27	1	4	己酉	
8	30	8	1	己卯	9	30	9	2	庚戌	10	31	10	4	辛巳	11	30	11	5	辛亥	12	30	12	5	辛巳	1	28	1	5	庚戌	
8	31	8	2	庚辰	10	1	9	3	辛亥	11	1	10	5	壬午	12	1	11	6	壬子	12	31	12	6	壬午	1	29	1	6	辛亥	
9	1	8	3	辛巳	10	2	9	4	壬子	11	2	10	6	癸未	12	2	11	7	癸丑	1	1	12	7	癸未	1	30	1	7	壬子	
9	2	8	4	壬午	10	3	9	5	癸丑	11	3	10	7	甲申	12	3	11	8	甲寅	1	2	12	8	甲申	1	31	1	8	癸丑	
9	3	8	5	癸未	10	4	9	6	甲寅	11	4	10	8	乙酉	12	4	11	9	乙卯	1	3	12	9	乙酉	2	1	1	9	甲寅	
9	4	8	6	甲申	10	5	9	7	乙卯	11	5	10	9	丙戌	12	5	11	10	丙辰	1	4	12	10	丙戌	2	2	1	10	乙卯	
9	5	8	7	乙酉	10	6	9	8	丙辰	11	6	10	10	丁亥	12	6	11	11	丁巳						2	3	1	11	丙辰	
9	6	8	8	丙戌	10	7	9	9	丁巳																					
處暑					秋分					霜降					小雪					冬至					大寒					中氣
8/23 8時9分 辰時					9/23 6時1分 卯時					10/23 15時39分 申時					11/22 13時30分 未時					12/22 3時1分 寅時					1/20 13時42分 未時					

年	己未																													
月	丙寅					丁卯					戊辰					己巳					庚午					辛未				
節氣	立春					驚蟄					清明					立夏					芒種					小暑				
	2/4 7時52分 辰時					3/6 1時42分 丑時					4/5 6時15分 卯時					5/5 23時17分 子時					6/6 3時14分 寅時					7/7 13時25分 未時				
日	國曆		農曆		干支	國曆		農曆		干支	國曆		農曆		干支	國曆		農曆		干支	國曆		農曆		干支	國曆		農曆		干支
中華民國一百二十八年 羊 2039	2	4	1	12	丁巳	3	6	2	12	丁亥	4	5	3	12	丁巳	5	5	4	13	丁亥	6	6	5	15	己未	7	7	5̲	16	庚寅
	2	5	1	13	戊午	3	7	2	13	戊子	4	6	3	13	戊午	5	6	4	14	戊子	6	7	5	16	庚申	7	8	5̲	17	辛卯
	2	6	1	14	己未	3	8	2	14	己丑	4	7	3	14	己未	5	7	4	15	己丑	6	8	5	17	辛酉	7	9	5̲	18	壬辰
	2	7	1	15	庚申	3	9	2	15	庚寅	4	8	3	15	庚申	5	8	4	16	庚寅	6	9	5	18	壬戌	7	10	5̲	19	癸巳
	2	8	1	16	辛酉	3	10	2	16	辛卯	4	9	3	16	辛酉	5	9	4	17	辛卯	6	10	5	19	癸亥	7	11	5̲	20	甲午
	2	9	1	17	壬戌	3	11	2	17	壬辰	4	10	3	17	壬戌	5	10	4	18	壬辰	6	11	5	20	甲子	7	12	5̲	21	乙未
	2	10	1	18	癸亥	3	12	2	18	癸巳	4	11	3	18	癸亥	5	11	4	19	癸巳	6	12	5	21	乙丑	7	13	5̲	22	丙申
	2	11	1	19	甲子	3	13	2	19	甲午	4	12	3	19	甲子	5	12	4	20	甲午	6	13	5	22	丙寅	7	14	5̲	23	丁酉
	2	12	1	20	乙丑	3	14	2	20	乙未	4	13	3	20	乙丑	5	13	4	21	乙未	6	14	5	23	丁卯	7	15	5̲	24	戊戌
	2	13	1	21	丙寅	3	15	2	21	丙申	4	14	3	21	丙寅	5	14	4	22	丙申	6	15	5	24	戊辰	7	16	5̲	25	己亥
	2	14	1	22	丁卯	3	16	2	22	丁酉	4	15	3	22	丁卯	5	15	4	23	丁酉	6	16	5	25	己巳	7	17	5̲	26	庚子
	2	15	1	23	戊辰	3	17	2	23	戊戌	4	16	3	23	戊辰	5	16	4	24	戊戌	6	17	5	26	庚午	7	18	5̲	27	辛丑
	2	16	1	24	己巳	3	18	2	24	己亥	4	17	3	24	己巳	5	17	4	25	己亥	6	18	5	27	辛未	7	19	5̲	28	壬寅
	2	17	1	25	庚午	3	19	2	25	庚子	4	18	3	25	庚午	5	18	4	26	庚子	6	19	5	28	壬申	7	20	5̲	29	癸卯
	2	18	1	26	辛未	3	20	2	26	辛丑	4	19	3	26	辛未	5	19	4	27	辛丑	6	20	5	29	癸酉	7	21	6	1	甲辰
	2	19	1	27	壬申	3	21	2	27	壬寅	4	20	3	27	壬申	5	20	4	28	壬寅	6	21	5	30	甲戌	7	22	6	2	乙巳
	2	20	1	28	癸酉	3	22	2	28	癸卯	4	21	3	28	癸酉	5	21	4	29	癸卯	6	22	閏5	1	乙亥	7	23	6	3	丙午
	2	21	1	29	甲戌	3	23	2	29	甲辰	4	22	3	29	甲戌	5	22	4	30	甲辰	6	23	5̲	2	丙子	7	24	6	4	丁未
	2	22	1	30	乙亥	3	24	2	30	乙巳	4	23	4	1	乙亥	5	23	5	1	乙巳	6	24	5̲	3	丁丑	7	25	6	5	戊申
	2	23	2	1	丙子	3	25	3	1	丙午	4	24	4	2	丙子	5	24	5	2	丙午	6	25	5̲	4	戊寅	7	26	6	6	己酉
	2	24	2	2	丁丑	3	26	3	2	丁未	4	25	4	3	丁丑	5	25	5	3	丁未	6	26	5̲	5	己卯	7	27	6	7	庚戌
	2	25	2	3	戊寅	3	27	3	3	戊申	4	26	4	4	戊寅	5	26	5	4	戊申	6	27	5̲	6	庚辰	7	28	6	8	辛亥
	2	26	2	4	己卯	3	28	3	4	己酉	4	27	4	5	己卯	5	27	5	5	己酉	6	28	5̲	7	辛巳	7	29	6	9	壬子
	2	27	2	5	庚辰	3	29	3	5	庚戌	4	28	4	6	庚辰	5	28	5	6	庚戌	6	29	5̲	8	壬午	7	30	6	10	癸丑
	2	28	2	6	辛巳	3	30	3	6	辛亥	4	29	4	7	辛巳	5	29	5	7	辛亥	6	30	5̲	9	癸未	7	31	6	11	甲寅
	3	1	2	7	壬午	3	31	3	7	壬子	4	30	4	8	壬午	5	30	5	8	壬子	7	1	5̲	10	甲申	8	1	6	12	乙卯
	3	2	2	8	癸未	4	1	3	8	癸丑	5	1	4	9	癸未	5	31	5	9	癸丑	7	2	5̲	11	乙酉	8	2	6	13	丙辰
	3	3	2	9	甲申	4	2	3	9	甲寅	5	2	4	10	甲申	6	1	5	10	甲寅	7	3	5̲	12	丙戌	8	3	6	14	丁巳
	3	4	2	10	乙酉	4	3	3	10	乙卯	5	3	4	11	乙酉	6	2	5	11	乙卯	7	4	5̲	13	丁亥	8	4	6	15	戊午
	3	5	2	11	丙戌	4	4	3	11	丙辰	5	4	4	12	丙戌	6	3	5	12	丙辰	7	5	5̲	14	戊子	8	5	6	16	己未
																6	4	5	13	丁巳	7	6	5̲	15	己丑	8	6	6	17	庚申
																6	5	5	14	戊午										
中氣	雨水					春分					穀雨					小滿					夏至					大暑				
	2/19 3時45分 寅時					3/21 2時31分 丑時					4/20 13時17分 未時					5/21 12時10分 午時					6/21 19時56分 戌時					7/23 6時47分 卯時				

己未																														年
壬申					癸酉					甲戌					乙亥					丙子					丁丑					月
立秋					白露					寒露					立冬					大雪					小寒					節氣
8/7 23時17分 子時					9/8 2時23分 丑時					10/8 18時16分 酉時					11/7 21時42分 亥時					12/7 14時44分 未時					1/6 2時2分 丑時					
國曆		農曆		干支	國曆		農曆		干支	國曆		農曆		干支	國曆		農曆		干支	國曆		農曆		干支	國曆		農曆		干支	日
8	7	6	18	辛酉	9	8	7	20	癸巳	10	8	8	21	癸亥	11	7	9	21	癸巳	12	7	10	22	癸亥	1	6	11	22	癸巳	中華民國一百二十八、一百二十九年 羊 2039、2040
8	8	6	19	壬戌	9	9	7	21	甲午	10	9	8	22	甲子	11	8	9	22	甲午	12	8	10	23	甲子	1	7	11	23	甲午	
8	9	6	20	癸亥	9	10	7	22	乙未	10	10	8	23	乙丑	11	9	9	23	乙未	12	9	10	24	乙丑	1	8	11	24	乙未	
8	10	6	21	甲子	9	11	7	23	丙申	10	11	8	24	丙寅	11	10	9	24	丙申	12	10	10	25	丙寅	1	9	11	25	丙申	
8	11	6	22	乙丑	9	12	7	24	丁酉	10	12	8	25	丁卯	11	11	9	25	丁酉	12	11	10	26	丁卯	1	10	11	26	丁酉	
8	12	6	23	丙寅	9	13	7	25	戊戌	10	13	8	26	戊辰	11	12	9	26	戊戌	12	12	10	27	戊辰	1	11	11	27	戊戌	
8	13	6	24	丁卯	9	14	7	26	己亥	10	14	8	27	己巳	11	13	9	27	己亥	12	13	10	28	己巳	1	12	11	28	己亥	
8	14	6	25	戊辰	9	15	7	27	庚子	10	15	8	28	庚午	11	14	9	28	庚子	12	14	10	29	庚午	1	13	11	29	庚子	
8	15	6	26	己巳	9	16	7	28	辛丑	10	16	8	29	辛未	11	15	9	29	辛丑	12	15	10	30	辛未	1	14	12	1	辛丑	
8	16	6	27	庚午	9	17	7	29	壬寅	10	17	8	30	壬申	11	16	10	1	壬寅	12	16	11	1	壬申	1	15	12	2	壬寅	
8	17	6	28	辛未	9	18	8	1	癸卯	10	18	9	1	癸酉	11	17	10	2	癸卯	12	17	11	2	癸酉	1	16	12	3	癸卯	
8	18	6	29	壬申	9	19	8	2	甲辰	10	19	9	2	甲戌	11	18	10	3	甲辰	12	18	11	3	甲戌	1	17	12	4	甲辰	
8	19	6	30	癸酉	9	20	8	3	乙巳	10	20	9	3	乙亥	11	19	10	4	乙巳	12	19	11	4	乙亥	1	18	12	5	乙巳	
8	20	7	1	甲戌	9	21	8	4	丙午	10	21	9	4	丙子	11	20	10	5	丙午	12	20	11	5	丙子	1	19	12	6	丙午	
8	21	7	2	乙亥	9	22	8	5	丁未	10	22	9	5	丁丑	11	21	10	6	丁未	12	21	11	6	丁丑	1	20	12	7	丁未	
8	22	7	3	丙子	9	23	8	6	戊申	10	23	9	6	戊寅	11	22	10	7	戊申	12	22	11	7	戊寅	1	21	12	8	戊申	
8	23	7	4	丁丑	9	24	8	7	己酉	10	24	9	7	己卯	11	23	10	8	己酉	12	23	11	8	己卯	1	22	12	9	己酉	
8	24	7	5	戊寅	9	25	8	8	庚戌	10	25	9	8	庚辰	11	24	10	9	庚戌	12	24	11	9	庚辰	1	23	12	10	庚戌	
8	25	7	6	己卯	9	26	8	9	辛亥	10	26	9	9	辛巳	11	25	10	10	辛亥	12	25	11	10	辛巳	1	24	12	11	辛亥	
8	26	7	7	庚辰	9	27	8	10	壬子	10	27	9	10	壬午	11	26	10	11	壬子	12	26	11	11	壬午	1	25	12	12	壬子	
8	27	7	8	辛巳	9	28	8	11	癸丑	10	28	9	11	癸未	11	27	10	12	癸丑	12	27	11	12	癸未	1	26	12	13	癸丑	
8	28	7	9	壬午	9	29	8	12	甲寅	10	29	9	12	甲申	11	28	10	13	甲寅	12	28	11	13	甲申	1	27	12	14	甲寅	
8	29	7	10	癸未	9	30	8	13	乙卯	10	30	9	13	乙酉	11	29	10	14	乙卯	12	29	11	14	乙酉	1	28	12	15	乙卯	
8	30	7	11	甲申	10	1	8	14	丙辰	10	31	9	14	丙戌	11	30	10	15	丙辰	12	30	11	15	丙戌	1	29	12	16	丙辰	
8	31	7	12	乙酉	10	2	8	15	丁巳	11	1	9	15	丁亥	12	1	10	16	丁巳	12	31	11	16	丁亥	1	30	12	17	丁巳	
9	1	7	13	丙戌	10	3	8	16	戊午	11	2	9	16	戊子	12	2	10	17	戊午	1	1	11	17	戊子	1	31	12	18	戊午	
9	2	7	14	丁亥	10	4	8	17	己未	11	3	9	17	己丑	12	3	10	18	己未	1	2	11	18	己丑	2	1	12	19	己未	
9	3	7	15	戊子	10	5	8	18	庚申	11	4	9	18	庚寅	12	4	10	19	庚申	1	3	11	19	庚寅	2	2	12	20	庚申	
9	4	7	16	己丑	10	6	8	19	辛酉	11	5	9	19	辛卯	12	5	10	20	辛酉	1	4	11	20	辛卯	2	3	12	21	辛酉	
9	5	7	17	庚寅	10	7	8	20	壬戌	11	6	9	20	壬辰	12	6	10	21	壬戌	1	5	11	21	壬辰						
9	6	7	18	辛卯																										
9	7	7	19	壬辰																										
處暑					秋分					霜降					小雪					冬至					大寒					中氣
8/23 13時57分 未時					9/23 11時48分 午時					10/23 21時24分 亥時					11/22 19時11分 戌時					12/22 8時39分 辰時					1/20 19時20分 戌時					

年	庚申																													
月	戊寅					己卯					庚辰					辛巳					壬午					癸未				
節氣	立春					驚蟄					清明					立夏					芒種					小暑				
	2/4 13時39分 未時					3/5 7時30分 辰時					4/4 12時4分 午時					5/5 5時8分 卯時					6/5 9時7分 巳時					7/6 19時18分 戌時				
日	國曆		農曆		干支	國曆		農曆		干支	國曆		農曆		干支	國曆		農曆		干支	國曆		農曆		干支	國曆		農曆		干支
中華民國一百二十九年 猴 2040	2	4	12	22	壬戌	3	5	1	23	壬辰	4	4	2	23	壬戌	5	5	3	25	癸巳	6	5	4	26	甲子	7	6	5	27	乙未
	2	5	12	23	癸亥	3	6	1	24	癸巳	4	5	2	24	癸亥	5	6	3	26	甲午	6	6	4	27	乙丑	7	7	5	28	丙申
	2	6	12	24	甲子	3	7	1	25	甲午	4	6	2	25	甲子	5	7	3	27	乙未	6	7	4	28	丙寅	7	8	5	29	丁酉
	2	7	12	25	乙丑	3	8	1	26	乙未	4	7	2	26	乙丑	5	8	3	28	丙申	6	8	4	29	丁卯	7	9	6	1	戊戌
	2	8	12	26	丙寅	3	9	1	27	丙申	4	8	2	27	丙寅	5	9	3	29	丁酉	6	9	4	30	戊辰	7	10	6	2	己亥
	2	9	12	27	丁卯	3	10	1	28	丁酉	4	9	2	28	丁卯	5	10	3	30	戊戌	6	10	5	1	己巳	7	11	6	3	庚子
	2	10	12	28	戊辰	3	11	1	29	戊戌	4	10	2	29	戊辰	5	11	4	1	己亥	6	11	5	2	庚午	7	12	6	4	辛丑
	2	11	12	29	己巳	3	12	1	30	己亥	4	11	3	1	己巳	5	12	4	2	庚子	6	12	5	3	辛未	7	13	6	5	壬寅
	2	12	1	1	庚午	3	13	2	1	庚子	4	12	3	2	庚午	5	13	4	3	辛丑	6	13	5	4	壬申	7	14	6	6	癸卯
	2	13	1	2	辛未	3	14	2	2	辛丑	4	13	3	3	辛未	5	14	4	4	壬寅	6	14	5	5	癸酉	7	15	6	7	甲辰
	2	14	1	3	壬申	3	15	2	3	壬寅	4	14	3	4	壬申	5	15	4	5	癸卯	6	15	5	6	甲戌	7	16	6	8	乙巳
	2	15	1	4	癸酉	3	16	2	4	癸卯	4	15	3	5	癸酉	5	16	4	6	甲辰	6	16	5	7	乙亥	7	17	6	9	丙午
	2	16	1	5	甲戌	3	17	2	5	甲辰	4	16	3	6	甲戌	5	17	4	7	乙巳	6	17	5	8	丙子	7	18	6	10	丁未
	2	17	1	6	乙亥	3	18	2	6	乙巳	4	17	3	7	乙亥	5	18	4	8	丙午	6	18	5	9	丁丑	7	19	6	11	戊申
	2	18	1	7	丙子	3	19	2	7	丙午	4	18	3	8	丙子	5	19	4	9	丁未	6	19	5	10	戊寅	7	20	6	12	己酉
	2	19	1	8	丁丑	3	20	2	8	丁未	4	19	3	9	丁丑	5	20	4	10	戊申	6	20	5	11	己卯	7	21	6	13	庚戌
	2	20	1	9	戊寅	3	21	2	9	戊申	4	20	3	10	戊寅	5	21	4	11	己酉	6	21	5	12	庚辰	7	22	6	14	辛亥
	2	21	1	10	己卯	3	22	2	10	己酉	4	21	3	11	己卯	5	22	4	12	庚戌	6	22	5	13	辛巳	7	23	6	15	壬子
	2	22	1	11	庚辰	3	23	2	11	庚戌	4	22	3	12	庚辰	5	23	4	13	辛亥	6	23	5	14	壬午	7	24	6	16	癸丑
	2	23	1	12	辛巳	3	24	2	12	辛亥	4	23	3	13	辛巳	5	24	4	14	壬子	6	24	5	15	癸未	7	25	6	17	甲寅
	2	24	1	13	壬午	3	25	2	13	壬子	4	24	3	14	壬午	5	25	4	15	癸丑	6	25	5	16	甲申	7	26	6	18	乙卯
	2	25	1	14	癸未	3	26	2	14	癸丑	4	25	3	15	癸未	5	26	4	16	甲寅	6	26	5	17	乙酉	7	27	6	19	丙辰
	2	26	1	15	甲申	3	27	2	15	甲寅	4	26	3	16	甲申	5	27	4	17	乙卯	6	27	5	18	丙戌	7	28	6	20	丁巳
	2	27	1	16	乙酉	3	28	2	16	乙卯	4	27	3	17	乙酉	5	28	4	18	丙辰	6	28	5	19	丁亥	7	29	6	21	戊午
	2	28	1	17	丙戌	3	29	2	17	丙辰	4	28	3	18	丙戌	5	29	4	19	丁巳	6	29	5	20	戊子	7	30	6	22	己未
	2	29	1	18	丁亥	3	30	2	18	丁巳	4	29	3	19	丁亥	5	30	4	20	戊午	6	30	5	21	己丑	7	31	6	23	庚申
	3	1	1	19	戊子	3	31	2	19	戊午	4	30	3	20	戊子	5	31	4	21	己未	7	1	5	22	庚寅	8	1	6	24	辛酉
	3	2	1	20	己丑	4	1	2	20	己未	5	1	3	21	己丑	6	1	4	22	庚申	7	2	5	23	辛卯	8	2	6	25	壬戌
	3	3	1	21	庚寅	4	2	2	21	庚申	5	2	3	22	庚寅	6	2	4	23	辛酉	7	3	5	24	壬辰	8	3	6	26	癸亥
	3	4	1	22	辛卯	4	3	2	22	辛酉	5	3	3	23	辛卯	6	3	4	24	壬戌	7	4	5	25	癸巳	8	4	6	27	甲子
											5	4	3	24	壬辰	6	4	4	25	癸亥	7	5	5	26	甲午	8	5	6	28	乙丑
																										8	6	6	29	丙寅
中氣	雨水					春分					穀雨					小滿					夏至					大暑				
	2/19 9時23分 巳時					3/20 8時10分 辰時					4/19 18時58分 酉時					5/20 17時54分 酉時					6/21 1時45分 丑時					7/22 12時40分 午時				

庚申																														年
甲申					乙酉					丙戌					丁亥					戊子					己丑					月
立秋					白露					寒露					立冬					大雪					小寒					節氣
8/7 5時9分 卯時					9/7 8時13分 辰時					10/8 0時4分 子時					11/7 3時28分 寅時					12/6 20時29分 戌時					1/5 7時47分 辰時					
國曆		農曆		干支	國曆		農曆		干支	國曆		農曆		干支	國曆		農曆		干支	國曆		農曆		干支	國曆		農曆		干支	日
8	7	6	30	丁卯	9	7	8	2	戊戌	10	8	9	3	己巳	11	7	10	3	己亥	12	6	11	3	戊辰	1	5	12	3	戊戌	中華民國一百二十九、一百三十年 猴 2040、2041
8	8	7	1	戊辰	9	8	8	3	己亥	10	9	9	4	庚午	11	8	10	4	庚子	12	7	11	4	己巳	1	6	12	4	己亥	
8	9	7	2	己巳	9	9	8	4	庚子	10	10	9	5	辛未	11	9	10	5	辛丑	12	8	11	5	庚午	1	7	12	5	庚子	
8	10	7	3	庚午	9	10	8	5	辛丑	10	11	9	6	壬申	11	10	10	6	壬寅	12	9	11	6	辛未	1	8	12	6	辛丑	
8	11	7	4	辛未	9	11	8	6	壬寅	10	12	9	7	癸酉	11	11	10	7	癸卯	12	10	11	7	壬申	1	9	12	7	壬寅	
8	12	7	5	壬申	9	12	8	7	癸卯	10	13	9	8	甲戌	11	12	10	8	甲辰	12	11	11	8	癸酉	1	10	12	8	癸卯	
8	13	7	6	癸酉	9	13	8	8	甲辰	10	14	9	9	乙亥	11	13	10	9	乙巳	12	12	11	9	甲戌	1	11	12	9	甲辰	
8	14	7	7	甲戌	9	14	8	9	乙巳	10	15	9	10	丙子	11	14	10	10	丙午	12	13	11	10	乙亥	1	12	12	10	乙巳	
8	15	7	8	乙亥	9	15	8	10	丙午	10	16	9	11	丁丑	11	15	10	11	丁未	12	14	11	11	丙子	1	13	12	11	丙午	
8	16	7	9	丙子	9	16	8	11	丁未	10	17	9	12	戊寅	11	16	10	12	戊申	12	15	11	12	丁丑	1	14	12	12	丁未	
8	17	7	10	丁丑	9	17	8	12	戊申	10	18	9	13	己卯	11	17	10	13	己酉	12	16	11	13	戊寅	1	15	12	13	戊申	
8	18	7	11	戊寅	9	18	8	13	己酉	10	19	9	14	庚辰	11	18	10	14	庚戌	12	17	11	14	己卯	1	16	12	14	己酉	
8	19	7	12	己卯	9	19	8	14	庚戌	10	20	9	15	辛巳	11	19	10	15	辛亥	12	18	11	15	庚辰	1	17	12	15	庚戌	
8	20	7	13	庚辰	9	20	8	15	辛亥	10	21	9	16	壬午	11	20	10	16	壬子	12	19	11	16	辛巳	1	18	12	16	辛亥	
8	21	7	14	辛巳	9	21	8	16	壬子	10	22	9	17	癸未	11	21	10	17	癸丑	12	20	11	17	壬午	1	19	12	17	壬子	
8	22	7	15	壬午	9	22	8	17	癸丑	10	23	9	18	甲申	11	22	10	18	甲寅	12	21	11	18	癸未	1	20	12	18	癸丑	
8	23	7	16	癸未	9	23	8	18	甲寅	10	24	9	19	乙酉	11	23	10	19	乙卯	12	22	11	19	甲申	1	21	12	19	甲寅	
8	24	7	17	甲申	9	24	8	19	乙卯	10	25	9	20	丙戌	11	24	10	20	丙辰	12	23	11	20	乙酉	1	22	12	20	乙卯	
8	25	7	18	乙酉	9	25	8	20	丙辰	10	26	9	21	丁亥	11	25	10	21	丁巳	12	24	11	21	丙戌	1	23	12	21	丙辰	
8	26	7	19	丙戌	9	26	8	21	丁巳	10	27	9	22	戊子	11	26	10	22	戊午	12	25	11	22	丁亥	1	24	12	22	丁巳	
8	27	7	20	丁亥	9	27	8	22	戊午	10	28	9	23	己丑	11	27	10	23	己未	12	26	11	23	戊子	1	25	12	23	戊午	
8	28	7	21	戊子	9	28	8	23	己未	10	29	9	24	庚寅	11	28	10	24	庚申	12	27	11	24	己丑	1	26	12	24	己未	
8	29	7	22	己丑	9	29	8	24	庚申	10	30	9	25	辛卯	11	29	10	25	辛酉	12	28	11	25	庚寅	1	27	12	25	庚申	
8	30	7	23	庚寅	9	30	8	25	辛酉	10	31	9	26	壬辰	11	30	10	26	壬戌	12	29	11	26	辛卯	1	28	12	26	辛酉	
8	31	7	24	辛卯	10	1	8	26	壬戌	11	1	9	27	癸巳	12	1	10	27	癸亥	12	30	11	27	壬辰	1	29	12	27	壬戌	
9	1	7	25	壬辰	10	2	8	27	癸亥	11	2	9	28	甲午	12	2	10	28	甲子	12	31	11	28	癸巳	1	30	12	28	癸亥	
9	2	7	26	癸巳	10	3	8	28	甲子	11	3	9	29	乙未	12	3	10	29	乙丑	1	1	11	29	甲午	1	31	12	29	甲子	
9	3	7	27	甲午	10	4	8	29	乙丑	11	4	9	30	丙申	12	4	11	1	丙寅	1	2	11	30	乙未	2	1	1	1	乙丑	
9	4	7	28	乙未	10	5	8	30	丙寅	11	5	10	1	丁酉	12	5	11	2	丁卯	1	3	12	1	丙申	2	2	1	2	丙寅	
9	5	7	29	丙申	10	6	9	1	丁卯	11	6	10	2	戊戌						1	4	12	2	丁酉						
9	6	8	1	丁酉	10	7	9	2	戊辰																					
處暑					秋分					霜降					小雪					冬至					大寒					中氣
8/22 19時52分 戌時					9/22 17時44分 酉時					10/23 3時18分 寅時					11/22 1時4分 丑時					12/21 14時32分 未時					1/20 1時12分 丑時					

年	辛酉																													
月	庚寅					辛卯					壬辰					癸巳					甲午					乙未				
節氣	立春					驚蟄					清明					立夏					芒種					小暑				
	2/3 19時24分 戌時					3/5 13時17分 未時					4/4 17時51分 酉時					5/5 10時53分 巳時					6/5 14時49分 未時					7/7 0時57分 子時				
日	國曆		農曆		干支	國曆		農曆		干支	國曆		農曆		干支	國曆		農曆		干支	國曆		農曆		干支	國曆		農曆		干支
中華民國一百三十年 雞 2041	2	3	1	3	丁卯	3	5	2	4	丁酉	4	5	3	5	戊辰	5	5	4	6	戊戌	6	5	5	7	己巳	7	7	6	10	辛丑
	2	4	1	4	戊辰	3	6	2	5	戊戌	4	6	3	6	己巳	5	6	4	7	己亥	6	6	5	8	庚午	7	8	6	11	壬寅
	2	5	1	5	己巳	3	7	2	6	己亥	4	7	3	7	庚午	5	7	4	8	庚子	6	7	5	9	辛未	7	9	6	12	癸卯
	2	6	1	6	庚午	3	8	2	7	庚子	4	8	3	8	辛未	5	8	4	9	辛丑	6	8	5	10	壬申	7	10	6	13	甲辰
	2	7	1	7	辛未	3	9	2	8	辛丑	4	9	3	9	壬申	5	9	4	10	壬寅	6	9	5	11	癸酉	7	11	6	14	乙巳
	2	8	1	8	壬申	3	10	2	9	壬寅	4	10	3	10	癸酉	5	10	4	11	癸卯	6	10	5	12	甲戌	7	12	6	15	丙午
	2	9	1	9	癸酉	3	11	2	10	癸卯	4	11	3	11	甲戌	5	11	4	12	甲辰	6	11	5	13	乙亥	7	13	6	16	丁未
	2	10	1	10	甲戌	3	12	2	11	甲辰	4	12	3	12	乙亥	5	12	4	13	乙巳	6	12	5	14	丙子	7	14	6	17	戊申
	2	11	1	11	乙亥	3	13	2	12	乙巳	4	13	3	13	丙子	5	13	4	14	丙午	6	13	5	15	丁丑	7	15	6	18	己酉
	2	12	1	12	丙子	3	14	2	13	丙午	4	14	3	14	丁丑	5	14	4	15	丁未	6	14	5	16	戊寅	7	16	6	19	庚戌
	2	13	1	13	丁丑	3	15	2	14	丁未	4	15	3	15	戊寅	5	15	4	16	戊申	6	15	5	17	己卯	7	17	6	20	辛亥
	2	14	1	14	戊寅	3	16	2	15	戊申	4	16	3	16	己卯	5	16	4	17	己酉	6	16	5	18	庚辰	7	18	6	21	壬子
	2	15	1	15	己卯	3	17	2	16	己酉	4	17	3	17	庚辰	5	17	4	18	庚戌	6	17	5	19	辛巳	7	19	6	22	癸丑
	2	16	1	16	庚辰	3	18	2	17	庚戌	4	18	3	18	辛巳	5	18	4	19	辛亥	6	18	5	20	壬午	7	20	6	23	甲寅
	2	17	1	17	辛巳	3	19	2	18	辛亥	4	19	3	19	壬午	5	19	4	20	壬子	6	19	5	21	癸未	7	21	6	24	乙卯
	2	18	1	18	壬午	3	20	2	19	壬子	4	20	3	20	癸未	5	20	4	21	癸丑	6	20	5	22	甲申	7	22	6	25	丙辰
	2	19	1	19	癸未	3	21	2	20	癸丑	4	21	3	21	甲申	5	21	4	22	甲寅	6	21	5	23	乙酉	7	23	6	26	丁巳
	2	20	1	20	甲申	3	22	2	21	甲寅	4	22	3	22	乙酉	5	22	4	23	乙卯	6	22	5	24	丙戌	7	24	6	27	戊午
	2	21	1	21	乙酉	3	23	2	22	乙卯	4	23	3	23	丙戌	5	23	4	24	丙辰	6	23	5	25	丁亥	7	25	6	28	己未
	2	22	1	22	丙戌	3	24	2	23	丙辰	4	24	3	24	丁亥	5	24	4	25	丁巳	6	24	5	26	戊子	7	26	6	29	庚申
	2	23	1	23	丁亥	3	25	2	24	丁巳	4	25	3	25	戊子	5	25	4	26	戊午	6	25	5	27	己丑	7	27	6	30	辛酉
	2	24	1	24	戊子	3	26	2	25	戊午	4	26	3	26	己丑	5	26	4	27	己未	6	26	5	28	庚寅	7	28	7	1	壬戌
	2	25	1	25	己丑	3	27	2	26	己未	4	27	3	27	庚寅	5	27	4	28	庚申	6	27	5	29	辛卯	7	29	7	2	癸亥
	2	26	1	26	庚寅	3	28	2	27	庚申	4	28	3	28	辛卯	5	28	4	29	辛酉	6	28	6	1	壬辰	7	30	7	3	甲子
	2	27	1	27	辛卯	3	29	2	28	辛酉	4	29	3	29	壬辰	5	29	4	30	壬戌	6	29	6	2	癸巳	7	31	7	4	乙丑
	2	28	1	28	壬辰	3	30	2	29	壬戌	4	30	4	1	癸巳	5	30	5	1	癸亥	6	30	6	3	甲午	8	1	7	5	丙寅
	3	1	1	29	癸巳	3	31	2	30	癸亥	5	1	4	2	甲午	5	31	5	2	甲子	7	1	6	4	乙未	8	2	7	6	丁卯
	3	2	2	1	甲午	4	1	3	1	甲子	5	2	4	3	乙未	6	1	5	3	乙丑	7	2	6	5	丙申	8	3	7	7	戊辰
	3	3	2	2	乙未	4	2	3	2	乙丑	5	3	4	4	丙申	6	2	5	4	丙寅	7	3	6	6	丁酉	8	4	7	8	己巳
	3	4	2	3	丙申	4	3	3	3	丙寅	5	4	4	5	丁酉	6	3	5	5	丁卯	7	4	6	7	戊戌	8	5	7	9	庚午
						4	4	3	4	丁卯						6	4	5	6	戊辰	7	5	6	8	己亥	8	6	7	10	辛未
																					7	6	6	9	庚子					
中氣	雨水					春分					穀雨					小滿					夏至					大暑				
	2/18 15時16分 申時					3/20 14時6分 未時					4/20 0時54分 子時					5/20 23時48分 子時					6/21 7時35分 辰時					7/22 18時25分 酉時				

辛酉																														年
丙申					丁酉					戊戌					己亥					庚子					辛丑					月
立秋					白露					寒露					立冬					大雪					小寒					節氣
8/7 10時47分 巳時					9/7 13時52分 未時					10/8 5時46分 卯時					11/7 9時12分 巳時					12/7 2時15分 丑時					1/5 13時34分 未時					
國曆		農曆		干支	國曆		農曆		干支	國曆		農曆		干支	國曆		農曆		干支	國曆		農曆		干支	國曆		農曆		干支	日
8	7	7	11	壬申	9	7	8	12	癸卯	10	8	9	14	甲戌	11	7	10	14	甲辰	12	7	11	14	甲戌	1	5	12	14	癸卯	
8	8	7	12	癸酉	9	8	8	13	甲辰	10	9	9	15	乙亥	11	8	10	15	乙巳	12	8	11	15	乙亥	1	6	12	15	甲辰	中華民國一百三十、一百三十一年 雞
8	9	7	13	甲戌	9	9	8	14	乙巳	10	10	9	16	丙子	11	9	10	16	丙午	12	9	11	16	丙子	1	7	12	16	乙巳	
8	10	7	14	乙亥	9	10	8	15	丙午	10	11	9	17	丁丑	11	10	10	17	丁未	12	10	11	17	丁丑	1	8	12	17	丙午	
8	11	7	15	丙子	9	11	8	16	丁未	10	12	9	18	戊寅	11	11	10	18	戊申	12	11	11	18	戊寅	1	9	12	18	丁未	
8	12	7	16	丁丑	9	12	8	17	戊申	10	13	9	19	己卯	11	12	10	19	己酉	12	12	11	19	己卯	1	10	12	19	戊申	
8	13	7	17	戊寅	9	13	8	18	己酉	10	14	9	20	庚辰	11	13	10	20	庚戌	12	13	11	20	庚辰	1	11	12	20	己酉	
8	14	7	18	己卯	9	14	8	19	庚戌	10	15	9	21	辛巳	11	14	10	21	辛亥	12	14	11	21	辛巳	1	12	12	21	庚戌	
8	15	7	19	庚辰	9	15	8	20	辛亥	10	16	9	22	壬午	11	15	10	22	壬子	12	15	11	22	壬午	1	13	12	22	辛亥	
8	16	7	20	辛巳	9	16	8	21	壬子	10	17	9	23	癸未	11	16	10	23	癸丑	12	16	11	23	癸未	1	14	12	23	壬子	
8	17	7	21	壬午	9	17	8	22	癸丑	10	18	9	24	甲申	11	17	10	24	甲寅	12	17	11	24	甲申	1	15	12	24	癸丑	
8	18	7	22	癸未	9	18	8	23	甲寅	10	19	9	25	乙酉	11	18	10	25	乙卯	12	18	11	25	乙酉	1	16	12	25	甲寅	
8	19	7	23	甲申	9	19	8	24	乙卯	10	20	9	26	丙戌	11	19	10	26	丙辰	12	19	11	26	丙戌	1	17	12	26	乙卯	
8	20	7	24	乙酉	9	20	8	25	丙辰	10	21	9	27	丁亥	11	20	10	27	丁巳	12	20	11	27	丁亥	1	18	12	27	丙辰	
8	21	7	25	丙戌	9	21	8	26	丁巳	10	22	9	28	戊子	11	21	10	28	戊午	12	21	11	28	戊子	1	19	12	28	丁巳	
8	22	7	26	丁亥	9	22	8	27	戊午	10	23	9	29	己丑	11	22	10	29	己未	12	22	11	29	己丑	1	20	12	29	戊午	
8	23	7	27	戊子	9	23	8	28	己未	10	24	9	30	庚寅	11	23	10	30	庚申	12	23	12	1	庚寅	1	21	12	30	己未	
8	24	7	28	己丑	9	24	8	29	庚申	10	25	10	1	辛卯	11	24	11	1	辛酉	12	24	12	2	辛卯	1	22	1	1	庚申	
8	25	7	29	庚寅	9	25	9	1	辛酉	10	26	10	2	壬辰	11	25	11	2	壬戌	12	25	12	3	壬辰	1	23	1	2	辛酉	
8	26	7	30	辛卯	9	26	9	2	壬戌	10	27	10	3	癸巳	11	26	11	3	癸亥	12	26	12	4	癸巳	1	24	1	3	壬戌	
8	27	8	1	壬辰	9	27	9	3	癸亥	10	28	10	4	甲午	11	27	11	4	甲子	12	27	12	5	甲午	1	25	1	4	癸亥	2041、2042
8	28	8	2	癸巳	9	28	9	4	甲子	10	29	10	5	乙未	11	28	11	5	乙丑	12	28	12	6	乙未	1	26	1	5	甲子	
8	29	8	3	甲午	9	29	9	5	乙丑	10	30	10	6	丙申	11	29	11	6	丙寅	12	29	12	7	丙申	1	27	1	6	乙丑	
8	30	8	4	乙未	9	30	9	6	丙寅	10	31	10	7	丁酉	11	30	11	7	丁卯	12	30	12	8	丁酉	1	28	1	7	丙寅	
	31	8	5	丙申	10	1	9	7	丁卯	11	1	10	8	戊戌	12	1	11	8	戊辰	12	31	12	9	戊戌	1	29	1	8	丁卯	
	1	8	6	丁酉	10	2	9	8	戊辰	11	2	10	9	己亥	12	2	11	9	己巳	1	1	12	10	己亥	1	30	1	9	戊辰	
	2	8	7	戊戌	10	3	9	9	己巳	11	3	10	10	庚子	12	3	11	10	庚午	1	2	12	11	庚子	1	31	1	10	己巳	
	3	8	8	己亥	10	4	9	10	庚午	11	4	10	11	辛丑	12	4	11	11	辛未	1	3	12	12	辛丑	2	1	1	11	庚午	
	4	8	9	庚子	10	5	9	11	辛未	11	5	10	12	壬寅	12	5	11	12	壬申	1	4	12	13	壬寅	2	2	1	12	辛未	
	5	8	10	辛丑	10	6	9	12	壬申	11	6	10	13	癸卯	12	6	11	13	癸酉						2	3	1	13	壬申	
	6	8	11	壬寅	10	7	9	13	癸酉																					
處暑					秋分					霜降					小雪					冬至					大寒					中氣
23 1時35分 丑時					9/22 23時25分 子時					10/23 9時1分 巳時					11/22 6時48分 卯時					12/21 20時17分 戌時					1/20 6時59分 卯時					

年	壬戌																													
月	壬寅					癸卯					甲辰					乙巳					丙午					丁未				
節氣	立春					驚蟄					清明					立夏					芒種					小暑				
	2/4 1時12分 丑時					3/5 19時5分 戌時					4/4 23時39分 子時					5/5 16時42分 申時					6/5 20時37分 戌時					7/7 6時46分 卯時				
日	國曆		農曆		干支	國曆		農曆		干支	國曆		農曆		干支	國曆		農曆		干支	國曆		農曆		干支	國曆		農曆		干支
中華民國一百三十一年 狗 2042	2	4	1	14	癸酉	3	5	2	14	壬寅	4	4	2̲	14	壬申	5	5	3	16	癸卯	6	5	4	18	甲戌	7	7	5	20	丙午
	2	5	1	15	甲戌	3	6	2	15	癸卯	4	5	2̲	15	癸酉	5	6	3	17	甲辰	6	6	4	19	乙亥	7	8	5	21	丁未
	2	6	1	16	乙亥	3	7	2	16	甲辰	4	6	2̲	16	甲戌	5	7	3	18	乙巳	6	7	4	20	丙子	7	9	5	22	戊申
	2	7	1	17	丙子	3	8	2	17	乙巳	4	7	2̲	17	乙亥	5	8	3	19	丙午	6	8	4	21	丁丑	7	10	5	23	己酉
	2	8	1	18	丁丑	3	9	2	18	丙午	4	8	2̲	18	丙子	5	9	3	20	丁未	6	9	4	22	戊寅	7	11	5	24	庚戌
	2	9	1	19	戊寅	3	10	2	19	丁未	4	9	2̲	19	丁丑	5	10	3	21	戊申	6	10	4	23	己卯	7	12	5	25	辛亥
	2	10	1	20	己卯	3	11	2	20	戊申	4	10	2̲	20	戊寅	5	11	3	22	己酉	6	11	4	24	庚辰	7	13	5	26	壬子
	2	11	1	21	庚辰	3	12	2	21	己酉	4	11	2̲	21	己卯	5	12	3	23	庚戌	6	12	4	25	辛巳	7	14	5	27	癸丑
	2	12	1	22	辛巳	3	13	2	22	庚戌	4	12	2̲	22	庚辰	5	13	3	24	辛亥	6	13	4	26	壬午	7	15	5	28	甲寅
	2	13	1	23	壬午	3	14	2	23	辛亥	4	13	2̲	23	辛巳	5	14	3	25	壬子	6	14	4	27	癸未	7	16	5	29	乙卯
	2	14	1	24	癸未	3	15	2	24	壬子	4	14	2̲	24	壬午	5	15	3	26	癸丑	6	15	4	28	甲申	7	17	6	1	丙辰
	2	15	1	25	甲申	3	16	2	25	癸丑	4	15	2̲	25	癸未	5	16	3	27	甲寅	6	16	4	29	乙酉	7	18	6	2	丁巳
	2	16	1	26	乙酉	3	17	2	26	甲寅	4	16	2̲	26	甲申	5	17	3	28	乙卯	6	17	4	30	丙戌	7	19	6	3	戊午
	2	17	1	27	丙戌	3	18	2	27	乙卯	4	17	2̲	27	乙酉	5	18	3	29	丙辰	6	18	5	1	丁亥	7	20	6	4	己未
	2	18	1	28	丁亥	3	19	2	28	丙辰	4	18	2̲	28	丙戌	5	19	4	1	丁巳	6	19	5	2	戊子	7	21	6	5	庚申
	2	19	1	29	戊子	3	20	2	29	丁巳	4	19	2̲	29	丁亥	5	20	4	2	戊午	6	20	5	3	己丑	7	22	6	6	辛酉
	2	20	2	1	己丑	3	21	2	30	戊午	4	20	3	1	戊子	5	21	4	3	己未	6	21	5	4	庚寅	7	23	6	7	壬戌
	2	21	2	2	庚寅	3	22	閏2	1	己未	4	21	3	2	己丑	5	22	4	4	庚申	6	22	5	5	辛卯	7	24	6	8	癸亥
	2	22	2	3	辛卯	3	23	2̲	2	庚申	4	22	3	3	庚寅	5	23	4	5	辛酉	6	23	5	6	壬辰	7	25	6	9	甲子
	2	23	2	4	壬辰	3	24	2̲	3	辛酉	4	23	3	4	辛卯	5	24	4	6	壬戌	6	24	5	7	癸巳	7	26	6	10	乙丑
	2	24	2	5	癸巳	3	25	2̲	4	壬戌	4	24	3	5	壬辰	5	25	4	7	癸亥	6	25	5	8	甲午	7	27	6	11	丙寅
	2	25	2	6	甲午	3	26	2̲	5	癸亥	4	25	3	6	癸巳	5	26	4	8	甲子	6	26	5	9	乙未	7	28	6	12	丁卯
	2	26	2	7	乙未	3	27	2̲	6	甲子	4	26	3	7	甲午	5	27	4	9	乙丑	6	27	5	10	丙申	7	29	6	13	戊辰
	2	27	2	8	丙申	3	28	2̲	7	乙丑	4	27	3	8	乙未	5	28	4	10	丙寅	6	28	5	11	丁酉	7	30	6	14	己巳
	2	28	2	9	丁酉	3	29	2̲	8	丙寅	4	28	3	9	丙申	5	29	4	11	丁卯	6	29	5	12	戊戌	7	31	6	15	庚午
	3	1	2	10	戊戌	3	30	2̲	9	丁卯	4	29	3	10	丁酉	5	30	4	12	戊辰	6	30	5	13	己亥	8	1	6	16	辛未
	3	2	2	11	己亥	3	31	2̲	10	戊辰	4	30	3	11	戊戌	5	31	4	13	己巳	7	1	5	14	庚子	8	2	6	17	壬申
	3	3	2	12	庚子	4	1	2̲	11	己巳	5	1	3	12	己亥	6	1	4	14	庚午	7	2	5	15	辛丑	8	3	6	18	癸酉
	3	4	2	13	辛丑	4	2	2̲	12	庚午	5	2	3	13	庚子	6	2	4	15	辛未	7	3	5	16	壬寅	8	4	6	19	甲戌
						4	3	2̲	13	辛未	5	3	3	14	辛丑	6	3	4	16	壬申	7	4	5	17	癸卯	8	5	6	20	乙亥
											5	4	3	15	壬寅	6	4	4	17	癸酉	7	5	5	18	甲辰	8	6	6	21	丙子
																					7	6	5	19	乙巳					
中氣	雨水					春分					穀雨					小滿					夏至					大暑				
	2/18 21時3分 亥時					3/20 19時52分 戌時					4/20 6時38分 卯時					5/21 5時30分 卯時					6/21 13時15分 未時					7/23 0時5分 子時				

壬戌																														年
戊申					己酉					庚戌					辛亥					壬子					癸丑					月
立秋					白露					寒露					立冬					大雪					小寒					節氣
8/7 16時38分 申時					9/7 19時44分 戌時					10/8 11時39分 午時					11/7 15時6分 申時					12/7 8時8分 辰時					1/5 19時24分 戌時					
國曆		農曆		干支	國曆		農曆		干支	國曆		農曆		干支	國曆		農曆		干支	國曆		農曆		干支	國曆		農曆		干支	日
8	7	6	22	丁丑	9	7	7	23	戊申	10	8	8	25	己卯	11	7	9	25	己酉	12	7	10	25	己卯	1	5	11	25	戊申	中華民國一百三十、一百三十二年 狗 2042、2043
8	8	6	23	戊寅	9	8	7	24	己酉	10	9	8	26	庚辰	11	8	9	26	庚戌	12	8	10	26	庚辰	1	6	11	26	己酉	
8	9	6	24	己卯	9	9	7	25	庚戌	10	10	8	27	辛巳	11	9	9	27	辛亥	12	9	10	27	辛巳	1	7	11	27	庚戌	
8	10	6	25	庚辰	9	10	7	26	辛亥	10	11	8	28	壬午	11	10	9	28	壬子	12	10	10	28	壬午	1	8	11	28	辛亥	
8	11	6	26	辛巳	9	11	7	27	壬子	10	12	8	29	癸未	11	11	9	29	癸丑	12	11	10	29	癸未	1	9	11	29	壬子	
8	12	6	27	壬午	9	12	7	28	癸丑	10	13	8	30	甲申	11	12	9	30	甲寅	12	12	11	1	甲申	1	10	11	30	癸丑	
8	13	6	28	癸未	9	13	7	29	甲寅	10	14	9	1	乙酉	11	13	10	1	乙卯	12	13	11	2	乙酉	1	11	12	1	甲寅	
8	14	6	29	甲申	9	14	8	1	乙卯	10	15	9	2	丙戌	11	14	10	2	丙辰	12	14	11	3	丙戌	1	12	12	2	乙卯	
8	15	6	30	乙酉	9	15	8	2	丙辰	10	16	9	3	丁亥	11	15	10	3	丁巳	12	15	11	4	丁亥	1	13	12	3	丙辰	
8	16	7	1	丙戌	9	16	8	3	丁巳	10	17	9	4	戊子	11	16	10	4	戊午	12	16	11	5	戊子	1	14	12	4	丁巳	
8	17	7	2	丁亥	9	17	8	4	戊午	10	18	9	5	己丑	11	17	10	5	己未	12	17	11	6	己丑	1	15	12	5	戊午	
8	18	7	3	戊子	9	18	8	5	己未	10	19	9	6	庚寅	11	18	10	6	庚申	12	18	11	7	庚寅	1	16	12	6	己未	
8	19	7	4	己丑	9	19	8	6	庚申	10	20	9	7	辛卯	11	19	10	7	辛酉	12	19	11	8	辛卯	1	17	12	7	庚申	
8	20	7	5	庚寅	9	20	8	7	辛酉	10	21	9	8	壬辰	11	20	10	8	壬戌	12	20	11	9	壬辰	1	18	12	8	辛酉	
8	21	7	6	辛卯	9	21	8	8	壬戌	10	22	9	9	癸巳	11	21	10	9	癸亥	12	21	11	10	癸巳	1	19	12	9	壬戌	
8	22	7	7	壬辰	9	22	8	9	癸亥	10	23	9	10	甲午	11	22	10	10	甲子	12	22	11	11	甲午	1	20	12	10	癸亥	
8	23	7	8	癸巳	9	23	8	10	甲子	10	24	9	11	乙未	11	23	10	11	乙丑	12	23	11	12	乙未	1	21	12	11	甲子	
8	24	7	9	甲午	9	24	8	11	乙丑	10	25	9	12	丙申	11	24	10	12	丙寅	12	24	11	13	丙申	1	22	12	12	乙丑	
8	25	7	10	乙未	9	25	8	12	丙寅	10	26	9	13	丁酉	11	25	10	13	丁卯	12	25	11	14	丁酉	1	23	12	13	丙寅	
8	26	7	11	丙申	9	26	8	13	丁卯	10	27	9	14	戊戌	11	26	10	14	戊辰	12	26	11	15	戊戌	1	24	12	14	丁卯	
8	27	7	12	丁酉	9	27	8	14	戊辰	10	28	9	15	己亥	11	27	10	15	己巳	12	27	11	16	己亥	1	25	12	15	戊辰	
8	28	7	13	戊戌	9	28	8	15	己巳	10	29	9	16	庚子	11	28	10	16	庚午	12	28	11	17	庚子	1	26	12	16	己巳	
8	29	7	14	己亥	9	29	8	16	庚午	10	30	9	17	辛丑	11	29	10	17	辛未	12	29	11	18	辛丑	1	27	12	17	庚午	
8	30	7	15	庚子	9	30	8	17	辛未	10	31	9	18	壬寅	11	30	10	18	壬申	12	30	11	19	壬寅	1	28	12	18	辛未	
8	31	7	16	辛丑	10	1	8	18	壬申	11	1	9	19	癸卯	12	1	10	19	癸酉	12	31	11	20	癸卯	1	29	12	19	壬申	
9	1	7	17	壬寅	10	2	8	19	癸酉	11	2	9	20	甲辰	12	2	10	20	甲戌	1	1	11	21	甲辰	1	30	12	20	癸酉	
9	2	7	18	癸卯	10	3	8	20	甲戌	11	3	9	21	乙巳	12	3	10	21	乙亥	1	2	11	22	乙巳	1	31	12	21	甲戌	
9	3	7	19	甲辰	10	4	8	21	乙亥	11	4	9	22	丙午	12	4	10	22	丙子	1	3	11	23	丙午	2	1	12	22	乙亥	
9	4	7	20	乙巳	10	5	8	22	丙子	11	5	9	23	丁未	12	5	10	23	丁丑	1	4	11	24	丁未	2	2	12	23	丙子	
9	5	7	21	丙午	10	6	8	23	丁丑	11	6	9	24	戊申	12	6	10	24	戊寅						2	3	12	24	丁丑	
9	6	7	22	丁未	10	7	8	24	戊寅																					
處暑					秋分					霜降					小雪					冬至					大寒					中氣
8/23 7時17分 辰時					9/23 5時10分 卯時					10/23 14時48分 未時					11/22 12時36分 午時					12/22 2時3分 丑時					1/20 12時40分 午時					

年	癸亥																													
月	甲寅					乙卯					丙辰					丁巳					戊午					己未				
節氣	立春					驚蟄					清明					立夏					芒種					小暑				
	2/4 6時57分 卯時					3/6 0時46分 子時					4/5 5時19分 卯時					5/5 22時21分 亥時					6/6 2時17分 丑時					7/7 12時27分 午時				
日	國曆		農曆		干支	國曆		農曆		干支	國曆		農曆		干支	國曆		農曆		干支	國曆		農曆		干支	國曆		農曆		干支
中華民國一百三十二年 豬 2043	2	4	12	25	戊寅	3	6	1	25	戊申	4	5	2	26	戊寅	5	5	3	26	戊申	6	6	4	29	庚辰	7	7	6	1	辛亥
	2	5	12	26	己卯	3	7	1	26	己酉	4	6	2	27	己卯	5	6	3	27	己酉	6	7	5	1	辛巳	7	8	6	2	壬子
	2	6	12	27	庚辰	3	8	1	27	庚戌	4	7	2	28	庚辰	5	7	3	28	庚戌	6	8	5	2	壬午	7	9	6	3	癸丑
	2	7	12	28	辛巳	3	9	1	28	辛亥	4	8	2	29	辛巳	5	8	3	29	辛亥	6	9	5	3	癸未	7	10	6	4	甲寅
	2	8	12	29	壬午	3	10	1	29	壬子	4	9	2	30	壬午	5	9	4	1	壬子	6	10	5	4	甲申	7	11	6	5	乙卯
	2	9	12	30	癸未	3	11	2	1	癸丑	4	10	3	1	癸未	5	10	4	2	癸丑	6	11	5	5	乙酉	7	12	6	6	丙辰
	2	10	1	1	甲申	3	12	2	2	甲寅	4	11	3	2	甲申	5	11	4	3	甲寅	6	12	5	6	丙戌	7	13	6	7	丁巳
	2	11	1	2	乙酉	3	13	2	3	乙卯	4	12	3	3	乙酉	5	12	4	4	乙卯	6	13	5	7	丁亥	7	14	6	8	戊午
	2	12	1	3	丙戌	3	14	2	4	丙辰	4	13	3	4	丙戌	5	13	4	5	丙辰	6	14	5	8	戊子	7	15	6	9	己未
	2	13	1	4	丁亥	3	15	2	5	丁巳	4	14	3	5	丁亥	5	14	4	6	丁巳	6	15	5	9	己丑	7	16	6	10	庚申
	2	14	1	5	戊子	3	16	2	6	戊午	4	15	3	6	戊子	5	15	4	7	戊午	6	16	5	10	庚寅	7	17	6	11	辛酉
	2	15	1	6	己丑	3	17	2	7	己未	4	16	3	7	己丑	5	16	4	8	己未	6	17	5	11	辛卯	7	18	6	12	壬戌
	2	16	1	7	庚寅	3	18	2	8	庚申	4	17	3	8	庚寅	5	17	4	9	庚申	6	18	5	12	壬辰	7	19	6	13	癸亥
	2	17	1	8	辛卯	3	19	2	9	辛酉	4	18	3	9	辛卯	5	18	4	10	辛酉	6	19	5	13	癸巳	7	20	6	14	甲子
	2	18	1	9	壬辰	3	20	2	10	壬戌	4	19	3	10	壬辰	5	19	4	11	壬戌	6	20	5	14	甲午	7	21	6	15	乙丑
	2	19	1	10	癸巳	3	21	2	11	癸亥	4	20	3	11	癸巳	5	20	4	12	癸亥	6	21	5	15	乙未	7	22	6	16	丙寅
	2	20	1	11	甲午	3	22	2	12	甲子	4	21	3	12	甲午	5	21	4	13	甲子	6	22	5	16	丙申	7	23	6	17	丁卯
	2	21	1	12	乙未	3	23	2	13	乙丑	4	22	3	13	乙未	5	22	4	14	乙丑	6	23	5	17	丁酉	7	24	6	18	戊辰
	2	22	1	13	丙申	3	24	2	14	丙寅	4	23	3	14	丙申	5	23	4	15	丙寅	6	24	5	18	戊戌	7	25	6	19	己巳
	2	23	1	14	丁酉	3	25	2	15	丁卯	4	24	3	15	丁酉	5	24	4	16	丁卯	6	25	5	19	己亥	7	26	6	20	庚午
	2	24	1	15	戊戌	3	26	2	16	戊辰	4	25	3	16	戊戌	5	25	4	17	戊辰	6	26	5	20	庚子	7	27	6	21	辛未
	2	25	1	16	己亥	3	27	2	17	己巳	4	26	3	17	己亥	5	26	4	18	己巳	6	27	5	21	辛丑	7	28	6	22	壬申
	2	26	1	17	庚子	3	28	2	18	庚午	4	27	3	18	庚子	5	27	4	19	庚午	6	28	5	22	壬寅	7	29	6	23	癸酉
	2	27	1	18	辛丑	3	29	2	19	辛未	4	28	3	19	辛丑	5	28	4	20	辛未	6	29	5	23	癸卯	7	30	6	24	甲戌
	2	28	1	19	壬寅	3	30	2	20	壬申	4	29	3	20	壬寅	5	29	4	21	壬申	6	30	5	24	甲辰	7	31	6	25	乙亥
	3	1	1	20	癸卯	3	31	2	21	癸酉	4	30	3	21	癸卯	5	30	4	22	癸酉	7	1	5	25	乙巳	8	1	6	26	丙子
	3	2	1	21	甲辰	4	1	2	22	甲戌	5	1	3	22	甲辰	5	31	4	23	甲戌	7	2	5	26	丙午	8	2	6	27	丁丑
	3	3	1	22	乙巳	4	2	2	23	乙亥	5	2	3	23	乙巳	6	1	4	24	乙亥	7	3	5	27	丁未	8	3	6	28	戊寅
	3	4	1	23	丙午	4	3	2	24	丙子	5	3	3	24	丙午	6	2	4	25	丙子	7	4	5	28	戊申	8	4	6	29	己卯
	3	5	1	24	丁未	4	4	2	25	丁丑	5	4	3	25	丁未	6	3	4	26	丁丑	7	5	5	29	己酉	8	5	7	1	庚辰
																6	4	4	27	戊寅	7	6	5	30	庚戌	8	6	7	2	辛巳
																6	5	4	28	己卯										
中氣	雨水					春分					穀雨					小滿					夏至					大暑				
	2/19 2時40分 丑時					3/21 1時27分 丑時					4/20 12時13分 午時					5/21 11時8分 午時					6/21 18時57分 酉時					7/23 5時52分 卯時				

癸亥																														年
庚申					辛酉					壬戌					癸亥					甲子					乙丑					月
立秋					白露					寒露					立冬					大雪					小寒					節氣
8/7 22時19分 亥時					9/8 1時29分 丑時					10/8 17時26分 酉時					11/7 20時55分 戌時					12/7 13時56分 未時					1/6 1時11分 丑時					
國曆		農曆		干支	國曆		農曆		干支	國曆		農曆		干支	國曆		農曆		干支	國曆		農曆		干支	國曆		農曆		干支	日
8	7	7	3	壬午	9	8	8	6	甲寅	10	8	9	6	甲申	11	7	10	6	甲寅	12	7	11	7	甲申	1	6	12	7	甲寅	中華民國一百三十二、一百三十三年　豬　2043、2044
8	8	7	4	癸未	9	9	8	7	乙卯	10	9	9	7	乙酉	11	8	10	7	乙卯	12	8	11	8	乙酉	1	7	12	8	乙卯	
8	9	7	5	甲申	9	10	8	8	丙辰	10	10	9	8	丙戌	11	9	10	8	丙辰	12	9	11	9	丙戌	1	8	12	9	丙辰	
8	10	7	6	乙酉	9	11	8	9	丁巳	10	11	9	9	丁亥	11	10	10	9	丁巳	12	10	11	10	丁亥	1	9	12	10	丁巳	
8	11	7	7	丙戌	9	12	8	10	戊午	10	12	9	10	戊子	11	11	10	10	戊午	12	11	11	11	戊子	1	10	12	11	戊午	
8	12	7	8	丁亥	9	13	8	11	己未	10	13	9	11	己丑	11	12	10	11	己未	12	12	11	12	己丑	1	11	12	12	己未	
8	13	7	9	戊子	9	14	8	12	庚申	10	14	9	12	庚寅	11	13	10	12	庚申	12	13	11	13	庚寅	1	12	12	13	庚申	
8	14	7	10	己丑	9	15	8	13	辛酉	10	15	9	13	辛卯	11	14	10	13	辛酉	12	14	11	14	辛卯	1	13	12	14	辛酉	
8	15	7	11	庚寅	9	16	8	14	壬戌	10	16	9	14	壬辰	11	15	10	14	壬戌	12	15	11	15	壬辰	1	14	12	15	壬戌	
8	16	7	12	辛卯	9	17	8	15	癸亥	10	17	9	15	癸巳	11	16	10	15	癸亥	12	16	11	16	癸巳	1	15	12	16	癸亥	
8	17	7	13	壬辰	9	18	8	16	甲子	10	18	9	16	甲午	11	17	10	16	甲子	12	17	11	17	甲午	1	16	12	17	甲子	
8	18	7	14	癸巳	9	19	8	17	乙丑	10	19	9	17	乙未	11	18	10	17	乙丑	12	18	11	18	乙未	1	17	12	18	乙丑	
8	19	7	15	甲午	9	20	8	18	丙寅	10	20	9	18	丙申	11	19	10	18	丙寅	12	19	11	19	丙申	1	18	12	19	丙寅	
8	20	7	16	乙未	9	21	8	19	丁卯	10	21	9	19	丁酉	11	20	10	19	丁卯	12	20	11	20	丁酉	1	19	12	20	丁卯	
8	21	7	17	丙申	9	22	8	20	戊辰	10	22	9	20	戊戌	11	21	10	20	戊辰	12	21	11	21	戊戌	1	20	12	21	戊辰	
8	22	7	18	丁酉	9	23	8	21	己巳	10	23	9	21	己亥	11	22	10	21	己巳	12	22	11	22	己亥	1	21	12	22	己巳	
8	23	7	19	戊戌	9	24	8	22	庚午	10	24	9	22	庚子	11	23	10	22	庚午	12	23	11	23	庚子	1	22	12	23	庚午	
8	24	7	20	己亥	9	25	8	23	辛未	10	25	9	23	辛丑	11	24	10	23	辛未	12	24	11	24	辛丑	1	23	12	24	辛未	
8	25	7	21	庚子	9	26	8	24	壬申	10	26	9	24	壬寅	11	25	10	24	壬申	12	25	11	25	壬寅	1	24	12	25	壬申	
8	26	7	22	辛丑	9	27	8	25	癸酉	10	27	9	25	癸卯	11	26	10	25	癸酉	12	26	11	26	癸卯	1	25	12	26	癸酉	
8	27	7	23	壬寅	9	28	8	26	甲戌	10	28	9	26	甲辰	11	27	10	26	甲戌	12	27	11	27	甲辰	1	26	12	27	甲戌	
8	28	7	24	癸卯	9	29	8	27	乙亥	10	29	9	27	乙巳	11	28	10	27	乙亥	12	28	11	28	乙巳	1	27	12	28	乙亥	
8	29	7	25	甲辰	9	30	8	28	丙子	10	30	9	28	丙午	11	29	10	28	丙子	12	29	11	29	丙午	1	28	12	29	丙子	
8	30	7	26	乙巳	10	1	8	29	丁丑	10	31	9	29	丁未	11	30	10	29	丁丑	12	30	11	30	丁未	1	29	12	30	丁丑	
8	31	7	27	丙午	10	2	8	30	戊寅	11	1	9	30	戊申	12	1	11	1	戊寅	12	31	12	1	戊申	1	30	1	1	戊寅	
9	1	7	28	丁未	10	3	9	1	己卯	11	2	10	1	己酉	12	2	11	2	己卯	1	1	12	2	己酉	1	31	1	2	己卯	
9	2	7	29	戊申	10	4	9	2	庚辰	11	3	10	2	庚戌	12	3	11	3	庚辰	1	2	12	3	庚戌	2	1	1	3	庚辰	
9	3	8	1	己酉	10	5	9	3	辛巳	11	4	10	3	辛亥	12	4	11	4	辛巳	1	3	12	4	辛亥	2	2	1	4	辛巳	
9	4	8	2	庚戌	10	6	9	4	壬午	11	5	10	4	壬子	12	5	11	5	壬午	1	4	12	5	壬子	2	3	1	5	壬午	
9	5	8	3	辛亥	10	7	9	5	癸未	11	6	10	5	癸丑	12	6	11	6	癸未	1	5	12	6	癸丑						
9	6	8	4	壬子																										
9	7	8	5	癸丑																										
處暑					秋分					霜降					小雪					冬至					大寒					中氣
8/23 13時8分 未時					9/23 11時6分 午時					10/23 20時46分 戌時					11/22 18時34分 酉時					12/22 8時0分 辰時					1/20 18時36分 酉時					

年	甲子																													
月	丙寅					丁卯					戊辰					己巳					庚午					辛未				
節	立春					驚蟄					清明					立夏					芒種					小暑				
氣	2/4 12時43分 午時					3/5 6時30分 卯時					4/4 11時2分 午時					5/5 4時4分 寅時					6/5 8時3分 辰時					7/6 18時15分 酉時				
日	國曆		農曆		干支	國曆		農曆		干支	國曆		農曆		干支	國曆		農曆		干支	國曆		農曆		干支	國曆		農曆		干支
中華民國一百三十三年 鼠 2044	2	4	1	6	癸未	3	5	2	6	癸丑	4	4	3	7	癸未	5	5	4	8	甲寅	6	5	5	10	乙酉	7	6	6	12	丙辰
	2	5	1	7	甲申	3	6	2	7	甲寅	4	5	3	8	甲申	5	6	4	9	乙卯	6	6	5	11	丙戌	7	7	6	13	丁巳
	2	6	1	8	乙酉	3	7	2	8	乙卯	4	6	3	9	乙酉	5	7	4	10	丙辰	6	7	5	12	丁亥	7	8	6	14	戊午
	2	7	1	9	丙戌	3	8	2	9	丙辰	4	7	3	10	丙戌	5	8	4	11	丁巳	6	8	5	13	戊子	7	9	6	15	己未
	2	8	1	10	丁亥	3	9	2	10	丁巳	4	8	3	11	丁亥	5	9	4	12	戊午	6	9	5	14	己丑	7	10	6	16	庚申
	2	9	1	11	戊子	3	10	2	11	戊午	4	9	3	12	戊子	5	10	4	13	己未	6	10	5	15	庚寅	7	11	6	17	辛酉
	2	10	1	12	己丑	3	11	2	12	己未	4	10	3	13	己丑	5	11	4	14	庚申	6	11	5	16	辛卯	7	12	6	18	壬戌
	2	11	1	13	庚寅	3	12	2	13	庚申	4	11	3	14	庚寅	5	12	4	15	辛酉	6	12	5	17	壬辰	7	13	6	19	癸亥
	2	12	1	14	辛卯	3	13	2	14	辛酉	4	12	3	15	辛卯	5	13	4	16	壬戌	6	13	5	18	癸巳	7	14	6	20	甲子
	2	13	1	15	壬辰	3	14	2	15	壬戌	4	13	3	16	壬辰	5	14	4	17	癸亥	6	14	5	19	甲午	7	15	6	21	乙丑
	2	14	1	16	癸巳	3	15	2	16	癸亥	4	14	3	17	癸巳	5	15	4	18	甲子	6	15	5	20	乙未	7	16	6	22	丙寅
	2	15	1	17	甲午	3	16	2	17	甲子	4	15	3	18	甲午	5	16	4	19	乙丑	6	16	5	21	丙申	7	17	6	23	丁卯
	2	16	1	18	乙未	3	17	2	18	乙丑	4	16	3	19	乙未	5	17	4	20	丙寅	6	17	5	22	丁酉	7	18	6	24	戊辰
	2	17	1	19	丙申	3	18	2	19	丙寅	4	17	3	20	丙申	5	18	4	21	丁卯	6	18	5	23	戊戌	7	19	6	25	己巳
	2	18	1	20	丁酉	3	19	2	20	丁卯	4	18	3	21	丁酉	5	19	4	22	戊辰	6	19	5	24	己亥	7	20	6	26	庚午
	2	19	1	21	戊戌	3	20	2	21	戊辰	4	19	3	22	戊戌	5	20	4	23	己巳	6	20	5	25	庚子	7	21	6	27	辛未
	2	20	1	22	己亥	3	21	2	22	己巳	4	20	3	23	己亥	5	21	4	24	庚午	6	21	5	26	辛丑	7	22	6	28	壬申
	2	21	1	23	庚子	3	22	2	23	庚午	4	21	3	24	庚子	5	22	4	25	辛未	6	22	5	27	壬寅	7	23	6	29	癸酉
	2	22	1	24	辛丑	3	23	2	24	辛未	4	22	3	25	辛丑	5	23	4	26	壬申	6	23	5	28	癸卯	7	24	6	30	甲戌
	2	23	1	25	壬寅	3	24	2	25	壬申	4	23	3	26	壬寅	5	24	4	27	癸酉	6	24	5	29	甲辰	7	25	7	1	乙亥
	2	24	1	26	癸卯	3	25	2	26	癸酉	4	24	3	27	癸卯	5	25	4	28	甲戌	6	25	6	1	乙巳	7	26	7	2	丙子
	2	25	1	27	甲辰	3	26	2	27	甲戌	4	25	3	28	甲辰	5	26	4	29	乙亥	6	26	6	2	丙午	7	27	7	3	丁丑
	2	26	1	28	乙巳	3	27	2	28	乙亥	4	26	3	29	乙巳	5	27	5	1	丙子	6	27	6	3	丁未	7	28	7	4	戊寅
	2	27	1	29	丙午	3	28	2	29	丙子	4	27	3	30	丙午	5	28	5	2	丁丑	6	28	6	4	戊申	7	29	7	5	己卯
	2	28	1	30	丁未	3	29	3	1	丁丑	4	28	4	1	丁未	5	29	5	3	戊寅	6	29	6	5	己酉	7	30	7	6	庚辰
	2	29	2	1	戊申	3	30	3	2	戊寅	4	29	4	2	戊申	5	30	5	4	己卯	6	30	6	6	庚戌	7	31	7	7	辛巳
	3	1	2	2	己酉	3	31	3	3	己卯	4	30	4	3	己酉	5	31	5	5	庚辰	7	1	6	7	辛亥	8	1	7	8	壬午
	3	2	2	3	庚戌	4	1	3	4	庚辰	5	1	4	4	庚戌	6	1	5	6	辛巳	7	2	6	8	壬子	8	2	7	9	癸未
	3	3	2	4	辛亥	4	2	3	5	辛巳	5	2	4	5	辛亥	6	2	5	7	壬午	7	3	6	9	癸丑	8	3	7	10	甲申
	3	4	2	5	壬子	4	3	3	6	壬午	5	3	4	6	壬子	6	3	5	8	癸未	7	4	6	10	甲寅	8	4	7	11	乙酉
											5	4	4	7	癸丑	6	4	5	9	甲申	7	5	6	11	乙卯	8	5	7	12	丙戌
																										8	6	7	13	丁亥
中	雨水					春分					穀雨					小滿					夏至					大暑				
氣	2/19 8時35分 辰時					3/20 7時19分 辰時					4/19 18時5分 酉時					5/20 17時1分 酉時					6/21 0時50分 子時					7/22 11時42分 午時				

甲子																														年
壬申					癸酉					甲戌					乙亥					丙子					丁丑					月
立秋					白露					寒露					立冬					大雪					小寒					節氣
8/7 4時7分 寅時					9/7 7時15分 辰時					10/7 23時12分 子時					11/7 2時41分 丑時					12/6 19時44分 戌時					1/5 7時1分 辰時					
國曆		農曆		干支	國曆		農曆		干支	國曆		農曆		干支	國曆		農曆		干支	國曆		農曆		干支	國曆		農曆		干支	日
8	7	7	14	戊子	9	7	7	16	己未	10	7	8	17	己丑	11	7	9	18	庚申	12	6	10	18	己丑	1	5	11	18	己未	
8	8	7	15	己丑	9	8	7	17	庚申	10	8	8	18	庚寅	11	8	9	19	辛酉	12	7	10	19	庚寅	1	6	11	19	庚申	
8	9	7	16	庚寅	9	9	7	18	辛酉	10	9	8	19	辛卯	11	9	9	20	壬戌	12	8	10	20	辛卯	1	7	11	20	辛酉	
8	10	7	17	辛卯	9	10	7	19	壬戌	10	10	8	20	壬辰	11	10	9	21	癸亥	12	9	10	21	壬辰	1	8	11	21	壬戌	
8	11	7	18	壬辰	9	11	7	20	癸亥	10	11	8	21	癸巳	11	11	9	22	甲子	12	10	10	22	癸巳	1	9	11	22	癸亥	
8	12	7	19	癸巳	9	12	7	21	甲子	10	12	8	22	甲午	11	12	9	23	乙丑	12	11	10	23	甲午	1	10	11	23	甲子	
8	13	7	20	甲午	9	13	7	22	乙丑	10	13	8	23	乙未	11	13	9	24	丙寅	12	12	10	24	乙未	1	11	11	24	乙丑	
8	14	7	21	乙未	9	14	7	23	丙寅	10	14	8	24	丙申	11	14	9	25	丁卯	12	13	10	25	丙申	1	12	11	25	丙寅	
8	15	7	22	丙申	9	15	7	24	丁卯	10	15	8	25	丁酉	11	15	9	26	戊辰	12	14	10	26	丁酉	1	13	11	26	丁卯	
8	16	7	23	丁酉	9	16	7	25	戊辰	10	16	8	26	戊戌	11	16	9	27	己巳	12	15	10	27	戊戌	1	14	11	27	戊辰	
8	17	7	24	戊戌	9	17	7	26	己巳	10	17	8	27	己亥	11	17	9	28	庚午	12	16	10	28	己亥	1	15	11	28	己巳	
8	18	7	25	己亥	9	18	7	27	庚午	10	18	8	28	庚子	11	18	9	29	辛未	12	17	10	29	庚子	1	16	11	29	庚午	
8	19	7	26	庚子	9	19	7	28	辛未	10	19	8	29	辛丑	11	19	10	1	壬申	12	18	10	30	辛丑	1	17	11	30	辛未	
8	20	7	27	辛丑	9	20	7	29	壬申	10	20	8	30	壬寅	11	20	10	2	癸酉	12	19	11	1	壬寅	1	18	12	1	壬申	
8	21	7	28	壬寅	9	21	8	1	癸酉	10	21	9	1	癸卯	11	21	10	3	甲戌	12	20	11	2	癸卯	1	19	12	2	癸酉	
8	22	7	29	癸卯	9	22	8	2	甲戌	10	22	9	2	甲辰	11	22	10	4	乙亥	12	21	11	3	甲辰	1	20	12	3	甲戌	
8	23	閏7	1	甲辰	9	23	8	3	乙亥	10	23	9	3	乙巳	11	23	10	5	丙子	12	22	11	4	乙巳	1	21	12	4	乙亥	
8	24	7	2	乙巳	9	24	8	4	丙子	10	24	9	4	丙午	11	24	10	6	丁丑	12	23	11	5	丙午	1	22	12	5	丙子	
8	25	7	3	丙午	9	25	8	5	丁丑	10	25	9	5	丁未	11	25	10	7	戊寅	12	24	11	6	丁未	1	23	12	6	丁丑	
8	26	7	4	丁未	9	26	8	6	戊寅	10	26	9	6	戊申	11	26	10	8	己卯	12	25	11	7	戊申	1	24	12	7	戊寅	
8	27	7	5	戊申	9	27	8	7	己卯	10	27	9	7	己酉	11	27	10	9	庚辰	12	26	11	8	己酉	1	25	12	8	己卯	
8	28	7	6	己酉	9	28	8	8	庚辰	10	28	9	8	庚戌	11	28	10	10	辛巳	12	27	11	9	庚戌	1	26	12	9	庚辰	
8	29	7	7	庚戌	9	29	8	9	辛巳	10	29	9	9	辛亥	11	29	10	11	壬午	12	28	11	10	辛亥	1	27	12	10	辛巳	
8	30	7	8	辛亥	9	30	8	10	壬午	10	30	9	10	壬子	11	30	10	12	癸未	12	29	11	11	壬子	1	28	12	11	壬午	
8	31	7	9	壬子	10	1	8	11	癸未	10	31	9	11	癸丑	12	1	10	13	甲申	12	30	11	12	癸丑	1	29	12	12	癸未	
9	1	7	10	癸丑	10	2	8	12	甲申	11	1	9	12	甲寅	12	2	10	14	乙酉	12	31	11	13	甲寅	1	30	12	13	甲申	
9	2	7	11	甲寅	10	3	8	13	乙酉	11	2	9	13	乙卯	12	3	10	15	丙戌	1	1	11	14	乙卯	1	31	12	14	乙酉	
9	3	7	12	乙卯	10	4	8	14	丙戌	11	3	9	14	丙辰	12	4	10	16	丁亥	1	2	11	15	丙辰	2	1	12	15	丙戌	
9	4	7	13	丙辰	10	5	8	15	丁亥	11	4	9	15	丁巳	12	5	10	17	戊子	1	3	11	16	丁巳	2	2	12	16	丁亥	
9	5	7	14	丁巳	10	6	8	16	戊子	11	5	9	16	戊午						1	4	11	17	戊午						
9	6	7	15	戊午						11	6	9	17	己未																
處暑					秋分					霜降					小雪					冬至					大寒					中氣
8/22 18時53分 酉時					9/22 16時47分 申時					10/23 2時25分 丑時					11/22 0時14分 子時					12/21 13時42分 未時					1/20 0時21分 子時					

中華民國一百三十三、一百三十四年 鼠 2044、2045

年	乙丑																													
月	戊寅					己卯					庚辰					辛巳					壬午					癸未				
節氣	立春					驚蟄					清明					立夏					芒種					小暑				
	2/3 18時35分 酉時					3/5 12時24分 午時					4/4 16時56分 申時					5/5 9時58分 巳時					6/5 13時56分 未時					7/7 0時7分 子時				
日	國曆		農曆		干支	國曆		農曆		干支	國曆		農曆		干支	國曆		農曆		干支	國曆		農曆		干支	國曆		農曆		干支
中華民國一百三十四年 牛 2045	2	3	12	17	戊子	3	5	1	17	戊午	4	4	2	17	戊子	5	5	3	19	己未	6	5	4	20	庚寅	7	7	5	23	壬戌
	2	4	12	18	己丑	3	6	1	18	己未	4	5	2	18	己丑	5	6	3	20	庚申	6	6	4	21	辛卯	7	8	5	24	癸亥
	2	5	12	19	庚寅	3	7	1	19	庚申	4	6	2	19	庚寅	5	7	3	21	辛酉	6	7	4	22	壬辰	7	9	5	25	甲子
	2	6	12	20	辛卯	3	8	1	20	辛酉	4	7	2	20	辛卯	5	8	3	22	壬戌	6	8	4	23	癸巳	7	10	5	26	乙丑
	2	7	12	21	壬辰	3	9	1	21	壬戌	4	8	2	21	壬辰	5	9	3	23	癸亥	6	9	4	24	甲午	7	11	5	27	丙寅
	2	8	12	22	癸巳	3	10	1	22	癸亥	4	9	2	22	癸巳	5	10	3	24	甲子	6	10	4	25	乙未	7	12	5	28	丁卯
	2	9	12	23	甲午	3	11	1	23	甲子	4	10	2	23	甲午	5	11	3	25	乙丑	6	11	4	26	丙申	7	13	5	29	戊辰
	2	10	12	24	乙未	3	12	1	24	乙丑	4	11	2	24	乙未	5	12	3	26	丙寅	6	12	4	27	丁酉	7	14	6	1	己巳
	2	11	12	25	丙申	3	13	1	25	丙寅	4	12	2	25	丙申	5	13	3	27	丁卯	6	13	4	28	戊戌	7	15	6	2	庚午
	2	12	12	26	丁酉	3	14	1	26	丁卯	4	13	2	26	丁酉	5	14	3	28	戊辰	6	14	4	29	己亥	7	16	6	3	辛未
	2	13	12	27	戊戌	3	15	1	27	戊辰	4	14	2	27	戊戌	5	15	3	29	己巳	6	15	5	1	庚子	7	17	6	4	壬申
	2	14	12	28	己亥	3	16	1	28	己巳	4	15	2	28	己亥	5	16	3	30	庚午	6	16	5	2	辛丑	7	18	6	5	癸酉
	2	15	12	29	庚子	3	17	1	29	庚午	4	16	2	29	庚子	5	17	4	1	辛未	6	17	5	3	壬寅	7	19	6	6	甲戌
	2	16	12	30	辛丑	3	18	1	30	辛未	4	17	3	1	辛丑	5	18	4	2	壬申	6	18	5	4	癸卯	7	20	6	7	乙亥
	2	17	1	1	壬寅	3	19	2	1	壬申	4	18	3	2	壬寅	5	19	4	3	癸酉	6	19	5	5	甲辰	7	21	6	8	丙子
	2	18	1	2	癸卯	3	20	2	2	癸酉	4	19	3	3	癸卯	5	20	4	4	甲戌	6	20	5	6	乙巳	7	22	6	9	丁丑
	2	19	1	3	甲辰	3	21	2	3	甲戌	4	20	3	4	甲辰	5	21	4	5	乙亥	6	21	5	7	丙午	7	23	6	10	戊寅
	2	20	1	4	乙巳	3	22	2	4	乙亥	4	21	3	5	乙巳	5	22	4	6	丙子	6	22	5	8	丁未	7	24	6	11	己卯
	2	21	1	5	丙午	3	23	2	5	丙子	4	22	3	6	丙午	5	23	4	7	丁丑	6	23	5	9	戊申	7	25	6	12	庚辰
	2	22	1	6	丁未	3	24	2	6	丁丑	4	23	3	7	丁未	5	24	4	8	戊寅	6	24	5	10	己酉	7	26	6	13	辛巳
	2	23	1	7	戊申	3	25	2	7	戊寅	4	24	3	8	戊申	5	25	4	9	己卯	6	25	5	11	庚戌	7	27	6	14	壬午
	2	24	1	8	己酉	3	26	2	8	己卯	4	25	3	9	己酉	5	26	4	10	庚辰	6	26	5	12	辛亥	7	28	6	15	癸未
	2	25	1	9	庚戌	3	27	2	9	庚辰	4	26	3	10	庚戌	5	27	4	11	辛巳	6	27	5	13	壬子	7	29	6	16	甲申
	2	26	1	10	辛亥	3	28	2	10	辛巳	4	27	3	11	辛亥	5	28	4	12	壬午	6	28	5	14	癸丑	7	30	6	17	乙酉
	2	27	1	11	壬子	3	29	2	11	壬午	4	28	3	12	壬子	5	29	4	13	癸未	6	29	5	15	甲寅	7	31	6	18	丙戌
	2	28	1	12	癸丑	3	30	2	12	癸未	4	29	3	13	癸丑	5	30	4	14	甲申	6	30	5	16	乙卯	8	1	6	19	丁亥
	3	1	1	13	甲寅	3	31	2	13	甲申	4	30	3	14	甲寅	5	31	4	15	乙酉	7	1	5	17	丙辰	8	2	6	20	戊子
	3	2	1	14	乙卯	4	1	2	14	乙酉	5	1	3	15	乙卯	6	1	4	16	丙戌	7	2	5	18	丁巳	8	3	6	21	己丑
	3	3	1	15	丙辰	4	2	2	15	丙戌	5	2	3	16	丙辰	6	2	4	17	丁亥	7	3	5	19	戊午	8	4	6	22	庚寅
	3	4	1	16	丁巳	4	3	2	16	丁亥	5	3	3	17	丁巳	6	3	4	18	戊子	7	4	5	20	己未	8	5	6	23	辛卯
											5	4	3	18	戊午	6	4	4	19	己丑	7	5	5	21	庚申	8	6	6	24	壬辰
																					7	6	5	22	辛酉					
中氣	雨水					春分					穀雨					小滿					夏至					大暑				
	2/18 14時21分 未時					3/20 13時6分 未時					4/19 23時52分 子時					5/20 22時45分 亥時					6/21 6時33分 卯時					7/22 17時25分 酉時				

乙丑																														年
甲申					乙酉					丙戌					丁亥					戊子					己丑					月
立秋					白露					寒露					立冬					大雪					小寒					節氣
8/7 9時58分 巳時					9/7 13時4分 未時					10/8 4時59分 寅時					11/7 8時29分 辰時					12/7 1時34分 丑時					1/5 12時55分 午時					
國曆		農曆		干支	國曆		農曆		干支	國曆		農曆		干支	國曆		農曆		干支	國曆		農曆		干支	國曆		農曆		干支	日
8	7	6	25	癸巳	9	7	7	26	甲子	10	8	8	28	乙未	11	7	9	29	乙丑	12	7	10	29	乙未	1	5	11	29	甲子	中華民國一百三十四、一百三十五年 牛
8	8	6	26	甲午	9	8	7	27	乙丑	10	9	8	29	丙申	11	8	9	30	丙寅	12	8	11	1	丙申	1	6	11	30	乙丑	
8	9	6	27	乙未	9	9	7	28	丙寅	10	10	9	1	丁酉	11	9	10	1	丁卯	12	9	11	2	丁酉	1	7	12	1	丙寅	
8	10	6	28	丙申	9	10	7	29	丁卯	10	11	9	2	戊戌	11	10	10	2	戊辰	12	10	11	3	戊戌	1	8	12	2	丁卯	
8	11	6	29	丁酉	9	11	8	1	戊辰	10	12	9	3	己亥	11	11	10	3	己巳	12	11	11	4	己亥	1	9	12	3	戊辰	
8	12	6	30	戊戌	9	12	8	2	己巳	10	13	9	4	庚子	11	12	10	4	庚午	12	12	11	5	庚子	1	10	12	4	己巳	
8	13	7	1	己亥	9	13	8	3	庚午	10	14	9	5	辛丑	11	13	10	5	辛未	12	13	11	6	辛丑	1	11	12	5	庚午	
8	14	7	2	庚子	9	14	8	4	辛未	10	15	9	6	壬寅	11	14	10	6	壬申	12	14	11	7	壬寅	1	12	12	6	辛未	
8	15	7	3	辛丑	9	15	8	5	壬申	10	16	9	7	癸卯	11	15	10	7	癸酉	12	15	11	8	癸卯	1	13	12	7	壬申	
8	16	7	4	壬寅	9	16	8	6	癸酉	10	17	9	8	甲辰	11	16	10	8	甲戌	12	16	11	9	甲辰	1	14	12	8	癸酉	
8	17	7	5	癸卯	9	17	8	7	甲戌	10	18	9	9	乙巳	11	17	10	9	乙亥	12	17	11	10	乙巳	1	15	12	9	甲戌	
8	18	7	6	甲辰	9	18	8	8	乙亥	10	19	9	10	丙午	11	18	10	10	丙子	12	18	11	11	丙午	1	16	12	10	乙亥	
8	19	7	7	乙巳	9	19	8	9	丙子	10	20	9	11	丁未	11	19	10	11	丁丑	12	19	11	12	丁未	1	17	12	11	丙子	
8	20	7	8	丙午	9	20	8	10	丁丑	10	21	9	12	戊申	11	20	10	12	戊寅	12	20	11	13	戊申	1	18	12	12	丁丑	
8	21	7	9	丁未	9	21	8	11	戊寅	10	22	9	13	己酉	11	21	10	13	己卯	12	21	11	14	己酉	1	19	12	13	戊寅	
8	22	7	10	戊申	9	22	8	12	己卯	10	23	9	14	庚戌	11	22	10	14	庚辰	12	22	11	15	庚戌	1	20	12	14	己卯	
8	23	7	11	己酉	9	23	8	13	庚辰	10	24	9	15	辛亥	11	23	10	15	辛巳	12	23	11	16	辛亥	1	21	12	15	庚辰	
8	24	7	12	庚戌	9	24	8	14	辛巳	10	25	9	16	壬子	11	24	10	16	壬午	12	24	11	17	壬子	1	22	12	16	辛巳	
8	25	7	13	辛亥	9	25	8	15	壬午	10	26	9	17	癸丑	11	25	10	17	癸未	12	25	11	18	癸丑	1	23	12	17	壬午	
8	26	7	14	壬子	9	26	8	16	癸未	10	27	9	18	甲寅	11	26	10	18	甲申	12	26	11	19	甲寅	1	24	12	18	癸未	
8	27	7	15	癸丑	9	27	8	17	甲申	10	28	9	19	乙卯	11	27	10	19	乙酉	12	27	11	20	乙卯	1	25	12	19	甲申	2045、2046
8	28	7	16	甲寅	9	28	8	18	乙酉	10	29	9	20	丙辰	11	28	10	20	丙戌	12	28	11	21	丙辰	1	26	12	20	乙酉	
8	29	7	17	乙卯	9	29	8	19	丙戌	10	30	9	21	丁巳	11	29	10	21	丁亥	12	29	11	22	丁巳	1	27	12	21	丙戌	
8	30	7	18	丙辰	9	30	8	20	丁亥	10	31	9	22	戊午	11	30	10	22	戊子	12	30	11	23	戊午	1	28	12	22	丁亥	
8	31	7	19	丁巳	10	1	8	21	戊子	11	1	9	23	己未	12	1	10	23	己丑	12	31	11	24	己未	1	29	12	23	戊子	
9	1	7	20	戊午	10	2	8	22	己丑	11	2	9	24	庚申	12	2	10	24	庚寅	1	1	11	25	庚申	1	30	12	24	己丑	
9	2	7	21	己未	10	3	8	23	庚寅	11	3	9	25	辛酉	12	3	10	25	辛卯	1	2	11	26	辛酉	1	31	12	25	庚寅	
9	3	7	22	庚申	10	4	8	24	辛卯	11	4	9	26	壬戌	12	4	10	26	壬辰	1	3	11	27	壬戌	2	1	12	26	辛卯	
9	4	7	23	辛酉	10	5	8	25	壬辰	11	5	9	27	癸亥	12	5	10	27	癸巳	1	4	11	28	癸亥	2	2	12	27	壬辰	
9	5	7	24	壬戌	10	6	8	26	癸巳	11	6	9	28	甲子	12	6	10	28	甲午						2	3	12	28	癸巳	
9	6	7	25	癸亥	10	7	8	27	甲午																					
處暑					秋分					霜降					小雪					冬至					大寒					中氣
8/23 0時38分 子時					9/22 22時32分 亥時					10/23 8時11分 辰時					11/22 6時3分 卯時					12/21 19時34分 戌時					1/20 6時15分 卯時					

年	丙寅																													
月	庚寅					辛卯					壬辰					癸巳					甲午					乙未				
節氣	立春					驚蟄					清明					立夏					芒種					小暑				
	2/4 0時30分 子時					3/5 18時16分 酉時					4/4 22時44分 亥時					5/5 15時39分 申時					6/5 19時31分 戌時					7/7 5時39分 卯時				
日	國曆		農曆		干支	國曆		農曆		干支	國曆		農曆		干支	國曆		農曆		干支	國曆		農曆		干支	國曆		農曆		干支
中華民國一百三十五年 虎 2046	2	4	12	29	甲午	3	5	1	28	癸亥	4	4	2	28	癸巳	5	5	3	30	甲子	6	5	5	2	乙未	7	7	6	4	丁卯
	2	5	12	30	乙未	3	6	1	29	甲子	4	5	2	29	甲午	5	6	4	1	乙丑	6	6	5	3	丙申	7	8	6	5	戊辰
	2	6	1	1	丙申	3	7	1	30	乙丑	4	6	3	1	乙未	5	7	4	2	丙寅	6	7	5	4	丁酉	7	9	6	6	己巳
	2	7	1	2	丁酉	3	8	2	1	丙寅	4	7	3	2	丙申	5	8	4	3	丁卯	6	8	5	5	戊戌	7	10	6	7	庚午
	2	8	1	3	戊戌	3	9	2	2	丁卯	4	8	3	3	丁酉	5	9	4	4	戊辰	6	9	5	6	己亥	7	11	6	8	辛未
	2	9	1	4	己亥	3	10	2	3	戊辰	4	9	3	4	戊戌	5	10	4	5	己巳	6	10	5	7	庚子	7	12	6	9	壬申
	2	10	1	5	庚子	3	11	2	4	己巳	4	10	3	5	己亥	5	11	4	6	庚午	6	11	5	8	辛丑	7	13	6	10	癸酉
	2	11	1	6	辛丑	3	12	2	5	庚午	4	11	3	6	庚子	5	12	4	7	辛未	6	12	5	9	壬寅	7	14	6	11	甲戌
	2	12	1	7	壬寅	3	13	2	6	辛未	4	12	3	7	辛丑	5	13	4	8	壬申	6	13	5	10	癸卯	7	15	6	12	乙亥
	2	13	1	8	癸卯	3	14	2	7	壬申	4	13	3	8	壬寅	5	14	4	9	癸酉	6	14	5	11	甲辰	7	16	6	13	丙子
	2	14	1	9	甲辰	3	15	2	8	癸酉	4	14	3	9	癸卯	5	15	4	10	甲戌	6	15	5	12	乙巳	7	17	6	14	丁丑
	2	15	1	10	乙巳	3	16	2	9	甲戌	4	15	3	10	甲辰	5	16	4	11	乙亥	6	16	5	13	丙午	7	18	6	15	戊寅
	2	16	1	11	丙午	3	17	2	10	乙亥	4	16	3	11	乙巳	5	17	4	12	丙子	6	17	5	14	丁未	7	19	6	16	己卯
	2	17	1	12	丁未	3	18	2	11	丙子	4	17	3	12	丙午	5	18	4	13	丁丑	6	18	5	15	戊申	7	20	6	17	庚辰
	2	18	1	13	戊申	3	19	2	12	丁丑	4	18	3	13	丁未	5	19	4	14	戊寅	6	19	5	16	己酉	7	21	6	18	辛巳
	2	19	1	14	己酉	3	20	2	13	戊寅	4	19	3	14	戊申	5	20	4	15	己卯	6	20	5	17	庚戌	7	22	6	19	壬午
	2	20	1	15	庚戌	3	21	2	14	己卯	4	20	3	15	己酉	5	21	4	16	庚辰	6	21	5	18	辛亥	7	23	6	20	癸未
	2	21	1	16	辛亥	3	22	2	15	庚辰	4	21	3	16	庚戌	5	22	4	17	辛巳	6	22	5	19	壬子	7	24	6	21	甲申
	2	22	1	17	壬子	3	23	2	16	辛巳	4	22	3	17	辛亥	5	23	4	18	壬午	6	23	5	20	癸丑	7	25	6	22	乙酉
	2	23	1	18	癸丑	3	24	2	17	壬午	4	23	3	18	壬子	5	24	4	19	癸未	6	24	5	21	甲寅	7	26	6	23	丙戌
	2	24	1	19	甲寅	3	25	2	18	癸未	4	24	3	19	癸丑	5	25	4	20	甲申	6	25	5	22	乙卯	7	27	6	24	丁亥
	2	25	1	20	乙卯	3	26	2	19	甲申	4	25	3	20	甲寅	5	26	4	21	乙酉	6	26	5	23	丙辰	7	28	6	25	戊子
	2	26	1	21	丙辰	3	27	2	20	乙酉	4	26	3	21	乙卯	5	27	4	22	丙戌	6	27	5	24	丁巳	7	29	6	26	己丑
	2	27	1	22	丁巳	3	28	2	21	丙戌	4	27	3	22	丙辰	5	28	4	23	丁亥	6	28	5	25	戊午	7	30	6	27	庚寅
	2	28	1	23	戊午	3	29	2	22	丁亥	4	28	3	23	丁巳	5	29	4	24	戊子	6	29	5	26	己未	7	31	6	28	辛卯
	3	1	1	24	己未	3	30	2	23	戊子	4	29	3	24	戊午	5	30	4	25	己丑	6	30	5	27	庚申	8	1	6	29	壬辰
	3	2	1	25	庚申	3	31	2	24	己丑	4	30	3	25	己未	5	31	4	26	庚寅	7	1	5	28	辛酉	8	2	7	1	癸巳
	3	3	1	26	辛酉	4	1	2	25	庚寅	5	1	3	26	庚申	6	1	4	27	辛卯	7	2	5	29	壬戌	8	3	7	2	甲午
	3	4	1	27	壬戌	4	2	2	26	辛卯	5	2	3	27	辛酉	6	2	4	28	壬辰	7	3	5	30	癸亥	8	4	7	3	乙未
						4	3	2	27	壬辰	5	3	3	28	壬戌	6	3	4	29	癸巳	7	4	6	1	甲子	8	5	7	4	丙申
											5	4	3	29	癸亥	6	4	5	1	甲午	7	5	6	2	乙丑	8	6	7	5	丁酉
																					7	6	6	3	丙寅					
中氣	雨水					春分					穀雨					小滿					夏至					大暑				
	2/18 20時14分 戌時					3/20 18時57分 酉時					4/20 5時38分 卯時					5/21 4時27分 寅時					6/21 12時13分 午時					7/22 23時7分 子時				

丙寅																														年
丙申					丁酉					戊戌					己亥					庚子					辛丑					月
立秋					白露					寒露					立冬					大雪					小寒					節氣
8/7 15時32分 申時					9/7 18時42分 酉時					10/8 10時41分 巳時					11/7 14時13分 未時					12/7 7時20分 辰時					1/5 18時41分 酉時					
國曆		農曆		干支	國曆		農曆		干支	國曆		農曆		干支	國曆		農曆		干支	國曆		農曆		干支	國曆		農曆		干支	日
8	7	7	6	戊戌	9	7	8	7	己巳	10	8	9	9	庚子	11	7	10	10	庚午	12	7	11	10	庚子	1	5	12	10	己巳	中華民國一百三十五、一百三十六年 虎
8	8	7	7	己亥	9	8	8	8	庚午	10	9	9	10	辛丑	11	8	10	11	辛未	12	8	11	11	辛丑	1	6	12	11	庚午	
8	9	7	8	庚子	9	9	8	9	辛未	10	10	9	11	壬寅	11	9	10	12	壬申	12	9	11	12	壬寅	1	7	12	12	辛未	
8	10	7	9	辛丑	9	10	8	10	壬申	10	11	9	12	癸卯	11	10	10	13	癸酉	12	10	11	13	癸卯	1	8	12	13	壬申	
8	11	7	10	壬寅	9	11	8	11	癸酉	10	12	9	13	甲辰	11	11	10	14	甲戌	12	11	11	14	甲辰	1	9	12	14	癸酉	
8	12	7	11	癸卯	9	12	8	12	甲戌	10	13	9	14	乙巳	11	12	10	15	乙亥	12	12	11	15	乙巳	1	10	12	15	甲戌	
8	13	7	12	甲辰	9	13	8	13	乙亥	10	14	9	15	丙午	11	13	10	16	丙子	12	13	11	16	丙午	1	11	12	16	乙亥	
8	14	7	13	乙巳	9	14	8	14	丙子	10	15	9	16	丁未	11	14	10	17	丁丑	12	14	11	17	丁未	1	12	12	17	丙子	
8	15	7	14	丙午	9	15	8	15	丁丑	10	16	9	17	戊申	11	15	10	18	戊寅	12	15	11	18	戊申	1	13	12	18	丁丑	
8	16	7	15	丁未	9	16	8	16	戊寅	10	17	9	18	己酉	11	16	10	19	己卯	12	16	11	19	己酉	1	14	12	19	戊寅	
8	17	7	16	戊申	9	17	8	17	己卯	10	18	9	19	庚戌	11	17	10	20	庚辰	12	17	11	20	庚戌	1	15	12	20	己卯	
8	18	7	17	己酉	9	18	8	18	庚辰	10	19	9	20	辛亥	11	18	10	21	辛巳	12	18	11	21	辛亥	1	16	12	21	庚辰	
8	19	7	18	庚戌	9	19	8	19	辛巳	10	20	9	21	壬子	11	19	10	22	壬午	12	19	11	22	壬子	1	17	12	22	辛巳	
8	20	7	19	辛亥	9	20	8	20	壬午	10	21	9	22	癸丑	11	20	10	23	癸未	12	20	11	23	癸丑	1	18	12	23	壬午	
8	21	7	20	壬子	9	21	8	21	癸未	10	22	9	23	甲寅	11	21	10	24	甲申	12	21	11	24	甲寅	1	19	12	24	癸未	
8	22	7	21	癸丑	9	22	8	22	甲申	10	23	9	24	乙卯	11	22	10	25	乙酉	12	22	11	25	乙卯	1	20	12	25	甲申	
8	23	7	22	甲寅	9	23	8	23	乙酉	10	24	9	25	丙辰	11	23	10	26	丙戌	12	23	11	26	丙辰	1	21	12	26	乙酉	
8	24	7	23	乙卯	9	24	8	24	丙戌	10	25	9	26	丁巳	11	24	10	27	丁亥	12	24	11	27	丁巳	1	22	12	27	丙戌	
8	25	7	24	丙辰	9	25	8	25	丁亥	10	26	9	27	戊午	11	25	10	28	戊子	12	25	11	28	戊午	1	23	12	28	丁亥	
8	26	7	25	丁巳	9	26	8	26	戊子	10	27	9	28	己未	11	26	10	29	己丑	12	26	11	29	己未	1	24	12	29	戊子	
8	27	7	26	戊午	9	27	8	27	己丑	10	28	9	29	庚申	11	27	10	30	庚寅	12	27	12	1	庚申	1	25	12	30	己丑	2046、2047
8	28	7	27	己未	9	28	8	28	庚寅	10	29	10	1	辛酉	11	28	11	1	辛卯	12	28	12	2	辛酉	1	26	1	1	庚寅	
8	29	7	28	庚申	9	29	8	29	辛卯	10	30	10	2	壬戌	11	29	11	2	壬辰	12	29	12	3	壬戌	1	27	1	2	辛卯	
8	30	7	29	辛酉	9	30	9	1	壬辰	10	31	10	3	癸亥	11	30	11	3	癸巳	12	30	12	4	癸亥	1	28	1	3	壬辰	
8	31	7	30	壬戌	10	1	9	2	癸巳	11	1	10	4	甲子	12	1	11	4	甲午	12	31	12	5	甲子	1	29	1	4	癸巳	
9	1	8	1	癸亥	10	2	9	3	甲午	11	2	10	5	乙丑	12	2	11	5	乙未	1	1	12	6	乙丑	1	30	1	5	甲午	
9	2	8	2	甲子	10	3	9	4	乙未	11	3	10	6	丙寅	12	3	11	6	丙申	1	2	12	7	丙寅	1	31	1	6	乙未	
9	3	8	3	乙丑	10	4	9	5	丙申	11	4	10	7	丁卯	12	4	11	7	丁酉	1	3	12	8	丁卯	2	1	1	7	丙申	
9	4	8	4	丙寅	10	5	9	6	丁酉	11	5	10	8	戊辰	12	5	11	8	戊戌	1	4	12	9	戊辰	2	2	1	8	丁酉	
9	5	8	5	丁卯	10	6	9	7	戊戌	11	6	10	9	己巳	12	6	11	9	己亥						2	3	1	9	戊戌	
9	6	8	6	戊辰	10	7	9	8	己亥																					
處暑					秋分					霜降					小雪					冬至					大寒					中氣
8/23 6時23分 卯時					9/23 4時20分 寅時					10/23 14時2分 未時					11/22 11時55分 午時					12/22 1時27分 丑時					1/20 12時9分 午時					

年	丁卯																													
月	壬寅					癸卯					甲辰					乙巳					丙午					丁未				
節氣	立春					驚蟄					清明					立夏					芒種					小暑				
	2/4 6時17分 卯時					3/6 0時4分 子時					4/5 4時31分 寅時					5/5 21時27分 亥時					6/6 1時20分 丑時					7/7 11時29分 午時				
日	國曆		農曆		干支	國曆		農曆		干支	國曆		農曆		干支	國曆		農曆		干支	國曆		農曆		干支	國曆		農曆		干支
	2	4	1	10	己亥	3	6	2	10	己巳	4	5	3	11	己亥	5	5	4	11	己巳	6	6	5	13	辛丑	7	7	5	15	壬申
	2	5	1	11	庚子	3	7	2	11	庚午	4	6	3	12	庚子	5	6	4	12	庚午	6	7	5	14	壬寅	7	8	5	16	癸酉
	2	6	1	12	辛丑	3	8	2	12	辛未	4	7	3	13	辛丑	5	7	4	13	辛未	6	8	5	15	癸卯	7	9	5	17	甲戌
中華民國一百三十六年	2	7	1	13	壬寅	3	9	2	13	壬申	4	8	3	14	壬寅	5	8	4	14	壬申	6	9	5	16	甲辰	7	10	5	18	乙亥
	2	8	1	14	癸卯	3	10	2	14	癸酉	4	9	3	15	癸卯	5	9	4	15	癸酉	6	10	5	17	乙巳	7	11	5	19	丙子
	2	9	1	15	甲辰	3	11	2	15	甲戌	4	10	3	16	甲辰	5	10	4	16	甲戌	6	11	5	18	丙午	7	12	5	20	丁丑
	2	10	1	16	乙巳	3	12	2	16	乙亥	4	11	3	17	乙巳	5	11	4	17	乙亥	6	12	5	19	丁未	7	13	5	21	戊寅
	2	11	1	17	丙午	3	13	2	17	丙子	4	12	3	18	丙午	5	12	4	18	丙子	6	13	5	20	戊申	7	14	5	22	己卯
	2	12	1	18	丁未	3	14	2	18	丁丑	4	13	3	19	丁未	5	13	4	19	丁丑	6	14	5	21	己酉	7	15	5	23	庚辰
	2	13	1	19	戊申	3	15	2	19	戊寅	4	14	3	20	戊申	5	14	4	20	戊寅	6	15	5	22	庚戌	7	16	5	24	辛巳
	2	14	1	20	己酉	3	16	2	20	己卯	4	15	3	21	己酉	5	15	4	21	己卯	6	16	5	23	辛亥	7	17	5	25	壬午
	2	15	1	21	庚戌	3	17	2	21	庚辰	4	16	3	22	庚戌	5	16	4	22	庚辰	6	17	5	24	壬子	7	18	5	26	癸未
兔	2	16	1	22	辛亥	3	18	2	22	辛巳	4	17	3	23	辛亥	5	17	4	23	辛巳	6	18	5	25	癸丑	7	19	5	27	甲申
	2	17	1	23	壬子	3	19	2	23	壬午	4	18	3	24	壬子	5	18	4	24	壬午	6	19	5	26	甲寅	7	20	5	28	乙酉
	2	18	1	24	癸丑	3	20	2	24	癸未	4	19	3	25	癸丑	5	19	4	25	癸未	6	20	5	27	乙卯	7	21	5	29	丙戌
	2	19	1	25	甲寅	3	21	2	25	甲申	4	20	3	26	甲寅	5	20	4	26	甲申	6	21	5	28	丙辰	7	22	5	30	丁亥
	2	20	1	26	乙卯	3	22	2	26	乙酉	4	21	3	27	乙卯	5	21	4	27	乙酉	6	22	5	29	丁巳	7	23	6	1	戊子
	2	21	1	27	丙辰	3	23	2	27	丙戌	4	22	3	28	丙辰	5	22	4	28	丙戌	6	23	閏5	1	戊午	7	24	6	2	己丑
	2	22	1	28	丁巳	3	24	2	28	丁亥	4	23	3	29	丁巳	5	23	4	29	丁亥	6	24	5	2	己未	7	25	6	3	庚寅
	2	23	1	29	戊午	3	25	2	29	戊子	4	24	3	30	戊午	5	24	4	30	戊子	6	25	5	3	庚申	7	26	6	4	辛卯
	2	24	1	30	己未	3	26	3	1	己丑	4	25	4	1	己未	5	25	5	1	己丑	6	26	5	4	辛酉	7	27	6	5	壬辰
	2	25	2	1	庚申	3	27	3	2	庚寅	4	26	4	2	庚申	5	26	5	2	庚寅	6	27	5	5	壬戌	7	28	6	6	癸巳
	2	26	2	2	辛酉	3	28	3	3	辛卯	4	27	4	3	辛酉	5	27	5	3	辛卯	6	28	5	6	癸亥	7	29	6	7	甲午
2047	2	27	2	3	壬戌	3	29	3	4	壬辰	4	28	4	4	壬戌	5	28	5	4	壬辰	6	29	5	7	甲子	7	30	6	8	乙未
	2	28	2	4	癸亥	3	30	3	5	癸巳	4	29	4	5	癸亥	5	29	5	5	癸巳	6	30	5	8	乙丑	7	31	6	9	丙申
	3	1	2	5	甲子	3	31	3	6	甲午	4	30	4	6	甲子	5	30	5	6	甲午	7	1	5	9	丙寅	8	1	6	10	丁酉
	3	2	2	6	乙丑	4	1	3	7	乙未	5	1	4	7	乙丑	5	31	5	7	乙未	7	2	5	10	丁卯	8	2	6	11	戊戌
	3	3	2	7	丙寅	4	2	3	8	丙申	5	2	4	8	丙寅	6	1	5	8	丙申	7	3	5	11	戊辰	8	3	6	12	己亥
	3	4	2	8	丁卯	4	3	3	9	丁酉	5	3	4	9	丁卯	6	2	5	9	丁酉	7	4	5	12	己巳	8	4	6	13	庚子
	3	5	2	9	戊辰	4	4	3	10	戊戌	5	4	4	10	戊辰	6	3	5	10	戊戌	7	5	5	13	庚午	8	5	6	14	辛丑
																6	4	5	11	己亥	7	6	5	14	辛未	8	6	6	15	壬寅
																6	5	5	12	庚子										
中氣	雨水					春分					穀雨					小滿					夏至					大暑				
	2/19 2時9分 丑時					3/21 0時51分 子時					4/20 11時31分 午時					5/21 10時19分 巳時					6/21 18時2分 酉時					7/23 4時54分 寅時				

丁卯																														年
戊申					己酉					庚戌					辛亥					壬子					癸丑					月
立秋					白露					寒露					立冬					大雪					小寒					節
8/7 21時25分 亥時					9/8 0時37分 子時					10/8 16時36分 申時					11/7 20時6分 戌時					12/7 13時10分 未時					1/6 0時28分 子時					氣
國曆		農曆		干支	國曆		農曆		干支	國曆		農曆		干支	國曆		農曆		干支	國曆		農曆		干支	國曆		農曆		干支	日
8	7	6	16	癸卯	9	8	7	19	乙亥	10	8	8	19	乙巳	11	7	9	20	乙亥	12	7	10	21	乙巳	1	6	11	21	乙亥	
8	8	6	17	甲辰	9	9	7	20	丙子	10	9	8	20	丙午	11	8	9	21	丙子	12	8	10	22	丙午	1	7	11	22	丙子	
8	9	6	18	乙巳	9	10	7	21	丁丑	10	10	8	21	丁未	11	9	9	22	丁丑	12	9	10	23	丁未	1	8	11	23	丁丑	
8	10	6	19	丙午	9	11	7	22	戊寅	10	11	8	22	戊申	11	10	9	23	戊寅	12	10	10	24	戊申	1	9	11	24	戊寅	
8	11	6	20	丁未	9	12	7	23	己卯	10	12	8	23	己酉	11	11	9	24	己卯	12	11	10	25	己酉	1	10	11	25	己卯	
8	12	6	21	戊申	9	13	7	24	庚辰	10	13	8	24	庚戌	11	12	9	25	庚辰	12	12	10	26	庚戌	1	11	11	26	庚辰	
8	13	6	22	己酉	9	14	7	25	辛巳	10	14	8	25	辛亥	11	13	9	26	辛巳	12	13	10	27	辛亥	1	12	11	27	辛巳	
8	14	6	23	庚戌	9	15	7	26	壬午	10	15	8	26	壬子	11	14	9	27	壬午	12	14	10	28	壬子	1	13	11	28	壬午	
8	15	6	24	辛亥	9	16	7	27	癸未	10	16	8	27	癸丑	11	15	9	28	癸未	12	15	10	29	癸丑	1	14	11	29	癸未	
8	16	6	25	壬子	9	17	7	28	甲申	10	17	8	28	甲寅	11	16	9	29	甲申	12	16	10	30	甲寅	1	15	12	1	甲申	
8	17	6	26	癸丑	9	18	7	29	乙酉	10	18	8	29	乙卯	11	17	10	1	乙酉	12	17	11	1	乙卯	1	16	12	2	乙酉	
8	18	6	27	甲寅	9	19	7	30	丙戌	10	19	9	1	丙辰	11	18	10	2	丙戌	12	18	11	2	丙辰	1	17	12	3	丙戌	
8	19	6	28	乙卯	9	20	8	1	丁亥	10	20	9	2	丁巳	11	19	10	3	丁亥	12	19	11	3	丁巳	1	18	12	4	丁亥	
8	20	6	29	丙辰	9	21	8	2	戊子	10	21	9	3	戊午	11	20	10	4	戊子	12	20	11	4	戊午	1	19	12	5	戊子	
8	21	7	1	丁巳	9	22	8	3	己丑	10	22	9	4	己未	11	21	10	5	己丑	12	21	11	5	己未	1	20	12	6	己丑	
8	22	7	2	戊午	9	23	8	4	庚寅	10	23	9	5	庚申	11	22	10	6	庚寅	12	22	11	6	庚申	1	21	12	7	庚寅	
	23	7	3	己未	9	24	8	5	辛卯	10	24	9	6	辛酉	11	23	10	7	辛卯	12	23	11	7	辛酉	1	22	12	8	辛卯	
	24	7	4	庚申	9	25	8	6	壬辰	10	25	9	7	壬戌	11	24	10	8	壬辰	12	24	11	8	壬戌	1	23	12	9	壬辰	
	25	7	5	辛酉	9	26	8	7	癸巳	10	26	9	8	癸亥	11	25	10	9	癸巳	12	25	11	9	癸亥	1	24	12	10	癸巳	
	26	7	6	壬戌	9	27	8	8	甲午	10	27	9	9	甲子	11	26	10	10	甲午	12	26	11	10	甲子	1	25	12	11	甲午	
	27	7	7	癸亥	9	28	8	9	乙未	10	28	9	10	乙丑	11	27	10	11	乙未	12	27	11	11	乙丑	1	26	12	12	乙未	
	28	7	8	甲子	9	29	8	10	丙申	10	29	9	11	丙寅	11	28	10	12	丙申	12	28	11	12	丙寅	1	27	12	13	丙申	
	29	7	9	乙丑	9	30	8	11	丁酉	10	30	9	12	丁卯	11	29	10	13	丁酉	12	29	11	13	丁卯	1	28	12	14	丁酉	
	30	7	10	丙寅	10	1	8	12	戊戌	10	31	9	13	戊辰	11	30	10	14	戊戌	12	30	11	14	戊辰	1	29	12	15	戊戌	
	31	7	11	丁卯	10	2	8	13	己亥	11	1	9	14	己巳	12	1	10	15	己亥	12	31	11	15	己巳	1	30	12	16	己亥	
	1	7	12	戊辰	10	3	8	14	庚子	11	2	9	15	庚午	12	2	10	16	庚子	1	1	11	16	庚午	1	31	12	17	庚子	
	2	7	13	己巳	10	4	8	15	辛丑	11	3	9	16	辛未	12	3	10	17	辛丑	1	2	11	17	辛未	2	1	12	18	辛丑	
	3	7	14	庚午	10	5	8	16	壬寅	11	4	9	17	壬申	12	4	10	18	壬寅	1	3	11	18	壬申	2	2	12	19	壬寅	
	4	7	15	辛未	10	6	8	17	癸卯	11	5	9	18	癸酉	12	5	10	19	癸卯	1	4	11	19	癸酉	2	3	12	20	癸卯	
	5	7	16	壬申	10	7	8	18	甲辰	11	6	9	19	甲戌	12	6	10	20	甲辰	1	5	11	20	甲戌						
	6	7	17	癸酉																										
	7	7	18	甲戌																										
處暑					秋分					霜降					小雪					冬至					大寒					中
12時10分 午時					9/23 10時7分 巳時					10/23 19時47分 戌時					11/22 17時37分 酉時					12/22 7時6分 辰時					1/20 17時46分 酉時					氣

中華民國一百三十六、一百三十七年 兔

2047、2048

年	戊辰																													
月	甲寅					乙卯					丙辰					丁巳					戊午					己未				
節氣	立春					驚蟄					清明					立夏					芒種					小暑				
	2/4 12時3分 午時					3/5 5時53分 卯時					4/4 10時24分 巳時					5/5 3時23分 寅時					6/5 7時17分 辰時					7/6 17時25分 酉時				
日	國曆		農曆		干支	國曆		農曆		干支	國曆		農曆		干支	國曆		農曆		干支	國曆		農曆		干支	國曆		農曆		干支
中華民國一百三十七年 龍 2048	2	4	12	21	甲辰	3	5	1	21	甲戌	4	4	2	22	甲辰	5	5	3	23	乙亥	6	5	4	24	丙午	7	6	5	26	丁丑
	2	5	12	22	乙巳	3	6	1	22	乙亥	4	5	2	23	乙巳	5	6	3	24	丙子	6	6	4	25	丁未	7	7	5	27	戊寅
	2	6	12	23	丙午	3	7	1	23	丙子	4	6	2	24	丙午	5	7	3	25	丁丑	6	7	4	26	戊申	7	8	5	28	己卯
	2	7	12	24	丁未	3	8	1	24	丁丑	4	7	2	25	丁未	5	8	3	26	戊寅	6	8	4	27	己酉	7	9	5	29	庚辰
	2	8	12	25	戊申	3	9	1	25	戊寅	4	8	2	26	戊申	5	9	3	27	己卯	6	9	4	28	庚戌	7	10	5	30	辛巳
	2	9	12	26	己酉	3	10	1	26	己卯	4	9	2	27	己酉	5	10	3	28	庚辰	6	10	4	29	辛亥	7	11	6	1	壬午
	2	10	12	27	庚戌	3	11	1	27	庚辰	4	10	2	28	庚戌	5	11	3	29	辛巳	6	11	5	1	壬子	7	12	6	2	癸未
	2	11	12	28	辛亥	3	12	1	28	辛巳	4	11	2	29	辛亥	5	12	3	30	壬午	6	12	5	2	癸丑	7	13	6	3	甲申
	2	12	12	29	壬子	3	13	1	29	壬午	4	12	2	30	壬子	5	13	4	1	癸未	6	13	5	3	甲寅	7	14	6	4	乙酉
	2	13	12	30	癸丑	3	14	2	1	癸未	4	13	3	1	癸丑	5	14	4	2	甲申	6	14	5	4	乙卯	7	15	6	5	丙戌
	2	14	1	1	甲寅	3	15	2	2	甲申	4	14	3	2	甲寅	5	15	4	3	乙酉	6	15	5	5	丙辰	7	16	6	6	丁亥
	2	15	1	2	乙卯	3	16	2	3	乙酉	4	15	3	3	乙卯	5	16	4	4	丙戌	6	16	5	6	丁巳	7	17	6	7	戊子
	2	16	1	3	丙辰	3	17	2	4	丙戌	4	16	3	4	丙辰	5	17	4	5	丁亥	6	17	5	7	戊午	7	18	6	8	己丑
	2	17	1	4	丁巳	3	18	2	5	丁亥	4	17	3	5	丁巳	5	18	4	6	戊子	6	18	5	8	己未	7	19	6	9	庚寅
	2	18	1	5	戊午	3	19	2	6	戊子	4	18	3	6	戊午	5	19	4	7	己丑	6	19	5	9	庚申	7	20	6	10	辛卯
	2	19	1	6	己未	3	20	2	7	己丑	4	19	3	7	己未	5	20	4	8	庚寅	6	20	5	10	辛酉	7	21	6	11	壬辰
	2	20	1	7	庚申	3	21	2	8	庚寅	4	20	3	8	庚申	5	21	4	9	辛卯	6	21	5	11	壬戌	7	22	6	12	癸巳
	2	21	1	8	辛酉	3	22	2	9	辛卯	4	21	3	9	辛酉	5	22	4	10	壬辰	6	22	5	12	癸亥	7	23	6	13	甲午
	2	22	1	9	壬戌	3	23	2	10	壬辰	4	22	3	10	壬戌	5	23	4	11	癸巳	6	23	5	13	甲子	7	24	6	14	乙未
	2	23	1	10	癸亥	3	24	2	11	癸巳	4	23	3	11	癸亥	5	24	4	12	甲午	6	24	5	14	乙丑	7	25	6	15	丙申
	2	24	1	11	甲子	3	25	2	12	甲午	4	24	3	12	甲子	5	25	4	13	乙未	6	25	5	15	丙寅	7	26	6	16	丁酉
	2	25	1	12	乙丑	3	26	2	13	乙未	4	25	3	13	乙丑	5	26	4	14	丙申	6	26	5	16	丁卯	7	27	6	17	戊戌
	2	26	1	13	丙寅	3	27	2	14	丙申	4	26	3	14	丙寅	5	27	4	15	丁酉	6	27	5	17	戊辰	7	28	6	18	己亥
	2	27	1	14	丁卯	3	28	2	15	丁酉	4	27	3	15	丁卯	5	28	4	16	戊戌	6	28	5	18	己巳	7	29	6	19	庚
	2	28	1	15	戊辰	3	29	2	16	戊戌	4	28	3	16	戊辰	5	29	4	17	己亥	6	29	5	19	庚午	7	30	6	20	辛
	2	29	1	16	己巳	3	30	2	17	己亥	4	29	3	17	己巳	5	30	4	18	庚子	6	30	5	20	辛未	7	31	6	21	壬
	3	1	1	17	庚午	3	31	2	18	庚子	4	30	3	18	庚午	5	31	4	19	辛丑	7	1	5	21	壬申	8	1	6	22	癸
	3	2	1	18	辛未	4	1	2	19	辛丑	5	1	3	19	辛未	6	1	4	20	壬寅	7	2	5	22	癸酉	8	2	6	23	甲
	3	3	1	19	壬申	4	2	2	20	壬寅	5	2	3	20	壬申	6	2	4	21	癸卯	7	3	5	23	甲戌	8	3	6	24	乙
	3	4	1	20	癸酉	4	3	2	21	癸卯	5	3	3	21	癸酉	6	3	4	22	甲辰	7	4	5	24	乙亥	8	4	6	25	丙
											5	4	3	22	甲戌	6	4	4	23	乙巳	7	5	5	25	丙子	8	5	6	26	丁
																										8	6	6	27	戊
中氣	雨水					春分					穀雨					小滿					夏至					大暑				
	2/19 7時47分 辰時					3/20 6時32分 卯時					4/19 17時16分 酉時					5/20 16時7分 申時					6/20 23時53分 子時					7/22 10時46分 巳				

戊辰																														年
庚申					辛酉					壬戌					癸亥					甲子					乙丑					月
立秋					白露					寒露					立冬					大雪					小寒					節氣
8/7 3時17分 寅時					9/7 6時27分 卯時					10/7 22時25分 亥時					11/7 1時55分 丑時					12/6 18時59分 酉時					1/5 6時17分 卯時					
國曆		農曆		干支	國曆		農曆		干支	國曆		農曆		干支	國曆		農曆		干支	國曆		農曆		干支	國曆		農曆		干支	日
8	7	6	28	己酉	9	7	7	29	庚辰	10	7	8	30	庚戌	11	7	10	2	辛巳	12	6	11	2	庚戌	1	5	12	2	庚辰	中華民國一百三十七、一百三十八年 龍
8	8	6	29	庚戌	9	8	8	1	辛巳	10	8	9	1	辛亥	11	8	10	3	壬午	12	7	11	3	辛亥	1	6	12	3	辛巳	
8	9	6	30	辛亥	9	9	8	2	壬午	10	9	9	2	壬子	11	9	10	4	癸未	12	8	11	4	壬子	1	7	12	4	壬午	
8	10	7	1	壬子	9	10	8	3	癸未	10	10	9	3	癸丑	11	10	10	5	甲申	12	9	11	5	癸丑	1	8	12	5	癸未	
8	11	7	2	癸丑	9	11	8	4	甲申	10	11	9	4	甲寅	11	11	10	6	乙酉	12	10	11	6	甲寅	1	9	12	6	甲申	
8	12	7	3	甲寅	9	12	8	5	乙酉	10	12	9	5	乙卯	11	12	10	7	丙戌	12	11	11	7	乙卯	1	10	12	7	乙酉	
8	13	7	4	乙卯	9	13	8	6	丙戌	10	13	9	6	丙辰	11	13	10	8	丁亥	12	12	11	8	丙辰	1	11	12	8	丙戌	
8	14	7	5	丙辰	9	14	8	7	丁亥	10	14	9	7	丁巳	11	14	10	9	戊子	12	13	11	9	丁巳	1	12	12	9	丁亥	
8	15	7	6	丁巳	9	15	8	8	戊子	10	15	9	8	戊午	11	15	10	10	己丑	12	14	11	10	戊午	1	13	12	10	戊子	
8	16	7	7	戊午	9	16	8	9	己丑	10	16	9	9	己未	11	16	10	11	庚寅	12	15	11	11	己未	1	14	12	11	己丑	
8	17	7	8	己未	9	17	8	10	庚寅	10	17	9	10	庚申	11	17	10	12	辛卯	12	16	11	12	庚申	1	15	12	12	庚寅	
8	18	7	9	庚申	9	18	8	11	辛卯	10	18	9	11	辛酉	11	18	10	13	壬辰	12	17	11	13	辛酉	1	16	12	13	辛卯	
8	19	7	10	辛酉	9	19	8	12	壬辰	10	19	9	12	壬戌	11	19	10	14	癸巳	12	18	11	14	壬戌	1	17	12	14	壬辰	
8	20	7	11	壬戌	9	20	8	13	癸巳	10	20	9	13	癸亥	11	20	10	15	甲午	12	19	11	15	癸亥	1	18	12	15	癸巳	
8	21	7	12	癸亥	9	21	8	14	甲午	10	21	9	14	甲子	11	21	10	16	乙未	12	20	11	16	甲子	1	19	12	16	甲午	
8	22	7	13	甲子	9	22	8	15	乙未	10	22	9	15	乙丑	11	22	10	17	丙申	12	21	11	17	乙丑	1	20	12	17	乙未	
8	23	7	14	乙丑	9	23	8	16	丙申	10	23	9	16	丙寅	11	23	10	18	丁酉	12	22	11	18	丙寅	1	21	12	18	丙申	
8	24	7	15	丙寅	9	24	8	17	丁酉	10	24	9	17	丁卯	11	24	10	19	戊戌	12	23	11	19	丁卯	1	22	12	19	丁酉	
8	25	7	16	丁卯	9	25	8	18	戊戌	10	25	9	18	戊辰	11	25	10	20	己亥	12	24	11	20	戊辰	1	23	12	20	戊戌	
	26	7	17	戊辰	9	26	8	19	己亥	10	26	9	19	己巳	11	26	10	21	庚子	12	25	11	21	己巳	1	24	12	21	己亥	
	27	7	18	己巳	9	27	8	20	庚子	10	27	9	20	庚午	11	27	10	22	辛丑	12	26	11	22	庚午	1	25	12	22	庚子	2048、2049
	28	7	19	庚午	9	28	8	21	辛丑	10	28	9	21	辛未	11	28	10	23	壬寅	12	27	11	23	辛未	1	26	12	23	辛丑	
	29	7	20	辛未	9	29	8	22	壬寅	10	29	9	22	壬申	11	29	10	24	癸卯	12	28	11	24	壬申	1	27	12	24	壬寅	
	30	7	21	壬申	9	30	8	23	癸卯	10	30	9	23	癸酉	11	30	10	25	甲辰	12	29	11	25	癸酉	1	28	12	25	癸卯	
	31	7	22	癸酉	10	1	8	24	甲辰	10	31	9	24	甲戌	12	1	10	26	乙巳	12	30	11	26	甲戌	1	29	12	26	甲辰	
	1	7	23	甲戌	10	2	8	25	乙巳	11	1	9	25	乙亥	12	2	10	27	丙午	12	31	11	27	乙亥	1	30	12	27	乙巳	
	2	7	24	乙亥	10	3	8	26	丙午	11	2	9	26	丙子	12	3	10	28	丁未	1	1	11	28	丙子	1	31	12	28	丙午	
	3	7	25	丙子	10	4	8	27	丁未	11	3	9	27	丁丑	12	4	10	29	戊申	1	2	11	29	丁丑	2	1	12	29	丁未	
	4	7	26	丁丑	10	5	8	28	戊申	11	4	9	28	戊寅	12	5	11	1	己酉	1	3	11	30	戊寅	2	2	1	1	戊申	
	5	7	27	戊寅	10	6	8	29	己酉	11	5	9	29	己卯						1	4	12	1	己卯						
	6	7	28	己卯						11	6	10	1	庚辰																
處暑					秋分					霜降					小雪					冬至					大寒					中氣
2 18時1分 酉時					9/22 15時59分 申時					10/23 1時41分 丑時					11/21 23時32分 子時					12/21 13時1分 未時					1/19 23時40分 子時					

年	己巳																													
月	丙寅					丁卯					戊辰					己巳					庚午					辛未				
節氣	立春					驚蟄					清明					立夏					芒種					小暑				
	2/3 17時52分 酉時					3/5 11時42分 午時					4/4 16時13分 申時					5/5 9時11分 巳時					6/5 13時2分 未時					7/6 23時7分 子時				
日	國曆		農曆		干支	國曆		農曆		干支	國曆		農曆		干支	國曆		農曆		干支	國曆		農曆		干支	國曆		農曆		干支
中華民國一百三十八年 蛇 2049	2	3	1	2	己酉	3	5	2	2	己卯	4	4	3	3	己酉	5	5	4	4	庚辰	6	5	5	6	辛亥	7	6	6	7	壬午
	2	4	1	3	庚戌	3	6	2	3	庚辰	4	5	3	4	庚戌	5	6	4	5	辛巳	6	6	5	7	壬子	7	7	6	8	癸未
	2	5	1	4	辛亥	3	7	2	4	辛巳	4	6	3	5	辛亥	5	7	4	6	壬午	6	7	5	8	癸丑	7	8	6	9	甲申
	2	6	1	5	壬子	3	8	2	5	壬午	4	7	3	6	壬子	5	8	4	7	癸未	6	8	5	9	甲寅	7	9	6	10	乙酉
	2	7	1	6	癸丑	3	9	2	6	癸未	4	8	3	7	癸丑	5	9	4	8	甲申	6	9	5	10	乙卯	7	10	6	11	丙戌
	2	8	1	7	甲寅	3	10	2	7	甲申	4	9	3	8	甲寅	5	10	4	9	乙酉	6	10	5	11	丙辰	7	11	6	12	丁亥
	2	9	1	8	乙卯	3	11	2	8	乙酉	4	10	3	9	乙卯	5	11	4	10	丙戌	6	11	5	12	丁巳	7	12	6	13	戊子
	2	10	1	9	丙辰	3	12	2	9	丙戌	4	11	3	10	丙辰	5	12	4	11	丁亥	6	12	5	13	戊午	7	13	6	14	己丑
	2	11	1	10	丁巳	3	13	2	10	丁亥	4	12	3	11	丁巳	5	13	4	12	戊子	6	13	5	14	己未	7	14	6	15	庚寅
	2	12	1	11	戊午	3	14	2	11	戊子	4	13	3	12	戊午	5	14	4	13	己丑	6	14	5	15	庚申	7	15	6	16	辛卯
	2	13	1	12	己未	3	15	2	12	己丑	4	14	3	13	己未	5	15	4	14	庚寅	6	15	5	16	辛酉	7	16	6	17	壬辰
	2	14	1	13	庚申	3	16	2	13	庚寅	4	15	3	14	庚申	5	16	4	15	辛卯	6	16	5	17	壬戌	7	17	6	18	癸巳
	2	15	1	14	辛酉	3	17	2	14	辛卯	4	16	3	15	辛酉	5	17	4	16	壬辰	6	17	5	18	癸亥	7	18	6	19	甲午
	2	16	1	15	壬戌	3	18	2	15	壬辰	4	17	3	16	壬戌	5	18	4	17	癸巳	6	18	5	19	甲子	7	19	6	20	乙未
	2	17	1	16	癸亥	3	19	2	16	癸巳	4	18	3	17	癸亥	5	19	4	18	甲午	6	19	5	20	乙丑	7	20	6	21	丙申
	2	18	1	17	甲子	3	20	2	17	甲午	4	19	3	18	甲子	5	20	4	19	乙未	6	20	5	21	丙寅	7	21	6	22	丁酉
	2	19	1	18	乙丑	3	21	2	18	乙未	4	20	3	19	乙丑	5	21	4	20	丙申	6	21	5	22	丁卯	7	22	6	23	戊戌
	2	20	1	19	丙寅	3	22	2	19	丙申	4	21	3	20	丙寅	5	22	4	21	丁酉	6	22	5	23	戊辰	7	23	6	24	己亥
	2	21	1	20	丁卯	3	23	2	20	丁酉	4	22	3	21	丁卯	5	23	4	22	戊戌	6	23	5	24	己巳	7	24	6	25	庚
	2	22	1	21	戊辰	3	24	2	21	戊戌	4	23	3	22	戊辰	5	24	4	23	己亥	6	24	5	25	庚午	7	25	6	26	辛
	2	23	1	22	己巳	3	25	2	22	己亥	4	24	3	23	己巳	5	25	4	24	庚子	6	25	5	26	辛未	7	26	6	27	壬寅
	2	24	1	23	庚午	3	26	2	23	庚子	4	25	3	24	庚午	5	26	4	25	辛丑	6	26	5	27	壬申	7	27	6	28	癸
	2	25	1	24	辛未	3	27	2	24	辛丑	4	26	3	25	辛未	5	27	4	26	壬寅	6	27	5	28	癸酉	7	28	6	29	甲
	2	26	1	25	壬申	3	28	2	25	壬寅	4	27	3	26	壬申	5	28	4	27	癸卯	6	28	5	29	甲戌	7	29	6	30	乙
	2	27	1	26	癸酉	3	29	2	26	癸卯	4	28	3	27	癸酉	5	29	4	28	甲辰	6	29	5	30	乙亥	7	30	7	1	丙
	2	28	1	27	甲戌	3	30	2	27	甲辰	4	29	3	28	甲戌	5	30	4	29	乙巳	6	30	6	1	丙子	7	31	7	2	丁
	3	1	1	28	乙亥	3	31	2	28	乙巳	4	30	3	29	乙亥	5	31	5	1	丙午	7	1	6	2	丁丑	8	1	7	3	戊
	3	2	1	29	丙子	4	1	2	29	丙午	5	1	3	30	丙子	6	1	5	2	丁未	7	2	6	3	戊寅	8	2	7	4	己
	3	3	1	30	丁丑	4	2	3	1	丁未	5	2	4	1	丁丑	6	2	5	3	戊申	7	3	6	4	己卯	8	3	7	5	庚
	3	4	2	1	戊寅	4	3	3	2	戊申	5	3	4	2	戊寅	6	3	5	4	己酉	7	4	6	5	庚辰	8	4	7	6	辛
											5	4	4	3	己卯	6	4	5	5	庚戌	7	5	6	6	辛巳	8	5	7	7	壬
																										8	6	7	8	癸
中氣	雨水					春分					穀雨					小滿					夏至					大暑				
	2/18 13時41分 未時					3/20 12時27分 午時					4/19 23時12分 子時					5/20 22時2分 亥時					6/21 5時46分 卯時					7/22 16時35分				

己巳																														年
壬申					癸酉					甲戌					乙亥					丙子					丁丑					月
立秋 8/7 8時57分 辰時					白露 9/7 12時4分 午時					寒露 10/8 4時4分 寅時					立冬 11/7 7時37分 辰時					大雪 12/7 0時45分 子時					小寒 1/5 12時6分 午時					節氣
國曆		農曆		干支	國曆		農曆		干支	國曆		農曆		干支	國曆		農曆		干支	國曆		農曆		干支	國曆		農曆		干支	日
8	7	7	9	甲寅	9	7	8	11	乙酉	10	8	9	12	丙辰	11	7	10	12	丙戌	12	7	11	13	丙辰	1	5	12	12	乙酉	中華民國一百三十八、一百三十九年 蛇 2049、2050
8	8	7	10	乙卯	9	8	8	12	丙戌	10	9	9	13	丁巳	11	8	10	13	丁亥	12	8	11	14	丁巳	1	6	12	13	丙戌	
8	9	7	11	丙辰	9	9	8	13	丁亥	10	10	9	14	戊午	11	9	10	14	戊子	12	9	11	15	戊午	1	7	12	14	丁亥	
8	10	7	12	丁巳	9	10	8	14	戊子	10	11	9	15	己未	11	10	10	15	己丑	12	10	11	16	己未	1	8	12	15	戊子	
8	11	7	13	戊午	9	11	8	15	己丑	10	12	9	16	庚申	11	11	10	16	庚寅	12	11	11	17	庚申	1	9	12	16	己丑	
8	12	7	14	己未	9	12	8	16	庚寅	10	13	9	17	辛酉	11	12	10	17	辛卯	12	12	11	18	辛酉	1	10	12	17	庚寅	
8	13	7	15	庚申	9	13	8	17	辛卯	10	14	9	18	壬戌	11	13	10	18	壬辰	12	13	11	19	壬戌	1	11	12	18	辛卯	
8	14	7	16	辛酉	9	14	8	18	壬辰	10	15	9	19	癸亥	11	14	10	19	癸巳	12	14	11	20	癸亥	1	12	12	19	壬辰	
8	15	7	17	壬戌	9	15	8	19	癸巳	10	16	9	20	甲子	11	15	10	20	甲午	12	15	11	21	甲子	1	13	12	20	癸巳	
8	16	7	18	癸亥	9	16	8	20	甲午	10	17	9	21	乙丑	11	16	10	21	乙未	12	16	11	22	乙丑	1	14	12	21	甲午	
8	17	7	19	甲子	9	17	8	21	乙未	10	18	9	22	丙寅	11	17	10	22	丙申	12	17	11	23	丙寅	1	15	12	22	乙未	
8	18	7	20	乙丑	9	18	8	22	丙申	10	19	9	23	丁卯	11	18	10	23	丁酉	12	18	11	24	丁卯	1	16	12	23	丙申	
8	19	7	21	丙寅	9	19	8	23	丁酉	10	20	9	24	戊辰	11	19	10	24	戊戌	12	19	11	25	戊辰	1	17	12	24	丁酉	
8	20	7	22	丁卯	9	20	8	24	戊戌	10	21	9	25	己巳	11	20	10	25	己亥	12	20	11	26	己巳	1	18	12	25	戊戌	
8	21	7	23	戊辰	9	21	8	25	己亥	10	22	9	26	庚午	11	21	10	26	庚子	12	21	11	27	庚午	1	19	12	26	己亥	
8	22	7	24	己巳	9	22	8	26	庚子	10	23	9	27	辛未	11	22	10	27	辛丑	12	22	11	28	辛未	1	20	12	27	庚子	
8	23	7	25	庚午	9	23	8	27	辛丑	10	24	9	28	壬申	11	23	10	28	壬寅	12	23	11	29	壬申	1	21	12	28	辛丑	
8	24	7	26	辛未	9	24	8	28	壬寅	10	25	9	29	癸酉	11	24	10	29	癸卯	12	24	11	30	癸酉	1	22	12	29	壬寅	
8	25	7	27	壬申	9	25	8	29	癸卯	10	26	9	30	甲戌	11	25	11	1	甲辰	12	25	12	1	甲戌	1	23	1	1	癸卯	
8	26	7	28	癸酉	9	26	8	30	甲辰	10	27	10	1	乙亥	11	26	11	2	乙巳	12	26	12	2	乙亥	1	24	1	2	甲辰	
8	27	7	29	甲戌	9	27	9	1	乙巳	10	28	10	2	丙子	11	27	11	3	丙午	12	27	12	3	丙子	1	25	1	3	乙巳	
8	28	8	1	乙亥	9	28	9	2	丙午	10	29	10	3	丁丑	11	28	11	4	丁未	12	28	12	4	丁丑	1	26	1	4	丙午	
8	29	8	2	丙子	9	29	9	3	丁未	10	30	10	4	戊寅	11	29	11	5	戊申	12	29	12	5	戊寅	1	27	1	5	丁未	
8	30	8	3	丁丑	9	30	9	4	戊申	10	31	10	5	己卯	11	30	11	6	己酉	12	30	12	6	己卯	1	28	1	6	戊申	
8	31	8	4	戊寅	10	1	9	5	己酉	11	1	10	6	庚辰	12	1	11	7	庚戌	12	31	12	7	庚辰	1	29	1	7	己酉	
9	1	8	5	己卯	10	2	9	6	庚戌	11	2	10	7	辛巳	12	2	11	8	辛亥	1	1	12	8	辛巳	1	30	1	8	庚戌	
9	2	8	6	庚辰	10	3	9	7	辛亥	11	3	10	8	壬午	12	3	11	9	壬子	1	2	12	9	壬午	1	31	1	9	辛亥	
9	3	8	7	辛巳	10	4	9	8	壬子	11	4	10	9	癸未	12	4	11	10	癸丑	1	3	12	10	癸未	2	1	1	10	壬子	
9	4	8	8	壬午	10	5	9	9	癸丑	11	5	10	10	甲申	12	5	11	11	甲寅	1	4	12	11	甲申	2	2	1	11	癸丑	
9	5	8	9	癸未	10	6	9	10	甲寅	11	6	10	11	乙酉	12	6	11	12	乙卯											
9	6	8	10	甲申	10	7	9	11	乙卯																					
處暑 8/22 23時46分 子時					秋分 9/22 21時41分 亥時					霜降 10/23 7時24分 辰時					小雪 11/22 5時18分 卯時					冬至 12/21 18時51分 酉時					大寒 1/20 5時32分 卯時					中氣

年	庚午																													
月	戊寅					己卯					庚辰					辛巳					壬午					癸未				
節氣	立春					驚蟄					清明					立夏					芒種					小暑				
	2/3 23時42分 子時					3/5 17時31分 酉時					4/4 22時2分 亥時					5/5 15時1分 申時					6/5 18時53分 酉時					7/7 5時1分 卯時				
日	國曆		農曆		干支	國曆		農曆		干支	國曆		農曆		干支	國曆		農曆		干支	國曆		農曆		干支	國曆		農曆		干支
中華民國一百三十九年 馬 2050	2	3	1	12	甲寅	3	5	2	13	甲申	4	4	3	13	甲寅	5	5	3	15	乙酉	6	5	4	16	丙辰	7	7	5	19	戊子
	2	4	1	13	乙卯	3	6	2	14	乙酉	4	5	3	14	乙卯	5	6	3	16	丙戌	6	6	4	17	丁巳	7	8	5	20	己丑
	2	5	1	14	丙辰	3	7	2	15	丙戌	4	6	3	15	丙辰	5	7	3	17	丁亥	6	7	4	18	戊午	7	9	5	21	庚寅
	2	6	1	15	丁巳	3	8	2	16	丁亥	4	7	3	16	丁巳	5	8	3	18	戊子	6	8	4	19	己未	7	10	5	22	辛卯
	2	7	1	16	戊午	3	9	2	17	戊子	4	8	3	17	戊午	5	9	3	19	己丑	6	9	4	20	庚申	7	11	5	23	壬辰
	2	8	1	17	己未	3	10	2	18	己丑	4	9	3	18	己未	5	10	3	20	庚寅	6	10	4	21	辛酉	7	12	5	24	癸巳
	2	9	1	18	庚申	3	11	2	19	庚寅	4	10	3	19	庚申	5	11	3	21	辛卯	6	11	4	22	壬戌	7	13	5	25	甲午
	2	10	1	19	辛酉	3	12	2	20	辛卯	4	11	3	20	辛酉	5	12	3	22	壬辰	6	12	4	23	癸亥	7	14	5	26	乙未
	2	11	1	20	壬戌	3	13	2	21	壬辰	4	12	3	21	壬戌	5	13	3	23	癸巳	6	13	4	24	甲子	7	15	5	27	丙申
	2	12	1	21	癸亥	3	14	2	22	癸巳	4	13	3	22	癸亥	5	14	3	24	甲午	6	14	4	25	乙丑	7	16	5	28	丁酉
	2	13	1	22	甲子	3	15	2	23	甲午	4	14	3	23	甲子	5	15	3	25	乙未	6	15	4	26	丙寅	7	17	5	29	戊戌
	2	14	1	23	乙丑	3	16	2	24	乙未	4	15	3	24	乙丑	5	16	3	26	丙申	6	16	4	27	丁卯	7	18	5	30	己亥
	2	15	1	24	丙寅	3	17	2	25	丙申	4	16	3	25	丙寅	5	17	3	27	丁酉	6	17	4	28	戊辰	7	19	6	1	庚子
	2	16	1	25	丁卯	3	18	2	26	丁酉	4	17	3	26	丁卯	5	18	3	28	戊戌	6	18	4	29	己巳	7	20	6	2	辛丑
	2	17	1	26	戊辰	3	19	2	27	戊戌	4	18	3	27	戊辰	5	19	3	29	己亥	6	19	5	1	庚午	7	21	6	3	壬寅
	2	18	1	27	己巳	3	20	2	28	己亥	4	19	3	28	己巳	5	20	3	30	庚子	6	20	5	2	辛未	7	22	6	4	癸卯
	2	19	1	28	庚午	3	21	2	29	庚子	4	20	3	29	庚午	5	21	4	1	辛丑	6	21	5	3	壬申	7	23	6	5	甲辰
	2	20	1	29	辛未	3	22	2	30	辛丑	4	21	閏3	1	辛未	5	22	4	2	壬寅	6	22	5	4	癸酉	7	24	6	6	乙巳
	2	21	2	1	壬申	3	23	3	1	壬寅	4	22	3	2	壬申	5	23	4	3	癸卯	6	23	5	5	甲戌	7	25	6	7	丙午
	2	22	2	2	癸酉	3	24	3	2	癸卯	4	23	3	3	癸酉	5	24	4	4	甲辰	6	24	5	6	乙亥	7	26	6	8	丁未
	2	23	2	3	甲戌	3	25	3	3	甲辰	4	24	3	4	甲戌	5	25	4	5	乙巳	6	25	5	7	丙子	7	27	6	9	戊申
	2	24	2	4	乙亥	3	26	3	4	乙巳	4	25	3	5	乙亥	5	26	4	6	丙午	6	26	5	8	丁丑	7	28	6	10	己酉
	2	25	2	5	丙子	3	27	3	5	丙午	4	26	3	6	丙子	5	27	4	7	丁未	6	27	5	9	戊寅	7	29	6	11	庚戌
	2	26	2	6	丁丑	3	28	3	6	丁未	4	27	3	7	丁丑	5	28	4	8	戊申	6	28	5	10	己卯	7	30	6	12	辛亥
	2	27	2	7	戊寅	3	29	3	7	戊申	4	28	3	8	戊寅	5	29	4	9	己酉	6	29	5	11	庚辰	7	31	6	13	壬子
	2	28	2	8	己卯	3	30	3	8	己酉	4	29	3	9	己卯	5	30	4	10	庚戌	6	30	5	12	辛巳	8	1	6	14	癸丑
	3	1	2	9	庚辰	3	31	3	9	庚戌	4	30	3	10	庚辰	5	31	4	11	辛亥	7	1	5	13	壬午	8	2	6	15	甲寅
	3	2	2	10	辛巳	4	1	3	10	辛亥	5	1	3	11	辛巳	6	1	4	12	壬子	7	2	5	14	癸未	8	3	6	16	乙卯
	3	3	2	11	壬午	4	2	3	11	壬子	5	2	3	12	壬午	6	2	4	13	癸丑	7	3	5	15	甲申	8	4	6	17	丙辰
	3	4	2	12	癸未	4	3	3	12	癸丑	5	3	3	13	癸未	6	3	4	14	甲寅	7	4	5	16	乙酉	8	5	6	18	丁巳
											5	4	3	14	甲申	6	4	4	15	乙卯	7	5	5	17	丙戌	8	6	6	19	戊午
																					7	6	5	18	丁亥					
中氣	雨水					春分					穀雨					小滿					夏至					大暑				
	2/18 19時34分 戌時					3/20 18時18分 酉時					4/20 5時1分 卯時					5/21 3時49分 寅時					6/21 11時32分 午時					7/22 22時20分 亥				

庚午																														年
甲申					乙酉					丙戌					丁亥					戊子					己丑					月
立秋					白露					寒露					立冬					大雪					小寒					節氣
8/7 14時51分 未時					9/7 17時59分 酉時					10/8 9時59分 巳時					11/7 13時32分 未時					12/7 6時40分 卯時					1/5 18時1分 酉時					
國曆		農曆		干支	國曆		農曆		干支	國曆		農曆		干支	國曆		農曆		干支	國曆		農曆		干支	國曆		農曆		干支	日
8	7	6	20	己未	9	7	7	22	庚寅	10	8	8	23	辛酉	11	7	9	23	辛卯	12	7	10	24	辛酉	1	5	11	23	庚寅	中華民國一百三十九、一百四十年 馬 2050、2051
8	8	6	21	庚申	9	8	7	23	辛卯	10	9	8	24	壬戌	11	8	9	24	壬辰	12	8	10	25	壬戌	1	6	11	24	辛卯	
8	9	6	22	辛酉	9	9	7	24	壬辰	10	10	8	25	癸亥	11	9	9	25	癸巳	12	9	10	26	癸亥	1	7	11	25	壬辰	
8	10	6	23	壬戌	9	10	7	25	癸巳	10	11	8	26	甲子	11	10	9	26	甲午	12	10	10	27	甲子	1	8	11	26	癸巳	
8	11	6	24	癸亥	9	11	7	26	甲午	10	12	8	27	乙丑	11	11	9	27	乙未	12	11	10	28	乙丑	1	9	11	27	甲午	
8	12	6	25	甲子	9	12	7	27	乙未	10	13	8	28	丙寅	11	12	9	28	丙申	12	12	10	29	丙寅	1	10	11	28	乙未	
8	13	6	26	乙丑	9	13	7	28	丙申	10	14	8	29	丁卯	11	13	9	29	丁酉	12	13	10	30	丁卯	1	11	11	29	丙申	
8	14	6	27	丙寅	9	14	7	29	丁酉	10	15	8	30	戊辰	11	14	10	1	戊戌	12	14	11	1	戊辰	1	12	11	30	丁酉	
8	15	6	28	丁卯	9	15	7	30	戊戌	10	16	9	1	己巳	11	15	10	2	己亥	12	15	11	2	己巳	1	13	12	1	戊戌	
8	16	6	29	戊辰	9	16	8	1	己亥	10	17	9	2	庚午	11	16	10	3	庚子	12	16	11	3	庚午	1	14	12	2	己亥	
8	17	7	1	己巳	9	17	8	2	庚子	10	18	9	3	辛未	11	17	10	4	辛丑	12	17	11	4	辛未	1	15	12	3	庚子	
8	18	7	2	庚午	9	18	8	3	辛丑	10	19	9	4	壬申	11	18	10	5	壬寅	12	18	11	5	壬申	1	16	12	4	辛丑	
8	19	7	3	辛未	9	19	8	4	壬寅	10	20	9	5	癸酉	11	19	10	6	癸卯	12	19	11	6	癸酉	1	17	12	5	壬寅	
8	20	7	4	壬申	9	20	8	5	癸卯	10	21	9	6	甲戌	11	20	10	7	甲辰	12	20	11	7	甲戌	1	18	12	6	癸卯	
8	21	7	5	癸酉	9	21	8	6	甲辰	10	22	9	7	乙亥	11	21	10	8	乙巳	12	21	11	8	乙亥	1	19	12	7	甲辰	
8	22	7	6	甲戌	9	22	8	7	乙巳	10	23	9	8	丙子	11	22	10	9	丙午	12	22	11	9	丙子	1	20	12	8	乙巳	
8	23	7	7	乙亥	9	23	8	8	丙午	10	24	9	9	丁丑	11	23	10	10	丁未	12	23	11	10	丁丑	1	21	12	9	丙午	
8	24	7	8	丙子	9	24	8	9	丁未	10	25	9	10	戊寅	11	24	10	11	戊申	12	24	11	11	戊寅	1	22	12	10	丁未	
8	25	7	9	丁丑	9	25	8	10	戊申	10	26	9	11	己卯	11	25	10	12	己酉	12	25	11	12	己卯	1	23	12	11	戊申	
8	26	7	10	戊寅	9	26	8	11	己酉	10	27	9	12	庚辰	11	26	10	13	庚戌	12	26	11	13	庚辰	1	24	12	12	己酉	
8	27	7	11	己卯	9	27	8	12	庚戌	10	28	9	13	辛巳	11	27	10	14	辛亥	12	27	11	14	辛巳	1	25	12	13	庚戌	
8	28	7	12	庚辰	9	28	8	13	辛亥	10	29	9	14	壬午	11	28	10	15	壬子	12	28	11	15	壬午	1	26	12	14	辛亥	
8	29	7	13	辛巳	9	29	8	14	壬子	10	30	9	15	癸未	11	29	10	16	癸丑	12	29	11	16	癸未	1	27	12	15	壬子	
8	30	7	14	壬午	9	30	8	15	癸丑	10	31	9	16	甲申	11	30	10	17	甲寅	12	30	11	17	甲申	1	28	12	16	癸丑	
8	31	7	15	癸未	10	1	8	16	甲寅	11	1	9	17	乙酉	12	1	10	18	乙卯	12	31	11	18	乙酉	1	29	12	17	甲寅	
9	1	7	16	甲申	10	2	8	17	乙卯	11	2	9	18	丙戌	12	2	10	19	丙辰	1	1	11	19	丙戌	1	30	12	18	乙卯	
9	2	7	17	乙酉	10	3	8	18	丙辰	11	3	9	19	丁亥	12	3	10	20	丁巳	1	2	11	20	丁亥	1	31	12	19	丙辰	
9	3	7	18	丙戌	10	4	8	19	丁巳	11	4	9	20	戊子	12	4	10	21	戊午	1	3	11	21	戊子	2	1	12	20	丁巳	
9	4	7	19	丁亥	10	5	8	20	戊午	11	5	9	21	己丑	12	5	10	22	己未	1	4	11	22	己丑	2	2	12	21	戊午	
9	5	7	20	戊子	10	6	8	21	己未	11	6	9	22	庚寅	12	6	10	23	庚申						2	3	12	22	己未	
9	6	7	21	己丑	10	7	8	22	庚申																					
處暑					秋分					霜降					小雪					冬至					大寒					中氣
8/23 5時31分 卯時					9/23 3時27分 寅時					10/23 13時10分 未時					11/22 11時5分 午時					12/22 0時37分 子時					1/20 11時17分 午時					

年	辛未																													
月	庚寅					辛卯					壬辰					癸巳					甲午					乙未				
節氣	立春					驚蟄					清明					立夏					芒種					小暑				
	2/4 5時35分 卯時					3/5 23時21分 子時					4/5 3時48分 寅時					5/5 20時46分 戌時					6/6 0時39分 子時					7/7 10時48分 巳時				
日	國曆		農曆		干支	國曆		農曆		干支	國曆		農曆		干支	國曆		農曆		干支	國曆		農曆		干支	國曆		農曆		干支
中華民國一百四十年 羊 2051	2	4	12	23	庚申	3	5	1	23	己丑	4	5	2	24	庚申	5	5	3	25	庚寅	6	6	4	28	壬戌	7	7	5	29	癸巳
	2	5	12	24	辛酉	3	6	1	24	庚寅	4	6	2	25	辛酉	5	6	3	26	辛卯	6	7	4	29	癸亥	7	8	6	1	甲午
	2	6	12	25	壬戌	3	7	1	25	辛卯	4	7	2	26	壬戌	5	7	3	27	壬辰	6	8	4	30	甲子	7	9	6	2	乙未
	2	7	12	26	癸亥	3	8	1	26	壬辰	4	8	2	27	癸亥	5	8	3	28	癸巳	6	9	5	1	乙丑	7	10	6	3	丙申
	2	8	12	27	甲子	3	9	1	27	癸巳	4	9	2	28	甲子	5	9	3	29	甲午	6	10	5	2	丙寅	7	11	6	4	丁酉
	2	9	12	28	乙丑	3	10	1	28	甲午	4	10	2	29	乙丑	5	10	4	1	乙未	6	11	5	3	丁卯	7	12	6	5	戊戌
	2	10	12	29	丙寅	3	11	1	29	乙未	4	11	3	1	丙寅	5	11	4	2	丙申	6	12	5	4	戊辰	7	13	6	6	己亥
	2	11	1	1	丁卯	3	12	1	30	丙申	4	12	3	2	丁卯	5	12	4	3	丁酉	6	13	5	5	己巳	7	14	6	7	庚子
	2	12	1	2	戊辰	3	13	2	1	丁酉	4	13	3	3	戊辰	5	13	4	4	戊戌	6	14	5	6	庚午	7	15	6	8	辛丑
	2	13	1	3	己巳	3	14	2	2	戊戌	4	14	3	4	己巳	5	14	4	5	己亥	6	15	5	7	辛未	7	16	6	9	壬寅
	2	14	1	4	庚午	3	15	2	3	己亥	4	15	3	5	庚午	5	15	4	6	庚子	6	16	5	8	壬申	7	17	6	10	癸卯
	2	15	1	5	辛未	3	16	2	4	庚子	4	16	3	6	辛未	5	16	4	7	辛丑	6	17	5	9	癸酉	7	18	6	11	甲辰
	2	16	1	6	壬申	3	17	2	5	辛丑	4	17	3	7	壬申	5	17	4	8	壬寅	6	18	5	10	甲戌	7	19	6	12	乙巳
	2	17	1	7	癸酉	3	18	2	6	壬寅	4	18	3	8	癸酉	5	18	4	9	癸卯	6	19	5	11	乙亥	7	20	6	13	丙午
	2	18	1	8	甲戌	3	19	2	7	癸卯	4	19	3	9	甲戌	5	19	4	10	甲辰	6	20	5	12	丙子	7	21	6	14	丁未
	2	19	1	9	乙亥	3	20	2	8	甲辰	4	20	3	10	乙亥	5	20	4	11	乙巳	6	21	5	13	丁丑	7	22	6	15	戊申
	2	20	1	10	丙子	3	21	2	9	乙巳	4	21	3	11	丙子	5	21	4	12	丙午	6	22	5	14	戊寅	7	23	6	16	己酉
	2	21	1	11	丁丑	3	22	2	10	丙午	4	22	3	12	丁丑	5	22	4	13	丁未	6	23	5	15	己卯	7	24	6	17	庚戌
	2	22	1	12	戊寅	3	23	2	11	丁未	4	23	3	13	戊寅	5	23	4	14	戊申	6	24	5	16	庚辰	7	25	6	18	辛亥
	2	23	1	13	己卯	3	24	2	12	戊申	4	24	3	14	己卯	5	24	4	15	己酉	6	25	5	17	辛巳	7	26	6	19	壬子
	2	24	1	14	庚辰	3	25	2	13	己酉	4	25	3	15	庚辰	5	25	4	16	庚戌	6	26	5	18	壬午	7	27	6	20	癸丑
	2	25	1	15	辛巳	3	26	2	14	庚戌	4	26	3	16	辛巳	5	26	4	17	辛亥	6	27	5	19	癸未	7	28	6	21	甲寅
	2	26	1	16	壬午	3	27	2	15	辛亥	4	27	3	17	壬午	5	27	4	18	壬子	6	28	5	20	甲申	7	29	6	22	乙卯
	2	27	1	17	癸未	3	28	2	16	壬子	4	28	3	18	癸未	5	28	4	19	癸丑	6	29	5	21	乙酉	7	30	6	23	丙辰
	2	28	1	18	甲申	3	29	2	17	癸丑	4	29	3	19	甲申	5	29	4	20	甲寅	6	30	5	22	丙戌	7	31	6	24	丁巳
	3	1	1	19	乙酉	3	30	2	18	甲寅	4	30	3	20	乙酉	5	30	4	21	乙卯	7	1	5	23	丁亥	8	1	6	25	戊午
	3	2	1	20	丙戌	3	31	2	19	乙卯	5	1	3	21	丙戌	5	31	4	22	丙辰	7	2	5	24	戊子	8	2	6	26	己未
	3	3	1	21	丁亥	4	1	2	20	丙辰	5	2	3	22	丁亥	6	1	4	23	丁巳	7	3	5	25	己丑	8	3	6	27	庚申
	3	4	1	22	戊子	4	2	2	21	丁巳	5	3	3	23	戊子	6	2	4	24	戊午	7	4	5	26	庚寅	8	4	6	28	辛酉
						4	3	2	22	戊午	5	4	3	24	己丑	6	3	4	25	己未	7	5	5	27	辛卯	8	5	6	29	壬戌
						4	4	2	23	己未						6	4	4	26	庚申	7	6	5	28	壬辰	8	6	7	1	癸亥
																6	5	4	27	辛酉										
中氣	雨水					春分					穀雨					小滿					夏至					大暑				
	2/19 1時16分 丑時					3/20 23時58分 子時					4/20 10時39分 巳時					5/21 9時30分 巳時					6/21 17時17分 酉時					7/23 4時12分 寅時				

辛未																														年
丙申					丁酉					戊戌					己亥					庚子					辛丑					月
立秋					白露					寒露					立冬					大雪					小寒					節氣
8/7 20時40分 戌時					9/7 23時50分 子時					10/8 15時49分 申時					11/7 19時21分 戌時					12/7 12時27分 午時					1/5 23時47分 子時					
國曆		農曆		干支	國曆		農曆		干支	國曆		農曆		干支	國曆		農曆		干支	國曆		農曆		干支	國曆		農曆		干支	日
8	7	7	2	甲子	9	7	8	3	乙未	10	8	9	4	丙寅	11	7	10	5	丙申	12	7	11	5	丙寅	1	5	12	4	乙未	中華民國一百四十、一百四十一年 羊 2051、2052
8	8	7	3	乙丑	9	8	8	4	丙申	10	9	9	5	丁卯	11	8	10	6	丁酉	12	8	11	6	丁卯	1	6	12	5	丙申	
8	9	7	4	丙寅	9	9	8	5	丁酉	10	10	9	6	戊辰	11	9	10	7	戊戌	12	9	11	7	戊辰	1	7	12	6	丁酉	
8	10	7	5	丁卯	9	10	8	6	戊戌	10	11	9	7	己巳	11	10	10	8	己亥	12	10	11	8	己巳	1	8	12	7	戊戌	
8	11	7	6	戊辰	9	11	8	7	己亥	10	12	9	8	庚午	11	11	10	9	庚子	12	11	11	9	庚午	1	9	12	8	己亥	
8	12	7	7	己巳	9	12	8	8	庚子	10	13	9	9	辛未	11	12	10	10	辛丑	12	12	11	10	辛未	1	10	12	9	庚子	
8	13	7	8	庚午	9	13	8	9	辛丑	10	14	9	10	壬申	11	13	10	11	壬寅	12	13	11	11	壬申	1	11	12	10	辛丑	
8	14	7	9	辛未	9	14	8	10	壬寅	10	15	9	11	癸酉	11	14	10	12	癸卯	12	14	11	12	癸酉	1	12	12	11	壬寅	
8	15	7	10	壬申	9	15	8	11	癸卯	10	16	9	12	甲戌	11	15	10	13	甲辰	12	15	11	13	甲戌	1	13	12	12	癸卯	
8	16	7	11	癸酉	9	16	8	12	甲辰	10	17	9	13	乙亥	11	16	10	14	乙巳	12	16	11	14	乙亥	1	14	12	13	甲辰	
8	17	7	12	甲戌	9	17	8	13	乙巳	10	18	9	14	丙子	11	17	10	15	丙午	12	17	11	15	丙子	1	15	12	14	乙巳	
8	18	7	13	乙亥	9	18	8	14	丙午	10	19	9	15	丁丑	11	18	10	16	丁未	12	18	11	16	丁丑	1	16	12	15	丙午	
8	19	7	14	丙子	9	19	8	15	丁未	10	20	9	16	戊寅	11	19	10	17	戊申	12	19	11	17	戊寅	1	17	12	16	丁未	
8	20	7	15	丁丑	9	20	8	16	戊申	10	21	9	17	己卯	11	20	10	18	己酉	12	20	11	18	己卯	1	18	12	17	戊申	
8	21	7	16	戊寅	9	21	8	17	己酉	10	22	9	18	庚辰	11	21	10	19	庚戌	12	21	11	19	庚辰	1	19	12	18	己酉	
8	22	7	17	己卯	9	22	8	18	庚戌	10	23	9	19	辛巳	11	22	10	20	辛亥	12	22	11	20	辛巳	1	20	12	19	庚戌	
8	23	7	18	庚辰	9	23	8	19	辛亥	10	24	9	20	壬午	11	23	10	21	壬子	12	23	11	21	壬午	1	21	12	20	辛亥	
8	24	7	19	辛巳	9	24	8	20	壬子	10	25	9	21	癸未	11	24	10	22	癸丑	12	24	11	22	癸未	1	22	12	21	壬子	
8	25	7	20	壬午	9	25	8	21	癸丑	10	26	9	22	甲申	11	25	10	23	甲寅	12	25	11	23	甲申	1	23	12	22	癸丑	
8	26	7	21	癸未	9	26	8	22	甲寅	10	27	9	23	乙酉	11	26	10	24	乙卯	12	26	11	24	乙酉	1	24	12	23	甲寅	
8	27	7	22	甲申	9	27	8	23	乙卯	10	28	9	24	丙戌	11	27	10	25	丙辰	12	27	11	25	丙戌	1	25	12	24	乙卯	
8	28	7	23	乙酉	9	28	8	24	丙辰	10	29	9	25	丁亥	11	28	10	26	丁巳	12	28	11	26	丁亥	1	26	12	25	丙辰	
8	29	7	24	丙戌	9	29	8	25	丁巳	10	30	9	26	戊子	11	29	10	27	戊午	12	29	11	27	戊子	1	27	12	26	丁巳	
8	30	7	25	丁亥	9	30	8	26	戊午	10	31	9	27	己丑	11	30	10	28	己未	12	30	11	28	己丑	1	28	12	27	戊午	
8	31	7	26	戊子	10	1	8	27	己未	11	1	9	28	庚寅	12	1	10	29	庚申	12	31	11	29	庚寅	1	29	12	28	己未	
9	1	7	27	己丑	10	2	8	28	庚申	11	2	9	29	辛卯	12	2	10	30	辛酉	1	1	11	30	辛卯	1	30	12	29	庚申	
9	2	7	28	庚寅	10	3	8	29	辛酉	11	3	10	1	壬辰	12	3	11	1	壬戌	1	2	12	1	壬辰	1	31	12	30	辛酉	
9	3	7	29	辛卯	10	4	8	30	壬戌	11	4	10	2	癸巳	12	4	11	2	癸亥	1	3	12	2	癸巳	2	1	1	1	壬戌	
9	4	7	30	壬辰	10	5	9	1	癸亥	11	5	10	3	甲午	12	5	11	3	甲子	1	4	12	3	甲午	2	2	1	2	癸亥	
9	5	8	1	癸巳	10	6	9	2	甲子	11	6	10	4	乙未	12	6	11	4	乙丑						2	3	1	3	甲子	
9	6	8	2	甲午	10	7	9	3	乙丑																					
處暑					秋分					霜降					小雪					冬至					大寒					中氣
23 11時28分 午時					9/23 9時26分 巳時					10/23 19時9分 戌時					11/22 17時1分 酉時					12/22 6時33分 卯時					1/20 17時13分 酉時					

年	壬申																													
月	壬寅					癸卯					甲辰					乙巳					丙午					丁未				
節氣	立春					驚蟄					清明					立夏					芒種					小暑				
	2/4 11時22分 午時					3/5 5時8分 卯時					4/4 9時36分 巳時					5/5 2時33分 丑時					6/5 6時28分 卯時					7/6 16時39分 申時				
日	國曆		農曆		干支	國曆		農曆		干支	國曆		農曆		干支	國曆		農曆		干支	國曆		農曆		干支	國曆		農曆		干支
中華民國一百四十一年 猴 2052	2	4	1	4	乙丑	3	5	2	5	乙未	4	4	3	5	乙丑	5	5	4	7	丙申	6	5	5	9	丁卯	7	6	6	10	戊戌
	2	5	1	5	丙寅	3	6	2	6	丙申	4	5	3	6	丙寅	5	6	4	8	丁酉	6	6	5	10	戊辰	7	7	6	11	己亥
	2	6	1	6	丁卯	3	7	2	7	丁酉	4	6	3	7	丁卯	5	7	4	9	戊戌	6	7	5	11	己巳	7	8	6	12	庚子
	2	7	1	7	戊辰	3	8	2	8	戊戌	4	7	3	8	戊辰	5	8	4	10	己亥	6	8	5	12	庚午	7	9	6	13	辛丑
	2	8	1	8	己巳	3	9	2	9	己亥	4	8	3	9	己巳	5	9	4	11	庚子	6	9	5	13	辛未	7	10	6	14	壬寅
	2	9	1	9	庚午	3	10	2	10	庚子	4	9	3	10	庚午	5	10	4	12	辛丑	6	10	5	14	壬申	7	11	6	15	癸卯
	2	10	1	10	辛未	3	11	2	11	辛丑	4	10	3	11	辛未	5	11	4	13	壬寅	6	11	5	15	癸酉	7	12	6	16	甲辰
	2	11	1	11	壬申	3	12	2	12	壬寅	4	11	3	12	壬申	5	12	4	14	癸卯	6	12	5	16	甲戌	7	13	6	17	乙巳
	2	12	1	12	癸酉	3	13	2	13	癸卯	4	12	3	13	癸酉	5	13	4	15	甲辰	6	13	5	17	乙亥	7	14	6	18	丙午
	2	13	1	13	甲戌	3	14	2	14	甲辰	4	13	3	14	甲戌	5	14	4	16	乙巳	6	14	5	18	丙子	7	15	6	19	丁未
	2	14	1	14	乙亥	3	15	2	15	乙巳	4	14	3	15	乙亥	5	15	4	17	丙午	6	15	5	19	丁丑	7	16	6	20	戊申
	2	15	1	15	丙子	3	16	2	16	丙午	4	15	3	16	丙子	5	16	4	18	丁未	6	16	5	20	戊寅	7	17	6	21	己酉
	2	16	1	16	丁丑	3	17	2	17	丁未	4	16	3	17	丁丑	5	17	4	19	戊申	6	17	5	21	己卯	7	18	6	22	庚戌
	2	17	1	17	戊寅	3	18	2	18	戊申	4	17	3	18	戊寅	5	18	4	20	己酉	6	18	5	22	庚辰	7	19	6	23	辛亥
	2	18	1	18	己卯	3	19	2	19	己酉	4	18	3	19	己卯	5	19	4	21	庚戌	6	19	5	23	辛巳	7	20	6	24	壬子
	2	19	1	19	庚辰	3	20	2	20	庚戌	4	19	3	20	庚辰	5	20	4	22	辛亥	6	20	5	24	壬午	7	21	6	25	癸丑
	2	20	1	20	辛巳	3	21	2	21	辛亥	4	20	3	21	辛巳	5	21	4	23	壬子	6	21	5	25	癸未	7	22	6	26	甲寅
	2	21	1	21	壬午	3	22	2	22	壬子	4	21	3	22	壬午	5	22	4	24	癸丑	6	22	5	26	甲申	7	23	6	27	乙卯
	2	22	1	22	癸未	3	23	2	23	癸丑	4	22	3	23	癸未	5	23	4	25	甲寅	6	23	5	27	乙酉	7	24	6	28	丙辰
	2	23	1	23	甲申	3	24	2	24	甲寅	4	23	3	24	甲申	5	24	4	26	乙卯	6	24	5	28	丙戌	7	25	6	29	丁巳
	2	24	1	24	乙酉	3	25	2	25	乙卯	4	24	3	25	乙酉	5	25	4	27	丙辰	6	25	5	29	丁亥	7	26	7	1	戊午
	2	25	1	25	丙戌	3	26	2	26	丙辰	4	25	3	26	丙戌	5	26	4	28	丁巳	6	26	5	30	戊子	7	27	7	2	己未
	2	26	1	26	丁亥	3	27	2	27	丁巳	4	26	3	27	丁亥	5	27	4	29	戊午	6	27	6	1	己丑	7	28	7	3	庚申
	2	27	1	27	戊子	3	28	2	28	戊午	4	27	3	28	戊子	5	28	5	1	己未	6	28	6	2	庚寅	7	29	7	4	辛酉
	2	28	1	28	己丑	3	29	2	29	己未	4	28	3	29	己丑	5	29	5	2	庚申	6	29	6	3	辛卯	7	30	7	5	壬戌
	2	29	1	29	庚寅	3	30	2	30	庚申	4	29	4	1	庚寅	5	30	5	3	辛酉	6	30	6	4	壬辰	7	31	7	6	癸亥
	3	1	2	1	辛卯	3	31	3	1	辛酉	4	30	4	2	辛卯	5	31	5	4	壬戌	7	1	6	5	癸巳	8	1	7	7	甲子
	3	2	2	2	壬辰	4	1	3	2	壬戌	5	1	4	3	壬辰	6	1	5	5	癸亥	7	2	6	6	甲午	8	2	7	8	乙丑
	3	3	2	3	癸巳	4	2	3	3	癸亥	5	2	4	4	癸巳	6	2	5	6	甲子	7	3	6	7	乙未	8	3	7	9	丙寅
	3	4	2	4	甲午	4	3	3	4	甲子	5	3	4	5	甲午	6	3	5	7	乙丑	7	4	6	8	丙申	8	4	7	10	丁卯
											5	4	4	6	乙未	6	4	5	8	丙寅	7	5	6	9	丁酉	8	5	7	11	戊辰
																										8	6	7	12	己巳
中氣	雨水					春分					穀雨					小滿					夏至					大暑				
	2/19 7時12分 辰時					3/20 5時55分 卯時					4/19 16時37分 申時					5/20 15時28分 申時					6/20 23時15分 子時					7/22 10時7分 巳時				

壬申																														年
戊申					己酉					庚戌					辛亥					壬子					癸丑					月
立秋					白露					寒露					立冬					大雪					小寒					節氣
8/7 2時32分 丑時					9/7 5時41分 卯時					10/7 21時38分 亥時					11/7 1時8分 丑時					12/6 18時14分 酉時					1/5 5時35分 卯時					
國曆		農曆		干支	國曆		農曆		干支	國曆		農曆		干支	國曆		農曆		干支	國曆		農曆		干支	國曆		農曆		干支	日
8	7	7	13	庚午	9	7	8	15	辛丑	10	7	8	15	辛未	11	7	9	17	壬寅	12	6	10	16	辛未	1	5	11	16	辛丑	中華民國一百四十一、一百四十二年 猴 2052、2053
8	8	7	14	辛未	9	8	8	16	壬寅	10	8	8	16	壬申	11	8	9	18	癸卯	12	7	10	17	壬申	1	6	11	17	壬寅	
8	9	7	15	壬申	9	9	8	17	癸卯	10	9	8	17	癸酉	11	9	9	19	甲辰	12	8	10	18	癸酉	1	7	11	18	癸卯	
8	10	7	16	癸酉	9	10	8	18	甲辰	10	10	8	18	甲戌	11	10	9	20	乙巳	12	9	10	19	甲戌	1	8	11	19	甲辰	
8	11	7	17	甲戌	9	11	8	19	乙巳	10	11	8	19	乙亥	11	11	9	21	丙午	12	10	10	20	乙亥	1	9	11	20	乙巳	
8	12	7	18	乙亥	9	12	8	20	丙午	10	12	8	20	丙子	11	12	9	22	丁未	12	11	10	21	丙子	1	10	11	21	丙午	
8	13	7	19	丙子	9	13	8	21	丁未	10	13	8	21	丁丑	11	13	9	23	戊申	12	12	10	22	丁丑	1	11	11	22	丁未	
8	14	7	20	丁丑	9	14	8	22	戊申	10	14	8	22	戊寅	11	14	9	24	己酉	12	13	10	23	戊寅	1	12	11	23	戊申	
8	15	7	21	戊寅	9	15	8	23	己酉	10	15	8	23	己卯	11	15	9	25	庚戌	12	14	10	24	己卯	1	13	11	24	己酉	
8	16	7	22	己卯	9	16	8	24	庚戌	10	16	8	24	庚辰	11	16	9	26	辛亥	12	15	10	25	庚辰	1	14	11	25	庚戌	
8	17	7	23	庚辰	9	17	8	25	辛亥	10	17	8	25	辛巳	11	17	9	27	壬子	12	16	10	26	辛巳	1	15	11	26	辛亥	
8	18	7	24	辛巳	9	18	8	26	壬子	10	18	8	26	壬午	11	18	9	28	癸丑	12	17	10	27	壬午	1	16	11	27	壬子	
8	19	7	25	壬午	9	19	8	27	癸丑	10	19	8	27	癸未	11	19	9	29	甲寅	12	18	10	28	癸未	1	17	11	28	癸丑	
8	20	7	26	癸未	9	20	8	28	甲寅	10	20	8	28	甲申	11	20	9	30	乙卯	12	19	10	29	甲申	1	18	11	29	甲寅	
8	21	7	27	甲申	9	21	8	29	乙卯	10	21	8	29	乙酉	11	21	10	1	丙辰	12	20	10	30	乙酉	1	19	11	30	乙卯	
8	22	7	28	乙酉	9	22	8	30	丙辰	10	22	9	1	丙戌	11	22	10	2	丁巳	12	21	11	1	丙戌	1	20	12	1	丙辰	
8	23	7	29	丙戌	9	23	閏8	1	丁巳	10	23	9	2	丁亥	11	23	10	3	戊午	12	22	11	2	丁亥	1	21	12	2	丁巳	
8	24	8	1	丁亥	9	24	8	2	戊午	10	24	9	3	戊子	11	24	10	4	己未	12	23	11	3	戊子	1	22	12	3	戊午	
8	25	8	2	戊子	9	25	8	3	己未	10	25	9	4	己丑	11	25	10	5	庚申	12	24	11	4	己丑	1	23	12	4	己未	
8	26	8	3	己丑	9	26	8	4	庚申	10	26	9	5	庚寅	11	26	10	6	辛酉	12	25	11	5	庚寅	1	24	12	5	庚申	
8	27	8	4	庚寅	9	27	8	5	辛酉	10	27	9	6	辛卯	11	27	10	7	壬戌	12	26	11	6	辛卯	1	25	12	6	辛酉	
8	28	8	5	辛卯	9	28	8	6	壬戌	10	28	9	7	壬辰	11	28	10	8	癸亥	12	27	11	7	壬辰	1	26	12	7	壬戌	
8	29	8	6	壬辰	9	29	8	7	癸亥	10	29	9	8	癸巳	11	29	10	9	甲子	12	28	11	8	癸巳	1	27	12	8	癸亥	
8	30	8	7	癸巳	9	30	8	8	甲子	10	30	9	9	甲午	11	30	10	10	乙丑	12	29	11	9	甲午	1	28	12	9	甲子	
8	31	8	8	甲午	10	1	8	9	乙丑	10	31	9	10	乙未	12	1	10	11	丙寅	12	30	11	10	乙未	1	29	12	10	乙丑	
9	1	8	9	乙未	10	2	8	10	丙寅	11	1	9	11	丙申	12	2	10	12	丁卯	12	31	11	11	丙申	1	30	12	11	丙寅	
9	2	8	10	丙申	10	3	8	11	丁卯	11	2	9	12	丁酉	12	3	10	13	戊辰	1	1	11	12	丁酉	1	31	12	12	丁卯	
9	3	8	11	丁酉	10	4	8	12	戊辰	11	3	9	13	戊戌	12	4	10	14	己巳	1	2	11	13	戊戌	2	1	12	13	戊辰	
9	4	8	12	戊戌	10	5	8	13	己巳	11	4	9	14	己亥	12	5	10	15	庚午	1	3	11	14	己亥	2	2	12	14	己巳	
9	5	8	13	己亥	10	6	8	14	庚午	11	5	9	15	庚子						1	4	11	15	庚子						
9	6	8	14	庚子						11	6	9	16	辛丑																
處暑					秋分					霜降					小雪					冬至					大寒					中氣
8/22 17時20分 酉時					9/22 15時14分 申時					10/23 0時54分 子時					11/21 22時45分 亥時					12/21 12時16分 午時					1/19 22時58分 亥時					

年	癸酉																													
月	甲寅					乙卯					丙辰					丁巳					戊午					己未				
節氣	立春 2/3 17時12分 酉時					驚蟄 3/5 11時2分 午時					清明 4/4 15時33分 申時					立夏 5/5 8時32分 辰時					芒種 6/5 12時26分 午時					小暑 7/6 22時36分 亥時				
日	國曆		農曆		干支	國曆		農曆		干支	國曆		農曆		干支	國曆		農曆		干支	國曆		農曆		干支	國曆		農曆		干支
中華民國一百四十二年 雞 2053	2	3	12	15	庚午	3	5	1	15	庚子	4	4	2	16	庚午	5	5	3	17	辛丑	6	5	4	19	壬申	7	6	5	21	癸卯
	2	4	12	16	辛未	3	6	1	16	辛丑	4	5	2	17	辛未	5	6	3	18	壬寅	6	6	4	20	癸酉	7	7	5	22	甲辰
	2	5	12	17	壬申	3	7	1	17	壬寅	4	6	2	18	壬申	5	7	3	19	癸卯	6	7	4	21	甲戌	7	8	5	23	乙巳
	2	6	12	18	癸酉	3	8	1	18	癸卯	4	7	2	19	癸酉	5	8	3	20	甲辰	6	8	4	22	乙亥	7	9	5	24	丙午
	2	7	12	19	甲戌	3	9	1	19	甲辰	4	8	2	20	甲戌	5	9	3	21	乙巳	6	9	4	23	丙子	7	10	5	25	丁未
	2	8	12	20	乙亥	3	10	1	20	乙巳	4	9	2	21	乙亥	5	10	3	22	丙午	6	10	4	24	丁丑	7	11	5	26	戊申
	2	9	12	21	丙子	3	11	1	21	丙午	4	10	2	22	丙子	5	11	3	23	丁未	6	11	4	25	戊寅	7	12	5	27	己酉
	2	10	12	22	丁丑	3	12	1	22	丁未	4	11	2	23	丁丑	5	12	3	24	戊申	6	12	4	26	己卯	7	13	5	28	庚戌
	2	11	12	23	戊寅	3	13	1	23	戊申	4	12	2	24	戊寅	5	13	3	25	己酉	6	13	4	27	庚辰	7	14	5	29	辛亥
	2	12	12	24	己卯	3	14	1	24	己酉	4	13	2	25	己卯	5	14	3	26	庚戌	6	14	4	28	辛巳	7	15	5	30	壬子
	2	13	12	25	庚辰	3	15	1	25	庚戌	4	14	2	26	庚辰	5	15	3	27	辛亥	6	15	4	29	壬午	7	16	6	1	癸丑
	2	14	12	26	辛巳	3	16	1	26	辛亥	4	15	2	27	辛巳	5	16	3	28	壬子	6	16	5	1	癸未	7	17	6	2	甲寅
	2	15	12	27	壬午	3	17	1	27	壬子	4	16	2	28	壬午	5	17	3	29	癸丑	6	17	5	2	甲申	7	18	6	3	乙卯
	2	16	12	28	癸未	3	18	1	28	癸丑	4	17	2	29	癸未	5	18	4	1	甲寅	6	18	5	3	乙酉	7	19	6	4	丙辰
	2	17	12	29	甲申	3	19	1	29	甲寅	4	18	2	30	甲申	5	19	4	2	乙卯	6	19	5	4	丙戌	7	20	6	5	丁巳
	2	18	12	30	乙酉	3	20	2	1	乙卯	4	19	3	1	乙酉	5	20	4	3	丙辰	6	20	5	5	丁亥	7	21	6	6	戊午
	2	19	1	1	丙戌	3	21	2	2	丙辰	4	20	3	2	丙戌	5	21	4	4	丁巳	6	21	5	6	戊子	7	22	6	7	己未
	2	20	1	2	丁亥	3	22	2	3	丁巳	4	21	3	3	丁亥	5	22	4	5	戊午	6	22	5	7	己丑	7	23	6	8	庚申
	2	21	1	3	戊子	3	23	2	4	戊午	4	22	3	4	戊子	5	23	4	6	己未	6	23	5	8	庚寅	7	24	6	9	辛酉
	2	22	1	4	己丑	3	24	2	5	己未	4	23	3	5	己丑	5	24	4	7	庚申	6	24	5	9	辛卯	7	25	6	10	壬戌
	2	23	1	5	庚寅	3	25	2	6	庚申	4	24	3	6	庚寅	5	25	4	8	辛酉	6	25	5	10	壬辰	7	26	6	11	癸亥
	2	24	1	6	辛卯	3	26	2	7	辛酉	4	25	3	7	辛卯	5	26	4	9	壬戌	6	26	5	11	癸巳	7	27	6	12	甲子
	2	25	1	7	壬辰	3	27	2	8	壬戌	4	26	3	8	壬辰	5	27	4	10	癸亥	6	27	5	12	甲午	7	28	6	13	乙丑
	2	26	1	8	癸巳	3	28	2	9	癸亥	4	27	3	9	癸巳	5	28	4	11	甲子	6	28	5	13	乙未	7	29	6	14	丙寅
	2	27	1	9	甲午	3	29	2	10	甲子	4	28	3	10	甲午	5	29	4	12	乙丑	6	29	5	14	丙申	7	30	6	15	丁卯
	2	28	1	10	乙未	3	30	2	11	乙丑	4	29	3	11	乙未	5	30	4	13	丙寅	6	30	5	15	丁酉	7	31	6	16	戊辰
	3	1	1	11	丙申	3	31	2	12	丙寅	4	30	3	12	丙申	5	31	4	14	丁卯	7	1	5	16	戊戌	8	1	6	17	己巳
	3	2	1	12	丁酉	4	1	2	13	丁卯	5	1	3	13	丁酉	6	1	4	15	戊辰	7	2	5	17	己亥	8	2	6	18	庚午
	3	3	1	13	戊戌	4	2	2	14	戊辰	5	2	3	14	戊戌	6	2	4	16	己巳	7	3	5	18	庚子	8	3	6	19	辛未
	3	4	1	14	己亥	4	3	2	15	己巳	5	3	3	15	己亥	6	3	4	17	庚午	7	4	5	19	辛丑	8	4	6	20	壬申
											5	4	3	16	庚子	6	4	4	18	辛未	7	5	5	20	壬寅	8	5	6	21	癸酉
																										8	6	6	22	甲戌
中氣	雨水 2/18 13時1分 未時					春分 3/20 11時46分 午時					穀雨 4/19 22時29分 亥時					小滿 5/20 21時18分 亥時					夏至 6/21 5時3分 卯時					大暑 7/22 15時55分 申時				

癸酉																														年
庚申					辛酉					壬戌					癸亥					甲子					乙丑					月
立秋					白露					寒露					立冬					大雪					小寒					節氣
8/7 8時29分 辰時					9/7 11時37分 午時					10/8 3時35分 寅時					11/7 7時5分 辰時					12/7 0時10分 子時					1/5 11時31分 午時					
國曆		農曆		干支	國曆		農曆		干支	國曆		農曆		干支	國曆		農曆		干支	國曆		農曆		干支	國曆		農曆		干支	日
8	7	6	23	乙亥	9	7	7	25	丙午	10	8	8	27	丁丑	11	7	9	27	丁未	12	7	10	28	丁丑	1	5	11	27	丙午	
8	8	6	24	丙子	9	8	7	26	丁未	10	9	8	28	戊寅	11	8	9	28	戊申	12	8	10	29	戊寅	1	6	11	28	丁未	
8	9	6	25	丁丑	9	9	7	27	戊申	10	10	8	29	己卯	11	9	9	29	己酉	12	9	10	30	己卯	1	7	11	29	戊申	
8	10	6	26	戊寅	9	10	7	28	己酉	10	11	8	30	庚辰	11	10	10	1	庚戌	12	10	11	1	庚辰	1	8	11	30	己酉	
8	11	6	27	己卯	9	11	7	29	庚戌	10	12	9	1	辛巳	11	11	10	2	辛亥	12	11	11	2	辛巳	1	9	12	1	庚戌	
8	12	6	28	庚辰	9	12	8	1	辛亥	10	13	9	2	壬午	11	12	10	3	壬子	12	12	11	3	壬午	1	10	12	2	辛亥	
8	13	6	29	辛巳	9	13	8	2	壬子	10	14	9	3	癸未	11	13	10	4	癸丑	12	13	11	4	癸未	1	11	12	3	壬子	
8	14	7	1	壬午	9	14	8	3	癸丑	10	15	9	4	甲申	11	14	10	5	甲寅	12	14	11	5	甲申	1	12	12	4	癸丑	
8	15	7	2	癸未	9	15	8	4	甲寅	10	16	9	5	乙酉	11	15	10	6	乙卯	12	15	11	6	乙酉	1	13	12	5	甲寅	
8	16	7	3	甲申	9	16	8	5	乙卯	10	17	9	6	丙戌	11	16	10	7	丙辰	12	16	11	7	丙戌	1	14	12	6	乙卯	
8	17	7	4	乙酉	9	17	8	6	丙辰	10	18	9	7	丁亥	11	17	10	8	丁巳	12	17	11	8	丁亥	1	15	12	7	丙辰	
8	18	7	5	丙戌	9	18	8	7	丁巳	10	19	9	8	戊子	11	18	10	9	戊午	12	18	11	9	戊子	1	16	12	8	丁巳	
8	19	7	6	丁亥	9	19	8	8	戊午	10	20	9	9	己丑	11	19	10	10	己未	12	19	11	10	己丑	1	17	12	9	戊午	
8	20	7	7	戊子	9	20	8	9	己未	10	21	9	10	庚寅	11	20	10	11	庚申	12	20	11	11	庚寅	1	18	12	10	己未	
8	21	7	8	己丑	9	21	8	10	庚申	10	22	9	11	辛卯	11	21	10	12	辛酉	12	21	11	12	辛卯	1	19	12	11	庚申	
8	22	7	9	庚寅	9	22	8	11	辛酉	10	23	9	12	壬辰	11	22	10	13	壬戌	12	22	11	13	壬辰	1	20	12	12	辛酉	
8	23	7	10	辛卯	9	23	8	12	壬戌	10	24	9	13	癸巳	11	23	10	14	癸亥	12	23	11	14	癸巳	1	21	12	13	壬戌	
8	24	7	11	壬辰	9	24	8	13	癸亥	10	25	9	14	甲午	11	24	10	15	甲子	12	24	11	15	甲午	1	22	12	14	癸亥	
8	25	7	12	癸巳	9	25	8	14	甲子	10	26	9	15	乙未	11	25	10	16	乙丑	12	25	11	16	乙未	1	23	12	15	甲子	
8	26	7	13	甲午	9	26	8	15	乙丑	10	27	9	16	丙申	11	26	10	17	丙寅	12	26	11	17	丙申	1	24	12	16	乙丑	
8	27	7	14	乙未	9	27	8	16	丙寅	10	28	9	17	丁酉	11	27	10	18	丁卯	12	27	11	18	丁酉	1	25	12	17	丙寅	
8	28	7	15	丙申	9	28	8	17	丁卯	10	29	9	18	戊戌	11	28	10	19	戊辰	12	28	11	19	戊戌	1	26	12	18	丁卯	
8	29	7	16	丁酉	9	29	8	18	戊辰	10	30	9	19	己亥	11	29	10	20	己巳	12	29	11	20	己亥	1	27	12	19	戊辰	
8	30	7	17	戊戌	9	30	8	19	己巳	10	31	9	20	庚子	11	30	10	21	庚午	12	30	11	21	庚子	1	28	12	20	己巳	
8	31	7	18	己亥	10	1	8	20	庚午	11	1	9	21	辛丑	12	1	10	22	辛未	12	31	11	22	辛丑	1	29	12	21	庚午	
9	1	7	19	庚子	10	2	8	21	辛未	11	2	9	22	壬寅	12	2	10	23	壬申	1	1	11	23	壬寅	1	30	12	22	辛未	
9	2	7	20	辛丑	10	3	8	22	壬申	11	3	9	23	癸卯	12	3	10	24	癸酉	1	2	11	24	癸卯	1	31	12	23	壬申	
9	3	7	21	壬寅	10	4	8	23	癸酉	11	4	9	24	甲辰	12	4	10	25	甲戌	1	3	11	25	甲辰	2	1	12	24	癸酉	
	4	7	22	癸卯	10	5	8	24	甲戌	11	5	9	25	乙巳	12	5	10	26	乙亥	1	4	11	26	乙巳	2	2	12	25	甲戌	
	5	7	23	甲辰	10	6	8	25	乙亥	11	6	9	26	丙午	12	6	10	27	丙子											
	6	7	24	乙巳	10	7	8	26	丙子																					
處暑					秋分					霜降					小雪					冬至					大寒					中氣
22 23時9分 子時					9/22 21時5分 亥時					10/23 6時46分 卯時					11/22 4時37分 寅時					12/21 18時9分 酉時					1/20 4時50分 寅時					

中華民國一百四十二、一百四十三年

雞

2053、2054

年	甲戌																													
月	丙寅					丁卯					戊辰					己巳					庚午					辛未				
節氣	立春 2/3 23時7分 子時					驚蟄 3/5 16時54分 申時					清明 4/4 21時22分 亥時					立夏 5/5 14時16分 未時					芒種 6/5 18時6分 酉時					小暑 7/7 4時12分 寅時				
日	國曆		農曆		干支	國曆		農曆		干支	國曆		農曆		干支	國曆		農曆		干支	國曆		農曆		干支	國曆		農曆		干支
中華民國一百四十三年 狗 2054	2	3	12	26	乙亥	3	5	1	26	乙巳	4	4	2	27	乙亥	5	5	3	28	丙午	6	5	4	29	丁丑	7	7	6	3	己酉
	2	4	12	27	丙子	3	6	1	27	丙午	4	5	2	28	丙子	5	6	3	29	丁未	6	6	5	1	戊寅	7	8	6	4	庚戌
	2	5	12	28	丁丑	3	7	1	28	丁未	4	6	2	29	丁丑	5	7	3	30	戊申	6	7	5	2	己卯	7	9	6	5	辛亥
	2	6	12	29	戊寅	3	8	1	29	戊申	4	7	2	30	戊寅	5	8	4	1	己酉	6	8	5	3	庚辰	7	10	6	6	壬子
	2	7	12	30	己卯	3	9	2	1	己酉	4	8	3	1	己卯	5	9	4	2	庚戌	6	9	5	4	辛巳	7	11	6	7	癸丑
	2	8	1	1	庚辰	3	10	2	2	庚戌	4	9	3	2	庚辰	5	10	4	3	辛亥	6	10	5	5	壬午	7	12	6	8	甲寅
	2	9	1	2	辛巳	3	11	2	3	辛亥	4	10	3	3	辛巳	5	11	4	4	壬子	6	11	5	6	癸未	7	13	6	9	乙卯
	2	10	1	3	壬午	3	12	2	4	壬子	4	11	3	4	壬午	5	12	4	5	癸丑	6	12	5	7	甲申	7	14	6	10	丙辰
	2	11	1	4	癸未	3	13	2	5	癸丑	4	12	3	5	癸未	5	13	4	6	甲寅	6	13	5	8	乙酉	7	15	6	11	丁巳
	2	12	1	5	甲申	3	14	2	6	甲寅	4	13	3	6	甲申	5	14	4	7	乙卯	6	14	5	9	丙戌	7	16	6	12	戊午
	2	13	1	6	乙酉	3	15	2	7	乙卯	4	14	3	7	乙酉	5	15	4	8	丙辰	6	15	5	10	丁亥	7	17	6	13	己未
	2	14	1	7	丙戌	3	16	2	8	丙辰	4	15	3	8	丙戌	5	16	4	9	丁巳	6	16	5	11	戊子	7	18	6	14	庚申
	2	15	1	8	丁亥	3	17	2	9	丁巳	4	16	3	9	丁亥	5	17	4	10	戊午	6	17	5	12	己丑	7	19	6	15	辛酉
	2	16	1	9	戊子	3	18	2	10	戊午	4	17	3	10	戊子	5	18	4	11	己未	6	18	5	13	庚寅	7	20	6	16	壬戌
	2	17	1	10	己丑	3	19	2	11	己未	4	18	3	11	己丑	5	19	4	12	庚申	6	19	5	14	辛卯	7	21	6	17	癸亥
	2	18	1	11	庚寅	3	20	2	12	庚申	4	19	3	12	庚寅	5	20	4	13	辛酉	6	20	5	15	壬辰	7	22	6	18	甲子
	2	19	1	12	辛卯	3	21	2	13	辛酉	4	20	3	13	辛卯	5	21	4	14	壬戌	6	21	5	16	癸巳	7	23	6	19	乙丑
	2	20	1	13	壬辰	3	22	2	14	壬戌	4	21	3	14	壬辰	5	22	4	15	癸亥	6	22	5	17	甲午	7	24	6	20	丙寅
	2	21	1	14	癸巳	3	23	2	15	癸亥	4	22	3	15	癸巳	5	23	4	16	甲子	6	23	5	18	乙未	7	25	6	21	丁卯
	2	22	1	15	甲午	3	24	2	16	甲子	4	23	3	16	甲午	5	24	4	17	乙丑	6	24	5	19	丙申	7	26	6	22	戊辰
	2	23	1	16	乙未	3	25	2	17	乙丑	4	24	3	17	乙未	5	25	4	18	丙寅	6	25	5	20	丁酉	7	27	6	23	己巳
	2	24	1	17	丙申	3	26	2	18	丙寅	4	25	3	18	丙申	5	26	4	19	丁卯	6	26	5	21	戊戌	7	28	6	24	庚午
	2	25	1	18	丁酉	3	27	2	19	丁卯	4	26	3	19	丁酉	5	27	4	20	戊辰	6	27	5	22	己亥	7	29	6	25	辛未
	2	26	1	19	戊戌	3	28	2	20	戊辰	4	27	3	20	戊戌	5	28	4	21	己巳	6	28	5	23	庚子	7	30	6	26	壬申
	2	27	1	20	己亥	3	29	2	21	己巳	4	28	3	21	己亥	5	29	4	22	庚午	6	29	5	24	辛丑	7	31	6	27	癸酉
	2	28	1	21	庚子	3	30	2	22	庚午	4	29	3	22	庚子	5	30	4	23	辛未	6	30	5	25	壬寅	8	1	6	28	甲戌
	3	1	1	22	辛丑	3	31	2	23	辛未	4	30	3	23	辛丑	5	31	4	24	壬申	7	1	5	26	癸卯	8	2	6	29	乙亥
	3	2	1	23	壬寅	4	1	2	24	壬申	5	1	3	24	壬寅	6	1	4	25	癸酉	7	2	5	27	甲辰	8	3	6	30	丙子
	3	3	1	24	癸卯	4	2	2	25	癸酉	5	2	3	25	癸卯	6	2	4	26	甲戌	7	3	5	28	乙巳	8	4	7	1	丁丑
	3	4	1	25	甲辰	4	3	2	26	甲戌	5	3	3	26	甲辰	6	3	4	27	乙亥	7	4	5	29	丙午	8	5	7	2	戊寅
											5	4	3	27	乙巳	6	4	4	28	丙子	7	5	6	1	丁未	8	6	7	3	己卯
																					7	6	6	2	戊申					
中氣	雨水 2/18 18時50分 酉時					春分 3/20 17時33分 酉時					穀雨 4/20 4時14分 寅時					小滿 5/21 3時2分 寅時					夏至 6/21 10時46分 巳時					大暑 7/22 21時39分 亥				

甲戌																														年
壬申					癸酉					甲戌					乙亥					丙子					丁丑					月
立秋					白露					寒露					立冬					大雪					小寒					節氣
8/7 14時6分 未時					9/7 17時18分 酉時					10/8 9時21分 巳時					11/7 12時55分 午時					12/7 6時2分 卯時					1/5 17時21分 酉時					
國曆		農曆		干支	國曆		農曆		干支	國曆		農曆		干支	國曆		農曆		干支	國曆		農曆		干支	國曆		農曆		干支	日
8	7	7	4	庚辰	9	7	8	6	辛亥	10	8	9	8	壬午	11	7	10	8	壬子	12	7	11	9	壬午	1	5	12	8	辛亥	
8	8	7	5	辛巳	9	8	8	7	壬子	10	9	9	9	癸未	11	8	10	9	癸丑	12	8	11	10	癸未	1	6	12	9	壬子	
8	9	7	6	壬午	9	9	8	8	癸丑	10	10	9	10	甲申	11	9	10	10	甲寅	12	9	11	11	甲申	1	7	12	10	癸丑	
8	10	7	7	癸未	9	10	8	9	甲寅	10	11	9	11	乙酉	11	10	10	11	乙卯	12	10	11	12	乙酉	1	8	12	11	甲寅	
8	11	7	8	甲申	9	11	8	10	乙卯	10	12	9	12	丙戌	11	11	10	12	丙辰	12	11	11	13	丙戌	1	9	12	12	乙卯	
8	12	7	9	乙酉	9	12	8	11	丙辰	10	13	9	13	丁亥	11	12	10	13	丁巳	12	12	11	14	丁亥	1	10	12	13	丙辰	
8	13	7	10	丙戌	9	13	8	12	丁巳	10	14	9	14	戊子	11	13	10	14	戊午	12	13	11	15	戊子	1	11	12	14	丁巳	
8	14	7	11	丁亥	9	14	8	13	戊午	10	15	9	15	己丑	11	14	10	15	己未	12	14	11	16	己丑	1	12	12	15	戊午	
8	15	7	12	戊子	9	15	8	14	己未	10	16	9	16	庚寅	11	15	10	16	庚申	12	15	11	17	庚寅	1	13	12	16	己未	
8	16	7	13	己丑	9	16	8	15	庚申	10	17	9	17	辛卯	11	16	10	17	辛酉	12	16	11	18	辛卯	1	14	12	17	庚申	
8	17	7	14	庚寅	9	17	8	16	辛酉	10	18	9	18	壬辰	11	17	10	18	壬戌	12	17	11	19	壬辰	1	15	12	18	辛酉	
8	18	7	15	辛卯	9	18	8	17	壬戌	10	19	9	19	癸巳	11	18	10	19	癸亥	12	18	11	20	癸巳	1	16	12	19	壬戌	
8	19	7	16	壬辰	9	19	8	18	癸亥	10	20	9	20	甲午	11	19	10	20	甲子	12	19	11	21	甲午	1	17	12	20	癸亥	
8	20	7	17	癸巳	9	20	8	19	甲子	10	21	9	21	乙未	11	20	10	21	乙丑	12	20	11	22	乙未	1	18	12	21	甲子	
8	21	7	18	甲午	9	21	8	20	乙丑	10	22	9	22	丙申	11	21	10	22	丙寅	12	21	11	23	丙申	1	19	12	22	乙丑	
8	22	7	19	乙未	9	22	8	21	丙寅	10	23	9	23	丁酉	11	22	10	23	丁卯	12	22	11	24	丁酉	1	20	12	23	丙寅	
8	23	7	20	丙申	9	23	8	22	丁卯	10	24	9	24	戊戌	11	23	10	24	戊辰	12	23	11	25	戊戌	1	21	12	24	丁卯	
8	24	7	21	丁酉	9	24	8	23	戊辰	10	25	9	25	己亥	11	24	10	25	己巳	12	24	11	26	己亥	1	22	12	25	戊辰	
8	25	7	22	戊戌	9	25	8	24	己巳	10	26	9	26	庚子	11	25	10	26	庚午	12	25	11	27	庚子	1	23	12	26	己巳	
8	26	7	23	己亥	9	26	8	25	庚午	10	27	9	27	辛丑	11	26	10	27	辛未	12	26	11	28	辛丑	1	24	12	27	庚午	
8	27	7	24	庚子	9	27	8	26	辛未	10	28	9	28	壬寅	11	27	10	28	壬申	12	27	11	29	壬寅	1	25	12	28	辛未	
8	28	7	25	辛丑	9	28	8	27	壬申	10	29	9	29	癸卯	11	28	10	29	癸酉	12	28	11	30	癸卯	1	26	12	29	壬申	
8	29	7	26	壬寅	9	29	8	28	癸酉	10	30	9	30	甲辰	11	29	11	1	甲戌	12	29	12	1	甲辰	1	27	12	30	癸酉	
8	30	7	27	癸卯	9	30	8	29	甲戌	10	31	10	1	乙巳	11	30	11	2	乙亥	12	30	12	2	乙巳	1	28	1	1	甲戌	
8	31	7	28	甲辰	10	1	9	1	乙亥	11	1	10	2	丙午	12	1	11	3	丙子	12	31	12	3	丙午	1	29	1	2	乙亥	
9	1	7	29	乙巳	10	2	9	2	丙子	11	2	10	3	丁未	12	2	11	4	丁丑	1	1	12	4	丁未	1	30	1	3	丙子	
9	2	8	1	丙午	10	3	9	3	丁丑	11	3	10	4	戊申	12	3	11	5	戊寅	1	2	12	5	戊申	1	31	1	4	丁丑	
9	3	8	2	丁未	10	4	9	4	戊寅	11	4	10	5	己酉	12	4	11	6	己卯	1	3	12	6	己酉	2	1	1	5	戊寅	
9	4	8	3	戊申	10	5	9	5	己卯	11	5	10	6	庚戌	12	5	11	7	庚辰	1	4	12	7	庚戌	2	2	1	6	己卯	
9	5	8	4	己酉	10	6	9	6	庚辰	11	6	10	7	辛亥	12	6	11	8	辛巳						2	3	1	7	庚辰	
9	6	8	5	庚戌	10	7	9	7	辛巳																					
處暑					秋分					霜降					小雪					冬至					大寒					中氣
8/23 4時57分 寅時					9/23 2時58分 丑時					10/23 12時43分 午時					11/22 10時38分 巳時					12/22 0時9分 子時					1/20 10時48分 巳時					

中華民國一百四十三、一百四十四年 狗

2054、2055

年	乙亥																													
月	戊寅					己卯					庚辰					辛巳					壬午					癸未				
節氣	立春					驚蟄					清明					立夏					芒種					小暑				
	2/4 4時54分 寅時					3/5 22時40分 亥時					4/5 3時7分 寅時					5/5 20時2分 戌時					6/5 23時54分 子時					7/7 10時4分 巳時				
日	國曆		農曆		干支	國曆		農曆		干支	國曆		農曆		干支	國曆		農曆		干支	國曆		農曆		干支	國曆		農曆		干支
中華民國一百四十四年 豬 2055	2	4	1	8	辛巳	3	5	2	8	庚戌	4	5	3	9	辛巳	5	5	4	9	辛亥	6	5	5	11	壬午	7	7	6	13	甲寅
	2	5	1	9	壬午	3	6	2	9	辛亥	4	6	3	10	壬午	5	6	4	10	壬子	6	6	5	12	癸未	7	8	6	14	乙卯
	2	6	1	10	癸未	3	7	2	10	壬子	4	7	3	11	癸未	5	7	4	11	癸丑	6	7	5	13	甲申	7	9	6	15	丙辰
	2	7	1	11	甲申	3	8	2	11	癸丑	4	8	3	12	甲申	5	8	4	12	甲寅	6	8	5	14	乙酉	7	10	6	16	丁巳
	2	8	1	12	乙酉	3	9	2	12	甲寅	4	9	3	13	乙酉	5	9	4	13	乙卯	6	9	5	15	丙戌	7	11	6	17	戊午
	2	9	1	13	丙戌	3	10	2	13	乙卯	4	10	3	14	丙戌	5	10	4	14	丙辰	6	10	5	16	丁亥	7	12	6	18	己未
	2	10	1	14	丁亥	3	11	2	14	丙辰	4	11	3	15	丁亥	5	11	4	15	丁巳	6	11	5	17	戊子	7	13	6	19	庚申
	2	11	1	15	戊子	3	12	2	15	丁巳	4	12	3	16	戊子	5	12	4	16	戊午	6	12	5	18	己丑	7	14	6	20	辛酉
	2	12	1	16	己丑	3	13	2	16	戊午	4	13	3	17	己丑	5	13	4	17	己未	6	13	5	19	庚寅	7	15	6	21	壬戌
	2	13	1	17	庚寅	3	14	2	17	己未	4	14	3	18	庚寅	5	14	4	18	庚申	6	14	5	20	辛卯	7	16	6	22	癸亥
	2	14	1	18	辛卯	3	15	2	18	庚申	4	15	3	19	辛卯	5	15	4	19	辛酉	6	15	5	21	壬辰	7	17	6	23	甲子
	2	15	1	19	壬辰	3	16	2	19	辛酉	4	16	3	20	壬辰	5	16	4	20	壬戌	6	16	5	22	癸巳	7	18	6	24	乙丑
	2	16	1	20	癸巳	3	17	2	20	壬戌	4	17	3	21	癸巳	5	17	4	21	癸亥	6	17	5	23	甲午	7	19	6	25	丙寅
	2	17	1	21	甲午	3	18	2	21	癸亥	4	18	3	22	甲午	5	18	4	22	甲子	6	18	5	24	乙未	7	20	6	26	丁卯
	2	18	1	22	乙未	3	19	2	22	甲子	4	19	3	23	乙未	5	19	4	23	乙丑	6	19	5	25	丙申	7	21	6	27	戊辰
	2	19	1	23	丙申	3	20	2	23	乙丑	4	20	3	24	丙申	5	20	4	24	丙寅	6	20	5	26	丁酉	7	22	6	28	己巳
	2	20	1	24	丁酉	3	21	2	24	丙寅	4	21	3	25	丁酉	5	21	4	25	丁卯	6	21	5	27	戊戌	7	23	6	29	庚午
	2	21	1	25	戊戌	3	22	2	25	丁卯	4	22	3	26	戊戌	5	22	4	26	戊辰	6	22	5	28	己亥	7	24	閏6	1	辛未
	2	22	1	26	己亥	3	23	2	26	戊辰	4	23	3	27	己亥	5	23	4	27	己巳	6	23	5	29	庚子	7	25	<u>6</u>	2	壬申
	2	23	1	27	庚子	3	24	2	27	己巳	4	24	3	28	庚子	5	24	4	28	庚午	6	24	5	30	辛丑	7	26	<u>6</u>	3	癸酉
	2	24	1	28	辛丑	3	25	2	28	庚午	4	25	3	29	辛丑	5	25	4	29	辛未	6	25	6	1	壬寅	7	27	<u>6</u>	4	甲戌
	2	25	1	29	壬寅	3	26	2	29	辛未	4	26	3	30	壬寅	5	26	5	1	壬申	6	26	6	2	癸卯	7	28	<u>6</u>	5	乙亥
	2	26	2	1	癸卯	3	27	2	30	壬申	4	27	4	1	癸卯	5	27	5	2	癸酉	6	27	6	3	甲辰	7	29	<u>6</u>	6	丙子
	2	27	2	2	甲辰	3	28	3	1	癸酉	4	28	4	2	甲辰	5	28	5	3	甲戌	6	28	6	4	乙巳	7	30	<u>6</u>	7	丁丑
	2	28	2	3	乙巳	3	29	3	2	甲戌	4	29	4	3	乙巳	5	29	5	4	乙亥	6	29	6	5	丙午	7	31	<u>6</u>	8	戊寅
	3	1	2	4	丙午	3	30	3	3	乙亥	4	30	4	4	丙午	5	30	5	5	丙子	6	30	6	6	丁未	8	1	<u>6</u>	9	己卯
	3	2	2	5	丁未	3	31	3	4	丙子	5	1	4	5	丁未	5	31	5	6	丁丑	7	1	6	7	戊申	8	2	<u>6</u>	10	庚辰
	3	3	2	6	戊申	4	1	3	5	丁丑	5	2	4	6	戊申	6	1	5	7	戊寅	7	2	6	8	己酉	8	3	<u>6</u>	11	辛巳
	3	4	2	7	己酉	4	2	3	6	戊寅	5	3	4	7	己酉	6	2	5	8	己卯	7	3	6	9	庚戌	8	4	<u>6</u>	12	壬午
						4	3	3	7	己卯	5	4	4	8	庚戌	6	3	5	9	庚辰	7	4	6	10	辛亥	8	5	<u>6</u>	13	癸未
						4	4	3	8	庚辰						6	4	5	10	辛巳	7	5	6	11	壬子	8	6	<u>6</u>	14	甲申
																					7	6	6	12	癸丑					
中氣	雨水					春分					穀雨					小滿					夏至					大暑				
	2/19 0時46分 子時					3/20 23時27分 子時					4/20 10時7分 巳時					5/21 8時55分 辰時					6/21 16時39分 申時					7/23 3時31分 寅時				

乙亥																														年
甲申					乙酉					丙戌					丁亥					戊子					己丑					月
立秋					白露					寒露					立冬					大雪					小寒					節氣
8/7 20時0分 戌時					9/7 23時14分 子時					10/8 15時18分 申時					11/7 18時51分 酉時					12/7 11時57分 午時					1/5 23時14分 子時					
國曆		農曆		干支	國曆		農曆		干支	國曆		農曆		干支	國曆		農曆		干支	國曆		農曆		干支	國曆		農曆		干支	日
8	7	6	15	乙酉	9	7	7	16	丙辰	10	8	8	18	丁亥	11	7	9	19	丁巳	12	7	10	19	丁亥	1	5	11	19	丙辰	中華民國一百四十四、一百四十五年 豬
8	8	6	16	丙戌	9	8	7	17	丁巳	10	9	8	19	戊子	11	8	9	20	戊午	12	8	10	20	戊子	1	6	11	20	丁巳	
8	9	6	17	丁亥	9	9	7	18	戊午	10	10	8	20	己丑	11	9	9	21	己未	12	9	10	21	己丑	1	7	11	21	戊午	
8	10	6	18	戊子	9	10	7	19	己未	10	11	8	21	庚寅	11	10	9	22	庚申	12	10	10	22	庚寅	1	8	11	22	己未	
8	11	6	19	己丑	9	11	7	20	庚申	10	12	8	22	辛卯	11	11	9	23	辛酉	12	11	10	23	辛卯	1	9	11	23	庚申	
8	12	6	20	庚寅	9	12	7	21	辛酉	10	13	8	23	壬辰	11	12	9	24	壬戌	12	12	10	24	壬辰	1	10	11	24	辛酉	
8	13	6	21	辛卯	9	13	7	22	壬戌	10	14	8	24	癸巳	11	13	9	25	癸亥	12	13	10	25	癸巳	1	11	11	25	壬戌	
8	14	6	22	壬辰	9	14	7	23	癸亥	10	15	8	25	甲午	11	14	9	26	甲子	12	14	10	26	甲午	1	12	11	26	癸亥	
8	15	6	23	癸巳	9	15	7	24	甲子	10	16	8	26	乙未	11	15	9	27	乙丑	12	15	10	27	乙未	1	13	11	27	甲子	
8	16	6	24	甲午	9	16	7	25	乙丑	10	17	8	27	丙申	11	16	9	28	丙寅	12	16	10	28	丙申	1	14	11	28	乙丑	
8	17	6	25	乙未	9	17	7	26	丙寅	10	18	8	28	丁酉	11	17	9	29	丁卯	12	17	10	29	丁酉	1	15	11	29	丙寅	
8	18	6	26	丙申	9	18	7	27	丁卯	10	19	8	29	戊戌	11	18	9	30	戊辰	12	18	11	1	戊戌	1	16	11	30	丁卯	
8	19	6	27	丁酉	9	19	7	28	戊辰	10	20	9	1	己亥	11	19	10	1	己巳	12	19	11	2	己亥	1	17	12	1	戊辰	
8	20	6	28	戊戌	9	20	7	29	己巳	10	21	9	2	庚子	11	20	10	2	庚午	12	20	11	3	庚子	1	18	12	2	己巳	
8	21	6	29	己亥	9	21	8	1	庚午	10	22	9	3	辛丑	11	21	10	3	辛未	12	21	11	4	辛丑	1	19	12	3	庚午	
8	22	6	30	庚子	9	22	8	2	辛未	10	23	9	4	壬寅	11	22	10	4	壬申	12	22	11	5	壬寅	1	20	12	4	辛未	
8	23	7	1	辛丑	9	23	8	3	壬申	10	24	9	5	癸卯	11	23	10	5	癸酉	12	23	11	6	癸卯	1	21	12	5	壬申	
8	24	7	2	壬寅	9	24	8	4	癸酉	10	25	9	6	甲辰	11	24	10	6	甲戌	12	24	11	7	甲辰	1	22	12	6	癸酉	
8	25	7	3	癸卯	9	25	8	5	甲戌	10	26	9	7	乙巳	11	25	10	7	乙亥	12	25	11	8	乙巳	1	23	12	7	甲戌	
8	26	7	4	甲辰	9	26	8	6	乙亥	10	27	9	8	丙午	11	26	10	8	丙子	12	26	11	9	丙午	1	24	12	8	乙亥	
8	27	7	5	乙巳	9	27	8	7	丙子	10	28	9	9	丁未	11	27	10	9	丁丑	12	27	11	10	丁未	1	25	12	9	丙子	2055、2056
8	28	7	6	丙午	9	28	8	8	丁丑	10	29	9	10	戊申	11	28	10	10	戊寅	12	28	11	11	戊申	1	26	12	10	丁丑	
8	29	7	7	丁未	9	29	8	9	戊寅	10	30	9	11	己酉	11	29	10	11	己卯	12	29	11	12	己酉	1	27	12	11	戊寅	
8	30	7	8	戊申	9	30	8	10	己卯	10	31	9	12	庚戌	11	30	10	12	庚辰	12	30	11	13	庚戌	1	28	12	12	己卯	
8	31	7	9	己酉	10	1	8	11	庚辰	11	1	9	13	辛亥	12	1	10	13	辛巳	12	31	11	14	辛亥	1	29	12	13	庚辰	
9	1	7	10	庚戌	10	2	8	12	辛巳	11	2	9	14	壬子	12	2	10	14	壬午	1	1	11	15	壬子	1	30	12	14	辛巳	
9	2	7	11	辛亥	10	3	8	13	壬午	11	3	9	15	癸丑	12	3	10	15	癸未	1	2	11	16	癸丑	1	31	12	15	壬午	
9	3	7	12	壬子	10	4	8	14	癸未	11	4	9	16	甲寅	12	4	10	16	甲申	1	3	11	17	甲寅	2	1	12	16	癸未	
9	4	7	13	癸丑	10	5	8	15	甲申	11	5	9	17	乙卯	12	5	10	17	乙酉	1	4	11	18	乙卯	2	2	12	17	甲申	
9	5	7	14	甲寅	10	6	8	16	乙酉	11	6	9	18	丙辰	12	6	10	18	丙戌						2	3	12	18	乙酉	
9	6	7	15	乙卯	10	7	8	17	丙戌																					
處暑					秋分					霜降					小雪					冬至					大寒					中氣
8/23 10時47分 巳時					9/23 8時47分 辰時					10/23 18時32分 酉時					11/22 16時25分 申時					12/22 5時54分 卯時					1/20 16時32分 申時					

年	丙子																													
月	庚寅					辛卯					壬辰					癸巳					甲午					乙未				
節氣	立春					驚蟄					清明					立夏					芒種					小暑				
	2/4 10時46分 巳時					3/5 4時31分 寅時					4/4 8時59分 辰時					5/5 1時57分 丑時					6/5 5時51分 卯時					7/6 16時1分 申時				
日	國曆		農曆		干支	國曆		農曆		干支	國曆		農曆		干支	國曆		農曆		干支	國曆		農曆		干支	國曆		農曆		干支
中華民國一百四十五年 鼠 2056	2	4	12	19	丙戌	3	5	1	20	丙辰	4	4	2	20	丙戌	5	5	3	21	丁巳	6	5	4	22	戊子	7	6	5	24	己未
	2	5	12	20	丁亥	3	6	1	21	丁巳	4	5	2	21	丁亥	5	6	3	22	戊午	6	6	4	23	己丑	7	7	5	25	庚申
	2	6	12	21	戊子	3	7	1	22	戊午	4	6	2	22	戊子	5	7	3	23	己未	6	7	4	24	庚寅	7	8	5	26	辛酉
	2	7	12	22	己丑	3	8	1	23	己未	4	7	2	23	己丑	5	8	3	24	庚申	6	8	4	25	辛卯	7	9	5	27	壬戌
	2	8	12	23	庚寅	3	9	1	24	庚申	4	8	2	24	庚寅	5	9	3	25	辛酉	6	9	4	26	壬辰	7	10	5	28	癸亥
	2	9	12	24	辛卯	3	10	1	25	辛酉	4	9	2	25	辛卯	5	10	3	26	壬戌	6	10	4	27	癸巳	7	11	5	29	甲子
	2	10	12	25	壬辰	3	11	1	26	壬戌	4	10	2	26	壬辰	5	11	3	27	癸亥	6	11	4	28	甲午	7	12	5	30	乙丑
	2	11	12	26	癸巳	3	12	1	27	癸亥	4	11	2	27	癸巳	5	12	3	28	甲子	6	12	4	29	乙未	7	13	6	1	丙寅
	2	12	12	27	甲午	3	13	1	28	甲子	4	12	2	28	甲午	5	13	3	29	乙丑	6	13	5	1	丙申	7	14	6	2	丁卯
	2	13	12	28	乙未	3	14	1	29	乙丑	4	13	2	29	乙未	5	14	3	30	丙寅	6	14	5	2	丁酉	7	15	6	3	戊辰
	2	14	12	29	丙申	3	15	1	30	丙寅	4	14	2	30	丙申	5	15	4	1	丁卯	6	15	5	3	戊戌	7	16	6	4	己巳
	2	15	1	1	丁酉	3	16	2	1	丁卯	4	15	3	1	丁酉	5	16	4	2	戊辰	6	16	5	4	己亥	7	17	6	5	庚午
	2	16	1	2	戊戌	3	17	2	2	戊辰	4	16	3	2	戊戌	5	17	4	3	己巳	6	17	5	5	庚子	7	18	6	6	辛未
	2	17	1	3	己亥	3	18	2	3	己巳	4	17	3	3	己亥	5	18	4	4	庚午	6	18	5	6	辛丑	7	19	6	7	壬申
	2	18	1	4	庚子	3	19	2	4	庚午	4	18	3	4	庚子	5	19	4	5	辛未	6	19	5	7	壬寅	7	20	6	8	癸酉
	2	19	1	5	辛丑	3	20	2	5	辛未	4	19	3	5	辛丑	5	20	4	6	壬申	6	20	5	8	癸卯	7	21	6	9	甲戌
	2	20	1	6	壬寅	3	21	2	6	壬申	4	20	3	6	壬寅	5	21	4	7	癸酉	6	21	5	9	甲辰	7	22	6	10	乙亥
	2	21	1	7	癸卯	3	22	2	7	癸酉	4	21	3	7	癸卯	5	22	4	8	甲戌	6	22	5	10	乙巳	7	23	6	11	丙子
	2	22	1	8	甲辰	3	23	2	8	甲戌	4	22	3	8	甲辰	5	23	4	9	乙亥	6	23	5	11	丙午	7	24	6	12	丁丑
	2	23	1	9	乙巳	3	24	2	9	乙亥	4	23	3	9	乙巳	5	24	4	10	丙子	6	24	5	12	丁未	7	25	6	13	戊寅
	2	24	1	10	丙午	3	25	2	10	丙子	4	24	3	10	丙午	5	25	4	11	丁丑	6	25	5	13	戊申	7	26	6	14	己卯
	2	25	1	11	丁未	3	26	2	11	丁丑	4	25	3	11	丁未	5	26	4	12	戊寅	6	26	5	14	己酉	7	27	6	15	庚辰
	2	26	1	12	戊申	3	27	2	12	戊寅	4	26	3	12	戊申	5	27	4	13	己卯	6	27	5	15	庚戌	7	28	6	16	辛巳
	2	27	1	13	己酉	3	28	2	13	己卯	4	27	3	13	己酉	5	28	4	14	庚辰	6	28	5	16	辛亥	7	29	6	17	壬午
	2	28	1	14	庚戌	3	29	2	14	庚辰	4	28	3	14	庚戌	5	29	4	15	辛巳	6	29	5	17	壬子	7	30	6	18	癸未
	2	29	1	15	辛亥	3	30	2	15	辛巳	4	29	3	15	辛亥	5	30	4	16	壬午	6	30	5	18	癸丑	7	31	6	19	甲申
	3	1	1	16	壬子	3	31	2	16	壬午	4	30	3	16	壬子	5	31	4	17	癸未	7	1	5	19	甲寅	8	1	6	20	乙酉
	3	2	1	17	癸丑	4	1	2	17	癸未	5	1	3	17	癸丑	6	1	4	18	甲申	7	2	5	20	乙卯	8	2	6	21	丙戌
	3	3	1	18	甲寅	4	2	2	18	甲申	5	2	3	18	甲寅	6	2	4	19	乙酉	7	3	5	21	丙辰	8	3	6	22	丁亥
	3	4	1	19	乙卯	4	3	2	19	乙酉	5	3	3	19	乙卯	6	3	4	20	丙戌	7	4	5	22	丁巳	8	4	6	23	戊子
											5	4	3	20	丙辰	6	4	4	21	丁亥	7	5	5	23	戊午	8	5	6	24	己丑
																										8	6	6	25	庚寅
中氣	雨水					春分					穀雨					小滿					夏至					大暑				
	2/19 6時29分 卯時					3/20 5時10分 卯時					4/19 15時51分 申時					5/20 14時41分 未時					6/20 22時27分 亥時					7/22 9時21分 巳時				

丙子																														年
丙申					丁酉					戊戌					己亥					庚子					辛丑					月
立秋					白露					寒露					立冬					大雪					小寒					節
8/7 1時55分 丑時					9/7 5時6分 卯時					10/7 21時8分 亥時					11/7 0時42分 子時					12/6 17時50分 酉時					1/5 5時9分 卯時					氣
國曆		農曆		干支	國曆		農曆		干支	國曆		農曆		干支	國曆		農曆		干支	國曆		農曆		干支	國曆		農曆		干支	日
8	7	6	26	辛卯	9	7	7	28	壬戌	10	7	8	28	壬辰	11	7	10	1	癸亥	12	6	10	30	壬辰	1	5	12	1	壬戌	中華民國一百四十五、一百四十六年 鼠 2056、2057
8	8	6	27	壬辰	9	8	7	29	癸亥	10	8	8	29	癸巳	11	8	10	2	甲子	12	7	11	1	癸巳	1	6	12	2	癸亥	
8	9	6	28	癸巳	9	9	7	30	甲子	10	9	9	1	甲午	11	9	10	3	乙丑	12	8	11	2	甲午	1	7	12	3	甲子	
8	10	6	29	甲午	9	10	8	1	乙丑	10	10	9	2	乙未	11	10	10	4	丙寅	12	9	11	3	乙未	1	8	12	4	乙丑	
8	11	7	1	乙未	9	11	8	2	丙寅	10	11	9	3	丙申	11	11	10	5	丁卯	12	10	11	4	丙申	1	9	12	5	丙寅	
8	12	7	2	丙申	9	12	8	3	丁卯	10	12	9	4	丁酉	11	12	10	6	戊辰	12	11	11	5	丁酉	1	10	12	6	丁卯	
8	13	7	3	丁酉	9	13	8	4	戊辰	10	13	9	5	戊戌	11	13	10	7	己巳	12	12	11	6	戊戌	1	11	12	7	戊辰	
8	14	7	4	戊戌	9	14	8	5	己巳	10	14	9	6	己亥	11	14	10	8	庚午	12	13	11	7	己亥	1	12	12	8	己巳	
8	15	7	5	己亥	9	15	8	6	庚午	10	15	9	7	庚子	11	15	10	9	辛未	12	14	11	8	庚子	1	13	12	9	庚午	
8	16	7	6	庚子	9	16	8	7	辛未	10	16	9	8	辛丑	11	16	10	10	壬申	12	15	11	9	辛丑	1	14	12	10	辛未	
8	17	7	7	辛丑	9	17	8	8	壬申	10	17	9	9	壬寅	11	17	10	11	癸酉	12	16	11	10	壬寅	1	15	12	11	壬申	
8	18	7	8	壬寅	9	18	8	9	癸酉	10	18	9	10	癸卯	11	18	10	12	甲戌	12	17	11	11	癸卯	1	16	12	12	癸酉	
8	19	7	9	癸卯	9	19	8	10	甲戌	10	19	9	11	甲辰	11	19	10	13	乙亥	12	18	11	12	甲辰	1	17	12	13	甲戌	
8	20	7	10	甲辰	9	20	8	11	乙亥	10	20	9	12	乙巳	11	20	10	14	丙子	12	19	11	13	乙巳	1	18	12	14	乙亥	
8	21	7	11	乙巳	9	21	8	12	丙子	10	21	9	13	丙午	11	21	10	15	丁丑	12	20	11	14	丙午	1	19	12	15	丙子	
8	22	7	12	丙午	9	22	8	13	丁丑	10	22	9	14	丁未	11	22	10	16	戊寅	12	21	11	15	丁未	1	20	12	16	丁丑	
8	23	7	13	丁未	9	23	8	14	戊寅	10	23	9	15	戊申	11	23	10	17	己卯	12	22	11	16	戊申	1	21	12	17	戊寅	
8	24	7	14	戊申	9	24	8	15	己卯	10	24	9	16	己酉	11	24	10	18	庚辰	12	23	11	17	己酉	1	22	12	18	己卯	
8	25	7	15	己酉	9	25	8	16	庚辰	10	25	9	17	庚戌	11	25	10	19	辛巳	12	24	11	18	庚戌	1	23	12	19	庚辰	
8	26	7	16	庚戌	9	26	8	17	辛巳	10	26	9	18	辛亥	11	26	10	20	壬午	12	25	11	19	辛亥	1	24	12	20	辛巳	
8	27	7	17	辛亥	9	27	8	18	壬午	10	27	9	19	壬子	11	27	10	21	癸未	12	26	11	20	壬子	1	25	12	21	壬午	
8	28	7	18	壬子	9	28	8	19	癸未	10	28	9	20	癸丑	11	28	10	22	甲申	12	27	11	21	癸丑	1	26	12	22	癸未	
8	29	7	19	癸丑	9	29	8	20	甲申	10	29	9	21	甲寅	11	29	10	23	乙酉	12	28	11	22	甲寅	1	27	12	23	甲申	
8	30	7	20	甲寅	9	30	8	21	乙酉	10	30	9	22	乙卯	11	30	10	24	丙戌	12	29	11	23	乙卯	1	28	12	24	乙酉	
8	31	7	21	乙卯	10	1	8	22	丙戌	10	31	9	23	丙辰	12	1	10	25	丁亥	12	30	11	24	丙辰	1	29	12	25	丙戌	
9	1	7	22	丙辰	10	2	8	23	丁亥	11	1	9	24	丁巳	12	2	10	26	戊子	12	31	11	25	丁巳	1	30	12	26	丁亥	
9	2	7	23	丁巳	10	3	8	24	戊子	11	2	9	25	戊午	12	3	10	27	己丑	1	1	11	26	戊午	1	31	12	27	戊子	
9	3	7	24	戊午	10	4	8	25	己丑	11	3	9	26	己未	12	4	10	28	庚寅	1	2	11	27	己未	2	1	12	28	己丑	
9	4	7	25	己未	10	5	8	26	庚寅	11	4	9	27	庚申	12	5	10	29	辛卯	1	3	11	28	庚申	2	2	12	29	庚寅	
9	5	7	26	庚申	10	6	8	27	辛卯	11	5	9	28	辛酉						1	4	11	29	辛酉						
9	6	7	27	辛酉						11	6	9	29	壬戌																
處暑					秋分					霜降					小雪					冬至					大寒					中
8/22 16時38分 申時					9/22 14時38分 未時					10/23 0時24分 子時					11/21 22時19分 亥時					12/21 11時50分 午時					1/19 22時29分 亥時					氣

年	丁丑																													
月	壬寅					癸卯					甲辰					乙巳					丙午					丁未				
節氣	立春					驚蟄					清明					立夏					芒種					小暑				
	2/3 16時41分 申時					3/5 10時26分 巳時					4/4 14時51分 未時					5/5 7時45分 辰時					6/5 11時35分 午時					7/6 21時41分 亥時				
日	國曆		農曆		干支	國曆		農曆		干支	國曆		農曆		干支	國曆		農曆		干支	國曆		農曆		干支	國曆		農曆		干支
中華民國一百四十六年 牛 2057	2	3	12	30	辛卯	3	5	2	1	辛酉	4	4	3	1	辛卯	5	5	4	2	壬戌	6	5	5	4	癸巳	7	6	6	5	甲子
	2	4	1	1	壬辰	3	6	2	2	壬戌	4	5	3	2	壬辰	5	6	4	3	癸亥	6	6	5	5	甲午	7	7	6	6	乙丑
	2	5	1	2	癸巳	3	7	2	3	癸亥	4	6	3	3	癸巳	5	7	4	4	甲子	6	7	5	6	乙未	7	8	6	7	丙寅
	2	6	1	3	甲午	3	8	2	4	甲子	4	7	3	4	甲午	5	8	4	5	乙丑	6	8	5	7	丙申	7	9	6	8	丁卯
	2	7	1	4	乙未	3	9	2	5	乙丑	4	8	3	5	乙未	5	9	4	6	丙寅	6	9	5	8	丁酉	7	10	6	9	戊辰
	2	8	1	5	丙申	3	10	2	6	丙寅	4	9	3	6	丙申	5	10	4	7	丁卯	6	10	5	9	戊戌	7	11	6	10	己巳
	2	9	1	6	丁酉	3	11	2	7	丁卯	4	10	3	7	丁酉	5	11	4	8	戊辰	6	11	5	10	己亥	7	12	6	11	庚午
	2	10	1	7	戊戌	3	12	2	8	戊辰	4	11	3	8	戊戌	5	12	4	9	己巳	6	12	5	11	庚子	7	13	6	12	辛未
	2	11	1	8	己亥	3	13	2	9	己巳	4	12	3	9	己亥	5	13	4	10	庚午	6	13	5	12	辛丑	7	14	6	13	壬申
	2	12	1	9	庚子	3	14	2	10	庚午	4	13	3	10	庚子	5	14	4	11	辛未	6	14	5	13	壬寅	7	15	6	14	癸酉
	2	13	1	10	辛丑	3	15	2	11	辛未	4	14	3	11	辛丑	5	15	4	12	壬申	6	15	5	14	癸卯	7	16	6	15	甲戌
	2	14	1	11	壬寅	3	16	2	12	壬申	4	15	3	12	壬寅	5	16	4	13	癸酉	6	16	5	15	甲辰	7	17	6	16	乙亥
	2	15	1	12	癸卯	3	17	2	13	癸酉	4	16	3	13	癸卯	5	17	4	14	甲戌	6	17	5	16	乙巳	7	18	6	17	丙子
	2	16	1	13	甲辰	3	18	2	14	甲戌	4	17	3	14	甲辰	5	18	4	15	乙亥	6	18	5	17	丙午	7	19	6	18	丁丑
	2	17	1	14	乙巳	3	19	2	15	乙亥	4	18	3	15	乙巳	5	19	4	16	丙子	6	19	5	18	丁未	7	20	6	19	戊寅
	2	18	1	15	丙午	3	20	2	16	丙子	4	19	3	16	丙午	5	20	4	17	丁丑	6	20	5	19	戊申	7	21	6	20	己卯
	2	19	1	16	丁未	3	21	2	17	丁丑	4	20	3	17	丁未	5	21	4	18	戊寅	6	21	5	20	己酉	7	22	6	21	庚辰
	2	20	1	17	戊申	3	22	2	18	戊寅	4	21	3	18	戊申	5	22	4	19	己卯	6	22	5	21	庚戌	7	23	6	22	辛巳
	2	21	1	18	己酉	3	23	2	19	己卯	4	22	3	19	己酉	5	23	4	20	庚辰	6	23	5	22	辛亥	7	24	6	23	壬午
	2	22	1	19	庚戌	3	24	2	20	庚辰	4	23	3	20	庚戌	5	24	4	21	辛巳	6	24	5	23	壬子	7	25	6	24	癸未
	2	23	1	20	辛亥	3	25	2	21	辛巳	4	24	3	21	辛亥	5	25	4	22	壬午	6	25	5	24	癸丑	7	26	6	25	甲申
	2	24	1	21	壬子	3	26	2	22	壬午	4	25	3	22	壬子	5	26	4	23	癸未	6	26	5	25	甲寅	7	27	6	26	乙酉
	2	25	1	22	癸丑	3	27	2	23	癸未	4	26	3	23	癸丑	5	27	4	24	甲申	6	27	5	26	乙卯	7	28	6	27	丙戌
	2	26	1	23	甲寅	3	28	2	24	甲申	4	27	3	24	甲寅	5	28	4	25	乙酉	6	28	5	27	丙辰	7	29	6	28	丁亥
	2	27	1	24	乙卯	3	29	2	25	乙酉	4	28	3	25	乙卯	5	29	4	26	丙戌	6	29	5	28	丁巳	7	30	6	29	戊子
	2	28	1	25	丙辰	3	30	2	26	丙戌	4	29	3	26	丙辰	5	30	4	27	丁亥	6	30	5	29	戊午	7	31	7	1	己丑
	3	1	1	26	丁巳	3	31	2	27	丁亥	4	30	3	27	丁巳	5	31	4	28	戊子	7	1	5	30	己未	8	1	7	2	庚寅
	3	2	1	27	戊午	4	1	2	28	戊子	5	1	3	28	戊午	6	1	4	29	己丑	7	2	6	1	庚申	8	2	7	3	辛卯
	3	3	1	28	己未	4	2	2	29	己丑	5	2	3	29	己未	6	2	5	1	庚寅	7	3	6	2	辛酉	8	3	7	4	壬辰
	3	4	1	29	庚申	4	3	2	30	庚寅	5	3	3	30	庚申	6	3	5	2	辛卯	7	4	6	3	壬戌	8	4	7	5	癸巳
											5	4	4	1	辛酉	6	4	5	3	壬辰	7	5	6	4	癸亥	8	5	7	6	甲午
																										8	6	7	7	乙未
中氣	雨水					春分					穀雨					小滿					夏至					大暑				
	2/18 12時26分 午時					3/20 11時7分 午時					4/19 21時46分 亥時					5/20 20時34分 戌時					6/21 4時18分 寅時					7/22 15時9分 申時				

丁丑																														年
戊申					己酉					庚戌					辛亥					壬子					癸丑					月
立秋					白露					寒露					立冬					大雪					小寒					節氣
8/7 7時33分 辰時					9/7 10時43分 巳時					10/8 2時45分 丑時					11/7 6時21分 卯時					12/6 23時33分 子時					1/5 10時57分 巳時					
國曆		農曆		干支	國曆		農曆		干支	國曆		農曆		干支	國曆		農曆		干支	國曆		農曆		干支	國曆		農曆		干支	日
8	7	7	8	丙申	9	7	8	9	丁卯	10	8	9	10	戊戌	11	7	10	11	戊辰	12	6	11	11	丁酉	1	5	12	11	丁卯	中華民國一百四十六、一百四十七年 牛
8	8	7	9	丁酉	9	8	8	10	戊辰	10	9	9	11	己亥	11	8	10	12	己巳	12	7	11	12	戊戌	1	6	12	12	戊辰	
8	9	7	10	戊戌	9	9	8	11	己巳	10	10	9	12	庚子	11	9	10	13	庚午	12	8	11	13	己亥	1	7	12	13	己巳	
8	10	7	11	己亥	9	10	8	12	庚午	10	11	9	13	辛丑	11	10	10	14	辛未	12	9	11	14	庚子	1	8	12	14	庚午	
8	11	7	12	庚子	9	11	8	13	辛未	10	12	9	14	壬寅	11	11	10	15	壬申	12	10	11	15	辛丑	1	9	12	15	辛未	
8	12	7	13	辛丑	9	12	8	14	壬申	10	13	9	15	癸卯	11	12	10	16	癸酉	12	11	11	16	壬寅	1	10	12	16	壬申	
8	13	7	14	壬寅	9	13	8	15	癸酉	10	14	9	16	甲辰	11	13	10	17	甲戌	12	12	11	17	癸卯	1	11	12	17	癸酉	
8	14	7	15	癸卯	9	14	8	16	甲戌	10	15	9	17	乙巳	11	14	10	18	乙亥	12	13	11	18	甲辰	1	12	12	18	甲戌	
8	15	7	16	甲辰	9	15	8	17	乙亥	10	16	9	18	丙午	11	15	10	19	丙子	12	14	11	19	乙巳	1	13	12	19	乙亥	
8	16	7	17	乙巳	9	16	8	18	丙子	10	17	9	19	丁未	11	16	10	20	丁丑	12	15	11	20	丙午	1	14	12	20	丙子	
8	17	7	18	丙午	9	17	8	19	丁丑	10	18	9	20	戊申	11	17	10	21	戊寅	12	16	11	21	丁未	1	15	12	21	丁丑	
8	18	7	19	丁未	9	18	8	20	戊寅	10	19	9	21	己酉	11	18	10	22	己卯	12	17	11	22	戊申	1	16	12	22	戊寅	
8	19	7	20	戊申	9	19	8	21	己卯	10	20	9	22	庚戌	11	19	10	23	庚辰	12	18	11	23	己酉	1	17	12	23	己卯	
8	20	7	21	己酉	9	20	8	22	庚辰	10	21	9	23	辛亥	11	20	10	24	辛巳	12	19	11	24	庚戌	1	18	12	24	庚辰	
8	21	7	22	庚戌	9	21	8	23	辛巳	10	22	9	24	壬子	11	21	10	25	壬午	12	20	11	25	辛亥	1	19	12	25	辛巳	
8	22	7	23	辛亥	9	22	8	24	壬午	10	23	9	25	癸丑	11	22	10	26	癸未	12	21	11	26	壬子	1	20	12	26	壬午	
8	23	7	24	壬子	9	23	8	25	癸未	10	24	9	26	甲寅	11	23	10	27	甲申	12	22	11	27	癸丑	1	21	12	27	癸未	
8	24	7	25	癸丑	9	24	8	26	甲申	10	25	9	27	乙卯	11	24	10	28	乙酉	12	23	11	28	甲寅	1	22	12	28	甲申	
8	25	7	26	甲寅	9	25	8	27	乙酉	10	26	9	28	丙辰	11	25	10	29	丙戌	12	24	11	29	乙卯	1	23	12	29	乙酉	
8	26	7	27	乙卯	9	26	8	28	丙戌	10	27	9	29	丁巳	11	26	11	1	丁亥	12	25	11	30	丙辰	1	24	1	1	丙戌	
8	27	7	28	丙辰	9	27	8	29	丁亥	10	28	10	1	戊午	11	27	11	2	戊子	12	26	12	1	丁巳	1	25	1	2	丁亥	2057、2058
8	28	7	29	丁巳	9	28	8	30	戊子	10	29	10	2	己未	11	28	11	3	己丑	12	27	12	2	戊午	1	26	1	3	戊子	
8	29	7	30	戊午	9	29	9	1	己丑	10	30	10	3	庚申	11	29	11	4	庚寅	12	28	12	3	己未	1	27	1	4	己丑	
8	30	8	1	己未	9	30	9	2	庚寅	10	31	10	4	辛酉	11	30	11	5	辛卯	12	29	12	4	庚申	1	28	1	5	庚寅	
8	31	8	2	庚申	10	1	9	3	辛卯	11	1	10	5	壬戌	12	1	11	6	壬辰	12	30	12	5	辛酉	1	29	1	6	辛卯	
[illegible]	1	8	3	辛酉	10	2	9	4	壬辰	11	2	10	6	癸亥	12	2	11	7	癸巳	12	31	12	6	壬戌	1	30	1	7	壬辰	
[illegible]	2	8	4	壬戌	10	3	9	5	癸巳	11	3	10	7	甲子	12	3	11	8	甲午	1	1	12	7	癸亥	1	31	1	8	癸巳	
[illegible]	3	8	5	癸亥	10	4	9	6	甲午	11	4	10	8	乙丑	12	4	11	9	乙未	1	2	12	8	甲子	2	1	1	9	甲午	
[illegible]	4	8	6	甲子	10	5	9	7	乙未	11	5	10	9	丙寅	12	5	11	10	丙申	1	3	12	9	乙丑	2	2	1	10	乙未	
[illegible]	5	8	7	乙丑	10	6	9	8	丙申	11	6	10	10	丁卯						1	4	12	10	丙寅						
[illegible]	6	8	8	丙寅	10	7	9	9	丁酉																					
處暑					秋分					霜降					小雪					冬至					大寒					中氣
22 22時24分 亥時					9/22 20時22分 戌時					10/23 6時8分 卯時					11/22 4時5分 寅時					12/21 17時41分 酉時					1/20 4時25分 寅時					

年	戊寅																													
月	甲寅					乙卯					丙辰					丁巳					戊午					己未				
節氣	立春					驚蟄					清明					立夏					芒種					小暑				
	2/3 22時33分 亥時					3/5 16時18分 申時					4/4 20時43分 戌時					5/5 13時35分 未時					6/5 17時23分 酉時					7/7 3時30分 寅時				
日	國曆		農曆		干支	國曆		農曆		干支	國曆		農曆		干支	國曆		農曆		干支	國曆		農曆		干支	國曆		農曆		干支
中華民國一百四十七年 虎 2058	2	3	1	11	丙申	3	5	2	11	丙寅	4	4	3	12	丙申	5	5	4	13	丁卯	6	5	4	15	戊戌	7	7	5	17	庚午
	2	4	1	12	丁酉	3	6	2	12	丁卯	4	5	3	13	丁酉	5	6	4	14	戊辰	6	6	4	16	己亥	7	8	5	18	辛未
	2	5	1	13	戊戌	3	7	2	13	戊辰	4	6	3	14	戊戌	5	7	4	15	己巳	6	7	4	17	庚子	7	9	5	19	壬申
	2	6	1	14	己亥	3	8	2	14	己巳	4	7	3	15	己亥	5	8	4	16	庚午	6	8	4	18	辛丑	7	10	5	20	癸酉
	2	7	1	15	庚子	3	9	2	15	庚午	4	8	3	16	庚子	5	9	4	17	辛未	6	9	4	19	壬寅	7	11	5	21	甲戌
	2	8	1	16	辛丑	3	10	2	16	辛未	4	9	3	17	辛丑	5	10	4	18	壬申	6	10	4	20	癸卯	7	12	5	22	乙亥
	2	9	1	17	壬寅	3	11	2	17	壬申	4	10	3	18	壬寅	5	11	4	19	癸酉	6	11	4	21	甲辰	7	13	5	23	丙子
	2	10	1	18	癸卯	3	12	2	18	癸酉	4	11	3	19	癸卯	5	12	4	20	甲戌	6	12	4	22	乙巳	7	14	5	24	丁丑
	2	11	1	19	甲辰	3	13	2	19	甲戌	4	12	3	20	甲辰	5	13	4	21	乙亥	6	13	4	23	丙午	7	15	5	25	戊寅
	2	12	1	20	乙巳	3	14	2	20	乙亥	4	13	3	21	乙巳	5	14	4	22	丙子	6	14	4	24	丁未	7	16	5	26	己卯
	2	13	1	21	丙午	3	15	2	21	丙子	4	14	3	22	丙午	5	15	4	23	丁丑	6	15	4	25	戊申	7	17	5	27	庚辰
	2	14	1	22	丁未	3	16	2	22	丁丑	4	15	3	23	丁未	5	16	4	24	戊寅	6	16	4	26	己酉	7	18	5	28	辛巳
	2	15	1	23	戊申	3	17	2	23	戊寅	4	16	3	24	戊申	5	17	4	25	己卯	6	17	4	27	庚戌	7	19	5	29	壬午
	2	16	1	24	己酉	3	18	2	24	己卯	4	17	3	25	己酉	5	18	4	26	庚辰	6	18	4	28	辛亥	7	20	6	1	癸未
	2	17	1	25	庚戌	3	19	2	25	庚辰	4	18	3	26	庚戌	5	19	4	27	辛巳	6	19	4	29	壬子	7	21	6	2	甲申
	2	18	1	26	辛亥	3	20	2	26	辛巳	4	19	3	27	辛亥	5	20	4	28	壬午	6	20	4	30	癸丑	7	22	6	3	乙酉
	2	19	1	27	壬子	3	21	2	27	壬午	4	20	3	28	壬子	5	21	4	29	癸未	6	21	5	1	甲寅	7	23	6	4	丙戌
	2	20	1	28	癸丑	3	22	2	28	癸未	4	21	3	29	癸丑	5	22	閏4	1	甲申	6	22	5	2	乙卯	7	24	6	5	丁亥
	2	21	1	29	甲寅	3	23	2	29	甲申	4	22	3	30	甲寅	5	23	4	2	乙酉	6	23	5	3	丙辰	7	25	6	6	戊子
	2	22	1	30	乙卯	3	24	3	1	乙酉	4	23	4	1	乙卯	5	24	4	3	丙戌	6	24	5	4	丁巳	7	26	6	7	己丑
	2	23	2	1	丙辰	3	25	3	2	丙戌	4	24	4	2	丙辰	5	25	4	4	丁亥	6	25	5	5	戊午	7	27	6	8	庚寅
	2	24	2	2	丁巳	3	26	3	3	丁亥	4	25	4	3	丁巳	5	26	4	5	戊子	6	26	5	6	己未	7	28	6	9	辛卯
	2	25	2	3	戊午	3	27	3	4	戊子	4	26	4	4	戊午	5	27	4	6	己丑	6	27	5	7	庚申	7	29	6	10	壬辰
	2	26	2	4	己未	3	28	3	5	己丑	4	27	4	5	己未	5	28	4	7	庚寅	6	28	5	8	辛酉	7	30	6	11	癸巳
	2	27	2	5	庚申	3	29	3	6	庚寅	4	28	4	6	庚申	5	29	4	8	辛卯	6	29	5	9	壬戌	7	31	6	12	甲午
	2	28	2	6	辛酉	3	30	3	7	辛卯	4	29	4	7	辛酉	5	30	4	9	壬辰	6	30	5	10	癸亥	8	1	6	13	乙未
	3	1	2	7	壬戌	3	31	3	8	壬辰	4	30	4	8	壬戌	5	31	4	10	癸巳	7	1	5	11	甲子	8	2	6	14	丙申
	3	2	2	8	癸亥	4	1	3	9	癸巳	5	1	4	9	癸亥	6	1	4	11	甲午	7	2	5	12	乙丑	8	3	6	15	丁酉
	3	3	2	9	甲子	4	2	3	10	甲午	5	2	4	10	甲子	6	2	4	12	乙未	7	3	5	13	丙寅	8	4	6	16	戊戌
	3	4	2	10	乙丑	4	3	3	11	乙未	5	3	4	11	乙丑	6	3	4	13	丙申	7	4	5	14	丁卯	8	5	6	17	己亥
											5	4	4	12	丙寅	6	4	4	14	丁酉	7	5	5	15	戊辰	8	6	6	18	庚子
																					7	6	5	16	己巳					
中氣	雨水					春分					穀雨					小滿					夏至					大暑				
	2/18 18時24分 酉時					3/20 17時4分 酉時					4/20 3時40分 寅時					5/21 2時23分 丑時					6/21 10時3分 巳時					7/22 20時52分 戌				

戊寅																														年
庚申					辛酉					壬戌					癸亥					甲子					乙丑					月
立秋					白露					寒露					立冬					大雪					小寒					節氣
8/7 13時24分 未時					9/7 16時37分 申時					10/8 8時40分 辰時					11/7 12時16分 午時					12/7 5時26分 卯時					1/5 16時48分 申時					
國曆		農曆		干支	國曆		農曆		干支	國曆		農曆		干支	國曆		農曆		干支	國曆		農曆		干支	國曆		農曆		干支	日
8	7	6	19	辛丑	9	7	7	20	壬申	10	8	8	21	癸卯	11	7	9	22	癸酉	12	7	10	22	癸卯	1	5	11	21	壬申	中華民國一百四十七、一百四十八年 虎 2058、2059
8	8	6	20	壬寅	9	8	7	21	癸酉	10	9	8	22	甲辰	11	8	9	23	甲戌	12	8	10	23	甲辰	1	6	11	22	癸酉	
8	9	6	21	癸卯	9	9	7	22	甲戌	10	10	8	23	乙巳	11	9	9	24	乙亥	12	9	10	24	乙巳	1	7	11	23	甲戌	
8	10	6	22	甲辰	9	10	7	23	乙亥	10	11	8	24	丙午	11	10	9	25	丙子	12	10	10	25	丙午	1	8	11	24	乙亥	
8	11	6	23	乙巳	9	11	7	24	丙子	10	12	8	25	丁未	11	11	9	26	丁丑	12	11	10	26	丁未	1	9	11	25	丙子	
8	12	6	24	丙午	9	12	7	25	丁丑	10	13	8	26	戊申	11	12	9	27	戊寅	12	12	10	27	戊申	1	10	11	26	丁丑	
8	13	6	25	丁未	9	13	7	26	戊寅	10	14	8	27	己酉	11	13	9	28	己卯	12	13	10	28	己酉	1	11	11	27	戊寅	
8	14	6	26	戊申	9	14	7	27	己卯	10	15	8	28	庚戌	11	14	9	29	庚辰	12	14	10	29	庚戌	1	12	11	28	己卯	
8	15	6	27	己酉	9	15	7	28	庚辰	10	16	8	29	辛亥	11	15	9	30	辛巳	12	15	10	30	辛亥	1	13	11	29	庚辰	
8	16	6	28	庚戌	9	16	7	29	辛巳	10	17	9	1	壬子	11	16	10	1	壬午	12	16	11	1	壬子	1	14	12	1	辛巳	
8	17	6	29	辛亥	9	17	7	30	壬午	10	18	9	2	癸丑	11	17	10	2	癸未	12	17	11	2	癸丑	1	15	12	2	壬午	
8	18	6	30	壬子	9	18	8	1	癸未	10	19	9	3	甲寅	11	18	10	3	甲申	12	18	11	3	甲寅	1	16	12	3	癸未	
8	19	7	1	癸丑	9	19	8	2	甲申	10	20	9	4	乙卯	11	19	10	4	乙酉	12	19	11	4	乙卯	1	17	12	4	甲申	
8	20	7	2	甲寅	9	20	8	3	乙酉	10	21	9	5	丙辰	11	20	10	5	丙戌	12	20	11	5	丙辰	1	18	12	5	乙酉	
8	21	7	3	乙卯	9	21	8	4	丙戌	10	22	9	6	丁巳	11	21	10	6	丁亥	12	21	11	6	丁巳	1	19	12	6	丙戌	
8	22	7	4	丙辰	9	22	8	5	丁亥	10	23	9	7	戊午	11	22	10	7	戊子	12	22	11	7	戊午	1	20	12	7	丁亥	
8	23	7	5	丁巳	9	23	8	6	戊子	10	24	9	8	己未	11	23	10	8	己丑	12	23	11	8	己未	1	21	12	8	戊子	
8	24	7	6	戊午	9	24	8	7	己丑	10	25	9	9	庚申	11	24	10	9	庚寅	12	24	11	9	庚申	1	22	12	9	己丑	
8	25	7	7	己未	9	25	8	8	庚寅	10	26	9	10	辛酉	11	25	10	10	辛卯	12	25	11	10	辛酉	1	23	12	10	庚寅	
8	26	7	8	庚申	9	26	8	9	辛卯	10	27	9	11	壬戌	11	26	10	11	壬辰	12	26	11	11	壬戌	1	24	12	11	辛卯	
8	27	7	9	辛酉	9	27	8	10	壬辰	10	28	9	12	癸亥	11	27	10	12	癸巳	12	27	11	12	癸亥	1	25	12	12	壬辰	
8	28	7	10	壬戌	9	28	8	11	癸巳	10	29	9	13	甲子	11	28	10	13	甲午	12	28	11	13	甲子	1	26	12	13	癸巳	
8	29	7	11	癸亥	9	29	8	12	甲午	10	30	9	14	乙丑	11	29	10	14	乙未	12	29	11	14	乙丑	1	27	12	14	甲午	
8	30	7	12	甲子	9	30	8	13	乙未	10	31	9	15	丙寅	11	30	10	15	丙申	12	30	11	15	丙寅	1	28	12	15	乙未	
8	31	7	13	乙丑	10	1	8	14	丙申	11	1	9	16	丁卯	12	1	10	16	丁酉	12	31	11	16	丁卯	1	29	12	16	丙申	
9	1	7	14	丙寅	10	2	8	15	丁酉	11	2	9	17	戊辰	12	2	10	17	戊戌	1	1	11	17	戊辰	1	30	12	17	丁酉	
9	2	7	15	丁卯	10	3	8	16	戊戌	11	3	9	18	己巳	12	3	10	18	己亥	1	2	11	18	己巳	1	31	12	18	戊戌	
9	3	7	16	戊辰	10	4	8	17	己亥	11	4	9	19	庚午	12	4	10	19	庚子	1	3	11	19	庚午	2	1	12	19	己亥	
9	4	7	17	己巳	10	5	8	18	庚子	11	5	9	20	辛未	12	5	10	20	辛丑	1	4	11	20	辛未	2	2	12	20	庚子	
9	5	7	18	庚午	10	6	8	19	辛丑	11	6	9	21	壬申	12	6	10	21	壬寅						2	3	12	21	辛丑	
9	6	7	19	辛未	10	7	8	20	壬寅																					
處暑					秋分					霜降					小雪					冬至					大寒					中氣
8/23 4時7分 寅時					9/23 2時7分 丑時					10/23 11時53分 午時					11/22 9時49分 巳時					12/21 23時24分 子時					1/20 10時5分 巳時					

年	己卯																													
月	丙寅					丁卯					戊辰					己巳					庚午					辛未				
節氣	立春 2/4 4時23分 寅時					驚蟄 3/5 22時7分 亥時					清明 4/5 2時31分 丑時					立夏 5/5 19時23分 戌時					芒種 6/5 23時11分 子時					小暑 7/7 9時17分 巳時				
日	國曆		農曆		干支	國曆		農曆		干支	國曆		農曆		干支	國曆		農曆		干支	國曆		農曆		干支	國曆		農曆		干支
中華民國一百四十八年 兔 2059	2	4	12	22	壬寅	3	5	1	22	辛未	4	5	2	23	壬寅	5	5	3	24	壬申	6	5	4	25	癸卯	7	7	5	28	乙亥
	2	5	12	23	癸卯	3	6	1	23	壬申	4	6	2	24	癸卯	5	6	3	25	癸酉	6	6	4	26	甲辰	7	8	5	29	丙子
	2	6	12	24	甲辰	3	7	1	24	癸酉	4	7	2	25	甲辰	5	7	3	26	甲戌	6	7	4	27	乙巳	7	9	5	30	丁丑
	2	7	12	25	乙巳	3	8	1	25	甲戌	4	8	2	26	乙巳	5	8	3	27	乙亥	6	8	4	28	丙午	7	10	6	1	戊寅
	2	8	12	26	丙午	3	9	1	26	乙亥	4	9	2	27	丙午	5	9	3	28	丙子	6	9	4	29	丁未	7	11	6	2	己卯
	2	9	12	27	丁未	3	10	1	27	丙子	4	10	2	28	丁未	5	10	3	29	丁丑	6	10	5	1	戊申	7	12	6	3	庚辰
	2	10	12	28	戊申	3	11	1	28	丁丑	4	11	2	29	戊申	5	11	3	30	戊寅	6	11	5	2	己酉	7	13	6	4	辛巳
	2	11	12	29	己酉	3	12	1	29	戊寅	4	12	3	1	己酉	5	12	4	1	己卯	6	12	5	3	庚戌	7	14	6	5	壬午
	2	12	1	1	庚戌	3	13	1	30	己卯	4	13	3	2	庚戌	5	13	4	2	庚辰	6	13	5	4	辛亥	7	15	6	6	癸未
	2	13	1	2	辛亥	3	14	2	1	庚辰	4	14	3	3	辛亥	5	14	4	3	辛巳	6	14	5	5	壬子	7	16	6	7	甲申
	2	14	1	3	壬子	3	15	2	2	辛巳	4	15	3	4	壬子	5	15	4	4	壬午	6	15	5	6	癸丑	7	17	6	8	乙酉
	2	15	1	4	癸丑	3	16	2	3	壬午	4	16	3	5	癸丑	5	16	4	5	癸未	6	16	5	7	甲寅	7	18	6	9	丙戌
	2	16	1	5	甲寅	3	17	2	4	癸未	4	17	3	6	甲寅	5	17	4	6	甲申	6	17	5	8	乙卯	7	19	6	10	丁亥
	2	17	1	6	乙卯	3	18	2	5	甲申	4	18	3	7	乙卯	5	18	4	7	乙酉	6	18	5	9	丙辰	7	20	6	11	戊子
	2	18	1	7	丙辰	3	19	2	6	乙酉	4	19	3	8	丙辰	5	19	4	8	丙戌	6	19	5	10	丁巳	7	21	6	12	己丑
	2	19	1	8	丁巳	3	20	2	7	丙戌	4	20	3	9	丁巳	5	20	4	9	丁亥	6	20	5	11	戊午	7	22	6	13	庚寅
	2	20	1	9	戊午	3	21	2	8	丁亥	4	21	3	10	戊午	5	21	4	10	戊子	6	21	5	12	己未	7	23	6	14	辛卯
	2	21	1	10	己未	3	22	2	9	戊子	4	22	3	11	己未	5	22	4	11	己丑	6	22	5	13	庚申	7	24	6	15	壬辰
	2	22	1	11	庚申	3	23	2	10	己丑	4	23	3	12	庚申	5	23	4	12	庚寅	6	23	5	14	辛酉	7	25	6	16	癸巳
	2	23	1	12	辛酉	3	24	2	11	庚寅	4	24	3	13	辛酉	5	24	4	13	辛卯	6	24	5	15	壬戌	7	26	6	17	甲午
	2	24	1	13	壬戌	3	25	2	12	辛卯	4	25	3	14	壬戌	5	25	4	14	壬辰	6	25	5	16	癸亥	7	27	6	18	乙未
	2	25	1	14	癸亥	3	26	2	13	壬辰	4	26	3	15	癸亥	5	26	4	15	癸巳	6	26	5	17	甲子	7	28	6	19	丙申
	2	26	1	15	甲子	3	27	2	14	癸巳	4	27	3	16	甲子	5	27	4	16	甲午	6	27	5	18	乙丑	7	29	6	20	丁酉
	2	27	1	16	乙丑	3	28	2	15	甲午	4	28	3	17	乙丑	5	28	4	17	乙未	6	28	5	19	丙寅	7	30	6	21	戊戌
	2	28	1	17	丙寅	3	29	2	16	乙未	4	29	3	18	丙寅	5	29	4	18	丙申	6	29	5	20	丁卯	7	31	6	22	己亥
	3	1	1	18	丁卯	3	30	2	17	丙申	4	30	3	19	丁卯	5	30	4	19	丁酉	6	30	5	21	戊辰	8	1	6	23	庚子
	3	2	1	19	戊辰	3	31	2	18	丁酉	5	1	3	20	戊辰	5	31	4	20	戊戌	7	1	5	22	己巳	8	2	6	24	辛丑
	3	3	1	20	己巳	4	1	2	19	戊戌	5	2	3	21	己巳	6	1	4	21	己亥	7	2	5	23	庚午	8	3	6	25	壬寅
	3	4	1	21	庚午	4	2	2	20	己亥	5	3	3	22	庚午	6	2	4	22	庚子	7	3	5	24	辛未	8	4	6	26	癸卯
						4	3	2	21	庚子	5	4	3	23	辛未	6	3	4	23	辛丑	7	4	5	25	壬申	8	5	6	27	甲辰
						4	4	2	22	辛丑						6	4	4	24	壬寅	7	5	5	26	癸酉	8	6	6	28	乙巳
																					7	6	5	27	甲戌					
中氣	雨水 2/19 0時4分 子時					春分 3/20 22時43分 亥時					穀雨 4/20 9時19分 巳時					小滿 5/21 8時3分 辰時					夏至 6/21 15時46分 申時					大暑 7/23 2時40分 丑時				

己卯																														年
壬申					癸酉					甲戌					乙亥					丙子					丁丑					月
立秋					白露					寒露					立冬					大雪					小寒					節氣
8/7 19時11分 戌時					9/7 22時25分 亥時					10/8 14時29分 未時					11/7 18時4分 酉時					12/7 11時12分 午時					1/5 22時32分 亥時					
國曆		農曆		干支	國曆		農曆		干支	國曆		農曆		干支	國曆		農曆		干支	國曆		農曆		干支	國曆		農曆		干支	日
8	7	6	29	丙午	9	7	8	1	丁丑	10	8	9	3	戊申	11	7	10	3	戊寅	12	7	11	3	戊申	1	5	12	2	丁丑	中華民國一百四十八、一百四十九年 兔 2059、2060
8	8	7	1	丁未	9	8	8	2	戊寅	10	9	9	4	己酉	11	8	10	4	己卯	12	8	11	4	己酉	1	6	12	3	戊寅	
8	9	7	2	戊申	9	9	8	3	己卯	10	10	9	5	庚戌	11	9	10	5	庚辰	12	9	11	5	庚戌	1	7	12	4	己卯	
8	10	7	3	己酉	9	10	8	4	庚辰	10	11	9	6	辛亥	11	10	10	6	辛巳	12	10	11	6	辛亥	1	8	12	5	庚辰	
8	11	7	4	庚戌	9	11	8	5	辛巳	10	12	9	7	壬子	11	11	10	7	壬午	12	11	11	7	壬子	1	9	12	6	辛巳	
8	12	7	5	辛亥	9	12	8	6	壬午	10	13	9	8	癸丑	11	12	10	8	癸未	12	12	11	8	癸丑	1	10	12	7	壬午	
8	13	7	6	壬子	9	13	8	7	癸未	10	14	9	9	甲寅	11	13	10	9	甲申	12	13	11	9	甲寅	1	11	12	8	癸未	
8	14	7	7	癸丑	9	14	8	8	甲申	10	15	9	10	乙卯	11	14	10	10	乙酉	12	14	11	10	乙卯	1	12	12	9	甲申	
8	15	7	8	甲寅	9	15	8	9	乙酉	10	16	9	11	丙辰	11	15	10	11	丙戌	12	15	11	11	丙辰	1	13	12	10	乙酉	
8	16	7	9	乙卯	9	16	8	10	丙戌	10	17	9	12	丁巳	11	16	10	12	丁亥	12	16	11	12	丁巳	1	14	12	11	丙戌	
8	17	7	10	丙辰	9	17	8	11	丁亥	10	18	9	13	戊午	11	17	10	13	戊子	12	17	11	13	戊午	1	15	12	12	丁亥	
8	18	7	11	丁巳	9	18	8	12	戊子	10	19	9	14	己未	11	18	10	14	己丑	12	18	11	14	己未	1	16	12	13	戊子	
8	19	7	12	戊午	9	19	8	13	己丑	10	20	9	15	庚申	11	19	10	15	庚寅	12	19	11	15	庚申	1	17	12	14	己丑	
8	20	7	13	己未	9	20	8	14	庚寅	10	21	9	16	辛酉	11	20	10	16	辛卯	12	20	11	16	辛酉	1	18	12	15	庚寅	
8	21	7	14	庚申	9	21	8	15	辛卯	10	22	9	17	壬戌	11	21	10	17	壬辰	12	21	11	17	壬戌	1	19	12	16	辛卯	
8	22	7	15	辛酉	9	22	8	16	壬辰	10	23	9	18	癸亥	11	22	10	18	癸巳	12	22	11	18	癸亥	1	20	12	17	壬辰	
8	23	7	16	壬戌	9	23	8	17	癸巳	10	24	9	19	甲子	11	23	10	19	甲午	12	23	11	19	甲子	1	21	12	18	癸巳	
8	24	7	17	癸亥	9	24	8	18	甲午	10	25	9	20	乙丑	11	24	10	20	乙未	12	24	11	20	乙丑	1	22	12	19	甲午	
8	25	7	18	甲子	9	25	8	19	乙未	10	26	9	21	丙寅	11	25	10	21	丙申	12	25	11	21	丙寅	1	23	12	20	乙未	
8	26	7	19	乙丑	9	26	8	20	丙申	10	27	9	22	丁卯	11	26	10	22	丁酉	12	26	11	22	丁卯	1	24	12	21	丙申	
8	27	7	20	丙寅	9	27	8	21	丁酉	10	28	9	23	戊辰	11	27	10	23	戊戌	12	27	11	23	戊辰	1	25	12	22	丁酉	
8	28	7	21	丁卯	9	28	8	22	戊戌	10	29	9	24	己巳	11	28	10	24	己亥	12	28	11	24	己巳	1	26	12	23	戊戌	
8	29	7	22	戊辰	9	29	8	23	己亥	10	30	9	25	庚午	11	29	10	25	庚子	12	29	11	25	庚午	1	27	12	24	己亥	
8	30	7	23	己巳	9	30	8	24	庚子	10	31	9	26	辛未	11	30	10	26	辛丑	12	30	11	26	辛未	1	28	12	25	庚子	
8	31	7	24	庚午	10	1	8	25	辛丑	11	1	9	27	壬申	12	1	10	27	壬寅	12	31	11	27	壬申	1	29	12	26	辛丑	
9	1	7	25	辛未	10	2	8	26	壬寅	11	2	9	28	癸酉	12	2	10	28	癸卯	1	1	11	28	癸酉	1	30	12	27	壬寅	
9	2	7	26	壬申	10	3	8	27	癸卯	11	3	9	29	甲戌	12	3	10	29	甲辰	1	2	11	29	甲戌	1	31	12	28	癸卯	
9	3	7	27	癸酉	10	4	8	28	甲辰	11	4	9	30	乙亥	12	4	10	30	乙巳	1	3	11	30	乙亥	2	1	12	29	甲辰	
9	4	7	28	甲戌	10	5	8	29	乙巳	11	5	10	1	丙子	12	5	11	1	丙午	1	4	12	1	丙子	2	2	1	1	乙巳	
9	5	7	29	乙亥	10	6	9	1	丙午	11	6	10	2	丁丑	12	6	11	2	丁未						2	3	1	2	丙午	
	6	7	30	丙子	10	7	9	2	丁未																					
處暑					秋分					霜降					小雪					冬至					大寒					中氣
/23 9時59分 巳時					9/23 8時2分 辰時					10/23 17時49分 酉時					11/22 15時45分 申時					12/22 5時17分 卯時					1/20 15時57分 申時					

年	庚辰																													
月	戊寅					己卯					庚辰					辛巳					壬午					癸未				
節氣	立春					驚蟄					清明					立夏					芒種					小暑				
	2/4 10時7分 巳時					3/5 3時53分 寅時					4/4 8時18分 辰時					5/5 1時11分 丑時					6/5 5時0分 卯時					7/6 15時6分 申時				
日	國曆		農曆		干支	國曆		農曆		干支	國曆		農曆		干支	國曆		農曆		干支	國曆		農曆		干支	國曆		農曆		干支
中華民國一百四十九年 龍 2060	2	4	1	3	丁未	3	5	2	3	丁丑	4	4	3	4	丁未	5	5	4	6	戊寅	6	5	5	7	己酉	7	6	6	9	庚辰
	2	5	1	4	戊申	3	6	2	4	戊寅	4	5	3	5	戊申	5	6	4	7	己卯	6	6	5	8	庚戌	7	7	6	10	辛巳
	2	6	1	5	己酉	3	7	2	5	己卯	4	6	3	6	己酉	5	7	4	8	庚辰	6	7	5	9	辛亥	7	8	6	11	壬午
	2	7	1	6	庚戌	3	8	2	6	庚辰	4	7	3	7	庚戌	5	8	4	9	辛巳	6	8	5	10	壬子	7	9	6	12	癸未
	2	8	1	7	辛亥	3	9	2	7	辛巳	4	8	3	8	辛亥	5	9	4	10	壬午	6	9	5	11	癸丑	7	10	6	13	甲申
	2	9	1	8	壬子	3	10	2	8	壬午	4	9	3	9	壬子	5	10	4	11	癸未	6	10	5	12	甲寅	7	11	6	14	乙酉
	2	10	1	9	癸丑	3	11	2	9	癸未	4	10	3	10	癸丑	5	11	4	12	甲申	6	11	5	13	乙卯	7	12	6	15	丙戌
	2	11	1	10	甲寅	3	12	2	10	甲申	4	11	3	11	甲寅	5	12	4	13	乙酉	6	12	5	14	丙辰	7	13	6	16	丁亥
	2	12	1	11	乙卯	3	13	2	11	乙酉	4	12	3	12	乙卯	5	13	4	14	丙戌	6	13	5	15	丁巳	7	14	6	17	戊子
	2	13	1	12	丙辰	3	14	2	12	丙戌	4	13	3	13	丙辰	5	14	4	15	丁亥	6	14	5	16	戊午	7	15	6	18	己丑
	2	14	1	13	丁巳	3	15	2	13	丁亥	4	14	3	14	丁巳	5	15	4	16	戊子	6	15	5	17	己未	7	16	6	19	庚寅
	2	15	1	14	戊午	3	16	2	14	戊子	4	15	3	15	戊午	5	16	4	17	己丑	6	16	5	18	庚申	7	17	6	20	辛卯
	2	16	1	15	己未	3	17	2	15	己丑	4	16	3	16	己未	5	17	4	18	庚寅	6	17	5	19	辛酉	7	18	6	21	壬辰
	2	17	1	16	庚申	3	18	2	16	庚寅	4	17	3	17	庚申	5	18	4	19	辛卯	6	18	5	20	壬戌	7	19	6	22	癸巳
	2	18	1	17	辛酉	3	19	2	17	辛卯	4	18	3	18	辛酉	5	19	4	20	壬辰	6	19	5	21	癸亥	7	20	6	23	甲午
	2	19	1	18	壬戌	3	20	2	18	壬辰	4	19	3	19	壬戌	5	20	4	21	癸巳	6	20	5	22	甲子	7	21	6	24	乙未
	2	20	1	19	癸亥	3	21	2	19	癸巳	4	20	3	20	癸亥	5	21	4	22	甲午	6	21	5	23	乙丑	7	22	6	25	丙申
	2	21	1	20	甲子	3	22	2	20	甲午	4	21	3	21	甲子	5	22	4	23	乙未	6	22	5	24	丙寅	7	23	6	26	丁酉
	2	22	1	21	乙丑	3	23	2	21	乙未	4	22	3	22	乙丑	5	23	4	24	丙申	6	23	5	25	丁卯	7	24	6	27	戊戌
	2	23	1	22	丙寅	3	24	2	22	丙申	4	23	3	23	丙寅	5	24	4	25	丁酉	6	24	5	26	戊辰	7	25	6	28	己亥
	2	24	1	23	丁卯	3	25	2	23	丁酉	4	24	3	24	丁卯	5	25	4	26	戊戌	6	25	5	27	己巳	7	26	6	29	庚子
	2	25	1	24	戊辰	3	26	2	24	戊戌	4	25	3	25	戊辰	5	26	4	27	己亥	6	26	5	28	庚午	7	27	7	1	辛丑
	2	26	1	25	己巳	3	27	2	25	己亥	4	26	3	26	己巳	5	27	4	28	庚子	6	27	5	29	辛未	7	28	7	2	壬寅
	2	27	1	26	庚午	3	28	2	26	庚子	4	27	3	27	庚午	5	28	4	29	辛丑	6	28	6	1	壬申	7	29	7	3	癸卯
	2	28	1	27	辛未	3	29	2	27	辛丑	4	28	3	28	辛未	5	29	4	30	壬寅	6	29	6	2	癸酉	7	30	7	4	甲辰
	2	29	1	28	壬申	3	30	2	28	壬寅	4	29	3	29	壬申	5	30	5	1	癸卯	6	30	6	3	甲戌	7	31	7	5	乙巳
	3	1	1	29	癸酉	3	31	2	29	癸卯	4	30	4	1	癸酉	5	31	5	2	甲辰	7	1	6	4	乙亥	8	1	7	6	丙午
	3	2	1	30	甲戌	4	1	3	1	甲辰	5	1	4	2	甲戌	6	1	5	3	乙巳	7	2	6	5	丙子	8	2	7	7	丁未
	3	3	2	1	乙亥	4	2	3	2	乙巳	5	2	4	3	乙亥	6	2	5	4	丙午	7	3	6	6	丁丑	8	3	7	8	戊申
	3	4	2	2	丙子	4	3	3	3	丙午	5	3	4	4	丙子	6	3	5	5	丁未	7	4	6	7	戊寅	8	4	7	9	己酉
											5	4	4	5	丁丑	6	4	5	6	戊申	7	5	6	8	己卯	8	5	7	10	庚戌
																										8	6	7	11	辛亥
中氣	雨水					春分					穀雨					小滿					夏至					大暑				
	2/19 5時56分 卯時					3/20 4時37分 寅時					4/19 15時16分 申時					5/20 14時2分 未時					6/20 21時44分 亥時					7/22 8時34分 辰時				

庚辰																		年
甲申			乙酉			丙戌			丁亥			戊子			己丑			月
立秋			白露			寒露			立冬			大雪			小寒			節氣
8/7 0時58分 子時			9/7 4時9分 寅時			10/7 20時12分 戌時			11/6 23時47分 子時			12/6 16時56分 申時			1/5 4時17分 寅時			
國曆	農曆	干支	國曆	農曆	干支	國曆	農曆	干支	國曆	農曆	干支	國曆	農曆	干支	國曆	農曆	干支	日
8 7	7 12	壬子	9 7	8 13	癸未	10 7	9 14	癸丑	11 6	10 14	癸未	12 6	11 14	癸丑	1 5	12 14	癸未	
8 8	7 13	癸丑	9 8	8 14	甲申	10 8	9 15	甲寅	11 7	10 15	甲申	12 7	11 15	甲寅	1 6	12 15	甲申	
8 9	7 14	甲寅	9 9	8 15	乙酉	10 9	9 16	乙卯	11 8	10 16	乙酉	12 8	11 16	乙卯	1 7	12 16	乙酉	
8 10	7 15	乙卯	9 10	8 16	丙戌	10 10	9 17	丙辰	11 9	10 17	丙戌	12 9	11 17	丙辰	1 8	12 17	丙戌	
8 11	7 16	丙辰	9 11	8 17	丁亥	10 11	9 18	丁巳	11 10	10 18	丁亥	12 10	11 18	丁巳	1 9	12 18	丁亥	
8 12	7 17	丁巳	9 12	8 18	戊子	10 12	9 19	戊午	11 11	10 19	戊子	12 11	11 19	戊午	1 10	12 19	戊子	
8 13	7 18	戊午	9 13	8 19	己丑	10 13	9 20	己未	11 12	10 20	己丑	12 12	11 20	己未	1 11	12 20	己丑	
8 14	7 19	己未	9 14	8 20	庚寅	10 14	9 21	庚申	11 13	10 21	庚寅	12 13	11 21	庚申	1 12	12 21	庚寅	
8 15	7 20	庚申	9 15	8 21	辛卯	10 15	9 22	辛酉	11 14	10 22	辛卯	12 14	11 22	辛酉	1 13	12 22	辛卯	
8 16	7 21	辛酉	9 16	8 22	壬辰	10 16	9 23	壬戌	11 15	10 23	壬辰	12 15	11 23	壬戌	1 14	12 23	壬辰	
8 17	7 22	壬戌	9 17	8 23	癸巳	10 17	9 24	癸亥	11 16	10 24	癸巳	12 16	11 24	癸亥	1 15	12 24	癸巳	
8 18	7 23	癸亥	9 18	8 24	甲午	10 18	9 25	甲子	11 17	10 25	甲午	12 17	11 25	甲子	1 16	12 25	甲午	
8 19	7 24	甲子	9 19	8 25	乙未	10 19	9 26	乙丑	11 18	10 26	乙未	12 18	11 26	乙丑	1 17	12 26	乙未	
8 20	7 25	乙丑	9 20	8 26	丙申	10 20	9 27	丙寅	11 19	10 27	丙申	12 19	11 27	丙寅	1 18	12 27	丙申	
8 21	7 26	丙寅	9 21	8 27	丁酉	10 21	9 28	丁卯	11 20	10 28	丁酉	12 20	11 28	丁卯	1 19	12 28	丁酉	
8 22	7 27	丁卯	9 22	8 28	戊戌	10 22	9 29	戊辰	11 21	10 29	戊戌	12 21	11 29	戊辰	1 20	12 29	戊戌	
8 23	7 28	戊辰	9 23	8 29	己亥	10 23	9 30	己巳	11 22	10 30	己亥	12 22	11 30	己巳	1 21	1 1	己亥	
8 24	7 29	己巳	9 24	9 1	庚子	10 24	10 1	庚午	11 23	11 1	庚子	12 23	12 1	庚午	1 22	1 2	庚子	
8 25	7 30	庚午	9 25	9 2	辛丑	10 25	10 2	辛未	11 24	11 2	辛丑	12 24	12 2	辛未	1 23	1 3	辛丑	
8 26	8 1	辛未	9 26	9 3	壬寅	10 26	10 3	壬申	11 25	11 3	壬寅	12 25	12 3	壬申	1 24	1 4	壬寅	
8 27	8 2	壬申	9 27	9 4	癸卯	10 27	10 4	癸酉	11 26	11 4	癸卯	12 26	12 4	癸酉	1 25	1 5	癸卯	
8 28	8 3	癸酉	9 28	9 5	甲辰	10 28	10 5	甲戌	11 27	11 5	甲辰	12 27	12 5	甲戌	1 26	1 6	甲辰	
8 29	8 4	甲戌	9 29	9 6	乙巳	10 29	10 6	乙亥	11 28	11 6	乙巳	12 28	12 6	乙亥	1 27	1 7	乙巳	
8 30	8 5	乙亥	9 30	9 7	丙午	10 30	10 7	丙子	11 29	11 7	丙午	12 29	12 7	丙子	1 28	1 8	丙午	
8 31	8 6	丙子	10 1	9 8	丁未	10 31	10 8	丁丑	11 30	11 8	丁未	12 30	12 8	丁丑	1 29	1 9	丁未	
9 1	8 7	丁丑	10 2	9 9	戊申	11 1	10 9	戊寅	12 1	11 9	戊申	12 31	12 9	戊寅	1 30	1 10	戊申	
9 2	8 8	戊寅	10 3	9 10	己酉	11 2	10 10	己卯	12 2	11 10	己酉	1 1	12 10	己卯	1 31	1 11	己酉	
9 3	8 9	己卯	10 4	9 11	庚戌	11 3	10 11	庚辰	12 3	11 11	庚戌	1 2	12 11	庚辰	2 1	1 12	庚戌	
9 4	8 10	庚辰	10 5	9 12	辛亥	11 4	10 12	辛巳	12 4	11 12	辛亥	1 3	12 12	辛巳	2 2	1 13	辛亥	
9 5	8 11	辛巳	10 6	9 13	壬子	11 5	10 13	壬午	12 5	11 13	壬子	1 4	12 13	壬午				
9 6	8 12	壬午																
處暑			秋分			霜降			小雪			冬至			大寒			中氣
8/22 15時48分 申時			9/22 13時47分 未時			10/22 23時32分 子時			11/21 21時27分 亥時			12/21 11時0分 午時			1/19 21時41分 亥時			

中華民國一百四十九、一百五十年 龍

2060、2061

年	辛巳																													
月	庚寅					辛卯					壬辰					癸巳					甲午					乙未				
節氣	立春					驚蟄					清明					立夏					芒種					小暑				
	2/3 15時52分 申時					3/5 9時40分 巳時					4/4 14時9分 未時					5/5 7時5分 辰時					6/5 10時55分 巳時					7/6 21時1分 亥時				
日	國曆		農曆		干支	國曆		農曆		干支	國曆		農曆		干支	國曆		農曆		干支	國曆		農曆		干支	國曆		農曆		干支
中華民國一百五十年 蛇 2061	2	3	1	14	壬子	3	5	2	14	壬午	4	4	3	14	壬子	5	5	3	16	癸未	6	5	4	18	甲寅	7	6	5	19	乙酉
	2	4	1	15	癸丑	3	6	2	15	癸未	4	5	3	15	癸丑	5	6	3	17	甲申	6	6	4	19	乙卯	7	7	5	20	丙戌
	2	5	1	16	甲寅	3	7	2	16	甲申	4	6	3	16	甲寅	5	7	3	18	乙酉	6	7	4	20	丙辰	7	8	5	21	丁亥
	2	6	1	17	乙卯	3	8	2	17	乙酉	4	7	3	17	乙卯	5	8	3	19	丙戌	6	8	4	21	丁巳	7	9	5	22	戊子
	2	7	1	18	丙辰	3	9	2	18	丙戌	4	8	3	18	丙辰	5	9	3	20	丁亥	6	9	4	22	戊午	7	10	5	23	己丑
	2	8	1	19	丁巳	3	10	2	19	丁亥	4	9	3	19	丁巳	5	10	3	21	戊子	6	10	4	23	己未	7	11	5	24	庚寅
	2	9	1	20	戊午	3	11	2	20	戊子	4	10	3	20	戊午	5	11	3	22	己丑	6	11	4	24	庚申	7	12	5	25	辛卯
	2	10	1	21	己未	3	12	2	21	己丑	4	11	3	21	己未	5	12	3	23	庚寅	6	12	4	25	辛酉	7	13	5	26	壬辰
	2	11	1	22	庚申	3	13	2	22	庚寅	4	12	3	22	庚申	5	13	3	24	辛卯	6	13	4	26	壬戌	7	14	5	27	癸巳
	2	12	1	23	辛酉	3	14	2	23	辛卯	4	13	3	23	辛酉	5	14	3	25	壬辰	6	14	4	27	癸亥	7	15	5	28	甲午
	2	13	1	24	壬戌	3	15	2	24	壬辰	4	14	3	24	壬戌	5	15	3	26	癸巳	6	15	4	28	甲子	7	16	5	29	乙未
	2	14	1	25	癸亥	3	16	2	25	癸巳	4	15	3	25	癸亥	5	16	3	27	甲午	6	16	4	29	乙丑	7	17	6	1	丙申
	2	15	1	26	甲子	3	17	2	26	甲午	4	16	3	26	甲子	5	17	3	28	乙未	6	17	4	30	丙寅	7	18	6	2	丁酉
	2	16	1	27	乙丑	3	18	2	27	乙未	4	17	3	27	乙丑	5	18	3	29	丙申	6	18	5	1	丁卯	7	19	6	3	戊戌
	2	17	1	28	丙寅	3	19	2	28	丙申	4	18	3	28	丙寅	5	19	4	1	丁酉	6	19	5	2	戊辰	7	20	6	4	己亥
	2	18	1	29	丁卯	3	20	2	29	丁酉	4	19	3	29	丁卯	5	20	4	2	戊戌	6	20	5	3	己巳	7	21	6	5	庚子
	2	19	1	30	戊辰	3	21	2	30	戊戌	4	20	閏3	1	戊辰	5	21	4	3	己亥	6	21	5	4	庚午	7	22	6	6	辛丑
	2	20	2	1	己巳	3	22	3	1	己亥	4	21	3	2	己巳	5	22	4	4	庚子	6	22	5	5	辛未	7	23	6	7	壬寅
	2	21	2	2	庚午	3	23	3	2	庚子	4	22	3	3	庚午	5	23	4	5	辛丑	6	23	5	6	壬申	7	24	6	8	癸卯
	2	22	2	3	辛未	3	24	3	3	辛丑	4	23	3	4	辛未	5	24	4	6	壬寅	6	24	5	7	癸酉	7	25	6	9	甲辰
	2	23	2	4	壬申	3	25	3	4	壬寅	4	24	3	5	壬申	5	25	4	7	癸卯	6	25	5	8	甲戌	7	26	6	10	乙巳
	2	24	2	5	癸酉	3	26	3	5	癸卯	4	25	3	6	癸酉	5	26	4	8	甲辰	6	26	5	9	乙亥	7	27	6	11	丙午
	2	25	2	6	甲戌	3	27	3	6	甲辰	4	26	3	7	甲戌	5	27	4	9	乙巳	6	27	5	10	丙子	7	28	6	12	丁未
	2	26	2	7	乙亥	3	28	3	7	乙巳	4	27	3	8	乙亥	5	28	4	10	丙午	6	28	5	11	丁丑	7	29	6	13	戊申
	2	27	2	8	丙子	3	29	3	8	丙午	4	28	3	9	丙子	5	29	4	11	丁未	6	29	5	12	戊寅	7	30	6	14	己酉
	2	28	2	9	丁丑	3	30	3	9	丁未	4	29	3	10	丁丑	5	30	4	12	戊申	6	30	5	13	己卯	7	31	6	15	庚戌
	3	1	2	10	戊寅	3	31	3	10	戊申	4	30	3	11	戊寅	5	31	4	13	己酉	7	1	5	14	庚辰	8	1	6	16	辛亥
	3	2	2	11	己卯	4	1	3	11	己酉	5	1	3	12	己卯	6	1	4	14	庚戌	7	2	5	15	辛巳	8	2	6	17	壬子
	3	3	2	12	庚辰	4	2	3	12	庚戌	5	2	3	13	庚辰	6	2	4	15	辛亥	7	3	5	16	壬午	8	3	6	18	癸丑
	3	4	2	13	辛巳	4	3	3	13	辛亥	5	3	3	14	辛巳	6	3	4	16	壬子	7	4	5	17	癸未	8	4	6	19	甲寅
											5	4	3	15	壬午	6	4	4	17	癸丑	7	5	5	18	甲申	8	5	6	20	乙卯
																										8	6	6	21	丙辰
中氣	雨水					春分					穀雨					小滿					夏至					大暑				
	2/18 11時42分 午時					3/20 10時25分 巳時					4/19 21時5分 亥時					5/20 19時51分 戌時					6/21 3時31分 寅時					7/22 14時19分 未時				

年	辛巳																													
月	丙申					丁酉					戊戌					己亥					庚子					辛丑				
節氣	立秋					白露					寒露					立冬					大雪					小寒				
	8/7 6時51分 卯時					9/7 10時1分 巳時					10/8 2時3分 丑時					11/7 5時38分 卯時					12/6 22時49分 亥時					1/5 10時11分 巳時				
日	國曆		農曆		干支	國曆		農曆		干支	國曆		農曆		干支	國曆		農曆		干支	國曆		農曆		干支	國曆		農曆		干支
中華民國一百五十、一百五十一年 蛇 2061、2062	8	7	6	22	丁巳	9	7	7	24	戊子	10	8	8	25	己未	11	7	9	26	己丑	12	6	10	25	戊午	1	5	11	25	戊子
	8	8	6	23	戊午	9	8	7	25	己丑	10	9	8	26	庚申	11	8	9	27	庚寅	12	7	10	26	己未	1	6	11	26	己丑
	8	9	6	24	己未	9	9	7	26	庚寅	10	10	8	27	辛酉	11	9	9	28	辛卯	12	8	10	27	庚申	1	7	11	27	庚寅
	8	10	6	25	庚申	9	10	7	27	辛卯	10	11	8	28	壬戌	11	10	9	29	壬辰	12	9	10	28	辛酉	1	8	11	28	辛卯
	8	11	6	26	辛酉	9	11	7	28	壬辰	10	12	8	29	癸亥	11	11	9	30	癸巳	12	10	10	29	壬戌	1	9	11	29	壬辰
	8	12	6	27	壬戌	9	12	7	29	癸巳	10	13	9	1	甲子	11	12	10	1	甲午	12	11	10	30	癸亥	1	10	11	30	癸巳
	8	13	6	28	癸亥	9	13	7	30	甲午	10	14	9	2	乙丑	11	13	10	2	乙未	12	12	11	1	甲子	1	11	12	1	甲午
	8	14	6	29	甲子	9	14	8	1	乙未	10	15	9	3	丙寅	11	14	10	3	丙申	12	13	11	2	乙丑	1	12	12	2	乙未
	8	15	7	1	乙丑	9	15	8	2	丙申	10	16	9	4	丁卯	11	15	10	4	丁酉	12	14	11	3	丙寅	1	13	12	3	丙申
	8	16	7	2	丙寅	9	16	8	3	丁酉	10	17	9	5	戊辰	11	16	10	5	戊戌	12	15	11	4	丁卯	1	14	12	4	丁酉
	8	17	7	3	丁卯	9	17	8	4	戊戌	10	18	9	6	己巳	11	17	10	6	己亥	12	16	11	5	戊辰	1	15	12	5	戊戌
	8	18	7	4	戊辰	9	18	8	5	己亥	10	19	9	7	庚午	11	18	10	7	庚子	12	17	11	6	己巳	1	16	12	6	己亥
	8	19	7	5	己巳	9	19	8	6	庚子	10	20	9	8	辛未	11	19	10	8	辛丑	12	18	11	7	庚午	1	17	12	7	庚子
	8	20	7	6	庚午	9	20	8	7	辛丑	10	21	9	9	壬申	11	20	10	9	壬寅	12	19	11	8	辛未	1	18	12	8	辛丑
	8	21	7	7	辛未	9	21	8	8	壬寅	10	22	9	10	癸酉	11	21	10	10	癸卯	12	20	11	9	壬申	1	19	12	9	壬寅
	8	22	7	8	壬申	9	22	8	9	癸卯	10	23	9	11	甲戌	11	22	10	11	甲辰	12	21	11	10	癸酉	1	20	12	10	癸卯
	8	23	7	9	癸酉	9	23	8	10	甲辰	10	24	9	12	乙亥	11	23	10	12	乙巳	12	22	11	11	甲戌	1	21	12	11	甲辰
	8	24	7	10	甲戌	9	24	8	11	乙巳	10	25	9	13	丙子	11	24	10	13	丙午	12	23	11	12	乙亥	1	22	12	12	乙巳
	8	25	7	11	乙亥	9	25	8	12	丙午	10	26	9	14	丁丑	11	25	10	14	丁未	12	24	11	13	丙子	1	23	12	13	丙午
	8	26	7	12	丙子	9	26	8	13	丁未	10	27	9	15	戊寅	11	26	10	15	戊申	12	25	11	14	丁丑	1	24	12	14	丁未
	8	27	7	13	丁丑	9	27	8	14	戊申	10	28	9	16	己卯	11	27	10	16	己酉	12	26	11	15	戊寅	1	25	12	15	戊申
	8	28	7	14	戊寅	9	28	8	15	己酉	10	29	9	17	庚辰	11	28	10	17	庚戌	12	27	11	16	己卯	1	26	12	16	己酉
	8	29	7	15	己卯	9	29	8	16	庚戌	10	30	9	18	辛巳	11	29	10	18	辛亥	12	28	11	17	庚辰	1	27	12	17	庚戌
	8	30	7	16	庚辰	9	30	8	17	辛亥	10	31	9	19	壬午	11	30	10	19	壬子	12	29	11	18	辛巳	1	28	12	18	辛亥
	8	31	7	17	辛巳	10	1	8	18	壬子	11	1	9	20	癸未	12	1	10	20	癸丑	12	30	11	19	壬午	1	29	12	19	壬子
	9	1	7	18	壬午	10	2	8	19	癸丑	11	2	9	21	甲申	12	2	10	21	甲寅	12	31	11	20	癸未	1	30	12	20	癸丑
	9	2	7	19	癸未	10	3	8	20	甲寅	11	3	9	22	乙酉	12	3	10	22	乙卯	1	1	11	21	甲申	1	31	12	21	甲寅
	9	3	7	20	甲申	10	4	8	21	乙卯	11	4	9	23	丙戌	12	4	10	23	丙辰	1	2	11	22	乙酉	2	1	12	22	乙卯
	9	4	7	21	乙酉	10	5	8	22	丙辰	11	5	9	24	丁亥	12	5	10	24	丁巳	1	3	11	23	丙戌	2	2	12	23	丙辰
	9	5	7	22	丙戌	10	6	8	23	丁巳	11	6	9	25	戊子						1	4	11	24	丁亥					
	9	6	7	23	丁亥	10	7	8	24	戊午																				
中氣	處暑					秋分					霜降					小雪					冬至					大寒				
	8/22 21時32分 亥時					9/22 19時30分 戌時					10/23 5時16分 卯時					11/22 3時13分 寅時					12/21 16時47分 申時					1/20 3時29分 寅時				

年	壬午																													
月	壬寅					癸卯					甲辰					乙巳					丙午					丁未				
節氣	立春					驚蛰					清明					立夏					芒種					小暑				
	2/3 21時46分 亥時					3/5 15時30分 申時					4/4 19時54分 戌時					5/5 12時46分 午時					6/5 16時33分 申時					7/7 2時37分 丑時				
日	國曆		農曆		干支	國曆		農曆		干支	國曆		農曆		干支	國曆		農曆		干支	國曆		農曆		干支	國曆		農曆		干支
中華民國一百五十一年 馬 2062	2	3	12	24	丁巳	3	5	1	25	丁亥	4	4	2	25	丁巳	5	5	3	26	戊子	6	5	4	28	己未	7	7	6	1	辛卯
	2	4	12	25	戊午	3	6	1	26	戊子	4	5	2	26	戊午	5	6	3	27	己丑	6	6	4	29	庚申	7	8	6	2	壬辰
	2	5	12	26	己未	3	7	1	27	己丑	4	6	2	27	己未	5	7	3	28	庚寅	6	7	5	1	辛酉	7	9	6	3	癸巳
	2	6	12	27	庚申	3	8	1	28	庚寅	4	7	2	28	庚申	5	8	3	29	辛卯	6	8	5	2	壬戌	7	10	6	4	甲午
	2	7	12	28	辛酉	3	9	1	29	辛卯	4	8	2	29	辛酉	5	9	4	1	壬辰	6	9	5	3	癸亥	7	11	6	5	乙未
	2	8	12	29	壬戌	3	10	1	30	壬辰	4	9	2	30	壬戌	5	10	4	2	癸巳	6	10	5	4	甲子	7	12	6	6	丙申
	2	9	1	1	癸亥	3	11	2	1	癸巳	4	10	3	1	癸亥	5	11	4	3	甲午	6	11	5	5	乙丑	7	13	6	7	丁酉
	2	10	1	2	甲子	3	12	2	2	甲午	4	11	3	2	甲子	5	12	4	4	乙未	6	12	5	6	丙寅	7	14	6	8	戊戌
	2	11	1	3	乙丑	3	13	2	3	乙未	4	12	3	3	乙丑	5	13	4	5	丙申	6	13	5	7	丁卯	7	15	6	9	己亥
	2	12	1	4	丙寅	3	14	2	4	丙申	4	13	3	4	丙寅	5	14	4	6	丁酉	6	14	5	8	戊辰	7	16	6	10	庚子
	2	13	1	5	丁卯	3	15	2	5	丁酉	4	14	3	5	丁卯	5	15	4	7	戊戌	6	15	5	9	己巳	7	17	6	11	辛丑
	2	14	1	6	戊辰	3	16	2	6	戊戌	4	15	3	6	戊辰	5	16	4	8	己亥	6	16	5	10	庚午	7	18	6	12	壬寅
	2	15	1	7	己巳	3	17	2	7	己亥	4	16	3	7	己巳	5	17	4	9	庚子	6	17	5	11	辛未	7	19	6	13	癸卯
	2	16	1	8	庚午	3	18	2	8	庚子	4	17	3	8	庚午	5	18	4	10	辛丑	6	18	5	12	壬申	7	20	6	14	甲辰
	2	17	1	9	辛未	3	19	2	9	辛丑	4	18	3	9	辛未	5	19	4	11	壬寅	6	19	5	13	癸酉	7	21	6	15	乙巳
	2	18	1	10	壬申	3	20	2	10	壬寅	4	19	3	10	壬申	5	20	4	12	癸卯	6	20	5	14	甲戌	7	22	6	16	丙午
	2	19	1	11	癸酉	3	21	2	11	癸卯	4	20	3	11	癸酉	5	21	4	13	甲辰	6	21	5	15	乙亥	7	23	6	17	丁未
	2	20	1	12	甲戌	3	22	2	12	甲辰	4	21	3	12	甲戌	5	22	4	14	乙巳	6	22	5	16	丙子	7	24	6	18	戊申
	2	21	1	13	乙亥	3	23	2	13	乙巳	4	22	3	13	乙亥	5	23	4	15	丙午	6	23	5	17	丁丑	7	25	6	19	己酉
	2	22	1	14	丙子	3	24	2	14	丙午	4	23	3	14	丙子	5	24	4	16	丁未	6	24	5	18	戊寅	7	26	6	20	庚戌
	2	23	1	15	丁丑	3	25	2	15	丁未	4	24	3	15	丁丑	5	25	4	17	戊申	6	25	5	19	己卯	7	27	6	21	辛亥
	2	24	1	16	戊寅	3	26	2	16	戊申	4	25	3	16	戊寅	5	26	4	18	己酉	6	26	5	20	庚辰	7	28	6	22	壬子
	2	25	1	17	己卯	3	27	2	17	己酉	4	26	3	17	己卯	5	27	4	19	庚戌	6	27	5	21	辛巳	7	29	6	23	癸丑
	2	26	1	18	庚辰	3	28	2	18	庚戌	4	27	3	18	庚辰	5	28	4	20	辛亥	6	28	5	22	壬午	7	30	6	24	甲寅
	2	27	1	19	辛巳	3	29	2	19	辛亥	4	28	3	19	辛巳	5	29	4	21	壬子	6	29	5	23	癸未	7	31	6	25	乙卯
	2	28	1	20	壬午	3	30	2	20	壬子	4	29	3	20	壬午	5	30	4	22	癸丑	6	30	5	24	甲申	8	1	6	26	丙辰
	3	1	1	21	癸未	3	31	2	21	癸丑	4	30	3	21	癸未	5	31	4	23	甲寅	7	1	5	25	乙酉	8	2	6	27	丁巳
	3	2	1	22	甲申	4	1	2	22	甲寅	5	1	3	22	甲申	6	1	4	24	乙卯	7	2	5	26	丙戌	8	3	6	28	戊午
	3	3	1	23	乙酉	4	2	2	23	乙卯	5	2	3	23	乙酉	6	2	4	25	丙辰	7	3	5	27	丁亥	8	4	6	29	己未
	3	4	1	24	丙戌	4	3	2	24	丙辰	5	3	3	24	丙戌	6	3	4	26	丁巳	7	4	5	28	戊子	8	5	7	1	庚申
											5	4	3	25	丁亥	6	4	4	27	戊午	7	5	5	29	己丑	8	6	7	2	辛酉
																					7	6	5	30	庚寅					
中氣	雨水					春分					穀雨					小滿					夏至					大暑				
	2/18 17時27分 酉時					3/20 16時6分 申時					4/20 2時43分 丑時					5/21 1時28分 丑時					6/21 9時10分 巳時					7/22 20時1分 戌時				

壬午																														年
戊申					己酉					庚戌					辛亥					壬子					癸丑					月
立秋					白露					寒露					立冬					大雪					小寒					節氣
8/7 12時28分 午時					9/7 15時39分 申時					10/8 7時43分 辰時					11/7 11時21分 午時					12/7 4時33分 寅時					1/5 15時56分 申時					
國曆		農曆		干支	國曆		農曆		干支	國曆		農曆		干支	國曆		農曆		干支	國曆		農曆		干支	國曆		農曆		干支	日
8	7	7	3	壬戌	9	7	8	5	癸巳	10	8	9	6	甲子	11	7	10	7	甲午	12	7	11	7	甲子	1	5	12	6	癸巳	中華民國一百五十一、一百五十二年 馬 2062、2063
8	8	7	4	癸亥	9	8	8	6	甲午	10	9	9	7	乙丑	11	8	10	8	乙未	12	8	11	8	乙丑	1	6	12	7	甲午	
8	9	7	5	甲子	9	9	8	7	乙未	10	10	9	8	丙寅	11	9	10	9	丙申	12	9	11	9	丙寅	1	7	12	8	乙未	
8	10	7	6	乙丑	9	10	8	8	丙申	10	11	9	9	丁卯	11	10	10	10	丁酉	12	10	11	10	丁卯	1	8	12	9	丙申	
8	11	7	7	丙寅	9	11	8	9	丁酉	10	12	9	10	戊辰	11	11	10	11	戊戌	12	11	11	11	戊辰	1	9	12	10	丁酉	
8	12	7	8	丁卯	9	12	8	10	戊戌	10	13	9	11	己巳	11	12	10	12	己亥	12	12	11	12	己巳	1	10	12	11	戊戌	
8	13	7	9	戊辰	9	13	8	11	己亥	10	14	9	12	庚午	11	13	10	13	庚子	12	13	11	13	庚午	1	11	12	12	己亥	
8	14	7	10	己巳	9	14	8	12	庚子	10	15	9	13	辛未	11	14	10	14	辛丑	12	14	11	14	辛未	1	12	12	13	庚子	
8	15	7	11	庚午	9	15	8	13	辛丑	10	16	9	14	壬申	11	15	10	15	壬寅	12	15	11	15	壬申	1	13	12	14	辛丑	
8	16	7	12	辛未	9	16	8	14	壬寅	10	17	9	15	癸酉	11	16	10	16	癸卯	12	16	11	16	癸酉	1	14	12	15	壬寅	
8	17	7	13	壬申	9	17	8	15	癸卯	10	18	9	16	甲戌	11	17	10	17	甲辰	12	17	11	17	甲戌	1	15	12	16	癸卯	
8	18	7	14	癸酉	9	18	8	16	甲辰	10	19	9	17	乙亥	11	18	10	18	乙巳	12	18	11	18	乙亥	1	16	12	17	甲辰	
8	19	7	15	甲戌	9	19	8	17	乙巳	10	20	9	18	丙子	11	19	10	19	丙午	12	19	11	19	丙子	1	17	12	18	乙巳	
8	20	7	16	乙亥	9	20	8	18	丙午	10	21	9	19	丁丑	11	20	10	20	丁未	12	20	11	20	丁丑	1	18	12	19	丙午	
8	21	7	17	丙子	9	21	8	19	丁未	10	22	9	20	戊寅	11	21	10	21	戊申	12	21	11	21	戊寅	1	19	12	20	丁未	
8	22	7	18	丁丑	9	22	8	20	戊申	10	23	9	21	己卯	11	22	10	22	己酉	12	22	11	22	己卯	1	20	12	21	戊申	
8	23	7	19	戊寅	9	23	8	21	己酉	10	24	9	22	庚辰	11	23	10	23	庚戌	12	23	11	23	庚辰	1	21	12	22	己酉	
8	24	7	20	己卯	9	24	8	22	庚戌	10	25	9	23	辛巳	11	24	10	24	辛亥	12	24	11	24	辛巳	1	22	12	23	庚戌	
8	25	7	21	庚辰	9	25	8	23	辛亥	10	26	9	24	壬午	11	25	10	25	壬子	12	25	11	25	壬午	1	23	12	24	辛亥	
8	26	7	22	辛巳	9	26	8	24	壬子	10	27	9	25	癸未	11	26	10	26	癸丑	12	26	11	26	癸未	1	24	12	25	壬子	
8	27	7	23	壬午	9	27	8	25	癸丑	10	28	9	26	甲申	11	27	10	27	甲寅	12	27	11	27	甲申	1	25	12	26	癸丑	
8	28	7	24	癸未	9	28	8	26	甲寅	10	29	9	27	乙酉	11	28	10	28	乙卯	12	28	11	28	乙酉	1	26	12	27	甲寅	
8	29	7	25	甲申	9	29	8	27	乙卯	10	30	9	28	丙戌	11	29	10	29	丙辰	12	29	11	29	丙戌	1	27	12	28	乙卯	
8	30	7	26	乙酉	9	30	8	28	丙辰	10	31	9	29	丁亥	11	30	10	30	丁巳	12	30	11	30	丁亥	1	28	12	29	丙辰	
8	31	7	27	丙戌	10	1	8	29	丁巳	11	1	10	1	戊子	12	1	11	1	戊午	12	31	12	1	戊子	1	29	1	1	丁巳	
9	1	7	28	丁亥	10	2	8	30	戊午	11	2	10	2	己丑	12	2	11	2	己未	1	1	12	2	己丑	1	30	1	2	戊午	
9	2	7	29	戊子	10	3	9	1	己未	11	3	10	3	庚寅	12	3	11	3	庚申	1	2	12	3	庚寅	1	31	1	3	己未	
9	3	8	1	己丑	10	4	9	2	庚申	11	4	10	4	辛卯	12	4	11	4	辛酉	1	3	12	4	辛卯	2	1	1	4	庚申	
9	4	8	2	庚寅	10	5	9	3	辛酉	11	5	10	5	壬辰	12	5	11	5	壬戌	1	4	12	5	壬辰	2	2	1	5	辛酉	
9	5	8	3	辛卯	10	6	9	4	壬戌	11	6	10	6	癸巳	12	6	11	6	癸亥						2	3	1	6	壬戌	
9	6	8	4	壬辰	10	7	9	5	癸亥																					
處暑					秋分					霜降					小雪					冬至					大寒					中氣
8/23 3時17分 寅時					9/23 1時19分 丑時					10/23 11時7分 午時					11/22 9時6分 巳時					12/21 22時41分 亥時					1/20 9時23分 巳時					

年	癸未																													
月	甲寅					乙卯					丙辰					丁巳					戊午					己未				
節氣	立春					驚蛰					清明					立夏					芒種					小暑				
	2/4 3時30分 寅時					3/5 21時13分 亥時					4/5 1時36分 丑時					5/5 18時27分 酉時					6/5 22時16分 亥時					7/7 8時24分 辰時				
日	國曆		農曆		干支	國曆		農曆		干支	國曆		農曆		干支	國曆		農曆		干支	國曆		農曆		干支	國曆		農曆		干支
	2	4	1	7	癸亥	3	5	2	6	壬辰	4	5	3	7	癸亥	5	5	4	8	癸巳	6	5	5	9	甲子	7	7	6	12	丙申
	2	5	1	8	甲子	3	6	2	7	癸巳	4	6	3	8	甲子	5	6	4	9	甲午	6	6	5	10	乙丑	7	8	6	13	丁酉
	2	6	1	9	乙丑	3	7	2	8	甲午	4	7	3	9	乙丑	5	7	4	10	乙未	6	7	5	11	丙寅	7	9	6	14	戊戌
中華民國一百五十二年 羊	2	7	1	10	丙寅	3	8	2	9	乙未	4	8	3	10	丙寅	5	8	4	11	丙申	6	8	5	12	丁卯	7	10	6	15	己亥
	2	8	1	11	丁卯	3	9	2	10	丙申	4	9	3	11	丁卯	5	9	4	12	丁酉	6	9	5	13	戊辰	7	11	6	16	庚子
	2	9	1	12	戊辰	3	10	2	11	丁酉	4	10	3	12	戊辰	5	10	4	13	戊戌	6	10	5	14	己巳	7	12	6	17	辛丑
	2	10	1	13	己巳	3	11	2	12	戊戌	4	11	3	13	己巳	5	11	4	14	己亥	6	11	5	15	庚午	7	13	6	18	壬寅
	2	11	1	14	庚午	3	12	2	13	己亥	4	12	3	14	庚午	5	12	4	15	庚子	6	12	5	16	辛未	7	14	6	19	癸卯
	2	12	1	15	辛未	3	13	2	14	庚子	4	13	3	15	辛未	5	13	4	16	辛丑	6	13	5	17	壬申	7	15	6	20	甲辰
	2	13	1	16	壬申	3	14	2	15	辛丑	4	14	3	16	壬申	5	14	4	17	壬寅	6	14	5	18	癸酉	7	16	6	21	乙巳
	2	14	1	17	癸酉	3	15	2	16	壬寅	4	15	3	17	癸酉	5	15	4	18	癸卯	6	15	5	19	甲戌	7	17	6	22	丙午
	2	15	1	18	甲戌	3	16	2	17	癸卯	4	16	3	18	甲戌	5	16	4	19	甲辰	6	16	5	20	乙亥	7	18	6	23	丁未
	2	16	1	19	乙亥	3	17	2	18	甲辰	4	17	3	19	乙亥	5	17	4	20	乙巳	6	17	5	21	丙子	7	19	6	24	戊申
	2	17	1	20	丙子	3	18	2	19	乙巳	4	18	3	20	丙子	5	18	4	21	丙午	6	18	5	22	丁丑	7	20	6	25	己酉
	2	18	1	21	丁丑	3	19	2	20	丙午	4	19	3	21	丁丑	5	19	4	22	丁未	6	19	5	23	戊寅	7	21	6	26	庚戌
	2	19	1	22	戊寅	3	20	2	21	丁未	4	20	3	22	戊寅	5	20	4	23	戊申	6	20	5	24	己卯	7	22	6	27	辛亥
	2	20	1	23	己卯	3	21	2	22	戊申	4	21	3	23	己卯	5	21	4	24	己酉	6	21	5	25	庚辰	7	23	6	28	壬子
	2	21	1	24	庚辰	3	22	2	23	己酉	4	22	3	24	庚辰	5	22	4	25	庚戌	6	22	5	26	辛巳	7	24	6	29	癸丑
	2	22	1	25	辛巳	3	23	2	24	庚戌	4	23	3	25	辛巳	5	23	4	26	辛亥	6	23	5	27	壬午	7	25	6	30	甲寅
	2	23	1	26	壬午	3	24	2	25	辛亥	4	24	3	26	壬午	5	24	4	27	壬子	6	24	5	28	癸未	7	26	7	1	乙卯
	2	24	1	27	癸未	3	25	2	26	壬子	4	25	3	27	癸未	5	25	4	28	癸丑	6	25	5	29	甲申	7	27	7	2	丙辰
	2	25	1	28	甲申	3	26	2	27	癸丑	4	26	3	28	甲申	5	26	4	29	甲寅	6	26	6	1	乙酉	7	28	7	3	丁巳
2063	2	26	1	29	乙酉	3	27	2	28	甲寅	4	27	3	29	乙酉	5	27	4	30	乙卯	6	27	6	2	丙戌	7	29	7	4	戊午
	2	27	1	30	丙戌	3	28	2	29	乙卯	4	28	4	1	丙戌	5	28	5	1	丙辰	6	28	6	3	丁亥	7	30	7	5	己未
	2	28	2	1	丁亥	3	29	2	30	丙辰	4	29	4	2	丁亥	5	29	5	2	丁巳	6	29	6	4	戊子	7	31	7	6	庚申
	3	1	2	2	戊子	3	30	3	1	丁巳	4	30	4	3	戊子	5	30	5	3	戊午	6	30	6	5	己丑	8	1	7	7	辛酉
	3	2	2	3	己丑	3	31	3	2	戊午	5	1	4	4	己丑	5	31	5	4	己未	7	1	6	6	庚寅	8	2	7	8	壬戌
	3	3	2	4	庚寅	4	1	3	3	己未	5	2	4	5	庚寅	6	1	5	5	庚申	7	2	6	7	辛卯	8	3	7	9	癸亥
	3	4	2	5	辛卯	4	2	3	4	庚申	5	3	4	6	辛卯	6	2	5	6	辛酉	7	3	6	8	壬辰	8	4	7	10	甲子
						4	3	3	5	辛酉	5	4	4	7	壬辰	6	3	5	7	壬戌	7	4	6	9	癸巳	8	5	7	11	乙丑
						4	4	3	6	壬戌						6	4	5	8	癸亥	7	5	6	10	甲午	8	6	7	12	丙寅
																					7	6	6	11	乙未					
中氣	雨水					春分					穀雨					小滿					夏至					大暑				
	2/18 23時20分 子時					3/20 21時58分 亥時					4/20 8時34分 辰時					5/21 7時18分 辰時					6/21 15時1分 申時					7/23 1時52分 丑時				

癸未																														年
庚申					辛酉					壬戌					癸亥					甲子					乙丑					月
立秋					白露					寒露					立冬					大雪					小寒					節氣
8/7 18時19分 酉時					9/7 21時32分 亥時					10/8 13時36分 未時					11/7 17時11分 酉時					12/7 10時19分 巳時					1/5 21時40分 亥時					
國曆		農曆		干支	國曆		農曆		干支	國曆		農曆		干支	國曆		農曆		干支	國曆		農曆		干支	國曆		農曆		干支	日
8	7	7	13	丁卯	9	7	7	15	戊戌	10	8	8	17	己巳	11	7	9	17	己亥	12	7	10	18	己巳	1	5	11	17	戊戌	中華民國一百五十二、一百五十三年 羊 2063、2064
8	8	7	14	戊辰	9	8	7	16	己亥	10	9	8	18	庚午	11	8	9	18	庚子	12	8	10	19	庚午	1	6	11	18	己亥	
8	9	7	15	己巳	9	9	7	17	庚子	10	10	8	19	辛未	11	9	9	19	辛丑	12	9	10	20	辛未	1	7	11	19	庚子	
8	10	7	16	庚午	9	10	7	18	辛丑	10	11	8	20	壬申	11	10	9	20	壬寅	12	10	10	21	壬申	1	8	11	20	辛丑	
8	11	7	17	辛未	9	11	7	19	壬寅	10	12	8	21	癸酉	11	11	9	21	癸卯	12	11	10	22	癸酉	1	9	11	21	壬寅	
8	12	7	18	壬申	9	12	7	20	癸卯	10	13	8	22	甲戌	11	12	9	22	甲辰	12	12	10	23	甲戌	1	10	11	22	癸卯	
8	13	7	19	癸酉	9	13	7	21	甲辰	10	14	8	23	乙亥	11	13	9	23	乙巳	12	13	10	24	乙亥	1	11	11	23	甲辰	
8	14	7	20	甲戌	9	14	7	22	乙巳	10	15	8	24	丙子	11	14	9	24	丙午	12	14	10	25	丙子	1	12	11	24	乙巳	
8	15	7	21	乙亥	9	15	7	23	丙午	10	16	8	25	丁丑	11	15	9	25	丁未	12	15	10	26	丁丑	1	13	11	25	丙午	
8	16	7	22	丙子	9	16	7	24	丁未	10	17	8	26	戊寅	11	16	9	26	戊申	12	16	10	27	戊寅	1	14	11	26	丁未	
8	17	7	23	丁丑	9	17	7	25	戊申	10	18	8	27	己卯	11	17	9	27	己酉	12	17	10	28	己卯	1	15	11	27	戊申	
8	18	7	24	戊寅	9	18	7	26	己酉	10	19	8	28	庚辰	11	18	9	28	庚戌	12	18	10	29	庚辰	1	16	11	28	己酉	
8	19	7	25	己卯	9	19	7	27	庚戌	10	20	8	29	辛巳	11	19	9	29	辛亥	12	19	10	30	辛巳	1	17	11	29	庚戌	
8	20	7	26	庚辰	9	20	7	28	辛亥	10	21	8	30	壬午	11	20	10	1	壬子	12	20	11	1	壬午	1	18	12	1	辛亥	
8	21	7	27	辛巳	9	21	7	29	壬子	10	22	9	1	癸未	11	21	10	2	癸丑	12	21	11	2	癸未	1	19	12	2	壬子	
8	22	7	28	壬午	9	22	8	1	癸丑	10	23	9	2	甲申	11	22	10	3	甲寅	12	22	11	3	甲申	1	20	12	3	癸丑	
	23	7	29	癸未	9	23	8	2	甲寅	10	24	9	3	乙酉	11	23	10	4	乙卯	12	23	11	4	乙酉	1	21	12	4	甲寅	
	24	閏7	1	甲申	9	24	8	3	乙卯	10	25	9	4	丙戌	11	24	10	5	丙辰	12	24	11	5	丙戌	1	22	12	5	乙卯	
	25	7	2	乙酉	9	25	8	4	丙辰	10	26	9	5	丁亥	11	25	10	6	丁巳	12	25	11	6	丁亥	1	23	12	6	丙辰	
	26	7	3	丙戌	9	26	8	5	丁巳	10	27	9	6	戊子	11	26	10	7	戊午	12	26	11	7	戊子	1	24	12	7	丁巳	
	27	7	4	丁亥	9	27	8	6	戊午	10	28	9	7	己丑	11	27	10	8	己未	12	27	11	8	己丑	1	25	12	8	戊午	
	28	7	5	戊子	9	28	8	7	己未	10	29	9	8	庚寅	11	28	10	9	庚申	12	28	11	9	庚寅	1	26	12	9	己未	
	29	7	6	己丑	9	29	8	8	庚申	10	30	9	9	辛卯	11	29	10	10	辛酉	12	29	11	10	辛卯	1	27	12	10	庚申	
	30	7	7	庚寅	9	30	8	9	辛酉	10	31	9	10	壬辰	11	30	10	11	壬戌	12	30	11	11	壬辰	1	28	12	11	辛酉	
	31	7	8	辛卯	10	1	8	10	壬戌	11	1	9	11	癸巳	12	1	10	12	癸亥	12	31	11	12	癸巳	1	29	12	12	壬戌	
	1	7	9	壬辰	10	2	8	11	癸亥	11	2	9	12	甲午	12	2	10	13	甲子	1	1	11	13	甲午	1	30	12	13	癸亥	
	2	7	10	癸巳	10	3	8	12	甲子	11	3	9	13	乙未	12	3	10	14	乙丑	1	2	11	14	乙未	1	31	12	14	甲子	
	3	7	11	甲午	10	4	8	13	乙丑	11	4	9	14	丙申	12	4	10	15	丙寅	1	3	11	15	丙申	2	1	12	15	乙丑	
	4	7	12	乙未	10	5	8	14	丙寅	11	5	9	15	丁酉	12	5	10	16	丁卯	1	4	11	16	丁酉	2	2	12	16	丙寅	
	5	7	13	丙申	10	6	8	15	丁卯	11	6	9	16	戊戌	12	6	10	17	戊辰						2	3	12	17	丁卯	
	6	7	14	丁酉	10	7	8	16	戊辰																					
處暑					秋分					霜降					小雪					冬至					大寒					中氣
3 9時7分 巳時					9/23 7時7分 辰時					10/23 16時52分 申時					11/22 14時47分 未時					12/22 4時20分 寅時					1/20 15時0分 申時					

年	甲申																													
月	丙寅					丁卯					戊辰					己巳					庚午					辛未				
節氣	立春					驚蟄					清明					立夏					芒種					小暑				
	2/4 9時13分 巳時					3/5 2時58分 丑時					4/4 7時23分 辰時					5/5 0時17分 子時					6/5 4時9分 寅時					7/6 14時18分 未時				
日	國曆		農曆		干支	國曆		農曆		干支	國曆		農曆		干支	國曆		農曆		干支	國曆		農曆		干支	國曆		農曆		干支
中華民國一百五十三年 猴 2064	2	4	12	18	戊辰	3	5	1	18	戊戌	4	4	2	18	戊辰	5	5	3	19	己亥	6	5	4	21	庚午	7	6	5	22	辛丑
	2	5	12	19	己巳	3	6	1	19	己亥	4	5	2	19	己巳	5	6	3	20	庚子	6	6	4	22	辛未	7	7	5	23	壬寅
	2	6	12	20	庚午	3	7	1	20	庚子	4	6	2	20	庚午	5	7	3	21	辛丑	6	7	4	23	壬申	7	8	5	24	癸卯
	2	7	12	21	辛未	3	8	1	21	辛丑	4	7	2	21	辛未	5	8	3	22	壬寅	6	8	4	24	癸酉	7	9	5	25	甲辰
	2	8	12	22	壬申	3	9	1	22	壬寅	4	8	2	22	壬申	5	9	3	23	癸卯	6	9	4	25	甲戌	7	10	5	26	乙巳
	2	9	12	23	癸酉	3	10	1	23	癸卯	4	9	2	23	癸酉	5	10	3	24	甲辰	6	10	4	26	乙亥	7	11	5	27	丙午
	2	10	12	24	甲戌	3	11	1	24	甲辰	4	10	2	24	甲戌	5	11	3	25	乙巳	6	11	4	27	丙子	7	12	5	28	丁未
	2	11	12	25	乙亥	3	12	1	25	乙巳	4	11	2	25	乙亥	5	12	3	26	丙午	6	12	4	28	丁丑	7	13	5	29	戊申
	2	12	12	26	丙子	3	13	1	26	丙午	4	12	2	26	丙子	5	13	3	27	丁未	6	13	4	29	戊寅	7	14	6	1	己酉
	2	13	12	27	丁丑	3	14	1	27	丁未	4	13	2	27	丁丑	5	14	3	28	戊申	6	14	4	30	己卯	7	15	6	2	庚戌
	2	14	12	28	戊寅	3	15	1	28	戊申	4	14	2	28	戊寅	5	15	3	29	己酉	6	15	5	1	庚辰	7	16	6	3	辛亥
	2	15	12	29	己卯	3	16	1	29	己酉	4	15	2	29	己卯	5	16	4	1	庚戌	6	16	5	2	辛巳	7	17	6	4	壬子
	2	16	12	30	庚辰	3	17	1	30	庚戌	4	16	2	30	庚辰	5	17	4	2	辛亥	6	17	5	3	壬午	7	18	6	5	癸丑
	2	17	1	1	辛巳	3	18	2	1	辛亥	4	17	3	1	辛巳	5	18	4	3	壬子	6	18	5	4	癸未	7	19	6	6	甲寅
	2	18	1	2	壬午	3	19	2	2	壬子	4	18	3	2	壬午	5	19	4	4	癸丑	6	19	5	5	甲申	7	20	6	7	乙卯
	2	19	1	3	癸未	3	20	2	3	癸丑	4	19	3	3	癸未	5	20	4	5	甲寅	6	20	5	6	乙酉	7	21	6	8	丙辰
	2	20	1	4	甲申	3	21	2	4	甲寅	4	20	3	4	甲申	5	21	4	6	乙卯	6	21	5	7	丙戌	7	22	6	9	丁巳
	2	21	1	5	乙酉	3	22	2	5	乙卯	4	21	3	5	乙酉	5	22	4	7	丙辰	6	22	5	8	丁亥	7	23	6	10	戊午
	2	22	1	6	丙戌	3	23	2	6	丙辰	4	22	3	6	丙戌	5	23	4	8	丁巳	6	23	5	9	戊子	7	24	6	11	己未
	2	23	1	7	丁亥	3	24	2	7	丁巳	4	23	3	7	丁亥	5	24	4	9	戊午	6	24	5	10	己丑	7	25	6	12	庚申
	2	24	1	8	戊子	3	25	2	8	戊午	4	24	3	8	戊子	5	25	4	10	己未	6	25	5	11	庚寅	7	26	6	13	辛酉
	2	25	1	9	己丑	3	26	2	9	己未	4	25	3	9	己丑	5	26	4	11	庚申	6	26	5	12	辛卯	7	27	6	14	壬
	2	26	1	10	庚寅	3	27	2	10	庚申	4	26	3	10	庚寅	5	27	4	12	辛酉	6	27	5	13	壬辰	7	28	6	15	癸
	2	27	1	11	辛卯	3	28	2	11	辛酉	4	27	3	11	辛卯	5	28	4	13	壬戌	6	28	5	14	癸巳	7	29	6	16	甲
	2	28	1	12	壬辰	3	29	2	12	壬戌	4	28	3	12	壬辰	5	29	4	14	癸亥	6	29	5	15	甲午	7	30	6	17	乙
	2	29	1	13	癸巳	3	30	2	13	癸亥	4	29	3	13	癸巳	5	30	4	15	甲子	6	30	5	16	乙未	7	31	6	18	丙
	3	1	1	14	甲午	3	31	2	14	甲子	4	30	3	14	甲午	5	31	4	16	乙丑	7	1	5	17	丙申	8	1	6	19	丁
	3	2	1	15	乙未	4	1	2	15	乙丑	5	1	3	15	乙未	6	1	4	17	丙寅	7	2	5	18	丁酉	8	2	6	20	戊
	3	3	1	16	丙申	4	2	2	16	丙寅	5	2	3	16	丙申	6	2	4	18	丁卯	7	3	5	19	戊戌	8	3	6	21	己
	3	4	1	17	丁酉	4	3	2	17	丁卯	5	3	3	17	丁酉	6	3	4	19	戊辰	7	4	5	20	己亥	8	4	6	22	庚
											5	4	3	18	戊戌	6	4	4	20	己巳	7	5	5	21	庚子	8	5	6	23	辛
																										8	6	6	24	壬
中氣	雨水					春分					穀雨					小滿					夏至					大暑				
	2/19 4時58分 寅時					3/20 3時37分 寅時					4/19 14時14分 未時					5/20 13時0分 未時					6/20 20時44分 戌時					7/22 7時38分 辰				

甲申																														年
壬申					癸酉					甲戌					乙亥					丙子					丁丑					月
立秋					白露					寒露					立冬					大雪					小寒					節氣
8/7 0時13分 子時					9/7 3時25分 寅時					10/7 19時27分 戌時					11/6 23時0分 子時					12/6 16時8分 申時					1/5 3時28分 寅時					
國曆		農曆		干支	國曆		農曆		干支	國曆		農曆		干支	國曆		農曆		干支	國曆		農曆		干支	國曆		農曆		干支	日
8	7	6	25	癸酉	9	7	7	26	甲辰	10	7	8	27	甲戌	11	6	9	28	甲辰	12	6	10	28	甲戌	1	5	11	29	甲辰	中華民國一百五十三、一百五十四年 猴 2064、2065
8	8	6	26	甲戌	9	8	7	27	乙巳	10	8	8	28	乙亥	11	7	9	29	乙巳	12	7	10	29	乙亥	1	6	11	30	乙巳	
8	9	6	27	乙亥	9	9	7	28	丙午	10	9	8	29	丙子	11	8	9	30	丙午	12	8	11	1	丙子	1	7	12	1	丙午	
8	10	6	28	丙子	9	10	7	29	丁未	10	10	9	1	丁丑	11	9	10	1	丁未	12	9	11	2	丁丑	1	8	12	2	丁未	
8	11	6	29	丁丑	9	11	8	1	戊申	10	11	9	2	戊寅	11	10	10	2	戊申	12	10	11	3	戊寅	1	9	12	3	戊申	
8	12	6	30	戊寅	9	12	8	2	己酉	10	12	9	3	己卯	11	11	10	3	己酉	12	11	11	4	己卯	1	10	12	4	己酉	
8	13	7	1	己卯	9	13	8	3	庚戌	10	13	9	4	庚辰	11	12	10	4	庚戌	12	12	11	5	庚辰	1	11	12	5	庚戌	
8	14	7	2	庚辰	9	14	8	4	辛亥	10	14	9	5	辛巳	11	13	10	5	辛亥	12	13	11	6	辛巳	1	12	12	6	辛亥	
8	15	7	3	辛巳	9	15	8	5	壬子	10	15	9	6	壬午	11	14	10	6	壬子	12	14	11	7	壬午	1	13	12	7	壬子	
8	16	7	4	壬午	9	16	8	6	癸丑	10	16	9	7	癸未	11	15	10	7	癸丑	12	15	11	8	癸未	1	14	12	8	癸丑	
8	17	7	5	癸未	9	17	8	7	甲寅	10	17	9	8	甲申	11	16	10	8	甲寅	12	16	11	9	甲申	1	15	12	9	甲寅	
8	18	7	6	甲申	9	18	8	8	乙卯	10	18	9	9	乙酉	11	17	10	9	乙卯	12	17	11	10	乙酉	1	16	12	10	乙卯	
8	19	7	7	乙酉	9	19	8	9	丙辰	10	19	9	10	丙戌	11	18	10	10	丙辰	12	18	11	11	丙戌	1	17	12	11	丙辰	
8	20	7	8	丙戌	9	20	8	10	丁巳	10	20	9	11	丁亥	11	19	10	11	丁巳	12	19	11	12	丁亥	1	18	12	12	丁巳	
8	21	7	9	丁亥	9	21	8	11	戊午	10	21	9	12	戊子	11	20	10	12	戊午	12	20	11	13	戊子	1	19	12	13	戊午	
8	22	7	10	戊子	9	22	8	12	己未	10	22	9	13	己丑	11	21	10	13	己未	12	21	11	14	己丑	1	20	12	14	己未	
8	23	7	11	己丑	9	23	8	13	庚申	10	23	9	14	庚寅	11	22	10	14	庚申	12	22	11	15	庚寅	1	21	12	15	庚申	
8	24	7	12	庚寅	9	24	8	14	辛酉	10	24	9	15	辛卯	11	23	10	15	辛酉	12	23	11	16	辛卯	1	22	12	16	辛酉	
8	25	7	13	辛卯	9	25	8	15	壬戌	10	25	9	16	壬辰	11	24	10	16	壬戌	12	24	11	17	壬辰	1	23	12	17	壬戌	
8	26	7	14	壬辰	9	26	8	16	癸亥	10	26	9	17	癸巳	11	25	10	17	癸亥	12	25	11	18	癸巳	1	24	12	18	癸亥	
	27	7	15	癸巳	9	27	8	17	甲子	10	27	9	18	甲午	11	26	10	18	甲子	12	26	11	19	甲午	1	25	12	19	甲子	
	28	7	16	甲午	9	28	8	18	乙丑	10	28	9	19	乙未	11	27	10	19	乙丑	12	27	11	20	乙未	1	26	12	20	乙丑	
	29	7	17	乙未	9	29	8	19	丙寅	10	29	9	20	丙申	11	28	10	20	丙寅	12	28	11	21	丙申	1	27	12	21	丙寅	
	30	7	18	丙申	9	30	8	20	丁卯	10	30	9	21	丁酉	11	29	10	21	丁卯	12	29	11	22	丁酉	1	28	12	22	丁卯	
	31	7	19	丁酉	10	1	8	21	戊辰	10	31	9	22	戊戌	11	30	10	22	戊辰	12	30	11	23	戊戌	1	29	12	23	戊辰	
	1	7	20	戊戌	10	2	8	22	己巳	11	1	9	23	己亥	12	1	10	23	己巳	12	31	11	24	己亥	1	30	12	24	己巳	
	2	7	21	己亥	10	3	8	23	庚午	11	2	9	24	庚子	12	2	10	24	庚午	1	1	11	25	庚子	1	31	12	25	庚午	
	3	7	22	庚子	10	4	8	24	辛未	11	3	9	25	辛丑	12	3	10	25	辛未	1	2	11	26	辛丑	2	1	12	26	辛未	
	4	7	23	辛丑	10	5	8	25	壬申	11	4	9	26	壬寅	12	4	10	26	壬申	1	3	11	27	壬寅	2	2	12	27	壬申	
	5	7	24	壬寅	10	6	8	26	癸酉	11	5	9	27	癸卯	12	5	10	27	癸酉	1	4	11	28	癸卯						
	6	7	25	癸卯																										
處暑					秋分					霜降					小雪					冬至					大寒					中氣
2 14時55分 未時					9/22 12時56分 午時					10/22 22時41分 亥時					11/21 20時35分 戌時					12/21 10時7分 巳時					1/19 20時47分 戌時					

年	乙酉																													
月	戊寅					己卯					庚辰					辛巳					壬午					癸未				
節氣	立春					驚蟄					清明					立夏					芒種					小暑				
	2/3 15時2分 申時					3/5 8時48分 辰時					4/4 13時13分 未時					5/5 6時4分 卯時					6/5 9時51分 巳時					7/6 19時55分 戌時				
日	國曆		農曆		干支	國曆		農曆		干支	國曆		農曆		干支	國曆		農曆		干支	國曆		農曆		干支	國曆		農曆		干支
中華民國一百五十四年 雞 2065	2	3	12	28	癸酉	3	5	1	29	癸卯	4	4	2	29	癸酉	5	5	4	1	甲辰	6	5	5	2	乙亥	7	6	6	3	丙午
	2	4	12	29	甲戌	3	6	1	30	甲辰	4	5	2	30	甲戌	5	6	4	2	乙巳	6	6	5	3	丙子	7	7	6	4	丁未
	2	5	1	1	乙亥	3	7	2	1	乙巳	4	6	3	1	乙亥	5	7	4	3	丙午	6	7	5	4	丁丑	7	8	6	5	戊申
	2	6	1	2	丙子	3	8	2	2	丙午	4	7	3	2	丙子	5	8	4	4	丁未	6	8	5	5	戊寅	7	9	6	6	己酉
	2	7	1	3	丁丑	3	9	2	3	丁未	4	8	3	3	丁丑	5	9	4	5	戊申	6	9	5	6	己卯	7	10	6	7	庚戌
	2	8	1	4	戊寅	3	10	2	4	戊申	4	9	3	4	戊寅	5	10	4	6	己酉	6	10	5	7	庚辰	7	11	6	8	辛亥
	2	9	1	5	己卯	3	11	2	5	己酉	4	10	3	5	己卯	5	11	4	7	庚戌	6	11	5	8	辛巳	7	12	6	9	壬子
	2	10	1	6	庚辰	3	12	2	6	庚戌	4	11	3	6	庚辰	5	12	4	8	辛亥	6	12	5	9	壬午	7	13	6	10	癸丑
	2	11	1	7	辛巳	3	13	2	7	辛亥	4	12	3	7	辛巳	5	13	4	9	壬子	6	13	5	10	癸未	7	14	6	11	甲寅
	2	12	1	8	壬午	3	14	2	8	壬子	4	13	3	8	壬午	5	14	4	10	癸丑	6	14	5	11	甲申	7	15	6	12	乙卯
	2	13	1	9	癸未	3	15	2	9	癸丑	4	14	3	9	癸未	5	15	4	11	甲寅	6	15	5	12	乙酉	7	16	6	13	丙辰
	2	14	1	10	甲申	3	16	2	10	甲寅	4	15	3	10	甲申	5	16	4	12	乙卯	6	16	5	13	丙戌	7	17	6	14	丁巳
	2	15	1	11	乙酉	3	17	2	11	乙卯	4	16	3	11	乙酉	5	17	4	13	丙辰	6	17	5	14	丁亥	7	18	6	15	戊午
	2	16	1	12	丙戌	3	18	2	12	丙辰	4	17	3	12	丙戌	5	18	4	14	丁巳	6	18	5	15	戊子	7	19	6	16	己未
	2	17	1	13	丁亥	3	19	2	13	丁巳	4	18	3	13	丁亥	5	19	4	15	戊午	6	19	5	16	己丑	7	20	6	17	庚申
	2	18	1	14	戊子	3	20	2	14	戊午	4	19	3	14	戊子	5	20	4	16	己未	6	20	5	17	庚寅	7	21	6	18	辛酉
	2	19	1	15	己丑	3	21	2	15	己未	4	20	3	15	己丑	5	21	4	17	庚申	6	21	5	18	辛卯	7	22	6	19	壬戌
	2	20	1	16	庚寅	3	22	2	16	庚申	4	21	3	16	庚寅	5	22	4	18	辛酉	6	22	5	19	壬辰	7	23	6	20	癸亥
	2	21	1	17	辛卯	3	23	2	17	辛酉	4	22	3	17	辛卯	5	23	4	19	壬戌	6	23	5	20	癸巳	7	24	6	21	甲子
	2	22	1	18	壬辰	3	24	2	18	壬戌	4	23	3	18	壬辰	5	24	4	20	癸亥	6	24	5	21	甲午	7	25	6	22	乙丑
	2	23	1	19	癸巳	3	25	2	19	癸亥	4	24	3	19	癸巳	5	25	4	21	甲子	6	25	5	22	乙未	7	26	6	23	丙寅
	2	24	1	20	甲午	3	26	2	20	甲子	4	25	3	20	甲午	5	26	4	22	乙丑	6	26	5	23	丙申	7	27	6	24	丁卯
	2	25	1	21	乙未	3	27	2	21	乙丑	4	26	3	21	乙未	5	27	4	23	丙寅	6	27	5	24	丁酉	7	28	6	25	戊
	2	26	1	22	丙申	3	28	2	22	丙寅	4	27	3	22	丙申	5	28	4	24	丁卯	6	28	5	25	戊戌	7	29	6	26	己
	2	27	1	23	丁酉	3	29	2	23	丁卯	4	28	3	23	丁酉	5	29	4	25	戊辰	6	29	5	26	己亥	7	30	6	27	庚
	2	28	1	24	戊戌	3	30	2	24	戊辰	4	29	3	24	戊戌	5	30	4	26	己巳	6	30	5	27	庚子	7	31	6	28	辛
	3	1	1	25	己亥	3	31	2	25	己巳	4	30	3	25	己亥	5	31	4	27	庚午	7	1	5	28	辛丑	8	1	6	29	壬
	3	2	1	26	庚子	4	1	2	26	庚午	5	1	3	26	庚子	6	1	4	28	辛未	7	2	5	29	壬寅	8	2	7	1	癸
	3	3	1	27	辛丑	4	2	2	27	辛未	5	2	3	27	辛丑	6	2	4	29	壬申	7	3	5	30	癸卯	8	3	7	2	甲
	3	4	1	28	壬寅	4	3	2	28	壬申	5	3	3	28	壬寅	6	3	4	30	癸酉	7	4	6	1	甲辰	8	4	7	3	乙
											5	4	3	29	癸卯	6	4	5	1	甲戌	7	5	6	2	乙巳	8	5	7	4	丙
																										8	6	7	5	丁
中氣	雨水					春分					穀雨					小滿					夏至					大暑				
	2/18 10時46分 巳時					3/20 9時27分 巳時					4/19 20時5分 戌時					5/20 18時49分 酉時					6/21 2時31分 丑時					7/22 13時23分				

乙酉																														年
甲申					乙酉					丙戌					丁亥					戊子					己丑					月
立秋					白露					寒露					立冬					大雪					小寒					節氣
8/7 5時48分 卯時					9/7 9時1分 巳時					10/8 1時5分 丑時					11/7 4時41分 寅時					12/6 21時52分 亥時					1/5 9時13分 巳時					
國曆		農曆		干支	國曆		農曆		干支	國曆		農曆		干支	國曆		農曆		干支	國曆		農曆		干支	國曆		農曆		干支	日
8	7	7	6	戊寅	9	7	8	7	己酉	10	8	9	9	庚辰	11	7	10	10	庚戌	12	6	11	9	己卯	1	5	12	10	己酉	中華民國一百五十四、一百五十五年 雞 2065、2066
8	8	7	7	己卯	9	8	8	8	庚戌	10	9	9	10	辛巳	11	8	10	11	辛亥	12	7	11	10	庚辰	1	6	12	11	庚戌	
8	9	7	8	庚辰	9	9	8	9	辛亥	10	10	9	11	壬午	11	9	10	12	壬子	12	8	11	11	辛巳	1	7	12	12	辛亥	
8	10	7	9	辛巳	9	10	8	10	壬子	10	11	9	12	癸未	11	10	10	13	癸丑	12	9	11	12	壬午	1	8	12	13	壬子	
8	11	7	10	壬午	9	11	8	11	癸丑	10	12	9	13	甲申	11	11	10	14	甲寅	12	10	11	13	癸未	1	9	12	14	癸丑	
8	12	7	11	癸未	9	12	8	12	甲寅	10	13	9	14	乙酉	11	12	10	15	乙卯	12	11	11	14	甲申	1	10	12	15	甲寅	
8	13	7	12	甲申	9	13	8	13	乙卯	10	14	9	15	丙戌	11	13	10	16	丙辰	12	12	11	15	乙酉	1	11	12	16	乙卯	
8	14	7	13	乙酉	9	14	8	14	丙辰	10	15	9	16	丁亥	11	14	10	17	丁巳	12	13	11	16	丙戌	1	12	12	17	丙辰	
8	15	7	14	丙戌	9	15	8	15	丁巳	10	16	9	17	戊子	11	15	10	18	戊午	12	14	11	17	丁亥	1	13	12	18	丁巳	
8	16	7	15	丁亥	9	16	8	16	戊午	10	17	9	18	己丑	11	16	10	19	己未	12	15	11	18	戊子	1	14	12	19	戊午	
8	17	7	16	戊子	9	17	8	17	己未	10	18	9	19	庚寅	11	17	10	20	庚申	12	16	11	19	己丑	1	15	12	20	己未	
8	18	7	17	己丑	9	18	8	18	庚申	10	19	9	20	辛卯	11	18	10	21	辛酉	12	17	11	20	庚寅	1	16	12	21	庚申	
8	19	7	18	庚寅	9	19	8	19	辛酉	10	20	9	21	壬辰	11	19	10	22	壬戌	12	18	11	21	辛卯	1	17	12	22	辛酉	
8	20	7	19	辛卯	9	20	8	20	壬戌	10	21	9	22	癸巳	11	20	10	23	癸亥	12	19	11	22	壬辰	1	18	12	23	壬戌	
8	21	7	20	壬辰	9	21	8	21	癸亥	10	22	9	23	甲午	11	21	10	24	甲子	12	20	11	23	癸巳	1	19	12	24	癸亥	
8	22	7	21	癸巳	9	22	8	22	甲子	10	23	9	24	乙未	11	22	10	25	乙丑	12	21	11	24	甲午	1	20	12	25	甲子	
8	23	7	22	甲午	9	23	8	23	乙丑	10	24	9	25	丙申	11	23	10	26	丙寅	12	22	11	25	乙未	1	21	12	26	乙丑	
8	24	7	23	乙未	9	24	8	24	丙寅	10	25	9	26	丁酉	11	24	10	27	丁卯	12	23	11	26	丙申	1	22	12	27	丙寅	
8	25	7	24	丙申	9	25	8	25	丁卯	10	26	9	27	戊戌	11	25	10	28	戊辰	12	24	11	27	丁酉	1	23	12	28	丁卯	
8	26	7	25	丁酉	9	26	8	26	戊辰	10	27	9	28	己亥	11	26	10	29	己巳	12	25	11	28	戊戌	1	24	12	29	戊辰	
8	27	7	26	戊戌	9	27	8	27	己巳	10	28	9	29	庚子	11	27	10	30	庚午	12	26	11	29	己亥	1	25	12	30	己巳	
8	28	7	27	己亥	9	28	8	28	庚午	10	29	10	1	辛丑	11	28	11	1	辛未	12	27	12	1	庚子	1	26	1	1	庚午	
8	29	7	28	庚子	9	29	8	29	辛未	10	30	10	2	壬寅	11	29	11	2	壬申	12	28	12	2	辛丑	1	27	1	2	辛未	
8	30	7	29	辛丑	9	30	9	1	壬申	10	31	10	3	癸卯	11	30	11	3	癸酉	12	29	12	3	壬寅	1	28	1	3	壬申	
8	31	7	30	壬寅	10	1	9	2	癸酉	11	1	10	4	甲辰	12	1	11	4	甲戌	12	30	12	4	癸卯	1	29	1	4	癸酉	
9	1	8	1	癸卯	10	2	9	3	甲戌	11	2	10	5	乙巳	12	2	11	5	乙亥	12	31	12	5	甲辰	1	30	1	5	甲戌	
9	2	8	2	甲辰	10	3	9	4	乙亥	11	3	10	6	丙午	12	3	11	6	丙子	1	1	12	6	乙巳	1	31	1	6	乙亥	
9	3	8	3	乙巳	10	4	9	5	丙子	11	4	10	7	丁未	12	4	11	7	丁丑	1	2	12	7	丙午	2	1	1	7	丙子	
9	4	8	4	丙午	10	5	9	6	丁丑	11	5	10	8	戊申	12	5	11	8	戊寅	1	3	12	8	丁未	2	2	1	8	丁丑	
9	5	8	5	丁未	10	6	9	7	戊寅	11	6	10	9	己酉						1	4	12	9	戊申						
9	6	8	6	戊申	10	7	9	8	己卯																					
處暑					秋分					霜降					小雪					冬至					大寒					中氣
8/22 20時40分 戌時					9/22 18時41分 酉時					10/23 4時28分 寅時					11/22 2時25分 丑時					12/21 15時59分 申時					1/20 2時41分 丑時					

年	丙戌														
月	庚寅					辛卯					壬辰				
節氣	立春					驚蟄					清明				
	2/3 20時48分 戌時					3/5 14時33分 未時					4/4 18時56分 酉時				
日	國曆		農曆		干支	國曆		農曆		干支	國曆		農曆		干支
中華民國一百五十五年 狗	2	3	1	9	戊寅	3	5	2	10	戊申	4	4	3	10	戊寅
	2	4	1	10	己卯	3	6	2	11	己酉	4	5	3	11	己卯
	2	5	1	11	庚辰	3	7	2	12	庚戌	4	6	3	12	庚辰
	2	6	1	12	辛巳	3	8	2	13	辛亥	4	7	3	13	辛巳
	2	7	1	13	壬午	3	9	2	14	壬子	4	8	3	14	壬午
	2	8	1	14	癸未	3	10	2	15	癸丑	4	9	3	15	癸未
	2	9	1	15	甲申	3	11	2	16	甲寅	4	10	3	16	甲申
	2	10	1	16	乙酉	3	12	2	17	乙卯	4	11	3	17	乙酉
	2	11	1	17	丙戌	3	13	2	18	丙辰	4	12	3	18	丙戌
	2	12	1	18	丁亥	3	14	2	19	丁巳	4	13	3	19	丁亥
	2	13	1	19	戊子	3	15	2	20	戊午	4	14	3	20	戊子
	2	14	1	20	己丑	3	16	2	21	己未	4	15	3	21	己丑
	2	15	1	21	庚寅	3	17	2	22	庚申	4	16	3	22	庚寅
	2	16	1	22	辛卯	3	18	2	23	辛酉	4	17	3	23	辛卯
	2	17	1	23	壬辰	3	19	2	24	壬戌	4	18	3	24	壬辰
	2	18	1	24	癸巳	3	20	2	25	癸亥	4	19	3	25	癸巳
	2	19	1	25	甲午	3	21	2	26	甲子	4	20	3	26	甲午
	2	20	1	26	乙未	3	22	2	27	乙丑	4	21	3	27	乙未
	2	21	1	27	丙申	3	23	2	28	丙寅	4	22	3	28	丙申
	2	22	1	28	丁酉	3	24	2	29	丁卯	4	23	3	29	丁酉
	2	23	1	29	戊戌	3	25	2	30	戊辰	4	24	4	1	戊戌
	2	24	2	1	己亥	3	26	3	1	己巳	4	25	4	2	己亥
2066	2	25	2	2	庚子	3	27	3	2	庚午	4	26	4	3	庚子
	2	26	2	3	辛丑	3	28	3	3	辛未	4	27	4	4	辛丑
	2	27	2	4	壬寅	3	29	3	4	壬申	4	28	4	5	壬寅
	2	28	2	5	癸卯	3	30	3	5	癸酉	4	29	4	6	癸卯
	3	1	2	6	甲辰	3	31	3	6	甲戌	4	30	4	7	甲辰
	3	2	2	7	乙巳	4	1	3	7	乙亥	5	1	4	8	乙巳
	3	3	2	8	丙午	4	2	3	8	丙子	5	2	4	9	丙午
	3	4	2	9	丁未	4	3	3	9	丁丑	5	3	4	10	丁未
											5	4	4	11	戊申
中氣	雨水					春分					穀雨				
	2/18 16時39分 申時					3/20 15時18分 申時					4/20 1時54分 丑時				

年	丙戌														
月	癸巳					甲午					乙未				
節氣	立夏					芒種					小暑				
	5/5 11時47分 午時					6/5 15時35分 申時					7/7 1時41分 丑時				
日	國曆		農曆		干支	國曆		農曆		干支	國曆		農曆		干支
中華民國一百五十五年 狗	5	5	4	12	己酉	6	5	5	13	庚辰	7	7	5	15	壬子
	5	6	4	13	庚戌	6	6	5	14	辛巳	7	8	5	16	癸丑
	5	7	4	14	辛亥	6	7	5	15	壬午	7	9	5	17	甲寅
	5	8	4	15	壬子	6	8	5	16	癸未	7	10	5	18	乙卯
	5	9	4	16	癸丑	6	9	5	17	甲申	7	11	5	19	丙辰
	5	10	4	17	甲寅	6	10	5	18	乙酉	7	12	5	20	丁巳
	5	11	4	18	乙卯	6	11	5	19	丙戌	7	13	5	21	戊午
	5	12	4	19	丙辰	6	12	5	20	丁亥	7	14	5	22	己未
	5	13	4	20	丁巳	6	13	5	21	戊子	7	15	5	23	庚申
	5	14	4	21	戊午	6	14	5	22	己丑	7	16	5	24	辛酉
	5	15	4	22	己未	6	15	5	23	庚寅	7	17	5	25	壬戌
	5	16	4	23	庚申	6	16	5	24	辛卯	7	18	5	26	癸亥
	5	17	4	24	辛酉	6	17	5	25	壬辰	7	19	5	27	甲子
	5	18	4	25	壬戌	6	18	5	26	癸巳	7	20	5	28	乙丑
	5	19	4	26	癸亥	6	19	5	27	甲午	7	21	5	29	丙寅
	5	20	4	27	甲子	6	20	5	28	乙未	7	22	6	1	丁卯
	5	21	4	28	乙丑	6	21	5	29	丙申	7	23	6	2	戊辰
	5	22	4	29	丙寅	6	22	5	30	丁酉	7	24	6	3	己巳
	5	23	4	30	丁卯	6	23	閏5	1	戊戌	7	25	6	4	庚午
	5	24	5	1	戊辰	6	24	5	2	己亥	7	26	6	5	辛未
	5	25	5	2	己巳	6	25	5	3	庚子	7	27	6	6	壬申
	5	26	5	3	庚午	6	26	5	4	辛丑	7	28	6	7	癸酉
2066	5	27	5	4	辛未	6	27	5	5	壬寅	7	29	6	8	甲戌
	5	28	5	5	壬申	6	28	5	6	癸卯	7	30	6	9	乙亥
	5	29	5	6	癸酉	6	29	5	7	甲辰	7	31	6	10	丙子
	5	30	5	7	甲戌	6	30	5	8	乙巳	8	1	6	11	丁丑
	5	31	5	8	乙亥	7	1	5	9	丙午	8	2	6	12	戊寅
	6	1	5	9	丙子	7	2	5	10	丁未	8	3	6	13	己卯
	6	2	5	10	丁丑	7	3	5	11	戊申	8	4	6	14	庚辰
	6	3	5	11	戊寅	7	4	5	12	己酉	8	5	6	15	辛巳
	6	4	5	12	己卯	7	5	5	13	庚戌	8	6	6	16	壬午
						7	6	5	14	辛亥					
中氣	小滿					夏至					大暑				
	5/21 0時36分 子時					6/21 8時15分 辰時					7/22 19時5分 戌時				

丙戌																														年
丙申					丁酉					戊戌					己亥					庚子					辛丑					月
立秋					白露					寒露					立冬					大雪					小寒					節氣
8/7 11時36分 午時					9/7 14時52分 未時					10/8 6時59分 卯時					11/7 10時38分 巳時					12/7 3時47分 寅時					1/5 15時6分 申時					
國曆		農曆		干支	國曆		農曆		干支	國曆		農曆		干支	國曆		農曆		干支	國曆		農曆		干支	國曆		農曆		干支	日
8	7	6	17	癸未	9	7	7	18	甲寅	10	8	8	20	乙酉	11	7	9	20	乙卯	12	7	10	21	乙酉	1	5	11	20	甲寅	
8	8	6	18	甲申	9	8	7	19	乙卯	10	9	8	21	丙戌	11	8	9	21	丙辰	12	8	10	22	丙戌	1	6	11	21	乙卯	
8	9	6	19	乙酉	9	9	7	20	丙辰	10	10	8	22	丁亥	11	9	9	22	丁巳	12	9	10	23	丁亥	1	7	11	22	丙辰	
8	10	6	20	丙戌	9	10	7	21	丁巳	10	11	8	23	戊子	11	10	9	23	戊午	12	10	10	24	戊子	1	8	11	23	丁巳	
8	11	6	21	丁亥	9	11	7	22	戊午	10	12	8	24	己丑	11	11	9	24	己未	12	11	10	25	己丑	1	9	11	24	戊午	
8	12	6	22	戊子	9	12	7	23	己未	10	13	8	25	庚寅	11	12	9	25	庚申	12	12	10	26	庚寅	1	10	11	25	己未	
8	13	6	23	己丑	9	13	7	24	庚申	10	14	8	26	辛卯	11	13	9	26	辛酉	12	13	10	27	辛卯	1	11	11	26	庚申	
8	14	6	24	庚寅	9	14	7	25	辛酉	10	15	8	27	壬辰	11	14	9	27	壬戌	12	14	10	28	壬辰	1	12	11	27	辛酉	
8	15	6	25	辛卯	9	15	7	26	壬戌	10	16	8	28	癸巳	11	15	9	28	癸亥	12	15	10	29	癸巳	1	13	11	28	壬戌	
8	16	6	26	壬辰	9	16	7	27	癸亥	10	17	8	29	甲午	11	16	9	29	甲子	12	16	10	30	甲午	1	14	11	29	癸亥	
8	17	6	27	癸巳	9	17	7	28	甲子	10	18	8	30	乙未	11	17	10	1	乙丑	12	17	11	1	乙未	1	15	12	1	甲子	
8	18	6	28	甲午	9	18	7	29	乙丑	10	19	9	1	丙申	11	18	10	2	丙寅	12	18	11	2	丙申	1	16	12	2	乙丑	
8	19	6	29	乙未	9	19	8	1	丙寅	10	20	9	2	丁酉	11	19	10	3	丁卯	12	19	11	3	丁酉	1	17	12	3	丙寅	
8	20	6	30	丙申	9	20	8	2	丁卯	10	21	9	3	戊戌	11	20	10	4	戊辰	12	20	11	4	戊戌	1	18	12	4	丁卯	
8	21	7	1	丁酉	9	21	8	3	戊辰	10	22	9	4	己亥	11	21	10	5	己巳	12	21	11	5	己亥	1	19	12	5	戊辰	
8	22	7	2	戊戌	9	22	8	4	己巳	10	23	9	5	庚子	11	22	10	6	庚午	12	22	11	6	庚子	1	20	12	6	己巳	
8	23	7	3	己亥	9	23	8	5	庚午	10	24	9	6	辛丑	11	23	10	7	辛未	12	23	11	7	辛丑	1	21	12	7	庚午	
8	24	7	4	庚子	9	24	8	6	辛未	10	25	9	7	壬寅	11	24	10	8	壬申	12	24	11	8	壬寅	1	22	12	8	辛未	
8	25	7	5	辛丑	9	25	8	7	壬申	10	26	9	8	癸卯	11	25	10	9	癸酉	12	25	11	9	癸卯	1	23	12	9	壬申	
8	26	7	6	壬寅	9	26	8	8	癸酉	10	27	9	9	甲辰	11	26	10	10	甲戌	12	26	11	10	甲辰	1	24	12	10	癸酉	
8	27	7	7	癸卯	9	27	8	9	甲戌	10	28	9	10	乙巳	11	27	10	11	乙亥	12	27	11	11	乙巳	1	25	12	11	甲戌	
8	28	7	8	甲辰	9	28	8	10	乙亥	10	29	9	11	丙午	11	28	10	12	丙子	12	28	11	12	丙午	1	26	12	12	乙亥	
8	29	7	9	乙巳	9	29	8	11	丙子	10	30	9	12	丁未	11	29	10	13	丁丑	12	29	11	13	丁未	1	27	12	13	丙子	
8	30	7	10	丙午	9	30	8	12	丁丑	10	31	9	13	戊申	11	30	10	14	戊寅	12	30	11	14	戊申	1	28	12	14	丁丑	
8	31	7	11	丁未	10	1	8	13	戊寅	11	1	9	14	己酉	12	1	10	15	己卯	12	31	11	15	己酉	1	29	12	15	戊寅	
	1	7	12	戊申	10	2	8	14	己卯	11	2	9	15	庚戌	12	2	10	16	庚辰	1	1	11	16	庚戌	1	30	12	16	己卯	
	2	7	13	己酉	10	3	8	15	庚辰	11	3	9	16	辛亥	12	3	10	17	辛巳	1	2	11	17	辛亥	1	31	12	17	庚辰	
	3	7	14	庚戌	10	4	8	16	辛巳	11	4	9	17	壬子	12	4	10	18	壬午	1	3	11	18	壬子	2	1	12	18	辛巳	
	4	7	15	辛亥	10	5	8	17	壬午	11	5	9	18	癸丑	12	5	10	19	癸未	1	4	11	19	癸丑	2	2	12	19	壬午	
	5	7	16	壬子	10	6	8	18	癸未	11	6	9	19	甲寅	12	6	10	20	甲申						2	3	12	20	癸未	
	6	7	17	癸丑	10	7	8	19	甲申																					
處暑					秋分					霜降					小雪					冬至					大寒					中氣
23 2時22分 丑時					9/23 0時26分 子時					10/23 10時15分 巳時					11/22 8時12分 辰時					12/21 21時44分 亥時					1/20 8時22分 辰時					

中華民國一百五十五、一百五十六年 狗

2066、2067

年	丁亥																													
月	壬寅					癸卯					甲辰					乙巳					丙午					丁未				
節氣	立春					驚蟄					清明					立夏					芒種					小暑				
	2/4 2時36分 丑時					3/5 20時17分 戌時					4/5 0時39分 子時					5/5 17時31分 酉時					6/5 21時20分 亥時					7/7 7時28分 辰時				
日	國曆		農曆		干支	國曆		農曆		干支	國曆		農曆		干支	國曆		農曆		干支	國曆		農曆		干支	國曆		農曆		干支
中華民國一百五十六年 豬 2067	2	4	12	21	甲申	3	5	1	20	癸丑	4	5	2	22	甲申	5	5	3	22	甲寅	6	5	4	24	乙酉	7	7	5	26	丁巳
	2	5	12	22	乙酉	3	6	1	21	甲寅	4	6	2	23	乙酉	5	6	3	23	乙卯	6	6	4	25	丙戌	7	8	5	27	戊午
	2	6	12	23	丙戌	3	7	1	22	乙卯	4	7	2	24	丙戌	5	7	3	24	丙辰	6	7	4	26	丁亥	7	9	5	28	己未
	2	7	12	24	丁亥	3	8	1	23	丙辰	4	8	2	25	丁亥	5	8	3	25	丁巳	6	8	4	27	戊子	7	10	5	29	庚申
	2	8	12	25	戊子	3	9	1	24	丁巳	4	9	2	26	戊子	5	9	3	26	戊午	6	9	4	28	己丑	7	11	6	1	辛酉
	2	9	12	26	己丑	3	10	1	25	戊午	4	10	2	27	己丑	5	10	3	27	己未	6	10	4	29	庚寅	7	12	6	2	壬戌
	2	10	12	27	庚寅	3	11	1	26	己未	4	11	2	28	庚寅	5	11	3	28	庚申	6	11	4	30	辛卯	7	13	6	3	癸亥
	2	11	12	28	辛卯	3	12	1	27	庚申	4	12	2	29	辛卯	5	12	3	29	辛酉	6	12	5	1	壬辰	7	14	6	4	甲子
	2	12	12	29	壬辰	3	13	1	28	辛酉	4	13	2	30	壬辰	5	13	4	1	壬戌	6	13	5	2	癸巳	7	15	6	5	乙丑
	2	13	12	30	癸巳	3	14	1	29	壬戌	4	14	3	1	癸巳	5	14	4	2	癸亥	6	14	5	3	甲午	7	16	6	6	丙寅
	2	14	1	1	甲午	3	15	2	1	癸亥	4	15	3	2	甲午	5	15	4	3	甲子	6	15	5	4	乙未	7	17	6	7	丁卯
	2	15	1	2	乙未	3	16	2	2	甲子	4	16	3	3	乙未	5	16	4	4	乙丑	6	16	5	5	丙申	7	18	6	8	戊辰
	2	16	1	3	丙申	3	17	2	3	乙丑	4	17	3	4	丙申	5	17	4	5	丙寅	6	17	5	6	丁酉	7	19	6	9	己巳
	2	17	1	4	丁酉	3	18	2	4	丙寅	4	18	3	5	丁酉	5	18	4	6	丁卯	6	18	5	7	戊戌	7	20	6	10	庚午
	2	18	1	5	戊戌	3	19	2	5	丁卯	4	19	3	6	戊戌	5	19	4	7	戊辰	6	19	5	8	己亥	7	21	6	11	辛未
	2	19	1	6	己亥	3	20	2	6	戊辰	4	20	3	7	己亥	5	20	4	8	己巳	6	20	5	9	庚子	7	22	6	12	壬申
	2	20	1	7	庚子	3	21	2	7	己巳	4	21	3	8	庚子	5	21	4	9	庚午	6	21	5	10	辛丑	7	23	6	13	癸酉
	2	21	1	8	辛丑	3	22	2	8	庚午	4	22	3	9	辛丑	5	22	4	10	辛未	6	22	5	11	壬寅	7	24	6	14	甲戌
	2	22	1	9	壬寅	3	23	2	9	辛未	4	23	3	10	壬寅	5	23	4	11	壬申	6	23	5	12	癸卯	7	25	6	15	乙亥
	2	23	1	10	癸卯	3	24	2	10	壬申	4	24	3	11	癸卯	5	24	4	12	癸酉	6	24	5	13	甲辰	7	26	6	16	丙子
	2	24	1	11	甲辰	3	25	2	11	癸酉	4	25	3	12	甲辰	5	25	4	13	甲戌	6	25	5	14	乙巳	7	27	6	17	丁丑
	2	25	1	12	乙巳	3	26	2	12	甲戌	4	26	3	13	乙巳	5	26	4	14	乙亥	6	26	5	15	丙午	7	28	6	18	戊寅
	2	26	1	13	丙午	3	27	2	13	乙亥	4	27	3	14	丙午	5	27	4	15	丙子	6	27	5	16	丁未	7	29	6	19	己卯
	2	27	1	14	丁未	3	28	2	14	丙子	4	28	3	15	丁未	5	28	4	16	丁丑	6	28	5	17	戊申	7	30	6	20	庚辰
	2	28	1	15	戊申	3	29	2	15	丁丑	4	29	3	16	戊申	5	29	4	17	戊寅	6	29	5	18	己酉	7	31	6	21	辛巳
	3	1	1	16	己酉	3	30	2	16	戊寅	4	30	3	17	己酉	5	30	4	18	己卯	6	30	5	19	庚戌	8	1	6	22	壬午
	3	2	1	17	庚戌	3	31	2	17	己卯	5	1	3	18	庚戌	5	31	4	19	庚辰	7	1	5	20	辛亥	8	2	6	23	癸未
	3	3	1	18	辛亥	4	1	2	18	庚辰	5	2	3	19	辛亥	6	1	4	20	辛巳	7	2	5	21	壬子	8	3	6	24	甲申
	3	4	1	19	壬子	4	2	2	19	辛巳	5	3	3	20	壬子	6	2	4	21	壬午	7	3	5	22	癸丑	8	4	6	25	乙酉
						4	3	2	20	壬午	5	4	3	21	癸丑	6	3	4	22	癸未	7	4	5	23	甲寅	8	5	6	26	丙戌
						4	4	2	21	癸未						6	4	4	23	甲申	7	5	5	24	乙卯	8	6	6	27	丁亥
																					7	6	5	25	丙辰					
中氣	雨水					春分					穀雨					小滿					夏至					大暑				
	2/18 22時16分 亥時					3/20 20時52分 戌時					4/20 7時27分 辰時					5/21 6時12分 卯時					6/21 13時55分 未時					7/23 0時49分 子時				

丁亥																														年
戊申					己酉					庚戌					辛亥					壬子					癸丑					月
立秋					白露					寒露					立冬					大雪					小寒					節
8/7 17時24分 酉時					9/7 20時41分 戌時					10/8 12時50分 午時					11/7 16時29分 申時					12/7 9時39分 巳時					1/5 20時58分 戌時					氣
國曆		農曆		干支	國曆		農曆		干支	國曆		農曆		干支	國曆		農曆		干支	國曆		農曆		干支	國曆		農曆		干支	日
8	7	6	28	戊子	9	7	7	29	己未	10	8	9	1	庚寅	11	7	10	1	庚申	12	7	11	2	庚寅	1	5	12	1	己未	中華民國一百五十六、一百五十七年 豬 2067、2068
8	8	6	29	己丑	9	8	7	30	庚申	10	9	9	2	辛卯	11	8	10	2	辛酉	12	8	11	3	辛卯	1	6	12	2	庚申	
8	9	6	30	庚寅	9	9	8	1	辛酉	10	10	9	3	壬辰	11	9	10	3	壬戌	12	9	11	4	壬辰	1	7	12	3	辛酉	
8	10	7	1	辛卯	9	10	8	2	壬戌	10	11	9	4	癸巳	11	10	10	4	癸亥	12	10	11	5	癸巳	1	8	12	4	壬戌	
8	11	7	2	壬辰	9	11	8	3	癸亥	10	12	9	5	甲午	11	11	10	5	甲子	12	11	11	6	甲午	1	9	12	5	癸亥	
8	12	7	3	癸巳	9	12	8	4	甲子	10	13	9	6	乙未	11	12	10	6	乙丑	12	12	11	7	乙未	1	10	12	6	甲子	
8	13	7	4	甲午	9	13	8	5	乙丑	10	14	9	7	丙申	11	13	10	7	丙寅	12	13	11	8	丙申	1	11	12	7	乙丑	
8	14	7	5	乙未	9	14	8	6	丙寅	10	15	9	8	丁酉	11	14	10	8	丁卯	12	14	11	9	丁酉	1	12	12	8	丙寅	
8	15	7	6	丙申	9	15	8	7	丁卯	10	16	9	9	戊戌	11	15	10	9	戊辰	12	15	11	10	戊戌	1	13	12	9	丁卯	
8	16	7	7	丁酉	9	16	8	8	戊辰	10	17	9	10	己亥	11	16	10	10	己巳	12	16	11	11	己亥	1	14	12	10	戊辰	
8	17	7	8	戊戌	9	17	8	9	己巳	10	18	9	11	庚子	11	17	10	11	庚午	12	17	11	12	庚子	1	15	12	11	己巳	
8	18	7	9	己亥	9	18	8	10	庚午	10	19	9	12	辛丑	11	18	10	12	辛未	12	18	11	13	辛丑	1	16	12	12	庚午	
8	19	7	10	庚子	9	19	8	11	辛未	10	20	9	13	壬寅	11	19	10	13	壬申	12	19	11	14	壬寅	1	17	12	13	辛未	
8	20	7	11	辛丑	9	20	8	12	壬申	10	21	9	14	癸卯	11	20	10	14	癸酉	12	20	11	15	癸卯	1	18	12	14	壬申	
8	21	7	12	壬寅	9	21	8	13	癸酉	10	22	9	15	甲辰	11	21	10	15	甲戌	12	21	11	16	甲辰	1	19	12	15	癸酉	
8	22	7	13	癸卯	9	22	8	14	甲戌	10	23	9	16	乙巳	11	22	10	16	乙亥	12	22	11	17	乙巳	1	20	12	16	甲戌	
8	23	7	14	甲辰	9	23	8	15	乙亥	10	24	9	17	丙午	11	23	10	17	丙子	12	23	11	18	丙午	1	21	12	17	乙亥	
8	24	7	15	乙巳	9	24	8	16	丙子	10	25	9	18	丁未	11	24	10	18	丁丑	12	24	11	19	丁未	1	22	12	18	丙子	
8	25	7	16	丙午	9	25	8	17	丁丑	10	26	9	19	戊申	11	25	10	19	戊寅	12	25	11	20	戊申	1	23	12	19	丁丑	
8	26	7	17	丁未	9	26	8	18	戊寅	10	27	9	20	己酉	11	26	10	20	己卯	12	26	11	21	己酉	1	24	12	20	戊寅	
8	27	7	18	戊申	9	27	8	19	己卯	10	28	9	21	庚戌	11	27	10	21	庚辰	12	27	11	22	庚戌	1	25	12	21	己卯	
8	28	7	19	己酉	9	28	8	20	庚辰	10	29	9	22	辛亥	11	28	10	22	辛巳	12	28	11	23	辛亥	1	26	12	22	庚辰	
8	29	7	20	庚戌	9	29	8	21	辛巳	10	30	9	23	壬子	11	29	10	23	壬午	12	29	11	24	壬子	1	27	12	23	辛巳	
8	30	7	21	辛亥	9	30	8	22	壬午	10	31	9	24	癸丑	11	30	10	24	癸未	12	30	11	25	癸丑	1	28	12	24	壬午	
8	31	7	22	壬子	10	1	8	23	癸未	11	1	9	25	甲寅	12	1	10	25	甲申	12	31	11	26	甲寅	1	29	12	25	癸未	
[illegible]	1	7	23	癸丑	10	2	8	24	甲申	11	2	9	26	乙卯	12	2	10	26	乙酉	1	1	11	27	乙卯	1	30	12	26	甲申	
[illegible]	2	7	24	甲寅	10	3	8	25	乙酉	11	3	9	27	丙辰	12	3	10	27	丙戌	1	2	11	28	丙辰	1	31	12	27	乙酉	
[illegible]	3	7	25	乙卯	10	4	8	26	丙戌	11	4	9	28	丁巳	12	4	10	28	丁亥	1	3	11	29	丁巳	2	1	12	28	丙戌	
[illegible]	4	7	26	丙辰	10	5	8	27	丁亥	11	5	9	29	戊午	12	5	10	29	戊子	1	4	11	30	戊午	2	2	12	29	丁亥	
	5	7	27	丁巳	10	6	8	28	戊子	11	6	9	30	己未	12	6	11	1	己丑						2	3	1	1	戊子	
	6	7	28	戊午	10	7	8	29	己丑																					
處暑					秋分					霜降					小雪					冬至					大寒					中
/23 8時11分 辰時					9/23 6時18分 卯時					10/23 16時10分 申時					11/22 14時9分 未時					12/22 3時42分 寅時					1/20 14時19分 未時					氣

年	戊子																													
月	甲寅					乙卯					丙辰					丁巳					戊午					己未				
節氣	立春					驚蟄					清明					立夏					芒種					小暑				
	2/4 8時28分 辰時					3/5 2時8分 丑時					4/4 6時28分 卯時					5/4 23時19分 子時					6/5 3時8分 寅時					7/6 13時16分 未時				
日	國曆		農曆		干支	國曆		農曆		干支	國曆		農曆		干支	國曆		農曆		干支	國曆		農曆		干支	國曆		農曆		干支
中華民國一百五十七年 鼠 2068	2	4	1	2	己丑	3	5	2	2	己未	4	4	3	3	己丑	5	4	4	3	己未	6	5	5	6	辛卯	7	6	6	8	壬戌
	2	5	1	3	庚寅	3	6	2	3	庚申	4	5	3	4	庚寅	5	5	4	4	庚申	6	6	5	7	壬辰	7	7	6	9	癸亥
	2	6	1	4	辛卯	3	7	2	4	辛酉	4	6	3	5	辛卯	5	6	4	5	辛酉	6	7	5	8	癸巳	7	8	6	10	甲子
	2	7	1	5	壬辰	3	8	2	5	壬戌	4	7	3	6	壬辰	5	7	4	6	壬戌	6	8	5	9	甲午	7	9	6	11	乙丑
	2	8	1	6	癸巳	3	9	2	6	癸亥	4	8	3	7	癸巳	5	8	4	7	癸亥	6	9	5	10	乙未	7	10	6	12	丙寅
	2	9	1	7	甲午	3	10	2	7	甲子	4	9	3	8	甲午	5	9	4	8	甲子	6	10	5	11	丙申	7	11	6	13	丁卯
	2	10	1	8	乙未	3	11	2	8	乙丑	4	10	3	9	乙未	5	10	4	9	乙丑	6	11	5	12	丁酉	7	12	6	14	戊辰
	2	11	1	9	丙申	3	12	2	9	丙寅	4	11	3	10	丙申	5	11	4	10	丙寅	6	12	5	13	戊戌	7	13	6	15	己巳
	2	12	1	10	丁酉	3	13	2	10	丁卯	4	12	3	11	丁酉	5	12	4	11	丁卯	6	13	5	14	己亥	7	14	6	16	庚午
	2	13	1	11	戊戌	3	14	2	11	戊辰	4	13	3	12	戊戌	5	13	4	12	戊辰	6	14	5	15	庚子	7	15	6	17	辛未
	2	14	1	12	己亥	3	15	2	12	己巳	4	14	3	13	己亥	5	14	4	13	己巳	6	15	5	16	辛丑	7	16	6	18	壬申
	2	15	1	13	庚子	3	16	2	13	庚午	4	15	3	14	庚子	5	15	4	14	庚午	6	16	5	17	壬寅	7	17	6	19	癸酉
	2	16	1	14	辛丑	3	17	2	14	辛未	4	16	3	15	辛丑	5	16	4	15	辛未	6	17	5	18	癸卯	7	18	6	20	甲戌
	2	17	1	15	壬寅	3	18	2	15	壬申	4	17	3	16	壬寅	5	17	4	16	壬申	6	18	5	19	甲辰	7	19	6	21	乙亥
	2	18	1	16	癸卯	3	19	2	16	癸酉	4	18	3	17	癸卯	5	18	4	17	癸酉	6	19	5	20	乙巳	7	20	6	22	丙子
	2	19	1	17	甲辰	3	20	2	17	甲戌	4	19	3	18	甲辰	5	19	4	18	甲戌	6	20	5	21	丙午	7	21	6	23	丁丑
	2	20	1	18	乙巳	3	21	2	18	乙亥	4	20	3	19	乙巳	5	20	4	19	乙亥	6	21	5	22	丁未	7	22	6	24	戊寅
	2	21	1	19	丙午	3	22	2	19	丙子	4	21	3	20	丙午	5	21	4	20	丙子	6	22	5	23	戊申	7	23	6	25	己卯
	2	22	1	20	丁未	3	23	2	20	丁丑	4	22	3	21	丁未	5	22	4	21	丁丑	6	23	5	24	己酉	7	24	6	26	庚辰
	2	23	1	21	戊申	3	24	2	21	戊寅	4	23	3	22	戊申	5	23	4	22	戊寅	6	24	5	25	庚戌	7	25	6	27	辛巳
	2	24	1	22	己酉	3	25	2	22	己卯	4	24	3	23	己酉	5	24	4	23	己卯	6	25	5	26	辛亥	7	26	6	28	壬午
	2	25	1	23	庚戌	3	26	2	23	庚辰	4	25	3	24	庚戌	5	25	4	24	庚辰	6	26	5	27	壬子	7	27	6	29	癸未
	2	26	1	24	辛亥	3	27	2	24	辛巳	4	26	3	25	辛亥	5	26	4	25	辛巳	6	27	5	28	癸丑	7	28	6	30	甲申
	2	27	1	25	壬子	3	28	2	25	壬午	4	27	3	26	壬子	5	27	4	26	壬午	6	28	5	29	甲寅	7	29	7	1	乙酉
	2	28	1	26	癸丑	3	29	2	26	癸未	4	28	3	27	癸丑	5	28	4	27	癸未	6	29	6	1	乙卯	7	30	7	2	丙戌
	2	29	1	27	甲寅	3	30	2	27	甲申	4	29	3	28	甲寅	5	29	4	28	甲申	6	30	6	2	丙辰	7	31	7	3	丁亥
	3	1	1	28	乙卯	3	31	2	28	乙酉	4	30	3	29	乙卯	5	30	4	29	乙酉	7	1	6	3	丁巳	8	1	7	4	戊子
	3	2	1	29	丙辰	4	1	2	29	丙戌	5	1	3	30	丙辰	5	31	5	1	丙戌	7	2	6	4	戊午	8	2	7	5	己丑
	3	3	1	30	丁巳	4	2	3	1	丁亥	5	2	4	1	丁巳	6	1	5	2	丁亥	7	3	6	5	己未	8	3	7	6	庚寅
	3	4	2	1	戊午	4	3	3	2	戊子	5	3	4	2	戊午	6	2	5	3	戊子	7	4	6	6	庚申	8	4	7	7	辛卯
																6	3	5	4	己丑	7	5	6	7	辛酉	8	5	7	8	壬辰
																6	4	5	5	庚寅										
中氣	雨水					春分					穀雨					小滿					夏至					大暑				
	2/19 4時12分 寅時					3/20 2時48分 丑時					4/19 13時23分 未時					5/20 12時9分 午時					6/20 19時52分 戌時					7/22 6時45分 卯時				

戊子																														年
庚申					辛酉					壬戌					癸亥					甲子					乙丑					月
立秋					白露					寒露					立冬					大雪					小寒					節氣
8/6 23時10分 子時					9/7 2時24分 丑時					10/7 18時32分 酉時					11/6 22時12分 亥時					12/6 15時25分 申時					1/5 2時47分 丑時					
國曆		農曆		干支	國曆		農曆		干支	國曆		農曆		干支	國曆		農曆		干支	國曆		農曆		干支	國曆		農曆		干支	日
8	6	7	9	癸巳	9	7	8	11	乙丑	10	7	9	12	乙未	11	6	10	12	乙丑	12	6	11	12	乙未	1	5	12	13	乙丑	中華民國一百五十七、一百五十八年 鼠 2068、2069
8	7	7	10	甲午	9	8	8	12	丙寅	10	8	9	13	丙申	11	7	10	13	丙寅	12	7	11	13	丙申	1	6	12	14	丙寅	
8	8	7	11	乙未	9	9	8	13	丁卯	10	9	9	14	丁酉	11	8	10	14	丁卯	12	8	11	14	丁酉	1	7	12	15	丁卯	
8	9	7	12	丙申	9	10	8	14	戊辰	10	10	9	15	戊戌	11	9	10	15	戊辰	12	9	11	15	戊戌	1	8	12	16	戊辰	
8	10	7	13	丁酉	9	11	8	15	己巳	10	11	9	16	己亥	11	10	10	16	己巳	12	10	11	16	己亥	1	9	12	17	己巳	
8	11	7	14	戊戌	9	12	8	16	庚午	10	12	9	17	庚子	11	11	10	17	庚午	12	11	11	17	庚子	1	10	12	18	庚午	
8	12	7	15	己亥	9	13	8	17	辛未	10	13	9	18	辛丑	11	12	10	18	辛未	12	12	11	18	辛丑	1	11	12	19	辛未	
8	13	7	16	庚子	9	14	8	18	壬申	10	14	9	19	壬寅	11	13	10	19	壬申	12	13	11	19	壬寅	1	12	12	20	壬申	
8	14	7	17	辛丑	9	15	8	19	癸酉	10	15	9	20	癸卯	11	14	10	20	癸酉	12	14	11	20	癸卯	1	13	12	21	癸酉	
8	15	7	18	壬寅	9	16	8	20	甲戌	10	16	9	21	甲辰	11	15	10	21	甲戌	12	15	11	21	甲辰	1	14	12	22	甲戌	
8	16	7	19	癸卯	9	17	8	21	乙亥	10	17	9	22	乙巳	11	16	10	22	乙亥	12	16	11	22	乙巳	1	15	12	23	乙亥	
8	17	7	20	甲辰	9	18	8	22	丙子	10	18	9	23	丙午	11	17	10	23	丙子	12	17	11	23	丙午	1	16	12	24	丙子	
8	18	7	21	乙巳	9	19	8	23	丁丑	10	19	9	24	丁未	11	18	10	24	丁丑	12	18	11	24	丁未	1	17	12	25	丁丑	
8	19	7	22	丙午	9	20	8	24	戊寅	10	20	9	25	戊申	11	19	10	25	戊寅	12	19	11	25	戊申	1	18	12	26	戊寅	
8	20	7	23	丁未	9	21	8	25	己卯	10	21	9	26	己酉	11	20	10	26	己卯	12	20	11	26	己酉	1	19	12	27	己卯	
8	21	7	24	戊申	9	22	8	26	庚辰	10	22	9	27	庚戌	11	21	10	27	庚辰	12	21	11	27	庚戌	1	20	12	28	庚辰	
8	22	7	25	己酉	9	23	8	27	辛巳	10	23	9	28	辛亥	11	22	10	28	辛巳	12	22	11	28	辛亥	1	21	12	29	辛巳	
8	23	7	26	庚戌	9	24	8	28	壬午	10	24	9	29	壬子	11	23	10	29	壬午	12	23	11	29	壬子	1	22	12	30	壬午	
8	24	7	27	辛亥	9	25	8	29	癸未	10	25	9	30	癸丑	11	24	10	30	癸未	12	24	12	1	癸丑	1	23	1	1	癸未	
8	25	7	28	壬子	9	26	9	1	甲申	10	26	10	1	甲寅	11	25	11	1	甲申	12	25	12	2	甲寅	1	24	1	2	甲申	
8	26	7	29	癸丑	9	27	9	2	乙酉	10	27	10	2	乙卯	11	26	11	2	乙酉	12	26	12	3	乙卯	1	25	1	3	乙酉	
8	27	7	30	甲寅	9	28	9	3	丙戌	10	28	10	3	丙辰	11	27	11	3	丙戌	12	27	12	4	丙辰	1	26	1	4	丙戌	
8	28	8	1	乙卯	9	29	9	4	丁亥	10	29	10	4	丁巳	11	28	11	4	丁亥	12	28	12	5	丁巳	1	27	1	5	丁亥	
8	29	8	2	丙辰	9	30	9	5	戊子	10	30	10	5	戊午	11	29	11	5	戊子	12	29	12	6	戊午	1	28	1	6	戊子	
8	30	8	3	丁巳	10	1	9	6	己丑	10	31	10	6	己未	11	30	11	6	己丑	12	30	12	7	己未	1	29	1	7	己丑	
8	31	8	4	戊午	10	2	9	7	庚寅	11	1	10	7	庚申	12	1	11	7	庚寅	12	31	12	8	庚申	1	30	1	8	庚寅	
9	1	8	5	己未	10	3	9	8	辛卯	11	2	10	8	辛酉	12	2	11	8	辛卯	1	1	12	9	辛酉	1	31	1	9	辛卯	
9	2	8	6	庚申	10	4	9	9	壬辰	11	3	10	9	壬戌	12	3	11	9	壬辰	1	2	12	10	壬戌	2	1	1	10	壬辰	
9	3	8	7	辛酉	10	5	9	10	癸巳	11	4	10	10	癸亥	12	4	11	10	癸巳	1	3	12	11	癸亥	2	2	1	11	癸巳	
9	4	8	8	壬戌	10	6	9	11	甲午	11	5	10	11	甲子	12	5	11	11	甲午	1	4	12	12	甲子						
9	5	8	9	癸亥																										
9	6	8	10	甲子																										
處暑					秋分					霜降					小雪					冬至					大寒					中氣
8/22 14時3分 未時					9/22 12時5分 午時					10/22 21時56分 亥時					11/21 19時56分 戌時					12/21 9時31分 巳時					1/19 20時12分 戌時					

年	己丑																													
月	丙寅					丁卯					戊辰					己巳					庚午					辛未				
節氣	立春					驚蟄					清明					立夏					芒種					小暑				
	2/3 14時19分 未時					3/5 8時1分 辰時					4/4 12時23分 午時					5/5 5時13分 卯時					6/5 9時2分 巳時					7/6 19時10分 戌時				
日	國曆		農曆		干支	國曆		農曆		干支	國曆		農曆		干支	國曆		農曆		干支	國曆		農曆		干支	國曆		農曆		干支
中華民國一百五十八年 牛 2069	2	3	1	12	甲午	3	5	2	13	甲子	4	4	3	13	甲午	5	5	4	15	乙丑	6	5	4	16	丙申	7	6	5	18	丁卯
	2	4	1	13	乙未	3	6	2	14	乙丑	4	5	3	14	乙未	5	6	4	16	丙寅	6	6	4	17	丁酉	7	7	5	19	戊辰
	2	5	1	14	丙申	3	7	2	15	丙寅	4	6	3	15	丙申	5	7	4	17	丁卯	6	7	4	18	戊戌	7	8	5	20	己巳
	2	6	1	15	丁酉	3	8	2	16	丁卯	4	7	3	16	丁酉	5	8	4	18	戊辰	6	8	4	19	己亥	7	9	5	21	庚午
	2	7	1	16	戊戌	3	9	2	17	戊辰	4	8	3	17	戊戌	5	9	4	19	己巳	6	9	4	20	庚子	7	10	5	22	辛未
	2	8	1	17	己亥	3	10	2	18	己巳	4	9	3	18	己亥	5	10	4	20	庚午	6	10	4	21	辛丑	7	11	5	23	壬申
	2	9	1	18	庚子	3	11	2	19	庚午	4	10	3	19	庚子	5	11	4	21	辛未	6	11	4	22	壬寅	7	12	5	24	癸酉
	2	10	1	19	辛丑	3	12	2	20	辛未	4	11	3	20	辛丑	5	12	4	22	壬申	6	12	4	23	癸卯	7	13	5	25	甲戌
	2	11	1	20	壬寅	3	13	2	21	壬申	4	12	3	21	壬寅	5	13	4	23	癸酉	6	13	4	24	甲辰	7	14	5	26	乙亥
	2	12	1	21	癸卯	3	14	2	22	癸酉	4	13	3	22	癸卯	5	14	4	24	甲戌	6	14	4	25	乙巳	7	15	5	27	丙子
	2	13	1	22	甲辰	3	15	2	23	甲戌	4	14	3	23	甲辰	5	15	4	25	乙亥	6	15	4	26	丙午	7	16	5	28	丁丑
	2	14	1	23	乙巳	3	16	2	24	乙亥	4	15	3	24	乙巳	5	16	4	26	丙子	6	16	4	27	丁未	7	17	5	29	戊寅
	2	15	1	24	丙午	3	17	2	25	丙子	4	16	3	25	丙午	5	17	4	27	丁丑	6	17	4	28	戊申	7	18	6	1	己卯
	2	16	1	25	丁未	3	18	2	26	丁丑	4	17	3	26	丁未	5	18	4	28	戊寅	6	18	4	29	己酉	7	19	6	2	庚辰
	2	17	1	26	戊申	3	19	2	27	戊寅	4	18	3	27	戊申	5	19	4	29	己卯	6	19	5	1	庚戌	7	20	6	3	辛巳
	2	18	1	27	己酉	3	20	2	28	己卯	4	19	3	28	己酉	5	20	4	30	庚辰	6	20	5	2	辛亥	7	21	6	4	壬午
	2	19	1	28	庚戌	3	21	2	29	庚辰	4	20	3	29	庚戌	5	21	閏4	1	辛巳	6	21	5	3	壬子	7	22	6	5	癸未
	2	20	1	29	辛亥	3	22	2	30	辛巳	4	21	4	1	辛亥	5	22	4	2	壬午	6	22	5	4	癸丑	7	23	6	6	甲申
	2	21	2	1	壬子	3	23	3	1	壬午	4	22	4	2	壬子	5	23	4	3	癸未	6	23	5	5	甲寅	7	24	6	7	乙酉
	2	22	2	2	癸丑	3	24	3	2	癸未	4	23	4	3	癸丑	5	24	4	4	甲申	6	24	5	6	乙卯	7	25	6	8	丙戌
	2	23	2	3	甲寅	3	25	3	3	甲申	4	24	4	4	甲寅	5	25	4	5	乙酉	6	25	5	7	丙辰	7	26	6	9	丁亥
	2	24	2	4	乙卯	3	26	3	4	乙酉	4	25	4	5	乙卯	5	26	4	6	丙戌	6	26	5	8	丁巳	7	27	6	10	戊子
	2	25	2	5	丙辰	3	27	3	5	丙戌	4	26	4	6	丙辰	5	27	4	7	丁亥	6	27	5	9	戊午	7	28	6	11	己丑
	2	26	2	6	丁巳	3	28	3	6	丁亥	4	27	4	7	丁巳	5	28	4	8	戊子	6	28	5	10	己未	7	29	6	12	庚寅
	2	27	2	7	戊午	3	29	3	7	戊子	4	28	4	8	戊午	5	29	4	9	己丑	6	29	5	11	庚申	7	30	6	13	辛卯
	2	28	2	8	己未	3	30	3	8	己丑	4	29	4	9	己未	5	30	4	10	庚寅	6	30	5	12	辛酉	7	31	6	14	壬辰
	3	1	2	9	庚申	3	31	3	9	庚寅	4	30	4	10	庚申	5	31	4	11	辛卯	7	1	5	13	壬戌	8	1	6	15	癸巳
	3	2	2	10	辛酉	4	1	3	10	辛卯	5	1	4	11	辛酉	6	1	4	12	壬辰	7	2	5	14	癸亥	8	2	6	16	甲午
	3	3	2	11	壬戌	4	2	3	11	壬辰	5	2	4	12	壬戌	6	2	4	13	癸巳	7	3	5	15	甲子	8	3	6	17	乙未
	3	4	2	12	癸亥	4	3	3	12	癸巳	5	3	4	13	癸亥	6	3	4	14	甲午	7	4	5	16	乙丑	8	4	6	18	丙申
											5	4	4	14	甲子	6	4	4	15	乙未	7	5	5	17	丙寅	8	5	6	19	丁酉
																										8	6	6	20	戊戌
中氣	雨水					春分					穀雨					小滿					夏至					大暑				
	2/18 10時8分 巳時					3/20 8時44分 辰時					4/19 19時17分 戌時					5/20 18時0分 酉時					6/21 1時40分 丑時					7/22 12時31分 午時				

己丑																														年
壬申					癸酉					甲戌					乙亥					丙子					丁丑					月
立秋					白露					寒露					立冬					大雪					小寒					節氣
8/7 5時5分 卯時					9/7 8時19分 辰時					10/8 0時26分 子時					11/7 4時6分 寅時					12/6 21時21分 亥時					1/5 8時46分 辰時					
國曆		農曆		干支	國曆		農曆		干支	國曆		農曆		干支	國曆		農曆		干支	國曆		農曆		干支	國曆		農曆		干支	日
8	7	6	21	己亥	9	7	7	22	庚午	10	8	8	24	辛丑	11	7	9	24	辛未	12	6	10	23	庚子	1	5	11	23	庚午	中華民國一百五十八、一百五十九年 牛 2069、2070
8	8	6	22	庚子	9	8	7	23	辛未	10	9	8	25	壬寅	11	8	9	25	壬申	12	7	10	24	辛丑	1	6	11	24	辛未	
8	9	6	23	辛丑	9	9	7	24	壬申	10	10	8	26	癸卯	11	9	9	26	癸酉	12	8	10	25	壬寅	1	7	11	25	壬申	
8	10	6	24	壬寅	9	10	7	25	癸酉	10	11	8	27	甲辰	11	10	9	27	甲戌	12	9	10	26	癸卯	1	8	11	26	癸酉	
8	11	6	25	癸卯	9	11	7	26	甲戌	10	12	8	28	乙巳	11	11	9	28	乙亥	12	10	10	27	甲辰	1	9	11	27	甲戌	
8	12	6	26	甲辰	9	12	7	27	乙亥	10	13	8	29	丙午	11	12	9	29	丙子	12	11	10	28	乙巳	1	10	11	28	乙亥	
8	13	6	27	乙巳	9	13	7	28	丙子	10	14	8	30	丁未	11	13	9	30	丁丑	12	12	10	29	丙午	1	11	11	29	丙子	
8	14	6	28	丙午	9	14	7	29	丁丑	10	15	9	1	戊申	11	14	10	1	戊寅	12	13	10	30	丁未	1	12	12	1	丁丑	
8	15	6	29	丁未	9	15	8	1	戊寅	10	16	9	2	己酉	11	15	10	2	己卯	12	14	11	1	戊申	1	13	12	2	戊寅	
8	16	6	30	戊申	9	16	8	2	己卯	10	17	9	3	庚戌	11	16	10	3	庚辰	12	15	11	2	己酉	1	14	12	3	己卯	
8	17	7	1	己酉	9	17	8	3	庚辰	10	18	9	4	辛亥	11	17	10	4	辛巳	12	16	11	3	庚戌	1	15	12	4	庚辰	
8	18	7	2	庚戌	9	18	8	4	辛巳	10	19	9	5	壬子	11	18	10	5	壬午	12	17	11	4	辛亥	1	16	12	5	辛巳	
8	19	7	3	辛亥	9	19	8	5	壬午	10	20	9	6	癸丑	11	19	10	6	癸未	12	18	11	5	壬子	1	17	12	6	壬午	
8	20	7	4	壬子	9	20	8	6	癸未	10	21	9	7	甲寅	11	20	10	7	甲申	12	19	11	6	癸丑	1	18	12	7	癸未	
8	21	7	5	癸丑	9	21	8	7	甲申	10	22	9	8	乙卯	11	21	10	8	乙酉	12	20	11	7	甲寅	1	19	12	8	甲申	
8	22	7	6	甲寅	9	22	8	8	乙酉	10	23	9	9	丙辰	11	22	10	9	丙戌	12	21	11	8	乙卯	1	20	12	9	乙酉	
8	23	7	7	乙卯	9	23	8	9	丙戌	10	24	9	10	丁巳	11	23	10	10	丁亥	12	22	11	9	丙辰	1	21	12	10	丙戌	
8	24	7	8	丙辰	9	24	8	10	丁亥	10	25	9	11	戊午	11	24	10	11	戊子	12	23	11	10	丁巳	1	22	12	11	丁亥	
8	25	7	9	丁巳	9	25	8	11	戊子	10	26	9	12	己未	11	25	10	12	己丑	12	24	11	11	戊午	1	23	12	12	戊子	
8	26	7	10	戊午	9	26	8	12	己丑	10	27	9	13	庚申	11	26	10	13	庚寅	12	25	11	12	己未	1	24	12	13	己丑	
8	27	7	11	己未	9	27	8	13	庚寅	10	28	9	14	辛酉	11	27	10	14	辛卯	12	26	11	13	庚申	1	25	12	14	庚寅	
8	28	7	12	庚申	9	28	8	14	辛卯	10	29	9	15	壬戌	11	28	10	15	壬辰	12	27	11	14	辛酉	1	26	12	15	辛卯	
8	29	7	13	辛酉	9	29	8	15	壬辰	10	30	9	16	癸亥	11	29	10	16	癸巳	12	28	11	15	壬戌	1	27	12	16	壬辰	
8	30	7	14	壬戌	9	30	8	16	癸巳	10	31	9	17	甲子	11	30	10	17	甲午	12	29	11	16	癸亥	1	28	12	17	癸巳	
8	31	7	15	癸亥	10	1	8	17	甲午	11	1	9	18	乙丑	12	1	10	18	乙未	12	30	11	17	甲子	1	29	12	18	甲午	
	1	7	16	甲子	10	2	8	18	乙未	11	2	9	19	丙寅	12	2	10	19	丙申	12	31	11	18	乙丑	1	30	12	19	乙未	
	2	7	17	乙丑	10	3	8	19	丙申	11	3	9	20	丁卯	12	3	10	20	丁酉	1	1	11	19	丙寅	1	31	12	20	丙申	
	3	7	18	丙寅	10	4	8	20	丁酉	11	4	9	21	戊辰	12	4	10	21	戊戌	1	2	11	20	丁卯	2	1	12	21	丁酉	
	4	7	19	丁卯	10	5	8	21	戊戌	11	5	9	22	己巳	12	5	10	22	己亥	1	3	11	21	戊辰	2	2	12	22	戊戌	
	5	7	20	戊辰	10	6	8	22	己亥	11	6	9	23	庚午						1	4	11	22	己巳						
	6	7	21	己巳	10	7	8	23	庚子																					
處暑					秋分					霜降					小雪					冬至					大寒					中氣
2 19時48分 戌時					9/22 17時51分 酉時					10/23 3時41分 寅時					11/22 1時42分 丑時					12/21 15時21分 申時					1/20 2時4分 丑時					

年	庚寅																													
月	戊寅					己卯					庚辰					辛巳					壬午					癸未				
節氣	立春					驚蟄					清明					立夏					芒種					小暑				
	2/3 20時20分 戌時					3/5 14時1分 未時					4/4 18時18分 酉時					5/5 11時3分 午時					6/5 14時47分 未時					7/7 0時51分 子時				
日	國曆		農曆		干支	國曆		農曆		干支	國曆		農曆		干支	國曆		農曆		干支	國曆		農曆		干支	國曆		農曆		干支
中華民國一百五十九年 虎 2070	2	3	12	23	己亥	3	5	1	23	己巳	4	4	2	24	己亥	5	5	3	25	庚午	6	5	4	27	辛丑	7	7	5	29	癸酉
	2	4	12	24	庚子	3	6	1	24	庚午	4	5	2	25	庚子	5	6	3	26	辛未	6	6	4	28	壬寅	7	8	6	1	甲戌
	2	5	12	25	辛丑	3	7	1	25	辛未	4	6	2	26	辛丑	5	7	3	27	壬申	6	7	4	29	癸卯	7	9	6	2	乙亥
	2	6	12	26	壬寅	3	8	1	26	壬申	4	7	2	27	壬寅	5	8	3	28	癸酉	6	8	4	30	甲辰	7	10	6	3	丙子
	2	7	12	27	癸卯	3	9	1	27	癸酉	4	8	2	28	癸卯	5	9	3	29	甲戌	6	9	5	1	乙巳	7	11	6	4	丁丑
	2	8	12	28	甲辰	3	10	1	28	甲戌	4	9	2	29	甲辰	5	10	4	1	乙亥	6	10	5	2	丙午	7	12	6	5	戊寅
	2	9	12	29	乙巳	3	11	1	29	乙亥	4	10	2	30	乙巳	5	11	4	2	丙子	6	11	5	3	丁未	7	13	6	6	己卯
	2	10	12	30	丙午	3	12	2	1	丙子	4	11	3	1	丙午	5	12	4	3	丁丑	6	12	5	4	戊申	7	14	6	7	庚辰
	2	11	1	1	丁未	3	13	2	2	丁丑	4	12	3	2	丁未	5	13	4	4	戊寅	6	13	5	5	己酉	7	15	6	8	辛巳
	2	12	1	2	戊申	3	14	2	3	戊寅	4	13	3	3	戊申	5	14	4	5	己卯	6	14	5	6	庚戌	7	16	6	9	壬午
	2	13	1	3	己酉	3	15	2	4	己卯	4	14	3	4	己酉	5	15	4	6	庚辰	6	15	5	7	辛亥	7	17	6	10	癸未
	2	14	1	4	庚戌	3	16	2	5	庚辰	4	15	3	5	庚戌	5	16	4	7	辛巳	6	16	5	8	壬子	7	18	6	11	甲申
	2	15	1	5	辛亥	3	17	2	6	辛巳	4	16	3	6	辛亥	5	17	4	8	壬午	6	17	5	9	癸丑	7	19	6	12	乙酉
	2	16	1	6	壬子	3	18	2	7	壬午	4	17	3	7	壬子	5	18	4	9	癸未	6	18	5	10	甲寅	7	20	6	13	丙戌
	2	17	1	7	癸丑	3	19	2	8	癸未	4	18	3	8	癸丑	5	19	4	10	甲申	6	19	5	11	乙卯	7	21	6	14	丁亥
	2	18	1	8	甲寅	3	20	2	9	甲申	4	19	3	9	甲寅	5	20	4	11	乙酉	6	20	5	12	丙辰	7	22	6	15	戊子
	2	19	1	9	乙卯	3	21	2	10	乙酉	4	20	3	10	乙卯	5	21	4	12	丙戌	6	21	5	13	丁巳	7	23	6	16	己丑
	2	20	1	10	丙辰	3	22	2	11	丙戌	4	21	3	11	丙辰	5	22	4	13	丁亥	6	22	5	14	戊午	7	24	6	17	庚寅
	2	21	1	11	丁巳	3	23	2	12	丁亥	4	22	3	12	丁巳	5	23	4	14	戊子	6	23	5	15	己未	7	25	6	18	辛卯
	2	22	1	12	戊午	3	24	2	13	戊子	4	23	3	13	戊午	5	24	4	15	己丑	6	24	5	16	庚申	7	26	6	19	壬辰
	2	23	1	13	己未	3	25	2	14	己丑	4	24	3	14	己未	5	25	4	16	庚寅	6	25	5	17	辛酉	7	27	6	20	癸巳
	2	24	1	14	庚申	3	26	2	15	庚寅	4	25	3	15	庚申	5	26	4	17	辛卯	6	26	5	18	壬戌	7	28	6	21	甲午
	2	25	1	15	辛酉	3	27	2	16	辛卯	4	26	3	16	辛酉	5	27	4	18	壬辰	6	27	5	19	癸亥	7	29	6	22	乙未
	2	26	1	16	壬戌	3	28	2	17	壬辰	4	27	3	17	壬戌	5	28	4	19	癸巳	6	28	5	20	甲子	7	30	6	23	丙申
	2	27	1	17	癸亥	3	29	2	18	癸巳	4	28	3	18	癸亥	5	29	4	20	甲午	6	29	5	21	乙丑	7	31	6	24	丁酉
	2	28	1	18	甲子	3	30	2	19	甲午	4	29	3	19	甲子	5	30	4	21	乙未	6	30	5	22	丙寅	8	1	6	25	戊戌
	3	1	1	19	乙丑	3	31	2	20	乙未	4	30	3	20	乙丑	5	31	4	22	丙申	7	1	5	23	丁卯	8	2	6	26	己亥
	3	2	1	20	丙寅	4	1	2	21	丙申	5	1	3	21	丙寅	6	1	4	23	丁酉	7	2	5	24	戊辰	8	3	6	27	庚子
	3	3	1	21	丁卯	4	2	2	22	丁酉	5	2	3	22	丁卯	6	2	4	24	戊戌	7	3	5	25	己巳	8	4	6	28	辛丑
	3	4	1	22	戊辰	4	3	2	23	戊戌	5	3	3	23	戊辰	6	3	4	25	己亥	7	4	5	26	庚午	8	5	6	29	壬寅
											5	4	3	24	己巳	6	4	4	26	庚子	7	5	5	27	辛未	8	6	7	1	癸卯
																					7	6	5	28	壬申					
中氣	雨水					春分					穀雨					小滿					夏至					大暑				
	2/18 16時0分 申時					3/20 14時34分 未時					4/20 1時3分 丑時					5/20 23時42分 子時					6/21 7時21分 辰時					7/22 18時14分 酉				

庚寅																														年
甲申					乙酉					丙戌					丁亥					戊子					己丑					月
立秋					白露					寒露					立冬					大雪					小寒					節
8/7 10時45分 巳時					9/7 14時2分 未時					10/8 6時12分 卯時					11/7 9時54分 巳時					12/7 3時9分 寅時					1/5 14時35分 未時					氣
國曆		農曆		干支	國曆		農曆		干支	國曆		農曆		干支	國曆		農曆		干支	國曆		農曆		干支	國曆		農曆		干支	日
8	7	7	2	甲辰	9	7	8	3	乙亥	10	8	9	5	丙午	11	7	10	5	丙子	12	7	11	5	丙午	1	5	12	5	乙亥	中華民國一百五十九、一百六十年 虎 2070、2071
8	8	7	3	乙巳	9	8	8	4	丙子	10	9	9	6	丁未	11	8	10	6	丁丑	12	8	11	6	丁未	1	6	12	6	丙子	
8	9	7	4	丙午	9	9	8	5	丁丑	10	10	9	7	戊申	11	9	10	7	戊寅	12	9	11	7	戊申	1	7	12	7	丁丑	
8	10	7	5	丁未	9	10	8	6	戊寅	10	11	9	8	己酉	11	10	10	8	己卯	12	10	11	8	己酉	1	8	12	8	戊寅	
8	11	7	6	戊申	9	11	8	7	己卯	10	12	9	9	庚戌	11	11	10	9	庚辰	12	11	11	9	庚戌	1	9	12	9	己卯	
8	12	7	7	己酉	9	12	8	8	庚辰	10	13	9	10	辛亥	11	12	10	10	辛巳	12	12	11	10	辛亥	1	10	12	10	庚辰	
8	13	7	8	庚戌	9	13	8	9	辛巳	10	14	9	11	壬子	11	13	10	11	壬午	12	13	11	11	壬子	1	11	12	11	辛巳	
8	14	7	9	辛亥	9	14	8	10	壬午	10	15	9	12	癸丑	11	14	10	12	癸未	12	14	11	12	癸丑	1	12	12	12	壬午	
8	15	7	10	壬子	9	15	8	11	癸未	10	16	9	13	甲寅	11	15	10	13	甲申	12	15	11	13	甲寅	1	13	12	13	癸未	
8	16	7	11	癸丑	9	16	8	12	甲申	10	17	9	14	乙卯	11	16	10	14	乙酉	12	16	11	14	乙卯	1	14	12	14	甲申	
8	17	7	12	甲寅	9	17	8	13	乙酉	10	18	9	15	丙辰	11	17	10	15	丙戌	12	17	11	15	丙辰	1	15	12	15	乙酉	
8	18	7	13	乙卯	9	18	8	14	丙戌	10	19	9	16	丁巳	11	18	10	16	丁亥	12	18	11	16	丁巳	1	16	12	16	丙戌	
8	19	7	14	丙辰	9	19	8	15	丁亥	10	20	9	17	戊午	11	19	10	17	戊子	12	19	11	17	戊午	1	17	12	17	丁亥	
8	20	7	15	丁巳	9	20	8	16	戊子	10	21	9	18	己未	11	20	10	18	己丑	12	20	11	18	己未	1	18	12	18	戊子	
8	21	7	16	戊午	9	21	8	17	己丑	10	22	9	19	庚申	11	21	10	19	庚寅	12	21	11	19	庚申	1	19	12	19	己丑	
8	22	7	17	己未	9	22	8	18	庚寅	10	23	9	20	辛酉	11	22	10	20	辛卯	12	22	11	20	辛酉	1	20	12	20	庚寅	
8	23	7	18	庚申	9	23	8	19	辛卯	10	24	9	21	壬戌	11	23	10	21	壬辰	12	23	11	21	壬戌	1	21	12	21	辛卯	
8	24	7	19	辛酉	9	24	8	20	壬辰	10	25	9	22	癸亥	11	24	10	22	癸巳	12	24	11	22	癸亥	1	22	12	22	壬辰	
8	25	7	20	壬戌	9	25	8	21	癸巳	10	26	9	23	甲子	11	25	10	23	甲午	12	25	11	23	甲子	1	23	12	23	癸巳	
8	26	7	21	癸亥	9	26	8	22	甲午	10	27	9	24	乙丑	11	26	10	24	乙未	12	26	11	24	乙丑	1	24	12	24	甲午	
8	27	7	22	甲子	9	27	8	23	乙未	10	28	9	25	丙寅	11	27	10	25	丙申	12	27	11	25	丙寅	1	25	12	25	乙未	
8	28	7	23	乙丑	9	28	8	24	丙申	10	29	9	26	丁卯	11	28	10	26	丁酉	12	28	11	26	丁卯	1	26	12	26	丙申	
8	29	7	24	丙寅	9	29	8	25	丁酉	10	30	9	27	戊辰	11	29	10	27	戊戌	12	29	11	27	戊辰	1	27	12	27	丁酉	
8	30	7	25	丁卯	9	30	8	26	戊戌	10	31	9	28	己巳	11	30	10	28	己亥	12	30	11	28	己巳	1	28	12	28	戊戌	
8	31	7	26	戊辰	10	1	8	27	己亥	11	1	9	29	庚午	12	1	10	29	庚子	12	31	11	29	庚午	1	29	12	29	己亥	
9	1	7	27	己巳	10	2	8	28	庚子	11	2	9	30	辛未	12	2	10	30	辛丑	1	1	12	1	辛未	1	30	12	30	庚子	
9	2	7	28	庚午	10	3	8	29	辛丑	11	3	10	1	壬申	12	3	11	1	壬寅	1	2	12	2	壬申	1	31	1	1	辛丑	
9	3	7	29	辛未	10	4	9	1	壬寅	11	4	10	2	癸酉	12	4	11	2	癸卯	1	3	12	3	癸酉	2	1	1	2	壬寅	
9	4	7	30	壬申	10	5	9	2	癸卯	11	5	10	3	甲戌	12	5	11	3	甲辰	1	4	12	4	甲戌	2	2	1	3	癸卯	
9	5	8	1	癸酉	10	6	9	3	甲辰	11	6	10	4	乙亥	12	6	11	4	乙巳						2	3	1	4	甲辰	
9	6	8	2	甲戌	10	7	9	4	乙巳																					
處暑					秋分					霜降					小雪					冬至					大寒					中
8/23 1時36分 丑時					9/22 23時43分 子時					10/23 9時37分 巳時					11/22 7時40分 辰時					12/21 21時18分 亥時					1/20 8時1分 辰時					氣

年	辛卯																													
月	庚寅					辛卯					壬辰					癸巳					甲午					乙未				
節氣	立春					驚蟄					清明					立夏					芒種					小暑				
	2/4 2時9分 丑時					3/5 19時51分 戌時					4/5 0時9分 子時					5/5 16時54分 申時					6/5 20時37分 戌時					7/7 6時41分 卯時				
日	國曆		農曆		干支	國曆		農曆		干支	國曆		農曆		干支	國曆		農曆		干支	國曆		農曆		干支	國曆		農曆		干支
中華民國一百六十年 兔 2071	2	4	1	5	乙巳	3	5	2	4	甲戌	4	5	3	6	乙巳	5	5	4	6	乙亥	6	5	5	8	丙午	7	7	6	10	戊寅
	2	5	1	6	丙午	3	6	2	5	乙亥	4	6	3	7	丙午	5	6	4	7	丙子	6	6	5	9	丁未	7	8	6	11	己卯
	2	6	1	7	丁未	3	7	2	6	丙子	4	7	3	8	丁未	5	7	4	8	丁丑	6	7	5	10	戊申	7	9	6	12	庚辰
	2	7	1	8	戊申	3	8	2	7	丁丑	4	8	3	9	戊申	5	8	4	9	戊寅	6	8	5	11	己酉	7	10	6	13	辛巳
	2	8	1	9	己酉	3	9	2	8	戊寅	4	9	3	10	己酉	5	9	4	10	己卯	6	9	5	12	庚戌	7	11	6	14	壬午
	2	9	1	10	庚戌	3	10	2	9	己卯	4	10	3	11	庚戌	5	10	4	11	庚辰	6	10	5	13	辛亥	7	12	6	15	癸未
	2	10	1	11	辛亥	3	11	2	10	庚辰	4	11	3	12	辛亥	5	11	4	12	辛巳	6	11	5	14	壬子	7	13	6	16	甲申
	2	11	1	12	壬子	3	12	2	11	辛巳	4	12	3	13	壬子	5	12	4	13	壬午	6	12	5	15	癸丑	7	14	6	17	乙酉
	2	12	1	13	癸丑	3	13	2	12	壬午	4	13	3	14	癸丑	5	13	4	14	癸未	6	13	5	16	甲寅	7	15	6	18	丙戌
	2	13	1	14	甲寅	3	14	2	13	癸未	4	14	3	15	甲寅	5	14	4	15	甲申	6	14	5	17	乙卯	7	16	6	19	丁亥
	2	14	1	15	乙卯	3	15	2	14	甲申	4	15	3	16	乙卯	5	15	4	16	乙酉	6	15	5	18	丙辰	7	17	6	20	戊子
	2	15	1	16	丙辰	3	16	2	15	乙酉	4	16	3	17	丙辰	5	16	4	17	丙戌	6	16	5	19	丁巳	7	18	6	21	己丑
	2	16	1	17	丁巳	3	17	2	16	丙戌	4	17	3	18	丁巳	5	17	4	18	丁亥	6	17	5	20	戊午	7	19	6	22	庚寅
	2	17	1	18	戊午	3	18	2	17	丁亥	4	18	3	19	戊午	5	18	4	19	戊子	6	18	5	21	己未	7	20	6	23	辛卯
	2	18	1	19	己未	3	19	2	18	戊子	4	19	3	20	己未	5	19	4	20	己丑	6	19	5	22	庚申	7	21	6	24	壬辰
	2	19	1	20	庚申	3	20	2	19	己丑	4	20	3	21	庚申	5	20	4	21	庚寅	6	20	5	23	辛酉	7	22	6	25	癸巳
	2	20	1	21	辛酉	3	21	2	20	庚寅	4	21	3	22	辛酉	5	21	4	22	辛卯	6	21	5	24	壬戌	7	23	6	26	甲午
	2	21	1	22	壬戌	3	22	2	21	辛卯	4	22	3	23	壬戌	5	22	4	23	壬辰	6	22	5	25	癸亥	7	24	6	27	乙未
	2	22	1	23	癸亥	3	23	2	22	壬辰	4	23	3	24	癸亥	5	23	4	24	癸巳	6	23	5	26	甲子	7	25	6	28	丙申
	2	23	1	24	甲子	3	24	2	23	癸巳	4	24	3	25	甲子	5	24	4	25	甲午	6	24	5	27	乙丑	7	26	6	29	丁酉
	2	24	1	25	乙丑	3	25	2	24	甲午	4	25	3	26	乙丑	5	25	4	26	乙未	6	25	5	28	丙寅	7	27	7	1	戊戌
	2	25	1	26	丙寅	3	26	2	25	乙未	4	26	3	27	丙寅	5	26	4	27	丙申	6	26	5	29	丁卯	7	28	7	2	己亥
	2	26	1	27	丁卯	3	27	2	26	丙申	4	27	3	28	丁卯	5	27	4	28	丁酉	6	27	5	30	戊辰	7	29	7	3	庚子
	2	27	1	28	戊辰	3	28	2	27	丁酉	4	28	3	29	戊辰	5	28	4	29	戊戌	6	28	6	1	己巳	7	30	7	4	辛丑
	2	28	1	29	己巳	3	29	2	28	戊戌	4	29	3	30	己巳	5	29	5	1	己亥	6	29	6	2	庚午	7	31	7	5	壬寅
	3	1	1	30	庚午	3	30	2	29	己亥	4	30	4	1	庚午	5	30	5	2	庚子	6	30	6	3	辛未	8	1	7	6	癸卯
	3	2	2	1	辛未	3	31	3	1	庚子	5	1	4	2	辛未	5	31	5	3	辛丑	7	1	6	4	壬申	8	2	7	7	甲辰
	3	3	2	2	壬申	4	1	3	2	辛丑	5	2	4	3	壬申	6	1	5	4	壬寅	7	2	6	5	癸酉	8	3	7	8	乙巳
	3	4	2	3	癸酉	4	2	3	3	壬寅	5	3	4	4	癸酉	6	2	5	5	癸卯	7	3	6	6	甲戌	8	4	7	9	丙午
						4	3	3	4	癸卯	5	4	4	5	甲戌	6	3	5	6	甲辰	7	4	6	7	乙亥	8	5	7	10	丁未
						4	4	3	5	甲辰						6	4	5	7	乙巳	7	5	6	8	丙子	8	6	7	11	戊申
																					7	6	6	9	丁丑					
中氣	雨水					春分					穀雨					小滿					夏至					大暑				
	2/18 21時58分 亥時					3/20 20時33分 戌時					4/20 7時4分 辰時					5/21 5時42分 卯時					6/21 13時19分 未時					7/23 0時11分 子時				

年	辛卯

月：丙申　節氣：立秋 8/7 16時38分 申時

國曆		農曆		干支
8	7	7	12	己酉
8	8	7	13	庚戌
8	9	7	14	辛亥
8	10	7	15	壬子
8	11	7	16	癸丑
8	12	7	17	甲寅
8	13	7	18	乙卯
8	14	7	19	丙辰
8	15	7	20	丁巳
8	16	7	21	戊午
8	17	7	22	己未
8	18	7	23	庚申
8	19	7	24	辛酉
8	20	7	25	壬戌
8	21	7	26	癸亥
8	22	7	27	甲子
8	23	7	28	乙丑
8	24	7	29	丙寅
8	25	8	1	丁卯
8	26	8	2	戊辰
8	27	8	3	己巳
8	28	8	4	庚午
8	29	8	5	辛未
8	30	8	6	壬申
8	31	8	7	癸酉
9	1	8	8	甲戌
9	2	8	9	乙亥
9	3	8	10	丙子
9	4	8	11	丁丑
9	5	8	12	戊寅
9	6	8	13	己卯

中氣：處暑 8/23 7時31分 辰時

月：丁酉　節氣：白露 9/7 19時57分 戌時

國曆		農曆		干支
9	7	8	14	庚辰
9	8	8	15	辛巳
9	9	8	16	壬午
9	10	8	17	癸未
9	11	8	18	甲申
9	12	8	19	乙酉
9	13	8	20	丙戌
9	14	8	21	丁亥
9	15	8	22	戊子
9	16	8	23	己丑
9	17	8	24	庚寅
9	18	8	25	辛卯
9	19	8	26	壬辰
9	20	8	27	癸巳
9	21	8	28	甲午
9	22	8	29	乙未
9	23	8	30	丙申
9	24	閏8	1	丁酉
9	25	8	2	戊戌
9	26	8	3	己亥
9	27	8	4	庚子
9	28	8	5	辛丑
9	29	8	6	壬寅
9	30	8	7	癸卯
10	1	8	8	甲辰
10	2	8	9	乙巳
10	3	8	10	丙午
10	4	8	11	丁未
10	5	8	12	戊申
10	6	8	13	己酉
10	7	8	14	庚戌

中氣：秋分 9/23 5時36分 卯時

月：戊戌　節氣：寒露 10/8 12時7分 午時

國曆		農曆		干支
10	8	8	15	辛亥
10	9	8	16	壬子
10	10	8	17	癸丑
10	11	8	18	甲寅
10	12	8	19	乙卯
10	13	8	20	丙辰
10	14	8	21	丁巳
10	15	8	22	戊午
10	16	8	23	己未
10	17	8	24	庚申
10	18	8	25	辛酉
10	19	8	26	壬戌
10	20	8	27	癸亥
10	21	8	28	甲子
10	22	8	29	乙丑
10	23	9	1	丙寅
10	24	9	2	丁卯
10	25	9	3	戊辰
10	26	9	4	己巳
10	27	9	5	庚午
10	28	9	6	辛未
10	29	9	7	壬申
10	30	9	8	癸酉
10	31	9	9	甲戌
11	1	9	10	乙亥
11	2	9	11	丙子
11	3	9	12	丁丑
11	4	9	13	戊寅
11	5	9	14	己卯
11	6	9	15	庚辰

中氣：霜降 10/23 15時28分 申時

月：己亥　節氣：立冬 11/7 15時47分 申時

國曆		農曆		干支
11	7	9	16	辛巳
11	8	9	17	壬午
11	9	9	18	癸未
11	10	9	19	甲申
11	11	9	20	乙酉
11	12	9	21	丙戌
11	13	9	22	丁亥
11	14	9	23	戊子
11	15	9	24	己丑
11	16	9	25	庚寅
11	17	9	26	辛卯
11	18	9	27	壬辰
11	19	9	28	癸巳
11	20	9	29	甲午
11	21	9	30	乙未
11	22	10	1	丙申
11	23	10	2	丁酉
11	24	10	3	戊戌
11	25	10	4	己亥
11	26	10	5	庚子
11	27	10	6	辛丑
11	28	10	7	壬寅
11	29	10	8	癸卯
11	30	10	9	甲辰
12	1	10	10	乙巳
12	2	10	11	丙午
12	3	10	12	丁未
12	4	10	13	戊申
12	5	10	14	己酉
12	6	10	15	庚戌

中氣：小雪 11/22 13時27分 未時

月：庚子　節氣：大雪 12/7 8時59分 辰時

國曆		農曆		干支
12	7	10	16	辛亥
12	8	10	17	壬子
12	9	10	18	癸丑
12	10	10	19	甲寅
12	11	10	20	乙卯
12	12	10	21	丙辰
12	13	10	22	丁巳
12	14	10	23	戊午
12	15	10	24	己未
12	16	10	25	庚申
12	17	10	26	辛酉
12	18	10	27	壬戌
12	19	10	28	癸亥
12	20	10	29	甲子
12	21	11	1	乙丑
12	22	11	2	丙寅
12	23	11	3	丁卯
12	24	11	4	戊辰
12	25	11	5	己巳
12	26	11	6	庚午
12	27	11	7	辛未
12	28	11	8	壬申
12	29	11	9	癸酉
12	30	11	10	甲戌
12	31	11	11	乙亥
1	1	11	12	丙子
1	2	11	13	丁丑
1	3	11	14	戊寅
1	4	11	15	己卯

中氣：冬至 12/22 3時3分 寅時

月：辛丑　節氣：小寒 1/5 20時22分 戌時

國曆		農曆		干支
1	5	11	16	庚辰
1	6	11	17	辛巳
1	7	11	18	壬午
1	8	11	19	癸未
1	9	11	20	甲申
1	10	11	21	乙酉
1	11	11	22	丙戌
1	12	11	23	丁亥
1	13	11	24	戊子
1	14	11	25	己丑
1	15	11	26	庚寅
1	16	11	27	辛卯
1	17	11	28	壬辰
1	18	11	29	癸巳
1	19	11	30	甲午
1	20	12	1	乙未
1	21	12	2	丙申
1	22	12	3	丁酉
1	23	12	4	戊戌
1	24	12	5	己亥
1	25	12	6	庚子
1	26	12	7	辛丑
1	27	12	8	壬寅
1	28	12	9	癸卯
1	29	12	10	甲辰
1	30	12	11	乙巳
1	31	12	12	丙午
2	1	12	13	丁未
2	2	12	14	戊申
2	3	12	15	己酉

中氣：大寒 1/20 13時44分 未時

中華民國一百六十、一百六十一年　兔

2071、2072

年	壬辰																													
月	壬寅					癸卯					甲辰					乙巳					丙午					丁未				
節氣	立春					驚蟄					清明					立夏					芒種					小暑				
	2/4 7時56分 辰時					3/5 1時40分 丑時					4/4 6時2分 卯時					5/4 22時52分 亥時					6/5 2時39分 丑時					7/6 12時44分 午時				
日	國曆		農曆		干支	國曆		農曆		干支	國曆		農曆		干支	國曆		農曆		干支	國曆		農曆		干支	國曆		農曆		干支
中華民國一百六十一年 龍 2072	2	4	12	16	庚戌	3	5	1	16	庚辰	4	4	2	16	庚戌	5	4	3	17	庚辰	6	5	4	19	壬子	7	6	5	21	癸未
	2	5	12	17	辛亥	3	6	1	17	辛巳	4	5	2	17	辛亥	5	5	3	18	辛巳	6	6	4	20	癸丑	7	7	5	22	甲申
	2	6	12	18	壬子	3	7	1	18	壬午	4	6	2	18	壬子	5	6	3	19	壬午	6	7	4	21	甲寅	7	8	5	23	乙酉
	2	7	12	19	癸丑	3	8	1	19	癸未	4	7	2	19	癸丑	5	7	3	20	癸未	6	8	4	22	乙卯	7	9	5	24	丙戌
	2	8	12	20	甲寅	3	9	1	20	甲申	4	8	2	20	甲寅	5	8	3	21	甲申	6	9	4	23	丙辰	7	10	5	25	丁亥
	2	9	12	21	乙卯	3	10	1	21	乙酉	4	9	2	21	乙卯	5	9	3	22	乙酉	6	10	4	24	丁巳	7	11	5	26	戊子
	2	10	12	22	丙辰	3	11	1	22	丙戌	4	10	2	22	丙辰	5	10	3	23	丙戌	6	11	4	25	戊午	7	12	5	27	己丑
	2	11	12	23	丁巳	3	12	1	23	丁亥	4	11	2	23	丁巳	5	11	3	24	丁亥	6	12	4	26	己未	7	13	5	28	庚寅
	2	12	12	24	戊午	3	13	1	24	戊子	4	12	2	24	戊午	5	12	3	25	戊子	6	13	4	27	庚申	7	14	5	29	辛卯
	2	13	12	25	己未	3	14	1	25	己丑	4	13	2	25	己未	5	13	3	26	己丑	6	14	4	28	辛酉	7	15	5	30	壬辰
	2	14	12	26	庚申	3	15	1	26	庚寅	4	14	2	26	庚申	5	14	3	27	庚寅	6	15	4	29	壬戌	7	16	6	1	癸巳
	2	15	12	27	辛酉	3	16	1	27	辛卯	4	15	2	27	辛酉	5	15	3	28	辛卯	6	16	5	1	癸亥	7	17	6	2	甲午
	2	16	12	28	壬戌	3	17	1	28	壬辰	4	16	2	28	壬戌	5	16	3	29	壬辰	6	17	5	2	甲子	7	18	6	3	乙未
	2	17	12	29	癸亥	3	18	1	29	癸巳	4	17	2	29	癸亥	5	17	3	30	癸巳	6	18	5	3	乙丑	7	19	6	4	丙申
	2	18	12	30	甲子	3	19	1	30	甲午	4	18	3	1	甲子	5	18	4	1	甲午	6	19	5	4	丙寅	7	20	6	5	丁酉
	2	19	1	1	乙丑	3	20	2	1	乙未	4	19	3	2	乙丑	5	19	4	2	乙未	6	20	5	5	丁卯	7	21	6	6	戊戌
	2	20	1	2	丙寅	3	21	2	2	丙申	4	20	3	3	丙寅	5	20	4	3	丙申	6	21	5	6	戊辰	7	22	6	7	己亥
	2	21	1	3	丁卯	3	22	2	3	丁酉	4	21	3	4	丁卯	5	21	4	4	丁酉	6	22	5	7	己巳	7	23	6	8	庚子
	2	22	1	4	戊辰	3	23	2	4	戊戌	4	22	3	5	戊辰	5	22	4	5	戊戌	6	23	5	8	庚午	7	24	6	9	辛丑
	2	23	1	5	己巳	3	24	2	5	己亥	4	23	3	6	己巳	5	23	4	6	己亥	6	24	5	9	辛未	7	25	6	10	壬寅
	2	24	1	6	庚午	3	25	2	6	庚子	4	24	3	7	庚午	5	24	4	7	庚子	6	25	5	10	壬申	7	26	6	11	癸卯
	2	25	1	7	辛未	3	26	2	7	辛丑	4	25	3	8	辛未	5	25	4	8	辛丑	6	26	5	11	癸酉	7	27	6	12	甲辰
	2	26	1	8	壬申	3	27	2	8	壬寅	4	26	3	9	壬申	5	26	4	9	壬寅	6	27	5	12	甲戌	7	28	6	13	乙巳
	2	27	1	9	癸酉	3	28	2	9	癸卯	4	27	3	10	癸酉	5	27	4	10	癸卯	6	28	5	13	乙亥	7	29	6	14	丙午
	2	28	1	10	甲戌	3	29	2	10	甲辰	4	28	3	11	甲戌	5	28	4	11	甲辰	6	29	5	14	丙子	7	30	6	15	丁未
	2	29	1	11	乙亥	3	30	2	11	乙巳	4	29	3	12	乙亥	5	29	4	12	乙巳	6	30	5	15	丁丑	7	31	6	16	戊申
	3	1	1	12	丙子	3	31	2	12	丙午	4	30	3	13	丙子	5	30	4	13	丙午	7	1	5	16	戊寅	8	1	6	17	己酉
	3	2	1	13	丁丑	4	1	2	13	丁未	5	1	3	14	丁丑	5	31	4	14	丁未	7	2	5	17	己卯	8	2	6	18	庚戌
	3	3	1	14	戊寅	4	2	2	14	戊申	5	2	3	15	戊寅	6	1	4	15	戊申	7	3	5	18	庚辰	8	3	6	19	辛亥
	3	4	1	15	己卯	4	3	2	15	己酉	5	3	3	16	己卯	6	2	4	16	己酉	7	4	5	19	辛巳	8	4	6	20	壬子
																6	3	4	17	庚戌	7	5	5	20	壬午	8	5	6	21	癸丑
																6	4	4	18	辛亥										
中氣	雨水					春分					穀雨					小滿					夏至					大暑				
	2/19 3時42分 寅時					3/20 2時20分 丑時					4/19 12時54分 午時					5/20 11時34分 午時					6/20 19時12分 戌時					7/22 6時3分 卯時				

壬辰																														年
戊申					己酉					庚戌					辛亥					壬子					癸丑					月
立秋					白露					寒露					立冬					大雪					小寒					節氣
8/6 22時38分 亥時					9/7 1時54分 丑時					10/7 18時2分 酉時					11/6 21時42分 亥時					12/6 14時55分 未時					1/5 2時17分 丑時					
國曆		農曆		干支	國曆		農曆		干支	國曆		農曆		干支	國曆		農曆		干支	國曆		農曆		干支	國曆		農曆		干支	日
8	6	6	22	甲寅	9	7	7	25	丙戌	10	7	8	26	丙辰	11	6	9	26	丙戌	12	6	10	27	丙辰	1	5	11	27	丙戌	中華民國一百六十一、一百六十二年 龍 2072、2073
8	7	6	23	乙卯	9	8	7	26	丁亥	10	8	8	27	丁巳	11	7	9	27	丁亥	12	7	10	28	丁巳	1	6	11	28	丁亥	
8	8	6	24	丙辰	9	9	7	27	戊子	10	9	8	28	戊午	11	8	9	28	戊子	12	8	10	29	戊午	1	7	11	29	戊子	
8	9	6	25	丁巳	9	10	7	28	己丑	10	10	8	29	己未	11	9	9	29	己丑	12	9	10	30	己未	1	8	12	1	己丑	
8	10	6	26	戊午	9	11	7	29	庚寅	10	11	8	30	庚申	11	10	10	1	庚寅	12	10	11	1	庚申	1	9	12	2	庚寅	
8	11	6	27	己未	9	12	8	1	辛卯	10	12	9	1	辛酉	11	11	10	2	辛卯	12	11	11	2	辛酉	1	10	12	3	辛卯	
8	12	6	28	庚申	9	13	8	2	壬辰	10	13	9	2	壬戌	11	12	10	3	壬辰	12	12	11	3	壬戌	1	11	12	4	壬辰	
8	13	6	29	辛酉	9	14	8	3	癸巳	10	14	9	3	癸亥	11	13	10	4	癸巳	12	13	11	4	癸亥	1	12	12	5	癸巳	
8	14	7	1	壬戌	9	15	8	4	甲午	10	15	9	4	甲子	11	14	10	5	甲午	12	14	11	5	甲子	1	13	12	6	甲午	
8	15	7	2	癸亥	9	16	8	5	乙未	10	16	9	5	乙丑	11	15	10	6	乙未	12	15	11	6	乙丑	1	14	12	7	乙未	
8	16	7	3	甲子	9	17	8	6	丙申	10	17	9	6	丙寅	11	16	10	7	丙申	12	16	11	7	丙寅	1	15	12	8	丙申	
8	17	7	4	乙丑	9	18	8	7	丁酉	10	18	9	7	丁卯	11	17	10	8	丁酉	12	17	11	8	丁卯	1	16	12	9	丁酉	
8	18	7	5	丙寅	9	19	8	8	戊戌	10	19	9	8	戊辰	11	18	10	9	戊戌	12	18	11	9	戊辰	1	17	12	10	戊戌	
8	19	7	6	丁卯	9	20	8	9	己亥	10	20	9	9	己巳	11	19	10	10	己亥	12	19	11	10	己巳	1	18	12	11	己亥	
8	20	7	7	戊辰	9	21	8	10	庚子	10	21	9	10	庚午	11	20	10	11	庚子	12	20	11	11	庚午	1	19	12	12	庚子	
8	21	7	8	己巳	9	22	8	11	辛丑	10	22	9	11	辛未	11	21	10	12	辛丑	12	21	11	12	辛未	1	20	12	13	辛丑	
8	22	7	9	庚午	9	23	8	12	壬寅	10	23	9	12	壬申	11	22	10	13	壬寅	12	22	11	13	壬申	1	21	12	14	壬寅	
8	23	7	10	辛未	9	24	8	13	癸卯	10	24	9	13	癸酉	11	23	10	14	癸卯	12	23	11	14	癸酉	1	22	12	15	癸卯	
8	24	7	11	壬申	9	25	8	14	甲辰	10	25	9	14	甲戌	11	24	10	15	甲辰	12	24	11	15	甲戌	1	23	12	16	甲辰	
8	25	7	12	癸酉	9	26	8	15	乙巳	10	26	9	15	乙亥	11	25	10	16	乙巳	12	25	11	16	乙亥	1	24	12	17	乙巳	
8	26	7	13	甲戌	9	27	8	16	丙午	10	27	9	16	丙子	11	26	10	17	丙午	12	26	11	17	丙子	1	25	12	18	丙午	
8	27	7	14	乙亥	9	28	8	17	丁未	10	28	9	17	丁丑	11	27	10	18	丁未	12	27	11	18	丁丑	1	26	12	19	丁未	
8	28	7	15	丙子	9	29	8	18	戊申	10	29	9	18	戊寅	11	28	10	19	戊申	12	28	11	19	戊寅	1	27	12	20	戊申	
8	29	7	16	丁丑	9	30	8	19	己酉	10	30	9	19	己卯	11	29	10	20	己酉	12	29	11	20	己卯	1	28	12	21	己酉	
8	30	7	17	戊寅	10	1	8	20	庚戌	10	31	9	20	庚辰	11	30	10	21	庚戌	12	30	11	21	庚辰	1	29	12	22	庚戌	
8	31	7	18	己卯	10	2	8	21	辛亥	11	1	9	21	辛巳	12	1	10	22	辛亥	12	31	11	22	辛巳	1	30	12	23	辛亥	
9	1	7	19	庚辰	10	3	8	22	壬子	11	2	9	22	壬午	12	2	10	23	壬子	1	1	11	23	壬午	1	31	12	24	壬子	
9	2	7	20	辛巳	10	4	8	23	癸丑	11	3	9	23	癸未	12	3	10	24	癸丑	1	2	11	24	癸未	2	1	12	25	癸丑	
9	3	7	21	壬午	10	5	8	24	甲寅	11	4	9	24	甲申	12	4	10	25	甲寅	1	3	11	25	甲申	2	2	12	26	甲寅	
9	4	7	22	癸未	10	6	8	25	乙卯	11	5	9	25	乙酉	12	5	10	26	乙卯	1	4	11	26	乙酉						
9	5	7	23	甲申																										
9	6	7	24	乙酉																										
處暑					秋分					霜降					小雪					冬至					大寒					中氣
8/22 13時21分 未時					9/22 11時26分 午時					10/22 21時18分 亥時					11/21 19時19分 戌時					12/21 8時55分 辰時					1/19 19時36分 戌時					

年	癸巳																													
月	甲寅					乙卯					丙辰					丁巳					戊午					己未				
節氣	立春					驚蟄					清明					立夏					芒種					小暑				
	2/3 13時51分 未時					3/5 7時35分 辰時					4/4 11時58分 午時					5/5 4時46分 寅時					6/5 8時29分 辰時					7/6 18時29分 酉時				
日	國曆		農曆		干支	國曆		農曆		干支	國曆		農曆		干支	國曆		農曆		干支	國曆		農曆		干支	國曆		農曆		干支
中華民國一百六十二年 蛇 2073	2	3	12	27	乙卯	3	5	1	27	乙酉	4	4	2	27	乙卯	5	5	3	29	丙戌	6	5	4	30	丁巳	7	6	6	2	戊子
	2	4	12	28	丙辰	3	6	1	28	丙戌	4	5	2	28	丙辰	5	6	3	30	丁亥	6	6	5	1	戊午	7	7	6	3	己丑
	2	5	12	29	丁巳	3	7	1	29	丁亥	4	6	2	29	丁巳	5	7	4	1	戊子	6	7	5	2	己未	7	8	6	4	庚寅
	2	6	12	30	戊午	3	8	1	30	戊子	4	7	3	1	戊午	5	8	4	2	己丑	6	8	5	3	庚申	7	9	6	5	辛卯
	2	7	1	1	己未	3	9	2	1	己丑	4	8	3	2	己未	5	9	4	3	庚寅	6	9	5	4	辛酉	7	10	6	6	壬辰
	2	8	1	2	庚申	3	10	2	2	庚寅	4	9	3	3	庚申	5	10	4	4	辛卯	6	10	5	5	壬戌	7	11	6	7	癸巳
	2	9	1	3	辛酉	3	11	2	3	辛卯	4	10	3	4	辛酉	5	11	4	5	壬辰	6	11	5	6	癸亥	7	12	6	8	甲午
	2	10	1	4	壬戌	3	12	2	4	壬辰	4	11	3	5	壬戌	5	12	4	6	癸巳	6	12	5	7	甲子	7	13	6	9	乙未
	2	11	1	5	癸亥	3	13	2	5	癸巳	4	12	3	6	癸亥	5	13	4	7	甲午	6	13	5	8	乙丑	7	14	6	10	丙申
	2	12	1	6	甲子	3	14	2	6	甲午	4	13	3	7	甲子	5	14	4	8	乙未	6	14	5	9	丙寅	7	15	6	11	丁酉
	2	13	1	7	乙丑	3	15	2	7	乙未	4	14	3	8	乙丑	5	15	4	9	丙申	6	15	5	10	丁卯	7	16	6	12	戊戌
	2	14	1	8	丙寅	3	16	2	8	丙申	4	15	3	9	丙寅	5	16	4	10	丁酉	6	16	5	11	戊辰	7	17	6	13	己亥
	2	15	1	9	丁卯	3	17	2	9	丁酉	4	16	3	10	丁卯	5	17	4	11	戊戌	6	17	5	12	己巳	7	18	6	14	庚子
	2	16	1	10	戊辰	3	18	2	10	戊戌	4	17	3	11	戊辰	5	18	4	12	己亥	6	18	5	13	庚午	7	19	6	15	辛丑
	2	17	1	11	己巳	3	19	2	11	己亥	4	18	3	12	己巳	5	19	4	13	庚子	6	19	5	14	辛未	7	20	6	16	壬寅
	2	18	1	12	庚午	3	20	2	12	庚子	4	19	3	13	庚午	5	20	4	14	辛丑	6	20	5	15	壬申	7	21	6	17	癸卯
	2	19	1	13	辛未	3	21	2	13	辛丑	4	20	3	14	辛未	5	21	4	15	壬寅	6	21	5	16	癸酉	7	22	6	18	甲辰
	2	20	1	14	壬申	3	22	2	14	壬寅	4	21	3	15	壬申	5	22	4	16	癸卯	6	22	5	17	甲戌	7	23	6	19	乙巳
	2	21	1	15	癸酉	3	23	2	15	癸卯	4	22	3	16	癸酉	5	23	4	17	甲辰	6	23	5	18	乙亥	7	24	6	20	丙午
	2	22	1	16	甲戌	3	24	2	16	甲辰	4	23	3	17	甲戌	5	24	4	18	乙巳	6	24	5	19	丙子	7	25	6	21	丁未
	2	23	1	17	乙亥	3	25	2	17	乙巳	4	24	3	18	乙亥	5	25	4	19	丙午	6	25	5	20	丁丑	7	26	6	22	戊申
	2	24	1	18	丙子	3	26	2	18	丙午	4	25	3	19	丙子	5	26	4	20	丁未	6	26	5	21	戊寅	7	27	6	23	己酉
	2	25	1	19	丁丑	3	27	2	19	丁未	4	26	3	20	丁丑	5	27	4	21	戊申	6	27	5	22	己卯	7	28	6	24	庚戌
	2	26	1	20	戊寅	3	28	2	20	戊申	4	27	3	21	戊寅	5	28	4	22	己酉	6	28	5	23	庚辰	7	29	6	25	辛亥
	2	27	1	21	己卯	3	29	2	21	己酉	4	28	3	22	己卯	5	29	4	23	庚戌	6	29	5	24	辛巳	7	30	6	26	壬子
	2	28	1	22	庚辰	3	30	2	22	庚戌	4	29	3	23	庚辰	5	30	4	24	辛亥	6	30	5	25	壬午	7	31	6	27	癸丑
	3	1	1	23	辛巳	3	31	2	23	辛亥	4	30	3	24	辛巳	5	31	4	25	壬子	7	1	5	26	癸未	8	1	6	28	甲寅
	3	2	1	24	壬午	4	1	2	24	壬子	5	1	3	25	壬午	6	1	4	26	癸丑	7	2	5	27	甲申	8	2	6	29	乙卯
	3	3	1	25	癸未	4	2	2	25	癸丑	5	2	3	26	癸未	6	2	4	27	甲寅	7	3	5	28	乙酉	8	3	6	30	丙辰
	3	4	1	26	甲申	4	3	2	26	甲寅	5	3	3	27	甲申	6	3	4	28	乙卯	7	4	5	29	丙戌	8	4	7	1	丁巳
											5	4	3	28	乙酉	6	4	4	29	丙辰	7	5	6	1	丁亥	8	5	7	2	戊午
																										8	6	7	3	己未
中氣	雨水					春分					穀雨					小滿					夏至					大暑				
	2/18 9時33分 巳時					3/20 8時12分 辰時					4/19 18時47分 酉時					5/20 17時28分 酉時					6/21 1時6分 丑時					7/22 11時54分 午時				

癸巳																														年
庚申					辛酉					壬戌					癸亥					甲子					乙丑					月
立秋					白露					寒露					立冬					大雪					小寒					節氣
8/7 4時19分 寅時					9/7 7時32分 辰時					10/7 23時40分 子時					11/7 3時23分 寅時					12/6 20時39分 戌時					1/5 8時5分 辰時					
國曆		農曆		干支	國曆		農曆		干支	國曆		農曆		干支	國曆		農曆		干支	國曆		農曆		干支	國曆		農曆		干支	日
8	7	7	4	庚申	9	7	8	6	辛卯	10	7	9	7	辛酉	11	7	10	8	壬辰	12	6	11	8	辛酉	1	5	12	8	辛卯	中華民國一百六十二、一百六十三年 蛇 2073、2074
8	8	7	5	辛酉	9	8	8	7	壬辰	10	8	9	8	壬戌	11	8	10	9	癸巳	12	7	11	9	壬戌	1	6	12	9	壬辰	
8	9	7	6	壬戌	9	9	8	8	癸巳	10	9	9	9	癸亥	11	9	10	10	甲午	12	8	11	10	癸亥	1	7	12	10	癸巳	
8	10	7	7	癸亥	9	10	8	9	甲午	10	10	9	10	甲子	11	10	10	11	乙未	12	9	11	11	甲子	1	8	12	11	甲午	
8	11	7	8	甲子	9	11	8	10	乙未	10	11	9	11	乙丑	11	11	10	12	丙申	12	10	11	12	乙丑	1	9	12	12	乙未	
8	12	7	9	乙丑	9	12	8	11	丙申	10	12	9	12	丙寅	11	12	10	13	丁酉	12	11	11	13	丙寅	1	10	12	13	丙申	
8	13	7	10	丙寅	9	13	8	12	丁酉	10	13	9	13	丁卯	11	13	10	14	戊戌	12	12	11	14	丁卯	1	11	12	14	丁酉	
8	14	7	11	丁卯	9	14	8	13	戊戌	10	14	9	14	戊辰	11	14	10	15	己亥	12	13	11	15	戊辰	1	12	12	15	戊戌	
8	15	7	12	戊辰	9	15	8	14	己亥	10	15	9	15	己巳	11	15	10	16	庚子	12	14	11	16	己巳	1	13	12	16	己亥	
8	16	7	13	己巳	9	16	8	15	庚子	10	16	9	16	庚午	11	16	10	17	辛丑	12	15	11	17	庚午	1	14	12	17	庚子	
8	17	7	14	庚午	9	17	8	16	辛丑	10	17	9	17	辛未	11	17	10	18	壬寅	12	16	11	18	辛未	1	15	12	18	辛丑	
8	18	7	15	辛未	9	18	8	17	壬寅	10	18	9	18	壬申	11	18	10	19	癸卯	12	17	11	19	壬申	1	16	12	19	壬寅	
8	19	7	16	壬申	9	19	8	18	癸卯	10	19	9	19	癸酉	11	19	10	20	甲辰	12	18	11	20	癸酉	1	17	12	20	癸卯	
8	20	7	17	癸酉	9	20	8	19	甲辰	10	20	9	20	甲戌	11	20	10	21	乙巳	12	19	11	21	甲戌	1	18	12	21	甲辰	
8	21	7	18	甲戌	9	21	8	20	乙巳	10	21	9	21	乙亥	11	21	10	22	丙午	12	20	11	22	乙亥	1	19	12	22	乙巳	
8	22	7	19	乙亥	9	22	8	21	丙午	10	22	9	22	丙子	11	22	10	23	丁未	12	21	11	23	丙子	1	20	12	23	丙午	
8	23	7	20	丙子	9	23	8	22	丁未	10	23	9	23	丁丑	11	23	10	24	戊申	12	22	11	24	丁丑	1	21	12	24	丁未	
8	24	7	21	丁丑	9	24	8	23	戊申	10	24	9	24	戊寅	11	24	10	25	己酉	12	23	11	25	戊寅	1	22	12	25	戊申	
8	25	7	22	戊寅	9	25	8	24	己酉	10	25	9	25	己卯	11	25	10	26	庚戌	12	24	11	26	己卯	1	23	12	26	己酉	
8	26	7	23	己卯	9	26	8	25	庚戌	10	26	9	26	庚辰	11	26	10	27	辛亥	12	25	11	27	庚辰	1	24	12	27	庚戌	
8	27	7	24	庚辰	9	27	8	26	辛亥	10	27	9	27	辛巳	11	27	10	28	壬子	12	26	11	28	辛巳	1	25	12	28	辛亥	
8	28	7	25	辛巳	9	28	8	27	壬子	10	28	9	28	壬午	11	28	10	29	癸丑	12	27	11	29	壬午	1	26	12	29	壬子	
8	29	7	26	壬午	9	29	8	28	癸丑	10	29	9	29	癸未	11	29	11	1	甲寅	12	28	11	30	癸未	1	27	1	1	癸丑	
	30	7	27	癸未	9	30	8	29	甲寅	10	30	9	30	甲申	11	30	11	2	乙卯	12	29	12	1	甲申	1	28	1	2	甲寅	
	31	7	28	甲申	10	1	9	1	乙卯	10	31	10	1	乙酉	12	1	11	3	丙辰	12	30	12	2	乙酉	1	29	1	3	乙卯	
	1	7	29	乙酉	10	2	9	2	丙辰	11	1	10	2	丙戌	12	2	11	4	丁巳	12	31	12	3	丙戌	1	30	1	4	丙辰	
	2	8	1	丙戌	10	3	9	3	丁巳	11	2	10	3	丁亥	12	3	11	5	戊午	1	1	12	4	丁亥	1	31	1	5	丁巳	
	3	8	2	丁亥	10	4	9	4	戊午	11	3	10	4	戊子	12	4	11	6	己未	1	2	12	5	戊子	2	1	1	6	戊午	
	4	8	3	戊子	10	5	9	5	己未	11	4	10	5	己丑	12	5	11	7	庚申	1	3	12	6	己丑	2	2	1	7	己未	
	5	8	4	己丑	10	6	9	6	庚申	11	5	10	6	庚寅						1	4	12	7	庚寅						
	6	8	5	庚寅						11	6	10	7	辛卯																
處暑					秋分					霜降					小雪					冬至					大寒					中氣
22 19時10分 戌時					9/22 17時14分 酉時					10/23 3時7分 寅時					11/22 1時10分 丑時					12/21 14時49分 未時					1/20 1時33分 丑時					

年	甲午																													
月	丙寅					丁卯					戊辰					己巳					庚午					辛未				
節氣	立春					驚蟄					清明					立夏					芒種					小暑				
	2/3 19時40分 戌時					3/5 13時23分 未時					4/4 17時44分 酉時					5/5 10時32分 巳時					6/5 14時16分 未時					7/7 0時20分 子時				
日	國曆		農曆		干支	國曆		農曆		干支	國曆		農曆		干支	國曆		農曆		干支	國曆		農曆		干支	國曆		農曆		干支
中華民國一百六十三年 馬 2074	2	3	1	8	庚申	3	5	2	8	庚寅	4	4	3	9	庚申	5	5	4	10	辛卯	6	5	5	11	壬戌	7	7	6	14	甲午
	2	4	1	9	辛酉	3	6	2	9	辛卯	4	5	3	10	辛酉	5	6	4	11	壬辰	6	6	5	12	癸亥	7	8	6	15	乙未
	2	5	1	10	壬戌	3	7	2	10	壬辰	4	6	3	11	壬戌	5	7	4	12	癸巳	6	7	5	13	甲子	7	9	6	16	丙申
	2	6	1	11	癸亥	3	8	2	11	癸巳	4	7	3	12	癸亥	5	8	4	13	甲午	6	8	5	14	乙丑	7	10	6	17	丁酉
	2	7	1	12	甲子	3	9	2	12	甲午	4	8	3	13	甲子	5	9	4	14	乙未	6	9	5	15	丙寅	7	11	6	18	戊戌
	2	8	1	13	乙丑	3	10	2	13	乙未	4	9	3	14	乙丑	5	10	4	15	丙申	6	10	5	16	丁卯	7	12	6	19	己亥
	2	9	1	14	丙寅	3	11	2	14	丙申	4	10	3	15	丙寅	5	11	4	16	丁酉	6	11	5	17	戊辰	7	13	6	20	庚子
	2	10	1	15	丁卯	3	12	2	15	丁酉	4	11	3	16	丁卯	5	12	4	17	戊戌	6	12	5	18	己巳	7	14	6	21	辛丑
	2	11	1	16	戊辰	3	13	2	16	戊戌	4	12	3	17	戊辰	5	13	4	18	己亥	6	13	5	19	庚午	7	15	6	22	壬寅
	2	12	1	17	己巳	3	14	2	17	己亥	4	13	3	18	己巳	5	14	4	19	庚子	6	14	5	20	辛未	7	16	6	23	癸卯
	2	13	1	18	庚午	3	15	2	18	庚子	4	14	3	19	庚午	5	15	4	20	辛丑	6	15	5	21	壬申	7	17	6	24	甲辰
	2	14	1	19	辛未	3	16	2	19	辛丑	4	15	3	20	辛未	5	16	4	21	壬寅	6	16	5	22	癸酉	7	18	6	25	乙巳
	2	15	1	20	壬申	3	17	2	20	壬寅	4	16	3	21	壬申	5	17	4	22	癸卯	6	17	5	23	甲戌	7	19	6	26	丙午
	2	16	1	21	癸酉	3	18	2	21	癸卯	4	17	3	22	癸酉	5	18	4	23	甲辰	6	18	5	24	乙亥	7	20	6	27	丁未
	2	17	1	22	甲戌	3	19	2	22	甲辰	4	18	3	23	甲戌	5	19	4	24	乙巳	6	19	5	25	丙子	7	21	6	28	戊申
	2	18	1	23	乙亥	3	20	2	23	乙巳	4	19	3	24	乙亥	5	20	4	25	丙午	6	20	5	26	丁丑	7	22	6	29	己酉
	2	19	1	24	丙子	3	21	2	24	丙午	4	20	3	25	丙子	5	21	4	26	丁未	6	21	5	27	戊寅	7	23	6	30	庚戌
	2	20	1	25	丁丑	3	22	2	25	丁未	4	21	3	26	丁丑	5	22	4	27	戊申	6	22	5	28	己卯	7	24	閏6	1	辛亥
	2	21	1	26	戊寅	3	23	2	26	戊申	4	22	3	27	戊寅	5	23	4	28	己酉	6	23	5	29	庚辰	7	25	6	2	壬子
	2	22	1	27	己卯	3	24	2	27	己酉	4	23	3	28	己卯	5	24	4	29	庚戌	6	24	6	1	辛巳	7	26	6	3	癸丑
	2	23	1	28	庚辰	3	25	2	28	庚戌	4	24	3	29	庚辰	5	25	4	30	辛亥	6	25	6	2	壬午	7	27	6	4	甲寅
	2	24	1	29	辛巳	3	26	2	29	辛亥	4	25	3	30	辛巳	5	26	5	1	壬子	6	26	6	3	癸未	7	28	6	5	乙卯
	2	25	1	30	壬午	3	27	3	1	壬子	4	26	4	1	壬午	5	27	5	2	癸丑	6	27	6	4	甲申	7	29	6	6	丙辰
	2	26	2	1	癸未	3	28	3	2	癸丑	4	27	4	2	癸未	5	28	5	3	甲寅	6	28	6	5	乙酉	7	30	6	7	丁巳
	2	27	2	2	甲申	3	29	3	3	甲寅	4	28	4	3	甲申	5	29	5	4	乙卯	6	29	6	6	丙戌	7	31	6	8	戊午
	2	28	2	3	乙酉	3	30	3	4	乙卯	4	29	4	4	乙酉	5	30	5	5	丙辰	6	30	6	7	丁亥	8	1	6	9	己未
	3	1	2	4	丙戌	3	31	3	5	丙辰	4	30	4	5	丙戌	5	31	5	6	丁巳	7	1	6	8	戊子	8	2	6	10	庚申
	3	2	2	5	丁亥	4	1	3	6	丁巳	5	1	4	6	丁亥	6	1	5	7	戊午	7	2	6	9	己丑	8	3	6	11	辛酉
	3	3	2	6	戊子	4	2	3	7	戊午	5	2	4	7	戊子	6	2	5	8	己未	7	3	6	10	庚寅	8	4	6	12	壬戌
	3	4	2	7	己丑	4	3	3	8	己未	5	3	4	8	己丑	6	3	5	9	庚申	7	4	6	11	辛卯	8	5	6	13	癸亥
											5	4	4	9	庚寅	6	4	5	10	辛酉	7	5	6	12	壬辰	8	6	6	14	甲子
																					7	6	6	13	癸巳					
中氣	雨水					春分					穀雨					小滿					夏至					大暑				
	2/18 15時31分 申時					3/20 14時8分 未時					4/20 0時40分 子時					5/20 23時20分 子時					6/21 6時57分 卯時					7/22 17時44分 酉				

年	甲午														
月	壬申					癸酉					甲戌				
節氣	立秋					白露					寒露				
	8/7 10時12分 巳時					9/7 13時27分 未時					10/8 5時36分 卯時				
日	國曆		農曆		干支	國曆		農曆		干支	國曆		農曆		干支
	8	7	6	15	乙丑	9	7	7	17	丙申	10	8	8	18	丁卯
	8	8	6	16	丙寅	9	8	7	18	丁酉	10	9	8	19	戊辰
	8	9	6	17	丁卯	9	9	7	19	戊戌	10	10	8	20	己巳
	8	10	6	18	戊辰	9	10	7	20	己亥	10	11	8	21	庚午
	8	11	6	19	己巳	9	11	7	21	庚子	10	12	8	22	辛未
	8	12	6	20	庚午	9	12	7	22	辛丑	10	13	8	23	壬申
	8	13	6	21	辛未	9	13	7	23	壬寅	10	14	8	24	癸酉
	8	14	6	22	壬申	9	14	7	24	癸卯	10	15	8	25	甲戌
	8	15	6	23	癸酉	9	15	7	25	甲辰	10	16	8	26	乙亥
	8	16	6	24	甲戌	9	16	7	26	乙巳	10	17	8	27	丙子
	8	17	6	25	乙亥	9	17	7	27	丙午	10	18	8	28	丁丑
	8	18	6	26	丙子	9	18	7	28	丁未	10	19	8	29	戊寅
	8	19	6	27	丁丑	9	19	7	29	戊申	10	20	9	1	己卯
	8	20	6	28	戊寅	9	20	7	30	己酉	10	21	9	2	庚辰
	8	21	6	29	己卯	9	21	8	1	庚戌	10	22	9	3	辛巳
	8	22	7	1	庚辰	9	22	8	2	辛亥	10	23	9	4	壬午
	8	23	7	2	辛巳	9	23	8	3	壬子	10	24	9	5	癸未
	8	24	7	3	壬午	9	24	8	4	癸丑	10	25	9	6	甲申
	8	25	7	4	癸未	9	25	8	5	甲寅	10	26	9	7	乙酉
	8	26	7	5	甲申	9	26	8	6	乙卯	10	27	9	8	丙戌
	8	27	7	6	乙酉	9	27	8	7	丙辰	10	28	9	9	丁亥
	8	28	7	7	丙戌	9	28	8	8	丁巳	10	29	9	10	戊子
	8	29	7	8	丁亥	9	29	8	9	戊午	10	30	9	11	己丑
	8	30	7	9	戊子	9	30	8	10	己未	10	31	9	12	庚寅
	8	31	7	10	己丑	10	1	8	11	庚申	11	1	9	13	辛卯
	9	1	7	11	庚寅	10	2	8	12	辛酉	11	2	9	14	壬辰
	9	2	7	12	辛卯	10	3	8	13	壬戌	11	3	9	15	癸巳
	9	3	7	13	壬辰	10	4	8	14	癸亥	11	4	9	16	甲午
	9	4	7	14	癸巳	10	5	8	15	甲子	11	5	9	17	乙未
	9	5	7	15	甲午	10	6	8	16	乙丑	11	6	9	18	丙申
	9	6	7	16	乙未	10	7	8	17	丙寅					
中氣	處暑					秋分					霜降				
	8/23 0時59分 子時					9/22 23時2分 子時					10/23 8時54分 辰時				

年	甲午														
月	乙亥					丙子					丁丑				
節氣	立冬					大雪					小寒				
	11/7 9時18分 巳時					12/7 2時33分 丑時					1/5 13時56分 未時				
日	國曆		農曆		干支	國曆		農曆		干支	國曆		農曆		干支
	11	7	9	19	丁酉	12	7	10	19	丁卯	1	5	11	19	丙申
	11	8	9	20	戊戌	12	8	10	20	戊辰	1	6	11	20	丁酉
	11	9	9	21	己亥	12	9	10	21	己巳	1	7	11	21	戊戌
	11	10	9	22	庚子	12	10	10	22	庚午	1	8	11	22	己亥
	11	11	9	23	辛丑	12	11	10	23	辛未	1	9	11	23	庚子
	11	12	9	24	壬寅	12	12	10	24	壬申	1	10	11	24	辛丑
	11	13	9	25	癸卯	12	13	10	25	癸酉	1	11	11	25	壬寅
	11	14	9	26	甲辰	12	14	10	26	甲戌	1	12	11	26	癸卯
	11	15	9	27	乙巳	12	15	10	27	乙亥	1	13	11	27	甲辰
	11	16	9	28	丙午	12	16	10	28	丙子	1	14	11	28	乙巳
	11	17	9	29	丁未	12	17	10	29	丁丑	1	15	11	29	丙午
	11	18	9	30	戊申	12	18	11	1	戊寅	1	16	11	30	丁未
	11	19	10	1	己酉	12	19	11	2	己卯	1	17	12	1	戊申
	11	20	10	2	庚戌	12	20	11	3	庚辰	1	18	12	2	己酉
	11	21	10	3	辛亥	12	21	11	4	辛巳	1	19	12	3	庚戌
	11	22	10	4	壬子	12	22	11	5	壬午	1	20	12	4	辛亥
	11	23	10	5	癸丑	12	23	11	6	癸未	1	21	12	5	壬子
	11	24	10	6	甲寅	12	24	11	7	甲申	1	22	12	6	癸丑
	11	25	10	7	乙卯	12	25	11	8	乙酉	1	23	12	7	甲寅
	11	26	10	8	丙辰	12	26	11	9	丙戌	1	24	12	8	乙卯
	11	27	10	9	丁巳	12	27	11	10	丁亥	1	25	12	9	丙辰
	11	28	10	10	戊午	12	28	11	11	戊子	1	26	12	10	丁巳
	11	29	10	11	己未	12	29	11	12	己丑	1	27	12	11	戊午
	11	30	10	12	庚申	12	30	11	13	庚寅	1	28	12	12	己未
	12	1	10	13	辛酉	12	31	11	14	辛卯	1	29	12	13	庚申
	12	2	10	14	壬戌	1	1	11	15	壬辰	1	30	12	14	辛酉
	12	3	10	15	癸亥	1	2	11	16	癸巳	1	31	12	15	壬戌
	12	4	10	16	甲子	1	3	11	17	甲午	2	1	12	16	癸亥
	12	5	10	17	乙丑	1	4	11	18	乙未	2	2	12	17	甲子
	12	6	10	18	丙寅						2	3	12	18	乙丑
中氣	小雪					冬至					大寒				
	11/22 6時57分 卯時					12/21 20時34分 戌時					1/20 7時15分 辰時				

中華民國一百六十三、一百六十四年 馬

2074、2075

年	乙未																													
月	戊寅					己卯					庚辰					辛巳					壬午					癸未				
節氣	立春 2/4 1時29分 丑時					驚蟄 3/5 19時10分 戌時					清明 4/4 23時30分 子時					立夏 5/5 16時18分 申時					芒種 6/5 20時5分 戌時					小暑 7/7 6時12分 卯時				
日	國曆		農曆		干支	國曆		農曆		干支	國曆		農曆		干支	國曆		農曆		干支	國曆		農曆		干支	國曆		農曆		干支
中華民國一百六十四年 羊 2075	2	4	12	19	丙寅	3	5	1	19	乙未	4	4	2	19	乙丑	5	5	3	21	丙申	6	5	4	22	丁卯	7	7	5	25	己亥
	2	5	12	20	丁卯	3	6	1	20	丙申	4	5	2	20	丙寅	5	6	3	22	丁酉	6	6	4	23	戊辰	7	8	5	26	庚子
	2	6	12	21	戊辰	3	7	1	21	丁酉	4	6	2	21	丁卯	5	7	3	23	戊戌	6	7	4	24	己巳	7	9	5	27	辛丑
	2	7	12	22	己巳	3	8	1	22	戊戌	4	7	2	22	戊辰	5	8	3	24	己亥	6	8	4	25	庚午	7	10	5	28	壬寅
	2	8	12	23	庚午	3	9	1	23	己亥	4	8	2	23	己巳	5	9	3	25	庚子	6	9	4	26	辛未	7	11	5	29	癸卯
	2	9	12	24	辛未	3	10	1	24	庚子	4	9	2	24	庚午	5	10	3	26	辛丑	6	10	4	27	壬申	7	12	5	30	甲辰
	2	10	12	25	壬申	3	11	1	25	辛丑	4	10	2	25	辛未	5	11	3	27	壬寅	6	11	4	28	癸酉	7	13	6	1	乙巳
	2	11	12	26	癸酉	3	12	1	26	壬寅	4	11	2	26	壬申	5	12	3	28	癸卯	6	12	4	29	甲戌	7	14	6	2	丙午
	2	12	12	27	甲戌	3	13	1	27	癸卯	4	12	2	27	癸酉	5	13	3	29	甲辰	6	13	5	1	乙亥	7	15	6	3	丁未
	2	13	12	28	乙亥	3	14	1	28	甲辰	4	13	2	28	甲戌	5	14	3	30	乙巳	6	14	5	2	丙子	7	16	6	4	戊申
	2	14	12	29	丙子	3	15	1	29	乙巳	4	14	2	29	乙亥	5	15	4	1	丙午	6	15	5	3	丁丑	7	17	6	5	己酉
	2	15	1	1	丁丑	3	16	1	30	丙午	4	15	3	1	丙子	5	16	4	2	丁未	6	16	5	4	戊寅	7	18	6	6	庚戌
	2	16	1	2	戊寅	3	17	2	1	丁未	4	16	3	2	丁丑	5	17	4	3	戊申	6	17	5	5	己卯	7	19	6	7	辛亥
	2	17	1	3	己卯	3	18	2	2	戊申	4	17	3	3	戊寅	5	18	4	4	己酉	6	18	5	6	庚辰	7	20	6	8	壬子
	2	18	1	4	庚辰	3	19	2	3	己酉	4	18	3	4	己卯	5	19	4	5	庚戌	6	19	5	7	辛巳	7	21	6	9	癸丑
	2	19	1	5	辛巳	3	20	2	4	庚戌	4	19	3	5	庚辰	5	20	4	6	辛亥	6	20	5	8	壬午	7	22	6	10	甲寅
	2	20	1	6	壬午	3	21	2	5	辛亥	4	20	3	6	辛巳	5	21	4	7	壬子	6	21	5	9	癸未	7	23	6	11	乙卯
	2	21	1	7	癸未	3	22	2	6	壬子	4	21	3	7	壬午	5	22	4	8	癸丑	6	22	5	10	甲申	7	24	6	12	丙辰
	2	22	1	8	甲申	3	23	2	7	癸丑	4	22	3	8	癸未	5	23	4	9	甲寅	6	23	5	11	乙酉	7	25	6	13	丁巳
	2	23	1	9	乙酉	3	24	2	8	甲寅	4	23	3	9	甲申	5	24	4	10	乙卯	6	24	5	12	丙戌	7	26	6	14	戊午
	2	24	1	10	丙戌	3	25	2	9	乙卯	4	24	3	10	乙酉	5	25	4	11	丙辰	6	25	5	13	丁亥	7	27	6	15	己未
	2	25	1	11	丁亥	3	26	2	10	丙辰	4	25	3	11	丙戌	5	26	4	12	丁巳	6	26	5	14	戊子	7	28	6	16	庚申
	2	26	1	12	戊子	3	27	2	11	丁巳	4	26	3	12	丁亥	5	27	4	13	戊午	6	27	5	15	己丑	7	29	6	17	辛酉
	2	27	1	13	己丑	3	28	2	12	戊午	4	27	3	13	戊子	5	28	4	14	己未	6	28	5	16	庚寅	7	30	6	18	壬戌
	2	28	1	14	庚寅	3	29	2	13	己未	4	28	3	14	己丑	5	29	4	15	庚申	6	29	5	17	辛卯	7	31	6	19	癸亥
	3	1	1	15	辛卯	3	30	2	14	庚申	4	29	3	15	庚寅	5	30	4	16	辛酉	6	30	5	18	壬辰	8	1	6	20	甲子
	3	2	1	16	壬辰	3	31	2	15	辛酉	4	30	3	16	辛卯	5	31	4	17	壬戌	7	1	5	19	癸巳	8	2	6	21	乙丑
	3	3	1	17	癸巳	4	1	2	16	壬戌	5	1	3	17	壬辰	6	1	4	18	癸亥	7	2	5	20	甲午	8	3	6	22	丙寅
	3	4	1	18	甲午	4	2	2	17	癸亥	5	2	3	18	癸巳	6	2	4	19	甲子	7	3	5	21	乙未	8	4	6	23	丁卯
						4	3	2	18	甲子	5	3	3	19	甲午	6	3	4	20	乙丑	7	4	5	22	丙申	8	5	6	24	戊辰
											5	4	3	20	乙未	6	4	4	21	丙寅	7	5	5	23	丁酉	8	6	6	25	己巳
																					7	6	5	24	戊戌					
中氣	雨水 2/18 21時11分 亥時					春分 3/20 19時45分 戌時					穀雨 4/20 6時17分 卯時					小滿 5/21 4時58分 寅時					夏至 6/21 12時39分 午時					大暑 7/22 23時32分 子時				

乙未																														年
甲申					乙酉					丙戌					丁亥					戊子					己丑					月
立秋					白露					寒露					立冬					大雪					小寒					節氣
8/7 16時7分 申時					9/7 19時23分 戌時					10/8 11時30分 午時					11/7 15時10分 申時					12/7 8時23分 辰時					1/5 19時46分 戌時					
國曆		農曆		干支	國曆		農曆		干支	國曆		農曆		干支	國曆		農曆		干支	國曆		農曆		干支	國曆		農曆		干支	日
8	7	6	26	庚午	9	7	7	27	辛丑	10	8	8	29	壬申	11	7	9	29	壬寅	12	7	10	30	壬申	1	5	11	29	辛丑	中華民國一百六十四、一百六十五年 羊 2075、2076
8	8	6	27	辛未	9	8	7	28	壬寅	10	9	8	30	癸酉	11	8	10	1	癸卯	12	8	11	1	癸酉	1	6	12	1	壬寅	
8	9	6	28	壬申	9	9	7	29	癸卯	10	10	9	1	甲戌	11	9	10	2	甲辰	12	9	11	2	甲戌	1	7	12	2	癸卯	
8	10	6	29	癸酉	9	10	8	1	甲辰	10	11	9	2	乙亥	11	10	10	3	乙巳	12	10	11	3	乙亥	1	8	12	3	甲辰	
8	11	6	30	甲戌	9	11	8	2	乙巳	10	12	9	3	丙子	11	11	10	4	丙午	12	11	11	4	丙子	1	9	12	4	乙巳	
8	12	7	1	乙亥	9	12	8	3	丙午	10	13	9	4	丁丑	11	12	10	5	丁未	12	12	11	5	丁丑	1	10	12	5	丙午	
8	13	7	2	丙子	9	13	8	4	丁未	10	14	9	5	戊寅	11	13	10	6	戊申	12	13	11	6	戊寅	1	11	12	6	丁未	
8	14	7	3	丁丑	9	14	8	5	戊申	10	15	9	6	己卯	11	14	10	7	己酉	12	14	11	7	己卯	1	12	12	7	戊申	
8	15	7	4	戊寅	9	15	8	6	己酉	10	16	9	7	庚辰	11	15	10	8	庚戌	12	15	11	8	庚辰	1	13	12	8	己酉	
8	16	7	5	己卯	9	16	8	7	庚戌	10	17	9	8	辛巳	11	16	10	9	辛亥	12	16	11	9	辛巳	1	14	12	9	庚戌	
8	17	7	6	庚辰	9	17	8	8	辛亥	10	18	9	9	壬午	11	17	10	10	壬子	12	17	11	10	壬午	1	15	12	10	辛亥	
8	18	7	7	辛巳	9	18	8	9	壬子	10	19	9	10	癸未	11	18	10	11	癸丑	12	18	11	11	癸未	1	16	12	11	壬子	
8	19	7	8	壬午	9	19	8	10	癸丑	10	20	9	11	甲申	11	19	10	12	甲寅	12	19	11	12	甲申	1	17	12	12	癸丑	
8	20	7	9	癸未	9	20	8	11	甲寅	10	21	9	12	乙酉	11	20	10	13	乙卯	12	20	11	13	乙酉	1	18	12	13	甲寅	
8	21	7	10	甲申	9	21	8	12	乙卯	10	22	9	13	丙戌	11	21	10	14	丙辰	12	21	11	14	丙戌	1	19	12	14	乙卯	
8	22	7	11	乙酉	9	22	8	13	丙辰	10	23	9	14	丁亥	11	22	10	15	丁巳	12	22	11	15	丁亥	1	20	12	15	丙辰	
8	23	7	12	丙戌	9	23	8	14	丁巳	10	24	9	15	戊子	11	23	10	16	戊午	12	23	11	16	戊子	1	21	12	16	丁巳	
8	24	7	13	丁亥	9	24	8	15	戊午	10	25	9	16	己丑	11	24	10	17	己未	12	24	11	17	己丑	1	22	12	17	戊午	
8	25	7	14	戊子	9	25	8	16	己未	10	26	9	17	庚寅	11	25	10	18	庚申	12	25	11	18	庚寅	1	23	12	18	己未	
8	26	7	15	己丑	9	26	8	17	庚申	10	27	9	18	辛卯	11	26	10	19	辛酉	12	26	11	19	辛卯	1	24	12	19	庚申	
8	27	7	16	庚寅	9	27	8	18	辛酉	10	28	9	19	壬辰	11	27	10	20	壬戌	12	27	11	20	壬辰	1	25	12	20	辛酉	
8	28	7	17	辛卯	9	28	8	19	壬戌	10	29	9	20	癸巳	11	28	10	21	癸亥	12	28	11	21	癸巳	1	26	12	21	壬戌	
8	29	7	18	壬辰	9	29	8	20	癸亥	10	30	9	21	甲午	11	29	10	22	甲子	12	29	11	22	甲午	1	27	12	22	癸亥	
8	30	7	19	癸巳	9	30	8	21	甲子	10	31	9	22	乙未	11	30	10	23	乙丑	12	30	11	23	乙未	1	28	12	23	甲子	
8	31	7	20	甲午	10	1	8	22	乙丑	11	1	9	23	丙申	12	1	10	24	丙寅	12	31	11	24	丙申	1	29	12	24	乙丑	
9	1	7	21	乙未	10	2	8	23	丙寅	11	2	9	24	丁酉	12	2	10	25	丁卯	1	1	11	25	丁酉	1	30	12	25	丙寅	
9	2	7	22	丙申	10	3	8	24	丁卯	11	3	9	25	戊戌	12	3	10	26	戊辰	1	2	11	26	戊戌	1	31	12	26	丁卯	
9	3	7	23	丁酉	10	4	8	25	戊辰	11	4	9	26	己亥	12	4	10	27	己巳	1	3	11	27	己亥	2	1	12	27	戊辰	
9	4	7	24	戊戌	10	5	8	26	己巳	11	5	9	27	庚子	12	5	10	28	庚午	1	4	11	28	庚子	2	2	12	28	己巳	
	5	7	25	己亥	10	6	8	27	庚午	11	6	9	28	辛丑	12	6	10	29	辛未						2	3	12	29	庚午	
	6	7	26	庚子	10	7	8	28	辛未																					
處暑					秋分					霜降					小雪					冬至					大寒					中氣
8/23 6時52分 卯時					9/23 4時57分 寅時					10/23 14時49分 未時					11/22 12時50分 午時					12/22 2時26分 丑時					1/20 13時6分 未時					

年	丙申																													
月	庚寅					辛卯					壬辰					癸巳					甲午					乙未				
節氣	立春					驚蟄					清明					立夏					芒種					小暑				
	2/4 7時19分 辰時					3/5 1時0分 丑時					4/4 5時19分 卯時					5/4 22時7分 亥時					6/5 1時53分 丑時					7/6 11時59分 午時				
日	國曆		農曆		干支	國曆		農曆		干支	國曆		農曆		干支	國曆		農曆		干支	國曆		農曆		干支	國曆		農曆		干支
中華民國一百六十五年 猴 2076	2	4	12	30	辛未	3	5	2	1	辛丑	4	4	3	1	辛未	5	4	4	2	辛丑	6	5	5	4	癸酉	7	6	6	6	甲辰
	2	5	1	1	壬申	3	6	2	2	壬寅	4	5	3	2	壬申	5	5	4	3	壬寅	6	6	5	5	甲戌	7	7	6	7	乙巳
	2	6	1	2	癸酉	3	7	2	3	癸卯	4	6	3	3	癸酉	5	6	4	4	癸卯	6	7	5	6	乙亥	7	8	6	8	丙午
	2	7	1	3	甲戌	3	8	2	4	甲辰	4	7	3	4	甲戌	5	7	4	5	甲辰	6	8	5	7	丙子	7	9	6	9	丁未
	2	8	1	4	乙亥	3	9	2	5	乙巳	4	8	3	5	乙亥	5	8	4	6	乙巳	6	9	5	8	丁丑	7	10	6	10	戊申
	2	9	1	5	丙子	3	10	2	6	丙午	4	9	3	6	丙子	5	9	4	7	丙午	6	10	5	9	戊寅	7	11	6	11	己酉
	2	10	1	6	丁丑	3	11	2	7	丁未	4	10	3	7	丁丑	5	10	4	8	丁未	6	11	5	10	己卯	7	12	6	12	庚戌
	2	11	1	7	戊寅	3	12	2	8	戊申	4	11	3	8	戊寅	5	11	4	9	戊申	6	12	5	11	庚辰	7	13	6	13	辛亥
	2	12	1	8	己卯	3	13	2	9	己酉	4	12	3	9	己卯	5	12	4	10	己酉	6	13	5	12	辛巳	7	14	6	14	壬子
	2	13	1	9	庚辰	3	14	2	10	庚戌	4	13	3	10	庚辰	5	13	4	11	庚戌	6	14	5	13	壬午	7	15	6	15	癸丑
	2	14	1	10	辛巳	3	15	2	11	辛亥	4	14	3	11	辛巳	5	14	4	12	辛亥	6	15	5	14	癸未	7	16	6	16	甲寅
	2	15	1	11	壬午	3	16	2	12	壬子	4	15	3	12	壬午	5	15	4	13	壬子	6	16	5	15	甲申	7	17	6	17	乙卯
	2	16	1	12	癸未	3	17	2	13	癸丑	4	16	3	13	癸未	5	16	4	14	癸丑	6	17	5	16	乙酉	7	18	6	18	丙辰
	2	17	1	13	甲申	3	18	2	14	甲寅	4	17	3	14	甲申	5	17	4	15	甲寅	6	18	5	17	丙戌	7	19	6	19	丁巳
	2	18	1	14	乙酉	3	19	2	15	乙卯	4	18	3	15	乙酉	5	18	4	16	乙卯	6	19	5	18	丁亥	7	20	6	20	戊午
	2	19	1	15	丙戌	3	20	2	16	丙辰	4	19	3	16	丙戌	5	19	4	17	丙辰	6	20	5	19	戊子	7	21	6	21	己未
	2	20	1	16	丁亥	3	21	2	17	丁巳	4	20	3	17	丁亥	5	20	4	18	丁巳	6	21	5	20	己丑	7	22	6	22	庚申
	2	21	1	17	戊子	3	22	2	18	戊午	4	21	3	18	戊子	5	21	4	19	戊午	6	22	5	21	庚寅	7	23	6	23	辛酉
	2	22	1	18	己丑	3	23	2	19	己未	4	22	3	19	己丑	5	22	4	20	己未	6	23	5	22	辛卯	7	24	6	24	壬戌
	2	23	1	19	庚寅	3	24	2	20	庚申	4	23	3	20	庚寅	5	23	4	21	庚申	6	24	5	23	壬辰	7	25	6	25	癸亥
	2	24	1	20	辛卯	3	25	2	21	辛酉	4	24	3	21	辛卯	5	24	4	22	辛酉	6	25	5	24	癸巳	7	26	6	26	甲子
	2	25	1	21	壬辰	3	26	2	22	壬戌	4	25	3	22	壬辰	5	25	4	23	壬戌	6	26	5	25	甲午	7	27	6	27	乙丑
	2	26	1	22	癸巳	3	27	2	23	癸亥	4	26	3	23	癸巳	5	26	4	24	癸亥	6	27	5	26	乙未	7	28	6	28	丙寅
	2	27	1	23	甲午	3	28	2	24	甲子	4	27	3	24	甲午	5	27	4	25	甲子	6	28	5	27	丙申	7	29	6	29	丁卯
	2	28	1	24	乙未	3	29	2	25	乙丑	4	28	3	25	乙未	5	28	4	26	乙丑	6	29	5	28	丁酉	7	30	6	30	戊辰
	2	29	1	25	丙申	3	30	2	26	丙寅	4	29	3	26	丙申	5	29	4	27	丙寅	6	30	5	29	戊戌	7	31	7	1	己巳
	3	1	1	26	丁酉	3	31	2	27	丁卯	4	30	3	27	丁酉	5	30	4	28	丁卯	7	1	6	1	己亥	8	1	7	2	庚午
	3	2	1	27	戊戌	4	1	2	28	戊辰	5	1	3	28	戊戌	5	31	4	29	戊辰	7	2	6	2	庚子	8	2	7	3	辛未
	3	3	1	28	己亥	4	2	2	29	己巳	5	2	3	29	己亥	6	1	4	30	己巳	7	3	6	3	辛丑	8	3	7	4	壬申
	3	4	1	29	庚子	4	3	2	30	庚午	5	3	4	1	庚子	6	2	5	1	庚午	7	4	6	4	壬寅	8	4	7	5	癸酉
																6	3	5	2	辛未	7	5	6	5	癸卯	8	5	7	6	甲戌
																6	4	5	3	壬申										
中氣	雨水					春分					穀雨					小滿					夏至					大暑				
	2/19 3時2分 寅時					3/20 1時37分 丑時					4/19 12時11分 午時					5/20 10時53分 巳時					6/20 18時35分 酉時					7/22 5時28分 卯時				

丙申																														年
丙申					丁酉					戊戌					己亥					庚子					辛丑					月
立秋					白露					寒露					立冬					大雪					小寒					節氣
8/6 21時53分 亥時					9/7 1時8分 丑時					10/7 17時14分 酉時					11/6 20時52分 戌時					12/6 14時4分 未時					1/5 1時27分 丑時					
國曆		農曆		干支	國曆		農曆		干支	國曆		農曆		干支	國曆		農曆		干支	國曆		農曆		干支	國曆		農曆		干支	日
8	6	7	7	乙亥	9	7	8	10	丁未	10	7	9	10	丁丑	11	6	10	10	丁未	12	6	11	11	丁丑	1	5	12	11	丁未	中華民國一百六十五、一百六十六年 猴
8	7	7	8	丙子	9	8	8	11	戊申	10	8	9	11	戊寅	11	7	10	11	戊申	12	7	11	12	戊寅	1	6	12	12	戊申	
8	8	7	9	丁丑	9	9	8	12	己酉	10	9	9	12	己卯	11	8	10	12	己酉	12	8	11	13	己卯	1	7	12	13	己酉	
8	9	7	10	戊寅	9	10	8	13	庚戌	10	10	9	13	庚辰	11	9	10	13	庚戌	12	9	11	14	庚辰	1	8	12	14	庚戌	
8	10	7	11	己卯	9	11	8	14	辛亥	10	11	9	14	辛巳	11	10	10	14	辛亥	12	10	11	15	辛巳	1	9	12	15	辛亥	
8	11	7	12	庚辰	9	12	8	15	壬子	10	12	9	15	壬午	11	11	10	15	壬子	12	11	11	16	壬午	1	10	12	16	壬子	
8	12	7	13	辛巳	9	13	8	16	癸丑	10	13	9	16	癸未	11	12	10	16	癸丑	12	12	11	17	癸未	1	11	12	17	癸丑	
8	13	7	14	壬午	9	14	8	17	甲寅	10	14	9	17	甲申	11	13	10	17	甲寅	12	13	11	18	甲申	1	12	12	18	甲寅	
8	14	7	15	癸未	9	15	8	18	乙卯	10	15	9	18	乙酉	11	14	10	18	乙卯	12	14	11	19	乙酉	1	13	12	19	乙卯	
8	15	7	16	甲申	9	16	8	19	丙辰	10	16	9	19	丙戌	11	15	10	19	丙辰	12	15	11	20	丙戌	1	14	12	20	丙辰	
8	16	7	17	乙酉	9	17	8	20	丁巳	10	17	9	20	丁亥	11	16	10	20	丁巳	12	16	11	21	丁亥	1	15	12	21	丁巳	
8	17	7	18	丙戌	9	18	8	21	戊午	10	18	9	21	戊子	11	17	10	21	戊午	12	17	11	22	戊子	1	16	12	22	戊午	
8	18	7	19	丁亥	9	19	8	22	己未	10	19	9	22	己丑	11	18	10	22	己未	12	18	11	23	己丑	1	17	12	23	己未	
8	19	7	20	戊子	9	20	8	23	庚申	10	20	9	23	庚寅	11	19	10	23	庚申	12	19	11	24	庚寅	1	18	12	24	庚申	
8	20	7	21	己丑	9	21	8	24	辛酉	10	21	9	24	辛卯	11	20	10	24	辛酉	12	20	11	25	辛卯	1	19	12	25	辛酉	
8	21	7	22	庚寅	9	22	8	25	壬戌	10	22	9	25	壬辰	11	21	10	25	壬戌	12	21	11	26	壬辰	1	20	12	26	壬戌	
8	22	7	23	辛卯	9	23	8	26	癸亥	10	23	9	26	癸巳	11	22	10	26	癸亥	12	22	11	27	癸巳	1	21	12	27	癸亥	
8	23	7	24	壬辰	9	24	8	27	甲子	10	24	9	27	甲午	11	23	10	27	甲子	12	23	11	28	甲午	1	22	12	28	甲子	
8	24	7	25	癸巳	9	25	8	28	乙丑	10	25	9	28	乙未	11	24	10	28	乙丑	12	24	11	29	乙未	1	23	12	29	乙丑	
8	25	7	26	甲午	9	26	8	29	丙寅	10	26	9	29	丙申	11	25	10	29	丙寅	12	25	11	30	丙申	1	24	1	1	丙寅	
8	26	7	27	乙未	9	27	8	30	丁卯	10	27	9	30	丁酉	11	26	11	1	丁卯	12	26	12	1	丁酉	1	25	1	2	丁卯	2076、2077
8	27	7	28	丙申	9	28	9	1	戊辰	10	28	10	1	戊戌	11	27	11	2	戊辰	12	27	12	2	戊戌	1	26	1	3	戊辰	
8	28	7	29	丁酉	9	29	9	2	己巳	10	29	10	2	己亥	11	28	11	3	己巳	12	28	12	3	己亥	1	27	1	4	己巳	
8	29	8	1	戊戌	9	30	9	3	庚午	10	30	10	3	庚子	11	29	11	4	庚午	12	29	12	4	庚子	1	28	1	5	庚午	
8	30	8	2	己亥	10	1	9	4	辛未	10	31	10	4	辛丑	11	30	11	5	辛未	12	30	12	5	辛丑	1	29	1	6	辛未	
8	31	8	3	庚子	10	2	9	5	壬申	11	1	10	5	壬寅	12	1	11	6	壬申	12	31	12	6	壬寅	1	30	1	7	壬申	
9	1	8	4	辛丑	10	3	9	6	癸酉	11	2	10	6	癸卯	12	2	11	7	癸酉	1	1	12	7	癸卯	1	31	1	8	癸酉	
9	2	8	5	壬寅	10	4	9	7	甲戌	11	3	10	7	甲辰	12	3	11	8	甲戌	1	2	12	8	甲辰	2	1	1	9	甲戌	
9	3	8	6	癸卯	10	5	9	8	乙亥	11	4	10	8	乙巳	12	4	11	9	乙亥	1	3	12	9	乙巳	2	2	1	10	乙亥	
9	4	8	7	甲辰	10	6	9	9	丙子	11	5	10	9	丙午	12	5	11	10	丙子	1	4	12	10	丙午						
9	5	8	8	乙巳																										
9	6	8	9	丙午																										
處暑					秋分					霜降					小雪					冬至					大寒					中氣
8/22 12時46分 午時					9/22 10時49分 巳時					10/22 20時38分 戌時					11/21 18時36分 酉時					12/21 8時12分 辰時					1/19 18時54分 酉時					

年	丁酉																													
月	壬寅					癸卯					甲辰					乙巳					丙午					丁未				
節氣	立春					驚蟄					清明					立夏					芒種					小暑				
	2/3 13時2分 未時					3/5 6時45分 卯時					4/4 11時7分 午時					5/5 3時57分 寅時					6/5 7時43分 辰時					7/6 17時50分 酉時				
日	國曆		農曆		干支	國曆		農曆		干支	國曆		農曆		干支	國曆		農曆		干支	國曆		農曆		干支	國曆		農曆		干支
	2	3	1	11	丙子	3	5	2	11	丙午	4	4	3	12	丙子	5	5	4	13	丁未	6	5	4	15	戊寅	7	6	5	17	己酉
	2	4	1	12	丁丑	3	6	2	12	丁未	4	5	3	13	丁丑	5	6	4	14	戊申	6	6	4	16	己卯	7	7	5	18	庚戌
	2	5	1	13	戊寅	3	7	2	13	戊申	4	6	3	14	戊寅	5	7	4	15	己酉	6	7	4	17	庚辰	7	8	5	19	辛亥
中華民國一百六十六年 雞	2	6	1	14	己卯	3	8	2	14	己酉	4	7	3	15	己卯	5	8	4	16	庚戌	6	8	4	18	辛巳	7	9	5	20	壬子
	2	7	1	15	庚辰	3	9	2	15	庚戌	4	8	3	16	庚辰	5	9	4	17	辛亥	6	9	4	19	壬午	7	10	5	21	癸丑
	2	8	1	16	辛巳	3	10	2	16	辛亥	4	9	3	17	辛巳	5	10	4	18	壬子	6	10	4	20	癸未	7	11	5	22	甲寅
	2	9	1	17	壬午	3	11	2	17	壬子	4	10	3	18	壬午	5	11	4	19	癸丑	6	11	4	21	甲申	7	12	5	23	乙卯
	2	10	1	18	癸未	3	12	2	18	癸丑	4	11	3	19	癸未	5	12	4	20	甲寅	6	12	4	22	乙酉	7	13	5	24	丙辰
	2	11	1	19	甲申	3	13	2	19	甲寅	4	12	3	20	甲申	5	13	4	21	乙卯	6	13	4	23	丙戌	7	14	5	25	丁巳
	2	12	1	20	乙酉	3	14	2	20	乙卯	4	13	3	21	乙酉	5	14	4	22	丙辰	6	14	4	24	丁亥	7	15	5	26	戊午
	2	13	1	21	丙戌	3	15	2	21	丙辰	4	14	3	22	丙戌	5	15	4	23	丁巳	6	15	4	25	戊子	7	16	5	27	己未
	2	14	1	22	丁亥	3	16	2	22	丁巳	4	15	3	23	丁亥	5	16	4	24	戊午	6	16	4	26	己丑	7	17	5	28	庚申
	2	15	1	23	戊子	3	17	2	23	戊午	4	16	3	24	戊子	5	17	4	25	己未	6	17	4	27	庚寅	7	18	5	29	辛酉
	2	16	1	24	己丑	3	18	2	24	己未	4	17	3	25	己丑	5	18	4	26	庚申	6	18	4	28	辛卯	7	19	5	30	壬戌
	2	17	1	25	庚寅	3	19	2	25	庚申	4	18	3	26	庚寅	5	19	4	27	辛酉	6	19	4	29	壬辰	7	20	6	1	癸亥
	2	18	1	26	辛卯	3	20	2	26	辛酉	4	19	3	27	辛卯	5	20	4	28	壬戌	6	20	5	1	癸巳	7	21	6	2	甲子
	2	19	1	27	壬辰	3	21	2	27	壬戌	4	20	3	28	壬辰	5	21	4	29	癸亥	6	21	5	2	甲午	7	22	6	3	乙丑
	2	20	1	28	癸巳	3	22	2	28	癸亥	4	21	3	29	癸巳	5	22	閏4	1	甲子	6	22	5	3	乙未	7	23	6	4	丙寅
	2	21	1	29	甲午	3	23	2	29	甲子	4	22	3	30	甲午	5	23	4	2	乙丑	6	23	5	4	丙申	7	24	6	5	丁卯
	2	22	1	30	乙未	3	24	3	1	乙丑	4	23	4	1	乙未	5	24	4	3	丙寅	6	24	5	5	丁酉	7	25	6	6	戊辰
	2	23	2	1	丙申	3	25	3	2	丙寅	4	24	4	2	丙申	5	25	4	4	丁卯	6	25	5	6	戊戌	7	26	6	7	己巳
	2	24	2	2	丁酉	3	26	3	3	丁卯	4	25	4	3	丁酉	5	26	4	5	戊辰	6	26	5	7	己亥	7	27	6	8	庚午
2077	2	25	2	3	戊戌	3	27	3	4	戊辰	4	26	4	4	戊戌	5	27	4	6	己巳	6	27	5	8	庚子	7	28	6	9	辛未
	2	26	2	4	己亥	3	28	3	5	己巳	4	27	4	5	己亥	5	28	4	7	庚午	6	28	5	9	辛丑	7	29	6	10	壬申
	2	27	2	5	庚子	3	29	3	6	庚午	4	28	4	6	庚子	5	29	4	8	辛未	6	29	5	10	壬寅	7	30	6	11	癸酉
	2	28	2	6	辛丑	3	30	3	7	辛未	4	29	4	7	辛丑	5	30	4	9	壬申	6	30	5	11	癸卯	7	31	6	12	甲戌
	3	1	2	7	壬寅	3	31	3	8	壬申	4	30	4	8	壬寅	5	31	4	10	癸酉	7	1	5	12	甲辰	8	1	6	13	乙亥
	3	2	2	8	癸卯	4	1	3	9	癸酉	5	1	4	9	癸卯	6	1	4	11	甲戌	7	2	5	13	乙巳	8	2	6	14	丙子
	3	3	2	9	甲辰	4	2	3	10	甲戌	5	2	4	10	甲辰	6	2	4	12	乙亥	7	3	5	14	丙午	8	3	6	15	丁丑
	3	4	2	10	乙巳	4	3	3	11	乙亥	5	3	4	11	乙巳	6	3	4	13	丙子	7	4	5	15	丁未	8	4	6	16	戊寅
											5	4	4	12	丙午	6	4	4	14	丁丑	7	5	5	16	戊申	8	5	6	17	己卯
																										8	6	6	18	庚辰
中氣	雨水					春分					穀雨					小滿					夏至					大暑				
	2/18 8時52分 辰時					3/20 7時30分 辰時					4/19 18時3分 酉時					5/20 16時44分 申時					6/21 0時22分 子時					7/22 11時13分 午時				

丁酉																														年
戊申					己酉					庚戌					辛亥					壬子					癸丑					月
立秋					白露					寒露					立冬					大雪					小寒					節氣
8/7 3時45分 寅時					9/7 7時2分 辰時					10/7 23時9分 子時					11/7 2時49分 丑時					12/6 20時1分 戌時					1/5 7時23分 辰時					
國曆		農曆		干支	國曆		農曆		干支	國曆		農曆		干支	國曆		農曆		干支	國曆		農曆		干支	國曆		農曆		干支	日
8	7	6	19	辛巳	9	7	7	21	壬子	10	7	8	21	壬午	11	7	9	22	癸丑	12	6	10	21	壬午	1	5	11	22	壬子	中華民國一百六十六、一百六十七年 雞 2077、2078
8	8	6	20	壬午	9	8	7	22	癸丑	10	8	8	22	癸未	11	8	9	23	甲寅	12	7	10	22	癸未	1	6	11	23	癸丑	
8	9	6	21	癸未	9	9	7	23	甲寅	10	9	8	23	甲申	11	9	9	24	乙卯	12	8	10	23	甲申	1	7	11	24	甲寅	
8	10	6	22	甲申	9	10	7	24	乙卯	10	10	8	24	乙酉	11	10	9	25	丙辰	12	9	10	24	乙酉	1	8	11	25	乙卯	
8	11	6	23	乙酉	9	11	7	25	丙辰	10	11	8	25	丙戌	11	11	9	26	丁巳	12	10	10	25	丙戌	1	9	11	26	丙辰	
8	12	6	24	丙戌	9	12	7	26	丁巳	10	12	8	26	丁亥	11	12	9	27	戊午	12	11	10	26	丁亥	1	10	11	27	丁巳	
8	13	6	25	丁亥	9	13	7	27	戊午	10	13	8	27	戊子	11	13	9	28	己未	12	12	10	27	戊子	1	11	11	28	戊午	
8	14	6	26	戊子	9	14	7	28	己未	10	14	8	28	己丑	11	14	9	29	庚申	12	13	10	28	己丑	1	12	11	29	己未	
8	15	6	27	己丑	9	15	7	29	庚申	10	15	8	29	庚寅	11	15	9	30	辛酉	12	14	10	29	庚寅	1	13	11	30	庚申	
8	16	6	28	庚寅	9	16	7	30	辛酉	10	16	8	30	辛卯	11	16	10	1	壬戌	12	15	11	1	辛卯	1	14	12	1	辛酉	
8	17	6	29	辛卯	9	17	8	1	壬戌	10	17	9	1	壬辰	11	17	10	2	癸亥	12	16	11	2	壬辰	1	15	12	2	壬戌	
8	18	7	1	壬辰	9	18	8	2	癸亥	10	18	9	2	癸巳	11	18	10	3	甲子	12	17	11	3	癸巳	1	16	12	3	癸亥	
8	19	7	2	癸巳	9	19	8	3	甲子	10	19	9	3	甲午	11	19	10	4	乙丑	12	18	11	4	甲午	1	17	12	4	甲子	
8	20	7	3	甲午	9	20	8	4	乙丑	10	20	9	4	乙未	11	20	10	5	丙寅	12	19	11	5	乙未	1	18	12	5	乙丑	
8	21	7	4	乙未	9	21	8	5	丙寅	10	21	9	5	丙申	11	21	10	6	丁卯	12	20	11	6	丙申	1	19	12	6	丙寅	
8	22	7	5	丙申	9	22	8	6	丁卯	10	22	9	6	丁酉	11	22	10	7	戊辰	12	21	11	7	丁酉	1	20	12	7	丁卯	
8	23	7	6	丁酉	9	23	8	7	戊辰	10	23	9	7	戊戌	11	23	10	8	己巳	12	22	11	8	戊戌	1	21	12	8	戊辰	
8	24	7	7	戊戌	9	24	8	8	己巳	10	24	9	8	己亥	11	24	10	9	庚午	12	23	11	9	己亥	1	22	12	9	己巳	
8	25	7	8	己亥	9	25	8	9	庚午	10	25	9	9	庚子	11	25	10	10	辛未	12	24	11	10	庚子	1	23	12	10	庚午	
8	26	7	9	庚子	9	26	8	10	辛未	10	26	9	10	辛丑	11	26	10	11	壬申	12	25	11	11	辛丑	1	24	12	11	辛未	
8	27	7	10	辛丑	9	27	8	11	壬申	10	27	9	11	壬寅	11	27	10	12	癸酉	12	26	11	12	壬寅	1	25	12	12	壬申	
8	28	7	11	壬寅	9	28	8	12	癸酉	10	28	9	12	癸卯	11	28	10	13	甲戌	12	27	11	13	癸卯	1	26	12	13	癸酉	
8	29	7	12	癸卯	9	29	8	13	甲戌	10	29	9	13	甲辰	11	29	10	14	乙亥	12	28	11	14	甲辰	1	27	12	14	甲戌	
8	30	7	13	甲辰	9	30	8	14	乙亥	10	30	9	14	乙巳	11	30	10	15	丙子	12	29	11	15	乙巳	1	28	12	15	乙亥	
8	31	7	14	乙巳	10	1	8	15	丙子	10	31	9	15	丙午	12	1	10	16	丁丑	12	30	11	16	丙午	1	29	12	16	丙子	
9	1	7	15	丙午	10	2	8	16	丁丑	11	1	9	16	丁未	12	2	10	17	戊寅	12	31	11	17	丁未	1	30	12	17	丁丑	
9	2	7	16	丁未	10	3	8	17	戊寅	11	2	9	17	戊申	12	3	10	18	己卯	1	1	11	18	戊申	1	31	12	18	戊寅	
9	3	7	17	戊申	10	4	8	18	己卯	11	3	9	18	己酉	12	4	10	19	庚辰	1	2	11	19	己酉	2	1	12	19	己卯	
9	4	7	18	己酉	10	5	8	19	庚辰	11	4	9	19	庚戌	12	5	10	20	辛巳	1	3	11	20	庚戌	2	2	12	20	庚辰	
9	5	7	19	庚戌	10	6	8	20	辛巳	11	5	9	20	辛亥						1	4	11	21	辛亥						
9	6	7	20	辛亥						11	6	9	21	壬子																
處暑					秋分					霜降					小雪					冬至					大寒					中氣
8/22 18時30分 酉時					9/22 16時35分 申時					10/23 2時25分 丑時					11/22 0時24分 子時					12/21 13時59分 未時					1/20 0時40分 子時					

年	戊戌																													
月	甲寅					乙卯					丙辰					丁巳					戊午					己未				
節氣	立春					驚蟄					清明					立夏					芒種					小暑				
	2/3 18時56分 酉時					3/5 12時37分 午時					4/4 16時55分 申時					5/5 9時40分 巳時					6/5 13時23分 未時					7/6 23時27分 子時				
日	國曆		農曆		干支	國曆		農曆		干支	國曆		農曆		干支	國曆		農曆		干支	國曆		農曆		干支	國曆		農曆		干支
中華民國一百六十七年 狗 2078	2	3	12	21	辛巳	3	5	1	22	辛亥	4	4	2	22	辛巳	5	5	3	24	壬子	6	5	4	25	癸未	7	6	5	27	甲寅
	2	4	12	22	壬午	3	6	1	23	壬子	4	5	2	23	壬午	5	6	3	25	癸丑	6	6	4	26	甲申	7	7	5	28	乙卯
	2	5	12	23	癸未	3	7	1	24	癸丑	4	6	2	24	癸未	5	7	3	26	甲寅	6	7	4	27	乙酉	7	8	5	29	丙辰
	2	6	12	24	甲申	3	8	1	25	甲寅	4	7	2	25	甲申	5	8	3	27	乙卯	6	8	4	28	丙戌	7	9	6	1	丁巳
	2	7	12	25	乙酉	3	9	1	26	乙卯	4	8	2	26	乙酉	5	9	3	28	丙辰	6	9	4	29	丁亥	7	10	6	2	戊午
	2	8	12	26	丙戌	3	10	1	27	丙辰	4	9	2	27	丙戌	5	10	3	29	丁巳	6	10	5	1	戊子	7	11	6	3	己未
	2	9	12	27	丁亥	3	11	1	28	丁巳	4	10	2	28	丁亥	5	11	3	30	戊午	6	11	5	2	己丑	7	12	6	4	庚申
	2	10	12	28	戊子	3	12	1	29	戊午	4	11	2	29	戊子	5	12	4	1	己未	6	12	5	3	庚寅	7	13	6	5	辛酉
	2	11	12	29	己丑	3	13	1	30	己未	4	12	3	1	己丑	5	13	4	2	庚申	6	13	5	4	辛卯	7	14	6	6	壬戌
	2	12	1	1	庚寅	3	14	2	1	庚申	4	13	3	2	庚寅	5	14	4	3	辛酉	6	14	5	5	壬辰	7	15	6	7	癸亥
	2	13	1	2	辛卯	3	15	2	2	辛酉	4	14	3	3	辛卯	5	15	4	4	壬戌	6	15	5	6	癸巳	7	16	6	8	甲子
	2	14	1	3	壬辰	3	16	2	3	壬戌	4	15	3	4	壬辰	5	16	4	5	癸亥	6	16	5	7	甲午	7	17	6	9	乙丑
	2	15	1	4	癸巳	3	17	2	4	癸亥	4	16	3	5	癸巳	5	17	4	6	甲子	6	17	5	8	乙未	7	18	6	10	丙寅
	2	16	1	5	甲午	3	18	2	5	甲子	4	17	3	6	甲午	5	18	4	7	乙丑	6	18	5	9	丙申	7	19	6	11	丁卯
	2	17	1	6	乙未	3	19	2	6	乙丑	4	18	3	7	乙未	5	19	4	8	丙寅	6	19	5	10	丁酉	7	20	6	12	戊辰
	2	18	1	7	丙申	3	20	2	7	丙寅	4	19	3	8	丙申	5	20	4	9	丁卯	6	20	5	11	戊戌	7	21	6	13	己巳
	2	19	1	8	丁酉	3	21	2	8	丁卯	4	20	3	9	丁酉	5	21	4	10	戊辰	6	21	5	12	己亥	7	22	6	14	庚午
	2	20	1	9	戊戌	3	22	2	9	戊辰	4	21	3	10	戊戌	5	22	4	11	己巳	6	22	5	13	庚子	7	23	6	15	辛未
	2	21	1	10	己亥	3	23	2	10	己巳	4	22	3	11	己亥	5	23	4	12	庚午	6	23	5	14	辛丑	7	24	6	16	壬申
	2	22	1	11	庚子	3	24	2	11	庚午	4	23	3	12	庚子	5	24	4	13	辛未	6	24	5	15	壬寅	7	25	6	17	癸酉
	2	23	1	12	辛丑	3	25	2	12	辛未	4	24	3	13	辛丑	5	25	4	14	壬申	6	25	5	16	癸卯	7	26	6	18	甲戌
	2	24	1	13	壬寅	3	26	2	13	壬申	4	25	3	14	壬寅	5	26	4	15	癸酉	6	26	5	17	甲辰	7	27	6	19	乙亥
	2	25	1	14	癸卯	3	27	2	14	癸酉	4	26	3	15	癸卯	5	27	4	16	甲戌	6	27	5	18	乙巳	7	28	6	20	丙子
	2	26	1	15	甲辰	3	28	2	15	甲戌	4	27	3	16	甲辰	5	28	4	17	乙亥	6	28	5	19	丙午	7	29	6	21	丁丑
	2	27	1	16	乙巳	3	29	2	16	乙亥	4	28	3	17	乙巳	5	29	4	18	丙子	6	29	5	20	丁未	7	30	6	22	戊寅
	2	28	1	17	丙午	3	30	2	17	丙子	4	29	3	18	丙午	5	30	4	19	丁丑	6	30	5	21	戊申	7	31	6	23	己卯
	3	1	1	18	丁未	3	31	2	18	丁丑	4	30	3	19	丁未	5	31	4	20	戊寅	7	1	5	22	己酉	8	1	6	24	庚辰
	3	2	1	19	戊申	4	1	2	19	戊寅	5	1	3	20	戊申	6	1	4	21	己卯	7	2	5	23	庚戌	8	2	6	25	辛巳
	3	3	1	20	己酉	4	2	2	20	己卯	5	2	3	21	己酉	6	2	4	22	庚辰	7	3	5	24	辛亥	8	3	6	26	壬午
	3	4	1	21	庚戌	4	3	2	21	庚辰	5	3	3	22	庚戌	6	3	4	23	辛巳	7	4	5	25	壬子	8	4	6	27	癸未
											5	4	3	23	辛亥	6	4	4	24	壬午	7	5	5	26	癸丑	8	5	6	28	甲申
																										8	6	6	29	乙酉
中氣	雨水					春分					穀雨					小滿					夏至					大暑				
	2/18 14時35分 未時					3/20 13時10分 未時					4/19 23時40分 子時					5/20 22時18分 亥時					6/21 5時57分 卯時					7/22 16時50分 申時				

戊戌																														年
庚申					辛酉					壬戌					癸亥					甲子					乙丑					月
立秋					白露					寒露					立冬					大雪					小寒					節氣
8/7 9時23分 巳時					9/7 12時42分 午時					10/8 4時55分 寅時					11/7 8時38分 辰時					12/7 1時51分 丑時					1/5 13時12分 未時					
國曆		農曆		干支	國曆		農曆		干支	國曆		農曆		干支	國曆		農曆		干支	國曆		農曆		干支	國曆		農曆		干支	日
8	7	6	30	丙戌	9	7	8	2	丁巳	10	8	9	3	戊子	11	7	10	3	戊午	12	7	11	4	戊子	1	5	12	3	丁巳	中華民國一百六十七、一百六十八年 狗 2078、2079
8	8	7	1	丁亥	9	8	8	3	戊午	10	9	9	4	己丑	11	8	10	4	己未	12	8	11	5	己丑	1	6	12	4	戊午	
8	9	7	2	戊子	9	9	8	4	己未	10	10	9	5	庚寅	11	9	10	5	庚申	12	9	11	6	庚寅	1	7	12	5	己未	
8	10	7	3	己丑	9	10	8	5	庚申	10	11	9	6	辛卯	11	10	10	6	辛酉	12	10	11	7	辛卯	1	8	12	6	庚申	
8	11	7	4	庚寅	9	11	8	6	辛酉	10	12	9	7	壬辰	11	11	10	7	壬戌	12	11	11	8	壬辰	1	9	12	7	辛酉	
8	12	7	5	辛卯	9	12	8	7	壬戌	10	13	9	8	癸巳	11	12	10	8	癸亥	12	12	11	9	癸巳	1	10	12	8	壬戌	
8	13	7	6	壬辰	9	13	8	8	癸亥	10	14	9	9	甲午	11	13	10	9	甲子	12	13	11	10	甲午	1	11	12	9	癸亥	
8	14	7	7	癸巳	9	14	8	9	甲子	10	15	9	10	乙未	11	14	10	10	乙丑	12	14	11	11	乙未	1	12	12	10	甲子	
8	15	7	8	甲午	9	15	8	10	乙丑	10	16	9	11	丙申	11	15	10	11	丙寅	12	15	11	12	丙申	1	13	12	11	乙丑	
8	16	7	9	乙未	9	16	8	11	丙寅	10	17	9	12	丁酉	11	16	10	12	丁卯	12	16	11	13	丁酉	1	14	12	12	丙寅	
8	17	7	10	丙申	9	17	8	12	丁卯	10	18	9	13	戊戌	11	17	10	13	戊辰	12	17	11	14	戊戌	1	15	12	13	丁卯	
8	18	7	11	丁酉	9	18	8	13	戊辰	10	19	9	14	己亥	11	18	10	14	己巳	12	18	11	15	己亥	1	16	12	14	戊辰	
8	19	7	12	戊戌	9	19	8	14	己巳	10	20	9	15	庚子	11	19	10	15	庚午	12	19	11	16	庚子	1	17	12	15	己巳	
8	20	7	13	己亥	9	20	8	15	庚午	10	21	9	16	辛丑	11	20	10	16	辛未	12	20	11	17	辛丑	1	18	12	16	庚午	
8	21	7	14	庚子	9	21	8	16	辛未	10	22	9	17	壬寅	11	21	10	17	壬申	12	21	11	18	壬寅	1	19	12	17	辛未	
8	22	7	15	辛丑	9	22	8	17	壬申	10	23	9	18	癸卯	11	22	10	18	癸酉	12	22	11	19	癸卯	1	20	12	18	壬申	
8	23	7	16	壬寅	9	23	8	18	癸酉	10	24	9	19	甲辰	11	23	10	19	甲戌	12	23	11	20	甲辰	1	21	12	19	癸酉	
8	24	7	17	癸卯	9	24	8	19	甲戌	10	25	9	20	乙巳	11	24	10	20	乙亥	12	24	11	21	乙巳	1	22	12	20	甲戌	
8	25	7	18	甲辰	9	25	8	20	乙亥	10	26	9	21	丙午	11	25	10	21	丙子	12	25	11	22	丙午	1	23	12	21	乙亥	
8	26	7	19	乙巳	9	26	8	21	丙子	10	27	9	22	丁未	11	26	10	22	丁丑	12	26	11	23	丁未	1	24	12	22	丙子	
8	27	7	20	丙午	9	27	8	22	丁丑	10	28	9	23	戊申	11	27	10	23	戊寅	12	27	11	24	戊申	1	25	12	23	丁丑	
8	28	7	21	丁未	9	28	8	23	戊寅	10	29	9	24	己酉	11	28	10	24	己卯	12	28	11	25	己酉	1	26	12	24	戊寅	
8	29	7	22	戊申	9	29	8	24	己卯	10	30	9	25	庚戌	11	29	10	25	庚辰	12	29	11	26	庚戌	1	27	12	25	己卯	
8	30	7	23	己酉	9	30	8	25	庚辰	10	31	9	26	辛亥	11	30	10	26	辛巳	12	30	11	27	辛亥	1	28	12	26	庚辰	
8	31	7	24	庚戌	10	1	8	26	辛巳	11	1	9	27	壬子	12	1	10	27	壬午	12	31	11	28	壬子	1	29	12	27	辛巳	
9	1	7	25	辛亥	10	2	8	27	壬午	11	2	9	28	癸丑	12	2	10	28	癸未	1	1	11	29	癸丑	1	30	12	28	壬午	
9	2	7	26	壬子	10	3	8	28	癸未	11	3	9	29	甲寅	12	3	10	29	甲申	1	2	11	30	甲寅	1	31	12	29	癸未	
9	3	7	27	癸丑	10	4	8	29	甲申	11	4	9	30	乙卯	12	4	11	1	乙酉	1	3	12	1	乙卯	2	1	12	30	甲申	
9	4	7	28	甲寅	10	5	8	30	乙酉	11	5	10	1	丙辰	12	5	11	2	丙戌	1	4	12	2	丙辰	2	2	1	1	乙酉	
9	5	7	29	乙卯	10	6	9	1	丙戌	11	6	10	2	丁巳	12	6	11	3	丁亥						2	3	1	2	丙戌	
9	6	8	1	丙辰	10	7	9	2	丁亥																					
處暑					秋分					霜降					小雪					冬至					大寒					中氣
8/23 0時13分 子時					9/22 22時23分 亥時					10/23 8時19分 辰時					11/22 6時22分 卯時					12/21 19時57分 戌時					1/20 6時35分 卯時					

年	己亥																													
月	丙寅					丁卯					戊辰					己巳					庚午					辛未				
節氣	立春					驚蟄					清明					立夏					芒種					小暑				
	2/4 0時42分 子時					3/5 18時20分 酉時					4/4 22時36分 亥時					5/5 15時21分 申時					6/5 19時5分 戌時					7/7 5時10分 卯時				
日	國曆		農曆		干支	國曆		農曆		干支	國曆		農曆		干支	國曆		農曆		干支	國曆		農曆		干支	國曆		農曆		干支
中華民國一百六十八年 豬 2079	2	4	1	3	丁亥	3	5	2	3	丙辰	4	4	3	3	丙戌	5	5	4	5	丁巳	6	5	5	6	戊子	7	7	6	9	庚申
	2	5	1	4	戊子	3	6	2	4	丁巳	4	5	3	4	丁亥	5	6	4	6	戊午	6	6	5	7	己丑	7	8	6	10	辛酉
	2	6	1	5	己丑	3	7	2	5	戊午	4	6	3	5	戊子	5	7	4	7	己未	6	7	5	8	庚寅	7	9	6	11	壬戌
	2	7	1	6	庚寅	3	8	2	6	己未	4	7	3	6	己丑	5	8	4	8	庚申	6	8	5	9	辛卯	7	10	6	12	癸亥
	2	8	1	7	辛卯	3	9	2	7	庚申	4	8	3	7	庚寅	5	9	4	9	辛酉	6	9	5	10	壬辰	7	11	6	13	甲子
	2	9	1	8	壬辰	3	10	2	8	辛酉	4	9	3	8	辛卯	5	10	4	10	壬戌	6	10	5	11	癸巳	7	12	6	14	乙丑
	2	10	1	9	癸巳	3	11	2	9	壬戌	4	10	3	9	壬辰	5	11	4	11	癸亥	6	11	5	12	甲午	7	13	6	15	丙寅
	2	11	1	10	甲午	3	12	2	10	癸亥	4	11	3	10	癸巳	5	12	4	12	甲子	6	12	5	13	乙未	7	14	6	16	丁卯
	2	12	1	11	乙未	3	13	2	11	甲子	4	12	3	11	甲午	5	13	4	13	乙丑	6	13	5	14	丙申	7	15	6	17	戊辰
	2	13	1	12	丙申	3	14	2	12	乙丑	4	13	3	12	乙未	5	14	4	14	丙寅	6	14	5	15	丁酉	7	16	6	18	己巳
	2	14	1	13	丁酉	3	15	2	13	丙寅	4	14	3	13	丙申	5	15	4	15	丁卯	6	15	5	16	戊戌	7	17	6	19	庚午
	2	15	1	14	戊戌	3	16	2	14	丁卯	4	15	3	14	丁酉	5	16	4	16	戊辰	6	16	5	17	己亥	7	18	6	20	辛未
	2	16	1	15	己亥	3	17	2	15	戊辰	4	16	3	15	戊戌	5	17	4	17	己巳	6	17	5	18	庚子	7	19	6	21	壬申
	2	17	1	16	庚子	3	18	2	16	己巳	4	17	3	16	己亥	5	18	4	18	庚午	6	18	5	19	辛丑	7	20	6	22	癸酉
	2	18	1	17	辛丑	3	19	2	17	庚午	4	18	3	17	庚子	5	19	4	19	辛未	6	19	5	20	壬寅	7	21	6	23	甲戌
	2	19	1	18	壬寅	3	20	2	18	辛未	4	19	3	18	辛丑	5	20	4	20	壬申	6	20	5	21	癸卯	7	22	6	24	乙亥
	2	20	1	19	癸卯	3	21	2	19	壬申	4	20	3	19	壬寅	5	21	4	21	癸酉	6	21	5	22	甲辰	7	23	6	25	丙子
	2	21	1	20	甲辰	3	22	2	20	癸酉	4	21	3	20	癸卯	5	22	4	22	甲戌	6	22	5	23	乙巳	7	24	6	26	丁丑
	2	22	1	21	乙巳	3	23	2	21	甲戌	4	22	3	21	甲辰	5	23	4	23	乙亥	6	23	5	24	丙午	7	25	6	27	戊寅
	2	23	1	22	丙午	3	24	2	22	乙亥	4	23	3	22	乙巳	5	24	4	24	丙子	6	24	5	25	丁未	7	26	6	28	己卯
	2	24	1	23	丁未	3	25	2	23	丙子	4	24	3	23	丙午	5	25	4	25	丁丑	6	25	5	26	戊申	7	27	6	29	庚辰
	2	25	1	24	戊申	3	26	2	24	丁丑	4	25	3	24	丁未	5	26	4	26	戊寅	6	26	5	27	己酉	7	28	7	1	辛巳
	2	26	1	25	己酉	3	27	2	25	戊寅	4	26	3	25	戊申	5	27	4	27	己卯	6	27	5	28	庚戌	7	29	7	2	壬午
	2	27	1	26	庚戌	3	28	2	26	己卯	4	27	3	26	己酉	5	28	4	28	庚辰	6	28	5	29	辛亥	7	30	7	3	癸未
	2	28	1	27	辛亥	3	29	2	27	庚辰	4	28	3	27	庚戌	5	29	4	29	辛巳	6	29	6	1	壬子	7	31	7	4	甲申
	3	1	1	28	壬子	3	30	2	28	辛巳	4	29	3	28	辛亥	5	30	4	30	壬午	6	30	6	2	癸丑	8	1	7	5	乙酉
	3	2	1	29	癸丑	3	31	2	29	壬午	4	30	3	29	壬子	5	31	5	1	癸未	7	1	6	3	甲寅	8	2	7	6	丙戌
	3	3	2	1	甲寅	4	1	2	30	癸未	5	1	4	1	癸丑	6	1	5	2	甲申	7	2	6	4	乙卯	8	3	7	7	丁亥
	3	4	2	2	乙卯	4	2	3	1	甲申	5	2	4	2	甲寅	6	2	5	3	乙酉	7	3	6	5	丙辰	8	4	7	8	戊子
						4	3	3	2	乙酉	5	3	4	3	乙卯	6	3	5	4	丙戌	7	4	6	6	丁巳	8	5	7	9	己丑
											5	4	4	4	丙辰	6	4	5	5	丁亥	7	5	6	7	戊午	8	6	7	10	庚寅
																					7	6	6	8	己未					
中氣	雨水					春分					穀雨					小滿					夏至					大暑				
	2/18 20時27分 戌時					3/20 18時59分 酉時					4/20 5時29分 卯時					5/21 4時9分 寅時					6/21 11時48分 午時					7/22 22時41分 亥時				

己亥																														年
壬申					癸酉					甲戌					乙亥					丙子					丁丑					月
立秋					白露					寒露					立冬					大雪					小寒					節氣
8/7 15時8分 申時					9/7 18時29分 酉時					10/8 10時42分 巳時					11/7 14時26分 未時					12/7 7時39分 辰時					1/5 18時58分 酉時					
國曆		農曆		干支	國曆		農曆		干支	國曆		農曆		干支	國曆		農曆		干支	國曆		農曆		干支	國曆		農曆		干支	日
8	7	7	11	辛卯	9	7	8	12	壬戌	10	8	9	14	癸巳	11	7	10	14	癸亥	12	7	11	15	癸巳	1	5	12	14	壬戌	中華民國一百六十八、一百六十九年 豬 2079、2080
8	8	7	12	壬辰	9	8	8	13	癸亥	10	9	9	15	甲午	11	8	10	15	甲子	12	8	11	16	甲午	1	6	12	15	癸亥	
8	9	7	13	癸巳	9	9	8	14	甲子	10	10	9	16	乙未	11	9	10	16	乙丑	12	9	11	17	乙未	1	7	12	16	甲子	
8	10	7	14	甲午	9	10	8	15	乙丑	10	11	9	17	丙申	11	10	10	17	丙寅	12	10	11	18	丙申	1	8	12	17	乙丑	
8	11	7	15	乙未	9	11	8	16	丙寅	10	12	9	18	丁酉	11	11	10	18	丁卯	12	11	11	19	丁酉	1	9	12	18	丙寅	
8	12	7	16	丙申	9	12	8	17	丁卯	10	13	9	19	戊戌	11	12	10	19	戊辰	12	12	11	20	戊戌	1	10	12	19	丁卯	
8	13	7	17	丁酉	9	13	8	18	戊辰	10	14	9	20	己亥	11	13	10	20	己巳	12	13	11	21	己亥	1	11	12	20	戊辰	
8	14	7	18	戊戌	9	14	8	19	己巳	10	15	9	21	庚子	11	14	10	21	庚午	12	14	11	22	庚子	1	12	12	21	己巳	
8	15	7	19	己亥	9	15	8	20	庚午	10	16	9	22	辛丑	11	15	10	22	辛未	12	15	11	23	辛丑	1	13	12	22	庚午	
8	16	7	20	庚子	9	16	8	21	辛未	10	17	9	23	壬寅	11	16	10	23	壬申	12	16	11	24	壬寅	1	14	12	23	辛未	
8	17	7	21	辛丑	9	17	8	22	壬申	10	18	9	24	癸卯	11	17	10	24	癸酉	12	17	11	25	癸卯	1	15	12	24	壬申	
8	18	7	22	壬寅	9	18	8	23	癸酉	10	19	9	25	甲辰	11	18	10	25	甲戌	12	18	11	26	甲辰	1	16	12	25	癸酉	
8	19	7	23	癸卯	9	19	8	24	甲戌	10	20	9	26	乙巳	11	19	10	26	乙亥	12	19	11	27	乙巳	1	17	12	26	甲戌	
8	20	7	24	甲辰	9	20	8	25	乙亥	10	21	9	27	丙午	11	20	10	27	丙子	12	20	11	28	丙午	1	18	12	27	乙亥	
8	21	7	25	乙巳	9	21	8	26	丙子	10	22	9	28	丁未	11	21	10	28	丁丑	12	21	11	29	丁未	1	19	12	28	丙子	
8	22	7	26	丙午	9	22	8	27	丁丑	10	23	9	29	戊申	11	22	10	29	戊寅	12	22	11	30	戊申	1	20	12	29	丁丑	
8	23	7	27	丁未	9	23	8	28	戊寅	10	24	9	30	己酉	11	23	11	1	己卯	12	23	12	1	己酉	1	21	12	30	戊寅	
8	24	7	28	戊申	9	24	8	29	己卯	10	25	10	1	庚戌	11	24	11	2	庚辰	12	24	12	2	庚戌	1	22	1	1	己卯	
8	25	7	29	己酉	9	25	9	1	庚辰	10	26	10	2	辛亥	11	25	11	3	辛巳	12	25	12	3	辛亥	1	23	1	2	庚辰	
8	26	7	30	庚戌	9	26	9	2	辛巳	10	27	10	3	壬子	11	26	11	4	壬午	12	26	12	4	壬子	1	24	1	3	辛巳	
8	27	8	1	辛亥	9	27	9	3	壬午	10	28	10	4	癸丑	11	27	11	5	癸未	12	27	12	5	癸丑	1	25	1	4	壬午	
8	28	8	2	壬子	9	28	9	4	癸未	10	29	10	5	甲寅	11	28	11	6	甲申	12	28	12	6	甲寅	1	26	1	5	癸未	
8	29	8	3	癸丑	9	29	9	5	甲申	10	30	10	6	乙卯	11	29	11	7	乙酉	12	29	12	7	乙卯	1	27	1	6	甲申	
8	30	8	4	甲寅	9	30	9	6	乙酉	10	31	10	7	丙辰	11	30	11	8	丙戌	12	30	12	8	丙辰	1	28	1	7	乙酉	
8	31	8	5	乙卯	10	1	9	7	丙戌	11	1	10	8	丁巳	12	1	11	9	丁亥	12	31	12	9	丁巳	1	29	1	8	丙戌	
	1	8	6	丙辰	10	2	9	8	丁亥	11	2	10	9	戊午	12	2	11	10	戊子	1	1	12	10	戊午	1	30	1	9	丁亥	
	2	8	7	丁巳	10	3	9	9	戊子	11	3	10	10	己未	12	3	11	11	己丑	1	2	12	11	己未	1	31	1	10	戊子	
	3	8	8	戊午	10	4	9	10	己丑	11	4	10	11	庚申	12	4	11	12	庚寅	1	3	12	12	庚申	2	1	1	11	己丑	
	4	8	9	己未	10	5	9	11	庚寅	11	5	10	12	辛酉	12	5	11	13	辛卯	1	4	12	13	辛酉	2	2	1	12	庚寅	
	5	8	10	庚申	10	6	9	12	辛卯	11	6	10	13	壬戌	12	6	11	14	壬辰						2	3	1	13	辛卯	
	6	8	11	辛酉	10	7	9	13	壬辰																					
處暑					秋分					霜降					小雪					冬至					大寒					中氣
/23 6時3分 卯時					9/23 4時12分 寅時					10/23 14時7分 未時					11/22 12時8分 午時					12/22 1時43分 丑時					1/20 12時20分 午時					

年	庚子																													
月	戊寅					己卯					庚辰					辛巳					壬午					癸未				
節氣	立春					驚蟄					清明					立夏					芒種					小暑				
	2/4 6時27分 卯時					3/5 0時4分 子時					4/4 4時21分 寅時					5/4 21時9分 亥時					6/5 0時56分 子時					7/6 11時4分 午時				
日	國曆		農曆		干支	國曆		農曆		干支	國曆		農曆		干支	國曆		農曆		干支	國曆		農曆		干支	國曆		農曆		干支
中華民國一百六十九年 鼠 2080	2	4	1	14	壬辰	3	5	2	14	壬戌	4	4	3	15	壬辰	5	4	3	15	壬戌	6	5	4	18	甲午	7	6	5	19	乙丑
	2	5	1	15	癸巳	3	6	2	15	癸亥	4	5	3	16	癸巳	5	5	3	16	癸亥	6	6	4	19	乙未	7	7	5	20	丙寅
	2	6	1	16	甲午	3	7	2	16	甲子	4	6	3	17	甲午	5	6	3	17	甲子	6	7	4	20	丙申	7	8	5	21	丁卯
	2	7	1	17	乙未	3	8	2	17	乙丑	4	7	3	18	乙未	5	7	3	18	乙丑	6	8	4	21	丁酉	7	9	5	22	戊辰
	2	8	1	18	丙申	3	9	2	18	丙寅	4	8	3	19	丙申	5	8	3	19	丙寅	6	9	4	22	戊戌	7	10	5	23	己巳
	2	9	1	19	丁酉	3	10	2	19	丁卯	4	9	3	20	丁酉	5	9	3	20	丁卯	6	10	4	23	己亥	7	11	5	24	庚午
	2	10	1	20	戊戌	3	11	2	20	戊辰	4	10	3	21	戊戌	5	10	3	21	戊辰	6	11	4	24	庚子	7	12	5	25	辛未
	2	11	1	21	己亥	3	12	2	21	己巳	4	11	3	22	己亥	5	11	3	22	己巳	6	12	4	25	辛丑	7	13	5	26	壬申
	2	12	1	22	庚子	3	13	2	22	庚午	4	12	3	23	庚子	5	12	3	23	庚午	6	13	4	26	壬寅	7	14	5	27	癸酉
	2	13	1	23	辛丑	3	14	2	23	辛未	4	13	3	24	辛丑	5	13	3	24	辛未	6	14	4	27	癸卯	7	15	5	28	甲戌
	2	14	1	24	壬寅	3	15	2	24	壬申	4	14	3	25	壬寅	5	14	3	25	壬申	6	15	4	28	甲辰	7	16	5	29	乙亥
	2	15	1	25	癸卯	3	16	2	25	癸酉	4	15	3	26	癸卯	5	15	3	26	癸酉	6	16	4	29	乙巳	7	17	6	1	丙子
	2	16	1	26	甲辰	3	17	2	26	甲戌	4	16	3	27	甲辰	5	16	3	27	甲戌	6	17	4	30	丙午	7	18	6	2	丁丑
	2	17	1	27	乙巳	3	18	2	27	乙亥	4	17	3	28	乙巳	5	17	3	28	乙亥	6	18	5	1	丁未	7	19	6	3	戊寅
	2	18	1	28	丙午	3	19	2	28	丙子	4	18	3	29	丙午	5	18	3	29	丙子	6	19	5	2	戊申	7	20	6	4	己卯
	2	19	1	29	丁未	3	20	2	29	丁丑	4	19	3	30	丁未	5	19	4	1	丁丑	6	20	5	3	己酉	7	21	6	5	庚辰
	2	20	1	30	戊申	3	21	3	1	戊寅	4	20	閏3	1	戊申	5	20	4	2	戊寅	6	21	5	4	庚戌	7	22	6	6	辛巳
	2	21	2	1	己酉	3	22	3	2	己卯	4	21	3	2	己酉	5	21	4	3	己卯	6	22	5	5	辛亥	7	23	6	7	壬午
	2	22	2	2	庚戌	3	23	3	3	庚辰	4	22	3	3	庚戌	5	22	4	4	庚辰	6	23	5	6	壬子	7	24	6	8	癸未
	2	23	2	3	辛亥	3	24	3	4	辛巳	4	23	3	4	辛亥	5	23	4	5	辛巳	6	24	5	7	癸丑	7	25	6	9	甲申
	2	24	2	4	壬子	3	25	3	5	壬午	4	24	3	5	壬子	5	24	4	6	壬午	6	25	5	8	甲寅	7	26	6	10	乙酉
	2	25	2	5	癸丑	3	26	3	6	癸未	4	25	3	6	癸丑	5	25	4	7	癸未	6	26	5	9	乙卯	7	27	6	11	丙戌
	2	26	2	6	甲寅	3	27	3	7	甲申	4	26	3	7	甲寅	5	26	4	8	甲申	6	27	5	10	丙辰	7	28	6	12	丁亥
	2	27	2	7	乙卯	3	28	3	8	乙酉	4	27	3	8	乙卯	5	27	4	9	乙酉	6	28	5	11	丁巳	7	29	6	13	戊子
	2	28	2	8	丙辰	3	29	3	9	丙戌	4	28	3	9	丙辰	5	28	4	10	丙戌	6	29	5	12	戊午	7	30	6	14	己丑
	2	29	2	9	丁巳	3	30	3	10	丁亥	4	29	3	10	丁巳	5	29	4	11	丁亥	6	30	5	13	己未	7	31	6	15	庚寅
	3	1	2	10	戊午	3	31	3	11	戊子	4	30	3	11	戊午	5	30	4	12	戊子	7	1	5	14	庚申	8	1	6	16	辛卯
	3	2	2	11	己未	4	1	3	12	己丑	5	1	3	12	己未	5	31	4	13	己丑	7	2	5	15	辛酉	8	2	6	17	壬辰
	3	3	2	12	庚申	4	2	3	13	庚寅	5	2	3	13	庚申	6	1	4	14	庚寅	7	3	5	16	壬戌	8	3	6	18	癸巳
	3	4	2	13	辛酉	4	3	3	14	辛卯	5	3	3	14	辛酉	6	2	4	15	辛卯	7	4	5	17	癸亥	8	4	6	19	甲午
																6	3	4	16	壬辰	7	5	5	18	甲子	8	5	6	20	乙未
																6	4	4	17	癸巳										
中氣	雨水					春分					穀雨					小滿					夏至					大暑				
	2/19 2時11分 丑時					3/20 0時43分 子時					4/19 11時13分 午時					5/20 9時53分 巳時					6/20 17時33分 酉時					7/22 4時26分 寅				

庚子																														年
甲申					乙酉					丙戌					丁亥					戊子					己丑					月
立秋					白露					寒露					立冬					大雪					小寒					節氣
8/6 21時2分 亥時					9/7 0時21分 子時					10/7 16時33分 申時					11/6 20時17分 戌時					12/6 13時33分 未時					1/5 0時55分 子時					
國曆		農曆		干支	國曆		農曆		干支	國曆		農曆		干支	國曆		農曆		干支	國曆		農曆		干支	國曆		農曆		干支	日
8	6	6	21	丙申	9	7	7	24	戊辰	10	7	8	24	戊戌	11	6	9	25	戊辰	12	6	10	26	戊戌	1	5	11	26	戊辰	
8	7	6	22	丁酉	9	8	7	25	己巳	10	8	8	25	己亥	11	7	9	26	己巳	12	7	10	27	己亥	1	6	11	27	己巳	
8	8	6	23	戊戌	9	9	7	26	庚午	10	9	8	26	庚子	11	8	9	27	庚午	12	8	10	28	庚子	1	7	11	28	庚午	
8	9	6	24	己亥	9	10	7	27	辛未	10	10	8	27	辛丑	11	9	9	28	辛未	12	9	10	29	辛丑	1	8	11	29	辛未	
8	10	6	25	庚子	9	11	7	28	壬申	10	11	8	28	壬寅	11	10	9	29	壬申	12	10	10	30	壬寅	1	9	11	30	壬申	
8	11	6	26	辛丑	9	12	7	29	癸酉	10	12	8	29	癸卯	11	11	10	1	癸酉	12	11	11	1	癸卯	1	10	12	1	癸酉	
8	12	6	27	壬寅	9	13	7	30	甲戌	10	13	9	1	甲辰	11	12	10	2	甲戌	12	12	11	2	甲辰	1	11	12	2	甲戌	
8	13	6	28	癸卯	9	14	8	1	乙亥	10	14	9	2	乙巳	11	13	10	3	乙亥	12	13	11	3	乙巳	1	12	12	3	乙亥	
8	14	6	29	甲辰	9	15	8	2	丙子	10	15	9	3	丙午	11	14	10	4	丙子	12	14	11	4	丙午	1	13	12	4	丙子	
8	15	7	1	乙巳	9	16	8	3	丁丑	10	16	9	4	丁未	11	15	10	5	丁丑	12	15	11	5	丁未	1	14	12	5	丁丑	
8	16	7	2	丙午	9	17	8	4	戊寅	10	17	9	5	戊申	11	16	10	6	戊寅	12	16	11	6	戊申	1	15	12	6	戊寅	
8	17	7	3	丁未	9	18	8	5	己卯	10	18	9	6	己酉	11	17	10	7	己卯	12	17	11	7	己酉	1	16	12	7	己卯	
8	18	7	4	戊申	9	19	8	6	庚辰	10	19	9	7	庚戌	11	18	10	8	庚辰	12	18	11	8	庚戌	1	17	12	8	庚辰	
8	19	7	5	己酉	9	20	8	7	辛巳	10	20	9	8	辛亥	11	19	10	9	辛巳	12	19	11	9	辛亥	1	18	12	9	辛巳	
8	20	7	6	庚戌	9	21	8	8	壬午	10	21	9	9	壬子	11	20	10	10	壬午	12	20	11	10	壬子	1	19	12	10	壬午	
8	21	7	7	辛亥	9	22	8	9	癸未	10	22	9	10	癸丑	11	21	10	11	癸未	12	21	11	11	癸丑	1	20	12	11	癸未	
8	22	7	8	壬子	9	23	8	10	甲申	10	23	9	11	甲寅	11	22	10	12	甲申	12	22	11	12	甲寅	1	21	12	12	甲申	
8	23	7	9	癸丑	9	24	8	11	乙酉	10	24	9	12	乙卯	11	23	10	13	乙酉	12	23	11	13	乙卯	1	22	12	13	乙酉	
8	24	7	10	甲寅	9	25	8	12	丙戌	10	25	9	13	丙辰	11	24	10	14	丙戌	12	24	11	14	丙辰	1	23	12	14	丙戌	
8	25	7	11	乙卯	9	26	8	13	丁亥	10	26	9	14	丁巳	11	25	10	15	丁亥	12	25	11	15	丁巳	1	24	12	15	丁亥	
8	26	7	12	丙辰	9	27	8	14	戊子	10	27	9	15	戊午	11	26	10	16	戊子	12	26	11	16	戊午	1	25	12	16	戊子	
8	27	7	13	丁巳	9	28	8	15	己丑	10	28	9	16	己未	11	27	10	17	己丑	12	27	11	17	己未	1	26	12	17	己丑	
8	28	7	14	戊午	9	29	8	16	庚寅	10	29	9	17	庚申	11	28	10	18	庚寅	12	28	11	18	庚申	1	27	12	18	庚寅	
8	29	7	15	己未	9	30	8	17	辛卯	10	30	9	18	辛酉	11	29	10	19	辛卯	12	29	11	19	辛酉	1	28	12	19	辛卯	
8	30	7	16	庚申	10	1	8	18	壬辰	10	31	9	19	壬戌	11	30	10	20	壬辰	12	30	11	20	壬戌	1	29	12	20	壬辰	
8	31	7	17	辛酉	10	2	8	19	癸巳	11	1	9	20	癸亥	12	1	10	21	癸巳	12	31	11	21	癸亥	1	30	12	21	癸巳	
9	1	7	18	壬戌	10	3	8	20	甲午	11	2	9	21	甲子	12	2	10	22	甲午	1	1	11	22	甲子	1	31	12	22	甲午	
9	2	7	19	癸亥	10	4	8	21	乙未	11	3	9	22	乙丑	12	3	10	23	乙未	1	2	11	23	乙丑	2	1	12	23	乙未	
9	3	7	20	甲子	10	5	8	22	丙申	11	4	9	23	丙寅	12	4	10	24	丙申	1	3	11	24	丙寅	2	2	12	24	丙申	
9	4	7	21	乙丑	10	6	8	23	丁酉	11	5	9	24	丁卯	12	5	10	25	丁酉	1	4	11	25	丁卯						
9	5	7	22	丙寅																										
9	6	7	23	丁卯																										
處暑					秋分					霜降					小雪					冬至					大寒					中氣
8/22 11時47分 午時					9/22 9時55分 巳時					10/22 19時51分 戌時					11/21 17時55分 酉時					12/21 7時32分 辰時					1/19 18時10分 酉時					

中華民國一百六十九、一百七十年 鼠

2080、2081

年	辛丑																													
月	庚寅					辛卯					壬辰					癸巳					甲午					乙未				
節氣	立春					驚蟄					清明					立夏					芒種					小暑				
	2/3 12時25分 午時					3/5 6時1分 卯時					4/4 10時16分 巳時					5/5 2時59分 丑時					6/5 6時40分 卯時					7/6 16時42分 申時				
日	國曆		農曆		干支	國曆		農曆		干支	國曆		農曆		干支	國曆		農曆		干支	國曆		農曆		干支	國曆		農曆		干支
中華民國一百七十年 牛 2081	2	3	12	25	丁酉	3	5	1	25	丁卯	4	4	2	26	丁酉	5	5	3	27	戊辰	6	5	4	28	己亥	7	6	5	30	庚午
	2	4	12	26	戊戌	3	6	1	26	戊辰	4	5	2	27	戊戌	5	6	3	28	己巳	6	6	4	29	庚子	7	7	6	1	辛未
	2	5	12	27	己亥	3	7	1	27	己巳	4	6	2	28	己亥	5	7	3	29	庚午	6	7	5	1	辛丑	7	8	6	2	壬申
	2	6	12	28	庚子	3	8	1	28	庚午	4	7	2	29	庚子	5	8	3	30	辛未	6	8	5	2	壬寅	7	9	6	3	癸酉
	2	7	12	29	辛丑	3	9	1	29	辛未	4	8	2	30	辛丑	5	9	4	1	壬申	6	9	5	3	癸卯	7	10	6	4	甲戌
	2	8	12	30	壬寅	3	10	2	1	壬申	4	9	3	1	壬寅	5	10	4	2	癸酉	6	10	5	4	甲辰	7	11	6	5	乙亥
	2	9	1	1	癸卯	3	11	2	2	癸酉	4	10	3	2	癸卯	5	11	4	3	甲戌	6	11	5	5	乙巳	7	12	6	6	丙子
	2	10	1	2	甲辰	3	12	2	3	甲戌	4	11	3	3	甲辰	5	12	4	4	乙亥	6	12	5	6	丙午	7	13	6	7	丁丑
	2	11	1	3	乙巳	3	13	2	4	乙亥	4	12	3	4	乙巳	5	13	4	5	丙子	6	13	5	7	丁未	7	14	6	8	戊寅
	2	12	1	4	丙午	3	14	2	5	丙子	4	13	3	5	丙午	5	14	4	6	丁丑	6	14	5	8	戊申	7	15	6	9	己卯
	2	13	1	5	丁未	3	15	2	6	丁丑	4	14	3	6	丁未	5	15	4	7	戊寅	6	15	5	9	己酉	7	16	6	10	庚辰
	2	14	1	6	戊申	3	16	2	7	戊寅	4	15	3	7	戊申	5	16	4	8	己卯	6	16	5	10	庚戌	7	17	6	11	辛巳
	2	15	1	7	己酉	3	17	2	8	己卯	4	16	3	8	己酉	5	17	4	9	庚辰	6	17	5	11	辛亥	7	18	6	12	壬午
	2	16	1	8	庚戌	3	18	2	9	庚辰	4	17	3	9	庚戌	5	18	4	10	辛巳	6	18	5	12	壬子	7	19	6	13	癸未
	2	17	1	9	辛亥	3	19	2	10	辛巳	4	18	3	10	辛亥	5	19	4	11	壬午	6	19	5	13	癸丑	7	20	6	14	甲申
	2	18	1	10	壬子	3	20	2	11	壬午	4	19	3	11	壬子	5	20	4	12	癸未	6	20	5	14	甲寅	7	21	6	15	乙酉
	2	19	1	11	癸丑	3	21	2	12	癸未	4	20	3	12	癸丑	5	21	4	13	甲申	6	21	5	15	乙卯	7	22	6	16	丙戌
	2	20	1	12	甲寅	3	22	2	13	甲申	4	21	3	13	甲寅	5	22	4	14	乙酉	6	22	5	16	丙辰	7	23	6	17	丁亥
	2	21	1	13	乙卯	3	23	2	14	乙酉	4	22	3	14	乙卯	5	23	4	15	丙戌	6	23	5	17	丁巳	7	24	6	18	戊子
	2	22	1	14	丙辰	3	24	2	15	丙戌	4	23	3	15	丙辰	5	24	4	16	丁亥	6	24	5	18	戊午	7	25	6	19	己丑
	2	23	1	15	丁巳	3	25	2	16	丁亥	4	24	3	16	丁巳	5	25	4	17	戊子	6	25	5	19	己未	7	26	6	20	庚寅
	2	24	1	16	戊午	3	26	2	17	戊子	4	25	3	17	戊午	5	26	4	18	己丑	6	26	5	20	庚申	7	27	6	21	辛卯
	2	25	1	17	己未	3	27	2	18	己丑	4	26	3	18	己未	5	27	4	19	庚寅	6	27	5	21	辛酉	7	28	6	22	壬辰
	2	26	1	18	庚申	3	28	2	19	庚寅	4	27	3	19	庚申	5	28	4	20	辛卯	6	28	5	22	壬戌	7	29	6	23	癸巳
	2	27	1	19	辛酉	3	29	2	20	辛卯	4	28	3	20	辛酉	5	29	4	21	壬辰	6	29	5	23	癸亥	7	30	6	24	甲午
	2	28	1	20	壬戌	3	30	2	21	壬辰	4	29	3	21	壬戌	5	30	4	22	癸巳	6	30	5	24	甲子	7	31	6	25	乙未
	3	1	1	21	癸亥	3	31	2	22	癸巳	4	30	3	22	癸亥	5	31	4	23	甲午	7	1	5	25	乙丑	8	1	6	26	丙申
	3	2	1	22	甲子	4	1	2	23	甲午	5	1	3	23	甲子	6	1	4	24	乙未	7	2	5	26	丙寅	8	2	6	27	丁酉
	3	3	1	23	乙丑	4	2	2	24	乙未	5	2	3	24	乙丑	6	2	4	25	丙申	7	3	5	27	丁卯	8	3	6	28	戊戌
	3	4	1	24	丙寅	4	3	2	25	丙申	5	3	3	25	丙寅	6	3	4	26	丁酉	7	4	5	28	戊辰	8	4	6	29	己亥
											5	4	3	26	丁卯	6	4	4	27	戊戌	7	5	5	29	己巳	8	5	7	1	庚子
																										8	6	7	2	辛丑
中氣	雨水					春分					穀雨					小滿					夏至					大暑				
	2/18 8時2分 辰時					3/20 6時33分 卯時					4/19 17時0分 酉時					5/20 15時37分 申時					6/20 23時15分 子時					7/22 10時7分 巳時				

辛丑																														年
丙申					丁酉					戊戌					己亥					庚子					辛丑					月
立秋					白露					寒露					立冬					大雪					小寒					節
8/7 2時36分 丑時					9/7 5時53分 卯時					10/7 22時5分 亥時					11/7 1時51分 丑時					12/6 19時10分 戌時					1/5 6時37分 卯時					氣
國曆		農曆		干支	國曆		農曆		干支	國曆		農曆		干支	國曆		農曆		干支	國曆		農曆		干支	國曆		農曆		干支	日
8	7	7	3	壬寅	9	7	8	5	癸酉	10	7	9	5	癸卯	11	7	10	7	甲戌	12	6	11	7	癸卯	1	5	12	7	癸酉	
8	8	7	4	癸卯	9	8	8	6	甲戌	10	8	9	6	甲辰	11	8	10	8	乙亥	12	7	11	8	甲辰	1	6	12	8	甲戌	
8	9	7	5	甲辰	9	9	8	7	乙亥	10	9	9	7	乙巳	11	9	10	9	丙子	12	8	11	9	乙巳	1	7	12	9	乙亥	
8	10	7	6	乙巳	9	10	8	8	丙子	10	10	9	8	丙午	11	10	10	10	丁丑	12	9	11	10	丙午	1	8	12	10	丙子	
8	11	7	7	丙午	9	11	8	9	丁丑	10	11	9	9	丁未	11	11	10	11	戊寅	12	10	11	11	丁未	1	9	12	11	丁丑	
8	12	7	8	丁未	9	12	8	10	戊寅	10	12	9	10	戊申	11	12	10	12	己卯	12	11	11	12	戊申	1	10	12	12	戊寅	
8	13	7	9	戊申	9	13	8	11	己卯	10	13	9	11	己酉	11	13	10	13	庚辰	12	12	11	13	己酉	1	11	12	13	己卯	
8	14	7	10	己酉	9	14	8	12	庚辰	10	14	9	12	庚戌	11	14	10	14	辛巳	12	13	11	14	庚戌	1	12	12	14	庚辰	
8	15	7	11	庚戌	9	15	8	13	辛巳	10	15	9	13	辛亥	11	15	10	15	壬午	12	14	11	15	辛亥	1	13	12	15	辛巳	
8	16	7	12	辛亥	9	16	8	14	壬午	10	16	9	14	壬子	11	16	10	16	癸未	12	15	11	16	壬子	1	14	12	16	壬午	
8	17	7	13	壬子	9	17	8	15	癸未	10	17	9	15	癸丑	11	17	10	17	甲申	12	16	11	17	癸丑	1	15	12	17	癸未	
8	18	7	14	癸丑	9	18	8	16	甲申	10	18	9	16	甲寅	11	18	10	18	乙酉	12	17	11	18	甲寅	1	16	12	18	甲申	
8	19	7	15	甲寅	9	19	8	17	乙酉	10	19	9	17	乙卯	11	19	10	19	丙戌	12	18	11	19	乙卯	1	17	12	19	乙酉	
8	20	7	16	乙卯	9	20	8	18	丙戌	10	20	9	18	丙辰	11	20	10	20	丁亥	12	19	11	20	丙辰	1	18	12	20	丙戌	
8	21	7	17	丙辰	9	21	8	19	丁亥	10	21	9	19	丁巳	11	21	10	21	戊子	12	20	11	21	丁巳	1	19	12	21	丁亥	
8	22	7	18	丁巳	9	22	8	20	戊子	10	22	9	20	戊午	11	22	10	22	己丑	12	21	11	22	戊午	1	20	12	22	戊子	
8	23	7	19	戊午	9	23	8	21	己丑	10	23	9	21	己未	11	23	10	23	庚寅	12	22	11	23	己未	1	21	12	23	己丑	
8	24	7	20	己未	9	24	8	22	庚寅	10	24	9	22	庚申	11	24	10	24	辛卯	12	23	11	24	庚申	1	22	12	24	庚寅	
8	25	7	21	庚申	9	25	8	23	辛卯	10	25	9	23	辛酉	11	25	10	25	壬辰	12	24	11	25	辛酉	1	23	12	25	辛卯	
8	26	7	22	辛酉	9	26	8	24	壬辰	10	26	9	24	壬戌	11	26	10	26	癸巳	12	25	11	26	壬戌	1	24	12	26	壬辰	
8	27	7	23	壬戌	9	27	8	25	癸巳	10	27	9	25	癸亥	11	27	10	27	甲午	12	26	11	27	癸亥	1	25	12	27	癸巳	
8	28	7	24	癸亥	9	28	8	26	甲午	10	28	9	26	甲子	11	28	10	28	乙未	12	27	11	28	甲子	1	26	12	28	甲午	
8	29	7	25	甲子	9	29	8	27	乙未	10	29	9	27	乙丑	11	29	10	29	丙申	12	28	11	29	乙丑	1	27	12	29	乙未	
8	30	7	26	乙丑	9	30	8	28	丙申	10	30	9	28	丙寅	11	30	11	1	丁酉	12	29	11	30	丙寅	1	28	12	30	丙申	
8	31	7	27	丙寅	10	1	8	29	丁酉	10	31	9	29	丁卯	12	1	11	2	戊戌	12	30	12	1	丁卯	1	29	1	1	丁酉	
	1	7	28	丁卯	10	2	8	30	戊戌	11	1	10	1	戊辰	12	2	11	3	己亥	12	31	12	2	戊辰	1	30	1	2	戊戌	
	2	7	29	戊辰	10	3	9	1	己亥	11	2	10	2	己巳	12	3	11	4	庚子	1	1	12	3	己巳	1	31	1	3	己亥	
	3	8	1	己巳	10	4	9	2	庚子	11	3	10	3	庚午	12	4	11	5	辛丑	1	2	12	4	庚午	2	1	1	4	庚子	
	4	8	2	庚午	10	5	9	3	辛丑	11	4	10	4	辛未	12	5	11	6	壬寅	1	3	12	5	辛未	2	2	1	5	辛丑	
	5	8	3	辛未	10	6	9	4	壬寅	11	5	10	5	壬申						1	4	12	6	壬申						
	6	8	4	壬申						11	6	10	6	癸酉																
處暑					秋分					霜降					小雪					冬至					大寒					中
22 17時28分 酉時					9/22 15時37分 申時					10/23 1時33分 丑時					11/21 23時40分 子時					12/21 13時21分 未時					1/20 0時5分 子時					氣

中華民國一百七十、一百七十一年 牛

2081、2082

年	壬寅																													
月	壬寅					癸卯					甲辰					乙巳					丙午					丁未				
節氣	立春					驚蟄					清明					立夏					芒種					小暑				
	2/3 18時11分 酉時					3/5 11時49分 午時					4/4 16時2分 申時					5/5 8時42分 辰時					6/5 12時21分 午時					7/6 22時24分 亥時				
日	國曆		農曆		干支	國曆		農曆		干支	國曆		農曆		干支	國曆		農曆		干支	國曆		農曆		干支	國曆		農曆		干支
中華民國一百七十一年 虎 2082	2	3	1	6	壬寅	3	5	2	7	壬申	4	4	3	7	壬寅	5	5	4	8	癸酉	6	5	5	9	甲辰	7	6	6	11	乙亥
	2	4	1	7	癸卯	3	6	2	8	癸酉	4	5	3	8	癸卯	5	6	4	9	甲戌	6	6	5	10	乙巳	7	7	6	12	丙子
	2	5	1	8	甲辰	3	7	2	9	甲戌	4	6	3	9	甲辰	5	7	4	10	乙亥	6	7	5	11	丙午	7	8	6	13	丁丑
	2	6	1	9	乙巳	3	8	2	10	乙亥	4	7	3	10	乙巳	5	8	4	11	丙子	6	8	5	12	丁未	7	9	6	14	戊寅
	2	7	1	10	丙午	3	9	2	11	丙子	4	8	3	11	丙午	5	9	4	12	丁丑	6	9	5	13	戊申	7	10	6	15	己卯
	2	8	1	11	丁未	3	10	2	12	丁丑	4	9	3	12	丁未	5	10	4	13	戊寅	6	10	5	14	己酉	7	11	6	16	庚辰
	2	9	1	12	戊申	3	11	2	13	戊寅	4	10	3	13	戊申	5	11	4	14	己卯	6	11	5	15	庚戌	7	12	6	17	辛巳
	2	10	1	13	己酉	3	12	2	14	己卯	4	11	3	14	己酉	5	12	4	15	庚辰	6	12	5	16	辛亥	7	13	6	18	壬午
	2	11	1	14	庚戌	3	13	2	15	庚辰	4	12	3	15	庚戌	5	13	4	16	辛巳	6	13	5	17	壬子	7	14	6	19	癸未
	2	12	1	15	辛亥	3	14	2	16	辛巳	4	13	3	16	辛亥	5	14	4	17	壬午	6	14	5	18	癸丑	7	15	6	20	甲申
	2	13	1	16	壬子	3	15	2	17	壬午	4	14	3	17	壬子	5	15	4	18	癸未	6	15	5	19	甲寅	7	16	6	21	乙酉
	2	14	1	17	癸丑	3	16	2	18	癸未	4	15	3	18	癸丑	5	16	4	19	甲申	6	16	5	20	乙卯	7	17	6	22	丙戌
	2	15	1	18	甲寅	3	17	2	19	甲申	4	16	3	19	甲寅	5	17	4	20	乙酉	6	17	5	21	丙辰	7	18	6	23	丁亥
	2	16	1	19	乙卯	3	18	2	20	乙酉	4	17	3	20	乙卯	5	18	4	21	丙戌	6	18	5	22	丁巳	7	19	6	24	戊子
	2	17	1	20	丙辰	3	19	2	21	丙戌	4	18	3	21	丙辰	5	19	4	22	丁亥	6	19	5	23	戊午	7	20	6	25	己丑
	2	18	1	21	丁巳	3	20	2	22	丁亥	4	19	3	22	丁巳	5	20	4	23	戊子	6	20	5	24	己未	7	21	6	26	庚寅
	2	19	1	22	戊午	3	21	2	23	戊子	4	20	3	23	戊午	5	21	4	24	己丑	6	21	5	25	庚申	7	22	6	27	辛卯
	2	20	1	23	己未	3	22	2	24	己丑	4	21	3	24	己未	5	22	4	25	庚寅	6	22	5	26	辛酉	7	23	6	28	壬辰
	2	21	1	24	庚申	3	23	2	25	庚寅	4	22	3	25	庚申	5	23	4	26	辛卯	6	23	5	27	壬戌	7	24	6	29	癸巳
	2	22	1	25	辛酉	3	24	2	26	辛卯	4	23	3	26	辛酉	5	24	4	27	壬辰	6	24	5	28	癸亥	7	25	7	1	甲午
	2	23	1	26	壬戌	3	25	2	27	壬辰	4	24	3	27	壬戌	5	25	4	28	癸巳	6	25	5	29	甲子	7	26	7	2	乙未
	2	24	1	27	癸亥	3	26	2	28	癸巳	4	25	3	28	癸亥	5	26	4	29	甲午	6	26	6	1	乙丑	7	27	7	3	丙申
	2	25	1	28	甲子	3	27	2	29	甲午	4	26	3	29	甲子	5	27	4	30	乙未	6	27	6	2	丙寅	7	28	7	4	丁酉
	2	26	1	29	乙丑	3	28	2	30	乙未	4	27	3	30	乙丑	5	28	5	1	丙申	6	28	6	3	丁卯	7	29	7	5	戊戌
	2	27	2	1	丙寅	3	29	3	1	丙申	4	28	4	1	丙寅	5	29	5	2	丁酉	6	29	6	4	戊辰	7	30	7	6	己亥
	2	28	2	2	丁卯	3	30	3	2	丁酉	4	29	4	2	丁卯	5	30	5	3	戊戌	6	30	6	5	己巳	7	31	7	7	庚子
	3	1	2	3	戊辰	3	31	3	3	戊戌	4	30	4	3	戊辰	5	31	5	4	己亥	7	1	6	6	庚午	8	1	7	8	辛丑
	3	2	2	4	己巳	4	1	3	4	己亥	5	1	4	4	己巳	6	1	5	5	庚子	7	2	6	7	辛未	8	2	7	9	壬寅
	3	3	2	5	庚午	4	2	3	5	庚子	5	2	4	5	庚午	6	2	5	6	辛丑	7	3	6	8	壬申	8	3	7	10	癸卯
	3	4	2	6	辛未	4	3	3	6	辛丑	5	3	4	6	辛未	6	3	5	7	壬寅	7	4	6	9	癸酉	8	4	7	11	甲辰
											5	4	4	7	壬申	6	4	5	8	癸卯	7	5	6	10	甲戌	8	5	7	12	乙巳
																										8	6	7	13	丙午
中氣	雨水					春分					穀雨					小滿					夏至					大暑				
	2/18 13時59分 未時					3/20 12時29分 午時					4/19 22時54分 亥時					5/20 21時27分 亥時					6/21 5時2分 卯時					7/22 15時52分 申				

壬寅																														年
戊申					己酉					庚戌					辛亥					壬子					癸丑					月
立秋					白露					寒露					立冬					大雪					小寒					節氣
8/7 8時20分 辰時					9/7 11時41分 午時					10/8 3時56分 寅時					11/7 7時43分 辰時					12/7 1時0分 丑時					1/5 12時25分 午時					
國曆		農曆		干支	國曆		農曆		干支	國曆		農曆		干支	國曆		農曆		干支	國曆		農曆		干支	國曆		農曆		干支	日
8	7	7	14	丁未	9	7	7	15	戊寅	10	8	8	17	己酉	11	7	9	17	己卯	12	7	10	18	己酉	1	5	11	18	戊寅	中華民國一百七十一、一百七十二年 虎 2082、2083
8	8	7	15	戊申	9	8	7	16	己卯	10	9	8	18	庚戌	11	8	9	18	庚辰	12	8	10	19	庚戌	1	6	11	19	己卯	
8	9	7	16	己酉	9	9	7	17	庚辰	10	10	8	19	辛亥	11	9	9	19	辛巳	12	9	10	20	辛亥	1	7	11	20	庚辰	
8	10	7	17	庚戌	9	10	7	18	辛巳	10	11	8	20	壬子	11	10	9	20	壬午	12	10	10	21	壬子	1	8	11	21	辛巳	
8	11	7	18	辛亥	9	11	7	19	壬午	10	12	8	21	癸丑	11	11	9	21	癸未	12	11	10	22	癸丑	1	9	11	22	壬午	
8	12	7	19	壬子	9	12	7	20	癸未	10	13	8	22	甲寅	11	12	9	22	甲申	12	12	10	23	甲寅	1	10	11	23	癸未	
8	13	7	20	癸丑	9	13	7	21	甲申	10	14	8	23	乙卯	11	13	9	23	乙酉	12	13	10	24	乙卯	1	11	11	24	甲申	
8	14	7	21	甲寅	9	14	7	22	乙酉	10	15	8	24	丙辰	11	14	9	24	丙戌	12	14	10	25	丙辰	1	12	11	25	乙酉	
8	15	7	22	乙卯	9	15	7	23	丙戌	10	16	8	25	丁巳	11	15	9	25	丁亥	12	15	10	26	丁巳	1	13	11	26	丙戌	
8	16	7	23	丙辰	9	16	7	24	丁亥	10	17	8	26	戊午	11	16	9	26	戊子	12	16	10	27	戊午	1	14	11	27	丁亥	
8	17	7	24	丁巳	9	17	7	25	戊子	10	18	8	27	己未	11	17	9	27	己丑	12	17	10	28	己未	1	15	11	28	戊子	
8	18	7	25	戊午	9	18	7	26	己丑	10	19	8	28	庚申	11	18	9	28	庚寅	12	18	10	29	庚申	1	16	11	29	己丑	
8	19	7	26	己未	9	19	7	27	庚寅	10	20	8	29	辛酉	11	19	9	29	辛卯	12	19	11	1	辛酉	1	17	11	30	庚寅	
8	20	7	27	庚申	9	20	7	28	辛卯	10	21	8	30	壬戌	11	20	10	1	壬辰	12	20	11	2	壬戌	1	18	12	1	辛卯	
8	21	7	28	辛酉	9	21	7	29	壬辰	10	22	9	1	癸亥	11	21	10	2	癸巳	12	21	11	3	癸亥	1	19	12	2	壬辰	
8	22	7	29	壬戌	9	22	8	1	癸巳	10	23	9	2	甲子	11	22	10	3	甲午	12	22	11	4	甲子	1	20	12	3	癸巳	
8	23	7	30	癸亥	9	23	8	2	甲午	10	24	9	3	乙丑	11	23	10	4	乙未	12	23	11	5	乙丑	1	21	12	4	甲午	
8	24	閏7	1	甲子	9	24	8	3	乙未	10	25	9	4	丙寅	11	24	10	5	丙申	12	24	11	6	丙寅	1	22	12	5	乙未	
8	25	7	2	乙丑	9	25	8	4	丙申	10	26	9	5	丁卯	11	25	10	6	丁酉	12	25	11	7	丁卯	1	23	12	6	丙申	
8	26	7	3	丙寅	9	26	8	5	丁酉	10	27	9	6	戊辰	11	26	10	7	戊戌	12	26	11	8	戊辰	1	24	12	7	丁酉	
8	27	7	4	丁卯	9	27	8	6	戊戌	10	28	9	7	己巳	11	27	10	8	己亥	12	27	11	9	己巳	1	25	12	8	戊戌	
8	28	7	5	戊辰	9	28	8	7	己亥	10	29	9	8	庚午	11	28	10	9	庚子	12	28	11	10	庚午	1	26	12	9	己亥	
8	29	7	6	己巳	9	29	8	8	庚子	10	30	9	9	辛未	11	29	10	10	辛丑	12	29	11	11	辛未	1	27	12	10	庚子	
8	30	7	7	庚午	9	30	8	9	辛丑	10	31	9	10	壬申	11	30	10	11	壬寅	12	30	11	12	壬申	1	28	12	11	辛丑	
8	31	7	8	辛未	10	1	8	10	壬寅	11	1	9	11	癸酉	12	1	10	12	癸卯	12	31	11	13	癸酉	1	29	12	12	壬寅	
9	1	7	9	壬申	10	2	8	11	癸卯	11	2	9	12	甲戌	12	2	10	13	甲辰	1	1	11	14	甲戌	1	30	12	13	癸卯	
9	2	7	10	癸酉	10	3	8	12	甲辰	11	3	9	13	乙亥	12	3	10	14	乙巳	1	2	11	15	乙亥	1	31	12	14	甲辰	
9	3	7	11	甲戌	10	4	8	13	乙巳	11	4	9	14	丙子	12	4	10	15	丙午	1	3	11	16	丙子	2	1	12	15	乙巳	
9	4	7	12	乙亥	10	5	8	14	丙午	11	5	9	15	丁丑	12	5	10	16	丁未	1	4	11	17	丁丑	2	2	12	16	丙午	
9	5	7	13	丙子	10	6	8	15	丁未	11	6	9	16	戊寅	12	6	10	17	戊申											
9	6	7	14	丁丑	10	7	8	16	戊申																					
處暑					秋分					霜降					小雪					冬至					大寒					中氣
8/22 23時12分 子時					9/22 21時22分 亥時					10/23 7時19分 辰時					11/22 5時24分 卯時					12/21 19時3分 戌時					1/20 5時45分 卯時					

年	癸卯																													
月	甲寅					乙卯					丙辰					丁巳					戊午					己未				
節氣	立春					驚蟄					清明					立夏					芒種					小暑				
	2/3 23時57分 子時					3/5 17時35分 酉時					4/4 21時49分 亥時					5/5 14時30分 未時					6/5 18時11分 酉時					7/7 4時15分 寅時				
日	國曆		農曆		干支	國曆		農曆		干支	國曆		農曆		干支	國曆		農曆		干支	國曆		農曆		干支	國曆		農曆		干支
中華民國一百七十二年 兔 2083	2	3	12	17	丁未	3	5	1	17	丁丑	4	4	2	18	丁未	5	5	3	19	戊寅	6	5	4	20	己酉	7	7	5	23	辛巳
	2	4	12	18	戊申	3	6	1	18	戊寅	4	5	2	19	戊申	5	6	3	20	己卯	6	6	4	21	庚戌	7	8	5	24	壬午
	2	5	12	19	己酉	3	7	1	19	己卯	4	6	2	20	己酉	5	7	3	21	庚辰	6	7	4	22	辛亥	7	9	5	25	癸未
	2	6	12	20	庚戌	3	8	1	20	庚辰	4	7	2	21	庚戌	5	8	3	22	辛巳	6	8	4	23	壬子	7	10	5	26	甲申
	2	7	12	21	辛亥	3	9	1	21	辛巳	4	8	2	22	辛亥	5	9	3	23	壬午	6	9	4	24	癸丑	7	11	5	27	乙酉
	2	8	12	22	壬子	3	10	1	22	壬午	4	9	2	23	壬子	5	10	3	24	癸未	6	10	4	25	甲寅	7	12	5	28	丙戌
	2	9	12	23	癸丑	3	11	1	23	癸未	4	10	2	24	癸丑	5	11	3	25	甲申	6	11	4	26	乙卯	7	13	5	29	丁亥
	2	10	12	24	甲寅	3	12	1	24	甲申	4	11	2	25	甲寅	5	12	3	26	乙酉	6	12	4	27	丙辰	7	14	5	30	戊子
	2	11	12	25	乙卯	3	13	1	25	乙酉	4	12	2	26	乙卯	5	13	3	27	丙戌	6	13	4	28	丁巳	7	15	6	1	己丑
	2	12	12	26	丙辰	3	14	1	26	丙戌	4	13	2	27	丙辰	5	14	3	28	丁亥	6	14	4	29	戊午	7	16	6	2	庚寅
	2	13	12	27	丁巳	3	15	1	27	丁亥	4	14	2	28	丁巳	5	15	3	29	戊子	6	15	5	1	己未	7	17	6	3	辛卯
	2	14	12	28	戊午	3	16	1	28	戊子	4	15	2	29	戊午	5	16	3	30	己丑	6	16	5	2	庚申	7	18	6	4	壬辰
	2	15	12	29	己未	3	17	1	29	己丑	4	16	2	30	己未	5	17	4	1	庚寅	6	17	5	3	辛酉	7	19	6	5	癸巳
	2	16	12	30	庚申	3	18	2	1	庚寅	4	17	3	1	庚申	5	18	4	2	辛卯	6	18	5	4	壬戌	7	20	6	6	甲午
	2	17	1	1	辛酉	3	19	2	2	辛卯	4	18	3	2	辛酉	5	19	4	3	壬辰	6	19	5	5	癸亥	7	21	6	7	乙未
	2	18	1	2	壬戌	3	20	2	3	壬辰	4	19	3	3	壬戌	5	20	4	4	癸巳	6	20	5	6	甲子	7	22	6	8	丙申
	2	19	1	3	癸亥	3	21	2	4	癸巳	4	20	3	4	癸亥	5	21	4	5	甲午	6	21	5	7	乙丑	7	23	6	9	丁酉
	2	20	1	4	甲子	3	22	2	5	甲午	4	21	3	5	甲子	5	22	4	6	乙未	6	22	5	8	丙寅	7	24	6	10	戊戌
	2	21	1	5	乙丑	3	23	2	6	乙未	4	22	3	6	乙丑	5	23	4	7	丙申	6	23	5	9	丁卯	7	25	6	11	己亥
	2	22	1	6	丙寅	3	24	2	7	丙申	4	23	3	7	丙寅	5	24	4	8	丁酉	6	24	5	10	戊辰	7	26	6	12	庚子
	2	23	1	7	丁卯	3	25	2	8	丁酉	4	24	3	8	丁卯	5	25	4	9	戊戌	6	25	5	11	己巳	7	27	6	13	辛丑
	2	24	1	8	戊辰	3	26	2	9	戊戌	4	25	3	9	戊辰	5	26	4	10	己亥	6	26	5	12	庚午	7	28	6	14	壬寅
	2	25	1	9	己巳	3	27	2	10	己亥	4	26	3	10	己巳	5	27	4	11	庚子	6	27	5	13	辛未	7	29	6	15	癸卯
	2	26	1	10	庚午	3	28	2	11	庚子	4	27	3	11	庚午	5	28	4	12	辛丑	6	28	5	14	壬申	7	30	6	16	甲辰
	2	27	1	11	辛未	3	29	2	12	辛丑	4	28	3	12	辛未	5	29	4	13	壬寅	6	29	5	15	癸酉	7	31	6	17	乙巳
	2	28	1	12	壬申	3	30	2	13	壬寅	4	29	3	13	壬申	5	30	4	14	癸卯	6	30	5	16	甲戌	8	1	6	18	丙午
	3	1	1	13	癸酉	3	31	2	14	癸卯	4	30	3	14	癸酉	5	31	4	15	甲辰	7	1	5	17	乙亥	8	2	6	19	丁未
	3	2	1	14	甲戌	4	1	2	15	甲辰	5	1	3	15	甲戌	6	1	4	16	乙巳	7	2	5	18	丙子	8	3	6	20	戊申
	3	3	1	15	乙亥	4	2	2	16	乙巳	5	2	3	16	乙亥	6	2	4	17	丙午	7	3	5	19	丁丑	8	4	6	21	己酉
	3	4	1	16	丙子	4	3	2	17	丙午	5	3	3	17	丙子	6	3	4	18	丁未	7	4	5	20	戊寅	8	5	6	22	庚戌
											5	4	3	18	丁丑	6	4	4	19	戊申	7	5	5	21	己卯	8	6	6	23	辛亥
																					7	6	5	22	庚辰					
中氣	雨水					春分					穀雨					小滿					夏至					大暑				
	2/18 19時39分 戌時					3/20 18時9分 酉時					4/20 4時34分 寅時					5/21 3時8分 寅時					6/21 10時43分 巳時					7/22 21時34分 亥時				

癸卯																														年
庚申					辛酉					壬戌					癸亥					甲子					乙丑					月
立秋					白露					寒露					立冬					大雪					小寒					節氣
8/7 14時12分 未時					9/7 17時33分 酉時					10/8 9時48分 巳時					11/7 13時34分 未時					12/7 6時51分 卯時					1/5 18時14分 酉時					
國曆		農曆		干支	國曆		農曆		干支	國曆		農曆		干支	國曆		農曆		干支	國曆		農曆		干支	國曆		農曆		干支	日
8	7	6	24	壬子	9	7	7	26	癸未	10	8	8	27	甲寅	11	7	9	28	甲申	12	7	10	28	甲寅	1	5	11	28	癸未	中華民國一百七十二、一百七十三年 兔
8	8	6	25	癸丑	9	8	7	27	甲申	10	9	8	28	乙卯	11	8	9	29	乙酉	12	8	10	29	乙卯	1	6	11	29	甲申	
8	9	6	26	甲寅	9	9	7	28	乙酉	10	10	8	29	丙辰	11	9	9	30	丙戌	12	9	11	1	丙辰	1	7	11	30	乙酉	
8	10	6	27	乙卯	9	10	7	29	丙戌	10	11	9	1	丁巳	11	10	10	1	丁亥	12	10	11	2	丁巳	1	8	12	1	丙戌	
8	11	6	28	丙辰	9	11	7	30	丁亥	10	12	9	2	戊午	11	11	10	2	戊子	12	11	11	3	戊午	1	9	12	2	丁亥	
8	12	6	29	丁巳	9	12	8	1	戊子	10	13	9	3	己未	11	12	10	3	己丑	12	12	11	4	己未	1	10	12	3	戊子	
8	13	7	1	戊午	9	13	8	2	己丑	10	14	9	4	庚申	11	13	10	4	庚寅	12	13	11	5	庚申	1	11	12	4	己丑	
8	14	7	2	己未	9	14	8	3	庚寅	10	15	9	5	辛酉	11	14	10	5	辛卯	12	14	11	6	辛酉	1	12	12	5	庚寅	
8	15	7	3	庚申	9	15	8	4	辛卯	10	16	9	6	壬戌	11	15	10	6	壬辰	12	15	11	7	壬戌	1	13	12	6	辛卯	
8	16	7	4	辛酉	9	16	8	5	壬辰	10	17	9	7	癸亥	11	16	10	7	癸巳	12	16	11	8	癸亥	1	14	12	7	壬辰	
8	17	7	5	壬戌	9	17	8	6	癸巳	10	18	9	8	甲子	11	17	10	8	甲午	12	17	11	9	甲子	1	15	12	8	癸巳	
8	18	7	6	癸亥	9	18	8	7	甲午	10	19	9	9	乙丑	11	18	10	9	乙未	12	18	11	10	乙丑	1	16	12	9	甲午	
8	19	7	7	甲子	9	19	8	8	乙未	10	20	9	10	丙寅	11	19	10	10	丙申	12	19	11	11	丙寅	1	17	12	10	乙未	
8	20	7	8	乙丑	9	20	8	9	丙申	10	21	9	11	丁卯	11	20	10	11	丁酉	12	20	11	12	丁卯	1	18	12	11	丙申	
8	21	7	9	丙寅	9	21	8	10	丁酉	10	22	9	12	戊辰	11	21	10	12	戊戌	12	21	11	13	戊辰	1	19	12	12	丁酉	
8	22	7	10	丁卯	9	22	8	11	戊戌	10	23	9	13	己巳	11	22	10	13	己亥	12	22	11	14	己巳	1	20	12	13	戊戌	
8	23	7	11	戊辰	9	23	8	12	己亥	10	24	9	14	庚午	11	23	10	14	庚子	12	23	11	15	庚午	1	21	12	14	己亥	
8	24	7	12	己巳	9	24	8	13	庚子	10	25	9	15	辛未	11	24	10	15	辛丑	12	24	11	16	辛未	1	22	12	15	庚子	
8	25	7	13	庚午	9	25	8	14	辛丑	10	26	9	16	壬申	11	25	10	16	壬寅	12	25	11	17	壬申	1	23	12	16	辛丑	
8	26	7	14	辛未	9	26	8	15	壬寅	10	27	9	17	癸酉	11	26	10	17	癸卯	12	26	11	18	癸酉	1	24	12	17	壬寅	
8	27	7	15	壬申	9	27	8	16	癸卯	10	28	9	18	甲戌	11	27	10	18	甲辰	12	27	11	19	甲戌	1	25	12	18	癸卯	
8	28	7	16	癸酉	9	28	8	17	甲辰	10	29	9	19	乙亥	11	28	10	19	乙巳	12	28	11	20	乙亥	1	26	12	19	甲辰	2083、2084
8	29	7	17	甲戌	9	29	8	18	乙巳	10	30	9	20	丙子	11	29	10	20	丙午	12	29	11	21	丙子	1	27	12	20	乙巳	
8	30	7	18	乙亥	9	30	8	19	丙午	10	31	9	21	丁丑	11	30	10	21	丁未	12	30	11	22	丁丑	1	28	12	21	丙午	
8	31	7	19	丙子	10	1	8	20	丁未	11	1	9	22	戊寅	12	1	10	22	戊申	12	31	11	23	戊寅	1	29	12	22	丁未	
9	1	7	20	丁丑	10	2	8	21	戊申	11	2	9	23	己卯	12	2	10	23	己酉	1	1	11	24	己卯	1	30	12	23	戊申	
9	2	7	21	戊寅	10	3	8	22	己酉	11	3	9	24	庚辰	12	3	10	24	庚戌	1	2	11	25	庚辰	1	31	12	24	己酉	
9	3	7	22	己卯	10	4	8	23	庚戌	11	4	9	25	辛巳	12	4	10	25	辛亥	1	3	11	26	辛巳	2	1	12	25	庚戌	
9	4	7	23	庚辰	10	5	8	24	辛亥	11	5	9	26	壬午	12	5	10	26	壬子	1	4	11	27	壬午	2	2	12	26	辛亥	
9	5	7	24	辛巳	10	6	8	25	壬子	11	6	9	27	癸未	12	6	10	27	癸丑						2	3	12	27	壬子	
	6	7	25	壬午	10	7	8	26	癸丑																					
處暑					秋分					霜降					小雪					冬至					大寒					中氣
8/23 4時58分 寅時					9/23 3時10分 寅時					10/23 13時9分 未時					11/22 11時14分 午時					12/22 0時52分 子時					1/20 11時32分 午時					

年	甲辰																													
月	丙寅					丁卯					戊辰					己巳					庚午					辛未				
節	立春					驚蟄					清明					立夏					芒種					小暑				
氣	2/4 5時45分 卯時					3/4 23時24分 子時					4/4 3時39分 寅時					5/4 20時22分 戌時					6/5 0時1分 子時					7/6 10時2分 巳時				
日	國曆		農曆		干支	國曆		農曆		干支	國曆		農曆		干支	國曆		農曆		干支	國曆		農曆		干支	國曆		農曆		干支
中華民國一百七十三年 龍	2	4	12	28	癸丑	3	4	1	28	壬午	4	4	2	29	癸丑	5	4	3	30	癸未	6	5	5	3	乙卯	7	6	6	4	丙戌
	2	5	12	29	甲寅	3	5	1	29	癸未	4	5	3	1	甲寅	5	5	4	1	甲申	6	6	5	4	丙辰	7	7	6	5	丁亥
	2	6	1	1	乙卯	3	6	1	30	甲申	4	6	3	2	乙卯	5	6	4	2	乙酉	6	7	5	5	丁巳	7	8	6	6	戊子
	2	7	1	2	丙辰	3	7	2	1	乙酉	4	7	3	3	丙辰	5	7	4	3	丙戌	6	8	5	6	戊午	7	9	6	7	己丑
	2	8	1	3	丁巳	3	8	2	2	丙戌	4	8	3	4	丁巳	5	8	4	4	丁亥	6	9	5	7	己未	7	10	6	8	庚寅
	2	9	1	4	戊午	3	9	2	3	丁亥	4	9	3	5	戊午	5	9	4	5	戊子	6	10	5	8	庚申	7	11	6	9	辛卯
	2	10	1	5	己未	3	10	2	4	戊子	4	10	3	6	己未	5	10	4	6	己丑	6	11	5	9	辛酉	7	12	6	10	壬辰
	2	11	1	6	庚申	3	11	2	5	己丑	4	11	3	7	庚申	5	11	4	7	庚寅	6	12	5	10	壬戌	7	13	6	11	癸巳
	2	12	1	7	辛酉	3	12	2	6	庚寅	4	12	3	8	辛酉	5	12	4	8	辛卯	6	13	5	11	癸亥	7	14	6	12	甲午
	2	13	1	8	壬戌	3	13	2	7	辛卯	4	13	3	9	壬戌	5	13	4	9	壬辰	6	14	5	12	甲子	7	15	6	13	乙未
	2	14	1	9	癸亥	3	14	2	8	壬辰	4	14	3	10	癸亥	5	14	4	10	癸巳	6	15	5	13	乙丑	7	16	6	14	丙申
	2	15	1	10	甲子	3	15	2	9	癸巳	4	15	3	11	甲子	5	15	4	11	甲午	6	16	5	14	丙寅	7	17	6	15	丁酉
	2	16	1	11	乙丑	3	16	2	10	甲午	4	16	3	12	乙丑	5	16	4	12	乙未	6	17	5	15	丁卯	7	18	6	16	戊戌
	2	17	1	12	丙寅	3	17	2	11	乙未	4	17	3	13	丙寅	5	17	4	13	丙申	6	18	5	16	戊辰	7	19	6	17	己亥
	2	18	1	13	丁卯	3	18	2	12	丙申	4	18	3	14	丁卯	5	18	4	14	丁酉	6	19	5	17	己巳	7	20	6	18	庚子
	2	19	1	14	戊辰	3	19	2	13	丁酉	4	19	3	15	戊辰	5	19	4	15	戊戌	6	20	5	18	庚午	7	21	6	19	辛丑
	2	20	1	15	己巳	3	20	2	14	戊戌	4	20	3	16	己巳	5	20	4	16	己亥	6	21	5	19	辛未	7	22	6	20	壬寅
	2	21	1	16	庚午	3	21	2	15	己亥	4	21	3	17	庚午	5	21	4	17	庚子	6	22	5	20	壬申	7	23	6	21	癸卯
	2	22	1	17	辛未	3	22	2	16	庚子	4	22	3	18	辛未	5	22	4	18	辛丑	6	23	5	21	癸酉	7	24	6	22	甲辰
	2	23	1	18	壬申	3	23	2	17	辛丑	4	23	3	19	壬申	5	23	4	19	壬寅	6	24	5	22	甲戌	7	25	6	23	乙巳
	2	24	1	19	癸酉	3	24	2	18	壬寅	4	24	3	20	癸酉	5	24	4	20	癸卯	6	25	5	23	乙亥	7	26	6	24	丙午
	2	25	1	20	甲戌	3	25	2	19	癸卯	4	25	3	21	甲戌	5	25	4	21	甲辰	6	26	5	24	丙子	7	27	6	25	丁未
2084	2	26	1	21	乙亥	3	26	2	20	甲辰	4	26	3	22	乙亥	5	26	4	22	乙巳	6	27	5	25	丁丑	7	28	6	26	戊申
	2	27	1	22	丙子	3	27	2	21	乙巳	4	27	3	23	丙子	5	27	4	23	丙午	6	28	5	26	戊寅	7	29	6	27	己酉
	2	28	1	23	丁丑	3	28	2	22	丙午	4	28	3	24	丁丑	5	28	4	24	丁未	6	29	5	27	己卯	7	30	6	28	庚戌
	2	29	1	24	戊寅	3	29	2	23	丁未	4	29	3	25	戊寅	5	29	4	25	戊申	6	30	5	28	庚辰	7	31	6	29	辛亥
	3	1	1	25	己卯	3	30	2	24	戊申	4	30	3	26	己卯	5	30	4	26	己酉	7	1	5	29	辛巳	8	1	6	30	壬子
	3	2	1	26	庚辰	3	31	2	25	己酉	5	1	3	27	庚辰	5	31	4	27	庚戌	7	2	5	30	壬午	8	2	7	1	癸丑
	3	3	1	27	辛巳	4	1	2	26	庚戌	5	2	3	28	辛巳	6	1	4	28	辛亥	7	3	6	1	癸未	8	3	7	2	甲寅
						4	2	2	27	辛亥	5	3	3	29	壬午	6	2	4	29	壬子	7	4	6	2	甲申	8	4	7	3	乙卯
						4	3	2	28	壬子						6	3	5	1	癸丑	7	5	6	3	乙酉	8	5	7	4	丙辰
																6	4	5	2	甲寅										
中	雨水					春分					穀雨					小滿					夏至					大暑				
氣	2/19 1時26分 丑時					3/19 23時58分 子時					4/19 10時26分 巳時					5/20 9時3分 巳時					6/20 16時39分 申時					7/22 3時29分 寅時				

甲辰																														年
壬申					癸酉					甲戌					乙亥					丙子					丁丑					月
立秋					白露					寒露					立冬					大雪					小寒					節
8/6 19時55分 戌時					9/6 23時13分 子時					10/7 15時26分 申時					11/6 19時12分 戌時					12/6 12時30分 午時					1/4 23時55分 子時					氣
國曆		農曆		干支	國曆		農曆		干支	國曆		農曆		干支	國曆		農曆		干支	國曆		農曆		干支	國曆		農曆		干支	日
8	6	7	5	丁巳	9	6	8	7	戊子	10	7	9	8	己未	11	6	10	9	己丑	12	6	11	9	己未	1	4	12	9	戊子	中華民國一百七十三、一百七十四年 龍 2084、2085
8	7	7	6	戊午	9	7	8	8	己丑	10	8	9	9	庚申	11	7	10	10	庚寅	12	7	11	10	庚申	1	5	12	10	己丑	
8	8	7	7	己未	9	8	8	9	庚寅	10	9	9	10	辛酉	11	8	10	11	辛卯	12	8	11	11	辛酉	1	6	12	11	庚寅	
8	9	7	8	庚申	9	9	8	10	辛卯	10	10	9	11	壬戌	11	9	10	12	壬辰	12	9	11	12	壬戌	1	7	12	12	辛卯	
8	10	7	9	辛酉	9	10	8	11	壬辰	10	11	9	12	癸亥	11	10	10	13	癸巳	12	10	11	13	癸亥	1	8	12	13	壬辰	
8	11	7	10	壬戌	9	11	8	12	癸巳	10	12	9	13	甲子	11	11	10	14	甲午	12	11	11	14	甲子	1	9	12	14	癸巳	
8	12	7	11	癸亥	9	12	8	13	甲午	10	13	9	14	乙丑	11	12	10	15	乙未	12	12	11	15	乙丑	1	10	12	15	甲午	
8	13	7	12	甲子	9	13	8	14	乙未	10	14	9	15	丙寅	11	13	10	16	丙申	12	13	11	16	丙寅	1	11	12	16	乙未	
8	14	7	13	乙丑	9	14	8	15	丙申	10	15	9	16	丁卯	11	14	10	17	丁酉	12	14	11	17	丁卯	1	12	12	17	丙申	
8	15	7	14	丙寅	9	15	8	16	丁酉	10	16	9	17	戊辰	11	15	10	18	戊戌	12	15	11	18	戊辰	1	13	12	18	丁酉	
8	16	7	15	丁卯	9	16	8	17	戊戌	10	17	9	18	己巳	11	16	10	19	己亥	12	16	11	19	己巳	1	14	12	19	戊戌	
8	17	7	16	戊辰	9	17	8	18	己亥	10	18	9	19	庚午	11	17	10	20	庚子	12	17	11	20	庚午	1	15	12	20	己亥	
8	18	7	17	己巳	9	18	8	19	庚子	10	19	9	20	辛未	11	18	10	21	辛丑	12	18	11	21	辛未	1	16	12	21	庚子	
8	19	7	18	庚午	9	19	8	20	辛丑	10	20	9	21	壬申	11	19	10	22	壬寅	12	19	11	22	壬申	1	17	12	22	辛丑	
8	20	7	19	辛未	9	20	8	21	壬寅	10	21	9	22	癸酉	11	20	10	23	癸卯	12	20	11	23	癸酉	1	18	12	23	壬寅	
8	21	7	20	壬申	9	21	8	22	癸卯	10	22	9	23	甲戌	11	21	10	24	甲辰	12	21	11	24	甲戌	1	19	12	24	癸卯	
8	22	7	21	癸酉	9	22	8	23	甲辰	10	23	9	24	乙亥	11	22	10	25	乙巳	12	22	11	25	乙亥	1	20	12	25	甲辰	
8	23	7	22	甲戌	9	23	8	24	乙巳	10	24	9	25	丙子	11	23	10	26	丙午	12	23	11	26	丙子	1	21	12	26	乙巳	
8	24	7	23	乙亥	9	24	8	25	丙午	10	25	9	26	丁丑	11	24	10	27	丁未	12	24	11	27	丁丑	1	22	12	27	丙午	
8	25	7	24	丙子	9	25	8	26	丁未	10	26	9	27	戊寅	11	25	10	28	戊申	12	25	11	28	戊寅	1	23	12	28	丁未	
8	26	7	25	丁丑	9	26	8	27	戊申	10	27	9	28	己卯	11	26	10	29	己酉	12	26	11	29	己卯	1	24	12	29	戊申	
8	27	7	26	戊寅	9	27	8	28	己酉	10	28	9	29	庚辰	11	27	10	30	庚戌	12	27	12	1	庚辰	1	25	12	30	己酉	
8	28	7	27	己卯	9	28	8	29	庚戌	10	29	10	1	辛巳	11	28	11	1	辛亥	12	28	12	2	辛巳	1	26	1	1	庚戌	
8	29	7	28	庚辰	9	29	8	30	辛亥	10	30	10	2	壬午	11	29	11	2	壬子	12	29	12	3	壬午	1	27	1	2	辛亥	
8	30	7	29	辛巳	9	30	9	1	壬子	10	31	10	3	癸未	11	30	11	3	癸丑	12	30	12	4	癸未	1	28	1	3	壬子	
8	31	8	1	壬午	10	1	9	2	癸丑	11	1	10	4	甲申	12	1	11	4	甲寅	12	31	12	5	甲申	1	29	1	4	癸丑	
9	1	8	2	癸未	10	2	9	3	甲寅	11	2	10	5	乙酉	12	2	11	5	乙卯	1	1	12	6	乙酉	1	30	1	5	甲寅	
9	2	8	3	甲申	10	3	9	4	乙卯	11	3	10	6	丙戌	12	3	11	6	丙辰	1	2	12	7	丙戌	1	31	1	6	乙卯	
9	3	8	4	乙酉	10	4	9	5	丙辰	11	4	10	7	丁亥	12	4	11	7	丁巳	1	3	12	8	丁亥	2	1	1	7	丙辰	
9	4	8	5	丙戌	10	5	9	6	丁巳	11	5	10	8	戊子	12	5	11	8	戊午						2	2	1	8	丁巳	
9	5	8	6	丁亥	10	6	9	7	戊午																					
處暑					秋分					霜降					小雪					冬至					大寒					中
/22 10時49分 巳時					9/22 8時58分 辰時					10/22 18時55分 酉時					11/21 17時0分 酉時					12/21 6時40分 卯時					1/19 17時22分 酉時					氣

年	乙巳																													
月	戊寅					己卯					庚辰					辛巳					壬午					癸未				
節氣	立春					驚蟄					清明					立夏					芒種					小暑				
	2/3 11時29分 午時					3/5 5時9分 卯時					4/4 9時27分 巳時					5/5 2時12分 丑時					6/5 5時53分 卯時					7/6 15時55分 申時				
日	國曆		農曆		干支	國曆		農曆		干支	國曆		農曆		干支	國曆		農曆		干支	國曆		農曆		干支	國曆		農曆		干支
中華民國一百七十四年 蛇 2085	2	3	1	9	戊午	3	5	2	10	戊子	4	4	3	10	戊午	5	5	4	12	己丑	6	5	5	14	庚申	7	6	5	15	辛卯
	2	4	1	10	己未	3	6	2	11	己丑	4	5	3	11	己未	5	6	4	13	庚寅	6	6	5	15	辛酉	7	7	5	16	壬辰
	2	5	1	11	庚申	3	7	2	12	庚寅	4	6	3	12	庚申	5	7	4	14	辛卯	6	7	5	16	壬戌	7	8	5	17	癸巳
	2	6	1	12	辛酉	3	8	2	13	辛卯	4	7	3	13	辛酉	5	8	4	15	壬辰	6	8	5	17	癸亥	7	9	5	18	甲午
	2	7	1	13	壬戌	3	9	2	14	壬辰	4	8	3	14	壬戌	5	9	4	16	癸巳	6	9	5	18	甲子	7	10	5	19	乙未
	2	8	1	14	癸亥	3	10	2	15	癸巳	4	9	3	15	癸亥	5	10	4	17	甲午	6	10	5	19	乙丑	7	11	5	20	丙申
	2	9	1	15	甲子	3	11	2	16	甲午	4	10	3	16	甲子	5	11	4	18	乙未	6	11	5	20	丙寅	7	12	5	21	丁酉
	2	10	1	16	乙丑	3	12	2	17	乙未	4	11	3	17	乙丑	5	12	4	19	丙申	6	12	5	21	丁卯	7	13	5	22	戊戌
	2	11	1	17	丙寅	3	13	2	18	丙申	4	12	3	18	丙寅	5	13	4	20	丁酉	6	13	5	22	戊辰	7	14	5	23	己亥
	2	12	1	18	丁卯	3	14	2	19	丁酉	4	13	3	19	丁卯	5	14	4	21	戊戌	6	14	5	23	己巳	7	15	5	24	庚子
	2	13	1	19	戊辰	3	15	2	20	戊戌	4	14	3	20	戊辰	5	15	4	22	己亥	6	15	5	24	庚午	7	16	5	25	辛丑
	2	14	1	20	己巳	3	16	2	21	己亥	4	15	3	21	己巳	5	16	4	23	庚子	6	16	5	25	辛未	7	17	5	26	壬寅
	2	15	1	21	庚午	3	17	2	22	庚子	4	16	3	22	庚午	5	17	4	24	辛丑	6	17	5	26	壬申	7	18	5	27	癸卯
	2	16	1	22	辛未	3	18	2	23	辛丑	4	17	3	23	辛未	5	18	4	25	壬寅	6	18	5	27	癸酉	7	19	5	28	甲辰
	2	17	1	23	壬申	3	19	2	24	壬寅	4	18	3	24	壬申	5	19	4	26	癸卯	6	19	5	28	甲戌	7	20	5	29	乙巳
	2	18	1	24	癸酉	3	20	2	25	癸卯	4	19	3	25	癸酉	5	20	4	27	甲辰	6	20	5	29	乙亥	7	21	5	30	丙午
	2	19	1	25	甲戌	3	21	2	26	甲辰	4	20	3	26	甲戌	5	21	4	28	乙巳	6	21	5	30	丙子	7	22	6	1	丁未
	2	20	1	26	乙亥	3	22	2	27	乙巳	4	21	3	27	乙亥	5	22	4	29	丙午	6	22	閏5	1	丁丑	7	23	6	2	戊申
	2	21	1	27	丙子	3	23	2	28	丙午	4	22	3	28	丙子	5	23	5	1	丁未	6	23	5	2	戊寅	7	24	6	3	己酉
	2	22	1	28	丁丑	3	24	2	29	丁未	4	23	3	29	丁丑	5	24	5	2	戊申	6	24	5	3	己卯	7	25	6	4	庚戌
	2	23	1	29	戊寅	3	25	2	30	戊申	4	24	4	1	戊寅	5	25	5	3	己酉	6	25	5	4	庚辰	7	26	6	5	辛亥
	2	24	2	1	己卯	3	26	3	1	己酉	4	25	4	2	己卯	5	26	5	4	庚戌	6	26	5	5	辛巳	7	27	6	6	壬子
	2	25	2	2	庚辰	3	27	3	2	庚戌	4	26	4	3	庚辰	5	27	5	5	辛亥	6	27	5	6	壬午	7	28	6	7	癸丑
	2	26	2	3	辛巳	3	28	3	3	辛亥	4	27	4	4	辛巳	5	28	5	6	壬子	6	28	5	7	癸未	7	29	6	8	甲寅
	2	27	2	4	壬午	3	29	3	4	壬子	4	28	4	5	壬午	5	29	5	7	癸丑	6	29	5	8	甲申	7	30	6	9	乙卯
	2	28	2	5	癸未	3	30	3	5	癸丑	4	29	4	6	癸未	5	30	5	8	甲寅	6	30	5	9	乙酉	7	31	6	10	丙辰
	3	1	2	6	甲申	3	31	3	6	甲寅	4	30	4	7	甲申	5	31	5	9	乙卯	7	1	5	10	丙戌	8	1	6	11	丁巳
	3	2	2	7	乙酉	4	1	3	7	乙卯	5	1	4	8	乙酉	6	1	5	10	丙辰	7	2	5	11	丁亥	8	2	6	12	戊午
	3	3	2	8	丙戌	4	2	3	8	丙辰	5	2	4	9	丙戌	6	2	5	11	丁巳	7	3	5	12	戊子	8	3	6	13	己未
	3	4	2	9	丁亥	4	3	3	9	丁巳	5	3	4	10	丁亥	6	3	5	12	戊午	7	4	5	13	己丑	8	4	6	14	庚申
											5	4	4	11	戊子	6	4	5	13	己未	7	5	5	14	庚寅	8	5	6	15	辛酉
																										8	6	6	16	壬戌
中氣	雨水					春分					穀雨					小滿					夏至					大暑				
	2/18 7時18分 辰時					3/20 5時52分 卯時					4/19 16時22分 申時					5/20 14時58分 未時					6/20 22時32分 亥時					7/22 9時18分 巳時				

乙巳																														年
甲申					乙酉					丙戌					丁亥					戊子					己丑					月
立秋					白露					寒露					立冬					大雪					小寒					節氣
8/7 1時48分 丑時					9/7 5時6分 卯時					10/7 21時19分 亥時					11/7 1時6分 丑時					12/6 18時26分 酉時					1/5 5時52分 卯時					
國曆		農曆		干支	國曆		農曆		干支	國曆		農曆		干支	國曆		農曆		干支	國曆		農曆		干支	國曆		農曆		干支	日
8	7	6	17	癸亥	9	7	7	19	甲午	10	7	8	19	甲子	11	7	9	20	乙未	12	6	10	20	甲子	1	5	11	20	甲午	中華民國一百七十四、一百七十五年 蛇 2085、2086
8	8	6	18	甲子	9	8	7	20	乙未	10	8	8	20	乙丑	11	8	9	21	丙申	12	7	10	21	乙丑	1	6	11	21	乙未	
8	9	6	19	乙丑	9	9	7	21	丙申	10	9	8	21	丙寅	11	9	9	22	丁酉	12	8	10	22	丙寅	1	7	11	22	丙申	
8	10	6	20	丙寅	9	10	7	22	丁酉	10	10	8	22	丁卯	11	10	9	23	戊戌	12	9	10	23	丁卯	1	8	11	23	丁酉	
8	11	6	21	丁卯	9	11	7	23	戊戌	10	11	8	23	戊辰	11	11	9	24	己亥	12	10	10	24	戊辰	1	9	11	24	戊戌	
8	12	6	22	戊辰	9	12	7	24	己亥	10	12	8	24	己巳	11	12	9	25	庚子	12	11	10	25	己巳	1	10	11	25	己亥	
8	13	6	23	己巳	9	13	7	25	庚子	10	13	8	25	庚午	11	13	9	26	辛丑	12	12	10	26	庚午	1	11	11	26	庚子	
8	14	6	24	庚午	9	14	7	26	辛丑	10	14	8	26	辛未	11	14	9	27	壬寅	12	13	10	27	辛未	1	12	11	27	辛丑	
8	15	6	25	辛未	9	15	7	27	壬寅	10	15	8	27	壬申	11	15	9	28	癸卯	12	14	10	28	壬申	1	13	11	28	壬寅	
8	16	6	26	壬申	9	16	7	28	癸卯	10	16	8	28	癸酉	11	16	9	29	甲辰	12	15	10	29	癸酉	1	14	11	29	癸卯	
8	17	6	27	癸酉	9	17	7	29	甲辰	10	17	8	29	甲戌	11	17	10	1	乙巳	12	16	10	30	甲戌	1	15	12	1	甲辰	
8	18	6	28	甲戌	9	18	7	30	乙巳	10	18	8	30	乙亥	11	18	10	2	丙午	12	17	11	1	乙亥	1	16	12	2	乙巳	
8	19	6	29	乙亥	9	19	8	1	丙午	10	19	9	1	丙子	11	19	10	3	丁未	12	18	11	2	丙子	1	17	12	3	丙午	
8	20	7	1	丙子	9	20	8	2	丁未	10	20	9	2	丁丑	11	20	10	4	戊申	12	19	11	3	丁丑	1	18	12	4	丁未	
8	21	7	2	丁丑	9	21	8	3	戊申	10	21	9	3	戊寅	11	21	10	5	己酉	12	20	11	4	戊寅	1	19	12	5	戊申	
8	22	7	3	戊寅	9	22	8	4	己酉	10	22	9	4	己卯	11	22	10	6	庚戌	12	21	11	5	己卯	1	20	12	6	己酉	
8	23	7	4	己卯	9	23	8	5	庚戌	10	23	9	5	庚辰	11	23	10	7	辛亥	12	22	11	6	庚辰	1	21	12	7	庚戌	
8	24	7	5	庚辰	9	24	8	6	辛亥	10	24	9	6	辛巳	11	24	10	8	壬子	12	23	11	7	辛巳	1	22	12	8	辛亥	
8	25	7	6	辛巳	9	25	8	7	壬子	10	25	9	7	壬午	11	25	10	9	癸丑	12	24	11	8	壬午	1	23	12	9	壬子	
8	26	7	7	壬午	9	26	8	8	癸丑	10	26	9	8	癸未	11	26	10	10	甲寅	12	25	11	9	癸未	1	24	12	10	癸丑	
8	27	7	8	癸未	9	27	8	9	甲寅	10	27	9	9	甲申	11	27	10	11	乙卯	12	26	11	10	甲申	1	25	12	11	甲寅	
8	28	7	9	甲申	9	28	8	10	乙卯	10	28	9	10	乙酉	11	28	10	12	丙辰	12	27	11	11	乙酉	1	26	12	12	乙卯	
8	29	7	10	乙酉	9	29	8	11	丙辰	10	29	9	11	丙戌	11	29	10	13	丁巳	12	28	11	12	丙戌	1	27	12	13	丙辰	
8	30	7	11	丙戌	9	30	8	12	丁巳	10	30	9	12	丁亥	11	30	10	14	戊午	12	29	11	13	丁亥	1	28	12	14	丁巳	
8	31	7	12	丁亥	10	1	8	13	戊午	10	31	9	13	戊子	12	1	10	15	己未	12	30	11	14	戊子	1	29	12	15	戊午	
9	1	7	13	戊子	10	2	8	14	己未	11	1	9	14	己丑	12	2	10	16	庚申	12	31	11	15	己丑	1	30	12	16	己未	
9	2	7	14	己丑	10	3	8	15	庚申	11	2	9	15	庚寅	12	3	10	17	辛酉	1	1	11	16	庚寅	1	31	12	17	庚申	
9	3	7	15	庚寅	10	4	8	16	辛酉	11	3	9	16	辛卯	12	4	10	18	壬戌	1	2	11	17	辛卯	2	1	12	18	辛酉	
9	4	7	16	辛卯	10	5	8	17	壬戌	11	4	9	17	壬辰	12	5	10	19	癸亥	1	3	11	18	壬辰	2	2	12	19	壬戌	
9	5	7	17	壬辰	10	6	8	18	癸亥	11	5	9	18	癸巳						1	4	11	19	癸巳						
9	6	7	18	癸巳						11	6	9	19	甲午																
處暑					秋分					霜降					小雪					冬至					大寒					中氣
22 16時35分 申時					9/22 14時42分 未時					10/23 0時39分 子時					11/21 22時46分 亥時					12/21 12時27分 午時					1/19 23時10分 子時					

年	丙午																													
月	庚寅					辛卯					壬辰					癸巳					甲午					乙未				
節氣	立春 2/3 17時25分 酉時					驚蟄 3/5 11時3分 午時					清明 4/4 15時16分 申時					立夏 5/5 7時58分 辰時					芒種 6/5 11時37分 午時					小暑 7/6 21時39分 亥時				
日	國曆		農曆		干支	國曆		農曆		干支	國曆		農曆		干支	國曆		農曆		干支	國曆		農曆		干支	國曆		農曆		干支
中華民國一百七十五年 馬 2086	2	3	12	20	癸亥	3	5	1	20	癸巳	4	4	2	21	癸亥	5	5	3	22	甲午	6	5	4	24	乙丑	7	6	5	26	丙申
	2	4	12	21	甲子	3	6	1	21	甲午	4	5	2	22	甲子	5	6	3	23	乙未	6	6	4	25	丙寅	7	7	5	27	丁酉
	2	5	12	22	乙丑	3	7	1	22	乙未	4	6	2	23	乙丑	5	7	3	24	丙申	6	7	4	26	丁卯	7	8	5	28	戊戌
	2	6	12	23	丙寅	3	8	1	23	丙申	4	7	2	24	丙寅	5	8	3	25	丁酉	6	8	4	27	戊辰	7	9	5	29	己亥
	2	7	12	24	丁卯	3	9	1	24	丁酉	4	8	2	25	丁卯	5	9	3	26	戊戌	6	9	4	28	己巳	7	10	5	30	庚子
	2	8	12	25	戊辰	3	10	1	25	戊戌	4	9	2	26	戊辰	5	10	3	27	己亥	6	10	4	29	庚午	7	11	6	1	辛丑
	2	9	12	26	己巳	3	11	1	26	己亥	4	10	2	27	己巳	5	11	3	28	庚子	6	11	5	1	辛未	7	12	6	2	壬寅
	2	10	12	27	庚午	3	12	1	27	庚子	4	11	2	28	庚午	5	12	3	29	辛丑	6	12	5	2	壬申	7	13	6	3	癸卯
	2	11	12	28	辛未	3	13	1	28	辛丑	4	12	2	29	辛未	5	13	4	1	壬寅	6	13	5	3	癸酉	7	14	6	4	甲辰
	2	12	12	29	壬申	3	14	1	29	壬寅	4	13	2	30	壬申	5	14	4	2	癸卯	6	14	5	4	甲戌	7	15	6	5	乙巳
	2	13	12	30	癸酉	3	15	2	1	癸卯	4	14	3	1	癸酉	5	15	4	3	甲辰	6	15	5	5	乙亥	7	16	6	6	丙午
	2	14	1	1	甲戌	3	16	2	2	甲辰	4	15	3	2	甲戌	5	16	4	4	乙巳	6	16	5	6	丙子	7	17	6	7	丁未
	2	15	1	2	乙亥	3	17	2	3	乙巳	4	16	3	3	乙亥	5	17	4	5	丙午	6	17	5	7	丁丑	7	18	6	8	戊申
	2	16	1	3	丙子	3	18	2	4	丙午	4	17	3	4	丙子	5	18	4	6	丁未	6	18	5	8	戊寅	7	19	6	9	己酉
	2	17	1	4	丁丑	3	19	2	5	丁未	4	18	3	5	丁丑	5	19	4	7	戊申	6	19	5	9	己卯	7	20	6	10	庚戌
	2	18	1	5	戊寅	3	20	2	6	戊申	4	19	3	6	戊寅	5	20	4	8	己酉	6	20	5	10	庚辰	7	21	6	11	辛亥
	2	19	1	6	己卯	3	21	2	7	己酉	4	20	3	7	己卯	5	21	4	9	庚戌	6	21	5	11	辛巳	7	22	6	12	壬子
	2	20	1	7	庚辰	3	22	2	8	庚戌	4	21	3	8	庚辰	5	22	4	10	辛亥	6	22	5	12	壬午	7	23	6	13	癸丑
	2	21	1	8	辛巳	3	23	2	9	辛亥	4	22	3	9	辛巳	5	23	4	11	壬子	6	23	5	13	癸未	7	24	6	14	甲寅
	2	22	1	9	壬午	3	24	2	10	壬子	4	23	3	10	壬午	5	24	4	12	癸丑	6	24	5	14	甲申	7	25	6	15	乙卯
	2	23	1	10	癸未	3	25	2	11	癸丑	4	24	3	11	癸未	5	25	4	13	甲寅	6	25	5	15	乙酉	7	26	6	16	丙辰
	2	24	1	11	甲申	3	26	2	12	甲寅	4	25	3	12	甲申	5	26	4	14	乙卯	6	26	5	16	丙戌	7	27	6	17	丁巳
	2	25	1	12	乙酉	3	27	2	13	乙卯	4	26	3	13	乙酉	5	27	4	15	丙辰	6	27	5	17	丁亥	7	28	6	18	戊午
	2	26	1	13	丙戌	3	28	2	14	丙辰	4	27	3	14	丙戌	5	28	4	16	丁巳	6	28	5	18	戊子	7	29	6	19	己未
	2	27	1	14	丁亥	3	29	2	15	丁巳	4	28	3	15	丁亥	5	29	4	17	戊午	6	29	5	19	己丑	7	30	6	20	庚申
	2	28	1	15	戊子	3	30	2	16	戊午	4	29	3	16	戊子	5	30	4	18	己未	6	30	5	20	庚寅	7	31	6	21	辛酉
	3	1	1	16	己丑	3	31	2	17	己未	4	30	3	17	己丑	5	31	4	19	庚申	7	1	5	21	辛卯	8	1	6	22	壬戌
	3	2	1	17	庚寅	4	1	2	18	庚申	5	1	3	18	庚寅	6	1	4	20	辛酉	7	2	5	22	壬辰	8	2	6	23	癸亥
	3	3	1	18	辛卯	4	2	2	19	辛酉	5	2	3	19	辛卯	6	2	4	21	壬戌	7	3	5	23	癸巳	8	3	6	24	甲子
	3	4	1	19	壬辰	4	3	2	20	壬戌	5	3	3	20	壬辰	6	3	4	22	癸亥	7	4	5	24	甲午	8	4	6	25	乙丑
											5	4	3	21	癸巳	6	4	4	23	甲子	7	5	5	25	乙未	8	5	6	26	丙寅
																										8	6	6	27	丁卯
中氣	雨水 2/18 13時4分 未時					春分 3/20 11時34分 午時					穀雨 4/19 21時59分 亥時					小滿 5/20 20時33分 戌時					夏至 6/21 4時8分 寅時					大暑 7/22 14時58分 未時				

丙午																														年
丙申					丁酉					戊戌					己亥					庚子					辛丑					月
立秋					白露					寒露					立冬					大雪					小寒					節
8/7 7時32分 辰時					9/7 10時51分 巳時					10/8 3時6分 寅時					11/7 6時54分 卯時					12/7 0時15分 子時					1/5 11時41分 午時					氣
國曆		農曆		干支	國曆		農曆		干支	國曆		農曆		干支	國曆		農曆		干支	國曆		農曆		干支	國曆		農曆		干支	日
8	7	6	28	戊辰	9	7	7	30	己亥	10	8	9	1	庚午	11	7	10	2	庚子	12	7	11	2	庚午	1	5	12	1	己亥	中華民國一百七十五、一百七十六年 馬 2086、2087
8	8	6	29	己巳	9	8	8	1	庚子	10	9	9	2	辛未	11	8	10	3	辛丑	12	8	11	3	辛未	1	6	12	2	庚子	
8	9	7	1	庚午	9	9	8	2	辛丑	10	10	9	3	壬申	11	9	10	4	壬寅	12	9	11	4	壬申	1	7	12	3	辛丑	
8	10	7	2	辛未	9	10	8	3	壬寅	10	11	9	4	癸酉	11	10	10	5	癸卯	12	10	11	5	癸酉	1	8	12	4	壬寅	
8	11	7	3	壬申	9	11	8	4	癸卯	10	12	9	5	甲戌	11	11	10	6	甲辰	12	11	11	6	甲戌	1	9	12	5	癸卯	
8	12	7	4	癸酉	9	12	8	5	甲辰	10	13	9	6	乙亥	11	12	10	7	乙巳	12	12	11	7	乙亥	1	10	12	6	甲辰	
8	13	7	5	甲戌	9	13	8	6	乙巳	10	14	9	7	丙子	11	13	10	8	丙午	12	13	11	8	丙子	1	11	12	7	乙巳	
8	14	7	6	乙亥	9	14	8	7	丙午	10	15	9	8	丁丑	11	14	10	9	丁未	12	14	11	9	丁丑	1	12	12	8	丙午	
8	15	7	7	丙子	9	15	8	8	丁未	10	16	9	9	戊寅	11	15	10	10	戊申	12	15	11	10	戊寅	1	13	12	9	丁未	
8	16	7	8	丁丑	9	16	8	9	戊申	10	17	9	10	己卯	11	16	10	11	己酉	12	16	11	11	己卯	1	14	12	10	戊申	
8	17	7	9	戊寅	9	17	8	10	己酉	10	18	9	11	庚辰	11	17	10	12	庚戌	12	17	11	12	庚辰	1	15	12	11	己酉	
8	18	7	10	己卯	9	18	8	11	庚戌	10	19	9	12	辛巳	11	18	10	13	辛亥	12	18	11	13	辛巳	1	16	12	12	庚戌	
8	19	7	11	庚辰	9	19	8	12	辛亥	10	20	9	13	壬午	11	19	10	14	壬子	12	19	11	14	壬午	1	17	12	13	辛亥	
8	20	7	12	辛巳	9	20	8	13	壬子	10	21	9	14	癸未	11	20	10	15	癸丑	12	20	11	15	癸未	1	18	12	14	壬子	
8	21	7	13	壬午	9	21	8	14	癸丑	10	22	9	15	甲申	11	21	10	16	甲寅	12	21	11	16	甲申	1	19	12	15	癸丑	
8	22	7	14	癸未	9	22	8	15	甲寅	10	23	9	16	乙酉	11	22	10	17	乙卯	12	22	11	17	乙酉	1	20	12	16	甲寅	
8	23	7	15	甲申	9	23	8	16	乙卯	10	24	9	17	丙戌	11	23	10	18	丙辰	12	23	11	18	丙戌	1	21	12	17	乙卯	
8	24	7	16	乙酉	9	24	8	17	丙辰	10	25	9	18	丁亥	11	24	10	19	丁巳	12	24	11	19	丁亥	1	22	12	18	丙辰	
8	25	7	17	丙戌	9	25	8	18	丁巳	10	26	9	19	戊子	11	25	10	20	戊午	12	25	11	20	戊子	1	23	12	19	丁巳	
8	26	7	18	丁亥	9	26	8	19	戊午	10	27	9	20	己丑	11	26	10	21	己未	12	26	11	21	己丑	1	24	12	20	戊午	
8	27	7	19	戊子	9	27	8	20	己未	10	28	9	21	庚寅	11	27	10	22	庚申	12	27	11	22	庚寅	1	25	12	21	己未	
8	28	7	20	己丑	9	28	8	21	庚申	10	29	9	22	辛卯	11	28	10	23	辛酉	12	28	11	23	辛卯	1	26	12	22	庚申	
8	29	7	21	庚寅	9	29	8	22	辛酉	10	30	9	23	壬辰	11	29	10	24	壬戌	12	29	11	24	壬辰	1	27	12	23	辛酉	
8	30	7	22	辛卯	9	30	8	23	壬戌	10	31	9	24	癸巳	11	30	10	25	癸亥	12	30	11	25	癸巳	1	28	12	24	壬戌	
8	31	7	23	壬辰	10	1	8	24	癸亥	11	1	9	25	甲午	12	1	10	26	甲子	12	31	11	26	甲午	1	29	12	25	癸亥	
9	1	7	24	癸巳	10	2	8	25	甲子	11	2	9	26	乙未	12	2	10	27	乙丑	1	1	11	27	乙未	1	30	12	26	甲子	
9	2	7	25	甲午	10	3	8	26	乙丑	11	3	9	27	丙申	12	3	10	28	丙寅	1	2	11	28	丙申	1	31	12	27	乙丑	
9	3	7	26	乙未	10	4	8	27	丙寅	11	4	9	28	丁酉	12	4	10	29	丁卯	1	3	11	29	丁酉	2	1	12	28	丙寅	
9	4	7	27	丙申	10	5	8	28	丁卯	11	5	9	29	戊戌	12	5	10	30	戊辰	1	4	11	30	戊戌	2	2	12	29	丁卯	
9	5	7	28	丁酉	10	6	8	29	戊辰	11	6	10	1	己亥	12	6	11	1	己巳											
9	6	7	29	戊戌	10	7	8	30	己巳																					
處暑					秋分					霜降					小雪					冬至					大寒					中
8/22 22時20分 亥時					9/22 20時31分 戌時					10/23 6時31分 卯時					11/22 4時40分 寅時					12/21 18時21分 酉時					1/20 5時4分 卯時					氣

年	丁未																													
月	壬寅					癸卯					甲辰					乙巳					丙午					丁未				
節氣	立春					驚蟄					清明					立夏					芒種					小暑				
	2/3 23時14分 子時					3/5 16時51分 申時					4/4 21時3分 亥時					5/5 13時43分 未時					6/5 17時23分 酉時					7/7 3時27分 寅時				
日	國曆		農曆		干支	國曆		農曆		干支	國曆		農曆		干支	國曆		農曆		干支	國曆		農曆		干支	國曆		農曆		干支
中華民國一百七十六年 羊 2087	2	3	1	1	戊辰	3	5	2	1	戊戌	4	4	3	2	戊辰	5	5	4	3	己亥	6	5	5	5	庚午	7	7	6	8	壬寅
	2	4	1	2	己巳	3	6	2	2	己亥	4	5	3	3	己巳	5	6	4	4	庚子	6	6	5	6	辛未	7	8	6	9	癸卯
	2	5	1	3	庚午	3	7	2	3	庚子	4	6	3	4	庚午	5	7	4	5	辛丑	6	7	5	7	壬申	7	9	6	10	甲辰
	2	6	1	4	辛未	3	8	2	4	辛丑	4	7	3	5	辛未	5	8	4	6	壬寅	6	8	5	8	癸酉	7	10	6	11	乙巳
	2	7	1	5	壬申	3	9	2	5	壬寅	4	8	3	6	壬申	5	9	4	7	癸卯	6	9	5	9	甲戌	7	11	6	12	丙午
	2	8	1	6	癸酉	3	10	2	6	癸卯	4	9	3	7	癸酉	5	10	4	8	甲辰	6	10	5	10	乙亥	7	12	6	13	丁未
	2	9	1	7	甲戌	3	11	2	7	甲辰	4	10	3	8	甲戌	5	11	4	9	乙巳	6	11	5	11	丙子	7	13	6	14	戊申
	2	10	1	8	乙亥	3	12	2	8	乙巳	4	11	3	9	乙亥	5	12	4	10	丙午	6	12	5	12	丁丑	7	14	6	15	己酉
	2	11	1	9	丙子	3	13	2	9	丙午	4	12	3	10	丙子	5	13	4	11	丁未	6	13	5	13	戊寅	7	15	6	16	庚戌
	2	12	1	10	丁丑	3	14	2	10	丁未	4	13	3	11	丁丑	5	14	4	12	戊申	6	14	5	14	己卯	7	16	6	17	辛亥
	2	13	1	11	戊寅	3	15	2	11	戊申	4	14	3	12	戊寅	5	15	4	13	己酉	6	15	5	15	庚辰	7	17	6	18	壬子
	2	14	1	12	己卯	3	16	2	12	己酉	4	15	3	13	己卯	5	16	4	14	庚戌	6	16	5	16	辛巳	7	18	6	19	癸丑
	2	15	1	13	庚辰	3	17	2	13	庚戌	4	16	3	14	庚辰	5	17	4	15	辛亥	6	17	5	17	壬午	7	19	6	20	甲寅
	2	16	1	14	辛巳	3	18	2	14	辛亥	4	17	3	15	辛巳	5	18	4	16	壬子	6	18	5	18	癸未	7	20	6	21	乙卯
	2	17	1	15	壬午	3	19	2	15	壬子	4	18	3	16	壬午	5	19	4	17	癸丑	6	19	5	19	甲申	7	21	6	22	丙辰
	2	18	1	16	癸未	3	20	2	16	癸丑	4	19	3	17	癸未	5	20	4	18	甲寅	6	20	5	20	乙酉	7	22	6	23	丁巳
	2	19	1	17	甲申	3	21	2	17	甲寅	4	20	3	18	甲申	5	21	4	19	乙卯	6	21	5	21	丙戌	7	23	6	24	戊午
	2	20	1	18	乙酉	3	22	2	18	乙卯	4	21	3	19	乙酉	5	22	4	20	丙辰	6	22	5	22	丁亥	7	24	6	25	己未
	2	21	1	19	丙戌	3	23	2	19	丙辰	4	22	3	20	丙戌	5	23	4	21	丁巳	6	23	5	23	戊子	7	25	6	26	庚申
	2	22	1	20	丁亥	3	24	2	20	丁巳	4	23	3	21	丁亥	5	24	4	22	戊午	6	24	5	24	己丑	7	26	6	27	辛酉
	2	23	1	21	戊子	3	25	2	21	戊午	4	24	3	22	戊子	5	25	4	23	己未	6	25	5	25	庚寅	7	27	6	28	壬戌
	2	24	1	22	己丑	3	26	2	22	己未	4	25	3	23	己丑	5	26	4	24	庚申	6	26	5	26	辛卯	7	28	6	29	癸亥
	2	25	1	23	庚寅	3	27	2	23	庚申	4	26	3	24	庚寅	5	27	4	25	辛酉	6	27	5	27	壬辰	7	29	6	30	甲子
	2	26	1	24	辛卯	3	28	2	24	辛酉	4	27	3	25	辛卯	5	28	4	26	壬戌	6	28	5	28	癸巳	7	30	7	1	乙丑
	2	27	1	25	壬辰	3	29	2	25	壬戌	4	28	3	26	壬辰	5	29	4	27	癸亥	6	29	5	29	甲午	7	31	7	2	丙寅
	2	28	1	26	癸巳	3	30	2	26	癸亥	4	29	3	27	癸巳	5	30	4	28	甲子	6	30	6	1	乙未	8	1	7	3	丁卯
	3	1	1	27	甲午	3	31	2	27	甲子	4	30	3	28	甲午	5	31	4	29	乙丑	7	1	6	2	丙申	8	2	7	4	戊辰
	3	2	1	28	乙未	4	1	2	28	乙丑	5	1	3	29	乙未	6	1	5	1	丙寅	7	2	6	3	丁酉	8	3	7	5	己巳
	3	3	1	29	丙申	4	2	2	29	丙寅	5	2	3	30	丙申	6	2	5	2	丁卯	7	3	6	4	戊戌	8	4	7	6	庚午
	3	4	1	30	丁酉	4	3	3	1	丁卯	5	3	4	1	丁酉	6	3	5	3	戊辰	7	4	6	5	己亥	8	5	7	7	辛未
											5	4	4	2	戊戌	6	4	5	4	己巳	7	5	6	6	庚子	8	6	7	8	壬申
																					7	6	6	7	辛丑					
中氣	雨水					春分					穀雨					小滿					夏至					大暑				
	2/18 18時57分 酉時					3/20 17時27分 酉時					4/20 3時53分 寅時					5/21 2時28分 丑時					6/21 10時5分 巳時					7/22 20時57分 戌時				

丁未																														年
戊申					己酉					庚戌					辛亥					壬子					癸丑					月
立秋					白露					寒露					立冬					大雪					小寒					節氣
8/7 13時23分 未時					9/7 16時43分 申時					10/8 8時56分 辰時					11/7 12時42分 午時					12/7 5時59分 卯時					1/5 17時24分 酉時					
國曆		農曆		干支	國曆		農曆		干支	國曆		農曆		干支	國曆		農曆		干支	國曆		農曆		干支	國曆		農曆		干支	日
8	7	7	9	癸酉	9	7	8	11	甲辰	10	8	9	12	乙亥	11	7	10	13	乙巳	12	7	11	13	乙亥	1	5	12	12	甲辰	
8	8	7	10	甲戌	9	8	8	12	乙巳	10	9	9	13	丙子	11	8	10	14	丙午	12	8	11	14	丙子	1	6	12	13	乙巳	
8	9	7	11	乙亥	9	9	8	13	丙午	10	10	9	14	丁丑	11	9	10	15	丁未	12	9	11	15	丁丑	1	7	12	14	丙午	
8	10	7	12	丙子	9	10	8	14	丁未	10	11	9	15	戊寅	11	10	10	16	戊申	12	10	11	16	戊寅	1	8	12	15	丁未	
8	11	7	13	丁丑	9	11	8	15	戊申	10	12	9	16	己卯	11	11	10	17	己酉	12	11	11	17	己卯	1	9	12	16	戊申	
8	12	7	14	戊寅	9	12	8	16	己酉	10	13	9	17	庚辰	11	12	10	18	庚戌	12	12	11	18	庚辰	1	10	12	17	己酉	
8	13	7	15	己卯	9	13	8	17	庚戌	10	14	9	18	辛巳	11	13	10	19	辛亥	12	13	11	19	辛巳	1	11	12	18	庚戌	
8	14	7	16	庚辰	9	14	8	18	辛亥	10	15	9	19	壬午	11	14	10	20	壬子	12	14	11	20	壬午	1	12	12	19	辛亥	
8	15	7	17	辛巳	9	15	8	19	壬子	10	16	9	20	癸未	11	15	10	21	癸丑	12	15	11	21	癸未	1	13	12	20	壬子	
8	16	7	18	壬午	9	16	8	20	癸丑	10	17	9	21	甲申	11	16	10	22	甲寅	12	16	11	22	甲申	1	14	12	21	癸丑	
8	17	7	19	癸未	9	17	8	21	甲寅	10	18	9	22	乙酉	11	17	10	23	乙卯	12	17	11	23	乙酉	1	15	12	22	甲寅	
8	18	7	20	甲申	9	18	8	22	乙卯	10	19	9	23	丙戌	11	18	10	24	丙辰	12	18	11	24	丙戌	1	16	12	23	乙卯	
8	19	7	21	乙酉	9	19	8	23	丙辰	10	20	9	24	丁亥	11	19	10	25	丁巳	12	19	11	25	丁亥	1	17	12	24	丙辰	
8	20	7	22	丙戌	9	20	8	24	丁巳	10	21	9	25	戊子	11	20	10	26	戊午	12	20	11	26	戊子	1	18	12	25	丁巳	
8	21	7	23	丁亥	9	21	8	25	戊午	10	22	9	26	己丑	11	21	10	27	己未	12	21	11	27	己丑	1	19	12	26	戊午	
8	22	7	24	戊子	9	22	8	26	己未	10	23	9	27	庚寅	11	22	10	28	庚申	12	22	11	28	庚寅	1	20	12	27	己未	
	23	7	25	己丑	9	23	8	27	庚申	10	24	9	28	辛卯	11	23	10	29	辛酉	12	23	11	29	辛卯	1	21	12	28	庚申	
	24	7	26	庚寅	9	24	8	28	辛酉	10	25	9	29	壬辰	11	24	10	30	壬戌	12	24	11	30	壬辰	1	22	12	29	辛酉	
	25	7	27	辛卯	9	25	8	29	壬戌	10	26	10	1	癸巳	11	25	11	1	癸亥	12	25	12	1	癸巳	1	23	12	30	壬戌	
	26	7	28	壬辰	9	26	8	30	癸亥	10	27	10	2	甲午	11	26	11	2	甲子	12	26	12	2	甲午	1	24	1	1	癸亥	
	27	7	29	癸巳	9	27	9	1	甲子	10	28	10	3	乙未	11	27	11	3	乙丑	12	27	12	3	乙未	1	25	1	2	甲子	
	28	8	1	甲午	9	28	9	2	乙丑	10	29	10	4	丙申	11	28	11	4	丙寅	12	28	12	4	丙申	1	26	1	3	乙丑	
	29	8	2	乙未	9	29	9	3	丙寅	10	30	10	5	丁酉	11	29	11	5	丁卯	12	29	12	5	丁酉	1	27	1	4	丙寅	
	30	8	3	丙申	9	30	9	4	丁卯	10	31	10	6	戊戌	11	30	11	6	戊辰	12	30	12	6	戊戌	1	28	1	5	丁卯	
	31	8	4	丁酉	10	1	9	5	戊辰	11	1	10	7	己亥	12	1	11	7	己巳	12	31	12	7	己亥	1	29	1	6	戊辰	
	1	8	5	戊戌	10	2	9	6	己巳	11	2	10	8	庚子	12	2	11	8	庚午	1	1	12	8	庚子	1	30	1	7	己巳	
	2	8	6	己亥	10	3	9	7	庚午	11	3	10	9	辛丑	12	3	11	9	辛未	1	2	12	9	辛丑	1	31	1	8	庚午	
	3	8	7	庚子	10	4	9	8	辛未	11	4	10	10	壬寅	12	4	11	10	壬申	1	3	12	10	壬寅	2	1	1	9	辛未	
	4	8	8	辛丑	10	5	9	9	壬申	11	5	10	11	癸卯	12	5	11	11	癸酉	1	4	12	11	癸卯	2	2	1	10	壬申	
	5	8	9	壬寅	10	6	9	10	癸酉	11	6	10	12	甲辰	12	6	11	12	甲戌						2	3	1	11	癸酉	
	6	8	10	癸卯	10	7	9	11	甲戌																					
處暑					秋分					霜降					小雪					冬至					大寒					中氣
3 4時18分 寅時					9/23 2時27分 丑時					10/23 12時23分 午時					11/22 10時28分 巳時					12/22 0時7分 子時					1/20 10時49分 巳時					

中華民國一百七十六、一百七十七年 羊 2087、2088

年	戊申																													
月	甲寅					乙卯					丙辰					丁巳					戊午					己未				
節氣	立春					驚蛰					清明					立夏					芒種					小暑				
	2/4 4時57分 寅時					3/4 22時36分 亥時					4/4 2時52分 丑時					5/4 19時35分 戌時					6/4 23時19分 子時					7/6 9時25分 巳時				
日	國曆		農曆		干支	國曆		農曆		干支	國曆		農曆		干支	國曆		農曆		干支	國曆		農曆		干支	國曆		農曆		干支
中華民國一百七十七年 猴 2088	2	4	1	12	甲戌	3	4	2	12	癸卯	4	4	3	13	甲戌	5	4	4	14	甲辰	6	4	4	15	乙亥	7	6	5	18	丁未
	2	5	1	13	乙亥	3	5	2	13	甲辰	4	5	3	14	乙亥	5	5	4	15	乙巳	6	5	4	16	丙子	7	7	5	19	戊申
	2	6	1	14	丙子	3	6	2	14	乙巳	4	6	3	15	丙子	5	6	4	16	丙午	6	6	4	17	丁丑	7	8	5	20	己酉
	2	7	1	15	丁丑	3	7	2	15	丙午	4	7	3	16	丁丑	5	7	4	17	丁未	6	7	4	18	戊寅	7	9	5	21	庚戌
	2	8	1	16	戊寅	3	8	2	16	丁未	4	8	3	17	戊寅	5	8	4	18	戊申	6	8	4	19	己卯	7	10	5	22	辛亥
	2	9	1	17	己卯	3	9	2	17	戊申	4	9	3	18	己卯	5	9	4	19	己酉	6	9	4	20	庚辰	7	11	5	23	壬子
	2	10	1	18	庚辰	3	10	2	18	己酉	4	10	3	19	庚辰	5	10	4	20	庚戌	6	10	4	21	辛巳	7	12	5	24	癸丑
	2	11	1	19	辛巳	3	11	2	19	庚戌	4	11	3	20	辛巳	5	11	4	21	辛亥	6	11	4	22	壬午	7	13	5	25	甲寅
	2	12	1	20	壬午	3	12	2	20	辛亥	4	12	3	21	壬午	5	12	4	22	壬子	6	12	4	23	癸未	7	14	5	26	乙卯
	2	13	1	21	癸未	3	13	2	21	壬子	4	13	3	22	癸未	5	13	4	23	癸丑	6	13	4	24	甲申	7	15	5	27	丙辰
	2	14	1	22	甲申	3	14	2	22	癸丑	4	14	3	23	甲申	5	14	4	24	甲寅	6	14	4	25	乙酉	7	16	5	28	丁巳
	2	15	1	23	乙酉	3	15	2	23	甲寅	4	15	3	24	乙酉	5	15	4	25	乙卯	6	15	4	26	丙戌	7	17	5	29	戊午
	2	16	1	24	丙戌	3	16	2	24	乙卯	4	16	3	25	丙戌	5	16	4	26	丙辰	6	16	4	27	丁亥	7	18	6	1	己未
	2	17	1	25	丁亥	3	17	2	25	丙辰	4	17	3	26	丁亥	5	17	4	27	丁巳	6	17	4	28	戊子	7	19	6	2	庚申
	2	18	1	26	戊子	3	18	2	26	丁巳	4	18	3	27	戊子	5	18	4	28	戊午	6	18	4	29	己丑	7	20	6	3	辛酉
	2	19	1	27	己丑	3	19	2	27	戊午	4	19	3	28	己丑	5	19	4	29	己未	6	19	5	1	庚寅	7	21	6	4	壬戌
	2	20	1	28	庚寅	3	20	2	28	己未	4	20	3	29	庚寅	5	20	4	30	庚申	6	20	5	2	辛卯	7	22	6	5	癸亥
	2	21	1	29	辛卯	3	21	2	29	庚申	4	21	4	1	辛卯	5	21	閏4	1	辛酉	6	21	5	3	壬辰	7	23	6	6	甲子
	2	22	2	1	壬辰	3	22	2	30	辛酉	4	22	4	2	壬辰	5	22	4	2	壬戌	6	22	5	4	癸巳	7	24	6	7	乙丑
	2	23	2	2	癸巳	3	23	3	1	壬戌	4	23	4	3	癸巳	5	23	4	3	癸亥	6	23	5	5	甲午	7	25	6	8	丙寅
	2	24	2	3	甲午	3	24	3	2	癸亥	4	24	4	4	甲午	5	24	4	4	甲子	6	24	5	6	乙未	7	26	6	9	丁卯
	2	25	2	4	乙未	3	25	3	3	甲子	4	25	4	5	乙未	5	25	4	5	乙丑	6	25	5	7	丙申	7	27	6	10	戊辰
	2	26	2	5	丙申	3	26	3	4	乙丑	4	26	4	6	丙申	5	26	4	6	丙寅	6	26	5	8	丁酉	7	28	6	11	己巳
	2	27	2	6	丁酉	3	27	3	5	丙寅	4	27	4	7	丁酉	5	27	4	7	丁卯	6	27	5	9	戊戌	7	29	6	12	庚
	2	28	2	7	戊戌	3	28	3	6	丁卯	4	28	4	8	戊戌	5	28	4	8	戊辰	6	28	5	10	己亥	7	30	6	13	辛
	2	29	2	8	己亥	3	29	3	7	戊辰	4	29	4	9	己亥	5	29	4	9	己巳	6	29	5	11	庚子	7	31	6	14	壬
	3	1	2	9	庚子	3	30	3	8	己巳	4	30	4	10	庚子	5	30	4	10	庚午	6	30	5	12	辛丑	8	1	6	15	癸
	3	2	2	10	辛丑	3	31	3	9	庚午	5	1	4	11	辛丑	5	31	4	11	辛未	7	1	5	13	壬寅	8	2	6	16	甲
	3	3	2	11	壬寅	4	1	3	10	辛未	5	2	4	12	壬寅	6	1	4	12	壬申	7	2	5	14	癸卯	8	3	6	17	乙
						4	2	3	11	壬申	5	3	4	13	癸卯	6	2	4	13	癸酉	7	3	5	15	甲辰	8	4	6	18	丙
						4	3	3	12	癸酉						6	3	4	14	甲戌	7	4	5	16	乙巳	8	5	6	19	丁
																					7	5	5	17	丙午					
中氣	雨水					春分					穀雨					小滿					夏至					大暑				
	2/19 0時44分 子時					3/19 23時16分 子時					4/19 9時43分 巳時					5/20 8時19分 辰時					6/20 15時56分 申時					7/22 2時47分 丑				

戊申																														年
庚申					辛酉					壬戌					癸亥					甲子					乙丑					月
立秋					白露					寒露					立冬					大雪					小寒					節氣
8/6 19時22分 戌時					9/6 22時43分 亥時					10/7 14時55分 未時					11/6 18時39分 酉時					12/6 11時55分 午時					1/4 23時20分 子時					
國曆		農曆		干支	國曆		農曆		干支	國曆		農曆		干支	國曆		農曆		干支	國曆		農曆		干支	國曆		農曆		干支	日
8	6	6	20	戊寅	9	6	7	21	己酉	10	7	8	23	庚辰	11	6	9	24	庚戌	12	6	10	24	庚辰	1	4	11	23	己酉	
8	7	6	21	己卯	9	7	7	22	庚戌	10	8	8	24	辛巳	11	7	9	25	辛亥	12	7	10	25	辛巳	1	5	11	24	庚戌	
8	8	6	22	庚辰	9	8	7	23	辛亥	10	9	8	25	壬午	11	8	9	26	壬子	12	8	10	26	壬午	1	6	11	25	辛亥	
8	9	6	23	辛巳	9	9	7	24	壬子	10	10	8	26	癸未	11	9	9	27	癸丑	12	9	10	27	癸未	1	7	11	26	壬子	
8	10	6	24	壬午	9	10	7	25	癸丑	10	11	8	27	甲申	11	10	9	28	甲寅	12	10	10	28	甲申	1	8	11	27	癸丑	
8	11	6	25	癸未	9	11	7	26	甲寅	10	12	8	28	乙酉	11	11	9	29	乙卯	12	11	10	29	乙酉	1	9	11	28	甲寅	
8	12	6	26	甲申	9	12	7	27	乙卯	10	13	8	29	丙戌	11	12	9	30	丙辰	12	12	10	30	丙戌	1	10	11	29	乙卯	
8	13	6	27	乙酉	9	13	7	28	丙辰	10	14	9	1	丁亥	11	13	10	1	丁巳	12	13	11	1	丁亥	1	11	11	30	丙辰	
8	14	6	28	丙戌	9	14	7	29	丁巳	10	15	9	2	戊子	11	14	10	2	戊午	12	14	11	2	戊子	1	12	12	1	丁巳	
8	15	6	29	丁亥	9	15	8	1	戊午	10	16	9	3	己丑	11	15	10	3	己未	12	15	11	3	己丑	1	13	12	2	戊午	
8	16	6	30	戊子	9	16	8	2	己未	10	17	9	4	庚寅	11	16	10	4	庚申	12	16	11	4	庚寅	1	14	12	3	己未	
8	17	7	1	己丑	9	17	8	3	庚申	10	18	9	5	辛卯	11	17	10	5	辛酉	12	17	11	5	辛卯	1	15	12	4	庚申	
8	18	7	2	庚寅	9	18	8	4	辛酉	10	19	9	6	壬辰	11	18	10	6	壬戌	12	18	11	6	壬辰	1	16	12	5	辛酉	
8	19	7	3	辛卯	9	19	8	5	壬戌	10	20	9	7	癸巳	11	19	10	7	癸亥	12	19	11	7	癸巳	1	17	12	6	壬戌	
8	20	7	4	壬辰	9	20	8	6	癸亥	10	21	9	8	甲午	11	20	10	8	甲子	12	20	11	8	甲午	1	18	12	7	癸亥	
8	21	7	5	癸巳	9	21	8	7	甲子	10	22	9	9	乙未	11	21	10	9	乙丑	12	21	11	9	乙未	1	19	12	8	甲子	
8	22	7	6	甲午	9	22	8	8	乙丑	10	23	9	10	丙申	11	22	10	10	丙寅	12	22	11	10	丙申	1	20	12	9	乙丑	
8	23	7	7	乙未	9	23	8	9	丙寅	10	24	9	11	丁酉	11	23	10	11	丁卯	12	23	11	11	丁酉	1	21	12	10	丙寅	
	24	7	8	丙申	9	24	8	10	丁卯	10	25	9	12	戊戌	11	24	10	12	戊辰	12	24	11	12	戊戌	1	22	12	11	丁卯	
	25	7	9	丁酉	9	25	8	11	戊辰	10	26	9	13	己亥	11	25	10	13	己巳	12	25	11	13	己亥	1	23	12	12	戊辰	
	26	7	10	戊戌	9	26	8	12	己巳	10	27	9	14	庚子	11	26	10	14	庚午	12	26	11	14	庚子	1	24	12	13	己巳	
	27	7	11	己亥	9	27	8	13	庚午	10	28	9	15	辛丑	11	27	10	15	辛未	12	27	11	15	辛丑	1	25	12	14	庚午	
	28	7	12	庚子	9	28	8	14	辛未	10	29	9	16	壬寅	11	28	10	16	壬申	12	28	11	16	壬寅	1	26	12	15	辛未	
	29	7	13	辛丑	9	29	8	15	壬申	10	30	9	17	癸卯	11	29	10	17	癸酉	12	29	11	17	癸卯	1	27	12	16	壬申	
	30	7	14	壬寅	9	30	8	16	癸酉	10	31	9	18	甲辰	11	30	10	18	甲戌	12	30	11	18	甲辰	1	28	12	17	癸酉	
	31	7	15	癸卯	10	1	8	17	甲戌	11	1	9	19	乙巳	12	1	10	19	乙亥	12	31	11	19	乙巳	1	29	12	18	甲戌	
	1	7	16	甲辰	10	2	8	18	乙亥	11	2	9	20	丙午	12	2	10	20	丙子	1	1	11	20	丙午	1	30	12	19	乙亥	
	2	7	17	乙巳	10	3	8	19	丙子	11	3	9	21	丁未	12	3	10	21	丁丑	1	2	11	21	丁未	1	31	12	20	丙子	
	3	7	18	丙午	10	4	8	20	丁丑	11	4	9	22	戊申	12	4	10	22	戊寅	1	3	11	22	戊申	2	1	12	21	丁丑	
	4	7	19	丁未	10	5	8	21	戊寅	11	5	9	23	己酉	12	5	10	23	己卯						2	2	12	22	戊寅	
	5	7	20	戊申	10	6	8	22	己卯																					
處暑					秋分					霜降					小雪					冬至					大寒					中氣
2 10時8分 巳時					9/22 8時17分 辰時					10/22 18時13分 酉時					11/21 16時17分 申時					12/21 5時55分 卯時					1/19 16時37分 申時					

中華民國一百七十七、一百七十八年 猴

2088、2089

中華民國一百七十八年 雞 2089

年	己酉				
月	丙寅				
節氣	立春 2/3 10時53分 巳時				
日	國曆		農曆		干支
	2	3	12	23	己卯
	2	4	12	24	庚辰
	2	5	12	25	辛巳
	2	6	12	26	壬午
	2	7	12	27	癸未
	2	8	12	28	甲申
	2	9	12	29	乙酉
	2	10	1	1	丙戌
	2	11	1	2	丁亥
	2	12	1	3	戊子
	2	13	1	4	己丑
	2	14	1	5	庚寅
	2	15	1	6	辛卯
	2	16	1	7	壬辰
	2	17	1	8	癸巳
	2	18	1	9	甲午
	2	19	1	10	乙未
	2	20	1	11	丙申
	2	21	1	12	丁酉
	2	22	1	13	戊戌
	2	23	1	14	己亥
	2	24	1	15	庚子
	2	25	1	16	辛丑
	2	26	1	17	壬寅
	2	27	1	18	癸卯
	2	28	1	19	甲辰
	3	1	1	20	乙巳
	3	2	1	21	丙午
	3	3	1	22	丁未
	3	4	1	23	戊申
中氣	雨水 2/18 6時33分 卯時				

月	丁卯				
節氣	驚蟄 3/5 4時33分 寅時				
日	國曆		農曆		干支
	3	5	1	24	己酉
	3	6	1	25	庚戌
	3	7	1	26	辛亥
	3	8	1	27	壬子
	3	9	1	28	癸丑
	3	10	1	29	甲寅
	3	11	1	30	乙卯
	3	12	2	1	丙辰
	3	13	2	2	丁巳
	3	14	2	3	戊午
	3	15	2	4	己未
	3	16	2	5	庚申
	3	17	2	6	辛酉
	3	18	2	7	壬戌
	3	19	2	8	癸亥
	3	20	2	9	甲子
	3	21	2	10	乙丑
	3	22	2	11	丙寅
	3	23	2	12	丁卯
	3	24	2	13	戊辰
	3	25	2	14	己巳
	3	26	2	15	庚午
	3	27	2	16	辛未
	3	28	2	17	壬申
	3	29	2	18	癸酉
	3	30	2	19	甲戌
	3	31	2	20	乙亥
	4	1	2	21	丙子
	4	2	2	22	丁丑
	4	3	2	23	戊寅
中氣	春分 3/20 5時5分 卯時				

月	戊辰				
節氣	清明 4/4 8時49分 辰時				
日	國曆		農曆		干支
	4	4	2	24	己卯
	4	5	2	25	庚辰
	4	6	2	26	辛巳
	4	7	2	27	壬午
	4	8	2	28	癸未
	4	9	2	29	甲申
	4	10	2	30	乙酉
	4	11	3	1	丙戌
	4	12	3	2	丁亥
	4	13	3	3	戊子
	4	14	3	4	己丑
	4	15	3	5	庚寅
	4	16	3	6	辛卯
	4	17	3	7	壬辰
	4	18	3	8	癸巳
	4	19	3	9	甲午
	4	20	3	10	乙未
	4	21	3	11	丙申
	4	22	3	12	丁酉
	4	23	3	13	戊戌
	4	24	3	14	己亥
	4	25	3	15	庚子
	4	26	3	16	辛丑
	4	27	3	17	壬寅
	4	28	3	18	癸卯
	4	29	3	19	甲辰
	4	30	3	20	乙巳
	5	1	3	21	丙午
	5	2	3	22	丁未
	5	3	3	23	戊申
	5	4	3	24	己酉
中氣	穀雨 4/19 15時32分 申時				

月	己巳				
節氣	立夏 5/5 1時31分 丑時				
日	國曆		農曆		干支
	5	5	3	25	庚戌
	5	6	3	26	辛亥
	5	7	3	27	壬子
	5	8	3	28	癸丑
	5	9	3	29	甲寅
	5	10	4	1	乙卯
	5	11	4	2	丙辰
	5	12	4	3	丁巳
	5	13	4	4	戊午
	5	14	4	5	己未
	5	15	4	6	庚申
	5	16	4	7	辛酉
	5	17	4	8	壬戌
	5	18	4	9	癸亥
	5	19	4	10	甲子
	5	20	4	11	乙丑
	5	21	4	12	丙寅
	5	22	4	13	丁卯
	5	23	4	14	戊辰
	5	24	4	15	己巳
	5	25	4	16	庚午
	5	26	4	17	辛未
	5	27	4	18	壬申
	5	28	4	19	癸酉
	5	29	4	20	甲戌
	5	30	4	21	乙亥
	5	31	4	22	丙子
	6	1	4	23	丁丑
	6	2	4	24	戊寅
	6	3	4	25	己卯
	6	4	4	26	庚辰
中氣	小滿 5/20 14時7分 未時				

月	庚午				
節氣	芒種 6/5 5時9分 卯時				
日	國曆		農曆		干支
	6	5	4	27	辛巳
	6	6	4	28	壬午
	6	7	4	29	癸未
	6	8	4	30	甲申
	6	9	5	1	乙酉
	6	10	5	2	丙戌
	6	11	5	3	丁亥
	6	12	5	4	戊子
	6	13	5	5	己丑
	6	14	5	6	庚寅
	6	15	5	7	辛卯
	6	16	5	8	壬辰
	6	17	5	9	癸巳
	6	18	5	10	甲午
	6	19	5	11	乙未
	6	20	5	12	丙申
	6	21	5	13	丁酉
	6	22	5	14	戊戌
	6	23	5	15	己亥
	6	24	5	16	庚子
	6	25	5	17	辛丑
	6	26	5	18	壬寅
	6	27	5	19	癸卯
	6	28	5	20	甲辰
	6	29	5	21	乙巳
	6	30	5	22	丙午
	7	1	5	23	丁未
	7	2	5	24	戊申
	7	3	5	25	己酉
	7	4	5	26	庚戌
	7	5	5	27	辛亥
中氣	夏至 6/20 21時42分 亥時				

月	辛未				
節氣	小暑 7/6 15時10分 申時				
日	國曆		農曆		干支
	7	6	5	28	壬子
	7	7	5	29	癸丑
	7	8	6	1	甲寅
	7	9	6	2	乙卯
	7	10	6	3	丙辰
	7	11	6	4	丁巳
	7	12	6	5	戊午
	7	13	6	6	己未
	7	14	6	7	庚申
	7	15	6	8	辛酉
	7	16	6	9	壬戌
	7	17	6	10	癸亥
	7	18	6	11	甲子
	7	19	6	12	乙丑
	7	20	6	13	丙寅
	7	21	6	14	丁卯
	7	22	6	15	戊辰
	7	23	6	16	己巳
	7	24	6	17	庚
	7	25	6	18	辛
	7	26	6	19	壬
	7	27	6	20	癸
	7	28	6	21	甲
	7	29	6	22	乙
	7	30	6	23	丙
	7	31	6	24	丁
	8	1	6	25	戊
	8	2	6	26	己
	8	3	6	27	庚
	8	4	6	28	辛
	8	5	6	29	壬
	8	6	7	1	癸
中氣	大暑 7/22 8時32分 辰				

己酉																														年
壬申					癸酉					甲戌					乙亥					丙子					丁丑					月
立秋					白露					寒露					立冬					大雪					小寒					節氣
8/7 1時3分 丑時					9/7 4時23分 寅時					10/7 20時37分 戌時					11/7 0時24分 子時					12/6 17時42分 酉時					1/5 5時7分 卯時					
國曆		農曆		干支	國曆		農曆		干支	國曆		農曆		干支	國曆		農曆		干支	國曆		農曆		干支	國曆		農曆		干支	日
8	7	7	2	甲申	9	7	8	3	乙卯	10	7	9	4	乙酉	11	7	10	6	丙辰	12	6	11	5	乙酉	1	5	12	5	乙卯	中華民國一百七十八、一百七十九年 雞 2089、2090
8	8	7	3	乙酉	9	8	8	4	丙辰	10	8	9	5	丙戌	11	8	10	7	丁巳	12	7	11	6	丙戌	1	6	12	6	丙辰	
8	9	7	4	丙戌	9	9	8	5	丁巳	10	9	9	6	丁亥	11	9	10	8	戊午	12	8	11	7	丁亥	1	7	12	7	丁巳	
8	10	7	5	丁亥	9	10	8	6	戊午	10	10	9	7	戊子	11	10	10	9	己未	12	9	11	8	戊子	1	8	12	8	戊午	
8	11	7	6	戊子	9	11	8	7	己未	10	11	9	8	己丑	11	11	10	10	庚申	12	10	11	9	己丑	1	9	12	9	己未	
8	12	7	7	己丑	9	12	8	8	庚申	10	12	9	9	庚寅	11	12	10	11	辛酉	12	11	11	10	庚寅	1	10	12	10	庚申	
8	13	7	8	庚寅	9	13	8	9	辛酉	10	13	9	10	辛卯	11	13	10	12	壬戌	12	12	11	11	辛卯	1	11	12	11	辛酉	
8	14	7	9	辛卯	9	14	8	10	壬戌	10	14	9	11	壬辰	11	14	10	13	癸亥	12	13	11	12	壬辰	1	12	12	12	壬戌	
8	15	7	10	壬辰	9	15	8	11	癸亥	10	15	9	12	癸巳	11	15	10	14	甲子	12	14	11	13	癸巳	1	13	12	13	癸亥	
8	16	7	11	癸巳	9	16	8	12	甲子	10	16	9	13	甲午	11	16	10	15	乙丑	12	15	11	14	甲午	1	14	12	14	甲子	
8	17	7	12	甲午	9	17	8	13	乙丑	10	17	9	14	乙未	11	17	10	16	丙寅	12	16	11	15	乙未	1	15	12	15	乙丑	
8	18	7	13	乙未	9	18	8	14	丙寅	10	18	9	15	丙申	11	18	10	17	丁卯	12	17	11	16	丙申	1	16	12	16	丙寅	
8	19	7	14	丙申	9	19	8	15	丁卯	10	19	9	16	丁酉	11	19	10	18	戊辰	12	18	11	17	丁酉	1	17	12	17	丁卯	
8	20	7	15	丁酉	9	20	8	16	戊辰	10	20	9	17	戊戌	11	20	10	19	己巳	12	19	11	18	戊戌	1	18	12	18	戊辰	
8	21	7	16	戊戌	9	21	8	17	己巳	10	21	9	18	己亥	11	21	10	20	庚午	12	20	11	19	己亥	1	19	12	19	己巳	
8	22	7	17	己亥	9	22	8	18	庚午	10	22	9	19	庚子	11	22	10	21	辛未	12	21	11	20	庚子	1	20	12	20	庚午	
8	23	7	18	庚子	9	23	8	19	辛未	10	23	9	20	辛丑	11	23	10	22	壬申	12	22	11	21	辛丑	1	21	12	21	辛未	
8	24	7	19	辛丑	9	24	8	20	壬申	10	24	9	21	壬寅	11	24	10	23	癸酉	12	23	11	22	壬寅	1	22	12	22	壬申	
8	25	7	20	壬寅	9	25	8	21	癸酉	10	25	9	22	癸卯	11	25	10	24	甲戌	12	24	11	23	癸卯	1	23	12	23	癸酉	
8	26	7	21	癸卯	9	26	8	22	甲戌	10	26	9	23	甲辰	11	26	10	25	乙亥	12	25	11	24	甲辰	1	24	12	24	甲戌	
8	27	7	22	甲辰	9	27	8	23	乙亥	10	27	9	24	乙巳	11	27	10	26	丙子	12	26	11	25	乙巳	1	25	12	25	乙亥	
8	28	7	23	乙巳	9	28	8	24	丙子	10	28	9	25	丙午	11	28	10	27	丁丑	12	27	11	26	丙午	1	26	12	26	丙子	
8	29	7	24	丙午	9	29	8	25	丁丑	10	29	9	26	丁未	11	29	10	28	戊寅	12	28	11	27	丁未	1	27	12	27	丁丑	
8	30	7	25	丁未	9	30	8	26	戊寅	10	30	9	27	戊申	11	30	10	29	己卯	12	29	11	28	戊申	1	28	12	28	戊寅	
8	31	7	26	戊申	10	1	8	27	己卯	10	31	9	28	己酉	12	1	10	30	庚辰	12	30	11	29	己酉	1	29	12	29	己卯	
9	1	7	27	己酉	10	2	8	28	庚辰	11	1	9	29	庚戌	12	2	11	1	辛巳	12	31	11	30	庚戌	1	30	1	1	庚辰	
9	2	7	28	庚戌	10	3	8	29	辛巳	11	2	10	1	辛亥	12	3	11	2	壬午	1	1	12	1	辛亥	1	31	1	2	辛巳	
9	3	7	29	辛亥	10	4	9	1	壬午	11	3	10	2	壬子	12	4	11	3	癸未	1	2	12	2	壬子	2	1	1	3	壬午	
9	4	7	30	壬子	10	5	9	2	癸未	11	4	10	3	癸丑	12	5	11	4	甲申	1	3	12	3	癸丑	2	2	1	4	癸未	
9	5	8	1	癸丑	10	6	9	3	甲申	11	5	10	4	甲寅						1	4	12	4	甲寅						
9	6	8	2	甲寅						11	6	10	5	乙卯																
處暑					秋分					霜降					小雪					冬至					大寒					中氣
22 15時55分 申時					9/22 14時6分 未時					10/23 0時4分 子時					11/21 22時11分 亥時					12/21 11時51分 午時					1/19 22時33分 亥時					

年	庚戌																													
月	戊寅					己卯					庚辰					辛巳					壬午					癸未				
節氣	立春					驚蟄					清明					立夏					芒種					小暑				
	2/3 16時41分 申時					3/5 10時20分 巳時					4/4 14時35分 未時					5/5 7時15分 辰時					6/5 10時54分 巳時					7/6 20時55分 戌時				
日	國曆		農曆		干支	國曆		農曆		干支	國曆		農曆		干支	國曆		農曆		干支	國曆		農曆		干支	國曆		農曆		干支
中華民國一百七十九年 狗 2090	2	3	1	5	甲申	3	5	2	5	甲寅	4	4	3	5	甲申	5	5	4	6	乙卯	6	5	5	8	丙戌	7	6	6	9	丁巳
	2	4	1	6	乙酉	3	6	2	6	乙卯	4	5	3	6	乙酉	5	6	4	7	丙辰	6	6	5	9	丁亥	7	7	6	10	戊午
	2	5	1	7	丙戌	3	7	2	7	丙辰	4	6	3	7	丙戌	5	7	4	8	丁巳	6	7	5	10	戊子	7	8	6	11	己未
	2	6	1	8	丁亥	3	8	2	8	丁巳	4	7	3	8	丁亥	5	8	4	9	戊午	6	8	5	11	己丑	7	9	6	12	庚申
	2	7	1	9	戊子	3	9	2	9	戊午	4	8	3	9	戊子	5	9	4	10	己未	6	9	5	12	庚寅	7	10	6	13	辛酉
	2	8	1	10	己丑	3	10	2	10	己未	4	9	3	10	己丑	5	10	4	11	庚申	6	10	5	13	辛卯	7	11	6	14	壬戌
	2	9	1	11	庚寅	3	11	2	11	庚申	4	10	3	11	庚寅	5	11	4	12	辛酉	6	11	5	14	壬辰	7	12	6	15	癸亥
	2	10	1	12	辛卯	3	12	2	12	辛酉	4	11	3	12	辛卯	5	12	4	13	壬戌	6	12	5	15	癸巳	7	13	6	16	甲子
	2	11	1	13	壬辰	3	13	2	13	壬戌	4	12	3	13	壬辰	5	13	4	14	癸亥	6	13	5	16	甲午	7	14	6	17	乙丑
	2	12	1	14	癸巳	3	14	2	14	癸亥	4	13	3	14	癸巳	5	14	4	15	甲子	6	14	5	17	乙未	7	15	6	18	丙寅
	2	13	1	15	甲午	3	15	2	15	甲子	4	14	3	15	甲午	5	15	4	16	乙丑	6	15	5	18	丙申	7	16	6	19	丁卯
	2	14	1	16	乙未	3	16	2	16	乙丑	4	15	3	16	乙未	5	16	4	17	丙寅	6	16	5	19	丁酉	7	17	6	20	戊辰
	2	15	1	17	丙申	3	17	2	17	丙寅	4	16	3	17	丙申	5	17	4	18	丁卯	6	17	5	20	戊戌	7	18	6	21	己巳
	2	16	1	18	丁酉	3	18	2	18	丁卯	4	17	3	18	丁酉	5	18	4	19	戊辰	6	18	5	21	己亥	7	19	6	22	庚午
	2	17	1	19	戊戌	3	19	2	19	戊辰	4	18	3	19	戊戌	5	19	4	20	己巳	6	19	5	22	庚子	7	20	6	23	辛未
	2	18	1	20	己亥	3	20	2	20	己巳	4	19	3	20	己亥	5	20	4	21	庚午	6	20	5	23	辛丑	7	21	6	24	壬申
	2	19	1	21	庚子	3	21	2	21	庚午	4	20	3	21	庚子	5	21	4	22	辛未	6	21	5	24	壬寅	7	22	6	25	癸酉
	2	20	1	22	辛丑	3	22	2	22	辛未	4	21	3	22	辛丑	5	22	4	23	壬申	6	22	5	25	癸卯	7	23	6	26	甲戌
	2	21	1	23	壬寅	3	23	2	23	壬申	4	22	3	23	壬寅	5	23	4	24	癸酉	6	23	5	26	甲辰	7	24	6	27	乙亥
	2	22	1	24	癸卯	3	24	2	24	癸酉	4	23	3	24	癸卯	5	24	4	25	甲戌	6	24	5	27	乙巳	7	25	6	28	丙子
	2	23	1	25	甲辰	3	25	2	25	甲戌	4	24	3	25	甲辰	5	25	4	26	乙亥	6	25	5	28	丙午	7	26	6	29	丁丑
	2	24	1	26	乙巳	3	26	2	26	乙亥	4	25	3	26	乙巳	5	26	4	27	丙子	6	26	5	29	丁未	7	27	7	1	戊寅
	2	25	1	27	丙午	3	27	2	27	丙子	4	26	3	27	丙午	5	27	4	28	丁丑	6	27	5	30	戊申	7	28	7	2	己卯
	2	26	1	28	丁未	3	28	2	28	丁丑	4	27	3	28	丁未	5	28	4	29	戊寅	6	28	6	1	己酉	7	29	7	3	庚辰
	2	27	1	29	戊申	3	29	2	29	戊寅	4	28	3	29	戊申	5	29	5	1	己卯	6	29	6	2	庚戌	7	30	7	4	辛巳
	2	28	1	30	己酉	3	30	2	30	己卯	4	29	3	30	己酉	5	30	5	2	庚辰	6	30	6	3	辛亥	7	31	7	5	壬午
	3	1	2	1	庚戌	3	31	3	1	庚辰	4	30	4	1	庚戌	5	31	5	3	辛巳	7	1	6	4	壬子	8	1	7	6	癸未
	3	2	2	2	辛亥	4	1	3	2	辛巳	5	1	4	2	辛亥	6	1	5	4	壬午	7	2	6	5	癸丑	8	2	7	7	甲申
	3	3	2	3	壬子	4	2	3	3	壬午	5	2	4	3	壬子	6	2	5	5	癸未	7	3	6	6	甲寅	8	3	7	8	乙酉
	3	4	2	4	癸丑	4	3	3	4	癸未	5	3	4	4	癸丑	6	3	5	6	甲申	7	4	6	7	乙卯	8	4	7	9	丙戌
											5	4	4	5	甲寅	6	4	5	7	乙酉	7	5	6	8	丙辰	8	5	7	10	丁亥
																										8	6	7	11	戊子
中氣	雨水					春分					穀雨					小滿					夏至					大暑				
	2/18 12時29分 午時					3/20 11時1分 午時					4/19 21時27分 亥時					5/20 20時1分 戌時					6/21 3時35分 寅時					7/22 14時24分 未				

庚戌																														年
甲申					乙酉					丙戌					丁亥					戊子					己丑					月
立秋					白露					寒露					立冬					大雪					小寒					節氣
8/7 6時52分 卯時					9/7 10時15分 巳時					10/8 2時33分 丑時					11/7 6時21分 卯時					12/6 23時39分 子時					1/5 11時1分 午時					
國曆		農曆		干支	國曆		農曆		干支	國曆		農曆		干支	國曆		農曆		干支	國曆		農曆		干支	國曆		農曆		干支	日
8	7	7	12	己丑	9	7	8	14	庚申	10	8	8	15	辛卯	11	7	9	16	辛酉	12	6	10	16	庚寅	1	5	11	16	庚申	中華民國一百七十九、一百八十年 狗 2090、2091
8	8	7	13	庚寅	9	8	8	15	辛酉	10	9	8	16	壬辰	11	8	9	17	壬戌	12	7	10	17	辛卯	1	6	11	17	辛酉	
8	9	7	14	辛卯	9	9	8	16	壬戌	10	10	8	17	癸巳	11	9	9	18	癸亥	12	8	10	18	壬辰	1	7	11	18	壬戌	
8	10	7	15	壬辰	9	10	8	17	癸亥	10	11	8	18	甲午	11	10	9	19	甲子	12	9	10	19	癸巳	1	8	11	19	癸亥	
8	11	7	16	癸巳	9	11	8	18	甲子	10	12	8	19	乙未	11	11	9	20	乙丑	12	10	10	20	甲午	1	9	11	20	甲子	
8	12	7	17	甲午	9	12	8	19	乙丑	10	13	8	20	丙申	11	12	9	21	丙寅	12	11	10	21	乙未	1	10	11	21	乙丑	
8	13	7	18	乙未	9	13	8	20	丙寅	10	14	8	21	丁酉	11	13	9	22	丁卯	12	12	10	22	丙申	1	11	11	22	丙寅	
8	14	7	19	丙申	9	14	8	21	丁卯	10	15	8	22	戊戌	11	14	9	23	戊辰	12	13	10	23	丁酉	1	12	11	23	丁卯	
8	15	7	20	丁酉	9	15	8	22	戊辰	10	16	8	23	己亥	11	15	9	24	己巳	12	14	10	24	戊戌	1	13	11	24	戊辰	
8	16	7	21	戊戌	9	16	8	23	己巳	10	17	8	24	庚子	11	16	9	25	庚午	12	15	10	25	己亥	1	14	11	25	己巳	
8	17	7	22	己亥	9	17	8	24	庚午	10	18	8	25	辛丑	11	17	9	26	辛未	12	16	10	26	庚子	1	15	11	26	庚午	
8	18	7	23	庚子	9	18	8	25	辛未	10	19	8	26	壬寅	11	18	9	27	壬申	12	17	10	27	辛丑	1	16	11	27	辛未	
8	19	7	24	辛丑	9	19	8	26	壬申	10	20	8	27	癸卯	11	19	9	28	癸酉	12	18	10	28	壬寅	1	17	11	28	壬申	
8	20	7	25	壬寅	9	20	8	27	癸酉	10	21	8	28	甲辰	11	20	9	29	甲戌	12	19	10	29	癸卯	1	18	11	29	癸酉	
8	21	7	26	癸卯	9	21	8	28	甲戌	10	22	8	29	乙巳	11	21	10	1	乙亥	12	20	10	30	甲辰	1	19	11	30	甲戌	
8	22	7	27	甲辰	9	22	8	29	乙亥	10	23	9	1	丙午	11	22	10	2	丙子	12	21	11	1	乙巳	1	20	12	1	乙亥	
8	23	7	28	乙巳	9	23	8	30	丙子	10	24	9	2	丁未	11	23	10	3	丁丑	12	22	11	2	丙午	1	21	12	2	丙子	
8	24	7	29	丙午	9	24	閏8	1	丁丑	10	25	9	3	戊申	11	24	10	4	戊寅	12	23	11	3	丁未	1	22	12	3	丁丑	
8	25	8	1	丁未	9	25	8	2	戊寅	10	26	9	4	己酉	11	25	10	5	己卯	12	24	11	4	戊申	1	23	12	4	戊寅	
8	26	8	2	戊申	9	26	8	3	己卯	10	27	9	5	庚戌	11	26	10	6	庚辰	12	25	11	5	己酉	1	24	12	5	己卯	
8	27	8	3	己酉	9	27	8	4	庚辰	10	28	9	6	辛亥	11	27	10	7	辛巳	12	26	11	6	庚戌	1	25	12	6	庚辰	
8	28	8	4	庚戌	9	28	8	5	辛巳	10	29	9	7	壬子	11	28	10	8	壬午	12	27	11	7	辛亥	1	26	12	7	辛巳	
8	29	8	5	辛亥	9	29	8	6	壬午	10	30	9	8	癸丑	11	29	10	9	癸未	12	28	11	8	壬子	1	27	12	8	壬午	
8	30	8	6	壬子	9	30	8	7	癸未	10	31	9	9	甲寅	11	30	10	10	甲申	12	29	11	9	癸丑	1	28	12	9	癸未	
8	31	8	7	癸丑	10	1	8	8	甲申	11	1	9	10	乙卯	12	1	10	11	乙酉	12	30	11	10	甲寅	1	29	12	10	甲申	
	1	8	8	甲寅	10	2	8	9	乙酉	11	2	9	11	丙辰	12	2	10	12	丙戌	12	31	11	11	乙卯	1	30	12	11	乙酉	
	2	8	9	乙卯	10	3	8	10	丙戌	11	3	9	12	丁巳	12	3	10	13	丁亥	1	1	11	12	丙辰	1	31	12	12	丙戌	
	3	8	10	丙辰	10	4	8	11	丁亥	11	4	9	13	戊午	12	4	10	14	戊子	1	2	11	13	丁巳	2	1	12	13	丁亥	
	4	8	11	丁巳	10	5	8	12	戊子	11	5	9	14	己未	12	5	10	15	己丑	1	3	11	14	戊午	2	2	12	14	戊子	
	5	8	12	戊午	10	6	8	13	己丑	11	6	9	15	庚申						1	4	11	15	己未						
	6	8	13	己未	10	7	8	14	庚寅																					
處暑					秋分					霜降					小雪					冬至					大寒					中氣
2 21時46分 亥時					9/22 19時58分 戌時					10/23 5時58分 卯時					11/22 4時5分 寅時					12/21 17時42分 酉時					1/20 4時21分 寅時					

年	辛亥																													
月	庚寅					辛卯					壬辰					癸巳					甲午					乙未				
節氣	立春					驚蟄					清明					立夏					芒種					小暑				
	2/3 22時30分 亥時					3/5 16時5分 申時					4/4 20時19分 戌時					5/5 13時2分 未時					6/5 16時44分 申時					7/7 2時50分 丑時				
日	國曆		農曆		干支	國曆		農曆		干支	國曆		農曆		干支	國曆		農曆		干支	國曆		農曆		干支	國曆		農曆		干支
中華民國一百八十年 豬 2091	2	3	12	15	己丑	3	5	1	16	己未	4	4	2	16	己丑	5	5	3	17	庚申	6	5	4	19	辛卯	7	7	5	21	癸亥
	2	4	12	16	庚寅	3	6	1	17	庚申	4	5	2	17	庚寅	5	6	3	18	辛酉	6	6	4	20	壬辰	7	8	5	22	甲子
	2	5	12	17	辛卯	3	7	1	18	辛酉	4	6	2	18	辛卯	5	7	3	19	壬戌	6	7	4	21	癸巳	7	9	5	23	乙丑
	2	6	12	18	壬辰	3	8	1	19	壬戌	4	7	2	19	壬辰	5	8	3	20	癸亥	6	8	4	22	甲午	7	10	5	24	丙寅
	2	7	12	19	癸巳	3	9	1	20	癸亥	4	8	2	20	癸巳	5	9	3	21	甲子	6	9	4	23	乙未	7	11	5	25	丁卯
	2	8	12	20	甲午	3	10	1	21	甲子	4	9	2	21	甲午	5	10	3	22	乙丑	6	10	4	24	丙申	7	12	5	26	戊辰
	2	9	12	21	乙未	3	11	1	22	乙丑	4	10	2	22	乙未	5	11	3	23	丙寅	6	11	4	25	丁酉	7	13	5	27	己巳
	2	10	12	22	丙申	3	12	1	23	丙寅	4	11	2	23	丙申	5	12	3	24	丁卯	6	12	4	26	戊戌	7	14	5	28	庚午
	2	11	12	23	丁酉	3	13	1	24	丁卯	4	12	2	24	丁酉	5	13	3	25	戊辰	6	13	4	27	己亥	7	15	5	29	辛未
	2	12	12	24	戊戌	3	14	1	25	戊辰	4	13	2	25	戊戌	5	14	3	26	己巳	6	14	4	28	庚子	7	16	6	1	壬申
	2	13	12	25	己亥	3	15	1	26	己巳	4	14	2	26	己亥	5	15	3	27	庚午	6	15	4	29	辛丑	7	17	6	2	癸酉
	2	14	12	26	庚子	3	16	1	27	庚午	4	15	2	27	庚子	5	16	3	28	辛未	6	16	4	30	壬寅	7	18	6	3	甲戌
	2	15	12	27	辛丑	3	17	1	28	辛未	4	16	2	28	辛丑	5	17	3	29	壬申	6	17	5	1	癸卯	7	19	6	4	乙亥
	2	16	12	28	壬寅	3	18	1	29	壬申	4	17	2	29	壬寅	5	18	4	1	癸酉	6	18	5	2	甲辰	7	20	6	5	丙子
	2	17	12	29	癸卯	3	19	1	30	癸酉	4	18	2	30	癸卯	5	19	4	2	甲戌	6	19	5	3	乙巳	7	21	6	6	丁丑
	2	18	1	1	甲辰	3	20	2	1	甲戌	4	19	3	1	甲辰	5	20	4	3	乙亥	6	20	5	4	丙午	7	22	6	7	戊寅
	2	19	1	2	乙巳	3	21	2	2	乙亥	4	20	3	2	乙巳	5	21	4	4	丙子	6	21	5	5	丁未	7	23	6	8	己卯
	2	20	1	3	丙午	3	22	2	3	丙子	4	21	3	3	丙午	5	22	4	5	丁丑	6	22	5	6	戊申	7	24	6	9	庚辰
	2	21	1	4	丁未	3	23	2	4	丁丑	4	22	3	4	丁未	5	23	4	6	戊寅	6	23	5	7	己酉	7	25	6	10	辛巳
	2	22	1	5	戊申	3	24	2	5	戊寅	4	23	3	5	戊申	5	24	4	7	己卯	6	24	5	8	庚戌	7	26	6	11	壬午
	2	23	1	6	己酉	3	25	2	6	己卯	4	24	3	6	己酉	5	25	4	8	庚辰	6	25	5	9	辛亥	7	27	6	12	癸未
	2	24	1	7	庚戌	3	26	2	7	庚辰	4	25	3	7	庚戌	5	26	4	9	辛巳	6	26	5	10	壬子	7	28	6	13	甲申
	2	25	1	8	辛亥	3	27	2	8	辛巳	4	26	3	8	辛亥	5	27	4	10	壬午	6	27	5	11	癸丑	7	29	6	14	乙酉
	2	26	1	9	壬子	3	28	2	9	壬午	4	27	3	9	壬子	5	28	4	11	癸未	6	28	5	12	甲寅	7	30	6	15	丙戌
	2	27	1	10	癸丑	3	29	2	10	癸未	4	28	3	10	癸丑	5	29	4	12	甲申	6	29	5	13	乙卯	7	31	6	16	丁亥
	2	28	1	11	甲寅	3	30	2	11	甲申	4	29	3	11	甲寅	5	30	4	13	乙酉	6	30	5	14	丙辰	8	1	6	17	戊子
	3	1	1	12	乙卯	3	31	2	12	乙酉	4	30	3	12	乙卯	5	31	4	14	丙戌	7	1	5	15	丁巳	8	2	6	18	己丑
	3	2	1	13	丙辰	4	1	2	13	丙戌	5	1	3	13	丙辰	6	1	4	15	丁亥	7	2	5	16	戊午	8	3	6	19	庚寅
	3	3	1	14	丁巳	4	2	2	14	丁亥	5	2	3	14	丁巳	6	2	4	16	戊子	7	3	5	17	己未	8	4	6	20	辛卯
	3	4	1	15	戊午	4	3	2	15	戊子	5	3	3	15	戊午	6	3	4	17	己丑	7	4	5	18	庚申	8	5	6	21	壬辰
											5	4	3	16	己未	6	4	4	18	庚寅	7	5	5	19	辛酉	8	6	6	22	癸巳
																					7	6	5	20	壬戌					
中氣	雨水					春分					穀雨					小滿					夏至					大暑				
	2/18 18時12分 酉時					3/20 16時41分 申時					4/20 3時6分 寅時					5/21 1時42分 丑時					6/21 9時18分 巳時					7/22 20時10分 戌時				

辛亥																														年
丙申					丁酉					戊戌					己亥					庚子					辛丑					月
立秋					白露					寒露					立冬					大雪					小寒					節氣
8/7 12時48分 午時					9/7 16時12分 申時					10/8 8時30分 辰時					11/7 12時19分 午時					12/7 5時37分 卯時					1/5 17時0分 酉時					
國曆		農曆		干支	國曆		農曆		干支	國曆		農曆		干支	國曆		農曆		干支	國曆		農曆		干支	國曆		農曆		干支	日
8	7	6	23	甲午	9	7	7	24	乙丑	10	8	8	26	丙申	11	7	9	26	丙寅	12	7	10	27	丙申	1	5	11	27	乙丑	中華民國一百八十、一百八十一年 豬
8	8	6	24	乙未	9	8	7	25	丙寅	10	9	8	27	丁酉	11	8	9	27	丁卯	12	8	10	28	丁酉	1	6	11	28	丙寅	
8	9	6	25	丙申	9	9	7	26	丁卯	10	10	8	28	戊戌	11	9	9	28	戊辰	12	9	10	29	戊戌	1	7	11	29	丁卯	
8	10	6	26	丁酉	9	10	7	27	戊辰	10	11	8	29	己亥	11	10	9	29	己巳	12	10	11	1	己亥	1	8	11	30	戊辰	
8	11	6	27	戊戌	9	11	7	28	己巳	10	12	8	30	庚子	11	11	10	1	庚午	12	11	11	2	庚子	1	9	12	1	己巳	
8	12	6	28	己亥	9	12	7	29	庚午	10	13	9	1	辛丑	11	12	10	2	辛未	12	12	11	3	辛丑	1	10	12	2	庚午	
8	13	6	29	庚子	9	13	8	1	辛未	10	14	9	2	壬寅	11	13	10	3	壬申	12	13	11	4	壬寅	1	11	12	3	辛未	
8	14	6	30	辛丑	9	14	8	2	壬申	10	15	9	3	癸卯	11	14	10	4	癸酉	12	14	11	5	癸卯	1	12	12	4	壬申	
8	15	7	1	壬寅	9	15	8	3	癸酉	10	16	9	4	甲辰	11	15	10	5	甲戌	12	15	11	6	甲辰	1	13	12	5	癸酉	
8	16	7	2	癸卯	9	16	8	4	甲戌	10	17	9	5	乙巳	11	16	10	6	乙亥	12	16	11	7	乙巳	1	14	12	6	甲戌	
8	17	7	3	甲辰	9	17	8	5	乙亥	10	18	9	6	丙午	11	17	10	7	丙子	12	17	11	8	丙午	1	15	12	7	乙亥	
8	18	7	4	乙巳	9	18	8	6	丙子	10	19	9	7	丁未	11	18	10	8	丁丑	12	18	11	9	丁未	1	16	12	8	丙子	
8	19	7	5	丙午	9	19	8	7	丁丑	10	20	9	8	戊申	11	19	10	9	戊寅	12	19	11	10	戊申	1	17	12	9	丁丑	
8	20	7	6	丁未	9	20	8	8	戊寅	10	21	9	9	己酉	11	20	10	10	己卯	12	20	11	11	己酉	1	18	12	10	戊寅	
8	21	7	7	戊申	9	21	8	9	己卯	10	22	9	10	庚戌	11	21	10	11	庚辰	12	21	11	12	庚戌	1	19	12	11	己卯	
8	22	7	8	己酉	9	22	8	10	庚辰	10	23	9	11	辛亥	11	22	10	12	辛巳	12	22	11	13	辛亥	1	20	12	12	庚辰	
8	23	7	9	庚戌	9	23	8	11	辛巳	10	24	9	12	壬子	11	23	10	13	壬午	12	23	11	14	壬子	1	21	12	13	辛巳	
8	24	7	10	辛亥	9	24	8	12	壬午	10	25	9	13	癸丑	11	24	10	14	癸未	12	24	11	15	癸丑	1	22	12	14	壬午	
8	25	7	11	壬子	9	25	8	13	癸未	10	26	9	14	甲寅	11	25	10	15	甲申	12	25	11	16	甲寅	1	23	12	15	癸未	
8	26	7	12	癸丑	9	26	8	14	甲申	10	27	9	15	乙卯	11	26	10	16	乙酉	12	26	11	17	乙卯	1	24	12	16	甲申	
8	27	7	13	甲寅	9	27	8	15	乙酉	10	28	9	16	丙辰	11	27	10	17	丙戌	12	27	11	18	丙辰	1	25	12	17	乙酉	2091、2092
8	28	7	14	乙卯	9	28	8	16	丙戌	10	29	9	17	丁巳	11	28	10	18	丁亥	12	28	11	19	丁巳	1	26	12	18	丙戌	
8	29	7	15	丙辰	9	29	8	17	丁亥	10	30	9	18	戊午	11	29	10	19	戊子	12	29	11	20	戊午	1	27	12	19	丁亥	
8	30	7	16	丁巳	9	30	8	18	戊子	10	31	9	19	己未	11	30	10	20	己丑	12	30	11	21	己未	1	28	12	20	戊子	
8	31	7	17	戊午	10	1	8	19	己丑	11	1	9	20	庚申	12	1	10	21	庚寅	12	31	11	22	庚申	1	29	12	21	己丑	
9	1	7	18	己未	10	2	8	20	庚寅	11	2	9	21	辛酉	12	2	10	22	辛卯	1	1	11	23	辛酉	1	30	12	22	庚寅	
9	2	7	19	庚申	10	3	8	21	辛卯	11	3	9	22	壬戌	12	3	10	23	壬辰	1	2	11	24	壬戌	1	31	12	23	辛卯	
9	3	7	20	辛酉	10	4	8	22	壬辰	11	4	9	23	癸亥	12	4	10	24	癸巳	1	3	11	25	癸亥	2	1	12	24	壬辰	
9	4	7	21	壬戌	10	5	8	23	癸巳	11	5	9	24	甲子	12	5	10	25	甲午	1	4	11	26	甲子	2	2	12	25	癸巳	
	5	7	22	癸亥	10	6	8	24	甲午	11	6	9	25	乙丑	12	6	10	26	乙未						2	3	12	26	甲午	
	6	7	23	甲子	10	7	8	25	乙未																					
處暑					秋分					霜降					小雪					冬至					大寒					中氣
/23 3時35分 寅時					9/23 1時50分 丑時					10/23 11時51分 午時					11/22 9時59分 巳時					12/21 23時37分 子時					1/20 10時15分 巳時					

年	壬子																													
月	壬寅					癸卯					甲辰					乙巳					丙午					丁未				
節氣	立春					驚蟄					清明					立夏					芒種					小暑				
	2/4 4時28分 寅時					3/4 22時1分 亥時					4/4 2時13分 丑時					5/4 18時55分 酉時					6/4 22時37分 亥時					7/6 8時40分 辰時				
日	國曆		農曆		干支	國曆		農曆		干支	國曆		農曆		干支	國曆		農曆		干支	國曆		農曆		干支	國曆		農曆		干支
中華民國一百八十一年 鼠 2092	2	4	12	27	乙未	3	4	1	27	甲子	4	4	2	28	乙未	5	4	3	28	乙丑	6	4	4	30	丙申	7	6	6	2	戊辰
	2	5	12	28	丙申	3	5	1	28	乙丑	4	5	2	29	丙申	5	5	3	29	丙寅	6	5	5	1	丁酉	7	7	6	3	己巳
	2	6	12	29	丁酉	3	6	1	29	丙寅	4	6	2	30	丁酉	5	6	4	1	丁卯	6	6	5	2	戊戌	7	8	6	4	庚午
	2	7	1	1	戊戌	3	7	1	30	丁卯	4	7	3	1	戊戌	5	7	4	2	戊辰	6	7	5	3	己亥	7	9	6	5	辛未
	2	8	1	2	己亥	3	8	2	1	戊辰	4	8	3	2	己亥	5	8	4	3	己巳	6	8	5	4	庚子	7	10	6	6	壬申
	2	9	1	3	庚子	3	9	2	2	己巳	4	9	3	3	庚子	5	9	4	4	庚午	6	9	5	5	辛丑	7	11	6	7	癸酉
	2	10	1	4	辛丑	3	10	2	3	庚午	4	10	3	4	辛丑	5	10	4	5	辛未	6	10	5	6	壬寅	7	12	6	8	甲戌
	2	11	1	5	壬寅	3	11	2	4	辛未	4	11	3	5	壬寅	5	11	4	6	壬申	6	11	5	7	癸卯	7	13	6	9	乙亥
	2	12	1	6	癸卯	3	12	2	5	壬申	4	12	3	6	癸卯	5	12	4	7	癸酉	6	12	5	8	甲辰	7	14	6	10	丙子
	2	13	1	7	甲辰	3	13	2	6	癸酉	4	13	3	7	甲辰	5	13	4	8	甲戌	6	13	5	9	乙巳	7	15	6	11	丁丑
	2	14	1	8	乙巳	3	14	2	7	甲戌	4	14	3	8	乙巳	5	14	4	9	乙亥	6	14	5	10	丙午	7	16	6	12	戊寅
	2	15	1	9	丙午	3	15	2	8	乙亥	4	15	3	9	丙午	5	15	4	10	丙子	6	15	5	11	丁未	7	17	6	13	己卯
	2	16	1	10	丁未	3	16	2	9	丙子	4	16	3	10	丁未	5	16	4	11	丁丑	6	16	5	12	戊申	7	18	6	14	庚辰
	2	17	1	11	戊申	3	17	2	10	丁丑	4	17	3	11	戊申	5	17	4	12	戊寅	6	17	5	13	己酉	7	19	6	15	辛巳
	2	18	1	12	己酉	3	18	2	11	戊寅	4	18	3	12	己酉	5	18	4	13	己卯	6	18	5	14	庚戌	7	20	6	16	壬午
	2	19	1	13	庚戌	3	19	2	12	己卯	4	19	3	13	庚戌	5	19	4	14	庚辰	6	19	5	15	辛亥	7	21	6	17	癸未
	2	20	1	14	辛亥	3	20	2	13	庚辰	4	20	3	14	辛亥	5	20	4	15	辛巳	6	20	5	16	壬子	7	22	6	18	甲申
	2	21	1	15	壬子	3	21	2	14	辛巳	4	21	3	15	壬子	5	21	4	16	壬午	6	21	5	17	癸丑	7	23	6	19	乙酉
	2	22	1	16	癸丑	3	22	2	15	壬午	4	22	3	16	癸丑	5	22	4	17	癸未	6	22	5	18	甲寅	7	24	6	20	丙戌
	2	23	1	17	甲寅	3	23	2	16	癸未	4	23	3	17	甲寅	5	23	4	18	甲申	6	23	5	19	乙卯	7	25	6	21	丁亥
	2	24	1	18	乙卯	3	24	2	17	甲申	4	24	3	18	乙卯	5	24	4	19	乙酉	6	24	5	20	丙辰	7	26	6	22	戊子
	2	25	1	19	丙辰	3	25	2	18	乙酉	4	25	3	19	丙辰	5	25	4	20	丙戌	6	25	5	21	丁巳	7	27	6	23	己丑
	2	26	1	20	丁巳	3	26	2	19	丙戌	4	26	3	20	丁巳	5	26	4	21	丁亥	6	26	5	22	戊午	7	28	6	24	庚寅
	2	27	1	21	戊午	3	27	2	20	丁亥	4	27	3	21	戊午	5	27	4	22	戊子	6	27	5	23	己未	7	29	6	25	辛卯
	2	28	1	22	己未	3	28	2	21	戊子	4	28	3	22	己未	5	28	4	23	己丑	6	28	5	24	庚申	7	30	6	26	壬辰
	2	29	1	23	庚申	3	29	2	22	己丑	4	29	3	23	庚申	5	29	4	24	庚寅	6	29	5	25	辛酉	7	31	6	27	癸巳
	3	1	1	24	辛酉	3	30	2	23	庚寅	4	30	3	24	辛酉	5	30	4	25	辛卯	6	30	5	26	壬戌	8	1	6	28	甲午
	3	2	1	25	壬戌	3	31	2	24	辛卯	5	1	3	25	壬戌	5	31	4	26	壬辰	7	1	5	27	癸亥	8	2	6	29	乙未
	3	3	1	26	癸亥	4	1	2	25	壬辰	5	2	3	26	癸亥	6	1	4	27	癸巳	7	2	5	28	甲子	8	3	7	1	丙申
						4	2	2	26	癸巳	5	3	3	27	甲子	6	2	4	28	甲午	7	3	5	29	乙丑	8	4	7	2	丁酉
						4	3	2	27	甲午						6	3	4	29	乙未	7	4	5	30	丙寅	8	5	7	3	戊戌
																					7	5	6	1	丁卯					
中氣	雨水					春分					穀雨					小滿					夏至					大暑				
	2/19 0時5分 子時					3/19 22時32分 亥時					4/19 8時58分 辰時					5/20 7時35分 辰時					6/20 15時14分 申時					7/22 2時7分 丑時				

中華民國一百八十一、一百八十二年 鼠 2092、2093

年：壬子

月：戊申　節氣：立秋 8/6 18時35分 酉時

國曆		農曆		干支
8	6	7	4	己亥
8	7	7	5	庚子
8	8	7	6	辛丑
8	9	7	7	壬寅
8	10	7	8	癸卯
8	11	7	9	甲辰
8	12	7	10	乙巳
8	13	7	11	丙午
8	14	7	12	丁未
8	15	7	13	戊申
8	16	7	14	己酉
8	17	7	15	庚戌
8	18	7	16	辛亥
8	19	7	17	壬子
8	20	7	18	癸丑
8	21	7	19	甲寅
8	22	7	20	乙卯
8	23	7	21	丙辰
8	24	7	22	丁巳
8	25	7	23	戊午
8	26	7	24	己未
8	27	7	25	庚申
8	28	7	26	辛酉
8	29	7	27	壬戌
8	30	7	28	癸亥
8	31	7	29	甲子
9	1	7	30	乙丑
9	2	8	1	丙寅
9	3	8	2	丁卯
9	4	8	3	戊辰
9	5	8	4	己巳

中氣：處暑 8/22 9時29分 巳時

月：己酉　節氣：白露 9/6 21時55分 亥時

國曆		農曆		干支
9	6	8	5	庚午
9	7	8	6	辛未
9	8	8	7	壬申
9	9	8	8	癸酉
9	10	8	9	甲戌
9	11	8	10	乙亥
9	12	8	11	丙子
9	13	8	12	丁丑
9	14	8	13	戊寅
9	15	8	14	己卯
9	16	8	15	庚辰
9	17	8	16	辛巳
9	18	8	17	壬午
9	19	8	18	癸未
9	20	8	19	甲申
9	21	8	20	乙酉
9	22	8	21	丙戌
9	23	8	22	丁亥
9	24	8	23	戊子
9	25	8	24	己丑
9	26	8	25	庚寅
9	27	8	26	辛卯
9	28	8	27	壬辰
9	29	8	28	癸巳
9	30	8	29	甲午
10	1	9	1	乙未
10	2	9	2	丙申
10	3	9	3	丁酉
10	4	9	4	戊戌
10	5	9	5	己亥
10	6	9	6	庚子

中氣：秋分 9/22 7時41分 辰時

月：庚戌　節氣：寒露 10/7 14時10分 未時

國曆		農曆		干支
10	7	9	7	辛丑
10	8	9	8	壬寅
10	9	9	9	癸卯
10	10	9	10	甲辰
10	11	9	11	乙巳
10	12	9	12	丙午
10	13	9	13	丁未
10	14	9	14	戊申
10	15	9	15	己酉
10	16	9	16	庚戌
10	17	9	17	辛亥
10	18	9	18	壬子
10	19	9	19	癸丑
10	20	9	20	甲寅
10	21	9	21	乙卯
10	22	9	22	丙辰
10	23	9	23	丁巳
10	24	9	24	戊午
10	25	9	25	己未
10	26	9	26	庚申
10	27	9	27	辛酉
10	28	9	28	壬戌
10	29	9	29	癸亥
10	30	9	30	甲子
10	31	10	1	乙丑
11	1	10	2	丙寅
11	2	10	3	丁卯
11	3	10	4	戊辰
11	4	10	5	己巳
11	5	10	6	庚午

中氣：霜降 10/22 17時41分 酉時

月：辛亥　節氣：立冬 11/6 18時0分 酉時

國曆		農曆		干支
11	6	10	7	辛未
11	7	10	8	壬申
11	8	10	9	癸酉
11	9	10	10	甲戌
11	10	10	11	乙亥
11	11	10	12	丙子
11	12	10	13	丁丑
11	13	10	14	戊寅
11	14	10	15	己卯
11	15	10	16	庚辰
11	16	10	17	辛巳
11	17	10	18	壬午
11	18	10	19	癸未
11	19	10	20	甲申
11	20	10	21	乙酉
11	21	10	22	丙戌
11	22	10	23	丁亥
11	23	10	24	戊子
11	24	10	25	己丑
11	25	10	26	庚寅
11	26	10	27	辛卯
11	27	10	28	壬辰
11	28	10	29	癸巳
11	29	11	1	甲午
11	30	11	2	乙未
12	1	11	3	丙申
12	2	11	4	丁酉
12	3	11	5	戊戌
12	4	11	6	己亥
12	5	11	7	庚子

中氣：小雪 11/21 15時49分 申時

月：壬子　節氣：大雪 12/6 11時20分 午時

國曆		農曆		干支
12	6	11	8	辛丑
12	7	11	9	壬寅
12	8	11	10	癸卯
12	9	11	11	甲辰
12	10	11	12	乙巳
12	11	11	13	丙午
12	12	11	14	丁未
12	13	11	15	戊申
12	14	11	16	己酉
12	15	11	17	庚戌
12	16	11	18	辛亥
12	17	11	19	壬子
12	18	11	20	癸丑
12	19	11	21	甲寅
12	20	11	22	乙卯
12	21	11	23	丙辰
12	22	11	24	丁巳
12	23	11	25	戊午
12	24	11	26	己未
12	25	11	27	庚申
12	26	11	28	辛酉
12	27	11	29	壬戌
12	28	11	30	癸亥
12	29	12	1	甲子
12	30	12	2	乙丑
12	31	12	3	丙寅
1	1	12	4	丁卯
1	2	12	5	戊辰
1	3	12	6	己巳

中氣：冬至 12/21 5時31分 卯時

月：癸丑　節氣：小寒 1/4 22時46分 亥時

國曆		農曆		干支
1	4	12	7	庚午
1	5	12	8	辛未
1	6	12	9	壬申
1	7	12	10	癸酉
1	8	12	11	甲戌
1	9	12	12	乙亥
1	10	12	13	丙子
1	11	12	14	丁丑
1	12	12	15	戊寅
1	13	12	16	己卯
1	14	12	17	庚辰
1	15	12	18	辛巳
1	16	12	19	壬午
1	17	12	20	癸未
1	18	12	21	甲申
1	19	12	22	乙酉
1	20	12	23	丙戌
1	21	12	24	丁亥
1	22	12	25	戊子
1	23	12	26	己丑
1	24	12	27	庚寅
1	25	12	28	辛卯
1	26	12	29	壬辰
1	27	1	1	癸巳
1	28	1	2	甲午
1	29	1	3	乙未
1	30	1	4	丙申
1	31	1	5	丁酉
2	1	1	6	戊戌
2	2	1	7	己亥

中氣：大寒 1/19 16時13分 申時

年	癸丑																													
月	甲寅					乙卯					丙辰					丁巳					戊午					己未				
節氣	立春 2/3 10時17分 巳時					驚蟄 3/5 3時53分 寅時					清明 4/4 8時5分 辰時					立夏 5/5 0時45分 子時					芒種 6/5 4時25分 寅時					小暑 7/6 14時29分 未時				
日	國曆		農曆		干支	國曆		農曆		干支	國曆		農曆		干支	國曆		農曆		干支	國曆		農曆		干支	國曆		農曆		干支
	2	3	1	8	庚子	3	5	2	9	庚午	4	4	3	9	庚子	5	5	4	10	辛未	6	5	5	12	壬寅	7	6	6	13	癸酉
	2	4	1	9	辛丑	3	6	2	10	辛未	4	5	3	10	辛丑	5	6	4	11	壬申	6	6	5	13	癸卯	7	7	6	14	甲戌
	2	5	1	10	壬寅	3	7	2	11	壬申	4	6	3	11	壬寅	5	7	4	12	癸酉	6	7	5	14	甲辰	7	8	6	15	乙亥
中華民國一百八十二年 牛	2	6	1	11	癸卯	3	8	2	12	癸酉	4	7	3	12	癸卯	5	8	4	13	甲戌	6	8	5	15	乙巳	7	9	6	16	丙子
	2	7	1	12	甲辰	3	9	2	13	甲戌	4	8	3	13	甲辰	5	9	4	14	乙亥	6	9	5	16	丙午	7	10	6	17	丁丑
	2	8	1	13	乙巳	3	10	2	14	乙亥	4	9	3	14	乙巳	5	10	4	15	丙子	6	10	5	17	丁未	7	11	6	18	戊寅
	2	9	1	14	丙午	3	11	2	15	丙子	4	10	3	15	丙午	5	11	4	16	丁丑	6	11	5	18	戊申	7	12	6	19	己卯
	2	10	1	15	丁未	3	12	2	16	丁丑	4	11	3	16	丁未	5	12	4	17	戊寅	6	12	5	19	己酉	7	13	6	20	庚辰
	2	11	1	16	戊申	3	13	2	17	戊寅	4	12	3	17	戊申	5	13	4	18	己卯	6	13	5	20	庚戌	7	14	6	21	辛巳
	2	12	1	17	己酉	3	14	2	18	己卯	4	13	3	18	己酉	5	14	4	19	庚辰	6	14	5	21	辛亥	7	15	6	22	壬午
	2	13	1	18	庚戌	3	15	2	19	庚辰	4	14	3	19	庚戌	5	15	4	20	辛巳	6	15	5	22	壬子	7	16	6	23	癸未
	2	14	1	19	辛亥	3	16	2	20	辛巳	4	15	3	20	辛亥	5	16	4	21	壬午	6	16	5	23	癸丑	7	17	6	24	甲申
	2	15	1	20	壬子	3	17	2	21	壬午	4	16	3	21	壬子	5	17	4	22	癸未	6	17	5	24	甲寅	7	18	6	25	乙酉
	2	16	1	21	癸丑	3	18	2	22	癸未	4	17	3	22	癸丑	5	18	4	23	甲申	6	18	5	25	乙卯	7	19	6	26	丙戌
	2	17	1	22	甲寅	3	19	2	23	甲申	4	18	3	23	甲寅	5	19	4	24	乙酉	6	19	5	26	丙辰	7	20	6	27	丁亥
	2	18	1	23	乙卯	3	20	2	24	乙酉	4	19	3	24	乙卯	5	20	4	25	丙戌	6	20	5	27	丁巳	7	21	6	28	戊子
	2	19	1	24	丙辰	3	21	2	25	丙戌	4	20	3	25	丙辰	5	21	4	26	丁亥	6	21	5	28	戊午	7	22	6	29	己丑
	2	20	1	25	丁巳	3	22	2	26	丁亥	4	21	3	26	丁巳	5	22	4	27	戊子	6	22	5	29	己未	7	23	閏6	1	庚寅
	2	21	1	26	戊午	3	23	2	27	戊子	4	22	3	27	戊午	5	23	4	28	己丑	6	23	5	30	庚申	7	24	6	2	辛卯
	2	22	1	27	己未	3	24	2	28	己丑	4	23	3	28	己未	5	24	4	29	庚寅	6	24	6	1	辛酉	7	25	6	3	壬辰
	2	23	1	28	庚申	3	25	2	29	庚寅	4	24	3	29	庚申	5	25	5	1	辛卯	6	25	6	2	壬戌	7	26	6	4	癸巳
	2	24	1	29	辛酉	3	26	2	30	辛卯	4	25	3	30	辛酉	5	26	5	2	壬辰	6	26	6	3	癸亥	7	27	6	5	甲午
2093	2	25	2	1	壬戌	3	27	3	1	壬辰	4	26	4	1	壬戌	5	27	5	3	癸巳	6	27	6	4	甲子	7	28	6	6	乙未
	2	26	2	2	癸亥	3	28	3	2	癸巳	4	27	4	2	癸亥	5	28	5	4	甲午	6	28	6	5	乙丑	7	29	6	7	丙申
	2	27	2	3	甲子	3	29	3	3	甲午	4	28	4	3	甲子	5	29	5	5	乙未	6	29	6	6	丙寅	7	30	6	8	丁酉
	2	28	2	4	乙丑	3	30	3	4	乙未	4	29	4	4	乙丑	5	30	5	6	丙申	6	30	6	7	丁卯	7	31	6	9	戊戌
	3	1	2	5	丙寅	3	31	3	5	丙申	4	30	4	5	丙寅	5	31	5	7	丁酉	7	1	6	8	戊辰	8	1	6	10	己亥
	3	2	2	6	丁卯	4	1	3	6	丁酉	5	1	4	6	丁卯	6	1	5	8	戊戌	7	2	6	9	己巳	8	2	6	11	庚子
	3	3	2	7	戊辰	4	2	3	7	戊戌	5	2	4	7	戊辰	6	2	5	9	己亥	7	3	6	10	庚午	8	3	6	12	辛丑
	3	4	2	8	己巳	4	3	3	8	己亥	5	3	4	8	己巳	6	3	5	10	庚子	7	4	6	11	辛未	8	4	6	13	壬寅
											5	4	4	9	庚午	6	4	5	11	辛丑	7	5	6	12	壬申	8	5	6	14	癸卯
																										8	6	6	15	甲辰
中氣	雨水 2/18 6時5分 卯時					春分 3/20 4時33分 寅時					穀雨 4/19 14時57分 未時					小滿 5/20 13時31分 未時					夏至 6/20 21時6分 亥時					大暑 7/22 7時56分 辰時				

癸丑																														年
庚申					辛酉					壬戌					癸亥					甲子					乙丑					月
立秋					白露					寒露					立冬					大雪					小寒					節氣
8/7 0時26分 子時					9/7 3時48分 寅時					10/7 20時5分 戌時					11/6 23時55分 子時					12/6 17時16分 酉時					1/5 4時44分 寅時					
國曆		農曆		干支	國曆		農曆		干支	國曆		農曆		干支	國曆		農曆		干支	國曆		農曆		干支	國曆		農曆		干支	日
8	7	6	16	乙巳	9	7	7	17	丙子	10	7	8	17	丙午	11	6	9	18	丙子	12	6	10	18	丙午	1	5	11	19	丙子	中華民國一百八十二、一百八十三年 牛 2093、2094
8	8	6	17	丙午	9	8	7	18	丁丑	10	8	8	18	丁未	11	7	9	19	丁丑	12	7	10	19	丁未	1	6	11	20	丁丑	
8	9	6	18	丁未	9	9	7	19	戊寅	10	9	8	19	戊申	11	8	9	20	戊寅	12	8	10	20	戊申	1	7	11	21	戊寅	
8	10	6	19	戊申	9	10	7	20	己卯	10	10	8	20	己酉	11	9	9	21	己卯	12	9	10	21	己酉	1	8	11	22	己卯	
8	11	6	20	己酉	9	11	7	21	庚辰	10	11	8	21	庚戌	11	10	9	22	庚辰	12	10	10	22	庚戌	1	9	11	23	庚辰	
8	12	6	21	庚戌	9	12	7	22	辛巳	10	12	8	22	辛亥	11	11	9	23	辛巳	12	11	10	23	辛亥	1	10	11	24	辛巳	
8	13	6	22	辛亥	9	13	7	23	壬午	10	13	8	23	壬子	11	12	9	24	壬午	12	12	10	24	壬子	1	11	11	25	壬午	
8	14	6	23	壬子	9	14	7	24	癸未	10	14	8	24	癸丑	11	13	9	25	癸未	12	13	10	25	癸丑	1	12	11	26	癸未	
8	15	6	24	癸丑	9	15	7	25	甲申	10	15	8	25	甲寅	11	14	9	26	甲申	12	14	10	26	甲寅	1	13	11	27	甲申	
8	16	6	25	甲寅	9	16	7	26	乙酉	10	16	8	26	乙卯	11	15	9	27	乙酉	12	15	10	27	乙卯	1	14	11	28	乙酉	
8	17	6	26	乙卯	9	17	7	27	丙戌	10	17	8	27	丙辰	11	16	9	28	丙戌	12	16	10	28	丙辰	1	15	11	29	丙戌	
8	18	6	27	丙辰	9	18	7	28	丁亥	10	18	8	28	丁巳	11	17	9	29	丁亥	12	17	10	29	丁巳	1	16	11	30	丁亥	
8	19	6	28	丁巳	9	19	7	29	戊子	10	19	8	29	戊午	11	18	9	30	戊子	12	18	11	1	戊午	1	17	12	1	戊子	
8	20	6	29	戊午	9	20	7	30	己丑	10	20	9	1	己未	11	19	10	1	己丑	12	19	11	2	己未	1	18	12	2	己丑	
8	21	6	30	己未	9	21	8	1	庚寅	10	21	9	2	庚申	11	20	10	2	庚寅	12	20	11	3	庚申	1	19	12	3	庚寅	
8	22	7	1	庚申	9	22	8	2	辛卯	10	22	9	3	辛酉	11	21	10	3	辛卯	12	21	11	4	辛酉	1	20	12	4	辛卯	
8	23	7	2	辛酉	9	23	8	3	壬辰	10	23	9	4	壬戌	11	22	10	4	壬辰	12	22	11	5	壬戌	1	21	12	5	壬辰	
8	24	7	3	壬戌	9	24	8	4	癸巳	10	24	9	5	癸亥	11	23	10	5	癸巳	12	23	11	6	癸亥	1	22	12	6	癸巳	
8	25	7	4	癸亥	9	25	8	5	甲午	10	25	9	6	甲子	11	24	10	6	甲午	12	24	11	7	甲子	1	23	12	7	甲午	
8	26	7	5	甲子	9	26	8	6	乙未	10	26	9	7	乙丑	11	25	10	7	乙未	12	25	11	8	乙丑	1	24	12	8	乙未	
8	27	7	6	乙丑	9	27	8	7	丙申	10	27	9	8	丙寅	11	26	10	8	丙申	12	26	11	9	丙寅	1	25	12	9	丙申	
8	28	7	7	丙寅	9	28	8	8	丁酉	10	28	9	9	丁卯	11	27	10	9	丁酉	12	27	11	10	丁卯	1	26	12	10	丁酉	
8	29	7	8	丁卯	9	29	8	9	戊戌	10	29	9	10	戊辰	11	28	10	10	戊戌	12	28	11	11	戊辰	1	27	12	11	戊戌	
8	30	7	9	戊辰	9	30	8	10	己亥	10	30	9	11	己巳	11	29	10	11	己亥	12	29	11	12	己巳	1	28	12	12	己亥	
8	31	7	10	己巳	10	1	8	11	庚子	10	31	9	12	庚午	11	30	10	12	庚子	12	30	11	13	庚午	1	29	12	13	庚子	
9	1	7	11	庚午	10	2	8	12	辛丑	11	1	9	13	辛未	12	1	10	13	辛丑	12	31	11	14	辛未	1	30	12	14	辛丑	
9	2	7	12	辛未	10	3	8	13	壬寅	11	2	9	14	壬申	12	2	10	14	壬寅	1	1	11	15	壬申	1	31	12	15	壬寅	
9	3	7	13	壬申	10	4	8	14	癸卯	11	3	9	15	癸酉	12	3	10	15	癸卯	1	2	11	16	癸酉	2	1	12	16	癸卯	
9	4	7	14	癸酉	10	5	8	15	甲辰	11	4	9	16	甲戌	12	4	10	16	甲辰	1	3	11	17	甲戌	2	2	12	17	甲辰	
9	5	7	15	甲戌	10	6	8	16	乙巳	11	5	9	17	乙亥	12	5	10	17	乙巳	1	4	11	18	乙亥						
	6	7	16	乙亥																										
處暑					秋分					霜降					小雪					冬至					大寒					中氣
22 15時17分 申時					9/22 13時28分 未時					10/22 23時27分 子時					11/21 21時36分 亥時					12/21 11時20分 午時					1/19 22時3分 亥時					

年	甲寅
中華民國一百八十三年 虎	2094

丙寅月

節氣：立春 2/3 16時16分 申時　中氣：雨水 2/18 11時55分 午時

國曆		農曆		干支
2	3	12	18	乙巳
2	4	12	19	丙午
2	5	12	20	丁未
2	6	12	21	戊申
2	7	12	22	己酉
2	8	12	23	庚戌
2	9	12	24	辛亥
2	10	12	25	壬子
2	11	12	26	癸丑
2	12	12	27	甲寅
2	13	12	28	乙卯
2	14	12	29	丙辰
2	15	1	1	丁巳
2	16	1	2	戊午
2	17	1	3	己未
2	18	1	4	庚申
2	19	1	5	辛酉
2	20	1	6	壬戌
2	21	1	7	癸亥
2	22	1	8	甲子
2	23	1	9	乙丑
2	24	1	10	丙寅
2	25	1	11	丁卯
2	26	1	12	戊辰
2	27	1	13	己巳
2	28	1	14	庚午
3	1	1	15	辛未
3	2	1	16	壬申
3	3	1	17	癸酉
3	4	1	18	甲戌

丁卯月

節氣：驚蟄 3/5 9時50分 巳時　中氣：春分 3/20 10時20分 巳時

國曆		農曆		干支
3	5	1	19	乙亥
3	6	1	20	丙子
3	7	1	21	丁丑
3	8	1	22	戊寅
3	9	1	23	己卯
3	10	1	24	庚辰
3	11	1	25	辛巳
3	12	1	26	壬午
3	13	1	27	癸未
3	14	1	28	甲申
3	15	1	29	乙酉
3	16	2	1	丙戌
3	17	2	2	丁亥
3	18	2	3	戊子
3	19	2	4	己丑
3	20	2	5	庚寅
3	21	2	6	辛卯
3	22	2	7	壬辰
3	23	2	8	癸巳
3	24	2	9	甲午
3	25	2	10	乙未
3	26	2	11	丙申
3	27	2	12	丁酉
3	28	2	13	戊戌
3	29	2	14	己亥
3	30	2	15	庚子
3	31	2	16	辛丑
4	1	2	17	壬寅
4	2	2	18	癸卯
4	3	2	19	甲辰

戊辰月

節氣：清明 4/4 13時59分 未時　中氣：穀雨 4/19 20時40分 戌時

國曆		農曆		干支
4	4	2	20	乙巳
4	5	2	21	丙午
4	6	2	22	丁未
4	7	2	23	戊申
4	8	2	24	己酉
4	9	2	25	庚戌
4	10	2	26	辛亥
4	11	2	27	壬子
4	12	2	28	癸丑
4	13	2	29	甲寅
4	14	2	30	乙卯
4	15	3	1	丙辰
4	16	3	2	丁巳
4	17	3	3	戊午
4	18	3	4	己未
4	19	3	5	庚申
4	20	3	6	辛酉
4	21	3	7	壬戌
4	22	3	8	癸亥
4	23	3	9	甲子
4	24	3	10	乙丑
4	25	3	11	丙寅
4	26	3	12	丁卯
4	27	3	13	戊辰
4	28	3	14	己巳
4	29	3	15	庚午
4	30	3	16	辛未
5	1	3	17	壬申
5	2	3	18	癸酉
5	3	3	19	甲戌
5	4	3	20	乙亥

己巳月

節氣：立夏 5/5 6時35分 卯時　中氣：小滿 5/20 19時8分 戌時

國曆		農曆		干支
5	5	3	21	丙子
5	6	3	22	丁丑
5	7	3	23	戊寅
5	8	3	24	己卯
5	9	3	25	庚辰
5	10	3	26	辛巳
5	11	3	27	壬午
5	12	3	28	癸未
5	13	3	29	甲申
5	14	4	1	乙酉
5	15	4	2	丙戌
5	16	4	3	丁亥
5	17	4	4	戊子
5	18	4	5	己丑
5	19	4	6	庚寅
5	20	4	7	辛卯
5	21	4	8	壬辰
5	22	4	9	癸巳
5	23	4	10	甲午
5	24	4	11	乙未
5	25	4	12	丙申
5	26	4	13	丁酉
5	27	4	14	戊戌
5	28	4	15	己亥
5	29	4	16	庚子
5	30	4	17	辛丑
5	31	4	18	壬寅
6	1	4	19	癸卯
6	2	4	20	甲辰
6	3	4	21	乙巳
6	4	4	22	丙午

庚午月

節氣：芒種 6/5 10時11分 巳時　中氣：夏至 6/21 2時41分 丑時

國曆		農曆		干支
6	5	4	23	丁未
6	6	4	24	戊申
6	7	4	25	己酉
6	8	4	26	庚戌
6	9	4	27	辛亥
6	10	4	28	壬子
6	11	4	29	癸丑
6	12	4	30	甲寅
6	13	5	1	乙卯
6	14	5	2	丙辰
6	15	5	3	丁巳
6	16	5	4	戊午
6	17	5	5	己未
6	18	5	6	庚申
6	19	5	7	辛酉
6	20	5	8	壬戌
6	21	5	9	癸亥
6	22	5	10	甲子
6	23	5	11	乙丑
6	24	5	12	丙寅
6	25	5	13	丁卯
6	26	5	14	戊辰
6	27	5	15	己巳
6	28	5	16	庚午
6	29	5	17	辛未
6	30	5	18	壬申
7	1	5	19	癸酉
7	2	5	20	甲戌
7	3	5	21	乙亥
7	4	5	22	丙子
7	5	5	23	丁丑

辛未月

節氣：小暑 7/6 20時13分 戌時　中氣：大暑 7/22 13時33分 未時

國曆		農曆		干支
7	6	5	24	戊寅
7	7	5	25	己卯
7	8	5	26	庚辰
7	9	5	27	辛巳
7	10	5	28	壬午
7	11	5	29	癸未
7	12	6	1	甲申
7	13	6	2	乙酉
7	14	6	3	丙戌
7	15	6	4	丁亥
7	16	6	5	戊子
7	17	6	6	己丑
7	18	6	7	庚寅
7	19	6	8	辛卯
7	20	6	9	壬辰
7	21	6	10	癸巳
7	22	6	11	甲午
7	23	6	12	乙未
7	24	6	13	丙申
7	25	6	14	丁酉
7	26	6	15	戊戌
7	27	6	16	己亥
7	28	6	17	庚子
7	29	6	18	辛丑
7	30	6	19	壬寅
7	31	6	20	癸卯
8	1	6	21	甲辰
8	2	6	22	乙巳
8	3	6	23	丙午
8	4	6	24	丁未
8	5	6	25	戊申
8	6	6	26	己酉

甲寅																														年
壬申					癸酉					甲戌					乙亥					丙子					丁丑					月
立秋					白露					寒露					立冬					大雪					小寒					節
8/7 6時10分 卯時					9/7 9時35分 巳時					10/8 1時54分 丑時					11/7 5時46分 卯時					12/6 23時7分 子時					1/5 10時34分 巳時					氣
國曆		農曆		干支	國曆		農曆		干支	國曆		農曆		干支	國曆		農曆		干支	國曆		農曆		干支	國曆		農曆		干支	日
8	7	6	27	庚戌	9	7	7	28	辛巳	10	8	8	29	壬子	11	7	9	30	壬午	12	6	10	29	辛亥	1	5	11	29	辛巳	中華民國一百八十三、一百八十四年 虎 2094、2095
8	8	6	28	辛亥	9	8	7	29	壬午	10	9	9	1	癸丑	11	8	10	1	癸未	12	7	10	30	壬子	1	6	12	1	壬午	
8	9	6	29	壬子	9	9	7	30	癸未	10	10	9	2	甲寅	11	9	10	2	甲申	12	8	11	1	癸丑	1	7	12	2	癸未	
8	10	6	30	癸丑	9	10	8	1	甲申	10	11	9	3	乙卯	11	10	10	3	乙酉	12	9	11	2	甲寅	1	8	12	3	甲申	
8	11	7	1	甲寅	9	11	8	2	乙酉	10	12	9	4	丙辰	11	11	10	4	丙戌	12	10	11	3	乙卯	1	9	12	4	乙酉	
8	12	7	2	乙卯	9	12	8	3	丙戌	10	13	9	5	丁巳	11	12	10	5	丁亥	12	11	11	4	丙辰	1	10	12	5	丙戌	
8	13	7	3	丙辰	9	13	8	4	丁亥	10	14	9	6	戊午	11	13	10	6	戊子	12	12	11	5	丁巳	1	11	12	6	丁亥	
8	14	7	4	丁巳	9	14	8	5	戊子	10	15	9	7	己未	11	14	10	7	己丑	12	13	11	6	戊午	1	12	12	7	戊子	
8	15	7	5	戊午	9	15	8	6	己丑	10	16	9	8	庚申	11	15	10	8	庚寅	12	14	11	7	己未	1	13	12	8	己丑	
8	16	7	6	己未	9	16	8	7	庚寅	10	17	9	9	辛酉	11	16	10	9	辛卯	12	15	11	8	庚申	1	14	12	9	庚寅	
8	17	7	7	庚申	9	17	8	8	辛卯	10	18	9	10	壬戌	11	17	10	10	壬辰	12	16	11	9	辛酉	1	15	12	10	辛卯	
8	18	7	8	辛酉	9	18	8	9	壬辰	10	19	9	11	癸亥	11	18	10	11	癸巳	12	17	11	10	壬戌	1	16	12	11	壬辰	
8	19	7	9	壬戌	9	19	8	10	癸巳	10	20	9	12	甲子	11	19	10	12	甲午	12	18	11	11	癸亥	1	17	12	12	癸巳	
8	20	7	10	癸亥	9	20	8	11	甲午	10	21	9	13	乙丑	11	20	10	13	乙未	12	19	11	12	甲子	1	18	12	13	甲午	
8	21	7	11	甲子	9	21	8	12	乙未	10	22	9	14	丙寅	11	21	10	14	丙申	12	20	11	13	乙丑	1	19	12	14	乙未	
8	22	7	12	乙丑	9	22	8	13	丙申	10	23	9	15	丁卯	11	22	10	15	丁酉	12	21	11	14	丙寅	1	20	12	15	丙申	
8	23	7	13	丙寅	9	23	8	14	丁酉	10	24	9	16	戊辰	11	23	10	16	戊戌	12	22	11	15	丁卯	1	21	12	16	丁酉	
8	24	7	14	丁卯	9	24	8	15	戊戌	10	25	9	17	己巳	11	24	10	17	己亥	12	23	11	16	戊辰	1	22	12	17	戊戌	
8	25	7	15	戊辰	9	25	8	16	己亥	10	26	9	18	庚午	11	25	10	18	庚子	12	24	11	17	己巳	1	23	12	18	己亥	
8	26	7	16	己巳	9	26	8	17	庚子	10	27	9	19	辛未	11	26	10	19	辛丑	12	25	11	18	庚午	1	24	12	19	庚子	
8	27	7	17	庚午	9	27	8	18	辛丑	10	28	9	20	壬申	11	27	10	20	壬寅	12	26	11	19	辛未	1	25	12	20	辛丑	
8	28	7	18	辛未	9	28	8	19	壬寅	10	29	9	21	癸酉	11	28	10	21	癸卯	12	27	11	20	壬申	1	26	12	21	壬寅	
8	29	7	19	壬申	9	29	8	20	癸卯	10	30	9	22	甲戌	11	29	10	22	甲辰	12	28	11	21	癸酉	1	27	12	22	癸卯	
8	30	7	20	癸酉	9	30	8	21	甲辰	10	31	9	23	乙亥	11	30	10	23	乙巳	12	29	11	22	甲戌	1	28	12	23	甲辰	
8	31	7	21	甲戌	10	1	8	22	乙巳	11	1	9	24	丙子	12	1	10	24	丙午	12	30	11	23	乙亥	1	29	12	24	乙巳	
9	1	7	22	乙亥	10	2	8	23	丙午	11	2	9	25	丁丑	12	2	10	25	丁未	12	31	11	24	丙子	1	30	12	25	丙午	
9	2	7	23	丙子	10	3	8	24	丁未	11	3	9	26	戊寅	12	3	10	26	戊申	1	1	11	25	丁丑	1	31	12	26	丁未	
9	3	7	24	丁丑	10	4	8	25	戊申	11	4	9	27	己卯	12	4	10	27	己酉	1	2	11	26	戊寅	2	1	12	27	戊申	
9	4	7	25	戊寅	10	5	8	26	己酉	11	5	9	28	庚辰	12	5	10	28	庚戌	1	3	11	27	己卯	2	2	12	28	己酉	
9	5	7	26	己卯	10	6	8	27	庚戌	11	6	9	29	辛巳						1	4	11	28	庚辰						
9	6	7	27	庚辰	10	7	8	28	辛亥																					
處暑					秋分					霜降					小雪					冬至					大寒					中
8/22 20時59分 戌時					9/22 19時15分 戌時					10/23 5時19分 卯時					11/22 3時30分 寅時					12/21 17時12分 酉時					1/20 3時55分 寅時					氣

年	乙卯																													
月	戊寅					己卯					庚辰					辛巳					壬午					癸未				
節氣	立春					驚蟄					清明					立夏					芒種					小暑				
	2/3 22時6分 亥時					3/5 15時41分 申時					4/4 19時50分 戌時					5/5 12時25分 午時					6/5 15時59分 申時					7/7 2時0分 丑時				
日	國曆		農曆		干支	國曆		農曆		干支	國曆		農曆		干支	國曆		農曆		干支	國曆		農曆		干支	國曆		農曆		干支
中華民國一百八十四年 兔 2095	2	3	12	29	庚戌	3	5	1	29	庚辰	4	4	2	30	庚戌	5	5	4	2	辛巳	6	5	5	4	壬子	7	7	6	6	甲申
	2	4	12	30	辛亥	3	6	2	1	辛巳	4	5	3	1	辛亥	5	6	4	3	壬午	6	6	5	5	癸丑	7	8	6	7	乙酉
	2	5	1	1	壬子	3	7	2	2	壬午	4	6	3	2	壬子	5	7	4	4	癸未	6	7	5	6	甲寅	7	9	6	8	丙戌
	2	6	1	2	癸丑	3	8	2	3	癸未	4	7	3	3	癸丑	5	8	4	5	甲申	6	8	5	7	乙卯	7	10	6	9	丁亥
	2	7	1	3	甲寅	3	9	2	4	甲申	4	8	3	4	甲寅	5	9	4	6	乙酉	6	9	5	8	丙辰	7	11	6	10	戊子
	2	8	1	4	乙卯	3	10	2	5	乙酉	4	9	3	5	乙卯	5	10	4	7	丙戌	6	10	5	9	丁巳	7	12	6	11	己丑
	2	9	1	5	丙辰	3	11	2	6	丙戌	4	10	3	6	丙辰	5	11	4	8	丁亥	6	11	5	10	戊午	7	13	6	12	庚寅
	2	10	1	6	丁巳	3	12	2	7	丁亥	4	11	3	7	丁巳	5	12	4	9	戊子	6	12	5	11	己未	7	14	6	13	辛卯
	2	11	1	7	戊午	3	13	2	8	戊子	4	12	3	8	戊午	5	13	4	10	己丑	6	13	5	12	庚申	7	15	6	14	壬辰
	2	12	1	8	己未	3	14	2	9	己丑	4	13	3	9	己未	5	14	4	11	庚寅	6	14	5	13	辛酉	7	16	6	15	癸巳
	2	13	1	9	庚申	3	15	2	10	庚寅	4	14	3	10	庚申	5	15	4	12	辛卯	6	15	5	14	壬戌	7	17	6	16	甲午
	2	14	1	10	辛酉	3	16	2	11	辛卯	4	15	3	11	辛酉	5	16	4	13	壬辰	6	16	5	15	癸亥	7	18	6	17	乙未
	2	15	1	11	壬戌	3	17	2	12	壬辰	4	16	3	12	壬戌	5	17	4	14	癸巳	6	17	5	16	甲子	7	19	6	18	丙申
	2	16	1	12	癸亥	3	18	2	13	癸巳	4	17	3	13	癸亥	5	18	4	15	甲午	6	18	5	17	乙丑	7	20	6	19	丁酉
	2	17	1	13	甲子	3	19	2	14	甲午	4	18	3	14	甲子	5	19	4	16	乙未	6	19	5	18	丙寅	7	21	6	20	戊戌
	2	18	1	14	乙丑	3	20	2	15	乙未	4	19	3	15	乙丑	5	20	4	17	丙申	6	20	5	19	丁卯	7	22	6	21	己亥
	2	19	1	15	丙寅	3	21	2	16	丙申	4	20	3	16	丙寅	5	21	4	18	丁酉	6	21	5	20	戊辰	7	23	6	22	庚子
	2	20	1	16	丁卯	3	22	2	17	丁酉	4	21	3	17	丁卯	5	22	4	19	戊戌	6	22	5	21	己巳	7	24	6	23	辛丑
	2	21	1	17	戊辰	3	23	2	18	戊戌	4	22	3	18	戊辰	5	23	4	20	己亥	6	23	5	22	庚午	7	25	6	24	壬寅
	2	22	1	18	己巳	3	24	2	19	己亥	4	23	3	19	己巳	5	24	4	21	庚子	6	24	5	23	辛未	7	26	6	25	癸卯
	2	23	1	19	庚午	3	25	2	20	庚子	4	24	3	20	庚午	5	25	4	22	辛丑	6	25	5	24	壬申	7	27	6	26	甲辰
	2	24	1	20	辛未	3	26	2	21	辛丑	4	25	3	21	辛未	5	26	4	23	壬寅	6	26	5	25	癸酉	7	28	6	27	乙巳
	2	25	1	21	壬申	3	27	2	22	壬寅	4	26	3	22	壬申	5	27	4	24	癸卯	6	27	5	26	甲戌	7	29	6	28	丙午
	2	26	1	22	癸酉	3	28	2	23	癸卯	4	27	3	23	癸酉	5	28	4	25	甲辰	6	28	5	27	乙亥	7	30	6	29	丁未
	2	27	1	23	甲戌	3	29	2	24	甲辰	4	28	3	24	甲戌	5	29	4	26	乙巳	6	29	5	28	丙子	7	31	7	1	戊申
	2	28	1	24	乙亥	3	30	2	25	乙巳	4	29	3	25	乙亥	5	30	4	27	丙午	6	30	5	29	丁丑	8	1	7	2	己酉
	3	1	1	25	丙子	3	31	2	26	丙午	4	30	3	26	丙子	5	31	4	28	丁未	7	1	5	30	戊寅	8	2	7	3	庚戌
	3	2	1	26	丁丑	4	1	2	27	丁未	5	1	3	27	丁丑	6	1	4	29	戊申	7	2	6	1	己卯	8	3	7	4	辛亥
	3	3	1	27	戊寅	4	2	2	28	戊申	5	2	3	28	戊寅	6	2	5	1	己酉	7	3	6	2	庚辰	8	4	7	5	壬子
	3	4	1	28	己卯	4	3	2	29	己酉	5	3	3	29	己卯	6	3	5	2	庚戌	7	4	6	3	辛巳	8	5	7	6	癸丑
											5	4	4	1	庚辰	6	4	5	3	辛亥	7	5	6	4	壬午	8	6	7	7	甲寅
																					7	6	6	5	癸未					
中氣	雨水					春分					穀雨					小滿					夏至					大暑				
	2/18 17時47分 酉時					3/20 16時14分 申時					4/20 2時35分 丑時					5/21 1時5分 丑時					6/21 8時38分 辰時					7/22 19時30分 戌時				

乙卯																														年
甲申					乙酉					丙戌					丁亥					戊子					己丑					月
立秋					白露					寒露					立冬					大雪					小寒					節氣
8/7 11時57分 午時					9/7 15時22分 申時					10/8 7時41分 辰時					11/7 11時31分 午時					12/7 4時50分 寅時					1/5 16時15分 申時					
國曆		農曆		干支	國曆		農曆		干支	國曆		農曆		干支	國曆		農曆		干支	國曆		農曆		干支	國曆		農曆		干支	日
8	7	7	8	乙卯	9	7	8	9	丙戌	10	8	9	11	丁巳	11	7	10	11	丁亥	12	7	11	11	丁巳	1	5	12	10	丙戌	中華民國一百八十四、一百八十五年 兔 2095、2096
8	8	7	9	丙辰	9	8	8	10	丁亥	10	9	9	12	戊午	11	8	10	12	戊子	12	8	11	12	戊午	1	6	12	11	丁亥	
8	9	7	10	丁巳	9	9	8	11	戊子	10	10	9	13	己未	11	9	10	13	己丑	12	9	11	13	己未	1	7	12	12	戊子	
8	10	7	11	戊午	9	10	8	12	己丑	10	11	9	14	庚申	11	10	10	14	庚寅	12	10	11	14	庚申	1	8	12	13	己丑	
8	11	7	12	己未	9	11	8	13	庚寅	10	12	9	15	辛酉	11	11	10	15	辛卯	12	11	11	15	辛酉	1	9	12	14	庚寅	
8	12	7	13	庚申	9	12	8	14	辛卯	10	13	9	16	壬戌	11	12	10	16	壬辰	12	12	11	16	壬戌	1	10	12	15	辛卯	
8	13	7	14	辛酉	9	13	8	15	壬辰	10	14	9	17	癸亥	11	13	10	17	癸巳	12	13	11	17	癸亥	1	11	12	16	壬辰	
8	14	7	15	壬戌	9	14	8	16	癸巳	10	15	9	18	甲子	11	14	10	18	甲午	12	14	11	18	甲子	1	12	12	17	癸巳	
8	15	7	16	癸亥	9	15	8	17	甲午	10	16	9	19	乙丑	11	15	10	19	乙未	12	15	11	19	乙丑	1	13	12	18	甲午	
8	16	7	17	甲子	9	16	8	18	乙未	10	17	9	20	丙寅	11	16	10	20	丙申	12	16	11	20	丙寅	1	14	12	19	乙未	
8	17	7	18	乙丑	9	17	8	19	丙申	10	18	9	21	丁卯	11	17	10	21	丁酉	12	17	11	21	丁卯	1	15	12	20	丙申	
8	18	7	19	丙寅	9	18	8	20	丁酉	10	19	9	22	戊辰	11	18	10	22	戊戌	12	18	11	22	戊辰	1	16	12	21	丁酉	
8	19	7	20	丁卯	9	19	8	21	戊戌	10	20	9	23	己巳	11	19	10	23	己亥	12	19	11	23	己巳	1	17	12	22	戊戌	
8	20	7	21	戊辰	9	20	8	22	己亥	10	21	9	24	庚午	11	20	10	24	庚子	12	20	11	24	庚午	1	18	12	23	己亥	
8	21	7	22	己巳	9	21	8	23	庚子	10	22	9	25	辛未	11	21	10	25	辛丑	12	21	11	25	辛未	1	19	12	24	庚子	
8	22	7	23	庚午	9	22	8	24	辛丑	10	23	9	26	壬申	11	22	10	26	壬寅	12	22	11	26	壬申	1	20	12	25	辛丑	
8	23	7	24	辛未	9	23	8	25	壬寅	10	24	9	27	癸酉	11	23	10	27	癸卯	12	23	11	27	癸酉	1	21	12	26	壬寅	
8	24	7	25	壬申	9	24	8	26	癸卯	10	25	9	28	甲戌	11	24	10	28	甲辰	12	24	11	28	甲戌	1	22	12	27	癸卯	
8	25	7	26	癸酉	9	25	8	27	甲辰	10	26	9	29	乙亥	11	25	10	29	乙巳	12	25	11	29	乙亥	1	23	12	28	甲辰	
8	26	7	27	甲戌	9	26	8	28	乙巳	10	27	9	30	丙子	11	26	10	30	丙午	12	26	11	30	丙子	1	24	12	29	乙巳	
8	27	7	28	乙亥	9	27	8	29	丙午	10	28	10	1	丁丑	11	27	11	1	丁未	12	27	12	1	丁丑	1	25	1	1	丙午	
8	28	7	29	丙子	9	28	9	1	丁未	10	29	10	2	戊寅	11	28	11	2	戊申	12	28	12	2	戊寅	1	26	1	2	丁未	
8	29	7	30	丁丑	9	29	9	2	戊申	10	30	10	3	己卯	11	29	11	3	己酉	12	29	12	3	己卯	1	27	1	3	戊申	
8	30	8	1	戊寅	9	30	9	3	己酉	10	31	10	4	庚辰	11	30	11	4	庚戌	12	30	12	4	庚辰	1	28	1	4	己酉	
8	31	8	2	己卯	10	1	9	4	庚戌	11	1	10	5	辛巳	12	1	11	5	辛亥	12	31	12	5	辛巳	1	29	1	5	庚戌	
9	1	8	3	庚辰	10	2	9	5	辛亥	11	2	10	6	壬午	12	2	11	6	壬子	1	1	12	6	壬午	1	30	1	6	辛亥	
9	2	8	4	辛巳	10	3	9	6	壬子	11	3	10	7	癸未	12	3	11	7	癸丑	1	2	12	7	癸未	1	31	1	7	壬子	
9	3	8	5	壬午	10	4	9	7	癸丑	11	4	10	8	甲申	12	4	11	8	甲寅	1	3	12	8	甲申	2	1	1	8	癸丑	
9	4	8	6	癸未	10	5	9	8	甲寅	11	5	10	9	乙酉	12	5	11	9	乙卯	1	4	12	9	乙酉	2	2	1	9	甲寅	
9	5	8	7	甲申	10	6	9	9	乙卯	11	6	10	10	丙戌	12	6	11	10	丙辰						2	3	1	10	乙卯	
9	6	8	8	乙酉	10	7	9	10	丙辰																					
處暑					秋分					霜降					小雪					冬至					大寒					中氣
8/23 2時55分 丑時					9/23 1時10分 丑時					10/23 11時12分 午時					11/22 9時20分 巳時					12/21 23時0分 子時					1/20 9時40分 巳時					

年	丙辰																													
月	庚寅					辛卯					壬辰					癸巳					甲午					乙未				
節氣	立春 2/4 3時46分 寅時					驚蟄 3/4 21時22分 亥時					清明 4/4 1時35分 丑時					立夏 5/4 18時14分 酉時					芒種 6/4 21時53分 亥時					小暑 7/6 7時55分 辰時				
日	國曆		農曆		干支	國曆		農曆		干支	國曆		農曆		干支	國曆		農曆		干支	國曆		農曆		干支	國曆		農曆		干支
中華民國一百八十五年 龍 2096	2	4	1	11	丙辰	3	4	2	10	乙酉	4	4	3	12	丙辰	5	4	4	12	丙戌	6	4	4	14	丁巳	7	6	5	17	己丑
	2	5	1	12	丁巳	3	5	2	11	丙戌	4	5	3	13	丁巳	5	5	4	13	丁亥	6	5	4	15	戊午	7	7	5	18	庚寅
	2	6	1	13	戊午	3	6	2	12	丁亥	4	6	3	14	戊午	5	6	4	14	戊子	6	6	4	16	己未	7	8	5	19	辛卯
	2	7	1	14	己未	3	7	2	13	戊子	4	7	3	15	己未	5	7	4	15	己丑	6	7	4	17	庚申	7	9	5	20	壬辰
	2	8	1	15	庚申	3	8	2	14	己丑	4	8	3	16	庚申	5	8	4	16	庚寅	6	8	4	18	辛酉	7	10	5	21	癸巳
	2	9	1	16	辛酉	3	9	2	15	庚寅	4	9	3	17	辛酉	5	9	4	17	辛卯	6	9	4	19	壬戌	7	11	5	22	甲午
	2	10	1	17	壬戌	3	10	2	16	辛卯	4	10	3	18	壬戌	5	10	4	18	壬辰	6	10	4	20	癸亥	7	12	5	23	乙未
	2	11	1	18	癸亥	3	11	2	17	壬辰	4	11	3	19	癸亥	5	11	4	19	癸巳	6	11	4	21	甲子	7	13	5	24	丙申
	2	12	1	19	甲子	3	12	2	18	癸巳	4	12	3	20	甲子	5	12	4	20	甲午	6	12	4	22	乙丑	7	14	5	25	丁酉
	2	13	1	20	乙丑	3	13	2	19	甲午	4	13	3	21	乙丑	5	13	4	21	乙未	6	13	4	23	丙寅	7	15	5	26	戊戌
	2	14	1	21	丙寅	3	14	2	20	乙未	4	14	3	22	丙寅	5	14	4	22	丙申	6	14	4	24	丁卯	7	16	5	27	己亥
	2	15	1	22	丁卯	3	15	2	21	丙申	4	15	3	23	丁卯	5	15	4	23	丁酉	6	15	4	25	戊辰	7	17	5	28	庚子
	2	16	1	23	戊辰	3	16	2	22	丁酉	4	16	3	24	戊辰	5	16	4	24	戊戌	6	16	4	26	己巳	7	18	5	29	辛丑
	2	17	1	24	己巳	3	17	2	23	戊戌	4	17	3	25	己巳	5	17	4	25	己亥	6	17	4	27	庚午	7	19	5	30	壬寅
	2	18	1	25	庚午	3	18	2	24	己亥	4	18	3	26	庚午	5	18	4	26	庚子	6	18	4	28	辛未	7	20	6	1	癸卯
	2	19	1	26	辛未	3	19	2	25	庚子	4	19	3	27	辛未	5	19	4	27	辛丑	6	19	4	29	壬申	7	21	6	2	甲辰
	2	20	1	27	壬申	3	20	2	26	辛丑	4	20	3	28	壬申	5	20	4	28	壬寅	6	20	5	1	癸酉	7	22	6	3	乙巳
	2	21	1	28	癸酉	3	21	2	27	壬寅	4	21	3	29	癸酉	5	21	4	29	癸卯	6	21	5	2	甲戌	7	23	6	4	丙午
	2	22	1	29	甲戌	3	22	2	28	癸卯	4	22	3	30	甲戌	5	22	閏4	1	甲辰	6	22	5	3	乙亥	7	24	6	5	丁未
	2	23	1	30	乙亥	3	23	2	29	甲辰	4	23	4	1	乙亥	5	23	4	2	乙巳	6	23	5	4	丙子	7	25	6	6	戊申
	2	24	2	1	丙子	3	24	3	1	乙巳	4	24	4	2	丙子	5	24	4	3	丙午	6	24	5	5	丁丑	7	26	6	7	己酉
	2	25	2	2	丁丑	3	25	3	2	丙午	4	25	4	3	丁丑	5	25	4	4	丁未	6	25	5	6	戊寅	7	27	6	8	庚戌
	2	26	2	3	戊寅	3	26	3	3	丁未	4	26	4	4	戊寅	5	26	4	5	戊申	6	26	5	7	己卯	7	28	6	9	辛亥
	2	27	2	4	己卯	3	27	3	4	戊申	4	27	4	5	己卯	5	27	4	6	己酉	6	27	5	8	庚辰	7	29	6	10	壬子
	2	28	2	5	庚辰	3	28	3	5	己酉	4	28	4	6	庚辰	5	28	4	7	庚戌	6	28	5	9	辛巳	7	30	6	11	癸丑
	2	29	2	6	辛巳	3	29	3	6	庚戌	4	29	4	7	辛巳	5	29	4	8	辛亥	6	29	5	10	壬午	7	31	6	12	甲寅
	3	1	2	7	壬午	3	30	3	7	辛亥	4	30	4	8	壬午	5	30	4	9	壬子	6	30	5	11	癸未	8	1	6	13	乙卯
	3	2	2	8	癸未	3	31	3	8	壬子	5	1	4	9	癸未	5	31	4	10	癸丑	7	1	5	12	甲申	8	2	6	14	丙辰
	3	3	2	9	甲申	4	1	3	9	癸丑	5	2	4	10	甲申	6	1	4	11	甲寅	7	2	5	13	乙酉	8	3	6	15	丁巳
						4	2	3	10	甲寅	5	3	4	11	乙酉	6	2	4	12	乙卯	7	3	5	14	丙戌	8	4	6	16	戊午
						4	3	3	11	乙卯						6	3	4	13	丙辰	7	4	5	15	丁亥	8	5	6	17	己未
																					7	5	5	16	戊子					
中氣	雨水 2/18 23時33分 子時					春分 3/19 22時2分 亥時					穀雨 4/19 8時26分 辰時					小滿 5/20 6時57分 卯時					夏至 6/20 14時30分 未時					大暑 7/22 1時18分 丑時				

丙辰																														年
丙申					丁酉					戊戌					己亥					庚子					辛丑					月
立秋					白露					寒露					立冬					大雪					小寒					節氣
8/6 17時52分 酉時					9/6 21時16分 亥時					10/7 13時34分 未時					11/6 17時25分 酉時					12/6 10時45分 巳時					1/4 22時10分 亥時					
國曆		農曆		干支	國曆		農曆		干支	國曆		農曆		干支	國曆		農曆		干支	國曆		農曆		干支	國曆		農曆		干支	日
8	6	6	18	庚申	9	6	7	20	辛卯	10	7	8	22	壬戌	11	6	9	22	壬辰	12	6	10	22	壬戌	1	4	11	21	辛卯	中華民國一百八十五、一百八十六年 龍 2096、2097
8	7	6	19	辛酉	9	7	7	21	壬辰	10	8	8	23	癸亥	11	7	9	23	癸巳	12	7	10	23	癸亥	1	5	11	22	壬辰	
8	8	6	20	壬戌	9	8	7	22	癸巳	10	9	8	24	甲子	11	8	9	24	甲午	12	8	10	24	甲子	1	6	11	23	癸巳	
8	9	6	21	癸亥	9	9	7	23	甲午	10	10	8	25	乙丑	11	9	9	25	乙未	12	9	10	25	乙丑	1	7	11	24	甲午	
8	10	6	22	甲子	9	10	7	24	乙未	10	11	8	26	丙寅	11	10	9	26	丙申	12	10	10	26	丙寅	1	8	11	25	乙未	
8	11	6	23	乙丑	9	11	7	25	丙申	10	12	8	27	丁卯	11	11	9	27	丁酉	12	11	10	27	丁卯	1	9	11	26	丙申	
8	12	6	24	丙寅	9	12	7	26	丁酉	10	13	8	28	戊辰	11	12	9	28	戊戌	12	12	10	28	戊辰	1	10	11	27	丁酉	
8	13	6	25	丁卯	9	13	7	27	戊戌	10	14	8	29	己巳	11	13	9	29	己亥	12	13	10	29	己巳	1	11	11	28	戊戌	
8	14	6	26	戊辰	9	14	7	28	己亥	10	15	8	30	庚午	11	14	9	30	庚子	12	14	10	30	庚午	1	12	11	29	己亥	
8	15	6	27	己巳	9	15	7	29	庚子	10	16	9	1	辛未	11	15	10	1	辛丑	12	15	11	1	辛未	1	13	12	1	庚子	
8	16	6	28	庚午	9	16	8	1	辛丑	10	17	9	2	壬申	11	16	10	2	壬寅	12	16	11	2	壬申	1	14	12	2	辛丑	
8	17	6	29	辛未	9	17	8	2	壬寅	10	18	9	3	癸酉	11	17	10	3	癸卯	12	17	11	3	癸酉	1	15	12	3	壬寅	
8	18	7	1	壬申	9	18	8	3	癸卯	10	19	9	4	甲戌	11	18	10	4	甲辰	12	18	11	4	甲戌	1	16	12	4	癸卯	
8	19	7	2	癸酉	9	19	8	4	甲辰	10	20	9	5	乙亥	11	19	10	5	乙巳	12	19	11	5	乙亥	1	17	12	5	甲辰	
8	20	7	3	甲戌	9	20	8	5	乙巳	10	21	9	6	丙子	11	20	10	6	丙午	12	20	11	6	丙子	1	18	12	6	乙巳	
8	21	7	4	乙亥	9	21	8	6	丙午	10	22	9	7	丁丑	11	21	10	7	丁未	12	21	11	7	丁丑	1	19	12	7	丙午	
8	22	7	5	丙子	9	22	8	7	丁未	10	23	9	8	戊寅	11	22	10	8	戊申	12	22	11	8	戊寅	1	20	12	8	丁未	
8	23	7	6	丁丑	9	23	8	8	戊申	10	24	9	9	己卯	11	23	10	9	己酉	12	23	11	9	己卯	1	21	12	9	戊申	
8	24	7	7	戊寅	9	24	8	9	己酉	10	25	9	10	庚辰	11	24	10	10	庚戌	12	24	11	10	庚辰	1	22	12	10	己酉	
8	25	7	8	己卯	9	25	8	10	庚戌	10	26	9	11	辛巳	11	25	10	11	辛亥	12	25	11	11	辛巳	1	23	12	11	庚戌	
8	26	7	9	庚辰	9	26	8	11	辛亥	10	27	9	12	壬午	11	26	10	12	壬子	12	26	11	12	壬午	1	24	12	12	辛亥	
8	27	7	10	辛巳	9	27	8	12	壬子	10	28	9	13	癸未	11	27	10	13	癸丑	12	27	11	13	癸未	1	25	12	13	壬子	
8	28	7	11	壬午	9	28	8	13	癸丑	10	29	9	14	甲申	11	28	10	14	甲寅	12	28	11	14	甲申	1	26	12	14	癸丑	
8	29	7	12	癸未	9	29	8	14	甲寅	10	30	9	15	乙酉	11	29	10	15	乙卯	12	29	11	15	乙酉	1	27	12	15	甲寅	
8	30	7	13	甲申	9	30	8	15	乙卯	10	31	9	16	丙戌	11	30	10	16	丙辰	12	30	11	16	丙戌	1	28	12	16	乙卯	
8	31	7	14	乙酉	10	1	8	16	丙辰	11	1	9	17	丁亥	12	1	10	17	丁巳	12	31	11	17	丁亥	1	29	12	17	丙辰	
9	1	7	15	丙戌	10	2	8	17	丁巳	11	2	9	18	戊子	12	2	10	18	戊午	1	1	11	18	戊子	1	30	12	18	丁巳	
9	2	7	16	丁亥	10	3	8	18	戊午	11	3	9	19	己丑	12	3	10	19	己未	1	2	11	19	己丑	1	31	12	19	戊午	
9	3	7	17	戊子	10	4	8	19	己未	11	4	9	20	庚寅	12	4	10	20	庚申	1	3	11	20	庚寅	2	1	12	20	己未	
9	4	7	18	己丑	10	5	8	20	庚申	11	5	9	21	辛卯	12	5	10	21	辛酉						2	2	12	21	庚申	
9	5	7	19	庚寅	10	6	8	21	辛酉																					
處暑					秋分					霜降					小雪					冬至					大寒					中氣
8/22 8時40分 辰時					9/22 6時54分 卯時					10/22 16時55分 申時					11/21 15時4分 申時					12/21 4時45分 寅時					1/19 15時26分 申時					

年	丁巳																													
月	壬寅					癸卯					甲辰					乙巳					丙午					丁未				
節氣	立春 2/3 9時41分 巳時					驚蟄 3/5 3時17分 寅時					清明 4/4 7時29分 辰時					立夏 5/5 0時7分 子時					芒種 6/5 3時43分 寅時					小暑 7/6 13時40分 未時				
日	國曆		農曆		干支	國曆		農曆		干支	國曆		農曆		干支	國曆		農曆		干支	國曆		農曆		干支	國曆		農曆		干支
中華民國一百八十六年 蛇 2097	2	3	12	22	辛酉	3	5	1	22	辛卯	4	4	2	22	辛酉	5	5	3	24	壬辰	6	5	4	25	癸亥	7	6	5	27	甲午
	2	4	12	23	壬戌	3	6	1	23	壬辰	4	5	2	23	壬戌	5	6	3	25	癸巳	6	6	4	26	甲子	7	7	5	28	乙未
	2	5	12	24	癸亥	3	7	1	24	癸巳	4	6	2	24	癸亥	5	7	3	26	甲午	6	7	4	27	乙丑	7	8	5	29	丙申
	2	6	12	25	甲子	3	8	1	25	甲午	4	7	2	25	甲子	5	8	3	27	乙未	6	8	4	28	丙寅	7	9	6	1	丁酉
	2	7	12	26	乙丑	3	9	1	26	乙未	4	8	2	26	乙丑	5	9	3	28	丙申	6	9	4	29	丁卯	7	10	6	2	戊戌
	2	8	12	27	丙寅	3	10	1	27	丙申	4	9	2	27	丙寅	5	10	3	29	丁酉	6	10	5	1	戊辰	7	11	6	3	己亥
	2	9	12	28	丁卯	3	11	1	28	丁酉	4	10	2	28	丁卯	5	11	3	30	戊戌	6	11	5	2	己巳	7	12	6	4	庚子
	2	10	12	29	戊辰	3	12	1	29	戊戌	4	11	2	29	戊辰	5	12	4	1	己亥	6	12	5	3	庚午	7	13	6	5	辛丑
	2	11	12	30	己巳	3	13	1	30	己亥	4	12	3	1	己巳	5	13	4	2	庚子	6	13	5	4	辛未	7	14	6	6	壬寅
	2	12	1	1	庚午	3	14	2	1	庚子	4	13	3	2	庚午	5	14	4	3	辛丑	6	14	5	5	壬申	7	15	6	7	癸卯
	2	13	1	2	辛未	3	15	2	2	辛丑	4	14	3	3	辛未	5	15	4	4	壬寅	6	15	5	6	癸酉	7	16	6	8	甲辰
	2	14	1	3	壬申	3	16	2	3	壬寅	4	15	3	4	壬申	5	16	4	5	癸卯	6	16	5	7	甲戌	7	17	6	9	乙巳
	2	15	1	4	癸酉	3	17	2	4	癸卯	4	16	3	5	癸酉	5	17	4	6	甲辰	6	17	5	8	乙亥	7	18	6	10	丙午
	2	16	1	5	甲戌	3	18	2	5	甲辰	4	17	3	6	甲戌	5	18	4	7	乙巳	6	18	5	9	丙子	7	19	6	11	丁未
	2	17	1	6	乙亥	3	19	2	6	乙巳	4	18	3	7	乙亥	5	19	4	8	丙午	6	19	5	10	丁丑	7	20	6	12	戊申
	2	18	1	7	丙子	3	20	2	7	丙午	4	19	3	8	丙子	5	20	4	9	丁未	6	20	5	11	戊寅	7	21	6	13	己酉
	2	19	1	8	丁丑	3	21	2	8	丁未	4	20	3	9	丁丑	5	21	4	10	戊申	6	21	5	12	己卯	7	22	6	14	庚戌
	2	20	1	9	戊寅	3	22	2	9	戊申	4	21	3	10	戊寅	5	22	4	11	己酉	6	22	5	13	庚辰	7	23	6	15	辛亥
	2	21	1	10	己卯	3	23	2	10	己酉	4	22	3	11	己卯	5	23	4	12	庚戌	6	23	5	14	辛巳	7	24	6	16	壬子
	2	22	1	11	庚辰	3	24	2	11	庚戌	4	23	3	12	庚辰	5	24	4	13	辛亥	6	24	5	15	壬午	7	25	6	17	癸丑
	2	23	1	12	辛巳	3	25	2	12	辛亥	4	24	3	13	辛巳	5	25	4	14	壬子	6	25	5	16	癸未	7	26	6	18	甲寅
	2	24	1	13	壬午	3	26	2	13	壬子	4	25	3	14	壬午	5	26	4	15	癸丑	6	26	5	17	甲申	7	27	6	19	乙卯
	2	25	1	14	癸未	3	27	2	14	癸丑	4	26	3	15	癸未	5	27	4	16	甲寅	6	27	5	18	乙酉	7	28	6	20	丙辰
	2	26	1	15	甲申	3	28	2	15	甲寅	4	27	3	16	甲申	5	28	4	17	乙卯	6	28	5	19	丙戌	7	29	6	21	丁巳
	2	27	1	16	乙酉	3	29	2	16	乙卯	4	28	3	17	乙酉	5	29	4	18	丙辰	6	29	5	20	丁亥	7	30	6	22	戊午
	2	28	1	17	丙戌	3	30	2	17	丙辰	4	29	3	18	丙戌	5	30	4	19	丁巳	6	30	5	21	戊子	7	31	6	23	己未
	3	1	1	18	丁亥	3	31	2	18	丁巳	4	30	3	19	丁亥	5	31	4	20	戊午	7	1	5	22	己丑	8	1	6	24	庚申
	3	2	1	19	戊子	4	1	2	19	戊午	5	1	3	20	戊子	6	1	4	21	己未	7	2	5	23	庚寅	8	2	6	25	辛酉
	3	3	1	20	己丑	4	2	2	20	己未	5	2	3	21	己丑	6	2	4	22	庚申	7	3	5	24	辛卯	8	3	6	26	壬戌
	3	4	1	21	庚寅	4	3	2	21	庚申	5	3	3	22	庚寅	6	3	4	23	辛酉	7	4	5	25	壬辰	8	4	6	27	癸亥
											5	4	3	23	辛卯	6	4	4	24	壬戌	7	5	5	26	癸巳	8	5	6	28	甲子
中氣	雨水 2/18 5時18分 卯時					春分 3/20 3時47分 寅時					穀雨 4/19 14時10分 未時					小滿 5/20 12時41分 午時					夏至 6/20 20時12分 戌時					大暑 7/22 7時0分 辰時				

丁巳																														年
戊申					己酉					庚戌					辛亥					壬子					癸丑					月
立秋					白露					寒露					立冬					大雪					小寒					節氣
8/6 23時32分 子時					9/7 2時52分 丑時					10/7 19時10分 戌時					11/6 23時3分 子時					12/6 16時27分 申時					1/5 3時55分 寅時					
國曆		農曆		干支	國曆		農曆		干支	國曆		農曆		干支	國曆		農曆		干支	國曆		農曆		干支	國曆		農曆		干支	日
8	6	6	29	乙丑	9	7	8	2	丁酉	10	7	9	3	丁卯	11	6	10	3	丁酉	12	6	11	3	丁卯	1	5	12	4	丁酉	中華民國一百八十六、一百八十七年 蛇
8	7	6	30	丙寅	9	8	8	3	戊戌	10	8	9	4	戊辰	11	7	10	4	戊戌	12	7	11	4	戊辰	1	6	12	5	戊戌	
8	8	7	1	丁卯	9	9	8	4	己亥	10	9	9	5	己巳	11	8	10	5	己亥	12	8	11	5	己巳	1	7	12	6	己亥	
8	9	7	2	戊辰	9	10	8	5	庚子	10	10	9	6	庚午	11	9	10	6	庚子	12	9	11	6	庚午	1	8	12	7	庚子	
8	10	7	3	己巳	9	11	8	6	辛丑	10	11	9	7	辛未	11	10	10	7	辛丑	12	10	11	7	辛未	1	9	12	8	辛丑	
8	11	7	4	庚午	9	12	8	7	壬寅	10	12	9	8	壬申	11	11	10	8	壬寅	12	11	11	8	壬申	1	10	12	9	壬寅	
8	12	7	5	辛未	9	13	8	8	癸卯	10	13	9	9	癸酉	11	12	10	9	癸卯	12	12	11	9	癸酉	1	11	12	10	癸卯	
8	13	7	6	壬申	9	14	8	9	甲辰	10	14	9	10	甲戌	11	13	10	10	甲辰	12	13	11	10	甲戌	1	12	12	11	甲辰	
8	14	7	7	癸酉	9	15	8	10	乙巳	10	15	9	11	乙亥	11	14	10	11	乙巳	12	14	11	11	乙亥	1	13	12	12	乙巳	
8	15	7	8	甲戌	9	16	8	11	丙午	10	16	9	12	丙子	11	15	10	12	丙午	12	15	11	12	丙子	1	14	12	13	丙午	
8	16	7	9	乙亥	9	17	8	12	丁未	10	17	9	13	丁丑	11	16	10	13	丁未	12	16	11	13	丁丑	1	15	12	14	丁未	
8	17	7	10	丙子	9	18	8	13	戊申	10	18	9	14	戊寅	11	17	10	14	戊申	12	17	11	14	戊寅	1	16	12	15	戊申	
8	18	7	11	丁丑	9	19	8	14	己酉	10	19	9	15	己卯	11	18	10	15	己酉	12	18	11	15	己卯	1	17	12	16	己酉	
8	19	7	12	戊寅	9	20	8	15	庚戌	10	20	9	16	庚辰	11	19	10	16	庚戌	12	19	11	16	庚辰	1	18	12	17	庚戌	
8	20	7	13	己卯	9	21	8	16	辛亥	10	21	9	17	辛巳	11	20	10	17	辛亥	12	20	11	17	辛巳	1	19	12	18	辛亥	
8	21	7	14	庚辰	9	22	8	17	壬子	10	22	9	18	壬午	11	21	10	18	壬子	12	21	11	18	壬午	1	20	12	19	壬子	
8	22	7	15	辛巳	9	23	8	18	癸丑	10	23	9	19	癸未	11	22	10	19	癸丑	12	22	11	19	癸未	1	21	12	20	癸丑	
8	23	7	16	壬午	9	24	8	19	甲寅	10	24	9	20	甲申	11	23	10	20	甲寅	12	23	11	20	甲申	1	22	12	21	甲寅	
8	24	7	17	癸未	9	25	8	20	乙卯	10	25	9	21	乙酉	11	24	10	21	乙卯	12	24	11	21	乙酉	1	23	12	22	乙卯	
8	25	7	18	甲申	9	26	8	21	丙辰	10	26	9	22	丙戌	11	25	10	22	丙辰	12	25	11	22	丙戌	1	24	12	23	丙辰	
8	26	7	19	乙酉	9	27	8	22	丁巳	10	27	9	23	丁亥	11	26	10	23	丁巳	12	26	11	23	丁亥	1	25	12	24	丁巳	2097、2098
8	27	7	20	丙戌	9	28	8	23	戊午	10	28	9	24	戊子	11	27	10	24	戊午	12	27	11	24	戊子	1	26	12	25	戊午	
8	28	7	21	丁亥	9	29	8	24	己未	10	29	9	25	己丑	11	28	10	25	己未	12	28	11	25	己丑	1	27	12	26	己未	
8	29	7	22	戊子	9	30	8	25	庚申	10	30	9	26	庚寅	11	29	10	26	庚申	12	29	11	26	庚寅	1	28	12	27	庚申	
8	30	7	23	己丑	10	1	8	26	辛酉	10	31	9	27	辛卯	11	30	10	27	辛酉	12	30	11	27	辛卯	1	29	12	28	辛酉	
8	31	7	24	庚寅	10	2	8	27	壬戌	11	1	9	28	壬辰	12	1	10	28	壬戌	12	31	11	28	壬辰	1	30	12	29	壬戌	
9	1	7	25	辛卯	10	3	8	28	癸亥	11	2	9	29	癸巳	12	2	10	29	癸亥	1	1	11	29	癸巳	1	31	12	30	癸亥	
9	2	7	26	壬辰	10	4	8	29	甲子	11	3	9	30	甲午	12	3	10	30	甲子	1	2	12	1	甲午	2	1	1	1	甲子	
9	3	7	27	癸巳	10	5	9	1	乙丑	11	4	10	1	乙未	12	4	11	1	乙丑	1	3	12	2	乙未	2	2	1	2	乙丑	
	4	7	28	甲午	10	6	9	2	丙寅	11	5	10	2	丙申	12	5	11	2	丙寅	1	4	12	3	丙申						
	5	7	29	乙未																										
	6	8	1	丙申																										
處暑					秋分					霜降					小雪					冬至					大寒					中氣
22 14時21分 未時					9/22 12時35分 午時					10/22 22時39分 亥時					11/21 20時52分 戌時					12/21 10時36分 巳時					1/19 21時20分 亥時					

年	戊午																													
月	甲寅					乙卯					丙辰					丁巳					戊午					己未				
節	立春					驚蟄					清明					立夏					芒種					小暑				
氣	2/3 15時28分 申時					3/5 9時3分 巳時					4/4 13時12分 未時					5/5 5時48分 卯時					6/5 9時22分 巳時					7/6 19時21分 戌時				
日	國曆		農曆		干支	國曆		農曆		干支	國曆		農曆		干支	國曆		農曆		干支	國曆		農曆		干支	國曆		農曆		干支
中華民國一百八十七年 馬 2098	2	3	1	3	丙寅	3	5	2	3	丙申	4	4	3	3	丙寅	5	5	4	5	丁酉	6	5	5	6	戊辰	7	6	6	8	己亥
	2	4	1	4	丁卯	3	6	2	4	丁酉	4	5	3	4	丁卯	5	6	4	6	戊戌	6	6	5	7	己巳	7	7	6	9	庚子
	2	5	1	5	戊辰	3	7	2	5	戊戌	4	6	3	5	戊辰	5	7	4	7	己亥	6	7	5	8	庚午	7	8	6	10	辛丑
	2	6	1	6	己巳	3	8	2	6	己亥	4	7	3	6	己巳	5	8	4	8	庚子	6	8	5	9	辛未	7	9	6	11	壬寅
	2	7	1	7	庚午	3	9	2	7	庚子	4	8	3	7	庚午	5	9	4	9	辛丑	6	9	5	10	壬申	7	10	6	12	癸卯
	2	8	1	8	辛未	3	10	2	8	辛丑	4	9	3	8	辛未	5	10	4	10	壬寅	6	10	5	11	癸酉	7	11	6	13	甲辰
	2	9	1	9	壬申	3	11	2	9	壬寅	4	10	3	9	壬申	5	11	4	11	癸卯	6	11	5	12	甲戌	7	12	6	14	乙巳
	2	10	1	10	癸酉	3	12	2	10	癸卯	4	11	3	10	癸酉	5	12	4	12	甲辰	6	12	5	13	乙亥	7	13	6	15	丙午
	2	11	1	11	甲戌	3	13	2	11	甲辰	4	12	3	11	甲戌	5	13	4	13	乙巳	6	13	5	14	丙子	7	14	6	16	丁未
	2	12	1	12	乙亥	3	14	2	12	乙巳	4	13	3	12	乙亥	5	14	4	14	丙午	6	14	5	15	丁丑	7	15	6	17	戊申
	2	13	1	13	丙子	3	15	2	13	丙午	4	14	3	13	丙子	5	15	4	15	丁未	6	15	5	16	戊寅	7	16	6	18	己酉
	2	14	1	14	丁丑	3	16	2	14	丁未	4	15	3	14	丁丑	5	16	4	16	戊申	6	16	5	17	己卯	7	17	6	19	庚戌
	2	15	1	15	戊寅	3	17	2	15	戊申	4	16	3	15	戊寅	5	17	4	17	己酉	6	17	5	18	庚辰	7	18	6	20	辛亥
	2	16	1	16	己卯	3	18	2	16	己酉	4	17	3	16	己卯	5	18	4	18	庚戌	6	18	5	19	辛巳	7	19	6	21	壬子
	2	17	1	17	庚辰	3	19	2	17	庚戌	4	18	3	17	庚辰	5	19	4	19	辛亥	6	19	5	20	壬午	7	20	6	22	癸丑
	2	18	1	18	辛巳	3	20	2	18	辛亥	4	19	3	18	辛巳	5	20	4	20	壬子	6	20	5	21	癸未	7	21	6	23	甲寅
	2	19	1	19	壬午	3	21	2	19	壬子	4	20	3	19	壬午	5	21	4	21	癸丑	6	21	5	22	甲申	7	22	6	24	乙卯
	2	20	1	20	癸未	3	22	2	20	癸丑	4	21	3	20	癸未	5	22	4	22	甲寅	6	22	5	23	乙酉	7	23	6	25	丙辰
	2	21	1	21	甲申	3	23	2	21	甲寅	4	22	3	21	甲申	5	23	4	23	乙卯	6	23	5	24	丙戌	7	24	6	26	丁巳
	2	22	1	22	乙酉	3	24	2	22	乙卯	4	23	3	22	乙酉	5	24	4	24	丙辰	6	24	5	25	丁亥	7	25	6	27	戊午
	2	23	1	23	丙戌	3	25	2	23	丙辰	4	24	3	23	丙戌	5	25	4	25	丁巳	6	25	5	26	戊子	7	26	6	28	己未
	2	24	1	24	丁亥	3	26	2	24	丁巳	4	25	3	24	丁亥	5	26	4	26	戊午	6	26	5	27	己丑	7	27	6	29	庚申
	2	25	1	25	戊子	3	27	2	25	戊午	4	26	3	25	戊子	5	27	4	27	己未	6	27	5	28	庚寅	7	28	7	1	辛酉
	2	26	1	26	己丑	3	28	2	26	己未	4	27	3	26	己丑	5	28	4	28	庚申	6	28	5	29	辛卯	7	29	7	2	壬戌
	2	27	1	27	庚寅	3	29	2	27	庚申	4	28	3	27	庚寅	5	29	4	29	辛酉	6	29	6	1	壬辰	7	30	7	3	癸亥
	2	28	1	28	辛卯	3	30	2	28	辛酉	4	29	3	28	辛卯	5	30	4	30	壬戌	6	30	6	2	癸巳	7	31	7	4	甲子
	3	1	1	29	壬辰	3	31	2	29	壬戌	4	30	3	29	壬辰	5	31	5	1	癸亥	7	1	6	3	甲午	8	1	7	5	乙丑
	3	2	1	30	癸巳	4	1	2	30	癸亥	5	1	4	1	癸巳	6	1	5	2	甲子	7	2	6	4	乙未	8	2	7	6	丙寅
	3	3	2	1	甲午	4	2	3	1	甲子	5	2	4	2	甲午	6	2	5	3	乙丑	7	3	6	5	丙申	8	3	7	7	丁卯
	3	4	2	2	乙未	4	3	3	2	乙丑	5	3	4	3	乙未	6	3	5	4	丙寅	7	4	6	6	丁酉	8	4	7	8	戊辰
											5	4	4	4	丙申	6	4	5	5	丁卯	7	5	6	7	戊戌	8	5	7	9	己巳
																										8	6	7	10	庚午
中	雨水					春分					穀雨					小滿					夏至					大暑				
氣	2/18 11時12分 午時					3/20 9時39分 巳時					4/19 20時1分 戌時					5/20 18時30分 酉時					6/21 2時2分 丑時					7/22 12時50分 午時				

戊午																														年
庚申					辛酉					壬戌					癸亥					甲子					乙丑					月
立秋					白露					寒露					立冬					大雪					小寒					節
8/7 5時15分 卯時					9/7 8時37分 辰時					10/8 0時57分 子時					11/7 4時49分 寅時					12/6 22時12分 亥時					1/5 9時38分 巳時					氣
國曆		農曆		干支	國曆		農曆		干支	國曆		農曆		干支	國曆		農曆		干支	國曆		農曆		干支	國曆		農曆		干支	日
8	7	7	11	辛未	9	7	8	13	壬寅	10	8	9	14	癸酉	11	7	10	15	癸卯	12	6	11	14	壬申	1	5	12	15	壬寅	中華民國一百八十七、一百八十八年 馬 2098、2099
8	8	7	12	壬申	9	8	8	14	癸卯	10	9	9	15	甲戌	11	8	10	16	甲辰	12	7	11	15	癸酉	1	6	12	16	癸卯	
8	9	7	13	癸酉	9	9	8	15	甲辰	10	10	9	16	乙亥	11	9	10	17	乙巳	12	8	11	16	甲戌	1	7	12	17	甲辰	
8	10	7	14	甲戌	9	10	8	16	乙巳	10	11	9	17	丙子	11	10	10	18	丙午	12	9	11	17	乙亥	1	8	12	18	乙巳	
8	11	7	15	乙亥	9	11	8	17	丙午	10	12	9	18	丁丑	11	11	10	19	丁未	12	10	11	18	丙子	1	9	12	19	丙午	
8	12	7	16	丙子	9	12	8	18	丁未	10	13	9	19	戊寅	11	12	10	20	戊申	12	11	11	19	丁丑	1	10	12	20	丁未	
8	13	7	17	丁丑	9	13	8	19	戊申	10	14	9	20	己卯	11	13	10	21	己酉	12	12	11	20	戊寅	1	11	12	21	戊申	
8	14	7	18	戊寅	9	14	8	20	己酉	10	15	9	21	庚辰	11	14	10	22	庚戌	12	13	11	21	己卯	1	12	12	22	己酉	
8	15	7	19	己卯	9	15	8	21	庚戌	10	16	9	22	辛巳	11	15	10	23	辛亥	12	14	11	22	庚辰	1	13	12	23	庚戌	
8	16	7	20	庚辰	9	16	8	22	辛亥	10	17	9	23	壬午	11	16	10	24	壬子	12	15	11	23	辛巳	1	14	12	24	辛亥	
8	17	7	21	辛巳	9	17	8	23	壬子	10	18	9	24	癸未	11	17	10	25	癸丑	12	16	11	24	壬午	1	15	12	25	壬子	
8	18	7	22	壬午	9	18	8	24	癸丑	10	19	9	25	甲申	11	18	10	26	甲寅	12	17	11	25	癸未	1	16	12	26	癸丑	
8	19	7	23	癸未	9	19	8	25	甲寅	10	20	9	26	乙酉	11	19	10	27	乙卯	12	18	11	26	甲申	1	17	12	27	甲寅	
8	20	7	24	甲申	9	20	8	26	乙卯	10	21	9	27	丙戌	11	20	10	28	丙辰	12	19	11	27	乙酉	1	18	12	28	乙卯	
8	21	7	25	乙酉	9	21	8	27	丙辰	10	22	9	28	丁亥	11	21	10	29	丁巳	12	20	11	28	丙戌	1	19	12	29	丙辰	
8	22	7	26	丙戌	9	22	8	28	丁巳	10	23	9	29	戊子	11	22	10	30	戊午	12	21	11	29	丁亥	1	20	12	30	丁巳	
8	23	7	27	丁亥	9	23	8	29	戊午	10	24	10	1	己丑	11	23	11	1	己未	12	22	12	1	戊子	1	21	1	1	戊午	
8	24	7	28	戊子	9	24	8	30	己未	10	25	10	2	庚寅	11	24	11	2	庚申	12	23	12	2	己丑	1	22	1	2	己未	
8	25	7	29	己丑	9	25	9	1	庚申	10	26	10	3	辛卯	11	25	11	3	辛酉	12	24	12	3	庚寅	1	23	1	3	庚申	
8	26	8	1	庚寅	9	26	9	2	辛酉	10	27	10	4	壬辰	11	26	11	4	壬戌	12	25	12	4	辛卯	1	24	1	4	辛酉	
8	27	8	2	辛卯	9	27	9	3	壬戌	10	28	10	5	癸巳	11	27	11	5	癸亥	12	26	12	5	壬辰	1	25	1	5	壬戌	
8	28	8	3	壬辰	9	28	9	4	癸亥	10	29	10	6	甲午	11	28	11	6	甲子	12	27	12	6	癸巳	1	26	1	6	癸亥	
8	29	8	4	癸巳	9	29	9	5	甲子	10	30	10	7	乙未	11	29	11	7	乙丑	12	28	12	7	甲午	1	27	1	7	甲子	
8	30	8	5	甲午	9	30	9	6	乙丑	10	31	10	8	丙申	11	30	11	8	丙寅	12	29	12	8	乙未	1	28	1	8	乙丑	
8	31	8	6	乙未	10	1	9	7	丙寅	11	1	10	9	丁酉	12	1	11	9	丁卯	12	30	12	9	丙申	1	29	1	9	丙寅	
9	1	8	7	丙申	10	2	9	8	丁卯	11	2	10	10	戊戌	12	2	11	10	戊辰	12	31	12	10	丁酉	1	30	1	10	丁卯	
9	2	8	8	丁酉	10	3	9	9	戊辰	11	3	10	11	己亥	12	3	11	11	己巳	1	1	12	11	戊戌	1	31	1	11	戊辰	
9	3	8	9	戊戌	10	4	9	10	己巳	11	4	10	12	庚子	12	4	11	12	庚午	1	2	12	12	己亥	2	1	1	12	己巳	
9	4	8	10	己亥	10	5	9	11	庚午	11	5	10	13	辛丑	12	5	11	13	辛未	1	3	12	13	庚子	2	2	1	13	庚午	
9	5	8	11	庚子	10	6	9	12	辛未	11	6	10	14	壬寅						1	4	12	14	辛丑						
9	6	8	12	辛丑	10	7	9	13	壬申																					
處暑					秋分					霜降					小雪					冬至					大寒					中
/22 20時10分 戌時					9/22 18時23分 酉時					10/23 4時26分 寅時					11/22 2時37分 丑時					12/21 16時20分 申時					1/20 3時1分 寅時					氣

年	己未																													
月	丙寅					丁卯					戊辰					己巳					庚午					辛未				
節氣	立春					驚蟄					清明					立夏					芒種					小暑				
	2/3 21時8分 亥時					3/5 14時41分 未時					4/4 18時50分 酉時					5/5 11時28分 午時					6/5 15時7分 申時					7/7 1時11分 丑時				
日	國曆		農曆		干支	國曆		農曆		干支	國曆		農曆		干支	國曆		農曆		干支	國曆		農曆		干支	國曆		農曆		干支
中華民國一百八十八年 羊 2099	2	3	1	14	辛未	3	5	2	14	辛丑	4	4	2	14	辛未	5	5	3	16	壬寅	6	5	4	17	癸酉	7	7	5	19	乙巳
	2	4	1	15	壬申	3	6	2	15	壬寅	4	5	2	15	壬申	5	6	3	17	癸卯	6	6	4	18	甲戌	7	8	5	20	丙午
	2	5	1	16	癸酉	3	7	2	16	癸卯	4	6	2	16	癸酉	5	7	3	18	甲辰	6	7	4	19	乙亥	7	9	5	21	丁未
	2	6	1	17	甲戌	3	8	2	17	甲辰	4	7	2	17	甲戌	5	8	3	19	乙巳	6	8	4	20	丙子	7	10	5	22	戊申
	2	7	1	18	乙亥	3	9	2	18	乙巳	4	8	2	18	乙亥	5	9	3	20	丙午	6	9	4	21	丁丑	7	11	5	23	己酉
	2	8	1	19	丙子	3	10	2	19	丙午	4	9	2	19	丙子	5	10	3	21	丁未	6	10	4	22	戊寅	7	12	5	24	庚戌
	2	9	1	20	丁丑	3	11	2	20	丁未	4	10	2	20	丁丑	5	11	3	22	戊申	6	11	4	23	己卯	7	13	5	25	辛亥
	2	10	1	21	戊寅	3	12	2	21	戊申	4	11	2	21	戊寅	5	12	3	23	己酉	6	12	4	24	庚辰	7	14	5	26	壬子
	2	11	1	22	己卯	3	13	2	22	己酉	4	12	2	22	己卯	5	13	3	24	庚戌	6	13	4	25	辛巳	7	15	5	27	癸丑
	2	12	1	23	庚辰	3	14	2	23	庚戌	4	13	2	23	庚辰	5	14	3	25	辛亥	6	14	4	26	壬午	7	16	5	28	甲寅
	2	13	1	24	辛巳	3	15	2	24	辛亥	4	14	2	24	辛巳	5	15	3	26	壬子	6	15	4	27	癸未	7	17	5	29	乙卯
	2	14	1	25	壬午	3	16	2	25	壬子	4	15	2	25	壬午	5	16	3	27	癸丑	6	16	4	28	甲申	7	18	6	1	丙辰
	2	15	1	26	癸未	3	17	2	26	癸丑	4	16	2	26	癸未	5	17	3	28	甲寅	6	17	4	29	乙酉	7	19	6	2	丁巳
	2	16	1	27	甲申	3	18	2	27	甲寅	4	17	2	27	甲申	5	18	3	29	乙卯	6	18	4	30	丙戌	7	20	6	3	戊午
	2	17	1	28	乙酉	3	19	2	28	乙卯	4	18	2	28	乙酉	5	19	3	30	丙辰	6	19	5	1	丁亥	7	21	6	4	己未
	2	18	1	29	丙戌	3	20	2	29	丙辰	4	19	2	29	丙戌	5	20	4	1	丁巳	6	20	5	2	戊子	7	22	6	5	庚申
	2	19	1	30	丁亥	3	21	2	30	丁巳	4	20	3	1	丁亥	5	21	4	2	戊午	6	21	5	3	己丑	7	23	6	6	辛酉
	2	20	2	1	戊子	3	22	閏2	1	戊午	4	21	3	2	戊子	5	22	4	3	己未	6	22	5	4	庚寅	7	24	6	7	壬戌
	2	21	2	2	己丑	3	23	2	2	己未	4	22	3	3	己丑	5	23	4	4	庚申	6	23	5	5	辛卯	7	25	6	8	癸亥
	2	22	2	3	庚寅	3	24	2	3	庚申	4	23	3	4	庚寅	5	24	4	5	辛酉	6	24	5	6	壬辰	7	26	6	9	甲子
	2	23	2	4	辛卯	3	25	2	4	辛酉	4	24	3	5	辛卯	5	25	4	6	壬戌	6	25	5	7	癸巳	7	27	6	10	乙丑
	2	24	2	5	壬辰	3	26	2	5	壬戌	4	25	3	6	壬辰	5	26	4	7	癸亥	6	26	5	8	甲午	7	28	6	11	丙寅
	2	25	2	6	癸巳	3	27	2	6	癸亥	4	26	3	7	癸巳	5	27	4	8	甲子	6	27	5	9	乙未	7	29	6	12	丁卯
	2	26	2	7	甲午	3	28	2	7	甲子	4	27	3	8	甲午	5	28	4	9	乙丑	6	28	5	10	丙申	7	30	6	13	戊辰
	2	27	2	8	乙未	3	29	2	8	乙丑	4	28	3	9	乙未	5	29	4	10	丙寅	6	29	5	11	丁酉	7	31	6	14	己巳
	2	28	2	9	丙申	3	30	2	9	丙寅	4	29	3	10	丙申	5	30	4	11	丁卯	6	30	5	12	戊戌	8	1	6	15	庚午
	3	1	2	10	丁酉	3	31	2	10	丁卯	4	30	3	11	丁酉	5	31	4	12	戊辰	7	1	5	13	己亥	8	2	6	16	辛未
	3	2	2	11	戊戌	4	1	2	11	戊辰	5	1	3	12	戊戌	6	1	4	13	己巳	7	2	5	14	庚子	8	3	6	17	壬申
	3	3	2	12	己亥	4	2	2	12	己巳	5	2	3	13	己亥	6	2	4	14	庚午	7	3	5	15	辛丑	8	4	6	18	癸酉
	3	4	2	13	庚子	4	3	2	13	庚午	5	3	3	14	庚子	6	3	4	15	辛未	7	4	5	16	壬寅	8	5	6	19	甲戌
											5	4	3	15	辛丑	6	4	4	16	壬申	7	5	5	17	癸卯	8	6	6	20	乙亥
																					7	6	5	18	甲辰					
中氣	雨水					春分					穀雨					小滿					夏至					大暑				
	2/18 16時51分 申時					3/20 15時17分 申時					4/20 1時37分 丑時					5/21 0時7分 子時					6/21 7時40分 辰時					7/22 18時32分 酉時				

己未																														年
壬申					癸酉					甲戌					乙亥					丙子					丁丑					月
立秋					白露					寒露					立冬					大雪					小寒					節氣
8/7 11時9分 午時					9/7 14時33分 未時					10/8 6時51分 卯時					11/7 10時41分 巳時					12/7 4時2分 寅時					1/5 15時28分 申時					
國曆		農曆		干支	國曆		農曆		干支	國曆		農曆		干支	國曆		農曆		干支	國曆		農曆		干支	國曆		農曆		干支	日
8	7	6	21	丙子	9	7	7	23	丁未	10	8	8	24	戊寅	11	7	9	25	戊申	12	7	10	26	戊寅	1	5	11	25	丁未	中華民國一百八十八、一百八十九年 羊 2099、2100
8	8	6	22	丁丑	9	8	7	24	戊申	10	9	8	25	己卯	11	8	9	26	己酉	12	8	10	27	己卯	1	6	11	26	戊申	
8	9	6	23	戊寅	9	9	7	25	己酉	10	10	8	26	庚辰	11	9	9	27	庚戌	12	9	10	28	庚辰	1	7	11	27	己酉	
8	10	6	24	己卯	9	10	7	26	庚戌	10	11	8	27	辛巳	11	10	9	28	辛亥	12	10	10	29	辛巳	1	8	11	28	庚戌	
8	11	6	25	庚辰	9	11	7	27	辛亥	10	12	8	28	壬午	11	11	9	29	壬子	12	11	10	30	壬午	1	9	11	29	辛亥	
8	12	6	26	辛巳	9	12	7	28	壬子	10	13	8	29	癸未	11	12	10	1	癸丑	12	12	11	1	癸未	1	10	12	1	壬子	
8	13	6	27	壬午	9	13	7	29	癸丑	10	14	9	1	甲申	11	13	10	2	甲寅	12	13	11	2	甲申	1	11	12	2	癸丑	
8	14	6	28	癸未	9	14	7	30	甲寅	10	15	9	2	乙酉	11	14	10	3	乙卯	12	14	11	3	乙酉	1	12	12	3	甲寅	
8	15	6	29	甲申	9	15	8	1	乙卯	10	16	9	3	丙戌	11	15	10	4	丙辰	12	15	11	4	丙戌	1	13	12	4	乙卯	
8	16	7	1	乙酉	9	16	8	2	丙辰	10	17	9	4	丁亥	11	16	10	5	丁巳	12	16	11	5	丁亥	1	14	12	5	丙辰	
8	17	7	2	丙戌	9	17	8	3	丁巳	10	18	9	5	戊子	11	17	10	6	戊午	12	17	11	6	戊子	1	15	12	6	丁巳	
8	18	7	3	丁亥	9	18	8	4	戊午	10	19	9	6	己丑	11	18	10	7	己未	12	18	11	7	己丑	1	16	12	7	戊午	
8	19	7	4	戊子	9	19	8	5	己未	10	20	9	7	庚寅	11	19	10	8	庚申	12	19	11	8	庚寅	1	17	12	8	己未	
8	20	7	5	己丑	9	20	8	6	庚申	10	21	9	8	辛卯	11	20	10	9	辛酉	12	20	11	9	辛卯	1	18	12	9	庚申	
8	21	7	6	庚寅	9	21	8	7	辛酉	10	22	9	9	壬辰	11	21	10	10	壬戌	12	21	11	10	壬辰	1	19	12	10	辛酉	
8	22	7	7	辛卯	9	22	8	8	壬戌	10	23	9	10	癸巳	11	22	10	11	癸亥	12	22	11	11	癸巳	1	20	12	11	壬戌	
8	23	7	8	壬辰	9	23	8	9	癸亥	10	24	9	11	甲午	11	23	10	12	甲子	12	23	11	12	甲午	1	21	12	12	癸亥	
8	24	7	9	癸巳	9	24	8	10	甲子	10	25	9	12	乙未	11	24	10	13	乙丑	12	24	11	13	乙未	1	22	12	13	甲子	
8	25	7	10	甲午	9	25	8	11	乙丑	10	26	9	13	丙申	11	25	10	14	丙寅	12	25	11	14	丙申	1	23	12	14	乙丑	
8	26	7	11	乙未	9	26	8	12	丙寅	10	27	9	14	丁酉	11	26	10	15	丁卯	12	26	11	15	丁酉	1	24	12	15	丙寅	
8	27	7	12	丙申	9	27	8	13	丁卯	10	28	9	15	戊戌	11	27	10	16	戊辰	12	27	11	16	戊戌	1	25	12	16	丁卯	
8	28	7	13	丁酉	9	28	8	14	戊辰	10	29	9	16	己亥	11	28	10	17	己巳	12	28	11	17	己亥	1	26	12	17	戊辰	
8	29	7	14	戊戌	9	29	8	15	己巳	10	30	9	17	庚子	11	29	10	18	庚午	12	29	11	18	庚子	1	27	12	18	己巳	
8	30	7	15	己亥	9	30	8	16	庚午	10	31	9	18	辛丑	11	30	10	19	辛未	12	30	11	19	辛丑	1	28	12	19	庚午	
8	31	7	16	庚子	10	1	8	17	辛未	11	1	9	19	壬寅	12	1	10	20	壬申	12	31	11	20	壬寅	1	29	12	20	辛未	
9	1	7	17	辛丑	10	2	8	18	壬申	11	2	9	20	癸卯	12	2	10	21	癸酉	1	1	11	21	癸卯	1	30	12	21	壬申	
9	2	7	18	壬寅	10	3	8	19	癸酉	11	3	9	21	甲辰	12	3	10	22	甲戌	1	2	11	22	甲辰	1	31	12	22	癸酉	
9	3	7	19	癸卯	10	4	8	20	甲戌	11	4	9	22	乙巳	12	4	10	23	乙亥	1	3	11	23	乙巳	2	1	12	23	甲戌	
9	4	7	20	甲辰	10	5	8	21	乙亥	11	5	9	23	丙午	12	5	10	24	丙子	1	4	11	24	丙午	2	2	12	24	乙亥	
9	5	7	21	乙巳	10	6	8	22	丙子	11	6	9	24	丁未	12	6	10	25	丁丑						2	3	12	25	丙子	
9	6	7	22	丙午	10	7	8	23	丁丑																					
處暑					秋分					霜降					小雪					冬至					大寒					中氣
/23 1時56分 丑時					9/23 0時10分 子時					10/23 10時12分 巳時					11/22 8時21分 辰時					12/21 22時3分 亥時					1/20 8時45分 辰時					

年	庚申																													
月	戊寅					己卯					庚辰					辛巳					壬午					癸未				
節氣	立春					驚蟄					清明					立夏					芒種					小暑				
	2/4 2時59分 丑時					3/5 20時33分 戌時					4/5 0時43分 子時					5/5 17時20分 酉時					6/5 20時57分 戌時					7/7 6時58分 卯時				
日	國曆		農曆		干支	國曆		農曆		干支	國曆		農曆		干支	國曆		農曆		干支	國曆		農曆		干支	國曆		農曆		干支
中華民國一百八十九年 猴 2100	2	4	12	26	丁丑	3	5	1	25	丙午	4	5	2	26	丁丑	5	5	3	26	丁未	6	5	4	28	戊寅	7	7	6	1	庚戌
	2	5	12	27	戊寅	3	6	1	26	丁未	4	6	2	27	戊寅	5	6	3	27	戊申	6	6	4	29	己卯	7	8	6	2	辛亥
	2	6	12	28	己卯	3	7	1	27	戊申	4	7	2	28	己卯	5	7	3	28	己酉	6	7	4	30	庚辰	7	9	6	3	壬子
	2	7	12	29	庚辰	3	8	1	28	己酉	4	8	2	29	庚辰	5	8	3	29	庚戌	6	8	5	1	辛巳	7	10	6	4	癸丑
	2	8	12	30	辛巳	3	9	1	29	庚戌	4	9	2	30	辛巳	5	9	4	1	辛亥	6	9	5	2	壬午	7	11	6	5	甲寅
	2	9	1	1	壬午	3	10	1	30	辛亥	4	10	3	1	壬午	5	10	4	2	壬子	6	10	5	3	癸未	7	12	6	6	乙卯
	2	10	1	2	癸未	3	11	2	1	壬子	4	11	3	2	癸未	5	11	4	3	癸丑	6	11	5	4	甲申	7	13	6	7	丙辰
	2	11	1	3	甲申	3	12	2	2	癸丑	4	12	3	3	甲申	5	12	4	4	甲寅	6	12	5	5	乙酉	7	14	6	8	丁巳
	2	12	1	4	乙酉	3	13	2	3	甲寅	4	13	3	4	乙酉	5	13	4	5	乙卯	6	13	5	6	丙戌	7	15	6	9	戊午
	2	13	1	5	丙戌	3	14	2	4	乙卯	4	14	3	5	丙戌	5	14	4	6	丙辰	6	14	5	7	丁亥	7	16	6	10	己未
	2	14	1	6	丁亥	3	15	2	5	丙辰	4	15	3	6	丁亥	5	15	4	7	丁巳	6	15	5	8	戊子	7	17	6	11	庚申
	2	15	1	7	戊子	3	16	2	6	丁巳	4	16	3	7	戊子	5	16	4	8	戊午	6	16	5	9	己丑	7	18	6	12	辛酉
	2	16	1	8	己丑	3	17	2	7	戊午	4	17	3	8	己丑	5	17	4	9	己未	6	17	5	10	庚寅	7	19	6	13	壬戌
	2	17	1	9	庚寅	3	18	2	8	己未	4	18	3	9	庚寅	5	18	4	10	庚申	6	18	5	11	辛卯	7	20	6	14	癸亥
	2	18	1	10	辛卯	3	19	2	9	庚申	4	19	3	10	辛卯	5	19	4	11	辛酉	6	19	5	12	壬辰	7	21	6	15	甲子
	2	19	1	11	壬辰	3	20	2	10	辛酉	4	20	3	11	壬辰	5	20	4	12	壬戌	6	20	5	13	癸巳	7	22	6	16	乙丑
	2	20	1	12	癸巳	3	21	2	11	壬戌	4	21	3	12	癸巳	5	21	4	13	癸亥	6	21	5	14	甲午	7	23	6	17	丙寅
	2	21	1	13	甲午	3	22	2	12	癸亥	4	22	3	13	甲午	5	22	4	14	甲子	6	22	5	15	乙未	7	24	6	18	丁卯
	2	22	1	14	乙未	3	23	2	13	甲子	4	23	3	14	乙未	5	23	4	15	乙丑	6	23	5	16	丙申	7	25	6	19	戊辰
	2	23	1	15	丙申	3	24	2	14	乙丑	4	24	3	15	丙申	5	24	4	16	丙寅	6	24	5	17	丁酉	7	26	6	20	己巳
	2	24	1	16	丁酉	3	25	2	15	丙寅	4	25	3	16	丁酉	5	25	4	17	丁卯	6	25	5	18	戊戌	7	27	6	21	庚午
	2	25	1	17	戊戌	3	26	2	16	丁卯	4	26	3	17	戊戌	5	26	4	18	戊辰	6	26	5	19	己亥	7	28	6	22	辛未
	2	26	1	18	己亥	3	27	2	17	戊辰	4	27	3	18	己亥	5	27	4	19	己巳	6	27	5	20	庚子	7	29	6	23	壬申
	2	27	1	19	庚子	3	28	2	18	己巳	4	28	3	19	庚子	5	28	4	20	庚午	6	28	5	21	辛丑	7	30	6	24	癸酉
	2	28	1	20	辛丑	3	29	2	19	庚午	4	29	3	20	辛丑	5	29	4	21	辛未	6	29	5	22	壬寅	7	31	6	25	甲戌
	3	1	1	21	壬寅	3	30	2	20	辛未	4	30	3	21	壬寅	5	30	4	22	壬申	6	30	5	23	癸卯	8	1	6	26	乙亥
	3	2	1	22	癸卯	3	31	2	21	壬申	5	1	3	22	癸卯	5	31	4	23	癸酉	7	1	5	24	甲辰	8	2	6	27	丙子
	3	3	1	23	甲辰	4	1	2	22	癸酉	5	2	3	23	甲辰	6	1	4	24	甲戌	7	2	5	25	乙巳	8	3	6	28	丁丑
	3	4	1	24	乙巳	4	2	2	23	甲戌	5	3	3	24	乙巳	6	2	4	25	乙亥	7	3	5	26	丙午	8	4	6	29	戊寅
						4	3	2	24	乙亥	5	4	3	25	丙午	6	3	4	26	丙子	7	4	5	27	丁未	8	5	6	30	己卯
						4	4	2	25	丙子						6	4	4	27	丁丑	7	5	5	28	戊申	8	6	7	1	庚辰
																					7	6	5	29	己酉					
中氣	雨水					春分					穀雨					小滿					夏至					大暑				
	2/18 22時36分 亥時					3/20 21時3分 亥時					4/20 7時24分 辰時					5/21 5時56分 卯時					6/21 13時31分 未時					7/23 0時23分 子時				

庚申																														年
甲申					乙酉					丙戌					丁亥					戊子					己丑					月
立秋					白露					寒露					立冬					大雪					小寒					節
8/7 16時53分 申時					9/7 20時14分 戌時					10/8 12時30分 午時					11/7 16時19分 申時					12/7 9時39分 巳時					1/5 21時17分 亥時					氣
國曆		農曆		干支	國曆		農曆		干支	國曆		農曆		干支	國曆		農曆		干支	國曆		農曆		干支	國曆		農曆		干支	日
8	7	7	2	辛巳	9	7	8	4	壬子	10	8	9	5	癸未	11	7	10	6	癸丑	12	7	11	7	癸未	1	5	12	6	壬子	中華民國一百八十九、一百九十年 猴
8	8	7	3	壬午	9	8	8	5	癸丑	10	9	9	6	甲申	11	8	10	7	甲寅	12	8	11	8	甲申	1	6	12	7	癸丑	
8	9	7	4	癸未	9	9	8	6	甲寅	10	10	9	7	乙酉	11	9	10	8	乙卯	12	9	11	9	乙酉	1	7	12	8	甲寅	
8	10	7	5	甲申	9	10	8	7	乙卯	10	11	9	8	丙戌	11	10	10	9	丙辰	12	10	11	10	丙戌	1	8	12	9	乙卯	
8	11	7	6	乙酉	9	11	8	8	丙辰	10	12	9	9	丁亥	11	11	10	10	丁巳	12	11	11	11	丁亥	1	9	12	10	丙辰	
8	12	7	7	丙戌	9	12	8	9	丁巳	10	13	9	10	戊子	11	12	10	11	戊午	12	12	11	12	戊子	1	10	12	11	丁巳	
8	13	7	8	丁亥	9	13	8	10	戊午	10	14	9	11	己丑	11	13	10	12	己未	12	13	11	13	己丑	1	11	12	12	戊午	
8	14	7	9	戊子	9	14	8	11	己未	10	15	9	12	庚寅	11	14	10	13	庚申	12	14	11	14	庚寅	1	12	12	13	己未	
8	15	7	10	己丑	9	15	8	12	庚申	10	16	9	13	辛卯	11	15	10	14	辛酉	12	15	11	15	辛卯	1	13	12	14	庚申	
8	16	7	11	庚寅	9	16	8	13	辛酉	10	17	9	14	壬辰	11	16	10	15	壬戌	12	16	11	16	壬辰	1	14	12	15	辛酉	
8	17	7	12	辛卯	9	17	8	14	壬戌	10	18	9	15	癸巳	11	17	10	16	癸亥	12	17	11	17	癸巳	1	15	12	16	壬戌	
8	18	7	13	壬辰	9	18	8	15	癸亥	10	19	9	16	甲午	11	18	10	17	甲子	12	18	11	18	甲午	1	16	12	17	癸亥	
8	19	7	14	癸巳	9	19	8	16	甲子	10	20	9	17	乙未	11	19	10	18	乙丑	12	19	11	19	乙未	1	17	12	18	甲子	
8	20	7	15	甲午	9	20	8	17	乙丑	10	21	9	18	丙申	11	20	10	19	丙寅	12	20	11	20	丙申	1	18	12	19	乙丑	
8	21	7	16	乙未	9	21	8	18	丙寅	10	22	9	19	丁酉	11	21	10	20	丁卯	12	21	11	21	丁酉	1	19	12	20	丙寅	
8	22	7	17	丙申	9	22	8	19	丁卯	10	23	9	20	戊戌	11	22	10	21	戊辰	12	22	11	22	戊戌	1	20	12	21	丁卯	
8	23	7	18	丁酉	9	23	8	20	戊辰	10	24	9	21	己亥	11	23	10	22	己巳	12	23	11	23	己亥	1	21	12	22	戊辰	
8	24	7	19	戊戌	9	24	8	21	己巳	10	25	9	22	庚子	11	24	10	23	庚午	12	24	11	24	庚子	1	22	12	23	己巳	
8	25	7	20	己亥	9	25	8	22	庚午	10	26	9	23	辛丑	11	25	10	24	辛未	12	25	11	25	辛丑	1	23	12	24	庚午	
8	26	7	21	庚子	9	26	8	23	辛未	10	27	9	24	壬寅	11	26	10	25	壬申	12	26	11	26	壬寅	1	24	12	25	辛未	
8	27	7	22	辛丑	9	27	8	24	壬申	10	28	9	25	癸卯	11	27	10	26	癸酉	12	27	11	27	癸卯	1	25	12	26	壬申	2100、2101
8	28	7	23	壬寅	9	28	8	25	癸酉	10	29	9	26	甲辰	11	28	10	27	甲戌	12	28	11	28	甲辰	1	26	12	27	癸酉	
8	29	7	24	癸卯	9	29	8	26	甲戌	10	30	9	27	乙巳	11	29	10	28	乙亥	12	29	11	29	乙巳	1	27	12	28	甲戌	
8	30	7	25	甲辰	9	30	8	27	乙亥	10	31	9	28	丙午	11	30	10	29	丙子	12	30	11	30	丙午	1	28	12	29	乙亥	
8	31	7	26	乙巳	10	1	8	28	丙子	11	1	9	29	丁未	12	1	11	1	丁丑	12	31	12	1	丁未	1	29	1	1	丙子	
9	1	7	27	丙午	10	2	8	29	丁丑	11	2	10	1	戊申	12	2	11	2	戊寅	1	1	12	2	戊申	1	30	1	2	丁丑	
9	2	7	28	丁未	10	3	8	30	戊寅	11	3	10	2	己酉	12	3	11	3	己卯	1	2	12	3	己酉	1	31	1	3	戊寅	
9	3	7	29	戊申	10	4	9	1	己卯	11	4	10	3	庚戌	12	4	11	4	庚辰	1	3	12	4	庚戌	2	1	1	4	己卯	
9	4	8	1	己酉	10	5	9	2	庚辰	11	5	10	4	辛亥	12	5	11	5	辛巳	1	4	12	5	辛亥	2	2	1	5	庚辰	
9	5	8	2	庚戌	10	6	9	3	辛巳	11	6	10	5	壬子	12	6	11	6	壬午											
9	6	8	3	辛亥	10	7	9	4	壬午																					
處暑					秋分					霜降					小雪					冬至					大寒					中
8/23 7時46分 辰時					9/23 5時59分 卯時					10/23 16時0分 申時					11/22 14時8分 未時					12/22 3時50分 寅時					1/20 14時33分 未時					氣

農曆閏月年表					
西 元	中華民國	閏 月	西 元	中華民國	閏 月
1900	前 12	8	2001	90	4
1903	前 9	5	2004	93	2
1906	前 6	4	2006	95	7
1909	前 3	2	2009	98	5
1911	前 1	6	2012	101	4
1914	3	5	2014	103	9
1917	6	2	2017	106	6
1919	8	7	2020	109	4
1922	11	5	2023	112	2
1925	14	4	2025	114	6
1928	17	2	2028	117	5
1930	19	6	2031	120	3
1933	22	5	2033	122	11
1936	25	3	2036	125	6
1938	27	7	2039	128	5
1941	30	6	2042	131	2
1944	33	4	2044	133	7
1947	36	2	2047	136	5
1949	38	7	2050	139	3
1952	41	5	2052	141	8
1955	44	3	2055	144	6
1957	46	8	2058	147	4
1960	49	6	2061	150	3
1963	52	4	2063	152	7
1966	55	3	2066	155	5
1968	57	7	2069	158	4
1971	60	5	2071	160	8
1974	63	4	2074	163	6
1976	65	8	2077	166	4
1979	68	6	2080	169	3
1982	71	4	2082	171	7
1984	73	10	2085	174	5
1987	76	6	2088	177	4
1990	79	5	2090	179	8
1993	82	3	2093	182	6
1995	84	8	2096	185	4
1998	87	5	2099	188	2

國家圖書館出版品預行編目資料

萬年曆，這本最好用／施賀日編校.
——第一版——臺北市：知青頻道出版；
紅螞蟻圖書發行，2005.8
面　公分——(Easy Quick；55)
ISBN 978-957-0491-46-3（平裝）

1.萬年曆

327.49　　　　101009727

Easy Quick 55

萬年曆，這本最好用

編　　校／施賀日
美術構成／Chris' office
校　　對／楊安妮、施賀日
發 行 人／賴秀珍
總 編 輯／何南輝
出　　版／知青頻道出版有限公司
發　　行／紅螞蟻圖書有限公司
地　　址／台北市內湖區舊宗路二段121巷19號（紅螞蟻資訊大樓）
網　　站／www.e-redant.com
郵撥帳號／1604621-1　紅螞蟻圖書有限公司
電　　話／(02)2795-3656（代表號）
傳　　真／(02)2795-4100
登 記 證／局版北市業字第796號
法律顧問／許晏賓律師
印 刷 廠／卡樂彩色製版印刷有限公司
出版日期／2005年 8 月　第一版第一刷
　　　　　2021年 10月　　第六刷(500本)

定價 320 元　港幣 107 元

ISBN 978-957-0491-46-3　　　Printed in Taiwan